江西姬蜂志

盛茂领　孙淑萍　丁冬苏　罗俊根　编著

国家自然科学基金资助项目
(NSFC, No. 31070585, No. 30872035)

科学出版社
北京

内 容 简 介

本志介绍江西省分布的姬蜂科 25 亚科 175 属 372 种及亚种，其中新种 70 种，中国新记录属 7 属，中国新记录种 8 种，江西新记录族 5 族，江西新记录属 38 属，江西新记录种 72 种。介绍姬蜂科的形态特征并附有形态特征图，对种的形态特征进行了详细描述，各阶元附有检索表，并附有 224 幅珍贵的彩色照片。书末附参考文献及英文摘要、中名、拉丁名索引。

本书可供林农业森林保护和植物保护工作者，从事生物防治的科技人员及大中专院校师生参考。

图书在版编目(CIP)数据

江西姬蜂志 / 盛茂领，孙淑萍，丁冬荪，罗俊根编著. —北京：科学出版社，2013.1

ISBN 978-7-03-036917-8

I. ①江… II. ①盛… ②孙… ③丁… III. ①姬蜂科–昆虫志–江西省 IV. ①Q969.540.8

中国版本图书馆 CIP 数据核字(2013)第 042350 号

责任编辑：韩学哲 / 责任校对：陈玉凤
责任印制：钱玉芬 / 封面设计：槐寿明

科学出版社出版
北京东黄城根北街 16 号
邮政编码：100717
http://www.sciencep.com

北京佳信达欣艺术印刷有限公司印刷

科学出版社发行 各地新华书店经销

*

2013 年 1 月第 一 版 开本：787×1092 1/16
2013 年 1 月第一次印刷 印张：34 1/2 插页：16
字数：850 000

定价：198.00 元

(如有印装质量问题，我社负责调换)

ICHNEUMONID FAUNA OF JIANGXI

(HYMENOPTERA: ICHNEUMONIDAE)

By

Sheng Mao-Ling   Sun Shu-Ping   Ding Dong-Sun   Luo Jun-Gen

Supported by
the National Science Foundation of China
(NSFC, No. 31070585, No.30872035)

Science Press

Beijing

前　言

江西省地处北纬 24°24′~30°05′，东经 113°29′~118°34′，面积 16.69km^2，南北长约 630km，东西宽约 500km，北连湖北、安徽，南邻广东，西靠湖南，东接浙江、福建，东、南、西三面群山环绕，中部丘陵起伏，北部拥有我国第一大淡水湖——鄱阳湖。全省地势为南部高而北部低，东西两侧高而中部又渐次低斜，中间山脉河流纵横，构成多处小平原，“六山一水二分田，一分道路与庄园”，是对江西省地貌构成状况的恰当概括。

气候情况，温热多雨，全省平均气温为 16.4~19.8℃，一般自北向南递增，平原高于山区，冬季盛行偏北风，冷空气不断侵入，特别是鄱阳湖向北开口，冷空气长驱直下，使北部平原气温显著下降。1 月平均气温为 3.5~5℃；长江南岸的彭泽，1969 年 2 月 6 日曾出现–18.9℃的极端最低温；赣南盆地则因受山脉的阻障，位置偏南，受冷空气影响较小，1 月平均气温为 7~8℃，极端最低温可降至–5℃左右。

夏季因受太平洋副热带高气压的控制而晴旱酷热。全省 7 月平均温度除周围山区外，南北各地差异很小，通常为 29~30℃，极端最高温 40℃以上，如修水 1953 年 8 月 15 日曾达 44.9℃。全年日最高气温 35℃的天数多数在 20 天以上，赣北及赣江中上游可多达 40~50 天。

无霜期在赣东北和赣西北为 230~250 天，赣南盆地长达 300 天，其他地区多为 250~300 天，初霜期赣北和山区来得较早，在 11 月中、下旬；赣南较迟，为 12 月上、中旬；终霜期赣北和山区为 3 月上、中旬，而赣南则为 2 月上中旬。

年平均降水量为 1300~2000 mm，是全国多雨省区之一，但雨量在季节分配上很不均匀，通常第一季度降雨占全年的 17%~22%，第二季度占 42%~53%，第三季度占 16%~29%，第四季度只占 8%~16%。雨量的年际变化也较大，如多雨的 1945 年高达 1429~2736 mm，而少雨的 1971 年仅为 824~1338 mm。

全省具有亚热带湿润季风气候的特色，为农林业生产发展提供了非常优越的自然条件，据森林资源二类调查统计，林业用地面积 1062.7 万 hm^2，占全省土地总面积 1669.5 万 hm^2 的 63.7%；森林覆盖率为 60.05%；江西省境内有林业自然保护区(包括森林公园和湿地公园)共 201 个，其中国家级自然保护区 11 个，国家级森林公园 43 个，生态环境质量列全国第 4 位。植被丰富，生物多样性丰富，高等植物 5100 余种，是生物生存和昆虫滋生繁衍的适宜区。

江西省昆虫在世界动物地理区系中属东洋区范畴，其北境接近古北区南缘，南境有许多热带昆虫成分加入，其间形成了东洋、古北两大区系种类交叉重叠现象，可明显看出具有以东洋区区系为主体的南北过渡的特点。

自 2006~2012 年，我们对江西省姬蜂科的种类及分布情况进行了考察及分类研究，本志涉及的种类主要是以考察过程中获得的标本为基础，并对原有的馆藏标本进行核实鉴定；少数种类虽然已有记载，但目前尚未观察到标本，为了完整提供江西已知的种类，也将它们收录于本志内，以便读者参考或进一步考证。本志涉及姬蜂科 25 亚科、175 属、372 种及亚种，其中新种 70 种，中国新记录属 7 属，中国新记录种 8 种，江西新记录族 5 族，江西新记录属 38 属，江西新记录种 72 种。并报道了寄主新记录。本志对属的主要鉴别特征进行简要介绍，对种的特征进行了详细的描述，对涉及属及种较多的类群编制了相应的检索表，并在书末提供了主要参考文献。本志及近期的研究中，各界元的定义主要参照 Towne's (1969~1971 年)著作；国内的部分研究或检索表主要参考或参照何俊华教授的著作中的分类系统。对一些分类阶元的研究，尽量采纳国际同行的最新研究论著，主要是何俊华等(1996)、Kasparyan 和 Khalaim (2007)、Quicke 等(2009)、Wahl 和 Gauld (1998)等的著作。模式标本保存在国家林业局森林病虫害防治总站标本馆。

在考察过程中，我们利用自制的、仅用于试验的"拦截收集昆虫网"(以下简称"集虫网") (Li et al. 2012)进行了标本补充收集。比较研究用标本主要由日本、英国、德国、波兰、俄罗斯等同行专家提供。少数在江西已有分布记载的种类，但目前本书作者还没有在江西采集到标本，我们在其他省(自治区、直辖市)采集了这些标本，为了方便读者参考，在本书中对部分种进行了描述或提供了部分彩色图片。为了节约篇幅，部分参考文献未列入参考文献目录内。在本书作者以前的著作中(2009 年、2010 年)出版过的种类的照片，除不清晰的图片外，本书一般不再重复提供。

本志系国家自然科学基金资助项目研究成果的一部分。在研究过程中，英国自然历史博物馆昆虫馆膜翅目部主任 G. R. Broad 博士，德国慕尼黑国家博物馆昆虫所 K. Schönitzer 教授、S. Schmidt 博士、E. Diller 博士，加拿大农业和农业食品部国家昆虫、蜘蛛和线虫博物馆 D. Yu 博士，法国 J.-F. Aubert 博士，日本大阪自然历史博物馆 K. Matsumoto 博士，日本北海道大学 M. Ohara 教授和 T. Yoshida 博士，波兰林业科学研究所 J. Hilszczanski 博士，芬兰土尔库大学 R. Jussila 博士，俄罗斯科学院动物研究所 D. R. Kasparyan 研究员、A. Khalaim 博士、A. Humala 博士等曾提供或借给研究所需的标本和大量鉴定用的资料，北京林业大学李镇宇教授和中国林业科学研究院杨忠岐教授曾多次指导和帮助，中南林业科技大学魏美才教授提供了部分研究用标本；多年来一直得到国家林业局森林病虫害防治总站领导和同事的鼓励和大力支持，得到江西省森林有害生物防治检疫局同行的热情帮助，得到江西省官山、武夷山、井冈山、马头山、庐山、九连山等国家级自然保护区，全南、吉安、安福、资溪、铅山等市县林业局及常国彬、李涛、常桂星、占明、李国栋、姚小华、刘远标、幸忠红、李石昌、李达林、喻孝忠、张祖福、林宝珠、楼玫娟、钟志宇、邹思成、余泽平、李怡、易伶俐、庞晋红等的大力支持和帮助，得到国家自然科学基金项目(NSFC, No. 31070585, No.30872035)的连续资助，在此一并致以衷心谢意！

在本书的编写过程中，尽可能参研模式标本或国际姬蜂分类专家鉴定的标本，根据实物标本进行详细描述，并附彩色照片，但由于我们的水平有限，文中肯定存在很多遗漏及错误之处，敬请读者批评指正。

作　者

2012 年 8 月

目　　录

研究简况

赵修复教授(1976)出版的《中国姬蜂分类纲要》，介绍了姬蜂的生物学、各亚科及族的鉴别特征，编写了我国已知属的检索表。何俊华教授等(1996)出版的我国第一部姬蜂分类专著《中国经济昆虫志》(姬蜂科) (第五十一册)，概述了姬蜂的寄主范围、寄生现象、寄生类型、成虫的生活习性等，较详细地介绍了姬蜂科分类沿革和分类系统及 24 亚科 176 属 344 种和亚种，编制了各阶元的检索表，是我国姬蜂分类学研究的基础和重要著作。

2002~2008 年，本书作者根据多年在河南考察采集到的姬蜂标本，报道了一些河南的姬蜂种类；2009 年，出版了《河南昆虫志膜翅目：姬蜂科》，对地处古北区与东洋区交界的河南省的姬蜂种类进行了初步的介绍和报道。特别是近几年，我国在姬蜂种类和分布等研究方面有了明显进展，一些类群、属，甚至亚科的内容得到了补充、完善。例如，茎姬蜂亚科 Collyriinae 原来仅含 1 属，Kuslitzky 和 Kasparyan (2011)报道了 1 新属：*Aubertiella* Kuslitzky & Kasparyan, 2011；盛茂领等于 2012 年报道了在江西发现的新属：双短姬蜂属 *Bicurta* Sheng, Broad & Sun，使原来的 1 属增加到 3 属，亚科的特征也得到了完善。一些大的类群有了新的发现或得到了补充，如秘姬蜂亚科 Cryptinae、犁姬蜂亚科 Acaenitinae、肿跗姬蜂亚科 Anomaloninae 等大亚科，本书作者报道了在宁夏发现的新属：皱盾姬蜂属 *Rugascuta* Sheng，2009；在河南发现的新属：长节姬蜂属 *Dolichotrochanter* Sheng，2006；发现发现于江西的新属：脊瘤姬蜂属 *Carinityla* Sheng & Sun, 2010、齿股姬蜂属 *Dentifemura* Sheng & Sun, 2010、阔脊姬蜂属 *Elaticarina* Sheng, 2012；对较小且我国研究较少的短胸姬蜂亚科 Brachyscleromatinae，报道了发现于江西的新属：阔区姬蜂属 *Laxiareola* Sheng & Sun，2011；对栉足姬蜂亚科 Ctenopelmatinae 等的研究中，发现并报道了一些新种和新记录种，增添了新内容。

随着我国经济的繁荣和国力的增强，国家对基础研究的投入力度逐渐加大，本书作者先后得到国家自然科学基金的资助，在林木害虫天敌及姬蜂分类基础性研究方面得以顺利和快速地进行，2010 年，出版了《中国林木蛀虫天敌姬蜂》。同时，信息网络等通信业的飞速发展，使得国际合作研究方面也更加快捷和频繁，促进并加快了昆虫分类学科的发展。

根据 Yu 等(2012)的数据库，至 2011 年，全世界已知姬蜂科 24 281 种(2004 年为 23 331 种)，其中我国已知 2039 种(2004 年为 1788 种)，江西已知 214 种(2004 年为 134 种)。

江西省对林木害虫天敌的调查与研究起步于 20 世纪 80 年代初开展的全国森林昆虫普查，80 年代中后期，江西省对主要林区和主要森林、山脉先后进行了多次森林昆虫考察，获得了大量昆虫标本，其中少部分为天敌昆虫类。近 20 年来，国家林业局森林病虫害防治总站和江西省森林病虫害防治检疫站先后对江西省不同林区进行了联合考察，特别是自 2006 年以来，本书作者连年使用自行设计的专利产品——集虫网，对江西省代表性的山脉和林区进行了全年候的天敌昆虫考察和标本采集，对官山、马头山、武夷山、九连山、井冈山、庐山等国家级自然保护区和全南、吉安、安福等地的主要林区进行了姬蜂科标本的重点采集，获得了大量标本，已经鉴定近 400 种，其中，已发现并发表新属 5 属(Sheng et al., 2010, 2011, 2012)新种 43 种。本志介绍 175 属 372 种，其中，新种 70 种、中国新记录属 7 属、中国新记录种 8 种、江西新记录族 5 族、江西新记录属 38 属、江西新记录种 72 种。

本志本着为林业服务、为森林害虫生物防治研究和利用奠基的宗旨，对涵盖东洋、古北两大动物地理区的江西省的姬蜂种类进行了初步的介绍。随着科学的发展和国家的强盛，我国的天敌昆虫分类及应用研究必将得到更快的发展；随着研究设备的日趋发达，研究方法将愈加便捷，必将进一步推动江西省和全国的昆虫分类学研究的深入开展，更多更丰富的天敌昆虫在生物多样性及生态平衡中的重要作用将不断呈现。

姬蜂科的形态

本书陈述用的成虫的形态学名词采用 Dr. H. Townes (1969)和赵修复教授(1987)的著作中使用的分类名词。各部分主要形态特征如图 1~8 所示。

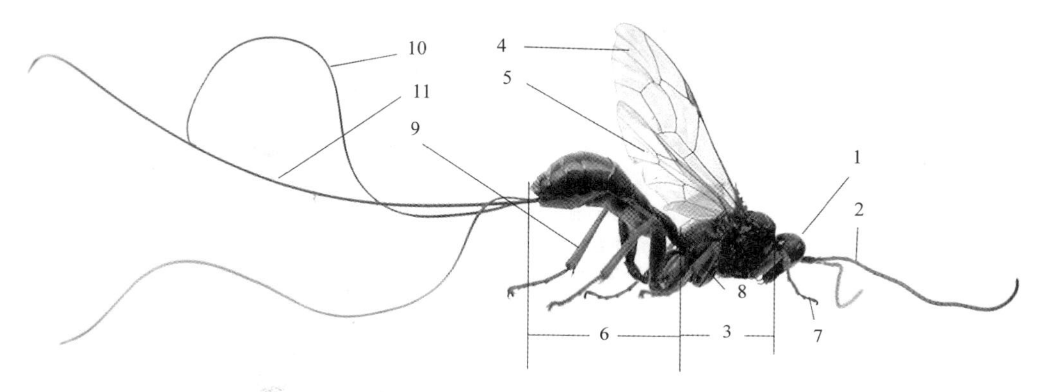

图 1　成虫整体侧面观(无室枯木姬蜂 *Cumatocinetus inareolatus* Sheng, 2002)

1. 头部；2. 触角；3. 胸部；4. 前翅；5. 后翅；6. 腹部；7. 前足；8. 中足；9. 后足；10. 产卵器鞘；11. 产卵器

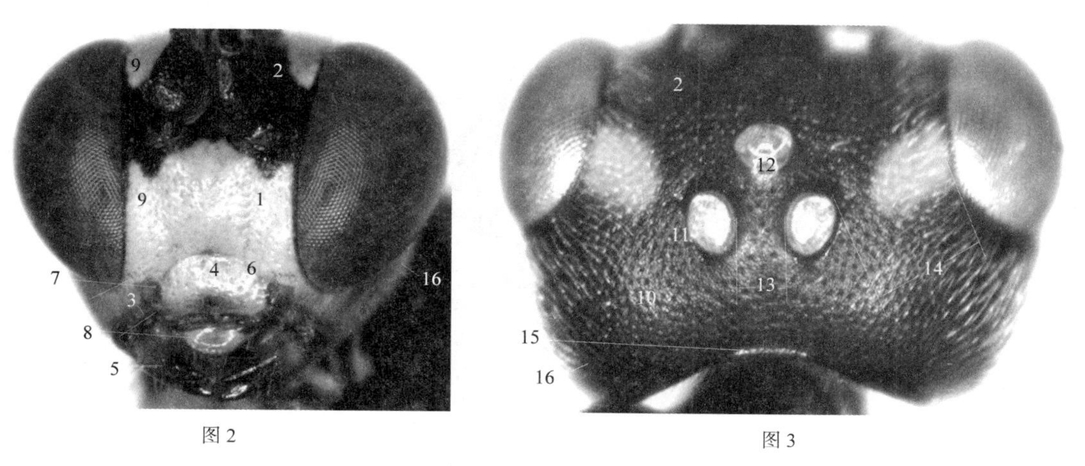

图 2、3　头部：图 2. 前面观，图 3. 背面观

1. 颜面；2. 额；3. 颊；4. 唇基；5. 上颚；6. 唇基沟；7. 唇基凹；8. 上唇；9. 眼眶；10. 头顶；11. 侧单眼；12. 中单眼；13. 侧单眼间距；14. 单复眼间距；15. 后头脊；16. 上颊

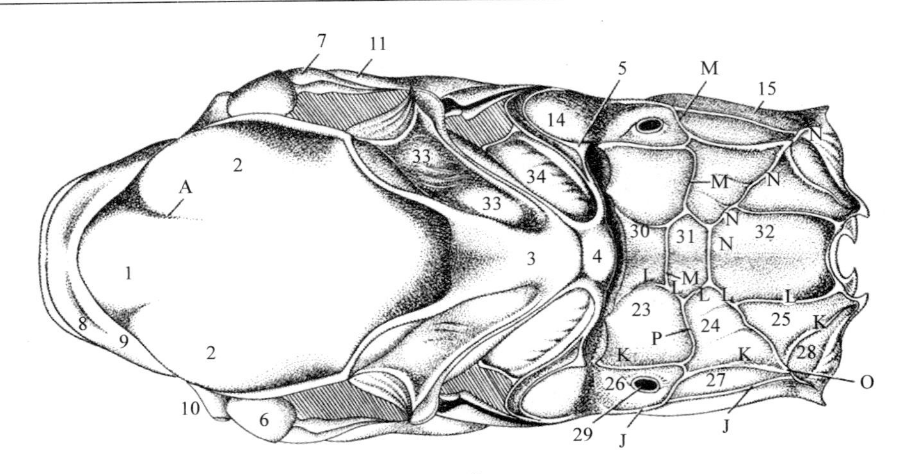

图 4　胸部背面观(仿 Townes, 1969)

1、2. 中胸盾片；1. 中胸盾片中叶；2. 中胸盾片侧叶；3. 小盾片；4. 后小盾片；5. 后胸背板后缘；6. 翅基片；7. 翅基下脊；8. 颈；8~10. 前胸背板；10. 前胸背板后角；11. 中胸侧板；14. 后胸侧板上方部分；15. 后胸侧板(后胸侧板下方部分)；23~32. 并胸腹节；23. 第 1 侧区；24. 第 2 侧区；25. 第 3 侧区；26. 第 1 外侧区；27. 第 2 外侧区；28. 第 3 外侧区；29. 并胸腹节气门；30. 基区；31. 中区；32. 端区；33. 中胸背板腋下槽；34. 后胸背板腋下槽；J. 并胸腹节外侧脊；K. 并胸腹节侧纵脊；L. 并胸腹节中纵脊；M. 并胸腹节基横脊；N. 并胸腹节端横脊；O. 并胸腹节侧突；P. 分脊

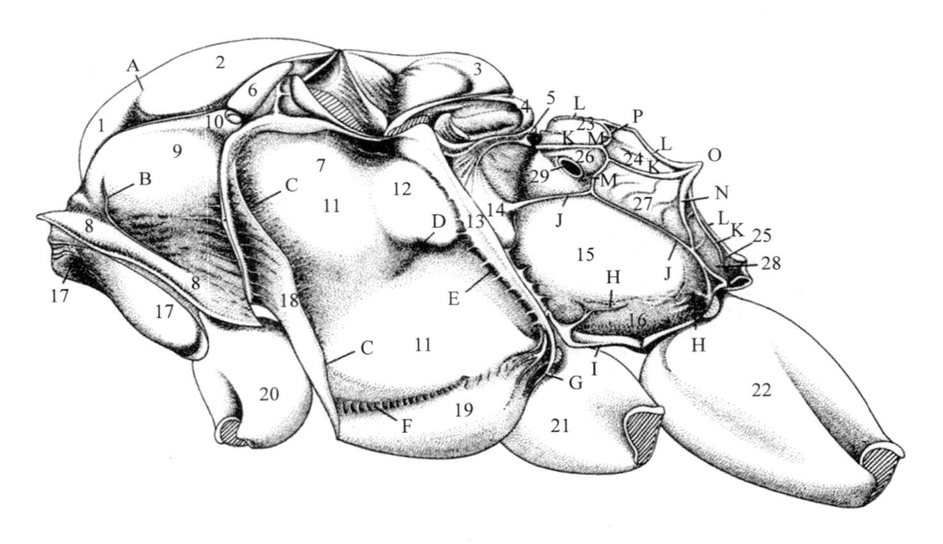

图 5　胸部，侧面观(仿 Townes, 1969)

1、2. 中胸盾片；1. 中胸盾片中叶；2. 中胸盾片侧叶；3. 小盾片；4. 后小盾片；5. 后胸背板后缘；6. 翅基片；7. 翅基下脊；8. 颈；8~10. 前胸背板；10. 前胸背板后角；11~18, 胸部侧面；11. 中胸侧板；12. 镜面区；13. 中胸后侧片；14. 后胸侧板上方部分；15. 后胸侧板(后胸侧板下方部分)；16. 基间区；17. 前胸侧板；18. 胸腹侧片；23~32. 并胸腹节；23. 第 1 侧区；24. 第 2 侧区；25. 第 3 侧区；26. 第 1 外侧区；27. 第 2 外侧区；28. 第 3 外侧区；29. 并胸腹节气门；A. 盾纵沟；B. 前沟缘脊；C. 胸腹侧脊；D. 中胸侧板凹；E. 中胸侧缝；F. 腹板侧沟；G. 中胸腹板后横脊；H. 基间脊；I. 后胸侧板下缘脊；J. 并胸腹节外侧脊；K. 并胸腹节侧纵脊；L. 并胸腹节中纵脊；M. 并胸腹节基横脊；N. 并胸腹节端横脊；O. 并胸腹节侧突；P. 分脊

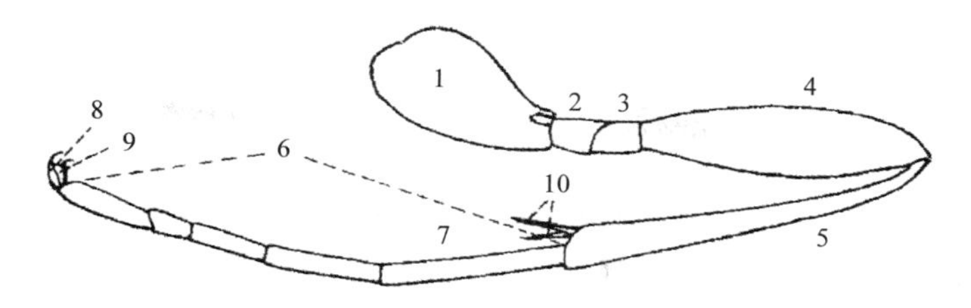

图 6 足(仿何俊华等, 1996)

1. 基节；2. 第 1 转节；3. 第 2 转节；4. 腿节；5. 胫节；6. 跗节；7. 第 1 跗节；8. 爪；9. 爪间突；10. 胫距

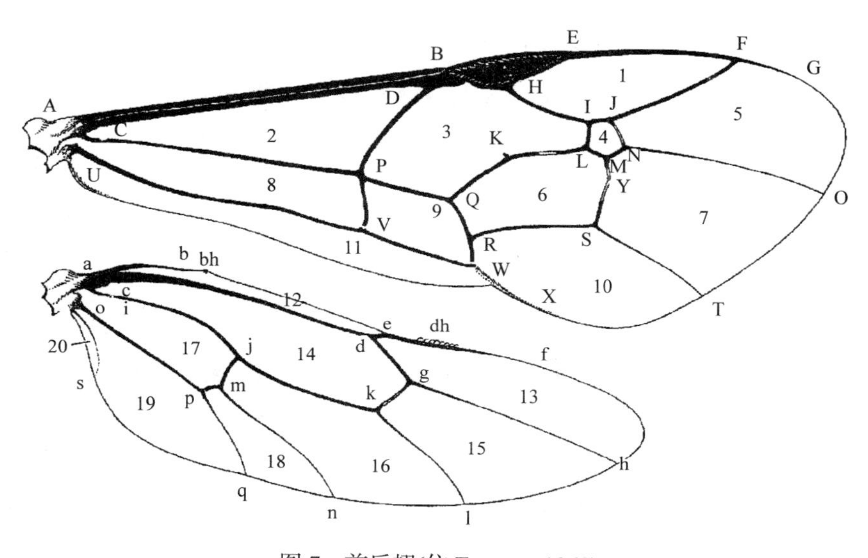

图 7 前后翅(仿 Townes, 1969)

1. 径室；2. 中室；3. 盘肘室；4. 小翅室；5. 第 3 肘室；6. 第 2 盘室；7. 第 3 盘室；8. 亚中室；9. 第 1 臂室；10. 第 2 臂室；11. 臀室；12. 后缘室；13. 后径室；14. 后中室；15. 后肘室；16. 后盘室；17. 后亚中室；18. 后臂室；19. 后臀室；20. 后腋室；BEH. 翅痣；AB. 前缘脉；CD. 亚缘脉；EFG. 痣外脉；HIJF. 径脉；KLMNO. 肘脉；PQRW. 盘脉；RST. 亚盘脉；CP. 中脉；UV. 亚中脉；VWX. 臂脉；DP. 基脉；IL. 第 1 肘间横脉；JN. 第 2 肘间横脉；QL. 盘肘脉；K. 残脉；QK. 第 1 回脉；MS. 第 2 回脉；Y. 弱点；PV. 小脉；QRW. 外小脉；ab. 后缘脉；cde. 后亚缘脉；ef. 后痣外脉；dgh. 后径脉；jkl. 后肘脉；mn. 后盘脉；kg. 后肘间脉；ij. 后中脉；op. 后亚中脉；pq. 后臂脉；bh. 基翅钩；dh. 端翅钩；rs. 腋脉；jmp. 后小脉

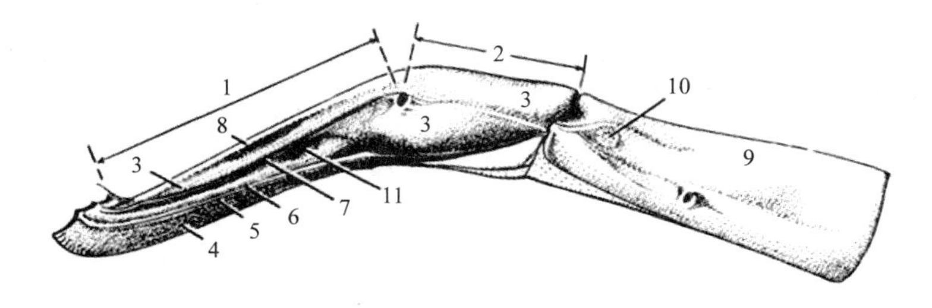

图 8 腹部第 1、第 2 节背板侧面观(仿 Townes, 1969)

1. 腹柄；2. 后柄部；3. 第 1 节背板；4. 第 1 节腹板；5. 背腹缝；6. 腹侧脊；7. 背侧脊；8. 背中脊；9. 第 2 节背板；10. 窗疤；11. 基侧凹

姬蜂科分类

除化石类群外，姬蜂科 Ichneumonidae 和茧蜂科 Braconidae 组成姬蜂总科 Ichneumonidea，两科从外形及体壁结构上比较相近，它们的主要区别特征在于：姬蜂科的前翅肘脉第 1 段不存在，第 1 盘室与第 1 肘室合并；具第 2 回脉(极少数有例外)；腹部第 2、第 3 节背板不融合，可独立活动。

姬蜂科分亚科检索表*

1. 无翅或翅退化(未伸达腹部基部)……101
   具翅且不退化……2
2. 前翅无第 2 回脉……3
   前翅具第 2 回脉……6
3. 前翅径脉和肘脉有一段合并(致使它们之间无肘间横脉)；盘肘室小且方形……5
   前翅径脉和肘脉不合并，第 1 肘间横脉存在；盘肘室大……4
4. 唇基宽，端缘具 1 排刚毛；第 1 肘间横脉处增厚，该脉非常短……短须姬蜂亚科 **Tersilochinae (少数种)**
   唇基宽稍大于长，端缘无 1 排刚毛；第 1 肘间横脉处不增厚，该脉明显……秘姬蜂亚科 **Cryptinae (少数种)**
5. 腹部第 1~第 3 节背板具粒状表面，横凹稍在中部之后，凹内具纵线纹；腹部第 1 节腹板骨质化部分未抵达气门；上颚正常，具 2 齿……简脉姬蜂亚科 **Neorhacodinae**
   腹部第 1~第 3 节背板无上述质地和横凹；腹部第 1 节腹板骨质化部分伸达气门之后；上颚退化，无齿……前腹茧蜂亚科 **Hybrizontinae**
6. 中胸盾片满布强壮的横皱……7
   中胸盾片无横皱，至多仅部分具弱皱……8
7. 后头脊背面中段缺；前翅小脉位于基脉的外侧；雌性腹部末节背板呈角状，端部平截……皱背姬蜂亚科 **Rhyssinae**
   后头脊背面中段完整；前翅小脉与基脉相对；腹部末节背板稍扩展，但不形成端部平截的角……牧姬蜂亚科 **Poemeniinae (*Pseudorhyssa*)**
8. 腹部第 1 节背板的气门位于后部 1/3 处，腹板端部约抵达后部 1/3 处；腹部第 1 节基部狭窄而端部变宽……9
   腹部第 1 节背板的气门约位于中部或中部之前，腹板端部通常不超过中部，若超过中部，则气门约位于该节中部；腹部第 1 节逐渐向端部变宽或接近平行……29
9. 前翅无小翅室，肘间横脉位于第 2 回脉外侧，盘肘室扩展至第 2 回脉的外侧……10
   前翅有或无小翅室，若无，肘间横脉位于第 2 回脉内侧或与第 2 回脉相对，盘肘室不扩展至第 2 回脉的外侧……12
10. 前翅第 2 臂室具 1 伪脉，平行于翅缘；体灰褐至红褐色，或具黑斑；产卵器几乎不伸出腹末……瘦姬蜂亚科 **Ophioninae**
    前翅无伪脉；头和胸部黑色或褐色，有时具浅色斑；产卵器明显伸出腹末……11

---

* 参考 Dr. Broad (2011)的检索表编制。

11. 并胸腹节无脊围成的区，满布网状皱(有 1 种具非常细的雕面且中足具 1 距)；肘间横脉处的脊正常；唇基端缘无 1 排刚毛，有时端缘中央具 1 齿……………………………肿跗姬蜂亚科 **Anomaloninae (部分)**
并胸腹节具由脊围成的区，无网状皱；中足胫节总是具 2 距；肘间横脉处的脉增厚；唇基端缘具 1 排稠密的刚毛，绝无 1 齿……………………………………………………短须姬蜂亚科 **Tersilochinae (部分)**
12. 并胸腹节无脊围成的区，但满布网状或蜂窝状皱；产卵器端部收缩，形成突然变细的尖……………………………………………………………………………………………肿跗姬蜂亚科 **Anomaloninae**
并胸腹节具由脊围成的区，若无脊，则无网状或蜂窝状皱；产卵器端部具背结、背缺刻或简单，收缩但不形成突然变细的尖……………………………………………………………………………………13
13. 中胸短，侧面观驼背状；前翅小脉远位于基脉外侧，二者之间的距离大于小脉长的 1/2；后翅后径脉远长于后肘间脉；腹部第 1 节背板与腹板融合，二者之间无缝的痕迹；并胸腹节端部接纳腹部的窝与后足基节窝之间的几丁质桥的长度至少大于基节窝的宽………草蛉姬蜂亚科 **Brachycyrtinae**
中胸长，非驼背状；前翅小脉非常靠近基脉；后翅后径脉不长于后肘间脉；腹部第 1 节背板与腹板之间至少有缝分隔；并胸腹节端部接纳腹部的窝与后足基节窝之间的几丁质桥较狭窄…………14
14. 中胸侧板具腹板侧沟，其长通常至少为中胸侧板一半……………………………………………………15
中胸侧板无腹板侧沟，但有时(部分 Tersilochinae)具 1 斜沟，该沟的前端位于中胸侧板较上方……………………………………………………………………………………………………16
15. 唇基阔且平，端缘平截，与颜面稍分开；上颚下端齿小于上端齿；并胸腹节中区大(约为并胸腹节宽的 1/3)且后部具齿，从前面看心形；产卵器鞘硬且直………姬蜂亚科 **Ichneumoninae (*Dicaelotus*)**
唇基狭且明显隆起，端缘圆形，由明显的沟与颜面分开；上颚下端齿通常等长于上端齿，有时或短、或长；并胸腹节中区小，后部无齿；产卵器鞘细且柔软…………秘姬蜂亚科 **Cryptinae (大部分)**
16. 后翅后中脉强烈弯曲且基部无色或消失；腹部第 3 节折缘无褶缝将其与背板分隔，下垂…………17
后翅后中脉稍弯曲或直，为完整的脉；腹部第 3 节的折缘通常有褶缝将其与背板分隔………………18
17. 前翅有或无小翅室，若无，肘间横脉处的脉正常；唇基端缘无 1 排刚毛；跗节的爪至少在基部具栉齿……………………………………………………………微姬蜂亚科 **Phrudinae (*Astrenis* and *Phrudus*)**
前翅肘间横脉处的脉增厚；唇基端缘具 1 排整齐且稠密的刚毛；跗节的爪通常简单……………………………………………………………………………………………………短须姬蜂亚科 **Tersilochinae**
18. 唇基端缘中央具 1 强壮的尖突…………………………………………………………………………19
唇基端缘中央无尖突(虽然有时具 1 小齿)……………………………………………………………20
19. 后足胫节具 1 距；爪具栉齿；唇基端缘具 1 排整齐且稠密的刚毛；前中胫节无 1 端齿…………………………………………………………………………………柄卵姬蜂亚科 **Tryphoninae (*Sphinctus*)**
后足胫节具 2 距；爪简单；唇基端缘无 1 排整齐且稠密的刚毛；前中胫节具 1 强壮的端齿…………………………………………………………………………盾脸姬蜂亚科 **Metopiinae (*Ischyrocnemis*)**
20. 后足胫节具 1 距；触角棒状……………………………………………盾脸姬蜂亚科 **Metopiinae (*Periope*)**
后足胫节具 2 距；触角非棒状………………………………………………………………………21
21. 前翅第 2 回脉具 1 弱点……………………………………………………………………………22
前翅第 2 回脉具 2 弱点……………………………………………………………………………26
22. 触角鞭节 12 节；上唇强烈暴露在唇基下方……………………………寡节姬蜂亚科 **Adelognathinae (部分)**
触角鞭节 16 节以上；上唇隐藏在唇基下方…………………………………………………………23
23. 下颚须长，延伸至中足基节之后；唇基端部平；无中胸腹板后横脊；产卵器非常短，不伸出腹末；产卵器鞘阔，宽约等于长；跗节的爪无栉齿…………………………………奥克姬蜂亚科 **Oxytorinae**
下颚须正常，很少可延伸至中足基节；唇基隆起或中部隆起呈棱脊状，端部不平；中胸腹板后横脊通常完整；产卵器伸出腹末；产卵器鞘细，即使非常短的产卵器，鞘长至少为宽的 2 倍；跗节的爪通常具栉齿………………………………………………………………………………………24
24. 唇基横向，宽为长的 3~4 倍，中部具隆起的横棱脊，端缘薄……………………………………………

………………………………………………………… **栉足姬蜂亚科 Ctenopelmatinae (栉足姬蜂族的少数种)**

唇基非特别横向，至多宽为长的2倍，均匀隆起，无横棱脊状隆起及薄端缘……………………25

25. 后足胫距与跗节生在胫节末端不同的薄膜上，二者之间具几丁质的“骨片”将二者分隔；腹部第2节背板具纵皱；头胸部通常灰褐色具黑斑，或至少颜面具黄斑…………**分距姬蜂亚科 Cremastinae**

后足胫距与跗节生在胫节末端同一个薄膜上，二者之间无几丁质的“骨片”将二者分隔；腹部第2节背板具不同的质地；头胸部通常黑色……………………………………**缝姬蜂亚科 Campopleginae**

26. 复眼(正面观)强烈向下方收敛；具眼下沟；唇基宽不或几乎不大于长；上颚细，强烈向端部变狭 ……………………………………………………**拱脸姬蜂亚科 Orthocentrinae (部分)**

复眼(正面观)不或稍向下方收敛；无眼下沟，或仅具弱沟状纹；唇基宽大于长；上颚不细，也不强烈向端部变狭，但常扭曲似细，看上去向端部变狭 ……………………………………………27

27. 前足胫节外侧端缘具1小齿；唇基中部具隆起的横棱脊，端缘非常薄；前翅小翅室尖，具短至长的柄 ……………………………………**栉足姬蜂亚科 Ctenopelmatinae (栉足姬蜂族的少数种)**

前足胫节外侧端缘无1小齿；唇基平或明显隆起，无横隆起；前翅小翅室四边形或五边形，无柄 ……………………………………………………………………………………………28

28. 唇基宽且平，与颜面稍分开，端缘平截；上唇通常暴露在唇基下方如一细横带，具长刚毛；腹部第2节背板常具非常深的窗疤；前翅翅痣通常颜色一致；上颚常扭曲，下端齿小于上端齿；产卵器鞘硬且直 ……………………………………………**姬蜂亚科 Ichneumoninae (大部分)**

唇基宽隆起，与颜面由沟分开，端缘圆形；上唇通常隐藏在唇基下方，无长刚毛；腹部第2节背板的窗疤小且浅；翅痣通常基部灰白色；上颚不扭曲；产卵器鞘细且柔软常卷曲 …………………………………………………………………**秘姬蜂亚科 Cryptinae (少数属)**

29. 产卵器附卵…………………………………………**柄卵姬蜂亚科 Tryphoninae (部分属)**

产卵器不附卵……………………………………………………………………………30

30. 触角鞭节12或13节；上唇强烈暴露在唇基下方；前翅第2回脉具1弱点 ………………………………………………………………**寡节姬蜂亚科 Adelognathinae (大部分)**

触角鞭节多于13节，通常多于16节；上唇强烈暴露在唇基下方；前翅第2回脉具1或2弱点 ……………………………………………………………………………………………31

31. 中后足胫节各具2距……………………………………………………………………34

中足或后足，或二者的胫节具1距………………………………………………………32

32. 颜面具由脊围成的盾面……………………………**盾脸姬蜂亚科 Metopiinae (*Metopius*)**

颜面正常，无脊围成的盾面………………………………………………………………33

33. 中足胫节具1距，后足胫节无距；触角非棍棒状，所有鞭节的长大于自身宽 ……………………………………………………**柄卵姬蜂亚科 Tryphoninae (外姬蜂族 Exenterini)**

中足胫节具2距，后足胫节具1距；触角棍棒状，鞭节倒数第2节和它前面的几节宽大于长 ……………………………………………………………**盾脸姬蜂亚科 Metopiinae (*Periope*)**

34. 中胸侧板具腹板侧沟，其长大于中胸侧板的1/2长 ……………………………………35

中胸侧板无腹板侧沟(有例外)，或腹板侧沟弱且不及中胸侧板长的1/2 ………………36

35. 腹部第1节背板具非常深的基侧凹；唇基端缘具均匀的刚毛 …………………………………………**柄卵姬蜂亚科 Tryphoninae (Oedemopsini 的一些属)**

腹部第1节背板无基侧凹；唇基端缘无均匀的刚毛 …………**秘姬蜂亚科 Cryptinae (少数属)**

36. 前胸背板背面具1个分叉的凸起；雄性触角鞭节中部膨胀，其节宽远大于长；产卵器小，退化，背瓣和腹瓣的分隔不易分辨……………………………**优姬蜂亚科 Eucerotinae (*Euceros*)**

前胸背板无分叉的凸起；雄性触角鞭节中部正常，不膨胀；产卵器长，背瓣和腹瓣通常可分辨 …………………………………………………………………………………………………37

37. 前翅小翅室菱形；腹部第1节背板具深基侧凹 ……………………………………………38

前翅若有小翅室，则非菱形，具柄，三角形或五边形；腹部第1节背板具或无基侧凹 39

38. 前足跗节第2~第4节短，明显比第5节缩短；颚眼距长，约为上颚基部宽的2倍；产卵器鞘大部分不显露；雄性阳茎基侧突几乎全部不显露 .... **盾脸姬蜂亚科 Metopiinae (*Scolomus*)**

前足跗节各节长大于宽，与第5节相比，不缩短；颚眼距较短，通常约等于上颚基部宽；产卵器鞘伸出腹末且坚硬；雄性阳茎基侧突很长，棒状 .... **菱室姬蜂亚科 Mesochorinae (大部分属)**

39. 产卵器鞘伸出腹末且坚硬；雄性阳茎基侧突很长，棒状；爪具栉齿；唇基和颜面之间无沟将二者分开；基侧凹约位于背板中部；较大形个体，灰白至橘褐色夜活动型种类 .... **菱室姬蜂亚科 Mesochorinae (*Cidaphus*)**

产卵器鞘不伸出腹末或细，卷曲状；雄性阳茎基侧突宽大于长，常隐蔽；爪常无栉齿；若为较大形、灰白橘褐色夜活动型种类，则唇基和颜面之间有弱沟将二者分开；基侧凹位于背板基部，之间仅由半透明的薄膜隔开，且产卵器不伸出腹末 40

40. 唇基和颜面不分开，二者(整个)形成一个稍隆起的表面或凸出的表面 41

唇基和颜面有沟或横压痕分开，整个表面不强烈凸起 45

41. 复眼整个表面具显著的长毛；雌性的爪具基叶 .... **瘤姬蜂亚科 Pimplinae (*Schizopyga*)**

复眼无毛，或具非常不明显的毛；雌性的爪无基叶，有时具栉齿，或简单 42

42. 前足跗节第2~第4节短，明显比第5节缩短，通常宽约等于或大于长；颜面上部中央几乎都具三角形凸起伸至触角窝之间或偶有1横脊；腹部第1节背板具1对强壮的中纵脊 .... **盾脸姬蜂亚科 Metopiinae**

前足跗节各节长大于宽，与第5节相比，不缩短；颚眼距较短，通常约等于上颚基部宽；颜面上缘简单；腹部第1节背板常无1对强壮的中纵脊 43

43. 触角柄节明显呈圆柱形，长约为宽的3倍；颚眼距长(3~4倍于上颚基部宽)，具完整的眼下沟；上颚小，细，向端部变狭窄，下端齿短于上端齿；爪简单 .... **拱脸姬蜂亚科 Orthocentrinae (*Orthocentrus* 种团)**

触角柄节呈球形，长为宽的1~2倍；颚眼距短(不大于上颚基部宽的1.5倍)，无眼下沟；上颚强壮，向端部不强烈变狭 44

44. 中胸盾片光亮，无纹理，盾纵沟清晰且细；腹部第1节背板较粗糙；爪简单；雌性触角的所有鞭节宽大于自身长；颜面向前突出，与头纵轴约呈50° .... **洼唇姬蜂亚科 Cylloceriinae (*Hyperacmus*)**

中胸盾片具纹理，盾纵沟不清晰；腹部第1节背板光滑或稍粗糙；爪具栉齿；雌性触角的所有鞭节长大于自身宽；颜面不向前突出 .... **栉足姬蜂亚科 Ctenopelmatinae (*Rhorus*)**

45. 腹部至少第2~第4节背板具由沟围成的三角形或菱形区，三角形区通常无后面的沟；后胸侧板下缘脊前部通常扩展成较高的叶 46

腹部背板无三角形或菱形区，至多第2、第3节的角处具沟，在前部形成较宽的区，若形成这样的区，则后胸侧板下缘脊前部不扩展成较高的叶 48

46. 腹部背板具由沟围成的菱形区，后胸侧板下缘脊不扩大；前足第5跗节宽于前面的节，爪垫长于爪；爪具基叶；产卵器无明显的齿或缺刻 .... **瘤姬蜂亚科 Pimplinae (*Zatypota*)**

腹部背板具由沟围成的三角形区，后胸侧板下缘脊前部扩大呈叶状；前足第5跗节不变宽；爪垫不长于爪；爪简单或具栉齿，无基叶；产卵器具背缺刻或腹瓣具齿 47

47. 腹部背板无横沟，具由基部中央伸向侧后方的斜沟；并胸腹节具或无端横脊，有时具由弱脊围成的中区；产卵器无齿，具背缺刻 .... **栉姬蜂亚科 Banchinae (雕背姬蜂族 Glyptini)**

腹部背板具清晰的横沟，近背板中央具三角形区；并胸腹节大部分脊存在；产卵器具明显的齿 .... **壕姬蜂亚科 Lycorininae (*Lycorina*)**

48. 腹部第1节腹板(骨化部分)长约为背板长的0.75，气门位于中部或中部稍前方；背板侧缘约平行，狭窄，约呈圆筒形 49

腹部第 1 节腹板(骨化部分)端部未超过气门；背板几乎总是向后变宽，不呈圆筒形 52

49. 腹部腹板强烈骨化，几乎圆筒形；小盾片具向后伸出的长刺；胸部具银白色毛；腹部全部暗色 ······ 潜水姬蜂亚科 **Agriotypinae**

腹部腹板膜质，腹部较平；小盾片无向后伸出刺；胸部无较显著的毛；腹部有时具浅色带 ········ 50

50. 前翅具斜四边形小翅室；腹部背板从第 2 节起具灰白色端带 ···················· 完脊姬蜂亚科 **Diacritinae**

前翅无小翅室；腹部背板单色 ··························· 51

51. 颜面(正面观)由于下端在上颚基部直角状而呈方形；上唇不外露；触角着生在弱至强壮的突起台上；上颚稍分为 2 齿或形似 1 齿；后足胫节端缘具 1 斜排稠密的毛；腹部第 1 节背板的气门位于中部；产卵器非常短，大部分不裸露，具 1 大的三角形下生殖板，几乎伸达腹部端部 ······ 小姬蜂亚科 **Microleptinae**

颜面(正面观)下端非呈直角状；上唇外露，半圆形；触角不是着生在突起台上；上颚强烈分为 2 齿；后足胫节端缘无 1 斜排稠密的毛；腹部第 1 节背板的气门位于前部 1/3 处；产卵器伸出腹部端部，下生殖板短 ······ 显唇姬蜂亚科 **Orthopelmatinae**

52. 后翅后小脉在靠近上端处曲折 ··························· 53

后翅后小脉在下方或近中央处曲折，或不曲折 ··························· 61

53. 无胸腹侧脊 ··························· 54

胸腹侧脊至少在腹面存在 ··························· 56

54. 爪具栉齿；上颚上端齿明显宽于下端齿且呈分齿状，使上颚呈 3 齿状；前中胫节无棘刺；小盾片通常具 1 小凸起，该突起针状，至少上部尖细、呈针状，向后倾斜 ······ 栉姬蜂亚科 **Banchinae** (***Banchus***、***Rhynchobanchus***)

爪简单或具 1 辅齿；上颚单齿或具 2 齿；前中胫节常具小棘刺(明显粗于周围其他的毛)；小盾片无针状突起 ··························· 55

55. 上颚单齿，凿状，或具 2 齿，下端齿长于上端齿；前中胫节常具分散的小棘刺；雌性下生殖板未伸达腹端 ······ 牧姬蜂亚科 **Poemeniinae (大部分属)**

上颚具 2 齿，下端齿不长于上端齿；前中胫节无小棘刺；雌性下生殖板末端伸达或超过腹端 ······ 犁姬蜂亚科 **Acaenitinae (大部分属)**

56. 并胸腹节具直的中纵脊和侧纵脊，无端横脊；唇基具 1 中齿或中突；触角短，仅稍长于头胸部长度之和；产卵器腹侧具细齿(*Collyria*) ······ 茎姬蜂亚科 **Collyriinae**

并胸腹节中纵脊和侧纵脊弯曲，具端横脊，具中区的痕迹，或无脊；唇基无 1 中齿或中突，有时具中缺刻；触角较长，通常远大于头胸部长度之和；产卵器腹侧无齿 ··························· 57

57. 上颚强烈扭曲，外观仅见 1 齿；腹部第 1 节背板具深的基侧凹；产卵器短(不大于腹部长的一半)，无背缺刻，也无齿或脊；主要为灰白、橘褐色种 ······ 柄卵姬蜂亚科 **Tryphoninae (*Netelia*)**

上颚不扭曲，外观可见 2 齿；腹部第 1 节背板仅具浅基侧凹，或无基侧凹；产卵器腹瓣具齿，或具背缺刻，若无齿和背缺刻，则较长且卷曲；主要为黑色种，具或无灰白斑 ························ 57

58. 唇基平，有时端部具凹刻；雌性下生殖板短；产卵器腹瓣端部具齿或前足胫节具短齿(且产卵器具背缺刻)；腹部第 1 节背板中部常陡然隆起，具背中脊和强壮的刻纹，或平且光亮 ······ 59

唇基端部隆起，有时亚端部肿胀呈 1 棱脊状；产卵器具背缺刻或简单(平)；雌性下生殖板抵达或超过腹端；腹部第 1 节背板平或背面均匀弯曲，无背中脊；背板无刻点，不光亮，稍粗糙 ············ 60

59. 前足胫节无端齿；前翅第 2 回脉具 2 弱点；产卵器明显伸出腹部末端，腹瓣端部具齿 ······ 瘤姬蜂亚科 **Pimplinae (部分)**

前足胫节端部外侧具 1 小齿；前翅第 2 回脉几乎总是具 1 弱点；产卵器通常不大于腹端厚度，具背缺刻 ······ 栉足姬蜂亚科 **Ctenopelmatinae (部分)**

60. 并胸腹节仅具端横脊，或无脊；小翅室大，几乎呈三角形；雌性下生殖板约三角形，末端未伸达腹部末端；产卵器短，其长不到腹部端部高的 2 倍，端部具背缺刻；爪无辅齿，常具栉齿 ···········

……………………………………………………………… 栉姬蜂亚科 **Banchinae** (*Exetastes*)

并胸腹节通常具脊；无小翅室，或小翅室小且具柄；雌性下生殖板长，通常末端超过腹部末端，若未伸达腹部末端，则下生殖板端部狭窄，或末节背板拉长且长于其前节；产卵器长，其长大于腹部 2/3 长或更长，无背缺刻，有时具弱齿；前中足的爪具辅齿………………………………………… 犁姬蜂亚科 **Acaenitinae** (部分属)

61. 上颚上端齿分裂呈 2 齿，因此上颚呈现 3 齿状；前足胫节无端齿；无前沟缘脊；腹部第 1 节背板常呈方形，有时呈矩形，侧边直………………………………… 蚜蝇姬蜂亚科 **Diplazontinae**

上颚上端齿不分裂，上颚具 2 齿，若模糊地呈 3 齿状，则前足胫节具 1 端齿且具前沟缘脊；腹部第 1 节背板长且狭窄，很少呈方形，常向端部加宽……………………………………… 62

62. 爪具栉齿……………………………………………………………………………… 63

爪无栉齿，但可能具基叶，或具辅齿………………………………………………… 69

63. 后胸侧板下缘脊前部不扩大呈叶状……………………………………………… 64

后胸侧板下缘脊前部强烈扩大呈叶片状…………………………………………… 68

64. 并胸腹节仅具端横脊，或无任何脊；前足胫节的距长，毛状梳仅达中部(不是上颚扭曲且灰橘褐色就是上颚直，大部分黑色且产卵器具明显的背结)……………………………………… 柄卵姬蜂亚科 **Tryphoninae** (短梳姬蜂族 **Phytodietini**)

并胸腹节至少具基横脊的痕迹和纵脊；前足胫节端部外侧具明显的齿，胫距的毛状梳超过中部……………………………………………………………………………… 65

65. 前翅第 2 回脉具 2 弱点；前足胫节端部外侧具或无齿……………………………… 66

前翅第 2 回脉具 1 弱点；前足胫节端部外侧具明显的齿…………………………… 67

66. 唇基端缘具 1 排分布均匀的刚毛，无中凹；前足胫节端部外侧具或无齿……………………… 柄卵姬蜂亚科 **Tryphoninae** (柄卵姬蜂族 **Tryphonini** 部分属)

唇基端缘无 1 排分布均匀的刚毛，常具 1 中凹；前足胫节端部外侧具齿……………………… 栉足姬蜂亚科 **Ctenopelmatinae** (基凹姬蜂族 **Mesoleiini** 少数属)

67. 腹部第 3 节背板的折缘较狭，与背板之间由缝分隔；产卵器远短于腹部长，背瓣亚端部具背缺刻……………………………………… 栉足姬蜂亚科 **Ctenopelmatinae** (部分)

腹部第 3 节背板的折缘非常宽，与背板之间无缝分隔；产卵器约与腹部等长，或 1.2 倍于体长，向上弯曲，背瓣亚端部无背缺刻，具非常弱的小突起 ………… 短胸姬蜂亚科 **Brachyscleromatinae**

68. 并胸腹节具大部分脊，中区存在；上颚细，向端部收缩；唇基宽约等于长，端部稍平且光亮；产卵器端部背面具齿；雄性颜面大部分黄色 ………………… 绒脸姬蜂亚科 **Stilbopinae** (*Panteles*)

并胸腹节背面仅具端横脊；上颚较宽，向端部不收缩；唇基宽大于长，端部不平、不光亮；产卵器具背缺刻，无齿；雄性颜面通常中央黑色或全部黑色(唇基红色)……………………………………… 栉姬蜂亚科 **Banchinae** (部分)

69. 雌性下生殖板长，端部狭窄，末端远伸至腹部末端之后；雄性前中足的爪具辅齿；无小翅室；盘肘室稍扩展至第 2 回脉外侧………………………… 犁姬蜂亚科 **Acaenitinae** (*Arotes*)

雌性下生殖板短，末端未伸过腹部末端；雄性前中足的爪无辅齿；有或无小翅室，若无，盘肘室未扩展至第 2 回脉外侧…………………………………………………………… 70

70. 并胸腹节仅具均匀弯曲的端横脊；后胸侧板下缘脊强壮，前部常扩展成叶状；唇基亚基部均匀隆起，端部平 ………………………………………………… 栉姬蜂亚科 **Banchinae**

并胸腹节除具端横脊外，还具其他脊；后胸侧板下缘脊通常较弱，前部不扩展成叶状；唇基通常均匀隆起，有时靠近基部隆起，其余平 ……………………………………………… 71

71. 前翅第 2 回脉具 1 弱点………………………………………………………………… 72

前翅第 2 回脉具 2 弱点，或由于该处呈“Z”形而使弱点难以界定 ……………………… 81

72. ♀♀ ……………………………………………………………………………………… 73

♂♂ …… 76

73. 下生殖板大，约呈三角形，末端几乎伸达腹部末端；产卵器非常短，未伸过腹部末端 …… 74
下生殖板小，末端未伸达腹部末端，不呈三角形；产卵器通常伸过腹部末端 …… 77

74. 下颚须拉长，伸至中足基节之后；唇基端部平；上唇不裸露；产卵器鞘宽约等于长 …… **奥克姬蜂亚科 Oxytorinae**
下颚须不拉长，很少伸至中足基节；唇基或均匀隆起，或端部突然下斜；上唇裸露；产卵器鞘细 …… 75

75. 上颚宽且直，不向端部收缩；唇基端缘凹，具突然的倾斜面 …… **秘姬蜂亚科 Cryptinae (*Sphecophaga*)**
上颚窄且向端部收缩；唇基均匀隆起，端缘隆起 …… **拱脸姬蜂亚科 Orthocentrinae (*Hemiphanes*)**

76. 并胸腹节仅具端横脊或 1 条(中)横脊；前足胫节无齿；前足胫节肿胀、并胸腹节的脊呈“V”形(*Helcostizus*)，或中胸腹板具完整的后横脊且小翅室长为宽的 1.5 倍(若不封闭，第 2 肘间横脉可由端部的残脉辨别) (*Ateleute*) …… **秘姬蜂亚科 Cryptinae (部分)**
并胸腹节至少具纵脊的痕迹，从不具“V”形横脉；前足胫节具 1 端齿；前足胫节不肿胀；中胸腹板缺或不完整；无小翅室，或长不大于宽 …… 77

77. 唇基端部 1/3 突然下斜，顶端凹且上唇裸露 …… **秘姬蜂亚科 Cryptinae (部分)**
唇基不如上述，上唇不裸露 …… 78

78. 上颚向下弯曲，致使显露出小上唇；上颚小，向端部收缩，下端齿 0.5 倍于上端齿 …… **拱脸姬蜂亚科 Orthocentrinae (*Hemiphanes*)**
上颚直，上唇不裸露；上颚粗，不收缩，下端齿很少短于上端齿，有时长于上端齿 …… 79

79. 中胸腹板具完整的后横脊；小翅室长为宽的 1.5 倍(若不封闭，第 2 肘间横脉可由端部的残脉辨别)；后翅臀脉消失 …… **秘姬蜂亚科 Cryptinae (*Ateleute*)**
中胸腹板后横脊缺或不完整；小翅室缺，或宽不等于长；后翅臀脉存在 …… 80

80. 前足胫节无端齿；下颚须拉长，伸达中足基节之后；唇基端部明显平 …… **奥克姬蜂亚科 Oxytorinae (*Oxytorus*)**
前足胫节具 1 端齿；下颚须短，未伸达中足基节；唇基均匀隆起或亚端部隆起 …… 81

81. 触角柄节和梗节同样大小，鞭节 14 节；腹部第 2 节背板折缘无褶缝将其与背板分开 …… **微姬蜂亚科 Phrudinae (*Pygmaeolus*)**
触角柄节长于梗节，鞭节 16 节或更多；腹部第 2 节背板折缘有褶缝将其与背板分开 …… **栉足姬蜂亚科 Ctenopelmatinae (大部分)**

82. ♀♀ …… 83
♂♂ …… 92

83. 产卵器具背缺刻，或平 …… 84
产卵器无背缺刻，腹瓣端部具齿，有时具背结(若由于产卵器小且由鞘包被，走 87 联) …… 90

84. 产卵器无背缺刻，平 …… 85
产卵器亚端部具背缺刻 …… 87

85. 第 5 跗节明显加粗，宽于其他跗节，爪垫突出于爪长之外，或产卵器细，上弯，明显伸出于腹部端部之后；爪具基叶 …… **瘤姬蜂亚科 Pimplinae (部分)**
第 5 跗节与其他跗节同宽，长大于宽；爪垫不突出于爪长之外，产卵器直，若上弯，粗壮，不长于腹部端部高；爪无基叶，有时具栉齿 …… 86

86. 唇基小，宽约等于长，隆起，端部稍平且光亮；上颚细，向端部收缩；后头脊和口后脊在上颚基部相遇；体大部分具刻点；颜面常被有稠密的银白色长毛 …… **绒脸姬蜂亚科 Stilbopinae (*Stilbops*)**

唇基通常宽大于长，端部不平且光亮；上颚阔，不向端部收缩；后头脊和口后脊在上颚基部上方相遇；体并非大部分具刻点；颜面无稠密的银白色长毛…………**柄卵姬蜂亚科 Tryphoninae (部分)**

87\. 产卵器长至少为腹部长的一半…………88

产卵器长远短于腹部长的一半…………89

88\. 触角第 1 鞭节长且细，长为宽的 7~10 倍；并胸腹节仅具中纵脊；主要为黑色种，足常红色；上颚不特别变狭；后足胫节端部无毛梳…………**洼唇姬蜂亚科 Cylloceriinae (*Cylloceria*)**

触角第 1 鞭节短，长不大于宽的 4 倍，如果更长，则体非黑色，足非红色；并胸腹节具更多的脊，或仅具端横脊；上颚细且端部变狭；后足胫节端部具毛梳…………**拱脸姬蜂亚科 Orthocentrinae (部分)**

89\. 上颚细，向端部收缩，通常下端齿远短于上端齿；前足胫节端部外侧无齿；小型瘦弱的种类…………**拱脸姬蜂亚科 Orthocentrinae (部分)**

上颚宽，不向端部收缩，下端齿不特别短于上端齿；前足胫节端部外侧具 1 齿；中等大小且强壮的种类…………**栉足姬蜂亚科 Ctenopelmatinae (基凹姬蜂族 Mesoleiini 少数种)**

90\. 小翅室五边形；前足仅具第 1 转节；唇基被有硬直的毛；上颚端半部宽，下端齿大于上端齿…………**圆孔姬蜂亚科 Alomyinae**

小翅室缺，或存在且斜方形；前足具 2 转节；唇基无硬直的毛；上颚具其他形状…………91

91\. 腹部第 1 节背板和腹板融合，无基侧凹；后足腿节腹面具 1 大齿，或上颚具 1 齿，或额具 1 中角…………**凿姬蜂亚科 Xoridinae**

腹部第 1 节背板与腹板分离，具弱基侧凹；无上述特征，爪常具基叶…………**瘤姬蜂亚科 Pimplinae (部分)**

92\. 触角鞭节第 3、第 4 节具半圆形深凹…………**洼唇姬蜂亚科 Cylloceriinae (*Cylloceria*)**

触角鞭节无半圆形深凹；有时第 5 节具这样的凹…………93

93\. 小翅室五边形；前足仅具第 1 转节；唇基被有硬直的毛；上颚端半部宽，下端齿大于上端齿…………**圆孔姬蜂亚科 Alomyinae**

小翅室缺，或存在且斜方形；前足具 2 转节；唇基无硬直的毛；上颚端半部不加宽…………94

94\. 上颚小且向端部收缩；唇基宽约等于长…………95

上颚宽，不向端部收缩；唇基宽大于长，有时具 1 中缺刻…………97

95\. 唇基端部稍平且光亮；体大部分具刻点；颜面常被稠密的银白色刚毛…………**绒脸姬蜂亚科 Stilbopinae (*Stilbops*)**

唇基端部不平；体无刻点；颜面无稠密的银白色刚毛…………96

96\. 颜面黄色，其余部分及体黑色或黑褐色…………**洼唇姬蜂亚科 Cylloceriinae (*Allomacrus*)**

颜面非黄色(通常褐色)，或若黄色，上颚扭曲且下端齿小或消失；体非完全黑色…………**拱脸姬蜂亚科 Orthocentrinae (部分)**

97\. 腹部第 1 节背板和腹板融合，无基侧凹；后足腿节腹面具 1 大齿，或上颚具 1 齿，或额(在触角窝上方)具 1 中角或凸起…………**凿姬蜂亚科 Xoridinae**

腹部第 1 节背板与腹板分离，基侧凹存在；无上述特征，有时爪具基叶…………98

98\. 腹部第 1 节背板向基部变狭，端部宽；盾纵沟强壮，伸达中胸盾片中部…………**柄卵姬蜂亚科 Tryphoninae (犀唇姬蜂族 Oedemopsini)**

腹部第 1 节背板不显著(与后部比)向基部变狭，端部宽；盾纵沟弱或缺…………99

99\. 唇基端缘具 1 排稠密均匀的刚毛；前中胫节端部外侧无齿；第 5 跗节宽小于长；爪无基叶；前翅第 2 回脉有时具“Z”形弱点…………**柄卵姬蜂亚科 Tryphoninae (部分)**

唇基端缘无 1 排稠密均匀的刚毛；前中胫节端部外侧有时具 1 齿；第 5 跗节有时宽几乎等于长；爪有时具基叶；前翅第 2 回脉无“Z”形弱点…………100

100\. 前中胫节端部外侧具 1 齿；第 5 跗节不加宽(与前面的比)，爪垫不突出；爪无基叶…………

……………………………………………………**栉足姬蜂亚科 Ctenopelmatinae (基凹姬蜂族 Mesoleiini 少数种)**

前中胫节端部外侧无 1 齿；第 5 跗节有时加宽(与前面的比)，爪垫突出(伸出爪的长度)；爪有时具基叶……………………………………………………………………**瘤姬蜂亚科 Pimplinae (部分)**

101.唇基没有与颜面分开，整个表面强烈隆起且具眼下沟；腹部第 1 节背板的气门约位于中部…………
……………………………………………………**拱脸姬蜂亚科 Orthocentrinae (*Stenomacrus*)**

唇基由沟与颜面分开，颜面(侧面观)平或稍隆起；具宽的眼下沟，或无眼下沟；腹部第 1 节背板的气门通常位于后部 1/3 处………………………………………………………………102

102.唇基宽且平，端缘平；第 2 节背板的窗疤在前缘处深凹陷；中胸腹板后横脊侧面和中央存在；雌性短翅……………………………………………………………**姬蜂亚科 Ichneumoninae**

唇基宽不大于长的 1.5 倍，隆起；第 2 节背板的窗疤小且浅，不深凹陷；雌雄性或具短翅…………
……………………………………………………………………**秘姬蜂亚科 Cryptinae**

一、犁姬蜂亚科 Acaenitinae

主要鉴别特征：上唇外露，约呈半圆形；爪简单，或具 1 尖锐的辅齿；腹部第 1 节气门位于背板的中央附近；雌性下生殖板非常大，骨质化程度高，侧面观呈三角形，沿中线具褶痕，末端伸达或超过腹部末端。

除澳洲区外全世界均有分布。寄主为蛀木害虫(Scaramozzino，1986；Townes，1971；王淑芳，姚建，1993)。

该亚科含 2 族，江西均有分布。

犁姬蜂亚科分族检索表

1. 前中足的爪简单(欧洲的跳姬蜂属 *Hallocinetus* 具 1 阔齿)；额无中纵脊；通常有小翅室；后足跗节第 5 节一般约与第 2 节等长；产卵器的齿强壮……………………………**长臀姬蜂族 Coleocentrini**

前中足的爪具 1 辅齿；额具 1 中纵脊；无小翅室；产卵器的齿弱或无齿；后足跗节第 5 节明显长于第 2 节……………………………………………………………………**犁姬蜂族 Acaenitini**

一) 犁姬蜂族 Acaenitini

前翅长 5~20 mm。额具 1 中纵脊。一般无小翅室。前中足跗节的爪近端部各具 1 尖锐的辅齿，后足跗节的爪简单，或有时也具 1 辅齿；后足第 5 跗节远比第 2 跗节长。产卵器端部的齿较弱或无齿。

该族含 20 属；我国已知 13 属；江西已知 7 属。迄今为止，对该族的寄主知道的仍然非常少。已报道的寄主为蛀木甲虫。

犁姬蜂族中国已知属检索表*

1. 后足的爪的内侧具 1 尖齿…………………………………………………………………2

后足的爪简单(无齿)……………………………………………………………………3

2. 唇基亚端缘具 1 条横脊；肘间横脉位于第 2 回脉的外侧，二者之间的距离为肘间横脉长的 0.4~0.6 倍……………………………………………………**耕姬蜂属 *Arotes* Gravenhorst**

唇基亚端缘无横脊，端部 0.4~0.6 平坦；肘间横脉与第 2 回脉对叉或位于第 2 回脉内侧，二者之间的距离约与肘间横脉宽度相等………………………………**辅齿姬蜂属 *Yamatarotes* Uchida**

* 本检索表参考 Townes (1971)的著作编制。

3. 腹部第 1 节腹板隆肿处具一些长而直的毛；肘间横脉与第 2 回脉对叉或位于第 2 回脉外侧(脊唇姬蜂属 *Metachorischizus* 的一些种例外)；后头脊上方常完整……4
腹部第 1 节腹板隆肿处无毛，甚少具一根或少数几根毛；肘间横脉与第 2 回脉对叉或位于第 2 回脉内侧；后头脊背方常常不完整，或无后头脊……9
4. 唇基亚端缘无横脊；端半部平坦，端缘薄；肘间横脉远位于第 2 回脉外侧……**依姬蜂属 *Ishigakia* Uchida**
唇基亚端缘具 1 强横脊，若无横脊，则肘间横脉与第 2 回脉对叉或位于第 2 回脉稍内侧或稍外侧……5
5. 唇基亚端缘无横脊；肘间横脉位于第 2 回脉内侧……**齿股姬蜂属 *Dentifemura* Sheng & Sun**
唇基亚端缘具 1 强横脊；肘间横脉与第 2 回脉对叉或位于第 2 回脉稍外侧……6
6. 中胸盾片中叶强烈向前突出；上颚上端齿非常小；后足腿节下侧的中部后方常具 1 钝齿……**杰赞姬蜂属 *Jezarotes* Uchida**
中胸盾片中叶前部垂直或稍微弧形下降，不向前突出；上颚上端齿与下端齿的大小约相等；后足腿节下方无齿……7
7. 下颚须各节的端部具长毛，其余部分几乎裸(无毛)；并胸腹节气门由完整的盆状椭圆形脊包围……**喙姬蜂属 *Siphimedia* Cameron**
下颚须具均匀分布的毛，有时各节端部的毛较长；并胸腹节气门无椭圆形脊包围……8
8. 并胸腹节具明显、正常的脊；上唇露出部分的长度为宽度的 0.4~0.8 倍；肘间横脉与第 2 回脉对叉或位于第 2 回脉的稍外侧……**污翅姬蜂属 *Spilopteron* Townes**
并胸腹节的脊不明显，被不规则的粗皱所替代；上唇露出部分的长度约为宽度的 0.35 倍；肘间横脉位于第 2 回脉内侧，二者之间的距离约为脉宽的 1.5 倍……**脊唇姬蜂属 *Metachorischizus* Uchida**
9. 后头脊背方中央完整……10
后头脊背方中央中断……11
10. 胸腹侧脊伸达翅基下脊；腹部第 1 节腹板中部几乎都具 1 尖突起，腹板的末端远位于气门的前方……**野姬蜂属 *Yezoceryx* Uchida**
胸腹侧脊伸达前胸背板后缘中凹处之下；腹部第 1 节腹板无尖突起，腹板的末端伸达或接近气门处……**粗点姬蜂属 *Asperpunctatus* Wang**
11. 唇基端半部具 1 中凹，端缘凹，无中齿；并胸腹节端横脊完整，在端横脊之前无皱或脊……**亮姬蜂属 *Phalgea* Cameron**
唇基端半部不凹，亚端缘具横脊或横隆起，端缘平截，通常有 1 中齿……12
12. 盾纵沟明显且长至弱且短，通常伸达中胸盾片中部；并胸腹节具突出的皱和脊；产卵器鞘长为后足胫节长的 0.7~1.6 倍……**暗色姬蜂属 *Phaenolobus* Förster**
盾纵沟缺或仅具浅痕迹；并胸腹节具弱皱和脊；产卵器鞘长约为后足胫节长的 3.0 倍……**犁姬蜂属 *Acaenitus* Latreille**

1. 齿股姬蜂属 *Dentifemura* Sheng & Sun, 2010

Dentifemura Sheng & Sun, 2010. ZooKeys, 49:88. Type-species: *Dentifemura maculata* Sheng & Sun.

前翅长 9.6~10.5 mm。唇基沟非常弱，颜面与唇基几乎为一平面。唇基较平，端缘薄，中部下凹。上颚下端齿稍长于上端齿。上唇半月形外露。具眼下沟；颚眼距约为上颚基部宽的 1. 2 倍。额具中纵脊。触角较短，梗节较长，最短处的长约等长于其最大直径；鞭节 22 或 23 节。后头脊完整。无前沟缘脊。盾纵沟伸达中胸盾片中部之后。胸腹侧脊背端位于中胸侧板高的 1/2 处并远离中胸侧板前缘。无基间脊。小脉位于基脉内侧；

无小翅室；肘间横脉位于第 2 回脉内侧，二者之间的距离等于或稍大于肘间横脉的脉宽；后小脉约在中央曲折。后足腿节下侧后部约 0.25 处具 1 强齿；各足跗节第 4 节特别短；前中足爪的内侧中部具 1 尖齿；后足的爪简单。腹部第 1 节背板向基部非常弱且均匀变狭。产卵器鞘长约为前翅长的 1/3。

该属仅知 1 种，发现于江西省。寄主不详。

1. 斑齿股姬蜂 *Dentifemura maculata* Sheng & Sun, 2010

Dentifemura maculata Sheng & Sun, 2010. ZooKeys, 49:89.

♀ 体长 10.2~11.5 mm。前翅长 9.6~10.5 mm。产卵器鞘长 3.3~3.5 mm。

颜面宽为长的 1.5~1.7 倍；具较粗且稠密的刻点；中部隆起；上部中央具纵脊，该脊向上伸达中单眼；触角窝下外侧稍凹。唇基凹圆形，封闭。唇基沟仅在唇基凹之间具痕迹。唇基较平，基部具相对(与颜面比)较稀的刻点，端部光滑无刻点(或仅端缘具细刻点)；端缘薄，中部下凹。上唇半月形外露，长为宽的 0.42~0.45 倍。上颚具稠密的细纵线纹，线纹间夹带不清晰的细刻点；下端齿稍长于上端齿。下颚须的第 3 节向端部逐渐变粗，顶端的截面呈强烈的斜截形。颊区具粗刻点，但明显比颜面的刻点稀；具清晰的眼下沟；颚眼距为上颚基部宽的 1.18~1.23 倍。上颊光亮，具清晰的刻点，但由下至上逐渐变稀且细；侧面观，长约为复眼宽的 0.7 倍；均匀向后收敛。头顶具相对较粗的刻点；单眼外缘凹；单眼区具细且不清晰的刻点；侧单眼间距约等长于单复眼间距。额深凹，侧面较隆起；除中央(中纵脊处)光滑光亮外，具非常稠密的刻点(比颜面的刻点稍细)。触角较短，长 6.5~6.8 mm；梗节较长，最短处的长约等长于其最大直径；柄节向端部稍变粗，端部的斜横面约与横切面呈 40°角；鞭节 22 或 23 节，基部 5 节长度之比依次约为 5.0∶4.5∶4.3∶4.0∶3.7。后头脊完整，背面呈均匀的拱弧形。

前胸背板光亮，前部具非常稀的刻点；前缘呈脊状稍突出的边；侧凹内具粗且稠密的横皱；后上部具清晰的粗刻点，刻点间距为刻点直径的 0.2~0.5 倍。无前沟缘脊。中胸盾片具稠密的粗刻点，刻点间距为刻点直径的 0.2~0.5 倍；前部垂直下斜；盾纵沟非常强壮，几乎伸达中胸盾片后缘；后部中央(在盾纵沟的汇合处)具清晰的短纵脊。盾前沟内具纵皱。小盾片稍微隆起；具较稀且细的刻点，刻点间距为刻点直径的 0.5~2.0 倍；仅前侧角具短侧脊。后小盾片光亮，向后弧形下斜，前侧角具深凹。中胸侧板上部(镜面区及周围至中胸侧缝)光滑光亮，无刻点及任何刻纹；下部、前缘、翅基下脊及附近的区域具清晰稠密的刻点；无中胸侧板凹；胸腹侧脊强壮，背端伸达中胸侧板高的 1/2 处并远离中胸侧板前缘；中胸腹板具稠密但相对(与侧板的刻点比)细的刻点。后胸侧板光亮，具较稀且细的刻点，刻点间距为刻点直径的 1.0~2.0 倍；无基间脊；后胸侧板下缘脊完整，隆起呈边缘状。翅带褐色透明；小脉位于基脉内侧，二者之间的距离为小脉长的 0.3~0.4 倍；无小翅室；肘间横脉位于第 2 回脉内侧，二者之间的距离等于或稍大于肘间横脉的脉宽；外小脉约在中部(稍下方)曲折；后小脉在中央稍上方曲折。足粗壮；后足腿节下侧后部约 0.25 处具 1 强齿；各足跗节第 4 节特别短；后足跗节侧面观，第 1~第 5 节长度之比依次约为 12.0∶4.3∶4.0∶3.0∶9.0；前中足爪的内侧中部具 1 尖齿；后足的爪简单。并胸腹节由基横脊向端部均匀倾斜；仅具基横脊、中纵脊基段(基区的侧脊)和侧纵脊；基区宽大于长；除端部中央光滑无刻点外，其余部分具清晰的刻点；气门斜椭圆形，长径约为短径的 1.6 倍。

腹部第 1 节背板由端部向基部弱且均匀变窄，长为端宽的 1.9~2.0 倍；具非常稀的细刻点；背中脊末端稍超过腹板端缘，无明显的背侧脊，腹侧脊完整；腹板长约为基部至气门之间距离的 0.4 倍；腹板亚基部均匀隆起，隆起上具少量毛；气门横椭圆形，位于该节背板中部稍前侧。第 2 节及之后的背板具非常稀且细的刻点，向后逐渐变弱且不清晰。第 2 节背板长约为端宽的 0.5 倍。第 4~第 6 节较膨大。第 6、第 7 节背板后中部几丁质化程度非常低。下生殖板末端约伸达或稍超过腹部末端。尾须几乎伸达第 8 节背板顶端。产卵器鞘长为后足胫节长的 1.1~1.2 倍。产卵器稍侧扁。

体黄褐色。触角暗褐色，柄节和梗节的背面黑褐色；前中足腿节、胫节的前后侧面中部及其跗节多多少少暗褐色；前中足腿节基端，后足基节外侧的纵纹和内侧中央的小斑、转节基部、腿节基部、腿节背侧的 2 纵纹、腹侧中部的 2 纵斑褐黑色；后足胫节红褐色，跗节黑褐色；后头脊背面中部，中胸盾片中叶和侧叶的纵斑，盾前沟，并胸腹节基缘，腹部第 1 节背板中部 2 倒三角形斑、第 2、第 3 节背板基部的横带，黑色；第 3 节背板端缘、第 4~第 6 节背板的基缘和端缘中部(不均匀)，第 7 节背板中部的横带暗褐色；翅痣褐色；翅脉褐黑色。

分布：江西。

观察标本：1♀，江西全南，470 m，2008-05-12，李石昌；1♀，江西全南，530 m，2008-06-10，李石昌；2♀♀1♂，江西全南，2010-05-31~06-09，李石昌。

2. 依姬蜂属 *Ishigakia* Uchida, 1928

Ishigakia Uchida, 1928. Journal of the Faculty of Agriculture, Hokkaido University, 25:32. Type-species: *Ishigakia exetasea* Uchida; original designation.

主要鉴别特征：唇基端缘薄，无横脊，无中齿；上颚下端齿长于上端齿；后头脊完整；肘间横脉远位于第 2 回脉外侧，二者之间的距离约等于或大于肘间横脉长；前中足的爪的内侧具 1 尖锐的辅齿，后足的爪简单；腹部第 1 节腹板的隆起处具很多长且直立的毛，腹板位于气门前方。

分布于东洋区和埃塞俄比亚区。全世界已知 11 种；我国已知 9 种；江西已知 3 种。

依姬蜂属中国已知种检索表

1. 体黑色，或主要为黑色，或黑褐色……2
   体褐色，或黄褐色，或带暗褐色……5
2. 前翅无深色斑；后足完全黑色；并胸腹节基区宽大于长，中区与端区合并……**黑色依姬蜂 *I. nigra* Wang**
   前翅具明显的深色斑，至少具较宽的深色外缘；并胸腹节基区方形，或长大于宽，或中区与端区之间由横脊分隔……3
3. 前翅具 2 个黑褐色大斑；触角具较宽的白色环；并胸腹节基区长大于宽，中区与端区之间由强壮的横脊分隔……**翅依姬蜂 *I. alaica* Sheng & Sun**
   前翅无黑褐色斑，或仅外缘灰褐色；触角无白色环；并胸腹节基区方形……4

4. 并胸腹节无侧突；第 2~第 4 节背板除端部光滑外，具稀疏(基部相对较密)且细的刻点；腹部背板及后足全部黑色………………………………………………**斑依姬蜂 *I. maculata* Sun & Sheng**
并胸腹节具大侧突；第 2~第 4 节背板无明显的刻点；腹部各节背板后缘深红色；后足腿节端部黄褐色……………………………………………………………………**纹依姬蜂 *I. alecto* Morley**
5. 肘间横脉与第 2 回脉之间的距离为肘间横脉长的 0.6~0.7 倍；小脉明显位于基脉内侧；后小脉约在中央曲折……………………………………………………………………………………6
肘间横脉与第 2 回脉之间的距离至少等于肘间横脉长，或小脉靠近基脉；后小脉在中央上方曲折………………………………………………………………………………………………7
6. 中胸腹板后侧角处无明显的突起；并胸腹节中区的长稍大于宽……………**第三依姬蜂 *I. tertia* Momoi**
中胸腹板后侧角处强烈钝角状突起；并胸腹节中区的宽明显大于长………………………………………………………………………………**褐依姬蜂 *I. rufa* Sheng & Sun**
7. 并胸腹节基区长于宽，中区与端区由端横脊分隔；肘间横脉与第 2 回脉之间的距离约为肘间横脉长的 1.2 倍…………………………………………………………**丽依姬蜂 *I. exetasea* Uchida**
并胸腹节基区方形，中区与端区合并……………………………………………………………8
8. 肘间横脉与第 2 回脉之间的距离约等于肘间横脉长；腹部第 1 节背板的长约为端部宽的 3.2 倍；下生殖板明显超过腹部末端…………………………………………**长柄依姬蜂 *I. longipedis* Wang**
肘间横脉与第 2 回脉之间的距离约为肘间横脉长的 1.2 倍；腹部第 1 节背板的长约为端部宽的 2.5 倍，下生殖板的末端未超过腹部末端………………………………**小依姬蜂 *I. corpora* Wang**

2. 翅依姬蜂 *Ishigakia alaica* Sheng & Sun, 2010

Ishigakia alaica Sheng & Sun, 2010. Parasitic ichneumonids on woodborers in China (Hymenoptera: Ichneumonidae), p.16.

♀ 体长约 9.5 mm。前翅长约 8.5 mm。产卵器鞘长约 5.0 mm。

颜面宽约为长的 1.8 倍，具稠密的横皱间夹刻点，中央稍隆起，亚侧部稍纵凹，上方中央具 1 纵瘤。唇基基半部稍隆起，具几个粗刻点；端半部较薄，光滑；亚端缘平，沿端缘嵌有细刻点；端缘呈均匀的弧形。上唇具较细的刻点，半月形外露。上颚基半部具细纵皱，端齿钝尖，上端齿明显短于下端齿。颊区具稠密但较颜面稍细的纵皱。颚眼距约为上颚基部宽的 1.1 倍。上颊光滑，具不均匀且稀浅的细刻点(后部刻点较模糊)，中央稍隆起，向后方几乎不收窄。头顶具清晰但不均匀的细刻点；单眼区无刻点；中单眼具围凹，侧单眼外侧浅凹；侧单眼间距约为单复眼间距的 0.7 倍。额的下半部(触角窝上方)凹，凹内具非常细的刻点，具清晰的中纵脊，该脊伸达颜面上方中央的纵瘤；紧靠中脊具几条斜纵脊；上半部及侧面具稠密的细刻点。触角较粗壮；鞭节 24 节，各节较短，第 1~第 5 节长度之比依次约为 2.2∶1.8∶1.6∶1.4∶1.3；末节较长，其长约为倒数第 2 节长的 2.3 倍。后头脊完整。

前胸背板前部具细刻点，侧凹内具稠密的粗横皱，后部具稠密的粗纵皱；前沟缘脊弱。中胸盾片强烈三叶状，具稠密的细刻点；中叶前方几乎垂直，中央纵向稍凹；盾纵沟深；后部中央(盾纵沟的后方)凹，凹的前半部具粗横皱，后半部具纵皱。盾前沟具纵皱。小盾片稍隆起，具稠密的刻点，仅端部光滑。后小盾片几乎平，光滑，基部两侧深凹。中胸侧板中部具稠密的斜纵皱，前上角具稠密不清晰的短横皱，后下角具刻点；翅基下脊片状隆起；镜面区的前方横隆起，该横隆起与翅基下脊之间横凹，凹内具密纵皱；胸腹侧脊在靠近翅基下脊处非常不明显；镜面区大；中胸侧板凹浅坑状，其周围光滑光亮无刻点。后胸侧板上部横隆起，并均匀斜向下缘，具稠密的纵皱；后胸侧板下缘脊完整。翅稍带褐色透明，前翅翅痣下方具黑褐色宽纵斑，前后翅翅尖处具黑褐色大斑；小脉位于基脉稍内侧；无小翅室；肘间横脉远位于第 2 回脉外侧，二者之间的距离约为肘间横脉长的 1.4 倍；外小脉约在中央稍下方曲折；后小脉约在中央处曲折，下段强烈外斜。前中足爪的内下侧具辅齿，后足的爪简单；后足粗壮，基节呈短锥形，腿节棒状膨大，第 1~第 5 跗节长度之比依次约为 5.8：2.0：1.7：1.0：3.0。并胸腹节分区完整；基区与中区的形状相似，二者均具 1 中纵脊；基区几乎方形(向基部稍收敛)，长约等于端宽；中央的宽明显大于长；基区、中区和端区光滑光亮；第 1、第 2 侧区具稠密不规则的皱；外侧区(气门之后)具横皱；气门斜长椭圆形。

腹部第 1 节背板长约为端宽的 1.8 倍，基半部具粗刻点，端半部及侧面呈模糊的皱状，端缘光滑，背中脊仅基半部明显，气门位于背板中部稍前方。第 2~第 5 节背板除端部光滑外，具稀疏(基部相对较密)且非常细的刻点；第 2 节背板梯形，基部两侧具浅斜沟。第 6~第 7 节背板具稠密的褐色毛(与前面的背板比)。第 8 节背板呈喙头状，非常细小，光滑，端部具长毛。下生殖板尖三角形，向后稍超过腹部末端。产卵器鞘长约为后足胫节长的 1.6 倍。

体黑色，下列部分除外：触角鞭节第 11 节端部、第 12~第 20 节(21)节黄色；颜面(亚侧部近唇基处具黑纵斑)、额眼眶、颊、上颊(后下部除外)、下唇须、下颚须红褐色；唇基、上颚(端齿黑色)黄色；足红褐色，基节外侧黑色，胫节内侧及跗节黄色，腿节、胫节外侧带黑褐色；翅基片内侧黄白色；翅脉褐黑色，翅痣及其下方和前后翅外角的斑暗褐色。

分布：江西。

观察标本：1♀，江西资溪马头山，400 m，2009-04-17，集虫网。

3. 小依姬蜂 *Ishigakia corpora* Wang, 1983 (图版 I：图 1) (江西新记录)

Ishigakia corpora Wang, 1983. Acta Zootaxonomica Sinica, 8:95.

♂ 体长 7.5~10.2 mm。前翅长 8.0~9.5 mm。

体被黄褐色短毛。颜面宽约为长的 1.5 倍，具稠密的粗皱点；中央纵向隆起，上部具弱的纵瘤；亚侧部稍纵凹，具横行的皱刻点。唇基基缘横脊状，基半部稍隆起，具非常粗大且不均匀的刻点；中央稍呈横棱状隆起；端半部较薄，平坦，光滑光亮；端缘薄，平截或弱弧形前突。上唇半月形外露。上颚基半部具细纵皱，端齿钝圆，上端齿稍短于下端齿。颊区具较粗的纵行皱刻点，眼下沟弱。颚眼距约为上颚基部宽的 1.1 倍。上颊具稀疏的细刻点，中央稍隆起，侧观约为复眼横径的 0.8 倍，向后部稍收敛。额下半部凹，凹光滑；上半部及两侧具稠密的细刻点；具清晰的中纵脊，延至颜面上缘。触角较粗壮，明显短于体长，鞭节 28 或 29 节。头顶具清晰的细刻点(侧单眼外侧刻点稍稀)；单眼区突出；侧单眼外侧凹；侧单眼间距约等于单复眼间距。后头脊强壮，边缘状，后部中央处具凹刻；口后脊强壮。

前胸背板前部光滑，具极稀且细弱的刻点；侧凹内具强横皱；后部具稍粗的横行皱刻点；前沟缘脊强壮。中胸盾片呈明显的三叶状，隆起，具稠密的纵行粗皱状刻点；中叶前部垂直；盾纵沟深而宽，达中胸盾片后缘，向后部收敛，沟内具短横皱。小盾片均匀隆起，具较中胸盾片稍细的皱刻点；侧脊完整。后小盾片稍隆起，光滑，前缘具明显的波状脊，前部两侧具坑状凹。中胸侧板具稠密不均匀的粗皱点，中部明显隆起；胸腹侧脊约达中胸侧板高的 1/2 处；镜面区及前方具较大的横向光滑光亮区，光亮区下方具较密的纵皱，前方的皱短，亚后方具长纵皱；中胸侧板凹沟状，光滑。中胸腹板中央纵凹，凹内具较均匀的短横脊。后胸侧板光滑，具稀疏的细刻点；前缘中部具 1 半环状的强脊，环脊内浅凹；后胸侧板下缘脊完整。翅黄褐色，透明；无小翅室；小脉位于基脉内侧，二者之间的距离约为小脉长的 1/2；肘间横脉短粗、远位于第 2 回脉外侧，二者之间的距离约为肘间横脉长的 1.3 倍；外小脉内斜，约在下方 0.4 处曲折；后小脉下段强烈外斜，约在上方 0.4 处曲折。前中足的爪具辅齿，后足的爪简单，强壮。后足粗壮，基节、转节及腿节具稠密清晰的刻点。并胸腹节稍隆起；脊较完整；端横脊中段缺，中区与端区合并成一大的光滑光亮区，其余区内几乎光滑、具稀疏的长毛；气门长椭圆形，下方接近外侧脊，长径约为短径的 3.25 倍。

腹部稍侧扁。第 1 节背板长约为端宽的 2.5 倍，光滑，仅侧面及后部具非常稀疏且不均匀的细毛点，基部中央凹，背中脊仅基部明显；气门小，圆形，位于背板中部前方。第 2 节背板鼓状，两侧缘中央向外稍膨胀，长约为端宽的 1.13 倍、约等于中央宽，基部两侧具窗疤；第 2 节及以后的背板具稠密的细毛点。

体红褐色，下列部分除外：颜面，额眼眶，触角柄节和梗节腹侧，唇基，上颚(端齿黑色除外)，颊，上颊，前胸侧板，前胸背板前缘，中胸侧板及中胸腹板大部分，前中足基节、转节及腿节和胫节腹侧均为鲜黄色；头顶黑色，中胸盾片中叶和侧叶的纵斑，中胸侧板后部中央的斑，中胸腹板两侧的 2 斜纵斑，后胸侧板前缘中央的浅凹，并胸腹节基部两侧的斑，后足末跗节均为黑色；后足基节背侧，胫节背侧端部，腹部第 1、第 2 节背板多多少少带黑色；前后翅外缘深色；翅痣黄褐色，翅脉褐黑色。

分布：江西、四川。

观察标本：1♂，江西全南，650 m，2008-05-24，李石昌；6♂♂，江西全南，650 m，2010-05-31，李石昌。

4. 斑依姬蜂 *Ishigakia maculata* Sun & Sheng, 2009 (图版 I：图 2)

Ishigakia maculata Sun & Sheng, 2009. Acta Zootaxonomica Sinica, 34:925.

♀ 体长 12.5~15.5 mm。前翅长 11.5~14.0 mm。产卵器鞘长 10.5~12.0 mm。

颜面宽为长的 1.3~1.4 倍，具非常稠密的粗刻点及不明显的黄褐色短毛，具较弱的“U”形浅压痕，该痕迹上起于触角窝下外侧，下伸至唇基上缘中央。颜面与唇基之间无明显的沟分隔。唇基基半部稍隆起，光亮，具非常粗大且不均匀的刻点；端部较薄，平坦，具细密不清晰的横细纹；端缘平截。上唇中央具较细的刻点，明显半月形外露。上颚基半部具细纵皱，端齿钝圆，上端齿稍短于下端齿。颊区具稠密的但较颜面稍细的纵皱。颚眼距约与上颚基部宽等长。上颊具稠密的粗皱点(后部刻点清晰且较前部稀疏)，中央稍隆起，向后部明显收敛。额在触角窝上方凹，凹内光滑，具清晰的中纵沟；两侧具稠密的细刻点。触角较粗壮，明显短于体长，鞭节 34 节，各节较短，第 1~第 5 鞭节长度之比依次约为 2.8∶2.0∶1.8∶1.8∶1.6；末节相对较长，约为次末节长的 2.3 倍。头顶稍凹，具稠密粗大不均匀的刻点，皱状；中单眼具围凹，侧单眼中央具短的浅纵沟，侧单眼周围浅凹，浅凹内具稠密的细刻点；侧单眼间距约为单复眼间距的 0.88 倍。后头脊完整。

前胸背板前部具稠密的刻点，侧凹内具细横皱，后部具稠密的粗网皱；前沟缘脊弱，但明显可见，脊下方光滑。中胸盾片稍隆起，前部具稠密的细刻点，中后部具稠密的粗网皱；中叶前方垂直；盾纵沟前部明显，向内收敛。小盾片均匀隆起，具稀疏的粗刻点和稠密的短毛，中央及端部光滑；侧脊仅基部明显。后小盾片隆起，光滑，舌状，基部两侧坑状凹。中胸侧板具稠密不均匀的粗皱点，中部明显隆起；胸腹侧脊弱，约达中胸侧板高的 2/3 处；镜面区及前方横向光滑；中胸侧板凹沟状，光滑。后胸侧板具稠密粗大的刻点。翅暗褐色透明；无小翅室；小脉位于基脉稍内侧；肘间横脉远位于第 2 回脉外侧，二者之间的距离约为肘间横脉长的 1.4 倍；外小脉内斜，约在下方 0.3 处曲折；后小脉强烈外斜，在中央稍上方曲折。前中足的爪具辅齿，后足的爪简单。后足粗壮，基节、转节及腿节具稠密清晰的刻点，第 1~第 5 跗节长度之比依次约为 7.8∶2.6∶2.2∶1.2∶5.0。并胸腹节中纵脊明显，基部直，中后部波状弯曲；侧纵脊和外侧脊明显；基区方形，内具粗横皱；中区和端区合并，合并的区较光滑；第 1 侧区光滑，具稀疏的细刻点；其余区域具稠密且不规则的皱；气门斜长形。

腹部粗壮。第 1 节背板长约为端宽的 2.1 倍，光滑光亮，仅侧面具非常稀疏且不均匀的刻点，中央具浅纵凹，背中脊仅基部明显，气门位于背板中部前方；腹板的后缘位于隆起至气门的 2/5 处；隆起稍呈钝棱形。第 2~第 5 节背板除端部光滑外，具稀疏(基部相对较密)且非常细的刻点；越向后各节基部的刻点越细密；第 2 节背板梯形，基部两侧具浅斜沟。第 6~第 7 节背板(与前面的背板比)具稠密的细刻点和褐色长毛。第 8 节背板呈喙头状，非常细小，光滑，端部具长毛。产卵器鞘长为后足胫节长的 1.8~1.9 倍。

体黑色。前足暗褐色，其腿节前侧黄褐色；内眼眶中央处(靠近触角窝)具 1 黄斑；翅的外缘具相对宽的暗褐色边；翅痣，翅脉褐黑色。

♂ 体长约 11.0 mm。前翅长约 9.5 mm。触角鞭节 32 节。颜面侧面黄色，中央黑褐色。前足(基节及腿节后侧褐黑色除外)、中足腿节前侧及其胫节褐色。

分布：江西、四川。

观察标本：1♀，江西全南，628 m，2008-06-21，李石昌；1♀1♂，江西全南，650 m，2008-07-09，李石昌；1♀1♂，江西全南，2010-06-09~29，李石昌；1♂，四川雅安碧峰峡，1200~1300 m，2003-07-08，刘卫星。

3. 杰赞姬蜂属 *Jezarotes* Uchida, 1928

Jezarotes Uchida, 1928. Journal of the Faculty of Agriculture, Hokkaido University, 25:30. Type-species: *Jezarotes tamanukii* Uchida.

前翅长约 10 mm。唇基小，非常短，在端缘上方具一弱横脊，端部微弱凹陷，端缘中央具一小齿。上颚下端齿大，上端齿很小。后头脊完整。中胸盾片中叶前方隆起，强烈向前突出；盾纵沟深。胸腹侧脊抵达翅基下脊。并胸腹节中纵脊明显。后足腿节强壮，下侧中部后方具一钝齿(所有犁姬蜂亚科 Acaenitinae 的其他种都无此齿)。后足的爪无辅齿。肘间横脉位于第 2 回脉外侧，二者之间的距离约为肘间横脉长的 1.2 倍。第 2 回脉有 2 弱点，二者相距较远。后小脉在中部上方 0.38 处曲折。第 1 腹节腹板约达气门的 0.6 处，凸起部分仅具几根毛。产卵器鞘长约为后足胫节长的 2.4 倍。产卵器细长，近端部具几条纵脊。

全世界已知 6 种；此前我国已知 2 种：滑杰赞姬蜂 *J. levis* Sheng, 1999，分布于辽宁；端杰赞姬蜂 *J. apicalis* (Sonan, 1936)，分布于台湾。这里介绍 1 新种。

杰赞姬蜂属世界已知种检索表

1. 肘间横脉位于第 2 回脉外侧，二者之间的距离约为肘间横脉长的 0.7 倍；后小脉在近中部处曲折；腹部第 1 节背板长约为端宽的 1.8 倍；产卵器鞘明显比体短；翅痣褐色……滑杰赞姬蜂 ***J. levis* Sheng**
 肘间横脉位于第 2 回脉外侧，二者之间的距离约等于或大于或约为肘间横脉长的 1.2 倍………………2
2. 前翅翅痣下方无褐色斑，肘间横脉与第 2 回脉之间的距离约等于肘间横脉长…………………………………………………………………………………………铅杰赞姬蜂，新种 ***J. yanensis* Sheng & Sun, sp.n.**
 前翅翅痣下方具褐色斑，肘间横脉与第 2 回脉之间的距离约为肘间横脉长的 1.2 倍………端杰赞姬蜂 ***J. apicalis* (Sonan)**

5. 铅杰赞姬蜂，新种 *Jezarotes yanensis* Sheng & Sun, sp.n. (图版 I：图 3)

♂ 体长约 10.5 mm。前翅长约 9.8 mm。触角长约 10.5 mm。

复眼内缘向上方稍收窄，并在触角窝上方稍凹。颜面宽(上方最窄处)约为长的 1.3 倍，具大小不一、密度不均的刻点；上部中央纵隆起，具 1 纵脊状瘤突，由此纵瘤向两侧形成下斜的粗横皱。无明显的唇基沟。唇基基部较平，具稀疏不均的粗刻点；亚端部横棱状；端部较薄；端缘几乎平截。上唇半圆形外露，具较密的细毛刻点。上颚宽短，基部具纵皱纹，下端齿强大，上端齿较小。颊具稀疏的粗刻点，眼下沟明显，颚眼距约为上颚基部宽的 0.7 倍。上颊较隆起，眼眶处光滑光亮无刻点；上部光滑光亮，刻点非常细且稀，下部具相对稠密的毛刻点；前部稍宽阔。头顶光滑光亮，具稀疏不均匀的刻点；单眼区稍凹，侧单眼外侧具凹沟，后外侧几乎无刻点；侧单眼间距等于单复眼间距。额下部深凹，稍粗糙，中央具 1 弱纵脊；侧方具细刻点，上部中央具皱状细刻点。触角鞭节 39 节，粗壮；第 1 节稍长于其余节；末节稍变粗，其长约为前面 3 节长之和的 0.8 倍。后头脊完整强壮。

前胸背板前部光滑光亮(上方具细的斜纵皱)，侧凹内具稠密的粗横皱，后上部具较稠密的细刻点，后下缘具稠密的短纵皱。中胸盾片光亮，具稀疏不均匀的刻点，后缘及侧叶后部中央光滑无刻点；盾纵沟深，后端明显超过中胸盾片中央，内具短横皱；亚端部中央具 1 纵沟和短横皱；中叶前方强隆起，前缘前突。盾前沟内具稠密的短皱。小盾片均匀隆起，具不均匀的细刻点。后小盾片稍隆起，光滑光亮，基部两侧深凹。中胸侧板具稠密不均匀的粗刻点，后部中央具 1 宽浅的横凹；胸腹侧脊抵达翅基下脊，上段较弱；镜面区较大，光滑发亮；中胸侧板凹坑状。中胸腹板具稠密的细刻点。后胸侧板具稠密不均匀的粗刻点，下缘具稠密的细皱，后胸侧板下缘脊完整。翅带褐色，透明；小脉位于基脉内侧，二者之间的距离约为小脉长的 0.4 倍；无小翅室，肘间横脉位于第 2 回脉的外侧，二者之间的距离约等于肘间横脉长；外小脉内斜，约在下方 0.35 处曲折；后小脉约在中央处曲折。后足强壮，腿节下侧中部后方纵隆起；胫节弱地弯曲，前距较小；后足第 1~第 5 跗节长度之比依次约为 2.7：1.2：1.0：0.6：1.4。前中足爪小，具辅齿；后足爪长而端部尖细，强烈弯曲。并胸腹节稍隆起；中纵脊基部明显，侧纵脊和外侧脊弱，无明显的横脊；基区、第 1 侧区(具几个浅刻点)、端区(基部具横皱)和第 3 侧区光滑光亮；中部具稠密的粗横皱，侧面具弱的斜皱纹；气门长椭圆形，长约为宽的 2.0 倍。

腹部光滑，具不明显的浅细刻点。第 1 节背板长约为端宽的 3.0 倍，逐渐向基部变细，中央纵向微凹；背中脊约达端部 0.18 处(后部较弱)，背侧脊不明显；气门小，圆形，约位于第 1 节背板中央稍前方。第 2 节背板梯形，长约为端宽的 0.9 倍；第 3 节背板倒梯形，长约为端宽的 1.2 倍；第 2、第 3 节背板亚基部两侧具腹陷。第 4 节背板方形，长约等于宽。以后的背板横形，向后渐收敛。抱握器长，约为腹末厚度的 0.5 倍。

体黑色，下列部分除外：触角柄节、梗节、鞭节基半部腹侧，第 18~第 27 鞭节，颜面，唇基，上唇，上颚(端齿除外)，颊，上颊(下缘及后部除外)，额眼眶，下唇须，下颚须，翅基下脊，翅基片，小盾片，后小盾片，并胸腹节端部中央的大斑，前中足(基节基部带黑褐色斑)，后足转节、胫节(端部黑色)和跗节，腹部第 1、第 2 节背板端部的大斑及以后各节背板的端缘均为黄色；后足腿节基部红褐色；爪尖褐黑色；前后翅的外缘具暗褐色斑，翅痣(基部带少量黄色斑)、翅脉褐黑色。

正模 ♂，江西铅山武夷山，1370 m，2009-07-30，集虫网。

词源：新种名源于标本产地名。

该新种与滑杰赞姬蜂 *J. levis* Sheng, 1999 相近，可通过下列特征鉴别：肘间横脉与第 2 回脉之间的距离约等于肘间横脉长；后足腿节下侧无齿；触角鞭节腹侧及端半部中段白色；后足跗节完全浅黄色。滑杰赞姬蜂：肘间横脉与第 2 回脉之间的距离约为肘间横脉长的 0.7 倍；后足腿节下侧近中央具 1 强壮的钝齿；触角鞭节腹侧及端半部中段黄褐色；后足跗节第 1 节至少基部黑色。

4. 亮姬蜂属 *Phalgea* Cameron, 1905

Phalgea Cameron, 1905. Journal of the Straits Branch of the Royal Asiatic Society, 44:130. Type-species: *Phalgea lutea* Cameron.

主要鉴别特征：唇基端半部明显凹陷，无亚端横脊；无后头脊；有颊脊；并胸腹节端横脊完整；腹部第 1 节腹板隆肿处无毛，腹板末端位于该节背板气门之前。

全世界仅知 2 种；我国均有分布；目前江西已知 1 种。

6. 黑翅亮姬蜂 *Phalgea melaptera* Wang, 1989 (图版 I：图 4) (江西新记录)

Phalgea melaptera Wang, 1989. Acta Entomologica Sinica, 32(2):228.

♂ 体长 8.0~12.0 mm。前翅长 10.5~12.5 mm。

颜面宽约为长的 1.2 倍；中央稍丘状隆起，具非常稠密的纵皱状粗刻点，上方中央具1较弱的纵瘤突；亚中央稍纵凹，刻点同中央部分；两侧相对光滑，具稀疏的细刻点。无唇基沟。唇基较平，基半部具粗刻点，端半部呈模糊的细横皱状；端缘中央呈明显的弧形凹，使两侧形成明显的侧突。上颚基部具细皱；上端齿稍小于下端齿。颊具稀疏的细刻点；眼下沟清晰；颚眼距约等于上颚基部宽。上颊光滑光亮，具非常稀疏的细毛刻点(仅前部刻点较明显)，中央稍隆起，向后部渐平行，侧面观宽约为复眼横径的0.8倍。头顶光滑光亮，具非常稀浅的细刻点，单眼区稍凹；侧单眼间距约为单复眼间距的0.8倍。额中央凹，较光滑，具少量的细纵纹；具强的中纵脊，延伸至颜面上端；侧面隆起，具稠密的细刻点。触角细丝状，明显短于体长，鞭节27~29节，第1~第5鞭节长度之比依次约为3.0∶2.0∶1.6∶1.6∶1.5。颊脊明显。后头脊不完整，仅前侧部呈弱脊状。

前胸背板光滑光亮，仅后上角具细刻点，可见前沟缘脊。中胸盾片均匀隆起，呈明显的三叶状，具稠密的粗刻点并隐含横斑纹；盾纵沟明显，直达中胸盾片后缘，沟内具稠密的短横皱；两沟汇合处呈较宽的凹陷。盾前沟明显，内具短纵皱。小盾片稍隆起，具较细的刻点，亚中部两侧稍凹。后小盾片稍隆起，光滑光亮无刻点。中胸侧板具较均匀的粗刻点；胸腹侧脊伸至翅基下脊，但中部有较宽的间断；翅基下脊下方浅横凹，凹内具短纵皱；镜面区大，使整个中胸侧板后部呈1光滑光亮无刻点区；中胸侧板凹沟状。后胸侧板前部具模糊的斜纵皱；中部光滑，具稀疏的细刻点；后下部模糊的皱状；后胸侧板下缘脊完整。前翅小脉位于基脉的内侧；无小翅室；第2回脉在肘间横脉的外侧与之相接，二者之间的距离约为肘间横脉长的1/2；外小脉在中央稍下方曲折。后小脉约在中央处曲折。足正常；后足基节稍膨大，外侧具稀疏的细毛刻点；后足第1~第5跗节长度之比依次约为8.0∶3.1∶2.2∶1.4∶3.8。前中足爪尖2叉状，后足的爪简单强壮。并胸腹节较光滑，具或多或少模糊的皱；中纵脊、外侧脊和端横脊明显，侧纵脊达气门处；气门长椭圆形。

腹部稍侧扁，光滑光亮，各节侧面及第4节以后背板具黄褐色短毛(末端2~3节的毛较稠密)。第1节背板基部中央凹，背中脊仅基部0.15明显，无背侧脊；气门小，圆形，突出，约位于第1节背板中央稍前部；第1节背板长约为端宽的2.7倍；腹部第1节腹板隆肿处光滑无毛，腹板末端位于隆肿至该节气门之间的0.15处。第2节背板基部稍膨宽，向腹部后端渐变细；第2节背板长约为基部宽的1.2倍，约为端宽的2.2倍。

体黄褐色。触角暗褐至黑褐色；上颚端齿，后足胫节背侧及跗节黑褐色至黑色；爪尖红褐色；翅基部黄褐色透明，端部为黑褐色；前翅径室和盘肘室有黄褐色大斑；翅痣黑色，翅脉黄褐至黑褐色。腹部背板多少带黑褐色。

分布：江西、广西。

观察标本：4♂♂，江西全南，2010-07-02，集虫网。

5. 喙姬蜂属 *Siphimedia* Cameron, 1902

Siphimedia Cameron, 1902. Journal of the Straits Branch of the Royal Asiatic Society, 37:43. Type-species: *Siphimedia bifasciata* Cameron; monobasic.

唇基短，紧靠端缘具非常强壮的横脊；端缘平截，具1小中齿。上唇裸露部分的长约为宽的 0.36 倍。上颚下端齿约为上端齿长的 1.5 倍。下颚须各节端部具长毛，其余部分几乎无毛。后头脊完整。胸腹侧脊抵达翅基下脊。并胸腹节无端横脊；基横脊完整；并胸腹节气门呈盆状椭圆形，由椭圆形的脊包围。后足跗节的爪无辅齿。肘间横脉与第 2 回脉对叉，或位于它的稍外侧；第 2 回脉具 2 相距较近的弱点；后小脉在中央稍下方曲折。腹部第 1 腹板具角状凸，凸上面具长毛；顶端位于基部至气门之间的 0.55 处。产卵器鞘约为后足胫节长的 2.1 倍。产卵器端部拉长；它的基部的 3 条脊相距较远，靠近端部的脊较靠近。

该属是非常小的属，分布于东洋区，迄今为止，全世界仅知 5 种；我国仅江西分布 1 种。寄主：台湾绒树蜂 *Eriotremex formosanus* (Matsumura, 1912)等。

喙姬蜂属世界已知种检索表

1. 腹部各节背板具宽的黄色或白色横带，或白色斑，或黄色具黑色横带……2
   腹部各节背板黑色，或仅端部的背板端缘具非常狭窄的浅色边……4
2. 产卵器鞘长于体长；后足基节具白斑……**异喙姬蜂 *S. varipes* (Cameron)**
   产卵器鞘短于体长；后足基节黑色……3
3. 上颚基部具粗刻点；颜面黄色，中央具黑斑；唇基黄色……**黄喙姬蜂 *S. flavipes* (Cameron)**
   上颚具粗皱纹；颜面近白色，无黑斑；唇基白色……**大喙姬蜂 *S. grandipes* (Morley)**
4. 并胸腹节中部具粗纵皱，基区长大于宽；颜面上方中央具三角形黑斑……**双区喙姬蜂 *S. bifasciata* Cameron**
   并胸腹节中部光滑光亮，无皱，无刻点，基区宽大于长；颜面黑色，侧缘具黄色宽纵带……**黑盾喙姬蜂 *S. nigriscuta* Sheng & Sun**

7. 黑盾喙姬蜂 *Siphimedia nigriscuta* Sheng & Sun, 2010 (图版 I：图 5)

Siphimedia nigriscuta Sheng & Sun, 2010. Parasitic ichneumonids on woodborers in China (Hymenoptera: Ichneumonidae), p.27.

♀ 体长约 10.5 mm。前翅长约 10.5 mm。产卵器鞘长约 11.5 mm。

颜面向上方明显收窄，宽约为长的 1.6 倍；上部具稠密的横向粗皱点，中央稍纵隆起；下端具围向唇基的斜纵皱。唇基平，具稀浅的细刻点，亚端缘横脊状，端缘中央具 1 小中突。上颚具清晰的纵皱纹，上端齿短于下端齿。颊具纵皱点，眼下沟清晰；颚眼距约为上颚基部宽的 0.9 倍。上颊光滑，前上部具稠密的细浅刻点；前下部几乎无刻点；后部刻点非常稀。头顶较光滑，具稀而不均匀的细刻点；侧单眼外侧凹；侧单眼间距约为单复眼间距的 0.86 倍。额中央光滑、浅凹，具 1 明显的中纵脊，由中单眼伸至颜面上缘；两侧具细刻点。触角鞭节 31 节，第 1~第 5 鞭节长度之比依次约为 1.6∶1.2∶1.0∶1.0∶0.9。后头脊完整。

前胸背板前缘光滑，侧凹内具稠密的粗横皱，后上部具不明显的细刻点；颈前缘呈明显的“V”形。中胸盾片明显的三叶状，具稠密的粗刻点(侧叶上的刻点相对较稀而不均匀)；中叶较隆起，前面几乎垂直；盾纵沟宽，伸达中胸盾片后缘，沟内具短横皱。盾前沟明显，中央具纵皱，两侧光滑。小盾片隆起，具细刻点。后小盾片近三角形，具细刻点。中胸侧板在上部及胸腹侧片上具细密的刻点；中部具 1 细横沟，横沟上方及后方与镜面区连成 1 光滑光亮区；横沟下方具少量横皱；下部(靠近腹侧)具稀疏粗大的刻点；

胸腹侧脊细弱，但抵达翅基下脊，上端向后弯；中胸侧缝内具短皱。中胸腹板稍隆起，具明显的中纵沟，沟内具短横皱。后胸侧板具与中胸侧板下部相似的刻点。翅稍带灰褐色透明；小脉位于基脉内侧，二者之间的距离约为小脉长的 0.5 倍；无小翅室；肘间横脉位于第 2 回脉的稍内侧；外小脉强烈内斜，约在下方 1/3 处曲折；后小脉下段外斜，约在中央曲折。前中足跗节的爪近端部各具 1 尖锐的辅齿，后足跗节的爪简单；前足胫距明显；后足基节和腿节明显膨大，具与后胸侧板及中胸侧板下部相似的质地(刻点稍细)；第 1~第 5 跗节长度之比依次约为 2.7∶1.2∶1.0∶0.7∶2.2。并胸腹节中纵脊基半段及基横脊强壮，基区和第 1 侧区完整；基区稍向前方收敛，宽大于长；第 1 侧区具清晰的细刻点；中区和端区合并，中区两侧向后稍变宽，光滑光亮(仅侧缘具短横皱)；端区的侧缘向外曲折；其他区具粗皱；后端缘形成侧突；气门椭圆形。

腹部背板光滑光亮，具非常稀疏的细刻点，腹侧折缘明显；第 1 节背板长约为端宽的 2.5 倍，背中脊和背侧脊不明显，腹侧脊完整；气门圆形，稍隆起，位于中央稍前方。第 2 节背板向基部稍收窄，长约为端宽的 0.8 倍，基缘两侧具腹陷，其宽约为长的 1.8 倍。第 3 节背板倒梯形，长约为基部宽的 0.65 倍。其余背板明显横形。下生殖板尖三角形，末端稍伸过腹末。产卵器鞘约为后足胫节长的 2.9 倍；产卵器较细。

体黑色。触角鞭节中段第 9(10)~第 19 节黄白色；触角柄节、梗节腹侧，颜面侧面的宽边及额的侧缘，唇基下部的三角斑，颊，上颊前上部，翅基片均为黄色；下唇须，下颚须，前中足(基节黑色，转节黄色，末跗节端半部及爪尖黑褐色)红褐色；后足第 1 转节内侧黄色，腿节基部、胫节(端部黑色除外)红褐色，跗节黄色(爪尖黑色)；腹部第 6~第 8 节背板后缘的节间膜黄色；翅痣、翅脉褐黑色，前翅翅痣下方及外缘烟灰色。

寄主：台湾绒树蜂 *Eriotremex formosanus* (Matsumura, 1912)、黑绒树蜂 *Eriotremex* sp.。

寄主植物：罗浮栲 *Castanopsis fabri* Hance (壳斗科 Fagaceae)。

分布：江西。

观察标本：1♀，江西全南，2009-06-03，集虫网。

6. 污翅姬蜂属 *Spilopteron* Townes, 1960

Spilopteron Townes, 1960. United States National Museum Bulletin, 216(2):568. Type-species: *Spilopteron franclemonti* Townes. Original description.

唇基短，亚端缘横棱状；端缘稍凹，中央具 1 小突起。上唇(裸露部分)长为宽的 0.4~0.8 倍。上颚的上端齿短于下端齿。额具 1 中纵脊。后头脊完整。中胸盾片的前侧面垂直或几乎垂直；盾纵沟深，向后伸至中胸盾片中部之后合并。胸腹侧脊伸抵翅基下脊。并胸腹节的脊明显可见；中区通常与基区由脊分隔；分脊明显。无小翅室；肘间横脉与第 2 回脉对叉，或几乎对叉；第 2 回脉的 2 个弱点相距较远；后小脉在近中央或中央稍上方曲折。前中足跗节的爪具辅齿；后足的爪简单。腹部第 1 节腹板基部的隆肿区具数根直立的毛。产卵器较细。

全世界已知 30 种；我国已知 23 种；江西仅知 4 种。

已知的寄主为天牛科及树蜂科钻蛀害虫(Cushman and Rohwer，1920；Kusigemati，1981；Townes，1944；Townes et al.，1960)，主要有：黑瘦尾天牛 *Pygoleptura nigrella* (Say)、梯奇花天牛 *Bellamira scalaris* (Say)、墨天牛 *Monochamus* sp.、褐皮花天牛 *Pyrrhona laeticolor* Bates、维思花天牛 *Strangalepta vittata* (Olivier)、双色瘦花天牛 *S. bicolor* Swederus、台湾绒树蜂 *Eriotremex formosanus* (Matsumura)等。

8. 端污翅姬蜂 *Spilopteron apicale* (Matsumura, 1912)　(图版 I：图 6)　(江西新记录)

Chorischizus apicalis Matsumura, 1912. Thousand insects of Japan, Supplement 4, p.150.

♀ 体长 7.5~11.5 mm。前翅长 7.5~10.5 mm。产卵器鞘长 7.5~10.5 mm。触角长约 8.3 mm。

颜面向上方稍收窄，宽(上方)约为长的 1.7 倍；具稠密较粗的刻点；中央及侧下方明显隆起，亚侧部向下斜稍凹；上方中央呈纵脊状；侧面中下部具弱的横皱。无唇基沟。唇基较平坦；基部相对光滑，中部具粗大的浅刻点，亚端部弱的横棱缘状，端部较光滑；端缘弱弧形凹，中央具 1 非常弱小的瘤突。上颚强壮，基部具清晰的纵皱，上端齿稍短于下端齿。颊区具细刻点(前下部具纵皱)；眼下沟清晰的细缝状；颚眼距约等于上颚基部宽。上颊较光滑，具较颜面稀疏且稍细的刻点，向后部稍收敛；侧观约与复眼横径等宽。头顶具稠密的刻点；单眼区明显下凹，中央具浅纵沟；侧单眼外侧凹沟明显、刻点稀少。侧单眼间距约为单复眼间距的 0.7 倍。额在触角窝上方深凹，凹内光滑光亮；侧面及上部具稠密的细刻点；中纵脊强壮，该脊由中单眼直抵颜面上部。触角鞭节 32 节；末节较粗壮、稍扁，约为次末节长的 3.4 倍。后头脊完整。

前胸背板前部光滑光亮，侧凹内具稠密的粗横皱，靠近下后缘具短纵皱，后上部光滑、具细浅的弱刻点。中胸盾片呈明显的三叶状隆起，具均匀稠密的细刻点(后缘较光滑)；中叶前缘几乎垂直；盾纵沟深，约在后部 0.35 处相遇；中叶侧缘后半部具斜脊，斜脊相遇在盾纵沟之前。盾前沟内具稠密的短纵脊。小盾片明显隆起，具细浅的弱刻点，基半部具侧脊。后小盾片光滑光亮，无刻点，前部两侧具深凹。中胸侧板具较中胸盾片稍粗的稠密刻点；胸腹侧脊伸抵翅基下脊；镜面区大，光亮；中胸侧板凹坑状；中胸侧缝具稠密的短横皱。后胸侧板较中胸侧板的刻点稍稀疏；后胸侧板下缘脊完整，前部耳状突出。翅带褐色，透明；小脉位于基脉的内侧，二者间的距离约为小脉长的 0.4 倍；无小翅室；第 2 回脉位于肘间横脉的稍内侧(二者几乎对叉)，第 2 回脉具 2 个相距较远的弱点；外小脉约在中央处曲折；后小脉在中央稍下方曲折。后足腿节稍膨大；前中足跗爪具辅齿，后足跗爪简单。并胸腹节稍隆起；中纵脊在基区明显；基区长方形，较光滑，中部具稀毛，后部具横皱，长约为宽的 1.7 倍；基横脊几乎直；端横脊中部拱形，较基横脊弱；中区处具弧形横皱；端区光滑；第 1 侧区具稠密的细毛刻点；其余区域具不规则、不均匀的皱；侧纵脊和外侧脊清晰；气门长椭圆形，长径约为短径的 1.9 倍。

腹部端半部稍侧扁。第 1 节背板向基部逐渐收窄，长约为端部宽的 2.5 倍，光滑，具稀疏的短毛和浅刻点；背中脊仅基部可见，背侧脊约达气门处；气门小，圆形，稍突出，约位于第 1 节背板中央；腹板基部具明显的隆肿区，其上具数根直立的毛，腹板末端位于隆肿至气门的中央之前。其余背板光滑，具短柔毛和弱细的刻点。第 2 节背板梯形，中央稍隆起，基部两侧具明显的横窗疤，长约为端部宽的 0.65 倍。第 3 节背板向后显著收敛。下生殖板尖三角形，向后明显伸过腹部末端。产卵器鞘长约为后足胫节长的 2.1 倍，产卵器较细。

体黑色，下列部分除外：触角鞭节基半段腹侧及中段 13~21 节黄白色；颜面(上缘中央的纵脊及两侧的斑黑褐色)，额眼眶，唇基，上颚基部，颊，上颊前上部，触角柄节、梗节腹侧，小盾片，后小盾片，翅基下脊，并胸腹节后部，前中足基节、转节，腹部第 1、第 2 节背板后部黄色；下唇须，下颚须，前中足黄褐色；后足转节、腿节带红褐色，胫节(端部带黑色)、跗节黄褐色；爪黑褐色；翅基片暗褐色，翅脉、翅痣(基部红褐色)褐黑色，翅端部污黑色。有的个体在斑的颜色、位置、触角白环位置上稍有变化。

♂ 体长 7.5~11.5 mm。前翅长 8.5~11.5 mm。前翅第 2 回脉位于肘间横脉的稍外侧。触角鞭节 38 节，中段第 12(15)~第 22 节黄白色；翅基下脊黑色，并胸腹节全部黑色，后足红褐色(基节黑色，腿节基缘及端部带黑色)，腹部第 1~第 3 节背板后部黄至红褐色。

分布：江西；日本。

观察标本：1♀，江西吉安双江林场，174 m，2009-04-16，集虫网；1♀3♂♂，江西资溪马头山林场，2009-05-22~07-06，集虫网。

9. 黄污翅姬蜂 *Spilopteron flavicans* Sheng, 2009

Spilopteron flavicans Sheng, 2009. Insect Fauna of Henan, Hymenoptera: Ichneumonidae, p.16.

♀ 体长 11.0~12.8 mm。前翅长 10.0~11.5 mm。产卵器鞘长约 8.5 mm。

颜面明显隆起，上部中央呈纵脊状；纵脊两侧具弱至清晰的横皱，皱间具稀刻点，侧面具稀且浅的刻点。无唇基沟。唇基平坦，基部具纵皱，端缘光滑，亚端部弱至较强的横棱缘状，端缘平截，端缘中央具非常弱小的瘤状。颊区具斜皱；眼下沟清晰的细缝状；颚眼距等于或稍大于上颚基部宽。上颚的上端齿稍短于下端齿。上颊光滑光亮，向后几乎不收敛，具非常稀且细的毛刻点。头顶平坦，仅后部(侧单眼与后头脊之间)具稍微可辨的细刻点。侧单眼间距约为单复眼间距的 0.6 倍。额光滑，侧面具稠密但不清晰的浅细刻点，中纵脊强壮，该脊伸抵颜面上部。触角长约 8.2 mm，鞭节 29~32 节。后头脊完整。

前胸背板光滑光亮，侧凹内具横皱，靠近下后缘具短纵皱。中胸盾片侧叶中部、中叶中部具可见且相对较密的细刻点；盾纵沟深，约在后部 1/5 处相遇，沟内具短皱。小盾片隆起，具稠密的褐色毛和浅刻点，侧脊仅基部 2/5 存在。后小盾片光滑光亮，无刻点，前部两侧具深凹。中胸侧板上部光滑无刻点，下部具非常浅的细刻点；胸腹侧脊强壮，伸抵翅基下脊。翅稍带褐色透明，小脉位于基脉的稍内侧，二者间的距离小于脉宽；肘间横脉与第 2 回脉对叉；后小脉约在中部(中央稍下方)曲折。并胸腹节脊强壮，分区完整，第 1、第 2 侧区由完整的脊包围；基区长稍大于宽；中区具清晰但不均匀的横皱；第 2 侧区及外侧区的前部具弱而不规则的皱；端区光滑。

腹部第 1 节背板的长约为端部宽的 2.3 倍，光滑光亮；腹板末端位于隆肿至气门的中央；其余背板具短柔毛。下生殖板向后明显伸过腹部末端。产卵器鞘的长约为后足胫节长的 1.7 倍。

体黄褐色。上颚的端齿，触角亚端部，后足腿节与转节交界处，翅脉黑褐色；翅痣褐色。

分布：江西、河南。

观察标本：1♀，江西全南，530 m，2008-05-28，集虫网；1♀，河南内乡宝天曼自然保护区，1300 m，2006-06-21，申效诚。

10. 褐斑污翅姬蜂 *Spilopteron fuscomaculatum* Wang, 1988

Spilopteron fuscomaculatum Wang, 1988. Acta Zootaxonomica Sinica, 13:300.

♀ 体长 17.5~20.0 mm。前翅长 15.5~16.5 mm。产卵器鞘长 14.0~15.5 mm。

颜面宽(上方最窄处)约为长的 1.7 倍；中央上部稍隆起，具稠密的放射状粗皱(或横皱)；下部略呈横皱状；皱间具粗刻点；两侧具粗刻点(稍细于中部刻点)。唇基沟不明显。唇基基半部稍隆起，具非常不均匀的刻点(中部较稠密)；端部平坦，光滑；亚端缘弱横棱缘状，端缘平截，端缘中央具非常弱小的瘤突。颊区具斜纵皱(点)；眼下沟清晰的细缝状；颚眼距约为上颚基部宽的 1.2 倍。上颚的上端齿短于下端齿。上颊光滑光亮，向后几乎不收敛，具稀且细的毛刻点。头顶中部(单眼区处)稍凹，光滑，具相对较细且稀的刻点，但后部在侧单眼与后头脊之间具较稠密的细刻点；侧单眼之间具短的中纵沟；侧单眼外侧具清晰的沟；侧单眼间距约为单复眼间距的 0.53 倍。额在触角窝上方明显凹，凹内光滑，具强壮的中纵脊，该脊向前伸抵颜面上部，后达中单眼；两侧具稠密的细刻点；中单眼下外侧(靠近中单眼)具小凹陷；侧单眼下外侧具清晰的短斜皱。触角鞭节 35~38 节；第 1~第 5 鞭节长度之比依次约为 4.0∶2.0∶1.8∶1.7∶1.4；端节稍扁。后头脊完整。

前胸背板前部和后上部具细刻点，侧凹内具粗横皱，靠近下后缘具短纵皱；颈部较光滑；颈中央“V”形凹陷；前沟缘脊强壮。中胸盾片中叶、侧叶前侧部具细刻点，侧叶中后部呈横皱状，皱间具细刻点；盾纵沟深而宽，抵达中胸盾片后部，沟内具短皱。小盾片隆起，基部具不规则的粗纵皱，中后部具稠密的细刻点；侧脊强壮，伸至小盾片中部之后。后小盾片较光滑，具弱的纵脊，侧脊明显；前部两侧具凹。中后胸侧板具稠密的粗皱点；镜面区大，其前方具横向光滑光亮区；胸腹侧脊强壮，伸抵翅基下脊(上部较弱)；中胸侧板凹坑状。翅黄褐色半透明，小脉位于基脉的内侧，二者间的距离约为小脉长的 1/4；无小翅室；肘间横脉与第 2 回脉对叉；外小脉在中央稍下方曲折；后小脉约在中央(或稍上方)曲折。后足腿节棒状，第 1~第 5 跗节长度之比依次约为 7.4∶3.0∶2.2∶1.0∶4.3；前中足跗节的爪具辅齿；后足的爪简单。并胸腹节脊强壮，分区较完整，分脊明显；第 1、第 2 侧区由完整的脊包围；基区光滑，长稍大于宽；中区具不规则的纵皱；中区与端区之间无脊分隔；端区基部具横皱，中后部光滑；第 1 侧区具较密的细刻点；第 2 侧区呈稀疏的皱状；侧纵脊和外侧脊之间具稀疏的细横皱；气门斜长形。

腹部第 1 节背板长约为端宽的 2.9 倍；光滑，仅后部两侧具细弱的刻点；背中脊仅基部可见；气门约位于该节背板中央稍前方；腹板基部的隆肿区具几根直立的毛。其余背板较光滑，具非常细弱的刻点和短柔毛。下生殖板向后明显伸过腹部末端。产卵器鞘长约为后足胫节长的 1.9 倍。产卵器较细且强烈侧扁。

体黄褐色，下列部分除外：触角柄节、梗节端部背侧及鞭节褐黑色(柄节、梗节基部及腹侧、鞭节基部几节腹侧及末端 2 节黄褐色)；上颚的端齿黑色；后足转节端缘及腿节基部具黑褐色环，腿节末端及胫节、跗节褐黑色；前中足跗爪爪尖黑色；后足跗爪中央黄褐色；翅脉部分黑褐色；翅痣黄褐色；翅外缘黑褐色；前翅翅痣下方具黑褐色斑。

♂ 体长 13.0~17.0 mm。前翅长 12.3~15.5 mm。触角鞭节 35~40 节。触角柄节、梗节腹侧、鞭节中段，头部(除头顶)，胸部腹面、侧面，前中足偏于鲜黄色；有的个体腹部第 2 节基部黑色；并胸腹节各区的皱有差异。

寄主：台湾绒树蜂 *Eriotremex formosanus* (Matsumura, 1912)、黑绒树蜂 *Eriotremex* sp.。

寄主植物：罗浮栲 *Castanopsis fabri* Hance。

分布：江西、广东、广西。

观察标本：3♀♀9♂♂，江西全南，2008-05-12~07-09，集虫网；1♂，江西吉安，2008-05-21，集虫网；1♀，江西吉安，2008-06-07，集虫网；1♀，江西全南，2009-05-15，集虫网；1♂，江西全南，2009-07-04，集虫网；1♀，广东连县大东山，1995-07-07，余道坚；2♀♀1♂，广东连县大东山，2001-06-05~06，陈振耀。

11. 淘污翅姬蜂 *Spilopteron tosaense* (Uchida, 1934)

Siphimedia apicalis tosaensis Uchida, 1934. Insecta Matsumurana, 9:53.

♀ 体长 11.0~13.5 mm。前翅长 10.2~13.0 mm。产卵器鞘长 8.0~10.0 mm。

颜面宽(上部)约为长的 1.5 倍，下部稍宽于上部；上部具稠密的粗横皱，皱间具粗刻点，中央稍隆起；下部具粗皱点；两侧的刻点稍细于中部的刻点。唇基基半部稍隆起，较光滑，具稀疏的细刻点；端部平坦，光滑；亚端部弱的横脊状，端缘稍凹(几乎平截)，端缘中央非常弱小的瘤状。颊区具斜纵皱(点)；眼下沟清晰；颚眼距约为上颚基部宽的 1.1 倍。上颚基部具细纵皱；上端齿短于下端齿。上颊光滑光亮，向后几乎不收敛，具稀的细毛刻点。头顶具细刻点(侧单眼外侧刻点较稀疏)；侧单眼间距约为单复眼间距的 0.67 倍。额在触角窝上方明显凹，凹内光滑光亮，中纵脊强壮，该脊伸抵颜面与颜面上部的隆起相连且后端抵达中单眼；两侧具稠密的细刻点。触角鞭节 32~34 节，第 1~第 5 鞭节长度之比依次约为 2.9∶2.2∶2.0∶1.9∶1.7。后头脊完整。

前胸背板前部和后上部光滑光亮，无刻点，侧凹内具稠密且细的斜横皱，靠近下后缘处具短纵皱；前沟缘脊明显。中胸盾片均匀隆起，具清晰且相对较粗而不均匀的刻点；中叶前方几乎陡直，后部中央皱状；盾纵沟深而宽，抵达中胸盾片亚后缘，沟内具短皱；中部后侧中央呈明显的 3 沟状(盾纵沟之间具 1 清晰的中纵沟)，沟内具清晰的粗横皱。盾前沟内具纵皱。小盾片中央稍隆起，具稀浅的细刻点；侧脊伸达基部 1/3~1/4 处。后小盾片稍隆起，光滑光亮；前部具侧凹。中胸侧板在镜面区及其前方具较大的光滑光亮区，其余具稠密的粗皱点；胸腹侧脊强壮，伸抵翅基下脊(上方向后弯曲)；中胸侧板凹坑状。后胸侧板具与中胸侧板相似的刻点。翅褐色透明，小脉位于基脉的内侧，二者间的距离约为小脉长的 1/4；无小翅室；肘间横脉内斜，与第 2 回脉对叉或位于它的稍外侧；外小脉在中央下方曲折；后小脉约在中央曲折。前中足跗节的爪具辅齿；后足的爪简单；后足较强壮，第 1~第 5 跗节长度之比依次约为 7.3∶

3.1 : 2.5 : 1.7 : 4.5。并胸腹节基横脊强壮；端横脊较基横脊弱，中段约呈倒“U”形前曲；中纵脊基部明显；侧纵脊和外侧脊完整；第1侧区由完整的脊包围，内具细毛；基区光滑，约呈方形；中区及第2侧区间无明显的脊分隔，整个中部区域上方具横皱，其余部分较光滑；端区凹，上部具横皱，中下部光滑；侧纵脊和外侧脊之间皱状；气门斜长形。

腹部近梭形，最宽处位于第2节末端。第1节背板长约为端宽的2.4倍，光滑，仅侧面具细弱的刻点和柔毛；背中脊仅基部可见；气门位于第1节背板的中部之前；腹板基部的隆肿区具几根直立的毛。第2节背板基部两侧具斜沟。其余背板较光滑，具少量短柔毛。下生殖板锐尖，向后明显伸过腹部末端。产卵器鞘长为后足胫节长的1.5~1.6倍。产卵器较细。

体黑色，下列部分除外：触角鞭节基半段背侧黑色、腹侧黄褐色，中段(11~19节)白色，端部棕褐色；触角柄节、梗节腹侧，颜面(上部中央具黑褐色斑)，额眼眶，唇基，上唇，上颚(端齿黑色)，颊，上颊前上半部，下唇须，下颚须，小盾片，后小盾片，前中足的基节和转节，腹部第1节背板端部、第5~第7节背板端缘、第8节背板及整个腹板均为黄色；前中足黄褐色；后足红褐色(基节黑色，转节及腿节末端褐黑色)；足跗爪爪尖褐黑色；中、后胸背板腋下槽，并胸腹节后部中央，第2~第4节背板大部分红褐色；腹部第1节背板基部和端部黄至浅黄色；翅脉，翅痣(基部带红褐色)褐黑色；翅基片红褐色；前翅翅痣下方及前后翅外角具明显的褐黑色斑。

变异：颜面上部中央的小黑斑较明显至几乎消失；第2~第4节背板大部分或几乎全部黑色；后足的颜色有变化。

分布：江西；日本。

观察标本：1♀，江西全南，650 m，2008-06-21，集虫网；1♀，江西全南，628 m，2008-07-02，集虫网；1♀，江西吉安双江林场，174 m，2009-04-16，集虫网；4♂♂，江西资溪，400 m，2009-05-22~07-06，集虫网；1♀，江西九连山，2011-05-21，集虫网。

7. 野姬蜂属 *Yezoceryx* Uchida, 1928

Yezoceryx Uchida, 1928. Journal of the Faculty of Agriculture, Hokkaido University, 25:36. Type-species: *Yezoceryx scutellaris* Uchida, 1928.

主要鉴别特征：唇基亚端缘横脊状；端缘几乎平截，中央具1小齿突；上颚2端齿几乎等长，或下端齿稍长；颚眼距约等于上颚基部宽或稍宽；后头脊完整；盾纵沟深，伸达或超过中胸盾片中部；胸腹侧脊伸抵翅基下脊；并胸腹节基横脊通常完整，中区与基区分开，与端区合并；后足跗节的爪简单；前翅小脉与基脉对叉或位于其内侧；肘间横脉与第2回脉对叉或位于它的稍内侧；腹部第1节腹板的隆起无毛，或具1至几根毛；端缘位于气门之前。

该属是一个大属，全世界已知62种；我国已知46种；江西已知6种。我国的种检索表可参考王淑芳和黄润质(1993)和赵修复(1981a)的文献。已知的寄主：红脂大小蠹 *Dendroctonus valens* LeConte。

12. 白斑野姬蜂 *Yezoceryx albimaculatus* Sheng & Sun, 2010 (图版 I：图 7)

Yezoceryx albimaculatus Sheng & Sun, 2010. Parasitic ichneumonids on woodborers in China (Hemenoptera: Ichneumonidae), p.38.

♀ 体长约 14.0 mm。前翅长约 12.0 mm。产卵器鞘长约 14.0 mm。

颜面宽约为长的 1.7 倍；中央稍纵向隆起，具稠密的粗横皱(中央下部与唇基相接处具密集的细刻点)；两侧及下部具稠密的粗刻点，刻点间距大于刻点直径；上半部中央具 1 纵脊，伸至两触角窝中央。唇基沟清晰。唇基基部稍隆起，具粗大稠密的刻点(基部稍密)；端缘中央和亚中央形成 3 突起，中央的突起较显著。上颚强壮，具稠密的纵皱点，上端齿等于或稍短于下端齿。颊区具与唇基基部相似的粗刻点，颚眼距约为上颚基部宽的 0.8 倍；眼下沟深。上颊具稠密的刻点，中部刻点稍细。头顶具不均匀的粗刻点；侧单眼外侧凹，刻点相对粗大稀疏；侧单眼前外侧及中单眼前侧具半圆形坑状凹；单眼区具明显的“Y”形沟；侧单眼间距约为单复眼间距的 0.6 倍。额中部强烈凹陷，凹陷处光滑(向后靠近中单眼处具几道横皱)；具 1 中纵脊，与颜面上部的脊相连；两侧缘隆起，具稠密的粗刻点。触角粗壮，短于体长；鞭节 36 节，第 1~第 5 鞭节长度之比依次约为 3.3∶2.4∶2.4∶2.4∶2.0，其余各节比较均匀。后头脊完整，背方中央强烈下凹。

前胸背板前缘上部具稠密的粗刻点，下部呈细纵皱；侧凹内具清晰匀称的粗横皱；后上角具非常稠密的粗刻点；前沟缘脊强壮，伸抵前胸背板背缘；前沟缘脊下方呈 1 光滑光亮区(后上方具几个稀疏的粗刻点)。中胸盾片具稠密且粗大的刻点；中叶三角形抬高，中央稍洼(刻点更加密集)；盾纵沟深，伸达中部后汇合呈粗糙区，该区具稠密粗糙不规则的皱，盾纵沟内具短横皱。盾前沟内具 1 中纵脊。小盾片稍隆起，具稠密的粗刻点，侧脊仅基端明显。后小盾片光滑光亮，中央前凸，前部两侧深凹。中胸侧板具稠密的粗刻点，其上部和胸腹侧片上的刻点较下部刻点稍细密；镜面区及其前方横向光滑光亮，并在光亮区中央稍横凹；胸腹侧脊发达，伸达翅基下脊；中胸侧板凹浅沟状。后胸侧板具稠密的粗皱点，后胸侧板下缘脊强壮，前部耳状隆起。翅褐色，不透明；前翅外缘及翅痣下方颜色稍深；小脉位于基脉内侧，无小翅室，第 2 回脉位于肘间横脉的稍外侧；外小脉内斜，约在中央处曲折；后小脉约在中央处曲折。后足基节具较后胸侧板稀疏的粗刻点，腿节棒状膨大，第 1~第 5 跗节长度之比依次约为 7.8∶2.8∶2.0∶1.8∶6.5。前中足的爪的内侧具 1 尖齿，后足的爪简单。并胸腹节分区明显；基区与中区之间由脊分隔，稍光滑，宽约为长的 2.1 倍；中区和端区合并，合并区域光滑光亮，两侧具粗横皱；第 1 侧区具稠密的细皱点；其余区域具不规则的粗皱；端区侧脊的端部呈强烈尖突起；气门斜长形，连接外侧脊，长径约为短径的 3.0 倍。

腹部背板光滑，具非常稀疏且不清晰的细刻点。第 1 节背板长约为端宽的 2.0 倍，腹板亚基部强烈隆起呈前伸的尖突；背中脊仅基半部明显；气门小，圆形，稍突出，约位于第 1 节背板的 1/2 处。第 2 节背板梯形，背面较强隆起，长约为端宽的 0.5 倍；基侧沟较明显。第 3 节背板最宽，两侧近平行，长约为端宽的 0.48 倍。下生殖板大，侧观长三角形，末端伸过腹部末端。产卵器鞘长约为后足胫节长的 2.6 倍。

体黑色，下列部分除外：颜面(上部中央的脊黑色)，唇基(端缘黑色，周缘褐色)，上颚(端齿除外)，颊，上颊前上部，额眼眶，中胸侧板下部中央的小斑、后缘上半部及翅基下脊，翅基片，后胸侧板上部中央的大斑，中胸盾片中叶两侧的前半部，小盾片，后小盾片，并胸腹节后部两侧的对称斑，前中足基节、转节、腿节基部、端部及腹侧(上端除外)，胫节、跗节背侧(中足跗节第2~第5节背侧红褐色)，后足基节前部和后部的纵带、第1转节、腿节腹侧下半部，腹部第1节背板亚端部、第3节以后背板端缘、腹板(第3节以后侧面带黑斑)均为乳白色；前中足红褐至黑褐色；翅痣，翅脉褐黑色。

分布：江西、广东。

观察标本：2♀♀，江西全南，628 m，2008-05-24~31，集虫网；1♀3♂♂，江西全南，2009-07-18~31，集虫网；2♂♂，江西全南，2010-07-13~09-13，集虫网；1♀，广东封开黑石顶，1987-07-04，陈振彪。

13. 脊野姬蜂，新种 *Yezoceryx carinatus* Sheng & Sun, sp.n. (图版 I：图 8)

♀ 体长 12.0~13.5 mm。前翅长 12.0~12.5 mm。产卵器鞘长 8.5~9.5 mm。

颜面宽为长的 1.5~1.7 倍，中央强烈隆起，中线处较隆起，中线两侧具清晰的粗横皱；侧缘具较稀且清晰的刻点；上缘中央向上(触角窝之间)突起；触角窝的外侧纵凹。唇基沟不明显。唇基小，表面平，具均匀清晰的粗刻点；端缘稍呈弧形前突。上唇端缘平截或稍前突呈弧形。上颚相对较短，具稠密的长刻点和褐色长毛；下端齿稍长于上端齿。颊区具清晰的眼下沟，沟的内侧具粗刻点，沟的外侧较光滑，具非常稀且细的刻点；颚眼距为上颚基部宽的 1.1~1.3 倍。上颊光滑光亮，下部具清晰但非常稀的刻点，仅后部向后收敛；上部具比下部更加稀的刻点，明显且直的收敛。头顶几乎平，具非常稀的细刻点(靠近后头脊处相对较密)。单眼区具清晰的中纵沟；侧单眼间距为单复眼间距的 0.7~0.8 倍。额在触角窝的背方深凹，光滑光亮，具中纵脊，自颜面上缘中央的突起伸至中单眼；上部具横皱；侧面具清晰的粗刻点和褐色毛。触角较短；鞭节 28 节，第 1~第 5 节长度之比依次约为 8.0∶5.0∶4.5∶4.0∶3.8。后头脊完整；背面强壮，几乎与头顶在同一水平面。口后脊在与后头脊相接处及附近明显突出呈片状。

前胸侧板下缘延长呈稍翻卷的宽边。前胸背板光亮；前部刻点非常弱且不明显；侧凹具稠密的粗横皱；后缘处具垂直后缘的短横皱；前沟缘脊下方具较大的光滑光亮无刻点区；后上角处具粗刻点；上缘弱脊状；前沟缘脊强壮，背端抵达前胸背板上缘。中胸盾片背面几乎平，具稠密的粗刻点；中叶明显高于侧叶，前部垂直或几乎垂直，具清晰且完整的侧脊，该脊自中叶端部至中胸盾片端部平行或几乎平行；盾纵沟深，内具短横皱。盾前沟宽且深凹，内具短纵皱。小盾片具细刻点；明显分为背面和后背面；背面稍微隆起，后缘或多或少形成横边，或稍隆起；后背面强烈倾斜。后小盾片光滑光亮，隆起至强烈隆起，前部凹，两侧深凹。中胸侧板前部和下半部具稠密的粗刻点；镜面区及前部、后部和下部形成较大的光滑光亮区；光滑光亮区的前下方具短斜皱；翅基下脊下方具短纵皱；胸腹侧脊强壮，背端约位于中胸侧板高的 3/5 处。后胸侧板前部和后部具不均匀的横皱，中部具相对较粗的刻点，下部的刻点较弱且细；后胸侧板下缘脊完整，前部呈三角片状突出。翅褐色，半透明，小脉位于基脉内侧，二者之间的距离约为小脉长的 0.3 倍；肘间横脉位于第 2 回脉内侧，二者之间的距离约为肘间横脉长的 0.8 倍；

具残脉；外小脉在中央稍下方曲折；后小脉约在中央曲折。后足强壮，基节和腿节具清晰的刻点(前者的刻点较稀，后者则较密且细)，胫节具稠密的毛刻点，第1~第5跗节长度之比依次约为10.0∶3.8∶3.0∶2.3∶8.5。并胸腹节具完整强壮的脊(端横脊中部消失除外)；基区凹，光滑，宽为长的1.9~2.6倍；第1侧区光亮，具非常细弱的刻点；端区光滑光亮；其余区具不规则的皱；具侧突；气门斜长圆形，长径约为短径的2.2倍。

腹部第1节背板长为端宽的1.7~1.8倍，表面光亮，柄部背面平；后柄部稍隆起，具非常弱且不均匀的细刻点，后缘无刻点；腹板的隆肿较高，呈尖凸状，稍微前弯；腹板端缘位于凸起至气门的0.3处；气门约位于该节背板中央。其余背板具非常细弱且不均匀的刻点，向后逐渐不明显。第4~第7节背板端部中央具膜质区(非几丁质化)。第3~第5节腹板侧面中央各具1个几丁质化较强的骨片，第3节的较小，第4节的中等，第5节最大(约为该节腹板面积的0.3倍)。下生殖板顶端伸至或几乎伸至腹部端缘。

体黄色，下列部分除外：触角鞭节褐黑色，基部下侧稍浅色；柄节背面，梗节背面，单眼区，后头大部分，中胸盾片侧叶中央的纵纹，中胸侧板前缘下部的纵纹及中部的横斑，盾前凹底部，并胸腹节第1侧区周缘，后足基节背侧的纵带，腹部第1节背板基缘及基半部侧缘，第2~第6节背板基缘及基侧角，第7节背板亚后部中央的斑，均为黑色；头顶，中胸盾片部分(不规则)，并胸腹节基区及第1侧区中央，腹部第1节背板中央，第2~第6背板亚基部红褐色；前中足腿节、胫节背面及其跗节，后足腿节背面(基部黑褐色)黄褐色；后足胫节暗褐色，跗节黑褐色；翅痣褐色，下缘黑色；翅脉褐黑色。

♂ 体长约11.0 mm。前翅长约11.0 mm。触角鞭节26节。唇基宽约为长的1.8倍，具非常稀且清晰的刻点。并胸腹节基区宽约为长的2.7倍。腹部第1节背板长约为端宽的1.7倍，光滑，具非常稀且不明显的细刻点。后足腿节背面褐黑色；胫节基部腹面褐黄色、背面褐色，向端部逐渐变为深褐色。

词源：新种名源于中胸盾片中叶具侧脊。

正模 ♀，江西全南，740 m，2008-06-10，集虫网。副模：1♀，江西全南，2010-05-26，集虫网；1♂，江西全南，470 m，2008-05-04，集虫网。

该新种可通过中胸盾片中叶具完整的侧脊与该属其他种区别。该新种与淡黄野姬蜂 *Y. flavidus* Chiu, 1971(雌未知)近似，可通过下列特征区别：唇基具清晰的刻点，无皱；并胸腹节基区宽约为长的2.7倍；腹部第1节背板长约为端宽的1.7倍；中胸侧板中央具较宽的黑色横带。淡黄野姬蜂：唇基具清晰的纵皱；并胸腹节基区宽约为长的2倍；腹部第1节背板长约为端宽的2.22倍；中胸侧板无黑色横带。

14. 傅氏野姬蜂 *Yezoceryx fui* Zhao, 1981 (图版 II：图 9) (江西新记录)

Yezoceryx fui Chao, 1981. Wuyi Science Journal, 1:201.

♀ 体长约13.0 mm。前翅长约11.0 mm。产卵器鞘长约12.0 mm。

颜面宽为长的1.5~1.6倍，具稠密的粗刻点，上方中央具1明显的中纵脊与额脊相连，额脊中央间断。唇基宽约为长的2.0倍，具稠密的粗刻点和纵弱皱，端缘中央具1小齿。上颚强壮，具稠密的粗纵皱，下端齿稍长于上端齿。颊具粗刻点，眼下沟明显；颚眼距为上颚基部宽的1.0~1.1倍。上颊前部具稠密的粗刻点，后下部刻点较稀疏，上颊眼眶稍隆起、无刻点；向后均匀收敛。头顶具稠密不均的粗皱刻点，侧单眼外侧光亮，刻点相对稀疏。单眼区不隆起，周围由明显的沟包围；侧单眼间距约为单复眼间距的 1.25 倍。额在触角窝的上方深凹，几乎至中单眼处，凹内光滑无刻点，具中纵脊，两侧及背缘具较细的刻点。触角鞭节 34 节；第 1 节较长，末端稍宽于基端，为第 2 节长的 1.2~1.3 倍，约为自身最大直径的 2.5 倍，第 3 节几乎与第 2 节等长。后头脊完整。

前胸背板前部光滑光亮；侧凹下部具稠密的粗横皱，亚中部有 1 显著的深凹；后上部具稠密的浅刻点；后缘具短纵皱；前沟缘脊强壮。中胸盾片均匀隆起，具稠密的粗皱刻点；中叶前凸，中叶和侧叶中央各具浅纵凹；后部中央凹，具弱纵皱；盾纵沟明显、伸达中胸盾片末端。盾前沟内具弱的短纵皱。小盾片明显隆起，具稠密的粗皱(纵行)刻点；基半部侧脊明显。后小盾片稍隆起，梯形，光滑光亮，前部两侧稍凹。中胸侧板下半部具稠密的粗刻点，上部刻点稀而细弱，后上部光滑光亮；胸腹侧脊细，背端几乎伸达翅基下脊。后胸侧板前上部具稀疏的细刻点，下后部具稠密的斜纵皱；后胸侧板下缘脊完整，前部突出。翅褐色，透明，小脉位于基脉稍内侧；肘间横脉位于第 2 回脉内侧，二者之间的距离约为肘间横脉长度之半；外小脉约在中央下方曲折；后小脉约在中央或稍下方曲折。足正常，后足第 1~第 5 跗节长度之比依次约为 2.0∶1.0∶1.0∶0.7∶2.0。并胸腹节基区长约为宽的 0.7 倍；合并的中区和端区无刻点，基方有几条弱的横皱脊；其余区域具稠密不规则的粗皱；气门大，斜长形。

腹部第 1 节背板长约为端宽的 2.0 倍，表面光滑，中央具稀疏且细微的刻点，腹板的隆肿从侧面观呈尖角状。其余背板相对光滑，具稀疏的细毛刻点。下生殖板长约为腹部第 2 节背板长的 2.4 倍。

体黄褐色，下列部分除外：头顶半月形斑并向后伸展至后头上半部，上颚端齿，中胸盾片 U 形斑，中胸侧板前缘上方 1 条纹和前翅基部下方的斑点(或不明显)，中胸腹板在中足基节前方的斑点(或不明显)，后胸背板腋下槽在后翅基部的斑(或不明显)，并胸腹节 3 斑点，后足基节背面 1 对(相连或分开)大斑和腿节基端，腹部第 1 节和第 2 节背板的 1 条宽横带及第 3~第 7 节背板的 1 条窄横纹(第 3 节有时中间间断呈 1 对斑点)暗赤褐色；后足腿节背面的条纹和末端的环纹以及腹部其余各节背板亚基部的斑纹均为烟褐色，后足跗节黑褐色；翅痣红褐色，翅脉褐黑色。

♂ 体长 10.0~11.0 mm。前翅长 9.0~9.5 mm。触角鞭节 32 节。

分布：江西、福建。

观察标本：2♂♂，江西全南，650~700 m，2008-06-02~08-31，集虫网；1♀，江西全南，650 m，2008-09-29，集虫网；1♀，江西全南，2010-07-15，集虫网。

15. 李氏野姬蜂，新种 *Yezoceryx lii* Sheng & Sun, sp.n.　(图版 II：图 10)

♀ 体长约 11.5 mm。前翅长约 10.5 mm。产卵器鞘长约 8.0 mm。

颜面宽约为长的 1.5 倍，上部中央强烈隆起，中线处纵脊状隆起，纵脊的亚上部中纵凹，纵脊两侧具清晰稠密的横皱；侧缘稍隆起(下部较明显)，具稠密的粗刻点；触角窝的外侧纵凹；上方中央的纵脊与额的中纵脊相连。唇基小，表面平，具非常弱且不明显的大刻点；侧缘处具清晰的斜横皱。上颚相对较小，具纵皱；上端齿内斜，下端齿明显大于上端齿。颊区具粗刻点，眼下沟清晰；颚眼距约等于上颚基部宽。上颊光亮，中央纵向稍膨大；下部具与颜面侧面相似的粗刻点，并具纵皱；上部光滑，具非常稀且弱的细刻点。头顶侧面在侧单眼与复眼之间光滑，几乎无刻点；后部靠近后头脊处具稠密的刻点；侧单眼外侧具环形沟；单眼区具清晰的刻点；侧单眼间距约等于单复眼间距。额中部深凹，光滑光亮，具中纵脊，中纵脊的上端分叉；侧面显得较隆起，具与颜面侧面相似的粗刻点。触角鞭节 29 节，中部各节的端截面斜截形；第 1~第 5 节长度之比依次约为 4.5∶4.0∶3.6∶3.3∶3.1。后头脊完整。

前胸背板光亮；前缘具纵皱及细弱的刻点；下部及中部的侧凹具稠密的粗横皱；后上部具非常弱的细刻点；上缘弱脊状；前沟缘脊清晰，背端抵达上缘。中胸盾片背面几乎平，具稠密的粗皱刻点和中纵沟；中纵沟的前部较弱，中后部清晰，几乎抵达中胸盾片后缘，中部两侧具纵皱；中叶的前部垂直下斜并具横皱；盾纵沟相对较深。盾前沟深凹，前后缘陡直，具短纵皱，中央的 1 条粗脊状。小盾片稍隆起，几乎光亮，具相对较稀且细的刻点；基半部具侧脊。后小盾片光滑光亮，稍隆起，呈三角形，前部两侧凹。中胸侧板前部及下部具稠密的粗刻点，后部上缘具非常稀的细刻点；中部大面积光滑光亮；翅基下脊具细弱的刻点；胸腹侧脊背端几乎伸达翅基下脊。后胸侧板具稀弱的细刻点，后缘处具不清晰的短横皱；前缘中央具凹疤；后胸侧板下缘脊完整，前部片状突出。翅稍灰褐色，透明，小脉明显位于基脉内侧；肘间横脉位于第 2 回脉内侧，二者之间的距离约为肘间横脉长的 0.4 倍；外小脉约在中央曲折；后小脉约在中央曲折。后足强壮，基节和腿节具稠密的刻点(后者的刻点较细)，第 1~第 5 跗节长度之比依次约为 8.0∶3.0∶2.4∶1.7∶5.2。并胸腹节基区、合并的中区和端区及第 3 侧区光滑光亮，其余部分粗糙，具不规则的皱；基区前宽后窄，长∶前宽∶后宽为 3.5∶4.0∶3.0；基横脊强壮；中纵脊中段较弱；气门斜长形，长径约为短径的 1.75 倍。

腹部第 1 节背板长约为端宽的 1.8 倍，表面光亮，具清晰的刻点，中部较稠密，腹板的隆肿横向，侧面观呈弧形钝凸状；腹板端缘位于钝凸稍外侧；气门位于该节背板中央稍内侧。第 2、第 3 节背板具非常细弱的刻点。第 2 节背板基缘具非常短宽且较深的窗疤。第 7 节背板端部中央膜质(非几丁质化)。下生殖板顶端伸至腹部端缘(等长)。

体黄色，下列部分除外：触角的柄节背面、梗节及鞭节褐黑色；头顶后缘，中胸盾片，腿节背面，中足跗节，后足胫节腹面褐色；后足胫节背面及腹部第 2~第 8 节背板基部棕褐色；上颚端齿，中胸盾片中叶后部的三角形斑，中胸侧板前缘的狭纹，并胸腹节亚基部的横带，后足基节背侧的纵纹、腿节基端，第 1 节背板基部侧面(后部相接)黑褐色至黑色；中胸腹板黄色具不均匀且不明显的浅褐色；后足跗节暗褐色；翅痣褐色，下缘黑色；翅脉黑褐色。

正模 ♀，江西全南，740 m，2008-07-18，李石昌。

词源：新种名源于标本采集人姓氏。

该新种与秦岭野姬蜂 *Y. qinlingensis* Wang, 1993 近似，可通过下列特征区别：并胸腹节基区最大宽约等于长；腹部第 1 节背板长约为端宽的 1.8 倍；下生殖板顶端未超过腹部端缘；中胸盾片侧叶褐色；中胸腹板黄色带不明显的浅褐色，但侧面黄色。秦岭野姬蜂：并胸腹节基区宽大于长；腹部第 1 节背板长约为端宽的 2.5 倍；下生殖板顶端未明显超过腹部末端；中胸盾片侧叶和中胸腹板两侧褐至黑褐色。

16. 多斑野姬蜂 *Yezoceryx maculatus* Chao, 1981 (江西新记录)

Yezoceryx maculatus Chao, 1981. Wuyi Science Journal, 1:203.

♂ 体长 6.5~7.5 mm。前翅长 6.0~7.0 mm。

颜面向上方稍收窄，宽(上方最窄处)约为长的 1.5 倍，具稠密(不太均匀)的刻点，上方中央具横皱、具 1 明显的中纵脊与额脊相连。唇基宽约为长的 1.4 倍，基部中央具较粗大的刻点，端部和外缘较光滑、具稀细的刻点，端缘稍凹、中央具 1 小齿。上颚强壮，基部具细纵皱，下端齿稍长于上端齿。颊具粗刻点，眼下沟明显；颚眼距约为上颚基部宽的 1.3 倍。上颊光滑，具稀疏的细刻点。头顶后部具稠密的刻点，侧单眼外侧光滑、刻点稀疏。单眼区不隆起，周围由明显的沟包围；侧单眼间距约为单复眼间距的 0.7 倍。额在触角窝的上方深凹，几乎至中单眼处，凹内光滑无刻点，具中纵脊，两侧具较细的刻点。触角鞭节 25 或 26 节。后头脊完整。

前胸背板前部光滑光亮；侧凹具稠密的粗短横皱，侧凹上方具光滑光亮区；上缘及后上角具稠密的浅细刻点；后缘处具短纵皱；前沟缘脊强壮。中胸盾片具稠密的细刻点；中叶前凸，中叶和侧叶中央各具浅纵凹；后部中央凹，具 1 中纵脊和弱的斜纵皱；盾纵沟明显、伸达中胸盾片末端。盾前沟内具短纵皱。小盾片明显隆起，基半部具细刻点，端半部光滑。后小盾片稍隆起，梯形，光滑光亮，前部两侧稍凹。中胸侧板下半部具稀疏的细刻点，后部光滑光亮无刻点；胸腹侧脊背端伸达翅基下脊。后胸侧板前上部具稀疏的细刻点，下后部光滑光亮；后胸侧板下缘脊完整，前部明显隆起。翅带褐色，透明；小脉与基脉对叉；无小翅室；肘间横脉位于第 2 回脉稍内侧；外小脉内斜，约在下方 0.4 处曲折；后小脉约在中央曲折。并胸腹节基区小，光滑，倒梯形，长约为基宽的 0.5 倍、约为端宽的 0.75 倍；合并的中区和端区光滑无刻点；端横脊中段缺，侧纵脊仅见基部；第 1 侧区具稠密的细刻点，其余区域具稀疏不规则的粗皱；气门大，斜长形。

腹部第 1 节背板长约为端宽的 2.3 倍，表面光滑，中部具较稠密的微细刻点，背中脊仅基部可见；气门小，圆形，稍突出，位于第 1 节背板中央之后；腹板的隆肿在侧面观呈钝角状。其余背板相对光滑，具稠密的细刻点，端缘光亮无刻点。

体黄褐色，下列部分除外：触角鞭节背侧基半部黄褐至暗褐色、中段 10~16 节白色或污黄色、端部黑色；腹侧除黑色的端部外均红褐色至暗褐色；颜面，唇基，上颚(端齿黑色)，颊，上颊(后下部黑色)，额眼眶(有时红褐色)，下唇须，下颚须，前中足基节、转节均为乳黄至浅黄色；额中央并头顶三角区(后部中央有 1 红褐色点斑)及头顶(有 1 黑横带与复眼后缘相连)后部，后头上半部，前胸侧板下部，前胸背板后上部，中胸盾片中叶和侧叶背面、后部中央的斑，中胸侧板后部中央的大斑、前下方的三角斑，中胸腹板的斜长斑，后胸侧板及并胸腹节基部，后足基节(除腹侧端部)、转节背侧、腿节基缘均为黑色，腹部第 1 节背板亚端部、第 2 节背板亚基部两侧的圆斑、第 3 节及以后背板基部黑褐色至黑色；足黄褐至红褐色，有时前中足色稍浅，后足胫节和跗节有时颜色加深；翅痣，翅脉褐黑色，翅痣下方的斑及前后翅外缘暗褐色。

分布：江西、福建。

观察标本：5♂♂，江西吉安双江林场，174 m，2009-05-10~06-08，集虫网。

17. 武夷野姬蜂 *Yezoceryx wuyiensis* Chao, 1981 (图版 II：图 11) (江西新记录)

Yezoceryx fui Chao, 1981. Wuyi Science Journal, 1:200.

♂ 体长约 13.5 mm。前翅长约 11.0 mm。

颜面宽约为长的 1.6 倍，具稠密的粗横皱，下外侧的刻点清晰，上方中央具 1 明显的短纵脊与额脊相连。唇基宽约为长的 2.1 倍，中部具稠密粗大的刻点、外缘和端部光滑，端部中央凹，端缘中央具 1 钝齿突。上颚强壮，具稠密的粗纵皱，下端齿稍长于上端齿。颊具粗刻点，眼下沟明显；颚眼距约为上颚基部宽的 0.7 倍。上颊和头顶相对光滑，具较稀疏的粗刻点。单眼区不隆起，周围由明显的沟包围；侧单眼间距约为单复眼间距的 0.7 倍。额在触角窝的上方深凹，几乎至中单眼处，凹的下部光滑、上部具细横皱，具中纵脊，两侧及背缘具较细的刻点。触角柄节膨大；鞭节 38 节。后头脊完整。

前胸背板前缘光滑光亮，侧凹下部具稠密的粗横皱；后上部具稠密的浅粗刻点；前沟缘脊强壮。中胸盾片明显隆起，具稠密的粗刻点；后部中央凹，具纵皱；盾纵沟明显、伸达中胸盾片末端。盾前沟内具短纵皱。小盾片明显隆起，具稀刻点；基半部侧脊明显。后小盾片稍隆起，半月形，光滑光亮。中胸侧板下半部具稠密的粗刻点，上部刻点稀而细弱，后上部光滑光亮；胸腹侧脊背端伸达翅基下脊。后胸侧板上部具稠密的粗刻点，下后部刻点较细；后胸侧板下缘脊完整。翅带黄褐色，透明；小脉位于基脉稍内侧；无小翅室；肘间横脉位于第 2 回脉稍外侧；外小脉内斜，约在下方 0.35 处曲折；后小脉约在中央处曲折。并胸腹节基区较光滑，向后稍收窄，长约为宽的 0.7 倍；合并的中区和端区无刻点，基方和侧缘具弱的横皱；侧纵脊仅见基段；第 1 侧区基部光滑，后部具较清晰的刻点；其余区域具稠密不规则的褶皱；气门大，斜长形，下缘靠近外侧脊。

腹部第 1 节背板基部表面光滑，中央具较稠密的细刻点，后部刻点稀疏，腹板的隆肿在侧面观较钝而低。其余背板相对光滑，具稀弱的细刻点。

体黄褐色，头部(头顶和额中部除外)和前中足(胫节和跗节色深)黄色。翅痣黄褐色，翅脉褐黑色。

分布：江西、福建、湖南。

观察标本：1♂，江西全南，650 m，2008-06-12，集虫网。

二) 长臀姬蜂族 Coleocentrini

主要鉴别特征：前翅长 5.6~19.5 mm；额无中纵脊，但有时具纵皱纹；唇基无明显的亚端横(棱缘状)脊；后足跗节第 5 节约与第 2 节等长；前中足的爪简单(国外分布的 *Hallocinetus* Viktorov, 1962 除外)；通常有小翅室；产卵器的齿强壮。

我国已知 4 属；江西仅知 1 属。

长臀姬蜂族中国已知属检索表

1. 唇基端部或亚端部中央具 1 瘤突 ………………………… **长臀姬蜂属 *Coleocentrus* Gravenhorst**

   唇基端部或亚端部无瘤突 …………………………………………………………………… 2

2. 雌性下生殖板端部长而尖，端部具一小中缺刻；后小脉在中央和上部 0.35 之间曲折……………………………………………… **中闭姬蜂属 *Mesoclistus* Förster**
雌性下生殖板具一中端凹；后小脉在上方 0.16~0.25 处曲折……………………………… 3
3 盾纵沟浅而不明显；无小翅室；后足第 2 转节腹面具 1 平面或稍凹的面，它的两侧和后缘呈弱脊状，端部向后突出呈钝凸……………………………… **枯木姬蜂属 *Cumatocinetus* Sheng**
盾纵沟深而明显；有小翅室；后足第 2 转节腹面正常……………… **细姬蜂属 *Leptacoenites* Strobl**

8. 长臀姬蜂属 *Coleocentrus* Gravenhorst, 1829

Coleocentrus Gravenhorst, 1829. Ichneumonologia Europaea, 3:437. Type-species: *Ichneumon excitator* Poda, 1761. Designated by Westwood, 1840.

唇基短，端部或亚端部中央具 1 瘤突。颚眼距约为上颚基部宽的 0.7 倍。下端齿约与上端齿等长。前沟缘脊明显。盾纵沟深，达中胸盾片中部。胸腹侧脊通常有，有时弱或无。并胸腹节气门位于基部 0.35 处，脊较明显。足细长，爪简单。通常有小翅室；后小脉在上方 0.1~0.2 处曲折。雌蜂下生殖板长，端部尖。产卵器鞘为后足胫节长的 2.1~3.3 倍，产卵器端部约具 6 条脊。

该属的种类主要分布在古北区和新北区，东洋区北部的高山地区也有分布。全世界已知 26 种；我国已知 8 种；江西已知 1 种。

长臀姬蜂属中国已知种检索表

1. 腹部黑色………………………………………………………………………… 2
腹部或至少端部褐色…………………………………………………………… 5
2. 内眼眶的斑、翅基片和后足跗节黄色；后足腿节黄色至褐色；并胸腹节具中纵脊；小翅室柄长通常大于小翅室的高；雌性下生殖板抵达或超过腹部末端……………… **亮长臀姬蜂 *C. excitator* (Poda)**
内眼眶完全黑色；翅基片褐色或黑色；后足跗节几乎黑色或端半部白色；并且/或者并胸腹节中纵脊不明显，或小翅室柄长不大于小翅室的高；雌性下生殖板至多伸达腹部末端……………… 3
3. 翅基片浅褐色，转节褐色至红褐色，后足基节的斑及后足腿节红褐色；雌性下生殖板向后均匀变尖……………………………… **暗长臀姬蜂 *C. caligatus* Gravenhorst**
翅基片、转节、后足基节及腿节黑色；雌性下生殖板亚端部突然下降，然后向顶端平直……………… 4
4. 颜面平坦，光滑光亮，具相对均匀的细刻点；头顶几乎光滑光亮，刻点非常细且稀；腹部第 1 节背板长约为端宽的 2.0 倍；后足跗节褐黑色……………… **色角长臀姬蜂 *C. chipsanii* (Matsumura)**
颜面具麻粒状表面，亚侧面(在触角窝下方)具纵凹，纵凹之间几乎呈方形，该方形具细纵皱；侧面呈细革质状表面，刻点非常弱且不明显；头顶具明显的黄褐色细毛和较稠密的细刻点(特别是单眼区之后更密)；腹部第 1 节背板长约为端宽的 2.5 倍；后足跗节第 1 节端部及第 2~第 5 节白色……………………………………………… **白跗长臀姬蜂 *C. albitarsus*, Sheng & Sun**
5. 中胸侧板具刻点；小盾片的大部分及后小盾片黄褐色……………………………… 7
中胸侧板中部具斜皱；小盾片和后小盾片黑色……………………………… 6
6. 无小翅室；颜面黑色，刻点非常弱且不清晰……………… **细长臀姬蜂 *C. lineacus* Sheng**
有小翅室；颜面黄色，具清晰的细刻点……………… **褐长臀姬蜂 *C. fulvus* Sheng & Luo**
7. 小脉位于基脉的后方；并胸腹节具清晰的中纵脊和端横脊；胸部主要为黑色；后足基节和腹部第 2 节背板黑色……………………………… **高山长臀姬蜂 *C. alpinus* Chiu**
小脉与基脉对叉；并胸腹节中纵脊不明显，无端横脊；胸部、所有足的基节及腹部所有的背板红褐色……………………………… **黑角长臀姬蜂 *C. nigriantennatus* Sheng & Sun**

18. 黑角长臀姬蜂 *Coleocentrus nigriantennatus* Sheng & Sun, 2010

Coleocentrus nigriantennatus Sheng & Sun, 2010. Parasitic ichneumonids on woodborers in China (Hymenoptera: Ichneumonidae), p.53.

♀ 体长约 18.8 mm。前翅长约 16.0 mm。产卵器鞘长约 14.5 mm。

复眼内缘近平行。颜面较光滑，具弱浅而不清晰的细刻点，宽约为长的 1.9 倍，几乎平坦(中央纵向稍微隆起)，中央下部两侧稍凹。唇基沟非常清晰，稍呈弧形。唇基光滑，端部两侧凹，端缘中央具 1 瘤状突。上颚端半部中央呈浅沟状，基部具纵皱；2 端齿约等长(下端齿稍长)。颊区具稠密的刻点，下部稍下陷，颚眼距约为上颚基部宽的 0.6 倍。上颊光滑，具少数非常细浅的刻点；中部稍隆起。头顶光滑光亮；单眼区由浅沟包围；后部具少数非常细浅的刻点；侧单眼间距约为单复眼间距的 0.5 倍；额具中纵沟，沟内具弱横皱，两侧具不清晰的细刻点。触角相对较强壮；鞭节 39 节，基半部各小节的端截面斜截形，第 1~第 5 鞭节长度之比依次约为 2.6∶2.0∶1.9∶1.8∶1.6。后头脊完整，上方中央稍呈钝角状下凹。

前胸背板前部较光滑，具非常弱且不清晰的细刻点；侧凹光滑光亮，下后部弱皱状；后上部具模糊的细刻点；沿前缘上部具与前缘垂直且不清晰的弱短皱；前沟缘脊短，但清晰可见。中胸盾片光滑光亮，明显的三叶状，盾纵沟非常深；侧面具清晰可见但隐含在透明体表下的横短皱。盾前沟光滑光亮。小盾片稍隆起，光滑，具非常弱且不明显的细刻点；后缘具细脊状横边。后小盾片几乎方形隆起，前部具深横凹。中胸侧板的上后部光滑光亮，前上部和下部具刻点(前者较稀且细，后者相对较粗且稠密)；胸腹侧脊仅在腹面存在且细弱；镜面区大。后胸侧板明显隆起，具非常弱且不清晰的细刻点；后胸侧板下缘脊完整(后端较弱)。翅褐色透明；小脉与基脉对叉；小翅室三角形，具柄，柄长约为小翅室高的 0.4 倍；第 2 回脉在它的下外角内侧(约 0.2 处)与它相接；外小脉约在下方 0.3 处曲折；后小脉约在上方 0.2 处曲折，下段强烈外斜。足较细长；后足第 1~第 5 跗节长度之比依次约为 6.1∶2.5∶1.3∶0.7∶1.4。并胸腹节较光滑，无明显的刻点；侧纵脊较强壮；外侧脊较弱；气门斜椭圆形，约位于并胸腹节基部的 0.25 处。

腹部稍侧扁，第 1~第 7 节背板具膜质后缘(第 1 节的膜质后缘不太明显，第 6、第 7 节的边缘较宽)。第 1 节背板较长，向基部稍变狭，长约为端宽的 2.9 倍，几乎光滑光亮，气门稍隆起，约位于基部 0.4 处；背中脊和背侧脊仅基部可见(未伸达气门)。第 2 节及以后的背板明显横形，具模糊不清的细刻点；第 2 节背板梯形，具基斜沟，靠近基缘具不规则的窗疤。第 7 节背板非常宽大。第 8 节背板拉长，亚基部具细浅的中纵沟。下生殖板非常强大，但末端未伸达腹部末端，长约为第 2 节背板长的 3.5 倍，端部 0.3~0.4 处稍凹并向端部逐渐变尖。产卵器侧扁，腹瓣端部具 5 条明显的脊。

体红褐色。触角鞭节，足的第 5 跗节、爪尖及产卵器鞘褐黑色，上颚端齿黑色。

分布：江西。

观察标本：1♀，江西资溪马头山，2009-04-17，楼玫娟。

二、肿跗姬蜂亚科 Anomaloninae

主要鉴别特征：前翅长 2.7~24 mm。体和足较细长。唇基沟通常非常弱或缺；唇基端缘变化较大：中央具 1 尖突，或 2 个尖突，或简单弧形，或具凹刻，或平截；后头脊常位于头的后外缘，或正常，背方完整或间断；上颚具 2 齿，或有时仅 1 齿；前沟缘脊通常较长且强壮，但有时缺；并胸腹节大多数都具稠密的粗网状皱，通常除基横脊外无其他脊，端部常突出呈亚锥状或柄状；后足跗节常扩大或肿胀，雄性比较明显；无小翅室，肘间横脉通常位于第 2 回脉内侧，或相对或位于外侧；第 2 回脉具 1 弱点；腹部侧扁；腹部第 1 节背板较长，通常非常细，圆筒形或近似圆筒形，无基侧凹；腹板和背板愈合；产卵器较短，背瓣具缺刻。

该亚科含 2 族 44 属；我国已知 14 属；江西仅知 6 属。

肿跗姬蜂亚科分族检索表

1. 腹部第 3 节背板折缘被褶缝分开，该褶缝靠近气门的下方；肘间横脉位于第 2 回脉的外侧，二者之间的距离大于肘间横脉长的 0.6 倍；后头脊背方完整或间断，若完整，则远在侧单眼的下方；中足胫节具 1 距……………………………………………………………………………… **肿跗姬蜂族 Anomalonini**
   腹部第 3 节背板无褶缝将折缘分开；肘间横脉位于第 2 回脉的内侧，或相对，或有时位于其外侧；后头脊背方完整且靠近侧单眼的水平(个别分布于国外的属有例外)；中足胫节具 2 距(个别分布于国外的属有例外)……………………………………………………………………… **格姬蜂族 Gravenhorstiini**

三) 肿跗姬蜂族 Anomalonini

前翅长 2.7~8.3 mm。唇基表面凸镜状，前缘均匀前突，或中央弱片状，或具 1 对小齿。后头脊完整或背面中央间断，若完整，背面远离侧单眼，下端在上颚基部上方较近处与口后脊相接。前胸背板下前角无齿突，但有时呈钝角状。中胸盾片后缘无横沟。中胸腹板后横脊完整。中足胫节具 1 距。肘间横脉位于第 2 回脉的外侧，二者之间的距离大于肘间横脉长的 0.6 倍；外小脉在盘肘室的内侧 0.33 左右相接；无后盘脉。腹部第 3 节背板具褶缝。产卵器鞘长为腹末厚度的 2.2~4.0 倍。

该族含 2 属；我国已知 1 属。

9. 肿跗姬蜂属 *Anomalon* Panzer, 1804 (江西新记录)

Anomalon Panzer, 1804. Faunae Insectorum Germanicae, 92:15. Type-species: *Ichneumon cruentatus* Geoffroy, 1785. Indicated by Horstmann, 2001.

主要鉴别特征：前翅长 2.8~8.3 mm；盾纵沟处布满皱；肘间横脉长约等于它与第 2 回脉之间的距离；雌性触角鞭节无白环。

该属已知 92 种；我国已知 18 种；江西已知 2 种。

19. 脊肿跗姬蜂，新种 *Anomalon carinimarginum* Sheng & Sun, sp.n. (图版 II：图 12)

♀ 体长 14.5~15.0 mm。前翅长 7.8~8.0 mm。产卵器鞘长约 3.0 mm。

颜面向下方稍微收敛，下部最狭处的宽约为长的 1.4 倍，光亮；中央及侧缘稍隆起，亚侧面(触角窝下方)稍纵凹；上缘在触角窝下缘具一明显的脊，在触角窝下缘横向，在触角窝内缘处突然下弯。唇基沟弱。唇基光滑光亮，均匀隆起，或稍凸凹不平，具稀且不均匀的细刻点；端部中央明显凹陷；端缘均匀前突，中央明显翘起。上颚强壮、粗短，具清晰稠密的细刻点和浅褐色毛；下端齿明显短于上端齿。颚眼距约为上颚基部宽的 0.4 倍。上颊几乎光亮，亚前缘中部稍纵凹，仅后缘向后收敛，刻点非常弱且不明显；最宽处为复眼横径的 0.8~0.9 倍。头顶后部具非常细弱的刻点，侧面在侧单眼与复眼之间几乎无刻点；侧单眼间距约等于单复眼间距。额具清晰稠密的细刻点，具清晰的中纵脊，中纵脊的两侧具横皱；下部光滑，凹陷。触角丝状，鞭节 25 或 26 节，第 4 节长约为其直径的 3.3 倍。后头脊背面中央间断较宽。

前胸背板亚前缘具脊状纵隆起；下部具强壮的横皱，后上部光滑光亮。前沟缘脊长且强壮，背端伸达该背板背缘。中胸盾片具粗糙不规则的粗皱；中叶具无皱的中纵带；靠近翅基部具无皱区；后缘具细横皱纹。盾前沟深，内具不清晰的弱纵皱。小盾片几乎呈三角形，具粗网状皱；侧脊几乎伸达后缘。中胸侧板具粗糙的网状皱；前上角在翅基下脊的下方具清晰的短横皱；镜面区较大，光亮；胸腹侧脊强壮，背端伸达翅基下脊；中胸腹板后横脊完整。后胸侧板粗糙，具粗网状皱；后胸侧板下缘脊前部片状隆起。翅带灰褐色透明；小脉位于基脉外侧，二者之间的距离约为小脉长的 0.4 倍；肘间横脉远位于第 2 回脉外侧，二者之间的距离为肘间横脉长的 1.8~1.9 倍；外小脉在中央曲折；后小脉不曲折，几乎垂直。后足细长；爪小，具清晰的栉齿。并胸腹节具稠密的粗网状皱，亚基部具强壮的横脊；横脊的前侧光亮，具纵皱；气门拉长，长径为短径的 2.0~2.1 倍，靠近并胸腹节基缘。

腹部第 1 节细长，光亮，腹板端缘约位于气门至背板端缘的 0.45 处。从第 2 节起强烈侧扁。第 2 节背板的气门位于中央稍前方(约 0.47 处)，约为第 1 节长的 1.25 倍，为第 3 节长的 1.43 倍。产卵器鞘长约为后足胫节长的 0.7 倍；端部扁，明显膨大。

体黑色，下列部分除外：上颚中部及头顶侧面靠近复眼的小斑暗红色；前足腿节、胫节，中足腿节及其胫节的下侧黄褐色；中足腿节腹面，后足腿节基部腹面红褐色；转节(颜色不均匀)，中足腿节背面，前中足跗节暗褐色；后足跗节暗黄褐色；翅痣及翅脉褐黑色。

正模 ♀，江西全南，2009-05-05，集虫网。副模：4♀♀，2009-04-28~05-07，其他记录同正模。

词源：新种名源于额上缘具脊。

寄主：在套笼饲养青勾栲树干内害虫时获得。

该新种与黑基肿跗姬蜂 *A.nigribase* Cushman，1937 相似，可通过下列特征区别：颜面上缘，在触角窝下缘向内侧具明显的横脊，该脊在到达中央之前突然向下弯转；唇基端部中央明显凹陷；所有的基节和腹部背板全部黑色，无浅色斑。黑基肿跗姬蜂：颜面上缘无横脊；唇基端部无明显凹陷；基节端部浅色；腹部背板中部侧面浅色。

20. 黑基肿跗姬蜂 *Anomalon nigribase* Cushman, 1937 (江西新记录)

Anomalon nigribase Cushman, 1937. Arbeiten über Morphologische und Taxonomische Entomologie, 4:294.

♀ 体长约 8.5 mm。前翅长约 4.5 mm。产卵器鞘长约 1.8 mm。

复眼大，颜面向下方显著收敛，下端宽约等于长，具稀疏的黄褐色短毛；较平且光滑，具不太清晰的细刻点；上缘中央具深凹刻。唇基宽约为长的 2.3 倍，中央明显隆起，具稀疏的细刻点；端缘中央稍具凹痕，无中瘤。上颚狭长，光亮；上端齿明显长于下端齿。颚眼距约为上颚基部宽的 0.2 倍。上颊较光滑，侧观约为复眼横径的 0.4 倍，具不清晰的细刻点。头顶在侧单眼至后头脊之间具较稠密但非常细弱的刻点，侧单眼外侧相对光滑。单眼区隆起，侧单眼间距约为单复眼间距的 1.2 倍。额稍凹，具清晰的中纵脊；中纵脊两侧具稠密的细横皱。触角鞭节 23 节。后头脊背方中央不完整。

前胸背板下半部具较稠密的纵皱；后上角具模糊的弱皱；前沟缘脊强壮，脊的上方稍光滑。中胸盾片均匀隆起，具稠密的粗网状皱，后部相对光滑；无盾纵沟。小盾片稍隆起，具粗网状皱，侧脊清晰。中胸侧板下部具稠密的粗网皱，上部具细纵皱；胸腹侧脊背端靠近中胸侧板前上缘、伸达翅基下脊；镜面区小。后胸侧板具粗网状皱。翅透明；小脉位于基脉稍外侧；无小翅室；第 2 回脉位于肘间横脉内侧，二者之间的距离约为肘间横脉长的 1.9 倍；外小脉约在中央曲折；后小脉不曲折，无后盘脉。后足特别细长，腿节约呈棒状，长约为最大厚度的 6.0 倍，基跗节约为第 2 跗节长的 2.0 倍。并胸腹节均匀隆起，具稠密的粗网状皱。

腹部细长，光滑光亮，端部侧扁。第 1 节背板长约为亚端宽(膨大处)的 6.5 倍，后柄部中央明显膨大；气门圆形，约位于端部 0.35 处。第 2 节背板细长，具不明显的细弱刻点，长约为第 1 节背板长的 1.2 倍，约为端宽的 7.8 倍，约为第 3 节背板的 1.55 倍。第 3 节背板长形，长约为端宽 5.0 倍。第 4 节及以后的背板侧扁，具较稠密但不明显的细刻点。产卵器鞘长约为后足胫节的 0.85 倍，产卵器细，亚端部膨大，端部尖锐。

黑色，下列部分除外：触角腹侧基半部黄褐色，端半部及背侧褐黑色；上颚(端齿黑色)，下唇须，下颚须，足均棕褐色(基节黑色，后足背侧色深)；翅痣褐色，翅脉黑褐色。

分布：江西、湖北、台湾；日本，朝鲜。

观察标本：1♀，江西宜丰官山，400~450 m，2010-06-22，集虫网。

四) 格姬蜂族 Gravenhorstiini

该族含 41 属；我国已知 11 属；江西已知 5 属。

10. 阿格姬蜂属 *Agrypon* Förster, 1860

Agrypon Förster, 1860. Verhandlungen des Naturhistorischen Vereins der Preussischen Rheinlande und Westfalens, 17:151. Type species: *Ophion flaveolatum* Gravenhorst; designated by Morley, 1913.

主要特征：内眼眶平行或向下方稍收敛；复眼无毛；唇基端缘具中齿；后头脊下端伸抵上颚基部；上颚下端齿长于上端齿；前胸背板下前角处无齿突；小盾片侧脊通常伸

达端部；前中基节前侧和内侧具脊；肘间横脉位于第 2 回脉内侧；后小脉曲折或不曲折；产卵器长为腹端厚度的 0.9~1.5 倍；具亚端背缺刻。

全世界已知 170 种；我国已知 36 种；江西仅知 2 种。

21. 稻苞虫阿格姬蜂 *Agrypon japonicum* Uchida, 1928

Agrypon japonicum Uchida, 1928. Journal of the Faculty of Agriculture, Hokkaido University, 21:252.

Agrypon japonicum Uchida, 1928. He, Chen, Ma. 1996: Economic Insect Fauna of China, 51: 422.

分布：江西、浙江、福建、安徽、江苏、湖北、湖南、陕西；日本。

22. 苏阿格姬蜂 *Agrypon suzukii* (Matsumura, 1912)

Anomalon suzukii Matsumura, 1912. Thousand insects of Japan, Supplement 4, p.120.

Trichionotus suzukii (Matsumura, 1912). He. 1984. Journal of Zhejiang Agricultural University, 10(1): 100.

分布：江西、浙江、福建、安徽、江苏、湖北、湖南、陕西；日本。

11. 短脉姬蜂属 *Brachynervus* Uchida, 1955

Brachynervus Uchida, 1955. Journal of the Faculty of Agriculture, Hokkaido University, 50:123. Type-species: *Brachynervus tsunekii* Uchida.

前翅长约 14 mm。唇基小，端部强烈隆起。上颚短，端部扭曲；下端齿约为上端齿长的 0.7 倍。颊脊与口后脊相连。额中央具 1 侧扁的角突。胸部短。无中胸腹板后横脊。并胸腹节与后胸侧板之间无缝分隔。并胸腹节非常短，腹部着生处在后足基节上方很高处。肘间横脉远位于第 2 回脉内侧，较短甚至消失；后小脉约在下方 0.35 处曲折。爪栉状或简单。前中足跗节的爪强烈弯曲；后足的爪明显弯曲，中央约呈 115°角。

全世界已知 8 种；中国已知 7 种；江西已知 3 种。

23. 混短脉姬蜂 *Brachynervus confusus* Gauld, 1976

Brachynervus confusus Gauld, 1976. Bulletin of the British Museum (Natural History), Entomology series, 33:79.

Brachynervus confusus Gauld, 1976. He, Chen. 1994: Acta Zootaxonomica Sinica, 19:92.

Brachynervus confusus Gauld, 1976. He, Chen, Ma. 1996: Economic Insect Fauna of China, 51: 424.

分布：江西、浙江、福建、湖北、湖南、山东、辽宁；印度。

24. 牯岭短脉姬蜂 *Brachynervus kulingensis* He & Chen, 1994

Brachynervus kulingensis He & Chen, 1994. Acta Zootaxonomica Sinica, 19:91.

分布：江西(庐山)。

25. 黑短脉姬蜂，新种 *Brachynervus nigriapicalis* Sheng & Sun, sp.n. (图版 II：图 13)

♂ 体长约 24.5 mm。前翅长约 13.5 mm。

颜面由上缘中央至唇基凹之间多多少少呈斜凹痕状，亚侧面(斜凹痕的外侧)稍微隆起；中央具粗大的纵刻点，两侧具粗大的横刻点。唇基沟不明显。上颚粗短，下端齿稍向内弯曲。颚眼距约为上颚基部宽的 1.14 倍。上颊前缘处具不清晰的细刻点，中部具大且粗的刻点，粗刻点之间具较密且不均匀的细刻点；向后不收敛，后头脊位于它的后外缘，侧面观最大横宽约为复眼横径的 0.75 倍。额侧面具粗网状皱，中央具侧扁的片状纵凸起，凸起的两侧具横皱。触角丝状，稍大于体长，鞭节 74 节。

胸部具稠密的粗网状皱。前沟缘脊不明显。中胸盾片前半部具 3 条中纵沟，中央的 1 条直而长；后缘具完整的横缝。小盾片平，无侧脊。中胸侧板在镜面区处具 1 条清晰光亮的细横脊，它的前下方具清晰的斜横皱。中胸腹板具清晰的后缘，但无中胸腹板后横脊。前翅小脉位于基脉外侧，二者间的距离约等于脉宽；第 2 回脉与肘间横脉之间的距离约为肘间横脉长的 4.0 倍；外小脉在中部上方曲折；后小脉约在下方 0.3 处曲折。前中足的爪具长但较弱的栉齿；中足胫节外侧具清晰的短棘刺状毛。后足细长；胫距端部秃短，但非平截状；第 1~第 5 跗节长度之比依次约为 10∶5.7∶4.3∶1.0∶2.3；爪简单，强烈钩状弯曲。并胸腹节具稠密的褐色短毛，宽约为长的 1.38 倍；后部中央明显凹。

腹部狭长。第 2 节背板稍长于第 1 节(约 1.07 倍)，约为第 3 节长的 1.67 倍。

触角鞭节红褐色，端部及梗节黑褐色；柄节腹面，颜面，唇基，上颚(端齿除外)，额(中央的纵带黑色除外)，上颊(上部后缘黑色除外)，中胸盾片前侧角的三角形斑，小盾片，后小盾片前部，后胸背板腋下槽，并胸腹节侧面及和后部连接的弧形带，前中足，后足基节腹侧均为黄色；柄节背面，后足基节端部、腿节、胫节，腹部背板红褐色；翅基片内侧黄色，外侧褐色；中胸腹板前部中央具 1 小黄色斑；第 2 节背板的中纵带及第 3 节背面基半部黑色；第 8 节背板端部黑褐色；后足跗节黄褐色；抱握器黑色。

正模 ♂，江西铅山武夷山自然保护区，1330 m，2009-08-26，集虫网。

词源：新种名源于腹部末端黑色。

该新种与截距短脉姬蜂 *B. truncatus* He & Chen, 1994 相似，可通过下列特征区别。该新种：额中央具侧扁的片状纵凸起；上颊侧面观，最大横宽约为复眼横径的 0.75 倍；并胸腹节侧面和后部连接成黄色弧形宽带；中胸腹板黑色，仅前部中央具 1 小黄色斑，后横脊不明显。截距短脉姬蜂：额具锥形凸起；上颊侧面观，宽约为复眼最宽处的 1.5 倍；并胸腹节黑色；中胸腹板暗红色，后横脊完整。

12. 阔脊姬蜂属 *Elaticarina* Sheng, 2012

Elaticarina Sheng, 2012. Journal of Hymenoptera Research, 27:39. Type-species: *Elaticarina recava* Sheng.

前翅长 10.5~11.0 mm。颜面的两侧稍隆起，中部稍微凹；上缘向上延伸，遮挡部分触角窝，中央具 1 小瘤突。唇基均匀隆起，端缘弧形均匀前突，无齿。上颚相对短小，下端齿明显短于上端齿。额具 2 个“面”：上平面和下平面；上平面平，下平面深凹；上平面的下缘具细横脊状边，向下突然垂直下降；下平面深凹，内具中纵脊。触角匀称，中部稍粗，端部几乎不变细。后头脊完整，在上颚基部上方与口后脊相接，下部强烈扩大呈宽薄片状。小脉位于基脉外侧，二者之间的距离约为小脉长的 0.5 倍；肘间横脉位于第 2 回脉外侧，二者之间的距离约等于肘间横脉长；后小脉在中央或中央稍上方曲折。中足具 2 距；爪简单，或基部具几个不明显的弱栉齿。并胸腹节末端几乎不延长。产卵器鞘较短，约呈梭状，长为腹端厚度的 0.7~0.8 倍。产卵器稍下弯，亚端部较膨大。

26. 凹阔脊姬蜂 *Elaticarina recava* Sheng, 2012　(图版 II：图 14)

Elaticarina recava Sheng, 2012. Journal of Hymenoptera Research, 27:42.

♀ 体长 16.0~18.0 mm。前翅长 10.5~11.0 mm。产卵器鞘长约 1.2 mm。

复眼内缘明显向下方收敛。颜面最狭处的宽约为长的 1.1 倍；具不规则的皱，侧缘具细刻点；上缘侧方(触角窝下方)具横皱；上缘直，中央具 1 小瘤突。唇基沟弱。唇基均匀且明显隆起，宽约为长的 1.6 倍；基部具清晰且非常稀的细刻点，端部几乎无刻点；端缘稍微翘，向前延长成边缘。上颚短，基部具弱且不清晰的刻点和褐色毛。颊区稍凹陷，具细革质状表面。颚眼距为上颚基部宽的 0.48~0.63 倍。上颊具清晰稠密的刻点和褐色长毛，较直地向后收敛。头顶光亮，具非常细弱的刻点；侧单眼间距约为单复眼间距的 0.8 倍。单眼区具粗皱，中央具深纵凹。额的上背面中央稍凹，粗糙，具不规则的粗皱；侧缘几乎光滑，无明显的刻点；下缘横脊状，中央向前凸出呈角状。触角鞭节 52~54 节。后头脊完整，中部位于上颊的后外缘。

前胸背板粗糙，前部具清晰的横皱，后缘处具垂直后缘的斜横皱，后上部具不清晰的细横皱，下部具清晰的网状皱；亚前缘具强壮的纵脊；前沟缘脊不明显。中胸盾片均匀隆起，具稠密且不清晰的细刻点，后缘具细横皱纹；盾纵沟浅，伸达中胸盾片的亚后缘，此处具粗糙不规则的粗皱。小盾片和后小盾片具稠密的粗皱。小盾片具背平面和后斜面，背平面平或稍隆起，横方形，侧脊伸达端缘。中胸侧板粗糙，前上部具不清晰的斜细纵皱，下部具清晰的粗网状皱；胸腹侧脊背端伸达中胸侧板高的 0.4~0.5 处，前端未抵达中胸侧板前缘；无镜面区，但该处具 1 光亮的斜纹；中胸腹板后横脊不完整，在中足基节前中断。后胸侧板明显隆起，具稠密粗糙的网状皱；后胸侧板下缘脊前部强烈片状隆起，后部较弱或不明显。翅带灰褐色透明；小脉位于基脉的外侧，二者之间的距离约为小脉长的 0.65 倍；外小脉在中央曲折；后小脉下段强烈外斜，约在上方 0.4 处曲折。足细长；前中足的爪正常，仅基端具不明显的栉齿；后足的爪简单，中央强烈弯曲约呈 90°；后足基节具清晰的细刻点，第 1 转节背侧端缘凸出呈齿状；后足跗节第 1~第 5 节长度之比依次约为 10.0∶3.7∶2.0∶1.0∶1.7。并胸腹节具稠密的粗网状皱，中央浅纵凹；气门长椭圆形，位于并胸腹节基缘。

腹部自第 2 节起强烈侧扁。第 1 节腹板端缘抵达气门处。第 2 节背板约为第 1 节背板长的 1.25 倍，为第 3 节背板长的 1.9 倍。产卵器鞘长约为腹端厚度的 0.5 倍。

头和胸部主要为黑色。内眼眶不均匀的狭边(触角窝处稍宽)、上颊眼眶中部的狭纹及柄节黄褐色；梗节端部、鞭节基半部(第 1 节基部黑褐色除外)，所有足的基节(基部黑色除外)、转节、腿节，后足转节、腿节均为红褐色；前中足胫节及跗节褐黄色(第 5 跗节黑色)；后足胫节基部 0.7~0.8 暗褐色；鞭节端部黑褐色；翅基片黑褐色至红褐色；上颚中部的斑及后足跗节(第 5 跗节黑色)黄色。腹部背板(第 2 节背面，第 7、第 8 节大部分褐黑色除外)红褐色。翅痣褐色；翅脉褐黑色。

变异：武夷山的标本的前中足几乎全部为黄色。

分布：江西。

观察标本：2♀♀，江西资溪马头山，400 m，2009-05-01~08，集虫网；1♀，江西铅山武夷山，1160 m，2009-06-15，集虫网。

13. 异足姬蜂属 *Heteropelma* Wesmael, 1849

Heteropelma Wesmael, 1849. Bulletin de l'Académie Royale des Sciences, des Lettres & des Beaux-Arts de Belgique, 16(2):119,120. Type-species: *Anomalon* (*Heteropelma*) *calcator* Wesmael; monobasic.

个体较大，瘦长。前翅长 6.5~17 mm。唇基端缘隆起、平截或中央呈阔的凹刻状，若呈阔的凹刻，则缺刻的侧面突出呈尖隆起。上颚上端齿远大于下端齿。触角窝之间具片状突起。小盾片平或中央稍凹陷。中胸腹板后横脊完整。雄性后足第 2 跗节通常具 1 长卵圆形至长形的凹陷区。后足跗节的爪的中央强烈弯曲约呈 100°，具一基叶。肘间横脉位于第 2 回脉内侧，二者之间的距离为肘间横脉长的 0.7~1.0 倍。后小脉约在上方 0.35 处曲折。

该属的种类分布于全北区、东洋区及澳大利亚区。全世界已知 28 种；中国已知 11 种；江西仅知 2 种。

27. 松毛虫异足姬蜂 *Heteropelma amictum* (Fabricius, 1775)

Ichneumon amictus Fabricius, 1775. Fabricius. Systema Entomologiae, sistens Insectorum classes, ordines, genera, species, p.341.

Heteropelma amictum (Fabricius, 1775). He, Chen, Ma. 1996: Economic Insect Fauna of China, 51: 421.

♀ 体长约 19.5 mm。前翅长约 12.5 mm。产卵器鞘长约 2.5 mm。

颜面向下方明显收窄，下方最窄处约等于颜面长；中央稍纵向隆起或呈小纵突状，亚侧方稍凹；具粗细不均的刻点和皱，亚侧方的刻点较粗，上缘多多少少呈边缘状，上缘下方具短细纵皱。唇基具稀刻点，较平；端缘中央近乎平截，中央具或深或浅的缝，侧面或强或弱地角状突出。上颚狭长，基部具纵皱和刻点；上端齿特别强大，显著长于下端齿。颊非常短，颚眼距约为上颚基部宽的 0.1 倍。上颊具较稠密的粗刻点，几乎向后不收敛，侧观约为复眼横径宽的 0.6 倍。头顶非常粗糙，具斜纵皱；单眼区具粗皱，中央具弱的中纵凹；侧单眼间距约为单复眼间距的 0.9 倍。额在两触角窝之间有 1 耸高的片状突起，此突起与中单眼之间具 1 细弱的中纵脊；触角窝背方稍凹陷，凹陷区具稠密模糊的粗皱。触角丝状，短于体长，鞭节 57 节，第 1~第 5 鞭节长度之比依次约为 20∶8∶7∶6∶5，以后各节较均匀。后头脊完整。

前胸背板前缘具细刻点；侧凹具稠密的细横皱；后部具稀疏的刻点和细纵纹；前沟缘脊强壮。中胸盾片均匀隆起，具稠密的刻点和皱纹；盾纵沟浅。小盾片中部稍凹陷，具稠密的刻点和皱纹。后小盾片粗糙，刻点不清晰。中胸侧板光亮，具清晰的刻点；前缘具短横皱，前上角在翅基下脊的下方具稠密的短纵皱；镜面区光亮；中胸侧板凹浅坑状；中胸侧缝内具短横皱。后胸侧板前部具不清晰的细刻点和细纹；中后部稍粗糙，具较粗的斜横皱。翅褐色半透明；小脉位于基脉的外侧，二者之间的距离约为小脉长的1/4；无小翅室；肘间横脉位于第2回脉外侧，二者之间的距离约为肘间横脉长的0.8倍；外小脉在近中央(稍上方)曲折；后小脉外斜，约在上方0.35处曲折。后足第1~第5跗节长度之比依次约为66∶25∶10∶5∶12。并胸腹节密布粗网皱；气门椭圆形。

腹部强烈侧扁。第1节背板细长，几乎圆筒形，光滑光亮；长约为端宽的7.7倍；气门大，圆形，周围内凹，位于第1节背板近端部。第2节背板光滑，长约为端宽的5.4倍。第3节及以后的背板具稠密且不清晰的细短毛。

头和胸部主要为黑色；颜面，额眼眶(中央间断)，外眼眶上段的细纹，唇基(端缘褐色半透明)，上颚(端齿黑色)，下唇须，下颚须，颊区，后足跗节第1~第4节黄色；触角(第1鞭节基部，柄节和梗节背侧黑褐色；柄节和梗节腹侧红褐色)，翅基片，足(中足跗节末3节，后足基节基部、胫节端部黑褐色)，腹部背板(第2节背板背侧黑色，第3节及以后的背板具模糊不清晰的黑褐色斑)红褐色；翅痣褐色；翅脉褐黑色。

♂ 体长25.0~34.0 mm。前翅长13.5~16.5 mm。后足第2跗节具长形凹陷区，且比第1跗节略宽。前中足，后足基节、转节腹侧及后跗节全部黄色。其他同♀。

分布：我国由南向北均有分布；国外分布于印度，朝鲜，日本，俄罗斯；欧洲等。

观察标本：江西全南，18♀♀5♂♂，530~700 m，2009-03-22~07-18，集虫网。

28. 凹顶异足姬蜂，新种 *Heteropelma verticiconcavum* Sheng & Sun, sp.n. **(图版II：图15)**

♂ 体长约32.0 mm。前翅长约18.5 mm。触角长约23 mm。

颜面光亮，向下方稍微收敛，下方最窄处约等于颜面长；中央稍隆起，上部中央具浅纵凹；具浅且不均匀的粗刻点。唇基凹封闭。唇基基部具不均匀的刻点；端缘平截，中央凹，两侧强烈隆起。上颚强壮、粗短，下缘基半部突出呈边缘；具清晰的刻点和褐色毛；下端齿向内弯曲，显著小且短于上端齿。颊非常短，颚眼距约为上颚基部宽的0.15倍。上颊光亮，稍膨大，具非常稀且细的刻点。头顶中央由额至后头强烈深凹。头顶具非常稠密的刻点，单眼区外侧具纵皱。额深凹，具斜纵皱，侧缘下半部较隆起。单眼区具清晰的中纵沟；侧单眼间距约为单复眼间距的0.5倍。额的下半部中央(触角窝之间及上方)具1半透明的片状突起，此突起的上方具1伸抵中单眼的细纵脊。触角丝状，鞭节67节，后头脊完整，下端伸抵上颚基部。

前胸背板前部及下部具稠密的褐灰色毛；侧凹中央具稠密的短横皱，下部具稠密不清晰的细斜皱；后上部光亮，具清晰的细刻点；前沟缘脊长且强壮。中胸盾片具稠密不均匀的刻点；盾纵沟弱浅，呈痕迹状，在亚后缘处合并后伸达中胸盾片后缘。盾前沟深，底部的前侧具横皱，后缘(小盾片前侧)垂直。小盾片粗糙，具稠密不清晰的刻点；具中纵凹。中胸侧板光亮，具清晰的刻点；前上角在翅基下脊的下方具稠密不清晰的短斜皱；镜面区较大，光亮；胸腹侧脊背端约伸达中胸侧板前缘高的1/2处，未伸抵前缘；中胸腹板后横脊完整。后胸背板具清晰的刻点和褐灰色长毛。后胸侧板具网状皱和稠密的褐灰色长毛；上部明显隆起；后胸侧板下缘脊完整。翅褐色透明；小脉位于基脉外侧，二者之间的距离约等于脉宽；肘间横脉位于第2回脉内侧，二者之间的距离约为肘间横脉长的1.2倍；外小脉在中央曲折；后小脉外斜，约在上方0.35处曲折。后足跗节第1节约为第 2 节长的 1.4 倍；第 2 节腹面具纵凹，纵凹内具细密的浅黄色短柔毛。并胸腹节具稠密的粗网皱，基侧角处具稠密的褐灰色毛簇；中央稍纵凹；端部具环形皱，环绕端部接纳腹部第 1 节的窝的周围。

第 1 节非常细长，棍棒状；腹板端缘约位于气门至背板端缘间距的 0.7 处。腹部从第 2 节起强烈侧扁。第 2 节约为第 1 节长的 1.14 倍，约为第 3 节长的 1.84 倍。

头胸部黑色；颜面，唇基，上颚(端齿黑色除外)，下颚须，下唇须，颊区，额眼眶，上颊眼眶中部的狭纹，触角柄节、梗节、鞭节端部，前中足，后足基节腹面、转节腹面，均为浅黄至黄色；中足第 5 跗节和后足第 1 跗节黄褐色；鞭节基部，翅基片和翅痣棕褐色；翅脉黑褐色；后足基节基端黑色；后足基节背面、转节背面、腿节、胫节基部约 0.7，腹部(腹板稍带黄褐色)红褐色。

正模 ♂，江西铅山武夷山，1200 m，2009-07-11，钟志宇。

词源：新种名源于头顶深凹陷。

该新种非常特殊，可通过头部背面(额、头顶和后头)强烈深凹与该属其他种区别。

14. 棘领姬蜂属 *Therion* Curtis, 1829

Therion Curtis, 1829. Guide to an arrangement of British insects, p.101. Type-species: *Ichneumon circumflexus* Linnaeus. Designated by Curtis, 1839.

唇基端缘平截或稍突起。下端齿较短，约为上端齿的 0.6 倍或更短。后头脊下端伸抵上颚基部。额具 1 中纵脊或凸起。小盾片强烈隆起，无侧脊。中胸腹板后横脊在中足基节前方中断。后足第 1 跗节 0.6~1.2 倍于第 2~第 5 节长度之和。雄性后足跗节第 2~第 4 节下侧具 1 弱纵嵴。爪具栉齿或简单，直，近端部强烈弯曲。肘间横脉位于第 2 回脉内侧，二者之间的距离为肘间横脉长的 0.4~1.2 倍。并胸腹节(在外侧脊的位置)由弱凹痕与后胸侧板分开；外侧脊弱、不明显或消失。

全世界已知 24 种；我国已知 4 种；江西已知 2 种。

29. 粘虫棘领姬蜂 *Therion circumflexum* (Linnaeus, 1758) (图版 III：图 16)

Ichneumon circumflexum Linnaeus, 1758. Systema naturae per regna tria naturae, secundum classes, ordines, genera, species cum characteribus, differentiis, synonymis locis. Tomus I. Editio decima, reformata, p. 566.

Therion circumflexum (Linnaeus, 1758). He, Chen, Ma. 1996: Economic Insect Fauna of China, 51: 417.

♀ 体长 19.0~24.0 mm。前翅长 12.0~14.5 mm。产卵器鞘长 2.0~2.5 mm。

头胸部具较稠密的褐色短毛，复眼在触角窝处稍有凹痕。颜面中央及两侧稍纵隆起，具细刻点(中央纵隆部分弱皱状)；亚中部稍纵凹，具稠密的粗皱刻点；明显向下方收敛，下方宽约为长的 1.5 倍；上缘中央具 1 小瘤突。颜面与唇基之间浅凹。唇基宽约为长的 3.1 倍，不均匀隆起，具较稀疏且不均匀的粗刻点(与颜面比)；端部光滑，端缘几乎平截(微弧形)。上颚较狭长，基部具皱刻点；上端齿明显长于下端齿。颊具细革质状表面；颚眼距约为上颚基部宽的 0.5 倍。上颊具非常稠密的皱刻点，中部稍隆起，向后上部显著收敛。头顶具稠密的粗网皱，侧单眼外侧稍凹，侧单眼至后头脊之间距离短；单眼区隆起，具细中纵沟；侧单眼间距约为单复眼间距的 1.2 倍。额稍凹，具明显的中纵脊；中纵脊两侧具稠密的粗横皱，侧后部具稠密的网皱；触角鞭节 46~53 节。后头脊完整。

前胸背板前缘细皱粒状；侧凹内具稠密的细网皱，后上部具稠密的皱刻点；前沟缘脊强壮。中胸盾片均匀隆起，具非常稠密的皱刻点，中叶中央具浅中纵沟；盾纵沟弱，在端部 0.1~0.15 处相遇。盾前沟光滑。小盾片强烈隆起，具稠密的细刻点。后小盾片非常小，具细皱。中胸侧板具非常稠密的粗网皱；翅基下脊长，具细纵皱，下方具非常稠密的细横皱；胸腹侧脊背端伸达中胸侧板的前缘中央处；无镜面区；胸腹侧片狭窄，具细弱皱。后胸侧板具粗网状皱，后上部明显隆起、网皱粗壮；后胸侧板下缘脊完整，前部稍隆起。翅带黄褐色，透明；小脉位于基脉外侧；无小翅室；第 2 回脉位于肘间横脉的外侧，二者之间的距离稍短于肘间横脉(几乎等长)；外小脉在中央下方 0.35~0.4 处曲折；后小脉约在中央或稍上方曲折。足细长，爪简单。并胸腹节均匀隆起，后部中央稍凹，密布稠密粗壮的网状皱；气门长椭圆形，周围凹陷。

腹部细长，光滑。第 1 节背板非常细长，光滑光亮，端部膨大，长约为端宽的 6.4 倍；气门圆形，约位于端部 0.2 处。第 2 节背板长约为第 1 节背板的 1.1 倍，约为亚端宽(最宽处)的 6.5 倍。第 3 节及以后的背板强烈侧扁。产卵器鞘长约为后足胫节长的 0.23 倍，约为基跗节长的 0.38 倍。产卵器直，端缘尖锐，亚端部具大的背缺刻。

头胸部黑色为主，下列部分除外：触角红褐色，柄节、梗节及第 1 鞭节背侧黑色；颜面中央及两侧的纵条斑，上颊眼眶，头顶眼眶在复眼顶角处的小斑，唇基(两侧黑色)，上唇，下唇须，下颚须，翅基片，小盾片黄色。腹部和足红褐色为主，下列部分除外：足基节黑色(腹侧基部红褐色)；前中足腹侧及胫节和跗节稍带黄色；后足腿节端部、胫节端部黑色，基跗节端部及第 2、第 3、第 4 跗节黄色；腹部第 1、第 2 节背板基半部中央的纵条斑，第 3~第 5 节背板两侧缘的纵条斑(第 3 节的斑有时弱)，第 5 节背板中央的纵条及第 6(有时侧部具红褐色斑)、第 7、第 8 节背板黑色。翅痣，翅脉黄褐色。

分布：江西、浙江、北京、甘肃、河北、辽宁、吉林、黑龙江、内蒙古、新疆、台湾、宁夏；朝鲜，日本，蒙古，俄罗斯；欧洲，北美。

虽然江西有该种分布的记录，但本书作者没采集到江西的标本。这里根据我国其他林区的标本进行描述。观察标本：10♀♀，宁夏六盘山，2005-06-02~06-23，集虫网。

30. 红斑棘领姬蜂 *Therion rufomaculatum* (Uchida, 1928)　(图版 III：图 17)

Exochilum circumflexus rufomaculatum Uchida, 1928. Journal of the Faculty of Agriculture, Hokkaido University, 21:237.

♀ 体长 18.5~20.0 mm。前翅长 10.5~11.5 mm。产卵器鞘长 2.0~2.5 mm。

头胸部具较稠密的褐色短毛，复眼在触角窝处稍凹。颜面在中央及两侧稍纵隆起，具细刻点(中央纵隆部分弱皱状)；亚中部稍纵凹，具稠密的粗皱刻点；明显向下方收敛，下方宽约为长的 1.33 倍；上缘中央具 1 小瘤突。颜面与唇基之间浅凹。唇基宽约为长的 2.0 倍，不均匀隆起，具较稀疏且不均匀的粗刻点；端部光滑，端缘几乎平截。上颚较狭长，基部具皱刻点；上端齿明显长于下端齿。颊具细革质状表面；颚眼距约为上颚基部宽的 0.6 倍。上颊具非常稠密的细皱刻点，中部稍隆起，向后上部显著收敛。头顶在侧单眼至后头脊之间距离短，具稠密且细的网皱，侧单眼外侧凹，侧单眼至复眼之间具细横皱；单眼区隆起，具细中纵沟；侧单眼间距约等于单复眼间距。额稍凹，具明显的中纵脊；中纵脊两侧具稠密的粗横皱，侧后部具稠密的网皱；触角鞭节 46~49 节。后头脊完整。

前胸背板前缘细皱粒状；侧凹内具稠密的细横皱，后上部具稠密的皱刻点；前沟缘脊强壮。中胸盾片均匀隆起，具非常稠密的皱刻点，中叶中央具浅的中纵沟；盾纵沟弱，约在端部 0.3 处相遇。盾前沟光滑。小盾片强烈隆起，具稀疏的细刻点。后小盾片非常小，具细皱。中胸侧板中下部具稠密的粗网皱；翅基下脊长而光亮，下方具稠密的短横皱；胸腹侧脊强壮，背端伸达中胸侧板的前缘中央处；无镜面区；胸腹侧片狭窄，具细弱皱。后胸侧板具粗网状皱，后上部明显隆起；后胸侧板下缘脊完整，前部稍突出。翅带黄褐色，透明，小脉位于基脉外侧；无小翅室；第 2 回脉位于肘间横脉的外侧，二者之间的距离稍长于肘间横脉；外小脉约在中央稍下方曲折；后小脉约在中央处曲折。足细长，爪简单。并胸腹节均匀隆起，后部中央稍凹，密布稠密的粗网状皱；气门长卵圆形，周围凹陷。

腹部细长，强烈侧扁，光滑。第 1 节背板非常细长，光滑光亮，端部膨大，长约为端宽的 6.0 倍；气门圆形，约位于端部 0.17 处。第 2 节背板长约为第 1 节背板的 1.1 倍，约为亚端宽(最宽处)的 7.3 倍。产卵器鞘长约为后足胫节长的 0.32 倍，约为基跗节长的 0.67 倍。产卵器直，端缘尖锐。

头胸部黑色为主，下列部分除外：触角红褐色，柄节、梗节及第 1 鞭节背侧黑色；颜面(有的个体亚侧部呈暗黄色纵条)，上颊眼眶，头顶眼眶在复眼顶角处，唇基，上唇，下唇须，下颚须，翅基片(有时红褐色)，小盾片黄色；中胸侧板中下部的大斑、翅基下脊，后胸侧板后上部红褐色。腹部和足以红褐色为主，下列部分除外：前足基节背侧，中足基节端部，后足基节除基部、腿节端部腹侧、胫节端部黑色；腹部第 1、第 2 节背板基半部中央的纵条斑、第 4~第 7 节背板中央及两侧的纵条斑、第 8 节背板两侧的大斑，产卵器鞘黑色。翅痣黄褐色，翅脉暗黑色。

寄主：我国已知寄生粘虫 *Mythimna separata* (Walker)等。

分布：江西、河北、湖北、四川、浙江、福建、广东、云南、西藏、贵州、北京、宁夏、台湾；日本。

观察标本：3♀♀，江西全南三角塘，335 m，2009-03-24，集虫网；7♀♀1♂，宁夏六盘山，2005-06-06~07-14，集虫网。

三、栉姬蜂亚科 Banchinae

主要鉴别特征：前翅长 1.8~16.0 mm；唇基沟多多少少明显；并胸腹节通常具较发达的端横脊；腹部第 1 节背板具基侧凹；雌性下生殖板非常大，侧面观呈三角形；产卵器背瓣亚端部具缺刻。

该亚科含 3 族，分布于全世界，江西均有分布。

栉姬蜂亚科分族检索表

1. 腹部第2~第4节背板各具1对由基部中央伸向后侧方的深斜沟……………………雕背姬蜂族 **Glyptini**
   腹部第2~第4节背板无上述深斜沟……………………………………………………………………2
2. 后小脉远在上方很高处曲折……………………………………………………………栉姬蜂族 **Banchini**
   后小脉在下方曲折，少数在中央附近或上方曲折，甚少不曲折者…………………缩姬蜂族 **Atrophini**

五）缩姬蜂族 Atrophini

前翅长 2.6~16.0 mm。体通常较长且细瘦，一些较粗壮。后胸背板后缘无三角形亚侧突。并胸腹节通常仅具外侧脊和端横脊，或无脊。后小脉在中央下方曲折，少有在中央或上方曲折或不曲折者。爪通常具栉齿。腹部背板无深斜沟；第1节背板无背中脊，背侧脊缺或不完整。产卵器鞘为后足胫节长的 0.25~4.0 倍。

该族是一个较大的族，含40属；我国已知9属；江西已知5属。寄主主要为鳞翅目幼虫。

缩姬蜂族中国已知属检索表

1. 颊脊伸达上颚基部；通常具前沟缘脊；并胸腹节气门长形，无基横脊；通常具小翅室……………………………………………………………………………………色姬蜂属 ***Syzeuctus* Förster**
   颊脊在上颚基部上方与口后脊相接；通常无前沟缘脊；并胸腹节气门圆形至长形……………………2
2. 腹部第1节背板的气门位于中央或中央外侧，无基侧凹；后头脊背方中央中断；并胸腹节无端横脊和外侧脊；后胸腹板后缘中央具1对向后方收敛的长齿(位于后足基节基部内侧)；具小翅室……………………………………………………………………………细柄姬蜂属 ***Leptobatopsis* Ashmead**
   腹部第1节背板的气门位于该节中央前方；通常有基侧凹；后胸腹板无齿……………………………3
3. 腹部第1节背板均匀且强度向基方变狭，基部不突然隘缩；产卵器鞘通常小于后足胫节长的1.4倍；有小翅室……4
   腹部第1节背板并非强烈向基方变狭，基部通常突然收缩；产卵器鞘的长通常大于后足胫节长的1.4倍；小翅室有或无………………………………………………………………………………………………8
4. 后小脉在中央或上方曲折……………………………………………………………副姬蜂属 ***Alloplasta* Förster**
   后小脉明显在中央下方曲折………………………………………………………………………………5
5. 爪简单；头、体及足的基节全部黑色(甚少腹部带红色者如此)；并胸腹节无端横脊………………………………………………………………………………………………刻姬蜂属 ***Arenetra* Holmgren**
   爪具栉齿；头、体或足的基节具色斑……………………………………………………………………6
6. 中胸盾片前侧角具稍隆起的黄色或白色斑；并胸腹节无端横脊，也无外侧脊………………………………………………………………………………………隆斑姬蜂属 ***Stictolissonota* Cameron**
   中胸盾片前侧角无稍隆起的黄色或白色斑；并胸腹节通常具脊…………………………………………7
7. 腹部第1节背板背面均匀隆起；小翅室五边形或四边形；并胸腹节具明显的脊，至少具端横脊……………………………………………………………………………隐姬蜂属 ***Cryptopimpla* Taschenberg**
   小翅室四边形，前方尖或具柄；并胸腹节脊较弱，端横脊缺………厚胸姬蜂属 ***Hadrostethus* Townes**
8. 腹部第1节背板无背中脊，或仅基部存在且不明显，无纵皱，或具非常弱的细线纹状皱；通常具小翅室…………………………………………………………………………缺沟姬蜂属 ***Lissonota* Gravenhorst**
   腹部第1节背板基半部具背中脊，具清晰的纵皱纹；无小翅室……………………………………………………………………………………………………喜姬蜂属 ***Himertosoma* Schmiedeknecht**

15. 隐姬蜂属 *Cryptopimpla* Taschenberg, 1863

Cryptopimpla Taschenberg, 1863. Zeitschrift für die Gesammten Naturwissenschaften, 21:292. Type-species: *Phytodietus blandus* Gravenhorst, 1829 (= *quadrilineata* Gravenhorst, 1829).

前翅长 5.3~9.5 mm。唇基适当隆起，端缘圆形。上颚上端齿长于下端齿。眼颚距为上颚基部宽的 0.55~1.2 倍。颊脊在上颚基部上方与口后脊相遇。后头脊完整。无前沟缘脊。并胸腹节通常具外侧脊和端横脊；中纵脊和侧纵脊存在或缺，若存在，通常较弱；并胸腹节气门圆形或几乎圆形。有小翅室；小脉前叉或后叉；第 2 回脉具 2 个弱点，若具 1 个，其长度为第 2 回脉在它下方部分的长的 0.5~1.0 倍；后小脉稍外斜，在中央下方曲折。爪通常具栉齿。腹部端部通常侧扁。产卵器鞘长 0.33~0.8 倍于后足胫节。

全世界已知 47 种；我国已知 9 种；江西知 4 种。

隐姬蜂属中国已知种检索表

1. 小翅室五边形，前边较宽；胸腹部和后足基节及腿节完全黑色……**河南隐姬蜂 *C. henanensis* Sheng**
   小翅室四边形，前方尖；胸部或腹部至少具浅色斑，或后足基节及腿节浅色……2
2. 小翅室非常小，斜向拉长；腹部第 1 节背板长约为端宽的 2.5 倍……**台湾隐姬蜂 *C. taiwanensis* (Momoi)**
   小翅室相对较大，不拉长；腹部第 1 节背板长不大于端宽的 2.1 倍……3
3. 腹部背板完全黑色……4
   腹部中部背板浅色，或至少背板具浅色大斑或横带……5
4. 爪简单；颜面黑色；中胸盾片及中胸侧板完全黑色；足几乎完全红褐色……**短尾隐姬蜂 *C. brevis* Sheng**
   爪具栉齿；颜面浅黄色；中胸盾片前侧角及中胸侧板后下角具浅黄色大斑；足几乎完全浅黄色……**黄足隐姬蜂 *C. flavipedalis* Sheng**
5. 爪具稠密的栉齿；小翅室具柄……6
   爪简单；小翅室无柄……7
6. 颜面中央纵向强烈嵴状隆起，具清晰的中纵脊；前中足基节、后足基节腹侧黄褐色，后足基节背侧红褐色；上颊完全黑色……**脊颜隐姬蜂 *C. carinifacialis* Sheng**
   颜面匀称，均匀微弱地隆起，无中纵脊；足的所有基节全部黑色；上颊下部浅黄色……**黑基隐姬蜂，新种 *C. nigricoxis* Sheng & Sun, sp.n.**
7. 颜面黄色或近白色具黑色中纵带；腹部背板黑色，后缘具较宽的浅黄色横带……8
   颜面黑色，仅眼眶中段黄色或白色；腹部中部背板(第 1 节端部、第 2~第 3 节全部、第 4 节基半部)红褐色……**褐足隐姬蜂 *C. rufipedalis* Sheng**
8. 颜面粗糙，中央具纵刻点，侧面的刻点相互连接呈细横沟状；胸部具不明显的细革质状质地；后胸侧板的刻点比中胸侧板的刻点更细且密……**斑颜隐姬蜂 *C. maculifacialis* Sheng**
   颜面光滑，具较均匀的细刻点；胸部质地光滑；后胸侧板与中胸侧板的刻点相似……**黄颜隐姬蜂 *C. flavifacialis* Sheng**

31. 脊颜隐姬蜂 *Cryptopimpla carinifacialis* Sheng, 2011

Cryptopimpla carinifacialis Sheng, 2011. ZooKeys, 117:32.

♀ 体长约 10.0 mm。前翅长约 8.0 mm。产卵器鞘约长 2.0 mm。

内眼眶平行。颜面和唇基具细革质状质地。颜面宽约为长的 1.38 倍，中央纵向强烈嵴状隆起，具清晰的中纵脊；侧上部具纵凹陷；中部具稠密的刻点，刻点间距为刻点直径的 0.1~0.2 倍；侧面的刻点相对稍稀，刻点间距为刻点直径的 0.5~1.0 倍；上缘中央具光亮的小纵瘤突。唇基宽约为长的 2.2 倍(长约为宽的 0.47 倍)；几乎光亮，均匀隆起呈丘状，基部具稀疏的刻点；端部中央稍凹陷；端缘厚，向前呈弧形突出，具褐色细长毛。上颚强壮；亚端部具稀且浅的毛刻点；端齿强壮，上端齿明显长于下端齿。颊区，上颊，头顶及额具细革质状表面。颊区具不清晰的细刻点；颚眼距约为上颚基部宽的 0.55 倍。上颊明显向后收敛，具非常细的毛刻点，刻点间距为刻点直径的 0.2~2.0 倍(下部的刻点相对较稠密)。头顶具较上颊稍粗且不均匀的刻点，刻点间距为刻点直径的 0.5~2.5 倍；单眼区稍隆起；侧单眼间距约等于单复眼间距。额几乎平坦，仅靠近触角窝处稍凹；亚侧面(触角窝上方)具非常稠密不清晰的刻点，横向几乎连接呈横沟纹，刻点间距为刻点直径的 0.1~0.5 倍；下部中央具纵皱。触角细长，鞭节 47 节，各节的长均大于自身直径，基半部内侧具 1 条稠密的短毛带；中部之后向端部逐渐变细，第 1~第 5 鞭节长度之比依次约为 8.8∶6.3∶5.7∶5.3∶5.0。后头脊完整，下端在上颚基部稍上方与口后脊相接。

胸部具非常稠密的刻点。前胸背板前缘几乎光滑，无明显的刻点；侧凹内具清晰的短横皱；后上部具均匀的刻点，刻点间距约为刻点直径的 0.2 倍；无前沟缘脊。中胸盾片均匀隆起；粗糙，刻点紧密相连，间距小于刻点直径的 0.2 倍；无盾纵沟。小盾片均匀隆起，具与中胸盾片相似的质地；仅前侧角具侧脊。后小盾片较隆起，具稠密粗大的刻点，前侧面具浅凹。中胸侧板粗糙，刻点间距为刻点直径的 0.1~0.6 倍；胸腹侧脊背端约位于中胸侧板高的 1/5 处，远离前胸背板后缘；中胸侧板凹圆形，深凹；无镜面区。后胸侧板的刻点相对(与中胸侧板比)较细且密；后胸侧板下缘脊完整，前部片状突出呈三角形；无脊间脊。翅带褐色透明，小脉位于基脉外侧，二者之间的距离约为小脉长的 0.26 倍；小翅室四边形，具柄；第 2 肘间横脉明显长于第 1 肘间横脉；第 2 回脉约在它的下外角的稍内侧相接；外小脉在中央稍下方曲折；后小脉约在下部 0.25 处曲折(上段约为下段的 3.8 倍)。足相对较细长；后足第 1~第 5 跗节长度之比依次约为 10.0∶4.3∶3.1∶1.5∶2.3；爪具栉齿。并胸腹节均匀隆起，具与中胸侧板相似的质地，刻点更加稠密且不清晰；脊几乎全部消失，仅外侧脊的端部存在和端横脊的中央及侧突处具残痕；气门长椭圆形，长径约为短径的 2.0 倍。

腹部第 1 节背板长约为端宽的 2.5 倍，向基部稍收敛；除端缘外，具稠密清晰的刻点；无背中脊；背侧脊仅基部(气门至基部之间)存在；气门非常小，圆形，稍隆起，明显位于中央内侧。第 2 节背板长约为端宽的 1.1 倍，端宽约为基宽的 1.5 倍；具稠密的刻点，刻点间距为刻点直径的 0.1~0.3 倍，但端缘的刻点较稀且弱；基缘具半圆形窗疤。第 3 节背板具与第 2 节背板相似的刻点，相对较细，侧缘和端部较弱且稀。第 4 节背板稍粗糙，无明显的刻点。其余背板光滑，或多或少呈细横线纹状。产卵器鞘长约为后足胫节长的 0.55 倍，约与腹部第 1 节背板等长。产卵器侧扁，几乎不向上弯曲；亚端部具背缺刻。

黑色，下列部分除外：触角柄节腹侧端部、梗节腹侧端缘，鞭节中段(第 9 节端部和第 10~第 16 节及第 17 节基部)，颜面侧缘的大斑，唇基大部分，上颚(端齿红褐色除外)，下颚须，下唇须(末节灰褐色除外)，前胸背板前缘的纵带及后上角的小斑，中胸盾片前侧缘的纵纹，翅基下脊，小盾片(前部中央除外)，中后胸侧板后部的斑，后足第 1 跗节端部和第 2~第 4 跗节，腹部第 1 节背板基部、侧缘及亚端部，第 2、第 3 节背板后缘的宽横带，第 7、第 8 节背板大部分白色或白色稍带黄色；中胸侧板中部稍前侧不明显的小斑红褐色；前中足基节、转节，后足基节腹侧黄褐色；前中足腿节，后足基节背侧、转节及腿节基部(界限模糊)红褐色；前中足胫节及跗节，后足胫节基部约 2/3 暗褐色；翅痣黑褐色；翅脉褐黑色。

分布：江西。

观察标本：♀，江西铅山武夷山, 2009-07-11，钟志宇。

32. 黄颜隐姬蜂 *Cryptopimpla flavifacialis* Sheng, 2011

Cryptopimpla flavifacialis Sheng, 2011. ZooKeys, 117:35.

♀ 体长 8.5~9.5 mm。前翅长 6.5~7.5 mm。产卵器鞘长 1.5~2.0 mm。

颜面光亮，宽约为长的 1.4 倍；具稠密均匀的细刻点，刻点间距为刻点直径的 0.2~0.5 倍；中央稍隆起；上缘中央纵向光滑、凹陷呈细沟状，沟的下方具 1 小瘤突。唇基光亮，均匀隆起，具非常稀疏的细刻点(基部相对稍密，端部几乎无刻点)；端缘厚，隆起，向前呈弧形突出，具长毛。上颚强壮，下缘具半透明的狭边；表面具细弱的毛刻点，刻点间距为刻点直径的 0.5~1.0 倍；上端齿稍长于下端齿。颊区稍粗糙，具弱且不清晰的浅刻点；颚眼距为上颚基部宽的 0.47~0.48 倍。上颊呈细革质状表面，具清晰的细刻点，刻点间距为刻点直径的 0.2~2.5 倍，侧面观，长为复眼宽的 0.5~0.6 倍。头顶具与上颊相似的质地；单眼区具密集的刻点，刻点间距小于刻点直径的 0.5 倍；侧单眼间距为单复眼间距的 0.9~1.0 倍。额较平坦，具深且稠密的刻点，横向相互连接(融合)或几乎连接；下缘在靠近触角窝处光滑无刻点；具或多或少可见的中纵沟；触角较细长，鞭节 33 节，各节的长均大于自身直径；第 1~第 5 鞭节长度之比依次约为 2.0：1.8：1.7：1.6：1.5。后头脊完整、强壮，下端在上颚基部稍上方与口后脊相接。

胸部质地光亮；具稠密清晰的粗刻点，刻点间距小于刻点直径。前胸背板前缘的刻点纵长；侧凹内具短横皱；无前沟缘脊。盾纵沟不明显。小盾片明显丘状隆起，除基侧角外无侧脊。后小盾片横形。中胸侧板中部(中胸侧板凹前方)稍隆起；胸腹侧脊背端约伸达前胸背板后缘下部 1/3 处，远离中胸侧板前缘。无镜面区。后胸侧板具与中胸侧板相似的刻点；下缘脊的前段片状突出。翅带灰褐色透明，小脉位于基脉的外侧，二者之间的距离约为小脉长的 0.4 倍；小翅室四边形，第 2 肘间横脉明显长于第 1 肘间横脉；第 2 回脉约在它的下外侧 1/3 处相接；外小脉在中央稍下方曲折；后小脉几乎垂直，约在下方 0.3 处曲折。足相对强壮；后足第 1~第 5 跗节长度之比依次约为 6.2：3.8：1.9：1.0：1.4；爪简单。并胸腹节均匀隆起，具与胸部相似的刻点；仅具端横脊的中段和或多或少可见的外侧脊；气门小，椭圆形。

腹部第 1~第 3 节背板具稠密的刻点(但较胸部稍细)，各节端缘的刻点较稀。第 1 节背板长约为端宽的 1.8~1.9 倍，向基部均匀变狭；纵向均匀隆起，中线处几乎无刻点；

侧面在气门的后面具细纵纹；气门隆起，位于中央稍前侧。第 2 节背板长约等于端宽；基部侧缘处的刻点明显较细密；基缘具约呈半圆形窗疤；第 3 节背板基部稍宽于端部，长约为最宽处的 0.9 倍，基侧角处凹，基缘具横纹状疤痕。第 4 节背板具非常弱的细刻点，向端部逐渐不清晰。其余背板无刻点，表面稍呈不明显的横线纹状。产卵器鞘长为后足胫节长的 0.7~0.8 倍，约为腹部第 1 节背板长的 1.2~1.3 倍。产卵器强烈向上弯曲，侧扁，亚端部具背缺刻。

黑色，下列部分除外：触角鞭节中部至亚端部黄褐色；触角柄节及梗节腹侧，颜面(上缘中央的纵凹沟和小瘤突除外)，颊，额眼眶，中胸盾片前侧缘的狭钩纹，翅基片及前翅翅基，翅基下脊，前中足基节腹侧及端部、转节腹侧、腿节腹侧，腹部各节背板端部的横带(第 5 节以后的横带非常狭)均为鲜黄色；下唇须和下颚须鲜黄色，具不均匀的褐色斑；后胸侧板下缘脊前段的突出部分黑色，仅下缘带浅褐色；足红褐色，前中足胫节基部、第 1~第 4 跗节的端缘具不明显的淡黄色环，后足胫节基部、第 1~第 4 跗节白色；后足转节背面、腿节端部、胫节端半部及第 5 跗节黑色或褐黑色；翅痣和翅脉(基部褐色)褐黑色。

分布：江西。

观察标本：1♀，江西全南三角塘，335 m，2009-03-24，李石昌；1♀，江西全南老麻突，340 m，2009-04-07，李石昌；1♀，江西吉安双江林场，174 m，2009-04-09，李达林。

33. 斑颜隐姬蜂 *Cryptopimpla maculifacialis* Sheng, 2011

Cryptopimpla maculifacialis Sheng, 2011. ZooKeys, 117:40.

♀ 体长约 8.3 mm。前翅长约 6.2 mm。产卵器鞘长约 1.6 mm。

颜面向下方稍收敛，宽约为长的 1.7 倍，中央纵向具稠密的刻点，刻点间距为刻点直径的 0.1~0.3 倍；侧面的刻点相互连接呈细横沟状，中央均匀隆起，上缘中央具 1 小瘤突；瘤突之上、两触角窝之间纵凹。唇基宽约为长的 2.2 倍；光亮，均匀隆起，具非常稀疏的细刻点(基部相对稍密，端部无明显刻点)；端缘厚，隆起，向前呈弧形突出，具长毛。上颚强壮；表面具细弱的毛刻点，刻点间距为刻点直径的 0.5~2.0 倍；上端齿尖，长于下端齿。颊区，上颊，头顶及额具细革质状表面。颊区具不清晰的细刻点；颚眼距约为上颚基部宽的 0.5 倍。上颊向后稍收敛，具清晰的刻点，刻点间距为刻点直径的 0.2~1.5 倍(靠近后缘处的刻点较细且稠密)。头顶具较上颊稍稠密的刻点，刻点间距为刻点直径的 0.2~1.0 倍；单眼区隆起；侧单眼间距约为单复眼间距的 1.1 倍。额几乎平坦，仅靠近触角窝处稍凹；具非常稠密的刻点，横向几乎连接呈横沟纹，刻点间距为刻点直径的 0.1~0.5 倍；中单眼下具浅凹。触角鞭节 34 节，中部之后向端部逐渐变细，各节的长均大于自身直径；第 1~第 5 鞭节长度之比依次约为 6.4∶4.4∶4.2∶4.0∶3.7。后头脊完整，下端在上颚基部上方与口后脊相接，靠近口后脊处较弱。

胸部具不明显的细革质状质地。前胸背板前缘具纵刻点；侧凹内具短横皱；后部具稠密的刻点，刻点间距为刻点直径的 0.2~0.5 倍；无前沟缘脊。中胸盾片均匀隆起，无盾纵沟；具与前胸背板后部相似的刻点。小盾片几乎不隆起，具稀且不均匀的浅刻点，刻点间距为刻点直径的 0.2~3.0 倍；无侧脊。后小盾片横形，具弱刻点；前部横凹，前侧面具圆形小深凹。中胸侧板具稠密的刻点，刻点间距为刻点直径的 0.2~1.0 倍；胸腹侧脊背端约位于中胸侧板高的 1/3 处，远离前胸背板后缘；中胸侧板凹较深凹；无镜面区。后胸侧板的刻点相对(与中胸侧板比)较细且密；后胸侧板下缘脊的前部片状突出；无脊间脊。翅带灰褐色透明，小脉位于基脉外侧，二者之间的距离约为小脉长的 0.4 倍；小翅室四边形，第 2 肘间横脉明显长于第 1 肘间横脉；第 2 回脉约在它的下外侧 0.3 处相接；外小脉在中央稍下方曲折；后小脉约垂直，约在下方 0.3 处曲折。足相对强壮；后足第 1~第 5 跗节长度之比依次约为 10.0∶4.6∶3.2∶1.7∶2.1；爪简单。并胸腹节均匀隆起，具稠密且不太清晰的细刻点；仅具完整强壮的端横脊和较弱的外侧脊；气门约呈圆形(稍椭圆形)。

腹部第 1 节背板长约为端宽的 1.6 倍，均匀向基部变狭；均匀纵向隆起；粗糙，具稠密不清晰的粗皱点，侧缘处具短纵皱纹；背中脊不明显；背侧脊仅基部存在；气门非常小，稍隆起，位于中央稍内侧。第 2 节背板长约为端宽的 0.9 倍；具稠密的粗刻点，刻点间距为刻点直径的 0.1~0.5 倍；端缘具光滑的狭边；基缘具横形窗疤；气门明显隆起。第 3 节背板具与第 2 节背板相似的刻点，但相对较细，端部较弱。第 4 节背板具几乎光滑的表面，无明显的刻点。其余背板光滑，或多或少呈细横线纹状。产卵器鞘长约为后足胫节长的 0.5 倍，约为腹部第 1 节背板长的 0.9 倍。产卵器均匀向上弯曲；侧扁；亚端部具背缺刻。

黑色，下列部分除外：触角柄节、梗节腹侧，鞭节中段(第 9 节端部和第 10~第 16 节)白色；颜面(上缘的狭边、中央的纵带及触角窝下方的短纵斑及唇基凹黑色)，唇基(端半部黄褐色)，上颚(端齿红褐色，齿基部的斑及齿尖褐黑色)，下唇须(末节黄褐色)，下颚须(末端 2 节黄褐色)，前胸背板后上角的小斑，中胸盾片前侧缘的纵钩纹，翅基下脊，小盾片，前中足基节腹侧、前足转节腹侧，腹部第 1~第 3 节背板端部的横带，第 4~第 7 节背板端缘的狭边白色；后胸侧板下缘脊前段的片状突起浅黄褐色，基端黑色；足红褐色，前中足腿节基部下侧、胫节基部外侧(或多或少)、后足胫节基部及第 1~第 4 跗节白色，后足基节端部、第 2 转节、腿节端部、胫节端半部及第 5 跗节黑色；翅痣暗红褐色；翅脉褐黑色。

♂ 体长 8.5~8.8 mm。前翅长 6.3~6.5 mm。触角鞭节 33~34 节。颜面黄色具“山”字形黑斑至几乎完全黑色。

分布：江西。

观察标本：1♀，江西吉安，2008-06-15，匡曦；1♂，江西全南麻土背，320 m，2009-05-06，李石昌；1♂，江西全南窝口，320 m，2009-05-13，李石昌；1♂，江西全南祠堂背，378 m，2009-05-27，李石昌；1♂，江西吉安双江林场，174 m，2009-06-01，李达林。

34. 黑基隐姬蜂，新种 *Cryptopimpla nigricoxis* Sheng & Sun, sp.n. (图版 III：图 18)

♀ 体长约 9.5 mm。前翅长约 8.0 mm。触角长约 11.0 mm。产卵器鞘长约 1.0 mm。颜面侧缘近平行，宽约为长的 1.3 倍，具稠密的细网状刻点，中央稍隆起，上缘中央具1小瘤突；触角窝外侧纵凹。唇基基半部明显隆起，具稀疏的细刻点，亚端部弱的横棱状；端部稍厚；端缘几乎平，中央稍凹。上颚强壮，基部宽阔，具非常细的刻点，上端齿稍长于下端齿。颊具细革质粒状表面和细刻点；颚眼距约为上颚基部宽的0.44倍。上颊具均匀稠密的细刻点，向后均匀收敛。头顶具均匀稠密的细刻点；单眼区稍隆起，具稠密的细横皱和细刻点；侧单眼间距约等于单复眼间距。额较平坦，具稠密的细横皱和细刻点。触角细长；柄节膨大，端缘斜截；鞭节47节；第1~第5鞭节长度之比依次约为1.7∶1.1∶1.0∶1.0∶0.9。后头脊完整。

胸部满布稠密清晰的刻点。前胸背板侧凹内与周围质地一致；无前沟缘脊。中胸盾片均匀隆起，无盾纵沟。小盾片舌状，稍隆起，刻点较中胸盾片稍粗，无侧脊。后小盾片较平，具细刻点。中胸侧板中部稍隆起；胸腹侧脊约伸达中胸侧板高的0.6处，未抵达中胸侧板前缘；中胸侧板凹浅坑状。后胸侧板下缘脊完整，前部耳状突出。翅稍带褐色，透明；小脉位于基脉稍外侧，二者之间的距离约等于小脉宽；小翅室四边形，具柄，第2回脉在它的下方外侧约0.25处与之相接，第2肘间横脉明显长于第1肘间横脉；外小脉约在中央处曲折；后小脉约在下方0.2处曲折。足细长；后足第1~第5跗节长度之比依次约为3.4∶1.7∶1.1∶0.6∶0.9；爪具稠密的细栉齿。并胸腹节均匀隆起，仅外侧脊上段弱地存在；气门卵圆形。

腹部长形，最宽处位于第3节背板端部，各节背板端缘光滑。第1节背板长约为端宽的2.1倍，均匀向基部变狭；具稠密的纵行细刻点；基部中央深凹，光滑；背中脊仅基部可见；气门小，圆形，稍突起，位于基部约0.4处。第2、第3节背板具均匀稠密的细刻点，向后稍渐细；基部两侧具小窗疤；第2节背板梯形，长约为端宽的1.2倍；第3节背板长约为端宽的0.9倍。第4节及以后背板具细革质状表面和稀疏细浅的刻点，向后显著收敛。产卵器鞘长约为后足胫节长的0.3倍，约为腹部第1节背板长的0.7倍。产卵器直，端部显著变细；亚端部具小背缺刻。

黑色，下列部分除外：触角柄节腹侧端缘、梗节腹侧、鞭节端部腹侧带红褐色，鞭节中段10(11)~15(16)节白色；颜面眼眶，额眼眶(上部宽延，大致为三角形)，颊，上颊眼眶前部(有间断)，唇基(基半部黑色)，上唇，上颚(端齿黑色)，前胸背板前缘(包括颈前缘)及后上角的小斑，中胸盾片前侧缘的条纹，小盾片外缘，翅基下脊，中胸侧板后上角及后下角的小斑，并胸腹节端部两侧的小三角斑，腹部第1节背板基部、第2和第3节背板基缘中央的横斑、各节背板端部的横带均为黄色；下唇须，下颚须红褐色至暗褐色；前中足红褐色(基节黑色)；后足黑色，转节端部、腿节外侧、基节基半段红褐色，第1跗节端部0.3及第2~第4跗节白色，末跗节红褐色；翅基片黑褐色，端缘带暗红褐色；翅痣和翅脉褐黑色。

正模 ♀，江西官山，400~500 m，2009-06-15，集虫网。

词源：新种名源于基节黑色。

该新种与脊颜隐姬蜂 *C. carinifacialis* Sheng, 2011相近似，可通过下列特征进行区别：颜面匀称，均匀微弱地隆起，无中纵脊；足的所有基节全部黑色；上颊下部浅黄色。脊颜隐姬蜂：颜面中央纵向强烈嵴状隆起，具清晰的中纵脊；前中足基节、后足基节腹侧黄褐色，后足基节背侧红褐色；上颊完全黑色。

16. 细柄姬蜂属 *Leptobatopsis* Ashmead, 1900

Leptobatopsis Ashmead, 1900. Proceedings of the United States National Museum, 23(1206):49. Type-species: (*Leptobatopsis australiensis* Ashmead) = *indica* Cameron, original designation.

Leptobatopsis Ashmead, 1900 (Nov.). Proceedings of the Linnean Society of New South Wales, 25:349. Type-species: (*Leptobatopsis australiensis* Ashmead) = *indica* Cameron; monobasic.

主要鉴别特征：体细弱；后头脊背面缺或全部缺；后胸腹板后端侧面各具 1 齿，从后面看，在后足基节之间呈 1 对收敛(向内弯)的齿；第 1 节背板的气门位于近中央或位于后部 0.45 处；产卵器鞘长为后足胫节长的 1.5~3.0 倍。

全世界已知 31 种；我国已知 14 种；江西已知 9 种。

细柄姬蜂属江西已知种检索表

1. 体黄色或黄褐色，或具黑斑······2
   体黑色，或具黄色或黄褐色斑······3
2. 触角具白环；额黄色，上部靠近单眼区处黑色；中胸盾片黄褐色，后部具“U”形黑斑；后足基节和腹部第 2 节背板红褐色······**环细柄姬蜂，新种 *L. annularis* Sheng & Sun, sp.n.**
   触角无白环；额黑色，侧缘具黄色纵带；中胸盾片黑色，前侧缘具近三角形黄褐色斑；后足基节端部具黑斑；腹部第 2 节背板黑色至褐黑色······**黑头细柄姬蜂 *L. nigricapitis* Chandra & Gupta**
3. 前翅具明显的暗褐色斑······4
   前翅无暗色斑······6
4. 体非常瘦长；腹部第 1 节背板长约为端宽的 7.7 倍；颜面完全浅黄色；后足基节基部黄色，端部黑色；后足腿节黑色······**全南细柄姬蜂，新种 *L. quannanensis* Sheng & Sun, sp.n.**
   体粗壮，或不那么瘦长；腹部第 1 节背板长不大于端宽的 5.5 倍；颜面黑色；后足基节和腿节红色，或黑褐色······5
5. 腹部第 1 节背板长约为端宽的 3.6 倍；后足基节、转节红色；腹部第 1~第 3 节背板基部及第 3 节端部黄色······**稻切叶螟细柄姬蜂 *L. indica* (Cameron)**
   腹部第 1 节背板长约为端宽的 5.0 倍；后足基节、转节黑色或褐黑色；腹部背板黑色(第 1 节基部黑褐色)，或部分背板后缘的狭边带黄色······**黑细柄姬蜂无斑亚种 *L. nigra immaculata* Momoi**
6. 触角具白环；腹部第 3、第 4 节背板浅黄色······**斑细柄姬蜂 *L. spilopus* (Cameron)**
   触角无白环；腹部第 3、第 4 节背板黑色，至少部分黑色······7
7. 后足转节第 2 节外侧具 1 尖齿······**具齿细柄姬蜂 *L. appendiculata* Momoi**
   后足转节第 2 节外侧无齿······8
8. 前胸背板背面前部、小盾片、翅基下脊浅黄色；后足基节、转节及腿节和腹部背板全部红褐色；产卵器鞘约与前翅等长······**官山细柄姬蜂，新种 *L. guanshanica* Sheng & Sun, sp.n.**
   胸部和腹部完全黑色；后足基节、转节及腿节全部黑色；产卵器鞘短于前翅长······**全黑细柄姬蜂 *L. nigrescens* Chao**

35. 环细柄姬蜂，新种 *Leptobatopsis annularis* Sheng & Sun, sp.n. (图版 III：图 19)

♂ 体长 9.0~9.5 mm。前翅长 7.0~7.5 mm。

颜面宽(上方最窄处)约为长的 1.2 倍，具稠密的细刻点；中央具隆起的光滑光亮区，上缘中央“V”形深凹；内眼眶光滑光亮；触角窝外下侧稍纵凹。唇基沟弱。唇基具较颜面稀疏的细刻点，基部明显隆起；端部较薄；端缘中段直。上颚质地与唇基近似，上端齿稍长于下端齿。颊具细革质状表面和稀疏的刻点；眼下沟浅；颚眼距约为上颚基部宽的 1.1 倍。上颊狭窄，光滑光亮(前部具稀弱的刻点)。头顶具与上颊相似的质地，在侧单眼之后几乎垂直倾斜；后部中央凹陷；侧单眼间距约为单复眼间距的 1.2 倍。额光滑光亮无刻点，下半部凹，具中纵沟。触角鞭节 50 节，端部细弱，末节约为次末节长的 1.5 倍。后头脊中央磨损，中部明显凹。

前胸背板前部较光滑；侧凹内具稠密的弱横皱；后上部具稠密的细刻点(侧凹后上方中央具 1 小光亮区)；亚后缘具短纵皱；前沟缘脊明显。中胸盾片均匀隆起，具非常稠密的细刻点，刻点间距小于刻点直径；无盾纵沟。盾前沟光滑。小盾片明显隆起，具稠密的细刻点，端部中央光滑光亮。后小盾片稍隆起，光滑光亮。中后胸侧板具与中胸盾片相似的刻点；胸腹侧脊约伸达中胸侧板高的 0.55 处；中胸侧板凹坑状；后胸侧板下缘脊完整，前部形成缘突。翅稍带褐色，透明；小脉与基脉相对；小翅室四边形，具短柄，第 2 回脉在它的下方中央的稍外侧与之相接；外小脉约在中央曲折；后小脉在下方 0.25~0.3 处曲折。足细长；后足基跗节约为第 2 跗节长度的 2.2 倍；爪尖细，前中足爪具细栉齿，后足的爪简单。并胸腹节均匀隆起，无脊；具非常稠密的刻点；气门长卵圆形。

腹部细长，端部稍侧扁。第 1 节背板长约为端宽的 8.0 倍，向基部呈细柄状，光滑光亮；无背中脊和背侧脊；气门小，圆形，约位于第 1 节背板的中央稍后方。第 2、第 3 节背板较长，具细革质状表面和稀疏且弱浅的细刻点；第 2 节背板长约为端宽的 4.2 倍、约为第 1 节背板长的 0.6 倍；第 3 节背板长约为端宽的 3.8 倍，约为第 2 节背板的 0.9 倍；第 4 节及以后背板稍侧扁，表面呈细革质状，具弱浅的细刻点。

头胸部黄色至黄褐色(并胸腹节偏于红褐色)，下列部分除外：触角鞭节基半部黄褐色，中段 18~23(24)节白色，端部褐黑色；上颚端齿，上颊中后部、头顶、单眼区及周围，中胸盾片后部的“U”形大斑，盾前沟，中后胸背板(除小盾片和后小盾片)，并胸腹节后部中央的苹果形大斑黑色；腹部第 1~第 4(5)节背板红褐色，第 6~第 8 节背板(侧缘及尾端红褐色)黑色。足主要为红褐色(末跗节色深)，前中足基节、转节黄色，后足腿节端部、胫节基部和端半部、基跗节的基部黑色；爪黑褐色。翅痣、翅脉暗褐至黑褐色。

正模 ♂，江西官山，430~500 m，2009-06-01，集虫网。副模：1♂，江西全南，650 m，2008-07-02，集虫网；1♂，江西官山，430~500 m，2009-06-01，集虫网；1♂，江西官山，430~500 m，2009-07-01，集虫网。

词源：新种名源于触角具白环。

该新种与黑头细柄姬蜂 *L. nigricapitis* Chandra & Gupta, 1977 相似，可通过下列特征区别：触角具白环；额黄色，上部靠近单眼区处黑色；中胸盾片黄褐色，后部具“U”形黑斑；后足基节和腹部第 2 节背板红褐色。黑头细柄姬蜂：触角无白环；额黑色，侧缘具黄色纵带；中胸盾片黑色，前侧缘具近三角形黄褐色斑；后足基节端部具黑斑；腹部第 2 节背板黑色至褐黑色。

36. 具齿细柄姬蜂 *Leptobatopsis appendiculata* Momoi, 1960 (图版 III：图 20)

Leptobatopsis appendiculata Momoi,1960. Insecta Matsumurana, 23:64.

♀ 体长约 15.0 mm。前翅长约 9.5 mm。产卵器鞘长约 16.5 mm。

颜面向上方稍收窄，具稠密的细刻点；中央稍隆起；复眼内缘光滑光亮，触角窝外下侧稍纵凹。唇基沟弱。唇基光滑光亮、几乎无刻点；明显隆起；端缘前隆(中段较弱，几乎直)。上颚基部质地与唇基近似，上端齿稍长于下端齿。颊具细革质状表面；颚眼距约为上颚基部宽的 0.64 倍。上颊较平，强烈向后收敛，光滑光亮。头顶具与上颊相似的质地，具非常稀疏的细毛刻点；后部向后几乎垂直下斜；侧单眼间距约为单复眼间距的 1.1 倍。额光滑光亮无刻点，下半部稍凹；具明显的中纵沟。触角丝状，鞭节 50 节，第 1~第 5 鞭节长度之比依次约为 2.2∶1.0∶0.9∶0.9∶0.8，端部细弱，末节约为次末节长的 1.8 倍。后头脊仅侧面和下部存在。

前胸背板前部光滑，具非常稀疏的浅细刻点；侧凹内具稠密的短横皱；后上部稍隆起，具稠密的粗刻点；前沟缘脊明显。中胸盾片均匀隆起，具非常稠密的粗刻点，刻点间距小于刻点直径；无盾纵沟。小盾片稍隆起，前部具非常稀的细刻点，后部光滑光亮无刻点。后小盾片较平，具细刻点。中胸侧板具与中胸盾片相似的刻点；胸腹侧脊明显，背端位于中胸侧板中部稍上方；具镜面区。后胸侧板具相对(与中胸侧板的刻点比)稍密的刻点。翅稍带褐色，透明；小脉与基脉对叉；第 2 回脉位于小翅室中央外侧；后小脉外斜，在中央下方曲折。中后足基节棒状膨大，光滑光泽，具稀疏的细刻点；后足第 1~第 5 跗节长度之比依次约为 5.3∶2.8∶1.8∶0.7∶0.7；爪尖细，前中足爪具栉齿，后足的爪简单，内侧亚基部具 1 辅齿。并胸腹节均匀隆起，无脊，在外侧脊处沟状；具稠密的粗网状皱，端区位置具弱细的横皱；气门长卵圆形。

腹部细长，端部稍侧扁。第 1 节背板棒状、向基部形成细柄状，长约为端宽的 6.7 倍，光滑光亮无刻点；气门处较隆起；气门小，圆形，约位于该节背板中央。第 2、第 3、第 4 节背板长形，呈细革质状表面；第 2 节背板基部两侧具小窗疤；第 2 节背板长约为端宽的 3.6 倍；第 3 节背板长约为端宽的 3.3 倍。下生殖板三角形。产卵器较细弱。

体黑色，下列部分除外：触角鞭节，前中足黄褐色；额眼眶，中胸盾片侧叶前缘的小圆斑，腹部第 1 节背板基半部、第 2 节背板基部、第 3 节背板(整节背板偏于红褐色)的基部和端部红褐色；触角柄节、梗节腹侧，唇基，上颚(端齿黑褐色)，颊，下唇须，下颚须，前胸侧板的前缘和下缘，前胸背板后上角，翅基片前缘，翅基下脊，中胸侧板后上角，前中足基节、转节，后足腿节背侧的斑、转节腹侧、胫节基部、跗节第 1 节端半部至第 4 节均为乳黄色；翅痣、翅脉褐黑色。

♂ 体长约 15.5 mm。前翅长约 10.5 mm。触角丝状，鞭节 49 节。颜面(中央具黑斑)，唇基，额眼眶，触角鞭节，前中足偏于红褐色；中胸盾片侧叶前缘的斑三角形，较♀性的圆斑大，偏于乳黄色。第 4 节背板(除端部)红褐色。其他特征同♀。

分布：江西、福建；日本。

观察标本：1♀，江西全南，628~650 m，2008-06-02，集虫网；1♀，江西吉安双江林场，2009-06-15，集虫网；♂，福建上杭白沙林场，527 m，2011-06-14，集虫网。

37. 官山细柄姬蜂，新种 *Leptobatopsis guanshanica* Sheng & Sun, sp.n.　(图版 III：图 21)

♀ 体长 13.5~14.0 mm。前翅长 10.0~10.5 mm。产卵器鞘长 9.5~10.0 mm。

颜面向上方稍微收窄，宽为长的 1.2~1.3 倍；中央及下侧方稍隆起，具较稀且不均匀的细刻点；触角窝的下缘较隆起，它的下方具 1 小且光亮的无刻点区，该光亮区的内侧刻点相对较稠密。唇基沟弱。唇基光滑光亮、几乎无刻点；均匀隆起，亚端部中央稍凹；端部弧形前突。上颚具非常稀且细弱的刻点；上端齿稍长于下端齿。颊稍具细革质状表面，靠近复眼具几个细刻点；颚眼距约为上颚基部宽 0.6 倍。上颊非常狭窄，强烈向后收敛，光滑光亮；无明显的刻点，具稀疏的褐色毛。头顶具与上颊相似的质地，具非常稀疏的细毛刻点；后部向后几乎垂直下斜；侧单眼间距约等长于单复眼间距。额光滑光亮无刻点，下部中央凹陷；具中纵沟。触角丝状，约与体等长；鞭节 50 节，各节长均大于自身直径，第 1~第 5 鞭节长度之比依次约为 9.0∶4.1∶4.0∶3.8∶3.7。后头脊仅下部存在。

前胸背板光亮；亚前缘明显隆起呈脊状；侧凹内具稠密的短横皱；后上部具稠密的刻点；前沟缘脊不明显。中胸盾片明显且均匀隆起，具稠密的粗刻点，刻点间距为刻点直径的 0.2~1.0 倍；刻点间具细革质状质地；无盾纵沟。盾前沟内光滑光亮。小盾片稍隆起，具相对较稀且非常弱的细刻点，后部的倾斜面光滑光亮无刻点。后小盾片隆起，光滑光亮，无细刻点。中胸侧板具稠密的刻点，但镜面区周围刻点较稀；镜面区具刻点；胸腹侧脊背端几乎伸达中胸侧板中部。后胸侧板具与中胸侧板下部相似的刻点。翅带褐色，透明；小脉与基脉对叉或位于它的稍内侧；第 1 肘间横脉约等长于第 2 肘间横脉；小翅室上方尖，第 2 回脉在它的中部外侧(约 0.3 处)相接；外小脉在中央曲折；后小脉强烈外斜，在下方 0.3~0.4 处曲折。足较细长；后足基节具细弱的刻点；前中足的爪具清晰的栉齿；后足的爪简单，内侧具 1 小辅齿；后足第 1~第 5 跗节长度之比依次约为 10.0∶4.8∶3.0∶1.3∶1.7。并胸腹节均匀隆起，具清晰、稠密且均匀的刻点，端部中央具不清晰的细横皱；气门小，斜长形。

腹部瘦长，端部侧扁。第 1 节背板长为端宽的 5.0~5.6 倍，光滑光亮，具非常稀且不明显的短柔毛；柄部(气门之前)厚度大于(横截面)宽；后柄部扁；气门非常小，圆形，稍隆起，位于该节中部；腹板端缘位于气门稍前方。第 2~第 6 节背板具细革质状质地。第 2 节背板长约为端宽的 2.2 倍，为第 3 节背板长的 0.92~0.98 倍。第 3 节背板长为端宽的 1.7~1.8 倍。第 7~第 8 节背板光亮。侧面观，下生殖板呈三角形，端缘中央具三角形小缺刻。产卵器鞘长为后足胫节长的 1.7~1.8 倍。

头胸部黑色，下列部分除外：触角基部腹侧(包括柄节及梗节)，内眼眶处的宽带(下部较宽)，唇基，上颚(端齿除外)，下唇须，下颚须，颊区，前胸侧板，前胸背板前缘，中胸盾片前侧缘的小斑，翅基片前部和后部，翅基下脊的小斑，前中足基节、转节及腿节基部黄色；翅基片中部，触角端部和基部背面褐色；前中足腿节端部、胫节及跗节，后足胫节基部黄褐色；后足胫节端部褐色至红褐色；后足转节褐至红褐色(或背面稍暗)，跗节白色或浅黄色(第 1 跗节基部带褐色)；中足基节和腿节红褐色；后足腿节基端黑色；腹部背板及下生殖板红色至红褐色；翅痣黄褐色；翅脉褐黑色。

正模 ♀，江西宜丰官山，2008-06-10，集虫网。副模：2♀♀，江西宜丰官山，2009-06-01，集虫网；2♀♀，江西宜丰官山，2010-08-01，集虫网。

词源：新种名源于模式标本采集地名。

该新种与红细柄姬蜂 *L. cardinalis* Chandra & Gupta, 1977 相近，可通过下列特征区别：侧单眼间距约等长于单复眼间距；外小脉在中央曲折；后足胫节基部黄褐色，端部褐色至红褐色；后足跗节白色或黄白色。红细柄姬蜂：侧单眼间距约 0.7 倍于单复眼间距；外小脉在中央上方曲折；后足胫节和跗节完全黑褐色。

38. 稻切叶螟细柄姬蜂 *Leptobatopsis indica* (Cameron, 1897)　(图版 III：图 22)

Cryptus indicus Cameron, 1897. Memoirs and Proceedings of the Manchester Literary and Philosophical Society, 41(4):15.

Leptobatopsis indica (Cameron, 1897). He; Chen, Ma. 1996: Economic Insect Fauna of China, 51: 272.

♀　体长 8.0~9.0 mm。前翅长 5.5~6.0 mm。产卵器鞘长 4.5~5.5 mm。

颜面宽约为长的 1.5 倍，具稠密的细刻点，侧缘光滑；中央稍纵隆起；触角窝外下侧稍纵凹。唇基沟弱。唇基光滑光亮无刻点，中部均匀隆起；端半部较薄，边缘状；端缘中段平截。上颚具稀且弱的细刻点，上端齿长于下端齿。颊具细革质粒状表面；眼下沟浅；颚眼距约为上颚基部宽的 0.8 倍。上颊狭窄，光滑光亮，显著向后收敛。头顶光滑光亮，在侧单眼后侧向后垂直倾斜，后部中央凹；侧单眼间距约等于单复眼间距。额光滑光亮无刻点，下半部凹；具中纵沟。触角鞭节 39~41 节，末节约为次末节长的 1.4 倍。后头脊中央磨损，中部明显内凹。

前胸背板前部较光滑，具细弱皱；侧凹内具稠密的短横皱；后上部稍隆起，具稠密的细刻点；具前沟缘脊。中胸盾片较隆起，具非常稠密的细刻点；无盾纵沟。盾前沟光滑光亮。小盾片明显隆起，具稀疏的细刻点，端部中央光滑光亮。后小盾片稍隆起，光滑。中后胸侧板具非常稠密的细刻点；胸腹侧脊背端细弱，约伸达中胸侧板高的 0.5 处；具小且光滑光亮的镜面区；中胸侧板凹坑状；后胸侧板下缘脊完整，前部稍隆起。翅稍带褐色，透明；小脉与基脉几乎相对(稍内侧)；小翅室四边形，具短柄，第 2 回脉位于它的下方中央的稍外侧与之相接；外小脉约在中央处曲折；后小脉约在下方 0.35 处曲折。足细长；后足基跗节约为第 2 跗节长的 2.3 倍；爪尖细，前中足爪具细栉齿，后足的爪简单。并胸腹节均匀隆起，无脊；具非常稠密的粗皱刻点；气门长椭圆形。

腹部细长，端部稍侧扁。第 1 节背板长约为端宽的 3.6 倍，向基部形成细柄状，光滑光亮；亚端部稍膨大，具弱横纹；气门小，圆形，位于第 1 节背板的中央稍后方。第 2、第 3 节背板光滑光泽；第 2 节背板长梯形，呈细革质状表面(端缘光亮)，具稀疏的细刻点，第 2 节背板长约为端宽的 1.2 倍；第 3 节背板向端部稍加宽，长约为端宽的 0.9 倍；第 4 节背板两侧近平行，长约为端宽的 0.8 倍；第 4 节及以后背板稍侧扁，表面光滑光泽。产卵器鞘长为后足胫节长的 1.8~1.9 倍；产卵器细，具小的亚端背凹。

体黑色，下列部分除外：触角暗褐色，腹侧基部红褐色；触角柄节和梗节腹侧端缘，颜面眼眶中段(有时红褐色)，额两侧的亚三角斑，唇基(端部中央具暗褐色斑)，上颚(端齿黑褐色)，下唇须、下颚须(有时黄褐色)，前足基节、转节，有时中足基节腹侧，中胸盾片前缘两侧的三角斑，小盾片(基缘中央黑色)，翅基下脊，后翅翅基下方的小斑，后胸侧板后下部的三角斑，后足胫节亚基部、基跗节基半段，腹部第 1 节背板基半部，第

2、第 3 节背板基部和端缘，第 4、第 5 节背板端缘的狭边(不明显)，第 6、第 7、第 8 节背板端缘均为黄色；足红褐色，后足腿节端半部、胫节(除黄色的亚基部)、跗节(除黄色的基跗节基半段)黑色；翅基片褐黑色，翅痣、翅脉褐至暗褐色，前翅外角具暗褐色的大圆斑。有的个体胸部的黄斑不同程度地退化。

♂ 体长约 7.0 mm。前翅长约 5.0 mm。触角丝状，黄褐色，鞭节 40 节。颜面(上缘或具倒“W”形黑斑)和颊全黄色。前胸侧板，前胸背板前缘，前中足的基节、转节均为黄色。其他特征同♀。

寄主：微红梢斑螟 *Dioryctria rubella* Hampson 等。

分布：江西、浙江、福建、广东、广西、贵州、海南、香港、湖北、湖南、四川、台湾、云南；日本，印度，印度尼西亚，马来西亚，缅甸，泰国，新加坡，斯里兰卡，菲律宾，澳大利亚。

观察标本：2♀♀，江西全南内山，2008-04-15，集虫网；1♀，江西全南，650 m，2008-08-31，集虫网；1♀，江西全南，2010-12-01，集虫网；1♀，江西安福，2011-11-17，集虫网；1♂2♀♀，湖南浏阳，1984-09-30，童新旺。

39. 黑细柄姬蜂无斑亚种 *Leptobatopsis nigra immaculata* Momoi, 1971 (图版 III：图 23)

Leptobatopsis niger immaculata Momoi, 1971. Pacific Insects, 13(1):138.

♀ 体长 10.0~11.5 mm。前翅长 6.0~6.5 mm。产卵器鞘长 5.5~6.0 mm。

颜面向上方稍收窄，上方宽约为长的 1.1 倍，具稠密的细刻点，侧缘光滑；触角窝外下侧稍纵凹。唇基沟弱。唇基具稀疏的细刻点，基半部明显隆起；端半部较薄，形成边缘；端缘弧形。上颚具细刻点，上端齿稍长于下端齿。颊具细革质粒状表面；颚眼距约为上颚基部宽的 0.8 倍。上颊狭窄，光滑光亮(前部具稀且弱的刻点)，明显向后收敛。头顶光滑光亮，侧单眼后侧向后垂直倾斜；后部中央凹陷；侧单眼间距约等于单复眼间距。额光滑光亮无刻点，下半部凹；具中纵沟。触角鞭节 46 节，末节约为次末节长的 1.7 倍。后头脊中央磨损，中部明显凹。

前胸背板前部较光滑，具细且弱的皱；侧凹内具稠密的短横皱；后上部稍隆起，具稠密的细刻点；亚后缘具短纵皱；前沟缘脊弱。中胸盾片较隆起，前半部具非常稠密的细刻点，刻点间距小于刻点直径；后半部光滑光亮，仅中央及两侧纵向具少数稀且细的刻点；无盾纵沟。盾前沟光滑光亮。小盾片显著凸起，光滑光亮无刻点。中后胸侧板具非常稠密的细刻点(后者的刻点稍粗)；胸腹侧脊约伸达中胸侧板高的 0.5 处；镜面区小，光滑光亮；中胸侧板凹坑状；后胸侧板下缘脊完整，前部稍隆起。翅稍带褐色，透明；小脉与基脉几乎相对(稍内侧)；小翅室四边形，具较长的柄，第 2 回脉在它的下方中央的稍外侧与之相接；外小脉约在上方 0.35 处曲折；后小脉约在下方 0.3 处曲折。足细长；后足基跗节约为第 2 跗节长的 2.4 倍；爪尖细，前中足的爪具细栉齿，后足的爪简单。并胸腹节均匀隆起，无脊；具非常稠密的粗皱刻点；气门长椭圆形。

腹部细长，端部稍侧扁。第 1 节背板长约为端宽的 5.0 倍，向基部形成细柄状，光滑光亮；气门小，圆形，位于该节背板的中央之后。第 2、第 3 节背板长形、向端部稍加宽，呈细革质状表面(端缘光亮)，具稀疏的细刻点，基部具小窗疤；第 2 节背板长约为端宽的 2.0 倍，约为第 1 节背板长的 0.5 倍；第 3 节背板长约为端宽的 1.8 倍，约为第 2 节背板长的 0.9 倍；第 4 节及以后背板稍侧扁，表面相对光滑光亮。产卵器鞘长约为后足胫节长的 1.3 倍；产卵器细，具小亚端背凹。

体黑色，下列部分除外：触角腹侧基部暗褐色；唇基(基半部暗红褐色)，上唇，上颚(端齿除外)，下唇须，下颚须，前中足(基节黄褐色)均为暗褐色；翅基片外缘，前胸背板后上角的瘤突，腹部第 1 节背板基半部暗红褐色；后足褐黑色，胫节上中段暗褐色，基跗节端半部及第 2、第 3 跗节黄褐色；翅痣、翅脉褐黑色，前翅外角具暗褐色的大圆斑。有的个体在额眼眶的端部位置具橙黄色的点斑，腹部第 3 背板的侧缘带红褐色。

分布：江西；菲律宾，俄罗斯。

观察标本：4♀♀，江西安福，180~260 m，2010-06-05~09-30，集虫网；1♀，江西官山，400 m，2010-07-09，集虫网。

40. 全黑细柄姬蜂 *Leptobatopsis nigrescens* Chao, 1975 (图版 IV：图 24)

Leptobatopsis nigrescens Chao, 1975. Acta Entomologica Sinica, 18:438.

♀ 体长 14.0~14.5 mm。前翅长 10.5~11.0 mm。产卵器鞘长 8.5~9.0 mm。

颜面宽约为长的 1.3 倍，光亮，具较稀且不均匀的细刻点；中央稍隆起，上缘中央“V”形凹。唇基沟弱。唇基中部明显隆起，基部具与颜面相似的刻点；中部光滑光亮、无刻点；端部具明显比基部稀疏的刻点，沿端缘具排列紧密的刻点；端缘弧形，中段稍微直。上颚基部具细毛刻点，上端齿略宽，稍长于下端齿。颊区具细革质状表面；颚眼距约为上颚基部宽的 0.8 倍。上颊强烈向后收敛，光滑光亮，具稀疏的细毛刻点。头顶具与上颊相似的质地及刻点，后部中央凹陷；单眼区稍抬高；侧单眼间距约等于单复眼间距。额光滑光亮无刻点，下部深凹；具明显的中纵沟。触角丝状，鞭节 49 节，第 1~第 5 鞭节长度之比依次约为 2.6∶1.6∶1.5∶1.3∶1.2，末节约为倒数第 2 节长的 2.0 倍。后头脊背面消失。

前胸背板前部光滑光亮，具非常稀疏的浅细刻点；侧纵凹具稠密的短横皱；后上部稍隆起，具稠密的细刻点；前沟缘脊明显。中胸盾片均匀隆起，前半部及两侧的刻点较稀疏、刻点间距大于刻点直径；后部中央的刻点较粗且密集、刻点间距等于或小于刻点直径；无盾纵沟。盾前沟光滑。小盾片明显隆起，具非常稀疏的细刻点。后小盾片小，稍隆起，光滑光亮。中胸侧板具稀疏的刻点；胸腹侧脊细而明显，约达中胸侧板高的 2/3 处，端部稍向前弯曲，但未达前胸背板后缘；中胸侧板凹坑状，由 1 短横沟与中胸侧缝相连，周围具 1 小的光滑区。后胸侧板具与中胸侧板一致的粗刻点；后胸侧板下缘脊完整，前部耳状突出。翅稍带褐色透明；小脉位于基脉外侧，二者之间的距离约为小脉长的 0.2 倍；小翅室四边形(亚三角形)，几乎无柄，第 1 肘间横脉稍长于第 2 肘间横脉；第 2 回脉在它的下外侧 0.25 处与之相接；外小脉稍内斜，约在中央处曲折；后小脉稍外斜，约在上方 0.4 处曲折。中后足基节明显膨大，光滑光泽，具弱细的刻点；后足第 1~第 5 跗节长度之比依次约为 5.0∶2.1∶1.3∶0.5∶0.8；爪尖细，具稠密的栉齿。并胸腹节均匀隆起，无脊，外侧脊的位置形成侧沟；具稀疏粗大的刻点，端区的位置光滑光亮；气门长椭圆形。

腹部细长，第 3 节端部达腹部最宽处。第 1 节背板光滑光亮无刻点，向基部形成细柄状，基部中央凹，长约为端宽的 4.0 倍；中部稍横隆起，前部中央浅纵凹；背中脊、背侧脊仅基部可见；气门小，圆形，约位于第 1 节背板的中央稍前。第 2、第 3 节背板呈细革质状表面，基部两侧具窗疤；第 2 节背板具细横纹，长约为端宽的 1.7 倍；第 3 节背板基半部具弱细的刻点，长约为端宽的 1.5 倍。第 4 节及以后背板呈细革质状表面，光滑光亮，具不明显的细刻点或弱细纹，第 4 节背板两侧近平行，长约为宽的 1.5 倍；以后背板横形。下生殖板三角形。

体黑色，下列部分除外：颜面眼眶具黄色纵纹；唇基端半部，上唇，上颚中部，下唇须，下颚须，前足腿节内侧、胫节，中足胫节内侧，后足胫节基部内侧带红褐色；后足第 1 跗节端部至第 5 跗节基部黄白色。

分布：江西、湖北、湖南、福建、台湾。

观察标本：1♀，江西武功山，2001-05-30，丁冬荪；1♀，江西全南，650 m，2008-05-24，李石昌；1♀，湖北五峰后河，2002-07-15，胡向前。

41. 黑头细柄姬蜂 *Leptobatopsis nigricapitis* Chandra & Gupta, 1977 (图版 IV：图 25) (江西新记录)

Leptobatopsis nigricapitis Chandra & Gupta, 1977. Oriental Insects Monograph, 7:157.

♂ 体长 10.5~12.0 mm。前翅长 7.0~8.0 mm。

颜面向上方稍收窄，宽(上方最窄处)约为长的 0.9 倍，具稠密的横行细刻点；上缘中央具 1 纵瘤突；复眼内缘相对光滑、刻点稀疏；触角窝外下侧稍纵凹。唇基具较颜面稀疏且稍粗的刻点，基部明显隆起；端部较薄，形成边缘；端缘中央微凹、近平直。上颚光滑光亮，具几个细刻点，向端部显著收敛，上端齿稍长于下端齿。颊具细革质状表面和稀疏的刻点；颚眼距约为上颚基部宽的 0.6 倍。上颊狭窄，光滑光亮(前部具稀弱的刻点)。头顶光滑光亮；侧单眼间距约为单复眼间距的 1.3 倍；后部中央凹陷。额光滑光亮无刻点，下半部凹；具中纵沟。触角鞭节 44~46 节，端部细弱，末节约为次末节长的 1.5 倍。后头脊中央磨损，中部明显凹。

前胸背板前部较光滑；侧凹内具稠密的弱横皱；后上部稍隆起，具稠密的细刻点(侧凹后上方中央具 1 小的光亮区)；亚后缘具短纵皱；前沟缘脊明显。中胸盾片均匀隆起，具非常稠密的细刻点，刻点间距小于刻点直径；后部光滑光亮，几乎无刻点；无盾纵沟。盾前沟光滑。小盾片明显隆起，具细刻点，刻点间距大于刻点直径；仅端部中央光滑光亮。后小盾片稍隆起，光滑光亮。中胸侧板均匀密布细刻点；胸腹侧脊约伸达中胸侧板高的 0.55 处；镜面区光滑光亮；中胸侧板凹坑状。中胸腹板具稠密的细刻点和横斑纹。后胸侧板均匀隆起，具较中胸侧板更加稠密且稍粗的刻点；后胸侧板下缘脊完整，基部外侧形成缘突。翅稍带褐色，透明；小脉与基脉相对；小翅室四边形，具短柄，第 2 回脉在它的下方中央的稍外侧与之相接；外小脉约在上方 0.4 处曲折；后小脉约在中央曲折。足细长；后足基跗节约为第 2 跗节长的 2.0 倍；爪尖细，前中足爪具细栉齿，后足的爪简单。并胸腹节均匀隆起，无脊；具非常稠密的皱刻点；气门长缝状，约位于基部 1/3 处。

腹部细长，端部稍侧扁。第 1 节背板棒状、向基部形成细柄状，光滑光亮，长约为端宽的 7.6 倍；背中脊基半部较明显，无背侧脊；气门小，圆形，约位于第 1 节背板的中央稍后方。第 2、第 3 节背板拉长，具细革质状表面和稀疏且弱浅的细刻点；第 2 节背板长约为端宽的 3.6 倍、约为第 1 节背板长的 0.56 倍；第 3 节背板长约为端宽的 4.0 倍、约为第 2 节背板的 0.94 倍；第 4 节及以后背板稍侧扁，呈细革质状表面，具弱浅的细刻点。

头胸部黄色(中胸腹板带红褐色)，并胸腹节以后红褐色。触角柄节和梗节腹侧黄色，鞭节红褐色、背侧基半部带黑褐色；头顶及额中央、上颊后部及后头中后部，中胸盾片(亚前缘具“M”形黄带，有的中央间断)，中后胸背板(除小盾片和后小盾片)，并胸腹节基缘中部、后缘中央的苹果形斑黑色；足红褐色，前中足基节、转节黄色，后足基节背侧端部、第 2 转节背侧、腿节端部、胫节基部和端部、基跗节(除端部)均为黑色，后足胫节中段及跗节泛黄色；末跗节端部及爪褐黑色；腹部第 1 节背板基半部黄色，第 1 节背板端半部侧缘、第 2 节背板(除基部)、第 5 节(除基部中央)~第 7 节背板黑色；翅痣、翅脉暗褐至黑褐色。

分布：江西。

观察标本：1♂，江西官山，400 m，2010-05-23，集虫网；5♂♂，江西安福，230~260 m，2010-05-28~06-05，集虫网。

42. 全南细柄姬蜂，新种 *Leptobatopsis quannanensis* Sheng & Sun, sp.n.　(图版 IV：图 26)

♂　体长约 13.5 mm。前翅长约 9.0 mm。

颜面宽约与长相等，光亮，具非常稀疏且不均匀的细刻点，亚侧面(在触角下方)相对稍密；中部稍隆起。唇基沟较弱且清晰。唇基光滑光亮，仅基部具稍许细刻点；亚基部明显隆起；端缘几乎弧形。上颚粗短，具非常弱且不清晰的刻点；上端齿稍长于下端齿。眼下沟具痕迹。颊区在眼下沟的内侧几乎光滑光亮，外侧具细革质状表面；颚眼距约为上颚基部宽的 0.5 倍。上颊强烈向后收敛，光滑光亮，具稀疏且不明显的细毛。头顶向中部稍隆起，具与上颊相似的质地，后部在单眼区之后具非常稀但清晰的刻点；侧单眼间距约为单复眼间距的 0.85 倍。额光滑光亮无刻点，向中央稍凹陷，具中纵沟。触角丝状；鞭节 49 节，各节长均大于自身直径，第 1~第 5 鞭节长度之比依次约为 10.0∶5.1∶4.8∶4.7∶4.5。后头脊背面及侧面上半部缺，下半部存在且清晰。

前胸背板亚前缘具细纵皱纹，侧凹的中部具稠密的短横皱，后上部具稠密清晰的细刻点；前沟缘脊较长。中胸盾片具细革质状质地和清晰的刻点，刻点间距为刻点直径的 0.5~2.0 倍；无盾纵沟(前部仅具弱痕)。盾前沟光滑光亮。小盾片稍隆起，具稀疏且弱的细刻点。后小盾片光滑光亮。中胸侧板具清晰的刻点，中央(镜面区之前)的刻点非常稀疏；前上部的刻点间距为刻点直径的 0.5~2.0 倍；下部具相对较稠密的刻点，刻点间距小于刻点直径；刻点间光滑光亮；镜面区小，前部具稀刻点；中央稍横凹；胸腹侧脊背端几乎抵达中胸侧板中部(横凹处)。后胸侧板具与中胸侧板下部相似的刻点；后胸侧板下缘脊完整，前部稍隆起。翅稍带灰褐色，透明，端角处具深褐色斑；小脉位于基脉稍外侧，二者之间的距离约为脉宽；第 1 肘间横脉约等长于第 2 肘间横脉；第 2 回脉在小翅室的中央稍外侧相接；外小脉在中央曲折；后小脉强烈外斜，约在上方 0.4 处曲折。

足细长，后足基节和腿节具清晰的细刻点；前中足的爪具栉齿；后足的爪简单，内侧具1小辅齿；后足第1~第5跗节长度之比依次约为10.0∶5.0∶3.3∶1.2∶1.6。并胸腹节均匀隆起，具稠密不清晰的细横皱和稠密的刻点；近端缘中央光滑光亮；气门斜缝状，约位于基部0.4处。

腹部细长，端部侧扁。第1节背板长约为端宽的7.7倍，光滑光亮，具非常稀且细而不明显的刻点；柄部(气门之前)侧缘平行；后柄部稍微宽于柄部，侧缘几乎平行，长约为端宽的4.1倍；气门小，圆形，位于第1节背板的中央稍前方(约基部0.47处)。其他背板具细革质状表面和褐色短毛(第2节的短毛较稀疏，其余较稠密)。第2节背板侧缘几乎平行，约为端部宽的3.8倍，为第1节长的0.6倍，为第3节长的1.1倍。第3节背板侧缘平行，长约为宽的3.3倍。第8节背板革质化程度较低。

体黑色，下列部分除外：触角黑褐色，基部腹面带黄色；颜面，唇基，颊区，下颚须，下唇须，额眼眶，上颚(端齿除外)，触角柄节腹侧、梗节腹侧，前胸侧板，前胸背板前缘(侧面间断)的狭边，中胸盾片前侧角的小斑，小盾片，翅基片前、后缘，翅基下脊，前中足(中足跗节褐黑色除外)，后足基节基部及其腹侧、第1转节腹侧、第2转节大部分、胫节基半部和其跗节(第1跗节基部除外)，腹部第1节柄部，第2节基部中央，第3节基半部(侧缘除外)和端缘的小斑及第4节基缘黄色；后足腿节亚基端具红色小斑；翅痣和翅脉褐黑色。

正模 ♂，江西全南，650 m，2008-06-10，集虫网。

词源：新种名源于模式标本采集地名。

该新种与具齿细柄姬蜂 *L. appendiculata* Momoi, 1960 非常相似，可通过下列特征区别：后足第2转节正常，外侧无齿；颜面全部黄色；小盾片黄色；后足基节腹侧黄色。具齿细柄姬蜂：后足第2转节外侧具1尖齿；颜面中央具黑斑；小盾片完全黑色；后足基节腹侧黑色。

43. 斑细柄姬蜂 *Leptobatopsis spilopus* (Cameron, 1908)　(中国新记录)

Lissonota spilopus Cameron, 1908. Zeitschrift für Systematische Hymenopterologie und Dipterologie, 8:42.

♀ 体长约11.0 mm。前翅长约7.5 mm。产卵器鞘长约7.0 mm。

复眼内缘向上方稍收窄，光滑光亮，纵隆起。颜面上方宽约为长的1.1倍；中部具稠密的弱细刻点，中央稍纵隆起，上部中央具细的中纵脊；触角窝外下侧稍纵凹。唇基沟弱。唇基光滑光亮，具稀疏不明显的细刻点，基部明显隆起；端部较薄，形成边缘；端缘中段直。上颚质地与唇基近似，具稀且细的刻点，向端部显著收敛，上端齿稍长于下端齿。颊具细革质粒状表面；眼下沟浅；颚眼距约为上颚基部宽的0.7倍。上颊光滑光亮，显著向后收敛。头顶具与上颊相似的质地，侧单眼亚后缘向后垂直倾斜，后部中央稍凹；侧单眼间距约为单复眼间距的0.8倍。额光滑光亮无刻点，下半部稍凹，具中纵沟。触角鞭节46节，端部细弱，末节约为次末节长的1.7倍。后头脊仅侧方明显。

前胸背板前部较光滑；侧纵凹具稠密的短横皱；后上部稍隆起，具较稠密的细刻点；后上角形成光亮的瘤突；前沟缘脊明显。中胸盾片均匀隆起，具非常稠密的细刻点(后部中央的刻点较细密)，刻点间距小于刻点直径；无盾纵沟。盾前沟光滑光亮。小盾片明显隆起，具稠密的浅弱细刻点，刻点间距大于刻点直径；仅端部相对光滑。后小盾片横隆起，光滑光亮。中胸侧板均匀隆起，具稠密的细刻点，上部和胸腹侧片的刻点特别细密，中下部的刻点相对稍粗且稀；胸腹侧脊背端约达中胸侧板高的0.45处；中胸侧板凹坑状；具光滑光亮的镜面区；后胸侧板具与前者中下部相似的刻点，后胸侧板下缘脊完整、形成显著的边缘，前部稍突出。翅稍带褐色，透明；小脉位于基脉外侧；小翅室四边形，具短柄，第2回脉约在它的下外侧0.25处与之相接；外小脉约在上方0.4处曲折；后小脉约在下方0.35处曲折。足细长；后足基跗节约为第2跗节长度的1.9倍；爪尖细，前中足爪下具细栉齿，后足的爪简单。并胸腹节均匀隆起，无脊；具非常稠密的皱刻点，后半部大致呈细纵皱；气门椭圆形，约位于基部的0.37处。

腹部细长，后部侧扁。第1节背板棒状、向基部形成细柄状，光滑光亮，长约为端宽的5.0倍；亚端部稍隆起、膨大；气门小，圆形，约位于第1节背板基部的0.6处。第2、第3节背板呈细革质状表面，具弱皱和几个不明显的细刻点，基部两侧具小窗疤；第2节背板长梯形，长约为端宽的1.8倍、约为第1节背板的2.1倍；第3节背板两侧近平行，长约为宽的1.8倍，约与第2节背板等长；第3节及以后背板侧扁；第4、第5节背板呈细革质状表面和不明显的稀浅细刻点；第6节及以后背板光滑光泽。产卵器鞘长约为后足胫节长的2.1倍，产卵器细、弯曲，端部骤细，具亚端背凹。

黑色，下列部分除外：触角鞭节基半部背侧暗褐色、腹侧基部黄褐色，中段13~22节白色，端部深褐色；触角柄节、梗节腹侧，额眼眶及向上部延伸的斑，颜面侧缘，唇基，上颚(端齿除外)，颊，下唇须，下颚须，前胸侧板，前胸背板前缘及后上角，中胸盾片前缘两侧的大斑，小盾片，翅基片及前翅翅基，翅基下脊，中胸侧板后上部的2斑点，后胸侧板后上缘的长斑，并胸腹节基部两侧的三角斑亮黄色；腹部第1节背板气门之前、第2节背板基半部、第3~第4节背板黄色至黄褐色。前中足黄褐色(基节、转节亮黄色，中足跗节背侧深褐色)；后足基节基半部亮黄色、端半部黑色，转节、胫节基部0.65、跗节(除基跗节基部0.1)黄至黄褐色，腿节红褐色，胫节端部和基跗节基部黑褐色；爪黑褐色。翅痣黄褐色，翅脉褐至黑褐色。

分布：江西、台湾；印度，泰国，日本。

观察标本：1♀，江西吉安，650 m，2008-06-29，集虫网。

17. 缺沟姬蜂属 *Lissonota* Gravenhorst, 1829 (江西新记录)

Lissonota Gravenhorst, 1829. Ichneumonologia Europaea, 3:30. Type-species: *Lissonota sulphurifera* Gravenhorst, 1829. Designated by Morley, 1913.

前翅长 3.0~15.0 mm。颜面适当隆起，宽大于长。唇基端缘相当厚，均匀隆起。颚眼距为上颚基部宽的0.4~1.3倍。额一般较平坦，稀有不同程度凹陷者。侧单眼间距为单复眼间距的0.6~2.0倍。触角鞭节24~42节。前沟缘脊缺。并胸腹节具端横脊，稀有缺者。爪具栉齿。小脉位于基脉的外侧，二者之间的距离为小脉长的0.2~0.8倍；后小脉在中部下方曲折。腹部第1节背板向基部适当变窄，在亚基部处通常突然强度变窄。

产卵器鞘长为后足胫节长的1.1~4.5倍。

该属是一个大属，到目前为止，全世界报道399种，其中我国28种，江西无记载。这里介绍13种，其中9新种。寄主大多为林木蛀虫等隐蔽性昆虫。

缺沟姬蜂属江西已知种检索表

1. 无小翅室……2
   有小翅室……3
2. 腹部第1节背板具清晰稠密的纵皱；颜面完全黑色；腹部背板暗红褐色……**斑额缺沟姬蜂，新种 *L. maculifronta* Sheng & Sun, sp.n.**
   腹部第1节背板具清晰稠密的粗刻点；颜面黑色，侧面具宽的黄色纵带；腹部背板黑色，第5~第7节背板后缘白色……**垂顶缺沟姬蜂，新种 *L. verticalis* Sheng & Sun, sp.n.**
3. 腹部第1节背板具清晰稠密的纵皱，至少端部具清晰的纵皱……4
   腹部第1节背板无皱；具清晰的刻点，或具革质状表面……8
4. 并胸腹节非常粗糙，具强壮且不规则或模糊的网状皱……5
   并胸腹节不粗糙，无皱，具刻点……6
5. 腹部第2节背板具清晰稠密的刻点；颜面和额完全黑色；后足基节和腿节红褐色至暗褐色；腹部第5、第6节背板完全黑色……**河南缺沟姬蜂 *L. henanensis* Sheng**
   腹部第2节背板具细革质状表面，无刻点；颜面和额的侧缘黄色；后足基节和腿节黑色；腹部第5、第6节背板端部白色……**黑足缺沟姬蜂，新种 *L. nigripoda* Sheng & Sun, sp.n.**
6. 触角具白环；腹部相对较狭长，第2节背板长为端宽的2.0~2.2倍……**皱背缺沟姬蜂，新种 *L. rugitergia* Sheng & Sun, sp.n.**
   触角无白环；腹部匀称，第2节背板长不大于端宽的1.5倍……7
7. 腹部第1节背板仅端部具纵皱，基部和第2节背板具细革质状表面；中胸侧板黑色……**吉安缺沟姬蜂，新种 *L. jianica* Sheng & Sun, sp.n.**
   腹部第1节背板完全具清晰稠密的纵皱；第2节背板具稠密清晰或不太清晰的纵皱；中胸侧板具红色大斑……**长胸缺沟姬蜂 *L. oblongata* Chandra & Gupta**
8. 并胸腹节及腹部第1节背板具宽阔的中纵沟；中胸盾片及中胸侧板大部分红褐色；后足基节红褐色，背面基部具黄斑……**纵凹缺沟姬蜂，新种 *L. longisulcata* Sheng & Sun, sp.n.**
   并胸腹节及腹部第1节背板无中纵沟；中胸盾片及中胸侧板黑色，或具黄色斑；后足基节非完全同上述……9
9. 胸部(包括并胸腹节)具稠密清晰的刻点；胸部和后足基节及腿节完全黑色……10
   胸部或后足基节及腿节至少非完全黑色……11
10. 内眼眶黄色；触角具白环；腹部各背板后部或多或少不清晰的褐色……**白环缺沟姬蜂，新种 *L. albiannulata* Sheng & Sun, sp.n.**
    头部完全黑色；触角无白环；腹部背板完全黑色……**朝鲜缺沟姬蜂 *L. chosensis* (Uchida)**
11. 腹部较狭长，侧缘几乎平行；第2节背板长约为端宽的2.1倍；中胸侧板具较宽的黄色横带；后足基节腹面黑色，背面黄色……**白斑缺沟姬蜂 *L. albomaculata* (Cameron)**
    腹部正常，侧缘不平行；第2节背板长等于或小于端宽；中胸侧板黑色，或仅后下部具黄斑；后足基节褐色至红褐色，或背面黄色……12
12. 腹部第3节背板长稍大于端宽；中胸侧板完全黑色；后足基节红褐色；腹部各节背板后缘具黄色横带……**密点缺沟姬蜂，新种 *L. densipuncta* Sheng & Sun, sp.n.**
    腹部第3节背板长约为端宽的0.78倍；中胸侧板后下部具黄斑；后足基节腹面红褐色，背面黄色；腹部背板完全黑色，或仅部分背板后缘具不明显的黄色狭边……**武夷缺沟姬蜂，新种 *L. wuyiensis* Sheng & Sun, sp.n.**

44. 白环缺沟姬蜂，新种 *Lissonota albiannulata* Sheng & Sun, sp.n. （图版 IV：图 27）

♀ 体长 11.5~12.0 mm。前翅长 8.0~8.5 mm。产卵器鞘长 11.0~12.0 mm。

颜面宽约为长的 1.4 倍，呈细革质状表面，具非常稠密的细刻点和近白色短毛；上部中央稍纵向隆起，具 1 光滑的纵瘤突。唇基沟不明显。唇基中部较强横隆起，具 1 细横脊；基半部质地与颜面相似，具稠密的细刻点；端半部相对光滑，具非常稀疏的刻点；端缘较薄，具 1 排褐色长毛，端缘中央稍凹。上颚强壮，基部具细刻点；上端齿长于下端齿。颊具细革质状表面和不明显的细皱刻点，颚眼距约为上颚基部宽的 0.6 倍。上颊具细革质状表面和非常不清晰的细刻点，强烈向后收敛，侧观约为复眼宽的 0.2 倍。头顶质地与上颊近似。单眼区稍隆起，侧单眼间距为单复眼间距的 1.2~1.3 倍。额几乎平坦，下部稍凹，具非常稠密的细横皱，具 1 弱浅的中纵沟。触角长约等于体长，鞭节 41~43 节，第 1~第 5 鞭节长度之比依次约为 2.7∶1.9∶1.6∶1.6∶1.4。后头脊完整。

整个胸部具特别稠密的较均匀的细刻点。前胸背板具细革质状表面，侧凹的上半部具短细横皱。中胸盾片均匀隆起；无盾纵沟。小盾片隆起，刻点较中胸盾片稍粗。后小盾片稍隆起，横形，具细密的刻点。中胸侧板质地同中胸盾片；胸腹侧脊背端约伸达中胸侧板高的 0.5 处、远离中胸侧板前缘，中胸侧板凹坑状。中胸腹板与中胸侧板质地相似，中纵沟清晰。后胸侧板与中胸侧板质地相似，后胸侧板下缘脊完整，前部强烈突出呈片状。翅带褐色，透明；基脉强烈前弓；小脉位于基脉外侧，二者之间的距离约为小脉长的 0.4 倍；小翅室四边形，具短柄；第 2 回脉约在它的下方外侧 0.3 处与之相接；外小脉在下方 0.35~0.4 处曲折；后小脉在下方 0.25~0.3 处曲折。足细长，基节所具刻点同胸部；后足长为腹部长的 1.9~2.0 倍；后足第 1~第 5 跗节长度之比依次约为 6.9∶3.1∶2.0∶0.9∶1.4；爪小，仅基部具栉齿。并胸腹节均匀隆起，具稠密均匀的细网皱；端横脊完整强壮；外侧脊细弱；气门小，圆形。

腹部第 1 节背板长约为端宽的 2.0 倍，均匀向基部变狭；表面均匀隆起，具稠密的细网皱；基部中央稍凹，凹内具稠密的细横皱；背中脊仅基部可见，无背侧脊；气门非常小，约位于基部的 0.35 处。第 2、第 3 节背板具细革质状表面和稠密的细皱点，向后逐渐细弱；第 2 节背板长约为端宽的 1.2 倍，第 3 节背板长约为端宽的 1.1 倍。第 4 节背板长约为基部宽的 0.8 倍、约为端宽的 0.9 倍，基部中央具弱细的横皱。第 5 节及以后背板横形，表面几乎光滑。各节背板端缘光滑。下生殖板三角形，后端不超过腹末，端部中央具深凹刻。产卵器鞘长约为后足胫节长的 2.8 倍。产卵器弯曲，具 1 小亚端背凹。

黑色。触角鞭节中段 8~15 节白色；复眼内眼眶黄色；唇基端半部，上颚(基部中央带黄色，端齿黑色)红褐色；下唇须，下颚须(末 2 节黄褐色)黄色(副模标本唇基端半部、上颚基部、下唇须、下颚须均为黄色)；前中足多少带暗红褐色，后足跗节(除末跗节，有时基跗节基半部亦深色)黄褐色。腹部各节背板端缘黄褐至红褐色，端半部背板带暗红褐色。翅痣，翅脉近黑色。

正模 ♀，江西铅山武夷山自然保护区，2009-07-11，钟志宇。副模：1♀，记录同正模。

词源：新种名源于触角具白环。

该新种与大缺沟姬蜂 *L. danielsi* Chandra & Gupta, 1977 近似，可通过下列特征区别：第 1 节背板长约为端宽的 2.0 倍；产卵器鞘长约为后足胫节长的 2.8 倍；中胸盾片、翅基片、翅基下脊、腿节及后足基节完全黑色。大缺沟姬蜂：第 1 节背板长约为端宽的 1.4(1.5) 倍；产卵器鞘长约为后足胫节长的 1.4 倍；中胸盾片前侧角、翅基片、翅基下脊黄色；腿节红色；后足基节黑色，端部黄褐色。

45. 白斑缺沟姬蜂 *Lissonota albomaculata* (Cameron, 1899) (图版 IV：图 28) (中国新记录)

Ctenopimpla albomaculata Cameron, 1899. Memoirs and Proceedings of the Manchester Literary and Philosophical Society, 43(3):190.

♀ 体长约 19.5 mm。前翅长约 9.5 mm。产卵器鞘长约 13.0 mm。

颜面宽约为长的 1.7 倍，具革质粒状表面和稠密较清晰的细刻点，上缘中央具 1 纵瘤突。唇基沟不明显。唇基均匀隆起，光滑光泽，具稀疏的细刻点，端缘圆弧形、中央微凹。上颚基部具细刻点，上端齿长于下端齿。颊具革质细粒状表面，刻点较颜面弱；颚眼距约为上颚基部宽的 0.6 倍。上颊具革质粒状表面和稠密的细刻点，向后部变宽。头顶的质地和刻点与上颊相似，侧单眼外侧相对光滑；侧单眼间距约为单复眼间距的 1.5 倍。额较平坦，具稠密模糊的横皱。触角基部稍细，鞭节 42 节。后头脊完整。

胸部密被边缘紧密相接的清晰的细刻点。前胸背板的侧凹内具稠密模糊的细横皱；无前沟缘脊。中胸盾片均匀隆起，无盾纵沟。小盾片均匀隆起。后小盾片稍隆起，横形。胸腹侧脊明显，背端约伸达中胸侧板高的 1/2 处；无镜面区；中胸侧板凹为一小凹陷，后方有一浅横沟与中胸侧板后缘相连。后胸侧板下缘脊完整，前部片状突出。并胸腹节均匀隆起，粗糙，具稠密的粗皱点；具外侧脊和端横脊，后者强壮；具弱的侧突；气门小，圆形。翅稍带褐色，透明，基脉前弓，小脉位于它的外侧，二者之间的距离约为小脉长的 0.56 倍；小翅室斜四边形，具短柄，第 2 回脉远位于它的下方中央外侧；外小脉稍外弓，约在下方 1/4 处曲折；后小脉下段稍外斜，约在下方 1/3 处曲折。后足基节具革质细粒状表面和稠密但较胸部细的刻点；后足基跗节约为第 2~第 5 跗节长之和的 0.96 倍；爪小，基半部具细栉齿。

腹部较长。第 1 节背板长约为端宽的 2.3 倍，具稠密的粗皱点，基部中央凹、光滑，背中脊不明显，背侧脊中段可见；气门圆形，稍隆起，约位于基部 0.3 处。第 2~第 4 节背板较拉长，两侧缘约平行，具非常稠密清晰的刻点(基端弱)；第 2 节背板长约为宽的 2.1 倍，约为第 1 节背板长的 0.9 倍，约与第 3 节等长；第 3 节背板长约为宽的 2.3 倍；第 4 节背板长约为宽的 2.2 倍。第 5 节背板长约等于端宽，基半部具相对(与前面背板的刻点比)较稀的刻点，端部光滑光泽。第 6 节及以后背板光滑光亮。下生殖板大，末端抵达腹部末端。产卵器鞘约为后足胫节长的 2.9 倍，约为前翅长的 1.4 倍。产卵器背瓣亚端部具深而小的缺刻。

黑色。颜面眼眶，额眼眶，唇基(端缘红褐色、基部或多或少黑色)，颊，上颊前上部，上颚(端齿除外)，下颚须，下唇须，前胸背板前缘(包括颈前缘)横条斑及后上角的窄条斑，中胸盾片侧叶外缘及内缘的条斑，小盾片(中央黑色)，后小盾片，翅基片及前翅翅基，翅基下脊，中胸侧板中部的横条斑，后胸侧板下部中央的近方形斑，前中足基节、转节，后足基节端部及背侧的斜条斑，均为鲜黄色；各足红褐色，后足基节腹侧黑色、胫节端半部及跗节黑褐色；翅痣(基部色淡)，翅脉褐黑色。

分布：江西；印度。

观察标本：1♀，江西铅山武夷山自然保护区，2009-09-22，集虫网。

46. 朝鲜缺沟姬蜂 *Lissonota chosensis* (Uchida, 1955) (图版 IV：图 29) (江西新记录)

Meniscus chosensis Uchida, 1955. Journal of the Faculty of Agriculture, Hokkaido University, 50:117.

♀ 体长 12.5~15.0 mm。前翅长 9.0~12.0 mm。产卵器鞘长 15.5~19.0 mm。

头部具稠密的深褐色毛。颜面宽约为长的 2.0 倍，具非常稠密的粗刻点(上方中部的刻点相对较细)，均匀向中部隆起，中央强烈隆起。唇基几乎光滑，隆起，具较长的褐色毛和非常稀的刻点。上颚均匀向端部变狭，具较密的刻点，上端齿约与下端齿等长或上端齿稍长。颊区具细革质状表面和相对较稀的刻点，颚眼距为上颚基部宽的 1.1~1.2 倍。上颊具相对较稀(与颜面相比)的刻点，逐渐向后收敛，背面观长为复眼宽的 0.6~0.7 倍。头顶具细革质状表面和不均匀的刻点，后部非常密，单眼区的两侧较稀。单眼区稍隆起，具稠密的刻点，侧单眼间距约等于单复眼间距。额稍微下凹，具稠密的刻点，下部近触角窝处具横皱。触角明显比体短，鞭节 38~41 节。后头脊完整，强壮。

胸部具非常稠密、清晰、均匀的刻点。前胸背板侧凹内具短横皱；无前沟缘脊。无盾纵沟。镜面区长形、光亮，无刻点，伸达中胸侧缝。胸腹侧脊背端未抵达中胸侧板前缘。中胸腹板中纵沟清晰，后部几乎不扩大。后胸侧板下缘脊后部较弱，前部突出呈片状。并胸腹节均匀隆起，无脊，但端横脊处后部的端区明显可以区分；除基部中央刻点较稀和端区具细纵皱外，其余部分具非常稠密的刻点；中区处具不清晰的短横皱。气门小，椭圆形。翅带褐色透明；基脉稍微前弓；小脉位于基脉外侧，二者之间的距离约为小脉长的 0.2 倍；小翅室四边形，具短柄，第 2 回脉在它的中央或中央稍内侧与之相接；外小脉约在下方 0.3 处曲折；后小脉稍外斜，约在下方 0.3 处曲折。中后足基节具清晰的刻点；爪具较粗壮的栉齿(分布几乎达爪的端部)。

腹部第 1 节背板长为端宽的 1.7~1.9 倍，均匀向基部变狭，后柄部中央具中纵凹和不规则的细皱，其余具非常不清晰且不均匀的细刻点；无背中脊，无背侧脊。第 2 节背板长约为端宽的 1.1 倍，表面细革质状，亚侧角具不清晰的细刻点；第 3 节背板侧边平行，长约等于端部宽，表面质地细革质状；第 4~第 6 节背板横形，逐渐光亮，具非常细、短的横线纹。下生殖板后端抵达腹部端部，端部中央具非常深的凹刻。

黑色。唇基端部和上颚中部深红色；前足腿节端部、胫节及其跗节带暗褐色；下生殖板下方中部具模糊的暗红色斑；有时腹部第 4 节背板也具模糊的暗红色斑；翅痣及翅脉褐黑色。

分布：江西、辽宁、吉林；朝鲜，日本，俄罗斯。

观察标本：1♀，江西宜丰官山，2009-03-31，集虫网；2♀♀，江西安福，180~210 m，2010-03-26~04-05，集虫网；1♀，吉林辉南，1992-06-22，孙淑萍；1♀，辽宁宽甸白石砬子自然保护区，1000 m，2001-06-03，盛茂领。

47. 密点缺沟姬蜂，新种 *Lissonota densipuncta* Sheng & Sun, sp.n. （图版 IV：图 30）

♀ 体长约 7.0 mm。前翅长约 5.5 mm。产卵器鞘长约 4.5 mm。

颜面向下方稍收窄，宽(下方最窄处)约为长的 1.5 倍，具非常稠密的细刻点；中央纵向稍隆起，上部中央凹，具 1 不明显的细纵脊；触角窝下外侧稍凹。唇基沟不明显。唇基相对光滑，中部较隆起，具较颜面稀疏的细刻点；端缘几乎平直、中央微凹。上颚狭长，基部较宽，质地同唇基；端齿尖锐，上端齿稍长于下端齿。颊具细刻点和弱细的纵皱，颚眼距约为上颚基部宽的 0.6 倍。上颊狭窄，具非常稠密的细刻点，均匀向后收敛，侧观约为复眼横径的 0.2 倍。头顶具非常稠密的细刻点，后部中央凹；单眼区稍隆起，侧单眼外侧具凹沟；侧单眼间距约为单复眼间距的 1.2 倍。额几乎平坦，具非常稠密的细刻点，具 1 细浅的中纵沟。触角长约等于体长，鞭节 38 节，第 1~第 5 鞭节长度之比依次约为 2.8∶1.9∶1.7∶1.6∶1.4，端部各节稍呈短的念珠状。后头脊完整。

整个胸部具非常稠密均匀的刻点。前胸背板前部刻点稍细，侧凹内具不明显的细横皱，后上部刻点清晰。中胸盾片后部中央的刻点稍粗；无盾纵沟。小盾片隆起，刻点清晰。后小盾片具细刻点。中胸侧板密布清晰、稠密且均匀的细刻点；胸腹侧脊背端约伸达中胸侧板高的 0.4 处，未达中胸侧板前缘；中胸侧板凹沟状。中胸腹板与中胸侧板质地相似。后胸侧板与中胸侧板质地相似，后胸侧板下缘脊完整，前部强烈突出呈膜质的片状。翅带褐色，透明；基脉强烈前弓；小脉位于基脉外侧，二者之间的距离约为小脉长的 0.4 倍；小翅室四边形，上方尖，具短柄，第 2 回脉约在它的下方外侧 0.25 处与之相接；第 2 肘间横脉下段色淡；外小脉约在下方 1/3 处曲折；后小脉稍内斜，约在下方 1/4 处曲折。足细长，后足长约为腹部长的 2.1 倍；后足第 1~第 5 跗节长度之比依次约为 5.3∶2.7∶2.0∶1.0∶1.2；爪小，基部具栉齿。并胸腹节均匀隆起，具与中胸盾片后部中央相似的皱刻点(较胸部其他部分的刻点稍粗)；端横脊完整强壮，距离后端较近；外侧脊细弱；气门小，圆形。

腹部背板除光滑的端缘外具均匀稠密的细刻点。第 1 节背板长约为端宽的 1.6 倍，均匀向基部变狭；背表面均匀隆起，具稠密稍粗的皱刻点，侧部具稠密的细纵皱；基部中央稍凹，光滑；背中脊基部存在，背侧脊弱；气门非常细小，约位于第 1 节背板中央处。第 2 节背板长约等于端宽；第 3、第 4 节背板两侧近平行，长约等于端宽；第 5 节背板长约为基部宽的 0.6 倍，向后渐收敛；第 6~第 8 节背板横形，显著向后收敛；端部背板的刻点细弱不明显。下生殖板三角形，后端不超过腹末，端部中央具深凹刻。产卵器鞘长约为后足胫节长的 2.1 倍。产卵器稍弯曲，端部尖细，具 1 浅小的亚端背凹。

黑色。触角鞭节背侧暗褐色，腹侧红褐色；触角柄节和梗节腹侧端缘，复眼内眼眶(向后稍渐宽)，唇基，上颚(基缘和端齿红褐色)，下唇须，下颚须，前胸背板前缘和后上角，翅基片和前翅翅基，中胸侧板前上缘，中胸盾片侧叶前缘的钩状斑，小盾片两侧，中后胸背板的端缘(除中央部分)，前中足基节、转节，后足第 2 转节腹侧，腹部各节背板的端缘均为黄色；足红褐色，后足第 1 转节背侧褐色；翅痣、翅脉褐色。

正模 ♀，江西全南，2008-04-26，集虫网。

词源：新种名源于体具稠密的刻点。

该新种与黄带缺沟姬蜂 *L. flavofasciata* Chandra & Gupta, 1977 近似，可通过下列特征区别：后小脉稍内斜，约在下方 1/4 处曲折；第 2 节背板长约等于端宽；中胸侧板完全黑色；后足基节完全红褐色。黄带缺沟姬蜂：后小脉稍外斜，约在下方 1/3 处曲折；第 2 节背板长约为端宽的 1.2 倍；中胸侧板具 2 个黄斑；后足基节黑色，背面基部黄色。

48. 河南缺沟姬蜂 *Lissonota henanensis* Sheng, 2009 （江西新记录）

Lissonota striata Sheng, 2000. Bulletin de l'Institut Royal des Sciences Naturelles de Belgique Entomologie, 70:190. Name preoccupied by Gravenhorst: (*Lissonota striata*) = *Teleutaea striata* (Gravenhorst).
Lissonota henanensis Sheng, 2009. Insect Fauna of Henan, Hymenoptera: Ichneumonidae, p.39.

♀ 体长 6.5~7.5 mm。前翅长 4.6~5.0 mm。产卵器鞘长 4.8~5.1 mm。

颜面长为宽的 0.61~0.69 倍，具革质粒状表面和不清晰的刻点，中央纵向隆起。唇基沟明显。唇基小，均匀隆起，端缘圆弧形向前突出。上颚两端齿尖，上端齿长于下端齿。颚眼距为上颚基部宽的 0.55~0.67 倍。上颊具粗革质粒状表面，强烈向后收敛。头顶稍粗糙，侧单眼间距为单复眼间距的 1.1~1.2 倍。额粗糙，上部平坦，下部稍洼。触角丝状，基部稍细，鞭节 29~31 节；第 1 节为第 2 节长的 1.32~1.38 倍，第 2 节为第 3 节长的 1.14~1.19 倍。后头脊完整。

前胸背板前缘和侧后部具细而清晰的刻点；无前沟缘脊。中胸盾片具密而弱的刻点；无盾纵沟。小盾片稍隆起，具稠密的细刻点。中胸侧板具较密而清晰的刻点(与中胸盾片的刻点比)；无镜面区；中胸侧板凹为一小凹陷，后方有一浅横沟与中胸侧板后缘相连。后胸侧板具相对密且细的刻点(与中胸侧板比)。并胸腹节均匀隆起，粗糙，具较弱的刻点；具外侧脊和端横脊，后者强壮；气门小，圆形。翅稍带褐色透明，基脉前弓，小脉位于它的外侧，二者之间的距离为小脉长的 0.56~0.63 倍；小翅室斜四边形，上方尖，无柄，第 2 回脉远位于它的中央外侧。后小脉垂直，约在下方 0.25 处曲折。足正常；后足基跗节长为第 2~第 5 节长度之和的 0.94~1.0 倍；爪小，基部或基半部具栉齿。

腹部第 1 节长为端宽的 1.43~1.54 倍，中部稍向上隆起，后部具明显的纵皱及长刻点；气门圆形，稍隆起，约位于基部 0.35 处。第 2~第 4 节背板具清晰的刻点，长均小于自身的端宽；其余背板明显横形。下生殖板大，末端几乎抵达腹部末端。产卵器鞘长为后足胫节长的 2.25~2.45 倍，约等于前翅长。

黑色。唇基，上颚(端齿除外)，下唇须，下颚须，翅基片，前足基节，中足基节端半部黄至黄褐色；触角柄节、梗节的前面模糊的黄褐色；足及腹部第 2~第 5 节背板后缘的狭边红褐色；翅痣黄褐色；翅脉褐黑色。

寄主：栎类 *Quercus* spp.枯木蛀虫。

分布：江西、河南、辽宁。

观察标本：4♀♀，江西全南，2008-06-20~2008-09-20，集虫网；10♀♀，河南内乡宝天曼，1100~1500 m，1998-07-11~13，盛茂领；1♀，河南内乡宝天曼，600~700 m，1998-07-15，盛茂领；1♀，辽宁沈阳，1990-05-15，盛茂领。

49. 吉安缺沟姬蜂，新种 *Lissonota jianica* Sheng & Sun, sp.n.　(图版 IV：图 31)

♀ 体长 6.0~7.0 mm。前翅长 4.5~5.0 mm。产卵器鞘长 4.0~4.5 mm。

颜面宽为长的 1.58~1.6 倍，具非常细密的斜纵皱；中央纵向稍隆起，上部中央凹，具 1 细短的中纵脊。唇基沟不明显。唇基相对光滑，具细革质状表面和稀疏不明显的弱细刻点，基部具细密模糊的横皱，中部稍隆起；端缘中央微凹。上颚狭长，基部较宽，具非常稀疏的细刻点；端齿尖锐，上端齿稍长于下端齿。颊具细密模糊的横皱，颚眼距为上颚基部宽的 0.6~0.65 倍。上颊具细革质状表面，前部呈细密模糊的皱刻点，后部的刻点相对较稀疏；均匀向后收敛，侧观约为复眼横径的 0.4 倍。头顶具细革质状表面和稠密不均匀的细刻点，单眼区及侧单眼外侧具弱细皱；后部中央凹；单眼区稍隆起，侧单眼外侧具凹沟；侧单眼间距约为单复眼间距的 1.3 倍。额几乎平坦，具细革质状表面和稠密的细皱刻点。触角长短于体长，鞭节 29 节，第 1~第 5 鞭节长度之比依次约为 2.1∶1.6∶1.4∶1.3∶1.2，向端部依次渐短。后头脊完整。

整个胸部具非常稠密的刻点。前胸背板侧凹较宽。中胸盾片均匀圆隆起，后部中央的刻点稍粗；无盾纵沟。小盾片较强隆起，刻点清晰。中胸侧板密布清晰、稠密且均匀的细刻点；胸腹侧脊背端约达中胸侧板高的 0.6 处，未达中胸侧板前缘；中胸侧板凹沟状。中胸腹板与中胸侧板质地相似。后胸侧板与中胸侧板质地相似，后胸侧板下缘脊完整，前部稍片状突出。翅带褐色，透明；基脉强烈前弓；小脉位于基脉外侧，二者之间的距离约为小脉长的 0.6 倍；小翅室斜四边形，无柄，第 2 回脉约在它的下方外侧 0.25 处与之相接；第 2 肘间横脉约为第 1 肘间横脉长的 2 倍；外小脉在下方 0.3~0.35 处曲折；后小脉在下方 0.2~0.25 处曲折，后盘脉细弱，无色。足细长，后足长约为腹部长的 1.6 倍，基节较光滑；后足第 1~第 5 跗节长度之比依次约为 4.6∶2.2∶1.6∶0.7∶1.0；爪小，基部具密栉齿。并胸腹节均匀隆起，具细革质状表面和稠密的皱刻点，中央具浅的纵凹沟；端横脊完整强壮，该脊之后部具弱的纵皱；外侧脊细弱；气门小，圆形。

腹部各背板具光滑的端缘。第 1 节背板长约为端宽的 1.6 倍，均匀向基部变狭；背表面均匀隆起，具细革质状表面，后部具清晰的纵皱；亚端部具斜横沟，背板侧面、斜横沟内及其端部外侧具稠密的纵皱；后半部中央稍纵凹；基部中央稍凹，背中脊仅基部存在，无背侧脊；气门非常小，约位于第 1 节背板基部 0.3 处。第 2~第 6 节背板具细革质状表面；第 2 节背板长约为端宽的 1.1 倍，表面具非常细的横线纹，基半部的刻点相对稀疏且稍粗、不均匀，亚端部具斜侧沟，侧沟端外侧具稠密的细纵皱；第 3、第 4 节背板具非常稠密且相对均匀的细皱刻点；第 3 节背板长约为端宽的 1.25 倍，第 4 节背板长约为端宽的 0.8 倍；第 5、第 6 节背板具非常弱细的横线纹和不清晰的细刻点；第 7、第 8 节背板光滑光亮，显著向后收敛。下生殖板三角形，后端不超过腹末，端部中央具深凹刻。产卵器端部尖细，具 1 浅小的亚端背凹。

黑色。触角柄节和梗节腹侧端缘黄褐色；唇基，上颚(端齿黑褐色)，下唇须，下颚须，前胸背板前下缘(偏于橙黄色)和后上角，翅基片和前翅翅基，中胸侧板前上缘(或橙黄色)，中胸盾片侧叶前缘的楔状斑(前宽后窄、上缘不齐)，前中足基节、转节，后足第 2 转节腹侧均为浅黄色；足红褐色；腹部第 2~第 5 节背板端缘非常窄的狭边、第 3~第 7

节背板后部两侧及下生殖板红褐色；翅痣、翅脉褐色。

正模 ♀，江西吉安双江林场，174 m，2009-04-09，集虫网。

词源：新种名源于正模标本产地名。

该新种与小樽缺沟姬蜂 *L. otaruensis* (Uchida, 1928)相似，可通过下列特征区别：小翅室无柄，第 2 回脉约在它的下方外侧 0.25 处与之相接；第 2 肘间横脉约为第 1 肘间横脉长的 2 倍；腹部第 1 节背板长约为端宽的 1.6 倍，具细革质状表面，后部具清晰的纵皱；第 3~第 7 节背板后部侧面具黄褐色斑。小樽缺沟姬蜂：小翅室具柄，第 2 回脉约在它的下方中央处与之相接；第 2 肘间横脉约与第 1 肘间横脉等长；腹部第 1 节背板长约为端宽的 1.4 倍，具稠密的刻点；第 3~第 7 节背板完全黑色。

50. 纵凹缺沟姬蜂，新种 *Lissonota longisulcata* Sheng & Sun, sp.n. (图版 V：图 32)

♀ 体长约 6.0 mm。前翅长约 4.5 mm。产卵器鞘长约 2.5 mm。

颜面宽约为长的 1.35 倍，具非常稠密不清晰的细点；上部中央凹，凹底具 1 非常不明显的小纵瘤。唇基沟不明显。唇基呈细革质状表面，具稀疏的浅细刻点和褐色短毛，中部较强隆起，端缘中段平直。上颚狭长，基部较宽，质地同唇基；端齿尖锐，上端齿稍长于下端齿。颊具弱细的纵皱，颚眼距约为上颚基部宽的 0.75 倍。上颊狭窄，中部稍隆起，表面较光滑，侧观约为复眼横径的 0.4 倍。头顶较光滑，具不明显的弱细纹，单眼区稍隆起，侧单眼间距约为单复眼间距的 1.3 倍。额几乎平坦，具非常稠密的弱细刻点。触角短于体长，鞭节 33 节，第 1~第 5 鞭节长度之比依次约为 1.8∶1.4∶1.3∶1.3∶1.2，向端部依次渐短。后头脊完整。

胸部具非常稠密的细刻点。前胸背板，中后胸侧板的刻点大致相似；翅基下脊弱，胸腹侧脊背端约伸达中胸侧板高的 0.6 处，未伸抵中胸侧板前缘，中胸侧板凹浅沟状；后胸侧板下缘脊完整，前部强烈片状突出。中胸盾片的刻点细腻均匀；无盾纵沟。小盾片隆起，刻点稍粗且清晰。中胸腹板与中胸侧板质地相似。翅带褐色，透明；基脉强烈前弓；小脉位于基脉外侧，二者之间的距离约为小脉长的 0.36 倍；小翅室四边形，上方尖，无柄；第 2 回脉约在它的下方外侧 0.25 处与之相接；外小脉约在下方 0.3 处曲折；后小脉约在下方 0.25 处曲折。足细长，后足长约为腹部长的 1.7 倍；后足第 1~第 5 跗节长度之比依次约为 3.1∶2.0∶1.3∶0.8∶1.0；爪小，基部具栉齿。并胸腹节均匀隆起，中央具宽阔的中纵凹(向基部稍渐窄)，该纵凹起于并胸腹节基部止于端横脊之前，约为并胸腹节长的 0.7；端横脊完整强壮；端横脊之前具非常稠密的斜细横皱(基部刻点稍清晰)，端横脊之后大致呈模糊的纵皱状；中纵脊较弱、伸达端横脊处；外侧脊细弱；气门小，圆形。

腹部近梭形，第 2 节背板端部及第 3 节背板为腹部最宽处，各背板具光滑的端缘。第 1 节背板长约为端宽的 1.5 倍，均匀向基部变狭；背表面均匀隆起、呈细革质状，具稀疏不均匀的刻点；中央自基部 0.3 至端部 0.17 之间具宽阔的中纵凹(该纵凹约与并胸腹节中纵凹等长，占第 1 节背板长的 0.6，端部近圆形，向基部显著收窄)，基部 0.3 处强隆起，由此向端部外侧形成显著的斜沟；端部两侧具稠密的细纵皱；无背中脊和背侧脊；气门非常细小，约位于第 1 节背板基部 0.25 处。第 2 节及以后背板具细革质状表面和模糊不清的细刻点，向后逐渐细弱，第 7、第 8 节背板几乎光滑；第 2 节背板长约为端宽的 0.8 倍；第 3 节背板两侧近平行，长约为端宽的 0.75 倍；第 4 节及以后背板向后渐收敛。下生殖板三角形，后端不超过腹末。产卵器向上弯曲，端部尖细，具 1 小亚端背凹。

黑色。触角鞭节端部和腹侧黑褐色；触角柄节腹侧端缘，复眼内眼眶，唇基，上颚(端齿暗红褐色)，下唇须，下颚须，前胸背板后上角，翅基片和前翅翅基，翅基下脊，中胸盾片侧叶前缘的钩状斑，小盾片基部两侧的斑，中胸侧板后下部靠近中足基节的斑，前中足基节、转节，后足基节背侧基部的斑、第 2 转节腹侧均为淡黄色；前胸背板前下缘的条斑，中胸侧板中部的大斑和后上角的小斑，中胸盾片(侧叶前部的钩状斑黄色，后部中央黑色)，小盾片，中后胸背板的端缘(除中央部分)，足均为红褐色；腹部各节背板的端缘黄褐色，第 3 节背板的基部、第 3 节及以后背板的侧后部或多或少红褐色，端半部背板多少带暗红褐色；翅痣黄色，翅脉褐色。

正模 ♀，江西宜丰官山，2009-03-31，集虫网。

词源：新种名源于并胸腹节和腹部第 1 节背板具纵凹。

该新种与长胸缺沟姬蜂 *L. oblongata* Chandra & Gupta, 1977 近似，可通过腹部第 1 节背板无纵皱及并胸腹节和腹部第 1 节背板具纵凹与后者区别。

51. 斑额缺沟姬蜂，新种 *Lissonota maculifronta* Sheng & Sun, sp.n.　(图版 V：图 33)

♀ 体长约 4.5 mm。前翅长约 3.5 mm。产卵器鞘长约 3.0 mm。

颜面宽约为长的 1.4 倍，具稠密不清晰的细刻点；中央纵向稍隆起，自触角窝外侧向下方中央浅的斜纵凹。无明显的唇基沟。唇基光滑光亮，具几个弱浅的细刻点；中部较明显隆起，端缘中央平直。上颚宽短；具与唇基近似的质地；上端齿稍长于下端齿。颊具细革质粒状表面；颚眼距约为上颚基部宽的 0.6 倍。上颊较光滑，具不明显的弱细刻点，显著向后收敛。头顶光滑，后部两侧具稀浅的细刻点，亚后缘环状凹；中单眼前侧和侧单眼外侧稍凹；单眼区稍隆起，侧单眼间距约为单复眼间距的 1.3 倍。额较平坦，光滑，后上部具弱细的刻点；触角明显短于体长，鞭节 30 节，第 1~第 5 鞭节长度之比依次约为 1.7：1.2：1.1：1.1：1.0，端部鞭节念珠状。后头脊完整，背方中央凹。

前胸背板前部光滑，具几个稀且细的刻点；侧凹内具非常短且不明显的横皱；后上部具稠密的细刻点。中胸盾片均匀隆起，前部具较均匀稠密的细刻点；后部刻点稍粗且不均匀，中部皱状；无盾纵沟。盾前沟光滑。小盾片较光滑，具细刻点；基部约 1/3 具侧脊。后小盾片光滑光亮，横向，前部具深凹。中胸侧板前部及下部较隆起，具非常稠密且较均匀的细刻点；胸腹侧脊约伸达中胸侧板高的 1/2 处；无镜面区；中胸侧板凹沟状。后胸侧板具稠密的细刻点；后胸侧板下缘脊非常强壮。翅带褐色，透明；小脉位于基脉外侧，二者间的距离为小脉长的 1/3~1/4；无小翅室；第 2 回脉位于肘间横脉的外侧，二者之间的距离约为肘间横脉长的 0.7 倍；外小脉内斜，约在中央稍上方曲折；后中脉明显向上弓曲，后小脉约在下方 0.1 处曲折。足细长，后足强壮；后足第 1~第 5 跗节长度之比依次约为 3.5：1.6：1.2：0.6：0.6。爪小，基部具稀栉齿。并胸腹节均匀隆起，具稠密的皱刻点；外侧脊完整强壮，无任何其他脊；气门圆形，约位于基部 0.4 处。

腹部第 1~第 4 节背板具宽阔的折缘。第 1 节背板向基部渐收敛，长约为端宽的 1.7

倍；具稠密的纵皱，端缘光滑；基部中央凹，光滑；后部中央较强隆起；背中脊基部明显，背侧脊完整；气门圆形，隆起，约位于基部 0.4 处。第 2 节及以后背板具稠密的刻点(越向后越细弱)，端缘光滑光亮；第 2 节背板梯形，长约为端宽的 1.1 倍；第 3 节背板长约为端部宽的 0.9 倍；第 4 节及以后背板向后渐收敛。产卵器鞘长约为前翅长的 0.8 倍，约为后足胫节长的 1.9 倍。产卵器几乎圆筒形，强烈向上弯曲；亚端部的背缺刻不明显。

头胸部黑色，下列部分除外：触角黑褐色，柄节、梗节腹侧及鞭节基部褐色；额眼眶及头顶眼眶(侧单眼前侧具凹)，唇基，上颚(端齿红褐色)，下唇须，下颚须，前中足基节、转节，前胸背板的前缘及后上角，中胸盾片侧叶前部的外缘和内缘之间的角斑，翅基片及前翅翅基，小盾片，后小盾片，中胸侧板后下角的斑及翅基下脊，后胸侧板后下角的斑，并胸腹节后部的横斑(上缘不规则)均为鲜黄色。腹部和足主要为红褐色，腹部各节背板背侧带黑色，端缘黄褐色；后足腿节端部、胫节和跗节暗褐色，胫节基部黄色。翅痣，翅脉褐色至暗褐色。

正模 ♀，江西吉安双江林场，174 m，2009-06-01，集虫网。

词源：新种名源于额具斑。

该新种与无室缺沟姬蜂 *L. absenta* Chandra & Gupta, 1977 相似，可通过下列特征区别：腹部第 1 节背板长约为端宽的 1.7 倍，具稠密的纵皱；颜面及颜面眼眶完全黑色；中胸盾片前侧角的大斑及小盾片黄色。无室缺沟姬蜂：腹部第 1 节背板长约为端宽的 2.1 倍，具稠密的刻点；颜面侧缘(眼眶)宽的黄色；中胸盾片及小盾片无黄色斑。

52. 黑足缺沟姬蜂，新种 *Lissonota nigripoda* Sheng & Sun, sp.n. (图版 V：图 34)

♀ 体长约 10.0 mm。前翅长约 7.0 mm。产卵器鞘长约 8.5 mm。

颜面宽约为长的 0.93 倍，具非常稠密的细刻点；中央纵向稍隆起，亚中央稍纵凹；上部中央具 1 细的纵脊瘤。唇基沟不明显。唇基光滑光亮，中部较强隆起，具非常稀疏的浅细刻点；端缘薄、中段几乎平直。上颚狭长，质地同唇基；端齿尖锐，上端齿稍长于下端齿。颊具细革质状表面和弱浅的细刻点，颚眼距约为上颚基部宽的 0.56 倍。上颊狭窄，具非常稠密均匀的细刻点，显著向后收敛，侧观约为复眼横径的 0.2 倍。头顶质地与上颊相似，后部中央明显凹；单眼区稍隆起，侧单眼外侧具凹沟；侧单眼间距约为单复眼间距的 1.4 倍。额下半部稍凹，光滑光亮，具弱细的横皱；上部具非常稠密的浅细刻点。触角鞭节断失，仅存 11 节，第 1~第 5 鞭节长度之比依次约为 3.9∶2.8∶2.5∶2.4∶2.2。后头脊完整，强壮。

前胸背板前部光滑光亮，侧凹内具不明显的细横皱，后上部具稠密的细刻点；前沟缘脊明显。中胸盾片均匀隆起，具特别稠密的网皱状细刻点；无盾纵沟。小盾片较强隆起，质地与中胸盾片相似，但刻点稍粗。中胸侧板具非常稠密的细皱刻点；胸腹侧脊背端约伸达中胸侧板高的 0.6 处、接近中胸侧板前缘；腹板侧沟显著，约伸达基部 0.5 处，沟内具稠密的粗横皱；镜面区小而光亮；中胸侧板凹坑状。中胸腹板与中胸侧板质地相似。后胸侧板具稠密模糊的粗网皱，后胸侧板下缘脊完整，前部强烈突出呈膜质的片状。翅带褐色，透明；基脉强烈前弓；小脉位于基脉外侧，二者之间的距离约为小脉长的 0.5 倍；小翅室斜四边形，具短柄，第 2 回脉约在它的下方外侧 0.3 处与之相接；第 2 肘间横脉下段色淡；外小脉约在下方 0.35 处曲折；后小脉约在下方 0.15 处曲折。足细长，后足长约为腹部长的 2.1 倍，基节具稠密且细的刻点；后足第 1~第 5 跗节长度之比依次约为 4.3：2.0：1.3：0.6：0.8；爪小，基部具短细的栉齿。并胸腹节均匀隆起，密布稠密粗大的网皱；端横脊完整强壮，端横脊之后为稠密的短粗纵皱；外侧脊细弱；气门小，圆形。

腹部第 1 节背板长约为端宽的 2.7 倍，均匀向基部变狭；背表面均匀隆起，具稠密的细纵皱；基部中央深凹，光滑；背中央具浅纵凹，凹内光滑，达该背板亚端部的浅横凹处，横凹后部呈细革质状表面；背中脊基部明显；气门非常细小，位于第 1 节背板中央之前。第 2 节及以后背板呈细革质状表面，第 2 节背板长约为端宽的 1.9 倍，基部两侧具横窗疤；第 3 节背板长约为端宽的 1.15 倍，第 4 节背板长约等于宽，两侧近平行；以后背板横形，向后显著收敛；端部背板近光滑。下生殖板三角形，后端抵达腹末，端部中央具深凹刻。产卵器稍弯曲，端部尖细，具 1 浅小的亚端背凹。

黑色。复眼内眼眶(伸达复眼后缘，在触角窝前外侧稍有间断)，唇基，上颚(端齿暗红褐色)，上颊眼眶前部，下唇须，下颚须，翅基下脊，前中足基节(中足接近背侧带黑褐色)均为黄褐色；前中足红褐色，中足背侧带黑色；后足黑色，基节基缘和转节附近带红褐色，基跗节端部至末跗节(端半部暗红褐色)黄褐色；翅痣褐色，翅脉暗褐色。

正模 ♀，江西玉山三清山，1120 m，1985-08-20，盛茂领。

词源：新种名源于后足黑色。

该新种与瘦缺沟姬蜂 *L. cracentis* Chandra & Gupta, 1977 相似，可通过下列特征区别：侧单眼间距约为单复眼间距的 1.4 倍；小翅室具短柄；产卵器鞘长约为前翅长的 1.2 倍；内眼眶黄色；翅基片黑褐色；后足基节、转节、腿节和胫节黑色。瘦缺沟姬蜂：侧单眼间距约等于单复眼间距；小翅室无柄；产卵器鞘长约为前翅长的 0.8 倍；内眼眶黑色；翅基片黄色；后足基节、转节和腿节橘红色，胫节浅褐色。

53. 长胸缺沟姬蜂 *Lissonota oblongata* Chandra & Gupta, 1977 (江西新记录) (图版 V：图 35)

Lissonota oblongata Chandra & Gupt, 1977. Oriental Insects Monograph, 7:35.

♂ 体长约 9.0 mm。前翅长约 5.5 mm。

颜面宽约为长的 1.44 倍，具非常稠密的细刻点；中央上方具 1 明显的长纵脊。唇基沟不明显。唇基基半部与颜面的质地和刻点相似，端半部具非常稀疏的细刻点；中央稍横形隆起；端缘中段弱弧形。上颚狭长，质地同唇基；端齿尖锐，上端齿稍长于下端齿。颊具细革质状表面，颚眼距约为上颚基部宽的 0.46 倍。上颊前部具特别稠密细腻的刻点，后部具相对稀疏的细刻点，中部稍隆起，侧观约为复眼横径的 0.44 倍。头顶具细革质状表面和特别密集的细刻点；单眼区稍隆起，侧单眼间距约为单复眼间距的 1.3 倍。额较平坦，下半部中央具非常稠密的细横皱，上部及侧部具非常稠密的皱状细刻点。触角长约等于体长，第 1~第 5 鞭节长度之比依次约为 3.9：2.0：2.0：2.0：1.9。后头脊完整。

前胸背板前部刻点细弱不明显，侧凹内具不明显的短横皱，后上部具稠密的细刻点。中胸盾片均匀隆起，前部具均匀稠密的细刻点，后部中央具非常稠密的横皱状刻点；无盾纵沟。小盾片较强隆起，质地和刻点与中胸盾片相似。中胸侧板具均匀稠密的细刻点；胸腹侧脊背端约伸达中胸侧板高的 0.5 处、远离中胸侧板前缘；镜面区特别小，光亮；中胸侧板凹坑状。中胸腹板与中胸侧板质地相似。后胸侧板质地和刻点与中胸侧板相似，后胸侧板下缘脊完整，前部强烈突出呈膜质的片状。翅透明；基脉强烈前弓；小脉位于基脉外侧，二者之间的距离约为小脉长的 0.6 倍；小翅室四边形，无柄，第 2 回脉约在它的下方外侧 0.35 处与之相接；第 2 肘间横脉下段色淡；外小脉约在下方 0.4 处曲折；后小脉约在下方 0.3 处曲折。足细长，后足长约为腹部长的 1.7 倍，基节光滑光泽；后足第 1~第 5 跗节长度之比依次约为 6.2∶3.0∶2.0∶1.0∶1.0；爪小，基部具细栉齿。并胸腹节均匀隆起，密布稠密模糊粗糙的斜纵皱；中纵脊平行，伸达端横脊，2 脊之间非常浅的纵凹；端横脊完整强壮；外侧脊细弱；气门小，圆形。

腹部第 1 节背板长约为端宽的 2.5 倍，均匀向基部变狭；背表面均匀隆起，具稠密的粗纵皱；基部中央深凹，光滑；背中脊几乎伸达该背板端缘，向后稍加宽，中央浅纵凹(凹内基半部稍深且光滑，端半部凹陷不明显且具较明显的纵皱)；气门非常细小，约位于第 1 节背板中央。第 2 节背板具稠密的细纵皱，长约为端宽的 1.4 倍；第 3 节背板具稠密的细皱刻点，长约为端宽的 1.3 倍；第 1~第 3 节背板亚端部具斜侧沟；第 4 节及以后背板呈细革质状表面，具稠密不明显的浅细刻点，第 4 节背板长约为端宽的 1.1 倍，以后背板长均短于端宽。

黑色。触角鞭节和梗节腹侧，唇基端半部，上颚(端齿黑褐色)，下唇须，下颚须，前胸背板前下缘和后上角，中胸盾片侧叶前缘的钩状斑，翅基片和前翅翅基，翅基下脊，前中足基节、转节均为浅黄色；中胸盾片侧叶(背中央带黑色)、中叶后部(隐含)，小盾片，中胸侧板上方的大块斜条斑为深红褐色；足黄褐至红褐色，后足转节、腿节和胫节背侧具黄色纵条；腹部各节背板的端缘具黄褐至红褐色狭边；翅痣褐色，翅脉暗褐色。

分布：江西、福建。

观察标本：1♂，江西全南，628 m，2008-05-28，集虫网。

54. 皱背缺沟姬蜂，新种 *Lissonota rugitergia* Sheng & Sun, sp.n.　(图版 V：图 36)

♀　体长 7.5~8.0 mm。前翅长 4.5~5.0 mm。产卵器鞘长 3.2~3.5 mm。

颜面宽为长的 0.9~1.0 倍，具非常稠密的细刻点；中央具纵向隆起的光滑带，上部中央具细纵脊。唇基沟不明显。唇基光滑，中部较强隆起，具少量不清晰的细刻点；端缘中央几乎平直。上颚狭长，基部较宽，质地同唇基；端齿尖锐，上端齿约与下端齿等长。颊具细刻点和弱细皱，颚眼距约为上颚基部宽的 0.75 倍。上颊非常狭窄，具细革质状表面和非常不清晰的细刻点，强烈向后收敛，侧观约为复眼宽的 0.2 倍。头顶具非常稠密的细刻点。单眼区稍隆起；侧单眼间距为单复眼间距的 0.8~0.9 倍。额几乎平坦，下半部稍凹，具非常细的革质状表面和非常弱且细的刻点，具 1 细浅的中纵沟。触角长约等于体长，鞭节 41~43 节，第 1~第 5 鞭节长度之比依次约为 1.4∶0.9∶0.8∶0.8∶0.7。后头脊完整，强壮。

胸部具非常稠密的细刻点。前胸背板具细革质状表面，侧凹的上半部具短细横皱，后上部刻点清晰；具前沟缘脊。中胸盾片的刻点清晰、稠密且均匀；无盾纵沟。小盾片隆起，刻点较中胸盾片稍粗。中胸侧板质地同中胸盾片，密布清晰、稠密且均匀的细刻点；胸腹侧脊背端约伸达中胸侧板高的 0.4 处、未达前缘；中胸侧板凹坑状。中胸腹板与中胸侧板的质地相似；中胸腹板后横脊完整。后胸侧板与中胸侧板质地相似，后胸侧板下缘脊完整，前部强烈突出呈片状。翅带褐色，透明；基脉强烈前弓；小脉位于基脉稍外侧，二者之间的距离稍大于小脉脉宽；小翅室四边形，上方尖，无柄，第 2 回脉约在它的下方中央稍内侧与之相接；第 2 肘间横脉色淡；外小脉约在下方 1/3 处曲折；后小脉约在下方 0.2 处曲折，后盘脉弱、无色。足细长，后足长约为腹部长的 1.6 倍；后足第 1~第 5 跗节长度之比依次约为 6.6∶2.9∶2.0∶0.7∶1.0；爪小，仅基部具栉齿。并胸腹节均匀隆起，具稠密均匀的细网皱；端横脊完整强壮；外侧脊清晰；气门小，圆形。

腹部第 1 节背板长约为端宽的 2.8 倍，均匀向基部变狭，表面均匀隆起、具稠密的细纵皱；无背中脊，背侧脊弱；气门非常细小，约位于基部 0.3 处。第 2 节及以后背板具细革质状表面和稠密的细皱点，愈向后刻点逐渐细弱；第 2 节背板长为端宽的 2.0~2.2 倍，第 3 节背板长约为端宽的 1.6 倍，第 4 节背板长约为端宽的 1.3 倍；第 5 节背板长约为端宽的 0.8 倍，皱点较前部明显细弱；后部背板几乎光滑。下生殖板三角形，端部中央具深凹刻。产卵器鞘长为前翅长的 0.7~0.8 倍，为后足胫节长的 1.4~1.5 倍。产卵器侧扁，稍向上弯曲；亚端部具背缺刻。

黑色，下列部分除外：触角鞭节中段 8(9)~15(16、17、18)节白色；触角柄节和梗节腹侧，唇基，上颚(端齿暗褐色)，下颚须，下唇须，前胸侧板下外侧，前胸背板前部(包括颈前部)和后上角，翅基片和前翅翅基，翅基下脊，前中足基节、转节均黄色；足黄褐至红褐色，后足转节、腿节基部和端部或多或少黑褐色；腹部第 1 节背板基半部和端缘，第 2、第 3、第 4 节背板基缘和端缘黄褐至红褐色；翅痣褐色，翅脉暗褐色。

正模 ♀，江西全南，650 m，2008-07-28，集虫网。副模：6♀♀，江西全南，700~740 m，2008-07-28~08-09，集虫网。

词源：新种名源于腹部第 1 背板具稠密的皱。

该新种在外形上与长胸缺沟姬蜂 *L. oblongata* Chandra & Gupta, 1977 相似，可通过下列特征区别：触角具白色环；腹部第 2 节背板长为端宽的 2.0~2.2 倍；中胸侧板完全黑色。长胸缺沟姬蜂：触角无白色环；腹部第 2 节背板长不大于端宽的 1.5 倍；中胸侧板具较大的红色斑。

55. 垂顶缺沟姬蜂，新种 *Lissonota verticalis* Sheng & Sun, sp.n. (图版 V：图 37)

♀ 体长约 10.0 mm。前翅长约 6.5 mm。产卵器鞘长约 10.0 mm。

颜面宽约为长的 1.5 倍，表面光滑光亮，具较稠密的细刻点，刻点间距等于或稍大于刻点直径；中央纵向弱隆起，具光滑无刻点的纵带；上部中央凹，具明显的中纵脊。唇基沟不明显。唇基基部具较颜面稠密的细刻点；其余部分光滑光亮，几乎无刻点，中部横向较强隆起；端缘中央微凹。上颚狭长，基部较宽，质地同唇基，具非常稀疏的弱细刻点；端齿尖锐，上端齿稍长于下端齿。颊具稠密的细刻点(较颜面刻点稍粗)，颚眼距约为上颚基部宽的 0.67 倍。上颊狭窄，光滑光亮，刻点不明显；强烈向后收敛，侧观约为复眼横径的 0.2 倍。头顶光滑光亮，侧单眼外侧具细浅刻点，单眼区具稠密的刻点；

单眼区之后几乎垂直下斜；侧单眼间距约为单复眼间距的 1.5 倍。额下部稍凹，光滑光亮；两侧及上部具稀疏不均匀的细刻点。触角长约等于体长，鞭节 39 节，第 1~第 5 鞭节长度之比依次约为 3.4：2.2：2.0：2.0：1.8，向端部依次渐短。后头脊完整，强壮。

前胸背板前部光滑光亮，具稀疏不明显的浅细刻点；侧凹内具不明显的细横皱，后上部具稠密的粗刻点。中胸盾片均匀隆起，具特别稠密的网皱状粗刻点，后部中央呈稠密的粗网皱；无盾纵沟。小盾片较强隆起，具稀疏的粗刻点(基部光滑光亮)。后小盾片稍隆起，横形，具稠密的细皱。中胸侧板具非常稠密均匀的粗刻点；胸腹侧脊背端约达中胸侧板高的 0.5 处、远离中胸侧板前缘；镜面区具稀刻点；中胸侧板凹沟状。中胸腹板与中胸侧板质地相似。后胸侧板具稠密模糊的粗网皱，后胸侧板下缘脊完整，前部强烈片状突出。翅稍带褐色，透明；基脉稍前弓；小脉位于基脉外侧，二者之间的距离约为小脉长的 0.4 倍；无小翅室；肘间横脉短，位于第 2 回脉内侧，二者之间的距离约为肘间横脉长的 1.2 倍；外小脉约在下方 0.35 处曲折；后小脉约在下方 0.2 处曲折。足细长；后足长约为腹部长的 1.9 倍；前中足基节相对光滑，后足基节具稀疏且浅的刻点；后足第 1~第 5 跗节长度之比依次约为 4.4：2.0：1.3：0.6：0.7；爪小，具稠密的栉齿。并胸腹节均匀隆起，非常粗糙，呈稠密不清晰的密网皱；端横脊弱，细波状弯曲；该脊之后具稠密的纵皱；外侧脊可见；气门小，圆形。

腹部第 1 节背板长约为端宽的 2.2 倍，均匀向基部变狭；背表面较强隆起，具非常稠密的粗皱刻点，后部中央的皱点强而密集；基部中央深凹，光滑光亮；背中脊仅基部存在、较强壮，背侧脊较弱但较完整；气门小，位于第 1 节背板中央之前。第 2~第 3 节背板具稠密(较第 1 节背板稍细)的皱刻点；第 2 节背板长约为端宽的 1.2 倍，基部两侧具横形窗疤；第 3 节背板长约等于端宽。第 4 节背板长约为端宽的 0.8 倍，基半部具稍细的皱刻点，端部光滑。第 5 节及以后背板横形，光滑光亮，逐渐向后收敛。下生殖板三角形，后端不超过腹末，端部中央具凹刻。产卵器较强壮，亚端背凹非常小。

黑色，下列部分除外：触角柄节和梗节端缘褐色；颜面和额两侧的宽纵带(内缘不整齐)，头顶眼眶，颊，上颊眼眶(与头顶眼眶之间有一段缺失)，唇基亚基部，上颚(端齿黑色)，前胸侧板后缘，前胸背板前下缘和后上部的长三角斑，翅基片和前翅翅基，翅基下脊，中胸侧板中部宽且长的横斑，后胸侧板后上部的条斑，中胸盾片侧叶前缘的钩状斑，小盾片中后部，并胸腹节端部 0.3，前中足基节(中足基节背侧带黑褐色)、转节腹侧，后足跗节(基跗节的基部和末跗节的端半部黑褐色)，腹部第 1、第 2 节背板亚端部两侧的点状斑、第 4~第 7 节背板端缘的狭边、下生殖板端部均为黄色；唇基端半部(稍带黑褐色)，下唇须，下颚须黄褐色；足红褐色；后足基节黑色(除端部)，转节背侧、腿节基缘、胫节基部和端半部带黑褐色；翅痣黑色，翅脉褐黑色。

正模 ♀，江西吉安双江林场，174 m，2009-06-15，集虫网。

词源：新种名源于头顶后部垂直下斜。

该新种与黑红缺沟姬蜂 *L. nigrominiata* Chandra & Gupta, 1977 近似，可通过下列特征区别：触角鞭节第 1 节约为第 2 节长的 1.55 倍；肘间横脉与第 2 回脉之间的距离约为肘间横脉长的 1.2 倍；镜面区具刻点；并胸腹节端部约 0.3 黄色；中胸侧板中部具宽且长的横斑；后足基节黑色，腹部第 2~第 4 节背板黑色，后端侧缘具黄色小斑；第 5~第 7

节背板后缘具白色横带。黑红缺沟姬蜂：触角鞭节第 1 节约为第 2 节长的 1.3 倍；肘间横脉与第 2 回脉之间的距离为肘间横脉长的 1.5~2.0 倍；镜面区光滑光亮；并胸腹节完全黑色；中胸侧板后下部具黄色大斑；后足基节红色，背面基部具黄斑；腹部第 2、第 4 节背板的基部和端部及第 3 节大部分橘红色；第 5~第 7 节背板完全黑色。

56. 武夷缺沟姬蜂，新种 *Lissonota wuyiensis* Sheng & Sun, sp.n. (图版 V：图 38)

♀ 体长约 7.0 mm。前翅长约 6.0 mm。产卵器鞘长约 5.0 mm。

颜面宽约为长的 1.5 倍，具细革质状表面和稠密的细刻点；中央稍纵向隆起，上部中央凹，凹底具 1 不明显的小瘤突。唇基沟阔，分界清晰。唇基几乎光滑，具稀疏不明显的弱细刻点；端缘厚，中段几乎直。上颚狭长，基部较宽，具非常稀疏的浅细刻点；端齿尖锐，上端齿约等长于下端齿。颊具细革质状表面和稠密的浅细刻点，颚眼距约为上颚基部宽的 0.5 倍。上颊具细革质状表面和稠密的细刻点，前部呈细密模糊的弱皱状；均匀向后收敛，侧观约为复眼横径的 0.4 倍。头顶具细革质状表面和稠密的细刻点；单眼区及侧单眼外侧具稠密的细皱刻点；单眼区稍隆起，侧单眼间距约等于单复眼间距。额几乎平坦，具细革质状表面和稠密的细皱刻点，具不太明显的中纵沟。触角长约等于体长，鞭节 34 节，第 1~第 5 鞭节长度之比依次约为 2.6∶1.9∶1.7∶1.7∶1.4。后头脊完整。

整个胸部具非常稠密均匀的细刻点。前胸背板侧凹宽浅。中胸盾片均匀圆隆起，无盾纵沟。小盾片较强隆起，刻点清晰。后小盾片横形，稍隆起。无镜面区。胸腹侧脊背端约伸达中胸侧板高的 0.6 处、远离中胸侧板前缘；中胸侧板凹坑状。中胸腹板与中胸侧板质地相似。后胸侧板与中胸侧板质地相似，后胸侧板下缘脊完整，前部明显片状隆起。翅几乎无色，透明；基脉强烈前弓；小脉位于基脉外侧，二者之间的距离约为小脉长的 0.6 倍；小翅室四边形，上方尖，具短柄；第 2 肘间横脉下段色淡；第 2 回脉约在它的下方外侧 0.25 处与之相接；外小脉约在下方 0.3 处曲折；后小脉约在下方 0.4 处曲折。足细长，后足长约为腹部长的 2.5 倍，基节较光滑，具细革质状表面和不明显的弱细刻点；后足第 1~第 5 跗节长度之比依次约为 6.0∶3.8∶1.8∶0.8∶1.3；爪小，基部具短细的栉齿。并胸腹节均匀隆起，表面的质地和刻点与中胸盾片近似；端横脊完整强壮；外侧脊细弱；气门圆形。

腹部第 1 节背板长约为端宽的 1.4 倍，均匀向基部变狭；背表面均匀隆起，具细革质状表面和稠密的细刻点，背板侧面具稠密的细纵皱；基部中央凹，无背中脊和背侧脊；中央具光滑的细纵带，气门非常细小，位于第 1 节背板中央之前。第 2~第 6 节背板具细革质状表面和稠密的细刻点，向后刻点逐渐细弱；第 2 节背板长约为端宽的 0.8 倍，第 3 节背板长约为端宽的 0.78 倍，第 2、第 3 节背板基部两侧具横形窗疤；第 4 节背板长约为端宽的 0.5 倍，两侧近平行；以后背板横形，显著向后收敛；第 7、第 8 节背板光滑光亮。下生殖板三角形，后端不超过腹末，端部中央具深凹刻。产卵器直，具 1 小亚端背凹。

黑色。触角柄节和梗节腹侧端缘，复眼内眼眶(达复眼后缘)，唇基(基部除外)，上颚(亚端部红褐色，端齿齿尖黑褐色)，颊前部，下唇须，下颚须，前胸侧板后下部，前胸背板前部的宽横带(包括颈前部)和后上角，中胸盾片侧叶前缘的钩状斑，翅基片和前翅翅基，翅基下脊，中胸侧板后下部的横斑，前中足基节、转节，后足基节背侧基部的斑、第2转节腹侧均为浅黄色；足红褐色，后足第1转节背侧、胫节端半部和跗节褐黑色，胫节背侧带不明显的黄色纵条；腹部第2~第6节背板端缘非常窄的狭边、第3节背板基部中央红褐色；翅痣，翅脉暗褐色。

正模 ♀，江西铅山武夷山，1170 m，2009-07-30，集虫网。副模：6♀♀，江西全南，700~740m，2008-07-28~08-09，集虫网。

词源：新种名源于模式标本产地名。

该新种在外形上与双斑缺沟姬蜂 *L. bispota* Chandra & Gupta, 1977 相似，可通过下列特征区别：上颚上端齿约等长于下端齿；产卵器鞘长约为前翅长的 0.8 倍，约为后足胫节长的 2.0 倍；腹部背板均匀隆起；第2节背板基部中央具横三角形黄色斑；小盾片完全黑色。双斑缺沟姬蜂：上颚上端齿明显长于下端齿；产卵器鞘长为前翅长的 1.2~1.3 倍，为后足胫节长的 3.1~3.5 倍；腹部第2、第3节背板背面中央平；所有背板全部黑色；小盾片具1对黄色斑。

18. 隆斑姬蜂属 *Stictolissonota* Cameron, 1907 (中国新记录)

Stictolissonota Cameron, 1907. Tijdschrift voor Entomologie, 50:106. Type-species: *Stictolissonota foveata* Cameron; monobasic.

前翅长 6.2~9.0 mm。唇基端缘厚，较隆起，有时中部平截。颚眼距为上颚基部宽的 0.6~1.0 倍。触角鞭节端部 0.3 细，向端部变尖。无前沟缘脊。中胸盾片具稠密的刻点，刻点间距小于刻点直径。中胸盾片前侧部具稍隆起的亚三角形白斑(缩姬蜂族中唯一具有该特征的属)。中胸侧板下半部稍隆起。并胸腹节短，具非常密的刻点；无脊，有时外侧脊的基部具痕迹；气门椭圆形，长径不大于短径的2倍。爪具栉齿。前翅小脉位于基脉外侧，二者之间的距离约为小脉长的 0.3 倍；小翅室亚三角形，第2回脉在它的近外角处相接。第2回脉具1弱点，该弱点长约为它至第2回脉下段长的 0.2 倍；后小脉稍外斜，在近下端处曲折。腹部第1~第3节背板具稠密且粗糙的刻点；其余背板的刻点细且非常稀。第1节背板逐渐向基部变狭，近基部处稍微扩展；具基侧凹；背面在气门之前较隆起，后部在气门之后稍隆起；气门约位于基部 0.38 处；无背中脊；无背侧脊。第4节背板无褶缝。产卵器鞘长为后足胫节长的 0.62~1.85 倍。

全世界已知7种，分布于东洋区。迄今为止，我国尚无报道。这里介绍在江西发现的1中国新记录种。

57. 凹隆斑姬蜂 *Stictolissonota foveata* Cameron, 1907 (图版 VI：图 39) (中国新记录)

Stictolissonota foveata Cameron, 1907. Tijdschrift voor Entomologie, 50:107.

♀ 体长约 8.5 mm。前翅长约 7.5 mm。产卵器鞘长约 2.5 mm。

内眼眶约平行。颜面具稠密的刻点，侧面的刻点相对稍稀；中央纵向稍隆起；侧上部在触角窝的下外侧具浅纵凹陷。唇基沟弱。唇基较隆起；几乎光亮，基部具稀疏的刻点，端部无刻点。上颚中部具稠密的毛刻点，基部几乎光滑，具稀疏的细刻点；上端齿稍长于下端齿。颊区具清晰的刻点。颚眼距约为上颚基部宽的 0.88 倍。上颊明显向后收敛，具较稠密的刻点(上部的刻点相对稍稀)。头顶和额具细革质状质地和稠密的细刻点。头顶中部稍隆起。侧单眼间距约为单复眼间距的 0.94 倍。额几乎平坦，靠近触角窝处稍凹。触角细长，鞭节 48 节，第 1 节端半部、第 2~第 12 节前侧具 1 银白色线状细隆起。后头脊完整，下端在上颚基部稍上方与口后脊相接。

胸部具非常稠密的刻点。前胸背板前缘几乎光滑，刻点较细；侧凹内具清晰的短横皱。中胸盾片均匀隆起；粗糙，刻点紧密相连，最大刻点间距小于刻点直径。小盾片稍隆起，具与中胸盾片相似的质地。后小盾片横向隆起，具相对(与小盾片比)较细的刻点。中胸侧板上部的刻点稍大，刻点间距稍大于中胸盾片的刻点间距；下部的刻点明显比上部的刻点细且稠密；胸腹侧脊背端约位于中胸侧板高的中部，远离前胸背板后缘；无镜面区，该处具刻点和稠密的近白色短毛。后胸侧板和并胸腹节具非常细密且不清晰的刻点和稠密的浅褐色短毛。后胸侧板下缘脊完整，前部片状隆起；无脊间脊。并胸腹节表面均匀，稍隆起，无脊；气门长椭圆形。翅稍带褐色，透明，小脉位于基脉外侧，二者之间的距离约为小脉长的 0.4 倍；小翅室四边形(几乎呈三角形)，第 2 肘间横脉明显长于第 1 肘间横脉；第 2 回脉约在它的下外方的 0.3 处相接；外小脉在中央稍下方曲折；后小脉外斜，约在下方 0.25 处曲折。

腹部端部侧扁。第 1 节背板长约为端宽的 2.2 倍，背面稍微隆起；气门之间稍横隆起；除基部外，具稠密且清晰的刻点，无背中脊，背侧脊仅端部(气门至背板后缘)具痕迹；气门几乎圆形，稍微隆起。第 2 节背板及第 3 节背板基部约 0.7 具稠密的刻点。第 3 节背板端部约 0.3 及其余背板光亮，几乎无刻点。产卵器鞘长约为前翅长的 0.3 倍，为后足胫节长的 0.7 倍。产卵器强烈侧扁，向上弯曲。

体黑色，下列部分除外：触角柄节前侧端部，梗节前侧，鞭节中段 7~14 节(前侧较少)，后足第 1~第 4 跗节白色；颜面侧面的宽纵带(约与中央的黑色纵带等宽)，唇基(端部中央褐色除外)，上颚(端齿除外)，下颚须及下唇须(端部稍带褐色)，前胸背板前部及后上角的小斑，中胸盾片前侧角的亚三角形斑(似钩形斑)，翅基片，前翅翅基，翅基下脊，后翅下方的小斑，中胸侧板后下角的斑，前中足基节、转节，腹部第 1 节背板基部及端部、第 2 和第 3 节端部、第 6 节背板中部、第 7 和第 8 节均为乳白色至浅黄色；前中足腿节、胫节，后足基节除端部、腿节除基部和端部、胫节除端部红褐色；前中足跗节和后足第 5 跗节黑褐色；后足胫节基部浅黄色，第 1 跗节基端黑色；翅痣黑褐色，翅脉褐色。

变异：后足基节黄褐色；后足跗节第 1~第 4 节白色；原始描述：后足基节端部、腿节、胫节和跗节基部黑色，雌性则近白色，主要为黄色。

观察标本：1♀，江西全南，2010-12-02，集虫网。

19. 色姬蜂属 *Syzeuctus* Förster, 1869

Syzeuctus Förster, 1869. Verhandlungen des Naturhistorischen Vereins der Preussischen Rheinlande und Westfalens, 25(1868):167. Type-species: *Ichneumon maculatorius* Fabricius, 1787. Included by Schmiedeknecht, 1888.

前翅长 5.0~14.0 mm。额在每一触角窝上方常有一角、脊或齿。颊脊伸抵上颚基部。前沟缘脊长而强壮。并胸腹节气门长径约为短径的 3.0 倍。爪具栉齿。小翅室小，三角形，具柄，第 2 回脉在其中央外侧相接，少数种类无小翅室。腹部第 1 节背板非常短；气门位于基部 0.3 处。产卵器鞘长约为后足胫节长的 1.5~3.0 倍。

该属是一个较大的属，全世界已知 123 种；我国已知 9 种；江西已知 3 种。已知的钻蛀害虫寄主主要有：冷杉梢斑螟 *Dioryctria abietella* Denis & Schiffermüller、尖透翅蛾 *Sesia apiformis* Clerck 等。

色姬蜂属中国已知种检索表

1\. 腹部背板黑色，或仅端缘具浅色狭边……2
腹部背板大部分浅色，或红色，或红褐色，或红色具黄色斑，或至少具较宽的黄色端带……4
2\. 产卵器鞘与前翅等长；侧单眼间距为单复眼间距的 1.3~1.7 倍；腹部各节背板端缘黄色……**资溪色姬蜂，新种 *S. zixiensis* Sheng & Sun, sp.n.**
产卵器鞘明显比前翅长或明显短于前翅；侧单眼间距约等于单复眼间距；腹部背板完全黑色或部分背板端缘黄色……3
3\. 第 1 节背板长约为端宽的 1.7 倍；第 2 节背板长约为端宽的 1.4 倍；雌性颜面完全黑色……**高冈色姬蜂 *S. takaozanus* Uchida**
第 1 节背板长约为端宽的 2.5 倍；第 2 节背板长约为端宽的 2.0 倍；雌性颜面黄色具黑斑；前翅无深色斑……**三宝色姬蜂 *S. sambonis* Uchida**
4\. 前翅端部具深色斑……5
前翅端部无深色斑，或仅端缘具不明显的深色边……8
5\. 颜面黑色，或黄色具黑斑；中胸侧板黑色，或仅翅基下脊黄色……6
颜面完全黄色；中胸侧板黑色，具 3 个黄斑；腹部中部的背板红褐色，具黑斑，后缘具较宽的黄色横带……**彩色姬蜂 *S. immedicatus* Chandra & Gupta**
6\. 颜面完全黑色……**黑尾色姬蜂 *S. apicifer* (Walker)**
颜面黄色具黑斑……7
7\. 并胸腹节具外侧脊和端横脊；腹部第 1 节背板稍粗糙，具非常稠密的刻点……**斑色姬蜂 *S. maculatus* Sheng**
并胸腹节无外侧脊；端横脊非常弱且不明显；腹部第 1 节背板光滑，侧面及端部具非常稀且不均匀的刻点……**散色姬蜂 *S. sparsus* Sheng**
8\. 颜面完全黄色；中胸侧板黄色，后部具黑色大斑；腹部背板黑色至黑褐色，端部具黄色横带……**朝鲜色姬蜂 *S. coreanus* Uchida**
颜面黄色，中央具黑斑；中胸侧板黄色，仅周缘具黑色狭边；腹部背板红褐色，端部具黄色横带……**长色姬蜂 *S. longigenus* Uchida**

58. 彩色姬蜂 *Syzeuctus immedicatus* Chandra & Gupta, 1977 (图版 VI：图 40)

Syzeuctus immedicatus Chandra & Gupta, 1977. Oriental Insects Monograph, 7:146.

♀ 体长约 12.0 mm。前翅长约 9.2 mm。产卵器鞘长约 8.5 mm。

颜面宽约为长的 1.5 倍，具稠密且粗大的刻点，不均匀隆起；上缘中央(触角窝之间)呈“V”字形下凹。无明显的唇基沟。唇基均匀隆起，具非常细且不太清晰的刻点；端缘弱弧形前突。上颚强壮，具非常稀浅的细刻点，下缘具突出的边；端齿尖锐，上端齿明显长于下端齿。颚眼距约为上颚基部宽的 0.4 倍。上颊光亮，具非常稀且细的毛刻点，强烈向后收敛。头顶具不均匀的细刻点，单眼区外侧凹，具光滑光亮无刻点区；单眼区中央稍纵凹；侧单眼间距约为单复眼间距的 1.1 倍。额的下半部光滑光亮，上半部及侧面具刻点；中央具 1 细纵沟，伸至颜面上缘中央的凹内。触角短于体长；鞭节 47 节，基部几节的端截面斜截状，第 1~第 5 节鞭节长度之比依次约为 3.1∶2.0∶1.9∶1.9∶1.8。后头脊完整，下端伸抵上颚基部。

胸部、并胸腹节及后足基节具非常稠密且粗糙的刻点。前胸背板侧面前部光滑光亮，无明显的刻点；侧凹下后部具模糊的短横皱；前沟缘脊非常短且弱。中胸盾片均匀隆起，无盾纵沟，具较密的褐色短毛。小盾片稍隆起，仅基侧角具侧脊。后小盾片横形，稍隆起，光滑无刻点。中胸侧板上部的刻点较下部的刻点相对稀且大；中胸侧板凹的下侧光滑光亮无刻点。后胸侧板下缘脊的前部强烈薄片状隆起。并胸腹节几乎呈均匀的圆弧形隆起，刻点相对粗大且稠密，气门后下方稍凹陷；具非常细但完整的外侧脊；端横脊非常弱，中部消失；气门约呈半圆形。前中足基节的外侧具非常细但清晰的刻点；后足第 1~第 5 跗节长度之比依次约为 9.3∶5.0∶3.5∶1.5∶2.0；爪具栉齿。翅灰褐色半透明，外角处具黑褐色斑；小脉位于基脉的外侧；小翅室近三角形，具长柄，柄长稍大于小翅室的高；第 2 回脉约位于它的外侧 1/4 处；外小脉在中央稍下方曲折；后小脉强烈外斜，约在下方 0.3 处曲折。

腹部侧缘几乎平行，背板具较胸部细的刻点。第 1 节背板长约为端宽的 2.6 倍，具粗细不均但较稠密的刻点(端缘及中线处纵向光滑，几乎无刻点)，向后稍变宽；基部中央凹；无背中脊；背侧脊仅基部(短于基部至气门间距的 1/2)具痕迹。第 2 节背板较长，长约为端宽的 1.6 倍，具稠密的粗刻点，但基部和端缘光滑；基部两侧具非常小的窗疤。第 3 节及以后的背板(除端缘光滑外)具非常均匀稠密的刻点，但向后逐渐变弱。下生殖板大，侧观约呈三角形，末端向后稍超过腹部末端。产卵器鞘长约为后足胫节长的 2.3 倍。

黑色，下列部分除外：触角柄节、梗节腹侧，额眼眶，头顶眼眶，上颊眼眶的狭边，颜面，唇基，上唇，上颚(端齿褐黑色除外)，下颚须，下唇须，颊区，前胸背板背面前部中央的小斑(中线处间断)，前胸侧板下部，中胸盾片前侧角的三角形斑及后部中央的小圆斑，小盾片的“U”形斑，后小盾片，翅基片，翅基下脊的小斑，中胸侧板上部(翅基下脊的下方)及后下角处的小斑，后胸背板，后胸侧板后下角的斑，并胸腹节基部两侧的斑、亚端部的宽横带(中央前突)，前中足基节、转节(背侧带红褐色)及腿节和胫节腹侧，后足基节端部及第 2 转节的腹侧，腹部第 1 节背板基部、第 1~第 5 节背板端部及整个腹板(第 2、第 3 节具黑纵纹)均为黄色；前中足末跗节黑褐色；后足基节基半部、第 1 转节背侧黑色，胫节末端及跗节褐黑色；足的其余部分红褐色；翅痣黄褐色；翅脉褐黑色；腹部第 2 节背板基部及第 3~第 5 节背板红褐色，具不规则深色斑。

♂ 体长 11.5~13.0 mm。前翅长 8.8~9.5 mm。触角鞭节 47~52 节。触角鞭节背侧暗褐色，腹侧黄褐色；眼眶四周，前胸背板前缘，前胸侧板，前中足(跗节背侧带红褐色)，后足第 2 转节腹侧均为黄色；后足腿节腹侧带黄色；腹部腹板黄褐色。

分布：江西、广东；印度，缅甸。

观察标本：2♂♂，江西全南，2008-07-28，680 m，李石昌；1♀3♂♂，广东帽峰山，

246 m，2007-05-09，盛茂领、孙淑萍。

59. 散色姬蜂 *Syzeuctus sparsus* Sheng, 2009 （图版 VI：图 41)

Syzeuctus sparsus Sheng, 2009. Insect fauna of Henan, Hymenoptera: Ichneumonidae, p.41.

♀ 体长 13.0~13.5 mm。前翅长 10.5~11.0 mm。产卵器鞘长约 9.5 mm。

颜面长约为宽的 0.8 倍，具稠密且粗大的刻点，强烈但均匀地向中央隆起；上缘中央浅沟状下凹，沟内具 1 小纵突；触角侧下方稍凹。唇基沟非常浅，细纹状。唇基非常均匀且弱地隆起，具非常稀且浅的刻点和黄褐色毛，端部的毛较长；端缘均匀(弧形)向前突。上颚强壮，具稀浅的刻点和黄褐色毛；2 端齿尖锐，上端齿明显长于下端齿。颚眼距约为上颚基部宽的 0.5 倍。上颊光亮，具均匀的毛细刻点；非常狭，强烈向后收敛，背面观，长约为复眼宽的 0.28 倍。头顶具非常不均匀的刻点，单眼区的外侧具凹。单眼区具刻点，侧单眼间距约为单复眼间距的 1.2 倍。额的下半部光滑，上半部及侧面具刻点；中央具 1 细纵沟。触角长约 13.0 mm；鞭节 51 或 52 节，第 1 节约为第 2 节长的 1.8 倍，第 2 节约为第 3 节长的 1.1 倍。后头脊完整。

胸部及并胸腹节具非常稠密且粗糙的刻点。前胸背板的侧凹内具短横皱。前沟缘脊明显。中胸盾片均匀隆起，无盾纵沟。小盾片稍隆起，具稀且大的刻点；除基侧角外，无侧脊。后小盾片横形，具较密的刻点。中胸侧板上部的刻点较稀且大，镜面区的位置具几个粗大的刻点；中胸侧板凹及下侧光滑无刻点。后胸侧板下缘脊非常强大，前部呈片状凸起。并胸腹节几乎呈圆形隆起，除端横脊的两侧存在外，无其他脊；气门斜缝状，位于并胸腹节的近中部。前中足的爪具栉齿；后足的爪简单；前足腿节稍弯曲，胫节外侧具细棘刺；中后足基节具清晰稠密的刻点(后者的下侧基部光滑无刻点)。翅带褐色透明，外端具深色斑；小脉位于基脉的外侧；小翅室斜四边形，具长柄，柄长大于小翅室的高；第 2 回脉约位于它的外侧 1/4 处；外小脉在中央下方曲折；后小脉强烈外斜，约在下方 1/3 处曲折，下段向前曲弓。

腹部两侧缘几乎平行。第 1 节背板长约为端宽的 2.6 倍；背面隆起，靠气门的后侧稍狭凹；光滑光亮，中部侧面及亚端部具非常稀、细且不均匀的刻点；向后不变宽，仅基端收敛(变狭窄)；无背中脊；背侧脊仅基部(短于基部至气门间距的 1/2)存在；其余背板具非常均匀稠密的细刻点，但向后逐渐变弱。第 2 节背板侧缘平行，长约为端宽的 1.9 倍。第 3 节背板后部稍变宽，长约为端部宽的 1.5 倍。第 4、第 5 节背板两侧缘平行，前者长约为端宽的 1.6 倍，后者长稍大于端宽。其余背板横形。下生殖板大，末端向后稍超过腹部末端。

黑色，下列部分除外：触角端部下侧暗褐色；颜面(中央的三角形斑黑色除外)，唇基，下唇须，下颚须，上颚(端齿黑色除外)，颊，额眼眶，上颊眼眶，前胸背板前侧缘及后上缘的纹，中胸盾片前侧角及亚后缘中央的 1 对小斑，小盾片侧缘及后缘，后小盾片，翅基下脊，中胸侧板下后角的小斑，后胸侧板下后角的小斑，并胸腹节亚端部的横带，前中足基节、转节的斑，前中足腿节前侧，腹部第 1 节背板基部，下生殖板均为黄色；前中足褐色，基节、转节下侧及腿节后侧基部黑色；后足腿节、胫节、跗节黑褐色，腿节端部、胫节基部及跗节各小节端部色相对较浅；腹板第 1~第 3 节背板端缘，第 4~

第 6 节背板(侧缘黑褐色除外)红褐色；第 7 节背板褐黑色；翅痣及翅脉褐黑色。

♂ 体长约 11.5 mm。前翅长约 9.0 mm。触角约与体等长，鞭节 45 或 46 节。中胸侧板前部(在翅基下脊的下方)的斑、并胸腹节亚基部侧面的小斑及前中足几乎全部为黄色；后足基节、转节及腿节黑色；腹部第 3 节及以后的背板红褐色。

分布：江西、河南。

观察标本：1♀，江西全南，680 m，2008-07-28，李石昌；1♀，江西全南，680 m，2008-08-31，李石昌；1♀，江西全南，628 m，2008-10-20，李石昌；1♀，河南内乡宝天曼自然保护区，1100 m，1998-07-11，盛茂领；1♀，河南商城黄柏山，1999-07-14，申效诚、任应党；3♂♂，河南内乡宝天曼自然保护区，1280 m，2006-08-07~15，申效诚。

60. 资溪色姬蜂，新种 *Syzeuctus zixiensis* Sheng & Sun, sp.n. (图版 VI：图 42，图 43)

♀ 体长 14.5~15.5 mm。前翅长 9.5~10.0 mm。产卵器鞘长 14.5~16.5 mm。

颜面宽约为长的 1.35 倍，具非常稠密的皱刻点，中部稍隆起；上缘中央呈浅“V”形下凹。无明显的唇基沟。唇基均匀隆起，具稀疏的细刻点；端缘弱弧形前突。上颚基部较平，具浅细的刻点，下缘具突出的边；端齿尖锐，上端齿明显长于下端齿。颊具细刻点，颚眼距约为上颚基部宽的 0.6 倍。上颊光滑光亮，具非常稀且细的刻点，强烈向后收敛。头顶具稀疏不均匀的细刻点；侧单眼外侧凹，具光滑光亮无刻点区；侧单眼间距约为单复眼间距的 1.5 倍。额具稠密的皱刻点；中央具 1 细纵沟，伸至颜面上缘中央的凹内。触角明显短于体长；鞭节 43 或 44 节，基部几节的端截面斜截状，第 1~第 5 节鞭节长度之比依次约为 3.9∶2.1∶2.0∶1.9∶1.9。后头脊完整，下端伸抵上颚基部。

胸部(包括并胸腹节)具非常稠密且粗糙的刻点。前胸背板前下部光滑光亮，无明显的刻点，侧凹前下部具稠密的短横皱；前沟缘脊非常短且弱。中胸盾片均匀隆起，无盾纵沟。小盾片稍隆起，仅基侧角具侧脊；刻点较中胸盾片稀疏粗大；侧方及后部较光滑，刻点较弱。后小盾片横形，稍隆起，光滑无刻点。中胸侧板的刻点均匀稠密，较前胸背板后上部的刻点稍细且密集；中胸侧板凹坑状；镜面区小，光滑光亮无刻点。后胸侧板具稠密且较中胸侧板稍粗的刻点，后胸侧板下缘脊完整，前部强烈薄片状隆起。并胸腹节均匀隆起，具稠密粗大的皱刻点和较稠密的褐色短毛，气门后下方稍凹陷；端横脊明显(中央弱)，其后具弱纵皱；中纵脊弱，前部几乎平行；气门约呈半圆形。足基节具较稠密的褐色短毛；后足基节基部具稀疏的弱刻点、背侧端部光滑光亮；后足第 1~第 5 跗节长度之比依次约为 4.4∶2.1∶1.4∶0.6∶0.8；爪具栉齿。翅半透明；小脉位于基脉的外侧；小翅室四边形(亚三角形)，具长柄，柄长约等于小翅室的高；第 2 回脉约位于它的下外侧 0.25 处；外小脉约在下方 0.35 处曲折；后小脉近垂直，约在下方 0.25 处曲折。

腹部第 1 节背板长约为端宽的 2.1 倍，向后逐渐变宽，亚基部稍缢缩；背板光滑光亮，仅后部两侧具几个稀疏的细刻点；无背中脊；背侧脊仅基部(约为基部至气门间距的 1/2)具痕迹；气门小，稍隆起，约位于基部 0.35 处；气门之前具模糊的皱刻点。第 2 节及以后背板的侧缘几乎平行，具细革质状表面和较胸部细腻的鳞状刻点；第 2 节背板长约为端宽的 1.5 倍，约为第 1 节背板长的 0.9 倍；第 3 节背板长约为端宽的 1.5 倍，约为

第 2 节背板长的 1.05 倍；第 4 节背板长约为端宽的 1.3 倍，约为第 2 节背板长的 0.9 倍；第 5 节及以后的背板横形，第 6 节背板向后相对光滑，向后部显著收敛。下生殖板大，侧观呈三角形，末端未超过腹端部。产卵器鞘长约为后足胫节长的 4.0 倍。产卵器细，具 1 显著的亚端背凹。

黑色，下列部分除外：颜面(上部中央的梭状斑黑色除外)，额眼眶，唇基(唇基凹及附近的丫状斑黑色除外)，上颚(端齿黑色除外)，下颚须、下唇须(部分带黄褐色)，颊，外眼眶，前胸背板后上缘，中胸盾片前侧角的小斑，小盾片的"U"形斑，后小盾片，翅基片前部，前翅翅基，翅基下脊后部的小斑，中胸侧板前上部不规则的三角斑和后下部的狭斑，后胸侧板上方部分，后胸侧板后下角的大斑，并胸腹节基部两侧的斑、端部的宽横带及后部中央的纵条斑(与横带垂直)，前中足基节腹侧，后足基节背侧亚端部的小斑，腹部第 1 节背板亚基部、第 1~第 5 节背板端部均为黄色；前中足黄褐至红褐色，中足跗节黑褐色；后足黑色，第 2 转节、腿节基部和端部及胫节基部黑褐色；翅暗褐色，外角处具黑褐色斑，翅痣黄褐色；翅脉褐黑色。

正模 ♀，江西资溪马头山自然保护区，2009-06-12，集虫网。副模：1♀，江西资溪(马头山)，2009-09-18，集虫网。

词源：新种名源于模式标本采集地名。

该新种与黄色姬蜂 *S. zanthorius* (Cameron, 1902)相似，可通过下列特征区别：中胸侧板后下部无斑；后足腿节黑色，仅两端黑褐色，胫节褐黑色。黄色姬蜂：中胸侧板后下部具近白色大斑；后足腿节及胫节褐色至黄褐色。

六）栉姬蜂族 Banchini (江西新记录)

前翅长 5.2~14.3 mm。并胸腹节短。后足一般较长。并胸腹节端横脊和外侧脊存在或缺，其他脊消失。具较大的小翅室。后小脉在上方很高处曲折。腹部端部多多少少侧扁。产卵器鞘通常较短，亦有较长者，其长约为后足胫节长的 0.1~1.8 倍。

该族世界性分布，含 11 属，已知 217 种；我国已知 3 属 28 种；江西仅知 1 属 1 种。已知的寄主主要是鳞翅目幼虫。

20. 黑茧姬蜂属 *Exetastes* Gravenhorst, 1829 (江西新记录)

Exetastes Gravenhorst, 1829. Ichneumonologia Europaea, 3:395. Type-species: *Ichneumon fornicator* Fabricius. Designated by Westwood, 1840.

主要鉴别特征：前翅长 5.2~13.5 mm；颊脊不伸抵上颚基部；具胸腹侧脊；并胸腹节具较弱的外侧脊；小翅室大，第 2 回脉在它的中央附近相接；小脉与基脉对叉或位于其外侧。

全世界已知 150 种；我国已知 18 种；迄今为止，江西仅知 1 种。

61. 黄条黑茧姬蜂 *Exetastes flavofasciatus* Chandra & Gupta, 1977 (图版 VI：图 44) (江西新记录)

Exetastes flavofasciatus Chandra & Gupta, 1977. Oriental Insects Monograph, 7:205.

♂ 体长约 9.0 mm。前翅长约 8.0 mm。

颜面宽约为长的 2.1 倍，具细革质状表面和非常稠密的细刻点；触角窝的外侧(触角窝与复眼之间)具纵凹。唇基具革质细粒状表面，中部较弱地横隆起，宽约为长的 2.0 倍，仅基缘具纵向排列的细刻点，中部几乎无刻点；端缘较薄，端缘中央具非常弱(不明显)的凹刻。上颚强壮，具稠密的纵向排列的细刻点，2 端齿约等长。颊区稍粗糙，具革质细粒状表面；颚眼距约为上颚基部宽的 0.5 倍。上颊具较颜面稍稀疏的细刻点，强烈向后收敛。头顶质地同上颊，侧单眼间距约为单复眼间距的 0.8 倍。额几乎平坦，仅在接近触角窝处稍凹，具非常稠密的皱状细刻点。触角长几乎等于体长，鞭节 51 节，第 1~第 5 节长度之比依次约为 1.3∶0.9∶0.8∶0.7∶0.7。后头脊完整；下端在上颚基部上方与口后脊相遇。

前胸背板和中胸盾片具非常稠密的细刻点，盾纵沟具弱痕。小盾片稍隆起，具与中胸盾片相似的刻点。后小盾片稍隆起，光滑。中后胸侧板具稠密均匀中等大小的刻点；胸腹侧脊背端约伸达中胸侧板高的 0.6 处；无镜面区；后胸侧板下缘脊仅前部存在，强烈片状隆起。翅带褐色，透明；小脉位于基脉稍外侧；小翅室大，四边形，具结状短柄，第 1 肘间横脉明显短于第 2 肘间横脉，第 2 回脉约在它的下方中央的稍内侧与之相接，外小脉约在下方 0.4 处曲折；后小脉明显外斜，约在上部 0.2 处曲折。后足基节具均匀的细刻点；后足胫节短于腿节与转节长度之和；爪具栉齿。并胸腹节均匀隆起，仅具细弱的外侧脊；粗糙，具不规则的网状皱；后部中央具小且光亮的隆起区；气门长椭圆形，约位于基部 0.3 处。

腹部第 1 节背板长约为端宽的 2.0 倍，均匀向基部变狭；中央纵向及端部光滑，侧面具稠密的纵向排列的细刻点；背中脊仅基部具痕迹；气门小，圆形，位于中央稍前侧(基部 0.4 处)；第 2 节及以后背板光滑光亮；第 2 节背板梯形，长约等于端宽；第 3 节两侧近平行，长约为宽的 0.8 倍；第 4 节及以后背板横形，第 4、第 5 节背板为腹部最宽处；第 6~第 8 节背板显著向后收敛。

体黑色。触角鞭节中段第(12)13~第 19 节背侧黄白色。颜面两侧的长条斑(内缘向上方渐收敛)，唇基，上颚(端齿黑褐色)，下唇须，下颚须，中胸盾片侧叶前缘的斜条斑，小盾片，翅基片前外缘，前翅翅基，翅基下脊，前中足基节(基部黑色)、转节(中足转节背侧具暗红褐色纵条斑)，腹部各节背板后缘的狭边(第 1、第 2 节的稍宽)黄色。前中足红褐色；后足黑色为主，腿节基部 0.55、胫节基部 0.74 红褐色，基跗节端部 0.2 及其余跗节黄白色。翅痣，翅脉褐黑色。

变异：后足基节下侧无浅色斑纹(原记述的后足基节下侧具浅色狭纹)。

分布：江西、湖南；缅甸。

观察标本：1♂，江西官山东河，430 m，2009-03-31，集虫网。

七) 雕背姬蜂族 Glyptini (江西新记录)

主要鉴别特征：爪栉状；后小脉在中央附近或下方曲折，甚少不曲折；腹部第 2~第 4 节背板各有 1 对非常深的斜沟，该斜沟由基部中央向后斜伸至侧缘。

该族含 14 属；我国已知 5 属；江西已知 4 属。该族已知的寄主多为营隐蔽性活动的昆虫。

雕背姬蜂族江西已知属检索表

1. 有小翅室……2
   无小翅室……3
2. 颚眼距为上颚基部宽的 0.5~0.8 倍；前沟缘脊长且强壮；腹部基部连接并胸腹节处靠近后足基节……**特姬蜂属 *Teleutaea* Förster**
   颚眼距至少为上颚基部宽的 1.4 倍以上；前沟缘脊缺或不明显似 1 短皱；腹部基部连接并胸腹节处远在后足基节上方……**沙赫姬蜂属 *Sachtlebenia* Townes**
3. 前足胫距长度等于或长于该足第 1 跗节长度之半；后头脊的下段强烈向外波状扭曲；腹部第 2~第 4 节背板中央通常具 1 中纵脊……**曲脊姬蜂属 *Apophua* Morley**
   前足胫距长度短于该足第 1 跗节长度之半；后头脊的下段不或稍向外扭曲；腹部第 2~第 4 节背板中央通常具 1 中纵脊……**雕背姬蜂属 *Glypta* Gravenhorst**

21. 曲脊姬蜂属 *Apophua* Morley, 1913 (江西新记录)

Apophua Morley, 1913. The fauna of British India including Ceylon and Burma, Hymenoptera, 3(1):213. Type-species: *Apophua carinata* Morley; original designation.

前翅长 4.0~8.5 mm。唇基端部隆起。颚眼距为上颚基部宽的 0.7~1.0 倍。后头脊上部中央间断。颊脊强烈波状弯曲。无盾纵沟。无小翅室。后小脉在下端曲折。前足胫距端部抵达或超过第 1 跗节中部。腹部第 2~第 4 节常具部分或完整的中纵脊。产卵器鞘为后足胫节长的 1.9~3.3 倍。

该属的种类寄生鳞翅目的毒蛾科 Lymantriidae、夜蛾科 Noctuidae、尺蛾科 Geometridae、枯叶蛾科 Lasiocampidae、舟蛾科 Notodontidae、袋蛾科 Psychidae、螟蛾科 Pyralidae、大蚕蛾科 Saturniidae、卷蛾科 Tortricidae、巢蛾科 Yponomeutidae、斑蛾科 Zygaenidae 等昆虫，也寄生鞘翅目，如天牛科 Cerambycidae、象甲科 Curculionidae、卷象科 Attelabidae 等的种类。

全世界已知 35 种；我国已知 6 种；江西仅知 1 种。

62. 台湾曲脊姬蜂 *Apophua formosana* Cushman, 1933 (图版 VI: 图 45) (江西新记录)

Apophua formosana Cushman, 1933. Insecta Matsumurana, 8:21.

♀ 体长 9.0~10.0 mm。前翅长 7.5~8.0 mm。产卵器鞘长 6.0~6.5 mm。

颜面宽约为长的 1.7 倍，具稠密的环状细横皱。唇基光滑，基半部具几个弱浅的刻点，端半部光滑无刻点；中部稍下方横向隆起；端缘较薄，中段直。上颚粗短，基部稍隆起，质地与唇基相似，2 端齿约等长。颊区具细纵皱；颚眼距为上颚基部宽的 0.6~0.7 倍。上颊强烈向后收敛，具稀疏的细毛点。头顶质地同上颊；后部自侧单眼向后头脊几乎垂直倾斜；侧单眼间距为单复眼间距的 0.75~0.8 倍。额在触角窝上方稍凹，具稠密的横行皱刻点，下部中央具伸向触角间的细纵脊。触角端部稍细，鞭节 43~44 节。后头脊背方中央间断；下部强烈波状弯曲。

前胸背板前部光滑光亮，后部具密刻点，侧凹内具稠密的短横皱；前沟缘脊强壮，背端抵达前胸背板上缘。中胸盾片均匀隆起，具非常稠密的皱刻点和褐色短毛；后部中央稍凹，具稠密的细纵皱；盾纵沟仅前端具痕迹。盾前沟光滑。小盾片明显隆起，具比中胸盾片清晰的刻点。中胸侧板具稠密的细刻点；胸腹侧脊波状弯曲，背端在中胸侧板高的 2/3 处；镜面区小。后胸侧板上部具稠密但较中胸侧板稍粗的刻点，后下部具稠密的纵皱；后胸侧板下缘脊完整，前部呈强大的片状隆起。翅稍带褐色，透明；小脉位于基脉稍外侧；无小翅室，第 2 回脉位于肘间横脉外侧，二者之间的距离约为肘间横脉长的 0.7 倍；外小脉约在下方 1/3 处曲折；后小脉约在下方 0.2 处曲折。前足胫距长超过第 1 跗节中部；爪栉状。并胸腹节半圆形隆起，具稠密的刻点和细横皱；中纵脊基半部较清晰；第 1 侧区处具清晰的细刻点；端横脊强壮，其他脊存在，但较弱或不完整；气门圆形。

腹部第 1~第 4 节背板具稠密的细纵皱；第 1 节背板长约为端宽的 1.2 倍，背中脊几乎伸达端缘，背侧脊、腹侧脊完整，端半部具 1 条清晰的中纵脊；第 2~第 4 节背板长约等于端宽或稍短，各具 1 对深斜沟，此沟由基部中央伸向侧后方，并各具 1 条由基部伸出的中纵脊。第 5 节及以后背板较光滑，向后显著收敛。产卵器弯曲，较匀称，具亚端背凹。

黑色。触角鞭节腹侧端半部暗褐至黑褐色；柄节、梗节腹侧，唇基，上颚(端齿黑褐色)，下唇须，下颚须，前胸侧板上缘、颈部前缘，翅基片前外侧，小盾片，前中足基节、转节，腹部第 1 节背板基部、各节背板端缘的横带(第 1~第 4 节背板端缘的横带较宽、其余背板端缘的横带较狭)黄色。足黄褐至红褐色；中足末跗节，后足腿节顶端、胫节基部和端部、跗节黑色。腹板和下生殖板乳白色，各腹板两侧具黑褐色纵斑，下生殖板中央具“V”形斜条斑。

♂ 体长 8.0~9.5 mm。前翅长 7.0~7.5 mm。触角鞭节 41~44 节。

分布：江西、台湾。

观察标本：1♂，江西全南，700 m，2008-08-23，集虫网；7♀♀6♂♂，江西资溪马头山林场，2009-04-10~05-29，集虫网；2♀♀2♂♂，江西全南，2009-04-29~06-23，集虫网；3♀♀1♂，江西吉安双江林场，174 m，2009-04-09~04-16，集虫网；1♂，江西官山，450~470 m，2010-05-09，集虫网；1♂，江西安福，230~260 m，2010-05-28，集虫网。

22. 雕背姬蜂属 *Glypta* Gravenhorst, 1829 (江西新记录)

Glypta Gravenhorst, 1829. Ichneumonologia Europaea, 3:3. Type-species: *Glypta sculpturata* Gravenhorst. Designated by Westwood, 1840.

主要鉴别特征：颚眼距为上颚基部宽的 0.7~1.0 倍；前沟缘脊不伸达前胸背板上缘；盾纵沟弱或缺，若存在，则不伸达中胸盾片中央；具胸腹侧脊；后胸侧板下缘脊的前段强烈增厚且高，呈片状半圆形。无小翅室，后小脉在近下端处曲折；前足胫距约伸达基跗节中部；并胸腹节端横脊存在；腹部第 1 节背板无基侧齿，具背侧脊；第 2~第 4 节背板无中纵脊；产卵器鞘长为后足胫节长的 1.8~3.6 倍。

该属是一个大属，全世界已知 443 种；我国已知 8 种(很多种有待于鉴定)；江西已知 2 种。该属已知的寄主达 280 多种。

63. 卷蛾雕背姬蜂 *Glypta cymolomiae* Uchida, 1932 (图版 VI：图 46) (中国新记录)

Glypta cymolomiae Uchida, 1932. Insecta Matsumurana, 6:156.

♀ 体长 7.0~7.5 mm。前翅长 5.5~6.5 mm。产卵器鞘长 5.5~6.0 mm。

颜面宽为长的 1.8~1.9 倍，具非常稠密的细刻点；中部明显隆起，刻点排列有些呈斜皱纹状；触角窝的侧下方具浅纵凹；上缘中央下凹，上部中央具纵脊突。唇基光滑，中央横向圆隆起；具稀且细的刻点，亚端部稍洼；端缘中央稍凹。上颚粗短，基部具不明显的细刻点，上端齿长于下端齿。颊呈非常细的革质状表面；颚眼距为上颚基部宽的 0.6~0.7 倍。上颊较光滑，具稀疏不明显的细刻点，强烈向后收敛，中部向后明显加宽。头顶质地与上颊近似，单眼区后稍横隆起、具非常稠密的细刻点，后部中央明显凹；单眼区较侧单眼外侧的刻点稠密；侧单眼间距约等于单复眼间距。额几乎平坦，具非常稠密的横皱状刻点，触角窝之间具细中纵沟。触角端部稍细，明显短于体长，鞭节 33 节，第 1~第 5 鞭节长度之比依次约为 2.0：1.5：1.5：1.4：1.4。后头脊完整，背方中央较弱，下部向外侧波状弯曲。

前胸背板前部及侧凹较光滑；后上部较隆起，具稠密的细刻点，后上角形成较明显的瘤突；前沟缘脊明显。中胸盾片均匀隆起，具非常稠密均匀的细刻点，后部中央的刻点呈横皱纹状；盾纵沟前部明显，约伸达中胸盾片的中央。小盾片中后部较强隆起，具与中胸盾片相似的刻点。后小盾片横形，较光滑，前缘缝状深凹。中胸侧板中下部较隆起，具非常稠密的细刻点；胸腹侧脊弱，背端约伸达中胸侧板高的 0.3 处；腹板侧沟前部宽阔；镜面区非常小而光亮。后胸侧板具与中胸侧板相似的刻点，下后部具短纵皱；后胸侧板下缘脊完整，前部呈强烈的片状突起。翅稍带褐色，透明；小脉位于基脉外侧，二者之间的距离约为小脉长的 1/2；无小翅室，第 2 回脉位于肘间横脉的外侧，二者之间的距离约与肘间横脉等长；外小脉显著内斜，约在中央曲折；后小脉在下方 0.1~0.2 处曲折。后足第 1~第 5 跗节长度之比依次约为 5.0：2.5：2.0：1.0：1.0；爪具栉齿。并胸腹节较强隆起，具非常稠密且稍粗的皱刻点；具强壮的端横脊和外侧脊，其他脊存在，但相对较弱；基区小，向后方明显收敛；中区六边形，自分脊处向前方显著收敛，前边长约为后边长的 0.4 倍；端区大，扇形，粗糙；侧突较低矮；气门非常小，圆形。

腹部背板具非常稠密粗糙的皱刻点。第 1 节背板长为端宽的 1.2~1.3 倍；背中脊明显，抵达该节背板中部之后；背侧脊弱，但完整；腹侧脊完整强壮；气门非常小，圆形，约位于第 1 节背板基部 1/3 处。第 2~第 4 节背板侧缘几乎平行，各节长均短于端宽，各具 1 对深斜沟(由基部中央伸向后侧方)，亚端部具弱的横沟。第 5 节及以后背板具细横纹状弱刻点，向后部显著收敛；各节背板端部具稍隆起的横带。产卵器背瓣亚端部具缺刻。

黑色，下列部分除外：唇基端半部(有时褐黑色)，下唇须，下颚须，前胸背板后上角的齿突，翅基片黄褐色；上颚端齿(齿尖除外)，前胸背板前下角红褐色；足红褐色，前中足基节、转节和腿节基半部，后足基节背侧、第 1 转节背侧、第 2 转节、胫节背侧

(除端部)浅黄色，后足腿节端部、胫节亚基部外侧及端部、跗节均为黑褐色；翅痣黄褐色；翅脉暗褐色。

♂ 体长 7.0~7.5 mm。前翅长 5.5~6.0 mm。

寄主：据国外报道，已知的寄主主要为梨小食心虫 *Grapholitha molesta* (Busck)、莫新小卷蛾 *Olethreutes mori* (Matsumura)等。

分布：江西；日本。

观察标本：4♀♀2♂♂，江西资溪马头山林场，400 m，2009-04-10~24，集虫网；2♀♀2♂♂，江西官山东河，430 m，2009-04-11~20，集虫网；1♀1♂，江西铅山武夷山，1170 m，2009-08-26，集虫网；2♀♀，江西官山，408 m，2011-04-16，盛茂领，孙淑萍。

64. 武夷雕背姬蜂，新种 *Glypta wuyiensis* Sheng & Sun, sp.n. (图版 VII：图 47)

♀ 体长约 5.5 mm。前翅长约 4.5 mm。产卵器鞘长约 3.5 mm。

颜面宽约为长的 1.6 倍，具非常稠密均匀的刻点，中央纵向稍隆起，在触角窝的侧下方具浅纵凹；上缘中央下凹。唇基光滑光亮，中央横向隆起；具不明显的浅稀刻点，亚端部稍洼；端缘中央较平(弱弧形前突)。上颚粗短，基部具稀弱的刻点，上端齿稍长于下端齿。颊区中央(眼下沟的位置)呈非常细的革质状表面；颚眼距约等于上颚基部宽。上颊具稀疏不均匀的细刻点，向后较强收敛。头顶在单眼区后稍隆起，具非常稠密的刻点，刻点直径小于刻点之间的距离；侧单眼外侧具凹；侧单眼间距约为单复眼间距的 0.6 倍。额几乎平坦，具非常稠密的横向刻点。触角丝状，端部稍细，稍短于体长，鞭节 31 节，第 1~第 5 鞭节长度之比依次约为 1.9∶1.2∶1.1∶1.0∶1.0。后头脊背方中央磨损，下部向外侧稍波状弯曲。

前胸背板光滑光亮，仅上部具稀疏的细刻点；侧凹内具稀疏不明显的弱短皱；前沟缘脊明显，背端几乎伸达前胸背板上缘。中胸盾片均匀隆起，具非常稠密均匀的皱刻点；盾纵沟非常弱，仅前部呈浅凹状。小盾片较强隆起，具较中胸盾片稀疏且清晰的细刻点。后小盾片横形，具弱刻点，前缘缝状凹。中胸侧板较强隆起，具非常稠密的刻点；胸腹侧脊细而曲折，背端前曲、约达中胸侧板高的 0.6 处；镜面区小而光亮；腹板侧沟约达中胸侧板后缘、中足基节的后上方(♂较明显)。后胸侧板具与中胸侧板相似的刻点，后胸侧板下缘脊完整，前部呈片状突出。翅灰褐色透明；小脉位于基脉外侧，二者之间的距离约等于小脉长；无小翅室，第 2 回脉位于肘间横脉的外侧，二者之间的距离约为肘间横脉长的 0.6 倍；外小脉约在下方 0.35 处曲折；后小脉约在下方 0.2 处曲折，后盘脉细弱不清晰。前足正常；基节短锥形；后足第 1~第 5 跗节长度之比依次约为 2.7∶1.5∶1.0∶0.7∶1.0；爪具栉齿。并胸腹节较强隆起，具稠密均匀的刻点；分区不明显；端横脊和外侧脊较明显，中纵脊仅基部存在且较弱；分脊弱地存在；气门非常小，圆形，位于并胸腹节亚基部。

腹部第 1 节背板侧面及端部和第 2~第 4 节背板具清晰且稠密的刻点。第 1 节背板长约为端宽的 1.2 倍，基部及中央纵向光滑光亮无刻点；背中脊基半部明显，背侧脊和腹侧脊完整；气门小，圆形，约位于第 1 节背板基部 1/3 处；端部侧面纵凹。第 2~第 4 节背板侧缘几乎平行，各节长均短于端宽，后缘光滑光亮无刻点。第 5 节背板稍粗糙，具不清晰的横线纹。第 6 节及以后的背板光滑光亮。产卵器鞘长约为腹部长的 1.2 倍，约为前翅长的 0.9 倍，约为后足胫节长的 2.8 倍。

黑色，下列部分除外：触角柄节、梗节腹侧及鞭节腹侧基部暗褐色，其余鞭节褐黑色；唇基，前胸侧板，前胸背板前部，足黄褐色；上颚(端齿黑褐色)，下唇须，下颚须，翅基片，翅基下脊的斑，前中足基节、转节，后足基节背侧乳黄色；后足腿节基缘和顶端、胫节基部和末端及跗节黑褐色；翅痣黄褐色；翅脉暗褐色。

♂ 体长 4.5~6.0 mm。前翅长 3.2~4.5 mm。触角鞭节 31 或 32 节。触角柄节、梗节腹侧，唇基，上唇，前胸侧板及前胸背板前缘乳黄色。

正模 ♀，江西铅山武夷山，1200 m，2009-07-11，集虫网。副模：9♂♂，江西武夷山，1170~1370 m，2009-07-02~10-21，集虫网。

词源：新种名源于模式标本采集地名。

该新种与短尾雕背姬蜂 *G. breviterebra* Momoi, 1963 相近，可通过下列特征区别：前沟缘脊明显，背端几乎伸达前胸背板上缘；腹部第 1 节背板背侧脊完整；产卵器鞘长约为前翅长的 0.9 倍；前胸背板前部黄褐色。短尾雕背姬蜂：前沟缘脊不明显；腹部第 1 节背板背侧脊不完整；产卵器鞘长约为前翅长的 0.4 倍；前胸背板黑色。

23. 沙赫姬蜂属 *Sachtlebenia* Townes, 1963 (江西新记录)

Sachtlebenia Townes, 1963. Beiträge zur Entomologie, 13:523. Type-species: *Sachtlebenia sexmaculata* Townes; original designation.

前翅长 7.6~9.0 mm。体短阔。颜面具低矮且竖直的中脊，复眼下缘至唇基具 1 斜脊；唇基沟不明显；眼下沟深；颚眼距约为上颚基部宽的 2.5 倍。后头脊强壮，背面呈均匀弧形，下端远在上颚基部上方与口后脊相遇。无前沟缘脊。无盾纵沟。具胸腹侧脊。基间脊存在。并胸腹节气门长径约为短径的 3 倍。前翅具小翅室，第 2 回脉相接于它的下外角。腹部着生于并胸腹节较上方，距后足基节有一定距离。腹部第 4 节背板端部中央具“U”形中凹，它的侧面具伸向后方的细长凸起；第 5 节及其后各节退化收缩在第 4 节背板下方。产卵器鞘长约为后足胫节长的 0.15 倍。

全世界仅知 1 种，分布于我国江西、台湾、福建。寄主不详。

65. 六斑沙赫姬蜂 *Sachtlebenia sexmaculata* Townes, 1963 (图版 VII：图 48) (江西新记录)

Sachtlebenia sexmaculata Townes, 1963. Beiträge zur Entomologie, 13:523.

♀ 体长 9.0~9.5 mm。前翅长 8.5~9.0 mm。

颜面向上方稍收窄，宽(上方)约为长的 1.9 倍，具稠密的粗横皱、皱间具粗刻点；触角窝的外侧(触角窝与复眼之间)具纵凹。唇基沟明显。唇基较平，宽约为长的 2.0 倍，基半部具横皱，端半部相对光滑。上颚基部较宽，具与颜面相似的质地(但更细)，端齿短而钝，上端齿长于下端齿。颊光滑光亮，眼下沟清晰。上颊宽阔，光滑光亮，具稀疏的细毛，向后明显收敛。头顶在侧单眼后缘强烈收敛，形成与单眼区几乎垂直的斜面，后部(侧单眼与后头脊之间)几乎光滑，质地同上颊；侧单眼外侧具稀疏的细刻点。侧单眼间距约为单复眼间距的 0.63 倍。额下部深凹，凹内光滑(具非常不明显的弱细纹)；上部及两侧具稠密的细刻点。触角明显长于体长，鞭节 52 或 53 节，第 1~第 5 鞭节长度之比依次约为 1.5∶1.2∶1.0∶1.0∶0.8，端部细弱。后头脊完整。

前胸背板前部光滑，侧凹光滑、仅前下缘具弱的短皱，后上部具稠密的粗刻点；前沟缘脊短，但可见。中胸盾片均匀隆起，具稠密粗糙的皱刻点；无盾纵沟。盾前沟内具短纵皱。小盾片明显隆起，具与中胸盾片相似的质地和刻点；侧脊仅基部存在。后小盾片稍隆起，横形，粗糙具皱。中胸侧板光滑光亮，仅前上部具较稠密的粗刻点；胸腹侧脊约达中胸侧板高的 1/2 处。后胸侧板具稠密的粗刻点；后胸侧板下缘脊完整。翅带暗褐色，透明；小脉位于基脉外侧，二者之间的距离约为小脉长的 0.6 倍；盘肘脉强烈向前上方弓曲；小翅室三角形，具短柄，第 1 肘间横脉稍短于第 2 肘间横脉，第 2 肘间横脉的下段无色；第 2 回脉在它的下外角的稍外侧与之相接；外小脉内斜，约在中央处曲折；后小脉稍外斜，约在下方 1/3 处曲折。后足基节光滑光泽，具弱细的刻点；后足胫距较长，约伸达第 1 跗节长的 0.7 处；后足第 1~第 5 跗节长度之比依次约为 3.0∶1.2∶1.0∶0.4∶0.8；前中足爪具细栉齿，后足的爪简单。并胸腹节仅具外侧脊，具稠密不规则的粗皱；气门椭圆形。

腹部扁而薄，亚椭圆形，可见 4 节背板。各背板密被稠密的粗皱点和短细毛。第 1 节背板长约为端宽的 0.8 倍，均匀向基部变狭，基部中央凹；中部较强隆起，背中脊仅基部可见，背侧脊弱地存在；气门小，圆形，约位于第 1 节背板的中部。第 2~第 4 节背板具明显的长“八”字形斜纵沟，使中央呈三角形纵隆起区；第 2 节背板梯形，长约为端宽的 0.7 倍，基部两侧具窗疤；第 3 节背板两侧近平行，长约为宽的 0.6 倍；第 4 节背板向后弧形收敛，后端形成波状凹刻，中央的凹刻圆拱形，两侧的凹刻弱弧形；腹末端缘膜质透明。产卵器鞘极短，约为后足胫节长的 0.16 倍；产卵器端部尖细，针状。

体黄色，下列部分除外：触角鞭节黄褐色(腹侧基部黄色)；单眼及侧单眼内缘，上颚端齿黑色；前中足胫节外侧及跗节带红褐色，第 4、第 5 跗节及爪带黑褐色；后足第 1 转节、胫节端缘及跗节黑褐色；翅痣黄色，翅脉褐黑色；腹部第 1、第 2、第 3 节背板两侧各具 1 圆形中黑斑。

分布：江西、福建、台湾。

观察标本：4♀♀，江西全南，2008-04-29~05-12，集虫网。

24. 特姬蜂属 *Teleutaea* Förster, 1869 (江西新记录)

Teleutaea Förster, 1869. Verhandlungen des Naturhistorischen Vereins der Preussischen Rheinlande und Westfalens, 25(1868):164. Type-species: *Lissonota striata* Gravenhorst.

前翅长 6.5~10.5 mm。体较瘦长。唇基端缘中央具缺刻。颚眼距约为上颚基部宽的 3/4 倍。后头脊在上颚基部的上方与口后脊相遇。触角窝的上缘常具加厚或向背面延伸呈粗脊状凸。前沟缘脊强壮，背端几乎伸抵前胸背板的背缘。后胸侧板下缘脊前部非常高，呈透明的片状，它的后端垂直中断，后半部缺。并胸腹节端横脊明显；分脊、中纵脊及侧纵脊缺。有小翅室。后小脉在近中央处曲折。腹部第 1 节背板长且非常窄；背侧脊存在，通常完整。产卵器鞘长 1.6~5.0 倍于后足胫节。

全世界已知 20 种；我国已知 11 种；江西已知 1 种。

据报道，该属已知的寄主有 18 种，主要有：溲疏新小卷蛾 *Olethreutes electana* (Kennel)、苹果小卷叶蛾 *Adoxophyes orana* Fischer von Roslerstamm、异色卷蛾 *Choristoneura diversana* (Hübner)、苹果蠹蛾 *Cydia pomonella* (L.)、褐带长卷叶蛾 *Homona coffearia* (Nietner)、茶长卷叶蛾 *Homona magnanima* Diakonoff、南川卷蛾 *Hoshinoa longicellana* (Walsingham)、疆褐卷蛾 *Pandemis cerasana* (Hübner)、苹褐卷蛾 *Pandemis heparana* (Schiffermuller)等。

特姬蜂属中国已知种检索表*

1. 触角窝的背缘正常，不隆起，也不加厚 …… 2
   触角窝的背缘加厚或向背面延伸呈粗脊状强烈隆起 …… 5
2. 并胸腹节具较宽的黄色横带 …… 细特姬蜂 ***T. gracilis*** **Cushman**
   并胸腹节黑色，无浅色带 …… 3
3. 中胸侧板完全黑色 …… 萨哈林特姬蜂 ***T. sachalinensis*** **Uchida**
   中胸侧板具黄色或红色大斑 …… 4
4. 中胸盾片、中胸侧板下侧及中胸腹板在胸腹侧脊之后红色 …… 赤特姬蜂 ***T. rufa*** **Sheng**
   中胸盾片及中胸腹板完全黑色；中胸侧板具黄色大斑 …… 米特姬蜂 ***T. minamikawai*** **Momoi**
5. 额在触角窝背缘的粗脊状隆起的侧面具 1 小齿；中胸侧板无浅色斑 …… 乌苏里特姬蜂 ***T. ussuriensis*** **(Golovisnin)**
   额在触角窝背缘的粗脊状隆起的侧面无小齿 …… 6
6. 额具 1 中纵脊 …… 东方特姬蜂 ***T. orientalis*** **Kuslitzky**
   额无中纵脊 …… 7
7. 触角窝的背缘稍抬高或稍加厚 …… 9
   触角窝的背缘向后强烈隆起并延伸呈粗脊状隆起 …… 8
8. 触角窝的背缘后侧抬高，但不向背面延伸；腹部第 1 节背板背侧脊完整；并胸腹节黑色；胸部侧面大部分浅色 …… 侧特姬蜂 ***T. pleuralis*** **Sheng**
   触角窝的背缘抬高，并向背面延伸，或呈瘤突状；腹部第 1 节背板的背侧脊至少中段(气门之后)缺；在并胸腹节亚端部、沿端横脊具黄色横带；胸部侧面黑色，仅具黄色斑 …… 角特姬蜂 ***T. corniculata*** **Momoi**
9. 后小脉在中央或中央稍上方曲折；中胸侧板黑色，下后侧具黄色或红-黄混合的色斑；后小盾片黄色 …… 阿特姬蜂 ***T. arisana*** **Sonan**
   后小脉在中央稍下方曲折；中胸侧板黑色无浅色斑，后小盾片黑色 …… 小特姬蜂 ***T. diminuta*** **Momoi**

66. 米特姬蜂 *Teleutaea minamikawai* Momoi, 1963 (图版 VII：图 49) (中国新记录)

Teleutaea minamikawai Momoi, 1963. Insecta Matsumurana, 25:100.

♀ 体长约 12.0 mm。前翅长约 8.5 mm。产卵器鞘长 8.0 mm。

颜面具清晰稠密的细刻点，向下方稍收窄，下方宽约为长的 1.43 倍；亚侧面稍纵凹。唇基几乎光滑，具特别稀且浅的细刻点，宽约为长的 1.4 倍；中央较强隆起，亚端部稍

* 检索表未包含分布于我国台湾的黄斑特姬蜂 *T. flavomaculata* (Uchida, 1928)，可参考 Uchida (1928)的介绍进行鉴别。

呈横凹状，端缘中央具缺刻。颊具革质细粒状表面；颚眼距约为上颚基部宽的 0.6 倍。上颚宽短，几乎光滑，下缘稍呈边缘状，具非常不清晰的细刻点；上端齿稍长于下端齿。上颊较光滑，非常狭窄，向后强烈且直地收敛；具非常细的刻点。头顶具与上颊相似的质地，亚后缘横凹；侧单眼外侧刻点稀少；单眼区隆起；侧单眼间距约为单复眼间距的 0.8 倍。额光滑光亮，中央凹，具浅的中纵沟。触角鞭节可见 46 节(端部断失)，第 1 鞭节较长，约为第 2 鞭节长的 1.4 倍；其余各节渐短。后头脊完整。

前胸背板前缘具稀且细的刻点，侧凹具弱横皱，后上部具稠密的细刻点；前沟缘脊强壮，伸达前胸背板背缘。中胸盾片具非常稠密的细刻点；后部中央稍凹，具模糊的皱；盾纵沟伸达中胸盾片中央后方。小盾片稍隆起，光亮，具清晰均匀的细刻点。后小盾片横形，具清晰的细刻点；在前、后部中央处稍凹。中胸侧板具稠密但较中胸盾片稍粗的刻点，前上角及胸腹侧片的刻点较稠密，下后角较稀；镜面区较大；胸腹侧脊约伸达中胸侧板高的 0.6 处，背端远离中胸侧板前缘；腹板侧沟的中段可见；中胸侧板凹浅横沟状。中胸腹板具稠密的细刻点。后胸侧板具稠密的粗皱点；后胸侧板下缘脊仅前部存在，并显著隆起。翅稍带褐色，透明；小脉位于基脉的外侧，二者之间的距离约为小脉长的 0.3 倍；小翅室斜四边形，具短柄；外小脉约在下方 0.35 处曲折；后小脉约在中央曲折。爪具稠密的栉齿。并胸腹节具稠密的、与后胸侧板近似的粗皱点；端横脊强壮；外侧脊的基段(气门至并胸腹节基部)存在；端区均匀倾斜；气门小，近似圆形，约位于基部 0.3 处。

腹部较长，第 1~第 4 节背板具非常稠密的刻点；第 1 节背板向基部稍变狭，长约为端宽的 2.2 倍，中央在背中脊之间具纵隆起，隆起的端部明显变宽；背中脊约达端部 0.3 处，背侧脊完整；腹板端部未达基部与气门的 1/2 处；气门小，稍隆起。第 2~第 5 节背板具由基部中央伸向后方两侧的深沟。第 2 节背板长约为端宽的 1.3 倍。第 3 节背板长约为端宽的 1.4 倍。第 5 节背板端部较光滑，刻点稀疏。第 6 节及以后背板光滑，几乎无刻点。下生殖板大，侧观呈三角形，末端未伸达腹末。产卵器侧扁，具亚端背凹。

黑色。触角鞭节端部褐黑色；唇基，上颚(端齿黑色除外)，颊及上颊前部，前胸侧板下部，前胸背板前缘下部、颈部及上缘，翅基片及前翅翅基，小盾片外缘、后部，后小盾片，翅基下脊，后翅下基部的小斑，中胸侧板后下部的大斑，后胸侧板前下缘、后下部的斑，前中足基节及转节，后足基节背侧的斑、转节背侧均为黄色；下唇须、下颚须、足红褐色；后足腿节基端及末端、胫节外侧(基部浅黄色)及跗节带黑褐色；后足腿节内侧或多或少带黄色；腹部各节背板端缘浅黄至黄色；翅痣褐色；翅脉黑褐色。

分布：江西；日本。

观察标本：1♀，江西资溪马头山，400 m，2009-04-24，集虫网。

四、草蛉姬蜂亚科 Brachycyrtinae

该亚科仅含 1 属。

25. 草蛉姬蜂属 *Brachycyrtus* Kriechbaumer, 1880

Brachycyrtus Kriechbaumer, 1880. Correspondenz-Blatt des Zoologische-Mineralogischen Vereines in Regensburg, 34:161. Type-species: *Brachycyrtus ornatus* Kriechbaumer.

该属已知 22 种；我国仅知 1 种，江西有分布。

67. 强脊草蛉姬蜂 *Brachycyrtus nawaii* (Ashmead, 1906)

Proterocryptus nawaii Ashmead, 1906. Proceedings of the United States National Museum, 30:174.
Proterocryptus nawaii Ashmead, 1906. He, Chen, Ma. 1996: Economic Insect Fauna of China, 51: 256.

分布：江西、河北、陕西、浙江、湖北、四川、福建、广东、台湾；日本，印度，菲律宾，美国。

五、短胸姬蜂亚科 Brachyscleromatinae

Quicke 教授等(2009)根据研究结果，重新起用短胸姬蜂亚科 Brachyscleromatinae，把短胸姬蜂属 *Brachyschleroma* Cushman、赤姬蜂属 *Erythrodolius* Seyrig、依米姬蜂属 *Icariomimus* Seyrig、兔姬蜂属 *Lygurus* Kasparyan 和黑陷姬蜂属 *Melanodolius* Saussure 归属于该亚科。这里采纳他们的观点。

主要鉴别特征：腹板大部分几丁质化；背板侧面较大；柄节圆柱形，非常长且细；口吻窝非常狭；产卵器无背缺刻；后翅脉 M+Cu 相对长(与 1-M 相比)。

该亚科含 6 属；我国已知 3 属；江西已知 1 属。

短胸姬蜂亚科分属检索表

1. 具小翅室；腹部第 1 节背板的气门位于中部之后，腹板端缘在背板中部之后，无基侧凹；前足胫节顶端无 1 小齿 ························ **短胸姬蜂属 *Brachyschleroma* Cushman**
   无小翅室；腹部第 1 节背板的气门位于中部或中部之前，腹板端缘未达背板中部，具基侧凹；前足胫节顶端具 1 小齿 ························ 2
2. 爪具栉齿；具前沟缘脊；第 2 节背板气门的外侧具 1 纵沟 ························ **阔区姬蜂属 *Laxiareola* Sheng & Sun**
   爪简单；无前沟缘脊；第 2 节背板气门的外侧无纵沟，或气门的内侧具 1 纵沟 ························ 3
3. 并胸腹节无基横脊；第 1 节背板长为端宽的 1.0~1.5 倍 ························ **黑陷姬蜂属 *Melanodolius* Saussure**
   并胸腹节具基横脊；第 1 节背板长为端宽的 2.5~5.0 倍 ························ 4
4. 唇基中部具弱的横脊状隆起；第 2 节背板气门的内侧无 1 纵沟；产卵器细，端部 1/3 强烈向上弯曲且有些扁 ························ **兔姬蜂属 *Lygurus* Kasparyan**
   唇基无横隆起；第 2 节背板气门的内侧具或无 1 纵沟；产卵器相对较粗或细，端部不向上弯曲且稍侧扁或圆柱形 ························ 5
5. 唇基非常平，端缘具 1 中齿(*Erythrodolius formosus* Seyrig, 1932)；并胸腹节具分区；第 2 节背板气门的内侧具 1 纵沟；产卵器稍粗，端部稍侧扁 ························ **赤姬蜂属 *Erythrodolius* Seyrig**
   唇基稍隆起，端缘具 1 排小瘤；并胸腹节仅具基横脊和基区；第 2 节背板气门的内侧无 1 纵沟；产卵器较细，端部圆柱形 ························ **依米姬蜂属 *Icariomimus* Seyrig**

26. 阔区姬蜂属 *Laxiareola* Sheng & Sun, 2011

Laxiareola Sheng & Sun, 2011. Journal of Insect Science, 11(27):2. Type-species: *Laxiareola ochracea* Sheng & Sun.

唇基沟弱，颜面与唇基分界不清晰。唇基端缘厚，具清晰的缘毛。上颚较长，上端齿长于下端齿。触角较短，鞭节约 24 节，柄节几乎圆筒形，长约为最大直径的 2.3 倍，端部的横面几乎平截状(与纵轴几乎垂直)。后头脊完整，背面中段平直。盾纵沟弱，仅前部或亚前部明显。胸腹侧脊背端约伸达中胸侧板高的 1/2 处，远离中胸侧板前缘。小盾片基部 0.4 具侧脊。无小翅室。后小脉强烈内斜，约在下部 0.2 处曲折。爪具栉齿。并胸腹节分区完整，中区宽大于长。腹部第 1 节背板具非常深的基侧凹，基侧凹之间仅由透明的薄膜相隔。第 2 节背板在紧靠气门的外侧具伸达端缘的纵沟纹。产卵器鞘长大于后足胫节长。产卵器均匀向上弯曲；背瓣亚端部具非常弱的背结。

该属是 2011 年在江西省发现并建立的新属，目前仅知 1 种，分布于江西省。

68. 褐阔区姬蜂 *Laxiareola ochracea* Sheng & Sun, 2011 (图版 VII：图 50)

Laxiareola ochracea Sheng & Sun, 2011. Journal of Insect Science, 11(27):3.

♀ 体长 9.3 mm。前翅长 8.5 mm。产卵器鞘长约 3.5 mm。

颜面宽约为长的 2.0 倍；具较密的刻点(侧面和下部中央相对较稀)；中部较隆起；上部中央具纵脊状隆起，该隆起向上伸达触角之间；触角窝下外侧凹。唇基凹深。唇基沟宽浅，致使颜面与唇基的分界不清晰。唇基较平，具非常稀的刻点；端缘厚，具清晰的缘毛，中段具小瘤突。上颚较长，中部稍狭窄；具稠密的横刻点；上端齿稍长于下端齿。下唇明显突出。颊区稍粗糙，具不清晰的纵皱；眼下沟不清晰；颚眼距约为上颚基部宽的 0.6 倍。上颊几乎光亮，具非常弱且稀的细刻点；侧面观，长约为复眼宽的 0.9 倍；中央纵向均匀隆起。头顶具相对较密且粗的刻点，刻点间距为刻点直径的 0.2~0.5 倍；单眼外侧深凹；单眼区具较细密(与侧单眼外侧的刻点比)且不清晰的刻点；侧单眼间距约为单复眼间距的 0.3 倍。额在靠近触角窝处深凹；具与头顶相似的刻点。触角较短，长约 5.5 mm；柄节几乎圆筒形，长约为最大直径的 2.3 倍，端部的横面几乎平截状(与纵轴几乎垂直)；鞭节 24 节，基部 5 节长度之比依次约为 4.0∶3.8∶3.6∶3.4∶3.2。后头脊完整，背面中段平直。

前胸背板光亮，前缘处具非常弱且不清晰的细刻点；侧凹内具细弱的短横皱；后部具清晰的细刻点，刻点间距为刻点直径的 0.7~2.2 倍；靠近上缘处的刻点较稠密，刻点间距为刻点直径的 0.3~0.5 倍。前沟缘脊较短但明显可见。中胸盾片具稠密的细刻点，刻点间距为刻点直径的 0.3~0.8 倍；盾纵沟仅亚前部明显。小盾片隆起，最高隆起处位于中央偏后；几乎光滑，具较稀且细的刻点，刻点间距为刻点直径的 1.0~3.0 倍；侧脊约伸至 0.4 处。后小盾片向后弧形脊状隆起，向前倾斜深凹。中胸侧板光亮，具较稀(下部相对稍密)且细的刻点；镜面区光滑光亮，后部紧靠中胸侧缝并稍微抬高，上缘处深横凹；中胸侧板凹处光滑光亮；胸腹侧脊背端伸达中胸侧板高的 1/2 处，并远离中胸侧板前缘；腹板侧沟仅前半部具沟痕。后胸侧板光亮，前上部具非常细弱且不清晰的刻点，其余部分无明显刻点；后胸侧板下缘脊完整强壮。翅带灰褐色透明；小脉位于基脉外侧，二者之间的距离约为小脉长的 0.3 倍；无小翅室；肘间横脉位于第 2 回脉内侧，二者之间的距离约为肘间横脉长的 0.7 倍；外小脉约在下方 1/3 处曲折；后小脉强烈内斜，约在下部 0.17 处曲折；足的第 1 转节外侧端部具 1 小钝齿；爪具栉齿。并胸腹节分区完整；背面(端横脊之前)较短，约为并胸腹节长的 0.38 倍；后背面(端横脊之后)强烈向下倾斜；基横脊和端横脊强壮；基区明显横形；中区宽约为长的 1.8 倍，侧纵脊较弱；基区和中区具不规则的皱；第 1 侧区具清晰的细刻点，其余部分具弱且不清晰的细刻点；气门椭圆形，稍隆起。

腹部第 1 节背板由基部向端部逐渐变宽，长约为端宽的 1.8 倍；均匀隆起；具非常细的刻点，端部的刻点相对稍稀且弱；基部具非常深的基侧凹，基侧凹之间仅由透明的薄膜相隔；气门非常小，圆形，位于该节背板中部。第 2 节背板长约为端宽的 0.6 倍；具较稀且不明显的细刻点；气门小，圆形，约位于该节背板中部(中部稍内侧)；紧靠气门的外侧具伸达端缘的纵沟纹。第 3 及以后各节背板具褐色短柔毛和不明显的细刻点。产卵器鞘长约为后足胫节长的 1.3 倍。产卵器均匀向上弯曲；背瓣亚端部具非常弱的背结，腹瓣具 8 条纵脊，基部 4 条相距较远。

体黄褐色。触角暗褐色；前胸背板亚后上角不规则的小斑、腹部第 1 节背板气门后侧的小斑、第 2 节背板亚基部的“八”形纹及第 3~第 6 节近中部的横纹深褐色；中胸盾片中叶前部及侧叶的纵斑褐黑色；镜面区光亮的黑褐色；后足棕褐色；跗节深棕色。

分布：江西。

观察标本：1♀，江西全南，628 m，2008-05-12，盛茂领。

六、缝姬蜂亚科 Campopleginae

主要鉴别特征：无盾纵沟；颜面与唇基合并为一个面；中胸腹板后横脊完整(个别属除外)；第 2 回脉具 1 个弱点；腹部第 1 节背板的气门位于中部后方，无背中脊；腹部端部通常多多少少侧扁。

该亚科含 70 属；我国已知 25 属，江西已知 8 属。寄主为鳞翅目、膜翅目叶蜂类，一些种类寄生于鞘翅目钻蛀害虫。

分属检索表可参考何俊华等(1996)、Townes (1970b)、Kasparyan 和 Khalaim (2007)、Gupat (1974, 1980)、Gupta 和 Maheshwary (1974, 1977)等的著作。

27. 齿唇姬蜂属 *Campoletis* Förster, 1869

Campoletis Förster, 1869. Verhandlungen des Naturhistorischen Vereins der Preussischen Rheinlande und Westfalens, 25(1868):157. Type-species: *Mesoleptus tibiator* Cresson, included by Houghton, 1907.

全世界已知约 100 种；中国已知 7 种；江西仅知 1 种。

69. 棉铃虫齿唇姬蜂 *Campoletis chlorideae* Uchida, 1957

Campoletis chlorideae Uchida, 1957. Mushi, 30:29.

Campoletis chlorideae Uchida, 1957. He, Chen, Ma. 1996: Economic Insect Fauna of China, 51: 330.

分布：江西、湖北、湖南、江苏、浙江、四川、河南、山东、北京、辽宁、陕西、山西、云南、贵州、台湾；朝鲜，日本，印度，孟加拉国，毛里求斯，尼泊尔，巴基斯坦，叙利亚。

28. 凹眼姬蜂属 *Casinaria* Holmgren, 1859

Casinaria Holmgren, 1859. Öfversigt af Kongliga Vetenskaps-Akademiens Förhandlingar, 15(1858):325. Type-species: *Campoplex tenuiventris* Gravenhorst; original designation.

主要鉴别特征：复眼内缘在触角窝处具较深的凹刻；颚眼距非常短；上颊向后强烈收敛；具小翅室；后小脉不曲折；腹部第1节背板基部圆柱形，或稍扁；背腹缝位于侧面中部或中部上方；产卵器鞘长为腹部末端厚的0.8~1.4倍。

全世界已知约100种；中国已知12种；江西仅知3种。

70. 黑足凹眼姬蜂 *Casinaria nigripes* (Gravenhorst, 1829)

Campoplex nigripes Gravenhorst, 1829. Ichneumonologia Europaea, 3:598.

Casinaria nigripes (Gravenhorst, 1829). He, Chen, Ma. 1996: Economic Insect Fauna of China, 51: 313.

分布：江西、北京、辽宁、吉林、黑龙江、山东、河北、江苏、浙江、安徽、湖北、湖南、四川、广东、广西、福建；日本，俄罗斯，乌克兰，法国，芬兰，德国，匈牙利，荷兰，波兰，瑞士等。

71. 具柄凹眼姬蜂指名亚种 *Casinaria pedunculata pedunculata* (Szépligeti, 1908)

Campoplex pedunculatus Szépligeti, 1908. Notes from the Leyden Museum, 29:232.

Casinaria pedunculata pedunculata (Szépligeti, 1908). He, Chen, Ma. 1996: Economic Insect Fauna of China, 51: 314.

分布：江西、河南、安徽、湖北、湖南、浙江、四川、广东、广西、福建、云南、贵州、台湾；印度，印度尼西亚，缅甸，尼泊尔，俄罗斯。

72. 稻纵卷叶螟凹眼姬蜂 *Casinaria simillima* Maheshwary & Gupta, 1977

Casinaria simillima Maheshwary & Gupta, 1977. Oriental Insects Monograph, 5:144.

Casinaria simillima Maheshwary & Gupta, 1977. He, Chen, Ma. 1996: Economic Insect Fauna of China, 51: 316.

分布：江西、浙江、福建、广东、广西、湖南、湖北、四川、台湾。

29. 悬茧姬蜂属 *Charops* Holmgren, 1859

Charops Holmgren, 1859. Öfversigt af Kongliga Vetenskaps-Akademiens Förhandlingar, 15(1858):324. Type-species: (*Campoplex decipiens* Gravenhorst) = *cantator* DeGeer; monobasic.

主要鉴别特征：复眼内缘在触角窝处具较深的凹刻；颚眼距非常短；并胸腹节通常具较弱的脊；无小翅室；腹部第1节的背腹缝在腹柄基部处位于该节背缘；雄性阳茎基

侧突呈棒状，或正常；产卵器鞘长约为腹末厚度的 1.3 倍。

全世界已知约 27 种；中国已知 4 种，江西均有分布。

73. 螟铃悬茧姬蜂 *Charops bicolor* (Szépligeti, 1906)　(图版 VII：图 51)

Agrypon bicolor Szépligeti, 1906. Annales Musei Nationalis Hungarici, 4:124.
Charops bicolor (Szépligeti, 1906). He, Chen, Ma. 1996: Economic Insect Fauna of China, 51: 319.

♀　体长约 9.5 mm。前翅长约 4.5 mm。产卵器鞘长约 1.2 mm。

头部宽稍大于胸宽，复眼在触角窝处明显凹。颜面较平，具稠密的细纵皱，宽约为长的 1.4 倍。唇基稍隆起，具与上颊相似的皱纹，亚端缘呈横凹状，端缘中央略呈弧形前突。上颚较短，基部具细刻点；上端齿稍长于下端齿。颊稍粗糙，颚眼距约为上颚基部宽的 0.5 倍。上颊非常短，具稠密不清晰的细刻点，向后强烈收敛。头顶后部具细革质粒状表面和不清晰的细刻点；单眼区隆起，呈稠密模糊的细皱状表面；侧单眼外侧凹，具细皱；侧单眼后方强烈倾斜；侧单眼间距约为单复眼间距的 2.0 倍。额在触角窝上方稍凹，具非常粗糙的表面和不清晰的皱。触角明显短于体长；鞭节 44 节，第 1~第 5 节长度之比依次约为 1.4∶1.0∶1.0∶0.8∶0.8。后头脊完整。

胸部非常短。前胸背板侧凹贴近前缘，凹内具较均匀的斜细横皱；后上部具不均匀的细皱。中胸盾片均匀隆起，具非常稠密的细皱，无盾纵沟。小盾片均匀隆起，具非常稠密的细皱和短毛，后部中央稍凹。后小盾片较平，具稠密的皱纹。中胸侧板具稠密模糊的细纵皱；胸腹侧脊背端几乎伸达中胸侧板前缘的中部。后胸侧板具稠密模糊的细皱；具基间脊。翅稍带褐色，透明；小脉位于基脉外侧；无小翅室；第 2 回脉位于肘间横脉的外侧，二者之间的距离约为肘间横脉长的 0.7 倍；外小脉稍外弯，约在上方 1/3 处曲折；后小脉约在下方 1/4 处曲折；后盘脉无色。足细长；后足第 1~第 5 跗节长度之比依次约为 4.0∶2.0∶1.5∶1.0∶1.1；爪基部具稀且细的栉齿。并胸腹节具稠密的皱纹，中纵脊模糊，侧纵脊和外侧脊稍清晰；气门靠近基缘，斜长形。

腹部第 1 节较光滑，细长，端部球状膨大，长约为宽(亚端部)的 5.0 倍，腹面亚基部具弱隆起；气门小，圆形，约位于端部 0.26 处。第 2 节背板细长，中央稍缢缩，长约为端宽的 4.4 倍。第 3 节以后的背板明显侧扁。产卵器鞘长约为腹端厚的 1.1 倍；产卵器背瓣具亚端背凹。

头胸部黑色，腹部红褐色。触角鞭节腹侧棕褐色；触角柄节、梗节腹侧，上颚(端齿红褐色)，下唇须，下颚须，前中足(前足跗爪，中足基节基部和跗爪黑褐色；末端 2 跗节带红褐色)均为黄色；后足红褐色，转节和腿节基部色淡，基节基部、胫节端部及跗节带黑色；腹部第 2 节背板端部具黑横带，第 2 节及以后背板中央具黑纵斑(第 2 节基半部纵斑宽阔)；翅基片黄褐色；翅脉，翅痣黑褐色。

分布：江西、河南、辽宁、吉林、黑龙江、安徽、湖北、湖南、福建、浙江、广东、广西、云南、贵州、海南、江苏、山东、北京、陕西、四川、台湾；朝鲜，日本，印度，印度尼西亚，澳大利亚，孟加拉国，马来西亚，巴基斯坦，斯里兰卡，泰国。

观察标本：4♀♀2♂♂，江西吉安，2008-09-23，集虫网；6♀♀4♂♂，江西全南，

628~740 m，2009-04-29~09-11，集虫网。

74. 短翅悬茧姬蜂 *Charops brachypterus* (Cameron, 1897) (图版 VII：图 52)

Anomalon brachypterum Cameron, 1897. Memoirs and Proceedings of the Manchester Literary and Philosophical Society, 41(4):25.

Charops brachypterus (Cameron, 1897). He, Chen, Ma. 1996: Economic Insect Fauna of China, 51: 320.

♀ 体长 7.5~12.5 mm。前翅长 4.0~6.0 mm。产卵器鞘长 0.5~0.8 mm。

头部宽约等于胸宽，复眼在触角窝处具明显的凹刻。颜面中部稍隆起，侧缘稍纵凹；具稠密模糊的细纵皱，宽约为长的 1.2 倍。唇基稍隆起，具与上颊相似的皱纹，亚端缘呈横凹状，端缘中央略呈弧形前突。上颚宽短，基部具细刻点；上端齿稍长于下端齿。颊短，稍凹，具稀刻点，颚眼距约为上颚基部宽的 0.54 倍。上颊非常短，具非常不清晰的细刻点，向后强烈收敛。头顶具细革质状表面，稍粗糙，单眼区隆起；侧单眼后方几乎垂直倾斜；侧单眼间距约为单复眼间距的 2.2 倍。额较平，具非常粗糙的表面和不清晰的皱。触角明显短于体长；鞭节 37~47 节，第 1~第 5 节长度之比依次约为 1.7∶1.0∶0.8∶0.8∶0.7。后头脊完整。

胸部非常短。前胸背板前缘紧临侧凹，凹内具较均匀的斜细横皱；中部具稠密的粗纵皱；后上部具较稠密模糊的细皱。中胸盾片均匀隆起，具非常稠密的细皱刻点，无盾纵沟。小盾片均匀隆起，具非常稠密的细皱和短毛，后部中央稍凹。后小盾片较平，具细横皱。中胸侧板具稠密的粗网皱，后上部呈粗纵皱；胸腹侧脊背端伸达中胸侧板前缘的中部之上。后胸侧板具稠密的粗皱；基间脊完整。翅稍带褐色，透明；小脉位于基脉外侧；无小翅室；第 2 回脉位于肘间横脉的外侧，二者之间的距离约为肘间横脉长的 0.7 倍；外小脉约在上部 1/3 处曲折；后小脉约在下方 0.4 处曲折；后盘脉无色。足细长；后足第 1~第 5 跗节长度之比依次约为 4.6∶2.4∶1.6∶1.0∶1.0；爪基部具栉齿。并胸腹节具稠密的皱纹，无中纵脊，侧纵脊弱，外侧脊明显；气门靠近基缘，斜椭圆形。

腹部第 1 节背板较光滑，细长，端部球状膨大，长约为宽(亚端部)的 6.4 倍，腹面亚基部具弱隆起；气门小，圆形，约位于端部 0.26 处。第 2 节以后的背板具细革质状表面和稠密的短毛；第 2 节背板细长，中央稍缢缩，长约为端宽的 5.4 倍。第 3 节以后的背板明显侧扁。产卵器鞘长为腹端厚的 1.1~1.3 倍；产卵器背瓣具亚端背凹。

体黑色，下列部分除外：触角柄节、梗节腹侧，上颚端部(端齿红褐至黑褐色)，下唇须，下颚须，前中足(跗节末端 2~3 节带红褐色，跗爪红褐色，前足基节基部和中足基节黑色)，后足转节及腿节、胫节的基缘均为黄色；腹部第 1 节背板中段及其余背板侧面红褐色；翅脉，翅痣褐黑色。

♂ 体长 7.0~11.5 mm。前翅长 3.5~4.5 mm。

分布：江西、河南、湖北、湖南、福建、浙江、广东、广西、云南、贵州、台湾；印度，菲律宾，印度尼西亚，斯里兰卡。

观察标本：4♀♀3♂♂，江西吉安天河林场，2008-07-20~09-23，集虫网；3♀♀1♂，江西吉安双江林场，174 m，2009-05-17~06-15，集虫网；1♀，江西铅山武夷山，2009-06-22，

集虫网；10♀♀40♂♂，江西全南，320~340 m，2009-04-14~09-11，集虫网。

75. 刻条悬茧姬蜂 *Charops striatus* (Uchida, 1932) (江西新记录) (图版 VII：图 53)

Zacharops striatus Uchida, 1932. Journal of the Faculty of Agriculture, Hokkaido University, 33:198.

♀ 体长 7.5~8.0 mm。前翅长 4.0~4.5 mm。产卵器鞘长 0.5~0.6 mm。

头部宽约等于胸宽，复眼在触角窝处具明显的凹刻。颜面较平，具稠密的纵皱纹，宽约为长的 1.1 倍。唇基隆起，具稠密的皱纹，亚端缘呈横凹状，端缘中央略呈弧形前突(几乎平)。上颚宽短，下缘具宽边，基部具稀刻点；上端齿稍长于下端齿。颊短，稍凹，具稀刻点，颚眼距约为上颚基部宽的 0.6 倍。上颊非常短，具非常不清晰的细刻点，向后强烈收敛，使得头部极短。头顶非常粗糙，单眼区隆起；侧单眼后方几乎垂直下斜；侧单眼间距约为单复眼间距的 3.5 倍。额较平，具非常粗糙的表面和不清晰的皱。触角明显短于体长；鞭节 35 节，第 1~第 5 节长度之比依次约为 15∶10∶9∶9∶8。后头脊完整。

胸部非常短。前胸背板前缘较光滑；侧凹内具较均匀的横皱；上部中央较光滑；后上部具较稠密的细皱。中胸盾片均匀隆起，具非常稠密的细皱，无盾纵沟。小盾片均匀隆起，具非常稠密的细皱和短毛，后部中央稍凹。后小盾片较平，具稀而细的皱纹。中胸侧板具稠密的粗网状皱，上部具较均匀的横皱；胸腹侧脊背端几乎伸达中胸侧板前缘的中部。后胸侧板具网状皱；基间脊完整，基间区光亮。翅稍带褐色透明；小脉位于基脉外侧；无小翅室；第 2 回脉位于肘间横脉的外侧，二者之间的距离约等于肘间横脉的长度；外小脉约在上部 1/3 处曲折；后小脉稍外斜，约在下方 0.3 处曲折；后盘脉仅基部存在，无色。后足第 1~第 5 跗节长度之比依次约为 41∶19∶14∶10∶10；爪具稀且细的栉齿。并胸腹节向后下方非常均匀地倾斜，具稠密的皱纹；气门靠近基缘，斜椭圆形。

腹部第 1 节较光滑，细长，长约为端宽的 7.0 倍，腹面亚基部具弱隆起；后柄部稍粗糙；气门小，圆形。第 2 节以后的背板明显侧扁。产卵器鞘长约为腹端厚的 1.25 倍。

体黑色，下列部分除外：触角鞭节背侧黑褐色，腹侧棕褐色；触角柄节、梗节腹侧，上颚(端齿红褐色)，下唇须，下颚须，前中足(前足跗爪，中足基节、末跗节和跗爪黑褐色)，后足转节、胫节基部、第 1~第 3 跗节，翅基片均为黄色；腹部第 1 节背板中段及其余背板侧面红褐色；翅脉，翅痣黑褐色。

♂ 体长 7.0~8.0 mm。前翅长 4.0~4.5 mm。触角鞭节 35 或 36 节；腹部仅第 1 节背板中段及第 2、第 3、第 4 节背板侧面红褐色，其余黑色。

分布：江西、河南、广东、台湾；日本，俄罗斯。

观察标本：1♀，江西全南，740 m，2008-06-21，集虫网；2♀♀，江西吉安天河林场，2008-07-20~07-31，集虫网；1♀1♂，江西资溪马头山，400 m，2009-04-10~24，集虫网；1♂，江西吉安，174 m，2009-04-28，集虫网；1♂，江西全南麻土背，330 m，2009-05-27，集虫网；1♀4♂♂，江西吉安，174 m，2009-04-28~06-15，集虫网；2♀♀，河南罗山县灵山，400~500 m, 1999-05-24，盛茂领。

76. 台湾悬茧姬蜂 *Charops taiwanus* Uchida, 1932 (图版 VII：图 54) (江西新记录)

Charops taiwanus Uchida, 1932. Journal of the Faculty of Agriculture, Hokkaido University, 33:199.

♀ 体长 9.0~13.5 mm。前翅长 4.5~5.5 mm。产卵器鞘长 1.0~1.2 mm。

头部宽约等于胸宽，复眼在触角窝处具明显的凹刻。颜面向下方稍收窄，宽(下方)约为长的 1.4 倍，较平，具稠密模糊的粗皱。唇基稍隆起，具与颜面相似的皱纹，亚端缘呈横沟状，端缘中央略呈弧形前突(几乎平)。上颚宽短，下缘具宽边，基部具模糊的刻点；上端齿稍长于下端齿。颊短，稍凹，具模糊的弱皱，颚眼距约为上颚基部宽的 0.5 倍。上颊非常短，具细革质粒状表面和稠密的细刻点，向后强烈收敛(显得头部非常短)。头顶呈细革质粒状表面；单眼区稍隆起，较粗糙；侧单眼后方几乎垂直倾斜；侧单眼间距约为单复眼间距的 2.2 倍。额在触角窝上方稍凹，具非常粗糙的表面和不清晰的皱。触角明显短于体长；鞭节 42 或 43 节，第 1~第 5 节长度之比依次约为 1.4∶1.0∶0.9∶0.8∶0.8，其余节节间短而紧凑。后头脊完整。

胸部非常短。前胸背板前缘紧临侧凹，内具较稠密的横皱；中部具紧密的粗纵皱；后上部具较稠密模糊的细皱。中胸盾片均匀隆起，具非常稠密的细皱，无盾纵沟。小盾片中央稍纵凹，具非常稠密的细皱和短毛。后小盾片较平，横形，皱状。中胸侧板具强而稠密的粗网状皱；胸腹侧脊背端伸达中胸侧板前缘的中部之上。后胸侧板具稠密的粗网状皱；可见基间脊；后胸侧板下缘脊完整。翅稍带褐色，透明；小脉位于基脉外侧；无小翅室；第 2 回脉位于肘间横脉外侧，二者之间的距离约等于肘间横脉的长度；外小脉约在中央稍上方曲折；后小脉约在中央处曲折；后盘脉弱，无色。足细长；后足第 1~第 5 跗节长度之比依次约为 3.4∶1.6∶1.1∶0.7∶0.7；爪小，基部具细栉齿。并胸腹节向后方非常均匀地倾斜，具稠密的粗网状皱；中纵脊较明显，向基部稍收敛；侧纵脊和外侧脊明显；气门靠近基缘，斜椭圆形。

腹部第 1 节背板较光滑，细长，端部膨大，长约为亚端部宽的 6.9 倍，腹面亚基部具弱隆起；背侧脊基部可见；气门小，圆形，约位于端部 0.2 处。第 2 节以后的背板明显侧扁。产卵器鞘长为腹端厚的 0.7~0.8 倍。

体黑色，下列部分除外：触角柄节、梗节腹侧，上颚(端齿黑褐色)，下唇须，下颚须，前足(基节基部、腿节腹侧基半部黑色，末跗节和跗爪黑褐色)，中足第 1 转节腹侧、第 2 转节、腿节背侧端半部、胫节、第 1~第 2 跗节均为黄色；腹部第 1 节腹板、第 2 节背板端部两侧、第 3~第 7 节背板腹侧及腹板红褐色；翅脉，翅痣褐黑色。

♂ 体长 9.5~13.0 mm。前翅长 4.5~5.5 mm。触角鞭节 38~40 节，有的个体触角柄节、梗节腹侧为黑色，其余同♀。

寄主：油桐尺蠖 *Buzura suppressaria* Guenee (寄主新记录)。

分布：江西、浙江、广东、台湾。

观察标本：5♀♀，江西吉安天河林场，2008-06-29~07-22，集虫网；1♂，江西吉安天河林场，2008-07-20，集虫网；1♂，江西全南窝口，330 m，2009-04-14，集虫网；5♀1♂，江西铅山武夷山，1170 m，2009-07-18~30，集虫网；3♀♀2♂♂，广东遂溪城月镇，2007-09-17。

30. 对眼姬蜂属 *Chriodes* Förster, 1869 (江西新记录)

Chriodes Förster, 1869. Verhandlungen des Naturhistorischen Vereins der Preussischen Rheinlande und Westfalens, 25(1868):178. Type-species: (*Chriodes oculatus* Ashmead) = *minutus* Ashmead. Included by Ashmead, 1905.

前翅长 2.7~7.5 mm。复眼强烈向下方收敛。下颚须 4 或 5 节。下唇须 3 节。小盾片具完整的侧脊。腹板侧沟弱，中部之后不明显。小翅室存在或缺，若存在，则前部尖或稍平截。小脉与基脉对叉或位于基脉的外侧，二者之间的距离小于小脉长的 0.4 倍。后小脉在中央下方曲折。所有的爪均具栉齿。腹部第 1 节的基侧凹明显凹陷。产卵器鞘长为腹部第 1 节长的 1.0~2.0 倍。产卵器强烈侧扁。

全世界已知 23 种；我国已知 10 种。迄今为止，江西尚无报道。这里介绍发现于江西的该属 2 新种。

77. 全南对眼姬蜂，新种 *Chriodes quannanensis* Sheng & Sun, sp.n. (图版 VIII：图 55)

♀ 体长约 6.0 mm。前翅长约 3.5 mm。产卵器鞘长约 1.5 mm。

复眼强烈向下收敛。颜面长约为下缘最窄处的 5.7 倍；几乎平坦，上部中央非常微弱地纵隆起；具不明显的弱皱和稀疏的柔毛，触角窝下方具细刻点。唇基较强隆起，基部具不明显的弱细刻点，端部较光滑；端缘钝，中央弱弧形前凸。上颚基部光滑，具特别稀疏的弱刻点；上端齿稍长于下端齿。颊狭窄，上颚基部几乎靠近复眼下缘。上颊狭窄，向后强烈收敛，侧观约为复眼横径的 0.2 倍。头顶光滑光亮；单眼区稍隆起，单眼区及其后部呈细革质状表面；侧单眼间距约为单复眼间距的 2.0 倍。额在触角窝上方稍凹，光滑光亮。触角鞭节 23 节，第 1~第 5 鞭节长度之比依次约为 1.5∶1.4∶1.3∶1.2∶1.2，末节约为次末节长的 2.0 倍。后头脊完整(中央弱)。

前胸背板光滑，前沟缘脊明显。中胸盾片较强隆起，光滑光亮，中央前凸；盾纵沟非常清晰，约在中胸盾片后缘 0.2 处呈角状相接。小盾片和后小盾片光滑光亮，小盾片具侧脊。中胸侧板中部具 1 条前部向上方弯曲的斜凹沟，沟内具短横皱；横沟的下部具稠密的细刻点；上部隆起，光滑光亮；胸腹侧脊细弱明显，背端约达中胸侧板前缘 1/2 处；腹板侧沟具弱痕。中胸腹板具稠密的细皱刻点；中纵沟宽；中胸腹板后横脊完整、强壮。后胸侧板几乎无刻点(刻点不明显)。翅稍带褐色，透明；翅痣狭长；前翅小脉位于基脉稍内侧；无小翅室；肘间横脉强烈内斜，位于第 2 回脉内侧，它与第 2 回脉之间距离约为肘间横脉长的 1.1 倍；外小脉在中央稍下方曲折；后小脉约在下方 0.3 处曲折，上段稍外斜，下段强烈外斜。足细长，转节相对较长，胫节基部缢缩；后足第 1~第 5 跗节长度之比依次约为 3.7∶1.8∶1.2∶0.7∶0.8；爪非常小且弱。并胸腹节分区完整，光滑光亮，端区具近于平行且稠密的细横皱；基区近于三角形，侧面的纵脊完整，向后方显著收窄；中区长六边形，长约为分脊处宽的 2.0 倍，后部在分脊之后向后稍收敛；分脊约在中区前部约 0.25 处相接；侧纵脊中央(第 2 侧区与第 2 外侧区间的纵脊)间断；气门小，圆点状，周围稍凹，约位于基部 0.3 处。

腹部端部稍侧扁。第 1 节背板光滑光亮，腹柄部细长，基侧凹位于气门前侧；后柄部稍膨大；长约为亚端宽的 5.6 倍；气门稍隆起，约位于端部 0.4 处。第 2 节及以后背板呈细革质状表面和不明显的弱细刻点；第 2 节背板约为第 1 节背板长的 1.1 倍，约为端宽的 4.0 倍；第 3~第 6 节长均大于端宽。产卵器鞘长约为腹部第 1 节背板长的 1.6 倍，约为后足腿节长的 1.1 倍，约为前翅长的 0.4 倍；产卵器端部尖锐，背瓣亚端部具小缺刻。

体黑色，下列部分除外：触角基部黄褐色，中段 10~14 节白色；上颚(端齿红褐色)，下颚须，下唇须，前翅翅基，前中足转节黄褐色；足红褐色(前中足基节红褐至黑褐色、后足基节黑色，后足腿节外侧、胫节亚基部和端部、末跗节暗红褐色)；腹部第 1 节背板基部，第 2、第 3 节背板基部和侧缘红褐色；翅痣褐色，翅脉暗褐色。

正模 ♀，江西全南，2010-10-14，集虫网。

词源：新种名源于模式标本产地名。

该新种与脊对眼姬蜂 *C. carinatus* Kusigemati, 1983 相似，可通过下列特征区别：前翅小脉位于基脉内侧；并胸腹节中纵脊伸抵端横脊；腹部第 1 节背板的基侧凹位于气门之前；后足基节黑色。脊对眼姬蜂：前翅小脉与基脉对叉或位于其外侧；并胸腹节中纵脊伸抵该节端部；腹部第 1 节背板的基侧凹位于气门下方；后足基节背面浅红褐色，腹面浅黄色。

78. 截对眼姬蜂，新种 *Chriodes truncates* Sheng & Sun, sp.n. (图版 VIII：图 56)

♂ 体长 6.5~7.5 mm。前翅长 4.5~5.0 mm。

复眼非常强烈向下方收窄。颜面宽(下缘最窄处)约为高的 0.3 倍；几乎平坦，上部中央非常微弱地纵隆起；具稀疏不明显的细刻点，上缘中央“V”形下凹。唇基较强隆起，光滑，具不明显的弱细刻点；端缘钝，中央弱弧形前凸。上颚基部表面细革质状，具稀疏的弱刻点；上端齿尖锐，稍长于下端齿。颊狭窄，上颚基部几乎靠近复眼下缘。上颊狭窄，强度收敛，侧观约为复眼横径的 0.3 倍，光滑光亮，具稀疏的弱细刻点。头顶光滑光亮；单眼区稍隆起，单眼区及其后部呈细革质状表面；侧单眼间距约为单复眼间距的 1.8 倍。额在触角窝上方稍凹，光滑光亮。触角鞭节 30 或 31 节，第 1~第 5 鞭节长度之比依次约为 2.0∶1.7∶1.5∶1.3∶1.3，末节稍膨大，为次末节长的 2.0~2.2 倍。后头脊完整。

前胸背板光滑光亮，侧凹宽阔，前沟缘脊明显。中胸盾片较强隆起，光滑光亮，具较稠密的弱细刻点，中央前凸；盾纵沟非常清晰，约在端部 0.2 处相遇。小盾片较强隆起，光滑光亮，具稀疏的弱细刻点，基部具侧脊。后小盾片横形，光滑。中胸侧板在前上部具稠密的细纵皱；后上部具狭长、隆起、光滑光亮区，下缘具 1 条明显上方弯曲的斜凹沟；胸腹侧片及侧板的中下部具稠密的弱细刻点；胸腹侧脊背端约伸达中胸侧板前缘高的 1/2 处；腹板侧沟显著，约伸达中足基节。中胸腹板具稠密均匀的细刻点；中纵沟清晰；中胸腹板后横脊完整、强壮。后胸侧板具稠密不明显的细刻点，其下方具细横皱；基间脊可见。翅稍褐色，透明；翅痣狭长，其宽约为长的 0.1 倍；小脉与基脉相对或位于稍外侧；无小翅室；肘间横脉显著内斜，位于第 2 回脉内侧，它与第 2 回脉之间距离约等于肘间横脉的长；外小脉约在中央(或稍下方)曲折；后小脉在下方 0.2~0.3 处曲折。足细长，转节相对较长，胫节基部缢缩状；后足第 1~第 5 跗节长度之比依次约为 4.7∶2.0∶1.3∶0.8∶1.1；爪小，具细栉齿。并胸腹节均匀隆起，光滑光亮，分区完整；中部区域可见几个不明显的细刻点，外侧区具较稠密的弱细刻点，端区和第 3 侧区具稠密模糊的细皱；基区向后方显著收敛；中区长六边形，具弱皱痕，长约为分脊处宽的 2.0 倍，两侧边向下方渐收敛；分脊约在中区上部约 0.17 处伸出；气门椭圆形。

腹部第 1 节背板光滑光亮，腹柄部细长，无基侧凹；后柄部端部稍膨大；长约为亚端宽的 4.3 倍；气门小，圆形，位于端部 0.35~0.4 处；气门之前稍缢缩。第 2 节背板呈细革质状表面(前部细粒状)，长约为第 1 节背板长的 1.4 倍，约为端宽的 4.2 倍。第 3 节及以后背板侧扁，呈细革质状表面，具较稠密的褐色短毛；第 3、第 4 节背板背面观两侧近平行，第 3 节背板长约为宽的 2.5 倍，第 4 节背板长约为宽的 2.3 倍。第 5 节及以后背板两侧加宽，第 5、第 6 节背板长均大于端宽，其余背板横形。阳茎基侧突约呈长三角形，端部平截。

体黑色，下列部分除外：触角鞭节基部带暗褐色；触角柄节、梗节，上颚(端齿暗红褐色)，下颚须，下唇须，前翅翅基，前中足(背侧稍带红褐色)黄至黄褐色；后足红褐色，第 2 转节侧面、胫节端部黑褐色；腹部第 3、第 4 节背板黄褐至红褐色，有的个体各背板侧面多少带红褐色；翅基片红褐至褐黑色；翅痣褐色，翅脉暗褐色。

正模 ♂，江西铅山武夷山，1200 m，2009-07-18，集虫网。副模：6♂♂，江西铅山武夷山，1170~1200 m，2009-07-18~08-18，集虫网。

词源：新种名源于阳茎基侧突端部平截。

该新种与缺脊对眼姬蜂 *C. incarinatus* Kusigemati, 1983 近似，可通过下列特征区别：上颚上端齿稍长于下端齿；并胸腹节中区完整，第 2 侧区与第 2 外侧区由纵脊分隔；腹部第 1 节背板完全黑色；第 2 节背板黑褐色，侧缘黄色。缺脊对眼姬蜂：上颚上端齿短于下端齿；并胸腹节中区不完整，与第 2 侧区合并；第 2 侧区与第 2 外侧区合并；腹部第 1 节背板基半部黄褐色，端半部带黑色；第 2 节背板基半部浅红色，端半部带黑色。

31. 弯尾姬蜂属 *Diadegma* Förster, 1869

Diadegma Förster, 1869. Verhandlungen des Naturhistorischen Vereins der Preussischen Rheinlande und Westfalens, 25(1868):153. Type-species: *Campoplex crassicornis* Gravenhorst, included by Schmiedeknecht, 1907.

该属是一个较大的属，全世界已知 205 种；中国已知 13 种；江西仅知 1 种。寄主种类较多，目前已知寄主达 520 多种。

79. 台湾弯尾姬蜂 *Diadegma akoense* (Shiraki, 1917)

Eripternus akoensis Shiraki, 1917. Report Taihoku Agricultural Experiment Station. Formosa, 15(109):145.
Diadegma akoense (Shiraki, 1917). He, Chen, Ma. 1996: Economic Insect Fauna of China, 51: 332.

分布：江西、安徽、河南、上海、浙江、福建、湖北、湖南、广东、广西、云南、贵州、海南、四川、台湾；日本。

32. 钝唇姬蜂属 *Eriborus* Förster, 1869

Eriborus Förster, 1869. Verhandlungen des Naturhistorischen Vereins der Preussischen Rheinlande und Westfalens, 25:153. Type-species：*Campoplex perfidus* Gravenhorst, 1829. Designated by Morley, 1913.

唇基宽大，非常微弱地隆起；端缘钝。中胸腹板后横脊完整。并胸腹节中区长明显大于宽，向后方收敛。后足基跗节腹面具一列稠密的细毛刺。无小翅室。小脉位于基脉外侧。腹部端部侧扁。产卵器鞘长为腹末厚度的 1.3~5.0 倍，通常稍上弯。

该属是一个中等大的属，全世界已知 55 种；我国已知 11 种；江西已知 3 种。

80. 中华钝唇姬蜂 *Eriborus sinicus* (Holmgren, 1868)

Limneria sinica Holmgren, 1868. Kongliga Svenska Fregatten Eugenies Resa omkring jorden. Zoologi, 6:412.

Eriborus sinicus (Holmgren, 1868). He, Chen, Ma. 1996: Economic Insect Fauna of China, 51: 340.

分布：江西、江苏、浙江、福建、广东、云南、四川、台湾；日本，菲律宾等。

81. 大螟钝唇姬蜂 *Eriborus terebrans* (Gravenhorst, 1829) (江西新记录)

Campoplex terebranus Gravenhorst, 1829. Ichneumonologia Europaea, 3:503.

♂ 体长约 10.0 mm。前翅长约 6.0 mm。

颜面宽约为长的 1.5 倍，与唇基形成一个均匀的面，无唇基沟，中央非常微弱地隆起，具清晰稠密的细刻点和浅褐色柔毛，唇基端缘钝，弱弧形，两侧稍突出并稍微抬高。上颚强壮，基部具细刻点，下缘具明显的边；上端齿稍长于下端齿。颊区呈非常细的粒状表面，颚眼距约为上颚基部的 0.5 倍。上颊较强地向后收敛，具非常稠密的细毛刻点。头顶非常短，质地同上颊；单眼区稍隆起，侧单眼间距约等于单复眼间距。额稍凹，具细密的刻点。触角鞭节 40 节。后头脊完整。

前胸背板前缘具细纵皱，侧凹内具稠密的横皱，其余部分具刻点。中胸盾片具非常稠密且不太清晰的刻点；盾纵沟非常弱。小盾片均匀隆起，具清晰的刻点。后小盾片横形，稍隆起，具细刻点。中胸侧板具清晰的刻点；胸腹侧脊背端抵达前胸背板后缘高的 0.6 处；镜面区光滑光亮，它的前面具不清晰的弱斜皱。中胸腹板具稠密的刻点。中胸腹板后横脊完整、强壮。后胸侧板与中胸侧板的质地近似，后部具不清晰的短斜皱。翅透明；无小翅室；小脉位于基脉外侧；肘间横脉位于第 2 回脉内侧，长约为它与第 2 回脉之间距离的 1.5 倍；外小脉在中央稍上方曲折；后小脉几乎垂直，向外弓，不曲折。后足跗节第 3 节约为第 5 节长的 1.2 倍；爪栉状。并胸腹节脊完整、强壮；基区约为三角形；中区六边形，前边短；与端区之间有横脊分开；分脊完整；基区和中区较光滑，有几个刻点；第 1 侧区靠近基区部分光滑，外侧具刻点；端区具稠密的横皱，其余区域具不规则的粗皱；气门卵圆形，由一短脊与外侧脊相连。

腹部背板光滑，端部侧扁；第 1 节腹柄部细长，基侧凹大且深；后柄部较宽，稍扁平；第 2 节背板长大于端宽；第 3 节及以后各节背板横形。

体黑色。上颚(端齿黑色除外)黄至红褐色；触角柄节和梗节腹侧，下颚须，下唇须，翅基片黄色；足红褐色，前中足基节(中足基节基部黑色)、转节、腿节腹侧黄色，后足基节和第1转节、胫节基部和端部黑色，后足跗节暗黑色；翅痣和翅脉褐黑色。

♀ 体长 6.5~10.0 mm。前翅长 5.5~7.5 mm。产卵器鞘长 3.0~3.5 mm。颚眼距为上颚基部的 0.5~0.6 倍。触角鞭节 37~39 节。并胸腹节脊强壮；基区近于三角形；中区六边形，基边短；与端区之间有横脊分开；分脊完整。产卵器鞘长约为后足胫节长的 1.5 倍。产卵器上弯。

寄主：白杨透翅蛾 *Paranthrene tabaniformis* Rott.、青杨天牛 *Saperda populnea* L.、松小梢斑螟 *Dioryctria pryeri* Ragonot、微红梢斑螟 *D. rubella* Hampson、玉米螟 *Ostrinia nubilalis* (Hübner)等幼虫。国外报道的寄主还有：梨豹蠹蛾 *Zeuzera pyrina* (L.)等。

分布：江西、河南、黑龙江、吉林、辽宁、河北、山西、山东、湖北、湖南、陕西、江苏、浙江、广东、福建、四川、云南等；朝鲜，日本，俄罗斯，法国，意大利，匈牙利，保加利亚，摩尔多瓦，波兰，罗马尼亚，前南斯拉夫，土耳其，关岛，美国，加拿大。

观察标本：1♂，江西全南，650 m，2008-09-02，集虫网；1♀，江西全南，2009-04-14，集虫网；3♀♀2♂♂(从松小梢斑螟 *Dioryctria pryeri* Ragonot 养得)，辽宁兴城，1992-06，温俊宝；5♀♀3♂♂(从白杨透翅蛾 *Paranthrene tabaniformis* Rott.和青杨天牛 *Saperda populnea* L.老龄幼虫养得)，辽宁沈阳，1992-06-16~07-19，盛茂领；6♀♀1♂(从玉米螟 *Ostrinia nubilalis* (Hübner)幼虫养得)，吉林延吉，1974-07，娄巨贤；1♀(从白杨透翅蛾 *Paranthrene tabaniformis* Rott. 幼虫养得)，辽宁沈阳，2005-06-10，盛茂领。

82. 稻纵卷叶螟钝唇姬蜂 *Eriborus vulgaris* (Morley, 1913)

Dioctes vulgaris Morley, 1913. The fauna of British India including Ceylon and Burma, Hymenoptera, 3. Ichneumonidae: 472.

Eriborus vulgaris (Morley, 1913). He, Chen, Ma. 1996: Economic Insect Fauna of China, 51: 342.

分布：江西、福建、浙江、广东、广西、湖北、湖南、四川、云南、台湾；日本，印度，巴基斯坦，斯里兰卡等。

33. 脊姬蜂属 *Genotropis* Townes, 1970 (中国新记录)

Genotropis Townes,1970. Memoirs of the American Entomological Institute, 13(1969):183. Type-species: *Genotropis clara* Townes; original designation.

复眼内缘在触角窝处具凹刻。唇基小，较隆起，端缘薄。上颚较短，下缘具边缘，2端齿等长，或下端齿稍短。颊脊抵达上颚基部。并胸腹节均匀隆起，中区与端区合并；气门圆形。中胸侧板具细至较粗的皱。小脉位于基脉外侧，二者之间的距离约为小脉长的 0.25 倍；无小翅室；后小脉约垂直，不曲折。后足基跗节腹面无1列特殊的毛。爪具强壮的栉齿。腹部强烈侧扁；第1节具小且浅(或几乎消失)的基侧凹；柄部细且长；后柄部稍阔。产卵器鞘长约为腹端厚度的 1.2 倍。

该属的种类分布于东洋区，已报道的仅1种：清脊姬蜂 *G. clara* Townes, 1970，分布于菲律宾。寄主不详。这里介绍在我国江西发现的1新种。

脊姬蜂属分种检索表

1\. 后足基节背面后部的椭圆形大斑和端部浅黄色；后足胫节赤褐色，基部背面具短黄色斑；腹部第2~第8节背板赤褐色，第2节背板基部0.7暗褐色，第3节背板基部0.3的中斑略带褐色………**清脊姬蜂 *G. clara* Townes**

后足基节黑色；后足胫节中段黄色，两端黑色；腹部背板黑色………………………………………………………………………………………………**斑足脊姬蜂，新种 *G. maculipedalis* Sheng & Sun, sp.n.**

83. 斑足脊姬蜂，新种 *Genotropis maculipedalis* Sheng & Sun, sp.n. (图版 VIII：图 57)

♀ 体长约 6.0 mm。前翅长约 5.0 mm。产卵器鞘长约 1.0 mm。

头部宽稍大于胸宽，复眼内缘在触角窝处具明显的凹刻。颜面向下方稍收窄，表面较平，具稠密模糊不清的细横皱和近白色短毛(下部的毛稍长)，下部宽约为长的 0.8 倍。唇基稍隆起，具细革质状表面和稠密的短毛，宽约为长的 1.5 倍，端缘边缘显著，中央略呈弧形前突。上颚宽短，下缘具宽边，质地同唇基；上端齿稍长于下端齿。颊短，稍凹，具模糊的弱皱，颚眼距约为上颚基部宽的 0.25 倍。上颊呈模糊的细皱粒状，向后强烈收敛，侧观约为复眼横径的 0.6 倍。头顶呈细革质状表面；单眼区稍隆起，具模糊的细皱；侧单眼后方强度倾斜，后部具稠密的浅刻点；侧单眼间距约为单复眼间距的 2.0 倍。额较平，具稠密模糊的细横皱。触角明显短于体长；鞭节 37 节，端部尖细，第 1~第 5 节长度之比依次约为 1.6∶1.2∶1.1∶1.1∶1.1。后头脊完整。

前胸背板具稠密的细纵皱，具前沟缘脊。中胸盾片均匀隆起，具稠密均匀的细纵皱，后部中央的皱呈同心的环状；无盾纵沟。小盾片均匀隆起，具非常稠密的弱且细的横皱和短毛。后小盾片稍隆起，具弱皱。中胸侧板中下部具稠密的纵网状皱；上部具较稠密的斜纵皱，斜纵皱的下方具 1 横斜沟，伸达中胸侧板后缘中央；胸腹侧脊背端伸达翅基下脊，上部弯向中胸侧板前缘；镜面区处呈细革质状表面。后胸侧板具稠密的斜纵皱；后胸侧板下缘脊完整。翅稍带褐色，透明；小脉与基脉相对；无小翅室；第 2 回脉位于肘间横脉外侧，二者之间的距离为肘间横脉长的 0.4~0.5 倍；外小脉约在中央稍上方曲折；后小脉不曲折，无后盘脉。后足胫节向端部逐渐加粗，背侧具稠密的短棘刺，第 1~第 5 跗节长度之比依次约为 4.4∶1.9∶1.2∶0.8∶1.0；爪具细栉齿。并胸腹节均匀隆起，具稠密的鳞状细皱和稠密的短毛；分区完整；中纵脊在基区中后部相互靠近；中区小，五边形(无后边，端横脊中部缺)，长约为宽的 1.7 倍，侧边近平行；分脊约在中区前方亚前部横向伸出；气门圆形，约位于基部 0.3 处。

腹部具细革质状表面和稠密的短毛。第 1 节背板具细柄，端部膨大，背方亚端部显著隆起；长约为亚端宽(最宽处)的 3.0 倍，腹面亚基部具弱隆起；背中脊不明显；气门小，圆形，约位于端部 0.3 处。第 2 节背板长约为端宽的 2.0 倍；第 3 节及以后的背板明显侧扁。产卵器鞘长约为腹端厚的 1.1 倍。

体黑色，下列部分除外：触角柄节、梗节腹侧，唇基，上颚(端齿红褐色)，下唇须，下颚须，前中足(末跗节和爪黑褐色)，后足转节、腿节端部、胫节中段(约为胫节长的 1/2)、第 1~第 4 跗节，翅基片和前翅翅基均为黄色；后足腿节红褐色，基节、胫节两端、末跗节和爪黑色；翅脉褐色，翅痣暗褐色。

♂ 体长 4.5~5.5 mm。前翅长 4.0~4.3 mm。触角鞭节 35 节。

正模 ♀，江西全南，2009-11-25，集虫网。副模：7♂♂，江西安福，180~260 m，2010-05-31~06-12，集虫网。

词源：新种名源于足具色斑。

该新种与清脊姬蜂 *G. clara* Townes, 1970 可通过上述检索表鉴别。

34. 镶颚姬蜂属 *Hyposoter* Förster, 1869

Hyposoter Förster, 1869. Verhandlungen des Naturhistorischen Vereins der Preussischen Rheinlande und Westfalens, 25(1868):152. Type-species: *Limnerium* (*Hyposoter*) *parorgyiae* Viereck, 1910.

复眼内缘在触角窝处微弱至强烈凹陷。唇基小，强烈隆起，端部非常强地隆起。上颚短，下缘基部呈片状，中部之后突然变狭；下端齿稍小于上端齿。上颊短至非常短。后头脊在上颚基部上方与口后脊相遇。中胸腹板后横脊完整。爪具栉齿。前翅通常具小翅室，尖或具柄；第 2 回脉出自它的近外角处。后小脉不曲折，垂直或稍外斜。并胸腹节中区短，与端区合并，或由不规则的脊部分分开。并胸腹节气门圆形或短椭圆形。腹部侧扁；第 1 节通常具基侧凹；腹陷通常较大，横椭圆形。产卵器鞘长为端部厚度的 1.0~1.5 倍，直或稍向上弯曲。

全世界已知 120 种；我国已知 8 种；江西已知 1 种。

84. 菜粉蝶镶颚姬蜂 *Hyposoter ebeninus* (Gravenhorst, 1829)

Campoplex ebeninus Gravenhorst, 1829. Ichneumonologia Europaea, 3:480.

Hyposoter ebeninus (Gravenhorst, 1829). He, Chen, Ma. 1996: Economic Insect Fauna of China, 51: 334.

分布：江西、江苏、浙江、湖北、四川、贵州、黑龙江；印度，俄罗斯；欧洲。

35. 暗姬蜂属 *Rhimphoctona* Förster, 1869

Rhimphoctona Förster, 1869. Verhandlungen des Naturhistorischen Vereins der Preussischen Rheinlande und Westfalens, 25(1868):153. Type-species: (*Pyracmon fulvipes*) = *grandis* Fonscolombe, included by tschek, 1871.

前翅长 3.7~12.0 mm。唇基较平坦，端缘钝，均匀隆起，中央通常呈角状凸起(或 1 钝齿)。上颚下端齿通常长于上端齿。颊脊与口后脊相连。上颊较长或很长，通常亚后部较膨胀，向后扩展，背面观，长大于复眼宽。中胸侧板粗糙，刻点非常细且稀至较中等大小且稠密。中胸腹板后横脊完整。并胸腹节具清晰的脊，中区与端区合并。爪的基部具栉齿。具小翅室。腹部第 1 节背板较强壮，气门约位于端部 0.48 处；基侧凹大。窗疤小，稍长，距基部的距离约为其宽的 1.3 倍。产卵器鞘细长。产卵器向上弯曲。

含 2 亚属：暗姬蜂亚属 *Rhimphoctona* Förster, 1869 和木姬蜂亚属 *Xylophylax* Kriechbaumer, 1878。我国仅知木姬蜂亚属 *Xylophylax* Kriechbaumer 的种类。

分布于全北区和东洋区。全世界已知 29 种；我国已知 5 种；江西已知 2 种。寄主为树皮下的天牛科、吉丁虫科及象甲虫科，有报道寄生蛇蛉科 Rhaphidiidae 幼虫。

暗姬蜂属中国已知种检索表(♀)

1. 并胸腹节无分脊；产卵器鞘与后足胫节等长；后足基节、转节及腿节黑色，腿节基部背面具1黄褐色斑……………………………………………**斑腿暗姬蜂 *R.* (*Xylophylax*) *maculifemoralis* Luo & Sheng**
   并胸腹节具分脊……………………………………………………………………………………2
2. 唇基红褐色；后足基节红至红褐色……………………**褐基暗姬蜂 *R.* (*Xylophylax*) *rufocoxalis* (Clément)**
   唇基黑色，或仅端缘中央的突起处带褐色；后足基节黑色或几乎全部黑色……………………3
3. 前足第1转节前侧端缘无齿；唇基端缘中央具突起；产卵器鞘长约为后足胫节长的1.5倍；产卵器亚端部无背缺刻……………………………………………**露暗姬蜂 *R.* (*Xylophylax*) *lucida* (Clément)**
   前足第1转节前侧端缘具1小齿；唇基端缘中央无突起或具非常弱的突起……………………4
4. 并胸腹节基区的侧脊合并为1条纵脊；分脊明显在中区的前部相接；唇基中央具弱突起；头胸部完全黑色(雌蜂不详)……………………………**脊暗姬蜂，新种 *R.* (*Xylophylax*) *carinata* Sheng & Sun, sp.n.**
   并胸腹节具基区(侧纵脊不合并)，分脊在中区的中部相接；唇基端缘较匀称，中央无突起；雄蜂的颜面，唇基，额眼眶，中胸侧板下侧及中胸腹板均为黄色……………………………………………………
   ……………………………………………………**无斑暗姬蜂 *R.* (*Xylophylax*) *immaculata* Luo & Sheng**

85. 脊暗姬蜂，新种 *Rhimphoctona* (*Xylophylax*) *carinata* Sheng & Sun, sp.n. (图版VIII：图58)

♂ 体长约13.0 mm。前翅长约8.0 mm。

颜面几乎平坦，宽约为长的1.9倍，表面具稠密的细纵皱；上缘中央稍凹，具1明显的中纵瘤；触角窝的下缘不均匀地抬高。唇基平坦宽阔，基部具稠密的细纵皱，中部和端部具稠密清晰的细刻点，端缘光滑光亮，端缘中央具较明显的钝突。上颚强壮，具细革质状表面和较弱的纵刻点；下端齿稍长于上端齿。颊具细革质状表面和稠密的细网皱，颚眼距约为上颚基部宽的0.4倍。上颊具细革质状表面和较稀且细的刻点，亚后部稍膨胀，侧观约为复眼横径的0.6倍。头顶宽大，稍均匀隆起，质地与上颊相似；单眼区周围具浅围沟；侧单眼间距等于单复眼间距。额均匀向中央凹陷，表面粗糙，下部中央光滑，具稠密的稍呈环状的细网皱和1短中纵脊。触角细弱，短于体长，端部扁，鞭节41节，第1~第5鞭节长度之比依次约为2.0∶2.0∶1.8∶1.8∶1.6，向后均匀渐短。后头脊完整。

前胸背板前部具稠密且非常细的纵皱，侧凹具稠密稍粗的短横皱，后上部具稠密的细纵皱；无前沟缘脊。中胸盾片均匀隆起，中叶稍前凸，具细革质状表面和稠密且非常细的网状刻点，盾纵沟弱浅，约伸达端部0.3处。小盾片较强隆起，质地与中胸盾片相似。后小盾片相对平坦，具稠密的细皱点。中胸侧板和中胸腹板具细革质状表面和非常细的网状刻点，在镜面区的前上方具细的斜纵皱；镜面区小，光滑，清晰可见；胸腹侧脊明显，背端抵达中胸侧板前缘上方约0.4处。中胸腹板后横脊完整、强壮。后胸侧板具与中胸侧板相似的表面，但刻点不清晰，具稠密的细的斜横皱；后胸侧板下缘脊完整强壮。翅淡褐色，透明；小脉与基脉对叉；小翅室斜四边形，上方尖；第2回脉约在它的下方外侧1/3处与之相接；外小脉约在中央曲折；后小脉约在下方0.2处曲折。足的基节具与中胸腹板相似的质地；后足腿节强烈侧扁，质地同基节近似；后足第1~第5跗节长度之比依次约为5.1∶2.0∶1.5∶0.9∶1.0。爪小，仅基部具栉齿。并胸腹节具细革质状表面和不规则的细皱和刻点；基区小三角形，中纵脊在基区后部合二为一；端横脊的中段缺，中区与端区合并；中区接近正五边形(无底边)，表面稍粗糙；端区近于菱形(缺前边)，粗糙，端半部具较粗的横皱；分脊约于基部 0.3 处伸出；第 1 侧区、第 2 外侧区具稠密的细横皱，第 2 侧区具稠密的细纵皱，第 3 侧区具稠密稍粗的斜皱；气门稍呈椭圆形，约位于基部 0.16 处，由 1 短脊与外侧脊相连。

腹部呈细革质状表面，具稠密弱浅的细刻点和不明显的细横线纹。第 1 节背板长为端宽的 2.9 倍，后柄部稍加宽，背部较隆起，端半部具浅的中纵凹；背中脊仅基部可见，背侧脊弱、在气门附近几乎消失；气门非常小，稍隆起，位于第 1 节背板侧部中央稍后。第 2 节背板拉长，长约为第 1 节背板的 0.9 倍，约为端宽的 1.9 倍。第 3 节背板长约为端宽的 1.4 倍，两侧近平行；以后背板均匀渐短，仅第 8 节背板横形。

黑色。上颚(下缘及端齿黑色)；下颚须，下唇须，翅基片及前翅翅基，前中足黄褐至暗褐色；后足基节、腿节、胫节基部和端部褐黑色，其余部分黄褐至暗褐色；翅痣和翅脉褐黑色。

正模 ♂，江西宜丰官山，430 m，2009-03-31，集虫网。

词源：新种名源于并胸腹节基区的侧脊合并为 1 条纵脊。

鉴别：可通过“并胸腹节无基区，侧脊合并为 1 条脊”与该属所有其他已知种区别。该新种与露暗姬蜂 *R.* (*Xylophylax*) *lucida* (Cl é ment)近似，可通过下列特征区别：上颊宽约为复眼横径的 0.9 倍；具光滑光亮的镜面区，该处无明显的细革质状质地；前足第 1 转节前侧端缘具 1 小齿；前中足基节红褐色；后足胫节基部约 0.7 灰褐色。露暗姬蜂：上颊宽为复眼横径的 1.3~1.4 倍；无镜面区，该处具清晰的细革质状质地；前足第 1 转节前侧端缘无齿；前中足基节黑色；后足胫节黑色，仅基端稍带褐色。

86. 无斑暗姬蜂 *Rhimphoctona* (*Xylophylax*) *immaculata* Luo & Sheng, 2010 (江西新记录)

Rhimphoctona (*Xylophylax*) *immaculata* Luo & Sheng, 2010. Journal of Insect Science, 10(4):5.

♀ 体长约 9.5 mm。前翅长约 7.5 mm。产卵器鞘长约 3.0 mm。

颜面中央微弱隆起，宽约为长的 2.0 倍，表面稠密的细粒状，具较密的细刻点，中央的刻点相对较大，两侧的刻点较浅而不太清晰；上缘中央具 1 非常小的突起；与唇基无明显分界。唇基中部稍凹，具革质斜细纹状质地，具较大且稀的刻点；端缘几乎光滑，端缘中部稍抬高。上颚强壮，基部具细革质状质地和较稀的细刻点；下端齿约为上端齿长的 1.6 倍。颊区凹，稍粗糙，颚眼距约为上颚基部宽的 0.65 倍。上颊表面稍呈细革质状，具非常稀且细的刻点，较长，侧面观长约为复眼横径的 0.83 倍，仅后缘处向后收敛。头顶稍均匀隆起，质地与颜面相似，但刻点和细粒较稀；单眼区稍隆起，中央微凹；侧单眼间距约为单复眼间距的 0.9 倍。额均匀向中央下部凹陷，表面的质地与颜面相同，下部中央具非常弱的细横纹；中央稍纵隆起，但不呈脊状。触角短，鞭节 28 节，均匀，端部不变细。后头脊完整，在靠近上颚基部处与口后脊相遇。

胸部具与头顶相似的质地。前胸背板前缘具细纵纹；侧凹内具稠密的短横皱；后上部具细刻点；前沟缘脊不明显。中胸盾片均匀隆起，具非常均匀的细刻点，盾纵沟非常弱，仅前部具痕迹。小盾片较隆起，光亮，具清晰的细刻点。后小盾片稍粗糙，具稠密且浅的细刻点，前侧角深凹。中胸侧板和中胸腹板具非常均匀的细刻点，后者较密；在镜面区的前方具细斜皱；镜面区光亮，具非常弱且不明显的细斜纹。中胸腹板后横脊完整、强壮。后胸侧板稍粗糙，具非常稠密但不清晰的细刻点；后胸侧板下缘脊完整、强壮。翅稍带褐色透明；小脉位于基脉外侧；小翅室稍呈斜四边形(几乎呈斜三角形)，上方尖；第 2 回脉在它的下外角的稍内侧与它相接；外小脉在中央曲折；后小脉稍内斜，约在下方 1/4 处曲折。前足第 1 转节前侧端缘具 1 小齿；前足胫节外侧端缘具 1 小齿；爪小，具清晰的栉齿。并胸腹节脊强壮，分区完整，仅中区和端区合并(无脊分隔)；中区宽稍大于长，分脊在它的中部相接；稍粗糙，刻点不明显；中区端部及端区具横皱；气门几乎圆形(稍呈椭圆形)。

腹部端部(从第 3 节起)强烈侧扁；最宽处位于第 2 节末端。第 1 节背板向后部逐渐变宽，长约为端宽的 2.6 倍；稍粗糙，端部具非常弱的纵皱纹；基侧凹非常深；无背中脊，背侧脊仅基部(气门内侧)强壮，后部较弱，靠近气门处不明显；气门小，稍凹。第 2 节背板具非常细的革质粒状表面，长约等于端宽，端宽约为基宽的 1.8 倍。产卵器鞘稍细弱，长约为腹端厚度的 2.0 倍，约为后足胫节长的 0.9 倍。产卵器均匀上弯，亚端部具清晰的背缺刻。

黑色。下颚须及下唇须不均匀的黑褐色；上颚中段，前足腿节，中足腿节外侧红褐色；前中足胫节棕褐色；前中足跗节褐黑色。

♂ 体长约 10.5 mm。前翅长约 7.5 mm。触角鞭节 41 节，端部稍变细。上颊亚后部膨胀。柄节，梗节，颜面，唇基，上颚(端齿除外)，颊，上颊(未达头顶)，额眼眶(未达头顶)，下颚须，下唇须，前中足基节及其转节，前胸侧板，中胸侧板下侧及中胸腹板，翅基片黄色。前中足及后足转节黄褐色。后足基节(基端背侧带黑色除外)及腿节红褐色；后足胫节不清晰的深红褐色(腹侧的色稍浅)；后足跗节黑褐色。

分布：江西、河南。

观察标本：1♂，江西铅山武夷山，1450 m，2009-07-30，钟志宇；1♀1♂，河南内乡宝天曼自然保护区，2006-05-25，申效诚。

36. 小室姬蜂属 *Scenocharops* Uchida, 1932 (江西新记录)

Scenocharops Uchida, 1932. Journal of the Faculty of Agriculture, Hokkaido University, 33:202. Type-species: (*Scenocharops longipetiolaris* Uchida) = *Charops flavipetiolus* Sonan, 1929; original designation.

主要属征：复眼内缘在触角窝处强烈凹陷；颚眼距非常短；上颊非常短；中胸侧缝至少中部约 1/3 不凹陷，而是稍隆起的中胸后侧片和一些横皱；通常具非常小的小翅室，若具小翅室，则具长柄；第 2 盘室下外角尖；后小脉约在下方 1/3 处曲折；并胸腹节无脊，但具中纵凹，末端约伸至后足基节基部 0.4 处；腹部第 1 节非常细长，背板基部的侧缝位置非常高，位于该节背板背缘；产卵器鞘长为腹端厚度的 1.4~1.8 倍；雄性抱握器端半部呈棒状。

该属是一个小属，已知 9 种；我国已知 4 种；此前江西无记载。

87. 竹刺蛾小室姬蜂 *Scenocharops parasae* He, 1980　(江西新记录)

Scenocharops parasae He, 1980. Journal of Zhejiang Agricultural University, 6(2):81.

♀　体长 11.0~12.5 mm。前翅长 7.0~7.5 mm。产卵器鞘长 1.5~1.8 mm。

复眼在触角窝处具明显的凹刻。颜面宽约为长的 1.5 倍；中部稍隆起，具稠密模糊的细纵皱和黄白色短毛。唇基稍隆起，具与上颊相似的表面，端缘略呈弧形前突。上颚宽短，基部细革质状，下缘呈膜质的宽边；上端齿稍长于下端齿。颊短，稍凹，具细皱，颚眼距约为上颚基部宽的 0.4 倍。上颊非常短，具非常不清晰的弱细皱，向后强烈收敛，使得头部极短。头顶具细革质粒状表面；单眼区隆起，具稠密模糊的细弱皱；侧单眼后方几乎垂直下斜；侧单眼间距约为单复眼间距的 2.2 倍。额较平，具非常粗糙的表面和不清晰的细皱。触角明显短于体长；鞭节 39 或 40 节。后头脊完整。

胸部非常短。前胸背板前缘及侧凹上方相对光滑，侧凹下方及背板后缘具稠密的细纵皱；后上部具细革质粒状表面；前沟缘脊强壮。中胸盾片均匀隆起，具稠密模糊的细纵皱和黄白色短毛，无盾纵沟。小盾片均匀隆起，具非常稠密的细皱和较中胸盾片稠密且较长的毛。后小盾片不明显。中胸侧板具稠密不规则的粗网皱；胸腹侧脊背端伸达中胸侧板高的 0.6 处，与前缘不接触。后胸侧板具稠密的粗横皱；基间脊完整，近半圆形。翅稍带褐色透明；小脉位于基脉外侧；小翅室小三角形，具长柄；第 2 肘间横脉细，约从下方 1/3 处伸出；第 2 回脉位于它的下方外侧 0.3 处；外小脉约在中央处曲折；后小脉约在下方 0.2 处曲折；后盘脉细弱，无色。足细长；爪下方具细栉齿。并胸腹节具稠密的粗网皱和黄白色长毛，中央呈宽浅的中纵凹；无中纵脊；侧纵脊仅基部明显，亚基部向外突出；外侧脊明显；气门贴近外侧脊，椭圆形，约位于基部 0.3 处。

腹部长约为头胸部长度之和的 2.0 倍；第 1 节较光滑，细长，端部强烈膨大，长约为宽(亚端部)的 5.6 倍；气门小，椭圆形，约位于端部 0.25 处。第 2 节及以后的背板明显侧扁，具细革质状表面和稀疏的毛细刻点。产卵器鞘长约为后足胫节长的 0.5 倍；产卵器背瓣具小的亚端背凹。

头胸部(包括并胸腹节)黑色，触角柄节、梗节腹侧，上颚(端齿红褐至黑褐色)，下唇须，下颚须，翅基片及前翅翅基黄色；前中足黄色(前足基节基部及中足基节黑色，末跗节及跗爪红褐色)；后足红褐色(基节黑色，第 2~第 4 跗节及爪暗褐色)；腹部黄褐色，第 1 节柄部黄色，第 2 节背板背方(端部 1/5~1/4 除外)黑色；翅脉和翅痣褐色。

分布：江西、湖南、浙江。

观察标本：3♀♀7♂♂，江西万载，1978-10，丁冬荪。

七、茎姬蜂亚科 Collyriinae

颜面上方具 1 叉状脊，向上延伸至触角窝之间。唇基沟在唇基凹之间不明显；唇基几乎不隆起，端缘具 1 中齿或凸。上颚基部宽，强烈向端部变狭；齿尖锐，2 端齿约等长或下端齿长于上端齿。下颚须 5 节；下唇须 4 节。触角较短，为前翅长的 0.65~0.7 倍。雄性触角无触角瘤。后头脊完整，背面均匀弓形，下端明显在上颚基部上方与口后脊相接。中胸亚圆筒形。中胸盾片中叶前部的斜面几乎垂直。无前沟缘脊。盾纵沟长。具胸腹侧脊。中胸腹板后横脊不完整。前足胫节端部外侧无齿；前后足胫节各具2距；前中足跗节的爪在中部具齿或基叶；后足的爪大，简单，强烈弯曲；后足腿节粗，长为最大厚的3.0~3.6倍。前翅小脉与基脉对叉；无第2肘间横脉；后小脉上段强烈外斜，约为下段的0.2倍。并胸腹节长，约呈圆筒形；具纵脊或有不同程度的退化，无横脊；气门椭圆形。后胸侧板无基间脊。腹部拉长，中部之后稍侧扁；第1节长，狭窄，气门位于中部之前或中部；腹板(几丁质化部分)端缘伸达中部或中部之前；第8节背板通常拉长。产卵器稍微至强烈向下弯曲。

该亚科含3属：奥姬蜂属 *Aubertiella* Kuslitzky & Kasparyan, 2011、双短姬蜂属 *Bicurta* Sheng, Broad & Sun, 2012、茎姬蜂属 *Collyria* Schiødte, 1839。我国已知2属；江西知1属。

茎姬蜂亚科世界已知属检索表

1. 颚眼距为上颚基部宽的0.15倍；上颚下端齿约为上端齿长的2倍；腹部第7、第8节背板几乎全部收缩在第6节背板下 ······ **奥姬蜂属 *Aubertiella* Kuslitzky & Kasparyan**
   颚眼距至少为上颚基部宽的0.33倍；上颚下端齿等于或稍长于上端齿；腹部第7、第8节背板明显可见，或稍拉长 ······ 2
2. 胸腹侧脊仅在腹板可见；前中足的爪具叶状钝齿；产卵器直，光滑，腹瓣无齿 ······ **双短姬蜂属 *Bicurta* Sheng, Broad & Sun**
   胸腹侧脊在中胸侧板明显可见；前中足的爪具弱的中齿；产卵器稍向下弯曲，腹瓣具清晰的齿 ······ **茎姬蜂属 *Collyria* Schiødte**

37. 双短姬蜂属 *Bicurta* Sheng, Broad & Sun, 2012

Bicurta Sheng, Broad & Sun, 2012. Journal of Hymenoptera Research, 25:114. Type-species: *Bicurta sinica* Sheng, Broad & Sun.

颜面上部具叉状脊，该脊伸至触角窝之间。唇基侧面观几乎平，宽约为长的2.2倍，端缘中段几乎平截，具1个钝角状突。上颚强烈向端部变狭；端齿尖锐，下端齿稍长于上端齿。触角短，几乎呈棒状，约为前翅长的0.66倍。盾纵沟深，伸至中胸盾片中部。小盾片和后小盾片几乎平坦。胸腹侧脊不明显。腹板侧沟弱，前部约0.4具痕迹。前翅无小翅室，小脉与基脉对叉；第2回脉内斜，具1个弱点；后小脉在中部上方很高处曲折。前中足的爪长，具叶状钝齿。后足特别长，全长约为前翅长的1.9倍；后足基节长，约为该腿节长的0.8倍；后足腿节粗，长约为最大厚度的3.3倍；爪简单。并胸腹节拉长，具完整的纵脊；无横脊；气门斜椭圆形，约位于该节长的中部。腹部基部狭且长，端部稍侧扁。第1节背板狭长，几乎向后方不加宽，长约为端宽的5倍，与腹板融合，无纵脊，无基侧凹；气门位于中部稍前侧。产卵器鞘细弱。产卵器光滑，腹瓣无齿。

该属仅知1种，分布于我国江西。

88. 中华双短姬蜂 *Bicurta sinica* Sheng, Broad & Sun, 2012 （图版 VIII：图 59）

Bicurta sinica Sheng, Broad & Sun, 2012. Journal of Hymenoptera Research, 25:115.

♀ 体长约10.5 mm。前翅长约7.6 mm。触角长约5.0 mm。产卵器鞘长约1.5 mm。

颜面几乎平，宽约为长的 1.4 倍；具较均匀的刻点，刻点间的距离为刻点直径的 0.2~1.0 倍，侧面(眼眶处)具无刻点细粒状纵带，其宽约为颜面宽的 1/4；上缘中央具 1 扁脊状突起。唇基沟非常弱而不明显。唇基稍隆起，宽约为长的 2.2 倍；具非常稀且细的刻点，刻点间的距离为刻点直径的 2.0~4.0 倍；端缘光滑无刻点，中段直(平截)，中央或多或少呈弱齿状小突起。上唇半月形外露，长约为宽的 1/3。上颚基部宽，强烈向端部变狭；2 端齿尖锐，下端齿稍长于上端齿。下颚须 5 节，下颚须 4 节，具稠密的浅褐色短毛。颊区具细革质状表面；无眼下沟；颚眼距约为上颚基部宽的 0.4 倍。上颊光亮，具清晰的细毛刻点；侧面观，长约为复眼宽的 0.66 倍；均匀向后收敛。头顶后部具细的刻点；侧单眼与复眼之间呈细革质状表面；单眼区稍隆起，中央具细沟和细皱纹；侧单眼间距约等长于单复眼间距。额上部侧面具细浅的刻点，刻点间距约等于其直径，中央纵向光滑，下部中央(触角窝之间)具细纵纹，中央呈 1 细纵脊状，向前伸至颜面上部中央的小瘤突。触角短，其长为前翅长的 0.66 倍；鞭节 20 节；基部各节的端面稍呈斜横面；基部 5 节长度之比依次约为 5.5∶4.0∶3.8∶3.7∶3.4；末节长约为自身最大直径的 3.0 倍，约与第 4 节等长。后头脊完整，强壮，背面呈均匀的弧形，下端在上颚基部上方与口后脊相接，相接处距上颚基部的距离约等于上颚基部宽。

前胸背板前缘具细纵皱；后上缘稍粗糙，亚上缘具与上缘平行的细横皱；下部具清晰稠密的横皱；后部具清晰稠密的斜横皱；前沟缘脊下方光滑光亮；前沟缘脊不明显，在前沟缘脊的位置具强壮的斜横皱。中胸盾片具清晰的细刻点，中叶的刻点相对较密，刻点间距为刻点直径的 0.2~2.5 倍，侧叶的刻点相对较稀，刻点间距为刻点直径的 0.5~3.5 倍；中叶的前部几乎垂直；盾纵沟深，伸达前翅基部后缘连线处；中胸盾片中部后方中央纵凹，凹内具横皱。小盾片平，具稠密均匀的刻点，刻点间距为刻点直径的 0.2~0.5 倍。后小盾片平坦，具粗大的纵刻点。中胸侧板下部粗糙，具稠密的刻点，但前部的刻点连成横纹状；前上部(翅基下脊之前)具弧形纵皱；镜面区之前上方及后下角具短横皱；镜面区较大，光滑光亮；翅基下脊横隆起；胸腹侧脊非常弱，仅腹面具隐隐约约的痕迹。腹板侧沟仅前部约 0.4 具痕迹。中胸腹板具稠密的刻点，但相对较细(与中胸侧板的刻点比)；腹板中纵缝非常清晰，向后部稍变宽。后胸侧板粗糙，具较大且不规则的皱刻点；后胸侧板下缘脊仅前端具残痕。后胸腹板较长，约为中胸腹板长的 0.6 倍，具细中纵脊和不规则的横皱。翅带灰褐色透明；小脉与基脉对叉；无小翅室；肘间横脉位于第 2 回脉内侧，二者之间的距离约为肘间横脉长的 2/3；第 2 回脉稍内斜，具 1 弱点，位于中央上方，其长约为第 2 回脉长的 0.2 倍；具残脉；外小脉在中央曲折；后小脉强烈外斜，约在上部 1/5 处曲折。前中足具基齿；后足较细长，基节较长，长约为其腿节长的 0.85 倍，具清晰的细刻点，外侧面的刻点明显稠密于内侧面的刻点；后足腿节粗壮，稍扁，侧面观，长约为最大宽度的 3.3 倍；第 1~第 5 节长度之比依次约为 10.0∶4.2∶2.9∶2.0∶4.2；后足的爪简单。并胸腹节向后几乎不倾斜，无基横脊；具完整且直的纵脊；中纵脊几乎平行(向前方非常微弱地收敛)，由并胸腹节基部直伸至其端部；纵脊间具清晰的横皱；气门小，斜椭圆形，长径约为短径的 1.4 倍，它至外侧脊之间的距离约为它至侧纵脊之间距离的 2.6 倍。

腹部侧扁。第 1 节背板由端部向基部几乎不变窄，长约为端宽的 5.0 倍；具间断的纵皱，纵皱间具刻点；无纵脊；腹板与背板愈合，端缘约位于该节背板长的中部(0.5 处)；气门隆起，位于该节背板基部 0.42 处。第 2 节背板长约为端宽的 2.0 倍，向后部稍变宽，具较细弱不清晰的毛刻点；窗疤向后变狭。第 3 节及之后的背板具均匀的细毛刻点，向后逐渐变弱且不清晰。第 3 节背板具几乎圆形的窗疤，该窗疤距该节背板基缘的距离约为其直径的 1/2。末节背板或多或少拉长，侧观三角形。尾须几乎伸达第 8 节背板顶端。产卵器鞘长约为后足胫节长的 0.27 倍。产卵器侧扁。

体黑色。颜面侧缘和唇基形成的“U”形斑，上唇，上颚(端齿黑色除外)，触角腹面褐色至黄褐色；下颚须，下唇须，前中足的其余部分(中足腿节基端带黑褐色除外)，后足第 2 转节、胫节基部、跗节浅黄色；后足基节末端、第 1 转节腹面、腿节两端带褐色；后足胫节由基部向中部(特别是背侧)或多或少变暗；翅基片褐黑色；第 3~第 6 节背板后缘的狭边浅黄色；翅痣黑褐色；翅脉褐黑色。

观察标本：1♀，江西官山东河，430 m，2009-04-20，集虫网。

八、分距姬蜂亚科 Cremastinae

主要鉴别特征：并胸腹节分区完整或几乎完整；中胸腹板后横脊完整；第 2 回脉具 1 弱点；足的胫距与跗节着生在不同的膜质区上，二者之间由几丁质化骨片分隔；腹部中等至强度侧扁(国外的 *Belesica* Waterston 除外)。

该亚科含 35 属；我国已知 5 属；江西已知 3 属。该亚科的寄主主要为鳞翅目、膜翅目叶蜂类，一些种类寄生鞘翅目钻蛀害虫。

分距姬蜂亚科江西已知属检索表

1. 腹部第 2 节背板具窗疤，位于基部至气门的 0.2 处；后足腿节腹侧通常具 1 齿；产卵器端部通常扭曲……………………………………………………………………**齿腿姬蜂属 *Pristomerus* Curtis**
   腹部第 2 节背板无窗疤；后足腿节腹侧无齿；产卵器端部不扭曲……………………………………2
2. 后头脊背面中部间断；腹部第 1 节背板侧缘中部在腹面接触或几乎接触，将腹部包被…………………
   ……………………………………………………………………………**抱缘姬蜂属 *Temelucha* Förster**
   后头脊完整；腹部第 1 节腹板明显可见，即背板侧缘在腹面远离，几乎平行……………………………
   ……………………………………………………………………………**离缘姬蜂属 *Trathala* Cameron**

38. 齿腿姬蜂属 *Pristomerus* Curtis, 1836

Pristomerus Curtis, 1836. British Entomology; being illustrations and descriptions of the genera of insects found in Great Britain and Ireland, 13:624. Type-species: *Ichneumon vulnerator* Panzer.

前翅长 2.5~8.5 mm。后足腿节下侧中部或中部稍后侧具 1 较大的齿；齿至腿节端部之间常具一列排列不整齐的小齿。无小翅室；翅痣较宽短；后小脉在中央下方曲折；后盘脉无色。腹部中等至强度侧扁。产卵器端部扭曲。

全世界已知 99 种；我国已知 8 种；江西已知 3 种。

89. 中华齿腿姬蜂 *Pristomerus chinensis* Ashmead, 1906　(图版 VIII：图 60)

Pristomerus chinensis Ashmead, 1906. Proceedings of the United States National Museum, 30:186.

♀ 体长 5.3~7.0 mm。前翅长 3.7~4.0 mm。产卵器鞘长 2.9~3.1 mm。

颜面宽约为长的 1.5 倍，具均匀的细刻点，中央隆起，隆起处的刻点相对较稀。唇基光滑，具非常稀的细刻点，端缘均匀弧形前突。上颚端齿尖锐，上端齿约等长于下端齿。颊区、上颊和头顶具细革质状表面。颚眼距为上颚基部宽的 0.5~0.6 倍。上颊和头顶无明显的刻点；前者狭窄，向后方强烈收敛。单眼区隆起，侧单眼间距为单复眼间距的 0.6~0.7 倍。触角鞭节约 28 节，基部稍细。后头脊完整。

前胸背板具稍清晰的细刻点；前沟缘脊短，但可见。中胸盾片具细革质状表面和不清晰的细刻点；盾纵沟明显。小盾片光亮，具清晰稠密的刻点。中胸侧板几乎光亮，具清晰且较均匀的刻点。并胸腹节分区完整，具清晰的刻点，端区具横皱；分脊位于中区前部 2/5 处；基区三角形；中区长约为分脊处宽的 1.7 倍，前端尖，分脊处宽约为第 2 侧区宽的 0.9 倍；气门稍呈椭圆形。翅透明，翅痣较宽，其宽约为长的 0.5 倍；小脉位于基脉的外侧或近似对叉；无小翅室；后小脉内斜，约在下方 0.2 处曲折。后足腿节下侧中央后方具 1 个大齿，齿与腿节端部之间具一些非常小且不清晰的齿。

腹部光滑，端部侧扁，第 1 节背板端部、第 2 节背板及第 3 节背板基部具清晰稠密的纵皱；第 2 节背板的窗疤与第 2 节背板前缘的距离约等于窗疤的横径。产卵器鞘长稍短于腹部长(约 0.9 倍)。产卵器端部波状弯曲。

头、胸部及腹部第 1 节背板端半部和第 2 节背板大部分为黑色；腹部第 3 节背板大部分及第 4 节背板基部褐黑色；唇基，下唇须，下颚须褐色；上颚，翅基片，前中足，后足转节，胫节(端部褐黑色除外)及跗节褐色；后足基节及腿节褐色至深褐色；前胸背板不清晰的斑，翅痣，腹部端部褐至红褐色。

♂ 体长约 6.0 mm。前翅长约 4.0 mm。单眼区强烈隆起，单眼大。触角鞭节约 30 节。后足腿节下侧约在中央具 1 个大齿，齿与腿节端部之间具一些小但非常清晰的齿。前胸背板带褐色部分较大(不同地点的个体有一定的差异)；腹部端部黑褐色。

变异：腹部基半部背板的暗色部分或多或少有一些差异。

寄主：微红梢斑螟 *Dioryctria rubella* Hampson、梨小食心虫 *Grapholitha molesta* (Busck)等。

分布：江西、安徽、湖北、湖南、江苏、浙江、广东、北京、河南、河北、陕西、四川、辽宁、吉林、黑龙江；朝鲜，日本。

观察标本：1♀，江西全南，2008-04-15，集虫网；3♀♀11♂♂，沈阳，1990-08-05~08，盛茂领；1♀5♂♂，河北秦皇岛，1990-08-19，盛茂领；1♀1♂，河南内乡宝天曼自然保护区，1300 m，1998-07-12，盛茂领；1♀，河南内乡宝天曼自然保护区，600~700 m，1998-07-14，盛茂领；2♀♀2♂♂(由李小食心虫 *Grapholitha funebrana* Treitschke 幼虫养得)，陕西凤县，2008-07，刘露；68♀♀31♂♂(由李小食心虫 *G. funebrana* Treitschke 幼虫养得)，河北小五台杨家坪，850 m，2009-07-04~10，盛茂领、李涛。

90. 红胸齿腿姬蜂 *Pristomerus erythrothoracis* Uchida, 1933 (图版 IX：图 61)

Pristomerus vulnerator erythrothoracis Uchida, 1933. Insecta Matsumurana, 7:162.

Pristomerus erythrothoracis Uchida, 1933. He, Chen, Ma. 1996: Economic Insect Fauna of China, 51: 347.

♀ 体长 4.0~5.0 mm。前翅长 3.0~4.0 mm。产卵器鞘长 1.8~2.5 mm。

颜面宽约为长的 1.35 倍，侧缘近平行；中部具稠密的细皱刻点，侧缘呈细革质状表面和细刻点；中央稍隆起，亚中央稍纵凹。唇基明显隆起，光滑，具非常稀疏的细刻点；端缘中央呈弧形前突。上颚较光滑，具细革质状质地，上端齿稍长于下端齿。颊呈细革质粒状表面，具稀浅的弱刻点；颚眼距约为上颚基部宽的 0.8 倍。上颊狭窄，具非常稠密的细革质粒状表面。头顶具非常稠密的细革质粒状表面；后部狭窄，中央显著凹；单眼区稍隆起，中单眼后部具横皱，具 1 中纵沟；侧单眼间距约为单复眼间距的 0.8 倍。额在触角窝背方稍凹，具细革质状表面。触角明显短于体长；鞭节 26~28 节，第 1~第 5 鞭节长度之比依次约为 1.1∶1.0∶1.0∶0.9∶0.8。后头脊完整。

前胸背板具较均匀的细革质状表面和细刻点；侧凹宽阔；前沟缘脊较明显。中胸盾片均匀隆起，具细革质状表面和非常稠密的细皱刻点；盾纵沟较清晰，约伸达中胸盾片中央。小盾片稍隆起，具稠密的细刻点。后小盾片横形，稍隆起，粗糙。中胸侧板具稠密的细刻点；胸腹侧脊上端伸达中胸侧板前缘中央；镜面区处稍隆起，具细密的刻点，它的前侧稍具弱斜皱，下缘具较深的斜凹沟；中胸侧板凹浅沟状；具非常弱的腹板侧沟，长约为中胸侧板的 1/2。后胸侧板具稠密的细皱刻点，基间脊明显。翅无色透明；小脉几乎与基脉相对(稍外侧)；无小翅室；第 2 回脉位于肘间横脉的外侧，二者之间的距离约为肘间横脉长的 1.6 倍；外小脉约在上方 0.4 处曲折；后小脉约在下方 0.3 处曲折，后盘脉非常弱，近无色。后足腿节腹侧中央稍后具 1 向后的大齿，齿与后端之间较光滑、小齿不明显；后足第 1~第 5 跗节长度之比依次约为 3.2∶1.6∶1.0∶0.6∶0.8；爪非常小，尖细。并胸腹节具稠密的细皱刻点，第 2 侧区、第 3 侧区及端区具弱横皱；分区完整；基区小，显著向后方收敛；中区较长，前宽后窄，长约为最宽处的 1.5 倍，分脊位于前部 0.25~0.3 处；端区长而宽阔，六边形。气门小，稍呈椭圆形，约位于基部 0.25 处。

腹部第 1 节背板长约为端宽的 3.2 倍；光滑光亮，基半部细柄状，后柄部显著膨大；基半部侧面具纵沟状缝；背面稍隆起，端半部背面具清晰稠密的细纵纹；背中脊不明显，可见背侧脊；气门小，圆形，约位于端部 0.35 处。第 2 节背板梯形，长约为端宽的 1.7 倍；亚基部两侧具窗疤；具与第 1 节背板端半部相似的细纵纹。第 3 节以后的背板侧扁；第 3 节背板基部具细革质状表面和非常弱的细纵纹、端半部及以后的背板相对光滑。产卵器鞘长约为后足胫节长的 1.8 倍；产卵器细弱，稍向上弯曲，亚端部矛状，末端尖锐。

头部褐黑色，触角柄节、梗节和鞭节基部、鞭节腹侧红褐色，其余鞭节暗褐色至黑褐色；上颚黄白色(除端齿)；侧单眼外侧，唇基，颊，下唇须，下颚须黄褐至红褐色。胸部和足红褐色(有时中胸盾片中叶和侧叶带黑褐色，并胸腹节和后胸侧板后部黑色)，后足胫节端部、末跗节端部黑褐色。腹部第 1 节背板基部红褐色，第 1 节背板端半部、第 2 节背板(窗疤红褐色)、第 3 节背板(除端部和侧缘)黑色，第 4 节及以后背板红褐色。翅基片黄至黄褐色，翅脉和翅痣黄褐色。

寄主：据报道(何俊华等, 1996; Yu et al., 2005)，寄主主要有：咖啡豹蠹蛾 *Zeuzera coffeae* Nietner、棉褐带卷蛾 *Adoxophyes orana* (Fischer von Roslerstamm)、棉红铃虫 *Pectinophora gossypiella* (Saunders)、甘薯麦蛾 *Brachmia macroscopa* Meyrick、桑绢野螟 *Diaphania pyloalis* (Walker)、棉铃虫 *Heliothis armigera* Hübner、菜粉蝶 *Pieris repae* L.及

一些果树上的食心虫。体内寄生，单寄生。

分布：江西、江苏、湖北、湖南、浙江、上海；朝鲜，日本。

观察标本：1♀，江西吉安，2008-06-12，集虫网；1♀，江西吉安，2008-08-30，集虫网；1♀，江西全南，2009-04-07，集虫网；1♀，江西全南，2010-11-08，集虫网。

91. 光盾齿腿姬蜂 *Pristomerus scutellaris* Uchida, 1932 (图版 IX：图 62) (江西新记录)

Pristomerus scutellaris Uchida, 1932. Journal of the Faculty of Agriculture, Hokkaido University, 33:197.

♀ 体长 6.0~7.0 mm。前翅长 4.0~5.5 mm。产卵器鞘长 2.5~3.0 mm。

颜面宽约为长的 1.4 倍，两侧缘平行；表面具稠密的细刻点，侧缘刻点较稀疏；中央稍隆起，亚中央稍纵凹。唇基稍隆起，具较颜面清晰的细刻点；端缘中央呈弧形前突。上颚较强壮，基部具细纵皱，上端齿稍长于下端齿。颊较光滑，具稀且细的刻点；颚眼距约为上颚基部宽的 0.4 倍。上颊狭窄，具非常稠密的细革质粒状表面。头顶具非常稠密的细革质粒状表面；后部狭窄，后部中央显著凹；单眼区稍隆起，具细中纵沟；侧单眼间距约为单复眼间距的 0.5 倍。额在触角窝上方凹，具细革质状表面。触角明显短于体长；鞭节 30~33 节，第 1~第 5 鞭节长度之比依次约为 1.9∶1.8∶1.5∶1.4∶1.3。后头脊完整。

前胸背板前部具不明显的细粒点；侧凹宽阔，光滑；后上部光滑光亮，表皮下嵌有斜细纹；前沟缘脊较强壮。中胸盾片均匀隆起，具非常稠密的细刻点，后部中央具稠密的细纵皱；盾纵沟清晰，达中胸盾片中央之后。小盾片较隆起，光滑无刻点。后小盾片横形，稍隆起，光滑。中胸侧板具稠密模糊的细皱和分散的刻点；胸腹侧脊伸达翅基下脊，上端几乎抵达中胸侧板前缘；镜面区光滑光亮，它的前侧具弱细的斜皱，下缘具较深的斜凹沟；中胸侧板凹浅沟状；具非常弱的腹板侧沟，长约为中胸侧板长的 1/2。后胸侧板具稠密的细皱刻点，基间脊非常弱(前部清晰可见)。翅稍带褐色，透明；小脉位于基脉外侧，二者之间的距离约为小脉长的 1/2；无小翅室；第 2 回脉位于肘间横脉的外侧，二者之间的距离约为肘间横脉长的 1.7 倍；外小脉约在上方 0.3 处曲折；后小脉约在下方 0.3 处曲折，后盘脉非常弱，无色。后足腿节腹侧中央稍后具 1 大齿，齿与后端之间具 1 排大小近似的小齿；后足第 1~第 5 跗节长度之比依次约为 3.4∶1.7∶1.0∶0.5∶1.0；爪非常小，具稀栉齿。并胸腹节具不明显的细刻点，中区和第 2 侧区具模糊的皱；端区及第 3 侧区具稠密的弱横皱；分区完整；中区较长，前宽后狭，长约为最宽处的 1.8 倍，分脊约位于前部 0.17 处；端区长而宽阔，六边形；气门小，稍呈椭圆形，约位于基部 0.35 处。

腹部第 1 节背板长约为端宽的 3.6 倍；光滑光亮，基半部细柄状，后柄部显著膨大；基半部侧面具纵沟状缝；背面稍隆起，端半部背面具清晰稠密的细纵纹；背中脊及背侧脊不明显；气门小，圆形，位于背板中部稍后方。第 2 节背板梯形，长约为端宽的 2.2 倍；亚基部两侧具窗疤；具与第 1 节背板端半部相似的细纵纹。第 3 节以后的背板侧扁；第 3 节背板基部具细纵纹、端半部及以后的背板光滑光亮。产卵器细弱，端部波状扭曲，末端尖锐。

头部褐黑色，下列部分除外：触角柄节、梗节和鞭节基部红褐色，其余鞭节黑褐色；

颜面侧缘，额眼眶，头顶眼眶，上颊眼眶，侧单眼外侧，唇基，上颚(除端齿)，颊，下唇须，下颚须黄褐至红褐色。胸部和足黄褐至红褐色，中胸盾片中叶黑色，小盾片带黄色，后足腿节亚端部、胫节基部和端部暗褐色。腹部第1节背板基部黄褐色，第1节背板端半部、第2节背板、第3节背板基半部黑色，第3节背板端半部及以后背板红褐色(有时背中央具黑褐色斑)。翅基片黄至黄褐色；翅脉暗褐色；翅痣黑褐色；前翅翅痣下方及外缘具褐色斑。

分布：江西、江苏、湖北、湖南、四川、浙江、上海、广西、台湾；朝鲜，日本。

观察标本：1♀，江西吉安天河林场，2008-08-30，集虫网；1♀，江西全南窝口，2009-04-07，集虫网。

39. 抱缘姬蜂属 *Temelucha* Förster, 1869

Temelucha Förster, 1869. Verhandlungen des Naturhistorischen Vereins der Preussischen Rheinlande und Westfalens, 25(1868):148. Type-species: (*Porizon macer* Cresson) = *facilis* (Cresson). Designated by Perkins, 1962.

主要鉴别特征：体较细瘦；后头脊背方中央间断，间断处向下弯曲；小脉约与基脉相对；无小翅室，肘间横脉位于第2回脉的内侧；翅痣宽至非常宽；后小脉在中央下方曲折；腹部强烈侧扁，第1节背板的侧缘(腹缘)在柄部处相互接触；雄性阳茎基侧突较长。

该属较大，全世界已知235种；中国已知6种；江西仅知2种。

92. 螟黄抱缘姬蜂 *Temelucha biguttula* (Matsumura, 1910)

Ophionellus biguttulus Matsumura, 1910. Extra Report Agric. Exp. Stat. Aomori, 2:67.

Temelucha biguttula (Matsumura, 1910). He, Chen, Ma. 1996: Economic Insect Fauna of China,51: 354.

分布：江西、江苏、安徽、福建、湖北、湖南、浙江、河南、辽宁、山西、四川、云南、广东、贵州、台湾；朝鲜，日本，印度尼西亚，美国。

93. 菲岛抱缘姬蜂 *Temelucha philippinensis* Ashmead, 1904

Temelucha philippinensis Ashmead, 1904. Journal of the New York Entomological Society, 12:18.

Temelucha philippinensis Ashmead, 1904. He, Chen, Ma. 1996: Economic Insect Fauna of China, 51: 355.

分布：江西、河南、河北、安徽、上海、江苏、浙江、福建、广东、广西、云南、贵州、湖北、湖南、四川、海南、台湾；印度，泰国，菲律宾，马来西亚等。

40. 离缘姬蜂属 *Trathala* Cameron, 1899

Trathala Cameron, 1899. Memoirs and Proceedings of the Manchester Literary and Philosophical Society, 43(3):122. Type-species: *Trathala striata* Cameron; monobasic.

主要鉴别特征：上颚向端部渐尖；小盾片具侧脊，该脊有时完整；无小翅室；翅痣宽；腹部强烈侧扁；第 1 节背板侧边(腹缘)在柄部处平行，不接触；雄性腹部第 3 节背板具褶缝；雄性生殖器的阳茎基侧突简单，无背基突。

全世界已知 101 种；中国已知 3 种，江西均有分布。

离缘姬蜂属中国已知种检索表

1. 腹部第 1 节背板非常短，长约为第 2 节背板长的 0.5 倍；并胸腹节中区狭长，长为最宽处的 3.2~3.5 倍，侧脊在分脊之后几乎平行……………………………………**短离缘姬蜂，新种 *T. brevis* Sheng & Sun, sp.n.**
   腹部第 1 节背板长至少大于第 2 节背板长的 0.6 倍；并胸腹节中区长至多为最宽处的 2 倍……………2
2. 并胸腹节中区长约等于最宽处的宽；第 2 节背板长约为最宽处的 1.4 倍；腹部第 1 节背板至少基部黄色……………………………………………………………………**松村离缘姬蜂 *T. matsumuraeana* (Uchida)**
   并胸腹节中区长为最宽处的 1.8~2.0 倍；第 2 节背板长为最宽处的 3.0~3.5 倍；腹部第 1 节背板至少基部黑色……………………………………………………………………**黄眶离缘姬蜂 *T. flavoorbitalis* (Cameron)**

94. 短离缘姬蜂，新种 *Trathala brevis* Sheng & Sun, sp.n. (图版 IX：图 63)

♀ 体长 4.5~5.5 mm。前翅长 2.5~3.5 mm。触角长 3.2~4.0 mm。产卵器鞘长 3.5~4.5 mm。

颜面宽为长的 1.5~1.6 倍，呈细革质状表面，中部具稠密的细刻点，亚中央稍纵凹，上部中央具 1 弱小的瘤突。唇基沟弱。唇基较强隆起，具细革质状表面和少数细刻点；端缘中央呈弱弧形前突。上颚短小，向端部渐尖，基部质地与唇基相似，上端齿稍长于下端齿(几乎相等)。颊具细革质粒状表面；颚眼距为上颚基部宽的 0.6~0.7 倍。上颊狭窄，具细革质粒状表面，中部稍隆起；侧面观为复眼横径的 0.4~0.46 倍。头顶质地同上颊，后部中央具稠密的弱细刻点；单眼区稍隆起；侧单眼间距为单复眼间距的 0.9~1.0 倍。额较平坦，具细革质状表面，上部及两侧具细刻点。触角纤细，稍短于体长；鞭节 33 节，第 1~第 5 鞭节长度之比依次约为 1.3∶1.1∶1.0∶1.0∶1.0。后头脊完整，背方中央稍下凹。

胸部具相对均匀的细革质状表面。前胸背板侧凹较深，前沟缘脊明显。中胸盾片均匀隆起，具清晰的细刻点；盾纵沟较明显，约伸达端部 0.1 处。盾前沟具弱细皱。小盾片较隆起，具清晰的细刻点；基半部具侧脊。后小盾片不明显，粗糙。中胸侧板具清晰的细刻点；镜面区小而光亮，它的前侧具弱细的斜皱纹；胸腹侧脊背端约伸达中胸侧板前缘中央稍上方；腹板侧沟基部 0.25~0.3 显著；中胸侧板凹浅沟状。后胸侧板具不明显的细刻点；后胸侧板下缘脊完整，具基间脊。翅稍带褐色，透明；翅痣宽阔，宽约为长的 0.37 倍；小脉与基脉相对或位于其稍内侧；无小翅室；第 2 回脉位于肘间横脉的外侧，二者之间的距离为肘间横脉长的 0.8~0.9 倍；外小脉约在上方 0.35~0.4 处曲折；后小脉在下方 0.25~0.3 处曲折，后盘脉非常弱，无色。足正常；后足第 1~第 5 跗节长度之比依次约为 3.2∶2.7∶1.0∶0.6∶0.7；爪小，具稀栉齿。并胸腹节分区完整；基区小，亚长三角形，有弱皱痕；中区狭长，具稠密的弱细横皱，后部两侧近平行，长为分脊处宽的 3.2~3.5 倍；分脊约位于基部 0.25 处；端横脊弱；端区具稠密的弱横皱；其余区域具细革质状表面和细刻点或弱细皱。气门非常小，圆形，约位于基部 0.2 处。

腹部狭长，端半部强烈侧扁。第 1 节背板光滑光亮，长为端宽的 3.1~3.2 倍，约为第 2 节背板长的 0.5 倍；侧边(腹缘)在柄部处平行；亚端部膨大，端半部背面明显隆起、具不明显的细纵纹；气门小，圆形，约位于端部 0.35 处。第 2 节背板狭长，向端部稍变宽，长为端宽的 4.3~4.4 倍；具稠密均匀的细纵皱。第 3 节及以后的背板侧扁；第 3 节背板基部具非常弱的细皱；其余背板具细革质状表面，具不明显的浅细刻点和短毛。产卵器鞘长为后足胫节长的 3.5~3.6 倍；产卵器细弱，端部非常尖细，具 1 小的亚端背凹。

体红褐色，下列部分除外：触角背侧暗黄褐色；额和头顶中央并延至头顶后部、后头区，上颚端齿，中胸盾片，小盾片，后小盾片，并胸腹节(或端部红褐色)，腹部第 1 节背板(端部暗红褐色)、第 2 节背板均为黑色；腹部第 3 节及以后背板背侧中央稍带暗褐色；中胸侧板前部多少带黑褐色；有的个体后胸侧板黑褐色；小盾片红褐色；颜面眼眶上部，额眼眶，颊，上颚，上颊前部黄色；翅基片黄褐色；翅脉和翅痣褐至黑褐色。

♂ 体长约 5.5 mm。前翅长约 3.5 mm。触角长约 4.5 mm。触角鞭节 32 节。颜面及周围眼眶、颊、上颊全部为黄色。并胸腹节，腹部第 1、第 2 节背板全部黑色，第 3 节及以后背板背侧褐黑色。后足腿节和胫节带暗褐色。腹部第 3 节背板具褶缝；阳茎基侧突简单。

正模 ♀，江西全南，2009-05-20，集虫网。副模：1♂，江西全南，2009-05-06，集虫网；1♀，江西资溪，2010-05-20，集虫网。

词源：新种名源于腹部第 1 节非常短。

该新种可通过腹部第 1 节背板非常短与该属其他种区别。该新种近似于黄眶离缘姬蜂 *T. flavoorbitalis* (Cameron, 1907)，可通过下列特征区别：中区长为分脊处宽的 3.2~3.5 倍；产卵器鞘长为后足胫节长的 3.5~3.6 倍；中胸盾片和并胸腹节(至少基部)黑色。黄眶离缘姬蜂：中区长为最宽处的 1.8~2.0 倍；产卵器鞘长约为后足胫节长的 2.3 倍；中胸盾片具黄至黄褐色纵带，并胸腹节主要为黄至黄褐色。

95. 黄眶离缘姬蜂 *Trathala flavoorbitalis* (Cameron, 1907) (图版 IX：图 64)

Tarytia flavo-orbitalis Cameron, 1907. Journal of the Bombay Natural History Society, 17:589.

♀ 体长 5.5~8.0 mm。前翅长 3.5~4.0 mm。产卵器鞘长 2.5~3.5 mm。

颜面宽约为长的 1.7 倍，具稠密的细刻点。唇基沟细弱。唇基稍隆起，具与颜面相似的细刻点；端缘中央呈弧形前突。上颚宽短，向端部渐尖，基部质地与唇基相似，上端齿稍长于下端齿(几乎等长)。颊具细革质粒状表面；颚眼距约为上颚基部宽的 0.67 倍。上颊狭窄，具细革质粒状表面。头顶质地同上颊，后部中央明显凹；单眼区较平；侧单眼间距约为单复眼间距的 1.2 倍。额下半部稍凹，具细革质状表面，两侧具细刻点。触角明显短于体长；鞭节 32 或 33 节，第 1~第 5 鞭节长度之比依次约为 1.8∶1.4∶1.3∶1.2∶1.1。后头脊完整。

胸部具相对均匀的细革质状表面和稠密的浅细刻点。前胸背板侧凹较深，前沟缘脊强壮。中胸盾片均匀隆起，刻点较清晰；盾纵沟不明显。盾前沟具弱纵皱。小盾片较隆起，后部具弱纵皱。后小盾片明显，粗糙。中胸侧板具稠密的刻点；镜面区小而光亮，它的前侧具弱细的斜皱纹；胸腹侧脊背端约伸达中胸侧板前缘中央；腹板侧沟前部0.35~0.4显著。后胸侧板下缘脊完整，具基间脊。翅稍带褐色，透明；翅痣宽阔，宽约为长的0.35倍；小脉与基脉相对或位于其稍内侧；无小翅室；第2回脉位于肘间横脉的外侧，二者之间的距离为肘间横脉长的0.4~0.5倍；外小脉约在上方0.4处曲折；后小脉在下方0.25~0.3处曲折，后盘脉非常弱，无色。足正常；后足第1~第5跗节长度之比依次约为 4.5∶2.0∶1.3∶0.7∶0.8；爪小，具稀栉齿。并胸腹节分区完整；基区小，近三角形；中区较长，近菱形，长为最宽处的1.8~2.0倍，分脊约位于其基部0.25处；端区长而宽阔，六边形，具稠密的细横皱。气门非常小，圆形。

腹部狭长，强烈侧扁。第1节背板光滑光亮，长约为端宽的5.0倍；侧边(腹缘)在柄部平行；亚端部膨大，端半部背面稍隆起、具稠密的细纵纹；气门小，圆形，约位于端部0.3处。第2节背板长形，长为亚端宽(最宽处)的3.0~3.5倍；具稠密均匀的细纵纹。第3节及以后的背板侧扁；第3节背板基部具弱的细皱，其余背板具细革质状表面、侧后部具浅细的刻点。产卵器鞘长约为后足胫节长的2.3倍；产卵器细弱，具1小的亚端背凹。

体主要为红褐色。头部黄色，端齿、颜面上缘中央、2触角窝之间、额及头顶中央(包括单眼区)、后头区黑色；触角背侧黑褐色(除基部)，腹侧黄褐色至红褐色。前胸背板、中胸盾片、翅基片、小盾片黄色，中胸盾片中叶(全长)和侧叶中央各具1黑纵斑；中后胸背板黑色；中后胸侧板和并胸腹节(有的个体基部中央黑色)红褐色。腹部第1、第2节背板全部黑色，其余背板红褐色(背侧或多或少带黑色)。足红褐色，前中足基节、转节和后足基节后侧黄色，后足胫节基部和端部带黑褐色，后足跗节褐色。翅脉褐色；翅痣上半部黄色，下半部黑褐色。

♂ 体长5.0~6.0 mm。前翅长2.9~3.2 mm。触角鞭节32或33节。颜面全部为黄色，并胸腹节全部或部分黑色。腹部第3节背板具褶缝；生殖器的阳茎基侧突简单。

寄主：杨直角叶蜂 *Stauronematus compressicornis* (Fabricius) (寄主新记录)。

分布：江西、河南、河北、陕西、北京、天津、辽宁、吉林、安徽、上海、江苏、浙江、福建、广东、香港、广西、云南、贵州、湖北、湖南、四川、台湾；俄罗斯，美国；东南亚等。

观察标本：4♂♂，江西全南，2008-07-18~09-10，集虫网；1♀，江西吉安天河林场，2008-08-30，集虫网；2♂♂，江西全南，2010-05-31~07-07，集虫网；1♂，江西安福，180~230 m，2010-07-04，集虫网；2♀♀，江西全南，2010-10-07，集虫网；1♀，江西安福，180~200 m，2010-11-01，集虫网；3♀♀1♂，河南三门峡，2009-09-10~11，张改香。

96. 松村离缘姬蜂 *Trathala matsumuraeana* (Uchida, 1932)

Epicremastus matsumuraeanus Uchida, 1932. Transactions of the Sapporo Natural History Society, 12:76.

Trathala matsumuraeana (Uchida, 1932). He, Chen, Ma. 1996: Economic Insect Fauna of China, 51: 352.

分布：江西、湖南、云南、贵州、台湾。

九、秘姬蜂亚科 Cryptinae

秘姬蜂亚科是姬蜂科中较大的亚科之一，前翅长可由小至 2.0 mm 到大至 27 mm。

主要鉴别特征：唇基与颜面由唇基沟分开；上颚具 2 齿；腹板侧沟长通常超过中胸侧板的一半；爪简单；无基侧凹；第 2 节背板通常具窗疤；产卵器通常伸出腹末，无背凹；产卵器鞘长通常超过腹端厚度。

该亚科含 3 族；我国已知 3 族，江西均有分布。

秘姬蜂亚科分族检索表*

1. 翅发育正常，前翅比胸部长……2
   前翅退化或无翅；前翅比胸部短……4
2. 第 2 回脉通常具 2 弱点，该脉的下端通常外斜，若垂直，具 1 弱点，则腹板侧沟伸达或几乎伸达中胸侧板的后缘，后端位于中胸侧板下后角的上方；并且/或者触角柄节上端的截面稍倾斜；并胸腹节具纵脊和横脊……**粗角姬蜂族 Phygadeuontini (部分)**
   第 2 回脉仅具 1 弱点，该脉的下端通常不外斜；若腹板侧沟伸达中胸侧板后缘，则该沟的后端位于中胸侧板下后角的下方；触角柄节上端的截面甚倾斜……3
3. 后胸背板背缘两侧各有 1 个呈三角形状向后的突起，该突起与并胸腹节侧纵脊的前端对向；并胸腹节具纵脊，也具基横脊和端横脊；有的雌性仅具 1 条横脊，则基横脊非常弱或消失，端横脊粗……**甲腹姬蜂族 Hemigasterini**
   后胸背板背缘两侧无三角形向后突起(但背缘下方有时具类似的突起)；并胸腹节无纵脊(通常仅具基区的侧脊)，若仅具 1 条横脊，则为基横脊而非端横脊……**秘姬蜂族 Cryptini**
4. 无翅……**粗角姬蜂族 Phygadeuontini (部分)**
   仅具退化的翅……5
5. 并胸腹节侧纵脊由基端至气门处消失；跗节第 4 节有时可见分裂甚深(腹面观)，分成两叶(田猎姬蜂属 *Agrothereutes* 的一些种的雌性个体)……**秘姬蜂族 Cryptini**
   并胸腹节侧纵脊由基端至气门处完整；跗节第 4 节不分裂，或稍有分裂……6
6. 并胸腹节具基横脊……**粗角姬蜂族 Phygadeuontini (部分)**
   并胸腹节无基横脊……**甲腹姬蜂族 Hemigasterini (部分)**

八) 秘姬蜂族 Cryptini

主要鉴别特征：后胸背板背缘两侧无三角形向后突起(背缘下方有时具类似的突起)；并胸腹节无纵脊(通常仅具基区的侧脊)，若仅具 1 条横脊，则为基横脊而并非端横脊。第 2 回脉仅具 1 弱点，该脉的下端通常不外斜；若腹板侧沟伸达中胸侧板后缘，则该沟的后端位于中胸侧板下后角的下方；雄性的颜面常白色或黄色，或具白斑或黄斑。

该族是秘姬蜂亚科中最大的族，含 16 亚族；我国已知 12 亚族；江西已知 10 亚族。

秘姬蜂族江西已知亚族检索表

1. 上颚非常狭窄，长为中部宽度的 4 倍以上，下端齿非常小，有时不明显；腹部第 1 节细长，仅后端稍阔……**长足姬蜂亚族 Osprynchotina**
   上颚不特别狭窄，长不大于中部宽的 3.5 倍，下端齿不特别小；腹部第 1 节不特别细……2

---

* 参照 Kasparyan 等(2007)的检索表编制。

2. 产卵器仅伸至腹部末端；雌性下生殖板宽大；无第 2 肘间横脉……………**胡姬蜂亚族 Sphecophagina**
产卵器通常伸出腹末；雌性下生殖板不大；具第 2 肘间横脉，至少具痕迹……………………………………3
3. 中胸腹板后横脊完整；上颚下端齿稍长于上端齿；腹部第 1 节背板常具纵皱纹……………………………
……………………………………………………………………………………………**末姬蜂亚族 Ateleutina**
中胸腹板后横脊不完整，仅侧面存在，或在中足基节前中断较宽……………………………………………4
4. 腹部第 1 节背板的气门位于中部或靠近中部，无背中脊；产卵器腹瓣端部具背叶；上颚下端齿通常长于上端齿……………………………………………………………………………**嘎姬蜂亚族 Gabuniina**
腹部第 1 节背板的气门位于后部 0.47 之后，通常具背中脊；产卵器腹瓣端部无背叶……………………5
5. 产卵器端部几乎圆筒形，背瓣亚端部具若干横脊或齿；上颚粗壮，强烈向端部变狭，下端齿明显短于上端齿………………………………………………………………………**刺蛾姬蜂亚族 Baryceratina**
产卵器背瓣亚端部无横脊或齿；其他非完全同上述……………………………………………………………6
6. 后中脉端部约 0.7 弱至强烈向上弓曲…………………………………………………………………………7
后中脉直或几乎直…………………………………………………………………………………………………8
7. 小翅室中等至大型，外端封闭，高至少为第 2 回脉上段(弱点上方部分)长；肘间横脉平行或几乎平行………………………………………………………………………………………**驼姬蜂亚族 Goryphina**
小翅室小型，或非常小，外端常开放，其高明显小于或至少不大于第 2 回脉上段(弱点上方部分)长；肘间横脉常向前部收敛……………………………………………………………**裂跗姬蜂亚族 Mesostenina**
8. 中胸腹板后横脊中段存在，一般较长且直；腹板侧沟长约 0.6 倍于前端至中足基节的距离……………
…………………………………………………………………………………**田猎姬蜂亚族 Agrothereutina**
中胸腹板后横脊中段缺，至多为 1 小瘤突状或短的“V”形残痕；腹板侧沟通常伸达或几乎伸达中足基节………………………………………………**秘姬蜂亚族 Cryptina、横沟姬蜂亚族 Ischnina**

(一) 田猎姬蜂亚族 Agrothereutina

前翅长 2.8~11.0 mm，但田猎姬蜂属 *Agrothereutes* Förster 的一些雌性个体为短翅型或无翅。唇基端缘平截或稍隆起，具或无中齿。上颚较短，端齿等长或下端齿稍短。后头脊下端在上颚基部上方与口后脊相接。额无角或脊。腹板侧沟向上斜伸，其长小于中胸侧板长的一半。中胸腹板后横脊在中足基节前中断(我国分布的黑胸姬蜂属 *Amauromorpha* 几乎完整)，中段长且直。并胸腹节端横脊完整，或中央中断，具弱至强壮的侧突或低齿，气门圆形或椭圆形。雌性第 4 跗节端部或多或少双叶状。肘间横脉平行或适当收敛。后中脉适当至强烈拱起；后小脉在中部下方曲折，有时在上部强壮。腹部第 1 节背板具或无基侧齿；背中脊通常强壮，伸达后柄部基部。产卵器鞘 0.35~3.8 倍于后足胫节长。产卵器端部通常具背结，腹瓣具脊。

全世界已知 10 属；我国已知 8 属；江西仅知 2 属。

41. 黑胸姬蜂属 *Amauromorpha* Ashmead, 1905

Amauromorpha Ashmead, 1905. Proceedings of the United States National Museum, 29(1424):410. Type-species: (*Amauromorpha metathoracica* Ashmead) = *accepta metathoracica* Ashmead; monobasic.

唇基稍隆起，端缘稍凹，无中齿。盾纵沟长，伸达中胸盾片中央之后。前沟缘脊长，但较弱。胸腹侧脊上端在前胸背板后缘中部之上。中胸腹板后横脊几乎完整，仅在中足基节前很狭窄地中断。并胸腹节长，基横脊和端横脊完整，或中央较弱，无侧突，气门长。小脉位于基脉稍内侧。第 2 肘间横脉缺或非常弱。第 1 肘间横脉与第 2 回脉相对或位于其外侧。后小脉远在中央上方曲折。腹板第 1 节背板短且粗，无基侧齿；背侧脊和腹侧脊完整，背中脊不明显；气门位于该节中部。产卵器鞘为后足胫节长的 0.8~0.9 倍。产卵器侧扁，腹瓣端部具背叶和垂直的脊。

该属非常小，目前仅知 2 种；我国已知 1 种，江西有分布。

97. 三化螟沟姬蜂 *Amauromorpha accepta* (Tosquinet, 1903)

Ischnoceros acceptus Tosquinet, 1903. Mém oires de la Société Entomologique de Belgique, 10:67.

Amauromorpha accepta schoenobii (Viereck, 1913). He, Chen, Ma. 1996: Economic Insect Fauna of China, 51:497.

分布：江西、湖南、湖北、四川、云南、贵州、海南、浙江、台湾；印度，马来西亚，斯里兰卡，印度尼西亚，菲律宾。

42. 亲姬蜂属 *Gambrus* Förster, 1869

Gambrus Förster, 1869. Verhandlungen des Naturhistorischen Vereins der Preussischen Rheinlande und Westfalens, 25(1868):188. Type-species: (*Gambrus (Cryptus) maculates* Brischke) = *incubitor* Linnaeus; included by Brischke, 1888.

主要鉴别特征：唇基适当隆起，端缘突出，通常具多多少少清晰的中叶或齿；并胸腹节端横脊完整，中部适当向前弯曲；常具弱的侧突；小翅室亚方形；后足胫节基部非白色；产卵器鞘 1.0~2.0 倍于后足胫节长。

该属含 25 种；我国已知 2 种；江西已知 1 种。

98. 红足亲姬蜂 *Gambrus ruficoxatus* (Sonan, 1930)

Habrocryptus ruficoxatus Sonan, 1930. Transactions of the Natural History Society of Formosa. Taihoku, 20:357.

Gambrus ruficoxatus (Sonan, 1930). He. 1984. Acta Agriculturae Universitatis Zhejiangensis, 10(1):88.

分布：江西、湖南、湖北、河南、四川、陕西；朝鲜，日本，俄罗斯。

(二) 末姬蜂亚族 Ateleutina

前翅长 2.2~7.5 mm。额无角或脊。唇基小，隆起；端缘薄，平截或凹。上颚短，2 端齿等长或下端齿稍长于上端齿。后头脊下端抵达上颚基部或在其基部稍上方与口后脊相接。前胸背板上缘不隆肿；无前沟缘脊。中胸侧板凹缺，或弱地下凹，远离中胸侧缝。腹板侧沟弱且浅，但痕迹可伸达中足基节。中胸腹板后横脊完整。小翅室大，外端开放；第 1 肘间横脉短于它至第 2 回脉之间的距离；无残脉；后中脉强烈拱起；后臂脉消失或非常短；臀脉端部靠近臀缘。后小盾片后缘侧面无凸起。并胸腹节长；基横脊通常缺，若存在，则位于近中部；端横脊通常完整，无侧突；气门圆形。腹部第 1 节背板无背中脊，气门约位于中部，通常具纵皱；产卵器鞘约为后足胫节长的 0.65 倍。

该亚族仅含 2 属；中国已知 1 属，江西有分布。

43. 末姬蜂属 *Ateleute* Förster, 1869

Ateleute Förster, 1869. Verhandlungen des Naturhistorischen Vereins der Preussischen Rheinlande und Westfalens, 25(1868):171. Type-species: *Ateleute linearis* Förster.

鉴别特征见亚族的特征介绍。

全世界已知 36 种；我国已知 4 种，江西均有分布。已知的寄主为蓑蛾科害虫(Momoi, 1977; Townes, 1970a; Uchida, 1955b)。

末姬蜂属中国已知种检索表(♀)

1. 腹部背板至少中部或端部黑色，无或具白斑……2
   腹部背板全部褐色，或仅第 2、第 3 节基部暗褐色，无白斑……3
2. 头顶完全黑色；柄节及梗节背侧白色；腹部第 1 节背板长约为端宽的 1.7 倍，第 7、第 8 节背板具白斑……**密纹末姬蜂 *A. densistriata* (Uchida)**
   头顶黑色，侧面具白斑；柄节及梗节褐黑色；腹部第 1 节背板长约为端宽的 2.6 倍，第 7、第 8 节背板完全黑色……**资溪末姬蜂 *A. zixiensis* Sheng, Broad & Sun**
3. 第 2 节背板基部具弧状细横皱，侧面及端部具细纵皱；并胸腹节具不清晰的横皱，端区具弱纵皱；前胸背板背面及中胸盾片黑色，腹部背板全部褐色……**褐末姬蜂 *A. ferruginea* Sheng, Broad & Sun**
   第 2 节背板具清晰稠密的纵皱；并胸腹节具清晰稠密的横皱，端区粗糙，具弱且不清晰的横皱；胸部及腹部背板黄至褐黄色，第 2、第 3 节背板基部暗褐色……**黑头末姬蜂，新种 *A. nigricapitis* Sheng & Sun, sp.n.**

99. 密纹末姬蜂 *Ateleute densistriata* (Uchida, 1955) (图版 IX：图 65)

Psychostenus densistriatus Uchida, 1955. Insecta Matsumurana, 19:33.

♂ 体长 3.0~6.5 mm。前翅长 2.5~4.2 mm。触角长 3.5~7.0 mm。

颜面侧缘几乎平行，宽约为长的 1.5 倍；具不清晰的细革质状表面；中央隆起，侧面几乎平。唇基宽约为长的 1.6 倍，向端部均匀隆起，几乎光亮，具弱且不清晰的浅细刻点；亚端部中段具细弱的横凹，端缘薄，中段平截或稍微凹。上颚短，上端齿约等长于下端齿。颊具细粒状表面；颚眼距为上颚基部宽的 0.3~0.4 倍。上颊和头顶光滑光亮，具非常弱的细革质状表面；上颊非常狭，强烈向后收敛。头顶短，在侧单眼之后几乎垂直下斜，中央纵凹；侧单眼间距约等于单复眼间距。额具清晰的细粒状表面，下半部稍凹。触角丝状，纤长，鞭节 23~30 节；各小节上密生与鞭节垂直的细纤毛，毛长约等长于鞭节直径；第 1~第 5 鞭节长度之比依次约为 2.5∶2.3∶2.2∶2.1∶2.0。后头脊不完整，中央向内深凹。

前胸背板几乎光滑，侧凹内具不明显的稀斜皱，后部具不清晰的细革质状表面。中胸盾片及小盾片光滑，具细革质状表面；盾纵沟清晰，伸达中胸盾片中部之后。小盾片稍隆起，侧脊几乎伸达后缘。后小盾片稍隆起，后缘具细弱的横脊状纹。中胸侧板中央横凹；前上部具稠密模糊的斜细皱，后下角呈较光滑的细革质状表面；中部粗糙，具不清晰的斜纵皱；腹板侧沟伸至中足基节，但后部较弱；胸腹侧脊非常弱，仅侧面下部存在；中胸腹板后缘脊完整强壮。后胸侧板稍粗糙；后胸侧板下缘脊完整，亚前部齿状突起。翅透明，小脉与基脉相对至位于它的稍外侧；小翅室五边形，外侧开放，第 2 回脉约位于它的内侧 0.3 处；第 2 回脉内斜，在中部上方具 1 个弱点；后中脉强烈拱起，后小脉在下方 0.3~0.4 处曲折。足纤长；后足第 1~第 5 跗节长度之比依次约为 1.9∶1.0∶0.7∶0.3∶0.3。爪小。并胸腹节稍粗糙，具稠密模糊不清的横线纹，端区具纵皱；具强壮的端横脊和弱的外侧脊；气门小，圆形，约位于基部 0.35 处。

腹部第 1 节背板长为端宽的 2.4~2.5 倍，向基部强烈但均匀变狭；具稠密的细纵皱；气门小，圆形，位于第 1 节背板中央稍前。第 2 节及以后背板具细革质状表面；第 2 节背板长约为端宽的 1.4 倍。抱握器端部钝圆，个别个体或在内侧顶端稍突出呈角状，或呈尖锐的尖齿。

体黑色，下列部分除外：触角鞭节褐黑色；触角柄节、梗节腹侧或背侧端缘，上颚(齿尖黑色)红褐色；下唇须，下颚须，前中足黄褐色，末跗节及爪暗褐色；后足红褐色，基节和第 2 转节背侧黑褐色，胫节背侧及跗节带暗褐色；翅基片褐至暗褐色；翅痣及翅脉褐黑色；腹部背板黑色，一些个体或多或少(特别在端部)黑褐色。

♀ 体长约 7.5 mm。前翅长约 5.6 mm。产卵器鞘长约 1.5 mm。

中胸侧板粗糙，中部具不清晰斜细皱；中胸侧板凹具痕迹；中胸腹板后横脊完整，亚基部明显角状突起。腹部第 1 节背板长约为端宽的 1.7 倍，气门前部向基部强烈变狭，后柄部较宽；无背中脊，背侧脊仅基部存痕迹；具稠密且清晰的纵皱。产卵器鞘长约为后足胫节长的 0.56 倍，顶端平截。产卵器端部逐渐变尖。

黑色，下列部分除外：触角柄节、梗节及鞭节中部，前中足基节端部，所有足的第 1 转节，腹部第 1、第 2 节背板端部，第 7 节背面，第 8 节背面的 2 个斑，均为白色至乳白色；前中足及后足胫节下侧褐色至浅褐色；后足基节下侧基部红褐色；后足基节背面及端部，第 2 转节大部分，腿节端部黑褐色；中胸侧板后部，中胸腹板(前缘处暗褐色，或大部分黑色)，后胸侧板及并胸腹节红褐色。

分布：江西、台湾；日本。

观察标本：1♀1♂，江西吉安，2008-05-21，集虫网；1♂，江西全南，530 m，2008-05-28，李石昌；1♂，江西全南，650 m，2008-11-07，集虫网；18♂♂，江西吉安双江林场，174 m，2009-04-25~06-15，集虫网；2♂♂，江西全南麻土背，330 m，2009-05-27，李石昌；3♂♂，江西铅山武夷山，1170~1200 m，2009-06-22~07-11，集虫网；2♂♂，江西全南，2009-10-04~11，集虫网；1♂，江西全南，2010-05-31，集虫网；1♂，江西九连山，680 m，2011-04-12，盛茂领；18♂♂，江西九连山，580~680 m，2011-04-20~06-06，集虫网；1♂，江西安福，120 m，2011-07-17，集虫网；1♀，江西安福，2011-06-21，集虫网。

100. 褐末姬蜂 *Ateleute ferruginea* Sheng, Broad & Sun, 2011

Ateleute ferruginea Sheng, Broad & Sun, 2011. ZooKeys, 141:56.

♀ 体长 5.5~6.0 mm。前翅长 4.0~4.5 mm。触角长 6.0~6.5 mm。产卵器鞘长 1.5~1.8 mm。

颜面侧缘几乎平行，宽为长的 1.4~1.5 倍；具细革质粒状表面，中央稍隆起。唇基沟弱。唇基均匀隆起，具与颜面相同的质地；端缘中段几乎平截(中央稍凹)。上颚短，具弱的细革质状表面；上端齿等长于下端齿。颊区具细粒状表面；颚眼距约为上颚基部宽的 0.6 倍。上颊具细革质状表面，非常狭窄，强烈向后收敛。头顶和额具与上颊相似的质地。头顶后部自侧单眼后缘几乎垂直下斜，中部显著纵凹；侧单眼间距稍短于单复眼间距。额几乎平，仅下部靠近触角窝处凹，中线处稍纵凹。触角长丝状，鞭节 28~30 节；中部之后稍加粗，腹面稍扁；端部各节渐尖；从第 5 节开始突然变短；第 1~第 7 鞭节长度之比依次约为 8.0∶7.9∶7.7∶6.9∶5.6∶4.0∶3.7。后头脊不完整，背面中央消失。

前胸背板具细粒状表面，前缘具不清晰的细纵皱，侧凹内具稀且不明显的短横皱。中胸盾片稍隆起，具清晰的细粒状表面，中央具稠密的斜纵皱；盾纵沟前部清晰，伸达中胸盾片中部之后。小盾片稍隆起，具与中胸盾片相似的表面，但相对较细；亚端部具弱浅的横沟；侧脊伸达亚端部的横沟处。后小盾片稍隆起，后缘具细横脊状隆起。中胸侧板上部及后下角具清晰的细粒状表面，其余部分粗糙；中部具浅的斜(前部高)横凹；胸腹侧脊仅在中胸侧板下半部存在，非常弱；中胸侧板凹不明显；腹板侧沟伸达中足基节基部，后部非常弱且浅。中胸腹板后横脊完整。后胸侧板具稠密且不清晰的细粒状表面；后胸侧板下缘脊在亚基部处呈三角形隆起，后端消失。翅透明，小脉位于基脉稍外侧；小翅室五边形，第 2 肘间横脉消失，仅两端存痕迹；第 2 回脉位于小翅室的内侧 0.3~0.4 处；第 2 回脉内斜，具 1 个弱点，位于中央上方；后中脉较强地向上弓曲，后小脉约在中央曲折，下段强烈外斜；后臂脉仅基端具残痕。足较细长；后足第 1 转节背侧端部明显突出；各足胫节背侧及跗节的腹侧具不规则的短棘刺；后足第 1~第 5 跗节长度之比依次约为 5.7∶2.4∶1.5∶0.6∶1.0；爪小。并胸腹节具弱且不清晰的细横皱，端区具弱纵皱；具端横脊、外侧脊；端区具侧脊；气门小，圆形，约位于基部 0.35 处。

腹部第 1 节背板长为端宽的 2.1~2.2 倍，向基部变狭；无背中脊，背侧脊不明显，腹侧脊完整；具清晰、稠密且均匀的细纵皱；气门小，圆形，位于该节背板中央稍前方。第 2 节背板梯形，基部具弧状细横皱，侧面及端部具细纵皱；第 3 节以后背板稍呈细革质状表面；第 3 节背板基部具细弱的横线纹；以后背板向后显著收敛。产卵器鞘长为后足胫节长的 0.5~0.6 倍，顶端平截。产卵器端部逐渐变尖。

体大部分及足褐色至赤褐色。头部黑色，触角柄节，梗节，鞭节第 1~第 3(4)节暗褐色，第 5~第 7 节及端部黑色，中段 8~17(19)节白色；上颚(齿尖黑色除外)，下颚须，下唇须黄色；头顶侧面(侧单眼和复眼之间)的大斑及额眼眶白色；前胸背板背面及中胸盾片黑色，前胸背板侧面下部及小盾片暗褐色；翅基片褐色；翅痣黄褐色；翅脉褐黑色。

分布：江西。

观察标本：2♀♀，江西吉安双江林场，174 m，2009-05-10~24，李达林。

101. 黑头末姬蜂，新种 *Ateleute nigricapitis* Sheng & Sun, sp.n. (图版 IX：图 66)

♀ 体长约 6.5 mm。前翅长约 4.5 mm。产卵器鞘长约 1.5 mm。

复眼大而突出，内缘近平行。颜面宽约为长的 1.8 倍；具细革质粒状表面和稀且细的刻点，上中部两侧具细弱的横皱，中央稍纵隆起，上缘中央纵凹。颜面与唇基之间无缝。唇基均匀隆起，具细革质粒状表面和稀疏的细刻点。上颚较短，基部具细革质状表面；上端齿明显短于下端齿。颊具细粒状表面；颚眼距约为上颚基部宽的 0.4 倍。上颊狭窄，具细革质状表面，强烈向后收敛。头顶与上颊质地相似，侧单眼后部显著凹；侧单眼间距约等于单复眼间距。额具细革质粒状表面，下半部稍凹。触角长丝状，可见鞭节 22 节(端部断失)，亚端部稍侧扁；第 1~第 5 鞭节长度之比依次约为 3.8∶3.8∶3.3∶3.1∶2.5。后头脊不完整，背面中央深凹。

前胸背板具细革质状表面，侧凹宽浅，后上部具稠密的细斜皱。中胸盾片稍隆起，具细革质状表面，后部中央质地稍粗，具细横皱；盾纵沟前部清晰，伸达中胸盾片端部 0.3 处。小盾片均匀隆起，具与中胸盾片相似的表面，具细的侧脊。后小盾片稍隆起，具细革质状表面，前部两侧深凹。中胸侧板具细革质状表面；中部具浅横斜凹；腹板侧沟延至中足基节。后胸侧板呈细革质粒状表面；后胸侧板下缘脊完整。翅透明；小脉位于基脉外侧，二者之间的距离约为小脉长的 0.3 倍；小翅室外端不封闭，第 2 肘间横脉仅两端具残痕；第 2 回脉约在小翅室的基部 0.3 处相接；第 2 回脉具 1 个长弱点；外小脉近垂直，在中央稍下方曲折；后中脉强烈弓曲；后小脉稍外斜、约在下方 0.35 处曲折。足细长，中足约等于体长，后足约为体长的 1.3 倍，后足第 1 转节背侧深凹；各足胫节、跗节具大致成排的短棘刺(前中足上的短刺相对稀疏、细弱)；后足第 1~第 5 跗节长度之比依次约为 6.1∶3.0∶1.7∶0.6∶1.0。爪小，简单。并胸腹节均匀隆起，端横脊显著、较平、稍波状弯曲，外侧脊前半段清晰，侧纵脊的下段可见，无其他脊；端横脊上缘处具短纵皱，其上部具稠密均匀、几乎平行的细横皱；端横脊后部具细革质状表面，稍具弱细的横皱；气门小，圆形，约位于基部 0.35 处。

腹部近似梭形，最宽处位于第 3 节背板端部。第 1 节背板长约为端宽的 2.4 倍，向基部显著变细；具稠密的细纵皱；气门小，圆形，约位于该节背板中央稍前方。第 2 节背板梯形，具稠密的细纵皱，长约为端宽的 0.9 倍，基部两侧具窗疤。第 3 节背板两侧近平行(端部稍宽)，长约为端宽的 0.5 倍。第 3 节及以后背板具细革质状表面；第 3、第 4 节背板中部和第 5 节背板亚端部具细横脊；第 4 节背板向后显著收敛。产卵器鞘短，约为后足胫节长的 0.5 倍。

体大部分为黄褐至红褐色，腹侧色稍浅。头部黑色；触角鞭节基半部褐黑色(第 1~第 2 鞭节暗红褐色)，中段 9~22(剩余节端部)节白色，柄节和梗节黄白色；上颚(齿尖黑色)红褐色；下唇须，下颚须黄褐色。腹部第 2 节基部两侧的小斑、第 3 节基部的横斑，产卵器鞘褐黑色。翅痣黄褐色，翅脉褐色。

正模 ♀，江西全南，650 m，2008-09-29，集虫网。

词源：新种名缘于头为黑色。

该新种与褐末姬蜂 *A. ferruginea* Sheng, Broad & Sun, 2011 相似，可通过下列特征区别：腹部第 2 节背板具稠密清晰的纵皱；并胸腹节端区粗糙，具弱且不清晰的横皱；额完全黑色；前胸背板和中胸盾片黄褐色；腹部第 2 节背板基部侧面的斑和第 3 节背板基部的横带暗褐色。褐末姬蜂：腹部第 2 节背板基部具弧状细横皱，侧面及端部具细纵皱；并胸腹节端区具弱纵皱；额的侧面具宽的白色纵带；前胸背板背面及中胸盾片黑色或褐黑色；腹部背板全部褐色。

102. 资溪末姬蜂 *Ateleute zixiensis* Sheng, Broad & Sun, 2011 (图版 IX：图 67)

Ateleute zixiensis Sheng, Broad & Sun, 2011. ZooKeys, 141:58.

♀ 体长约 7.5 mm。前翅长约 4.7 mm。触角长约 7.8 mm。产卵器鞘长约 2.0 mm。

颜面侧缘几乎平行，宽约为长的 1.6 倍；具细革质粒状表面和弱且不明显的横线纹(侧缘除外)，中部明显隆起。唇基沟弱。唇基宽约为长的 1.5 倍；较强隆起，具与颜面相同的质地，具非常稀且细的刻点；端缘中段几乎平截(中央稍凹)。上颚短，具弱的细革质状表面；上端齿几乎等长于(稍短于)下端齿。颊区具粒状表面；颚眼距约为上颚基部宽的 0.9 倍。上颊、头顶及额几乎光滑光亮，具细革质粒状表面。上颊非常狭窄，强烈向后收敛。头顶后部自侧单眼后缘几乎垂直下斜；侧单眼间距约等于单复眼间距。额的下半部凹，具细纵皱纹。触角丝状，鞭节 32 节，中部之后稍变粗，中部至亚端部腹面稍扁平；从第 5 节开始突然变短；第 1~第 7 鞭节长度之比依次约为 10.0∶9.3∶9.2∶8.0∶5.9∶4.5∶4.2。后头脊不完整，背面中央中断较宽。

前胸背板具不均匀的细粒状表面；前部和上部中央具纵皱，后下部具斜纵皱。中胸盾片光滑，具清晰的细革质状表面，中央粗糙，具斜横皱；盾纵沟清晰，后端伸达中胸盾片中部之后。小盾片均匀隆起，具与中胸盾片侧叶相似的质地；侧脊抵达小盾片端部。后小盾片小，粗糙，后缘具细弱的横脊。中胸侧板上部具清晰的细粒状表面；前上部(翅基下脊下方)具斜横皱，其余部分粗糙；腹板侧沟非常弱，仅中部具痕迹；胸腹侧脊仅侧面(在中胸侧板的)下半部存在；中胸侧板凹仅具痕迹；中胸腹板后横脊完整。后胸侧板粗糙；后胸侧板下缘脊完整，亚前部稍呈弧形隆起。翅稍带灰褐色透明，小脉与基脉对叉；小翅室五边形，第 2 肘间横脉消失，仅两端存痕迹；第 2 回脉约位于小翅室的内侧 0.4 处；第 2 回脉直，内斜，具 1 个弱点，位于中央上方；后中脉较强地向上弓曲，后小脉在中央下方曲折，下段强烈外斜；后臂脉仅基端具残痕。足较细长；后足第 1 转节背侧端部明显突出；后足胫节(内侧除外)及跗节具短棘刺；第 5 跗节或多或少扁；后足第 1~第 5 跗节长度之比依次约为 10.0∶5.0∶2.7∶1.2∶2.0；爪非常小。并胸腹节粗糙，背面具弱且不清晰的细横皱；仅具清晰的端横脊和外侧脊；气门小，圆形，位于基部 0.3 处。

腹部第 1 节背板长约为端宽的 2.6 倍，向基部强烈但均匀变狭，光亮，具稠密且清晰的细纵皱；无背中脊，背侧脊仅基部和端部具痕迹，腹侧脊完整；气门小，圆形，稍隆起，位于该节背板中央稍前方。第 2 节背板基部具弧状细横皱，侧面具细纵皱，端部中央具“V”形细皱；第 3 节背板具细粒状表面(端部中央相对稍细且稀)；其余背板稍光亮，第 4、第 5 节背板具不清晰的横线纹。产卵器鞘长约为后足胫节长的 0.65 倍，顶端平截。产卵器端部逐渐变尖。

黑色，下列部分除外：触角柄节，梗节及鞭节第 1~第 3 节褐黑色，梗节和第 1 鞭节的交界处褐色，第 8~第 12 节白色；头顶侧面的斑，上颚中部，下唇及下唇须，后足胫节下侧及基部浅黄色至黄色；下颚须，翅基片，前中足及后足跗节暗褐色；后足基节下侧褐色，背侧及其转节和腿节黑褐色；中胸侧板(前上角黑色除外)，中胸腹板，后胸背板，后胸侧板，后小盾片及并胸腹节红褐色；腹部第 1 节背板(亚基部或多或少黑褐色除外)，第 2 节背板(亚基部的褐黑色大斑除外)及第 3 节背板端缘的狭边黄褐色；翅痣和翅脉褐黑色。

分布：江西。

观察标本：1♀，江西资溪马头山，174 m，2009-07-24，楼玫娟。

(三) 刺蛾姬蜂亚族 Baryceratina

该亚族的种类是刺蛾类害虫的重要天敌。江西已知 1 属。

44. 绿姬蜂属 *Chlorocryptus* Cameron, 1903

Chlorocryptus Cameron, 1903. Memoirs and Proceedings of the Manchester Literary and Philosophical Society, 47(14):34. Type-species: *Chlorocryptus metallicus* Cameron; designated by Viereck, 1914.

前翅长 9.5~13.5 mm。体强壮，具金属色(蓝、紫和暗绿色)。前沟缘脊强壮。无盾纵沟。腹板侧沟约伸达中胸侧板 0.65 处。中胸腹板后横脊仅中央呈瘤状存在。并胸腹节非常短。小翅室小，四边形，第 2 肘间横脉非常弱；小脉位于基脉外侧；后中脉几乎直；后小脉约在下方 0.3 处曲折；腋脉端部向后缘靠近。腹部第 1 节背板强壮，基部具侧齿。

全世界仅知 3 种，分布于东古北区和东洋区的北缘；我国已知 2 种；江西已知 1 种。寄主为刺蛾科 Limacodidae 昆虫。

绿姬蜂属中国已知种检索表

1. 颜面无明显的皱；上颊近于弧形向后收敛；前翅透明，仅外缘暗色；雌性触角向端部变细，第(6)7~第 9 鞭节背面白色 ········ **朝鲜绿姬蜂 *C. coreanus* (Szépligeti)**
   颜面具清晰的横皱；上颊强烈向后收敛；前翅除外缘暗色外，通常中部具不规则暗色大斑；雌性触角近端部稍变粗，全部黑褐色 ········ **紫绿姬蜂 *C. purpuratus* (Smith)**

103. 朝鲜绿姬蜂 *Chlorocryptus coreanus* (Szépligeti, 1916) (图版 X：图 68) (江西新记录)

Cryptaulax coreanus Szépligeti, 1916. Annales Musei Nationalis Hungarici, 14:287.

♀ 体长 12.0~15.5 mm。前翅长 9.0~12.5 mm。产卵器鞘长 4.0~8.5 mm。

颜面宽约为长的 1.6 倍，具非常稠密的刻点，中央隆起，亚侧面(触角窝的下方)浅纵凹。唇基均匀隆起，具比颜面稀且大的刻点，近端缘稍凹。上颚相对粗短，基部具稀且细的刻点；上端齿明显长于下端齿。颊区中央具革质状表面；眼下沟较弱，该沟的后侧具纵皱；颚眼距约为上颚基部宽的 0.9 倍。上颊圆弧形，中央纵向稍隆起(下部较明显)，后部向后收敛；下部的刻点比上部密，在靠近复眼处具斜横皱。头顶光亮，具不均匀的稀刻点，但在单眼区与后头脊之间具非常稠密的细刻点；单眼外侧具浅围沟。侧单眼间距约为单复眼间距的 0.75 倍。额光亮，具 1 中纵脊；上半部具稠密的粗横刻点；下部光滑，深凹。触角相对较粗壮，鞭节 32 节，第 1~第 5 鞭节长度之比依次约为 27∶17∶15∶12∶10；端部逐渐变细。后头脊完整。

前胸背板前缘具非常细的纵纹，侧凹内具非常清晰的横皱，后上部具粗刻点；前沟缘脊长而强壮。中胸盾片稍隆起，具不均匀的粗刻点，盾纵沟不清晰。小盾片隆起，具稀疏的刻点；后小盾片横形，光亮无刻点。中胸侧板由前上角至后下角之间具清晰的斜皱；上部(镜面区之前)、下部及胸腹侧片具稠密的刻点；有镜面区；腹板侧沟宽且深。

后胸侧板具不规则且稠密的粗皱；基间脊强壮。翅稍带褐色透明，小脉位于基脉的外侧；小翅室约呈四边形，几乎不向前收敛；第 2 回脉约在它的中央稍外侧相接；外小脉约在中央曲折；后小脉几乎垂直，在中央下方曲折。足较长；后足基节外侧具稠密的细刻点，第 1~第 5 跗节长度之比依次约为 35∶15∶11∶6∶8。并胸腹节粗糙，前部密布不规则的粗皱，后部具非常稠密且不清晰的刻点和横皱；基横脊存在，但中段较弱；端横脊不明显，无侧突。气门斜长形。

腹部具较均匀的细刻点，第 2、第 3 节的刻点较稠密，向后逐渐变弱。第 1 节背板较扁平，基部具三角形侧突；后柄部长约等于端宽。以后各节近似圆筒状。产卵器背瓣亚端部具横脊；腹瓣端部约具 11 条脊，基部的脊内斜。

体深蓝色(腹部带紫色)，具金属光泽。触角黑褐色，鞭节第 7~第 9 节背面白色；上颚(基部中央及中段红褐色)黑色；下唇须，下颚须暗褐色；足黑褐色(前中足前侧带黄褐色)；前翅外缘稍带暗灰色；翅痣深褐色；翅脉黑褐色。

♂ 体长 13.0~15.0 mm。前翅长 12.0~13.5 mm。触角鞭节 39~41 节。

寄主：黄刺蛾 *Cnidocampa flavescens* (Walker)。

分布：江西、河南、浙江、福建、广西、四川、黑龙江、吉林、辽宁、内蒙古、台湾；朝鲜。

观察标本：1♀，江西全南，2009-09-11，集虫网；1♀，江西全南，2010-07-24，集虫网；1♀，河南内乡宝天曼，1100 m, 1998-07-13，孙淑萍；3♂♂，河南罗山县灵山，400~500 m，1999-05-24，盛茂领；1♂，河南罗山县灵山, 400~500 m，2000-05-21，申效诚、任应党；1♂，河南登封少室山，2000-06-09，任应党。

104. 紫绿姬蜂 *Chlorocryptus purpuratus* (Smith, 1852) (图版 X：图 69)

Cryptus purpuratus Smith, 1852. Transactions of the Entomological Society of London, 2:33.

♀ 体长约 17.5 mm。前翅长约 13.5 mm。产卵器鞘长约 7.0 mm。

颜面宽约为长的 1.6 倍，中央纵向隆起，刻点稍细(与侧面的刻点比)；亚中部具粗横皱；两侧刻点稠密。唇基稍隆起，具刻点(与颜面两侧的刻点相比相对较粗)，端缘中央稍呈弧形突出。上颚较短，基部具细刻点；上端齿明显长于下端齿。颊粗糙，具皱，眼下沟明显；颚眼距约为上颚基部宽的 0.9 倍。上颊刻点稠密，向后强度收窄。额在触角窝后方明显凹陷，凹陷部分及两侧具细密的刻点；后部较高，具粗横皱；亚中央具斜纵皱。触角短于体长；鞭节 32 节，第 1~第 5 节长度之比依次约为 20∶18∶16∶13∶10。头顶具稠密的细刻点，单眼区具细纵纹；侧单眼间距约为单复眼间距的 0.9 倍。后头脊完整。

前胸背板前部较光滑，具细刻点；侧凹较阔，内具粗横皱；后部具较稠密的刻点；后上角具皱；前沟缘脊较强壮。中胸盾片具不规则的皱纹和刻点，无盾纵沟。小盾片均匀隆起，刻点稀而粗。中胸侧板具不规则的皱纹(中部为斜横皱)；前缘、下部及后上角具稠密的刻点(胸腹侧片的刻点较其他部位更加细密)；胸腹侧脊几乎伸达翅基下脊；镜面区较小，光亮；中胸侧板凹浅坑状；腹板侧沟明显，约伸达后方 1/3 处。后胸侧板具粗网皱；基间脊明显。翅褐色透明，前翅外缘灰色；小脉位于基脉的外侧；小翅室近方形，第 2 回脉在它的中央外侧与之相接；外小脉在中央稍下方曲折；后小脉几乎垂直，约在下方 0.3 处曲折。足较长，基节短锥形膨大；后足第 1~第 5 跗节长度之比依次约为 41∶17∶11∶8∶14。并胸腹节密布粗网皱，后部中央稍凹；基横脊仅中部具痕迹；端横脊中段不明显；气门长椭圆形。

腹部第 1 节背板长约为端宽的 2.0 倍；腹柄较长，具基侧齿，刻点较稠密；背中脊不明显，背侧脊弱；气门小，圆形；自气门处强烈变宽，后柄部侧边几乎平行。第 2 节及以后的背板具细密的刻点，端缘光滑；第 2~第 3 节明显膨大；第 2 节背板近梯形，长约为端宽的 0.9 倍，背面稍隆起，侧缘弧形，基部具窗疤。第 3 节背板倒梯形，长约为基部宽的 0.5 倍。

体蓝紫色。触角鞭节蓝黑色，端部带褐色；唇基端部，上颚(端齿黑色除外)，下唇须，下颚须，各足(基节深蓝色)暗红褐至黑褐色；翅脉和翅痣黑褐色。

♂ 体长约 13.5 mm。前翅长约 10.5 mm。

寄主：桑褐刺蛾 *Setora postornata* Hampson、褐边绿刺蛾 *Latoia consocia* (Walker)、丽绿刺蛾 *Latoia lepida* (Cramer)。国外报道的寄主有：*Birthamula chara* Swinhoe、*Birthosea bisura* Moore、铜斑褐刺蛾 *Setora nitens* (Walker)、马来亚刺蛾 *Susica malayana* Hering、明脉扁刺蛾 *Thosea asigna* Eecke 等。

分布：江西、河南、河北、山东、北京、江苏、浙江、福建、湖南、上海、香港、云南、山西、陕西、广西、贵州、四川；印度，马来西亚，尼泊尔。

观察标本：2♀♀11♂♂，江西全南，628~740 m，2008-06-21~11-19，集虫网；5♂♂，江西资溪马头山，400 m，2009-05-01~05-08，集虫网；1♀，江西资溪马头山，400 m，2009-11-06，集虫网；1♀，河南西峡老界岭，1350 m，1998-07-17，孙淑萍；1♂，河南西峡老界岭，1550 m，1998-07-17，孙淑萍。

(四) 秘姬蜂亚族 Cryptina (江西新记录)

该亚族含 19 属；中国已知 5 属；江西已知 1 属。在 Townes (1970a)的著作中，该亚族的属包含在横沟姬蜂亚族 Ischnina 内。属检索表可参考 Townes (1970a)的著作。

45. 布阿姬蜂属 *Buathra* Cameron, 1903 (江西新记录)

Buathra Cameron, 1903. Transactions of the Entomological Society of London, 1903:233. Type-species: *Buathra rufiventris* Cameron; monobasic.

主要鉴别特征：颜面无瘤突；唇基宽约为长的 2.3 倍，弱至较强隆起，端缘无齿；颚眼距 0.8~1.2 倍于上颚基部宽；额在两触角窝上方具 1 短纵脊，上侧方(纵脊的外侧)具 1 深凹；小翅室五角形，弱至强烈向前方收敛；第 2 回脉呈简单弧形；后翅腋脉与臀脉平行，端部弯向翅缘；并胸腹节基横脊不完整、弱或缺，但有时较明显或完整；端横脊清晰、完整，有时中央弱；侧突弱；腹部第 1 节背板无基侧齿；产卵器鞘长约为后足胫节长的 1.25 倍；具背结。

全世界已知 31 种；中国已知 5 种；江西已知 1 种。

105. 白颚布阿姬蜂 ***Buathra albimandibularis*** **(Uchida, 1955) (图版X:图70) (江西新记录)**

Cryptus albimandibularis Uchida, 1955. Journal of the Faculty of Agriculture, Hokkaido University, 50:113.

♀ 体长约 13.0 mm。前翅长约 10.0 mm。触角长约 11.0 mm。产卵器鞘长约 5.0 mm。

颜面宽约为长的 1.9 倍，具细革质网粒状表面和不清晰的细刻点；中央稍隆起。唇基中央稍呈横棱状；基半部具不均匀的细刻点；端半部较平，相对光滑；亚端部具微细的弱皱；端缘弧形前突。上颚基部细革质状；上端齿短于下端齿。颊区具细革质粒状表面；颚眼距约为上颚基部宽的 0.65 倍。上颊具清晰且非常稠密的细刻点。头顶呈细革质状质地，刻点非常细且不明显；侧单眼外侧具斜细皱；单眼区中央具弱浅的中纵沟；侧单眼间距约为单复眼间距的 0.9 倍。额在触角窝背侧方具凹坑，凹内光滑；上半部较平，具稠密的细横皱。触角鞭节 28 节，第 1~第 5 鞭节长度之比依次约为 7.0∶5.8∶5.2∶3.8∶2.8。后头脊完整。

前胸背板前部具细纵皱；侧凹具稠密的斜细横皱并延至后缘；上部具稠密不规则的细皱刻点；前沟缘脊显著，伸达背板上缘。中胸盾片均匀隆起，具非常稠密且较均匀的细皱浅刻点；盾纵沟非常显著，约伸达中胸盾片后部 0.3 处。盾前沟质地同中胸盾片。小盾片隆起，具稠密但较中胸盾片稍粗的刻点。后小盾片较平，光滑光亮，具稀且细的刻点。中胸侧板呈稠密模糊的细皱表面；胸腹侧脊伸达翅基下脊；镜面区小，光滑光亮；中胸侧板凹坑状，由斜横沟与中胸侧缝相连；腹板侧沟前部 0.5 深而明显。后胸侧板具与中胸侧板相同的皱表面。翅稍带褐色，透明；小脉位于基脉内侧，二者之间的距离约为小脉长的 0.25 倍；具残脉；小翅室五边形，高大于宽，向前方显著收敛，第 2 回脉在它的下方中央与之相接；外小脉约在下方 0.35 处曲折；后小脉约在下方 0.3 处曲折。足较长；爪尖而长；后足第 1~第 5 跗节长度之比依次约为 8.0∶3.1∶2.0∶1.0∶2.0。并胸腹节前部均匀隆起，后部逐渐倾斜；表面具稠密的细网皱；基横脊和端横脊完整，外侧脊仅基部 0.2 明显；基区亚三角形，向后部强烈收敛；中区五边形，高约为分脊处宽的 0.73 倍，侧边向下明显收敛；分脊约在中区中央稍前方伸出；侧突明显，矮扁；气门长椭圆形，长径约为短径的 2.7 倍，下缘与基横脊的亚外侧相切。

腹部第 1 节背板细柄状，长约为端宽的 2.3 倍，向端部逐渐变宽，具细革质状表面(端部具不明显的细刻点)；背中脊细弱，在气门上方稍收窄，约伸达端部 0.2 处；背侧脊完整；气门小，圆形，约位于该背板端部 0.35 处。第 2 节及以后背板均具细革质微皱粒状表面，第 2 节背板梯形，长约等于端宽；第 3 节背板两侧近平行，长约为宽的 0.45 倍；第 5 节背板明显长于第 4 节和第 6 节。产卵器鞘长约为后足胫节长的 1.1 倍；产卵器腹瓣端部具 9 条强纵脊，背瓣亚端部具 1 弱突起。

体黑色，下列部分除外：触角鞭节第 5~第 9 节背侧黄白色；颜面眼眶上段及额眼眶、上颊眼眶中段，上颚(端齿黑褐色除外)，前胸背板后上缘的横带，翅基下脊，中胸盾片中叶后部的小斑，小盾片中部的横斑均为黄白色；前中足腿节端部、胫节和跗节，后足胫节基半部、基跗节基半部暗红褐色；后足自基跗节端半部至第 4 跗节污白色，第 5 跗节黑色；翅基片，翅脉，翅痣近似黑色。

分布：江西、辽宁、福建、台湾；朝鲜。

观察标本：5♀♀，江西官山，408 m，2011-04-16，盛茂领；1♀，江西官山，408 m，2011-10-15，集虫网。

(五) 嘎姬蜂亚族 Gabuniina

主要鉴别特征：唇基端部平截或稍凹，端缘常具 1 或 2 齿或齿状突；上颚相对较短，明显向端部变狭；下端齿等于或长于上端齿；上颊较宽；雌性触角端鞭节端部平截状；前足胫节通常棒状膨大；腹部第 1 节背板通常较粗壮，气门位于该节中央或靠近中央；背中脊缺或几乎全部缺；第 7、第 8 节(雌性)伸长；产卵器鞘为后足胫节长的 0.7~1.75 倍；产卵器腹瓣亚端部具背叶。

该亚族含 34 属；我国已知 9 属；江西已知 7 属。寄主为生活在树干及枝条等的钻蛀性害虫(Gupta and Gupta, 1983)。

嘎姬蜂亚族中国已知属检索表*

1. 口后脊完整，与后头脊相接……2
 口后脊端部消失，不与后头脊相接……**阔沟姬蜂属 *Eurycryptus* Cameron**
2. 唇基靠近中部具横脊状隆起，端缘无齿；并胸腹节无端横脊……**蛀姬蜂属 *Schreineria* Schreiner**
 唇基端缘具 1 中齿或 1 对中齿；并胸腹节通常具端横脊……3
3. 唇基端缘具 1 对弱瘤突状齿；小翅室大，高约为第 2 回脉长的 0.65 倍……**离沟姬蜂属 *Kemalia* Koçak**
 唇基端缘具 1 中齿；小翅室小，其高小于第 2 回脉长的一半……4
4. 并胸腹节具外侧脊……7
 并胸腹节无外侧脊，至少在基横脊至端部之间不存在……5
5. 唇基亚端部呈强壮的横脊状；腹部第 1 节背板无基侧齿；上颚下端齿长于上端齿……**斗姬蜂属 *Torbda* Cameron**
 唇基无横脊状隆起；腹部第 1 节背板具基侧齿……6
6. 后小脉在中央下方曲折；腹部第 1 节背板的背侧脊完整，气门位于中部稍前侧……**全沟姬蜂属 *Amrapalia* Gupta & Jonathan**
 后小脉在中央上方曲折；腹部第 1 节背板的背侧脊在气门与后端之间消失，气门位于中部……**缺脊姬蜂属 *Arhytis* Townes**
7. 唇基无横脊；腹部第 1 节背板具基侧齿，背侧脊强壮，通常完整；小翅室宽约等长于高……**褚姬蜂属 *Xoridesopus* Cameron**
 唇基具强壮的横脊；腹部第 1 节背板无基侧齿，背侧脊弱，不完整；小翅室宽为长的 1.6~2.0 倍……**漩沟姬蜂属 *Dinocryptus* Cameron**

46. 全沟姬蜂属 *Amrapalia* Gupta & Jonathan, 1970

Amrapalia Gupta & Jonathan, 1970. Oriental Insects, 3(1969):389. Type-species: *Mesostenus multimaculatus* Cameron; monobasic.

唇基偏高至均匀隆起，端部平截，侧面加宽，端缘中央具 1 齿。颜面中部适当隆起。颚眼距为上颚基部宽的 0.5~0.6 倍。上颚下端齿长于上端齿。后头脊完整。前沟缘脊短。

* 未包含 *Hadrocryptus* Cameron，1903，我国已知 1 种：*Hadrocryptus perforator* Broad & Barthélémy，2012，分布于香港。

盾纵沟完整且深。小盾片适当隆起，侧脊仅基部存在。胸腹侧脊伸达中胸侧板高的 0.4~0.9 处。腹板侧沟清晰，伸达中足基节。基间脊完整或不完整。并胸腹节基横脊完整；端横脊侧面强壮；外侧脊缺；并胸腹节气门小，椭圆形。小脉位于基脉内侧；小翅室五边形，肘间横脉稍微向前方收敛；第 2 回脉在它的中央相接；后小脉在下部 0.33~0.4 处曲折。腹部第 1 节背板粗短，通常长小于端宽的 2.0 倍；背侧脊和腹侧脊清晰；气门位于中部稍前侧。

该属是一个非常小的属，目前全世界已知 6 种；我国已知 2 种，分布于江西。

全沟姬蜂属中国已知种检索表

1. 颜面浅黄色；前中足基节几乎全部浅黄色；后足基节三色：腹面浅褐色，背面浅黄色，外侧及内侧一部分黑色；后足腿节褐色至浅褐色，端部黑色；后足跗节(第 5 节顶端黑色)白色……… **黄面全沟姬蜂 *A. flavifacialis* Sheng & Sun**

   颜面黑色；前中足基节几乎全部及后足基节和腿节全部红褐色；后足跗节第 1 节及第 2 节基部白色，其余黑色…………………………………………………………………… **黑面全沟姬蜂 *A. nigrifacialis* Sheng & Sun**

106. 黄面全沟姬蜂 *Amrapalia flavifacialis* Sheng & Sun, 2009

Amrapalia flavifacialis Sheng & Sun, 2009. Acta Zootaxonomica Sinica, 34:607.

♀ 体长约 13.2 mm。前翅长约 10.0 mm。产卵器鞘长约 5.0 mm。

颜面光滑光亮，宽约为长的 1.2 倍，具较稀且浅的刻点；中央稍隆起，亚侧面在触角窝的下方稍纵凹。唇基沟清晰，弧形。唇基凹开放式。唇基具与颜面相似的质地，稍隆起，端部凹；端缘中段平截，具 1 弱小的中突，亚侧面稍呈角状。上唇外露较多，端缘具长毛。上颚较小，中部具非常弱且短的纵纹；端齿较尖锐，下端齿明显长于上端齿。颊具细革质粒状表面；颚眼距约为上颚基部宽的 0.6 倍。上颊光滑光亮，具非常稀且细而不明显的刻点。头顶光亮，稍微隆起，具较稀且细的刻点；侧单眼间距约为单复眼间距的 0.52 倍。额的下部光亮，几乎无刻点；上部具清晰且相对较密的刻点；上部中央稍粗糙。触角丝状；鞭节 23 节，倒数第 2 节最短，其长约为横径的 1.7 倍。后头脊完整。

前胸背板光亮；前缘处具清晰的细刻点；后上角稍粗糙，具不清晰的刻点；侧凹内具非常稠密清晰且伸达后缘的横皱；具清晰的前沟缘脊。中胸盾片具稠密的细刻点(后部不清晰)；中部具粗糙不规则的网皱状中区；盾纵沟前部非常深。盾前沟非常深，内具纵皱。小盾片均匀隆起，具带毛细刻点。后小盾片横向，具带毛细刻点，前部横凹。中胸侧板稍微粗糙，具非常弱浅的刻点；镜面区的前侧具弱斜皱；下缘处光亮，刻点不明显；具镜面区；腹板侧沟非常清晰且深，伸达中足基节。后胸侧板具稠密的斜纵皱；后胸侧板下缘脊完整。翅透明；小脉位于基脉内侧；小翅室五边形，第 2 回脉在它的中央相接；肘间横脉几乎平行(非常微弱地向前方收敛)；外小脉约在中央曲折；后小脉稍在中央下方曲折，下段强烈外斜。前足腿节侧扁，稍弯曲，胫节棒状膨大(基部除外)；第 4 跗节腹面端部分叉，叉端具粗毛丛(后足第 1~第 3 跗节端部腹面也具这样短粗的毛)；后足胫节具非常稀且短的棘刺。并胸腹节具完整的基横脊和端横脊，后者较弱；外侧脊在基横脊至后足基节之间缺；基横脊的前面具稠密的粗刻点(基缘光滑无刻点)；中部(基横脊与端横脊之间)具横皱；端部(端横脊之后)中央具横皱，侧面具斜皱；第 2 外侧区具横皱；

气门稍呈椭圆形。

腹部背板具非常稠密均匀的细刻点，但最后 2 节的刻点非常弱至不清晰。第 1 节背板长约为端宽的 1.7 倍；背中脊仅基部具痕迹；背侧脊完整，但靠近气门的后面稍弱；腹侧脊完整强壮。第 2 节背板中部具宽浅的凹痕。第 3~第 6 节背板各节近中部具浅横凹痕。产卵器鞘约与后足胫节等长。产卵器腹瓣亚端部具背叶，包被背瓣；端部具 9 条清晰的纵脊。

黑色，下列部分除外：触角第 6~第 14 鞭节及后足跗节白色；颜面，唇基，上颚基部，颊，上颊(后部黑色除外)，额眼眶的上段及头顶眼眶，前胸背板下角及背部前缘，翅基片，中胸盾片中央的斑，小盾片，后小盾片，翅基下脊，中胸侧板下缘中央的小斑及下后角的斜斑，后胸背板，后胸侧板上部的斜斑，后足基节背面的大斑，并胸腹节端部的大斑，腹部各节(第 7 节除外)背板后缘(第 8 节几乎全部)浅黄色；足褐色至浅褐色；前中足基节(基端稍带黑色)及前足胫节前侧的狭带浅黄色；后足基节外侧，腿节端部及胫节端部黑色；翅痣及翅脉褐黑色。

♂ 体长约 12.5 mm。前翅长约 8.5 mm。触角长约与体等长。中胸腹板亚侧面具未伸达后缘的黑带；腹板侧沟处黑色；后足基节红褐色。

变异：秋季采集的标本具更多的浅黄色：中胸侧板下部具较宽的浅黄色横带，中胸腹板在胸腹侧脊之后黄褐色。

分布：江西。

观察标本：1♀1♂，江西全南，650 m，2008-04-15~22，集虫网；1♀，江西全南，2010-09-05，集虫网。

107. 黑面全沟姬蜂 *Amrapalia nigrifacialis* Sheng & Sun, 2009 (图版 X：图 71)

Amrapalia nigrifacialis Sheng & Sun, 2009. Acta Zootaxonomica Sinica, 34:608.

♀ 体长 11.0~12.0 mm。前翅长 9.0~10.5 mm。产卵器鞘长 3.0~4.0 mm。

颜面宽约为长的 1.4 倍，具非常稠密均匀的粗刻点，下侧角处的刻点稍呈横形；中央隆起，亚侧面在触角窝的下方具纵浅凹。唇基沟浅，不清晰。唇基凹开放式。唇基中部稍隆起，端部凹；基部具粗刻点，端部粗糙，刻点不明显，侧角处具短横皱；端缘非常宽地平截，具 1 清晰的小中突。上唇新月形外露，端缘具长毛。上颚较粗短，具浅褐色毛，无明显的刻纹或刻点；下端齿稍长于上端齿。颊具粗糙的革质状表面；颚眼距为上颚基部宽的 0.8~0.9 倍。上颊光滑光亮，下部具较稠密的细刻点，上部具非常稀且细的刻点。头顶光亮，较平，具非常稀且细(后部较细密)的刻点；侧单眼间距约为单复眼间距的 0.55 倍。额的下部凹，光亮，几乎无刻点；上部具较稠密(侧面较稀且细)的刻点。触角丝状；鞭节 23 节，倒数第 2 节最短，其长约为横径的 1.7 倍。后头脊完整。

前胸背板光亮；具较稠密且非常清晰的细刻点；侧凹内具非常稠密清晰的横皱，下半部的横皱伸达后缘；前沟缘脊清晰，但非常短。中胸盾片具非常稠密的细刻点(后缘更细弱)；中部具非常粗糙不规则的网皱状中区；盾纵沟非常深。盾前沟非常深，内具纵皱。小盾片均匀隆起，具稠密(比中胸盾片的刻点稍稀)的细刻点。后小盾片横向，几乎无刻点，前部侧面具凹陷。中胸侧板粗糙；在翅基下脊的下方具短纵皱；镜面区的前侧具短斜皱；镜面区光亮，具非常稀且细的刻点；腹板侧沟非常清晰且深，伸达中足基节。后胸侧板具非常稠密的斜横皱；后胸侧板下缘脊完整。翅稍带灰褐色透明；小脉位于基脉内侧；小翅室五边形，第2回脉在它的中央稍外侧相接；肘间横脉明显向前方收敛；外小脉约在中央曲折；具残脉；后小脉在中央下方0.35~0.4处曲折，下段强烈外斜。前足腿节侧扁，稍弯曲，胫节棒状膨大(基部除外)；所有跗节的腹面具非常稠密的短棘刺；后足胫节具非常狭且短的棘刺；第4跗节腹面端部分叉，叉端具粗毛丛。并胸腹节具完整的基横脊和端横脊，后者非常弱；外侧脊在基横脊至后足基节之间缺；基横脊至基部具非常稠密的刻点，中央粗糙并具不规则的纵皱；第1外侧区(气门前面)具弱横皱；基横脊至并胸腹节端缘非常粗糙，具不规则的小网状皱，靠近基横脊的后面具短纵皱；气门圆形。

腹部背板具非常稠密均匀的刻点，但后部的刻点较细弱，末节背板的刻点不明显。第1节背板长约为端宽的1.5倍；背中脊仅基部具痕迹；背侧脊清晰，但靠近气门的后面较弱或稍中断；腹侧脊完整强壮。第2节背板中部具非常宽浅的横凹痕。第3、第4节背板近中部具非常不明显的浅横凹痕。产卵器鞘约与后足胫节等长。产卵器腹瓣亚端部具背叶，包被背瓣；端部具9或10条纵脊。

黑色，下列部分除外：唇基黄褐色；颜面上缘中央的小斑纹，上颊眼眶的斑(间断)，额眼眶的上段及头顶眼眶内侧浅黄色；触角鞭节第(5)6~第9节及第10节基部，前胸背板背部前缘，翅基片，中胸盾片中央的斑，小盾片，后小盾片，翅基下脊，中胸侧板下后角的斑，后胸背板(后胸侧板的上方)，后胸侧板后缘下部的三角形斑，并胸腹节端部的大斑，腹部各节背板后缘(第8节几乎全部)白色或几乎白色；足红褐色；前足胫节前侧的狭带浅黄色；跗节第(2)3~第5节及后足胫节端部褐黑色；后足跗节第1节及第2节基部白色；翅痣及翅脉褐黑色。

分布：江西。

观察标本：2♀♀，江西吉安，2008-05-21，匡义；1♀，江西资溪，2009-08-07，楼玫娟。

47. 缺脊姬蜂属 *Arhytis* Townes, 1970

Arhytis Townes, 1970. Memoirs of the American Entomological Institute, 12(1969):335. Type-species: *Echthrus maculiscutis* Cameron; monobasic.

唇基均匀隆起，端部平截，端缘中央具1齿。颜面较隆起。颚眼距为上颚基部宽的0.6~0.7倍。上颚的端齿几乎等长(下端齿稍微长于上端齿)。额稍浅凹。后头脊完整。前沟缘脊在颈的部位较强壮。盾纵沟短且浅。小盾片侧脊仅基部存在。胸腹侧脊伸达中胸侧板高的0.4以上(可伸至翅基下脊)。腹板侧沟清晰，伸达中足基节。基间脊完整或不完整。并胸腹节基横脊完整；端横脊存在或缺；外侧脊在基横脊至后足基节之间消失；并胸腹节气门小，椭圆形。小脉位于基脉内侧；小翅室宽大于高；肘间横脉稍微或明显向前方收敛；第2回脉在它的中央或中央外侧相接；后小脉在靠近上部0.45处曲折；臀脉向边缘弯曲。腹部第1节背板粗短，长小于端宽的2.0倍；背侧脊在气门与后端之间消失；基部具侧突或侧齿；腹板端部未伸过气门；气门位于中部。第 2 节背板具“V”形沟。第 3 节背板具 1 半圆形沟。产卵器端部具相距非常紧密的脊。

全世界已知 10 种；我国已知 4 种；江西已知 3 种。

缺脊姬蜂属中国已知种检索表

1. 并胸腹节无端横脊……………………………………………………………………………………2
   并胸腹节端横脊完整……………………………………………………………………………………3
2. 额的上半部具稠密的刻点；中胸侧板大部分及中胸腹板大部分浅黄色，二者融合……………………
   ……………………………………………………………………**并斑缺脊姬蜂 *A. consociata* Sheng & Luo**
   额的上半部中央具稠密的斜纵皱，两侧具稀疏不明显的细刻点；中胸侧板黑色，仅翅基下脊黄色；中胸腹板完全黑色…………………………………**斑缺脊姬蜂，新种 *A. maculata* Sheng & Sun, sp.n.**
3. 额具非常稀且细的刻点；中胸侧板黑色，仅靠近中部具浅黄色横纹；中胸腹板黑色，具 2 个黄色小斑…………………………………………………………**中华缺脊姬蜂 *A. chinensis* Gupta & Gupta**
   额的上半部具稠密的细皱；中胸侧板后下部具浅黄色斑；中胸腹板完全黑色…………………………
   ………………………………………………………**双脊缺脊姬蜂，新种 *A. biporcata* Sheng & Sun, sp.n.**

108. 双脊缺脊姬蜂，新种 *Arhytis biporcata* Sheng & Sun, sp.n. （图版 X：图 72）

♀ 体长 6.5~10.5 mm。前翅长 6.0~8.5 mm。产卵器鞘长 2.5~3.5 mm。

颜面宽为长的 1.3~1.4 倍，上半部具稠密的细皱刻点；下半部光滑光亮，具几个稀疏的细刻点；中央纵向较强隆起，上方中央具 1 光滑的弱纵瘤。唇基沟清晰。唇基基半部较强隆起，具较稠密的细皱刻点；端半部中央凹陷，具细革质状表面；端缘稍弧形凹，中央具 1 非常弱小的瘤突。上颚基部宽阔，较光滑；亚端部表面细皱状；下边缘显著；上端齿稍长于下端齿。颊具细革质粒状表面，颚眼距为上颚基部宽的 0.5~0.53 倍。上颊光滑光亮，具非常不清晰的细刻点，前部中央稍隆起。头顶具非常稠密的浅细刻点；侧单眼间距为单复眼间距的 0.5~0.6 倍。额的下半部深凹，光滑光亮；上半部具稠密的细皱；具 1 细中纵脊。触角鞭节 22 或 23 节，第 1~第 5 节长度之比依次约为 2.2∶2.0∶1.8∶1.4∶1.0。后头脊完整。

前胸背板前缘具不明显的细皱点；侧凹及后部具较均匀稠密的斜纵皱；后上部具不明显的细刻点；具前沟缘脊。中胸盾片较强隆起，呈明显的三叶状；中叶和侧叶具非常稠密均匀的细浅刻点，后部中央具稠密模糊的细横皱；盾纵沟清晰，约伸达中胸盾片端部 0.2 处。盾前沟具稠密的短皱。小盾片较强隆起，较光滑，具非常不清晰的细刻点，基部具侧脊。后小盾片较平，光滑光亮。中胸侧板具稠密模糊的弱皱点；胸腹侧脊背端伸达翅基下脊，上端弯向中胸侧板前上缘；腹板侧沟显著，伸达中足基节基部、在中部弯曲；镜面区光滑光亮，稍隆起；中胸侧板凹沟状。后胸侧板具非常稠密且较中胸侧板稍粗的皱刻点，下缘呈稠密的皱状；具基间脊。翅透明；小脉位于基脉内侧，二者之间的距离为小脉长的 0.5~0.6 倍；小翅室五边形，宽为长的 1.0~1.3 倍，肘间横脉向前方收敛，第 2 回脉约在它的下方中央或中央稍外侧与之相接；外小脉内斜，约在中央或中央稍上方曲折；后小脉明显外斜，约在中央处曲折。前足胫节基部颈状缢缩(细柄状)，向端部明显膨大；中后足胫节、跗节具分散的短棘刺；后足第 1~第 5 跗节长度之比依次约为 7.2∶3.0∶1.8∶0.8(背侧)∶2.8；爪强壮。并胸腹节具稠密的细纵皱，基缘稍光滑，端横脊前方中央的皱大致横形；基横脊和端横脊完整，中段均向前稍隆起；其他脊缺；有的个体的外侧脊基部具痕迹；气门小，圆形，靠近外侧脊。

腹部纺锤形，各背板具非常稠密的细刻点，但向后逐渐细弱。第 1 节背板长为端宽的 1.8~1.9 倍，向基部逐渐收敛，背中部较强隆起；背中脊仅基部存在，背侧脊完整；气门小，圆形，约位于第 1 节背板中央稍前方；两侧具弱皱。第 2 节背板梯形，长为端宽的 0.9~0.93 倍，基部两侧具横形窗疤。第 3 节背板两侧约平行，长为端宽的 0.5~0.6 倍；第 4~第 6 节背板横形；第 7、第 8 节背板显著向后收敛。产卵器鞘长约与后足胫节等长；产卵器腹瓣端部约具 8 或 9 条纵脊；脊瓣背叶具 2 脊。

体黑色，下列部分除外：触角鞭节中段 6(7)~13(14)节白色；颜面(上缘两侧和基部亚中央的斑纹黑色，上缘中央的纵瘤或橙色)，唇基，上唇，上颚(端部红褐色，端齿褐黑色)，颊，上颊(后下部黑色)，下唇须，下颚须，前胸侧板上部的斑和下缘，前胸背板前下部和后上部的条斑、颈部前缘中央，中胸盾片中叶后部的斑，小盾片，后小盾片，翅基片和前翅翅基，中胸侧板后下部的斑、翅基下脊，后胸侧板上方部分的马蹄斑、后胸侧板后上部的条斑，并胸腹节后部中央的凸状斑，前中足基节，后足基节背侧的大斑，腹部第 1~第 7 节背板端部及侧后部、第 8 节背板(端部中央具 1 黑色小三角形斑)，各节腹板中央的不规则斑均为淡黄色。额眼眶(前部与颜面间断，向后渐宽)、后头眼眶(与上颊连接处细弱)橙色(有的个体淡黄色)。足褐至红褐色，前中足跗节色稍深，末跗节近黑色；后足基节侧面、腿节端部、胫节基部和端半部黑色，跗节白色、末跗节端部和爪黑褐色。翅痣褐色，翅脉暗褐至黑褐色。

正模 ♀，江西九连山，580~680 m，2011-04-12，盛茂领、孙淑萍。副模：1♀，江西九连山，580~680 m，2011-04-12，盛茂领、孙淑萍；1♀，江西官山，2010-05-09，孙淑萍。

词源：新种名源于产卵器背叶具 2 条脊。

该新种与中华缺脊姬蜂 *A. chinensis* Gupta & Gupta，1983 近似，可通过下列特征区别：胸腹侧脊背端几乎伸抵翅基下脊；小翅室宽为长的 1.0~1.3 倍；中胸侧板后下角具浅黄色斑；中胸腹板完全黑色；中足基节浅黄色，仅侧面具褐色或暗褐色小斑；腹部第 8 节背板背面几乎全部浅黄色，侧面黑色。中华缺脊姬蜂：胸腹侧脊背端伸达中胸侧板高的 0.5 处；小翅室宽约为长的 2.0 倍；中胸侧板具长且不间断的黄色横斑；后下角具浅黄色斑；中胸腹板具 2 个黄斑；中足基节腹面具黑斑；腹部第 8 节背板黑色，仅侧面具黄色小斑。

109. 并斑缺脊姬蜂 *Arhytis consociata* Sheng & Luo, 2009 (图版 X：图 73)

Arhytis consociata Sheng & Luo, 2009. Acta Zootaxonomica Sinica, 2009, 34:367.

♀ 体长 10.5~14.5 mm。前翅长 9.5~11.5 mm。产卵器鞘长 3.5~5.5 mm。

颜面宽约为长的 1.5 倍；中央稍隆起，具较浅的横刻点；侧面具非常稀的刻点；亚侧面在触角窝的下方具非常弱的纵凹痕；下侧面较光滑，具少量刻点。唇基沟清晰，呈弧形。唇基光滑，稍隆起，基部具稀疏粗大且不均匀的刻点；端部凹；端缘中段平截，中央具 1 小突起。上唇半月形外露，端缘具长毛。颊具非常细的粉粒状表面；颚眼距为上颚基部宽的 0.6~0.7 倍。上颚狭长，基部具细刻点；端齿较钝，下端齿稍长于上端齿。上颊稍隆起，光滑光亮，具非常稀疏的细刻点，上部狭窄，下部宽且较膨胀。头顶具稀疏的细刻点，后部(侧单眼至后头脊之间)刻点相对较密；单眼区几乎不隆起，具较稀的细刻点；侧单眼周围具围凹；侧单眼间距约等于单复眼间距。额在触角窝上方深横凹，凹内光滑光亮；上部及两侧具较稠密的细刻点，中央粗糙；具弱的中纵脊。触角鞭节 25 节，第 1~第 5 鞭节长度之比依次约为 7.8∶5.8∶5.0∶4.3∶3.8；倒数第 2 节最短，其长约为直径的 1.6 倍；末节端部平。后头脊完整。

前胸背板前缘具细刻点；侧凹具清晰稠密的横皱；后上部具稠密的细刻点；无前沟缘脊。中胸盾片具稠密但不均匀的粗皱点；盾纵沟仅前部明显，未伸达中胸盾片中部。小盾片均匀隆起，具较稀疏且稍细的(与中胸盾片比)刻点。后小盾片近梯形，光滑无刻点。中胸侧板匀称，具稠密且较均匀的刻点；镜面区的前方具不清晰的短斜皱；镜面区较大，光滑光亮，具几个非常细而不明显的刻点；腹板侧沟非常弱。后胸侧板具非常稠密的粗横皱，其间嵌有粗刻点；后胸侧板下缘脊完整，前部强烈突起。并胸腹节均匀隆起，仅具完整强壮的基横脊；基横脊之前具粗刻点；横脊之后具稠密不清晰的横皱，前半部嵌有明显的粗刻点；气门长椭圆形；气门至后足基节之间的浅沟内具短横皱。翅稍带灰褐色透明；小脉位于基脉内侧；小翅室五边形，第 2 回脉位于它的中央稍外侧，肘间横脉稍向前收敛；外小脉约在中央曲折；后小脉约在中央稍上方曲折，下段强烈外斜，上段几乎垂直。前足胫节膨大呈棒状，基部较细，约呈柄状；后足第 1~第 5 跗节长度之比依次约为 6.7∶2.7∶1.5∶1.0∶2.3。

腹部第 1 节背板长约为端宽的 1.7 倍；基半部中央光滑光亮，端半部具非常稠密的粗刻点；背中脊不明显；背侧脊强壮，约达端部 1/3 处，端部消失；背侧脊下方光滑；气门小，圆形，约位于该节背板中部。其余背板具清晰稠密的刻点，但向后逐渐细弱；各节基半部刻点相对粗大。第 2 节背板长约为端宽的 0.9 倍，中部具宽浅的“V”形凹，显得基部中央特别隆起，基部亚侧缘具弱浅的小窗疤。第 3~第 4 节背板基部中央强烈隆起，中部具稍呈弧形的横凹；第 7 节背板较长，倒梯形，长约为基部宽的 0.65 倍，约为端部宽的 0.8 倍；第 8 节背板较长且宽大，背面中央具细革质状质地；长约为基部宽的 0.83 倍，约为端部宽的 2 倍。产卵器强壮，腹瓣端部约具 12 条纵脊。

体黑色，具大量黄色花斑。颜面(唇基上方具黑色横纹)，唇基，上颚(端齿黑色)，颊，上颊(后部下缘接头顶后部具黑斑除外)，额眼眶，头顶眼眶，前胸侧板前部，前胸背板前缘的宽带及后上角，中胸盾片中叶前部两侧的近菱形斑、后部中央的方形斑，盾前沟两侧的小斑，小盾片(中央具纵三角形黑斑)，后小盾片，翅基片，翅基下脊，镜面区的斑，中胸侧板下部的斜横带(前部膨大、中部细、后部宽大并与腹板的斑连接)，中胸腹板后半部(后缘的狭边除外)，后胸侧板上方部分的半月形斑，后胸侧板(前缘及后上缘具黑边，前缘的边宽且不整齐)，并胸腹节基部两侧的斜长形斑、端部两侧及中央的纵带组成的粗“W”形大斑，前中足腹侧(基节、转节除背侧具小黑斑外全部为黄色)，后足基节(背侧具黑纵斑)、转节(背侧具小黑斑)及腿节和跗节腹侧，腹部第 1~第 7 节背板端部的横带、第 8 节背板两侧的纵斑、第 2 及以后各节腹板(侧面具黑色纵纹)浅黄色；触角鞭节第 4 节端部至 22 节及后足跗节白色；足红褐色(前中足末跗节及所有爪褐黑色)；翅痣及翅脉褐黑色。

分布：江西、湖北、广东、广西。

观察标本：1♀，2008-04-29，江西全南，650 m，李石昌；1♀，江西全南，650 m，2008 -07-09，李石昌；2♀♀，2009-03-31~04-11，江西全南，650 m，集虫网；1♀，2010-05-09，江西宜丰官山，450 m，集虫网；1♀，湖北武冈，1100 m，2005-04-25；1♀，广东封开黑石顶，2000-07-09，吴恩应；1♀，广西兴安高寨，524 m，2006-04-21。

110. 斑缺脊姬蜂，新种 *Arhytis maculata* Sheng & Sun, sp.n. (图版 X：图 74)

♀ 体长约 14.0 mm。前翅长约 10.0 mm。触角长约 10.0 mm。产卵器鞘长约 3.5 mm。

颜面宽约为长的 1.4 倍，具稠密的细皱刻点；中央稍隆起，亚中央和下方稍凹；上方中央稍凹，具 1 不明显的弱瘤。唇基沟清晰。唇基基半部较强隆起，具较颜面清晰的细刻点；端半部较平，亚中央稍凹；中央具细纵脊；端缘中央具 1 小瘤突。上颚基部具细纵皱，边缘显著；上端齿约等长于下端齿。颊具细革质粒状表面，颚眼距约为上颚基部宽的 0.7 倍。上颊光滑，具不均匀的浅细刻点，前部中央刻点稠密，上缘几乎无刻点，向后上方显著收窄。头顶具稠密的浅细刻点，侧单眼外侧刻点稀少；后部中央具 1 浅细的中纵沟，延至单眼区中央；侧单眼间距约为单复眼间距的 0.7 倍。额下半部深凹，光滑光亮；上半部中央具稠密的斜纵皱，两侧具稀疏不明显的细刻点；具 1 细的中纵脊。触角柄节显著膨大；鞭节 28 节，第 1~第 5 节长度之比依次约为 5.5∶5.4∶5.0∶3.1∶2.9。后头脊完整。

前胸背板前缘光滑光亮，具不明显的微刻点；侧凹具较弱的短横皱；后部具稠密均匀的细纵皱；上部具较稠密的弱细刻点；前沟缘脊明显。中胸盾片均匀隆起，呈明显的三叶状；中叶和侧叶具不明显的细浅刻点，后部中央具模糊的细横皱；盾纵沟清晰，伸达中胸盾片亚端部，沟内具稀疏的细横皱。盾前沟具稠密的细纵皱。小盾片较强隆起，较光滑，具非常不明显的细刻点，基部具侧脊。后小盾片隆起，光滑光亮，横形。中胸侧板具稠密模糊的斜细横皱；胸腹侧脊背端伸达翅基下脊，上端斜向中胸侧板前上部；腹板侧沟伸达中足基节，在中部之后稍弧形弯曲；镜面区小，光滑光亮，具非常稀的微细刻点；中胸侧板凹沟状。后胸侧板上部具稠密且较中胸侧板稍粗的斜网皱；基间脊明显；基间脊下方具斜细纵皱；后胸侧板下缘脊完整。翅稍带褐色，透明；小脉与基脉相对；小翅室五边形，肘间横脉几乎平行；第 2 回脉约在它的下方外侧 0.3 处与之相接；外小脉约在上方 0.3 处曲折；后小脉约在上方 0.4 处曲折。前足胫节基部颈状缢缩(细柄状)，向端部棒状膨大；足胫节、跗节具分散的短棘刺；后足第 1~第 5 跗节长度之比依次约为 9.5∶4.5∶2.4∶0.8(背侧)∶3.8，第 4 跗节背侧显著凹陷；爪强壮，简单。并胸腹节均匀隆起，仅具中纵脊、外侧脊的基部和完整的基横脊；基部较光滑，中央大部分区域具稠密的细纵皱(不太显著)，端部两侧为稠密的细横皱；基区具弱细的皱；气门小，靠近外侧脊，卵圆形。

腹部长纺锤形。第 1 节背板长约为端宽的 1.8 倍，向基部逐渐收敛，基部两侧具显著的侧齿突；表面光滑，亚端部具较稀疏的皱刻点；气门小，圆形，约位于第 1 节背板中央稍后。第 2 节及以后背板具非常稠密均匀的细刻点，向后逐渐细弱；第 2 节背板梯形，长约等于端宽，基部略横凹、基缘两侧具横形窗疤，侧缘稍圆隆。第 3、第 4 节背板两侧近平行，第 3 节背板长约为宽的 0.5 倍，第 4 节背板长约为宽的 0.4 倍；第 5 节及以后背板显著向后收敛。产卵器鞘长约为后足胫节长的 0.8 倍；产卵器腹瓣端部约具 6 条纵脊，端部 4 条平行。

体黑色，下列部分除外：触角鞭节中段 5~10 节白色，端半部稍带红褐色；颜面眼眶上段、额眼眶、上颊眼眶及上半部，颜面上缘亚中央的 2 点斑，下唇须和下颚须(末节黄褐色)，前胸背板上部，中胸盾片中叶后部的 2 点斑，小盾片，后小盾片，翅基片和前翅翅基，翅基下脊，后胸侧板上方部分，并胸腹节后部的大斑(中央显著内凹，周缘红褐色)，腹部第 1、第 2 节背板端部及其余背板端缘，前中足基节、转节背侧，后足基跗节端部至第 4 跗节为黄至橙黄色；足，后胸侧板下部，并胸腹节后缘红褐色；后足腿节端缘、胫节基缘和端部外侧、基跗节基半部，各足的末跗节黑色；翅痣(基部黄褐色)，翅脉褐黑色，小翅室前方具黑褐色方斑；翅外缘色稍暗。

正模 ♀，江西全南，2009-09-11，集虫网。

词源：新种名源于翅具斑。

该新种与中华缺脊姬蜂 *A. chinensis* Gupta & Gupta, 1983 相似，可通过下列特征区别：前翅小翅室的下内侧具暗褐色大斑；并胸腹节无端横脊；额的上半部中央具稠密的斜纵皱，两侧具稀疏不明显的细刻点；中胸侧板黑色，仅翅基下脊黄色；中胸腹板完全黑色。中华缺脊姬蜂：前翅无暗褐色斑；并胸腹节具完整的端横脊；额具非常稀且细的刻点；中胸侧板黑色，仅靠近中部具浅黄色横纹；中胸腹板黑色，具 2 个黄色小斑。

48. 漩沟姬蜂属 *Dinocryptus* Cameron, 1905 (江西新记录)

Dinocryptus Cameron, 1905. Journal of the Straits Branch of the Royal Asiatic Society, 44:146. Type-species: *Dinocryptus niger* Cameron; monobasic.

Dinocryptus Cameron, 1905. Entomologist, 38:171. Type-species: *Dinocryptus niger* Cameron; monobasic.

唇基中部之前凹或稍凹，中部横脊状隆起，脊的中部尖或分成 2 横齿；端缘平截，具 1 中齿。上颚短，下端齿长于上端齿。前沟缘脊强或弱。腹板侧沟弱，约伸达中胸侧板长的 0.6 处，或更长。无基间脊。并胸腹节外侧脊后部(气门至端部)存在；端横脊中部弱或间断；基横脊和端横脊之间具横皱状刻点。小脉位于基脉内侧，二者之间的距离为小脉长的 0.2~0.6 倍；小翅室宽为高的 1.6~2.0 倍，第 2 回脉约在它的端部 0.3 处相接；2 肘间横脉平行或收敛；后小脉在中央或中央下方曲折。腹部第 1 节背板基部无侧齿，背侧脊仅基部约 0.3 存在。产卵器鞘约为后足胫节长的 1.6 倍。产卵器下瓣具背叶。

全世界已知 12 种；此前我国仅知 1 种：度漩沟姬蜂 *D. ducalis* (Smith, 1865)，分布于福建；国外分布于印度尼西亚。这里介绍发现于江西的 3 新种。

漩沟姬蜂属中国已知种检索表

1. 头黄褐色，仅额中部、单眼区及后头背面黑色；胸部黄褐色，具黑斑；腹部背板红褐色，仅第 2、第 3 节背板基部具黑色横带；产卵器背叶具 2 条纵脊，纵脊的内侧具明显的粗糙面……………………………………………………………………………………………**棕漩沟姬蜂，新种 *D. rufus* Sheng & Sun, sp.n.**

非完全同上述，体黑色，或主要为黑色，具浅色斑；头部黑色，至少背面黑色 ············2
2. 唇基亚端缘中部具 1 对齿；第 1 肘间横脉约为第 2 肘间横脉长的 0.5 倍；触角鞭节(第 1 节带褐色)黑色··············度旋沟姬蜂 ***D. ducalis* (Smith)**
唇基亚端缘无齿，但或具薄片状突；第 1 肘间横脉约等长或稍长于第 2 肘间横脉；触角鞭节黑色，中段白色··············3
3. 唇基亚端缘中部具薄片状突；额粗糙，具粗纵皱；并胸腹节基横脊完整且强壮，基横脊之后粗糙，具不清晰的横皱；并胸腹节黑色，端半部中央具黄色纵带；颜面浅黄色，下部中央具 1 小黑斑·············皱额旋沟姬蜂，新种 ***D. rugifronta* Sheng & Sun, sp.n.**
唇基亚端缘简单，无突起；额光滑光亮，仅下部具弱且不清晰的横线纹；并胸腹节基横脊中部中断，基横脊之后具弧形纵皱；并胸腹节完全黑色；颜面完全浅黄色·············白旋沟姬蜂，新种 ***D. eburneus* Sheng & Sun, sp.n.**

111. 白旋沟姬蜂，新种 *Dinocryptus eburneus* Sheng & Sun, sp.n. (图版 X：图 75)

♂ 体长约 22.5 mm。前翅长约 12.5 mm。

头部稍宽于胸部。颜面宽约为长的 1.3 倍，中部具稠密的细横皱，侧缘光滑光亮、具非常稀疏的细刻点；触角窝下方稍浅纵凹；上部中央“U”形凹，并形成“U”形脊，凹底中央具 1 圆形的瘤突。唇基沟清晰。唇基中部之前稍凹，中部横脊状隆起，隆起的中部尖；基半部具几个较粗的刻点，隆起的下方具稠密的细横纹，端部较光滑；端缘平截，中突不明显。上颚较短，基部表面光滑，具细刻点；上端齿短于下端齿。颊稍凹，中部具细革质粒状表面、侧后部的刻点较稠密且清晰；颚眼距约为上颚基部宽的 0.5 倍。上颊光滑光亮，前上部具几个稀疏的细刻点，后部具较稠密清晰的刻点；中部稍隆起，向后渐收敛；侧观约为复眼横径的 0.6 倍。头顶具稠密的细刻点；侧单眼间距约为单复眼间距的 0.75 倍。额稍凹，光滑光亮；下半部中央具中纵沟；触角窝侧上方各具 1 椭圆形的透明斑(几丁质程度低)，呈透明的薄膜状。触角鞭节 30 节，第 1~第 5 鞭节长度之比依次约为 2.5∶2.0∶2.0∶2.0∶1.8，向端部渐短且尖细。后头脊完整。

前胸背板前部具边缘，前下部(向前显著突出)及凹较光滑，前上部及颈部具稠密的横向皱刻点；后上部具稠密不清晰的细刻点，后上角形成突起；前沟缘脊清晰且强壮。中胸盾片均匀隆起，具稠密的细皱刻点(后部中央大致呈稍粗的纵皱)；盾纵沟宽而深，伸达中胸盾片中部之后；后侧缘呈强的光滑的缘脊状。盾前沟较光滑。小盾片具稠密的细皱刻点，基部中央稍隆起。后小盾片横形，光滑光亮。中胸侧板上部光滑光亮，中下部具稠密模糊的皱刻点；翅基下脊明显隆起，相对光滑；翅基下脊前下方具稠密的弱纵皱；镜面区横向稍隆起；胸腹侧脊波状弯曲，背端靠近前缘，几乎伸达翅基下脊；腹板侧沟伸达中足基节。后胸侧板具稠密的粗皱刻点，前下部呈斜纵皱；后胸侧板下缘脊完整，前部稍隆起。翅带褐色，透明；小脉位于基脉的内侧，二者之间的距离约为小脉长的 0.6 倍；小翅室五边形，横向宽阔，宽约为高的 2.0 倍，向前方不收敛，第 2 回脉约在它的下方外侧 0.2 处与之相接；外小脉约在上方 1/3 处曲折；后小脉约在上方 0.4 处曲折。足细长；前足腿节稍弯曲，胫节端部稍膨大；后足第 1~第 5 跗节长度之比依次约为 6.5∶3.3∶2.0∶1.0∶1.3。爪较强，弯曲，简单。并胸腹节前缘具横凹槽，槽内具稠密的短纵皱；基区基部凹陷，光滑；中央在后半部稍纵凹；第 1 侧区具清晰的纵皱刻点，其余区域具稠密的斜纵皱；基横脊明显、中央向前弓突，端横脊中部不明显；中纵脊在基部具痕迹，外侧脊较完整；气门椭圆形，约位于基部0.25处。

腹部端半部侧扁。第1节背板细柄状，长约为端宽的3.3倍，向基部稍收敛；具稀疏不均匀的刻点，基部中央光滑，侧面弱皱状；背侧脊在气门之前较明显；气门小，圆形，约位于该节背板中央。第2节背板具稠密的细刻点；长约为端宽的2.2倍，约为第1节背板长的0.86倍；亚基部两侧具圆形窗疤。第3节及以后背板具细鳞状皱刻点，第3节背板长约为端宽的1.5倍，以后各节背板渐短，但均长于端宽。

体黑色，下列部分除外：触角鞭节(9)10~16(17)节白色；颜面近白色；触角窝及上缘、额眼眶，唇基，上颚(亚端部和上下缘红褐色，端齿黑色)基部中央，颊，上颊，下唇须，下颚须，前胸侧板大部，前胸背板前下部及后上部的斑(后上角的突起黄褐色)、颈前缘，翅基片(外缘褐色透明)，中胸盾片中叶前缘两侧的点斑、后部中央的条斑，小盾片基部中央和侧部的块斑，中胸侧板连同中胸腹板的不规则的大斑、镜面区及翅基下脊，后胸侧板上部的梭状斑，前中足基节、转节，后足基节内侧基部的块斑及腹侧端缘、转节腹侧均为黄色；足红褐色，腹侧带黄色；后足基节、第1转节的背侧、腿节背侧大部黑色，后足跗节端半部带黄色；爪褐色，爪尖黑褐色；腹部第1节背板基部，第2、第3节背板端半部，其余背板大部分带红褐色；翅痣和翅脉近黑色。

正模 ♂，江西宜丰官山，400 m，2011-07-10，集虫网。

词源：新种名源于颜面的颜色。

该新种与度漩沟姬蜂 *D. ducalis* (Smith, 1865)近似，可通过下列特征区别：唇基亚端缘简单，无突起；额光滑光亮，仅下部具弱且不清晰的横线纹；镜面区光滑；颜面白色；额及头顶黑色。度漩沟姬蜂：唇基亚端缘中部具1对齿；额的中央及侧面具稠密的浅刻点；镜面区具刻点；头完全黄色。

112. 棕漩沟姬蜂，新种 *Dinocryptus rufus* Sheng & Sun, sp.n. (图版 XI：图 76)

♀ 体长约21.0 mm。前翅长约15.5 mm。产卵器鞘长约10.5 mm。

颜面宽约为长的1.3倍；中央和两侧光滑，稍纵向隆起，中央具细弱的纵纹，两侧具几个稀疏的细刻点；亚中部稍纵凹，具稠密的细皱点；上缘中央“V”形凹，并形成“V”形脊，凹底中央具1显著的瘤状突起，该突起的两侧各具1短纵沟。唇基沟清晰。唇基中部之前稍凹，中部横脊状隆起，该隆起在中部分成2个弱的横齿；基半部具几个非常稀疏的刻点，隆起的下方具稠密的弱细横纹，端部较光滑；端缘明显的边缘状，平截，具1小中突。上颚较短，基部表面光滑，具稀且细的刻点；上端齿短于下端齿。颊中部具细革质粒状表面、后部的刻点较稀疏但清晰；眼下沟明显；颚眼距约为上颚基部宽的0.63倍。上颊光滑光亮，仅前上部具几个稀疏的细刻点；中部稍隆起，向后渐收敛；前部宽阔，后部收窄；侧观约为复眼横径的0.74倍(前部最宽处)。头顶具稠密的细皱刻点；单眼区稍凹；侧单眼间距约为单复眼间距的0.6倍。额较光滑，显著凹陷，中央具细的中纵脊，上半部中部在脊两侧具模糊的皱；触角窝侧上方各具1椭圆形的透明斑(几丁质化程度低)，呈透明的薄膜状。触角鞭节25节，第1~第5鞭节长度之比依次约为2.3∶2.2∶1.7∶1.2∶1.0。后头脊完整。

前胸背板前部具边缘，前下部(向前显著突出)及侧凹较光滑，具稠密不明显的弱细刻点；前上部及颈部具稠密的横向皱刻点；后上部具稠密较清晰的细刻点，后上角形成突起；后缘具稠密的细纵皱；前沟缘脊强壮。中胸盾片均匀隆起，具稠密的细皱刻点，后部中央稍凹、具粗的纵皱；中叶中央浅纵凹；盾纵沟宽而深，伸达中胸盾片中部之后；后侧缘呈强的光滑的缘脊状。盾前沟具弱纵皱。小盾片基部中央稍隆起，具稠密的细刻点。后小盾片横形，光滑光亮。中胸侧板中下部具稠密模糊的细皱刻点；翅基下脊明显隆起；翅基下脊前下方及镜面区下方具稠密的弱纵皱(纹)；镜面区横向拉长，隆起；中胸侧板凹横沟状；镜面区下方具阔横沟，由镜面区的后下角伸至翅基下脊后方的凹陷处；胸腹侧脊强壮，自侧板下缘较突然向前上方弯曲，几乎伸达翅基下脊；腹板侧沟靠近腹板侧缘，清晰，但较细，在靠近中足基节前上方处弯曲，伸达中足基节。后胸侧板粗糙；具非常稠密且不清晰的刻点；后胸侧板下缘脊完整，前部约呈三角形突起。翅褐色透明；小脉位于基脉的内侧，二者之间的距离约为小脉长的 0.6 倍；小翅室五边形，横向宽阔，宽约为高的 1.7 倍，肘间横脉几乎平行，第 2 肘间横脉稍内斜；第 2 回脉约在它的下方外侧 0.3 处与之相接；外小脉约在上方 0.4 处曲折；后小脉约在上方 0.3 处曲折。足细长；足基节约呈短锥形膨大，密布细刻点；前足腿节基部弯曲，胫节中部显著膨大；后足第 1~第 5 跗节长度之比依次约为 5.6∶2.0∶1.0∶0.5∶1.2。爪较强壮。并胸腹节前缘具横凹槽，槽内具不明显的短纵皱(中部光滑)；基区基部凹陷、光滑，中纵脊在基横脊之前较弱、二者相距较近，在基横脊之后较明显，二者相距较远、在中区位置弯曲且向下方渐收敛；侧纵脊仅端部较明显；外侧脊基部和端半部明显；基横脊明显、中央稍向前横突；端横脊中部弱，形成较钝的并胸腹节侧突；基区长形、具不明显的弱皱，第 1 侧区具相对清晰的刻点，其余区域具稠密不规则的粗皱；气门椭圆形。

腹部第 1 节背板长约为端宽的 2.3 倍，中部强烈弓曲，自气门处向基部强烈收敛；具相对均匀的粗刻点，基部中央深凹、光滑；背侧脊在气门之前强壮，气门附近消失；气门小，圆形，约位于该节背板中央。第 2 节背板长约等于端宽，具非常稠密的细刻点(基半部刻点显著)。第 3 节及以后背板具细革质状表面和稠密的细刻点，向后逐渐光滑；第 3 节背板长约为端宽的 0.63 倍，第 4、第 5、第 6 节背板横形；第 7、第 8 节背板向后显著收敛；各节背板具光滑的端缘。下生殖板(侧观)三角形，端缘远位于腹部末端之前。产卵器鞘约为后足胫节长的 1.7 倍，约为前翅长的 0.7 倍。产卵器强壮，腹瓣端部约具 9 条纵脊。

体红褐色，下列部分除外：触角鞭节第 1~第 4 节褐色，第 5~第 9(10)节黄色，其余黑色；头顶及额中央的三角形斑，上颚上下缘及端齿，前胸背板侧凹中上部及颈后部的波状斑，中胸盾片前缘及后端、侧叶内侧的纵条斑，盾前沟内，后胸背板腋下槽，中后胸背板后缘，后小盾片，并胸腹节前缘、后部两侧的斜柱状斑及端部，中胸侧板前缘、上部(除翅基片)、后缘及后下部，后胸背板前缘、下缘及后缘黑色；腹部第 2、第 3 节背板基部具黑色横带(后部中央稍上凹)，第 2 节的黑色横带约为第 3 节横带宽的 2.0 倍；后足基节基部及端外侧的纵斑、腿节基缘黑色；爪褐黑色；产卵器鞘黑色；翅痣和翅脉近黑色。

正模 ♀，江西宜丰官山，400 m，2011-07-10，集虫网。

词源：新种名源于体为褐色。

该新种很容易通过体色“几乎全部褐色”与该属其他种区别。

113. 皱额漩沟姬蜂，新种 *Dinocryptus rugifronta* Sheng & Sun, sp.n. (图版 XI：图 77)

♂ 体长约 22.0 mm。前翅长约 16.0 mm。

头部稍宽于胸部。颜面宽约为长的 1.4 倍，具稠密不规则的粗皱刻点；上部中央呈三角形弱隆起，自触角窝外侧向下部中央呈宽浅的斜纵凹，上缘中央具 1 非常弱且几乎光滑的纵隆起。唇基中部之前较平；亚端部横脊状隆起，隆起分成 2 个弱的横齿；端缘几乎平截，具 1 小中齿。上颚较狭长，基部表面具皱刻点；上端齿短于下端齿。颊稍凹，中部具细革质粒状表面和弱纵皱；颚眼距约为上颚基部宽的 0.67 倍。上颊前上缘光滑，具稀疏不均匀的刻点；前下缘及后部具较稠密的粗刻点；前部中央稍隆起，向后渐收敛；侧观约为复眼横径的 0.8 倍。头顶具稠密的粗刻点；单眼区粗糙，稍呈纵皱状并嵌有刻点；侧单眼间距约为单复眼间距的 0.85 倍。额下部稍凹，光滑光亮；上部具稠密的细纵皱；具 1 细弱的中纵脊。触角可见鞭节 16 节(端部断失)，第 1~第 5 鞭节长度之比依次约为 2.1∶2.0∶2.0∶1.9∶1.8。后头脊完整。

前胸背板前下缘较光滑，前上部及颈部具稠密的横向皱刻点；侧凹具稠密且伸达后缘的粗横皱；后上部隆起、侧观呈明显的角状，具稠密的横向皱刻点；前沟缘脊清晰且强壮。中胸盾片均匀隆起，具稠密的粗皱刻点(中叶大致呈纵皱状，后部中央呈网皱状)；盾纵沟宽而深，伸达中胸盾片中部之后。盾前沟光滑，侧缘(向前延)呈强的光滑的缘脊状。小盾片均匀隆起，具稠密的边缘不清晰的粗刻点。后小盾片横形，光滑光亮。中胸侧板粗糙，呈稠密且不规则的密网状皱；翅基下脊明显隆起，相对光滑，刻点细弱；翅基下脊下方具稠密成排的细纵皱；后部在镜面区下方光亮，镜面区横向稍隆起；胸腹侧脊细弱，背端不清晰、约伸达中胸侧板高的 1/2 处；腹板侧沟弱。后胸侧板前上部具稠密的细斜皱，后下部具清晰稠密的粗刻点。翅带褐色，透明；小脉位于基脉的内侧，二者之间的距离约为小脉长的 0.4 倍；小翅室五边形，横向宽，宽约为高的 1.7 倍，稍向前方收敛，第 2 回脉约在它的下方外侧 1/3 处与之相接；外小脉约在上方 1/3 处曲折；后小脉在近中央处曲折。足细长，足基节短锥形膨大，密布粗刻点(前足基节外侧光滑)；前足腿节稍弯曲，胫节端部膨大；后足第 1~第 5 跗节长度之比依次约为 3.7∶1.9∶1.0∶0.4∶0.7。爪强烈弯曲，简单。并胸腹节前缘具横凹槽，槽内具稠密的短纵皱；表面具稠密不规则的粗皱刻点，基横脊之后具横皱状粗刻点；仅具强壮的中央前突的基横脊；气门卵圆形，周围凹陷，约位于基部 0.3 处。

腹部背板相对光滑，第 1~第 5 节背板折缘宽阔，端半部侧扁。第 1 节背板细柄状，侧缘几乎平行(亚端部稍宽)，长约为端宽的 4.5 倍；中央纵向光滑光亮，侧面纵向具不均匀的刻点；背侧脊仅基部可见；气门小，圆形，约位于该节背板中央稍前方。第 2 节及以后背板具细革质状表面，具弱浅的细刻点和褐色短茸毛；第 2 节背板长约为端宽的 2.6 倍，约为第 1 节背板长的 0.7 倍，具较清晰的刻点。第 3 节背板长约为端宽的 1.7 倍；以后各节背板渐短，但均长于端宽，具鳞状细刻点。

体黑色，下列部分除外：触角鞭节中段(6)7~16(17)节白色，其他断失不详；颜面(下方中央具三角形黑斑)，额眼眶及头顶眼眶，唇基，上颚基部中央，颊，上颊前上部，下唇须，下颚须，前胸侧板，前胸背板前下部及后上部的斑、颈前缘，翅基片，中胸盾片中叶后部的斑，盾前沟侧缘脊，小盾片的侧部和后缘，后小盾片，中后胸背板的端缘，中胸侧板中部的2大斑、翅基下脊，后胸侧板上方部分的大斑和下方部分后下部的大斑，并胸腹节后部中央的纵条斑，前中足基节(基部黑色)、转节(中足第2转节背侧黑色)，后足基节背侧的齿状斑及侧缘的细条斑、端部中央的凹刻内、第1转节腹侧及第2转节腹侧的纵条斑，后足跗节，腹部第1、第2节背板端部中央的斑及各节背板端缘的狭边均为黄色；足红褐色；前足胫节背侧及末跗节(第3~第4跗节背侧带黑褐色)，中足第2转节背侧、腿节端缘、胫节背侧及所有跗节，后足基节、转节的背侧、腿节背侧的纵条及端缘、胫节基部和端部，末跗节的端部及所有爪均为黑色；翅痣和翅脉近黑色。

正模 ♂，江西全南，2010-06-18，集虫网。

词源：新种名源于额具皱。

该新种与白漩沟姬蜂 *D. eburneus* Sheng & Sun 相似，可通过上述检索表区别。

49. 阔沟姬蜂属 *Eurycryptus* Cameron, 1901 (江西新记录)

Eurycryptus Cameron, 1901. Proceedings of the Zoological Society of London, 1901:231. Type-species: *Eurycryptus laticeps* Cameron; monobasic.

唇基基部约0.4稍隆起，其余部分凹，端缘凹，无中齿。口后脊端部消失，未伸达颊脊。上颚长且狭窄，下端齿长于上端齿。前沟缘脊强壮。腹板侧沟清晰，伸达中足基节。并胸腹节外侧脊在基横脊和端部之间缺；端横脊完整且强壮。小脉位于基脉内侧，二者间的距离约为小脉长的0.5倍。小翅室小，五边形，宽稍大于长。后小脉在近中部或中部稍下方曲折。腹部第1节背板细长，无背侧脊，具基侧突。产卵器鞘长约为后足胫节长的1.2倍。产卵器端部约具7条斜脊，上瓣的上缘波浪形，下瓣具背叶。

全世界已知7种；我国已知2种；江西已知1种。

114. 单色阔沟姬蜂 *Eurycryptus unicolor* (Uchida, 1932) (图版 XI：图 78) (江西新记录)

Torbda (*Neotorbda*) *unicolor* Uchida, 1932. Journal of the Faculty of Agriculture, Hokkaido University, 33:193.

♀ 体长约7.5 mm。前翅长约5.5 mm。产卵器鞘长约2.5 mm。

颜面光滑光亮，宽约为长的1.2倍；中央纵向稍隆起，亚中央具明显的纵凹沟；上缘中央稍“V”形凹，凹底具1小瘤突。唇基沟明显。唇基光滑光亮，近中部横隆起；端缘弧形稍内凹，亚侧角呈角状突。上唇表面光滑，端缘具1排长毛。上颚基部较光滑，具不明显的弱细纹，明显向端部变狭窄；下端齿明显长于上端齿；颊具细粒状表面，颚眼距约为上颚基部宽的0.4倍。上颊光滑光亮，前部较宽，中部稍隆起。头顶光滑光亮，具少数不明显的浅细刻点，后部中央具1浅纵沟痕、伸至单眼区中央；侧单眼间距约为单复眼间距的0.5倍。额光滑光亮，较平坦。触角长约7.5 mm；鞭节22节，第1节长约为自身直径的13.0倍，第2节长约为自身直径的11.0倍，端鞭节端部平截状；第1~

第 5 鞭节长度之比依次约为 3.9∶3.3∶2.9∶2.3∶2.0。后头脊完整。

前胸背板光滑光亮。中胸盾片光滑光亮；盾纵沟长而深，约达中胸盾片后部。小盾片稍隆起，具极细弱的刻点。后小盾片横条状，光滑无刻点。中胸侧板和腹面光滑光亮，表皮下隐含斜纵纹；胸腹侧脊强壮，抵达翅基下脊；胸腹侧片在前胸背板下角处具 1 斜横脊；腹板侧沟非常深而宽阔，约在端部 0.3 处弯至中足基节。后胸侧板光滑，具不明显的细弱刻点；后胸侧板下缘脊完整，基间脊显著。翅稍带褐色，透明；小脉位于基脉内侧，二者之间的距离约为小脉长的 0.5 倍；小翅室五边形，第 2 肘间横脉明显短于第 1 肘间横脉；第 2 回脉在它的下方中央稍内侧与之相接，具 1 个弱点；外小脉稍内斜，约在中央曲折；后小脉约在下方 0.4 处曲折。胫节和跗节具成排的短棘刺；前足胫节向端部棒状膨大，基部细、扁柄状；后足第 1~第 5 跗节长度之比依次约为 5.4∶2.3∶1.5∶0.5∶1.7。并胸腹节较光滑，具稀且不清晰的细刻点；基横脊和端横脊强壮，无其他脊；基横脊中央稍前突，前方连接 1 短中纵脊，亚端部稍凹；端横脊直而粗壮；气门圆形。

腹部纺锤形，最宽处位于第 2 节末端。腹部第 1 节光滑，中后部具稀疏的刻点，长约为端宽的 1.9 倍；无背中脊和背侧脊；气门小，圆形，位于该节背板中部稍后方。第 2 节及以后背板具稠密的细刻点，向后稍渐细弱；第 2 节背板长约为端宽的 0.8 倍；由基缘两侧向背部中央形成“V”形斜沟，使该背板基部中央显著隆起；第 3 节以后的背板向后收敛，各节在近中部具 1 浅横凹。产卵器鞘长约为后足胫节长的 1.1 倍；腹瓣端部具 6 条清晰的细纵脊。

体红褐色。头部黄色，仅头顶及额中央黑色，头顶后部红褐色；触角鞭节亚基部及端部背侧褐黑色，中段(鞭节第 9~第 15 节)白色；翅痣红褐色；翅脉褐色。

寄主：据报道(Yu et al., 2005)，已知寄主有 2 种：切方头泥蜂 *Ectemnius rubicola* (Dufour & Perris)、短翅泥蜂 *Trypoxylon obsonator* Smith。

分布：江西、台湾；日本。

观察标本：1♀，江西全南，2008-04-26，集虫网。

50. 离沟姬蜂属 *Kemalia* Koçak, 2009 (江西新记录)

Apocryptus Uchida, 1932. Journal of the Faculty of Agriculture, Hokkaido University, 33:170. Type- species: *Apocryptus issikii* Uchida. Name preoccupied by Chevrolat, 1841. Rev. Zool. (Soc. Cuv.) 4:226.

Kemalia Koçak, 2009. Centre for Entomological Studies Miscellaneous Papers, 147-148:13. New name.

体相对大至较瘦细。唇基微弱隆起，端部 0.4 有些下洼，端缘平截，具 1 对弱瘤突或中部不规则。上颚 2 端齿约等长。上颊多多少少呈圆弧形收敛。额无角突或中脊。前沟缘脊长且强壮。中胸盾片适当隆起；盾纵沟深且长。腹板侧沟清晰，长约为侧板下缘长的 0.65 倍。具脊间脊。小脉与基脉对叉，或位于稍内侧。小翅室较大，几乎方形，高约为第 2 回脉长的 0.65 倍。后小脉在中央下方 0.2~0.4 处曲折。并胸腹节基横脊至后足基节之间具外侧脊；基横脊完整且强壮；端横脊完整或中段缺；侧突弱至强壮；并胸腹节气门椭圆形至长椭圆形。腹部第 1 节背板较长至狭长，无基侧齿，背侧脊完整，背中脊缺或非常细弱；第 2 节背板无光泽，具非常细且密的刻点。产卵器鞘长约为后足胫节长的 0.9 倍；端部具 7~10 条垂直或稍斜的脊。

离沟姬蜂属的种类分布于东洋区，全世界已知 27 种；此前我国已知 6 种；这里介绍江西分布的 1 新种。

115. 九连离沟姬蜂，新种 *Kemalia jiulianica* Sheng & Sun, sp.n. (图版 XI：图 79)

♀ 体长约 8.0 mm。前翅长约 7.5 mm。触角长约 7.0 mm。产卵器鞘长约 3.2 mm。

颜面光滑，宽约为长的 1.6 倍，中部稍隆起，具细刻点；亚侧面具稍大(与中央的刻点比)的刻点；触角下方具短纵皱，上缘中部(触角间)具非常弱且中央间断的短横皱；上缘中央具弱的短纵脊(伸向触角间的纵弱瘤)；上侧角处(触角窝外侧)纵凹。唇基光滑，中央稍隆起，具非常稀的刻点；端部横凹；端缘薄，非常宽地平截，中央具 1 钝凸。颊区具革质细粒状表面，颚眼距约等于上颚基部宽。上颚具稠密的细纵皱，2 端齿等长，但上端齿稍宽于下端齿。上颊几乎光滑，后部均匀向后方收敛，具较稀且非常细的刻点。头顶均匀隆起，具稠密的细刻点。侧单眼间距约为单复眼间距的 0.57 倍。额平，几乎光滑，无不明显的刻点。触角柄节，稍侧扁，较膨大；鞭节 23 节，第 1~第 5 节长度之比依次约为 7.0：5.5：5.0：4.2：3.2；第 5~第 10 节相对稍粗于两端。后头脊完整、强壮，下端远在上颚基部上方与口后脊相接。

前胸背板前部和后上部具稠密的刻点，下前部光滑光亮无刻点；其余具清晰的细横皱；前沟缘脊强壮。中胸盾片均匀隆起，具稠密的细刻点；盾纵沟细且深，约伸达后部 0.3 处，后端不相接。盾前沟具稠密的细纵皱。小盾片稍隆起，具非常细弱且不清晰的细刻点，基部约 0.2 具侧脊。后小盾片稍横隆起，刻点细弱而不明显，前缘深凹。中胸侧板具稠密的刻点；胸腹侧脊抵达翅基下脊，但上端非常弱；镜面区大；镜面区前侧及前下侧具稠密的斜皱；中胸侧板凹深凹，由浅横沟与中胸后侧片相连；腹板侧沟深，后部约 0.3 不明显。后胸侧板粗糙，具不清晰的纵皱并夹杂细弱的刻点；基间脊完整；基间区具斜横皱；后胸侧板下缘脊强壮。翅稍带褐色，透明；小脉位于基脉稍内侧；小翅室五边形，宽大于长，两肘间横脉几乎平行(第 2 肘间横脉稍内斜)；第 2 回脉在它的下侧中央相接；第 2 回脉几乎垂直，具一个长弱点；外小脉约在中央曲折；后小脉约在下方 1/3 处曲折。足胫节外侧具短小的棘刺；后足第 1~第 5 跗节长度之比依次约为 8.0：4.0：2.7：1.4：2.5。并胸腹节具完整的基横脊和端横脊，前者中央均匀前突，后者拱门状前突；基部在基横脊之前具清晰的刻点；基横脊和中纵脊之间具模糊的纵皱(中央处具刻点)；端部稍粗糙，具不清晰的刻点，侧面具细纵皱；气门处稍凹，气门稍呈椭圆形。

腹部第 1 节光滑，长约为端宽的 2.3 倍；背中脊非常细弱；背侧脊和腹侧脊完整；后柄部的基半部具中纵凹沟，背中脊和背侧脊之间具清晰的细刻点；气门非常小，位于该节中部，紧靠背侧脊下侧。第 2 节背板具非常细且稠密的刻点，强烈向端部变宽，长约为端宽的 0.9 倍。第 3 节背板的刻点不清晰，几乎呈细革质粒状表面。第 7 节背板端缘中央几丁质化较弱，稍呈浅凹状。产卵器鞘柔软，长稍长于后足胫节长。产卵器腹瓣亚端部具背叶，背叶上具 2 条内斜的纵脊；背瓣端部背面具 4 个非常弱小的突。

黑色。颜面中央，唇基中央，内眼眶(在触角窝处间断)，翅基下脊，前中足基节外侧浅黄色；触角鞭节第5~第9节及后足跗节第1节端部和第2~第4节白色；触角柄节、梗节、鞭节第1~第3节，上颚中部(或多或少)，前中足，后足基节、转节和腿节腹侧，并胸腹节端半部，腹部第1、第2节背板端部(不均匀)，其余背板后缘的狭边褐色至红褐色；翅基片黄褐色；后足腿节背面及胫节黑褐色；翅痣褐色；翅脉褐黑色。

正模 ♀，江西九连山，580~680 m，2011-04-12，盛茂领。

词源：新种名源于模式标本采集地名。

该新种与马氏离沟姬蜂 *K. maai* (Gupta & Gupta, 1983)相似，可通过下列特征区别：头顶具模糊不清的弱细刻点；前胸背板后上部具稠密的刻点，侧纵凹内自前沟缘脊至下角具清晰稠密的横皱；小盾片侧脊基部约0.3存在；并胸腹节基横脊中部峰状前突，端横脊中部拱门状前突；颜面和唇基中部白色；触角鞭节第5节端部、第6~第8节和第9节基部白色；后足第1、第5跗节褐黑色。马氏离沟姬蜂：头顶具细且稠密的刻点；前胸背板上缘处具稀刻点，侧纵凹内具几个皱纹，下缘光滑；小盾片侧脊基部约0.6存在；并胸腹节基横脊和端横脊呈均匀的拱形；颜面和唇基具黄色小斑；触角鞭节第6~第10节黄色；后足第1、第5跗节褐色。

51. 蛀姬蜂属 *Schreineria* Schreiner, 1905

Schreineria Schreiner, 1905. Trudy Byuro Ent., Uchen. Kom. Min. Zeml. Gosud. Imushchestv., 6: 15. Type-species: *Schreineria zeuzerae* Schreiner, 1905; monobasic.

颜面稍突起。唇基靠近中部具横脊状隆起，端部向端缘倾斜，光滑，或无光泽，端缘无齿。上颚短，下端齿长于上端齿。触角较长，约与体等长。后头脊在上颚基部上方与口后脊相接。前沟缘脊短，弱或消失。盾纵沟较深而清晰。腹板侧沟弱且浅。并胸腹节外侧脊缺，由深纵凹取代；基横脊完整，中部前拱；端横脊缺，有时侧面具痕迹；基横脊之后具网状皱、横皱或刻点；并胸腹节气门小，圆形。小翅室小，五边形，第2肘间横脉有时缺；小脉位于基脉内侧，二者间的距离约0.8倍于小脉长。腹部第1节短、粗，背板具粗且稠密的刻点，具基侧齿，无背侧脊。产卵器鞘约等长于后足胫节。产卵器腹瓣端部约具6条强壮的脊。

该属为中等大小的属，分布于古北区、东洋区和非洲区，已知21种；我国已知7种；江西已知3种。已知的寄主有：青杨天牛 *Saperda populnea* L.、红缘天牛 *Asias halodendri* (Pallas)、中华蜡天牛 *Ceresium sinicum* White 等林木钻蛀害虫。

蛀姬蜂属中国已知种检索表

1. 腹部背板全部具较稠密且非常粗的刻点(端缘相对较弱浅)；第8节背板较长且宽大，背面中央具1大三角形凹；颜面及唇基黄色，颜面仅在唇基凹上方具小纵斑；唇基仅端缘中央具褐黑色小斑；并胸腹节具倒“T”形大黄斑……………………………………………………**凹蛀姬蜂 *S. recava* Sheng & Ding**
   腹部背板至少端部几节的刻点不明显；第8节背板中央无三角形凹；颜面及唇基黑色或具其他形状的色斑……………………………………………………………………………………………………2
2. 上颚2端齿约等长；后足第1跗节黑褐色；基间脊存在(但较短)；雄性并胸腹节端横脊存在…………………………………………………………………………………**结蛀姬蜂 *S. geniculata* (Uchida)**
   上颚下端齿明显比上端齿长；其他特征也不完全同上述……………………………………………3

3. 胸腹侧脊上端几乎抵达翅基下脊；颚眼距约为上颚基部宽的 0.4 倍；腹部第 1 节背板中部细粉粒状 ………………………………………………………………………… **台湾蛀姬蜂 *S. taiwana* Gupta and Gupta**
不完全同上述，或胸腹侧脊上端远离翅基下脊，或颚眼距大于上颚基部宽的 0.5 倍，或腹部第 1 节背板中部具清晰的刻点或皱 ………………………………………………………………………………… 4
4. 腹部第 1 节背板基部无侧齿；颜面具稠密且清晰的细刻点；第 2 回脉在小翅室中央外侧与其相接；中胸盾片具黄色斑 ………………………………………… **无齿蛀姬蜂，新种 *S. indentata* Sheng & Sun, sp.n.**
腹部第 1 节背板基部具侧齿；颜面至少部分具皱；第 2 回脉在小翅室中央或内侧与其相接；中胸盾片完全黑色具白色斑 ………………………………………………………………………………… 5
5. 第 2 回脉在小翅室中央内侧与其相接；中胸盾片具白斑；后足基节黑色，背侧具白斑 ………………… 6
第 2 回脉在小翅室中央与其相接；中胸盾片无白斑；后足基节完全黑色，无白斑；后小脉在中央曲折 ………………………………………………………………………… **杨蛀姬蜂 *S. populnea* (Giraud)**
6. 颜面中部具稠密的细网状皱；颚眼距约等于上颚基部宽；触角中段 4 节白色；前中足基节黑色；中胸侧板后部具 2 白斑 ……………………………………………………… **蜡天牛蛀姬蜂 *S. ceresia* (Uchida)**
颜面具稠密清晰的粗横皱；颚眼距约为上颚基部宽的 0.7 倍；触角中段 9 节白色；前中足基节白色，仅基缘具不规则小黑斑；中胸侧板中部具较宽的白色横带 …… **拟蛀姬蜂 *S. similiceresia* Sheng & Sun**

116. 凹蛀姬蜂 *Schreineria recava* Sheng & Ding, 2009

Schreineria recava Sheng & Ding, 2009. Acta Zootaxonomica Sinica, 34:166.

♀ 体长约 16.7 mm。前翅长约 12.7 mm。产卵器鞘长约 5.0 mm。

颜面宽约为长的 1.14 倍，光滑，非常微弱地隆起；上部中央具较弱但清晰的横皱，其余具非常稀的刻点。唇基亚基部横脊状隆起；由横脊状隆起至端缘呈一下斜的平面，具粗浅的纵皱，靠近横脊状隆起处具非常稀的浅刻点。颊区具非常细的粉粒状表面；颚眼距约为上颚基部宽的 0.73 倍；上颚较小，基部具粗但弱的纵皱，下端齿稍长于上端齿。上颊光滑光亮，无刻点，上部狭窄，下部宽且较膨胀。头顶后部(侧单眼至后头脊之间)具较密的刻点，侧单眼至复眼之间具非常细且稀而不清晰的刻点。单眼区具粗刻点；侧单眼间距约为单复眼间距的 0.65 倍。额光亮，中单眼附近具清晰的刻点，刻点区的下方具非常微弱的斜细纹，其余光滑无刻点，中央具相对宽浅的纵沟。触角鞭节 22 节，倒数第 2 节最短，其长约为直径的 1.83 倍。

前胸背板光亮，前部上方具稠密的细刻点，下部仅前缘具细弱的刻点且向下逐渐不明显；侧凹内具短横皱；后上部具较密且粗(与前部比)的刻点；前沟缘脊短，但较清晰。中胸盾片具稠密但不均匀的刻点，中叶的刻点相对较细小；盾纵沟几乎伸达中胸盾片后缘；后部中央粗糙，具不规则的皱。小盾片非常微弱地隆起，具较粗且稠密的刻点。后小盾片横形，具刻点。中胸侧板具较稠密的粗刻点；胸腹侧脊伸达中胸侧板，上端位于前胸背板下角的稍上方；腹板侧沟非常弱，向后约伸达中胸侧板长的 0.6 处。后胸侧板具非常稠密且粗的刻点(与中胸侧板比，刻点相对较密但稍细)；无基间脊，后胸侧板下缘脊完整强壮。并胸腹节均匀隆起，仅具 1 条横脊；具稠密的刻点，横脊之后的一些刻点连在一起，呈短皱状；气门长椭圆形；气门至后足基节之间呈宽纵凹沟状。翅稍带灰褐色透明；小脉远位于基脉内侧，二者间的距离约为小脉长的 0.64 倍；小翅室五边形(几乎呈四边形)，横宽，宽约为高的 2.0 倍；第 2 回脉位于它的端部 1/3 处；第 2 回脉外斜；外小脉约在上部 1/3 处曲折；后中脉直；后小脉约在中央(中央稍上方)曲折，下段强烈外斜，上段几乎垂直。前足胫节特别膨大，呈棒状，基部非常细，呈柄状。爪小，非常弯曲。

腹部第 1 节背板长约为端宽的 1.5 倍，均匀强烈地隆起，具非常稠密的刻点，无背中脊，背侧脊仅基部存在，下侧缘的亚基部具 1 强大的齿状突起。其余背板具清晰且较粗的刻点(各节端缘相对较弱浅)；第 2 节背板中部具向后弓的弧形凹，显得基部中央特别隆起；第 3~第 6 节背板具较深的横宽凹；第 3 节背板亚基部中央横向隆起；第 4~第 6 节背板两侧几乎平行，较短；第 5 节背板最短，长约为宽的 0.24 倍；第 7 节背板较长，长约为基部宽的 0.6 倍，约为端部宽的 0.8 倍；第 8 节背板较长且宽大，背面中央具 1 大三角形凹。产卵器鞘长约与后足胫节等长。产卵器强壮，侧扁，腹瓣端部具 8 条纵脊。

体黑色；具大量浅黄色或白色大斑。颜面(唇基凹上方具黑色纵纹除外)，唇基(端缘中央具褐黑色小斑除外)，额侧缘，上颊(顶部具黑斑除外)，前胸背板前缘的宽带(上侧面中断)及后背缘的新月形斑和后侧上缘的宽带，中胸盾片中央的椭圆形斑，翅基片，翅基下脊，镜面区的斑，中胸侧板下部的横带(前部膨大、中部细、后部宽大并与腹板的浅黄色大斑连接)，中胸腹板后半部(后缘的狭边除外)，小盾片，后小盾片，后胸背板，并胸腹节端部及中央的纵带组成的粗“⊥”形大斑，前中足腹面(基节全部，但外侧端部中央的小黑斑除外)和所有转节(背侧基部中央的小斑除外)，后足基节中部不规则的宽环带，腹部第 1~第 3 节背板端部，第 2 节腹板(侧面具黑色纵纹除外)黄至浅黄色；触角鞭节第 5~第 15 节及第 16 节的背面及后足跗节白色；腹部第 4~第 8 节背板端部及第 3~第 6 节腹板的大部分黄白色。

分布：江西。

观察标本：1♀，江西全南，2008-05-16，李石昌；1♀，江西全南，2010-05-31，李石昌。

117. 无齿蛀姬蜂，新种 *Schreineria indentata* Sheng & Sun, sp.n.　(图版 XXX：图 224)

♀ 体被稠密的褐色短毛。体长约 9.5 mm。前翅长约 8.0 mm。触角长约 6.5 mm，产卵器鞘长约 5.5 mm。

颜面宽约为长的 1.5 倍，具稠密的细刻点，侧缘稍呈细革质状；中央稍隆起，亚侧部稍纵凹；上缘中央具 1 短纵脊，脊的下端呈弱瘤状突。唇基稍隆起，基半部具稠密但较颜面稍粗的刻点，亚端部横向呈棱状隆起；端缘薄，相对光滑，中央几乎平。上唇半月形，端缘具长毛。上颚强壮，基部具细密的皱点，下端齿明显长于上端齿。颊区呈非常稠密的细粒状表面；颚眼距约为上颚基部宽的 0.5 倍。上颊光滑光亮，向后方稍收窄，具不均匀的浅细刻点。头顶具稠密但比上颊清晰的细刻点，侧单眼后缘位于复眼背缘连线的前方；侧单眼外侧相对光滑、刻点细弱；侧单眼间距约等于单复眼间距。额中央具稠密的细刻点，两侧相对光滑。触角鞭节 20 节，第 1 节稍细，弯曲，端节顶端几乎平截，第 1~第 5 鞭节长度之比依次约为 3.0∶3.8∶3.0∶2.5∶2.3。后头脊完整。

前胸背板前缘较光滑，具不清晰的浅细刻点；侧凹宽浅，光滑光亮，上方具稠密的弱细横皱；后上方具稠密的细刻点；前沟缘脊不明显。中胸盾片具稠密横皱，前部及侧缘的横皱细密，中后部中央的横皱均匀且相对粗强；盾纵沟约伸达中胸盾片的 2/3 处。

小盾片稍隆起，具稠密的粗刻点。后小盾片横隆起，具稠密的皱刻点。中胸侧板具稠密的粗皱；翅基下脊明显，其上具细刻点；镜面区小，光亮；胸腹侧脊弱，背端未伸达中胸侧板高的中部；腹板侧沟明显，波状弯曲，几乎伸达中胸侧板的下后角(中足基节)。后胸侧板非常粗糙；后胸侧板下缘脊完整。翅稍带褐色透明，小脉位于基脉的内侧，二者之间的距离约为小脉长的 0.15 倍；小翅室小，五边形，肘间横脉显著向前收敛，第 2 肘间横脉色弱；第 2 回脉在它的下方中央稍外侧与其相接；外小脉约在中央稍上方曲折；后小脉约在下方 0.3 处曲折，下段外斜。前足腿节扁且弯曲，胫节端部 0.75 特别膨大、基部 0.25 呈柄状；后足第 1~第 5 跗节长度之比依次约为 3.2∶2.0∶1.1∶0.5∶0.8。并胸腹节明显隆起，具稠密的刻点，基横脊之前的刻点清晰且细密，中部的刻点不清晰；具清晰的三角形基区；基横脊清晰，中央约呈角状向前弯曲；外侧脊明显；其他脊缺；气门小，圆形。

腹部纺锤形，最宽处在第 3 节端部。第 1 节背板长约为端宽的 2.0 倍；基半部光滑，中央稍纵凹；端半部具稠密的粗刻点；在气门处强烈弯曲；背中脊近平行，伸达气门处；背侧脊仅气门内侧可见；气门小，圆形，约位于该节背板中央。第 2 节及以后背板具稠密的细刻点，第 2、第 3 节背板表面的刻点稍粗，向后逐渐细弱；第 2 节背板梯形，长约为端宽的 0.7 倍；第 3 节背板基部稍窄于端部，长约为端宽的 0.5 倍。第 4 节及以后的背板向后渐收敛。产卵器腹瓣亚端部具背叶，包被背瓣，背叶(图版 XX)具清晰稠密的斜细纵脊。

黑色，满布黄色花斑。触角柄节、梗节、鞭节基半部背侧黑褐色，鞭节第 6 节端部、第 7~第 11(12)节乳白色，鞭节背侧端部黑色，鞭节腹侧(除中段)红褐色，柄节腹侧端部带黄斑。颜面(唇基凹上方具小黑斑)，唇基基部中央，上唇，颊基部，上颊(下缘除外)，额眼眶和头顶眼眶(较宽，与上颊眼眶不相连)，前胸背板前缘、上缘及颈部前缘，中胸盾片中央的盾斑，小盾片，后小盾片，翅基片，翅基下脊，中胸侧板前部中央的 1 小斑、后部的 2 斑(不规则)，后胸侧板后上部的斑，并胸腹节亚端部的倒“V”形斑带(不规则)，前中足基节(背侧端缘带暗黑色斑)、转节(背侧红褐色)，后足基节背侧基部的大斑，腹部各节背板后缘的横带(向后渐窄)均为黄色。足红褐色；前中足腿节外侧、胫节基部外侧、跗节外侧或多或少带黑褐色；后足基节背侧黑色，转节背侧、腿节背侧、胫节基部和端部、基跗节基部和末跗节褐黑色，第 1~第 4 跗节乳白色。翅痣红褐色，翅脉暗褐色。

正模 ♀，江西吉安双江林场，174 m，2009-05-10，集虫网。

词源：新种名源于腹部第 1 节背板基部无侧齿。

该新种可通过“腹部第 1 节背板基部无侧齿”与该属其他所有已知种区别。

118. 拟蛀姬蜂 *Schreineria similiceresia* Sheng & Sun, 2010 (江西新记录)

Schreineria similiceresia Sheng & Sun, 2010. Parasitic Ichneumonids on Woodborers in China (Hymenoptera: Ichneumonidae), p.122.

♀ 体长约 13.5 mm。前翅长约 9.2 mm。产卵器鞘长约 4.1 mm。

颜面宽约为长的 1.2 倍，具稠密的粗横皱；中央稍隆起，亚侧部稍纵凹；上缘中央呈短纵脊状，脊的下端呈弱瘤状。唇基稍隆起，基半部具与颜面相似的横皱，亚端部横向呈棱状隆起；端缘薄，相对光滑，中央几乎平。上唇半月形外露，端缘具长毛。上颚强壮，基部具细纵皱，下端齿明显长于上端齿。颊区稍凹，基部具细纵皱，端部呈非常稠密的细粒状表面；颚眼距约为上颚基部宽的 0.7 倍。上颊光滑光亮，稍向后方收敛，具不均匀的浅细刻点。头顶具稀疏但比上颊清晰的粗刻点；侧单眼外侧具凹；侧单眼间距约为单复眼间距的 1.3 倍。额中央具模糊的皱，两侧具细浅的刻点。触角长约 10.8 mm；鞭节 22 节，第 1 节稍细，弯曲，端节顶端几乎平截，第 1~第 5 鞭节长度之比依次约为 2.2∶2.0∶2.0∶1.8∶1.6。后头脊完整。

前胸背板前缘具细纵皱，侧凹内具稠密的粗横皱，后上部具稠密的粗皱点；前沟缘脊不清晰。中胸盾片具稠密的粗皱状刻点；盾纵沟向后伸达中胸盾片中部之后。小盾片稍隆起，具稀疏的粗刻点。后小盾片横形，稍隆起，光滑，几乎无刻点。中胸侧板具稠密的粗皱；翅基下脊隆起，其上具细刻点；镜面区小，光亮；胸腹侧脊弱，约达中胸侧板高的 1/2 处。后胸侧板具稠密的粗皱；后胸侧板下缘脊完整。翅稍带褐色透明，小脉位于基脉内侧，二者之间的距离几乎等于小脉长；小翅室小，五边形，肘间横脉显著向前收敛，第 2 肘间横脉非常弱、无色；第 2 回脉在它的下方中央内侧与其相接；外小脉约在中央(稍下方)曲折；后小脉在中央上方曲折，下段外斜。前足腿节扁且弯曲，胫节端部 2/3 特别膨大、基部 1/3 呈细柄状；后足第 1~第 5 跗节长度之比依次约为 8.1∶4.0∶2.4∶1.2∶2.8。并胸腹节明显隆起，中央满布粗横皱，端区和外侧区具网状皱；基横脊和端横脊多多少少可见，外侧脊明显；端横脊后方稍凹；气门小，卵圆形，自气门处向下后方稍纵凹。

腹部纺锤形，最宽处在第 3 节端部。第 1 节背板长约为端宽的 1.8 倍；具稠密的粗刻点；在气门处强烈弯曲，无背中脊，背侧脊仅气门内侧可见；基部侧面具 1 强齿、腹面具 1 较弱的宽齿。第 2、第 3 节背板具稠密的粗皱点，仅端部刻点弱；第 2 节背板长约为端宽的 0.8 倍；第 3 节背板基部稍窄于端部，长约为端宽的 0.5 倍。第 4 节及以后的背板由基部具细弱的皱刻点向后逐渐减弱，至第 8 节背板几乎光滑无刻点。产卵器鞘几乎等长于后足胫节的长。产卵器腹瓣亚端部具包被背瓣的背叶，具 6 条清晰的脊。

黑色，具大量乳白色花斑：触角鞭节第 6 节端部、第 7~第 15 节，颜面(中央具柱状黑斑)，唇基基部，颊，上颊(后下部除外)，眼眶，上唇，前胸背板前缘、上缘及颈部前缘，中胸盾片中叶端部，小盾片，后小盾片，翅基片及前翅翅基，翅基下脊，镜面区上方的条斑，中胸侧板中部(偏下)的宽横带，后胸侧板后上部的狭三角形斑，并胸腹节端部的“山”形(中央柱状，两侧短)大斑，前中足基节、转节(背侧带黑斑)，后足基节腹侧端部和背侧的纵斑、转节(背侧带黑斑)、跗节，腹部各节背板后缘的横带均为乳白色。足红褐色；前足胫节外侧，中足跗节外侧，前中足第 5 跗节，后足基节、转节背侧、腿节端部、胫节基部和端部、第 5 跗节端半部黑色；翅痣及翅脉褐黑色。

分布：江西、安徽。

观察标本：2♀♀，江西吉安，2009-04-9~04-16，集虫网；1♀，安徽潜山县黄铺镇，N30.52°，E116.48°，2009-06-18，张国庆。

52. 斗姬蜂属 *Torbda* Cameron, 1902

Torbda Cameron, 1902. Entomologist, 35:18. Type-species: *Torbda geniculata* Cameron.

前翅长 8.5~21.0 mm。唇基稍隆起，端部 0.35 处具强壮的脊状横隆起，隆起上具 1 个或 1 对齿；隆起的下方凹；端缘平截，具 1 弱的中齿。上颚端部非常狭；下端齿长于上端齿。前沟缘脊长且强壮。并胸腹节无端横脊和外侧脊。小脉位于基脉的内侧，二者之间的距离为小脉长的 0.25~0.6 倍；小翅室相对较小，宽大于高；肘间横脉平行或几乎平行；通常接第 2 回脉于它的中央外侧；后小脉在中央上方曲折。腹部第 1 节粗，无基侧齿。产卵器鞘约为后足胫节长的 1.2 倍。产卵器腹瓣亚端部具包被背瓣的背叶。

该属的种类主要分布于东洋区，全世界已知 18 种；我国已知 8 种；江西已知 5 种。

斗姬蜂属中国已知种检索表*

1\. 小翅室横梯形，第 2 肘间横脉约为第 1 肘间横脉长的 2.5 倍；体乌黑色，无光泽；头部鲜黄色，仅额中央具 1 小黑斑；腹部具不规则且不清晰的红褐色……**暗斗姬蜂 *T. obscula* Sheng & Sun**
小翅室约方形或长方形，两肘间横脉约等长，平行或向前收敛；体具光泽；头部黑色，至少头顶和额黑色；腹部具白色或近白色斑，或部分背板红色……2

2\. 中胸侧板、后足基节和腹部背板完全黑色……**黑斗姬蜂 *T. nigra* Sheng & Sun**
中胸侧板、后足基节和腹部背板至少具红色、黄色或黄褐色斑……3

3\. 小翅室明显横形，宽为高的 1.6~1.7 倍；两肘间横脉明显向前方收敛；第 8 节背板明显延长，两侧近平行，基部中央具凹陷；产卵器鞘长约为后足胫节长的 1.6 倍……**膝斗姬蜂 *T. geniculata* Cameron**
小翅室宽约等长于高，或高稍大于宽；两肘间横脉平行，或稍向前方收敛；第 8 节背板不明显延长，向后均匀或强烈变尖，基部中央无或具不明显凹陷；产卵器鞘长不大于后足胫节长的 1.4 倍……4

4\. 第 2~第 4 节背板基部无明显的隆起……6
第 2~第 4 节背板基部中央具由凹沟围成的明显的隆起……5

5\. 前翅具烟色斑；中胸侧板具非常大的黄色横斑……**萨斗姬蜂 *T. sauteri* Uchida**
前翅无烟色斑；中胸侧板完全黑色……**白纹斗姬蜂 *T. albivittatus* Sheng & Sun**

6\. 小翅室的肘间横脉强烈向前收敛；并胸腹节粗糙，或具不清晰的网状细皱；胸部红色，或仅部分中胸腹板黑色；腹部第 4~第 8 节背板完全黑色……**红斗姬蜂，新种 *T. rubescens* Sheng & Sun, sp.n.**
小翅室的肘间横脉平行或几乎平行；并胸腹节粗糙具清晰的横皱；胸部黑色，具黄色大斑；腹部第 4~第 8 节黑色，具黄褐色大斑……**斑翅斗姬蜂 *T. maculipennis* Cameron**

119. 膝斗姬蜂 *Torbda geniculata* Cameron, 1902

Torbda geniculata Cameron, 1902. Entomologist, 35:19.

♀ 体长约 29.5 mm。前翅长约 20.5 mm。产卵器鞘长约 18.5 mm。

颜面宽约为长的 1.5 倍，中央隆起，具稠密的粗皱点，两侧刻点较稀。唇基刻点粗大，亚端部中央具明显的突缘状隆起；端缘处较薄，中部微凹；端缘中央具多多少少明显的隆起。上唇半圆形外露，端缘具 1 排毛。上颚基部刻点稀疏粗大，下端齿明显长于上端齿。颊区具革质细粒状表面，颚眼距约为上颚基部宽的 0.7 倍。上颊光滑，具不均

* 检索表未包含分布于台湾的纹斗姬蜂 *T. striata* Uchida, 1956，可参考原描述(Uchida, 1956)鉴别。

匀的粗刻点(前部和下侧刻点稠密，上部刻点非常稀少)，中央稍纵向隆起。头顶具稠密粗大的刻点；单眼区周围稍凹，刻点相对细密，单眼区内具密皱；侧单眼间距约为单复眼间距的 0.7 倍。额在触角窝上方凹，凹内光滑；上部中央具纵皱，亚中央具斜横皱；两侧具不均匀的细刻点。后头脊完整。触角丝状；鞭节 26 节，第 1~第 5 鞭节长度之比依次约为 3.3∶3.3∶3.0∶2.5∶2.0。

前胸背板前缘具刻点，亚前缘下部光滑无刻点，侧凹内具斜横皱，后上部具稠密的粗刻点，沿后缘具稠密的横皱；前沟缘脊明显。中胸盾片均匀隆起，具非常稠密的粗皱点；盾纵沟深，伸达中胸盾片中部之后。小盾片具较中胸盾片稀疏粗大的刻点，端部刻点稍细密。后小盾片横形，稍隆起，具稀刻点，前侧部深凹。中胸侧板在翅基下脊下方稍凹，凹陷处具稠密的皱纹；翅基下脊具纵皱；镜面区的前面具横皱；胸腹侧脊细，几乎伸达翅基下脊(上端不清晰)；镜面区横长形，稍隆起；中胸侧板凹由一浅横沟与中胸侧缝相连。后胸侧板具稠密的粗皱点；无基间脊。翅带褐色透明，小脉位于基脉内侧，二者之间的距离约为小脉长的 0.5 倍；小翅室五边形，两肘间横脉明显向前方收敛，宽为高的 1.6~1.7 倍，第 2 回脉相接于它的下方中央稍外侧；径脉第 3 段波状弯曲；外小脉约在上方 0.35 处曲折；后小脉在中央稍上方曲折，下段强烈外斜。足的跗节腹面具短棘刺，第 4 节背面具深缺刻；前足腿节弯曲，胫节强烈膨大(基部细)；胫节端部具短梳状刺排；后足第 1~第 5 跗节长度之比依次约为 7.0∶2.3∶1.0∶0.6∶2.0。并胸腹节稍均匀隆起，具稠密的粗皱纹；基横脊强壮，中段缺，端横脊非常弱，几乎不明显；气门长椭圆形，长径约为短径的 2.7 倍。

腹部近似纺锤形，第 1 节背板粗壮，具稠密粗大而较均匀的刻点，长约为端宽的 1.6 倍，基段中央纵向光滑无刻点；无背中脊，背侧脊仅基部明显，腹侧脊完整；气门小，卵圆形，约位于第 1 节背板中央。第 2~第 7 节背板具较第 1 节背板更加稠密的粗刻点；第 2 节背板中部前方呈明显的“V”形凹；第 3 节背板基部具横凹槽，槽内光滑；第 3~第 6 节背板亚基部和亚端部横向隆起，近中部具明显横凹；第 7 节背板特别大，基部具明显横凹，端部中央稍凹，中后部刻点较前部相对稀疏粗大，长约为第 2 节背板长的 1.2 倍；第 8 节背板延长，两侧近平行，亚基部稍缢缩，基部中央具凹陷，具稠密的细刻点。产卵器鞘长约为后足胫节长的 1.6 倍。产卵器侧扁，腹瓣亚端部形成包叶，向上包被背瓣；腹瓣约具 9 强齿，前方的齿几乎垂直，相距较近，后方的齿相距较远，上方稍外斜。

黑色。触角鞭节中段第(4)5~第 14(15)节黄色，端部腹侧带红褐色；颜面(下部中央具三角形黑斑)，唇基(端缘红褐色，亚端缘黑色)，上唇，上颚基部中央(端齿黑色，中部带暗红色)，颊，上颊大部分(前上部)，下唇须及下颚须，前胸侧板，前胸背板前缘中段和后上角、颈前部，翅基片及前翅翅基，中胸盾片中叶后缘的小圆斑、后外部两侧的小斑，小盾片两侧及端缘的近“山”形斑(中央细柱状)，后小盾片及侧缘，中胸侧板下侧的长斜斑、镜面区处的小斑及翅基下脊，中胸腹板的 2 斜条斑(靠近中央的宽阔，外侧的细长)，后胸侧板上方部分的斑，后胸侧板后下部的大斑，并胸腹节端部的近“山”形大斑(中央呈宽且高的柱状纵带)，前中足基节(背侧带黑色)、转节，后足基节(带不规则黑斑，与黄色交错)、第 1 转节，腹部第 1~第 6 节背板端部、第 7 节背板端半部侧面的大斑及侧部均为黄色；足红褐色(前足腿节腹侧带黄色)，前中足的胫节和跗节背侧黑褐色，后足腿节末端、胫节基部和端部黑色，末跗节端部黑褐色；翅痣和翅脉黑褐色。

分布：江西、广东、贵州、四川；印度，老挝。

观察标本：1♀，江西全南，740 m，2008-06-10，集虫网；1♀，江西全南，700 m，2008-07-28，集虫网；3♂♂，江西资溪，2009-05-01~08，集虫网；1♀，江西全南，2009-10-13，集虫网；1♀，广东，1934-07-4(5)，Pong Tong Ping，Hoh Kai Hen；1♀，广东，1934-07-13(14)，Keung Tin Heung，F. K. To；1♀，贵州安师，740 m，1995-08-14，魏美才。

120. 斑翅斗姬蜂 *Torbda maculipennis* Cameron, 1902

Torbda maculipennis Cameron, 1902. Entomologist: 19.

♀ 体长约 21.5 mm。前翅长约 18.5 mm。产卵器鞘长约 8.5 mm。

颜面宽约为长的 1.4 倍；中央均匀隆起，具非常弱的刻点；侧面具相对稠密的粗刻点。唇基基半部稍隆起，具粗刻点；亚端部中央隆起呈矮扁的边缘；端部薄，光滑；端缘平截，中央具 1 清晰的小中齿。上唇近半圆形外露，端缘具明显的凹刻和一排毛。上颚强壮，光滑，下端齿明显长于上端齿。颊区具革质细粒状表面，颚眼距约为上颚基部宽的 0.6 倍。上颊光滑，仅前部具稠密的细刻点，其余部分几乎无刻点(具少量细且不明显的刻点)，中央稍纵向隆起，向后部显著收敛。头顶具明显的细刻点，侧单眼外侧光滑；侧单眼间距约为单复眼间距的 0.78 倍。额在触角窝上方光滑，稍凹；两侧具稠密的细刻点。触角丝状；鞭节 25 节，第 1~第 5 鞭节长度之比依次约为 5.5∶6.0∶5.0∶4.3∶3.9。后头脊完整。

前胸背板前缘和后上角具粗刻点，侧凹的中部及附近光滑，沿后缘具横皱纹；前沟缘脊明显。中胸盾片具稠密的粗刻点，前方较隆起；盾纵沟深，伸达中胸盾片中部之后。小盾片明显隆起，具刻点，后部刻点稠密且呈纵皱状。后小盾片横形，光滑无刻点，基部具 2 个深凹。中胸侧板具稠密的皱纹刻点；胸腹侧脊较细，几乎伸达翅基下脊(上段不清晰)；镜面区较小；中胸侧板凹由一浅横沟与中胸侧缝相连。后胸侧板具稠密的粗皱点；无基间脊；后胸侧板下缘脊完整。翅褐色透明，翅痣狭长；小脉明显位于基脉内侧；小翅室五边形(近似方形)，第 2 回脉相接于它的下方中央稍外侧；两肘间横脉几乎平行，第 1 肘间横脉稍长于第 2 肘间横脉；径脉第 3 段稍呈波状弯曲，端部上弯；外小脉在中央稍上方曲折；后小脉约在上方 2/5 处曲折，下段强烈外斜。足的跗节腹面具稠密的短棘刺，第 4 节背面具深缺刻；前足腿节细长、弯曲，胫节强烈膨大(基部较细)，胫节端部具短梳状刺列；后足第 1~第 5 跗节长度之比依次约为 6.5∶3.0∶1.6∶1.2∶2.0。并胸腹节仅基横脊明显，基横脊之前具模糊的粗皱点(基部稍光滑)，其后具稠密的横皱；并胸腹节气门长椭圆形，长径约为短径的 1.8 倍。

腹部第 1 节背板具稀疏粗大而不均匀的刻点，长约为端宽的 1.4 倍，基段中央纵向光滑无刻点；背中脊不明显；背侧脊仅基段(气门内侧)存在，腹侧脊完整；气门小，圆形，位于中央稍前方。第 2~第 7 节背板具稠密且较深的粗刻点；第 2 节背板中部前方具“V”形浅凹；第 3~第 6 节背板亚基部和端部横向稍隆起，亚端部具明显横凹；第 7 节背板特别大，长约为第 2 节背板长的 0.9 倍；第 8 节背板角状延长。产卵器鞘长约为后足胫节长的 1.2 倍。产卵器侧扁，腹瓣亚端部形成背叶，向上包被背瓣，腹瓣约具 7 条脊，前方的脊几乎垂直，后方的脊上方稍外斜。

黑色。触角鞭节中段第5~第13(14)节黄色，端部背侧褐黑色，腹侧红褐色；上颚(端齿黑色)红褐色；眼眶，唇基，上唇，颊，上颊大部分，下唇须及下颚须的基部，前胸侧板腹面(基部除外)，前胸背板前下角和上部、颈中央，翅基片及前翅翅基，中胸盾片后部两侧的小斑、中叶后缘，小盾片(端缘除外)，中胸侧板下侧的长斜斑、镜面区处的楔形斑及翅基下脊，中胸腹板的2斜条斑，后胸侧板上方部分的近三角形斑，后胸侧板大部(端部除外)，并胸腹节基部的横斑及端部的“M”形斑，前中足基节(端缘背侧带黑色)、转节(背侧带黑色)，后足基节(带不规则黑斑)、转节(背侧带黑色)，腹部第1~第6节背板端部、第7节背板端半部两侧的大斑均为黄色；足黄褐至红褐色，末跗节黑褐色；翅痣和翅脉褐黑色，前翅外缘具褐色斑带。

分布：江西(赵修复，1976；Uchida，1940b)、海南、台湾；日本。

观察标本：1♀，海南霸王岭，1997-07-23，魏美才。

121. 暗斗姬蜂 *Torbda obscula* Sheng & Sun, 2010

Torbda obscula Sheng & Sun, 2010. Parasitic ichneumonids on woodborers in China (Hemenoptera: Ichneumonidae), p.129.

♀ 体长约19.0 mm。前翅长约18.5 mm。触角长约17.5 mm。产卵器鞘长约12.5 mm。

颜面宽约为长的1.4倍；中央呈倒梯形隆起，隆起上具非常稠密且不清晰的刻点，近上缘中央呈不清晰且不规则的细皱；其余部分光滑，具较稀且清晰的粗刻点；由触角窝下外缘至颜面下缘中部(唇基沟处)具浅斜沟。颜面与唇基之间具细沟。唇基几乎平坦，具稠密的粗纵刻点形成的纵纹；亚端缘强烈角状隆起，隆起的端缘中央具多多少少明显的双突。上唇新月形外露，端缘具1排毛。上颚基部模糊的弱皱状，中部明显弯曲(向外隆起)；下端齿约与上端齿等长。颊区稍凹，上部具粗纵皱，下部具不清晰的弱网状皱，颚眼距约等长于上颚基部宽。上颊光滑，具稀疏但较颜面侧下部稍细的刻点，中央稍隆起。头顶宽阔，具较清晰均匀的细刻点，质地与上颊近似；单眼区小，刻点相对较稠密；侧单眼间距约为单复眼间距的0.46倍。额中央深凹，凹内具非常稠密的细横皱，中央具弱的中纵脊；两侧隆起处具细刻点。触角丝状，粗壮；鞭节24节，第1~第5鞭节长度之比依次约为4.0∶3.2∶2.7∶2.2∶1.9。后头脊完整。

前胸背板前缘具细纵皱及细刻点；侧凹宽阔、光滑，仅前下部及上部中央具横皱；后上部具稠密的刻点，沿后缘具斜纵皱；前沟缘脊细弱，但明显可见。中胸盾片均匀隆起，具非常稠密的粗皱点；盾纵沟深，约伸达中胸盾片中部。盾前沟光滑，具侧脊。小盾片明显隆起，具较中胸盾片稍稀疏的刻点，端部刻点稍细密。后小盾片近矩形，稍隆起，具稠密的细刻点，前侧面深凹。中胸侧板具稠密的粗刻点，在镜面区的前面具清晰的斜皱；镜面区小，光滑光亮；胸腹侧脊明显，约达中胸侧板高的1/2处。后胸侧板中部具稠密的纵皱，上部和下部具稠密的刻点；无基间脊；后胸侧板下缘脊的亚前部强烈凸起。翅黄褐色半透明，外缘稍暗灰色；小脉位于基脉内侧，二者之间的距离约为小脉长的0.4倍；小翅室斜五边形，两肘间横脉几乎平行，第1肘间横脉约为第2肘间横脉长的0.5倍，第2回脉约相接于它的下外侧1/4处；外小脉在中央上方曲折；后小脉在中央稍下方曲折。足的胫节及跗节腹面具非常短小的棘刺，第4跗节背面具深缺刻；前足腿节弯曲，胫节强烈膨大(基部细颈状)；后足第1~第5跗节长度之比依次约为7.1∶2.0∶1.0∶1.0∶2.0。并胸腹节稍均匀隆起；中纵脊不明显，但在中纵脊处具平行的弱隆起；中部由弱的横隆起(横脊处)将前后分成两部分；基半部具稠密的粗刻点(中央皱状)，端半部呈粗大的网皱状；外侧脊处呈凹沟状，凹内具短横皱；气门椭圆形，长径约为短径的1.7倍。

腹部近似纺锤形，具稠密均匀的细刻点(第8节背板基部光滑)。第1节背板长约为端宽的2.5倍，亚端部稍向外扩展；无背中脊，背侧脊仅基部(气门内侧)明显，腹侧脊完整；侧面皱状；气门小，卵圆形，约位于第1节背板中部。第2节背板长约为端宽的0.8倍，梯形，端宽约为基宽的1.8倍；亚基部具横向小窗疤，窗疤距该节背板基缘的距离约等长于其长；第3节背板长约为端宽的0.5倍，基部侧面具细横浅凹；第3~第6节背板向后逐渐收敛；第7节背板较大，倒梯形；第8节背板延长，基部具细毛刻点，中段光滑光亮无刻点，端部具细刻点和长毛。产卵器鞘长约为后足胫节长的1.4倍。产卵器侧扁；腹瓣亚端部形成背叶包被背瓣，腹瓣端部具9条脊，前方的脊几乎垂直，相距较近，后方的脊相距较远，上方稍外斜。

头部黄色，触角柄节(腹侧发黄)、梗节及第1鞭节红褐色，其余鞭节及额中央黑色，上颚红褐色(端齿黑色)，下唇须及下颚须红褐至黑褐色。胸部和腹部主要为黑色，前胸侧板下外缘、前胸背板前下部及上缘和后上角、颈中央、中胸盾片前外缘、盾纵沟内、翅基片及前翅翅基，前缘脉、后缘脉、翅痣、胸缝、小盾片(两侧黄色)、后小盾片、各足(基节、第1转节及后足腿节中段黑色，爪褐黑色)、并胸腹节气门、腹部第1节背板、第2节背板端部、第7节背板端部及两侧、第8节背板均为褐红色；第3~第6节背板端部稍带红褐色；后足第1~第4跗节黄色；翅脉褐黑色。

分布：江西、湖北、广东、广西、福建。

观察标本：1♂，江西铅山武夷山，1370 m，2009-07-30，集虫网；1♀，广东连县大东山，2001-06-09，麦雄伟；1♀，广西武鸣大明山，1963-05-24；1♀，福建挂墩，1983-08-04，皱明权；1♀，湖北九宫山，1996-09-20。

122. 红斗姬蜂，新种 *Torbda rubescens* Sheng & Sun, sp.n.　(图版 XI：图 80)

♀　体长 7.5~9.5 mm。前翅长 6.0~8.0 mm。触角长 6.0~8.0 mm。产卵器鞘长 2.5~3.5 mm。

颜面宽为长的1.5~1.6倍，表面具非常稠密的细刻点和细纵皱，中央稍纵隆起；上缘中央具1不明显的弱突。唇基基半部粗糙，质地同颜面；端半部光滑光亮，端部亚中央稍凹；端缘中央具1小中齿。上唇半圆形外露。上颚相对光滑，基部具弱皱和细刻点，下端齿稍长于上端齿。颊区稍凹，具细革质粒状表面和浅细的刻点，颚眼距为上颚基部宽的1.1~1.2倍。上颊具稠密的细刻点和细横皱，中下部稍隆起，后上方稍收敛；侧观其宽(前方最宽处)约等于复眼厚度。头顶具非常稠密的细刻点，后部稍隆起，侧单眼前外侧具斜细皱；单眼区具浅的中纵沟；侧单眼间距为单复眼间距的0.8~0.9倍。额稍凹，具稠密模糊的细皱刻点；具1弱细的中纵脊。触角粗壮；鞭节20节，第1~第5鞭节长度之比依次约为 3.0∶2.9∶2.7∶2.2∶1.9；末节端部平截，其长约为次末节长的 1.4~1.5 倍。后头脊背方中央细弱、稍凹。

整个胸部(包括并胸腹节)具稠密但较均匀的细皱刻点。前胸背板前下角稍内凹，侧凹宽浅，前沟缘脊明显。中胸盾片均匀隆起，刻点清晰，后部中央具细纵皱和长刻点；盾纵沟深，约伸达中胸盾片中部；亚端部两侧具浅凹坑，凹坑后方具弧形的斜纵脊。小盾片明显隆起，具清晰的较中胸盾片细弱的刻点。后小盾片梯形，相对光滑，稍隆起，前侧部深凹。中胸侧板中下部均匀隆起；胸腹侧脊伸达翅基下脊(上端不清晰，靠近侧板前缘)；翅基下脊下方稍凹，凹陷处具稠密的短细横皱；镜面区小而光亮，稍隆起；腹板侧沟浅，伸达后部 0.3~0.35 处；中胸侧板凹由一细横沟与中胸侧缝相连。后胸侧板具模糊的细皱；无基间脊；后胸侧板下缘脊完整。翅带褐色，透明，小脉位于基脉稍内侧，二者之间的距离等于或稍大于小脉的脉宽；小翅室五边形，肘间横脉向前方渐收敛，宽稍大于高(1.1 倍)，第 2 回脉相接于它的下方中央稍外侧；外小脉稍内斜，在下方 0.3~0.35 处曲折；后小脉约在下方 0.3 处曲折。足的跗节腹面具短棘刺，第 4 节背面具深缺刻；前足腿节稍弯曲，胫节强烈膨大(基部细颈状)；后足第 1~第 5 跗节长度之比依次为 5.7∶2.5∶1.5∶0.8∶2.4。爪强壮。并胸腹节较强隆起；无侧纵脊，中纵脊的端部不明显，外侧脊基部 0.2 清晰，基横脊完整，端横脊中部较明显；基区狭长，向后部显著收敛，内具微细皱；中区近五边形，前部向前显著收敛，两侧边向下方稍收敛，长约为分脊处宽的 1.2 倍；第 1 侧区和第 1 外侧区具清晰的细刻点，端区处具稠密的细纵皱，其他区域具模糊不规则的细皱；气门圆形，靠近外侧脊。

腹部第 1 节背板长为端宽的 2.0~2.1 倍，基部细柄状，背表面细革质状，仅端部具细刻点；背中脊之间(中后部)浅纵凹；背侧脊在气门之前弱；气门小，圆形，约位于第 1 节背板中央。第 2 节及以后背板满布稠密细腻的刻点；第 2 节背板基部中央稍凹、凹内光滑；长为端宽的 0.5~0.55 倍。第 3 节及以后背板横形，较均匀，自第 4 节背板向后逐渐收敛。产卵器鞘长约为后足胫节长的 1.2~1.3 倍。产卵器侧扁，腹瓣亚端部形成背叶，向上包被背瓣；腹瓣约具 9 条强脊。

头部黑色。触角鞭节背侧中段第(6)7~第 9 节白色，鞭节基部和端部腹侧带红褐色。胸部(前胸侧板大部，中胸腹板中央的纵斑和后下部的小斑，部分沟缝黑色)，并胸腹节红色。腹部第 1~第 2 节(第 1 节基缘黑色)、第 3 节的侧面或中部或全部红色，其余各节黑色。足红色，基节(基部具红斑)、转节、前中足腿节外侧的纵斑和末跗节黑色，胫节和跗节外侧带黑褐色。翅痣褐黑色(基部白色)，翅脉黑褐色；翅痣下方具褐黑色的横斑带，翅外缘暗褐色。

变异：上颊眼眶中段或红色；个别标本的基横脊完整，端横脊的中段和外侧脊的基部可见，其他脊不明显。

正模 ♀，江西全南，2010-12-02，集虫网。副模：6♀♀，江西全南，2010-12-02~10，集虫网。

词源：新种名源于该种的身体中段红色。

该新种与斑翅斗姬蜂 *T. maculipennis* Cameron, 1902 相似，可通过下列特征区别：小翅室的肘间横脉强烈向前收敛；并胸腹节粗糙，或具不清晰的网状细皱；胸部红色，或仅部分中胸腹板黑色；腹部第 4~第 8 节背板完全黑色。斑翅斗姬蜂：小翅室的肘间横脉平行或几乎平行；并胸腹节粗糙具清晰的横皱；胸部黑色，具黄色大斑；腹部第 4~第 8 节黑色，具黄褐色大斑。

123. 萨斗姬蜂 *Torbda sauteri* Uchida, 1932 (图版 XI：图 81) (江西新记录)

Torbda sauteri Uchida, 1932. Journal of the Faculty of Agriculture, Hokkaido University, 33:191.

♀ 体长 14.0~15.5 mm。前翅长 10.5~12.5 mm。产卵器鞘长 5.0~6.0 mm。

颜面宽约为长的 1.35 倍，中央稍隆起，亚中央斜纵凹；表面具稠密的粗刻点。唇基基半部刻点粗大，亚端部具 1 明显的突缘状横隆起；端部稍凹，光滑；端缘近平截，中央多多少少可见 1 弱中齿。上唇半圆形外露，端缘具 1 排毛。上颚基部较光滑，下端齿明显长于上端齿。颊区具革质细粒状表面，颚眼距约为上颚基部宽的 0.5 倍。上颊光滑光亮，前部具几个稀疏的细刻点，中央稍隆起。头顶后部具稠密的细刻点，侧单眼后外侧光滑、刻点稀疏不均匀；单眼区周围稍凹，单眼区具密皱点，具浅的中纵沟；侧单眼间距约为单复眼间距的 0.8 倍。额在触角窝上方凹，凹内光滑；上部中央具稠密的斜横皱；两侧具不明显的细刻点；具 1 中纵脊。触角鞭节 25 节，第 1~第 5 鞭节长度之比依次约为 2.2∶2.3∶2.0∶1.9∶1.4。后头脊完整。

前胸背板前下部光滑光亮无刻点，前上缘具稠密的细纵皱；侧凹上方光滑，下部具短横皱；后上部具稠密的细刻点，沿后缘具稠密的细纵皱；前沟缘脊明显。中胸盾片均匀隆起，具非常稠密的粗皱点，后部大致呈横皱状；盾纵沟深，伸达中胸盾片中部之后；后部中央稍凹。盾前沟宽阔，光滑光亮。小盾片明显隆起，具稠密的粗刻点。后小盾片小，光滑，稍隆起，前侧部深凹。中胸侧板前部具稠密模糊的纵皱点，中下部具较清晰的粗皱刻点；在翅基下脊下方稍凹，凹陷处具稠密的短横皱；镜面区的前面具斜细皱；胸腹侧脊几乎伸达翅基下脊(上端不清晰)；镜面区光亮、显著，稍隆起；中胸侧板凹由一浅横沟与中胸侧缝相连。后胸侧板具稠密的粗皱点；无基间脊；后胸侧板下缘脊完整。翅带褐色，透明；小脉明显位于基脉内侧；小翅室五边形，两肘间横脉向前方稍收敛，宽稍大于高(1.06 倍)，第 2 回脉相接于它的下方中央稍外侧；外小脉约在上方 0.3 处曲折；后小脉约在上方 0.4 处曲折，下段强烈外斜。前足腿节弯曲，胫节强烈膨大(基部细)；胫节端部具短梳状刺排；跗节腹面具短棘刺，第 4 节背面具深缺刻；后足第 1~第 5 跗节长度之比依次约为 5.0∶2.0∶1.0∶0.3∶1.3。爪强壮。并胸腹节几乎均匀隆起；基横脊强壮，中央稍前突；端横脊非常弱，几乎不明显；两横脊之间具稠密的粗网状皱(大致横形)，基横脊之前的皱刻点稍细，端横脊之后的中部为较弱的横皱、两侧为斜纵皱；无其他脊；气门长椭圆形，长径约为短径的 3.0 倍。

腹部第 1 节背板长约为端宽的 2.0 倍；基部细柄状，基半部光滑，仅侧面具少数粗刻点；端半部中央纵向光滑、近后部具较稀的刻点(有的中央也具相对稠密的刻点)，端半部两侧具稠密的粗刻点；无背中脊，背侧脊仅基部明显，腹侧脊完整；气门小，圆形，约位于该节背板中央稍前方。第 2~第 7 节背板具较第 1 节背板更加稠密的粗刻点，向后刻点逐渐细弱。第 2 节背板基部中央稍凹、凹内光滑；长为端宽的 0.7~0.8 倍。第 3 节背板两侧近平行，长约为端宽的 0.44 倍；第 3~第 5 节背板亚基部和亚端部稍横向隆起，近中部具明显的横凹；第4~第6节背板横形；第7节背板特别大，长约为第2节背板长的0.94倍，显著向后收敛；第8节背板延长，较光滑，端半部显著收敛。产卵器鞘长约为后足胫节长的1.3倍。产卵器侧扁，腹瓣亚端部形成背叶，向上包被背瓣；腹瓣约具8条强齿，前方的齿几乎垂直，相距较近，后方的齿相距较远，上方稍外斜。

黑色。触角鞭节中段第5~第10节白色，柄节和梗节腹侧及鞭节端部腹侧带红褐色；上颚基部中央黄或红褐色，端齿(有时上下缘)黑色；唇基完全黑色或下部两侧黄色；颜面(触角窝下缘的斑纹、中央完整的或仅上缘的纵条斑及下缘中央的横斑黑色)，颊，上颊大部分(前上部)，周围眼眶，下唇须及下颚须，前胸侧板的斑，前胸背板前缘中段和后上部、颈前部，翅基片及前翅翅基，中胸盾片中叶后缘的小圆斑，盾前沟侧脊，小盾片及侧缘(后部除外)，中后胸的后缘两侧，中胸侧板中部的块斑(有时1大1小)、翅基下脊，后胸侧板上方部分的大斑，后胸侧板上部中央的块状大斑，并胸腹节基部的横斑(后缘波状曲折)、亚端部的近“凸”形大斑(下缘中央凹入)，前中足基节(背侧带不规则大黑斑)、转节(背侧多少带红褐色或黑色)，后足基节背方的大斑，腹部第1节背板端部中央的“M”形斑、第2~第7节背板端部、第7节背板侧面、第8节背板侧后部(腹下)均为黄色；足红褐色，末跗节褐黑色，后足第1~第4跗节稍带黄色；爪暗红褐色；翅痣暗褐色，翅脉黑褐色。

分布：江西、湖南、福建、台湾；日本。

观察标本：1♀，江西官山东河，430 m，2009-05-05，集虫网；1♀，湖南幕阜山沸沙池，2008-07-14，李泽建；1♀，福建上杭白砂，2011-05-10，集虫网。

53. 褶姬蜂属 *Xoridesopus* Cameron, 1907

Xoridesopus Cameron, 1907. Journal of the Straits Branch of the Royal Asiatic Society, 48:18. Type-species: *Xoridesopus annulicornis* Cameron.

前翅长5.0~14.0 mm。唇基稍隆起，端部0.2稍下凹；端缘平截，具1小中齿。下端齿长于上端齿。前沟缘脊相对短。腹板侧沟清晰，抵达中足基节。小翅室小，五边形或方形；肘间横脉向前方稍收敛，或几乎平行；小脉位于基脉内侧，二者之间的距离约为小脉长的0.55倍。后小脉约在下方0.45处曲折。并胸腹节外侧脊完整，基横脊之后具皱。腹部第1节较粗，基部具三角形侧齿。产卵器鞘长约等于后足胫节长。产卵器腹瓣亚端部具背叶。

全世界已知39种，分布于东古北区、东洋区及澳大利亚区；中国已知7种；江西仅知1种。目前已知的寄主非常少，据记载(Krishna，1943)，该属仅知的寄主为滇刺枣象 *Hypolixus truncatulus* Fabricius。

褶姬蜂属中国已知种检索表

1. 前翅具褐色斑；无端横脊……6
   前翅无褐色斑，也无深色斑；具端横脊……2
2. 并胸腹节完全黑色……**斑颜褶姬蜂 *X. maculifacialis* Sheng**
   并胸腹节红色或白色，至少具浅色大斑……3

3. 并胸腹节红色………………………………………………………………………………………………4
   并胸腹节黑色具白色斑……………………………………………………………………………………5
4. 腹部第 1 节背板几乎完全黄-红色；颜面白色…………………………………**库褚姬蜂 *X. kosemponis* (Uchida)**
   腹部第 1 节背板黑色，仅后缘的狭边白色；颜面中央黑色……………**台褚姬蜂 *X. taihorinus* (Uchida)**
5. 颜面黑色，几乎无刻点；中胸盾片完全黑色……………………………**黑基褚姬蜂 *X. nigricoxatus* Sheng**
   颜面白色，具清晰的刻点；中胸盾片黑色具白斑…………………………**白颜褚姬蜂 *X. taihokensis* (Uchida)**
6. 后小脉在中央上方曲折；中胸侧板和后胸侧板黑色具白斑；并胸腹节黑色而端部白色；腹部第 1 节背板黑色具白色端带………………………………………………………………………**山褚姬蜂 *X. tumulus* Wang**
   后小脉在中央曲折；中胸侧板后下部和后胸侧板红色；并胸腹节红色而端部黄色；腹部第 1 节背板红色具白色端带………………………………………………………**胸褚姬蜂 *X. propodeus* Sheng & Sun**

124. 胸褚姬蜂 *Xoridesopus propodeus* Sheng & Sun, 2010

Xoridesopus propodeus Sheng & Sun, 2010. Parasitic ichneumonids on woodborers in China (Hymenoptera: Ichneumonidae), p.131.

♀ 体长约 12.0 mm。前翅长约 9.0 mm。产卵器鞘长约 2.7 mm。

头部稍宽于胸部。颜面两侧近平行，复眼内缘在触角窝后方略有凹痕；宽约为长的 1.2 倍；上部中央微弱隆起，具 1 非常弱且几乎光滑的瘤突；具稠密的细刻点，侧缘刻点更细且清晰；侧下缘与颊连接处呈细革质粒状表面。唇基稍隆起，具稠密的细刻点；端缘中央具弱突起，亚中央略呈弧形(几乎平截)。上颚宽短，基部表面具细纵纹；端齿短而钝，上端齿稍短于下端齿。颊稍凹，中部具细革质粒状表面；颚眼距约等于上颚基部宽。上颊光亮，具稀疏的细刻点，向后方显著收敛。头顶具稀疏的细刻点(单眼的外侧呈细革质状表面)，侧单眼外侧稍凹；侧单眼间距约为单复眼间距的 0.7 倍。额的上半部稍凹，具弱的中纵脊，纵脊两侧具稠密的横皱，中单眼下外侧具斜纵皱，侧缘具非常稀且细的刻点。触角较匀称，端部不变细，端节端部呈平截面；鞭节 26 节，第 1~第 5 鞭节长度之比依次约为 1.8∶1.8∶1.7∶1.0∶0.8，端节约为倒数第 2 节长的 1.4 倍。后头脊完整。

前胸背板前缘光滑光亮，具极稀的细刻点；侧凹具稠密且伸达后缘的横皱；上部具稀疏的细刻点；前沟缘脊非常短且弱。中胸盾片均匀隆起，具稠密的细刻点；盾纵沟明显，伸达中胸盾片的亚端部；盾纵沟后半段内具短横皱，端段之间具短纵沟。盾前沟内具纵皱。小盾片隆起，宽阔，具细刻点。后小盾片横形，光滑光亮。中胸侧板具稠密的细刻点，胸腹侧脊细而明显，上端约抵翅基下脊；镜面区小而光亮；腹板侧沟深而宽，后端伸达中足基节。后胸侧板具稠密不规则的细斜皱(网状)，可见基间脊。翅带褐色透明；小脉位于基脉的内侧，二者之间的距离约为小脉长的 0.4 倍；小翅室五边形，高短于宽；肘间横脉几乎平行；第 2 回脉在它的下方中央稍外侧与之相接；外小脉在中央上方曲折；后小脉约在中央处(稍下方)曲折。前中足基节短锥形膨大；前足腿节稍弯曲，胫节侧扁、膨大(基部细，呈柄状)；后足第 1~第 5 跗节长度之比依次约为 5.3∶2.3∶1.4∶1.0∶2.6。并胸腹节明显隆起，具稠密的细网皱；基横脊强壮，无端横脊，外侧脊在气门与端部之间不清晰；气门椭圆形。

腹部纺锤形。第 1 节背板基半部相对光滑，长约为端宽的 1.7 倍，具细革质状表面；后部具稀疏的粗皱点(两侧的刻点较稠密)；在气门处明显向上拱起；气门小，圆形，约位于该节背板的中央(稍后)；背中脊仅基部存在，且非常细弱；背侧脊和腹侧脊完整；基端具强壮的三角形侧齿。第2节以后背板具非常稠密的细刻点(但第2节背板基部具较粗糙的皱刻点)；第2节背板梯形，长约为端宽的0.96倍；第3节背板长约为端宽的0.5倍。产卵器腹瓣亚端部具背叶；腹瓣端部具7条清晰的纵脊，内侧3条内斜，端部4条垂直。

头部及前中胸黑色，但触角中段5~10节背侧黄白色；颜面上部侧缘的短纵纹、上缘亚中央的小圆斑、上唇、额眼眶及头顶眼眶、上颊中央上部、下唇须、下颚须(端部2节黄褐色)、颈两侧、前胸背板上缘、中胸盾片中叶后缘、小盾片、翅基片、翅基下脊、前足基节端部及腹侧、第1转节(腹内侧带红褐色)、中足基节腹侧、第1转节腹侧的斑均为黄色。后胸、并胸腹节及腹部第1节背板红褐色，但后小盾片、后胸侧板上方部分的大斑、并胸腹节后半部中央及腹部第1节端部1/4黄色。腹部第2~第8节背板黑色，端部具黄色边缘。足红褐色，但前中足跗节暗褐色；后足转节、胫节基部及端半部、第1跗节基部4/5及第4~第5跗节黑褐色，第1跗节端部1/5及第2~第3跗节黄色。翅痣和翅脉褐黑色；翅痣后下方及前下方具褐黑色大暗斑。

分布：江西。

观察标本：1♀，江西全南，650 m，2008-08-31，集虫网。

(六) 驼姬蜂亚族 Goryphina

该亚族含41属；我国已知15属；江西已知8属。

驼姬蜂亚族中国已知属检索表*

1. 腹部第1节背板无纵脊，气门约位于端部0.47处；并胸腹节端横脊缺或较钝，靠近并胸腹节末端 ………… 弗姬蜂属 *Friona* Cameron
   腹部第1节背板具纵脊，且/或者气门位于端部0.45之后；并胸腹节具端横脊，或中部中断，非靠近并胸腹节末端 ………… 2
2. 前胸背板无前沟缘脊，若具前沟缘脊，则由前胸背板前部隆起部分突然分离伸向后上方；小盾片基部0.4~0.7具侧脊 ………… 3
   前胸背板具前沟缘脊，由前胸背板逐渐分离伸向后上方；小盾片无侧脊，或至多基部0.35存在 ………… 6
3. 后小脉约在上方0.37处曲折，强烈外斜 ………… 猛姬蜂属 *Menaforia* Seyrig
   后小脉约在中部或中部下方曲折，几乎垂直，或稍外斜 ………… 4
4. 唇基椭圆形，均匀隆起；并胸腹节端横脊中央角状前突，侧突较弱；产卵器背瓣由背结至顶端之间稍隆起 ………… 尼可姬蜂属 *Necolio* Cheesman
   唇基非椭圆形，非均匀隆起；并胸腹节端横脊较横直，侧突通常较强壮；产卵器背瓣由背结至顶端之间不隆起 ………… 5
5. 唇基端缘隆起；前胸背板无前沟缘脊 ………… 菲姬蜂属 *Allophatnus* Cameron
   唇基端缘平截或稍隆起；前胸背板具前沟缘脊 ………… 横室姬蜂属 *Buodias* Cameron
6. 额的下部中央具1较大的角状突；体较强壮，通常具很多白色或浅黄色斑 ………… 角额姬蜂属 *Listrognathus* Tschek

* 参照 Jonathan (2006)、何俊华等(1996)著作编制。

额无角状突……7
7. 额在触角窝上方具弧形脊……8
额在触角窝上方无弧形脊……10
8. 前沟缘脊和腹板侧沟缺或不明显；胸腹侧脊短，背端伸达中胸侧板高的 0.5 处；后小脉约在上部 0.36 处曲折；无后臂脉……**邻亲姬蜂属 *Gambroides* Betrem**
前沟缘脊和腹板侧沟明显存在；胸腹侧脊长，背端约伸达中胸侧板高的 0.95 处或抵达翅基下脊；后小脉不同，具或无后臂脉……9
9. 腹部第 1 节背板较短，长为端宽的 2.0~2.5 倍，气门至端缘的距离小于气门之间的距离；腹部扁；产卵器端部短至长，很少尖，不弯曲……**双脊姬蜂属 *Isotima* Förster**
腹部第 1 节背板较长且细，长约为端宽的 3.0 倍，气门至端缘的距离大于气门之间的距离；腹部纺锤形；产卵器端部长且尖，通常直，有时弯曲……**台窄姬蜂属 *Formostenus* Uchida**
10. 后臂脉几乎缺或完全缺；并胸腹节端横脊中部存在……**巴达姬蜂属 *Baltazaria* Townes**
具清晰的后臂脉，至少伸达至翅端缘一半的距离；并胸腹节端横脊中部常缺……11
11. 腹部第 1 节柄部腹侧面圆形，无脊或棱缘将腹面和侧面分隔；并胸腹节具强壮的齿状侧突……**媚姬蜂属 *Melcha* Cameron**
腹部第 1 节柄部腹侧具脊或棱缘，将腹面和侧面分隔……12
12. 唇基端缘中部平截部分较宽，亚端部具 1 小中齿；腹部第 1 节背板的气门位于中部或中部稍后方；产卵器强烈侧扁……**佩姬蜂属 *Perjiva* Jonathan & Gupta**
唇基端缘不平截，亚端部无齿；腹部第 1 节背板的气门明显位于中部之后；产卵器非强烈侧扁……13
13. 腹部第 1 节背板长小于端宽的 2.0 倍，后柄部气门之间的宽明显大于气门至后缘之间的距离；产卵器端部短且钝，不尖锐；并胸腹节侧突较低矮，脊突状……**驼姬蜂属 *Goryphus* Holmgren**
腹部第 1 节背板长为端宽的 2.0 倍或大于端宽的 2.0 倍，后柄部气门之间的宽等于或小于气门至后缘之间的距离；产卵器端部通常长且尖；并胸腹节侧突非常长且尖，很少呈脊突状……**邻驼姬蜂属 *Skeatia* Cameron**

54. 菲姬蜂属 *Allophatnus* Cameron, 1905

Allophatnus Cameron, 1905. Record of the Albany Museum, 1:233. Type-species: *Allophatnus fulvipes* Cameron; monobasic.

主要鉴别特征：唇基端缘向前隆起；前胸背板无前沟缘脊；小盾片基部 0.4~0.7 具侧脊；小翅室宽大于高，后小脉约在中部或中部下方曲折；并胸腹节具完整的基横脊，端横脊较横直，完整或中央间断；腹部第 1 节背板具纵脊，基部具侧齿；产卵器背结弱至强。

该属已知 7 种；中国仅知 1 种，江西有分布。

125. 褐黄菲姬蜂 *Allophatnus fulvitergus* (Tosquinet, 1903) (图版 XII：图 82)

Cryptus fulvitergus Tosquinet, 1903. Mémoires de la Société Entomologique de Belgique, 10:199.

♀ 体长 10.5~12.0 mm。前翅长 6.5~7.0 mm。触角长 7.5~8.0 mm。产卵器鞘长 3.5~4.5 mm。

颜面宽为长的 1.77~1.8 倍，具稠密的网皱，中央稍隆起，触角窝外侧斜纵凹；上缘中央稍凹，具 1 小纵瘤。唇基中部明显隆起，表面的网皱同颜面；端部薄，光滑；端缘弱弧形稍前突。上颚强壮，基部具稠密的皱刻点；上端齿约与下端齿等长。颊区稍凹，具细革质皱粒状表面；颚眼距为上颚基部宽的 0.8~0.9 倍。上颊具稠密的粗刻点，明显向后收敛。头顶具细革质状表面和稠密的粗刻点；单眼区具密集的皱刻点；侧单眼间距约等于单复眼间距。额具非常稠密的横皱，触角窝上方稍凹；侧方刻点较清晰；具 1 细中纵脊。触角鞭节 31 或 32 节，末节端部钝圆；第 1~第 5 鞭节长度之比依次约为 3.8∶3.7∶3.2∶2.2∶1.7。后头脊完整。

前胸背板前缘具稠密的细纵皱；侧凹下部具稠密的粗纵皱、上部及颈部具稠密的粗横皱；后上部具稠密的粗网皱；具前沟缘脊。中胸盾片均匀隆起，具稠密的粗皱刻点；盾纵沟浅但明显，约达中胸盾片端部 0.25 处。盾前沟内具显著的细纵皱。小盾片均匀隆起，具较中胸盾片稍稀的粗皱刻点，侧脊超过中部。后小盾片稍隆起，横形，光滑。中胸侧板具稠密的粗网皱；胸腹侧脊伸达翅基下脊(上端 0.3 较弱且靠近侧板前缘)；翅基下脊粗脊状，其下方具稠密的短横脊；无镜面区；中胸侧板凹坑状；腹板侧沟前部约 0.45 清晰。中胸腹板具稠密的粗皱刻点。后胸侧板具稠密的粗网皱，基间脊完整。翅带褐色，透明；小脉位于基脉内侧，二者之间的距离约为小脉长的 0.3 倍；小翅室五边形，宽为高的 1.5~1.6 倍，两肘间横脉在下方稍收敛；第 2 回脉在它的下方中央稍外侧与之相接；外小脉稍内斜，约在中央或其稍下方曲折；后小脉在下方 0.3~0.4 处曲折，下段稍外斜。前足胫节向端部棒状膨大，基部细柄状；后足第 1~第 5 跗节长度之比依次约为 3.6∶1.6∶1.0∶0.5∶1.0；爪尖细。并胸腹节端部稍倾斜，具非常稠密的粗网状皱，基横脊强壮，中央稍前突；端横脊在侧突处显著，两侧突之间较弱，呈半圆形前突；中纵脊仅基部显著；基区倒梯形，向后方渐收敛；外侧脊在基部明显；侧突显著；气门斜椭圆形。

腹部第 1 节背板自气门处向基部显著收敛，气门之后两侧近平行，中后部较强隆起，长为端宽的 2.0~2.1 倍，基部具三角形侧齿；基部中央较光滑、侧方具弱横皱；端半部具稠密的粗皱刻点(亚端部中央稍光滑)；背中脊伸达中部之后；背侧脊在气门之后显著；气门圆形，隆起，约位于端部 0.3 处。第 2 节背板长为端宽的 0.8~0.9 倍，具稠密的细皱刻点，基部中央横凹、光滑。第 3 节及以后背板具稠密的微细刻点，越向后刻点越细密；第 3 节背板长为端宽的 0.48~0.5 倍，两侧缘近平行；以后背板逐渐向后收敛。产卵器鞘为后足胫节长的 0.86~0.94 倍。产卵器端部粗壮，腹瓣端部约具 7 条细纵脊。

体黑色，下列部分除外：触角鞭节中段第 4(5)~第 9 节背侧黄白色，鞭节腹侧稍带红褐色；额眼眶一小段(或不明显)，唇基中央(或不明显)，上唇，上颚端部(端齿除外)，下唇须，下颚须，前胸背板后上部，中胸侧板上缘，中胸盾片，翅基片及翅基部，小盾片、后小盾片及其腋下槽，腹部第 1 节背板端部约 1/3、第 2 节背板，各足均为褐黄色；后足胫节端部及跗节背侧黑色；腹部第 7 节背板端半部黄白色；翅痣和翅脉褐黑色。

分布：江西、福建、湖南、河南、山东、四川、浙江、台湾；日本，印度，印度尼西亚等。

观察标本：2♀♀，江西全南，470 m，2008-05-04，集虫网。

55. 巴达姬蜂属 *Baltazaria* Townes, 1961 (江西新记录)

Baltazaria Townes, 1961. Memoirs of the American Entomological Institute, 1:472. Type-species: *Cryptus tribax* Tosquinet; original designation.

前翅长 4.0~8.0 mm。唇基近端缘处洼。上颚较短，下端齿稍短于上端齿。额具 1 中纵脊。前沟缘脊长。腹板侧沟伸达中足基节。小翅室高约为第 2 回脉上段(弱点以上)的 0.9 倍；肘间横脉向前方收敛；第 2 回脉垂直；外小脉在中央或中央稍上方曲折；后中脉强弓；后小脉约在下方 0.4 处曲折；后臂脉几乎或全部缺。并胸腹节具完整的基横脊和端横脊，具侧突(雄性的侧突较弱，雌性的较高且齿状)；气门圆形至短椭圆形。腹部第 1 节背板具基侧齿，背中脊、背侧脊和腹侧脊非常明显。产卵器鞘长约等长于后足胫节。

该属是一个小属，仅知 8 种，分布于东洋区；我国已知 3 种；江西仅知 1 种。

巴达姬蜂属中国已知种检索表

1\. 眼眶黑色；中胸侧板、后胸侧板及并胸腹节红褐色 …………………黑巴达姬蜂 ***B. nigribasalis* (Uchida)**
  眼眶白色，或至少部分白色；中胸侧板及后胸侧板黑色，至少中胸侧板黑色；并胸腹节黑色，或端部部分白色或黄色 ……………………………………………………………………………………………………2
2\. 额具皱；后胸侧板红色 ………………………………………………………白斑巴达姬蜂 ***B. albosignata* (Szépligeti)**
  额无皱，上部具不明显的细刻点；后胸侧板黑色 ……………………………褐巴达姬蜂 ***B. ruficoxalis* Sheng**

126. 黑巴达姬蜂 *Baltazaria nigribasalis* (Uchida, 1931) (江西新记录)

Mesostenus (*Mesostenus*) *nigribasalis* Uchida, 1931. Journal of the Faculty of Agriculture, Hokkaido University, 30:187.

♀ 体长 6.0~6.5 mm。前翅长 4.5~5.0 mm。触角长 5.0~5.5 mm。产卵器鞘长 1.5~2.0 mm。

颜面宽约为长的 1.4 倍，中央纵向稍隆起，具稠密的细纵皱；亚中部稍纵凹；两侧具不明显的细刻点；在触角窝的下方具斜纵细皱。唇基稍隆起，基缘具稠密的细皱，基部具细的刻点，其余较光滑；端部较薄；端缘稍弧形前突。上颚宽短，基部具细纵皱和细刻点；上端齿稍长于下端齿。颊区稍凹，具细皱粒状表面；颚眼距为上颚基部宽的 0.5~0.6 倍。上颊稍光滑，具不明显的细刻点。额下半部明显凹，凹内光滑光亮；上半部呈细革质状表面；具细的中纵脊。触角稍短于体长，鞭节 26 节，端半部稍变粗；第 1~第 5 鞭节长度之比依次约为 3.2∶3.0∶2.8∶1.3∶1.0;第 4 节长为自身最大直径的 2.0~2.1 倍。头顶具细革质状表面和稠密的细刻点，侧单眼外侧刻点稀疏；单眼区稍隆起，具细刻点；侧单眼间距为单复眼间距的 0.6~0.7 倍。后头脊完整。

前胸背板前部具细纵皱；侧凹较宽，上部具稠密的短横皱，侧凹下部、背板后部及后上部具稠密的细纵皱；前沟缘脊伸达背板上缘。中胸盾片均匀隆起，较光滑，具细革质状表面和稠密不清晰的细刻点；盾纵沟约伸达中胸盾片端部 1/4 处。小盾片明显隆起，光滑；基部 1/2 具侧脊。后小盾片横形，较平，光滑。中胸侧板具稠密模糊的斜细纵皱；胸腹侧脊背端伸达翅基下脊；镜面区光滑光亮，具不明显的细刻点；镜面区的下缘具浅凹沟；腹板侧沟约伸达后部 0.25 处。中胸腹板具稠密不清晰的细刻点。后胸侧板具非常稠密的斜细纵皱，具基间脊。翅带褐色，透明；小脉位于基脉稍内侧；小翅室五边形，第 2 回脉在它的下方中央的稍内侧与之相接；外小脉约在中央处曲折；后小脉约在下方 1/3 处曲折。前足胫节棒状膨大，基部呈细柄状；各足第 4 跗节在背方深裂；后足第 1~第 5 跗节长度之比依次约为 5.3∶2.2∶1.4∶0.4(背方)∶1.8。并胸腹节具较稠密的纵网皱；第 1 侧区的纵皱相对较弱；基区向后方渐收敛，光滑光亮；中区六边形，长约为分脊处宽的 0.74~0.77 倍；中纵脊和侧纵脊的端部消失，使整个端部成为 1 个大的端区，向后稍倾斜，中央稍纵凹，亚端部大致为横网皱，端部为短纵皱；基横脊和端横脊清晰；外侧脊基部明显；并胸腹节侧突非常强壮、横向突起；气门圆形，较大。

腹部第 1 节背板长为端宽的 1.8~1.9 倍，向端部明显变宽，光滑，亚端部中央具细革质状表面；背中脊约达端部 0.2 处，背侧脊完整；气门小，圆形，约位于第 1 节背板端部的 1/3 处。第 2 节及以后的背板具稠密的细刻点，但向后逐渐不清晰；第 2 节背板梯形，长为端宽的 0.8~0.9 倍，具稠密的细刻点，表面稍隆起，侧方稍隆圆。第 3 节背板长为端部宽的 0.5~0.6 倍。第 4 节及以后的背板横形，向后显著收敛。产卵器鞘约为后足胫节长的 0.74 倍。产卵器腹瓣末端约具 5 条细纵脊，但非常弱且不清晰。

体黑色，下列部分除外：唇基中央，端齿亚端部带暗红褐色；端齿基缘，下唇须，下颚须，小盾片，前足基节、转节腹侧黄褐色；触角背侧褐黑色，鞭节中段(第 4~第 9 节)背侧白色；触角柄节、梗节腹面及鞭节腹面，颜面上缘中央的小瘤突，前胸侧板前下部，前胸背板前下缘及上缘中部，中胸盾片后部两侧，中后胸背板(端缘带黑色)，翅基片，中后胸侧板，并胸腹节(基缘黑色，有时基区也为黑色)，各足，腹部第 1 节背板端半部均为红褐色；腹部第 2 节背板端部、第 3 节背板端缘、第 6 节背板端部中央、第 7~第 8 节背板黄色；翅烟褐色，翅痣褐色，翅脉暗褐色。

分布：江西、台湾；

观察标本：1♀，江西全南麻土背，330 m，2009-05-06，集虫网；5♀♀，江西九连山，580~680 m，2011-04-12~14，盛茂领、孙淑萍。

56. 台窄姬蜂属 *Formostenus* Uchida, 1931　(江西新记录)

Formostenus Uchida, 1931. Journal of the Faculty of Agriculture, Hokkaido University, 30:180. Type-species: *Mesostenus* (*Formostenus*) *angularis* Uchida; original designation.

主要鉴别特征：后头脊在上颚基部上方与口后脊相接；额在触角窝上方无半圆形脊状突起；具前沟缘脊，由前胸背板前部逐渐伸向后上方；具腹板侧沟；腹部纺锤形，第 1 节背板细长，长约为端宽的 3 倍，光滑光亮，具基侧齿，气门间距小于它具后缘的距离；第 2 节背板长大于端宽；产卵器长而尖。

全世界已知 23 种；我国已知 3 种，江西已知 2 种。

台窄姬蜂属中国已知种检索表

1\. 前翅具深色斑；腹部第 2 节背板长小于端宽，端部约 0.3 白色；胸部前部黑色，后部红色；中后足基节红色，端部黑色 ·· **瘤台窄姬蜂，新种 *F. tuberculatus* Sheng & Sun, sp.n.**

前翅无深色斑；腹部第 2 节背板长大于端宽，仅端缘白色；胸部全部黑色或红色；中后足基节非红色……2

2. 胸部红色；腹部各节背板端缘的狭边白色……**角台窄姬蜂 *F. angularis* (Uchida)**

胸部黑色；腹部第 1、第 2、第 6 节背板端缘及第 7、第 8 节大部分黄白色……**毛台窄姬蜂 *F. pubescenus* Jonathan**

127. 毛台窄姬蜂 *Formostenus pubescenus* Jonathan, 1980 (图版 XII：图 83) (江西新记录)

Formostenus (*Formostenus*) *pubescenus* Jonathan, 1980. Records of the Zoological Survey of India, 17:78.

♀ 体长约 8.5 mm。前翅长约 7.0 mm。触角长约 8.5 mm。产卵器鞘长约 1.5 mm。

颜面宽约为长的 1.34 倍；中央具稠密模糊的细纵皱，侧方为细革质粒状表面；中央稍纵隆起；上缘中央具 1 明显的小纵瘤。唇基明显隆起，具稠密模糊的弱细横皱；端部相对光滑，较薄，具稀短的粗纵皱；端缘中央较平。上颚基部具模糊的细纵皱，向端部较强收敛；齿尖钝圆，上端齿稍长于下端齿。颊区稍凹，具细粒状表面；颚眼距约等于上颚基部宽。上颊前部具稠密的细纵皱，后部具细革质状表面和稀疏的细刻点，均匀向后收敛。头顶呈细革质状表面和稀疏不明显的浅细刻点，后部具较稠密的褐色短毛；侧单眼间距约为单复眼间距的 0.58 倍。额下半部深凹，凹内较光滑；上半部中央具稠密的细纵皱，两侧细革质状；具 1 细中纵脊。触角长约等于体长，鞭节 29 节，基部各节具分散的短毛；第 1~第 5 鞭节长度之比依次约为 5.2∶4.8∶4.1∶2.6∶2.0。后头脊完整。

前胸背板前部具稠密不清晰的弱细刻点；侧凹下部及其后部具稠密的细纵皱；侧凹上部(前沟缘脊之上)及颈部相对光滑；后上部呈模糊的细皱表面；前沟缘脊强壮，几乎伸达背板上缘。中胸盾片均匀隆起，具细革质状表面和稀疏的浅细刻点；后部中央稍凹，呈模糊的细皱表面；盾纵沟发达，伸达中胸盾片中部之后。盾前沟内具稠密的细纵皱。小盾片明显隆起，具模糊的细皱表面，基部具稀疏的浅细刻点。后小盾片小，横形，稍隆起，光滑。中胸侧板呈稠密模糊的细纵皱；胸腹侧脊伸达翅基下脊，上端不明显；镜面区稍隆起，具不明显的浅细刻点；镜面区的周围凹；中胸侧板凹坑状；腹板侧沟几乎直接伸至中足基节，后部稍弱。中胸腹板具细革质状表面和稀疏的浅细刻点。后胸侧板具稠密模糊的粗网状纵皱。翅稍带褐色，透明；小脉位于基脉稍内侧(几乎对叉)；小翅室五边形，宽约等于高，两肘间横脉近平行(上方稍收敛)；第 2 回脉在它的下方中央稍外侧与之相接；外小脉稍内斜，约在上方 0.4 处曲折；后小脉约在上方 0.4 处曲折，下段稍外斜，后臂脉仅基部具脉段。足具稀疏分散的短毛；前足胫节向端部稍膨大，基部细柄状；后足第 1~第 5 跗节长度之比依次约为 8.3∶3.9∶2.4∶0.7∶2.0。爪强壮。并胸腹节端部显著倾斜；中纵脊仅基部显著，外侧脊完整，侧纵脊不明显；基横脊完整，端横脊中段弱地存在；基区两侧近平行(下方稍收敛)，光滑；第 1 侧区除前部和内侧较光滑外具稠密的斜细纵皱，与第 1 外侧区无脊分隔；其余部分具稠密不规则的粗网皱；基横脊近于平直，中央稍前突；侧突长而突出、端部钝圆；气门卵圆形，约位于基部 0.2 处。

腹部第 1 节背板向基部显著收敛，长约为端宽的 2.2 倍；具细革质状表面；背中脊约伸达端部 0.2 处，背侧脊完整；气门圆形，稍隆起，约位于后部 0.4 处。第 2 节及以后背板具非常稠密的细刻点，越向后刻点越细弱；第 2 节背板长约为端宽的 1.1 倍；第

3 节背板长约为端宽的 0.6 倍；以后背板显著向后收敛。产卵器鞘约为后足胫节长的 0.5 倍。产卵器矛状，亚端部膨大，端部尖锐，腹瓣端部具不明显的细齿。

体黑色，下列部分除外：触角鞭节中段第(5)6~第 9 节背侧白色，鞭节腹侧带暗褐色；下唇须，下颚须，各足暗红褐色，后足腿节和胫节外侧带黑褐色，前中足基节稍带黄色；小盾片，后小盾片红褐色；腹部第 1、第 2 节背板端部黄至黄(红)褐色，第 6 节背板端缘、第 7、第 8 节背板大部分黄白色；翅基片褐黑色，翅痣褐色，翅脉暗褐色。

分布：江西、广西。

观察标本：1♀，江西九连山，580~680 m，2011-04-12，盛茂领、孙淑萍。

128. 瘤台窄姬蜂，新种 *Formostenus tuberculatus* Sheng & Sun, sp.n. (图版 XII：图 84)

♀ 体长约 8.5 mm。前翅长约 7.0 mm。触角长约 8.5 mm。产卵器鞘长约 1.5 mm。

颜面宽为长的 1.55~1.65 倍；具稠密的细纵皱和细刻点，侧缘稍呈细革质状表面；中央稍纵隆起；上缘中央具 1 不明显的小瘤突。唇基沟较明显。唇基基半部较隆起，具细刻点，由基部向中部刻点由稠密渐稀疏；端部光滑，较薄，沿端缘稍凹；端缘弱弧形。上颚基部具稠密的细纵皱，向端部较强收敛；齿短，齿尖钝圆，上端齿稍长于下端齿。颊区稍凹，具细粒状表面；颚眼距为上颚基部宽的 0.6~0.7 倍。上颊具细刻点，前下角刻点尤其密集，上缘刻点稀少，下后部刻点稠密，均匀向后收敛；后部显著倾斜且变窄。头顶呈细革质状表面，具稀疏不明显的浅细刻点，侧单眼后方显著倾斜；侧单眼间距为单复眼间距的 0.6~0.65 倍。额下半部深凹，凹内光滑；上半部中央具稠密的斜细纵皱，两侧表面细革质粒状，具稀浅的细刻点；具 1 细中纵脊；触角窝上缘两侧具斜横脊。触角明显短于体长，鞭节 25 节，基部各节无分散的短毛；第 1~第 5 鞭节长度之比依次约为 3.3∶3.0∶2.7∶1.6∶1.3。后头脊完整。

前胸背板前部具稠密不清晰的细纵纹和弱细刻点；侧凹下部及其后部具稠密的细纵皱；侧凹上部(前沟缘脊之上)及颈部具细横皱；后上部呈稠密的细粒状表面；前沟缘脊强壮，几乎伸达背板上缘。中胸盾片均匀隆起，具细革质状表面和不明显的浅细刻点；后部中央具稠密的细纵皱；盾纵沟发达，约伸达中胸盾片端部 0.2 处。盾前沟内具稠密的细纵皱。小盾片明显隆起，较光滑，具非常不明显的浅细刻点；侧脊仅基部明显。后小盾片横形，稍隆起，光滑。中胸侧板具稠密模糊的细皱；胸腹侧脊伸达翅基下脊；镜面区稍隆起，具不明显的浅细刻点；其下缘具浅凹沟；中胸侧板凹坑状；腹板侧沟显著，几乎直接伸至中足基节，后部稍弱。中胸腹板具稠密的斜横细纹。后胸侧板具稠密模糊的皱表面；具基间脊。翅稍带褐色，透明；小脉位于基脉稍外侧(几乎对叉)；小翅室五边形，宽稍小于高，向上方稍收敛，第 2 回脉约在它的下方中央与之相接；外小脉稍内斜，约在下方 0.4 处曲折；后中脉强烈弓曲，后小脉约在下方 0.4 处曲折、下段稍外斜，后臂脉端部消失。前足胫节向端部棒状膨大，基部细柄状；后足第 1~第 5 跗节长度之比依次约为 6.0∶2.5∶1.7∶0.6∶2.0。爪强壮。并胸腹节端部显著倾斜，基缘较光滑；中纵脊和外侧脊仅基部显著；基横脊和端横脊完整，中央稍前突；基区光滑，向后方渐收敛；第 1 侧区除前部和内侧较光滑外具稠密的斜细纵皱，与第 1 外侧区无脊分隔；中央大部分具稠密不规则的粗网状纵皱，端部两侧具稠密的斜横皱；侧突低而扁；气门圆形，约位于基部 0.2 处。

腹部第 1 节背板向基部显著收敛，长为端宽的 2.1~2.2 倍；背表面光滑，侧面有弱皱；背中脊约伸达端部 0.2 处，背侧脊完整；气门圆形，稍突出，约位于后部 0.3 处。第 2 节及以后背板具非常稠密的细刻点，越向后刻点越细弱；第 2 节背板长为端宽的 0.8~0.9 倍；第 3 节背板长为端宽的 0.5~0.6 倍，两侧缘近平行；以后背板显著向后收敛。产卵器鞘为后足胫节长的 0.8~0.86 倍。产卵器矛状，亚端部膨大，端部尖锐，腹瓣端部具稀疏不明显的细齿。

体大部分黑色，下列部分除外：头部，前胸侧板，前胸背板，前胸腹板及前足基节、转节，中胸盾片，中胸侧板前部，翅基片黑色；触角鞭节中段第(5)6~第 8(9)节背侧白色，梗节端部及第 1、第 2 鞭节腹侧或全部、鞭节端部腹侧带红褐色；下唇须，下颚须黑褐色。胸部中后部红色；小盾片，后小盾片，后胸背板，中后胸侧板(中胸侧板前部除外)，中后胸腹板(中胸腹板前部除外)，并胸腹节均为红色；腹部黑色，第 1 节背板端缘，第 2 节背板端部约 0.3，第 7、第 8 节背板端部中央白色。足近黑色；腿节和胫节前侧或多或少红色，中后足基节红色(端部黑色)。翅烟褐色，翅痣和翅脉褐色，前缘脉黑色；翅痣下方具暗褐色大斑，覆盖小翅室和盘肘室后部、第 2 盘室大部分和第 2 臂室上部。

正模 ♀，江西全南，2008-04-26，集虫网。副模：1♀，江西全南三角塘，335 m，2009-05-13，集虫网；1♀，江西安福，2010-05-10，孙淑萍。

词源：新种名源于并胸腹节基缘具侧突。

该新种与角台窄姬蜂 *F. angularis* (Uchida, 1931)相似，可通过下列特征区别，该新种：腹部第 2 节背板长小于端宽；前翅具深色斑；颜面黑色；胸部前部(前胸及中胸前部)黑色，后部红色；腹部第 1 节背板端缘，第 2 节背板端部约 0.3，第 7、第 8 节背板端部中央白色。角台窄姬蜂：腹部第 2 节背板长大于端宽；前翅无深色斑；颜面上部中央白色；胸部红色；腹部各节背板端缘的狭边白色。

57. 驼姬蜂属 *Goryphus* Holmgren, 1868

Goryphus Holmgren, 1868. Kongliga Svenska Fregatten Eugenies Resa omkring jorden. Zoologi, 2:398.
Type-species: *Goryphus basilaris* Holmgren. Designated by Viereck, 1914.

体小至大型，一般 7~12 mm。具唇基沟。唇基近圆形隆起，端缘凹，无齿，侧面有时扩大。上颚短，2 端齿等长或几乎等长(下端齿稍微短于上端齿)。额具 1 狭窄的中纵脊，该脊由中单眼伸至触角窝之间。后头脊下端在上颚基部上方与口后脊相接。前沟缘脊强壮且长，沿颈的亚缘纵向延长，似一条围颈缘的脊。腹板侧沟伸达中足基节(至少伸至中部)，稍弯曲。胸腹侧脊至少伸至中胸侧板高的 0.5 处。小盾片侧脊仅基端存在，但有时可伸至小盾片的中部。前翅的小脉明显位于基脉的内侧；小翅室的高约为第 2 回脉上段(弱点至小翅室之间的距离)的 0.5 倍；第 2 回脉垂直或几乎垂直；外小脉在中央稍上方曲折；后中脉适当拱起；后小脉约在下方 0.3 处曲折。并胸腹节具基横脊和端横脊；端横脊通常中部中断，侧面的侧突通常鸟冠状；雄性的端横脊常弱或缺；中纵脊弱或仅基部存在；并胸腹节气门圆形或卵圆形。腹部第 1 节背板长小于端宽的 2 倍，具基侧齿，具背中脊、背侧脊和腹侧脊；背中脊通常伸至或超过气门；后柄部基部宽(气门之间的距离)大于长(气门至端缘之间的距离)。产卵器鞘长约为前翅长的 0.9 倍，产卵器端部钝而不尖，具明显的背结，腹瓣端部具斜或几乎垂直的脊。

该属已知 114 种；中国已知 15 种；江西已知 2 种。

驼姬蜂属江西已知种检索表

1. 中胸侧板和中胸腹板(前缘黑色除外)，小盾片，后胸背板及其后部，后胸侧板，并胸腹节，腹部第 1 节背板(端缘除外)均为红色…………………………………………………… **横带驼姬蜂 *G. basilaris* Holmgren**

   胸部主要为黑色，无红色斑，小盾片，后小盾片，翅基片，翅基下脊，后胸侧板后端，并胸腹节端半部(后部中央具纵黑斑)，腹部第 1 节背板端部均为黄色……………………………………………………………………………………… **全南驼姬蜂，新种 *G. quananicus* Sheng & Sun, sp.n.**

129. 横带驼姬蜂 *Goryphus basilaris* Holmgren, 1868 (图版 XII：图 85)

Goryphus basilaris Holmgren, 1868. Kongliga Svenska Fregatten Eugenies Resa, 2:398.

♀ 体长 7.0~12.0 mm。前翅长 6.0~8.0 mm。产卵器鞘长 2.0~2.5 mm。

颜面宽为长的 1.8~1.9 倍；中央具稠密模糊的细网皱，侧方为细革质状表面；中央稍隆起。唇基明显隆起，基部具稠密模糊的细网皱和细刻点；端部相对光滑，亚端缘稍凹；端缘弧形前突。上颚强壮，基部表面稍粗糙并具模糊的细皱；上端齿约与下端齿等长。颊区稍凹，具细粒状表面；颚眼距为上颚基部宽的 0.75~0.8 倍。上颊前部具细皱，后下部具稠密的细纵皱和细刻点，后部显著收敛。头顶后部中央具弱细皱和稠密的细刻点，两侧呈细革质状表面和不明显的细刻点；单眼区内具皱刻点；侧单眼外侧具弱斜皱；侧单眼间距为单复眼间距的 0.6~0.75 倍。额下半部深凹，凹内具细横皱，具 1 细中纵脊；上半部具稠密的细纵皱。触角明显短于体长，鞭节 23~27 节；第 1~第 5 鞭节长度之比依次约为 4.9∶4.0∶3.7∶2.0∶1.6。后头脊完整，背方中央稍下凹。

前胸背板前缘光滑，具不明显的弱细刻点；侧凹下部及侧板后部具稠密的粗纵皱；侧凹上部及颈部具稠密的粗横皱；后上部具稠密的短横皱；前沟缘脊强壮，伸达背板上缘并在亚端缘向前弯曲。中胸盾片均匀隆起，具稠密不明显的浅细刻点，中叶和侧叶两侧具稠密的短横纹；后部中央具稠密的粗网皱；盾纵沟发达，约达中胸盾片端部 1/3 处。盾前沟内具显著的粗纵皱。小盾片明显隆起，具不明显的细刻点和弱细皱。后小盾片稍隆起，光滑光亮。中胸侧板呈稠密不规则的细皱状；胸腹侧脊伸达翅基下脊；镜面区稍隆起，光滑，具不明显的浅细刻点；中胸侧板凹坑状；腹板侧沟约在后部 0.4 处弯向中足基节。中胸腹板较光滑，具清晰的细刻点。后胸侧板具稠密不均匀的粗网皱，基间脊完整。翅稍带褐色，透明；小脉位于基脉内侧，二者之间的距离约为小脉长的 0.5 倍；小翅室五边形，宽约为高的 1.2 倍，第 2 回脉在它的中央稍外侧与之相接，两肘间横脉近平行(上方稍收敛)；外小脉稍内斜，约在中央曲折；后小脉约在中央稍下方曲折，下段稍外斜。前足胫节向端部棒状膨大，基部细柄状；后足第 1~第 5 跗节长度之比依次约为 8.2∶3.0∶2.0∶1.0∶3.0。爪强壮。并胸腹节端部显著倾斜，表面具稠密不规则的粗皱，基缘较光滑；基横脊之前具斜纵皱；基横脊之后具粗糙的网状皱；中纵脊仅在基区显著；基区长形，后方稍收敛；基横脊完整，中央显著前突；端横脊仅在侧突处可见，有时中段弱地存在；侧突显著、宽扁；气门卵圆形，约位于基部 0.2 处。

腹部第 1 节背板长约为端宽的 1.5 倍；背中央较光滑，仅亚端部具弱皱和浅刻点，侧方具粗横皱；背中脊显著，约伸达端部 0.2 处，背侧脊完整；气门圆形，突出，约位于端部 0.3 处。第 2 节及以后背板具稠密的刻点，越向后刻点越细弱；第 2 节背板长约为端宽的 0.8 倍；第 3 节背板长约为端宽的 0.4 倍，两侧缘近平行；以后背板横形，逐渐向后收敛；第 8 节背板光滑。产卵器鞘为后足胫节长的 0.7~0.8 倍。产卵器腹瓣端部具背叶，包被背瓣；端部约具 5 条纵脊。

体黑色，下列部分除外：触角鞭节中段第 6(7)~第 9 节背侧白色，端部稍带红褐色；下唇须，下颚须暗褐或黑褐色；有的个体前胸背板颈前缘黄白色；小盾片，后胸背板及其后部，中胸侧板(前缘除外)，中胸腹板(前缘除外)，后胸侧板，并胸腹节，腹部第 1 节背板(除端缘)均为红色。足与胸部同样的红色，前足基节、转节黑色，足背侧多多少少黑褐色，胫节前侧黄色；中足胫节和跗节背侧带黑褐色；后足胫节和跗节背侧黑色；各足第 3 跗节或第 2、第 3 跗节白色。腹部第 1、第 2 节背板端部，第 7、第 8 节背板中央黄白色。翅痣，翅脉褐黑色；翅痣狭长，翅痣下方具暗黑色大斑，几乎伸达翅的下缘。

♂ 体长 11.0~12.0 mm。前翅长 8.0~8.5 mm。触角鞭节 33 或 34 节，褐黑色，无白环。后足腿节端部、胫节和跗节黑色，第 2、第 3、第 4 跗节白色。前胸背板颈前缘，第 3 节背板端缘黄白色。

分布：江西、福建、广东、广西、贵州、湖南、湖北、江苏、浙江、陕西、四川、台湾；印度，缅甸，印度尼西亚，马来西亚，日本。

寄主：寄主达 29 种，寄生的林业主要害虫为马尾松毛虫 *Dendrolimus punctatus* (Walker)等。

观察标本：1♀，江西弋阳，1977-06，匡海源；1♀，江西永修，1980-05-29；1♂，江西全南内山，2008-04-15，集虫网；1♂，江西全南，700 m，2008-08-31，集虫网；4♀♀，江西全南，320~335 m，2009-04-14~05-20，集虫网；4♀♀，江西九连山，580~680 m，2011-04-12~14，盛茂领、孙淑萍。

130. 全南驼姬蜂，新种 *Goryphus quananicus* Sheng & Sun, sp.n.　(图版 XII：图 86)

♀ 体长 7.0~10.0 mm。前翅长 6.0~8.5 mm。触角长 6.0~7.5 mm。产卵器鞘长 2.0~2.5 mm。

颜面宽为长的 1.4~1.43 倍；表面具稠密不规则的斜纵皱，侧方的皱稍弱，中央稍隆起，上方中央具 1 弱的瘤突。唇基具稠密的弱细刻点，基部明显隆起，端部中央明显下凹；端缘弧形。上颚强壮，基部表面具稠密的纵皱点；上端齿稍长于下端齿。颊区稍凹，具细粒状表面；颚眼距为上颚基部宽的 0.53~0.6 倍。上颊具稠密的细刻点，前部宽阔，后部显著收敛。头顶后部中央具弱细皱和特别稠密的细刻点，两侧呈细革质状表面和相对稀疏的细刻点；单眼区具细皱点；侧单眼间距为单复眼间距的 0.55~0.63 倍。额下半部深凹，凹内较光滑，具 1 细中纵脊；上半部中央具稠密的细纵皱，侧方具细刻点。触角稍短于体长，鞭节 23 或 24 节；第 1~第 5 鞭节长度之比依次约为 4.5∶4.3∶4.0∶2.0∶1.9。后头脊完整。

前胸背板前缘具不明显的细纵纹；侧凹具稠密的粗横皱；后上部具较弱的斜纵皱；前沟缘脊强壮，几乎伸达背板上缘。中胸盾片均匀隆起，具稠密不明显的浅细刻点；后部中央具稠密的粗纵皱；盾纵沟发达，约达中胸盾片端部 1/5 处。盾前沟显著，内具短纵皱。小盾片明显隆起，光滑，具稀疏不明显的浅细刻点。后小盾片稍隆起，横形，光滑光亮。中胸侧板具稠密不规则的粗皱；胸腹侧脊伸达翅基下脊；翅基下脊明显隆起，光滑；镜面区稍隆起，光滑光亮；中胸侧板凹坑状；腹板侧沟显著，约伸达后部 0.3 处。中胸腹板较光滑，具清晰的浅细刻点。后胸侧板具稠密不均匀的粗网皱，基间脊明显；后胸侧板下缘脊完整，前部稍突出。翅稍带烟褐色，透明；小脉位于基脉内侧，二者之间的距离稍大于小脉宽；小翅室五边形，宽约为高的 1.1 倍，两肘间横脉向前方稍收敛；第 2 回脉在它的下外侧 1/3 处与之相接；外小脉稍内斜，约在上方 0.4 处曲折；后小脉约在下方 0.4 处曲折。足基节短锥形膨大，外侧具浅细的刻点；前足胫节向端部棒状膨大，基部细柄状；后足第 1~第 5 跗节长度之比依次约为 7.0∶2.8∶1.5∶0.4∶2.7，第 4 跗节背方深凹陷。爪强壮。并胸腹节端部强烈但非突然(无明显的角度)倾斜，表面具稠密不规则的粗皱，基缘处较光滑；基横脊之前的皱相对较弱，两横脊之间的皱大致为粗糙的纵皱；中纵脊、侧纵脊仅在基部明显；基区长形；基横脊完整，中央向前突；端横脊较基横脊稍细弱，中央显著前突，较基横脊突出程度大且宽；端横脊之后具粗糙的横皱(中部前突部分为粗纵皱)；侧突显著、宽扁；气门卵圆形，约位于基部 0.2 处。

腹部第 1 节背板在中后部较强隆起，长为端宽的 1.4~1.5 倍；背表面较光滑，侧方具弱皱；背中脊、背侧脊完整；气门圆形，稍突出，位于端部 0.3~0.35 处。第 2 节及以后背板具稠密的刻点，但向后逐渐变细变弱，第 7、第 8 节背板近光滑；第 2 节背板长为端宽的 0.9~0.95 倍，背面稍隆起，侧方稍隆圆；第 3 节背板长为端宽的 0.45~0.5 倍，两侧缘近平行；以后的背板向后逐渐收敛，第 4~第 6 节背板横形，第 7 节背板稍拉长，倒梯形。产卵器鞘短，为后足胫节长的 0.65~0.78 倍。产卵器腹瓣端部约具 10 条纵脊。

体黑色，下列部分除外：触角鞭节中段第 4~第 11 节背侧白色，端部腹侧带红褐色；唇基(端缘和端部中央暗黄色除外)，上唇，上颚(端齿除外)，下颚须，下唇须，盾前沟的侧缘，小盾片，后小盾片，翅基片，翅基下脊，后胸侧板后下角，并胸腹节端半部(沿端横脊向后的部分，后部中央具纵黑斑)，前中足基节、转节，腹部第 1、第 2 节背板端部和第 7、第 8 节背板(除基部)均为黄色。足红褐色，基跗节(或多或少)及末跗节褐黑色；前足胫节腹侧带黄色；后足腿节端部，胫节基部和端部黑色；中后足胫节亚基部、第 1~第 4 跗节黄色。翅带烟褐色，翅痣和翅脉褐黑色；翅痣下方具暗褐色大斑，覆盖径室前部、小翅室和盘肘室后部、第 2 盘室中后部和第 2 臂室上部。

正模 ♀，江西全南，409 m，2008-08-23，集虫网。副模：1♀，江西全南，409 m，2008-08-23，集虫网；1♀，江西全南罗坑，2010-09-13，集虫网。

词源：新种名源于模式标本产地名。

该新种与斑驼姬蜂 *G. cestus* Jonathan & Gupta, 1973 相近，可通过下列特征区别：颜面具稠密不规则的斜纵皱；唇基具稠密的弱细刻点；颚眼距为上颚基部宽的 0.53~0.6 倍；镜面区光滑光亮；并胸腹节气门卵圆形。斑驼姬蜂：颜面具粗刻点；唇基光滑，具少量(几个)刻点；颚眼距小于 0.35 倍于上颚基部宽；镜面区具细刻点；并胸腹节气门圆形。

58. 双脊姬蜂属 *Isotima* Förster, 1869

Isotima Förster, 1869. Verhandlungen des Naturhistorischen Vereins der Preussischen Rheinlande und Westfalens, 25(1868):182. Type-species: *Isotima albicineta* Ashmead; designated by Townes, 1957.

上颚下端齿稍短于上端齿。额在触角窝上方具半圆线脊。前沟缘脊短。小盾片侧脊伸至小盾片长的 0.2~0.75 处。腹板侧沟伸至中足基节；胸腹侧脊背端伸至中胸侧板中部之上。并胸腹节具基横脊和端横脊，前者完整，后者完整或中部消失。小翅室方形或五边形，第 2 肘间横脉较弱；第 2 回脉垂直或几乎垂直；后小脉在中部或中部下方曲折；后中脉较拱起；无后臂脉。腹部扁；腹部第 1 节背板短且阔，长为端宽的 2.0~2.5 倍，气门至端缘的距离小于气门之间的距离，具纵脊，背中脊伸至气门或气门之后。产卵器端部短至长，很少尖锐，不弯曲，具清晰的背结。

已知 25 种；我国已知 5 种；江西已知 1 种。寄主不详。

131. 三色双脊姬蜂 *Isotima tricolor* (Brullé, 1846) (图版 XII：图 87) (江西新记录)

Cryptus tricolor Brullé, 1846. *In*: Lepeletier de Saint-Fargeau A. Histoire Naturelles des Insectes. Hymenopteres, 4:195.

♀ 体长 5.0~6.0 mm。前翅长 4.0~5.0 mm。触角长 3.5~5.0 mm。产卵器鞘长 1.0~1.5 mm。

颜面宽为长的 1.6~1.7 倍；中央稍纵隆起，具稠密模糊的细纵皱；侧方为细革质状表面。唇基明显隆起，光滑光亮，具非常稀疏的细刻点；端部较薄，亚端缘稍凹；端缘稍弧形。上颚强壮，基部具细纵皱；上端齿约与下端齿等长。颊区稍凹，具细粒状表面；颚眼距约为上颚基部宽的 0.9~1.0 倍。上颊具不明显的细刻点，前部具细皱，显著向后收敛。头顶呈细革质状表面，后部具弱细的横线纹；单眼区具弱皱；侧单眼间距为单复眼间距的 0.5~0.6 倍。额的下半部深凹，凹内光滑光亮，具 1 细中纵脊；上半部中央具稠密的斜细纵皱，两侧为细革质粒状表面。触角明显短于体长，鞭节 23 或 24 节；第 1~第 5 鞭节长度之比依次约为 2.3∶2.2∶2.0∶1.2∶1.0。后头脊完整。

前胸背板前缘较光滑；侧凹具稠密的短横皱；后缘及后上部具稠密的细纵皱；具前沟缘脊。中胸盾片均匀隆起，具稠密不清晰的细皱刻点，后部中央具稠密的细纵皱；盾纵沟发达，约达中胸盾片端部 0.2 处。盾前沟内具短纵皱。小盾片明显隆起，具清晰的细刻点，基部具侧脊。后小盾片稍隆起，横形，光滑光亮。中胸侧板呈稠密不规则的细皱状；胸腹侧脊伸达翅基下脊，上端靠近中胸侧板的前上缘；镜面区小，光滑光亮；中胸侧板凹坑状；腹板侧沟明显，后部较浅，约在后部 0.4 处弯向中足基节。中胸腹板具稠密的斜细皱。后胸侧板呈稠密不规则的细皱状，基间脊完整。翅稍带褐色，透明；小脉位于基脉稍外侧(几乎对叉)；小翅室五边形，第 2 回脉在它的下方中央稍外侧与之相接；肘间横脉向上方稍收敛；外小脉约在下方 0.35 处曲折；后中脉强烈弓曲；后小脉约在中央处曲折，下段稍外斜。前足胫节向端部棒状膨大，基部细柄状；后足基节外侧具细弱的刻点；后足第 1~第 5 跗节长度之比依次约为 5.7∶2.3∶1.5∶0.5∶2.0，第 4 跗节背方深凹陷。爪强壮。并胸腹节端部显著倾斜；基横脊和端横脊完整，中纵脊和外侧脊仅基部可见；基区光滑，后部稍收敛；第 1 侧区具细纵纹和稀刻点，基横脊与端横脊之间具粗糙的网状皱；端横脊之后在中部为稠密的纵网状皱，两侧大致为斜横皱；侧突宽扁；气门卵圆形，约位于基部 0.2 处。

腹部第 1 节背板扁平，长为端宽的 2.0~2.2 倍，在中后部稍隆起；背面中央光滑光亮、仅亚端部具几个细刻点，侧方具横皱；背中脊端部不明显，背侧脊完整；气门圆形，隆起，约位于端部 0.3 处。第 2 节及以后背板圆而宽厚；第 2 节背板长为端宽的 0.75~0.8 倍，具稠密的窝状细刻点，表面稍隆起；第 3 节背板及以后背板具不明显的细刻点，向后逐渐光滑；第 3 节背板长为端宽的 0.45~0.5 倍，两侧缘近平行；以后背板显著向后收敛。产卵器鞘约为后足胫节长的 0.7~0.8 倍。产卵器腹瓣端部具背叶，包被背瓣；端部约具 8 条细纵脊。

体由黑、红、白三色组成。触角黑色，柄节端缘、梗节和第 1(或 2~3 鞭节腹侧)鞭节红褐色，鞭节中段第 5(6)~第 8(9)节背侧白色，鞭节端部腹侧稍带褐色。头部，前胸背板，前胸腹板及前足基节、转节，中胸盾片，中胸侧板前部，翅基片黑色。小盾片，后小盾片，中后胸背板，中后胸侧板，中后胸腹板，并胸腹节均为红色。腹部黑色，第 1 节背板端缘带红褐色，第 2 节背板端部约 0.25 和第 7、第 8 节背板端部中央白色。前足背侧褐黑色、腹侧带红色；中后足黑色，基节(端部黑色)、转节背侧端部、腿节基部及腹侧红色；各跗节基缘和端缘带红色。翅烟褐色，翅痣和翅脉褐黑色；翅痣下方具褐色大斑，覆盖小翅室和盘肘室后部、第 2 盘室中后部和第 2 臂室上部。

分布：江西、福建、广东。

观察标本：2♀♀，江西安福，130~140 m，2011-11-17，盛茂领。

59. 角额姬蜂属 *Listrognathus* Tschek, 1871

Listrognathus Tschek, 1871. Verhandlungen der Zoologisch-Botanischen Gesellschaft in Wien, 20(1870):153.
Type-species: (*Listrognathus cornutus* Tschek) = *pubescens* Fonscolombe; monobasic.

主要鉴别特征：额的下部中央具 1 较大的角状突；唇基小，中等至强烈凸起；上颚短，下端齿与上端齿等长或稍短；前沟缘脊长且强壮，上方伸至近中胸盾片前缘处；小盾片强烈隆起；并胸腹节基横脊完整；并胸腹节气门长为宽的 2.5~5 倍；小翅室宽约等于高；第 2 回脉垂直；外小脉在中央稍下方曲折；后小脉约在下部 1/3 处曲折；腹部第 1 节背板具强壮的基侧齿，无背中脊；产卵器鞘约为后足胫节长的 0.6 倍。

该属的种类全世界分布，已知 58 种；我国已知 7 种；江西已知 3 种。

角额姬蜂属江西已知种检索表

1. 颚眼距约等于上颚基部宽；侧单眼间距大于单复眼间距；上颚 2 端齿等长；颜面具细刻点；后足跗节中段白色……………………………………………………**索角额姬蜂 *L.* (*Listrognatha*) *sauteri* Uchida**
颚眼距小于上颚基部宽；侧单眼间距等于单复眼间距，或上颚 2 端齿不等长，或其他特征非完全同上述……………………………………………………………………………………2

2. 侧单眼间距等于单复眼间距；腹部各节背板端部具较宽的黄色横带；颜面眼眶黄白色……………………………………………………………………云南角额姬蜂 ***L.* (*Listrognathus*) *yunnanensis* He & Chen**
侧单眼间距为单复眼间距的 1.2~1.3 倍；腹部中部各节背板全部黑色；颜面眼眶黑色……………………………………………………………朝角额姬蜂中华亚种 ***L.* (*Listrognathus*) *coreensis chinensis* Kamath**

132. 朝角额姬蜂中华亚种 *Listrognathus* (*Listrognathus*) *coreensis chinensis* Kamath, 1968

Listrognathus (*Listrognathus*) *coreensis chinensis* Kamath, 1968. Oriental Insects, 1(1/2) (1967):90.

Listrognathus (*Listrognathus*) *coreensis chinensis* Kamath, 1968. He, Chen, Ma. 1996: Economic Insect Fauna of China, 51:523.

♀ 体长 9.5~10.5 mm。前翅长 8.0~8.5 mm。产卵器鞘长 3.0~4.0 mm。

颜面宽约为长的 1.7 倍，中央微弱隆起，在触角的下方稍纵凹，具稠密且不均匀的粗皱状刻点；上缘中央宽凹，该凹的中央具 1 瘤状突起；侧下角(唇基窝上方)饱满。唇基非常强烈隆起，与颜面相比，具相对较稀且浅的刻点，端缘处下凹，端缘稍向前突呈弧形。上颚强壮，宽短，下缘具明显光滑的突边，具稠密且非常弱的纵皱纹，上端齿稍长于下端齿。口后脊非常强壮，片状突起。颊区粗糙，质地明显有别于其他部分，无刻点；颚眼距约为上颚基部宽的 0.77 倍。上颊具较均匀的细刻点，较宽，向后几乎直地收敛；头顶在侧单眼至复眼之间具细革质状表面和较稀且浅的刻点，侧单眼至后头脊之间具非常稠密的刻点；单眼区具稠密的纵向大刻点；侧单眼间距为单复眼间距的 1.2~1.3 倍。额的下部深凹，凹光滑光亮，中央具 1 强大的尖角状突；上部中央(单眼区下方)具稠密的粗纵皱，上部侧面具细刻点。触角约与体等长，鞭节 32 或 33 节，第 1~第 5 鞭节长度之比依次约为 4.8∶3.8∶3.1∶2.7∶2.0。后头脊完整。

前胸背板前缘及后上角具较密的粗刻点；亚前缘纵脊状隆起，几乎整个背板满布粗壮稠密的皱，纵凹内的皱横向，后上部的皱斜纵向；前沟缘脊非常强壮，上部靠近背缘处弯向中央。中胸盾片具非常稠密的粗刻点，中央具短纵皱；盾纵沟弱，仅前部清晰。盾前沟深，内具短纵皱。小盾片稍隆起，光滑，具非常稀疏的刻点(端部及中央几乎无刻点)。后小盾片横形，前侧角具深凹。中胸侧板具非常稠密的粗刻点，由翅基下脊下方经镜面区前面至后下角具短横皱；胸腹侧脊上方伸达中胸侧板前缘，靠近翅基下脊处较模糊；镜面区小，光滑光亮；中胸侧板凹深横沟状；腹板侧沟发达，前部约 0.6 较深，其余较弱。后胸侧板具非常稠密不清晰的粗刻点，中部具不清晰的粗网皱；基间脊清晰可见。翅带褐色透明，小脉位于基脉内侧，二者之间的距离为小脉长的 1/3~1/2；小翅室五边形(几乎四边形)，稍向前方内敛，第 2 回脉位于它的下外角的稍内侧；外小脉在中央稍下方曲折；后小脉约在下方 1/4 处曲折。足较强壮；前足腿节稍弯曲；后足第 1~第 5 跗节长度之比依次约为 7.9∶3.6∶2.5∶1.2∶2.5。并胸腹节具非常稠密粗大的刻点，中部多多少少呈皱状；端部(端横脊之后)强烈向下倾斜；基横脊完整、强壮；端横脊中段缺或非常弱；气门斜长形，长径约为短径的 2.7 倍，下外缘不紧靠基横脊。

腹部第 1 节背板长约为端宽的 1.4 倍，基部平且光滑，端部(后柄部)非常宽，具稀疏的粗刻点；无背中脊；背侧脊在气门后部不明显。第 2 节背板具非常稠密且粗的刻点，不均匀隆起，长约为端宽的 0.7 倍。第 3 节背板具非常稠密的刻点(但与第 2 节的刻点比，相对稍小)，基部稍宽于端部，长约为端部宽的 0.5 倍。第 4 节背板具非常弱浅而不清晰的刻点；其余背板非常短。产卵器鞘约为后足胫节长的 0.7 倍。产卵器端部扁，明显较长(与该属其他种比)，腹瓣末端约具 8 条非常弱的纵脊，基部 4 条相距较远。

黑色，下列部分除外：触角鞭节第 7~第 11 节背面白色；额眼眶，上颊眼眶前缘，唇基中央，上颚(端齿及下缘黑褐色)基部上半，下颚须第 2 节内侧，前胸背板上缘，小盾片后部中央，翅基下脊，后胸侧板上方部分中央的斑，并胸腹节后部两侧的长方形斑，前中足基节腹(前)侧均为黄色；下颚须，下唇须，前中足基节背侧黑褐色；足红褐色(后足基节、腿节末端、胫节基部和端半部、基跗节及各足末跗节和爪黑色；后足胫节亚基段及第 2~第 4 跗节白色)；翅基片中央，腹部第 5 节背板端缘、第 6~第 7 节黄白色；翅痣和翅脉黑褐色。

变异：后足腿节、唇基等的颜色或色斑有差异。

分布：江西、河南、广东。

观察标本：3♀♀，河南罗山县灵山，1999-05-24，盛茂领。据报道(何俊华等，1996)，江西有分布，但本书作者在江西的考察中没能采集到该种的标本，这里的种形态描述源自河南采集的标本。

133. 索角额姬蜂 *Listrognathus (Listrognatha) sauteri* Uchida, 1932

Listrognathus sauteri Uchida, 1932. Journal of the Faculty of Agriculture, Hokkaido University, 33:183.
Listrognathus sauteri Uchida, 1932. He, Chen, Ma. 1996: Economic Insect Fauna of China, 51: 526.

分布：江西、江苏、浙江、湖北、河北、四川、台湾。

134. 云南角额姬蜂 *Listrognathus (Listrognatha) yunnanensis* He & Chen, 2006 (江西新记录)

Listrognathus (*Listrognathus*) *yunnanensis* He & Chen, 1996. Economic Insect Fauna of China, p.527.

♀ 体长 12.0~16.5 mm。前翅长 10.5~12.0 mm。产卵器鞘长 4.5~5.5 mm。

颜面具不均匀的刻点，两侧较稀，上部具横短皱状刻点。唇基强烈隆起，光亮，具稀疏的刻点。上颚短粗，具粗刻点；两端齿同形。颊区具不均匀且细浅的刻点，颚眼距为上颚基部宽的 0.6~0.7 倍。上颊强烈向后收敛，具稠密且清晰的刻点。头顶较短，单眼区与复眼之间的刻点非常稀且细，与后头脊之间的刻点非常稠密；侧单眼间距约等于单复眼间距。额光滑光亮，向中央凹陷，下部中央具 1 较大的角状突；中单眼前方两侧具细斜纵皱。触角鞭节 34~37 节。后头脊完整，下端内弯，与强烈突出的口后脊相接大于直角。

前胸背板前缘具细刻点，侧凹内具稠密的横皱，横皱抵达后缘，后上部具稠密的粗刻点；前沟缘脊强壮，几乎伸抵前胸背板背缘，该脊的背端沿前胸背板背缘内弯。中胸盾片具稠密的粗刻点，盾纵沟可见。小盾片稍隆起，具稀疏且非常细的刻点。后小盾片光滑光亮无刻点。中胸侧板具稠密的刻点；镜面区具稀且粗的刻点；镜面区的前面至翅基下脊的下方及中胸侧板凹的下方具稠密的斜皱；腹板侧沟深，长约为中胸侧板的 2/3。后胸侧板具稠密的粗刻点和不规则的短皱。翅稍带褐色透明，小脉位于基脉的内侧；小翅室约呈四边形，两肘间横脉几乎平行，第 2 回脉在它的中央外侧与之相接；外小脉在中央下方曲折；后小脉约在下方2/5处曲折。足较细长，后足第1~第5跗节长度之比依次约为35∶13∶11∶4∶11。并胸腹节具稠密的粗刻点和短皱；基横脊发达，中央稍向前弯；端横脊较弱，在侧突处强壮，中段不明显。气门斜缝状。

腹部第1节背板柄部背面平，光滑光亮，后柄部具不均匀的刻点；基部具强侧齿；无背中脊，背侧脊中段较弱，腹侧脊完整；气门非常小，圆形。第2节以后背板具非常稠密的刻点(各节端缘的刻点较稀且弱)，但向后逐渐变弱；第2节背板基部两侧具横条形窗疤。产卵器鞘长为后足胫节长的0.6~0.7倍。

体黑色。触角鞭节第6~第12节白色；唇基(周缘除外)，上唇，上颚基部(边缘黑色)，下唇须，下颚须，额眼眶，颜面眼眶(下部较宽)，颊区，前中足基节(基部黑色)、转节，前胸背板上缘的横斑，翅基片，小盾片，后小盾片，中胸侧板的大斑，翅基下脊，后胸背板侧面的大斑，并胸腹节侧面的大纵斑，后足基节内侧的大斑以及腹部各节背板端缘(第2节端缘的狭边黑色)的横带均为黄色；足红褐色(后足基节、转节、腿节端部、胫节两端、基跗节基部黑色除外)；翅痣深褐色；翅脉黑褐色。

分布：江西、河南、云南。

观察标本：2♀♀，江西庐山，1100 m，2008-07-14，丁冬荪；1♀，江西宜丰官山，408 m，2011-04-16，盛茂领；1♀，河南内乡宝天曼，1000 m，1998-07-15，盛茂领；1♀，河南西峡老界岭，1350 m，1998-07-17，孙淑萍；1♀，河南嵩县白云山，1500 m，1999-05-20，盛茂领；1♀，河南罗山县灵山，400~500 m，1999-05-24，盛茂领。

60. 佩姬蜂属 *Perjiva* Jonathan & Gupta, 1973

Perjiva Jonathan & Gupta, 1973. Oriental Insects Monograph, 3:141. Type-species: *Perjiva namkumense* Jonathan & Gupta; original designation.

唇基端缘中部平截部分较宽，亚端部具1小中齿，侧面稍膨大。前沟缘脊强壮，伸达前胸背板上缘，然后转向内侧。胸腹侧脊背端伸达中胸侧板高的0.5~0.6处。并胸腹节具基横脊，端横脊弱或消失。前翅肘间横脉平行或几乎平行；小脉位于基脉内侧；后小脉在中央下方曲折。腹部第1节背板长约为端宽的1.6倍，气门位于该节中部或中部稍后方，背中脊弱，背侧脊强壮。产卵器强烈侧扁，腹瓣端部具清晰的脊。

全世界已知6种。此前我国已知2种：湖南佩姬蜂 *P. hunanensis* He & Chen, 1992，分布于湖南；梅峰佩姬蜂 *P. meifensis* Chao, 1980，分布于福建；这里介绍江西分布的1新记录种。

135. 喀佩姬蜂 *Perjiva kamathi* Jonathan & Gupta, 1973 (图版 XII：图 88) (中国新记录)

Perjiva kamathi Jonathan & Gupta, 1973. Oriental Insects Monograph, 3:144.

♀ 体长约11.5 mm。前翅长约9.0 mm。触角长约8.0 mm。产卵器鞘长约3.5 mm。

颜面宽约为长的1.6倍，具稠密的刻点；中央稍隆起。唇基明显隆起，基部具较颜面稀疏的细刻点；端部相对光滑，亚端缘两侧稍凹；端缘稍凹，中段平直。上唇明显半月形外露，具稠密的缘毛。上颚强壮，基部具细纵皱；上端齿约与下端齿等长(上端齿稍长)。颊区稍凹，具细粒状表面；颚眼距约等于上颚基部宽。上颊较光滑，具稠密的浅细刻点，中部稍隆起，向后上部显著收敛。头顶后部具弱细皱和稠密的细刻点，侧单眼外侧具细革质状表面和稀疏不明显的细刻点；单眼区稍隆起，具细弱皱和细刻点；侧单眼间距约为单复眼间距的 0.7 倍。额的上部具细革质状表面，中部粗糙，侧面具细刻点；下半部深凹，凹内具弱细的横线纹。触角粗壮，明显短于体长，鞭节 25 节；第 1~第 5 鞭节长度之比依次约为 4.8∶5.0∶4.6∶2.5∶2.0。后头脊完整。

前胸背板前部光滑，具不明显的弱细刻点；侧凹下部和后部具稠密的粗纵皱，侧凹上部具稠密的短横皱；颈部呈强烈的宽边缘状；后上部具稠密模糊的斜细皱；前沟缘脊明显。中胸盾片均匀隆起，具非常稠密的浅细刻点，中叶和侧叶两侧具稠密的细横纹；后部中央具稠密的粗网皱；盾纵沟显著，逐渐向后收敛，伸达中胸盾片端部。盾前沟内具稠密的细纵皱。小盾片明显隆起，具不明显的细浅刻点，侧脊细弱但完整。后小盾片稍隆起，横形，光滑光亮。中胸侧板呈稠密模糊的细皱状；胸腹侧脊伸达翅基下脊；镜面区稍隆起，具稠密的浅细刻点；中胸侧板凹坑状；腹板侧沟显著，后半部稍弧形弯曲、伸达中足基节。中胸腹板具非常稠密的细刻点。后胸侧板上部具稠密的斜纵皱，后部具横皱。翅稍带褐色，透明；小脉位于基脉内侧，二者之间的距离约为小脉长的 0.3 倍；小翅室五边形，第 2 回脉在它的中央稍外侧与之相接；肘间横脉几乎平行，第 2 肘间横脉明显短于第 1 肘间横脉；外小脉稍内斜，约在上方 0.3 处曲折；后小脉约在下方 0.3 处曲折，下段稍外斜。中后足基节背侧中央在端半部显著纵凹；前足胫节向端部棒状膨大，基部细柄状；后足第 1~第 5 跗节长度之比依次约为 8.0∶3.3∶2.1∶1.0∶3.2。爪强壮。并胸腹节较强隆起，表面具稠密不规则的中等强度的皱纹；基横脊完整，中部稍向前弯曲，与并胸腹节基缘之间具弱但清晰的中纵脊，端横脊侧面存在，中央间断；外侧脊基部可见；侧突低矮、扁平；气门卵圆形，约位于基部 0.2 处。

腹部第 1 节背板中部较强隆起，长约为端宽的 1.4 倍；背表面细革质状，仅后部具稠密的细刻点；侧方呈稠密的粗皱状；背中脊约伸达端部 0.2 处，背侧脊完整，但在气门附近不清晰；气门圆形，隆起，约位于第 1 节背板中央稍后方。第 2 节及以后背板具稠密的细刻点，越向后刻点越细弱；第 2 节背板长约为端宽的 0.9 倍；第 3 节背板长约为端宽的 0.5 倍，两侧缘约平行；第 4 节以后背板显著向后收敛，第 4~第 6 节背板横形，第 7、第 8 节背板相对较长、光滑。产卵器鞘短，约为后足胫节长的 0.8 倍。产卵器腹瓣端部具背叶，包被背瓣；端部约具 6 条纵脊，近基部的 2 条距离较远。

体黑色，下列部分除外：触角鞭节中段(第 5~第 10 节)背侧白色，端部及端半部腹侧带红褐色；上唇，上颚(亚端部红褐色，端齿黑色)，前胸背板前上部及颈前部，小盾片，后小盾片，翅基片，翅基下脊，前足基节(基缘黑色)、转节(背侧带红褐色)黄色；腹部第 1、第 2 节背板端部、第 7 节背板背面端部、第 8 节背板端缘白色至乳白色；中胸侧板后下角，后胸背板，后胸侧板，并胸腹节，各足均为红色；中足基节外侧带黄色斑，各足胫节端部外侧、跗节外侧或多或少带黑褐色，末跗节及爪尖黑褐色；下唇须，下颚须暗褐色；翅痣和翅脉褐黑色；小翅室及其前下部具黑褐色大斑，外缘稍带褐色。

分布：江西；印度。

观察标本：1♀，江西吉安双江林场，174 m，2009-04-16，集虫网。

61. 邻驼姬蜂属 *Skeatia* Cameron, 1901 (江西新记录)

Skeatia Cameron, 1901. Proceedings of the Zoological Society of London, 1901(2):39. Type-species: (*Skeatia nigrispina* Cameron) = *brookeana* Cameron, 1897; designated by Viereck, 1914.

主要鉴别特征：唇基端缘不平截，亚端部无齿；腹部第1节背板长为端宽的2倍或大于端宽的2倍，后柄部气门之间的宽等于或小于气门至后缘之间的距离；气门明显位于中部之后；产卵器端部通常长且尖；并胸腹节侧突非常长且尖，很少呈脊突状。

全世界已知24种；我国已知2种；此前江西无记载，这里介绍1新种。

邻驼姬蜂属中国已知种检索表

1. 并胸腹节黑色，端部侧面具黄斑；颜面黄色；侧单眼间距约等于单复眼间距；颚眼距约为上颚基部宽的1.16倍；后胸侧板具网状皱………………………… **迈索尔邻驼姬蜂 *S. mysorensis* Jonathan & Gupta**
   并胸腹节红色；颜面黑色；侧单眼间距明显小于单复眼间距，或颚眼距小于上颚基部宽；后胸侧板具斜纵皱……………………………………………………………………………………………………2
2. 中胸盾片光滑，无明显的刻点；前胸背板前缘的纵带浅黄色；后足基节具宽且长的黑色斑；后足跗节第2、第3节暗褐色……………………………………………………… **棕邻驼姬蜂 *S. fuscinervis* (Cameron)**
   中胸盾片均匀隆起，具细革质状表面和稀疏的刻点；前胸背板完全黑色；后足基节深红色，仅端部或多或少带黑色；后足跗节第2、第3节黄色……………………………………………………………………
   ………………………………………………………………… **唇邻驼姬蜂，新种 *S. clypeata* Sheng & Sun, sp.n.**

136. 唇邻驼姬蜂，新种 *Skeatia clypeata* Sheng & Sun, sp.n. (图版 XII：图 89)

♀ 体长 8.5~9.5 mm。前翅长 6.0~6.5 mm。触角长 8.0~8.5 mm。产卵器鞘长 3.0~3.5 mm。

颜面宽为长的1.6~1.7倍；中央具稠密的细横皱，侧方具较中部细弱的斜纵皱；中央稍隆起；上缘中央光亮，稍凹。唇基明显隆起，光滑，具稀疏弱浅的细刻点；亚端缘较薄；端缘稍凹，无齿。上颚强壮，基部具稠密的细纵皱；端齿钝圆，上端齿稍长于下端齿。颊区稍凹，具细粒状表面；颚眼距为上颚基部宽的0.77~0.8倍。上颊具细革质状表面和不明显的浅细刻点，后部具弱的细纹；侧观约为复眼横径的0.3倍；显著向后收敛。头顶具细革质状表面，后部中央较平；单眼区稍抬高，具细皱；侧单眼间距为单复眼间距的0.65~0.7倍。额下半部稍凹，凹内具稠密的细横皱，具1细中纵脊；上半部中央具稠密的斜细纵皱，两侧呈细革质状。触角粗壮，稍短于体长，鞭节25节；第1~第5鞭节长度之比依次约为4.9∶4.5∶4.0∶2.5∶2.0。后头脊完整强壮。

前胸背板前缘光滑；侧凹下部及背板后部具稠密的细纵皱；后上部中央皱较弱；前沟缘脊强壮，伸达背板上缘。中胸盾片均匀隆起，具细革质状表面和稀疏不明显的浅细刻点；后部中央具稠密的粗皱；盾纵沟发达，几乎伸达中胸盾片端部。盾前沟内具稠密的细纵皱。小盾片明显隆起，稍长，光滑光亮，具不明显的细刻点。后小盾片较平，光滑光亮。中胸侧板呈稠密均匀的斜纵皱；胸腹侧脊明显，约达中胸侧板高的2/3处；镜面区稍隆起，光滑光亮，具极不明显的浅细刻点；中胸侧板凹坑状；腹板侧沟显著，约在中部弧形弯向中足基节基部。中胸腹板较光滑，具细革质状表面，中纵沟显著、内具细横皱；后横脊在中足基节前方缺。后胸侧板具稠密但较中胸侧板稍粗且稍不均匀的纵皱，基间脊完整。后胸背板基部两侧各具 1 小突起，并在并胸腹节基部相对应处也有 1 小的突起。翅稍带褐色透明；小脉位于基脉内侧，二者之间的距离约为小脉长的 0.3 倍；小翅室五边形，上方稍收敛，宽约为高的 1.2 倍，第 2 肘间横脉稍弱；第 2 回脉在它的下方中央稍外侧与之相接；外小脉稍内斜，约在上方 0.4 处曲折；后小脉约在下方 0.25 处曲折。足基节短锥形膨大，外侧具稠密的浅细刻点；前足胫节向端部棒状膨大，基部细柄状；后足第 1~第 5 跗节长度之比依次约为 8.7∶3.3∶1.8∶0.6∶2.7；第 4 跗节背方深凹陷。爪强壮，简单。并胸腹节在端部显著倾斜，基缘较光滑；中纵脊、外侧脊仅在基部显著，侧纵脊仅基缘可见；基横脊完整；基区亚三角形，光滑，下方显著收敛；第 1 侧区具稠密的斜细纵皱，第 1 外侧区(不完整)较光滑；两横脊之间具稠密的粗网状纵皱；基横脊中央稍前突；分脊约在基部 0.3 处横向伸出，外侧连接外侧脊基部；端横脊较基横脊稍细弱，中央显著前突(前缘直线形)，远较基横脊突出部分深且宽大；端横脊之后为粗糙的横皱(中部前突部分为纵皱)；侧突长而突出、端部钝圆；气门卵圆形，约位于基部 0.2 处。

腹部第 1 节背板在中后部稍隆起，长为端宽的 2.7~2.8 倍；背表面光滑、仅亚端部中央具弱皱，侧方具弱皱；背中脊显著、约达端部 0.2 处，背侧脊完整；气门圆形，突出，约位于端部 0.3 处。第 2 节及以后背板具稠密的细皱刻点，越向后刻点越发细弱；第 2 节背板长为端宽的 1.0~1.1 倍；第 3 节背板长为端宽的 0.6~0.7 倍，两侧缘近平行；以后背板均匀渐短，逐渐向后收敛。产卵器鞘短，为后足胫节长的 0.8~0.85 倍。产卵器腹瓣端部具背叶，包被背瓣；端部具 5 或 6 条非常细的纵脊。

体黑色，下列部分除外：触角鞭节中段第(4)5~第 8(9)节背侧白色，端部腹侧稍带红褐色；下唇须，下颚须乳白色；头部，前胸侧板，前胸背板，中胸盾片及盾前沟，中胸侧板和腹板前部，翅基片(有的个体端外侧稍带暗红褐色)均为黑色。中后胸背板腋下槽，后小盾片，中胸侧板和腹板后部，后胸侧板，并胸腹节均为暗红色。小盾片红黄色。足深红色，前足基节端部、转节腹侧稍带黄色；后足基节端部(或多或少)、转节、腿节端半部、胫节和跗节褐黑色，胫节亚基部，第 2、第 3 跗节黄色。腹部黑色，第 1 节背板端部黄褐或红褐色，第 2 节背板端部和第 7、第 8 节背板(除基部和两侧)均为黄色。翅烟褐色，翅痣褐色，翅脉褐黑色。

正模 ♀，江西九连山，580~680 m，2011-04-12~14，盛茂领、孙淑萍。副模：3♀♀，记录同正模；1♀，江西官山东河，430 m，2009-04-11，集虫网。

词源：新种名源于光滑的唇基。

该新种与棕邻驼姬蜂 *S. fuscinervis* (Cameron, 1902)相似，可通过下列特征区别：中胸盾片均匀隆起，具细革质状表面和稀疏的刻点；前胸背板完全黑色；后足基节深红色，仅端部或多或少带黑色；后足跗节第 2、第 3 节黄色。棕邻驼姬蜂：中胸盾片光滑，无明显的刻点；前胸背板前缘的纵带浅黄色；后足基节具宽且长的黑色斑；后足跗节第 2、第 3 节暗褐色。

(七) 横沟姬蜂亚族 Ischnina

前翅长 3.2~18.0 mm。上颚下端齿通常稍短于上端齿，或等长，有时长于上端齿。后头脊下端在上颚基部上方与口后脊相接。额无角状突或脊。前沟缘脊通常存在且长，有时短或不明显或消失。腹板侧沟通常伸达中胸侧板后缘，后半部弯曲。中胸侧板凹横沟状，与中胸侧缝相接。中胸腹板后横脊不完整，中段缺或短且弱或阔“V”形。后胸背板后缘亚侧面通常具小圆形突。并胸腹节气门圆形或长形，通常长形。小翅室中等大至大型，个别属的种类较小，肘间横脉向前方收敛，有时平行。后小脉在中部或中部下方曲折；具后臂脉。雌性跗节第 4 节端部双叶状。腹部第 1 节背板气门几乎都位于中部之后。产卵器鞘为后足胫节长的 0.4~2.0 倍，一些种类更长。产卵器端部通常具背结，腹瓣端部具斜或垂直的脊，少数属的种类具背叶。

该亚族含 29 属；我国已知 8 属；江西已知 3 属。

横沟姬蜂亚族江西已知属检索表

1. 腹部第 1 节背板具基侧齿；颜面具 1 强壮的中瘤；小翅室高约 0.5 倍于第 2 回脉长，两肘间横脉约平行······**瘤脸姬蜂属 *Etha* Cameron**
   腹部第 1 节背板无基侧齿；颜面无明显的瘤；两肘间横脉向前方收敛······2
2. 唇基端缘具 1 中齿或钝角；后翅后中脉直或几乎直······**尼姬蜂属 *Nippocryptus* Uchida**
   唇基端缘无 1 中齿或钝角；后翅后中脉端部约 0.6 弱至强的拱形······**甜沟姬蜂属 *Hedycryptus* Cameron**

62. 瘤脸姬蜂属 *Etha* Cameron, 1903 (江西新记录)

Etha Cameron, 1903. Memoirs and Proceedings of the Manchester Literary and Philosophical Society, 47:17.
Type-species: *Etha striatifrons* Cameron; designated by Viereck, 1914.

主要鉴别特征：颜面中央具 1 瘤凸。唇基宽约为长的 1.65 倍，强烈隆起，端部 0.3 平且向下倾斜；端缘稍前隆，无中齿；上颚下端齿稍短于上端齿；雌性触角鞭节端部约 0.3 稍加粗，下面有点平；盾纵沟伸达中胸盾片中部之后；后足基节前侧基部具短沟；并胸腹节气门长径约为短径的 2.2 倍；腹部第 1 节背板具基侧齿；无纵脊；产卵器鞘长约为后足胫节长的 0.7 倍。

全世界已知 11 种；我国已知 3 种；江西已知 1 种。

137. 侧瘤脸姬蜂，新种 *Etha lateralis* Sheng & Sun, sp.n. (图版 XII：图 90)

♀ 体长 11.5~13.5 mm。前翅长 9.5~10.5 mm。触角长 10.5~13.0 mm。产卵器鞘长 4.5~5.0 mm。

颜面宽为长的 1.37~1.38 倍，具稠密的细纵皱，仅侧缘呈细革质粒状表面；亚中央稍纵凹；中部中央瘤状突起。唇基明显隆起，具稠密的细刻点和较长的绒毛；端部中央略凹，端缘中央几乎平直。上颚基部具细纵皱；上端齿稍长于下端齿。颊区具细革质粒状表面；颚眼距为上颚基部宽的 0.65~0.68 倍。上颊具清晰稠密的细刻点，均匀且明显向后收敛；侧观为复眼横径的0.29~0.32倍。头顶具清晰稠密的细刻点；单眼区稍隆起，中单眼两侧具斜细皱；单眼区中央具弱浅的中纵沟；侧单眼间距约为单复眼间距的0.7倍。额在触角窝上方稍凹，凹内及两触角窝之间光滑；下部中央具向上向外分散的斜纵皱；额上部自中单眼向下外方具分散的斜纵皱；两侧具细革质状表面和不明显的细刻点；具1弱细的中纵脊。触角丝状；柄节短且圆形膨大；鞭节31或32节，第1~第5鞭节长度之比依次约为2.4∶2.0∶1.8∶1.3∶0.9。后头脊完整，背方中央稍下凹。

前胸背板前部具斜细横皱；侧凹下部具稠密的细网皱、上部具短横皱；后上部具稠密的细纵皱；前沟缘脊明显，伸达背板上缘。中胸盾片均匀隆起，具稠密的细刻点和弱细纵皱；中叶前部稍突出；盾纵沟明显，约伸达中胸盾片后部0.3处。盾前沟具短细纵皱。小盾片均匀隆起，具较中胸盾片稍稀疏的刻点；侧脊约伸达端部0.25处。后小盾片横隆起，光滑。中胸侧板呈稠密模糊的细皱表面，翅基下脊下方具稠密的细横皱，镜面区位置及后下部具稠密的斜细纵皱；胸腹侧脊伸达翅基下脊下方的横皱处；中胸侧板凹沟状；腹板侧沟后部约0.4弯向中足基节且较弱。后胸侧板具非常稠密的斜细纵皱，基间脊不明显；后胸侧板下缘脊完整，前部片状突出。翅无色透明；小脉与基脉相对；小翅室五边形，高约为宽的0.7倍，向前方微收敛，第2回脉在它的下方中央稍外侧与之相接；外小脉约在下方0.3处曲折；后小脉约在上方0.4处曲折。足较长，后足基节前面有1条发自关节下缘的水平短沟；后足第1~第5跗节长度之比依次约为6.3∶2.9∶1.7∶1.0∶1.2。爪小而尖长。并胸腹节前部均匀隆起，后部稍倾斜；具稠密的细网状横皱；基横脊中央前突，中段较两侧细弱；端横脊中央显著前突，中段不明显；外侧脊细弱完整，无其他纵脊；具扁三角形侧突；气门椭圆形，位于基部0.25~0.3处。

腹部第1节背板细柄状，长为端宽的2.6~2.8倍，向端部渐变宽，基部两侧具基侧齿；几乎光滑，具不均匀的细刻点；气门小，圆形，约位于该背板后部0.4处。第2节及以后背板具稠密的浅细刻点；第2节背板梯形，刻点稍粗而清晰，长为端宽的0.9~1.0倍，亚基部两侧具窗疤。第3节背板两侧近平行，长为端宽的0.5~0.6倍。第4节及以后背板横形，向后显著收敛。第7节背板后部中央具软化(几丁质化较弱)区。产卵器鞘长为后足胫节长的0.95~1.07倍；产卵器端部长且尖细，腹瓣亚端部具4或5条细弱的纵脊。

体黑色，下列部分除外：触角鞭节中段(4)5~9(10)节背侧白色，端部腹侧带红褐色；触角柄节腹侧，颜面眼眶(中央向内凸延)，颊(前下部黑色)，上颊前部，额眼眶，唇基(端缘黑色)，前胸背板上缘前部和后角的横条斑(有时不相连)，小盾片亚端部中央，翅基下脊乳白色或乳黄色；上颚(端齿黑褐色，有时基部中央乳白色)，上唇，下颚须和下唇须(有时乳黄色)，并胸腹节端部中央(长而粗壮)和亚中央(细而短，有时不显)的纵斑，足均为红褐色。前中足基节、转节腹侧乳黄色，背侧基部具黑斑；后足基节背侧及腹侧基部、转节背侧黑色，腿节背侧或仅端缘、胫节基部和端缘，基跗节基半部和末跗节带黑褐色，跗节第1节端半部至第4跗节乳白色；腹部第1节背板基部红褐色，第1~第3(4)节背板端缘的狭边带黄色，第7节背板后部中央的软化区及第4~第7节背板侧后部浅黄色。翅基片内侧乳黄色，后外侧暗红褐色；翅脉黑褐色，翅痣暗红褐色。

正模 ♀，江西官山，408 m，2011-04-16，盛茂领，孙淑萍。副模：1♀，记录同正模。

词源：新种名源于腹部背板具黄色侧面。

该新种与黄眶瘤脸姬蜂 *E. flaviorbita* Jonathan, 2000 近似，可通过下列特征区别：额的上方和下方具方向相反的斜纵皱；上颊具稠密且清晰的刻点；镜面区具斜纵皱；小盾片侧脊黑色；腹部各节背板黑色，仅前部各节背板后缘的狭边或多或少带黄色，后部侧缘具浅黄色斑。黄眶瘤脸姬蜂：额的侧面具强壮的横皱；上颊光亮，刻点不明显；镜面区具刻点；小盾片侧脊及腹部各节背板后缘的横带黄色。

63. 甜沟姬蜂属 *Hedycryptus* Cameron, 1903

Hedycryptus Cameron, 1903. Zeitschrift für Systematische Hymenopterologie und Dipterologie, 3:298. Type-species: (*Hedycryptus filicornis* Cameron, 1903) = *orientalis* Cameron; monobasic.

主要鉴别特征：上颚上端齿长于下端齿；盾纵沟伸达中胸盾片中央之后；并胸腹节气门长形，端横脊中段较弱；具侧突；小翅室的高大于宽；肘间横脉向前方收敛；第 2 回脉稍弯曲，但不扭曲；小脉与基脉相对或位于基脉的稍前方；产卵器直或几乎直。

该属仅知 8 种；我国已知 4 种；江西已知 1 种。

138. 细甜沟姬蜂 *Hedycryptus tenniabdominalis* (Uchida, 1930)

Cryptus tenuiabdominalis Uchida, 1930. Journal of the Faculty of Agriculture, Hokkaido University, 25:307.
Cryptus tenuiabdominalis Uchida, 1940. Insecta Matsumurana, 14:118.

♀ 体长 14.0~15.0 mm。前翅长 10.5~11.0 mm。产卵器鞘长 5.5~6.0 mm。

颜面宽为长的 1.3~1.4 倍，具稠密的细刻点，上部的刻点非常不清晰；中央隆起；触角窝的侧下方凹陷；上缘中央下凹，具 1 小瘤突。唇基中央明显隆起，基半部刻点较端半部稠密；亚端部中央稍凹；端缘稍呈弧形。上颚基部具细密的刻点；上端齿长于下端齿。颊区呈细粒状表面；颚眼距约为上颚基部宽的 0.9 倍。上颊较宽，具稠密的(上部的较弱)刻点；向后稍微收敛。头顶较短，侧单眼后非常陡地下斜；具非常弱浅的细刻点。单眼区稍隆起；侧单眼间距约为单复眼间距的 1.1 倍。额在触角窝上方深凹陷，凹陷内粗糙，具不均匀且不清晰的皱；两侧相对光滑，具细浅的刻点。触角细丝状，稍短于体长，鞭节 39 节，第 1~第 5 鞭节长度之比依次约为 22∶13∶10∶7∶6。后头脊完整。

前胸背板前部具细刻点；侧凹内具横皱；后部具细密的刻点，后缘具短皱；前沟缘脊强壮。中胸盾片均匀隆起，后缘与小盾片连接处稍凹(凹陷处具纵皱)，具非常稠密且细的刻点；盾纵沟深而明显，约伸达中胸盾片后部 2/3 处。小盾片强烈隆起，具稠密的细刻点。后小盾片横形隆起，具细刻点。中胸侧板粗糙，中央具模糊不清的皱；近中胸侧缝处具 1 条非常弱且模糊的斜纹带，纹带内具短横皱；胸腹侧脊几乎伸达翅基下脊；无镜面区；腹板侧沟清晰，后部 0.3 较弱。后胸侧板具模糊的粗皱纹；基间脊清晰可见。翅带褐色透明；小脉位于基脉的稍内侧；小翅室五边形，第 2 回脉约在它的中央稍内侧与之相接；外小脉在中央稍下方曲折；后小脉几乎垂直，在下方 1/5~1/4 处曲折。足细长；胫节及跗节外侧具短棘刺；后足第 1~第 5 跗节长度之比依次约为

50∶24∶15∶6∶13。并胸腹节基横脊和端横脊完整；中纵脊基段存在；基区及第 1 侧区具模糊的粗皱；第 2 侧区具较粗的斜纵皱；并胸腹节侧突明显；后部密布粗网皱(与基部比，皱纹较粗、刻点较大)；气门斜长形。

第 1 节背板长约为端宽的 2.7 倍，稍呈细革质状表面；无背中脊，背侧脊仅基端多多少少可见；气门非常小，圆形。第 2、第 3 节背板具非常细密的刻点；第 2 节背板长约为端宽的 1.1 倍，基部两侧具窗疤。第 3 节背板横形，长约为基部宽的 0.7 倍。产卵器腹瓣末端具等距的纵脊。

体黑色。触角鞭节第 3~第 7 节背侧黄白色；内眼眶，外眼眶，前胸背板基缘黄色；下唇须，下颚须，足暗红褐色(基节及转节黑色)；腹部第 1~第 5 节背板端缘多多少少红褐色，第 6~第 7 节背板端部中央黄白色；翅基片、翅脉、翅痣褐黑色。

寄主：白斑黄枝尺蛾 *Parectropis extersaria* (Hübner)。

江西有该种的分布记录(Uchida，1940b；赵修复，1976)，但目前我们没有在江西采集到该种的标本。本次描述依据的标本是采自河南的标本：1♀，内乡宝天曼，1350 m, 1998-07-11，盛茂领；1♀，西峡老界岭，1550 m, 1998-07-17，盛茂领；1♀，西峡老界岭，1350 m, 1998-07-17，孙淑萍；1♀，罗山县灵山，1999-05-24，盛茂领。

分布：江西、河南、辽宁；日本。

64. 尼姬蜂属 *Nippocryptus* Uchida, 1936 (中国新记录)

Nippocryptus Uchida, 1936. Insecta Matsumurana, 11:3. Type-species: *Hemiteles suzukii* Matsumura (*vittatorius* Jurine); original designation.

唇基小，宽约为长的 2.2 倍，适当隆起，端部 1/3 平或稍凹，端缘具 1 中齿或叶状或钝角。颚眼距为上颚基部宽的 0.5~1.1 倍。上颚两端齿等长，或下端齿稍短。中胸盾片具稠密的刻点；盾纵沟明显，伸至中胸盾片中部之后。并胸腹节气门近圆形至长为宽的 2.0 倍；后足基节基部具短且浅的斜沟。腹部第 1 节背板无基齿；气门约位于后部 0.42 处。产卵器鞘为后足胫节长的 0.8~1.5 倍。产卵器稍侧扁。

全世界已知 7 种。迄今为止，我国尚无报道；这里介绍江西发现的该属 1 新种。

寄主：据记载(Yu et al., 2005)，寄主主要为鳞翅目害虫：美国白蛾 *Hyphantria cunea* (Drury)、亚洲桑蓑蛾 *Canephora asiatica* Staudinger、茶蓑蛾 *Cryptothelea minuscula* Butler、大袋蛾 *C. variegate* Ellen、苹果蠹蛾 *Cydia pomonella* (L.)、落叶松毛虫 *Dendrolimus sibiricus* Tschetverikov、梨小食心虫 *Grapholitha molesta* Busck、黄举肢蛾 *Stathmopoda flavofasciata* (Nagano)；也有叶蜂类：云杉吉松叶蜂 *Gilpinia polytoma* Hartig、日本杨毛怪叶蜂 *Trichiocampus populi* Okamoto。

139. 吉安尼姬蜂，新种 *Nippocryptus jianicus* Sheng & Sun, sp.n. (图版 XIII：图 91)

♀ 体长约 7.5 mm。前翅长约 6.0 mm。触角长约 6.5 mm。产卵器鞘长约 2.5 mm。

颜面宽约为长的 1.3 倍，具粗糙的表面和不清晰的细刻点，侧缘稍光滑；中央稍隆起，亚侧面在触角窝的下方稍纵凹；上部中央具 1 小瘤突。唇基沟清晰。唇基明显隆起，宽约为长的 2.2 倍；基部具稠密的细刻点；端部光滑光亮无刻点；亚端部凹，亚端缘具 1 细横沟状凹；端缘中央具 1 清晰的小齿状突。上唇新月形外露。上颚较小，基部具细刻点，中部具非常弱且短的纵纹；端齿较强壮且尖锐，2 端齿约等长。颊具细革质粒状表面；颚眼距约为上颚基部宽的 0.8 倍。上颊中部稍隆起，较光滑，具较稠密且细而不明显的刻点。头顶具不清晰的细粒状表面和不清晰的细刻点；侧单眼间距约等于单复眼间距；单眼区稍抬高，具 1 细中纵沟。额的上半部较平，具绒毡状粗糙面；下部在触角窝上方凹，光滑光亮；中央具 1 弱浅的纵沟。触角较强壮，鞭节 19 节，第 1~第 5 鞭节长度之比依次约为 3.0∶3.0∶2.9∶2.4∶1.9，倒数第 2 节最短，其长约为横径的 1.7 倍。后头脊完整。

前胸背板前缘具细纵皱；侧凹内具稠密的弱细斜横皱；后部具稠密的细纵皱，上部为斜细皱夹不明显的细刻点；前沟缘脊明显。中胸盾片均匀隆起，具非常稠密的细刻点；后部中央具稠密的细网皱状区；盾纵沟前部非常深，端部伸至中胸盾片中部之后。盾前沟非常深，较光滑，内具弱短的纵皱。小盾片均匀隆起，具不明显的细刻点。后小盾片横向，具弱细刻点，前部横凹。中胸侧板稍粗糙，具细的斜纵纹状颗粒表面；胸腹侧脊细伸达翅基下脊；具小而光亮的镜面区；腹板侧沟清晰且深，约伸达后部 0.2 处。后胸侧板具稠密的斜细纵皱(粗糙的粒状)；后胸侧板下缘脊完整。翅带褐色，透明；小脉位于基脉稍内侧；小翅室五边形，第 2 回脉在它的下方中央稍外侧与之相接；第 2 肘间横脉稍长于第 1 肘间横脉，两脉向前方逐渐收敛；外小脉稍内斜，约在中央曲折；后小脉约在中央曲折，下段稍外斜。前足腿节稍侧扁，胫节明显棒状膨大、基部显著缢缩呈细柄状且稍侧扁；后足第 1~第 5 跗节长度之比依次约为 6.0∶2.8∶1.7∶0.7∶1.6。爪小。并胸腹节基部中央短横凹；侧纵脊仅端部明显；基区近三角形，后方强烈收敛；中区六边形，后边长约为前边长的 1.54 倍，高约为分脊处宽的 1.25 倍；分脊在其中央前方伸出；基横脊中部强烈角状向前弯曲，呈角状凹刻；基区具弱的细皱点；第 1 侧区和外侧区具稠密的细皱刻点；中部区域具稠密模糊的细皱；端部区域具稠密的细纵皱；气门小，圆形，约位于基部 0.2 处，靠近外侧脊。

腹部第 1 节背板长约为端宽的 2.3 倍，向基部显著收敛；具细革质粒状表面，后部中央具弱的横纹，端部光滑；背表面在中部显著隆起，背中脊明显、约达端部 0.25 处；背侧脊非常细弱，腹侧脊完整；气门非常小，圆形，约位于第 1 节背板中央稍后。第 2、第 3 节背板除端缘光滑外呈稠密的细皱表面；第 2 节背板长梯形，长约等于端宽；第 3 节背板两侧约平行，长约为宽的 0.7 倍。第 4 节及以后背板均匀渐短，均匀向后收敛，表面具不明显的细刻点。产卵器鞘约与后足胫节等长。产卵器腹瓣端部具 8 条清晰的纵脊。

黑色，下列部分除外：触角第 6~第 9 鞭节腹侧及后足第 2~第 4 跗节白色；颜面眼眶，颊及上颊前部、上颊眼眶中段(或橙黄色)，上唇，额眼眶的上段及头顶眼眶，前胸背板前缘及后上角，翅基片(内侧褐色)，小盾片(除基部和端缘)，翅基下脊，前足胫节腹侧的条斑，腹部第 1~第 3 节背板端部、其余各节背板后缘的狭边(第 4、第 7 节明显)浅黄色；上颚端部带红褐色；并胸腹节端部，足及腹部红褐色；前中足基节外侧，后足基节和转节、腿节背侧、胫节端部、基跗节和末跗节褐黑色，腹部端半部带黑褐色；翅痣

(基部色淡)及翅脉褐黑色。

正模 ♀，江西吉安双江林场，174 m，2009-04-09，集虫网。

词源：新种名源于模式标本采集地名。

该新种与粒尼姬蜂 *N. granulosus* Jonathan, 1999 近似，可通过下列特征区别：额的上半部具稠密的绒毡状质地，下半部光滑；镜面区光滑光亮，无刻点；并胸腹节基横脊中部强烈角状向前弯曲，呈三角状凹刻；触角中部具较宽的白色环；腹部第 1、第 2、第 3 节背板端部具浅黄色横带。粒尼姬蜂：额上具粒状表面和细且稠密的刻点，下部具横皱；镜面区具稠密的刻点；并胸腹节基横脊中部稍向前弯曲；触角无白色环；腹部第 1~第 3 节背板完全黑色。

(八) 裂跗姬蜂亚族 Mesostenina

前翅长 2.7~17.5 mm。上颚 2 端齿等长，或下端齿短。后头脊在上颚基部上方与口后脊相接。额常具 1 中角或纵脊。盾纵沟通常伸至中胸盾片中部之后。中胸腹板后横脊中部短，呈瘤状，或全部缺。后胸盾片后缘在后小盾片侧面具 1 小突起。并胸腹节基横脊完整；端横脊完整，具侧突，或全部缺。小翅室小或非常小，通常宽约为长的 1.5 倍，有时无小翅室。后中脉弱至强烈拱起。腹部第 1 节无背中脊(*Gotra* 具痕迹)，气门位于中部之后。窗疤总是宽大于长。产卵器鞘长 0.33~6 倍于后足胫节长。

该亚族含 39 属；中国已知 2 属；江西已知 1 属。

65. 脊额姬蜂属 *Gotra* Cameron, 1902

Gotra Cameron, 1902. Annals and Magazine of Natural History, (7)9:206. Type-species: *Gotra longicornis* Cameron; monobasic.

唇基强烈隆起，近端缘下沉；端缘锐利，稍突，无中瘤。上颚下端齿约等长于上端齿。颚眼距约 0.5 倍于上颚基部宽。额具中纵脊，中部较高，扁齿状或呈扁角状。前沟缘脊长，上端在靠近前胸背板背缘处向内侧弯曲。盾纵沟长且清晰。并胸腹节非常短；端横脊仅呈侧突状存在。小脉与基脉对叉或位于其内侧；小翅室宽约为长的 3 倍，第 2 回脉在它的中央外侧相接。腹部第 1 节具基侧齿；腹板端部位于气门内侧。产卵器鞘长为后足胫节长的 0.33~0.7 倍。

该属已知 39 种；中国已知 4 种；江西已知 1 种。

140. 花胸姬蜂 *Gotra octocinctus* (Ashmead, 1906)

Mesostenus octocinctus Ashmead, 1906. Proceedings of the United States National Museum, 30:175.

♀ 体长约 14.0 mm。前翅长约 10.0 mm。触角长约 11.0 mm。产卵器鞘长约 4.0 mm。

颜面宽约为长的 1.5 倍；具稠密的细纵皱和细刻点，侧缘下方相对光滑；中央稍纵隆起；上缘中央稍下凹，具 1 瘤突。唇基明显隆起，具稀疏的粗刻点；亚端缘中段具 1 细横脊；端缘弱弧形，中段近平截。上颚强壮，基部表面具细纵皱；端齿短而钝，上端齿约与下端齿等长。颊具细革质粒状表面和稀刻点；颚眼距约为上颚基部宽的 0.65 倍。

上颊前部光滑光亮，具不明显的稀细刻点；后部具较稠密的细刻点；向后上方显著收敛。头顶具稠密的细刻点，后部较平；侧单眼外侧光滑、前方具斜细纵皱；侧单眼间距约为单复眼间距的 0.85 倍。额下部深凹，光滑；上部具稠密的细横皱；具 1 清晰的中纵脊。触角粗壮，鞭节 29 节；第 1~第 5 鞭节长度之比依次约为 2.6∶2.4∶2.1∶1.2∶1.1。后头脊完整强壮。

前胸背板前缘光滑，具不明显的弱细纵皱；侧凹具稠密的细横皱；后缘具稠密的短纵皱；后上部隆起，具清晰的细刻点，上缘具稠密的斜细横皱；前沟缘脊强壮，几乎伸达背板上缘。中胸盾片均匀隆起，具非常稠密的皱刻点；盾纵沟明显，约在中胸盾片端部 0.3 处相遇。盾前沟内具稠密的细纵皱。小盾片稍隆起，光滑，具稀疏不明显的细刻点，仅基部具侧脊。后小盾片稍隆起，光滑光亮。中胸侧板具稠密的斜细横皱(上部的皱稍粗)；胸腹侧脊伸达翅基下脊；镜面区稍隆起，光滑光亮无刻点；中胸侧板凹沟状；腹板侧沟显著，约在后部 0.4 处弯向中足基节。后胸侧板具稠密的粗横皱。翅稍带褐色，透明；小脉位于基脉内侧，二者之间的距离约为小脉长的 0.2 倍；小翅室四边形，第 2 回脉在它的下外角与之相接；两肘间横脉近平行(下方微收敛)，第 2 肘间横脉约为第 1 肘间横脉长的 2.0 倍；外小脉稍内斜，约在上方 0.4 处曲折；后小脉约在下方 0.2 处曲折。前足胫节向端部棒状膨大，基部细柄状；后足第 1~第 5 跗节长度之比依次约为 4.3∶1.6∶0.9∶0.3∶1.5。爪强壮。并胸腹节端部稍倾斜，基缘光滑，基横脊之前呈稠密的斜细纵网皱，基横脊之后的皱为粗糙的网状；端区中央的网皱较粗糙，端区两侧具粗横皱；中纵脊仅基区部分显著；基区光滑，后方明显收敛；基横脊完整，中央显著前突；外侧脊仅基部明显；端横脊在侧突处明显，中段弱地存在、显著倒“U”形前突；侧突显著、钝扁；气门横长形(稍斜)，约位于基部 0.3 处。

腹部第 1 节背板在中后部稍隆起，长约为端宽的 1.8 倍；背中央较光滑、仅亚端部具弱细纵皱，侧下方具细横皱；背中脊细、约伸达端部 0.4 处，背侧脊不清晰；气门圆形，稍隆起，约位于端部 0.25 处。第 2 节及以后背板具稠密的刻点，越向后刻点越细弱；第 2 节背板长约为端宽的 0.9 倍；第 3 节背板长约为端宽的 0.6 倍，两侧缘近平行；以后背板横形，逐渐向后收敛。产卵器鞘约为后足胫节长的 0.9 倍。产卵器腹瓣端部约具 7 条细纵脊。

体黑色，下列部分除外：触角鞭节中段第 5~第 11 节背侧黄色，端部腹侧带红褐色。颜面，唇基，上颚(端齿除外)，颊，上颊(下后部黑色)，额眼眶和头顶眼眶(前者较宽)，下唇须，下颚须，前胸侧板(除上部)，前胸背板前缘及颈前缘、后上缘；中胸盾片中叶后部的心形斑、后部下侧缘的条斑，小盾片(基缘除外)、后小盾片及其后边缘，中胸侧板中部和后下部的大斑、翅基下脊，翅基片(后外侧黑色)，中胸腹板大部，后胸侧板上方部分的大斑，后胸侧板上部中央的大斑，并胸腹节后部中央的倒“V”形大斑(两侧呈较宽的纵条斑)，前中足基节、转节，后足基节(基部和背侧端部褐黑色)和第 1~第 4 跗节，腹部各节背板的端部均为黄色。足红褐色，后足转节、腿节基缘和端部、胫节基部和端部带黑色；末跗节褐黑色。翅痣(基部色淡)，翅脉褐黑色；翅痣狭长。

寄主：据报道(何俊华等, 1996; Yu et al., 2005)，寄主主要有：松小枯叶蛾 *Cosmotriche inexperta* Leech、思茅松毛虫 *Dendrolimus kikuchii* Matsumura、马尾松毛虫 *D. punctatus*

Walker、赤松毛虫 *D. spectabilis* Butler、油松毛虫 *D. tabulaeformis* Tsai et Liu。

分布：江西、安徽、湖南、湖北、河南、陕西、福建、广东、广西、贵州、江苏、浙江、四川、重庆、云南、台湾；朝鲜，日本。

观察标本：18♀♀23♂♂，江西弋阳，1966-05~1977-06，匡海源等；1♀，江西万年，1974-05；1♀，江西南昌，1980；2♀♀，江西上饶，1980-05-14；2♀♀，江西官山，450 m，2008-06-10~24，集虫网；2♀♀，江西全南，2008-07-09~08-31，集虫网；1♀，河南灵山，400~500 m，1999-05-24，盛茂领；3♀♀，重庆万县，1981-07-21，蒋玉家；2♀♀，重庆永川，1989-05-20，张加林；1♀，重庆永川，1901-06-04，张加林；1♀，四川西昌，1981-05-15，王祖贤；3♀♀，重庆合川，1982-05-24~25，谭林；4♀♀，重庆，1986-06-18，贺绍军。

(九) 长足姬蜂亚族 Osprynchotina

体较瘦细。唇基端缘平截或稍前突，端缘无齿或叶状突。上颚非常狭长，长约为中部宽的 4.5 倍，上端齿非常长且尖，下端齿短或不明显。触角非常细且长。盾纵沟清晰，伸达中胸盾片中部之后。腹板侧沟通常伸达中足基节。后胸背板后缘亚侧面具 1 齿突。并胸腹节基横脊完整。腹部第 1 节非常细长，侧边平行或几乎平行，端部通常稍宽于前部。产卵器鞘长为后足胫节长的 0.56~5.6 倍。

该亚族含 9 属；我国已知 4 属；其中江西已知 3 属。

长足姬蜂亚族江西已知属检索表

1. 无后头脊，或仅背面具一部分；产卵器端部侧扁 ·················· **长足姬蜂属 *Nematopodius* Gravenhorst**
   后头脊完整；产卵器端部圆或扁 ··· 2
2. 小翅室高为第 2 回脉长的 0.6~0.8 倍；产卵器端部扁，不扭曲，腹瓣亚端部具背叶并具纵脊 ··········· **巢姬蜂属 *Acroricnus* Ratzeburg**
   小翅室高约为第 2 回脉长的 0.3 倍；产卵器端部强烈扭曲，上下瓣均具粗糙的小齿 ··········· **毕卡姬蜂属 *Picardiella* Lichtenstein**

66. 巢姬蜂属 *Acroricnus* Ratzeburg, 1852

Acroricnus Ratzeburg, 1852. Ichneumoniden der Forstinsecten, 3:92. Type-species: (*Acroricnus schaumii* Ratzedburg, 1852) = *stylator* Thunberg; monobasic.

主要鉴别特征：颚眼距约为上颚基宽的 0.8 倍；后头脊完整；并胸腹节端横脊完整或几乎完整；小翅室较大；小脉位于基脉外侧；后小脉在中部上方曲折；腋脉远离后缘；腹部第 1 节背板气门位于端部 0.46 处；腹板端缘达气门后方；产卵器鞘长于后足胫节；产卵器向上弯曲，端部扁，下瓣亚端部具包围上瓣的背叶，并具纵脊。

该属是一个小属，全世界已知 8 种；我国已知 2 种；江西已知 1 种(3 亚种)。

141. 游走巢姬蜂指名亚种 *Acroricnus ambulator ambulator* (Smith, 1874)　(图版 XIII：图 92)

Cryptus ambulator Smith, 1874. Transactions of the Entomological Society of London, 1874:392.

♀ 体长 11.0~16.0 mm。前翅长 8.5~11.0 mm。产卵器鞘长 5.0~6.0 mm。

复眼内缘在触角窝上方稍凹。颜面宽约为长的 1.4 倍；中央纵向稍隆起，具稠密的纵皱刻点；亚中央稍纵凹，两侧具细革质状表面和非常稠密的细刻点；上缘中央具 1 明显的瘤状突起。唇基宽大，梯形，稍隆起，具不均匀的细刻点；端部薄，皱状；端缘平截。上颚狭长，基部具细刻点，下缘稍呈边缘状；下端齿非常弱，远短于上端齿。颊具细粒状表面；颚眼距约等于或稍小于上颚基部宽。上颊具稠密的细刻点和较密的短毛，向后方显著收敛。头顶质地同上颊，后部中央具 1 弱的中纵沟，伸至单眼区中央；单眼区稍隆起，侧单眼外侧稍凹；侧单眼间距约为单复眼间距的 1.1 倍。额下部深凹，光滑；上方具细横皱，具 1 细中纵脊；上半部具稠密的皱刻点。触角稍短于体长，鞭节 25 节；第 1~第 5 鞭节长度之比依次约为 1.6∶1.1∶1.0∶1.0∶0.9。后头脊完整强壮。

前胸背板前缘具弱的细纵纹；侧凹具稠密的斜横皱；后上部具稠密的网状皱刻点；前沟缘脊强壮。中胸盾片均匀隆起，被稠密的粗刻点，盾纵沟浅，伸达中胸盾片中部之后。小盾片均匀隆起，具相对(与中胸盾片比)稀疏的刻点。后小盾片小，光滑光亮，前缘呈深的横缝状，缝的两侧深凹。中胸侧板前部和下部具非常稠密的刻点，中上部具粗糙不均匀的粗刻点和横斜皱，后下部具稠密的刻点和横皱；胸腹侧脊背端弯向中胸侧板前缘，约伸达中胸侧板高的 3/4 处；腹板侧沟较深，后部波状弯曲，伸达侧板和腹板交界处的后缘；镜面区不明显；中胸侧板凹，呈浅横凹状。后胸侧板具稠密的粗纵皱。翅带褐色，透明，小脉位于基脉稍外侧；小翅室五边形，第 2 回脉位于它的中央下外侧；外小脉内斜，在近中央处(中央稍下方)曲折；后小脉稍外斜，约在中央曲折。足细长；前足胫节基部细柄状，向端部棒状膨大；后足基节外侧具细刻点；后足第 1~第 5 跗节长度之比依次约为 4.2∶2.1∶1.4∶0.7∶1.4；后足末跗节的亚端部具 3 根长刺。爪强壮。并胸腹节具非常稠密的刻点和不清晰且不规则的粗短皱；基横脊强壮；端横脊中段较模糊；后部明显倾斜，中央稍凹；气门斜缝状，位于基横脊的前方。

腹部第 1 节背板光滑光亮，非常细长，长为端宽的 5.6~6.0 倍，两侧几乎平行，中段稍窄；具极细且稀的刻点；气门非常小，圆形，稍隆起，位于该节背板中部之后。第 2 节及以后背板较光滑，具非常均匀细小的刻点和稠密的短柔毛；第 2 节背板强烈向后变宽，长约为端宽的 1.5 倍；其余背板匀称，均匀向后收敛。产卵器鞘长为后足胫节长的 1.1~1.2 倍。产卵器端部扁，腹瓣包围背瓣，腹瓣末端约具 10 条细纵脊，内侧的约 3 条内斜，其余垂直。

黑色。触角黑褐色，鞭节中段第 10~第 14(15)节具黄色环；触角柄节腹侧，脸眼眶(上部内延)，额眼眶，上颊眼眶前半部分(或延至颊区)，唇基(周缘除外)，上唇，下唇须，下颚须，前胸背板背缘的斑，翅基片，小盾片(基部除外)，后小盾片，后胸背板上方部分的大斑，后胸侧板后下部的大斑，并胸腹节端部两侧并延至上方中央的大斑，前中足基节、转节的小斑，后足基节背侧的大斑，腹部各节背板端缘均为黄色；足红褐色，基节、转节、后足腿节和胫节端部黑色，前中足胫节、跗节(末跗节除外)和后足跗节带黄色；翅稍带烟褐色，外缘色稍深，翅痣褐色，翅脉黑褐色。

变异：个体上黄斑的位置和大小变化较大；有时腹部第 2~第 3 节背板后侧部红褐色。

♂ 体长 13.5~15.0 mm。前翅长 9.5~11.0 mm。触角鞭节 31 或 32 节，褐黑色，鞭节分节明显，黄环位于第 11~第 15(16)鞭节。

分布：江西、河南、黑龙江、辽宁、北京、山东、山西、湖北、湖南、江苏、浙江、四川、台湾、福建、广西、云南、贵州；朝鲜，日本，俄罗斯。

观察标本：3♂♂，江西全南，530~740 m，2008-05-24~07-18，集虫网；1♀，江西全南，335 m，2009-05-06，集虫网；2♀♀，江西资溪马头山林场，320 m，2009-06-15~07-17，集虫网；1♂，河南罗山县灵山，400~500 m，1998-07-14，盛茂领；1♀，河南内乡宝天曼，600~700 m，1998-07-15，孙淑萍；1♀，河南西峡老界岭，1550 m，1998-07-17，盛茂领。

142. 游走巢姬蜂中华亚种*Acroricnus ambulatus chinensis* Uchida, 1940 **(图版XIII：图92)**

Acroricnus ambulator chinensis Uchida, 1940. Insecta Matsumurana, 14:115.

♀ 体长 14.0~18.0 mm。前翅长 10.0~14.0 mm。产卵器鞘长 5.0~8.0 mm。

复眼内缘在触角窝处稍内凹。颜面宽为长的 1.3~1.4 倍，具非常稠密的皱刻点，中央纵向稍隆起，上缘中央具 1 非常弱的小突。唇基均匀隆起，具稠密且较颜面稍粗的刻点；端部薄，皱状；端缘平截。上唇明显外露，端缘中央稍凹，具稠密的缘毛。上颚非常狭长，基部具细皱刻点，上端齿远长于下端齿。颊具细粒状表面，颚眼距约为上颚基部宽的 0.7 倍。上颊强烈向后收敛，具稠密的短毛和细刻点，侧面观，长约为复眼横径的 0.4 倍。头顶具较细的刻点，两侧稍稀、单眼区与后头脊之间较密；侧单眼的外侧稍凹。单眼区隆起，侧单眼间距为单复眼间距的 1.1~1.2 倍。额具稠密的粗刻点和不规则短皱，触角窝的上方稍凹、光滑光亮；触角鞭节 27~29 节，第 1~第 5 鞭节长度之比依次约为 2.6∶1.8∶1.6∶1.2∶1.1。后头脊完整。

前胸背板前缘具非常细的斜纵皱，侧凹及后部具稠密模糊的粗网皱；前沟缘脊非常强壮。中胸盾片均匀隆起，具稠密的粗刻点；盾纵沟明显，向后伸至中胸盾片的中部之后。小盾片均匀隆起，被稠密粗大的刻点。后小盾片稍隆起，光滑光亮，具非常浅的细刻点，前缘具深的横细缝，缝的两侧深凹。盾前沟内具短纵皱。中胸侧板粗糙，具非常稠密且不均匀的粗刻点和不规则的短皱；胸腹侧脊明显，背端弯向中胸侧板前缘，约伸达侧板高的 3/4 处；腹板侧沟深，后半部波状弯曲，伸达中胸侧板的后下角；中胸侧板凹呈短横沟状；中胸腹板后横脊仅中央存在。后胸侧板具非常稠密的粗刻点和斜纵皱。翅带褐色，透明；小脉位于基脉稍外侧；小翅室五边形，第 2 回脉位于它的中央稍外侧；外小脉在中央稍下方曲折；后小脉外斜，约在中央曲折。足细长；前足胫节基部细柄状，向端部棒状膨大；后足基节外侧具细刻点；后足第 1~第 5 跗节长度之比依次约为 5.3∶2.3∶1.7∶0.8∶1.7；后足末跗节的亚端部具 3 根长刺毛。爪强壮。并胸腹节具非常稠密的粗刻点和不规则的粗短皱；基横脊强壮；端横脊中段向前弓曲；后部明显倾斜；气门斜缝状，位于基横脊的前方。

腹部长纺锤形，第 1 节背板光滑，特别细长，长为端宽的 5.0~6.0 倍，基半部两侧近平行，后部稍变宽；具非常弱细且不清晰的刻点；气门小，圆形，稍微隆起，位于该节背板端部 0.35~0.4 处。第 2 节及以后背板较光滑，具非常均匀细小的刻点和稠密的短柔毛；第 2 节背板强烈向后变宽，长为端宽的 1.5~1.6 倍。产卵器鞘为后足胫节长的 1.2~1.3 倍。产卵器端部扁，腹瓣包围背瓣，腹瓣末端约具 11 条细纵脊。

黑色。触角基部暗红褐色，鞭节中段(第 10~第 14 节)黄色，端部黑褐色；唇基中央(或小或无)，上唇端缘，内眼眶，上颊眼眶中段，翅基片，小盾片后部，后小盾片，并胸腹节端部的大侧纵斑均为黄色；下颚须(第 2 节黄色)和下唇须暗褐色；足红褐色，基节、转节、后足胫节端部黑色，后足基节背侧有黄色大斑，前中足胫节、跗节和后足跗节(除基跗节基部和末跗节)多少带黄色；腹部暗红色，第 1 节背板基半部黑色，其余各节基部多多少少黑褐色；翅痣黄褐色；翅脉黑褐色。

♂ 体长 12.0~16.0 mm。前翅长 9.0~11.0 mm。触角鞭节 29~34 节，褐黑色，鞭节中段第(12)13~第 15 节具黄色环。

变异：个体上黄斑的位置和大小变化较大；有的个体并胸腹节后部的黄斑小或消失。

分布：江西、河南、浙江、湖南、四川、贵州。

观察标本：2♂♂，江西全南，740 m，2008-05-24，集虫网；4♀♀1♂，江西全南，335~340 m，2009-04-14~06-29，集虫网；1♀，江西官山，450 m，2009-09-08，集虫网；2♀♀，江西吉安双江林场，174 m，2009-05-10~06-08，集虫网；江西安福，3♀♀1♂，120~210 m，2011-05-29~06-05，集虫网；1♀，河南内乡宝天曼，600~700 m, 1998-07-14，盛茂领；1♀，河南西峡老界岭，1550 m, 1998-07-17，盛茂领；2♀♀1♂，河南罗山县灵山，400-500 m，1999-05-24，盛茂领。

143. 游走巢姬蜂红腹亚种 *Acroricnus ambulatus rufiabdominalis* Uchida, 1931

Acroricnus ambulator rufiabdominalis Uchida, 1931. Journal of the Faculty of Agriculture, Hokkaido University, 30:167.

♀ 体长 16.0~17.0 mm。前翅长 11.0~12.0 mm。产卵器鞘长 6.0~7.5 mm。

复眼内缘在触角窝上方稍凹。颜面宽约为长的 1.3 倍；具稠密的纵皱刻点，中央纵向稍隆起、刻点稍粗；上缘中央具 1 瘤状突起。唇基明显隆起，具较颜面稍粗的刻点，端部中央较光滑，具细弱的横皱；端部薄；端缘平截。上唇突出，端缘中央稍凹，具稠密的缘毛。上颚狭长，基部具细纵皱，下缘呈边缘状；下端齿非常弱，远短于上端齿。颊具细粒状表面；颚眼距约为上颚基部宽的 0.8 倍。上颊具稠密的细刻点和较密的短毛，显著向后收敛。头顶质地同上颊，后部中央稍隆起、刻点稍稀疏；单眼区稍隆起，侧单眼外侧稍凹；侧单眼间距约为单复眼间距的 1.1 倍。额下部深凹，凹内光滑、上方具细横皱，具 1 细中纵脊；上部具稠密的皱刻点。触角鞭节 27 节；第 1~第 5 鞭节长度之比依次约为 2.1∶1.3∶1.2∶1.1∶1.0。后头脊完整强壮。

前胸背板前缘具弱的细纵纹和细刻点；侧凹及后上部具稠密的网状皱刻点；前沟缘脊强壮。中胸盾片均匀隆起，被稠密的粗刻点；盾纵沟浅，但明显可见，伸达中胸盾片中部之后。小盾片均匀隆起，具相对(与中胸盾片比)稀疏粗大的刻点。后小盾片小，光滑光亮，具稀细的刻点，前缘呈深的横缝状，缝的两侧深凹。中胸侧板具粗糙不均匀的粗刻点和横网皱；胸腹侧脊背端弯向中胸侧板前缘，约伸达中胸侧板高的 3/4 处；腹板侧沟较深，后部波状弯曲，伸达中足基节；镜面区处光亮，具刻点；中胸侧板凹呈浅横凹状。后胸侧板具稠密的粗网皱。翅带褐色，透明，小脉位于基脉稍外侧；小翅室五边形，第 2 回脉位于它的中央稍外侧；外小脉内斜，在近中央处(中央稍下方)曲折；后小脉稍外斜，约在中央曲折。足细长；前足胫节基部细柄状，向端部棒状膨大；后足基节外侧具细刻点；后足第 1~第 5 跗节长度之比依次约为 4.3∶2.0∶1.2∶0.8∶1.5；后足末跗节的腹侧中央具 3 或 4 根长刺毛。爪强壮。并胸腹节具非常稠密的刻点和不清晰且不规则的粗短皱；基横脊强壮；端横脊较弱，中段较模糊；后部明显倾斜，中央稍凹；气门斜缝状，位于基横脊的前方。

腹部第 1 节背板光滑光亮，非常细长，长为端宽的 5.4~6.0 倍，中段稍窄，后柄部稍变宽；具极细且不明显的刻点；气门非常小，圆形，稍隆起，位于该节背板中部之后。第 2 节及以后背板较光滑，具非常均匀细小的刻点和稠密的短柔毛；第 2 节背板强烈向后变宽，长约为端宽的 1.1 倍；其余背板匀称，最宽处约位于第 4 节背板端部。产卵器鞘长约为后足胫节长的 1.3 倍。产卵器端部扁，腹瓣包围背瓣，腹瓣末端约具 9 条细纵脊。

头胸部黑色，腹部和足几乎完全红褐色。触角鞭节黄环之前红褐色，中段第 10~第 14 节具黄色环，此环之后黑褐色；脸眼眶上部，额眼眶，上颊眼眶前半部分(或黄红色)，唇基中央，上唇端缘，翅基片，小盾片后缘，后小盾片，中后胸端缘，并胸腹节端部两侧的大斑均为黄色；下唇须，下颚须(第 2 节黄色)暗褐至红褐色。足红褐色，基节、转节、后足腿节和胫节端部黑色，前中足胫节、跗节(末跗节除外)和后足跗节(除基跗节基部和末跗节)多少带黄色。腹部红褐色，第 1 节背板基半部黑色，第 3~第 7 节背板基部稍带黑褐色。翅带烟褐色，外缘色稍深，翅痣黄红色，翅脉黑褐色。

分布：江西、浙江、江苏、湖南、台湾。

观察标本：2♀♀，江西官山，350 m，2008-09-16~09-23，集虫网。

67. 长足姬蜂属 *Nematopodius* Gravenhorst, 1829 (江西新记录)

Nematopodius Gravenhorst, 1829. Ichneumonologia Europaea, 2:955. Type-species: *Nematopodius formosus* Gravenhorst.

前翅长 4.2~11.0 mm。颚眼距约为上颚基部宽的 0.4 倍。后头脊全部缺或仅上部存在。并胸腹节端横脊有或无。小翅室非常小，高约为第 2 回脉长的 0.1 倍；第 1 肘间横脉位于第 2 回脉的内侧；通常无第 2 肘间横脉；小脉位于基脉的内侧，二者之间的距离约为小脉长的 0.6 倍；腋脉非常短，靠近后翅臀缘。腹部第 1 节背板的气门位于该节中部，腹板后端远在气门的后方。产卵器鞘为后足胫节长的 0.56~1.4 倍。产卵器端部直，侧扁，狭矛形，腹瓣具弱齿。

该属的种类分布于古北区、东洋区及澳大利亚区，已知 26 种；我国已知 4 种；江西知 1 种。

144. 褐长足姬蜂，新种 *Nematopodius (Nematopodius) helvolus* Sheng & Sun, sp.n. (图版 XIII：图 93)

♀ 体长约 10.0 mm。前翅长约 6.0 mm。触角长约 6.5 mm。产卵器鞘长约 1.5 mm。

复眼内缘向下方稍收敛，宽约为长的 1.3 倍，光滑、稍有弱皱，具稀疏且非常细的刻点；上部中央非常弱地隆起，中央处具 1 明显的纵瘤；亚侧面具纵沟痕(下部明显)。唇基沟宽浅。唇基具与颜面相似的质地，但刻点明显且稍粗；中央均匀隆起；端缘薄，弱弧形前突。上颚光滑，或具非常弱的纵纹，上下缘突出呈边缘状，下缘的突边基部较宽且呈半透明状；下端齿小且不明显，紧贴于尖长的上端齿基部。颊呈细革质状表面；颚眼距约为上颚基部宽的 0.5 倍。上颊光滑光亮，无刻点；近后部稍隆起，后部向后方收敛。头顶与上颊的质地相同；侧单眼外侧具细纵凹；单眼区由“Y”形沟将各单眼分隔；侧单眼间距约为单复眼间距的 0.33 倍。额较饱满，仅在靠近触角窝处稍凹；光滑光亮，侧缘具非常稀且细的刻点。触角鞭节 31 节，第 1~第 5 鞭节长度之比依次约为 1.3∶0.9∶0.8∶0.7∶0.7。后头脊仅背方存在。

前胸背板前部光滑光亮，侧凹及后上部呈不明显的弱皱表面；前缘稍隆起呈边状；前沟缘脊非常长且强壮，背端未抵达前胸背板背缘。中胸盾片光滑，具不清晰的微细刻点，盾纵沟非常深，伸至两前翅翅基后缘的连线之后。盾前沟具短纵皱。小盾片几乎不隆起，具细革质状表面，侧脊完整。后小盾片平，表面细革质状，无刻点。中胸侧板具稠密不规则的斜细皱，上方为斜横皱，后下角为斜纵皱；胸腹侧脊约伸达中胸侧板高的 1/3 处；镜面区处具非常稀且细的刻点；腹板侧沟清晰；中胸侧板凹坑状；中胸腹板后横脊中段存在。后胸侧板均匀隆起，具稠密的细刻点和向下方中央聚集的弱细的纵纹；无基间脊。并胸腹节光滑光亮，具非常稀且细的刻点；仅具 1 条强壮的基横脊，该脊的中部前突；气门稍呈椭圆形，约位于基缘和基横脊中央。翅稍带褐色，透明；小脉位于基脉稍内侧，二者之间的距离约为小脉长的 0.15 倍；小翅室非常小，第 2 回脉在它的中央外侧相接；第 2 肘间横脉非常弱，无色；第 2 回脉几乎垂直；外小脉在近中央处(稍上方)曲折；后小脉在近中央处(稍下方)曲折。足细长，爪非常小；后足第 1~第 5 跗节长度之比依次约为 2.7∶1.3∶0.8∶0.3∶0.4。

腹部细长。第 1 节背板长约为端宽的 3.1 倍，光滑光亮，无刻点，后部稍变宽；具三角形基侧突；腹板端部远超过气门，约达气门至端部的 2/3 处。第 2 节及以后背板具相对光滑的表面，具不明显的短微毛；第 2 节背板长约为第 1 节长的 1.1 倍，约为端宽的 2.3 倍；第 3 节背板长约为第 2 节背板的 0.67 倍，约为端宽的 1.2 倍。产卵器鞘约为后足胫节长的 0.52 倍；产卵器直，端部尖矛状。

黄褐色，下列部分除外：触角鞭节暗褐色(柄节、梗节及第 1 鞭节背侧黑褐色)，第 15~第 19 节浅黄色；头顶三角区及额上部中央，头顶后部中央和后头上部中央的大斑，上颚端齿，中胸盾片(中叶后部除外)，并胸腹节基横脊之前的横斑黑色；并胸腹节中部，腹部第 1 节背板中部，后足基节背侧、转节、胫节基部带暗褐色。

正模 ♀，江西九连山，520 m，2008-04-09，孙淑萍。

词源：新种名源于体褐色。

该新种与腹长足姬蜂 *N.* (*Nematopodius*) *longiventris* (Cameron, 1903)近似，可通过下列特征区别：中胸侧板具稠密的斜细皱；触角暗褐色，具浅黄色环；体黄褐色，仅中胸盾片和并胸腹节基部黑色。腹长足姬蜂：中胸侧板具稠密的刻点；触角黑色；体主要为黑色。

68. 毕卡姬蜂属 *Picardiella* Lichtenstein, 1920

Picardiella Lichtenstein, 1920. Bulletin de la Société Entomologique de France, 1920:76. Type-species: *Cryptus melanoleucus* Gravenhorst.

主要鉴别特征：前翅长 5.0~11.0 mm。后头脊完整；小翅室高约为第 2 回脉长的 0.3 倍；后小脉约在下方 0.3 处曲折；并胸腹节端横脊存在且完整；腹部第 1 节背板的气门约位于端部 0.46 处；产卵器鞘约等于后足胫节长；产卵器端部强烈扭曲，背腹瓣均具粗糙的齿。

该属是一个小属。全世界仅知 7 种；我国已知 3 种；江西仅知 1 种。

毕卡姬蜂属中国已知种检索表

1. 褐色至红褐色；额具多多少少可见的中纵沟；中胸侧板光亮，具非常细的刻点，中部具斜皱；腹部背板具细粒状表面和不明显的刻点 ……………………………… **褐毕卡姬蜂 *P. cervina* Sheng**
   体黑色 ……………………………………………………………………………………………… 2
2. 颜面浅黄色；额具中纵脊；中胸侧板具皱状刻点；并胸腹节具稠密的细刻点；腹部背板具细刻点 ……………………………………………………………… **棕毕卡姬蜂 *P. rufa* (Uchida)**
   颜面浅黄色，具 2 个黑色大斑；额无中纵脊；中胸侧板大部分具稠密的细皱；并胸腹节稍粗糙，具不明显且不规则的细皱；腹部背板的刻点不清晰 ………… **黑毕卡姬蜂 *P. melanoleuca* (Gravenhorst)**

145. 棕毕卡姬蜂 *Picardiella rufa* (Uchida, 1932) (图版 XIII：图 94) (江西新记录)

Nipporicnus rufus Uchida, 1932. Journal of the Faculty of Agriculture, Hokkaido University, 33:166.

♀ 体长约 9.0 mm。前翅长约 6.5 mm。产卵器鞘长约 3.0 mm。

复眼内缘向下方稍收敛。颜面最狭处的宽约为长的 1.3 倍，具稠密的细刻点；中央纵向稍隆起，亚中央纵凹；上缘中央具 1 小瘤突。无明显的唇基沟。唇基具稀疏的细刻点；基部稍隆起，并向颜面延伸；端部宽阔、较薄；端缘中央呈弱的弧形凹。上唇半月形外露。颊短，具细粒状表面；颚眼距约为上颚基部宽的 0.5 倍。上颊狭窄，侧观约为复眼横径的 0.25 倍；光滑光泽，具不明显的细点。头顶具稠密的细粒点，侧单眼后缘向后收敛，后部中央明显纵凹；单眼区具 1 细弱的中纵沟；侧单眼间距约为单复眼间距的 0.7 倍。额较平，质地同头顶，具弱的中纵脊。触角鞭节 27 节；第 1 节长约为端部最宽处的 9.4 倍，第 1~第 5 鞭节长度之比依次约为 2.0∶1.6∶1.3∶1.0∶0.7。后头脊完整，后部中央稍向上拱起。

前胸背板前部具稠密弱细的纵皱；侧凹内具稠密的细横皱；后上角具稠密的细刻点；前沟缘脊强壮。中胸盾片明显呈三叶状，较强隆起；具稠密的细刻点；盾纵沟非常明显，在中部之后相遇；后部中央深凹。盾前沟具短纵皱。小盾片明显隆起，前部具与中胸盾片相似的刻点，端部光滑无刻点。后小盾片稍隆起，横脊状，较光滑。中胸侧板中下部稍隆起，具非常稠密的细刻点；前上部具非常稠密模糊的细皱；胸腹侧脊伸达翅基下脊；腹板侧沟深，在靠近中足基节处(中央上方)弯向中足基节；中胸侧板凹坑状，由短沟与中胸侧缝相连；无镜面区。中胸腹板具稠密的细刻点。后胸侧板具稠密较细的斜纵皱，基间脊明显；后胸侧板下缘脊完整。翅稍带褐色，透明，小脉位于基脉内侧，二者之间的距离约为小脉长的 0.5 倍；小翅室五边形，第 2 回脉在它的下方中央处与之相接；肘间横脉几乎等长且相互平行；外小脉稍内斜，约在上方 1/3 处曲折；后小脉约在下方 1/3 处曲折。足较细长；胫节外侧具清晰的短棘刺，跗节腹侧及端缘具小的棘刺；后足胫节长约为端部最大直径的 15 倍，后足第 1~第 5 跗节长度之比依次约为 3.4∶1.4∶0.9∶0.3∶0.7。并胸腹节均匀隆起，表面具非常稠密的粗网皱；基横脊和外侧脊(中下段稍弱)强壮，端横脊中段弱地存在；气门斜椭圆形，长径约为短径的 3.8 倍，位于基横脊和外侧脊形成的外侧角的下内侧、基横脊的上方。

腹部第 1 节细柄状，其余背板约呈梭形。第 1 节背板长约为端宽的 3.3 倍；亚基部最狭窄，端部稍宽于基部；基半部光滑，端半部具弱浅不清晰的细刻点；无背中脊；气门小，圆形，约位于第 1 节背板中央(稍后)；腹板端部未伸达气门。第 2 节及以后背板具弱浅不清晰的细刻点；第 2 节背板长梯形，长约为端宽的 1.4 倍；第 3 节背板梯形，长约为端宽的 0.7 倍；第 4 节背板两侧近平行，长约为宽的 0.4 倍；第 5 节以后背板向后显著收敛。产卵器端部稍上弯，背瓣亚端部形成稍阔的浅凹；腹瓣亚端部具 5 或 6 条细纵脊。

黑色，下列部分除外：触角柄节、梗节腹侧褐色；第 4~第 13 鞭节背侧白色，鞭节端部褐色；颜面，额眼眶，上颊眼眶，唇基，颊，上颚(端齿黑褐色)，上颊前部，下唇须，下颚须，前胸侧板后部，前胸背板前缘和后上缘，中胸盾片中叶后部，小盾片、后小盾片，翅基片及前翅翅基，翅基下脊，中胸侧板后缘 2 斑，后胸侧板后上缘，并胸腹节中央的纵纺锤形斑，腹部第 1 节背板的基半部、第 1~第 4 节背板的端部、第 7~第 8 节背板，前中足基节和转节、后足第 1~第 4 跗节均为浅黄色；足红褐色，末跗节及爪深褐色，后足基节背侧(外上侧具黄纵条)、转节背侧、腿节背侧基部和端部、胫节基部和端部、末跗节均为黑色；翅痣褐色(基部和中央色淡)；翅脉褐黑色。

♂ 体长约 8.0 mm。前翅长约 6.0 mm。触角丝状，鞭节 26 节，第 10~第 16(17)鞭节白色。前胸侧板，中胸腹板均为浅黄色，并胸腹节中央具 1 小的浅黄斑，腹部第 1 节仅基部和各节端缘浅黄色。折缘不明显。其余同♀。

分布：江西、台湾；日本。

观察标本：1♀，江西宜丰官山，400~500 m，2009-08-17，集虫网；1♂，江西铅山武夷山自然保护区，1170 m，2009-09-22，集虫网。

(十) 胡姬蜂亚族 Sphecophagina

主要鉴别特征：体在外形上有些似胡蜂；腹部第 3~第 5 节背板具多多少少明显成对的纵沟(凹痕)；雌性下生殖板较大，几丁质化程度较高；产卵器鞘非常短；产卵器不伸出腹末，强烈向端部变尖。

该族仅含 4 属；中国已知 2 属，江西均有分布。

胡姬蜂亚族江西已知属检索表

1. 肘间横脉与第 2 回脉相对，或位于它的稍内侧；并胸腹节无端横脊；盾纵沟非常清晰 ……………………………………………………………………………………………… 双洼姬蜂属 *Arthula* Cameron

肘间横脉远位于第 2 回脉外侧；并胸腹节端横脊完整，或侧面存在；无盾纵沟，或较弱……隆侧姬蜂属 ***Latibulus* Gistel**

69. 双洼姬蜂属 *Arthula* Cameron, 1900

Arthula Cameron, 1900. Memoirs and Proceedings of the Manchester Literary and Philosophical Society, 44(15):110. Type-species: *Arthula brunneocornis* Cameron; monobasic.

主要鉴别特征：并胸腹节短，基横脊完整且强壮，无端横脊；前翅无小翅室；肘间横脉粗短，与第 2 回脉对叉或位于它的稍前方；腹部第 2~第 6 节背板亚侧面具或深或浅的纵凹；产卵器非常短，至多伸达腹部端部。

全世界仅知 6 种；我国已知 4 种；江西已知 2 种。

寄主：胡蜂总科 Vespoidea 昆虫。

双洼姬蜂属中国已知种检索表

1. 触角鞭节 23 节，红棕色；颜面黑色，中央具 1 几乎呈方形的黄色斑；并胸腹节基区后缘强烈隆起呈棱状；中胸黑色具黄斑，中胸腹板完全黑色。分布于江西……斑颜双洼姬蜂 ***A. maculifacialis* Sheng & Sun**

   触角鞭节至少 26 节以上，非完全红棕色，或颜面完全黄色；并胸腹节基区不或稍微隆起，不呈锐棱状；中胸腹板具黄斑……………………………………………………………………………………………………2

2. 体主要为黑色，具黄斑；中胸盾片仅前侧角(有时后部中央)的斑黄色；并胸腹节黑色，端部中央具黄色大斑；触角约与前翅等长。分布于河南、广西；印度……棕角双洼姬蜂 ***A. brunneocornis* Cameron**

   体主要为黄色；中胸盾片黄色，仅前部中央的纵纹和后侧缘黑色，否则，触角仅等长于头胸部长度之和；并胸腹节黄色，仅前侧缘黑色……………………………………………………………………………3

3. 触角约等长于头胸部长度之和；中胸盾片黑色，仅前侧角和后部中央的斑黄色；额具较深的中纵沟；具盾纵沟。分布于广西、云南、台湾……………………………………台湾双洼姬蜂 ***A. formosana* (Uchida)**

   触角明显长于头胸部长度之和；中胸盾片黄色，仅前部中央的纵纹和后侧缘黑色；额无或具非常弱的中纵沟；盾纵沟不明显。分布于中国台湾；日本…………………黄双洼姬蜂 ***A. flavofasciata* (Uchida)**

146. 棕角双洼姬蜂 *Arthula brunneocornis* Cameron, 1900 (图版 XIII：图 95)

Arthula brunneocornis Cameron, 1900. Memoirs and Proceedings of the Manchester Literary and Philosophical Society, 44(15):112.

♂ 体长 8.5~9.5 mm。前翅长 7.0~7.5 mm。

头部比胸部稍宽。颜面宽为长的 1.6~1.7 倍；较平坦；具稠密的刻点至短皱状刻点；上缘中央(两触角窝间)呈“V”形凹，凹内具 1 小圆形瘤突。唇基沟弱，唇基与颜面无明显分界。唇基近中部稍横向隆起；基部具刻点，端部无刻点；端缘呈横凹状。上颚粗短，具密而细的刻点；上端齿比下端齿宽且长。颊区具与颜面相似的质地；颚眼距约为上颚基部宽的 0.6 倍。上颊光滑，具稀且浅的细刻点，仅后部向后收敛。头顶具不均匀的刻点，但单眼区后缘至复眼间较稀；单眼区具非常细密且不清晰的刻点，侧单眼间距约等于单复眼间距。额具浅中纵沟，沟内具短横皱；中部稍隆起，具稠密的粗刻点；仅触角窝的上方深凹陷，凹陷内光亮且具横皱；侧缘具与颜面相似的质地。触角长约等于体长，鞭节 31 或 32 节，第 1~第 5 鞭节长度之比依次约为 13∶11∶10∶9∶8。后头脊上侧面磨损，几乎不可见；背面中央及下部非常强壮，背面中央沟状下凹。

前胸背板前缘及后上部具清晰的刻点，侧凹内具稠密且较粗的横皱。中胸盾片稍隆起，具稠密且较粗的刻点，盾纵沟非常弱，仅前部具痕迹。小盾片及后小盾片具稠密的细刻点；前者均匀隆起；后者稍呈横形，中央前凸。中胸侧板具稠密且相对粗的刻点，中部具斜纵皱。后胸侧板具稠密的刻点，前缘和下部具不规则的斜皱；后胸侧板下缘脊完整，前端强烈突起。翅稍带褐色透明；小脉位于基脉的外侧(或稍内侧)；无小翅室；肘间横脉非常粗且短，与第 2 回脉对叉；外小脉约在上方 2/5 处曲折；后小脉约在下方 2/5 处曲折。后足基节非常强大，近似锥形，具非常弱的细刻点；胫节和跗节具短棘刺；后足第 1~第 5 跗节长度之比依次约为 46∶15∶11∶6∶8。并胸腹节的脊非常弱，基横脊较明显；第 1 侧区具粗刻点；基横脊与端横脊之间具纵皱；其余部分具稠密且不规则的粗网状皱；气门椭圆形。

腹部第 1 节背板细长，两侧缘几乎平行，后柄部几乎不宽于腹柄部，具清晰的刻点，但基部较稀且光滑光亮；背中脊和背侧脊不明显，腹侧脊多多少少具痕迹；长为端宽的 4.0~4.5 倍；气门小，圆形，强烈向侧面突起，位于该节背板中部稍后方。第 2 节及以后的背板具非常稠密的细刻点，第 2~第 5 节背板亚中部具多多少少明显的纵凹；第 2 节背板基部非常窄，而端部显得非常宽，长约等于端宽的 0.9 倍，为基部宽的 2.6 倍。第 3 节背板长约为基部宽的 0.6 倍。以后的背板明显横形。

体黑色，下列部分除外：触角鞭节棕色(腹侧色浅)；触角柄节、梗节腹侧，颜面，唇基，上颚(端齿黑色)，下唇须，下颚须，颊，上颊(后部下缘黑色)，头顶眼眶，额眼眶，前胸背板(中央黑色)，翅基片，中胸盾片在盾纵沟外侧的三角斑和中央的小方形斑，小盾片中部的花斑，后小盾片，中胸侧板(中央的横带及下侧中央的小斑黑色除外)，后胸侧板中后部，并胸腹节中后部中央，足(前中足背侧棕色；后足基节背部外侧及中后部黑色，转节、腿节和胫节背侧黑褐色除外)，腹部第 1 节背板基部 1/2 和端部 1/5，第 2 节以后背板端缘的横形斑均为鲜黄色；翅脉褐黑色；翅痣深褐色。

分布：江西、河南、广西；印度。

观察标本：1♂，江西安福，150~180 m，2010-06-12，集虫网；2♂♂，河南罗山县灵山，400~500 m, 1999-05-24，盛茂领。

147. 斑颜双洼姬蜂 *Arthula maculifacialis* Sheng & Sun, 2010

Arthula maculifacialis Sheng & Sun, 2010. Acta Zootaxonomica Sinica, 35(2):398.

♀ 体长约 9.5 mm。前翅长约 7.5 mm。触角长约 5.5 mm。

头部比胸部稍宽。颜面宽约为长的 2.0 倍，较平坦；具稠密的细皱；上缘中央(两触角窝间)呈“V”形凹，凹内具 1 小圆形瘤突。具弱的唇基沟。唇基近中部横向隆起；基半部具稠密皱刻点，端半部无刻点；端缘呈横凹状。上颚粗短，具稠密的细刻点；上端齿比下端齿宽且长。颊区具与颜面相似的质地；颚眼距约为上颚基部宽的 0.6 倍。上颊稍隆起，具细密的浅刻点。头顶具细密的浅刻点，但单眼区后缘至复眼间刻点较稀，呈细革质粒状表面；单眼区具短的中纵沟；侧单眼间距约为单复眼间距的 1.1 倍。额具宽浅的中纵沟，沟内具短横皱；中后部较平，具稠密的浅细刻点；仅触角窝的上方深凹陷，凹陷内光亮且具横皱；侧缘具浅细刻点。触角鞭节短，切割状，23 节，末节端部尖；第 1~第 5 鞭节长度之比依次约为 2.1∶1.7∶1.5∶1.4∶1.3。后头脊上侧面稍有磨损，上面中央及下部非常强壮，上面中央稍沟状浅凹。

前胸背板前缘及后上部具清晰的细刻点，侧凹内具稠密且较粗的横皱；后缘具稠密的短纵皱。中胸盾片稍隆起，具稠密稍粗的刻点；盾纵沟清晰，后端达中胸盾片中央之后。盾前沟光滑。小盾片及后小盾片具稠密的细刻点；前者均匀隆起；后者稍呈横形，中央前凸。中胸侧板具稠密模糊的细刻点，中部具稍粗的斜纵皱；胸腹侧脊弱；腹板侧沟清晰，约达基部 0.55 处。后胸侧板具稠密的细网状刻点，前缘和后角处具短斜皱；后胸侧板下缘脊完整强壮；基间脊完整强壮；基间区光滑。翅稍带褐色透明；小脉位于基脉的稍外侧；无小翅室；肘间横脉非常粗且短(似结状)，与第 2 回脉几乎对叉(位于其稍内侧)；外小脉约在上方 2/5 处曲折；后小脉约在中央处曲折。足的胫节和跗节具短棘刺；后足基节非常强大，近似锥形，具非常弱的细刻点，后足第 1~第 5 跗节长度之比依次约为 6.6∶2.2∶1.5∶0.7∶1.4。并胸腹节具稠密且不规则的粗网皱；基区后缘强烈隆起呈棱状；基横脊完整、强壮，无端横脊；具弱的外侧脊；气门椭圆形。

腹部第 1 节背板细长，两侧缘几乎平行(后缘稍宽)，后柄部几乎不宽于腹柄部，具弱浅的细刻点，但基部较稀且光滑光亮；无背中脊，背侧脊在气门内侧较明显，腹侧脊多多少少具痕迹；长约为端宽的 3.7 倍；气门小，圆形，强烈向侧面突起，位于该节背板中部稍后方。第 2 节及以后的背板具非常稠密的细刻点，第 2~第 5 节背板亚中部具多多少少明显的纵凹；第 2 节背板基部非常窄，而端部显得非常宽，长约为端宽的 1.2 倍，为基部宽的 2.8 倍。第 3 节背板长约为端宽的 0.6 倍，为基部宽的 0.8 倍。以后的背板明显横形，显著向后收敛。产卵器鞘短，未伸出腹末端。产卵器矛状，端部具弱纵脊。

体黑色，下列部分除外：触角红棕色；眼眶(颊区除外，上颊眼眶中部向下宽延)，颜面中央的方斑及两触角窝间凹内的小圆形瘤突，上唇，颊端缘，头顶后部的方斑，下唇须，下颚须，前胸背板上缘，中胸盾片前外侧的三角斑和中央的小方形斑，盾前沟两侧的小斑，小盾片(基缘黑色除外)，后小盾片及侧部的凹槽内，翅基片，中胸侧板前缘下方的小斑、后缘上方的小斑(大于前者)、下后缘的 2 小斑，后胸侧板后部中央的大斑，并胸腹节中后部中央，后足基节背侧基部的倒“U”形斑、腿节亚基部，腹部第 1、第 2 节背板端部及其余背板端缘均为黄色；足黄褐色，基节、转节及腿节多多少少带黑色；腹部第 1、第 2 节背板红褐色，其余背板褐黑色；翅痣黄褐色，翅脉褐黑色。

分布：江西。

观察标本：1♀，江西全南，340 m，2009 -05-13，李石昌。

70. 隆侧姬蜂属 *Latibulus* Gistel, 1848

Crypturus Gravenhoest, 1829. Ichneumonologia Europaea, 1:655. Name preoccupied by Illiger, 1811, & by Lamarck, 1817. Type-species: *Ichneumon argiolus* Rossi; monobasic.

Latibulus Gistel, 1848. Naturgeschichte des Thierreichs für höhere Schulen, p.8 New name.

主要鉴别特征：前翅长 6.0~11.0 mm。盾纵沟弱、不明显或缺；肘间横脉短，远在

第 2 回脉外侧；并胸腹节基横脊完整且强壮；端横脊完整，或仅侧面存在；腹部第 1 节背板长大于端宽的 2 倍，第 2~第 5 节背板各具 1 对或深或浅的纵凹陷。

全世界仅知 9 种；我国已知 4 种；江西已知 1 种。

148. 黑背隆侧姬蜂 *Latibulus nigrinotum* (Uchida, 1936) (图版 XIII：图 96)

Endurus flavofasciatus nigrinotum Uchida, 1936. Insecta Matsumurana, 11:2.

♂ 体长 10.5~12.5 mm。前翅长 8.5~10.0 mm。

体相对较瘦长，头部稍宽于胸部。颜面宽为长的 1.7~1.8 倍；几乎平坦，侧缘(眼眶)稍隆起；具稍粗糙的刻点(或稍呈小鳞状纹)；上缘中央(两触角窝间)下凹，凹内具 1 小圆形瘤突。唇基仅中部(稍靠近基部)呈低矮的横棱状隆起，基部稍粗糙；端部较光滑；端缘中央凹。上唇外露较长，半圆形，端缘具长毛。上颚较宽短，端部稍狭，具细刻点和细短皱；上端齿大于且长于下端齿。颊区稍微粗糙；颚眼距为上颚基部宽的 0.3~0.4 倍。上颊几乎光滑，具较密但不清晰的细刻点，稍微向后方收敛。头顶具稠密的细刻点；后缘中央(靠后头脊的上方)稍凹，显得后头脊非常宽。侧单眼间距约等于单复眼间距。额稍呈细革质状表面，具较稀的刻点；具中纵沟，下部在沟的侧缘具高隆起。触角细长，几乎等于体长，鞭节 33~35 节，第 1~第 5 鞭节长度之比依次约为 10∶6∶6∶6∶5。后头脊完整。

前胸背板前缘稍粗糙，刻点不清晰；侧凹内具短横皱；后部具稠密的皱点；沿后缘具纵皱。中胸盾片均匀隆起，具稠密且相对较粗的刻点，盾纵沟仅前部具痕迹。小盾片隆起，具稠密的刻点。后小盾片横长形，具浅且弱的刻点。中胸侧板具稠密的刻点，中央横浅凹，凹粗糙。后胸侧板具稠密的粗刻点，下侧在基间脊的下方呈网皱状。翅稍带褐色透明；小脉位于基脉内侧；无小翅室，肘脉非常靠近胫脉；外小脉在近上方 1/3 处曲折；后小脉约在中央曲折。后足较细长，基节锥形膨大，胫节和跗节具小的短棘刺；后足第 1~第 5 跗节长度之比依次约为 55∶17∶10∶6∶10。并胸腹节基横脊的中段强壮，其他脊较弱；第 1 侧区具细刻点，其余部分具稠密且不规则的粗皱；气门斜椭圆形。

腹部具稠密的刻点，但后部逐渐变弱且不清晰；第 2~第 5 节背板亚中部具纵沟。第 1 节背板细长，长为端宽的 2.4~2.6 倍，腹柄部背面几乎平坦；气门小，圆形，突起。第 2 节背板梯形，前端非常窄，长约等于端宽，约为基部宽的 2.1 倍。其余背板横形。

体黑色，下列部分除外：触角鞭节基半部黑褐色，端半部红褐色；触角柄节腹端，颜面，唇基，上唇，上颚(端齿黑色)，下唇须，下颚须，颊，上颊基缘，额眼眶，上颊眼眶(头顶眼眶黑色)，翅基片，前胸背板基角和上缘，中胸背板后缘的斑，小盾片外侧中段的条斑，后小盾片，中胸侧板翅基片下侧、中部的散斑(前后各 1)及腹侧，后胸侧板后部的斑，并胸腹节中后部中央，前中足的基节、转节，后足基节腹侧及背侧亚基部的斑、第 1 转节末端及第 2 转节的腹侧，腹部第 1 节背板基半部和其余背板端缘的横带均为鲜黄色；足红褐色，但后足基节背侧及第 1 转节(端缘除外)黑色；后足腿节外侧和胫节外侧末端带黑褐色；后足第 1~第 4 跗节黄白色；翅脉，翅痣(基部色淡)黑褐色。

变异：腹部背板的纵沟非常深至较浅；浅色斑的大小有变化。

分布：江西、河南、台湾；朝鲜，日本。

观察标本：1♀，江西吉安双江林场，174 m，2009-05-10，集虫网；1♀，江西安福，150 m，2010-06-12，集虫网。

九）甲腹姬蜂族 Hemigasterini

柄节端截面稍斜至非常斜。若腹板侧沟抵达中胸侧板后缘，则后端位于中胸侧板后下角的上方。后胸背板后侧缘具1小角状突(但端脊姬蜂属 *Echthrus* 或无该侧突)，该突起与并胸腹节侧纵脊基端相对。并胸腹节通常具纵脊和横脊，若仅具1条横脊时，则端横脊强壮，基横脊消失。第2回脉直，具1弱点。

该族含26属；我国已知13属；江西已知5属。

甲腹姬蜂族江西已知属检索表

1. 产卵器背瓣端部具斜脊或横脊；并胸腹节非常短，端区长为中区和基区长度之和的0.65~0.75倍；上颚短，亚三角形，下端齿消失或明显短于上端齿；并胸腹节气门长形……2
   产卵器背瓣端部光滑，无脊；并胸腹节通常较长，端区长小于中区和基区长度之和的0.65倍；上颚较狭，下端齿等于或长于或短于上端齿；并胸腹节气门圆形或长形……3
2. 腹部第2节和第3节背板融合为一个整体；第2肘间横脉缺；第1肘间横脉不内斜，或至少非强烈内斜……**甲腹姬蜂属 *Hemigaster* Brullé**
   腹部第2节和第3节背板正常(分离)，不融合在一起；具第2肘间横脉；第1肘间横脉强烈内斜……**曼姬蜂属 *Mansa* Tosquinet**
3. 体蓝紫色并具金属光泽；下端齿短于上端齿；并胸腹节侧面具双突；腹部第1节腹板近端部两侧具一齿状突……**兰紫姬蜂属 *Livipurpurata* Wang**
   体黑色，或具红色、褐色或白色斑……4
4. 上颚下端齿远小于上端齿；腹板侧沟强壮，伸抵中足基节；小翅室几乎方形，肘间横脉平行，第2回脉位于它的中部稍内侧；腹部第1节背板无背中脊……**宽唇姬蜂属 *Platymystax* Townes**
   上颚2端齿等长；腹板侧沟后部1/3非常弱；小翅室五边形，肘间横脉通常强烈向前方收敛；腹部第1节背板具背中脊，后端约抵达后柄部的基部……**后孔姬蜂属 *Polytribax* Förster**

71. 甲腹姬蜂属 *Hemigaster* Brullé, 1846

Hemigaster Brullé, 1846. *In*: Lepeletier de Saint-Fargeau A. Histoire Naturelles des Insectes, Hyménoptères, 4:266. Type-species: *Hemigaster fasciatus* Brullé. Designated by Viereck, 1914.

主要属征：上端齿长于下端齿。额具1强壮的中纵脊，脊的中央强烈突起呈扁角状，角的顶端背面或具浅纵沟。雌性触角端部稍宽，下侧面稍平。盾纵沟不明显或非常弱。腹板侧沟伸达或几乎伸达中足基节。无小翅室。并胸腹节非常短，具侧突；中区与基区合并；并胸腹节气门斜长形。腹部第1节背板具完整且强壮的纵脊；第2、第3节背板特别膨大，多多少少融合在一起；第4~第7节背板大部分或全部缩在第3节背板下。产卵器背瓣亚端部具横脊。

全世界已知12种；我国已知2种，江西均有分布。

149. 颚甲腹姬蜂 *Hemigaster mandibularis* (Uchida, 1940)

Chreusa mandibularis Uchida, 1940. Insecta Matsumurana, 14:123.

Hemigaster mandibularis (Uchida, 1940). He, Chen, Ma. 1996: Economic Insect Fauna of China, 51: 488.

♂ 体长约 8.5 mm。前翅长约 6.5 mm。

头部稍宽于胸部。颜面宽约为长的 1.7 倍，较平，具稠密的细横皱；上缘中央具 1 小瘤突。唇基稍隆起，中央具稠密的细纵皱，侧方具斜细皱；端缘中央几乎平截，两侧明显收敛。上颚较短，基部具细纵纹，下缘具镶边；上端齿明显长于下端齿。颊具稠密的细纵皱，颚眼距约等于上颚基部宽。上颊具稠密的皱刻点，向后强烈收敛；侧观约为复眼横径的 0.53 倍。额在触角窝上方明显凹，凹内光滑光亮，具 1 中纵脊；上部及两侧具稠密不规则的粗皱。触角稍短于体长，鞭节 28 节，第 1~第 5 鞭节长度之比依次约为 2.3∶2.0∶2.0∶1.8∶1.6。头顶在侧单眼后缘呈横棱状，使头顶分成 2 个面；侧单眼外侧相对平坦，具稠密的细皱夹细刻点；单眼区具稠密的细皱；侧单眼间距约为单复眼间距的 0.5 倍；侧单眼后方陡直，质地与上颊相似。后头脊完整。

前胸背板前部狭窄，侧凹内具稠密均匀的横皱；后上部具稠密粗糙的刻点和皱；具前沟缘脊。中胸盾片稍隆起，具稠密的细刻点和红褐色毛；亚后角稍外突；盾纵沟浅，伸达中胸盾片亚后缘。盾前沟具稠密的短纵皱。小盾片均匀隆起，具不明显的刻点和稠密的红褐色毛；侧脊完整。后小盾片小，梯形，光滑。中胸侧板具不规则的刻点和皱纹；胸腹侧脊约伸达中胸侧板高的 1/2 处；镜面区光滑光亮；中胸侧板凹浅坑状；腹板侧沟伸达中足基节。后胸侧板具粗皱刻点，基间脊明显，基间区具弱纵皱。翅带褐色，透明；小脉位于基脉稍内侧；无小翅室，第 2 回脉在肘间横脉的外侧与之相接，二者之间的距离约为肘间横脉长的 0.8 倍；外小脉稍内斜，约在下方 0.4 处曲折；后小脉约在下方 1/3 处曲折。足细长；基节短锥形；后足第 1~第 5 跗节长度之比依次约为 6.8∶3.0∶2.0∶1.0∶2.0。并胸腹节基区横宽，具模糊的细粒点；中区和端区合并，向后逐渐收敛，长约为最宽处宽的 1.8 倍，稍纵凹，具稠密的细皱和刻点；端横脊中段缺；中纵脊明显，在基区端部收窄；侧纵脊和外侧脊明显；其余区域呈不规则的弱网皱；气门斜长形。

腹部具非常稠密的细纵皱间杂刻点，侧方具较清晰的皱刻点。第 1 节背板长约为端宽的 1.4 倍；背中脊强壮，几乎平行伸达端部(向端部稍变宽)，脊之间具稠密的细纵皱；背侧脊和腹侧脊完整；气门小，稍隆起，约位于端部 1/4 处；腹侧脊后半部上方具中央稍外凸的侧脊。第 2、第 3 节背板愈合为龟甲状；第 2 节背板梯形，基部中央稍凹，长约为端宽的 0.8 倍。第 3 节背板长约为基部宽的 0.7 倍，显著向后收敛。其余背板短且隐藏于第 3 节背板之下。

体黄褐色。触角鞭节端部黑褐色；颜面，唇基，上颚(端齿黑色)，颊，上颊，下唇须，下颚须，前胸侧板，前中足基节腹侧褐黄色；后足腿节基部暗褐色，胫节端半部和末跗节黑褐色；翅脉褐黑色；翅痣黄色。

分布：江西、湖南、湖北、浙江、广西、四川、台湾。

观察标本：1♂，江西安福，230~250 m，2010-07-04，集虫网。

150. 台湾甲腹姬蜂 *Hemigaster taiwana* (Sonan, 1932)

Chreusa taiwana Sonan, 1932. Transactions of the Natural History Society of Formosa, Taihoku, 22:85.

♀ 体长约 11.0 mm。前翅长约 9.5 mm。

体具褐色短毛，头部稍宽于胸部。颜面长约为宽的 0.5 倍，较平，具稠密的粗刻点和不规则的短皱。唇基具纵皱点，端缘中央几乎平截。上颚较短，基部具稀刻点；上端齿明显长于下端齿。颊具稠密的纵皱点，颚眼距约为上颚基部宽的 1.1 倍。上颊刻点稠密，向后近平行，向下急速收敛；侧观约为复眼横径宽的 0.6 倍。额稍凹，具稠密的粗刻点和不规则的皱。触角丝状，稍短于体长，鞭节 32 节，第 1~第 5 鞭节长度之比依次约为 15∶19∶18∶13∶10。头顶稍平凹，具稠密的粗刻点，单眼区中央及两侧具细纵纹并向后延伸；侧单眼后方陡直下斜；侧单眼间距约为单复眼间距的 0.4 倍。后头脊完整。

前胸背板前缘具稀刻点；侧凹内具较均匀的横皱；后部粗糙，具刻点和皱。中胸盾片稍隆起，具刻点和细纵纹；亚后角稍外突，近内缘具凹坑；盾纵沟浅，几乎达中胸盾片后缘。小盾片均匀隆起，具刻点和细纵纹。后小盾片小，光滑。中胸侧板具不规则的刻点和皱纹，胸腹侧脊约达中胸侧板高的 1/2 处；镜面区小，光亮，稀具细刻点；中胸侧板凹浅坑状；腹板侧沟几乎伸达中胸侧板的后缘。后胸侧板基部具粗刻点，端半部具不规则的皱。翅褐色透明；小脉位于基脉的外侧，二者之间的距离约为小脉长的 1/2；无小翅室，第 2 回脉在肘间横脉的外侧与之相接，二者之间的距离约为肘间横脉长的 1/2；外小脉约在下方 1/3 处曲折；后小脉外斜，约在下方 1/3 处曲折。足细长；基节锥形膨大，腹侧具纵凹；后足第 1~第 5 跗节长度之比依次约为 30∶12∶10∶4∶7。并胸腹节分区较完整，基区相对光滑，其他区具不规则的皱和刻点；中区和端区间无横脊，两区连接近椭圆形，中下部刻点非常稠密；基横脊明显，端横脊中段缺；中纵脊基段明显，在基区端部向内收窄，在中区中下部分较弱；侧纵脊和外侧脊明显；气门长形。

腹部具非常稠密的粗刻点，杂有不规则的皱。第 1 节背板背中脊发达，几乎平行伸达端部 1/10 处，并在此处形成弱瘤；背侧脊发达，伸达气门；气门小，稍突出，位于端部 1/3 处；腹侧脊强，后半部向外稍凸；第 1 节背板长约为端宽的 1.4 倍。第 2 节背板梯形，基部两侧具窗疤；第 2 节背板长约为端宽的 0.7 倍。第 3 节背板长约为基部宽的 0.7 倍。其余背板短且隐藏于第 3 节背板之下。

体褐黄色。触角鞭节端部背侧黑褐色，腹侧节间末端带褐色环；颜面，唇基，上颚(端齿黑色)，颊，上颊，下唇须，下颚须黄色；翅脉暗褐色；翅痣黄色。

♂ 体长 7.0~10.5 mm。前翅长 5.0~9.0 mm。触角鞭节 25~31 节。触角鞭节端部及后足胫节端部黑褐色。

分布：江西、浙江、河南、台湾。

观察标本：1♀，江西安福，310 m，2011-06-21，集虫网；2♂♂，江西全南，2010-06-09~19，集虫网；1♂，江西安福，180~200 m，2010-06-19，集虫网；1♂，河南信阳鸡公山，700 m，1997-07-11，申效诚；1♀，河南栾川龙峪湾，1300 m，1997-08-15，任应党、刘玉霞、申效诚；1♂，河南栾川龙峪湾，1000 m，1997-08-17，任应党、刘玉霞、申效诚；2♂♂，河南内乡宝天曼，600 m，1998-07-15，孙淑萍；1♂，河南内乡宝天曼，1280 m，2006-07-20，申效诚。

72. 兰紫姬蜂属 *Livipurpurata* Wang, 1994 (江西新记录)

Livipurpurata Wang, 1994. Sinozoologia, 11:175. Type-species: *Livipurpurata dentiexserta* Wang, 1994; original designation.

体强壮，蓝紫色并具金属光泽。唇基中部稍隆起，端缘几乎平截。上颚下端齿稍短于上端齿。颚眼距约等于上颚基部宽。雌蜂触角第 2 节的长为中部直径的 2.3~2.5 倍；雄蜂触角第 2 节的长为中部直径的 2 倍。前沟缘脊强壮，伸至前胸背板背方突出如齿。腹板侧沟抵达侧板的 0.65 处，其后方不明显。并胸腹节具大的刻点，相互连接几乎呈网状，中央具 2 条纵脊，基段平行，端部向两侧分开，该脊在侧突处明显隆起，在隆起的下方具 1 齿状突。小翅室五边形。后小脉在中央下方曲折。腹部第 1 节腹柄部的长等于后柄部，背中脊不明显；背侧脊完整，在近气门处较弱；腹板近端部两侧具齿突，产卵器背瓣无明显的脊或齿，腹瓣具弱的斜脊。

该属仅知 1 种，分布于我国南方地区，江西有分布。

151. 齿突兰紫姬蜂 *Livipurpurata dentiexserta* Wang, 1994 (图版 XIII：图 97) (江西新记录)

Livipurpurata dentiexserta Wang, 1994. Sinozoologia, 11:175.

♀ 体长 15.5~16.5 mm。前翅长 13.0~13.5 mm。产卵器鞘长 5.0~5.5 mm。

颜面宽约为长的 1.8 倍，不隆起，中央具粗皱，两侧有凸凹感且具稀疏的相对细的刻点，刻点直径小于刻点间距。颜面与唇基间无明显的沟分隔。唇基具稠密的细刻点，间杂有稀疏粗大的刻点；基部中央明显隆起，端部向下收敛；端缘平截。上颚基部具稀浅的刻点和细皱，下端齿明显短于上端齿。颊具与颜面两侧相近的刻点，颚眼距约等于上颚基部宽。上颊前部与颊质地相近，向后刻点渐稀且粗，后部光滑光亮，仅有几个粗大的刻点。额部深凹陷且光滑光亮。触角粗壮，明显短于体长；柄节膨大，端缘斜截形；鞭节 27 节，第 1~第 5 鞭节长度之比依次约为 3.0∶3.0∶2.8∶2.6∶2.2，其余各节较匀称。头顶较光滑，具很稀的分布不均且大小不一的刻点；侧单眼间距约等于单复眼间距。后头脊完整。

前胸背板背方具不均匀的刻点，中央略凹，前缘两侧突出呈齿状，且侧角处光滑光亮；前缘光滑光亮；侧凹内及下后缘具明显的粗横皱，前缘及上缘具短横皱；后部中央较光滑，具稀疏的极细浅的刻点；前沟缘脊发达，伸至背板背方呈齿状突出。中胸盾片稍隆起，中央光滑光亮无刻点，但具 1 弱浅的中纵沟；中叶两侧具纵向的分布不均的粗大的稀刻点；侧叶光滑光亮，前部及外缘后部具几个大而粗的刻点；盾纵沟细，非常清晰，伸达或几乎伸达中胸盾片后缘，沟内具短横皱。小盾片前方具很大的凹陷，其中央具 2 条细纵脊；侧脊基半部粗壮；小盾片后部明显隆起，舌状，光滑光亮，具几个大而粗的刻点。后小盾片光滑光亮，“小”字形微凸起。中胸侧板前上角及前缘下部刻点细密，前缘中部具粗横皱；上方大部分光滑光亮，光亮区外围嵌几个粗大的刻点；中央具宽横凹，凹内具明显的斜纵皱；下方具大小不均匀的刻点；后缘具短横皱；胸腹侧脊明显，几乎伸达翅基下脊；沿胸腹侧脊上半部形成弧形凹，凹内具短皱，包围上方隆起的较大的光亮区；镜面区大。后胸侧板外围为不规则的粗皱，中央嵌几个非常粗大的刻点；下缘脊完整，前部突出呈耳状。翅茶褐色半透明；小脉位于基脉的外侧，二者之间的距离约为小脉长的 0.4 倍；小翅室五边形，第 2 回脉在它的中央外侧与之相接，第 2 肘间横脉中央具弱点；外小脉约在下方 1/4 处曲折；后小脉约在下方 1/4 处曲折。足基节呈棱锥形膨大；后足第 1~第 5 跗节长度之比依次约为 8∶4∶3∶1.7∶3.5。爪简单。并胸腹节具稠密的粗网皱；中纵脊在基部平行，并向两侧斜下方延伸至端部，在端部形成明显的并胸腹节侧突；并胸腹节后部中央凹陷；后缘两侧形成明显的齿突，比并胸腹节侧突略长而尖；侧纵脊基部明显；并胸腹节气门斜长形，具围凹，靠近侧纵脊。

腹部纺锤形，最宽处位于第 2 节末端；光滑光亮，具非常稀疏且大小不均的细刻点。第 1 节背板长约为端部宽的 1.54 倍，约在后部 1/3 处中央钝锥形隆起；基部中央光滑光亮，无刻点，侧面(背侧脊与腹侧脊之间，此处呈垂直面)具非常粗糙且不清晰的密皱；亚端部稍宽；无背中脊；背侧脊完整；后柄部宽明显大于长，具非常稀且不均匀的细刻点；腹板亚端部具小侧齿；气门略呈椭圆形，约位于后部 1/3 处。第 2 节背板宽阔，长约为端部宽的 0.9 倍。产卵器端部非常细尖，腹瓣末端具 11 条非常弱的脊，基部 6 或 7 条强烈内斜。

体较强壮，具蓝紫色金属光泽；触角，下唇须，下颚须，足的胫节和跗节，翅痣和翅脉黑褐色。

♂ 体长 13.0~14.5 mm。前翅长 11.0~13.0 mm。触角鞭节 31 或 32 节。阳茎基侧突宽而扁。

分布：江西、河南、浙江、福建。

观察标本：1♀，江西全南，628 m，2008-07-09，集虫网；1♂，江西全南，530 m，2008-06-10，集虫网；2♀♀，江西全南，628 m，2010-06-01~06-29，集虫网；2♀♀1♂1♀1♂，河南西峡老界岭，1350~1550 m，1998-07-17，孙淑萍；2♀♀1♂，河南卢氏，2008-07-27，盛茂领。

73. 曼姬蜂属 *Mansa* Tosquinet, 1896

Mansa Tosquinet, 1896. Méroires de la Société Entomologique de Belgique, 5:209. Type-species: *Mansa singularis* Tosquinet; monobasic.

上颚上端齿长于下端齿。唇基端缘几乎或完全平截，中央有时具 1 个或 2 个钝突。雌性的触角端部圆柱形或下侧稍扁平。雄性若具触角瘤，位于鞭节第 9~第 15 节。无盾纵沟。小翅室较大，宽约为高的 1.6 倍，前宽后窄，第 1 肘间横脉强烈内斜；第 2 回脉在它的中央内侧与之相接。并胸腹节较短，具弱侧突；中区与基区合并；并胸腹节气门斜长形。产卵器圆筒形，背瓣亚端部具弱横脊。

该属在全世界已知 28 种；我国已知 6 种；江西已知 3 种。

152. 长尾曼姬蜂 *Mansa longicauda* Uchida, 1940

Mansa longicauda Uchida, 1940. Insecta Matsumurana, 14:117.

♂ 体长 9.5~13.0 mm。前翅长 9.5~13.0 mm。

体被褐色短毛。头部稍宽于胸部。颜面宽约长的 1.6 倍，中央圆形隆起，隆起上具稠密的细刻点；两侧具较稀且相对粗的刻点；上缘中央具 1 小突起。唇基几乎平坦，具非常稠密的刻点；端缘几乎平截，光滑光亮，无刻点。上唇稍外露。上颚中等长，基部具稀刻点和长毛；上端齿长于下端齿。颊区稍粗糙，稍呈细革质状表面；颚眼距约为上颚基部宽的 1.3 倍。上颊光滑光亮，具非常细且稀的毛刻点，直地向后方收敛。头顶横棱状，侧单眼位于横棱上，单眼区两侧稍凹陷，具不清晰的细刻点；侧单眼至后头脊几乎垂直下斜；侧单眼间距为单复眼间距的 0.7~0.8 倍。额均匀下凹，具清晰稠密的刻点，触角窝的上方光滑。触角基部较粗，向端部逐渐变细；鞭节 36 或 37 节，第 1~第 5 鞭节长度之比依次约为 18∶13∶12∶11∶10。后头脊完整，非常强壮。

前胸背板前部具细纵纹，前缘具非常细的刻点；侧凹内具斜纵纹夹细而稀的刻点，后上角具不均匀的细刻点。中胸盾片隆起，具非常稠密的细刻点和不清晰的短皱纹；盾纵沟不清晰。小盾片稍呈平面状，具非常稠密但不均匀的刻点；侧脊伸达中部之后。后小盾片呈横形，具非常细且浅的刻点。中胸侧板光亮，下部具稠密的刻点，上部的刻点非常稀且细；沿中胸侧缝光滑无刻点。后胸侧板的前部具清晰的细刻点，后部具波状纵皱；后胸侧板下缘脊非常强壮。翅带褐色透明；小脉几乎与基脉对叉；小翅室非常大，几乎四边形，第 1 肘间横脉非常内斜，第 2 回脉在它的中央内侧与之相接；外小脉在中央曲折；后小脉稍外斜，在下方 1/4~1/3 处曲折。足长，强壮；后足第 1~第 5 跗节长度之比依次约为 52∶30∶25∶12∶25。并胸腹节由基横脊处(靠近基部)向端部均匀倾斜，中央纵凹，凹内及端部具不清晰的网皱或短横皱；第 1 侧区端部和外侧区具横皱；其余具细刻点；气门狭长形，长径约为短径的 2.8 倍。

腹部短小，最宽处位于第 2 节端部；第 1 节直，后柄部前半段中央纵凹；长约为端宽的 2.7 倍；气门小，纵椭圆形，稍隆起。第 2 节背板长约为端宽的 0.6 倍。第 3 节背板倒梯形，长约为基部宽的 0.6 倍。

体黄褐色。触角鞭节背侧端部黑褐色；颜面，唇基，上颚(端齿黑褐色除外)，颊，上颊，下唇须，下颚须，前中足基节、转节浅黄(近于白)色；后足腿节基端和跗节第 1~第 4 节基端带黑色；翅痣及翅脉褐色。

♀ 体长 10.5~13.0 mm。前翅长 9.5~12.5 mm。鞭节 31~33 节。产卵器鞘长 3.5~4.0 mm。触角鞭节基部黄褐色，中部基侧黄白色，端部褐黑色。

分布：江西、河南、陕西、湖南、浙江、广西、海南、台湾。

观察标本：2♀♀，江西官山，900~1600 m，1990-08-26；1♀，江西宜丰，450 m，2008-05-27，集虫网；1♀，江西资溪马头山林场，2009-05-29，集虫网；6♂♂，江西全南，2008-06-02~07-02，集虫网；3♂♂，江西全南，2010-06-09~06-18，集虫网；3♂♂，江西官山，400~500 m，2009-08-10~2010-07-05，集虫网；16♂♂，江西武夷山，1200~1370 m，2009-07-11~30，集虫网；2♀♀10♂♂，江西官山，2010-05-07~2011-06-30，孙淑萍、盛茂领；1♂，陕西安康火地塘，1539 m，2010-07-11，李涛；1♂，海南尖峰岭，1997-07-22，魏美才；2♂♂，海南尖峰岭，1999-03-18~19，魏美才；1♂，湖南武冈云山，1300 m，1999-05-02，邓铁军；1♂，广西百色乐业，1100 m，1999-07-06，肖炜；1♂，

广西百色乐业，1100 m，1999-07-07，文军。

153. 柄曼姬蜂 *Mansa petiolaris* Uchida, 1940

Mansa petiolaris Uchida, 1940. Insecta Matsumurana, 14:116.

本书作者未能采集到该种的标本。据原始描述，主要特征如下所述。

♀ 体长 16~17 mm，触角长约 15 mm，前翅长约 15 mm；红褐色；触角基部带红色，中部黄白色，端部黑色；颜面侧面，颊区，上颊，触须，前中足基节及转节带黄色；中胸盾片带褐色。

♂ 大部分暗红褐色；触角中部带黄色；体长约 15 mm。

分布：江西(庐山)。

154. 黑跗曼姬蜂 *Mansa tarsalis* (Cameron, 1902) (图版 XIII：图 98)

Colganta tarsalis Cameron, 1902. Entomologist, 35:22.

Mansa tarsalis (Cameron, 1902). He, Chen, Ma. 1996: Economic Insect Fauna of China, 51: 486.

♀ 体长 7.0~12.0 mm。前翅长 7.5~10.0 mm。产卵器鞘长 1.5~2.5 mm。

头部稍宽于胸部。颜面宽约为长的 2.0 倍，中央稍隆起，隆起上具稠密的弱细刻点；两侧具弱皱表面和粗大的刻点。唇基稍隆起，基部具稠密的粗浅刻点；端部光滑光亮，无刻点；端缘几乎平截。上唇稍外露。上颚中等长，基部具稀浅的刻点，端部细窄；上端齿稍长于下端齿。颊区稍呈细革质状表面，具眼下沟；颚眼距约为上颚基部宽的 1.3 倍。上颊光滑光亮，直地向后方收敛，具非常细且稀的刻点。头顶稍呈横棱状，侧单眼位于横棱上，单眼区稍隆起，具不清晰的细刻点；侧单眼至后头脊几乎垂直下斜，具稠密的细刻点；侧单眼间距约为单复眼间距的 0.7 倍。额的下部光滑光亮，均匀下凹，具 1 短浅的中纵沟；上部中央具稠密的细皱刻点。触角鞭节 28 节，端部较粗壮，末节端部钝圆；第 1~第 5 鞭节长度之比依次约为 1.8∶1.4∶1.2∶1.0∶0.9。后头脊完整。

前胸背板前部具细纵纹；侧凹内具斜纵纹夹细密的刻点，后上角具稠密的细刻点。中胸盾片稍隆起，具非常稠密的细皱刻点；盾纵沟不清晰。小盾片稍呈平面状，具非常稠密但不均匀的刻点；侧脊强，伸达中部之后。后小盾片稍呈横三角形，具不明显的细刻点。中胸侧板具稠密的粗皱刻点；镜面区稍光滑，刻点弱；胸腹侧脊约伸达中胸侧板高的 2/3 处；腹板侧沟显著，伸达中足基节。后胸侧板的前部具清晰的细皱刻点，后部具稠密的细横皱；基间脊清晰，基间区稍光滑，具弱细的皱刻点；后胸侧板下缘脊特别强壮。翅稍带褐色，透明；小脉位于基脉稍外侧；小翅室非常大，几乎四边形，第 2 回脉约在它的基部 0.35 处相接，第 1 肘间横脉稍内斜；外小脉在中央曲折；后小脉稍外斜，在下方 1/4~1/3 处曲折。足长，强壮；后足第 1~第 5 跗节长度之比依次约为 3.0∶1.5∶1.2∶0.5∶1.3。并胸腹节中纵脊(仅基部)之间稍凹，凹内及端部具不清晰的弱网皱和短横皱，向端部均匀倾斜；侧纵脊和外侧脊仅在气门之前可见；无基横脊；端横脊中段缺；第 1 侧区和外侧区具细横皱；气门狭长形，长径约为短径的 2.3 倍。

腹部短，最宽处位于第 2 节端部。第 1 节直，细柄状，后柄部前半段中央纵凹；较光滑，端部两侧具细刻点；长约为端宽的 1.9 倍；气门小，圆形，稍隆起。第 2 节及以后背板具均匀稠密的细刻点；第 2 节背板长约为端宽的 0.6 倍。第 3 节背板倒梯形，长约为基部宽的 0.5 倍；以后背板横形，显著收敛。产卵器鞘长约为后足胫节长的 0.7 倍；产卵器直，端部约具 10 条细纵脊。

体黄褐色。触角鞭节背侧端部黑褐色；鞭节基半部黑褐色、中段第(6)7~第 9(10)黄色、端半部黑色；额下部(触角窝上方的凹内)，前中胸侧板，前中足基节色稍浅；后足胫节端部及跗节黑褐色；翅痣黄色，翅脉褐至黑褐色。

♂ 体长 5.5~11.5 mm。前翅长 6.5~12.5 mm。触角鞭节 35 或 36 节，背侧基段和端部黑褐色、中间有一段模糊的黄或黄褐色，向端部均匀缩小。

分布：江西、浙江、广西、广东、海南；印度。

观察标本：10♂♂，江西吉安双江林场，174 m，2009-04-28~05-17，集虫网；26♂♂，江西官山东河，400~500 m，2009-05-14~2010-07-05，集虫网；7♂♂，江西官山东河，400~500 m，2010-05-09~10-20，集虫网；1♀4♂♂，江西全南，330~700 m，2008-08-09~2009-05-27，集虫网；1♀8♂♂，江西资溪马头山，2009-04-10~05-29，集虫网；1♂，江西武夷山，1200 m，2009-07-02，集虫网；2♀♀，海南乐东尖峰岭，953 m，2007-03-05，肖炜。

74. 宽唇姬蜂属 *Platymystax* Townes, 1970 （江西新记录）

Platymystax Townes, 1970. Memoirs of the American Entomological Institute, 12 (1969):122. Type-species: *Giraudia ranrunensis* Uchida.

唇基宽为长的 2.0~4.0 倍；稍隆起，或几乎平；端缘平截或稍突。上颚下端齿远小于上端齿。触角鞭节第 2 节长为直径的 1.8~4.5 倍。触角瘤线形，起于第 9 节，延续 6~8 节，有时缺。前沟缘脊强壮。腹板侧沟强壮，伸抵中足基节。并胸腹节脊清晰、强壮；分脊强壮。小翅室大，几乎方形，肘间横脉平行，第 2 回脉位于它的中部或中部稍内侧。腹部第 1 节狭长，无背中脊。产卵器鞘长约为前翅长的 1/3。产卵器直，侧扁，端部矛状拉长。

全世界仅知 4 种；迄今为止，我国已知 1 种；这里介绍江西发现的该属 2 新种。

宽唇姬蜂属中国已知种检索表

1. 小翅室长约等于宽；中胸侧板、中胸腹板、并胸腹节和后足基节黑色……………………………………………… **然宽唇姬蜂 *P. ranrunensis* (Uchida)**

   小翅室宽大于长；中胸侧板、中胸腹板、并胸腹节和后足黄褐色、褐色或红褐色……………………2

2. 额光亮，具清晰的中纵沟；颜面的中纵带、唇基、前胸背板亚前缘的纵纹、翅基下脊浅黄白色；中胸盾片、腹部第 2 节背板前部 0.6 及第 3 节前半部黑色；第 4 节背板黄褐色………………………………………… **官山宽唇姬蜂，新种 *P. guanshanensis* Sheng & Sun, sp.n.**

   额稍粗糙，无光泽，无中纵沟；颜面和唇基完全黑色；胸部和并胸腹节及腹部第 2、第 3 节背板完全红褐色；第 4 节背板褐黑色………………………… **黑头宽唇姬蜂，新种 *P. atriceps* Sheng & Sun, sp.n.**

155. 黑头宽唇姬蜂，新种 *Platymystax atriceps* Sheng & Sun, sp.n. （图版 XIV：图 99）

♀ 体长约 5.0 mm。前翅长约 3.5 mm。触角长约 3.0 mm。产卵器鞘长约 1.4 mm。

颜面宽约为长的 2.1 倍，中央纵隆起，亚中央稍斜纵凹；具非常稠密的细粒状表面；上缘中央稍凹，凹底具 1 小瘤突。唇基沟清晰。唇基明显隆起，光滑，具非常稀疏的微细刻点；端缘近平截。上颚基部呈弱的皱粒状表面，下端齿明显短于上端齿。颊区具非常稠密的细粒状表面，颚眼距约为上颚基部宽的 0.8 倍。上颊较光滑，具稠密但不清晰的细刻点，侧观约为复眼横径的 0.5 倍，均匀向后收敛。头顶具稠密的细刻点；侧单眼外侧稍凹，单眼区具不明显的中纵沟；侧单眼间距约为单复眼间距的 0.8 倍。额在触角窝上方稍凹，具稠密的纵行细粒状纹；上部中央具稠密稍粗糙的粒状表面。触角鞭节 20 节，第 1~第 5 鞭节长度之比依次约为 1.4∶1.4∶1.3∶1.3∶1.1；末节长约为次末节长的 2.5 倍，端部稍尖。后头脊完整强壮。

前胸背板光滑光亮，具分散的细刻点；侧凹宽阔，光滑；前沟缘脊清晰，几乎伸达背板上缘。中胸盾片均匀隆起，光滑光亮，具非常稀疏不明显的微细刻点(亚端部中央刻点稍稠密)；盾纵沟深而明显，约达端部 0.3 处。盾前沟内具短纵皱。小盾片稍隆起，光滑，几乎无刻点，基部约 0.2 具侧脊。后小盾片横形，稍隆起，光滑。中胸侧板上部及后部较光滑，中央中下部具稠密的细刻点；胸腹侧脊伸达翅基下脊，上部 1/3 较弱；镜面区稍隆起，具稀且细的刻点；中胸侧板凹由一浅横沟与中胸侧缝相连；腹板侧沟显著，伸达中足基节，后部约 0.3 稍弯曲。后胸侧板较光滑，具不明显的微细刻点；基间脊完整；后胸侧板下缘脊完整。翅灰褐色，透明，小脉与基脉几乎相对(稍内侧)；小翅室五边形，宽约为高的 1.2 倍，两肘间横脉向前方稍收敛；第 2 回脉约在小翅室的下方中央稍内侧与之相接；外小脉约在下方 0.35 处曲折；后小脉约在下方 0.3 处曲折。后足基节长锥形；后足第 1~第 5 跗节长度之比依次约为 4.0∶1.6∶1.1∶0.5∶0.8。并胸腹节较强隆起，表面光滑；脊完整；中纵脊在基区端部强烈收敛，端部有一小段合二为一，致使基区呈三角形；中区五边形，向前方显著收敛，长约为分脊处宽的 1.6 倍，两侧边向下方稍收敛(近于平行)；分脊约在中区前方 0.25 处横向分出；并胸腹节侧突弱；气门圆形，约位于基部 0.3 处，距侧纵脊的距离约等于距外侧脊的距离。

腹部第 1 节背板长约为端宽的 2.8 倍，向基部显著收窄；表面较光滑，具不明显的弱细纵纹；背中脊和背侧脊完整；气门小，圆形，约位于第 1 节背板后部 0.4 处。第 2 节及以后背板光滑光泽，具微粒状表面；第 2 节背板基部具稀疏不明显的微细刻点，长约为端宽的 0.9 倍。第 3 节背板长约为基部宽的 0.6 倍，向后部明显收敛。产卵器鞘长约为后足胫节长的 0.9 倍。产卵器端部长矛状，背瓣亚端部稍隆起，腹瓣端部的纵脊细弱不明显。

头部主要为黑色，触角柄节和梗节腹侧橙黄色，鞭节第 1~第 3 节及端部腹侧带红褐色、中段第(6)7~第 10 节背侧白色；唇基端部暗红褐色，上颚(端齿黑色)橙红色，下唇须及下颚须乳黄色。胸部、并胸腹节、腹部第 1~第 3 节、足均为红褐色，小盾片和前中足色稍浅，翅基片和翅基下脊、前中足基节和转节乳黄色；后足胫节外侧中段橙黄色、外侧基部和端部及跗节外侧多少带黑褐色。腹部第 4 节及以后背板黑色，第 7、第 8 节背板后部中央乳白色。翅痣和翅脉褐色，前缘脉黑褐色。

正模 ♀，江西全南背夫坪，2009-05-20，集虫网。

词源：新种名源于模式标本具黑色头部。

该新种可通过上述检索表与近似种官山宽唇姬蜂 *P. guanshanensis* Sheng & Sun, sp.n. 及然宽唇姬蜂 *P. ranrunensis* (Uchida, 1932)区别。

156. 官山宽唇姬蜂，新种 *Platymystax guanshanensis* Sheng & Sun, sp.n.　(图版 XIV：图 100)

♀　体长约 6.5 mm。前翅长约 6.0 mm。触角长约 6.5 mm。产卵器鞘长约 2.0 mm。

颜面宽约为长的 1.5 倍，中央稍隆起，亚中央斜纵凹；表面具稀疏均匀的细刻点；上缘中央具 1 小瘤突。唇基沟清晰。唇基明显隆起，具稀疏的细刻点；端缘近平截，中央具 1 模糊不清的中突。上唇半圆形外露，端缘具 1 排细弱的长毛。上颚基部呈弱的皱表面，下端齿明显短于上端齿。颊区具革质细粒状表面，颚眼距约为上颚基部宽的 0.6 倍。上颊较光滑，具不明显的浅细刻点，侧观约为复眼横径的 0.5 倍，均匀向后收敛。头顶具稠密的细刻点；单眼区周围稍凹，单眼区具浅中纵沟；侧单眼间距约为单复眼间距的 0.7 倍。额相对较平，具稀疏的微细刻点，表面光滑；具 1 明显的中纵沟。触角鞭节 26 节，第 1~第 5 鞭节长度之比依次约为 3.6∶3.4∶3.1∶2.8∶2.3；末节长约为次末节长的 2.0 倍，端部尖。后头脊完整强壮。

前胸背板前缘较光滑，前上缘具不明显的细纵皱；侧凹具稠密的弱细横皱；后上部呈较光滑的弱皱表面；前沟缘脊明显，伸达背板上缘。中胸盾片均匀隆起，具非常稠密不清晰的微细刻点；盾纵沟前部 0.25 深而明显。盾前沟光滑。小盾片稍隆起，具不明显的微细刻点，基部约 0.25 具侧脊。后小盾片横形，稍隆起，较光滑。中胸侧板具较中胸盾片稍稀疏且清晰的细刻点；胸腹侧脊伸达翅基下脊；镜面区稍隆起，具微细的刻点；中胸侧板凹由 1 浅横沟与中胸侧缝相连；腹板侧沟显著，伸达中足基节，后部约 0.35 弯曲。后胸侧板质地同中胸侧板；基间脊完整；后胸侧板下缘脊完整。翅带黄褐色，透明；小脉与基脉相对；小翅室五边形，宽约为高的 1.5 倍，第 2 肘间横脉色弱，向前方稍收敛；第 2 回脉约在小翅室的下方中央内侧 0.3 处相接；外小脉约在中央处曲折；后小脉约在下方 0.25 处曲折。后足基节明显呈锥状膨大；后足第 1~第 5 跗节长度之比依次约为 5.2∶2.3∶1.6∶0.7∶1.6。并胸腹节较强隆起，表面光滑；脊完整；中纵脊在基区端部收敛，部分相互靠近且平行；基区较长，中央稍凹；中区近五边形，向前方显著收敛，长约为分脊处宽的 1.5 倍，两侧边向下方稍收敛；分脊约在中区前方 0.3 处横向伸出；并胸腹节侧突侧扁；气门圆形，约位于基部 0.3 处。

腹部第 1 节背板长约为端宽的 2.7 倍，向基部渐收敛；表面具稠密的弱细纵皱(基部中央稍光滑)；背中脊细但较完整，背侧脊强而完整；气门小，圆形，约位于第 1 节背板中央稍后方。第 2 节及以后背板具细革质状表面和稠密不清晰的微细刻点；第 2 节背板长约为端宽的 0.9 倍，基部具微细的纵皱。第 3 节背板长约为基部宽的 0.6 倍，向后部逐渐收敛。产卵器鞘长约为后足胫节长的 0.8 倍。产卵器腹瓣端部约具 8 条弱的细纵皱，末端 5 条相距较近。

头部主要为黑色，触角鞭节中段第 7~第 11 节背侧黄色、柄节和梗节腹侧及鞭节端部腹侧带红褐色；颜面中央的纵斑，唇基，上唇，上颚(端齿黑色)，下唇须及下颚须均为黑色。胸部前胸侧板、前胸背板(前缘黄色)、中胸盾片为黑色；中后胸和并胸腹节主要为红褐色，小盾片、翅基片和翅基下脊黄色，中胸侧板前上缘和并胸腹节基部两侧的斑黑色。腹部主要为红色，第 2 节背板基部约 0.65、第 3 节背板基部约 0.5 黑色，第 5~第 8 节背板褐黑色。足红褐色，后足腿节端部外侧、胫节端部、基跗节(除端部)和末跗节带黑色；第 1 跗节端部至第 4 跗节污黄色。翅黄褐色，翅痣黄色，翅脉褐色。

正模 ♀，江西官山，2010-05-09，孙淑萍。

词源：新种名源于模式标本产地名。

该新种可通过上述检索表与近似种黑头宽唇姬蜂 *P. atriceps* Sheng & Sun 及然宽唇姬蜂 *P. ranrunensis* (Uchida, 1932)区别。

75. 后孔姬蜂属 *Polytribax* Förster, 1869

***Polytribax* Förster, 1869.** Verhandlungen des Naturhistorischen Vereins der Preussischen Rheinlande und Westfalens, 25(1868):183. Type-species: *Phygadeuon* (*Polytribax*) *pallescens* Viereck.

唇基较小，端缘几乎平截，端缘中央具 1 微弱的齿突或 1 对弱齿。上颚短；上端齿与下端齿等长。触角瘤线形或狭窄的椭圆形，始于鞭节第 13 或第 14 节，有时缺。有前沟缘脊。腹板侧沟抵达中足基节，但后部约 1/3 较弱。并胸腹节短，端区长度约为基区与中区之和的 0.65~0.75 倍，并胸腹节气门长度至少为宽度的 3 倍。腹部第 1 节的背中脊抵达后柄部基部，后柄部处的背侧缘大部分或完全不明显；第 2 节背板具非常稠密的毛。产卵器直，端部呈矛状延长。

全世界已知 16 种；我国仅知 2 种；江西已知 1 种。

寄主：据报道，寄主主要为鳞翅目害虫及叶蜂类(Yu et al., 2005)，一些种类也寄生其他姬蜂(Glowacki, 1966)、寄生蝇及茧蜂(Yu et al., 2005)。

157. 毛后孔姬蜂 *Polytribax pilosus* Sheng & Sun, 2010 (图版 XIV：图 101)

Polytribax pilosus Sheng & Sun, 2010. Acta Zootaxonomica Sinica, 35(3):631.

♀ 体长约 9.0 mm。前翅长约 8.5 mm。产卵器鞘长约 3.2 mm。

体被稠密的黄褐色毛，头部约与胸部等宽。颜面宽约为长的 2.0 倍；密布粗刻点，中部的刻点较亚侧部的稍弱，侧缘相对光滑、刻点清晰；中央稍隆起，亚侧部稍凹；上缘中央稍凹，凹内具 1 小圆形瘤突。唇基沟弱。唇基稍隆起，具稠密的粗刻点；端缘几乎平截(稍微呈弧形)。上颚基部具细刻点；上端齿约与下端齿等长。颊区呈细粒状表面，眼下沟非常细弱；颚眼距约为上颚基部宽的 0.9 倍。上颊具稠密的粗刻点，前部稍隆起。头顶具细密的粗刻点，但单眼区后缘至复眼间刻点相对较稀；侧单眼间距约为单复眼间距的 0.9 倍。额较平坦，具较上颊和头顶密集的粗刻点，仅侧缘刻点稍稀。触角鞭节 31 节，粗壮；第 1~第 5 鞭节长度之比依次约为 2.7∶2.4∶2.1∶2.0∶1.7。后头脊完整强壮。

前胸背板前缘具细的斜纵纹，侧凹内具稠密的斜横皱；上缘处具稠密的细刻点。中胸盾片稍隆起，具稠密的褐色毛和粗刻点；盾纵沟仅前部明显。盾前沟光滑。小盾片明显隆起，较光滑，具稀疏细浅的刻点。后小盾片横形，光滑。中胸侧板具不均匀的粗刻点，下后部多多少少呈脊状；翅基下脊下方具短的斜横皱；胸腹侧脊后方具少量短皱；胸腹侧脊强壮，几乎伸抵翅基下脊；腹板侧沟基部 0.4 深而清晰。后胸侧板具稠密的斜皱，后胸侧板下缘脊完整。翅黄褐色透明；小脉位于基脉的稍内侧；小翅室五边形，稍向前方收敛；第 2 回脉在小翅室的下方中央内侧与之相接；外小脉约在下方 1/3 处曲折；后小脉约在下方 1/3 处曲折，上段内斜。足正常，后足第 1~第 5 跗节长度之比依次约为 8.4∶3.1∶2.1∶1.0∶2.4。并胸腹节基区相对光滑，第 1 侧区具较清晰的细刻点，第 2 侧区具细纵皱；其余区域呈不规则的皱状；端半部中央凹；具三角形扁侧突；气门斜椭圆形，长径约为短径的 3.0 倍。

腹部第 1 节背板长约为端宽的 2.0 倍，较光滑，仅侧后部具稀疏的浅细刻点；中段具浅中纵凹；背中脊在基半部明显，背侧脊和腹侧脊完整强壮；气门小，圆形，约位于该节背板端部 1/3 处。第 2 节及以后的背板较光滑，具稀疏细浅的毛刻点；第 2 节背板梯形，长约为端宽的 0.7 倍，基部两侧具近似圆形窗疤。第 3 节之后的背板向后逐渐收敛；第 3 节背板长约为端宽的 0.9 倍，约为基部宽的 0.7 倍。产卵器端部矛状，亚端部较侧扁，具非常弱的背结。

头胸部黑色，腹部红褐色。触角基半部黄褐色，鞭节第 6~第 14 节及 15 节基部白色，端半部背侧褐黑色，腹侧黄褐色。颜面中央具不规则的纵斑，唇基，上唇，上颚基部，下唇须，下颚须，翅基片及前翅翅基，翅基下脊，翅痣，足(前中足基节浅黄色)均为褐色；后足跗节第 1 节端半部及第 2~第 4 节浅黄色，末跗节黑褐色。小盾片黄色，后小盾片稍带红褐色。腹部第 1 节背板深红褐色；第 6 节背板端部中央和第 7 节大部分白色；第 8 节背板近白色。翅脉褐黑色。

♂ 体长 8.5~11.0 mm。前翅长 6.5~8.5 mm。触角鞭节 29~34 节，端部渐细，不卷曲；触角瘤线状，呈细脊状隆起，位于鞭节第 14~第 18(19)节；基半部背侧褐黑色，中段 9~16(18)节白色，端半部黑色。颜面中央的浅黄色斑较大(与♀性相比)，亚侧缘具浅黄色纵斑。腹部第 3 节背板端半部至第 7 节背板黑色。后足腿节端部、胫节端部及第 1 跗节黑色，第 1 跗节端部至第 5 跗节浅黄色(个别个体或多或少带黑色)。

分布：江西。

观察标本：2♀♀4♂♂，江西全南，650~700 m，2008-05-16~08-09，李石昌。

十) 粗角姬蜂族 Phygadeuontini

前翅长 2.0~11.0 mm，但有的种类翅退化或完全缺。当腹板侧沟的后端伸达中胸侧板后缘时，则后端的位置在中胸侧板下后角的下方。后胸背板后缘通常具 1 个三角形小侧齿，该齿与并胸腹节侧纵脊相对。并胸腹节通常具纵脊和横脊，也具中区。第 2 回脉通常内斜，具 2 个弱点，但有时垂直，具 1 个弱点。

该族含 12 亚族，含 123 属；我国已知 33 属；江西已知 7 属。

粗角姬蜂族江西已知亚族检索表*

1\. 中胸侧板凹为 1 小凹，距中胸侧缝较远；中胸腹板后横脊通常完整；小盾片至少基部 0.25 具侧脊；下颚须通常伸达中胸腹板中部；唇基端缘无齿……………………………………**长须姬蜂亚族 Chiroticina**
中胸侧板凹为 1 短横沟，与中胸侧缝相连；中胸腹板后横脊不完整(一些属例外)；小盾片无侧脊

* 参照 Townes (1970a)的著作编制。

(Rothneyiina 和 *Uchidella*、*Gnotus* 例外)；下颚须几乎无伸达中胸腹板中部者；唇基端缘具齿或无齿 ……………………………………………………………………………………………………2

2. 颈背面的横沟内具与横沟垂直且较强的短纵脊；并胸腹节侧纵脊(气门上方)的基段缺；唇基端缘无齿 …………………………………………………… **脊颈姬蜂亚族 Acrolytina**

颈背面的横沟内无与横沟垂直的强纵脊；并胸腹节侧纵脊(气门上方)的基段通常存在；唇基端缘常具 1 齿或 1 对齿 ……………………………………………………………………………3

3. 上颚的外面亚基部较强隆起，基端具横沟；常无翅 ……………………… **沟姬蜂亚族 Gelina**

上颚的外面亚基部不隆起或稍隆起；几乎都具翅 ……………………………………………………4

4. 并胸腹节中区与端区合并，形成由纵脊包围的稍纵凹的斜面，几乎自并胸腹节基部伸至端部；产卵器鞘非常短，不伸出或几乎不伸出腹端；腹部第 2、第 3 节背板光滑，具少量或无刻点及皱纹 ……………………………………………………………………… **槽姬蜂亚族 Stilpnina**

并胸腹节中区与端区由横脊分隔，有时中区无侧脊，有时后端的脊也消失；产卵器鞘伸出腹端 ……5

5. 后小脉垂直，或稍内斜，或稍外斜；腹部第 1 节较细长或非常细长，腹板端部伸达气门之后，气门靠近中部或位于中部之前 …………………………………… **泥甲姬蜂亚族 Bathytrichina**

后小脉明显内斜；腹部第 1 节较粗；气门位于中部之前 ………………………………………6

6. 小盾片至少基部 0.5 具侧脊；触角柄节端面非常斜，与横截面呈 40~65°角；第 2 回脉具 1 弱点 ……………………………………………………………………… **洛姬蜂亚族 Rothneyiina**

小盾片除基侧角外无侧脊；触角柄节端面稍斜至几乎平截，与横截面呈 5~30°角；第 2 回脉具 1 或 2 弱点 ……………………………………………………………… **恩姬蜂亚族 Endaseina**

(十一) 脊颈姬蜂亚族 Acrolytina

主要鉴别特征：触角柄节端截面非常斜；前胸背板背面具 1 强壮的短中纵脊；中胸腹板后横脊不完整；前翅第 2 回脉内斜，具 2 弱点；并胸腹节侧纵脊的基段(在气门上方)通常缺；唇基端缘中央无 1 中齿，也无对齿；产卵器鞘长通常约为前翅长的 0.22 倍。

该亚族含 18 种；我国已知 3 属；江西已知 2 属。

76. 刺姬蜂属 *Diatora* Förster, 1869

Diatora Förster, 1869. Verhandlungen des Naturhistorischen Vereins der Preussischen Rheinlande und Westfalens, 25(1868):180. Type-species: *Diatora prodeniae* Ashmead; included by Ashmead, 1904.

唇基端缘均匀隆起，雄性的端缘钝，雌性的锐利且弱地翻卷。颊脊在上颚基部上方与口后脊相遇，上颚亚基部具肿胀，基部具横凹。上颚向狭窄的端部强烈收缩；齿短，下端齿几乎等长于上端齿。胸部非常短；中胸盾片光滑，无刻点；盾纵沟几乎伸达中胸盾片后缘。并胸腹节短，气门靠近外侧脊；中区宽为长的 1.0~1.9 倍；第 2 侧区宽约等于长；第 2 肘间横脉缺。后小脉几乎垂直，在靠近中部曲折。腹部第 2 节背板光滑，无刻点，无褶缝将折缘与背板分隔。窗疤宽约为长的 2.3 倍。产卵器端部披针状，具清晰的背结，下产卵瓣端部具几个弱齿。

全世界已知 4 种；中国已知 2 种；江西已知 1 种。

158. 斜纹夜蛾刺姬蜂 *Diatora prodeniae* Ashmead, 1904

Diatora prodeniae Ashmead, 1904. Proceedings of the United States National Museum, 28(1387):141.

Diatora prodeniae Ashmead, 1904. He, Chen, Ma. 1996: Economic Insect Fauna of China, 51: 455.

分布：江西、浙江、广东、广西、贵州、云南、福建、湖北、湖南、四川、台湾；马来西亚，菲律宾。

77. 折唇姬蜂属 *Lysibia* Förster, 1869

Lysibia Förster, 1869. Verhandlungen des Naturhistorischen Vereins der Preussischen Rheinlande und Westfalens, 25(1868):175. Type-species: (*Hemiteles fulvipes* Gravenhorst) = *nanus* Gravenhorst. Designated by Townes, Momoi & Townes, 1965.

主要鉴别特征：唇基小且短，端部内翻，无毛刷；后头脊下端在上颚基部上方与口后脊相接；颚眼距为上颚基部宽的 0.8~1.0 倍；盾纵沟弱，未伸达中胸盾片中部；前翅无第 2 肘间横脉，或该脉不完整；后小脉不曲折，稍内斜；腹部第 1 节背板宽，无清晰的背中脊；产卵器端部矛状。

折唇姬蜂属是一个小属，全世界仅知 9 种；我国已知 2 种：锡折唇姬蜂 *L. ceylonensis* (Kerrich, 1956)，分布于江西、台湾；国外分布于印度，斯里兰卡，日本，法国，德国，英国，意大利；小折唇姬蜂 *L. nana* (Gravenhorst, 1829)，分布于新疆，国外分布于俄罗斯，欧洲和北美等。

寄主：已知为尺蛾科幼虫重寄生。

159. 锡折唇姬蜂 *Lysibia ceylonensis* (Kerrich, 1956) (图版 XIV：图 102) (江西新记录)

Haplaspis ceylonensis Kerrich, 1956. Bollettino del Laboratorio di Zoologia Generale e Agraria, Portici, 33:555.

♀ 体长 3.8~4.0 mm。前翅长 3.0~3.2 mm。产卵器鞘短，稍伸出腹末。

颜面向上方渐收窄，宽(上方最窄处)约为长的 2.0 倍，具非常稠密的斜纵纹状细刻点；中央稍纵隆起，亚中央稍纵凹。唇基沟明显。唇基基部中央稍隆起，基半部具较稠密的纵纹状细刻点；端部较平较薄；端缘中央几乎平直，具 1 非常不明显的弱中突。上颚基部较宽，中部稍隆起，质地光滑细腻；上端齿稍长于下端齿。颊光滑，具非常不明显的细刻点。上颊具清晰的细刻点，均匀向后收敛，侧观约为复眼宽的 0.4 倍。头顶具非常稠密的细刻点，侧单眼亚后缘向后强收敛，后部中央凹；单眼区稍隆起，侧单眼间距约为单复眼间距的 0.67 倍。额几乎平坦，具非常稠密的横纹状细刻点，具 1 细浅的中纵沟。触角明显短于体长，鞭节 22 节，中部偏后(7~13 节)稍变粗，端部尖细，第 1~第 5 鞭节长度之比依次约为 1.0∶1.2∶1.2∶0.7∶0.6。后头脊不完整，背方中央磨损并显著内凹。

前胸背板前部及侧凹光滑光亮，侧凹宽而深，后上角具细刻点。中胸盾片较隆起，具细革质状表面和稠密的细纵皱；盾纵沟仅前部清晰。小盾片稍隆起，具清晰但稀疏的细刻点。后小盾片横形，光滑光亮。中胸侧板仅胸腹侧片和腹板侧沟下侧具稠密不清晰的细皱点；胸腹侧脊后部及腹板侧沟上部区域光滑光亮；胸腹侧脊强壮，背端抵达翅基下脊；腹板侧沟显著，达中胸侧板后缘；中胸侧板凹沟状。中胸腹板与中胸侧板下部质地相似。后胸侧板光滑光亮，后胸侧板下缘脊完整。翅稍带褐色，透明；基脉稍前弓，小脉位于基脉稍外侧(几乎相对)，具短残脉；小翅室五边形，第 2 肘间横脉弱、无色；

第 2 回脉约在它的下方内侧 0.35 处与之相接；外小脉约在中央稍下方曲折；后中脉后部明显弓曲，后小脉不曲折，无后盘脉。足胫节棒状(基部细颈状，向端部渐加粗)，后足第 1~第 5 跗节长度之比依次约为 2.1∶0.9∶0.7∶0.3∶0.4；爪小，尖细。并胸腹节光滑光亮；基半部较强隆起，后部明显凹；中区较规则的六边形，前边长约为后边长的 1/2，宽约等于长；中纵脊端部缺失，无侧纵脊，基横脊、端横脊和外侧脊完整；气门小，圆形，靠近外侧脊，位于基部 0.2~0.3 处。

腹部纺锤形，第 1、第 2 节背板具稠密的细纵皱，第 3 节背板基半部具稠密不清晰的细刻点(中部细横纹状)；第 4 节及以后背板光滑光亮，具非常稀疏不清晰的细刻点，第 2 节背板端部及第 3、第 4 节背板为腹部最宽处。第 1 节背板长约为端宽的 1.2 倍，基部细柄状，背面中后部较强隆起；亚端部具弱的斜横沟；无背中脊，背侧脊和腹侧脊完整；气门非常细小，约位于该节背板的中央。第 2 节背板梯形，长约为端宽的 0.6 倍。第 3 节背板横形，长约为宽的 0.34 倍，亚端部具浅横沟。第 4 节及以后背板显著向后收敛。产卵器鞘长为后足胫节长的 0.6~0.62 倍，约为前翅长的 0.2 倍；产卵器直，端部长矛状。

黑色。触角鞭节在膨大部分之前红褐色，柄节和梗节腹侧黄褐色，背侧与鞭节同色；膨大部分之后为褐黑色，端部和腹侧有时色稍浅。颜面下部中央和唇基暗红褐色；上颚(端齿暗红褐色除外)，下颚须，下唇须，前胸背板后上角，翅基片和前翅翅基，前中足基节、转节均黄色。足黄褐至红褐色，中后足胫节基部和端部、第 5 跗节带暗褐色。腹部第 1 节背板端部及后侧缘，第 2 节背板侧缘、端部及窗疤处，第 3 节背板(除基部中央)，第 4 节及以后背板深红褐色。翅痣浅黄至黄褐色。翅脉褐色。

分布：江西、台湾；国外分布于印度，斯里兰卡，日本，法国，德国，英国、意大利。

寄主：已知寄生小腹茧蜂亚科 Microgastrinae 老熟幼虫；为金星尺蛾 *Abraxas* sp. 幼虫的重寄生。

寄主植物：杜仲 *Eucommia ulmoides* Oliv.。

观察标本：6♀♀(自小腹茧蜂亚科 Microgastrinae 的茧中羽化)，江西九连山，2011-04-24，盛茂领。

(十二) 泥甲姬蜂亚族 Bathytrichina

该亚族含 6 属；我国已知 3 属，江西均有分布。

78. 多棘姬蜂属 *Apophysius* Cushman, 1922

Apophysius Cushman, 1922. Philippine Journal of Science, 20:587. Type-species: *Apophysius bakeri* Cushman, 1922.

主要属征：唇基端部隆起宽阔，具 1 对中齿，端缘斜切；上端齿明显长于下端齿；无盾纵沟；小翅室大，两肘间横脉近平行；并胸腹节具 3 对突起；腹部第 1 节背板圆筒形，不拱起，无纵脊，气门在中央处。

全世界仅知 3 种；我国已知 2 种，江西均有分布。

160. 褐多棘姬蜂 *Apophysius rufus* Cushman, 1937

Apophysius rufus Cushman, 1937. Arbeiten uber Morphologische und Taxonomische Entomologie, 4:288.
Apophysius rufus Cushman, 1937. He, et al. 2004: Hymenopteran insect fauna of Zhejiang, p.499.

分布：江西、湖南、浙江、云南、台湾。

161. 同色多棘姬蜂 *Apophysius unicolor* Uchida, 1931 (图版 XIV：图 103) (江西新记录)

Apophysius unicolor Uchida, 1931. Journal of the Faculty of Agriculture, Hokkaido University, 30:191.

♀ 体长约 12.5 mm。前翅长约 10.5 mm。触角长约 10.0 mm。产卵器鞘长约 2.5 mm。

体被稠密的短毛。复眼内缘向下方稍收敛；颜面在上缘最宽处约为长的 1.8 倍，在下缘最窄处约为长的 1.7 倍；具细革质状表面；亚中央具平行的浅纵凹，上缘中央具 1 明显的瘤状突起。唇基沟明显。唇基具稀疏的细刻点，亚中央弱横棱状隆起；端部隆起宽阔，端缘弧形，具 1 对小中突。上颚基部具稀浅的细刻点，上端齿明显长且强于下端齿。颊具细革质状表面，颚眼距约为上颚基部宽的 0.3 倍。上颊具稠密的浅细刻点，中部稍隆起，向后方稍加宽，侧面观(中央位置)宽约为复眼横径的 0.8 倍。头顶稍凹，具细浅稀疏的毛刻点；单眼区隆起，中央具“丫”形浅沟，侧单眼外侧具凹沟；侧单眼间距约为单复眼间距的 0.3 倍。额平坦(触角窝上方稍凹)，具稀疏的刻点；具中纵沟。触角粗壮，鞭节 45 节。后头脊完整。

前胸背板相对光滑，仅后上部具稀疏的细刻点；前沟缘脊非常强壮。中胸盾片均匀隆起，具非常稀疏细弱的浅刻点和稠密的短毛；中叶具 2 平行细浅的侧纵沟，侧叶各具 1 浅而宽的中纵沟；盾纵沟非常弱浅，几乎平行抵达后缘。盾前沟光滑光亮。小盾片舌状，明显隆起，具稀浅的细刻点和稠密的细长毛。后小盾片隆起，光滑光亮。中胸侧板光滑光亮，具稀疏的短毛；胸腹侧脊波状弯曲，上端与前胸背板后缘约在下方 0.3 处相接；中胸侧板凹浅坑状。后胸侧板较光滑，具非常稀疏的细浅刻点和长毛；后胸侧板下缘脊前端钝齿状突起。翅透明；小脉位于基脉稍内侧(几乎对叉)；小翅室大，五边形，宽大于高，肘间横脉几乎平行；第 2 回脉约在它的下方中央稍外侧与之相接；外小脉约在上方 1/3 处曲折；后小脉约在下方 2/5 处曲折。后足第 1~第 5 跗节长度之比依次约为 4.7∶1.7∶1.0∶0.6∶0.8。并胸腹节较光滑，具非常稀疏的细浅刻点和短毛；具 3 对强大的棘突；在分脊外端强齿突的基部前方具 2 对明显向前的小侧突；端缘具 1 对扁而明显的端侧突；中纵脊在中部平行；气门长卵圆形，长径约为短径的 2.0 倍。

腹部第 1 节背板细柄状，光滑光亮，仅端半部具稀疏的长毛；无纵脊；气门小，圆形，生于背板中央稍后的丘状突起上，后柄部稍宽于柄部；第 1 节背板长约为端宽的 6.6 倍。第 2 节及以后背板具稀疏的浅细刻点和短毛；第 2 节背板梯形，基部近圆筒状，长约为基部宽的 3.8 倍，约为端部宽的 2.1 倍。第 3 节以后背板侧扁。产卵器鞘长约为后足胫节的 0.7 倍；产卵器强而直，腹瓣亚端部具不均匀的弱纵脊。

体黄褐至红褐色，下列部分除外：上颚基部，前中足基节、转节腹侧浅黄色；触角，额，头顶，小盾片背上方，并胸腹节分脊外端的强齿突，后足，腹部(第 1 节基半部及端部、第 2 节端部浅色)深红褐色；侧单眼内侧，上颚端齿，前胸背板后上部，中胸盾片后部及分叶上的 3 纵条斑，盾前沟，中胸背板腋下槽，中胸侧板前部中央及后上方的大斑，后胸侧板前下角，腹部腹板端半部黑色。

♂ 体长 11.0~12.5 mm。前翅长 9.5~11.0 mm。触角鞭节 42~46 节。

分布：江西、浙江、福建、云南、广西、海南、台湾。

观察标本：1♂，江西铅山武夷山桐木关，1190 m，2009-06-04，盛茂领；1♀，云南高黎贡山林场，1600 m，2005-07-03，肖炜；1♂，广西猫儿山红军亭，1570 m，2006-05-17，肖炜；1♂，广西猫儿山九牛塘，1164 m，2006-05-18，肖炜。

79. 泥甲姬蜂属 *Bathythrix* Förster, 1869

Bathythrix Förster, 1869. Verhandlungen des Naturhistorischen Vereins der Preussischen Rheinlande und Westfalens, 25(1868):176. Type-species: *Bathythrix meteori* Howard, designated by Viereck, 1914.

主要鉴别特征：唇基端缘较薄，通常具 1 对中齿或小突起；上颚上端齿约与下端齿等长；并胸腹节无侧突；侧纵脊基段存在；小翅室的两肘间横脉向前收敛；第 2 回脉内斜，具 2 弱点。

寄主：我国林业上已知的寄主为伊藤厚丝叶蜂 *Pachynematus itoi* Okutani 等。

全世界已知 57 种；我国仅知 4 种；江西已知 1 种。

162. 负泥虫沟姬蜂 *Bathythrix kuwanae* Viereck, 1912

Bathythrix kuwanae Viereck, 1912. Proceedings of the United States National Museum, 43:584.
Bathythrix kuwanae Viereck, 1912. He, Chen, Ma. 1996: Economic Insect Fauna of China, 51:473.

分布：江西、河南、吉林、黑龙江、山东、陕西、长江流域及以南(除西藏)各省(自治区、直辖市)；国外分布于朝鲜，日本。

80. 凹陷姬蜂属 *Retalia* Seyrig, 1952 (江西新记录)

Retalia Seyrig, 1952. Les Ichneumonides de Madagascar. IV Ichneumonidae Cryptinae. Mémoires de l'Académie Malgache, 39:70. Type-species: *Retalia nitida* Seyrig; original designation.

体小型，前翅长 2.5~3.8 mm。头宽短，长小于宽的 0.8 倍。唇基稍隆起；端部阔，中部平截或稍凹；端缘倾斜至明显的棱脊状；无齿，沿端缘具 1 排小圆齿状的瘤突。上颚上端齿为下端齿长的 1.6~2.3 倍。盾纵沟非常短且清晰，末端呈明显的凹；沟的内侧具 1 细且短的纵脊。并胸腹节分区完整，无侧突。前翅小翅室五边形，第 2 肘间横脉有时消失；第 2 回脉内斜，具 2 弱点；后小脉曲折或不曲折。腹部第 1 节细，圆筒形，无纵脊；气门约位于端部 0.4 处。

全世界已知 4 种；我国已知 2 种；江西已知 1 种。

凹陷姬蜂属中国已知种检索表

1. 后足第 1 跗节长于第 2~第 5 跗节长度之和；产卵器鞘长于后足胫节；胸部和腹部亮红至深红色，腹部端部褐黄色……………………………………………………………………………红凹陷姬蜂 *R. rubida* Kusigemati

后足第 1 跗节短于第 2~第 5 跗节长度之和；产卵器鞘短于后足胫节；胸部和腹部黑色………………………………………………………………………………………黑凹陷姬蜂 *R. nigrescens* Kusigemati

163. 红凹陷姬蜂 *Retalia rubida* Kusigemati, 1985 （图版 XIV：图 104）（江西新记录）

Retalia rubida Kusigemati, 1985. Memoirs of the Kagoshima University, Research Center for the South Pacific, 6:222.

♀ 体长 4.0~4.5 mm。前翅长 3.0~3.5 mm。触角长 2.0~2.5 mm。产卵器鞘长 1.0~1.3 mm。

复眼下缘、内缘至额眼眶细纵脊状。颜面宽约为长的 2.9 倍，具稠密的细刻点；中央稍隆起；上方在触角窝外缘之间向下形成弧形横脊，脊内稍凹、光滑。唇基沟不明显。唇基横宽，宽约为长的 3.3 倍；具稀疏的细刻点，中央稍隆起；端部较平；端缘中段几乎平直，端缘具 1 排小圆齿状瘤突。上唇稍外露，端缘具 1 排长毛。上颚狭长，上下缘近平行，基部具稀疏的细刻点，上端齿约为下端齿长的 2.0 倍。颊有细弱的刻点，颚眼距约为上颚基部宽的 0.3 倍。上颊光滑，具稀疏不明显的细刻点，中部较隆起，下缘中央稍宽延。头顶具稀疏不明显的细刻点，后部沿后头脊内侧环状深凹；单眼区具稠密的细刻点；侧单眼间距约为单复眼间距的 0.4 倍。额下部深凹，具稠密的浅细刻点；上部光滑光亮，具稀疏不明显的细刻点；具 1 细中纵脊。触角丝状；柄节显著膨大，鞭节端半部粗；鞭节 19~22 节，第 1~第 5 节长度之比依次约为 1.5∶1.5∶1.2∶0.9∶0.7。后头脊完整。

前胸背板光滑光亮，仅前下角具少数短弱皱；前沟缘脊明显，上方抵达背板背缘。中胸盾片前部稍隆起，光滑光亮；后部较平，具稠密的细刻点；盾纵沟非常短且清晰，末端呈明显的凹；沟的内侧具 1 细且短的纵脊。盾前沟宽浅，光滑光亮。小盾片稍隆起，光滑光亮，具几个不明显的微细刻点，具完整的侧脊。后小盾片不明显。中胸侧板光滑光亮，中部稍隆起；胸腹侧脊背端伸达翅基下脊，距离中胸侧板前缘较近；腹板侧沟深且宽阔，伸达后部 0.3~0.35 处，沿沟缘具 1 细纵脊达侧板后缘；中胸侧板凹短沟状。后胸侧板光滑光亮，中部稍隆起；基间脊明显；后胸侧板下缘脊完整，前部突出。翅稍褐色，透明；小脉与基脉相对，基脉上段明显前曲；小翅室五边形，两肘间横脉显著向前收敛，第 2 肘间横脉上段色淡；第 2 回脉约在它的下方中央稍外侧与之相接；外小脉约在上方 0.4 处曲折；后中脉强烈弓曲，后小脉约在下方 0.4 处曲折。前足胫节基部细柄状，向端部棒状膨大；后足基节外侧端部具 1 短刺突，胫节基部显著缢缩呈细柄状、向端部棒状膨大，胫节端部外侧具致密的毛刷、端缘背侧中央具 1 短刺突；后足第 1~第 5 跗节长度之比依次约为 3.0∶1.0∶0.8∶0.5∶0.8；爪强壮，简单。并胸腹节明显隆起，分区完整；光滑，仅端区具弱的细横皱、第 3 侧区具弱皱和不明显的细刻点；基区倒梯形，向端部明显收敛；中区几乎正六边形；端区狭长，上方 1/3 稍宽；第 3 侧区、第 3 外侧区长形，其他各区近方形；气门小，圆形，约位于基部 0.2 处。

腹部背板光滑光亮；第 1 节细柄状，向后部稍渐宽；柄后腹呈纺锤形；第 2 节端部为腹部最宽处。第 1 节背板长约为端宽的 3.2 倍，背中脊、背侧脊不明显；气门小，圆形，约位于第 1 节背板端部 0.3 处。第 2 节背板梯形，长约为端宽的 0.63 倍；第 3 节及以后背板显著向后收敛，第 3 节背板长且宽大，长约为基部宽的 0.83 倍，约为端部宽的 1.27 倍；第 4 节及以后背板横形，显著收缩。产卵器鞘长约为后足胫节长的 1.2 倍；产卵器端部尖矛状。

头部黑色，触角基半部(柄节和梗节腹侧稍黄褐色)红褐色、端半部暗褐色；唇基，上颚(基部稍黄褐色)红褐色；下唇须和下颚须乳黄色。胸部和腹部红褐色。足红褐色，前中足基节、转节及足腹侧乳黄色。翅基片红褐色；翅痣和翅脉黄褐色。

分布：江西、台湾。

观察标本：1♀，江西铅山武夷山，1170 m，2009-07-02，集虫网；2♀♀，江西铅山武夷山，1200 m，2009-08-18，集虫网。

(十三) 长须姬蜂亚族 Chiroticina

该亚族含 19 属；中国已知 5 属；江西已知 4 属。

长须姬蜂亚族江西已知属检索表

1. 胸部非常短，侧面观斜伸；下颚须约伸达后足基节；后头脊下端抵达上颚基部；小翅室清晰，五边形；并胸腹节非常短，后斜面非常长；产卵器非常细…………………… **亮须姬蜂属 *Palpostilpnus* Aubert**
   胸部正常，侧面观较匀称；下颚须未伸达后足基节；后头脊下端在上颚基部上方与口后脊相接；无小翅室，或不明显；并胸腹节通常不特别短，或后斜面不非常长，或产卵器不特别细…………………2
2. 上颚 2 端齿等长或几乎等长；腹板侧沟完整，前半部强壮，后半部逐渐变弱，伸达中足基节；腹部第 1 节腹板无亚端横脊…………………………………………………………………… **卫姬蜂属 *Paraphylax* Förster**
   上颚下端齿明显短于上端齿；腹板侧沟在中部突然变弱……………………………………………………3
3. 腹部第 2、第 3 节背板具强壮的横沟；并胸腹节中区宽不大于或不明显大于长；第 1 节背板粗壮，具强壮的中纵脊；雌性第 5 节背板通常缩在第 4 节背板下……………… **棘腹姬蜂属 *Astomaspis* Förster**
   腹部第 2、第 3 节背板无横沟，或仅具横压痕；并胸腹节中区宽明显大于长；第 1 节背板非常细，中纵脊弱或缺；雌性第 5 节背板未缩在第 4 节背板下…………… **东方姬蜂属 *Orientohemiteles* Uchida**

81. 棘腹姬蜂属 *Astomaspis* Förster, 1869 (江西新记录)

Astomaspis Förster, 1869. Verhandlungen des Naturhistorischen Vereins der Preussischen Rheinlande und Westfalens, 25(1868):175. Type-species: *Astomaspis metathoracica* Ashmead, 1904.

体短且较强壮。唇基端缘简单，较隆起。上颚端齿尖锐，下端齿远短于上端齿。下颚须较长。中胸盾片具强壮粗糙的刻点或横皱，或线纹，中叶具 1 粗糙的中纹；盾纵沟伸至中胸盾片中部之后；小盾片侧脊伸至或几乎伸至端部；腹板侧沟前半部深，后半部较弱或不明显；中胸腹板后横脊完整。并胸腹节短，脊完整强壮。腹部第 1 节背板粗壮，背中脊长且强壮，具粗糙的刻点或纵皱，气门位于中部稍后方。第 1 节腹板短，具亚端横脊；第 2、第 3 节背板具粗糙的刻点或纵皱，中部稍后方具强壮的横沟或凹；雄性第 3 节背板后侧角具齿或叶突，或无齿或叶突；雌性具钝角或钝齿。产卵器鞘长为前翅长的 0.25~0.45 倍。产卵器端部渐尖或尖锐。

全世界已知 22 种；此前我国已知 2 种；这里介绍在江西发现的 2 新种。具报道

(Barrion et al., 1987)，已知寄主为豆荚螟 *Maruca vitrata* (F.)。

棘腹姬蜂属中国已知种检索表

1. 雄性第 3 节背板无端侧齿，第 4、第 5 节正常，明显突出于第 3 节背板之后；雌性第 5 节背板大部分突出于第 4 节之后 ………………………………………………………………………………… 2
   雄性第 3 节背板具端侧齿，第 4、第 5 节完全或几乎全部隐藏在第 3 节背板之下；雌性第 5 节背板通常缩在第 4 节背板之下 ……………………………………………………………………………… 3
2. 腹部第 2 节背板无菱形区；胸部至少前胸红褐色；雄性腹部第 4 节背板正常，与第 3 节连接正常；腹部第 1 节端部(雌性)或全部(雄性)及第 2 节亚端部(雌性)或端部(雄性)的横带浅黄色至白色；后足基节黑色 …………………………………………… **斑棘腹姬蜂，新种 *A. maculata* Sheng & Sun, sp.n.**
   腹部第 2 节背板具清晰的菱形区；胸部黑色；雄性腹部第 4 节背板明显窄于第 3 节，至少基半部位于第 3 节背板之下；腹部第 1、第 2 节背板全部红褐色，无浅色带或斑 ……………………………………
   ………………………………………………………… **菱棘腹姬蜂，新种 *A. rhombic* Sheng & Sun, sp.n.**
3. 胸部至少前胸黑色；中胸盾片具强壮的横皱 ……………………… **横条棘腹姬蜂 *A. persimilis* (Cushman)**
   胸部至少前胸红褐色；中胸盾片的皱较弱且稀………………… **红胸棘腹姬蜂 *A. metathoracica* Ashmead**

164. 斑棘腹姬蜂，新种 *Astomaspis maculata* Sheng & Sun, sp.n.　(图版 XV：图 105)

♀ 体长约 5.0 mm。前翅长约 4.3 mm。触角长约 4.8 mm。产卵器鞘长约 0.6 mm。

颜面宽为长的 1.9~2.0 倍；具非常稠密的斜细纵皱；中央稍纵隆起；上缘中央皱稍凹。唇基隆起，表面质地与颜面相似；亚端缘较薄；端缘中央较平。上颚基部具细刻点；上颚端齿尖锐，下端齿远短于上端齿。颊具稠密的细纵皱；颚眼距为上颚基部宽的 0.77~0.83 倍。上颊具稠密的斜横皱和细刻点，侧面观为复眼横径的 0.3~0.33 倍，均匀向后收敛。头顶具稠密不均匀的斜纵皱，后部中央具清晰的中纵沟，延至单眼区中央；侧单眼外后缘具向后收敛的浅斜沟；单眼区稍隆起，具皱；侧单眼间距约等于单复眼间距。额下部稍凹；具稠密不规则的粗横皱。触角长约等于体长，鞭节 26 节；第 1~第 5 鞭节长度之比依次约为 2.0：2.0：1.8：1.4：1.2。后头脊强壮，中央明显凹。

前胸背板前缘具细纵纹和不清晰的细刻点；侧凹相对光滑，具不明显的短细横皱；后上部具稠密的弱皱和细刻点；亚后缘具稠密的短横皱。中胸盾片均匀隆起，前部稍粗糙，具不规则且不明显的刻点；中叶的后部具弱且不清晰的横线纹；侧叶具不清晰的斜纵线纹；中叶具浅中纵凹；端部中央具纵皱；盾纵沟清晰可见，约伸达中胸盾片端部 0.3 处。盾前沟光滑。小盾片稍隆起，具稠密的细纵皱，侧脊几乎伸达端部(靠近端部处较弱)。后小盾片较小，横向，稍粗糙。中胸侧板呈稠密的细皱表面；胸腹侧脊约伸达中胸侧板高的 3/4 处；镜面区小；中胸侧板凹坑状；腹板侧沟深而显著，约达中胸侧板的后下缘。中胸腹板具弱皱表面和不明显的细刻点；中纵沟显著；后横脊完整。后胸侧板具稠密不规则的斜细纵皱，基间脊完整。翅基半部及端半部中央的纵带黑褐色(几乎不透明)，中央的纵带及端部稍带褐色、透明；小脉位于基脉稍外侧(几乎对叉)；无小翅室；第 2 回脉远位于肘间横脉的外侧，二者之间的距离约为肘间横脉长的 2.0 倍；外小脉明显内斜，约在下方 0.25 处曲折；后小脉约在下方 0.25 处曲折。足基节外侧具稠密的细刻点；后足第 1~第 5 跗节长度之比依次约为 4.0：1.7：1.1：0.5：0.8。爪小。并胸腹节的脊完整强壮；具稠密的粗皱表面，基缘相对光滑；前半部较强隆起，后部显著倾斜；基区较光滑，皱较弱，向后方渐收敛；中区六边形，长约为分脊处宽的 1.2 倍，两侧边向后稍收敛；分脊约在中区中央相接；气门小，圆形，约位于基部 0.25 处。

腹部第 1 节背板粗壮，向基部显著收敛，中后部较强隆起，长约为端宽的 1.3 倍；具稠密均匀的粗纵皱；背中脊强壮，几乎伸达端缘；背侧脊细弱，完整；气门圆形，稍突起，约位于后部 0.4 处。第 1 节腹板短，具亚端横脊。第 2~第 5 节背板具均匀的粗纵皱，并在中部稍后方具深横沟(第 5 节中部横沟不明显)；第 2 节背板长约为端宽的 0.6 倍；第 3 节背板长约为端宽的 0.57 倍；以后背板向后显著收敛。第 6~第 7 节以后的背板几乎全部缩于第 5 节背板之下；第 8 节背板稍外露，强烈收窄。产卵器鞘短，约为后足胫节长的 0.55 倍。产卵器向端部渐尖，端部尖锐。

头部黑色。触角背侧黑褐色，腹侧(基部带红褐色)黄褐色；上颚端齿红褐色，齿尖黑色；下唇须，下颚须褐黄色。胸部和并胸腹节红色，仅前胸背板前缘的狭边及后胸侧板下缘稍带黑褐色。腹部黑色，第 1 节背板端部约 0.25 黄色，第 2 节背板亚端部具黄褐色窄横带，第 7、第 8 节背板后部中央白色。足褐黑色，前中足带红褐色、胫节基部色稍浅；后足腿节基缘红褐色、胫节基部 0.25 具白色环，腿节端缘、胫节亚基部和端部带黑色。翅淡褐色，翅痣前部黄白色、后部和翅脉暗褐色；前翅翅面具 2 个延至翅下缘的暗褐色斑带：小脉和基脉处的斑较窄(除上缘)，翅痣后下方的斑带宽阔；后翅亚外缘色稍暗。

♂ 体长 5.0~7.0 mm。前翅长 4.0~6.0 mm。触角长 6.0~6.5 mm。触角鞭节 28 或 29 节，向端部逐渐变细，基部各节端部稍膨大。中胸盾片粗糙，后部具不清晰且不规则的细皱纹；腹部第 1 节背板侧面具粗糙的斜横皱，背中脊之间具横皱，背中脊伸达背板端缘。第 2~第 4 节背板具稠密强壮的纵皱，中部稍后方具深横沟，该沟在侧面中部较宽，致使背板中央呈倒三角形隆起(第 2 节呈“V”形脊状隆起)；第 3、第 4、第 5 节背板正常，后侧角无齿。后翅大部分黑褐色。上颚红褐色。前中胸(中胸盾片红褐色)及并胸腹节黄褐色；腹部第 1 节背板和第 2 节背板端半部红褐色。足褐色；后足腿节外端、胫节端部、第 1 跗节端部(或大部分)及其余跗节褐黑色，有时后足基节下侧褐黑色。

变异：雄性的中胸腹板、后胸侧板、并胸腹节稍带黑色至完全黑色；后足基节红褐色或具黑斑，或下侧黑色；个别个体的腹部第 2 节背板基部和第 3 节端部或全部红褐色。

正模 ♀，江西全南，2009-11-10，集虫网。副模：1♂，江西全南，400 m，2008-07-18，集虫网；3♂♂，江西全南，400 m，2008-08-23，集虫网。

词源：新种名源于体具色斑。

该新种与褐棘腹姬蜂 *A. ruficollis* (Cameron, 1900)相似，可通过下列特征区别：腹部第 1 节背板背中脊伸达背板端缘，背中脊之间具横皱；胸部及并胸腹节红褐色；后足基节和腿节褐色；腹部第 1 节及第 2 节背板端半部浅黄色。褐棘腹姬蜂：腹部第 1 节背板背中脊未伸达背板端缘，背中脊之间无皱及刻点；中胸侧板下部，中胸腹板，并胸腹节黑色；后足基节和腿节黑色；第 1、第 2 节背板红褐色。

165. 菱棘腹姬蜂，新种 *Astomaspis rhombic* Sheng & Sun, sp.n.　(图版 XV：图 106)

♀ 体被较稠密的近白色短毛。体长约 5.5 mm。前翅长约 4.5 mm。触角长约 4.5 mm。

产卵器鞘长约 0.6 mm。

颜面宽约为长的 1.4 倍；具非常稠密的斜细纵皱；中央稍纵隆起；上缘中央光亮，稍凹。唇基明显隆起，表面质地与颜面相似；亚端缘较薄；端缘中央稍凹。上颚基部光滑，具几个稀且细的刻点；上颚端齿尖锐，下端齿远短于上端齿；下颚须较长。颊具稠密的细纵皱；颚眼距约为上颚基部宽的 0.7 倍。上颊具稠密的斜横皱，侧观约为复眼横径的 0.33 倍，均匀向后收敛。头顶具稠密均匀的斜纵皱，后部中央具显著的中纵沟，延至单眼区中央；单眼区稍隆起，具皱；侧单眼间距约为单复眼间距的 1.1 倍。额下部稍凹；具稠密不规则的粗横皱。触角稍短于体长，鞭节 24 节；第 1~第 5 鞭节长度之比依次约为 2.2∶2.2∶2.2∶1.8∶1.3。后头脊完整强壮。

前胸背板前缘具细纵纹和不清晰的细刻点；侧凹相对光滑，具不明显的短细横皱；后上部具稠密的细纵皱；前沟缘脊不明显。中胸盾片均匀隆起，表面的毛较其他部分短且稀少；具稠密不规则的粗横皱，端部两侧角光滑光亮；中叶中央前部具 1 稍粗糙的中纵纹、后部具伸达后缘的浅中纵凹；侧叶中央各具 1 几乎伸达后缘的浅纵凹；盾纵沟发达，约伸达中胸盾片端部 0.35 处。盾前沟内具稠密均匀的细纵皱。小盾片均匀隆起，表面皱状；具伸达端部且稍皱曲的细侧脊。后小盾片平，光滑。中胸侧板上部呈稠密的弱网皱状，中下部具稠密的斜纵皱；胸腹侧脊约伸达中胸侧板高的 3/4 处；镜面区小，光滑光亮；中胸侧板凹坑状；腹板侧沟约达中胸侧板的后下缘，后部约 0.4 较弱。中胸腹板具非常稠密的细刻点；中胸腹板后横脊完整。后胸侧板具稠密的斜细纵皱，基间脊完整。翅灰褐色，透明；小脉位于基脉内侧，二者之间的距离约为小脉长的 0.3 倍；无小翅室；第 2 回脉远位于肘间横脉的外侧，二者之间的距离约为肘间横脉长的 2.3 倍；外小脉明显内斜，约在下方 0.3 处曲折；后小脉约在下方 0.25 处曲折。足基节外侧具稠密的细刻点；后足第 1~第 5 跗节长度之比依次约为 4.0∶1.7∶1.0∶0.5∶0.5。爪小。并胸腹节短，脊完整强壮；具不太显著的弱皱表面，第 1 侧区及中区具相对稠密的皱，端区具细横皱；前半部较强隆起，端部中央显著倾斜且稍内凹；基区较光滑，后方显著收敛；中区六边形，长约为分脊处宽的 1.2 倍，两侧边近平行；分脊约在中区前方约 1/3 处横向伸出；气门小，圆形，约位于基部 0.2 处。

腹部第 1 节背板粗壮，中后部较强隆起，长约为端宽的 1.3 倍；表面具稠密的粗纵皱；背中脊长且强壮、约达端部 0.1 处，背侧脊细弱、完整；气门圆形，稍隆起，约位于第 1 节背板中央稍后方。第 1 节腹板短，具亚端横脊。第 2、第 3 节背板具粗糙的纵皱，亚基部及中部稍后方具强横沟，基侧沟非常强壮，使得背板中央形成显著的菱形隆起区；第 2 节背板长约为端宽的 0.74 倍；第 3 节背板向后稍收敛，长约为基部宽的 0.64 倍；以后背板向后显著收敛，第 4~第 6 节背板具稠密但较前部稍细的纵皱；第 7、第 8 节背板光滑。产卵器鞘短，约为后足胫节长的 0.33 倍。产卵器向端部渐尖，端部尖锐。

头胸部主要为黑色。触角橙褐色；颜面，唇基，颊端缘，前胸侧板，前胸背板下后部，中胸盾片前侧缘，中胸侧板上半部，后胸侧板(前上部带黑色)，并胸腹节(基部表面带黑色)均为暗红褐色；下颚须，下唇须，上颚(端齿红褐色除外)，前胸背板后上角，翅基片及前翅翅基浅黄色；小盾片(除基缘)，后小盾片，腹部(端部稍带黑褐色除外)红褐色。足黄褐色，背侧稍带红褐色；后足胫节基部具浅黄色环，腿节端缘、胫节亚基部和端部带黑色。翅灰褐色，翅痣前半部黄色、后半部和翅脉褐色；翅痣下后方具黑褐色带斑，直至翅的下缘。

♂ 体长约 5.0 mm。前翅长约 6.5 mm。触角长约 6.5 mm。触角鞭节 26 节，各节端部稍膨大，鞭节端部暗褐色。颜面，唇基，整个胸部和并胸腹节，第 1 节腹板，第 3 节背板基部，第 4 节及以后背板全部黑色。并胸腹节表面的皱较强。腹部第 1 节背板具粗糙的横皱，第 4 节及以后背板具稀疏的细刻点和短毛。雄性第 3 节背板后侧角钝齿状。前后翅大部分黑褐色，仅前翅中室(下后角具斑)、亚中室(后下部具斑)、盘肘室前部、第 1 臂室后部、第 2 盘室前缘及前后翅的外角半透明。

正模 ♀，江西全南，650 m，2008-09-20，集虫网。副模：1♂，江西全南，650 m，2008-07-28，集虫网。

词源：新种名源于腹部背板具菱形区。

该新种与斑棘腹姬蜂 *A. maculata* Sheng & Sun 相似，可通过上述检索表区别。

82. 东方姬蜂属 *Orientohemiteles* Uchida, 1932 (江西新记录)

Orientohemiteles Uchida, 1932. Journal of the Faculty of Agriculture, Hokkaido University, 33:186. Type-species: *Orientohemiteles ovatus* Uchida; original designation.

前翅长 5~6 mm。上颊具粗刻点。颊脊下端内弯，与口后脊呈直角形相接；颊脊下端至上颚基部之间深凹。上颚的齿尖，下端齿短于上端齿。中胸盾片具大且浅的刻点及弱皱，中叶具 1 中沟；盾纵沟伸达中胸盾片中央之后。中胸腹板后横脊完整。小盾片非常短，强烈隆起，具粗且密的刻点。并胸腹节短，端区约为该节长的 0.8 倍；中区强烈横向。腹部第 1 节背板端部和第 2、第 3 节背板具纵皱和粗刻点；第 1 节腹板无亚端横脊；第 5 节背板无褶缝。产卵器鞘长约为前翅长的 0.5 倍；背瓣端部具 4 或 5 个齿。

该属仅知 1 种，分布于江西和台湾。

166. 椭东方姬蜂 *Orientohemiteles ovatus* Uchida, 1932 (图版 XV：图 107) (江西新记录)

Orientohemiteles ovatus Uchida, 1932. Journal of the Faculty of Agriculture, Hokkaido University, 33:185.

♀ 体长约 7.5 mm。前翅长约 5.0 mm。产卵器鞘长约 1.0 mm。

头部非常扁。颜面宽约为长的 2.0 倍，具非常稠密的细网状纵皱和近白色短毛；中央纵向稍隆起。唇基沟弱。唇基稍隆起，具稠密模糊的细皱；端缘弧形，中央稍有凹痕。上颚强壮，基部阔，具稠密的皱，向端部强度收敛；亚端部较光滑，上端齿明显长于下端齿。颊具稠密的斜纵皱，颚眼距约为上颚基部宽的 0.75 倍。上颊具稠密的细纵皱和近白色短毛，后部强度向后收敛。头顶在复眼连线处向后垂直收敛，具非常稠密的细刻点(中部较密集)，侧单眼外侧刻点稍稀；单眼区稍隆起，侧单眼间距约为单复眼间距的 0.7 倍。额下部稍凹，具稠密的细横皱；上部中央具皱表面和较稀的刻点；两侧具稠密的纵网状。触角剩余鞭节 16 节(端部断失)，第 1~第 5 鞭节长度之比依次约为 2.3∶2.3∶2.2∶1.5∶1.1；中部各节较均匀，宽度大于长度。后头脊完整，背面中央稍凹。

前胸背板前部光滑光亮；侧凹光滑，前下部具不明显的短皱；后上部具稠密的斜纵皱。中胸盾片宽短，宽约为长的 1.5 倍；均匀隆起，具粗糙的浅网状皱表面；中叶的中央和侧缘具不明显的纵脊；盾纵沟浅，约达中胸盾片后缘。盾前沟内具均匀的短纵皱。小盾片稍隆起，具粗大的皱刻点；侧脊在基半部较明显。后小盾片具粗皱。中胸侧板具均匀稠密的斜纵皱；胸腹侧脊背端伸达翅基下脊；腹板侧沟明显，在中足基节附近变弱；中胸侧板凹浅坑状。中胸腹板稍隆起，具稠密的斜细纹，中胸腹板后横脊完整、强壮。后胸侧板具稠密的网状皱；基间脊在中央处下弯。翅带褐色，透明；基脉较强前弓；小脉与基脉相对；无小翅室；肘间横脉外斜，第 2 回脉稍内斜、远位于肘间横脉的外侧，二者之间的距离约为肘间横脉长的 2.0 倍；外小脉约在下方 1/3 处曲折；后小脉约在下方 0.16 处曲折。足基节具稠密的细纵皱，后足基节圆形膨大，后足第 1~第 5 跗节长度之比依次约为 4.4：1.8：1.0：0.6：1.2；爪小，简单。并胸腹节由基横脊向后强烈倾斜，中央深纵凹；中区非常宽短；端横脊非常弱；其他脊完整且强壮；外侧脊在气门处曲折；第 3 侧区、第 3 外侧区具弱横皱，其余区具不规则纵皱；气门约呈圆形，靠近外侧脊。

腹部纺锤形，第 2 节背板端部及第 3 节背板达腹部最宽处。第 1 节背板长约为端宽的 1.5 倍；基半部细柄状，相对光滑，端半部显著加宽，表面均匀隆起、具稠密的细纵皱；背中脊弱；气门小，稍突出，约位于端部 0.3 处；具 1 不明显的亚端横脊。第 2~第 5 节背板具非常稠密的粗皱；第 2 节背板近梯形，两侧圆隆，长约为端宽的 0.6 倍；第 3 节背板两侧近平行，长约为端宽的 0.5 倍；以后背板显著向后收敛；第 6~第 8 节背板光滑光亮，仅后侧部具细刻点。产卵器短而直，腹瓣亚端部具 4 或 5 条纵脊。

头部黑色，触角柄节和梗节端缘、鞭节中段腹侧稍带红褐色；端齿亚端部红褐色；下颚须，下唇须黄褐色。胸部较均一的红褐色，仅前胸背板前缘带黄色。腹部第 1~第 5 节背板黑色，其余背板暗红褐色。前中足基节、转节、腿节黑褐色(腿节基部、端外侧和胫节外侧带黄褐色或红褐色)，胫节和跗节暗黄褐色；后足黑色，腿节基部红褐色，胫节亚基部具黄色环，胫节端外侧和各跗节端缘多多少少带红褐色。翅痣和翅脉褐黑色，翅痣下方具黑褐色长条斑，该条斑达第 2 盘室下缘。

分布：江西、台湾。

观察标本：1♀，江西全南，700 m，2008-06-16，集虫网。

83. 亮须姬蜂属 *Palpostilpnus* Aubert, 1961

Palpostilpnus Aubert, 1961. Bulletin de la Société Entomologique de Mulhouse, 1961:56. Type-species: *Townostilpnus* (*Palpostilpnus*) *palpator* Aubert. Designated by Townes, 1970.

前翅长 3.2~4.5 mm。头非常短。颜面中央适当隆起。唇基非常小，隆起；端缘向前隆起。上颊上部非常狭窄，具刻点。上颚非常小，两端齿等长，或上端齿稍长；上端齿有时阔且弯曲。下颚须非常长，向后约伸达后足基节基部。后头脊强壮，下端抵达上颚基部。胸短。小盾片较宽，均匀隆起。盾前沟内具纵皱。腹板侧沟伸达中足基节。并胸腹节通常非常短，向后倾斜的后背面非常长；脊非常弱；中区和端区合并，侧面几乎平行。肘间横脉长等于或大于它与第 2 回脉间的距离。第 2 回脉强烈内斜，具 2 弱点。后足胫节膨大。腹部第 1 节细，直，或向上弯曲，无背中脊，气门约位于端部 0.22 处。第

2、第3节背板光滑，或具刻点，或具纵皱纹；第2节背板具褶缝。第3~第5节背板无或具褶缝。第6节无褶缝将折缘与背板分开。产卵器非常细。产卵器鞘长稍伸出或不伸出腹末端，但通常伸出腹末端的长度约为腹部第2节背板长。

该属是1个非常小的属，仅知6种，分布于我国南方地区，国外分布于巴布亚新几内亚，菲律宾。寄主不详。我国江西已知3种。

亮须姬蜂属世界已知种检索表

1. 小盾片具强壮的皱；前翅具褐色纵带……2
   小盾片无皱；前翅无褐色纵带……3
2. 额具横皱；前翅具2褐色纵带；后足胫节具较宽的白色基部；并胸腹节基区正方形……**皱亮须姬蜂 *P. striator* Aubert**
   额无横皱；前翅无2褐色纵带；后足胫节基部的白色部分比较狭窄；并胸腹节基区长大于宽……**巴亮须姬蜂 *P. papuator* Aubert**
3. 胸部完全黑色……4
   胸部主要为褐色至黄褐色，至少具黄褐色大斑……5
4. 额光滑；触角无白环；足(包括基节)红色……**触亮须姬蜂 *P. palpator* Aubert**
   额具细革质状质地和不均匀的刻点；触角中部背面白色；前中足基节白色；后足胫节暗褐色……**短亮须姬蜂 *P. brevis* Sheng & Broad**
5. 并胸腹节端部具较短的纵脊(残痕)；产卵器鞘较粗壮，具稠密的粗毛，毛长大于鞘宽；中胸侧板和并胸腹节黑色；中胸盾片前半部黄褐色，后半部黑色；腹部第2~第4节背板黄褐色，每节具1对黑色小斑……**斑亮须姬蜂，新种 *P. maculatus* Sheng & Sun, sp.n.**
   并胸腹节具宽阔的拱门状纵脊；产卵器鞘较细弱，具较稀的细毛，毛长不大于鞘宽；中胸侧板和并胸腹节(前部中央具黑斑)红褐色；中胸盾片大部分红褐色；腹部第2~第4节背板黑色，前后缘的狭边黄褐色……**圆亮须姬蜂，新种 *P. rotundatus* Sheng & Sun, sp.n.**

167. 短亮须姬蜂 *Palpostilpnus brevis* Sheng & Broad, 2011 (图版XV：图108)

Palpostilpnus brevis Sheng & Broad, 2011. ZooKeys, 108:63.

♀ 体长4.0~4.5 mm。前翅长3.5~3.8 mm。触角长5.5~5.8 mm。

颜面宽约为长的1.9倍，具细革质状表面和稠密的细刻点，两侧刻点稍粗；中央纵向较强隆起，形成1狭三角形隆起区；亚中央向下外侧稍纵凹。唇基均匀隆起，具与颜面两侧相似的质地和刻点，端缘弱弧形均匀突出。上颚基部具弱细的刻点，上下缘近平行，两端齿尖锐强壮，上端齿约与下端齿等长。颊区具革质细粒状表面；颚眼距约为上颚基部宽的0.67倍。上颊光滑光亮，具稀疏不均匀的细刻点，强度向后收敛。头顶具革质细粒状表面；侧单眼后缘向后垂直收敛，并形成1稍内凹的平面；侧单眼间距约等于单复眼间距。额具革质细粒状表面，并嵌有稠密的网状浅刻点，仅下部(触角窝上方)稍凹。触角柄节明显膨大，端面斜截；鞭节34节，中段稍膨粗；第1~第5鞭节长度之比依次约为1.5∶1.2∶1.0∶0.9∶0.8。后头脊完整。

前胸背板光滑，具稀少的细刻点，后缘具短横皱；颈短；虫体呈驼背状。中胸盾片较强隆起，具革质细粒状表面，并嵌有非常稠密的网状刻点；具细浅的盾纵沟，基半部清晰。盾前沟内具短纵皱。小盾片明显隆起，光滑，具稀疏的细刻点，中部具弱细纹。后小盾片稍隆起，横形，光滑光亮。中胸侧板纵长形，前上部和下半部具革质细粒状表面和稠密不清晰的细刻点，靠近腹板侧沟；中后部较大面积光滑光亮；胸腹侧脊强而明显，伸至翅基下脊；腹板侧沟清晰，几乎抵达中胸侧板后缘(后下角的上方)。后胸侧板狭长，具与中胸侧板下半部相似的质地和皱刻点，可见基间脊。翅褐色带灰褐色，透明；小脉与基脉对叉，基脉稍前弓；具短的残脉；小翅室不封闭(第 2 肘间横脉缺)；第 2 回脉位于肘间横脉外侧，二者之间的距离约等于肘间横脉长；第 2 回脉内斜，具 2 个相距较远的弱点；外小脉在中央稍下方曲折；后中脉向上弓曲；后小脉强烈内斜，在下方 0.16 处曲折，后盘脉弱、几乎无色。足较细长；各足基节短锥形膨大；前足第 1 跗节基半部腹侧凹陷；后足基节不规则棱锥状，具不均匀的细刻点；后足胫节基部细，向端部逐渐变粗，第 1~第 5 跗节长度之比依次约为 3.3：2.6：2.2：1.0：0.8。爪小，简单。并胸腹节中区和端区合并，该合并区非常大且长，其基部几乎抵达并胸腹节基部，与并胸腹节基缘之间(基区的位置)仅具 1 条纵脊，分脊在它的中部稍前侧相接；侧纵脊和外侧脊清晰可见；中区和侧区的端部(分脊之后)几乎光滑光亮，无刻点，稍呈细革质状表面；侧区的基部(分脊之前)具稀且细的刻点和不规则的短皱；沿脊两侧粗糙，具不清晰的刻点或不规则的短皱；气门小，卵圆形，至并胸腹节基缘的距离为气门长径的 1.6~1.7 倍。

腹部第 1 节背板狭长，长约为端宽的 3.8 倍，光滑光亮；柄部较扁平；后柄部宽且侧缘平行，前部中央凹；无背中脊，无背侧脊，侧缘不锐利；腹侧脊弱；气门小，圆形，稍突起，约位于第 1 节背板端部 0.23 处。第 2 节背板强烈向后变宽，长约为端宽的 0.6 倍，约为基部宽的 1.3 倍；光滑光亮。第 3 节背板两侧近平行，长约为宽的 0.5 倍，具非常细的刻点。以后背板横形，显著向后收敛，具不清晰的刻点。产卵器鞘短，稍伸出腹板末端，约为后足胫节长的 0.18 倍；产卵器细，非常匀称，端部不变尖。

体黑色，下列部分除外：触角鞭节中段 6~11 节内侧白色，第 12 节及以后鞭节腹侧、鞭节端部黄褐色；触角柄节、梗节及第 1 鞭节基部，上颚(端齿边缘色深)，翅基片，翅基下脊，各足，腹部第 2、第 3 节背板黄褐至红褐色；下唇须，下颚须，各足基节、转节黄白色；后足胫节基部及外侧、第 1 跗节基部黑褐色；腹部第 4 节及以后背板，翅痣和翅脉暗褐色。

分布：江西。

观察标本：1♂，江西全南，500 m, 2008-07-02，集虫网；2♀♀，江西全南，700 m, 2008-10-07，集虫网；1♀，江西安福，180~200 m, 2010-10-12，集虫网；1♀，江西安福，180~200 m, 2010-11-01，集虫网。

168. 斑亮须姬蜂，新种 *Palpostilpnus maculatus* Sheng & Sun, sp.n. (图版 XV：图 109)

♀ 体长约 4.0 mm。前翅长约 3.0 mm。触角长约 3.0 mm。

颜面向下方稍扩宽，具细革质状表面和稠密的细刻点，中央纵向较隆起，形成较宽的纵隆起区。唇基沟不明显。唇基中部隆起，与颜面中央的纵隆起区相成一体，具细横线纹；端缘弱弧形均匀突出。上颚基部具不明显的细刻点，下缘向端部渐收敛，2 端齿强壮、尖锐，上端齿稍长于下端齿。下颚须非常长，细弱，向后约伸达后足基节。颊区具革质细粒状表面；颚眼距约等于上颚基部宽。上颊狭窄，具较颜面稀疏的细刻点，强度向后收敛。头顶具稠密模糊的细皱刻点；侧单眼后缘向后较强倾斜，并形成稍内凹的表面；沿后头脊环状下凹，凹内具短的细纵皱；单眼区明显隆起，具稠密的细横皱；侧单眼外侧具短斜沟；侧单眼间距约为单复眼间距的 3.3 倍。额在触角窝上方稍凹，凹光滑；中部均匀隆起，具细革质状表面和稀疏的细刻点。触角柄节明显膨大；鞭节 23 节，中部向后显著加粗，腹侧扁平，向端部均匀渐尖细；第 1~第 5 鞭节长度之比依次约为 1.2∶1.1∶1.0∶1.0∶0.8。后头脊完整。

前胸背板前部较光滑，后上部具稠密的细刻点；颈短；虫体呈驼背状。中胸盾片较隆起，具细革质状表面和稠密均匀的细刻点，后缘及端角光滑光亮；具细浅的盾纵沟，基部稍清晰。小盾片稍隆起，具稠密均匀的细刻点。中胸侧板斜长形，前上角及后下部具非常稠密的细刻点；中后部较大面积光滑光亮，具少量不均匀的细刻点；胸腹侧脊伸至翅基下脊；腹板侧沟弱，仅前部可见。后胸侧板较平，具与中胸侧板下半部相似的质地。翅透明；小脉位于基脉外侧，二者之间的距离约为小脉长的 0.2 倍，二者之间的脉段增粗；基脉稍前弓；具短的残脉；小翅室不封闭(第 2 肘间横脉缺)；第 2 回脉位于肘间横脉外侧，二者之间的距离约为肘间横脉长的 0.36 倍；第 2 回脉内斜；外小脉约在中央处曲折；后中脉向上弓曲；后小脉强烈内斜，在下方 0.2 处曲折，后盘脉弱。足较细长；前足第 1 跗节基半部腹侧凹陷；后足基节具不均匀的细刻点；后足胫节基部细，向端部逐渐粗壮，第 1~第 5 跗节长度之比依次约为 2.6∶1.0∶0.8∶0.4∶0.6。爪小，简单。并胸腹节均匀向后倾斜，具细刻点，中部刻点稍稀疏且清晰，两侧刻点细密且不清晰；基横脊仅侧方具残痕；中纵脊在端部较清晰；侧纵脊基部弱地存在，外侧脊清晰；气门小。

腹部第 1 节背板狭长，长约为端宽的 1.9 倍，光滑光亮；柄部较扁平，中央纵向具几个长刻点；后柄部宽，侧缘亚端部稍扩展，具稀疏的粗刻点；背侧脊完整；气门小，圆形，稍突起，约位于第 1 节背板端部 0.2 处。第 2 节及以后背板具稠密的粗刻点，但向后部逐渐变细；第 2 节背板强烈向后变宽，长约为端宽的 0.62 倍，约为基部宽的 1.1 倍。第 3 节背板两侧近平行，长约为宽的 0.52 倍。以后背板横形，明显向后收敛。产卵器鞘较粗壮，不伸出腹部末端，约为后足胫节长的 0.33 倍，较粗壮，端部稍微膨大，具稠密的粗毛，毛长大于鞘宽。产卵器细，比较匀称，端部变尖。

头胸部黑色。触角柄节和梗节浅黄色，鞭节基部及腹侧红褐色、背侧在中部向后至端部黑褐色；上唇，上颚(端齿红褐色)，下唇须，下颚须，前胸背板前下角及背缘上方的大斑，中胸盾片前缘的弧形斑带(后缘不整齐，中带橘黄色、前缘的“W”形斑黑色)，小盾片(后缘除外)，翅基片和前翅翅基，翅基下脊前方及下方的小斑，并胸腹节基部两侧的小斑、后部两侧的大斑及后部中央的散状小斑浅黄色。腹部第 1 节背板基部 2/3 及端缘、第 2 节背板基部 1/2 浅黄色或稍红褐色，第 1 节背板端部 1/3 黑色，其余背板黄褐至红褐色，第 2、第 3、第 4 节背板端部两侧各具 1 对黑色圆斑点。各足黄褐至红褐色，前中足基节、转节及腿节腹侧色淡；后足第 1 转节背侧、胫节端部及末跗节黑褐色。翅痣黄色，翅脉褐色。

正模 ♀，江西官山，400~500 m，2009-06-15，集虫网。

词源：新种名源于中胸盾片具大的斑。

该新种可通过上述检索表与该属其他种区别。

169. 圆亮须姬蜂，新种 *Palpostilpnus rotundatus* Sheng & Sun, sp.n.　(图版 XV：图 110)

♀ 体长约 4.5 mm。前翅长约 3.0 mm。触角长约 3.5 mm。

颜面向下方稍扩宽，上方最窄处宽约为长的 1.4 倍，具稠密的细横皱夹细刻点，中央纵向较强隆起，形成纵隆起区。唇基沟不明显。唇基均匀隆起，具稠密的细横皱；端缘平直。上颚基部具不明显的细刻点，下缘向端部渐收敛，两端齿尖锐强壮，上端齿稍长于下端齿。下颚须非常长，细弱，向后约伸达后足基节基部。颊区具革质细粒状表面和细纵皱；颚眼距约等于上颚基部宽。上颊非常狭窄，具清晰的细刻点，强烈向后收敛。头顶具稠密模糊的细刻点；侧单眼后缘向后强度倾斜，并形成稍内凹的表面；后部沿后头脊环状下凹；单眼区稍隆起，具细刻点；侧单眼外侧具凹；侧单眼间距约为单复眼间距的 1.25 倍。额中部均匀隆起，具稠密的细刻点。触角柄节明显膨大，端面强度斜截；鞭节 25 节，中部向后显著膨粗，腹侧稍平，端部均匀渐收敛；第 1~第 5 鞭节长度之比依次约为 1.2∶1.3∶1.3∶1.2∶1.0。后头脊完整。

前胸背板前部及侧凹下方相对光滑，后上部具稠密的细刻点；具前沟缘脊；颈短。中胸盾片较强隆起，具非常稠密的网状皱刻点；具细浅的盾纵沟。盾前沟细窄，光滑。小盾片稍隆起，具稠密的细刻点，端部光滑光亮；基部具侧脊。后小盾片具细刻点。中胸侧板纵长形，前上部和下半部具革质细粒状表面和稠密不清晰的细刻点，中后部较大面积光滑光亮；胸腹侧脊强而明显，伸至翅基下脊；腹板侧沟仅前部清晰。后胸侧板狭长，具与中胸侧板下半部相似的质地，具基间脊；后胸侧板下缘脊前部隆起。翅稍带褐色，透明；小脉位于基脉稍外侧，基脉显著前弓；具短的残脉；小翅室不封闭(第 2 肘间横脉缺)；第 2 回脉位于肘间横脉外侧，二者之间的距离约为肘间横脉长的 0.36 倍；外小脉内斜，约在中央处曲折；后中脉向上弓曲；后小脉强烈内斜，约在下方 0.2 处曲折。足较细长；前中足基节短锥形膨大，前足第 1 跗节基半部腹侧凹陷；后足基节不规则棱锥状，具不均匀的细刻点；后足胫节基部细，向端部逐渐变粗；后足第 1~第 5 跗节长度之比依次约为 3.0∶1.1∶0.9∶0.4∶0.6。并胸腹节具稠密的细刻点；中部具大的拱门状脊，下方几乎平行；外侧脊完整；气门非常小，几乎圆形。

腹部第 1 节背板狭长，长约为端宽的 1.8 倍；柄部较扁平，具细革质粒状表面；后柄部宽，侧缘近于平行，具稠密的细刻点；背侧脊和腹侧脊完整；气门小，圆形，稍突起，约位于第 1 节背板端部 0.2 处。第 2 节及以后背板具稠密的粗皱刻点，但向后逐渐变细；第 2 节背板强烈向后变宽，长约为端宽的 0.68 倍，约等于基部宽。第 3 节背板两侧近平行，长约为宽的 0.5 倍。以后背板横形，显著向后收敛。产卵器鞘较细弱，不伸出腹部末端，约为后足胫节长的 0.22 倍；端部几乎不膨大，具较稀的细毛，毛长不大于鞘宽。产卵器细，比较匀称，端部不变尖。

头部黑色。触角柄节和梗节腹侧，上唇，上颚(端齿黑褐色)，下唇须，下颚须浅黄色；鞭节基部及腹侧红褐色、背侧在中部向后至端部黑褐色。胸部红褐色。前胸侧板外侧黑褐色；前胸背板前缘，中胸侧板前上角，中胸盾片前侧缘，小盾片(后部黑色)黄褐色；中胸盾片中叶中后部、侧叶后部，盾前沟，后小盾片，中后胸背板腋下槽，并胸腹节基部中央的大斑，中胸侧板前部下方的大斑，后胸侧板下缘脊前部均为黑色。腹部背板黑色，第 2 节背板基部 0.3、第 2 节及以后背板端缘光滑光亮的横带，各节腹板黄褐色(端部稍带红褐色)。各足黄褐至红褐色；后足胫节基部和端部黑褐色，末跗节色暗。翅基片和前翅翅基浅黄色，翅痣黄褐至褐色，翅脉褐色。

♂ 体长约 4.0 mm。前翅长约 2.5 mm。触角长约 3.0 mm，鞭节 23 节。头胸部几乎全部黑色，仅前胸背板前缘，中胸侧板前上角，中胸盾片前侧缘稍带红褐色。触角柄节和梗节腹侧，上唇，上颚(端齿黑褐色)，下颚须，下唇须黄褐色。腹部第 2 节背板基部 0.3、第 2 节及以后背板端缘光滑光亮的横带红褐色。后足跗节背侧带黑褐色。并胸腹节合并的中区和端区光滑光亮，具几个稀疏的刻点。

正模 ♀，江西全南，700 m，2008-06-10，集虫网。副模：1♂，江西全南，530 m，2008-07-02，集虫网。

词源：新种名源于并胸腹节具圆弧形脊。

该新种与斑亮须姬蜂 *P. maculatus* Sheng & Sun 相似，可通过下列特征区别：并胸腹节宽阔的拱门状纵脊；产卵器鞘具较稀的细毛，毛长不大于鞘宽；中胸侧板和并胸腹节(前部中央具黑斑)红褐色；中胸盾片红褐色，后侧缘及后部中央黑褐色；腹部第 2~第 4 节背板黑色，前缘及后缘的狭边黄褐色。斑亮须姬蜂：并胸腹节端部具较短的纵脊(残痕)；产卵器鞘较粗壮，具稠密的粗毛，毛长大于鞘宽；中胸侧板和并胸腹节黑色；中胸盾片前半部黄褐色，后半部黑色；腹部第 2~第 4 节背板黄褐色，每节具 1 对黑色小斑。

84. 卫姬蜂属 *Paraphylax* Förster, 1869

Paraphylax Förster, 1869. Verhandlungen des Naturhistorischen Vereins der Preussischen Rheinlande und Westfalens, 25(1868):176. Type-species: *Paraphylax fasciatipennis* Ashmead. Included by Ashmead, 1905.

颜面中部弱至强烈隆起。唇基均匀隆起，端缘隆起或几乎平截，通常具 1 对小且非常弱的齿。后头脊下端与口后脊相遇。上颚端齿尖，2 端齿等长或下端齿稍短。下颚须通常很长。中胸盾片中叶具 1 纵沟；盾纵沟伸达中胸盾片中部之后。小盾片通常具 1 弱的中纵脊。腹板侧沟基半部强壮，端部逐渐变弱，伸达中足基节。中胸腹板后横脊完整。并胸腹节具强壮的基横脊和端横脊，若具中区，中区为六边形或五边形，多多少少拉长。肘间横脉通常与肘脉第 2 段等长，但有时较短。腹部第 1 节腹板无亚端横脊。第 2、第 3 节背板具褶缝。产卵器鞘长约为前翅长的 0.5 倍，产卵器端部拉长似矛状。

全世界已知 58 种；此前中国已知 3 种，分布于香港和台湾；这里介绍在江西发现的 3 新种。

卫姬蜂属中国已知种检索表*

1\. 头(上颚除外)、胸部和并胸腹节完全黑色；额几乎平坦，具不清晰且弱的细革质状表面，中纵沟不

* 该检索表未含异卫姬蜂 *P. varius* (Walker, 1860)，可通过下列特征鉴别：♀ 黑色，光亮；头在触角处具黄斑；触角红色，基部黄色，端部黑色，约等于体长；腹部两端渐细，远长于胸部，基部具大的黄色斑；产卵器鞘短于后足胫节；足黄色；前足转节具 1 黑点；后足腿节顶端和后足胫节基部的宽带沥青黑色；翅透明；翅脉黑色，基部黄色；前翅具 2 个黑带，外侧的带远宽于内侧的带。

明显；腹部第2~第4节背板基部具稠密的纵皱………强卫姬蜂，新种 ***P. robustus*** **Sheng & Sun, sp.n.**

头、胸部和并胸腹节非完全黑色；额粗糙，或具清晰的中纵沟；腹部第2~第4节背板具清晰且稠密的刻点，或具纵皱……………………………………………………………………………………2

2. 中胸盾片中叶无中纵沟；并胸腹节中区与基区合并，合并区狭长，在分脊后稍变宽；小盾片仅基部具侧脊；中胸盾片黑色……………………………………………亚卫姬蜂 ***P. yasumatsui*** **(Momoi)**

中胸盾片中叶具中纵沟；并胸腹节中区与基区由脊分隔；或小盾片的侧脊几乎伸达小盾片端部；中胸盾片褐色至红褐色，或黑色……………………………………………………………………3

3. 额非常粗糙，具不规则的密网状皱，中纵沟不清晰；腹部第2节背板基部和第3节背板具稠密清晰的纵皱；中胸盾片和腹部第1、第2节背板红褐色………皱卫姬蜂，新种 ***P. rugatus*** **Sheng & Sun, sp.n.**

额具革质状表面，无皱，中纵沟清晰；腹部第2、第3节背板具刻点或具模糊的线纹或皱…………4

4. 小盾片光滑，无刻点，侧脊几乎伸达端部；腹部第2、第3节背板具稠密清晰的刻点；中胸盾片黑色，前侧角具黄色斜纹；腹部第1、第2节背板黑色，仅第1节端部具黄色横带；后足基节黑色……………………………………………………………………………………点卫姬蜂，新种 ***P. punctatus*** **Sheng & Sun, sp.n.**

小盾片具皱或皱纹刻点，基部具侧脊；腹部第2、第3节背板具细密的刻点并夹杂不清晰线纹或皱；中胸盾片红至暗红色；腹部第1~第2节背板具不同程度的红色；后足基节红色……………………………………………………………………………………黑颜卫姬蜂 ***P. nigrifacies*** **(Momoi)**

170. 点卫姬蜂，新种 *Paraphylax punctatus* Sheng & Sun, sp.n. (图版 XVI：图 111)

♀ 体长约 4.0 mm。前翅长约 3.0 mm。触角长约 2.5 mm。产卵器鞘长约 0.6 mm。

颜面宽约为长的 2.1 倍，具非常稠密的斜细纵皱和细刻点，上方中央稍隆起。唇基稍隆起，具稀疏的细刻点；端缘中央稍凹。上颚基部具不明显的细刻点，向端部显著收敛；上端齿阔，末端斜截，下端齿尖；下端齿稍短于上端齿。颊稍凹，具细粒状表面；颚眼距约为上颚基部宽的 0.8 倍。上颊光滑光亮，具清晰不均匀(后部相对稀少)的细刻点，侧观约为复眼横径的 0.56 倍。头顶光滑，具不明显的细刻点，后部中央具显著的中纵沟，延至单眼区中央；单眼区稍隆起，侧方具浅凹沟；侧单眼间距约等于单复眼间距。额较平，触角窝上方稍凹；具非常稠密的细皱刻点。触角鞭节 22 节；第 1~第 5 鞭节长度之比依次约为 1.7∶1.7∶1.7∶1.3∶0.9。后头脊背方中央凹、磨损。

前胸背板前缘具模糊的细纵纹；侧凹内具不明显的短细横皱；后上部无光泽，具稀疏的细刻点；前沟缘脊明显。中胸盾片均匀隆起，具细革质状光滑表面；中叶中央具 1 细浅的中纵沟；盾纵沟清晰，约伸至端部 0.2 处相遇。盾前沟内具稠密均匀的细纵皱。小盾片均匀隆起，光滑光亮，无刻点；具完整的侧脊。后小盾片平，光滑。中胸侧板具稠密的斜细纵皱；胸腹侧脊伸达翅基下脊；镜面区小，光滑光亮；中胸侧板凹坑状；腹板侧沟直达中胸侧板的后下缘，后半部没有突然变弱。后胸侧板具不清晰的细刻点，下半部具稠密的斜细纵皱，基间脊完整。翅稍带褐色，透明；小脉位于基脉稍外侧(几乎对叉)；无小翅室；第 2 回脉远位于肘间横脉的外侧，二者之间的距离约为肘间横脉长的 2.0 倍；外小脉明显内斜，约在下方 0.35 处曲折；后小脉约在下方 0.3 处曲折。足基节外侧具稀疏的细刻点；后足第 1~第 5 跗节长度之比依次约为 3.2∶1.5∶1.0∶0.4∶0.9。并胸腹节明显隆起，脊完整；具不清晰的弱皱表面和皱刻点；基区小，向后方收敛；中区长六边形，前方尖，长约为分脊处宽的 2.0 倍，侧边向后方稍收敛；分脊约在中区中央稍前方与之相接；端区中央具较光滑的浅纵凹；气门小，圆形，约位于基部 0.33 处。

腹部第 1 节背板长约为端宽的 1.7 倍，向基部显著变狭，背表面平缓，具稠密均匀的细纵皱；背中脊和背侧脊细弱，完整；气门小，圆形，位于第 1 节背板中部之后。第 2、第 3 节背板具非常稠密的细刻点；第 2 节背板长约为端宽的 0.65 倍，第 3 节背板长约为基部宽的 0.56 倍；第 1~第 3 节背板端部、第 4 节及以后背板向后显著收敛，光滑光亮；第 4 节背板折缘不褶在腹部下方。产卵器鞘短，约为后足胫节长的 0.55 倍。产卵器端部矛状，端部尖锐。

体黑色，下列部分除外：触角(端部暗)，上颚(端齿除外)，下唇须，下颚须，中胸盾片侧叶前缘，足均为黄褐色；后足基节黑色，腿节端部、胫节(基部具浅黄色环)暗褐色；腹部第 1 节背板的端部黄色，第 2、第 3 节背板端缘的狭边红褐色；翅脉褐色，翅痣褐黑色，前翅小脉和基脉之前(上缘色淡，约为后部横斑宽度之半)、翅痣下后方(小翅室处和下外缘色淡)具黑褐色横斑带。

正模 ♀，江西全南三角塘，335 m，2009-04-14，集虫网。

词源：新种名源于腹部背板具刻点。

该新种与黑颜卫姬蜂 *P. nigrifacies* (Momoi, 1966)相似，可通过下列特征区别：小盾片光滑，无刻点，侧脊几乎伸达端部；腹部第 2、第 3 节背板具稠密清晰的刻点；中胸盾片黑色，前侧角具黄色斜纹；腹部第 1、第 2 节背板黑色，仅第 1 节端部具黄色横带；后足基节黑色。黑颜卫姬蜂：小盾片具皱或皱纹刻点，基部具侧脊；腹部第 2、第 3 节背板具细密的刻点并夹杂不清晰线纹或皱；中胸盾片红至暗红色；腹部第 1~第 2 节背板具不同程度的红色；后足基节红色。

171. 强卫姬蜂，新种 *Paraphylax robustus* Sheng & Sun, sp.n. (图版 XVI：图 112)

♀ 体长约 5.0 mm。前翅长约 4.0 mm。触角长约 4.0 mm。产卵器鞘长约 1.2 mm。

颜面宽约为长的 1.6 倍，具非常稠密的细刻点，中部中央较强隆起。唇基稍隆起，具细刻点；端缘中央稍凹。上颚基部具不明显的细刻点，向端部显著收敛；上端齿稍宽，末端斜截，下端齿尖；下端齿稍短于上端齿。颊稍凹，具细皱粒状表面；颚眼距约为上颚基部宽的 0.7 倍。上颊光滑光亮，具清晰但不均匀(后部相对稀少)的细刻点，侧观约为复眼横径的 0.5 倍，后方因复眼向外上方倾斜而稍狭窄。头顶为光滑光泽的革质状表面，具非常稀疏的细刻点，后部中央具显著的中纵沟，与单眼区中央的浅纵沟不明显连接；单眼区稍隆起，3 单眼之间有凹沟相隔；侧单眼间距约为单复眼间距的 0.8 倍。额较平，触角窝上方具特别稠密的细皱刻点；上部中央具细革质状表面和稀疏的细刻点，中央具弱纵沟。触角鞭节 22 节；第 1~第 5 鞭节长度之比依次约为 2.2∶2.2∶2.2∶1.3∶1.1；末节末端渐尖，约为次末节长的 1.6 倍。后头脊完整，背方中央和中纵沟同凹。

前胸背板前缘及侧凹光滑光亮，具特别稀弱的细刻点；后上部具凸凹不平的表面和稀疏的细刻点；前沟缘脊明显。中胸盾片均匀隆起，具细革质状表面；后部中央稍粗糙，具弱细的斜纵皱；中叶中央具 1 显著的中纵沟，前方强隆起、与颈表面几乎垂直；盾纵沟显著，约伸达端部 0.2 处，不相遇。盾前沟内具稠密的细纵皱。小盾片较强隆起，光滑光亮；具完整的侧脊。后小盾片光滑。中胸侧板具稠密的斜细横皱和弱细的刻点；胸腹侧脊细弱，伸达翅基下脊，上端不太清晰；镜面区小，光滑光亮，其下方光滑光泽；中胸侧板凹坑状；腹板侧沟明显，直达中胸侧板的后下缘，后半部不突然变弱。后胸侧板具稠密的细刻点，下部具稠密的斜细纵皱，基间脊完整。前翅小脉位于基脉稍外侧(几乎对叉)；无小翅室；第 2 回脉位于肘间横脉的外侧，二者之间的距离约为肘间横脉长的 1.3 倍；外小脉明显内斜，约在下方 0.3 处曲折；后小脉约在下方 0.33 处曲折。足基节短锥形膨大，外侧具稀疏的细刻点；后足第 1~第 5 跗节长度之比依次约为 3.2∶1.2∶0.8∶0.4∶1.0；爪小。并胸腹节均匀隆起，基横脊和端横脊完整；基横脊之前光滑，具不清晰的刻点；端区具横皱；其余部分具不规则的皱；基区向后部收敛；无侧突；气门小，近似圆形(稍椭圆形)，约位于基部 0.2 处。

腹部第 1 节背板长约为端宽的 1.4 倍，向基部显著变窄，背表面平缓，具稠密均匀的细纵皱(端部约 0.2 光滑光亮)；背中脊细弱不明显，背侧脊较完整；气门小，圆形，约位于第 1 节背板中央。第 2、第 3、第 4 节背板基部具非常稠密的细纵皱，端部约 0.3(第 4 节端部约 0.4)光滑光亮；第 2 节背板长约为端宽的 0.68 倍；第 3 节背板长约为基部宽的 0.64 倍；第 4 节及以后背板向后显著收敛；第 4 节背板折缘不褶在腹部下方；第 5 节及以后背板光滑光亮，仅有几个稀细的刻点。产卵器鞘短，约为后足胫节长的 0.67 倍。产卵器腹瓣亚端部约具 6 条细纵脊，端部的 4 条相距较近。

体黑色，下列部分除外：触角基部及腹侧红褐色；上颚(端齿除外)，下唇须，下颚须，腹部第 1 节背板(亚端部两侧及侧缘黑褐色)，足均为红褐色；末跗节及后足腿节端部、胫节外侧黑褐色，后足胫节基部淡黄褐色；腹部第 2、第 3、第 4 节背板端部暗红褐色。翅脉褐色，翅痣褐黑色，前翅小脉和基脉之前(上缘色淡，宽约为后部横斑宽度的 1/3)、翅痣下及后方具黑褐色横斑带。

正模 ♀，江西全南，2010-06-29，集虫网。

词源：新种名源于产卵器非常强壮。

该新种与亚卫姬蜂 *P. yasumatsui* (Momoi, 1966)相似，可通过下列特征区别：中胸盾片中叶具中纵沟；小盾片侧脊几乎伸达小盾片端部；并胸腹节中区与基区由脊分隔；前胸背板黑色。亚卫姬蜂：中胸盾片中叶无中纵沟；小盾片仅基部具侧脊；并胸腹节中区与基区合并；前胸背板红色。

172. 皱卫姬蜂，新种 *Paraphylax rugatus* Sheng & Sun, sp.n. (图版 XVI：图 113)

♀ 体长 4.5~5.0 mm。前翅长 3.0~4.0 mm。触角长 4.5~5.5 mm。产卵器鞘长 0.8~0.9 mm。

颜面宽为长的 1.5~2.0 倍；具非常稠密的斜细纵皱，中央稍纵隆起，上缘中央稍下凹。唇基稍隆起，基半部表面质地同颜面，端部较光滑，端缘中央稍凹入。上颚基部具不明显的细刻点，向端部显著收敛；下端齿稍短于上端齿。颊稍凹，具细皱粒状表面；颚眼距约等于上颚基部宽。上颊具稠密的斜粗皱，侧观(约上颊中部)为复眼横径的 0.7~0.8 倍，后方因复眼向外上方倾斜而稍变狭窄。头顶和额均为稠密模糊的粗皱表面；前者后部圆阔，单眼区稍抬高，侧单眼间距为单复眼间距的 1.2~1.23 倍；后者相对较平。触角鞭节 24~26 节；第 1~第 5 鞭节长度之比依次约为 2.3∶2.3∶2.2∶1.7∶1.4。后头脊完整，背方中央稍弱。

前胸背板前部明显突出，前缘具弱细的纵纹；侧凹具稠密的短横皱；后上部具稠密较粗的斜纵皱；后上角具小瘤突；前沟缘脊明显。中胸盾片均匀隆起，具稠密且较均匀的斜细横皱(端部光滑)，中叶前部及中央呈细革质状表面，前缘显著突出；中叶和侧叶中央各具 1 细浅的中纵沟；盾纵沟清晰，约伸达端部 0.2 处，不相遇。盾前沟内具稠密均匀的细纵皱。小盾片均匀隆起，基半部具稠密的细横皱，端半部光滑；具完整的侧脊。后小盾片平，具细弱的刻点。中胸侧板呈稠密模糊的斜细纵皱；胸腹侧脊伸达翅基下脊；镜面区小，光滑光亮；中胸侧板凹坑状；腹板侧沟明显，直达中胸侧板的后缘，后半部没有突然变弱。后胸侧板具稠密的细刻点，下半部具稠密的斜细纵皱，基间脊完整。翅稍褐色，透明；小脉位于基脉稍外侧(几乎对叉)；无小翅室；第 2 回脉远位于肘间横脉的外侧，二者之间的距离约为肘间横脉长的 2.0 倍；外小脉稍内斜，约在中央处曲折；后中脉强烈弓曲，后小脉约在下方 0.35 处曲折。足基节外侧具斜细纵皱；后足基节背侧端部明显凹陷；后足第 1~第 5 跗节长度之比依次约为 4.2∶1.9∶1.1∶0.7∶0.9。爪小。并胸腹节明显隆起，端半部横形渐倾斜；脊完整；具稠密不规则的粗皱表面；基区小，向后方显著收敛；中区阔六边形，长约等于分脊处宽，前边稍短于后边，两侧边向下方稍收敛；分脊约在中区中央或其稍前部横向伸出；端区的皱大致横形；气门小，圆形，约位于基部 0.3 处。

腹部第 1 节背板长为端宽的 1.44~1.54 倍，向基部显著变细，背表面平缓，具稠密均匀的细纵皱(端缘光滑)；背中脊弱，基部可见，背侧脊完整；气门小，圆形，约位于端部 0.4 处。第 2、第 3、第 4 节背板具非常稠密的细纵皱，各节端部 0.2~0.25 光滑光亮；第 2 节背板长为端宽的 0.6~0.7 倍；第 3 节背板长为基部宽的 0.64~0.7 倍；第 4 节及以后背板向后显著收敛；第 4 节背板折缘不褶在腹部下方；第 5 节及以后背板光滑光亮。产卵器鞘短，约为后足胫节长的 0.6 倍。产卵器端部长矛状，末端尖锐，腹瓣亚端部约具 5 条细弱的纵脊。

体黑色，下列部分除外：触角，上颚(端齿齿尖除外)，下唇须，下颚须，足(背侧带红褐色)黄褐色；末跗节及后足腿节基缘和端部、胫节端部带黑褐色，后足胫节基部淡黄褐色；唇基端部，前胸侧板，前胸背板，中胸盾片，中胸侧板前上部，腹部第 1~第 2 节背板暗红褐色，其余背板端部带暗红褐色。翅脉褐色，翅痣褐黑色，前翅小脉和基脉之前(上缘色淡，宽约为后部横斑宽度的 1/2)、翅痣下及后方(小翅室处和下外缘色淡)具黑褐色横斑带。

♂ 体长约 4.5 mm。前翅长约 3.5 mm。触角长约 4.5 mm。触角鞭节 24 节。其余特征同♀。

正模 ♀，江西全南，700 m，2008-10-07，集虫网。副模：11♀♀1♂，江西全南，409~740 m，2008-06-02~10-31，集虫网。

词源：新种名源于腹部背板具皱。

该新种与点卫姬蜂 *P. punctatus* Sheng & Sun 相似，可通过下列特征区别：额粗糙，具不规则的密网状皱；腹部第 2 节背板基部和第 3 节背板具稠密清晰的纵皱；中胸盾片和腹部第 1、第 2 节背板红褐色。点卫姬蜂：额具革质状表面，无皱；腹部第 2、第 3 节背板具稠密清晰的刻点，无纵皱；中胸盾片黑色，前侧角具黄色斜纹；腹部第 1、第 2 节背板黑色，仅第 1 节端部具黄色横带。

(十四) 恩姬蜂亚族 Endaseina

该亚族含 10 属；我国已知 6 属；江西发现 3 属。

恩姬蜂亚族中国已知属检索表

1. 前翅无第 2 肘间横脉；并胸腹节中区长大于宽；上颊具非常稠密且粗的刻点……………………………………………………………………………………………**点刻姬蜂属 *Cisaris* Townes**
   前翅有第 2 肘间横脉；并胸腹节中区宽大于长；上颊的刻点不那么密……………………………5
2. 后足胫距远着生在胫节端部之前，胫节的端面非常斜；上颚下端齿远长于上端齿；胫节外侧面具强壮的棘……………………………………………………………**离距姬蜂属 *Glyphicnemis* Förster**
   后足胫距几乎着生在胫节端部，胫节的端面几乎横形；上颚下端齿稍或明显短于上端齿……………3
3. 腹部第 1 节背板(至少在气门之前)具强壮的背中脊；盾前沟内具 1 强壮的中纵脊……………………………………………………………………………………………**恩姬蜂属 *Endasys* Förster**
   腹部第 1 节背板的背中脊弱或缺；盾前沟内通常无 1 强壮的中纵脊……………………………4
4. 颜面上缘隆起呈棱脊状边，无中瘤；雌性触角鞭节端半部腹侧强烈扁平；第 2 回脉位于小翅室的下外角或下外角稍内侧；复眼表面具稀毛………………………**脊瘤姬蜂属 *Carinityla* Sheng & Sun**
   颜面上缘凹，至少无隆起的呈棱脊状边，具 1 中瘤；雌性触角鞭节端半部腹侧不扁平；第 2 回脉位于小翅室的近中部；复眼表面无或具毛……………………………………………………5
5. 复眼表面具短毛或无毛；颜面上缘中央的瘤小且圆形；无盾纵沟；中胸盾片后缘的横缝完整且特别显著……………………………………………………**栖姬蜂属 *Amphibulus* Kriechbaumer**
   复眼表面无毛；颜面上缘中央的瘤高且侧扁；具清晰的盾纵沟；中胸盾片后缘的横缝中央明显，侧面消失…………………………………………………………**异唇姬蜂属 *Coptomystax* Townes**

85. 脊瘤姬蜂属 *Carinityla* Sheng & Sun, 2010

Carinityla Sheng & Sun, 2010. ZooKeys, 73:62. Type-species: *Carinityla punctulata* Sheng & Sun.

体长 9.5~11.0 mm。前翅长 7.2~8.5 mm。头胸部具稠密的长毛；复眼具较稀且短的毛，雌性较明显可见。颜面上缘隆起呈棱脊状边，中央具小凹刻。唇基凹开放。唇基稍隆起，端缘弱弧形前突，前缘中段稍向上翘起。上颚较长，上下缘几乎平行，上端齿长于下端齿。后头脊完整，下端在上颚基部上方与口后脊相接。雌性触角柄节圆筒状，端面几乎平截(不倾斜)，中部之后腹侧扁平；雄性鞭节第 10~第 11(12)节具强烈突起的条状触角瘤。前胸背板上缘后段(翅基片之前)肩状抬高呈狭窄的平面，或在亚后上角处隆起呈弱突起。前沟缘脊长且强壮，由下前角向上伸至侧纵凹的后上方。具盾纵沟。中胸盾片后缘具完整且非常清晰的横沟。胸腹侧片下方(前胸背板下角之后)具 1 短横脊。胸腹侧脊强壮，侧面下部(在腹板侧沟上方)中断，或向后角状弯曲。腹板侧沟前部 0.5 约呈三角形深凹，后部仅具痕迹，后端位于中胸侧板后下角的上方。小翅室五边形，接纳第 2 回脉于它的下外角或在下外角的稍内侧。后小脉强烈内斜，约在下方 1/4 处曲折。并胸腹节具完整且强壮的脊；分脊在中区的中部前侧与其相接；气门非常斜长，长径为短径的 3.0~3.5 倍。腹部第 1 节背板长为端宽的 2.3~2.6 倍，无背中脊，背侧脊在柄部完整；气门约位于端部 0.3 处。产卵器侧扁，端部长且尖，具非常弱的背结。

目前仅知 2 种，分布于江西。

脊瘤姬蜂属已知种检索表

1. ♀♀ ……………………………………………………………………………………2
   ♂♂……………………………………………………………………………………3
2. 胸腹侧脊完整，在腹板侧沟上方处强烈向后弯曲；腹部第 1 节背板的背侧脊后部(气门之后)缺；后足腿节及腹板第 2 节背板黑色 …………………………**毛脊瘤姬蜂 *C. pilosa* Sheng & Sun**
   胸腹侧脊在腹板侧沟上方处中断；腹部第 1 节背板的背侧脊完整；后足腿节及腹板第 2 节背板红褐色…………………………………………………**点脊瘤姬蜂 *C. punctulata* Sheng & Sun**
3. 盾纵沟伸达中胸盾片中部之后；小盾片侧面隆起，中部稍凹；并胸腹节中区宽为长的 1.5~1.6 倍；后足腿节及腹板第 2、第 3 节背板黑色…………………………**毛脊瘤姬蜂 *C. pilosa* Sheng & Sun**
   盾纵沟未伸达中胸盾片中部；小盾片正常，稍隆起，侧面均匀下斜；并胸腹节中区宽为长的 1.9~2.1 倍；后足腿节及腹板第 2、第 3 节背板红褐色………………**点脊瘤姬蜂 *C. punctulata* Sheng & Sun**

173. 毛脊瘤姬蜂 *Carinityla pilosa* Sheng & Sun, 2010 (图版 XVI：图 114)

Carinityla pilosa Sheng & Sun, 2010. ZooKeys, 73:67.

♀ 体长约 9.0 mm。前翅长约 7.2 mm。产卵器鞘长约 2.8 mm。

头部具稠密的黄褐色毛。复眼具稀且短的细毛。颜面宽约为长的 1.9 倍，具稠密的粗皱点，侧面及下外角相对稍稀；上部亚侧面(触角窝下方)具短斜皱；中央纵脊状隆起；上缘隆起，中央稍凹。唇基沟细弱。唇基几乎不隆起，基部具稀疏不均匀的刻点，刻点间的距离约为刻点直径的 1.0~3.0 倍；端部 0.25 几乎光滑，无刻点；中段边缘状向上翘起，端缘弱弧形前突，端缘中央微凹。上颚长，上下缘几乎平行；具不清晰的细纵皱和细刻点，上端齿长于下端齿。颊区具横刻点，眼下沟不明显；颚眼距约为上颚基部宽的 0.5 倍。上颊具稠密的纵刻点，刻点间的距离为刻点直径的 0.2~1.0 倍；仅后部向后收敛；背面观，长约为复眼宽的 0.6 倍。头顶具不均匀明显较细于上颊的刻点，刻点间距为刻点直径的 0.2~1.5 倍。侧单眼间距约为单复眼间距的 0.6 倍。额相对较平坦，具均匀稠密的皱点，刻点间距为刻点直径的 0.2~1.0 倍。触角明显短于体长；鞭节 27 节，中部之后稍变粗；第 1~第 5 鞭节长度之比依次约为 3.7∶4.7∶4.5∶4.3∶4.1。后头脊完整、强壮，下端在上颚基部上方与口后脊相接。

前胸背板前部具细刻点，侧凹内具稠密的斜横皱，下部的皱伸达后缘；后上部具细刻点，刻点间距为刻点直径的 0.2~1.0 倍；上缘在亚后上角处呈狭窄的肩状。前沟缘脊长且强壮，由下前角一直向上伸至侧纵凹的后上方。中胸盾片具稠密的刻点，刻点间的距离为刻点直径的 0.2~0.5 倍；后部中央具不规则的纵皱，纵皱间具刻点；亚后缘具清晰完整的横沟；盾纵沟仅前端明显可见。盾前沟内具细纵脊。小盾片几乎不隆起，具不均匀的刻点，仅基侧角(约 0.15)具侧脊。后小盾片光滑光亮，侧缘角状隆起，前侧角(隆起的前面)深凹。翅基下脊强烈片状隆起，它与翅基片之间深凹。中胸侧板上部具稠密的刻点；下部在腹板侧沟上方具不均匀的横刻点；腹板侧沟的下方具清晰的细刻点；后下部(沿腹板侧沟)具稠密的横皱；镜面区处具稠密的刻点；前下角(在前胸背板下角处)具 1

短横脊，伸达胸腹侧脊；胸腹侧脊强壮，侧面下部(在腹板侧沟上方)向后角状弯曲，背端伸达翅基下脊。腹板侧沟伸达中胸侧板后缘，后端明显位于后下角上方，前部约 0.7 深沟状，后部较浅。后胸侧板具稠密不均匀的细刻点；基间脊完整；后胸侧板下缘脊的前段片状突出。翅带灰褐色透明，小脉几乎与基脉对叉(稍微后叉)；小翅室约为四边形，肘间横脉向上方收敛；第 2 回脉在它的下外角或下外角稍内侧与之相接；外小脉约在下方 1/3 处曲折；后小脉强烈内斜，约在下方 1/4 处曲折。足强壮，具稠密的褐色毛(尤其后足的毛更长)；后足基节及腿节具清晰的细刻点；后足胫距的长距约伸达第 1 跗节的 0.5 处；后足第 1~第 5 跗节长度之比依次约为 10.0∶4.7∶3.4∶1.6∶3.7。并胸腹节具褐色长毛，分区完整，脊强壮；中区六边形；宽约为长的 1.15；分脊约在它的中部相接；基区和中区光滑光亮；第 1 侧区具非常细的刻点；第 2 侧区具不明显的皱；外侧区前部几乎光滑，后部具斜横皱；端区及第 3 侧区具横皱；并胸腹节侧突三角状突起；气门斜长形，长径约为短径的 3.0 倍，与外侧脊间的距离约为与侧纵脊间距离的 1.3 倍。

腹部第 1 节背板光滑光亮，长约为端宽的 2.3 倍；腹柄细长，侧缘几乎平行(向后稍微变宽)；后柄部稍隆起，前半部具非常稀且细弱的刻点；背侧脊在后柄部的中部不明显；气门小，圆形，约位于端部 0.3 处。第 2、第 3 节背板光滑光亮，具非常稀的短毛和细毛刻点。第 2 节背板长约为端宽的 0.65 倍，基缘具横行小窗疤；窗疤宽约为长的 3.0 倍。其余背板具相对稠密的褐色短毛。尾须末端向后超过第 8 节背板端缘。产卵器鞘约与后足胫节等长。产卵器侧扁，端部长且尖；具非常弱的背结。

黑色，下列部分除外：触角柄节及梗节的腹侧暗红褐色，端部的扁平部分或多或少带褐色，中段 8~14 节背侧白色；下颚须、下唇须(基部带暗褐色)浅黄色；上颚中部深红色；所有的基节、转节，前中足腿节内侧黄色；前足的其余部分(第 5 跗节暗褐色除外)及中足腿节褐色；中足腿节端部、胫节及跗节深褐色；后足跗节第 1 节端部和第 2~第 4 节，腹部第 6~第 7 节背板后部中央及第 8 节背板背面白色；腹部第 1 节柄部黄褐色，后柄部红褐色；翅痣黄褐色；翅脉褐黑色。

♂ 体长 9.5~12.0 mm。前翅长 7.5~8.8 mm。

头部具稠密的黄褐色毛。复眼具非常稀且短的毛。颜面宽为长的 1.7~1.8 倍，具稠密的粗皱点，亚侧面(触角窝下方)稍细密，侧面及下外角相对稍稀；中央纵脊状隆起；上缘隆起，中央稍凹。唇基沟细弱。唇基几乎不隆起，具稀疏的刻点，刻点间的距离为刻点直径的 0.5~2.5 倍；端部 0.2 几乎光滑，无刻点；中段边缘状向上翘起，端缘弱弧形前突，端缘中央微凹。上颚狭长，仅基部稍宽；具稀浅的刻点，上端齿明显长于下端齿。颊区稍粗糙，眼下沟弱；颚眼距为上颚基部宽的 0.2~0.3 倍。上颊具相对较细的刻点，刻点间的距离为刻点直径的 0.2~1.5 倍；均匀向后稍收敛；背面观，长为复眼宽的 0.6~0.7 倍。头顶具不均匀的刻点，明显较稀于上颊的刻点，刻点间距为刻点直径的 0.2~3.5 倍。侧单眼间距为单复眼间距的 0.55~0.6 倍。额相对较平坦，具均匀稠密的皱点，刻点间距为刻点直径的 0.2~1.0 倍；侧缘具细纵脊状纹。触角端部变细，鞭节 27~29 节，第 10、第 11(12)节具细脊状触角瘤；第 1~第 5 鞭节长度之比依次约为 1.7∶2.0∶2.0∶2.0∶2.0。后头脊完整、强壮，下端在上颚基部上方与口后脊相接。

前胸背板前部具细刻点，侧凹内具稠密的斜横皱，下部的皱伸达后缘；后上部具细刻点，刻点间距为刻点直径的 0.5~1.5 倍；上缘在亚后上角处弱地隆起。前沟缘脊长且强壮，由下前角一直向上伸至侧纵凹的后上方。中胸盾片具稠密的刻点，刻点间的距离为刻点直径的 0.2~1.5 倍；后部中央的刻点细密且不清晰，或多或少呈纵纹状；后缘具清晰的横沟；盾纵沟伸达中胸盾片中央或稍后(后部约 0.4 处)。盾前沟内具短细纵脊。小盾片中部侧面隆起，显得向中央下凹；具稠密不均匀的大刻点，基部 0.2~0.3 具侧脊。后小盾片横形，亚前角具深凹。翅基下脊强烈隆起，与翅基片之间深凹。中胸侧板中部横凹；前部具细刻点；中央光滑光亮，无刻点；镜面区处具稀刻点；上部具不清晰的横刻点；下部在腹板侧沟上方具不均匀且稀的刻点；腹板侧沟下方具稠密不清晰的细刻点；胸腹侧脊强壮，背端伸至前胸侧板下角稍上方，抵达中胸侧板前缘；胸腹侧脊上方具 1 斜脊，前端约至中胸侧板中部，但未抵达中胸侧板前缘；腹板侧沟伸达中胸侧板后缘，后端位于后下角稍上方，前部约 0.5 深沟状，后部较浅并具 2~3 条横皱。后胸侧板具非常弱且不清晰的细刻点；基间脊弱，但较完整；后胸侧板下缘脊的前段片状突出。翅带灰褐色透明，小脉几乎与基脉对叉(稍微后叉)；小翅室约呈四边形，肘间横脉向上方收敛；第 2 回脉在它的下外角或下外角稍内侧与之相接；外小脉约在下方 1/3 处曲折；后小脉强烈内斜，在下方 0.2~0.25 处曲折。足强壮，具稠密的褐色短毛；后足基节及腿节具清晰的细刻点；后足胫距的长距约伸达第 1 跗节的 0.5 处；后足第 1~第 5 跗节长度之比依次约为 8.1∶3.7∶2.7∶1.2∶2.4。并胸腹节具完整强壮的脊；中区六边形；宽为长的 1.5~1.6 倍；分脊约在基部 1/3 处相接；基区和中区光滑；第 1 侧区具弱且不清晰的刻点；第 2 侧区具或多或少可见的弱纵皱；外侧区前部几乎光滑，后部具斜横皱；端区及第 3 侧区具横皱，前者具稠密的长毛；并胸腹节侧突三角状突起；气门斜长形，长径为短径的 3.0~3.5 倍。

腹部第 1 节背板长为端宽的 2.3~2.5 倍；腹柄细长，侧缘几乎平行，几乎无刻点；后柄部几乎光滑，前半部具清晰的细刻点；背侧脊在端部(后柄部的后半部侧缘)不明显；气门小，圆形，约位于端部 1/3 处。第 2、第 3 节背板光滑，具非常稀的短毛和细毛刻点。第 2 节背板长约为端宽的 0.7 倍，基缘具横行小窗疤。其余背板具相对稠密的褐色短毛。尾须末端约伸达第 8 节背板端缘。

黑色，下列部分除外：触角鞭节背侧基半部褐黑色、腹侧红褐色，端部褐黑色，中段 7(8)~13 节背侧白色；下颚须、下唇须(端部带暗褐色除外)浅黄色；上颚中部红褐色；前中足(跗节端部暗褐色除外)，腹部第 1 节柄部浅黄褐色；后足基节和转节黄褐至红褐色，腿节和胫节及第 1 跗节基半部黑色，第 1 跗节端半部和第 2~第 4 跗节白色，第 5 跗节黄褐至暗褐色；第 7 节背板中央及第 8 节背板白色；翅痣和翅脉褐黑色。

分布：江西。

观察标本：7♂♂，江西全南，530~628 m，2008-05-12~06-10，集虫网；1♀3♂♂，江西全南，628~700 m，2010-05-31~06-29，集虫网。

174. 点脊瘤姬蜂 *Carinityla punctulata* Sheng & Sun, 2010　(图版 XVI：图 115)

Carinityla punctulata Sheng & Sun, 2010. ZooKeys, 73:64.

♀ 体长 9.3~9.7 mm。前翅长 7.2~7.8 mm。产卵器鞘长约 2.8 mm。

头部具稠密的黄褐色毛。复眼具稀且短的毛。颜面隆起，宽约为长的2.2倍；粗糙，具稠密不规则的粗皱刻点，中央具弯曲的纵皱；上缘处具不规则的短纵皱；上缘稍隆起，中央具小凹刻。唇基沟细缝状。唇基凹大，斜凹沟状，开放。唇基稍隆起，具稀疏粗大的刻点，刻点间的距离约为刻点直径的0.3~2.0倍；端部约1/3处具浅横沟，将其与唇基的其余部分分开；端部0.25几乎光滑，无刻点；中段边缘状稍向上翘起，翘起部分具细革质状表面，端缘弱弧形前突。上颚较长，上下缘几乎平行，亚基部具短纵皱，端部具稀疏的浅刻点；上端齿明显长于下端齿。颊区和上颊具稠密的粗刻点，刻点间距为刻点直径的0.2~0.5倍。具清晰的眼下沟；颚眼距约为上颚基部宽的0.44倍。上颊中部稍纵隆起，仅后部向后稍收敛；背面观，长约为复眼宽的0.76倍。头顶具稠密的粗刻点，但明显较稀于颜面和上颊。侧单眼间距约为单复眼间距的0.44倍。额较平坦，具均匀稠密的粗皱点，刻点间距为刻点直径的0.2~0.5倍；侧缘细纵脊状隆起。触角明显短于体长，鞭节27节；第1~第5鞭节长度之比依次约为3.7∶4.1∶4.0∶4.0∶3.9。后头脊完整、强壮，下端在上颚基部上方与口后脊相接。

胸部具稠密的黄褐色长毛。前胸背板侧凹内及下部具斜横皱；上部具细刻点；上缘后段(翅基片之前)肩状抬高呈狭窄的平面。前沟缘脊长且强壮，由下前角一直向上伸至侧纵凹的后上方。中胸盾片具稠密的纵刻点，刻点连接成不规则的短纵皱纹；盾纵沟仅前端存在；中胸盾片后缘具清晰的横沟。盾前沟具稠密的短纵脊。小盾片稍隆起，具粗大不均匀的纵刻点；侧脊仅基侧角处存在。后小盾片下凹，光滑。中胸侧板周围具细刻点，中部在中胸侧板凹的前方具不均匀的横刻点；中胸侧板凹的下前方或多或少粗糙，具不清晰的细刻点；无镜面区，镜面区处具稠密的细刻点；翅基下脊强烈隆起，与翅基片之间深凹；胸腹侧脊强壮，侧面下部(在腹板侧沟上方)中断，下段的背端与前下角(在前胸背板下角处)的短横脊相接，胸腹侧脊的上段呈1斜脊，前端约至中胸侧板中部，但未抵达中胸侧板前缘；腹板侧沟前部0.5约呈三角形深凹，后部非常弱，仅具痕迹。后胸侧板具稠密的刻点，刻点间距为刻点直径的0.2~0.5倍；基间脊完整；后胸侧板下缘脊的前段角状隆起。翅带灰褐色透明，小脉位于基脉稍外侧，二者之间的距离小于脉宽；小翅室五边形(几乎呈四边形)，第2肘间横脉几乎无色、长于第1肘间横脉；第2回脉在小翅室下外角或下外角的稍内侧与之相接；外小脉约在下方1/3处曲折；后小脉约在下方0.25处曲折，上段强烈内斜。足强壮，具稠密的褐色毛；后足基节及腿节具清晰的细刻点；后足胫距的长距约伸达第1跗节的0.5处；后足第1~第5跗节长度之比依次约为10.0∶4.5∶3.5∶1.8∶3.7。并胸腹节具浅褐色长毛和非常强壮且完整的脊；中区六边形，宽约为长的1.2倍，分脊在它的中部稍前方相接；侧突扁片状突起；基区光滑，刻点不明显；第1侧区具清晰的细刻点；中区具不清晰的纵皱；第2侧区具斜纵皱；外侧区具斜横皱；端区具横皱；气门与外侧脊间的距离远大于与侧纵脊间的距离，几乎与侧纵脊相接；气门斜长形，长径约为短径的3.3倍。

腹部第1、第2节背板光滑光亮，具非常稀且细的毛刻点。第1节背板长约为端宽的2.3倍；在气门处均匀弯曲；后柄部均匀隆起；背中脊仅基端具痕迹；背侧脊完整；气门小，圆形，稍突起，约位于端部0.4处。第2节背板长约为端宽的0.55倍。其余背板具稠密的褐色短毛和毛细刻点。产卵器鞘长约为后足胫节长的0.95倍。产卵器侧扁，端部长且尖；具非常弱的背结。

黑色，下列部分除外：触角柄节腹面及端部、梗节端部、鞭节基部腹面(或多或少)及端部，端部腹面的扁平部分暗棕色；鞭节第 7~第 13 节背面白色；上颚中部褐色，基部暗褐色；下唇须，下颚须，前中足基节、转节、腿节腹面黄褐色；翅基片暗褐色；前中足腿节背面、胫节褐色，跗节暗褐色；后足基节黄褐色(比前中足基节的色稍深)；后足转节、腿节及胫节红褐色，腿节端部、胫节端部及第 1 跗节褐黑色；后足第 2~第 5 跗节黑褐色；腹部第 1~第 2 节背板及第 3 节背板基缘红褐色；第 3~第 6 节背板后缘的狭边不明显地带浅色；第 7 节大部分及第 8 节白色；翅痣褐色；前翅翅脉黑褐色；后翅翅脉黄褐色。

♂ 体长 9.5~11.0 mm。前翅长 7.2~8.5 mm。体被稠密的黄褐色短毛。复眼具非常稀而不明显的短毛。颜面宽为长的 1.7~1.8 倍。触角鞭节 26~28 节。前胸背板上缘在亚后上角处弱地隆起。盾纵沟清晰，未伸达中胸盾片中央(约前部 0.4 处)。并胸腹节中区约为梯形，宽约为长的 2.0 倍；分脊在中区的基部相接。腹部第 1 节背板长为端宽的 2.6~2.7 倍，无背中脊。黑色，下列部分除外：触角柄节及梗节暗褐色；鞭节基部及中部背面红褐色，第 8~第 12(13)节背侧白色，端部黑褐色；后足第 1 跗节端半部、第 2~第 4 跗节淡黄色；腹部第 1~第 3 节背板红褐色。

分布：江西。

观察标本：9♂♂，江西全南，628~700 m，2008-05-16~06-10，集虫网；1♂，江西资溪，400 m，2009-05-016，集虫网；1♀1♂，江西全南，628~700 m，2010-05-26~31，集虫网；1♀，江西全南，628 m，2010-06-09，集虫网；1♂，江西全南，2010-07-14，集虫网。

86. 点刻姬蜂属 *Cisaris* Townes, 1969

Cisaris Townes, 1970. Memoirs of the American Entomological Institute, 12(1969):82. Type-species: *Cisaris tenuipe* Townes.

前翅长 2.5~7.0 mm。体较粗壮。头大；复眼具稀且相对较长的毛。唇基宽，侧面观弱地隆起，端缘无齿，中段常有一点突出。上颚上端齿明显长于下端齿。上颊具非常稠密且较粗的刻点。触角粗短。中胸盾片具粗且非常稠密的刻点；盾前沟无中纵脊，但具短纵皱。腹板侧沟弱至强壮，伸至中胸侧板中部甚至后缘。翅无小翅室；第 2 回脉几乎垂直，具 1 弱点；后小脉稍微或强烈内斜，曲折。并胸腹节中区六边形或梯形，有时与基区或端区合并。腹部第 1 节细长，背板光滑，背中脊弱，向后伸达气门或缺，第 1 节背板气门远位于中部之后；第 1 节腹板端缘位于气门的稍内侧；第 2、第 3 节背板光滑，具非常稀的毛；折缘较宽。产卵器鞘长为前翅长的 0.3~0.4 倍。产卵器相对细，侧扁，端部长且尖；具 1 弱的背结，腹瓣无脊。

该属全世界仅知 5 种；我国已知 3 种；江西已知 1 种。

点刻姬蜂属世界已知种检索表

1. ♀♀……………………………………………………………………………………………2

♂♂……6

2. 触角无白环；前翅小脉位于基脉外侧；并胸腹节中区长大于宽，分脊约位于它的中部(♂不详)……细足点刻姬蜂 *C. tenuipes* Townes

触角具白环；前翅小脉与基脉对叉；并胸腹节中区宽大于长，或等于长，分脊在它的中部之后或靠近后角处相接……3

3. 腹部背板红色或红褐色；并胸腹节中区与端区由强脊分隔……4

腹部背板黑色，或端部黑褐色，若黑褐色，并胸腹节中区与端区合并……5

4. 颜面上缘处的宽为长的 1.8~1.9 倍；颚眼距约为上颚基部宽的 0.6 倍；并胸腹节分脊相接端区于前角处……高氏点刻姬蜂 *C. takagii* Kusigemati

颜面上缘处的宽约为长的 2.2 倍；颚眼距约为上颚基部宽的 0.92 倍；并胸腹节分脊位于中区中部稍后方……软点刻姬蜂 *C. mitis* Pei & Sheng

5. 并胸腹节中区梯形，中区与端区无脊分隔；分脊直，在端区前角处相接；侧单眼间距至少为侧单眼长径的 2.0 倍……沟点刻姬蜂 *C. canaliculatus* Sun & Sheng

并胸腹节中区六边形，中区与端区由强壮的脊分隔，分脊向侧前方弯伸，在中区后角处相接；侧单眼间距约为侧单眼长径的 1.6 倍(♂不详)……黑点刻姬蜂 *C. niger* Kusigemati

6. 腹部背板和后足完全黑色；颚眼距为上颚基部宽的 0.42~0.47 倍；并胸腹节中区与端区合并……沟点刻姬蜂 *C. canaliculatus* Sun & Sheng

腹部背板褐色或暗褐色；后足红褐色或暗褐色；颚眼距约为上颚基部宽的 0.3 倍；并胸腹节中区与端区由强壮的脊分隔……7

7. 并胸腹节中区宽约为长的 1.5 倍，分脊在它的中央处相接……软点刻姬蜂 *C. mitis* Pei & Sheng

并胸腹节中区宽约为长的 2.7 倍；分脊在端区的前角处相接……高氏点刻姬蜂 *C. takagii* Kusigemati

175. 沟点刻姬蜂 *Cisaris canaliculatus* Sun & Sheng, 2011 (图版 XVI：图 116)

Cisaris canaliculatus Sun & Sheng, 2011. ZooKeys, 136:86.

♀ 体长 7.5~8.0 mm。前翅长 6.5~7.0 mm。产卵器鞘长 2.0~2.5 mm。

头、胸部、腹部端部侧面和足均被浓密的浅褐色毛。头较大，复眼相对较小。颜面侧面均匀隆起，中央强烈丘状隆起；宽为长的 2.4~2.5 倍，上部亚侧方(触角下方)具浅横凹，其余被浓密的粗皱刻点；触角窝至唇基凹之间具浅斜凹。唇基沟侧面深凹，中部弱浅。唇基均匀隆起，具与颜面相似的粗皱刻点，亚端缘中部呈弱横脊状；端缘稍呈弧形。上颚宽而长，上下缘近平行；基半部具粗刻点，端半部光滑；上端齿尖，远比下端齿长。颊具粗刻点，眼下沟浅，残痕状，沟内细粒状；颚眼距约为上颚基部宽的 0.8 倍。上颊宽阔，均匀隆起，具稠密的粗皱刻点，向后上方渐收敛。头顶具与上颊相一致的粗皱刻点，侧单眼外侧具几个粗大显著的刻点；单眼区与两侧部处于同一平面，侧单眼间距为侧单眼直径的 2.0~2.1 倍，约为单复眼间距的 0.6 倍。额较平坦，具特别稠密的粗皱刻点。触角粗壮，柄节约圆筒形，端面稍倾斜；鞭节 17 节，中部以后变粗壮；第 1~第 5 鞭节长度之比依次约为 2.6∶2.5∶2.0∶1.4∶1.2。后头脊完整。

前胸背板具稠密不规则的粗刻点；前部具不清晰的纵皱；背面前部具稠密的纵皱，后部光滑光亮。前沟缘脊强壮，但未伸抵背缘。中胸盾片均匀隆起，具非常稠密的粗皱刻点，后部中央稍粗糙，具纵刻点，刻点连结似纵纹；盾纵沟前部明显。盾前沟深，具弱纵皱。小盾片几乎不隆起，具稠密的粗皱刻点，基部具侧脊。后小盾片非常小，粗糙，前侧面具非常深的小凹陷。中胸侧板非常粗糙，具稠密且不规则的粗皱和不清晰的大刻点；翅基下脊片状隆起；胸腹侧脊强壮，伸抵翅基下脊；胸腹侧片在对应前胸背板下角处具1短横脊；中胸侧板凹深，由一深横沟连接于中胸侧缝；腹板侧沟前半部清晰，后部非常弱；镜面区小或在镜面区的位置具刻点。后胸侧板粗糙，具稠密的网状皱；基间脊完整；后胸侧板下缘脊片状强烈隆起。足正常；后足第1~第5跗节长度之比依次约为5.2∶2.0∶1.6∶1.0∶1.6，第1跗节小于第2~第4节长度之和；第5跗节向端部稍膨大。翅透明，稍带灰褐色；小脉与基脉相对；无小翅室，肘间横脉长约等于它与第2回脉之间的距离；外小脉在下方约1/3处曲折；后小脉在下方约1/3处曲折，上段强度内斜；后中脉稍微弓曲。并胸腹节具粗大的刻点，似网状皱，中央纵凹，端区强烈深纵凹；脊强壮，中区及第1侧区具粗刻点；中区与基区和端区之间的横脊非常弱，与区内的横皱相似；分脊位于端区前侧角；并胸腹节侧突强突起，几乎扁平；气门小，几乎圆形。

腹部背板光滑光亮，仅端部侧面具非常稀且细的刻点和浅褐色毛；腹部侧扁。第1节细长，由气门处向后变宽，长为端宽的2.4~2.5倍，背面向端部逐渐隆起；背中脊弱，伸达气门处；背侧脊弱，完整；气门小，圆形，位于背侧脊的下方(紧靠背侧脊)、该节端部约0.3处。第2、第3节背板特别膨大，梭状，约占柄后腹的1/2；第2节背板长约为端宽的0.76倍，基部两侧向前包延；第3节背板长约为基部宽的0.7倍，约为端宽的1.1倍。第4节及以后背板横形，较窄。产卵器鞘短，为后足胫节长的0.95~1.0倍；产卵器端部长而尖。

黑色，下列部分除外：触角鞭节第5~第7(8)节具白色环，端半部外侧带红褐色；上颚端半部(端齿齿尖除外)红褐色，前中足基节、转节和腿节基部模糊的褐黑色，腿节端部及胫节和跗节红至暗褐色；腹部端半部模糊的黑褐色；下唇须及下颚须黄褐色；翅基片几乎黑色；后翅翅脉黄褐色；前翅翅痣和翅脉褐黑色。

♂ 体长6.5~8.0 mm。前翅长6.0~7.0 mm。头明显较大。触角稍短于体长。触角鞭节22节，无白色环。颜面具稠密的粗刻点，中央明显纵瘤状突起、刻点相对细密。唇基端缘薄，翘起，亚端缘的浅横沟内具短纵皱。颚眼距为上颚基部宽的0.42~0.47倍。前胸背板中央上方(前沟缘脊下方)光滑无刻点，前沟缘脊强壮且长。并胸腹节中区与端区完全合并；合并区中央纵向光滑，或具或多或少清晰的弱横皱。前中足基节、转节，翅基片，腹部背板均为黑色。

分布：江西。

观察标本：1♀，江西全南，2008-04-29，集虫网；15♂♂，江西资溪马头山，2009-04-10~17，集虫网；1♂：江西官山，2009-04-20，盛茂领；1♀，江西资溪马头山，400 m，2009-05-08，集虫网；2♂♂：江西官山，2011-04-24，孙淑萍、盛茂领。

87. 异唇姬蜂属 *Coptomystax* Townes, 1970

Coptomystax Townes, 1970. Memoirs of the American Entomological Institute, 12(1969):85. Type-species: *Coptomystax atriceps* Townes.

主要鉴别特征：颜面上缘明显下凹，具1高而侧扁的中瘤；复眼表面无毛；唇基阔，端缘中央厚，稍外翻，具1非常弱的中凹，致使呈现1对阔而钝的脊突；上颚下端齿稍短于上端齿；胸腹侧脊背端未达前胸背板后缘中部；盾纵沟浅但清晰，几乎伸达中胸盾片中央；中胸盾片后缘具横沟状间断，该间断中部较清晰，侧面较弱；所有足的胫节具较细的毛；后足胫节端部约横截状；后足胫节距约从胫节端平面伸出；腹部第 1 节背板较细长，背中脊弱或缺。

全世界仅知 1 种，分布于我国江西和缅甸。

176. 黑头异唇姬蜂 *Coptomystax atriceps* Townes, 1969 (图版 XVII：图 117)

Coptomystax atriceps Townes, 1970. Memoirs of the American Entomological Institute, 12(1969):85.

♀ 体长 13.0~14.5 mm。前翅长 10.5~11.0 mm。产卵器鞘长 3.5~3.8 mm。

体被稠密的黄褐色毛，头部约与胸部等宽。颜面最窄处的宽度约为长度的 2.2 倍，具稠密的粗皱点，中央微弱隆起。唇基横宽，基部具与颜面相似的质地，端缘处光滑，端缘中央稍凹，该凹的侧面呈微弱的小突起。上颚狭长，基部具细刻点；上端齿明显长于下端齿。颊短，具细粒状表面；颚眼距约为上颚基部宽的 0.4 倍。上颊均匀隆起，具稠密的粗刻点(较颜面的稍稀疏)。头顶具粗刻点，侧单眼间距约为单复眼间距的 0.6 倍。额较平，具稠密的粗皱。触角粗短，仅端部细而尖，柄节的端面稍斜，鞭节 32 节，第 1~第 5 鞭节长度之比依次约为 2.1∶2.5∶2.3∶2.2∶2.0。后头脊完整。

前胸背板前缘下部具细纵皱；侧凹较光滑，具少数弱横皱；后部具不均匀的刻点；前沟缘脊强壮。中胸盾片均匀隆起，具稀疏的细刻点(后部粗皱状)；盾纵沟清晰，向后伸过中胸盾片中央。中胸盾片后缘具清晰的细横纹状间断。小盾片稍隆起，具稀疏的细刻点，侧脊明显。后小盾片横形，稍隆起，较光滑。中胸侧板具稠密的细刻点，中部间杂有稠密的细纵皱，下部(腹侧)间杂有稠密的细横皱；镜面区光滑，具稀细的刻点；胸腹侧脊约伸至翅基下脊，上半部有时不明显；中胸侧板凹横沟状。后胸侧板上半部较光滑，具稀细的刻点，端部具细横皱。翅黄褐色透明；小脉位于基脉稍外侧(几乎与之对叉)；小翅室大，五边形，第 2 回脉约在它的中央与之相接；第 2 回脉具 1 弱点，下段垂直；外小脉约在下方 1/3 处曲折；后小脉下段外斜，约在下方 1/3 处曲折。前中足胫节短棒状；后足第 1~第 5 跗节长度之比依次约为 8.0∶3.8∶3.0∶1.3∶3.0。并胸腹节光滑；分区完整；基区明显向下方收敛；中区近于正五边形；分脊约在中央稍前伸出；端区长形；气门椭圆形，约位于中央稍前方。

腹部无明显的刻点。第 1 节背板细长，向基部显著收敛，在中央处明显隆起，长约为端宽的 1.9 倍；无背中脊，背侧脊、腹侧脊完整；气门卵圆形，稍隆起，约位于端部 1/3 处。第 2 节背板强烈向后变宽，背面显著隆起，长约为端宽的 0.5 倍。第 3 节背板长约为基部宽的 0.6 倍，向端部稍收敛。其余各节背板向端部显著收敛。产卵器直，强烈向端部变尖，腹瓣端部约具 7 条纵脊，内侧的 3 条相距较远。

体黄褐色。触角鞭节端部黑色；头部主要为黑色，而颜面中央、唇基、上颚基部、下唇须、下颚须黄褐色，颊及上颊的基缘红褐色；爪尖、翅脉带深褐色。

♂ 体长 8.5~14.0 mm。前翅长 6.5~11.5 mm。

分布：中国(江西)，缅甸。

观察标本：3♀♀50♂♂，江西全南，530~740 m，2008-04-16~07-09，集虫网；20♂♂，

江西全南，2010-05-31~07-07，集虫网。

(十五) 沟姬蜂亚族 Gelina

该族含 8 属；我国已知 6 属；江西已知 2 属。亚族检索表请参考 Townes (1970a) 的著作。

88. 权姬蜂属 *Agasthenes* Förster, 1869

Agasthenes Förster, 1869. Verhandlungen des Naturhistorischen Vereins der Preussischen Rheinlande und Westfalens, 25(1868):178. Type-species: *Hemiteles varitarsus* Gravenhorst; designated by Perkins, 1962.

唇基强烈隆起，端缘平截，无齿。无前沟缘脊。腹板侧沟清晰，几乎伸抵中胸侧板下后角。中胸腹板后横脊完整。盾纵沟未伸达中胸盾片中部。并胸腹节中区宽约等于长。小脉位于基脉外侧，二者之间的距离约为小脉长的 0.5 倍；小翅室五边形，外侧开放；第 2 回脉稍内斜，具 1 弱点；后小脉几乎垂直，在中部下方曲折。腹部第 1 节腹板端缘远位于气门外侧，气门位于中部，背中脊适当强壮；第 2、第 3 节背板折缘由褶缝将其与背板分隔，气门位于折缘上(秘姬蜂亚科中独有的特征)。产卵器鞘约为前翅长的 0.17 倍。产卵器适当强壮，顶端狭窄的箭头状。

全世界已知 5 种；我国已知 1 种，江西有分布。

177. 蛛卵权姬蜂 *Agasthenes swezeyi* (Cushman, 1924)

Arachnoleter swezeyi Cushman, 1924. Proceedings of the United States National Museum, 64(2494):3.
Agasthenes swezeyi (Cushman, 1924). He, Chen, Ma. Economic Insect Fauna of China, 51: 467.

分布：江西、江苏、浙江、湖南、广西、云南、台湾；印度，马来西亚，菲律宾；北美。

89. 汤须姬蜂属 *Townostilpnus* Aubert, 1961

Townostilpnus Aubert, 1961. Bulletin de la Société Entomologique de Mulhouse, 1961:56. Type-species: *Townostilpnus chagrinator* Aubert; monobasic.

前翅长 2.8~4.5 mm。头短。唇基非常小，横椭圆形或透镜状，稍隆起。下颚须短至非常长，向后可伸达后足基节。胸部非常斜。中胸腹板后横脊不完整。并胸腹节向后非常倾斜呈 1 斜面，无背面，脊弱或消失；具气门的区长，边几乎平行；具中区，或无中区。第 1 肘间横脉弱至强烈倾斜，长 1.8~3.0 倍于它至第 2 回脉之间的距离；无第 2 肘间横脉；第 2 回脉强烈内斜，具 2 弱点；后小脉弱至强烈内斜，曲折或不曲折。腹部第 1 节长，具长柄，气门远在中部之后；腹部端缘位于气门内侧。产卵器鞘长约 0.1 倍于前翅。产卵器非常细，无明显的背结。

该属是 1 个非常小的属，此前仅知 2 种。寄主不详；我国尚无报道；这里介绍在江西发现的 1 新种。

汤须姬蜂属已知种检索表

1. 胸部和腹部背板黑色；胸部具细革质状表面，或中胸盾片具细弱的刻点；下颚须正常，或伸达中足基节……2
至少胸部红色；胸部具粗大的刻点；下颚须非常长，伸达腹部第 1 节基部……赤汤须姬蜂 *T. rufinator* Aubert
2. 下颚须正常；胸部和腹部背板大部分具细革质状质地；并胸腹节具纵脊；后足胫节基部具白环……革汤须姬蜂 *T. chagrinator* Aubert
下颚须伸达中足基节；中胸盾片具非常细的刻点；腹部第 2~第 4 节背板具稠密的粗刻点；并胸腹节无脊；后足胫节完全黑色，基部无白环……**黑汤须姬蜂，新种 *T. melanius* Sheng & Sun, sp.n.**

178. 黑汤须姬蜂，新种 *Townostilpnus melanius* Sheng & Sun, sp.n. (图版 XVII：图 118)

♂ 体被稠密的短毛，长约 4.0 mm。前翅长约 3.0 mm。触角长约 3.0 mm。

颜面宽约为长的 2.0 倍，具非常稠密的蜂窝状细刻点；中央纵向稍隆起。唇基沟清晰。唇基稍隆起，宽约为长的 2.0 倍，具稠密的细刻点；端部较薄，端缘中段平直。上颚长三角形，基部具细刻点，上端齿明显长于下端齿。颊呈稠密的细皱粒状表面，颚眼距约等于上颚基部宽。上颊具稠密的细刻点，明显向后收敛。头顶具稠密的细刻点，沿复眼外缘具向后部内敛的环形细沟；单眼区稍隆起，具稠密的细皱；侧单眼间距约为单复眼间距的 1.8 倍。额具非常稠密的细刻点，中部稍隆起。触角丝状；柄节显著膨大，端部斜截；鞭节 22 节，第 1~第 5 节长度之比依次约为 1.0∶1.0∶0.9∶0.9∶0.8，由基部向端部逐渐变细。后头脊完整。

前胸背板前部光滑光亮；侧凹深，内具短弱横皱；后上部隆起(中央稍横凹)，具非常稠密的浅细刻点。中胸盾片均匀隆起，具稠密的细刻点，后部较平；盾纵沟不明显。盾前沟窄且浅。小盾片明显隆起，具与中胸盾片相似的细刻点。后小盾片不明显。中胸侧板呈细革质状表面，前下部具稠密的细刻点；胸腹侧脊细弱，背端伸达翅基下脊，上部弯向中胸侧板前上部；腹板侧沟明显，伸达后部约 0.3 处；镜面区光亮。后胸侧板具稠密的细刻点，中部较隆起；后胸侧板下缘脊完整，宽边状。翅稍带褐色，透明，翅面具稠密的褐色短毛(后亚中室较少)；小脉位于基脉外侧，二者之间的距离约为小脉长的 0.4 倍；具残脉；第 2 肘间横脉缺，小翅室不封闭；第 2 回脉位于第 1 肘间横脉的外侧，二者之间的距离约为肘间横脉长的 0.6 倍；外小脉约在中央处曲折；后中脉明显弓曲，后小脉约在下方 0.35 处曲折。后足腿节基部细柄状，向端部明显膨大、稍侧扁，胫节棍棒状、基部细，第 1~第 5 跗节长度之比依次约为 3.1∶1.1∶0.9∶0.5∶0.7；爪小，基部具稀细的栉齿。并胸腹节均匀隆起，具不均匀的浅细刻点，无脊；中部及两侧基半部稍纵凹；气门小，圆形，约位于基部 0.25 处。

腹部第 1 节背板宽柄状，其余部分长纺锤形，最宽处位于第 3 节背板端部。第 1 节背板长约为端宽的 2.0 倍，向基部显著收敛，气门处稍膨大；基部光滑，中后部具稠密的细刻点；无背中脊，背侧脊达气门处；气门小，圆形，隆起，约位于后部 0.2 处。第 2 节及以后背板具非常稠密清晰的细刻点；第 2 节背板长约为端宽的 0.8 倍，基部两侧具腹陷，侧面稍呈圆形。第 3 节背板两侧近平行(基部稍窄)，长约为端宽的 0.7 倍。第 4

节及以后背板显著向后收敛。抱握器显著，叶状。

体黑色，下列部分除外：上颚(端齿黑褐色)，下唇须，下颚须(末节黄褐色)，前胸背板前部及后上角，前中足(末跗节及爪黑褐色；中足背侧带暗红褐色)，后足第 2 转节、腿节基部，腹部第 2 节背板基部约 0.27 及第 2 节以后背板端缘均为黄褐色；后足胫节外侧基部的纵斑及跗节各小节交界处暗红褐色；翅痣黄褐色，翅脉暗褐色。

正模 ♂，江西九连山，580 m，2011-04-20，盛茂领。

词源：新种名源于体黑色。

该新种与革汤须姬蜂 *T. chagrinator* Aubert, 1961 相似，主要鉴别特征：下颚须伸达中足基节，并胸腹节无脊，腹部第 2~第 4 节背板具稠密的粗刻点，后足胫节完全黑色、基部无白环。革汤须姬蜂：下颚须正常，并胸腹节具纵脊，腹部背板大部分具细革质状表面，后足胫节基部具白环。

(十六) 洛姬蜂亚族 Rothneyiina

该亚族仅含 3 属；我国已知 2 属；江西已知 1 属。

90. 洛姬蜂属 *Rothneyia* Cameron, 1897

Rothneyia Cameron, 1897. Memoirs and Proceedings of the Manchester Literary and Philosophical Society, 41(4):19. Type-species: *Rothneyia wroughtoni* Cameron; monobasic.

主要鉴别特征：唇基与颜面几乎不分开。前沟缘脊明显；盾纵沟仅前部明显。小盾片隆起，梯形，末端陡峭，侧脊强壮，常向后延伸形成齿突；胸腹侧脊伸抵翅基下脊；腹板侧沟伸至中胸侧板后缘；中胸腹板后横脊在中足基节前中断；并胸腹节侧突强齿状；小翅室五边形，完整；后小脉上段内斜；腹部第 2、第 3 节背板愈合；第 3 节背板具 1 对侧端齿；第 4 节及以后背板均缩在第 3 节背板下面。

全世界已知 8 种；我国已知 4 种；江西已知 1 种。

洛姬蜂属中国已知种检索表

1. 第 2 回脉明显在小翅室的下方中央内侧与其相接；中胸侧板无或仅前下部具横皱；足的基节及转节褐色或黄褐色……2
   第 2 回脉在小翅室的下方中央与其相接；中胸侧板几乎全部具横皱；足的基节及转节黑色……**中华洛姬蜂 *R. sinica* He**
2. 触角鞭节第 4~第 8 节背面白色；中胸侧板前下部具横皱，其余具细刻点；后胸侧板前部具不规则的网状皱，后部具横皱……**江西洛姬蜂 *R. jiangxiensis* Sun & Sheng**
   触角鞭节第 4~第 8 节非白色；中胸侧板光滑，或仅具细刻点；后胸侧板具不规则皱，或前部具横皱而后部光滑……3
3. 中胸侧板具细刻点；后胸侧板具不规则的皱；小脉位于基脉稍外侧；触角鞭节黑色，仅基部 4 节腹面暗红色……**西藏洛姬蜂 *R. tibetensis* He, Chen & Ma**
   中胸侧板光滑；后胸侧板前部具横皱，其余光滑；小脉位于基脉稍内侧；触角鞭节的腹面火红色，背面黑褐色……**光侧洛姬蜂 *R. glabripleuralis* He**

179. 江西洛姬蜂 *Rothneyia jiangxiensis* Sun & Sheng, 2010 (图版 XVII：图 119)

Rothneyia jiangxiensis Sun & Sheng, 2010. Acta Zootaxonomica Sinica, 35(2):401.

♀ 体长约 6.8 mm。前翅长约 5.3 mm。触角长约 5.2 mm。产卵器鞘长约 1.8 mm。

颜面宽约为长的 1.66 倍；亚侧面及下部呈“U”形凹状，致使中央明显隆起；具稠密不规则的粗皱；上缘隆起呈脊状，但中央较弱且下凹。唇基沟较弱。唇基均匀隆起，具稀疏的浅刻点；端缘弧形前凸。上颚宽阔，基部具细刻点；上端齿约与下端齿等长。眼下沟较弱，但清晰可见；颊区中央下部具革质状表面；颚眼距约等于上颚基部宽。上颊较阔，具稠密的刻点。头顶具稠密的皱状刻点，侧单眼间距约为单复眼间距的 0.7 倍。额较平，具稠密的粗刻点。触角柄节膨大；鞭节 21 节；中部之后稍膨大，腹面稍平；倒数第 1 鞭节的长约为最大直径的 2.1 倍；第 1~第 5 鞭节长度之比依次约为 1.7∶2.3∶2.0∶1.3∶1.0。后头脊完整。

前胸背板前缘纵向脊状隆起，侧凹内密布斜横皱；后上部具纵皱；前沟缘脊强壮。中胸盾片具稠密的细刻点(但侧叶的刻点较稀且细)；盾纵沟在前部清晰。盾前沟内具纵脊。小盾片具稠密不规则的皱；梯形，端部中央前凹；侧脊强壮，向后延伸形成侧齿突。后小盾片稍隆起，相对光滑。中胸侧板具较中胸盾片稍稀的细刻点，前下部具稠密清晰的横皱；胸腹侧脊强壮，伸抵翅基下脊；腹板侧沟伸至中胸侧板后缘。中胸腹板后横脊在中足基节前中断。后胸侧板前部具不规则的网状皱，后部具横皱；基间脊完整且强壮；后胸侧板下缘脊完整。翅带褐色透明；小脉位于基脉的稍内侧；小翅室五边形，肘间横脉向上方稍收敛；第 2 回脉在它的下方中央稍内侧与之相接；外小脉约在下方 0.35 处曲折；后小脉约在下方 0.1 处曲折。前足胫距长约伸达胫节长的 1/2；后足第 1~第 5 跗节长度之比依次约为 4.6∶2.0∶1.2∶0.6∶1.5。并胸腹节中纵脊、侧纵脊和外侧脊发达；基区和中区合并，合并区的长约等于宽，内具不完整的横皱；中区与端区由明显的横脊分隔；端区具稠密清晰的横皱；侧突强烈突出呈长齿状。气门圆形。

腹部第 1 节背板长约等长于端宽，自中央处向基部显著变细，呈柄状；后柄部强烈变宽，具稠密的短纵皱，皱间夹粗刻点；背中脊基半部明显；气门小，圆形，约位于端部 0.3 处。第 2 节背板具与后柄部相似的表面，但纵皱相对稍稀。第 2、第 3 节背板愈合，侧方残存分开的缝；第 3 节背板具稠密的粗刻点，端侧角呈钝圆的端侧突；第 4 及以后背板均缩在第 3 节背板下面。产卵器端部矛状。

体黑色，下列部分除外：触角鞭节第 1~第 3 节黑色，第 4~第 8 节背面白色，第 9 节及其余各节背面黑色，腹面黑褐色；唇基端部带暗红色；上颚基部褐红色；下唇须和下颚须暗褐色；足褐至暗褐色，后足腿节端部、胫节和跗节多多少少带黑色；翅基片黑褐色；并胸腹节侧突的端部暗红褐色；翅痣和翅脉暗褐色；腹部第 3 节背板的端侧突褐色。

观察标本：1♀，江西全南，700 m，2008-07-02，李石昌；5♂♂，江西全南，2010-05-31~07-24，李石昌；3♂♂，江西官山，400 m，2010-07-09，集虫网。

(十七) 槽姬蜂亚族 Stilpnina

该亚族含 3 属，我国均有分布；江西已知 1 属。

91. 厕蝇姬蜂属 *Mesoleptus* Gravenhorst, 1829

Mesoleptus Gravenhorst, 1829. Ichneumonologia Europaea, 2:3. Type-species: *Ichneumon laevigatus* Gravenhorst, designated by Curtis, 1837.

主要特征：唇基适当隆起，端缘非常均匀地突起，端缘中央有时多多少少隆起；颊脊与口后脊相接，有时抵达上颚基部；腹部第 1 节背板长为端宽的 3.0~5.2 倍，基部至气门稍外侧处之间较直；第 2 节背板全长具褶缝；雌性的腹部扁；产卵器鞘稍伸出腹末。

该属的种类分布于全北区和东洋区，全世界已知 90 种(Yu et al., 2012)；我国仅知 1 种，江西有分布。

180. 窄环厕蝇姬蜂 *Mesoleptus laticinctus* (Walker, 1874)

Mesostenus laticinctus Walker, 1874. Cistula Entomologica, 1:304.
Mesoleptus laticinctus (Walker, 1874). He, Chen, Ma. 1996. Economic insect fauna of China, 51:477.

分布：江西、安徽、江苏、浙江、福建、广西、贵州、湖北、湖南、四川、河南、黑龙江、辽宁、台湾；朝鲜，日本，俄罗斯。

十、栉足姬蜂亚科 Ctenopelmatinae

主要特征：具唇基沟(壮姬蜂属 *Rhorus* 例外)；上唇裸露；触角无角下瘤；中胸腹板后横脊不完整。前足胫节端缘外侧具一小齿；下生殖板大；产卵器通常具亚端背缺刻。

该亚科含 8 族；我国均有分布；江西已知 7 族。

栉足姬蜂亚科分族检索表*

1. 腹部非常细长，第 3 节及其后的背板背面中央强烈向前深凹；第 4 及其后各节强烈侧扁；额具 1 强壮的中纵脊，由颜面伸至中单眼；爪简单；腹部第 1 节非常细长，仅端部稍宽，气门位于该节背板中央稍后方；无基侧凹 …………………………………… **淞姬蜂族 Seleucini**
   腹部不特别细长，背板背面中央不凹，至少无深凹；第 4 及其后各节非强烈侧扁；其余非完全同上述 …………………………………… 2
2. 腹部第 2 节背板基部至气门之间由 1 条纵脊相连；雌性腹部第 8 节背板端缘在产卵器鞘基部与尾须之间呈钝三角状向后突出 …………………………………… **栉足姬蜂族 Ctenopelmatini**
   腹部第 2 节背板基部至气门间无纵脊；雌性腹部第 8 节背板端缘呈平截或斜截状 …………………………………… 3
3. 产卵器非常细(基部除外)，向上弯曲，有时直或向下弯曲，亚端部背方无缺刻；腹部第 2 节背板无窗疤 …………………………………… 4
   产卵器正常，较粗，但有时细、直，通常具亚端背缺刻；腹部第 2 节有窗疤，或无 …………………………………… 5
4. 复眼具毛；产卵器较粗，约与腹部等长，具亚端背缺刻 …………………………………… **损背姬蜂族 Chrionotini**
   复眼无毛；产卵器非常细，远短于腹部长，无亚端背缺刻(*Labrossyta* 属具微弱缺刻) ……………………

---

* 检索表参照 Townes (1970b)的著作编制。

………………………………………………………………………………………………针尾姬蜂族 **Pionini**

5. 爪通常具栉齿；胸腹侧脊背端未伸抵中胸侧板前缘，通常有一定距离；并胸腹节常有分脊；有基侧凹；尾须长度通常为自身宽度的 2.5~3.0 倍，但有时较短……………………………………………6
   爪无栉齿；胸腹侧脊背端伸达中胸侧板前缘；并胸腹节无分脊；其余非完全同上述……………7
6. 后头脊完整，下端与口后脊相连接，连接处位于上颚基部上方，如果背方间断，则小翅室存在；盾纵沟存在或缺；并胸腹节通常具脊…………………………………………波姬蜂族 **Perilissini**
   后头脊背方中段间断，下端伸抵上颚基部，个别属的种类无后头脊；无小翅室；无盾纵沟；并胸腹节无脊………………………………………………………………齿胫姬蜂族 **Scolobatini**
7. 有基侧凹……………………………………………………………………基凹姬蜂族 **Mesoleiini**
   无基侧凹……………………………………………………………………………………………8
8. 中足胫节后胫距的长度为前胫距长度的 1.3~1.5 倍，且长于基跗节长度的 1/2；唇基端缘薄…………
   ……………………………………………………………………………………基凹姬蜂族 **Mesoleiini**
   中足胫节后胫距的长度小于前胫距的 1.3 倍，或者小于基跗节长度之半，或者唇基端缘厚……………
   ……………………………………………………………………………………阔肛姬蜂族 **Euryproctini**

十一) 损背姬蜂族 Chrionotini　(江西新记录)

全世界仅知 2 属；我国已知 1 属，江西有分布。

92. 损背姬蜂属 *Chrionota* Uchida, 1957　(江西新记录)

Chrionota Uchida, 1957. Insecta Matsumurana, 21:43. Type-species: *Chrionota townesi* Uchida; original designation.

主要鉴别特征：复眼具细毛，内缘强度收敛(雌性)或稍向下方收敛(雄性)；触角长约等于体长；中胸盾片无盾纵沟；小盾片无侧脊；胸腹侧脊上端未伸达中胸侧板前缘。无盾纵沟。小脉对叉；小翅室相对较小，具短柄；后小脉明显在中央下方曲折；爪简单；并胸腹节不分区，具纵脊和端横脊，中纵脊几乎平行；气门大，长椭圆形，长约为宽的 2.3 倍；腹部第 1 节背板柄部较细长，气门约位于端部 0.35 处；产卵器鞘长约等于腹部第 1 节长。

该属仅含 1 种，分布于我国南方地区。寄主不详。

181. 汤氏损背姬蜂 *Chrionota townesi* Uchida, 1957　(图版 VII：图 120)　(江西新记录)

Chrionota townesi Uchida, 1957. Insecta Matsumurana, 21:42.

♀ 体长 10.0~12.0 mm。前翅长 7.5~8.5 mm。产卵器鞘长 2.5~3.0 mm。

复眼具短且稀疏的毛。复眼内缘向下方强度收敛，下端几乎相互接触，使颜面约呈三角形；颜面在上缘最宽处约为长的 1.2 倍；具稠密的纵行斜皱状刻点；上部中央纵脊状隆起；其余部分较平。唇基沟不明显。唇基基部具较稀疏的粗刻点，中部稍隆起(几乎平)，端部刻点细密；端缘弱弧形稍上翘。上颚强壮，基部具稠密的细刻点和黄褐色短毛；上端齿稍长于至明显长于下端齿。颊极短，复眼下缘靠近上颚基部。上颊具稠密的细刻点(仅外眼眶下缘中段光滑光亮无刻点)，中部稍隆起，向后方稍加宽，侧面观(中央位置)宽约为复眼横径的 0.6 倍。头顶稍隆起，具非常稠密的细刻点，侧单眼间距约等于单复眼间距。额平坦(触角窝上方稍凹，具横皱)，具稠密的粗皱状刻点。触角细丝状，鞭节

44~48 节。后头脊完整。

前胸背板前缘具细纵纹，后上部具稠密的细刻点，侧凹内具稠密的刻点及不太明显的短横皱。中胸盾片均匀隆起，具非常稠密的细刻点，无盾纵沟。小盾片约呈舌状，稍隆起，具与中胸盾片相似的刻点。后小盾片较平，具细刻点。中胸侧板具较中胸盾片稍粗的稠密刻点，中部稍隆起；翅基下脊光滑光亮，无刻点；胸腹侧脊背端约伸达中胸侧板高的 0.6 处，上端未伸达中胸侧板前缘；镜面区较小。后胸侧板具稠密的粗皱状刻点，后胸侧板下缘脊完整，前端稍呈片状隆起。翅带灰褐色，透明；小脉位于基脉稍外侧(几乎对叉)；小翅室四边形，具宽厚的柄；第 2 回脉约在它的下外侧的 1/3 处与之相接；外小脉约在中央稍下方曲折；后小脉在下方 0.1~0.2 处曲折。中后足胫节具细刺；前中足基节短锥状膨大；后足强壮；中后足基节外侧具清晰稠密的皱刻点；爪简单。并胸腹节具稠密的粗皱状刻点；中纵脊、侧纵脊和外侧脊明显，中纵脊基部近平行、较接近，向端部稍外斜；具强壮的端横脊；中纵脊之间或多或少具弱且不清晰的横皱，端区具不规则的皱，第 3 侧区具斜横皱；气门长椭圆形，长径约为短径的 2.3 倍。

腹部相对光滑。第 1 节背板长约为端宽的 3.6 倍，柄部光滑光亮；后柄部明显长大于宽，呈细革质状表面，散生稀浅的刻点；气门小，圆形，约位于端部 0.3 处；背中脊在柄部较明显，背侧脊仅基部可见。第 2、第 3 节背板具细革质状表面，嵌生稠密的细刻点；第 2 节背板长约为基部宽的 1.6 倍，约等于端部宽；第 3 节背板近方形，约与第 2 节背板等长。其余背板横形，较光滑。产卵器强而直，具亚端背凹。

体黑色。触角柄节和梗节腹侧、第 1~第 3 鞭节内侧带红褐色，鞭节中段第(14)15~第 19(20)节白色；上颚(端齿黑褐色)、下唇须、下颚须、前中足黄褐至棕褐色(中足基节基部、转节和腿节背侧带黑色)；后足黑色，仅基节端缘和第 2 转节、胫节带褐色，胫距和跗节棕褐色；翅面和翅痣黄褐色，翅脉暗褐色。

♂ 体长 10.0~11.5 mm。前翅长 7.5~8.5 mm。复眼内缘稍向下方收敛。触角鞭节明显长于体长，中段第 15~第 20(21)节白色。翅痣和翅脉黑褐色。

分布：江西、安徽、广东、广西、台湾。

观察标本：1♀2♂♂，江西吉安，740 m，2008-05-21，集虫网；1♂，江西全南，650 m，2008-05-24，集虫网；1♀，江西吉安双江林场，174 m，2009-05-10，丁冬荪；1♀，江西全南，650 m，2009 -05-13，集虫网；1♀2♂♂，江西安福，150~260 m，2010-06-12~06-19，集虫网；1♀，江西宜丰官山，450 m，2009-06-15，集虫网；1♂，江西铅山武夷山，1170 m，2009-06-22，集虫网；1♀，江西宜丰官山，450 m，2010-06-22，集虫网；1♀，安徽，1983-08-24。

十二) 栉足姬蜂族 Ctenopelmatini (江西新记录)

前翅长 6.5~11.5 mm。唇基宽短，多多少少有沟与颜面分开。上颚长且宽，上端齿约与下端齿等长。额无角突或中纵脊。胸腹侧脊的背端距中胸侧板前缘较远。触角中部稍微变粗。并胸腹节短，气门圆形至长椭圆形。腹部第 2 节背板两侧各有 1 条由基部伸到气门的纵脊。雌性腹部第 8 节背板端缘在产卵器鞘基部至尾须之间向后钝角状突出。雌性下生殖板大。

该族含 6 属；江西仅知 1 属。

93. 栉足姬蜂属 *Ctenopelma* Holmgren, 1857 (江西新记录)

Ctenopelma Holmgren, 1857. Kongliga Svenska Vetenskapsakademiens Handlingar, N.F.1 (1) (1855):117.
Type-species: *Ctenopelma nigra* Holmgren. Designated by Viereck, 1912.

主要特征：唇基非常短且宽，稍隆起，或靠近中部强烈隆起，端缘锐利，阔凹或平截；上颚非常大，端齿等长，下端齿很少有大于上端齿者；后头脊下端伸抵上颚基部；前胸背板上缘具平行于上缘的沟；并胸腹节通常具侧纵脊；爪满布栉齿，仅少数种类基部具栉齿；前翅几乎都具小翅室；基侧凹大，较深；腹部第 2 节背板长为端宽的 0.9~1.1 倍；雄性抱握器有些拉长；雌性腹部端部稍侧扁；雌性下生殖板非常大，下侧面直，端缘稍弓形。产卵器鞘宽、平且相对坚硬，长为腹端厚度的 0.65~1.3 倍，产卵器鞘阔且几乎平；产卵器直，顶端细，有或无亚端背凹。

全世界已知 42 种；我国仅知 4 种；江西已知 2 种。已知的寄主主要为叶蜂类。

栉足姬蜂属中国已知种检索表

1. 体黑色；并胸腹节侧纵脊完整且强壮；第 2 回脉约位于小翅室下外侧 1/4 处；爪几乎无栉齿；产卵器鞘刀状，长约为最大宽的 2.5 倍；产卵器背瓣无凹刻……**高山栉足姬蜂 *C. altitudinis* (Heinrich)**
   体棕褐色，或至少腹部中部背板红褐色；并胸腹节侧纵脊不完整，至少基部缺；第 2 回脉位于小翅室下方中央附近，至多位于下外侧 1/3 处；爪具稠密的栉齿；产卵器背瓣具缺刻……2
2. 体棕褐色，仅中胸侧板具小黑斑和中胸侧板缝带黑色；头顶光滑，具非常细浅且稀的毛刻点；产卵器鞘背缘亚端部非常微弱地凹，腹缘逐渐向上弯曲……**褐栉足姬蜂 *C. rufescentis* Sheng**
   至少胸部黑色；其他非完全同上述，或头顶具非常清晰稠密的粗刻点，或产卵器鞘背缘直，背腹缘几乎平行……3
3. 头顶及胸部具非常清晰稠密的粗刻点；产卵器鞘长约为自身最大宽的 10 倍；腹部第 1 节背板及端部背板黑色……**亮栉足姬蜂 *C. luciferum* (Gravenhorst)**
   头顶及胸部的刻点细弱；产卵器鞘长约为自身最大宽的 3.0 倍；腹部仅第 1 节背板基部黑色，其余全部红褐色……**黑胸栉足姬蜂 *C. melanothoracica* Sheng**

182. 黑胸栉足姬蜂 *Ctenopelma melanothoracica* Sheng, 2009 (图版 XVII: 图 121) (江西新记录)

Ctenopelma melanothoracica Sheng, 2009. Insect Fauna of Henan, Hymenoptera: Ichneumonidae, p.122.

♀ 体长约 11.5 mm。前翅长约 10.5 mm。产卵器鞘长约 1.2 mm。

全身具黄褐色绒毛。颜面宽约为长的 1.45 倍，均匀隆起，中央稍纵向隆起，上部中央具 1 光滑的小瘤突；具较稀疏的毛刻点。唇基沟清晰，明显将颜面与唇基分开。唇基光亮，具稀疏的褐色长毛；亚基部横向隆起；端缘薄，中央呈浅缺刻状。上颚光亮，具褐色长毛；端齿尖锐，下端齿约等于上端齿。颚眼距非常短，长约为上颚基部宽的 0.18 倍。上颊具较稀且细浅的刻点，强度向后收敛。头顶光滑光亮，具非常稀疏且细的刻点；单眼区稍微隆起，中央纵凹并具刻点；侧单眼间距约为单复眼间距的 0.75 倍。额较光滑，具稀而细的刻点，在触角窝后方稍凹入(凹入部分具细革质状表面)。触角丝状，明显短于体长，鞭节 35 节，中部相对稍粗；第 1~第 5 鞭节长度之比依次约为

2.8∶1.9∶1.9∶1.8∶1.7。后头脊完整。

前胸背板光滑光亮，后部具清晰的细刻点；前沟缘脊非常弱。中胸盾片均匀隆起，具非常弱浅且相对稀疏的细刻点和短绒毛；盾纵沟明显，向后伸达中胸盾片中央之后。小盾片稍微隆起，具清晰的细刻点和短柔毛。后小盾片横形，狭窄，前部深横凹。中胸侧板上部及下部具相对稀疏的细刻点，中部横向光滑光亮无刻点；胸腹侧脊上端远离中胸侧板前缘；镜面区小；中胸侧板凹由清晰的浅缝状沟与中胸侧缝连接。后胸侧板均匀隆起，具稀疏的细刻点；后胸侧板下缘脊完整。翅褐色透明；小脉远位于基脉的外侧，二者之间的距离约为小脉长的 0.6 倍；小翅室斜四边形(几乎三角形)，具柄，第 2 回脉位于它的下外侧 1/3 处；外小脉在中央稍下方曲折；后小脉在中央稍下方曲折。足相对较粗壮；第 1~第 5 跗节长度之比依次约为 6.3∶3.3∶2.8∶1.4∶1.9；爪具非常稠密的栉齿。并胸腹节光亮，侧面具清晰的细刻点，端横脊的中段处具少许不规则的横皱；具端横脊、中纵脊、侧纵脊的端段及外侧脊；基区和中区合并；第 3 外侧区完整；气门椭圆形。

腹部具非常稀疏且浅的细刻点和较长的褐色毛；第 1 节背板长约为端宽的 2.1 倍，均匀隆起，基部中央深凹，具非常大且深的基侧凹；无背中脊；背侧脊仅气门内侧明显，腹侧脊完整；后柄部侧缘中部(气门与后缘中间)具疤状痕；气门非常小，圆形，位于该节中部。第 2 节背板长约为端宽的 0.8 倍；亚基侧缘由基部至气门之间具 1 明显的脊。第 3、第 4 节背板两侧近平行；第 3 节背板长约为端部宽的 0.95 倍，第 4 节背板长约为端宽的 0.9 倍。产卵器鞘侧缘(基端除外)几乎平行。产卵器鞘上下缘几乎平行，长约为最大宽的 3.0 倍。产卵器背瓣亚端部具缺刻。

体黑色，下列部分除外：触角红褐色(柄节和梗节背侧黑褐色)；颜面(上缘两侧及瘤突处褐色)，唇基，上颚(端齿黑色)，下唇须，下颚须，颊，头顶眼眶前部，小盾片，翅基下脊均为黄白色；前中足(基节、爪尖带黑褐色)黄褐色；后足(基节背侧基部及末端黑色)及腹部背板(第 1 节基半部黑色)红褐色；前胸背板后上角的瘤突，翅基片及翅痣黄褐色；翅脉黑褐色。

分布：江西、河南、陕西。

观察标本：1♀，江西宜丰(官山东河)，2009-06-01，集虫网；1♀，江西宜丰，2009-05-09，集虫网；1♀，陕西安康(平河梁)，2090 m，2010-07-11，李涛。

183. 褐栉足姬蜂 *Ctenopelma rufescentis* Sheng, 2009 (江西新记录) (图版 XVII：图 122)

Ctenopelma rufescentis Sheng, 2009. Insect Fauna of Henan, Hymenoptera: Ichneumonidae, p.123.

♀ 体长约 12.5 mm。前翅长约 11.5 mm。产卵器鞘长约 1 mm。

体具明显的黄褐色柔毛。颜面宽约为长的 1.5 倍，具非常细的革质状表面和非常稀且细的毛刻点；饱满，中央稍微隆起，触角窝外侧稍纵凹。复眼内缘在触角窝处稍凹陷。唇基宽约为长的 2.8 倍；光滑光亮，基部具几个毛刻点；基部 1/3 处横向隆起；亚端部横凹；端缘薄，中段稍呈宽凹状。上颚强壮，向端部仅稍微变狭，基部具毛刻点；下端齿约等长于上端齿，下端齿斜宽，上端齿尖。颊区非常狭窄，颚眼距几乎不到上颚基部宽的 0.1 倍。上颊光滑光亮，中部均匀隆起，上部向后逐渐加宽；具非常细且稀的毛刻点。头顶光滑光亮，具非常稀疏的细刻点；单眼区及侧单眼外侧浅纵凹；侧单眼间距约为单复眼间距的 0.6 倍。额光滑光亮，上部中央及上侧面具非常细的刻点；触角窝之间具清晰的中纵脊。触角鞭节可见 31 节(触角端部断失)，中部稍粗壮；第 1~第 5 鞭节长度之比依次约为 3.0∶1.9∶1.8∶1.8∶1.8。后头脊完整，强壮，下端抵达上颚基部。

前胸背板光滑光亮；侧凹的上部具细弱的短横皱；后上部及上缘具非常细且不均匀的细刻点；前沟缘脊不明显。中胸盾片均匀隆起，具非常细的毛刻点和稠密的短绒毛；盾纵沟非常弱，仅前部清晰。小盾片稍隆起，具较稀疏的细刻点(稍粗于中胸盾片的刻点)。后小盾片几乎光滑，前部横凹，凹的侧面具弱纵脊。中胸侧板光亮，具非常稀疏的细刻点，中部(在中胸侧板凹处)具较大的光滑无刻点区；胸腹侧脊上端远离中胸侧板前缘；镜面区大；中胸侧板凹几乎不明显，由细浅的沟缝与中胸侧缝相连。后胸侧板光滑光亮，仅具少量非常细的刻点；后胸侧板下缘脊完整，前端较隆起。翅褐色，半透明；小脉位于基脉的外侧，二者之间的距离约为小脉长的 1/3；小翅室四边形，具短柄，第 2 回脉在它的下方中央稍外侧与其相接；外小脉明显在中央下方曲折；后小脉约在中央(中央稍下方)曲折。所有的胫节基部较细，明显向端部加粗；后足胫距明显短于基跗节长度之半，第 1~第 5 跗节长度之比依次约为 7.4∶3.5∶2.9∶1.5∶2.1；爪具长且稠密的粗栉齿。并胸腹节均匀隆起，中纵脊完整，二者之间较宽，基段几乎平行；侧纵脊仅靠近端区处存在，外侧脊完整；第 3 外侧区完整；中纵脊之间光滑光亮，无明显的刻点；其余部分具非常稀且细的毛刻点；并胸腹节气门斜椭圆形。

腹部光亮，具稀疏的细刻点，端部侧扁。第 1 节背板长约为端宽的 2.1 倍；基部中央深凹；基侧凹非常大且深；无背中脊；背侧脊弱而不明显；气门非常小，圆形，位于该节背板中部。第 2 节背板长约为端宽的 0.9 倍。第 3 节背板长约为基部宽的 1.1 倍，端部稍窄于基部。产卵器鞘侧缘(基端除外)几乎平行。产卵器鞘长约为最大宽的 2.9 倍，背缘亚端部非常微弱地凹，腹缘逐渐向上收弯。产卵器背瓣亚端部具缺刻。

体棕褐色，下列部分除外：颜面，唇基(端缘褐色)，上颚(端齿黑色)，下唇须，下颚须，颊，上颊前部，额眼眶，小盾片，后小盾片均为鲜黄色；额中央(自触角窝后缘至两侧单眼后缘)及后头黑色；前胸前侧缘、中胸侧板凹、后胸侧板后部及并胸腹节后部中央具黑斑；前中足带黄色；后足基节腹侧末端及转节黑色；前胸背板后上角的瘤突，翅基片，翅基下脊黄白色；翅痣黄褐色；翅脉黑褐色；腹部第 1 节背板侧缘黑色。

分布：江西、河南。

观察标本：1♀，江西吉安，174 m，2009-04-28，集虫网；2♀♀，江西宜丰(官山东河)，2010-05-07~09，孙淑萍。

十三) 阔肛姬蜂族 Euryproctini

主要鉴别特征：唇基较短且非常宽；上颚 2 端齿等长，或下端齿稍长或稍短；额无中角，无中纵脊(分布于智利的 *Cataptygma* Townes, 1970 除外)；后头脊完整，下端在上颚基部上方与口后脊相接；并胸腹节气门圆形(*Cataptygma* 椭圆形)；跗节的爪简单，但 *Occapes* Townes, 1970 具栉齿；腹部第 1 节背板无基侧凹；产卵器鞘短于腹部端部厚度；

产卵器具背缺刻；尾须长为宽的 0.2~2.0 倍。

该族含 19 属；中国已知 3 属；江西已知 1 属。

94. 浮姬蜂属 *Phobetes* Förster, 1869

Phobetes Förster, 1868. Verhandlungen des Naturhistorischen Vereins der Preussischen Rheinlande und Westfalens, 25:198. Type-species: *Tryphon fuscicornis* Holmgren. Designated as type by of *Phobetus* byViereck, 1914.

唇基几乎平坦，端缘钝厚，均匀前突。下端齿与上端齿近似，或长且宽于上端齿。无小翅室；后小脉在中央下方曲折。爪简单。胸腹侧脊背端抵达中胸侧板前缘。并胸腹节端区不完整，通常侧面的脊存在，前端开放，中纵脊的中段和前段消失，或端部平行，或不完整；侧纵脊存在，但基部常消失。腹部第 1 节直或几乎直，基部狭窄，端部宽；中纵脊缺，或明显并伸达气门之后；无基侧凹。产卵器鞘短于腹部端部厚度。产卵器直，具背缺刻。

已知的寄主全部为叶蜂类害虫，已报道的寄主有 13 种：黄足钝颊叶蜂 *Aglaostigma fulvipes* (Scopoli)、黑肩狭背叶蜂 *Ametastegia glabrata* (Fallen)、黄斑锤角叶蜂 *Cimbex lutea* (L.)、黄腹蔺叶蜂 *Monophadnus spinolae* (Klug)、黄尾突瓣叶蜂 *Nematus salicis* (Christ)、异色棒锤角叶蜂 *Pseudoclavellaria amerinae* (L.)、桦闭潜叶蜂 *Scolioneura betuleti* (Klug)、宽鞘沟胸叶蜂 *Selandria melanosterna* (Serville)、黄肩沟胸叶蜂 *S. serva* (Fabricius)、平顶毛锤角叶蜂 *Trichiosoma lucorum* (L.)、花楸毛锤角叶蜂 *T. sorbi* (Hartig)、角斑毛锤角叶蜂 *T. triangulum* Kirby、窄斑毛锤角叶蜂 *T. vitellina* (L.)。

全世界已知 43 种；中国已知 5 种；江西已知 2 种。

浮姬蜂属中国已知种检索表

1. 触角鞭节具白色环；颜面宽为长的 1.9~2.0 倍，中央稍隆起；并胸腹节中纵脊完整，向两端收敛 ………………………………………………………… 白环浮姬蜂 ***Ph. albiannularis* Sheng & Ding**
   触角无白色环；其他特征非完全同上述 ………………………………………………… 2
2. 胸部和腹部背板红褐色 ………………………………… 萨浮姬蜂 ***Ph. sauteri* (Uchida)**
   胸部黑色 ………………………………………………………………………………… 3
3. 腹部第 1 节背板黑色，其余背板红褐色至暗褐色，或仅第 2 节背板中央具褐黑色斑；颜面平坦，宽约为长的 1.5 倍 ……………………… 河南浮姬蜂 ***Ph. henanensis* Sheng & Ding**
   腹部基部和端部的背板黑色，中部的背板褐色、黄褐色或红褐色；颜面至少稍隆起 ……… 4
4. 额具细皱；后小脉在中部曲折；触角暗褐色，基部下侧浅色；后足基节浅黄色 ……………………………………………………………… 台湾浮姬蜂 ***Ph. taihorinensis* (Uchida)**
   额具刻点，无皱；后小脉在中央下方曲折；触角黑色；后足基节黑褐色至黑色 ……………………………………………………………… 北海道浮姬蜂 ***Ph. sapporensis* (Uchida)**

184. 白环浮姬蜂 *Phobetes albiannularis* Sheng & Ding, 2012 (图版 XVII：图 123)

Phobetes albiannularis Sheng & Ding, 2012. Acta Zootaxonomica Sinica, 37(1):161.

♀ 体长 11.5~13.0 mm。前翅长 10.5~10.8 mm。

颜面宽为长的 1.9~2.0 倍，光亮，中央稍微隆起，具清晰的刻点；近上缘亚侧方(触角窝下方)具斜纵皱，中央的刻点纵向连接成弱纵皱。唇基沟宽浅。唇基宽为长的 2.5~2.7 倍；均匀隆起，具粗大的刻点；端缘粗糙，钝厚，具褐色长毛。上颚具稠密的刻点和褐色长毛；端齿强壮，下端齿约为上端齿长的 2.0 倍。颊区具细粒状质地；颚眼距为上颚基部宽的 0.22~0.23 倍。上颊具较稀且清晰的细刻点和褐色毛，刻点间距为刻点直径的 0.5~4.0 倍；均匀向后收敛。头顶具与上颊相似的质地，仅后部的刻点较稠密；后部中央(单眼区中央的纵沟延伸至后头脊)具浅中纵沟；单眼区较隆起。侧单眼间距约为单复眼间距的 0.54 倍。额平坦，具细革质状表面，侧面具细刻点，亚侧方(中单眼下侧方)具不清晰的弧形弱皱。触角等于或稍长于体长；鞭节 43~46 节，向端部渐细，第 1~第 5 鞭节长度之比依次约为 10.0∶6.2∶5.8∶5.5∶5.2。后头脊完整，下端在上颚基部稍上方与口后脊相接。

前胸背板具清晰的细刻点；侧凹内具清晰的短横皱；后缘具垂直后缘的短皱；后上角明显呈角状突出，上具清晰的刻点；前沟缘脊不明显。中胸盾片具清晰、不太均匀的细刻点(中部稍稠密)，自翅基片至小盾片具隆起的侧缘；盾纵沟弱，仅前部具浅痕。小盾片丘形隆起，具与中胸盾片中部相似的刻点。后小盾片较隆起，前部深凹，具清晰的刻点。中胸侧板前部和下部具清晰的刻点；中部和镜面区连成较大的光滑光亮区；中部具浅(但明显)的横沟；胸腹侧脊强壮，背端达中胸侧板高的 0.7~0.8 倍，并抵中胸侧板前缘；翅基下脊较隆起；中胸侧板凹细横纹状，长约等于中胸后侧片宽。后胸侧板均匀隆起，具与中胸盾片相似的刻点，无基间脊，下缘脊完整。翅带灰褐色透明，小脉与基脉对叉或稍后叉；外小脉在中央曲折；后小脉在下方 0.2~0.3 处曲折。足细长；胫节具柔软的褐色毛及较硬的暗褐色刚毛；后足基节光亮，具清晰的细刻点；后足第 1~第 5 跗节长度之比依次约为 10.0∶4.8∶3.6∶2.2∶3.0；爪简单。并胸腹节具强壮且几乎直的中纵脊，由基部伸达端缘，脊之间在中部稍宽，纵脊间光滑光亮，中后部具不清晰的弱横皱；其余具清晰的刻点；基部中央深凹；侧纵脊强壮，基部(气门上方处至并胸腹节基缘)消失；外侧脊中段较弱或消失；无横脊；无分脊；气门几乎圆形，距侧纵脊的距离为具外侧脊距离的 2.5~3.2 倍。

腹部第 1 节背板长为端宽的 2.6~2.8 倍，狭长，几乎直，粗糙，背面中央具不清晰的弱横皱；端缘中央稍隆起，光滑光亮；背中脊的基部(约为基部至气门距离的一半)清晰存在；背侧脊的端部(后柄部后半部)清晰可见；气门小，圆形，强烈隆起，几乎位于第 1 节背板中央(基部约 0.48 处)。第 2 节背板长约等于端宽；基部约 0.7(无明显界限)粗糙，侧面具或多或少清晰的浅刻点，端部约 0.3 几乎光滑，具清晰的刻点；端缘距光滑的狭边。第 3 节及其余背板几乎光滑。第 3 节背板具较稀且不均匀的细弱的刻点。第 8 节背板背面中部几丁质化程度较低(明显软化)。产卵器鞘长约为腹末厚度的 0.5 倍。产卵器端部尖锐，背瓣的缺刻较宽。

体黑色，下列部分除外：触角鞭节第 4~第 9 节腹侧和第 10~第 17 节全部及第 18~第 19 节腹侧近白色(浅黄色)，其余黑色或几乎黑色；唇基，上颚(端齿除外)，下颚须，下唇须，前中足基节(基端或具黑色)和所有转节黄色；前中足腿节、胫节、跗节，后足胫节端部 0.7~0.8 及跗节褐色至红褐色(跗节或稍暗)；翅基片褐黑色；腹部第 3~第 8 节背板红褐色，或具不规则且不清晰的暗斑。翅痣黑色，基部具浅色小斑。翅脉褐黑色。

♂ 体长 11.5~13.0 mm。前翅长 10.0~11.0 mm。

观察标本：3♀♀4♂♂，江西龙南九连山，2011-06-06~20，集虫网。

185. 北海道浮姬蜂 *Phobetes sapporensis* (Uchida, 1930) (图版 XVII：图 124)

Mesoleptus sapporensis Uchida, 1930. Journal of the Faculty of Agriculture, Hokkaido University, 25:285.

♀ 体长 7.0~10.0 mm。前翅长 6.5~8.0 mm。

颜面宽为长的 1.5~1.6 倍，具稠密的细皱刻点；中央稍隆起，亚中央斜纵凹。唇基沟弱。唇基较平，光滑光亮，具较颜面稀疏且稍粗的刻点；端缘中央较平或弱弧形前突。上颚强壮，宽阔；具细密的刻点和黄褐色短毛；上端齿稍短于下端齿。颊具细粒状表面；颚眼距为上颚基部宽的 0.3~0.33 倍。上颊宽阔，侧观约同复眼横径宽，中部稍向后宽延，具较稠密细浅的刻点。头顶后部与上颊质地相似，侧单眼外侧具稀浅的细刻点；中单眼前侧和侧单眼外侧稍凹；单眼区稍隆起，侧单眼间距为单复眼间距的 0.67~0.7 倍。额较平，具细革质状表面和清晰的细刻点。触角明显长于体长，鞭节 36~39 节。后头脊完整。

前胸背板具非常稠密的细刻点；颈部前缘具与侧凹相连的宽浅的弧形凹。中胸盾片具细密弱浅的刻点，中央较隆起；盾纵沟在前缘处较明显，中叶前部稍向前突出。小盾片较隆起，具细刻点；侧缘稍隆起，基部约 1/3 具侧脊。后小盾片横向稍隆起，具细刻点。中胸侧板前部及下部具稠密的细刻点，中后部横向具较大面积(含镜面区)光滑光亮无刻点区；胸腹侧脊背端伸达翅基下脊、上方约 1/3 处靠近前胸背板后缘。后胸侧板具稠密的细刻点；后胸侧板下缘脊强壮，前部稍隆起。翅带褐色，透明；小脉位于基脉外侧，二者间的距离约为小脉长的 0.2 倍；无小翅室；第 2 回脉远位于肘间横脉的外侧，二者之间的距离约为肘间横脉长的 2.0 倍；外小脉约在中央处曲折；后小脉约在下方 1/3 处曲折。后足跗节较粗壮，第 1~第 5 跗节长度之比依次约为 3.8∶1.5∶1.2∶0.7∶0.7。爪较强壮，简单。并胸腹节较短；基区光滑，基部凹；第 1 侧区的位置具清晰的刻点，其余区域具稠密的皱纹-刻点；中纵脊在亚基部相互靠近，侧纵脊和外侧脊完整强壮，端横脊在中纵脊和侧纵脊之间存在或不明显；气门圆形，靠近外侧脊，约位于基部 0.3 处。

腹部第 1、第 2 节背板具稠密的细皱，第 3 节(基部具细皱)及以后背板相对光滑。第 1 节背板长约为端宽的 2.3 倍，向基部显著收敛，背中脊仅基部可见；气门圆形，隆起，约位于第 1 节背板中央稍前方。第 2 节背板长约为端宽的 0.95 倍。第 3 节背板长约为基部宽的 1.25 倍，约为端部宽的 1.1 倍。第 4 节及以后背板向后渐收敛。下生殖板侧观呈三角形。产卵器鞘短，不伸出腹末。产卵器具较阔的背凹刻。

体黑色，下列部位除外：触角鞭节腹侧带黄褐或红褐色；触角柄节和梗节腹侧，唇基，上颚(端齿褐黑色)，下唇须，下颚须，前中足基节(基部黑色)、转节，前胸背板后上角，翅基片和前翅翅基黄褐色；前中足，腹部第 2、第 3、第 4 节背板(有时连同第 1 节背板端部)及整个腹板(有时端部带黑褐色)红褐色；后足转节黄褐或红褐色(有时背侧黑褐色)，胫节基部和跗节(有时基跗节或多或少带黑色)黄褐或红褐色；翅痣(基部色淡)，翅脉暗褐色或黑褐色。

♂ 体长 8.5~10.0 mm。前翅长 7.5~9.0 mm。触角鞭节 38~40 节。

分布：江西；国外分布于日本。

观察标本：2♀♀3♂♂，江西全南，720~740 m，2008-05-14~06-10，集虫网；1♀，江西吉安双江林场，174 m，2009-04-23，集虫网；1♀，江西宜丰官山，2010-05-23，集虫网。

十四）基凹姬蜂族 Mesoleiini

前翅长 3.4~15.4 mm。额无脊或角状突。唇基端缘平截，或稍拱圆。后头脊完整，在上颚基部上方与口后脊相接。触角鞭节第 1 节为第 2 节长的 1.6~2.2 倍。胸腹侧脊上端通常抵达中胸侧板前缘，但有时上段弱或消失。并胸腹节无分脊。爪简单。腹部第 1 节背板有基侧凹(个别属除外)。产卵器鞘直，短于腹端厚度。产卵器具亚端背缺刻。

该族含 25 属；我国已知 8 属；江西已知 2 属。

基凹姬蜂族江西已知属检索表

1. 腹部第 1 节背板在基部至气门之间无背侧脊……………………………… **登姬蜂属 *Dentimachus* Heinrich**
   腹部第 1 节背板在基部至气门之间具清晰的背侧脊………………………… **扇脊姬蜂属 *Alcochera* Förster**

95. 扇脊姬蜂属 *Alcochera* Förster, 1869 （江西新记录）

Alcochera Förster, 1869. Verhandlungen des Naturhistorischen Vereins der Preussischen Rheinlande und Westfalens, 25(1868):205. Type-species: *Mesoleius nikkoensis* Uchida. Designated by Townes, Momoi & Townes.

主要鉴别特征：唇基较宽，侧面观非常隆起；上颚下端齿长于上端齿；中胸侧板光滑至粗糙，但无皱；盾纵沟缺，或非常短且弱；有小翅室；小脉位于基脉外侧；后小脉约垂直或内斜；腹部第 1 节背板基部与气门之间具背侧脊；背中脊弱或缺；雌性下生殖板的毛向后斜。

该属是个小属，全世界已知 5 种；我国已知 4 种；江西分布 2 种。

扇脊姬蜂属世界已知种检索表

1. 小翅室三角形，具短柄，第 1 肘间横脉约等长于第 2 肘间横脉，相接第 2 回脉于下外角(♀)或下外角内侧(♂)……………………………………………… **等扇脊姬蜂 *A. aequalis* Sheng**
   小翅室斜三角形，第 1 肘间横脉明显短于第 2 肘间横脉……………………………………………… 2
2. 腹部第 1~第 4 节背板浅褐色；小脉位于基脉外侧，二者之间的距离为小脉长的 0.33~0.40 倍；颚眼距约为上颚基部宽的 0.33 倍……………………………… **黄扇脊姬蜂 *A. flavipes* (Gravenhorst)**
   腹部第 1~第 4 节背板几乎全部黑色，或仅第 3 节黄褐色；小脉位于基脉外侧，二者之间的距离小于小脉长的 0.3 倍……………………………………………… 3
3. 颜面和颊黑色；触角具白环；并胸腹节中纵脊基部清晰……………………………………………… **白颈扇脊姬蜂 *A. albicervicalis* Sheng & Fan**
   颜面和颊黄色或白色；触角无白环；并胸腹节中纵脊基部消失或存在，若存在则非常靠近，且腹部第 3 节背板黄褐色……………………………………………… 4
4. 并胸腹节中纵脊基部消失；后足腿节红褐色；腹部背板黑色，仅后缘褐色……………………………………………… **日本扇脊姬蜂 *A. nikkoensis* (Uchida)**
   并胸腹节基部具中纵脊；后足腿节背侧黑色，腹侧深红褐色；腹部第 3 节背板黄褐色……………………………………………… **单扇脊姬蜂，新种 *A. unica* Sheng & Sun, sp.n.**

186. 日本扇脊姬蜂 *Alcochera nikkoensis* (Uchida, 1930) (图版 XVII：图 125) (江西新记录)

Mesoleius nikkoensis Uchida, 1930. Journal of the Faculty of Agriculture, Hokkaido University, 25:294.

♀ 体长 7.5~8.5 mm。前翅长 6.5~8.2 mm。

颜面宽约为长的 1.5 倍，较平，具细革质状表面和稠密的细刻点。唇基隆起，基部具稀疏粗大的刻点，亚端部横棱状，端部较薄，端缘中部稍凹。上颚非常狭长，基部具细纵皱；下端齿明显长于上端齿。颊具细革质粒状表面，稍凹；颚眼距约为上颚基部宽的 0.25 倍。上颊具细革质状表面和较颜面稀疏的细刻点，逐渐向后收敛。头顶稍隆起，具与上颊相似的质地，单眼区外侧稍凹；侧单眼间距约为单复眼间距的 0.7 倍。额较平，质地和刻点与颜面相似。触角丝状，明显长于体长，鞭节 36 节，第 1~第 5 鞭节长度之比依次约为 1.7∶1.0∶0.9∶0.8∶0.7。后头脊完整。

前胸背板具非常稠密的细刻点，前缘具细弱的纵纹，侧凹内具不明显的密皱点。中胸盾片明显隆起，具细革质状表面和稠密的细刻点，盾纵沟短而弱，仅基部 0.25 明显。小盾片明显隆起，具稠密的细刻点，端缘中央稍呈三角形突。后小盾片明显隆起，梯形，具稠密细弱的刻点。中胸侧板明显隆起，具清晰稠密的细刻点；胸腹侧脊伸达翅基下脊，上段接近前胸背板后缘；镜面区小而光亮。后胸侧板明显隆起，具清晰稠密的细刻点，下部具稠密的细斜皱；后胸侧板下缘脊完整。翅稍带褐色，透明；小脉位于基脉外侧，二者之间的距离约为小脉长的 0.3 倍；小翅室斜四边形，具短柄，第 2 肘间横脉稍长于第 1 肘间横脉；第 2 回脉约在它的下外角内侧 0.2 处与之相接，上段明显外弯；外小脉内斜，在近中央处曲折；后小脉约在下方 0.4 处曲折。足正常；后足第 1~第 5 跗节长度之比依次约为 2.8∶1.4∶1.0∶0.7∶1.0。爪简单。并胸腹节明显隆起，具非常稠密模糊的细皱点，第 1 侧区位置的刻点清晰；端区宽阔，皱稍粗糙；气门圆形，位于基部 0.25 处。

腹部背板具细革质状表面和稠密的细刻点，亚端部明显膨大。第 1 节背板向基部显著收敛，长约为端宽的 1.9 倍，基半部具非常稠密模糊的细皱；背中脊细弱，约达端部 0.3 处；背侧脊在气门处稍中断；气门小，圆形，约位于背板中央。第 2 节背板梯形，长约为端宽的 0.8 倍；基半部具稠密的细网皱。第 3 节背板两侧近平行，长约为宽的 0.7 倍。第 4 节及以后背板横形，向后渐收敛。产卵器鞘非常短，其长约为腹末厚度的 0.6 倍，约为后足胫节长的 0.25 倍。产卵器基部粗壮，端部尖细，背瓣中央具大的背缺刻。

体黑色，下列部分除外：触角背侧基半部黑褐色、端半部暗褐色，腹侧黄褐色；颜面(上缘中央具黑色或黑褐色纵条斑)，唇基，上颚(端齿暗红褐色)，上唇，颊，下唇须，下颚须，前胸侧板外下角，前胸背板后下角和后上角的小斑、翅基片及前翅翅基，小盾片(除基部)，后小盾片，前中足的基节和转节，腹部各节背板的端缘(第 2 节背板的端缘黄带稍宽)、第 3 节背板的基部和端部，第 1~第 5 节腹板(两侧具大小不一的黑斑)均为黄色；足为红褐色(后足腿节末端、胫节端部及跗节黑色)；爪暗红褐色；翅痣和翅脉褐黑色。

♂ 体长约 8.5 mm。前翅长约 8.0 mm。触角鞭节 39 节。颈中部前缘黄色；中胸盾片中叶前缘两侧具橙色的小斑。翅痣暗褐色。

分布：江西、福建；日本。

观察标本：1♀，江西宜丰官山，450 m，2008-05-27，集虫网；1♀，江西吉安双江林场，174 m，2009-04-09，集虫网；1♂，江西宜丰官山，430 m，2009-05-14，集虫网；2♀♀，江西宜丰官山，2010-05-07~09，集虫网；1♀1♂，江西宜丰官山，2010-05-07~09，盛茂领、孙淑萍。

187. 单扇脊姬蜂，新种 *Alcochera unica* Sheng & Sun, sp.n. (图版 XVIII：图 126)

♀ 体长约 9.5 mm。前翅长约 9.0 mm。触角长约 10.5 mm。

颜面宽约为长的 1.4 倍，较平，具细革质状表面和稠密的细刻点，上缘中央小“V”形凹，凹底的下方具小的纵瘤。唇基基部均匀隆起，具稠密粗大的皱刻点和稀疏的细长毛，亚端部横棱状隆起，亚端缘具 1 细横沟，端缘中部稍内凹。上颚非常狭长，具稠密的细刻点和细长毛；下端齿明显长于上端齿。颊具细革质粒状表面，稍凹；颚眼距约为上颚基部宽的 0.2 倍。上颊中部稍隆起，具细革质状表面和稠密的细刻点。头顶具与上颊相似的质地，单眼区外侧稍凹；侧单眼间距约为单复眼间距的 0.6 倍；单眼区具弱的中纵沟；后部在单眼区之后强烈倾斜。额较平，质地和刻点与颜面相似。触角丝状，稍长于体长，鞭节 37 节，第 1~第 5 鞭节长度之比依次约为 1.7∶1.0∶0.9∶0.9∶0.8。后头脊完整。

前胸背板具非常密集的细刻点，前缘具弱细的纵皱，侧凹与周围刻点一致；具前沟缘脊。中胸盾片具细革质状表面和稠密的细刻点，盾纵沟弱浅，仅前部 0.3 明显。盾前沟宽阔，光滑光亮。小盾片明显隆起，具稠密的细刻点，亚端部两侧显著缢缩。后小盾片明显隆起，具稠密细弱的刻点。中胸侧板具清晰稠密的细刻点；胸腹侧脊约伸达中胸侧板高的 3/4 处，上端接近中胸侧板前缘；镜面区大，光滑光亮，无刻点；中胸侧板凹浅沟状。后胸侧板明显隆起，具清晰稠密的细刻点，下缘具稠密的纵细皱；后胸侧板下缘脊完整。翅带褐色，透明；小脉位于基脉外侧，二者之间的距离约为小脉长的 0.27 倍；小翅室斜四边形，具短柄，第 2 肘间横脉明显长于第 1 肘间横脉；第 2 回脉在它的下外角稍内侧与之相接；外小脉内斜，在近中央处曲折；后小脉约在下方 0.4 处曲折。后足第 1~第 5 跗节长度之比依次约为 3.3∶1.7∶1.2∶0.7∶1.0。爪简单。并胸腹节明显隆起，具细革质状表面和稠密的细刻点(中区处具模糊的细纵皱、外侧区具稠密的皱状细刻点)；无基横脊；基区基部横凹；中纵脊基半部相互靠近，几乎合并；端区扇面状；侧纵脊和外侧脊完整；气门圆形，位于基部 0.25 处，距离外侧脊较近。

腹部具细革质状表面和稠密的细刻点，第 3 节背板的刻点向后逐渐细弱不明显，第 2 节背板端部为腹部最宽处。第 1 节背板向基部显著收敛，长约为端宽的 2.0 倍，中央具浅纵凹；背中脊基部具痕迹；背侧脊在气门之后部分中断；气门小，圆形，约位于背板中央。第 2 节背板梯形，长约为端宽的 0.8 倍；基半部具稠密的细横纹。第 3 节及以后背板向后稍渐收敛；第 3 节背板稍呈倒梯形，长约为基部宽的 0.83 倍，约等于端部宽；第 4 节背板长约为基部宽的 0.83 倍，第 5 节背板长约为基部宽的 0.57 倍，第 6 节及以后背板横形。产卵器鞘短，其长约为腹末厚度的 0.33 倍，约为后足胫节长的 0.14 倍。产卵器粗壮，向端部渐尖，具大的背缺刻。

体黑色，下列部分除外：触角背侧基半部棕褐色、端半部褐色，腹侧黄褐色；颜面(上缘中央具黑色或黑褐色纵条斑)，唇基，上颚(端齿黑色)，上唇，颊，下唇须，下颚须，前胸背板后上角的突起、翅基片及前翅翅基，小盾片，后小盾片，前中足的基节和转节，腹部第 2 节背板端缘及第 3 节背板(有一些小暗斑)浅黄至污黄色；足为红褐色(后足基节端部外侧的小斑、第 1 转节外侧、腿节外侧、胫节基部和端部、跗节黑色)；翅痣(下半部红褐色)，翅脉褐黑色。

正模 ♀，江西九连山，580 m，2011-05-21，集虫网。

词源：新种名源于腹部 1 节背板黄褐色。

该新种与等扇脊姬蜂 *A. aequalis* Sheng, 1998 相似，可通过下列特征区别：并胸腹节具中纵脊；小翅室斜四边形，第 2 肘间横脉明显长于第 1 肘间横脉；中胸侧板具光泽；后足基节红褐色；腹部第 2 节背板黑色。等扇脊姬蜂：小翅室三角形，两肘间横脉等长；中胸侧板暗，无光泽；并胸腹节无中纵脊；后足基节黑色；腹部第 2 节背板黄褐色。

96. 登姬蜂属 *Dentimachus* Heinrich, 1949

Dentimachus Heinrich,1949. Mitteilungen Münchener Entomologischen Gesellschaft, 35-39:86. Type-species: (*Dentimachus morio* Heinrich) = *politus* Habermehl, 1922.

前翅长 9~12 mm。上颚相对较长，下端齿长于上端齿。触角鞭节第 1 节约为第 2 节长的 2 倍。盾纵沟短且弱，甚至消失。中胸侧板光滑，具中等至非常小的刻点；镜面区光滑光亮。并胸腹节均匀隆起。气门斜椭圆形。中后足的距长(不等长)。具小翅室；小脉与基脉对叉或位于它的外侧，二者之间的距离约为小脉长的 0.2 倍；后小脉几乎垂直，在中部或近中部曲折。腹部第 1 节背板非常细，长为端宽的 2.0~2.8 倍；无背中脊；背侧脊在气门内侧消失。第 2 节背板亚光滑，具非常细的刻点。

全世界已知 9 种；我国已知 5 种；江西已知 4 种。寄主不详。

登姬蜂属中国已知种检索表

1. 腹部背板黑色，仅背板后缘黄褐色或端部各节的端缘白色……2
   腹部第 2~第 4 节背板全部或几乎全部黄褐至灰褐色……3
2. 并胸腹节无中纵脊和侧纵脊；腹部第 1 节背板非常均匀地向端部变宽，气门几乎不隆起；后小脉约在下方 1/3 处曲折……**河南登姬蜂 *D. henanicus* Sheng**
   并胸腹节具中纵脊和侧纵脊；腹部第 1 节背板后柄部强烈变宽且隆起，气门强烈隆起；后小脉约在下方 1/5 处曲折……**官山登姬蜂 *D. guanshanicus* Sun & Sheng**
3. 并胸腹节无中纵脊、侧纵脊和端横脊；后足基节红褐色……**无脊登姬蜂，新种 *D. incarinalis* Sheng & Sun, sp.n.**
   具中纵脊、侧纵脊和端横脊；后足基节黑色，至少具黑色斑……4
4. 小脉位于基脉外侧，二者之间的距离至少为小脉长的 0.2 倍；中胸腹板黄色至黄褐色……**白斑登姬蜂 *D. pallidimaculatus* Kaur**
   小脉与基脉对叉；中胸腹板黑色……**褐腹登姬蜂 *D. rufiabdominalis* Kaur**

188. 官山登姬蜂 *Dentimachus guanshanicus* Sun & Sheng, 2011 (图版 XVIII：图 127)

Dentimachus guanshanicus Sun & Sheng, 2011. Acta Zootaxonomica Sinica, 36:419.

♀ 体长约 4.5 mm。前翅长约 4.5 mm。

颜面向下方稍收窄，宽(下方)约为长的 1.6 倍，较平坦，具稠密的粗刻点，上部两侧呈稠密的皱状；上部中央“V”形凹，近上缘中央具 1 非常弱的小瘤突。唇基沟不清晰。唇基宽约为长的 3.0 倍，基半部稍隆起，具稀疏粗大的刻点；亚端部横棱状；端部较薄，光滑；端缘中央弱弧形稍凹，近乎平截。上颚基部具细刻点；下端齿稍长于上端齿(几乎等长)。颊区呈非常细的粒状表面；颚眼距约为上颚基部宽的 0.33 倍。上颊相对光滑，中部稍隆起，具稀疏不明显的浅细刻点，侧面观长约为复眼横径宽的 0.83 倍。头顶具与上颊相似的质地，单眼区中央呈光滑的宽浅凹；侧单眼间距约等于单复眼间距。额呈细革质粒状表面，具弱的中纵脊；下半部稍凹。触角丝状，可见鞭节 22 节(端部断失)；第 1~第 5 鞭节长度之比依次约为 2.6∶1.5∶1.3∶1.3∶1.3。后头脊完整。

前胸背板前部具细纵纹，侧凹内具弱细横皱；后上部具稠密的浅细刻点。中胸盾片较均匀地隆起，具稠密清晰的浅细刻点，刻点间距大于刻点直径；盾纵沟弱，前部较清晰。盾前沟光滑光亮。小盾片明显隆起，亚端部具非常弱的横压痕；具与中胸盾片相似的表面和浅细的刻点。后小盾片稍隆起，具细浅的刻点。中胸侧板中下部稍隆起，具与中胸盾片相似的刻点；镜面区小而光亮；胸腹侧脊明显，上端伸抵中胸侧板前上缘；中胸侧板凹沟状。后胸侧板中部稍隆起，具细浅的刻点，下缘皱状；后胸侧板下缘脊完整。翅稍带褐色透明；小脉位于基脉的外侧，二者之间的距离约为小脉长的 0.3 倍；小翅室斜三角形，具不明显的短柄，第 2 回脉位于它的下外角处；外小脉约在中央曲折；后小脉约在下方 0.2 处曲折。中后足的距长(不等长)；后足腿节长约为最大宽的 4.3 倍；后足第 5 跗节约为第 3 跗节长的 0.78 倍；爪简单。并胸腹节均匀隆起，具稠密的细皱；中纵脊、侧纵脊和外侧脊完整；可见端横脊；气门圆形。

腹部背板纺锤形，光滑光泽，具非常细的革质状表面，第 1、第 2 节背板(及第 3 节背板基部)稍有细皱感。第 1 节背板长约为端宽的 1.7 倍，后柄部强烈变宽且隆起，背中脊仅见基部，背侧脊弱、在气门附近及气门至腹部基部弱至消失；气门非常小，圆形，强隆起，约位于第 1 节背板中央；基侧凹较大且深，紧靠基部。第 2 节背板梯形，长约为端宽的 0.6 倍，亚基部两侧具横窗疤。第 3 节背板两侧近平行(端部稍窄)，长约为端宽的 0.6 倍。第 4~第 6 节背板横形，显著向后收敛。第 7、第 8 节背板藏于腹末。产卵器鞘短，末端不伸过腹末，长约为腹端厚度的 0.35 倍，约为后足胫节的 0.23 倍。

体黑色，下列部分除外：触角鞭节腹侧暗褐色，背侧褐黑色；颜面下部的“U”形斑，唇基基半部，上颚基部(端齿黑褐色)，下唇须，下颚须，翅基片及前翅翅基，小盾片，后小盾片，前中足基节、转节均为黄色；唇基端半部，上颚端部，前中足黄褐色；后足红褐色，转节色淡，腿节端部、胫节端半部及跗节(第 1 跗节基部及各跗节端部除外)褐黑色；腹部各节背板端缘带淡黄色边，腹板红褐色；翅痣和翅脉暗褐色。

分布：江西。

观察标本：1♀，江西官山，415 m，2010-05-07，孙淑萍。

189. 无脊登姬蜂，新种 *Dentimachus incarinalis* Sheng & Sun, sp.n. (图版 XVIII：图 128)

♀ 体长约 6.5 mm。前翅长约 5.5 mm。触角长约 7.2 mm。产卵器鞘短，稍伸出腹末。

颜面宽约为长的 1.4 倍；较平，光滑光亮，具非常稀疏但清晰的细刻点；上部中央具 1 弱的纵细沟。颜面与唇基之间无明显的沟分隔。唇基向亚端部逐渐隆起，具稀而浅的细刻点；端缘中段平截。上颚基部宽阔，具稀疏的细刻点和黄褐色毛，上端齿与下端齿几乎相等。颊光滑，颚眼距约为上颚基部宽的 0.33 倍。上颊相对光滑，具较稠密的短毛，显著向后收敛；侧观其长约为复眼横径宽的 0.6 倍。额在触角窝上方稍凹，具稠密的细刻点。触角稍长于体长；鞭节 33 节，第 1~第 5 鞭节长度之比依次约为 1.6∶1.0∶0.8∶0.8∶0.7。头顶质地与上颊近似；侧单眼间距等于单复眼间距。后头脊完整。

前胸背板光滑光亮，侧凹上部具短横皱痕，后上缘具细刻点。中胸盾片明显隆起，具较均匀稠密的细浅刻点；盾纵沟不明显。小盾片明显隆起，光滑光亮，具短柔毛，基部中央具细浅刻点。后小盾片稍隆起，光滑光亮，具短柔毛。中胸侧板光滑光亮，具稀疏的细刻点，中下部稍隆起；胸腹侧脊背端接近前胸背板后缘，约伸达中胸侧板高的 3/4 处，但背端较弱；镜面区大而光亮；中胸侧板凹呈清晰的细沟缝状。后胸侧板光滑光亮，中部稍隆起，具极稀疏的细刻点；后胸侧板下缘脊细，完整。翅稍带褐色，透明；小脉位于基脉的稍外侧，二者之间的距离约为小脉长的 0.3 倍；小翅室近三角形，上方尖；第 2 肘间横脉明显长于第 1 肘间横脉；第 2 回脉在它的下外角处与之相接；外小脉约在中央处曲折；后小脉约在下方 2/5 处曲折；后盘脉几乎无色。前足胫节端部外侧具 1 明显的齿；后足基节明显锥状膨大，第 1~第 5 跗节长度之比依次约为 4.5∶2.0∶1.6∶1.1∶1.2。爪简单。并胸腹节圆形隆起，具较稠密的细浅刻点和短柔毛；除外侧脊基部具痕迹外，无其他脊；气门圆形，约位于基部 0.4 处，靠近外侧脊。

腹部背板较光滑，具稀疏的浅细刻点，端部稍侧扁。第 1 节背板向基部显著收敛，长约为端宽的 1.7 倍；基部中央凹；气门小，圆形，约位于第 1 节背板中央。第 2 节背板梯形，长约为端宽的 0.6 倍。第 3 节背板两侧近平行，长约为宽的 0.8 倍。第 4 节及以后背板稍横形，向后稍收敛。产卵器鞘短，其长约为腹端厚度的 0.77 倍，约为后足胫节长的 0.38 倍。

体黑色，下列部分除外：触角腹侧褐色、背侧黑褐色，端部 8 节白色；颜面(除上缘两侧角)，唇基，上唇，上颚(端齿黑褐色)，颊，下唇须，下颚须，前胸侧板前下缘，前胸背板前缘及后上角，中胸侧板前上缘，小盾片，后小盾片，翅基片及前翅翅基，前中足基节、转节及足腹侧均为淡黄色；所有足红褐色，后足胫节基半部、中后足跗节白色(末跗节褐色)，后足胫节端半部黑色；腹部第 2、第 3 节背板红褐色；翅痣和翅脉褐色。

正模 ♀，江西全南，650 m，2008-07-02，集虫网。

词源：新种名源自并胸腹节无脊。

该新种与白斑登姬蜂 *D. pallidimaculatus* Kaur, 1989 相似，可通过下列特征区别：并胸腹节无脊及中胸侧板和中胸腹板黑色。白斑登姬蜂：并胸腹节具纵脊；中胸侧板下侧及中胸腹板黄色。

190. 白斑登姬蜂 *Dentimachus pallidimaculatus* Kaur, 1989 (图版 XVIII：图 129)

Dentimachus pallidimaculatus Kaur, 1989. Oriental Insects, 23:295.

♂ 体长 12.5~13.5 mm。前翅长 9.8~10.5 mm。

颜面宽约为长的 1.6 倍，几乎平坦(亚中央非常微弱地浅凹)，具非常细的粒状表面和较稠密的刻点；上缘中央“V”形纵凹。唇基沟弱浅。唇基宽约为长的 3.0 倍，稍隆起，具非常稀疏粗大的刻点和细短毛；端部较薄，端缘中段平截，侧端缘形成明显的角度。上唇稍外露，外缘具大小不均匀的刻点。上颚粗壮，具稀疏的细刻点和较长的柔毛；端齿钝圆，下端齿明显长于上端齿。颊短，相对光滑，稍呈细粒状；颚眼距约为上颚基部宽的 0.1 倍。上颊具细粒状表面和较稠密的细刻点，刻点间距稍大于刻点直径；侧面观约为复眼横径的 0.7 倍。头顶及额具细粒状表面(比上颊稍粗)，额下部稍凹，额的侧缘及上部、头顶后部具浅刻点；侧单眼外侧及单眼区中央稍凹；侧单眼间距约为单复眼间距的 0.63 倍。触角较细长，鞭节 46 或 47 节。后头脊完整。

前胸背板光滑光亮，后上部具浅细的刻点，侧凹的下部宽而深。中胸盾片均匀隆起，具稠密的细刻点；盾纵沟弱。盾前沟光滑。小盾片明显隆起，亚端部具非常弱的横压痕；具与中胸盾片相似的表面，但刻点稍细。后小盾片稍隆起，具细小的刻点，前方中央稍凹。中胸侧板稍光亮，中央稍隆起，具较中胸盾片稀疏且稍大的刻点；镜面区大；胸腹侧脊背端约伸达中胸侧板高的 2/3 处，背端未伸达中胸侧板前缘。后胸侧板明显隆起，光滑，具非常稀疏的细刻点，下缘具短皱；后胸侧板下缘脊完整，前部稍隆起。翅带褐色，透明；小脉位于基脉外侧，二者之间的距离约为小脉长的 1/3；小翅室斜三角形，具短柄，第 2 回脉位于它的下外角处；外小脉约在下方 2/5 处曲折；后小脉约在下方 1/3 处曲折，上段内斜。后足腿节长约为最大宽的 4.0 倍；后足第 5 跗节约为第 3 跗节长的 0.7 倍。并胸腹节均匀隆起，具稠密的浅细刻点和细绒毛；外侧脊完整；中纵脊和侧纵脊弱至不明显；可见端横脊(不完整，中央间断、侧方缺)；气门较大，圆形。

腹部背板具非常细的革质状表面和稠密的浅细刻点。第 1 节背板长约为端宽的 2.4 倍；基部中央深凹，凹内光滑光亮；无背中脊；背侧脊在气门附近及气门至腹部基部消失；气门非常小，圆形，稍隆起，约位于背板中央；基侧凹深而明显，位于亚基部。第 2 节背板梯形，长稍长于端宽。第 3、第 4、第 5 节背板两侧近平行，约与第 2 节背板端部等宽；第 6 节背板向后稍收敛，第 7、第 8 节背板向后急收敛。

体黑色，下列部分除外：触角背侧棕褐色，腹侧红褐色；触角柄节、梗节腹侧，颜面，额眼眶前部，唇基，上唇，上颚(端齿黑褐色)，颊，上颊前部，下唇须，下颚须，前胸侧板，前胸背板周缘，中胸盾片中叶侧缘前部的纵斑，小盾片，后小盾片，翅基片及前翅翅基，翅基下脊，中胸侧板下部及后缘，中胸腹板，前中足，后足基节腹侧及背侧的纵斑、转节、腿节基部、胫节基半段，腹部腹板(端部黑色)均为鲜黄色；后足基节背侧褐黑色，腿节红褐色(腹侧带褐黑色)，胫节端部及跗节红褐至棕褐色；腹部第 2~第 4 节背板黄至红褐色(第 2 节背板中央具大的黑斑，第 4 节背板端部带黑褐色)；翅痣黄褐色；翅脉褐黑色。

分布：江西、福建。

观察标本：3♂♂，江西吉安，2008-05-21~06-15，集虫网；1♂，江西资溪马头山，400 m，2009-05-01，集虫网。

191. 褐腹登姬蜂 *Dentimachus rufiabdominalis* Kaur, 1989 (图版 XVIII：图 130)

Dentimachus rufiabdominalis Kaur, 1989. Oriental Insects, 23:296.

♀ 体长约 12.5 mm。前翅长约 8.5 mm。

颜面宽约为长的 1.4 倍，几乎平坦(中央非常微弱地隆起)，具非常细的粒状表面和稠密的浅刻点；近上缘中央具 1 非常弱的小瘤突；上缘中央纵凹，伸达触角窝之间。唇基沟弱浅，致使唇基与颜面分界不清晰。唇基宽约为长的 1.7 倍，稍隆起，具稠密粗大的浅刻点；亚端部非常厚；端缘稍薄，中段弱地弧形凹。上颚具非常细的粒状表面和细刻点；下端齿长于上端齿。颊区呈非常细的粒状表面；颚眼距约为上颚基部宽的 0.2 倍。上颊具细革质状表面和稀疏不明显的细刻点；侧面观约为复眼横径的 0.5 倍。头顶具与上颊相似的质地和刻点；侧单眼间距约等于单复眼间距。额稍凹，具细革质状表面和稠密的细刻点。触角较细长，鞭节 42 节；第 1~第 5 鞭节长度之比依次约为 1.7∶0.9∶0.9∶0.8∶0.7。后头脊完整。

前胸背板前部具细革质状表面，稍粗糙；侧凹及后部具较稠密的细刻点；后上角明显突出。中胸盾片均匀隆起，具稠密的浅细刻点；盾纵沟弱，前部较清晰。盾前沟阔，光滑光亮。小盾片中部明显隆起，具与中胸盾片相似的质地。后小盾片稍隆起，具不清晰的弱细刻点。中胸侧板中下部稍隆起，具稠密的较中胸盾片稍粗糙的刻点；镜面区较大，光滑光亮；胸腹侧脊背端约伸达中胸侧板高的 3/4 处、背端未伸抵中胸侧板前缘；中胸侧板凹沟状。后胸侧板中部稍隆起，具较中胸侧板稍细但稠密的刻点，下部具皱；后胸侧板下缘脊完整，前部稍隆起。翅稍带褐色，透明；小脉位于基脉稍外侧；小翅室约呈三角形，具短柄，第 2 肘间横脉稍外弯；第 2 回脉位于它的下外角处；外小脉约在中央稍下方曲折；后小脉约在下方 0.4 处曲折。后足腿节长约为最大宽的 4.2 倍；后足第 5 跗节约为第 3 跗节长的 0.76 倍。并胸腹节明显隆起，具细革质状表面和稠密的细刻点；外侧脊完整；中纵脊、侧纵脊不完整；可见端横脊；气门较大，圆形。

腹部背板相对光滑，具不明显的细刻点。第 1 节背板向基部显著变细，长约为端宽的 2.6 倍，具较稠密的细刻点；基部中央深凹；背中脊仅基部存在；背侧脊在气门附近及气门至腹部基部消失；气门非常小，圆形，稍隆起，约位于第 1 节背板中央；基侧凹较大且深。第 2 节背板梯形，长约为端宽的 1.2 倍；第 2、第 3 节背板基部两侧具窗疤。腹部端部稍侧扁。产卵器鞘短，不伸出腹末，长约为腹端厚度的 0.4 倍，约为后足胫节的 0.2 倍。

头胸部黑色，腹部橙褐色(第 1 节除外，仅端部与腹后部同色)。触角背侧黑褐色，腹侧红褐色；颜面(下部中央具黑斑)，唇基，上颚(端齿除外)，小盾片均为黄色；下唇须，下颚须，前胸背板后上角的突起，翅基片及前翅翅基，前中足基节端部及腹侧、转节乳黄色；前中足黄褐至橙褐色，后足转节、胫节基半部、跗节 1~3 节基部及第 4、第 5 跗节黄褐色；翅痣黄褐色；翅脉褐黑色。

♂ 体长 12.0~13.0 mm。前翅长 9.2~10.0 mm。触角鞭节 43 或 44 节。触角背侧色

深，棕褐色至黑褐色。触角柄节、梗节腹侧，整个颜面，额眼眶，颊，上颊前部，下颚须，下唇须，前胸侧板大部，前胸背板前缘及后上缘的斑、后上角，翅基片及前翅翅基，前中足基节、转节及腿节腹侧，后足基节腹侧、转节均为黄色。

分布：江西、福建。

观察标本：1♀，江西全南，700 m，2008-05-24，集虫网；1♀，江西资溪马头山，2009-05-22，集虫网；1♂，江西全南，628 m，2008-05-04，集虫网；2♂♂，江西吉安双江林场，174 m，2009-05-10，集虫网；1♂，江西官山，400~450 m，2010-06-22，集虫网。

十五）波姬蜂族 Perilissini

体非常细弱至较强壮，个体小至较大。额无纵脊和角突。上颚上端齿与下端齿等长，或稍长或短于下端齿。后头脊完整(个别属除外)。触角鞭节第 1 节 1.0~2.0 倍于第 2 节长。胸腹侧脊背端未抵达中胸侧板前缘。并胸腹节分区常完整。爪通常具栉齿。腹部第 1 节背板具基侧凹。产卵器直或稍向上弯曲。

该族含 24 属；我国已知 8 属；江西已知 3 属。寄主：主要为叶蜂科 Tenthredinidae、松叶蜂科 Diprionidae 及锤角叶蜂科 Cimbicidae 害虫。

波姬蜂族江西已知属检索表

1. 前翅中脉在基脉内侧有一段特别加厚，或具 1 较短的支脉；基脉明显增厚，向下弯曲或直 ………………………………………………………………………… **畸脉姬蜂属 *Neurogenia* Roman**

   前翅中脉正常，基脉不加厚，无支脉；基脉正常，不增厚，向上弯曲或几乎直 ……………… 2

2. 雄性下生殖板端缘中央具 1 个或几个凹刻；阳茎瓣的端部扁锄头片状弯曲；腹部第 1 节背板长约为端宽的 2.0 倍 ………………………………………… **锯缘姬蜂属 *Priopoda* Holmgren**

   雄性下生殖板端缘无凹刻；阳茎瓣的端部不弯曲或稍微弯曲，端部不扁锄头片状弯曲；腹部第 1 节背板长约为端宽的 1.65 倍 ………………………………… **邻凹姬蜂属 *Lathrolestes* Förster**

97. 邻凹姬蜂属 *Lathrolestes* Förster, 1869

Lathrolestes Förster, 1869. Verhandlungen des Naturhistorischen Vereins der Preussischen Rheinlande und Westfalens, 25(1868):196. Type-species: *Tryphon clypeatus* Zetterstedt; designated by Viereck, 1912, as type of *Lathrolestus*.

前翅长 2.8~9.8 mm。唇基横形，侧面观几乎平，端缘厚，平截或向前突。后头脊的下端抵达上颚基部。上颚下端齿等于或稍长于上端齿。侧单眼间距为其直径的 1.4~2.0 倍。触角鞭节第 1 节长约 1.4 倍于第 2 节。盾纵沟明显至缺。并胸腹节短，较强地隆起，分区有变化，但至少具端区。爪满布栉齿。前翅具小翅室，甚少有缺者；后小脉在中部或中部下方曲折。腹部第 1 节背板长约为端宽的 1.65 倍，气门位于中部前侧；基侧凹非常小，但较深，致使凹之间仅由半透明的膜分隔。无窗疤。产卵器鞘长 0.5~1.5 倍于腹端厚度。产卵器通常稍上弯。

该属已知 83 种；我国已知 6 种；江西已知 1 种。

192. 牯岭邻凹姬蜂 *Lathrolestes kulingensis* (Uchida, 1940)

Prionopoda kulingensis Uchida, 1940. Insecta Matsumurana, 14:124.

分布：江西(牯岭)。

98. 畸脉姬蜂属 *Neurogenia* Roman, 1910 (江西新记录)

Neurogenia Roman, 1910. Entomologisk Tidskrift, 31:179. Type-species: *Prionopoda testacea* Szépligeti; original designation.

主要鉴别特征：唇基端缘较厚，向前隆起；上颚下端齿长于上端齿；颊脊抵达上颚基部；中胸侧板具1中横凹；具小翅室；前翅中脉中部或中部稍后强烈增厚，或具1假脉；基脉向后弓形弯曲且增厚，或直、不增厚；爪具稀栉齿；基侧凹深，中央仅由半透明的薄膜相隔；无窗疤；产卵器鞘长约为腹端厚度的0.7倍。

全世界已知11种，分布于东洋区及埃塞俄比亚区；我国已知5种；江西已知1种。

193. 福建畸脉姬蜂 *Neurogenia fujianensis* He, 1985 (图版 XVIII：图 131) (江西新记录)

Neurogenia fujianensis He, 1985. Acta Zootaxonomica Sinica, 10:318.

♀ 体长约8.0 mm。前翅长约8.0 mm。产卵器鞘长约1.5 mm。

颜面宽约为长的1.7倍，具稠密的刻点，中央均匀隆起，侧方近复眼处稍凹；上缘中央具1弱瘤突。唇基平缓隆起且宽短，宽约为长的3.3倍；端部具不明显的纵皱纹；前缘弧形(中段几乎平截)。上唇半月形外露，端缘具长毛。上颚强大，基半部呈不规则的皱；亚基部比基部稍狭，端部光滑光亮；下端齿明显长于上端齿。颊具刻点。颚眼距非常短，约为上颚基部宽的0.2倍。上颊具较颜面稀疏且稍细的刻点，侧面观其长约等于复眼宽。头顶后部具与上颊相似的质地和刻点，后部中央横凹；前部具稠密不规则的细皱，间杂不均匀的细刻点，侧单眼外侧具清晰的刻点；单眼区稍隆起，具细刻点；侧单眼间距约等于单复眼间距。额较平；具稠密的细横皱，间杂不均匀的细刻点；具短且弱的中纵脊，未伸至触角窝之间。触角丝状，明显长于体长；鞭节43节，稍扁。后头脊完整强壮，向外隆起呈缘状。

前胸背板前缘及侧凹光滑；后上部具稀疏的细刻点；前沟缘脊明显。中胸盾片均匀隆起，具稀疏均匀的细刻点；盾纵沟不明显。小盾片丘状隆起，具与中胸盾片相似的质地和刻点，基端具侧脊。后小盾片横形，稍隆起。中胸侧板中下部隆起，上方和下部具较稠密的细刻点；中部具1较大的光滑光亮区；胸腹侧脊强，约达中胸侧板高的中部。后胸侧板较光滑，基间脊仅前端明显；后胸侧板下缘脊完整，强烈突出。翅稍带褐色，透明；前翅中脉约中央处有1强度增厚(向前隆)的瘤突；小脉位于基脉的外侧，二者之间的脉段增粗；基脉明显向后弯曲，上段约2/3增厚；小翅室近似四边形，具短柄，第2肘间横脉下段无色，在中央处稍向外弓曲；第2回脉在它的中央处相接；外小脉约在中央处曲折；后中脉直；后小脉约在上方1/3处曲折；翅痣明显较厚。足正常，爪具细栉齿。并胸腹节均匀隆起，脊明显，具完整分区；中区长六角形，长约为宽(下方)的2.3

倍；分脊约从基部 0.3 处伸出；端区中央具 1 纵脊；各区较光滑，具稀且弱浅的刻点和细柔毛；气门近似圆形，由短脊与外侧脊相连。

腹部侧扁，几乎光滑光亮，具稀疏的细绒毛。第 1 节背板长约为端宽的 4.0 倍，基半部明显较细；背中脊不明显；背侧脊仅基端弱地存在；气门小，圆形，约位于第 1 节背板中部。产卵器鞘短，约为腹端厚度的 0.8 倍。

头胸部黑色；触角及触角窝外侧，上颚(端部及上缘除外)，颊，唇基凹，上颊上缘前半，前胸背板前缘和后上缘，小盾片，后小盾片，中胸侧板后下缘，并胸腹节均为黄褐至红褐色。腹部和足黄褐色，爪黑褐色。翅褐色，翅基片黄褐色，翅痣和翅脉褐黑色。

分布：江西、浙江、福建。

观察标本：1♀，江西官山，2010-07-05，集虫网。

99. 锯缘姬蜂属 *Priopoda* Holmgren, 1856

Priopoda Holmgren, 1856. Kongliga Svenska Vetenskapsakademiens Handlingar, 75(1854):63. Type-species: *Ichneumon apicarius* Geoffroy, 1785. Designated by Horstmann, 1992.

唇基侧面观几乎平坦或端部隆起；端缘较厚，呈弧形前突。下端齿明显长于上端齿。后头脊下端伸达上颚基部。盾纵沟非常弱或不明显。爪栉状，至少基部具栉齿。具小翅室。后小脉约垂直，在中部下方曲折。腹部第 1 节背板较狭长，气门位于中部之前；基侧凹深，中间仅由非常薄的“膜”隔开。产卵器鞘长约为腹末厚度的 0.7 倍。产卵器较粗，背凹距末端较远。雄性下生殖板端缘具 1 至几个凹刻(图 135b)。

该属已知 16 种；中国已知 9 种；其中江西已知 8 种。

锯缘姬蜂属中国已知种检索表

1. ♀♀ ………………………………………………………………………………………… 2
 ♂♂ ………………………………………………………………………………………… 9
2. 体褐色至红褐色,仅中胸盾片端部、并胸腹节基半部及腹部基部背板具模糊且不均匀的褐黑色斑(雄性不详) …………………………………… 橙锯缘姬蜂 ***P. aurantiaca* Sheng**
 胸部至少背板和并胸腹节黑色 ……………………………………………………………… 3
3. 中胸腹板黄色至黄褐色 …………………………… 萨哈林锯缘姬蜂 ***P. sachalinensis* (Uchida)**
 中胸腹板完全黑色 ………………………………………………………………………… 4
4. 腹部仅基部背板黑色，其余背板褐色至红褐色 ………………………………………… 5
 腹部背板黑色；至少基部及端部黑色，中部褐色至红褐色 ……………………………… 7
5. 并胸腹节中区的侧纵脊缺，无分脊(雄性不详) ………………… 阿锯缘姬蜂 ***P. auberti* Sheng**
 并胸腹节中区的侧纵脊完整且强壮，具分脊 ……………………………………………… 6
6. 后足基节、腿节褐色，胫节及跗节黄褐色(雄性不详) ……… 鸥锯缘姬蜂 ***P. owaniensis* (Uchida)**
 后足基节背面、腿节及胫节背面黑色，基节腹面及胫节腹面褐黄色；后足跗节黄色 ………………
 ………………………………………………… 单凹锯缘姬蜂 ***P. uniconcava* Sheng & Sun**
7. 触角具白环；腹部仅第 3 节背板黄褐色，其余黑色；后足基节背面黑色，腹面黄褐色 ……………
 …………………………………………………… 齿锯缘姬蜂 ***P. dentata* Sheng & Sun**
 触角无白环；腹部背板至少第 2 至第 4 节背板黄褐色；后足基节黑色，或黄褐色，或仅腹面褐色
 ………………………………………………………………………………………………… 8
8. 前翅第 1 肘间横脉与第 2 肘间横脉等长；腹部第 1 节背板后柄部具浅中纵凹；颜面黑色；后足基

节褐色(雄性不详)……………………………………………………黑脸锯缘姬蜂 *P. nigrifacialis* Sheng & Sun
前翅第 1 肘间横脉明显短于第 2 肘间横脉；腹部第 1 节背板后柄部稍微隆起；颜面黄色，具褐黑色中纵斑；后足基节背面黑色，腹面黄褐色 ……………………双凹锯缘姬蜂 *P. biconcava* Sheng & Sun

9. 下生殖板端缘具 2 个非常浅的凹刻；前翅第 1 肘间横脉明显短于第 2 肘间横脉；腹部背板黑色，中段黄褐至红褐色；后足基节黑色具黄褐色斑 ……………双凹锯缘姬蜂 *P. biconcava* Sheng & Sun
下生殖板端缘具 1 个非常深的凹刻；其他特征非完全同上述，或前翅第 1 肘间横脉等长于第 2 肘间横脉，或腹部背板仅基部黑色，或后足基节完全黄褐色……………………………………………………10

10. 触角具白环；中胸腹板和中胸侧板完全黑色 ……………………………………………………………11
触角无白环；中胸腹板和中胸侧板下部或全部黄褐色 …………………………………………………12

11. 并胸腹节中区的侧脊完整且强壮；第 1 节背板长约为端宽的 2.5 倍；第 2、第 3 节背板具非常稠密且清晰的刻点；第 3 节背板深褐色；第 4 节及其后的背板黄褐色(雌性不详) ……………………
……………………………………………………………………点背锯缘姬蜂 *P. dorsopuncta* Sheng & Sun
并胸腹节中区的侧脊弱且不完整；第 1 节背板长约为端宽的 1.9 倍；第 2 节背板光亮，具不清晰的细刻点；仅第 3 节背板红褐色，其余背板黑色 ……………………齿锯缘姬蜂 *P. dentata* Sheng & Sun

12. 中胸侧板全部黄褐色；后足基节、转节及腿节黄色至黄褐色………………………………………………
……………………………………………………………………萨哈林锯缘姬蜂 *P. sachalinensis* (Uchida)
中胸侧板下部黄褐色，上部黑色；后足基节外侧黑色，内侧具不清晰的黑褐色斑，转节背面黑褐色，腿节完全黑色……………………………………………………单凹锯缘姬蜂 *P. uniconcava* Sheng & Sun

194. 阿锯缘姬蜂 *Priopoda auberti* Sheng, 1993 (图版 XVIII：图 132) (江西新记录)

Priopoda auberti Sheng, 1993. Nouvelle Revue d'Entomologie, 10(2):108.

♀ 体长 8.3~8.5 mm。前翅长 6.6~7.0 mm。

颜面微弱隆起，具非常稠密清晰的细刻点(中央稍密)；上缘中央微凹，具 1 微小的瘤突。唇基基部具与颜面相似的质地，端部光亮，具稀且清晰的刻点；端缘较厚，具褐色长毛。上颚强壮，中部稍狭窄，具微弱的细粒状表面。颊区具不清晰的细刻点；颚眼距为上颚基部宽的 0.68~0. 8 倍。上颊、头顶和额具与颜面相似的质地。上颊约为复眼长的 1.2 倍。单眼区小，隆起，侧单眼间距约为单复眼间距的 0.3 倍。头顶后缘背面观呈明显的弧形凹。额几乎平坦。触角鞭节 38 或 39 节。后头脊完整且强壮。

前胸背板稍粗糙，具稠密且不清晰的细刻点；前沟缘脊强。中胸盾片和小盾片的表面几乎呈细绒毡状；盾纵沟非常弱浅而不明显。中胸侧板具细革质状表面和清晰均匀的细刻点；镜面区小但明显可见；腹板侧沟仅前端存在且浅。翅带褐色透明；小脉位于基脉前侧或对叉；小翅室具柄，后小脉约位于它的外侧 1/3 处；后小脉约在下方 0.3 处曲折。爪较小，具清晰稠密的栉齿。并胸腹节具细粒状表面；无分脊；中纵脊仅中段具痕迹；侧纵脊弱且不完整；外侧脊和端横脊完整且强壮。

腹部稍呈细革质状表面，刻点弱且不清晰。第 1 节背板长约为端宽的 2.0 倍，强烈但均匀地向基部收敛；无背中脊，背侧脊完整，在气门之后较强壮；气门稍隆起。第 2 节背板梯形，长约为端宽的 0.7 倍。第 3~第 6 节背板隆起。产卵器鞘长约为腹端厚度的 0.8 倍。产卵器亚端部具清晰的背凹。

体黑色。颜面，上颚，颊区，上颊下端，翅基片，前胸背板后上角，前中足基节及后足基节背面黄色；颜面中央纵向或多或少褐色；触角鞭节褐色至暗褐色；足(除第 5 跗节，后足腿节和基节的斑褐色至暗褐色)褐色至黄褐色；额眼眶上部的小斑和前胸侧板褐色至红褐色；第 1 节背板端缘，第 2 节背板侧缘及后部(中部褐黑色至黑色)和第 3 及以后各节背板完全黄褐至红褐色。

分布：江西、辽宁。

观察标本：2♀♀，江西宜丰官山自然保护区，400 m，2010-06-11~22，集虫网；1♀，辽宁沈阳，1991-06-28，盛茂领。

195. 双凹锯缘姬蜂 *Priopoda biconcava* Sheng & Sun, 2012　(图版 XIX：图 133)

Priopoda biconcava Sheng & Sun, 2012. Zootaxa, 3222:48.

♀　体长 9.5~10.5 mm。前翅长 8.8~9.2 mm。

颜面宽为长的 1.7~1.8 倍，几乎平坦(非常微弱地隆起)，具不清晰的细革质状质地和均匀但较弱的细刻点；上缘中央在触角之间不凹陷，具 1 小瘤突。唇基沟不明显。唇基宽为长的 3.0~3.1 倍；均匀隆起，具粗大的刻点；端缘粗糙，钝厚，具褐色长毛。上颚长，上下缘光亮，中部具非常细的革质状表面，端部具横刻点；端齿强壮；上端齿上缘基部稍隆起，然后明显弯曲；下端齿约为上端齿长的 2.3 倍。颊区稍粗糙，下部具细斜皱；颚眼距为上颚基部宽的 0.25~0.3 倍。上颊具清晰的细革质状质地和清晰均匀的细刻点，刻点间距为刻点直径的 0.2~1.0 倍；侧面观长约为复眼横径的 1.2 倍；仅后缘处明显向后收敛。头顶与上颊的质地相似；单眼区小，隆起，具细绒毡状质地和非常稀且细的刻点；侧单眼间距约为单复眼间距的 0.4 倍；头顶后缘中央明显前凹。额几乎平坦，具与颜面相似的质地。触角稍长于体长，鞭节 42 或 43 节，第 1~第 5 鞭节长度之比依次约为 8.0∶6.0∶5.5∶5.2∶50。后头脊完整，下端伸抵上颚基部。

前胸背板具不清晰的细革质状表面，前部无刻点；侧凹内具不清晰的短横皱；后上部具均匀的细刻点，后上角呈光滑的小角突；前沟缘脊弱且短。中胸盾片几乎均匀隆起，稍粗糙，后部具细弱的刻点，后部(自翅基片向后)具隆起的侧缘；盾纵沟不明显。小盾片均匀隆起，具细革质状表面和细弱的刻点。后小盾片横棱状隆起。中胸侧板具细革质状表面和清晰的刻点；镜面区小而光亮；胸腹侧脊强壮，背端约达中胸侧板高的 1/2 处，远离中胸侧板前缘；中胸侧板凹残横纹状。后胸侧板具相对稠密(与中胸侧板相比)均匀的细刻点；后胸侧板下缘脊完整，前部三角形隆起。翅带灰褐色透明，小脉与基脉对叉；小翅室斜四边形，具短柄，第 2 回脉在它的外侧 0.25~0.30 处与之相接；外小脉在中央下方曲折；后小脉几乎垂直，在下方 1/3~1/4 处曲折。足细长；后足第 1~第 5 跗节长度之比依次约为 10.0∶4.2∶3.3∶2.0∶2.6；爪具稠密的细栉齿。并胸腹节具细弱不清晰的刻点；基区的侧脊消失；中区的脊完整且强壮，中区前宽后窄，长约为前端最宽处的 1.3 倍；分脊完整，在中区的前缘相接；侧纵脊基部(气门之前)消失；端横脊和外侧脊完整；第 1、第 2 外侧区合并；气门几乎圆形，距侧纵脊的距离和外侧脊的距离相等。

腹部第 1 节背板长约为端宽的 2.0 倍，均匀纵隆起，或背面稍平，后柄部靠近侧缘处纵凹；具细革质状表面和清晰的细刻点；无背中脊；背侧脊完整；气门小，几乎圆形，约位于第 1 节背板中央(稍前部)。第 2 节背板长约为端宽的 0.8 倍，具细弱但清晰的刻点。第 3 节背板中部具细弱(稍清晰可见)的刻点。产卵器鞘中部明显弯曲，长为腹末厚度的 0.6~0.7 倍。产卵器较粗壮，端部尖锐，背瓣的缺刻宽浅。

体黑色，下列部分除外：颜面(中纵纹褐黑色除外)，唇基，上颚(端齿除外)，颊区，上颊下端，触角柄节腹侧，前中足基节及后足基节腹侧黄色；翅基片黄色至褐色；触角鞭节腹侧，下唇须，下颚须，前中足(中足胫节外侧顶端带褐黑色)，额上部靠近复眼处的小斑，前中足，后足基节和转节腹侧、胫节(除背侧端缘)，后足转节(第 1 转节背面具黑色斑)及胫节腹侧基部约 0.7，腹部第 2、第 3 节背板及第 4 节背板基部均为黄褐至红褐色；后足第 1、第 5 跗节浅褐色至暗褐色，第 2~第 4 节浅黄色；前胸背板后上角的角突暗红褐色；翅痣和翅脉褐黑色。

♂ 体长约 10.0 mm。前翅长约 8.5 mm。触角鞭节 42~44 节。下生殖板端缘具 2 凹刻。颜面全部及额侧缘的宽纵带黄色。前胸侧板具不规则的暗褐色斑。后足基节腹面及背面黄色，侧面黑色，跗节全部浅黄色。

变异：并胸腹节中区的围脊弱且不完整至围有完整的弱脊；中足腿节黄褐色，但一些个体的背侧或多或少呈黑褐色；后足转节褐色或背侧具不规则的深色斑。

分布：江西。

观察标本：4♀♀3♂♂，江西全南，650~740 m，2008-05-24~06-10，李石昌；3♂♂，江西吉安，2008-05-21，匡曦；1♀，江西官山，400 m，2010-05-23，李怡、易伶俐。

196. 齿锯缘姬蜂 *Priopoda dentata* Sheng & Sun, 2012 (图版 XIX：图 134)

Priopoda dentata Sheng & Sun, 2012. Zootaxa, 3222:50.

♀ 体长 10.5~11.5 mm。前翅长 9.0~9.5 mm。触角长 11.0~12.0 mm。

颜面宽约为长的 2.0 倍，较平，上部中央微弱隆起，具非常稠密的细刻点(弱隆起部分的刻点稍粗)；上缘中央具 1 小的纵瘤突。唇基稍隆起，具稀疏粗大的刻点；端缘粗糙，钝厚，具稠密的褐色长毛。上颚长，基部稍宽，具非常细浅的稀刻点和褐色长毛；下端齿明显长于上端齿。颊区具细斜皱间杂细刻点；颚眼距为上颚基部宽的 0.38~0.42 倍。上颊明显隆起，中部宽阔，侧面观长约与复眼横径相等；后部稍向后收敛；具均匀稠密(较颜面的刻点稍稀疏)的细刻点。头顶的质地与上颊相似，具稠密但不太均匀的细刻点；单眼区小，稍隆起，呈细革质状表面；侧单眼间距为单复眼间距的 0.35~0.38 倍；头顶后缘中央明显前凹。额较平坦，具稠密的刻点，中部的刻点稍大而相对稀疏。触角稍长于体长，鞭节 43 节，第 1~第 5 鞭节长度之比依次约为 1.8∶1.6∶1.5∶1.2∶1.2。后头脊完整。

前胸背板具不清晰的细革质状表面；侧凹内具弱且不清晰的短横皱，后上部具清晰的细刻点，后上角稍突出呈角突状；前沟缘脊短，但清晰可见。中胸盾片较隆起，满布稠密均匀的细刻点(后部的刻点相对稍大)；后部具隆起的侧缘；盾纵沟不明显。小盾片均匀隆起，具细革质状表面和清晰的细刻点。后小盾片几乎圆形隆起。中胸侧板具稠密不均匀的刻点，镜面区周缘的刻点稍大而稀疏；镜面区小而光亮；胸腹侧脊强壮，背端约达中胸侧板高的 1/2 处。后胸侧板具稠密均匀的细刻点；后胸侧板下缘脊完整，前部明显突出。翅带褐色透明，小脉与基脉相对；小翅室斜四边形，第 2 回脉约在它的下外侧的 0.25 处与之相接；外小脉在中央稍下方曲折；后小脉约在下方 1/3 处曲折。足细长；后足第 1~第 5 跗节长度之比依次约为 4.2∶1.8∶1.4∶0.8∶0.9；爪具稠密的细栉齿。并胸腹节表面呈细革质状，具非常稀疏且不清晰的细刻点；中纵脊及分脊不完整，或仅具痕迹；分脊中段缺；侧纵脊、外侧脊和端横脊完整且强壮；气门小，圆形，稍隆起，距侧纵脊的距离等于距外侧脊的距离，约位于并胸腹节基部 0.3 处。

腹部端部侧扁。腹部第 1 节背板长约为端宽的 2.2 倍，均匀纵隆起，向基部显著变细，除基部、侧部光滑外具稠密的浅细刻点；背中脊不明显，背侧脊和腹侧脊完整；气门小，圆形，约位于第 1 节背板中央。第 2 节背板长为端宽的 0.8~0.9 倍，稍粗糙，刻点不明显。第 3 节背板的质地与第 2 节相似，但表面较细腻；第 4 节及其后的背板具明显且稠密的浅褐色短毛。产卵器鞘均匀，长为腹末厚度的 0.7~0.8 倍。产卵器较粗壮，背瓣的缺刻距离末端较远。

体黑色，下列部分除外：触角鞭节基半部腹侧浅黄色，背侧黑色具红褐色端缘，鞭节中段第 13~第 22(23)节白色；颜面，唇基，上颚(端齿除外)，颊区，上颊下端，额上部靠近复眼处的小斑，前中足，后足基节及转节腹侧、胫节(除背侧端缘)均为黄褐色；腹部第 3 节背板红褐色；下唇须，下颚须，各足第 2~第 5 跗节，腹部第 1~第 4 节腹板(第 4 节的侧面具黑褐色纵斑)均为浅黄至浅褐色；前胸侧板黑色至褐黑色；前胸背板后上角的角突红褐色；翅基片，翅痣及翅脉褐黑色。

♂ 体长约 12.0 mm。前翅长约 9.5 mm。触角鞭节 45 节。下生殖板端缘中央具 1 个半圆形大凹刻，凹刻中央具 1 小齿突。

变异：腹部第 2 节背板黑色或模糊不清的褐黑色。

分布：江西。

观察标本：1♀，江西安福，2010-05-24，喻中平；1♀1♂，江西吉安，2008-05-21，匡曦。

197. 点背锯缘姬蜂 *Priopoda dorsopuncta* Sheng & Sun, 2012 (图版 XIX：图 135)

Priopoda dorsopuncta Sheng & Sun, 2012. Zootaxa, 3222:52.

♂ 体长 9.0~9.7 mm。前翅长 8.1~8.5 mm。触角长 11.0~11.5 mm。

颜面宽约为长的 1.9 倍，中部明显隆起，粗糙，具稠密不清晰的粗粒状表面；上部侧缘纵凹；上缘中央具 1 小瘤突。唇基沟不明显。唇基宽为长的 2.8~2.9 倍；向端部均匀隆起，具清晰的刻点(基部刻点细密)；端缘弧形，钝厚，具褐色长毛。上颚和颊区具细革质状表面。上颚上缘近中部弯曲；端齿强壮，下端齿长约为上端齿的 2.0 倍。颚眼距约为上颚基部宽的 1/3。上颊具革质状质地和清晰的刻点，刻点间距为刻点直径的 0.2~1.5 倍；中部纵向稍隆起；侧面观长为复眼横径的 1.2~1.3 倍。头顶的侧面具与上颊相似的质地，中部后方的刻点较细且稠密；后部中央和侧单眼外侧稍凹陷。单眼区小，稍隆起；侧单眼间距约为单复眼间距的 0.44 倍。额几乎平坦或稍隆起，具绒毡状质地。触角鞭节 46 节，第 1~第 5 鞭节长度之比依次约为 7.6∶5.9∶5.3∶5.0∶4.8。后头脊完整且强壮。

胸部具革质状质地。前胸背板粗糙，前部和后上部具不清晰的细刻点，后上角呈光滑的小角突。前沟缘脊弱且短。中胸盾片均匀隆起，具均匀稠密的细刻点，刻点间距为刻点直径的 0.2~0.5 倍(在盾纵沟的位置刻点更加细密且不清晰)；具清晰的侧缘，后部自翅基片至小盾片前侧角明显隆起；盾纵沟仅前端具凹痕。盾前沟阔且深。小盾片均匀隆起，具清晰均匀的刻点(稍稀于中胸盾片的刻点)；仅基侧角具脊。后小盾片粗糙，横隆起，前部具深横沟。中胸侧板具清晰的刻点，刻点间距为刻点直径的 0.3~1.5 倍(镜面区之前的刻点较稀)；前上方(胸腹侧脊背端上方)具短纵皱；胸腹侧脊强壮，背端约达中胸侧板高的 1/2 处，远离中胸侧板前缘；中胸侧板凹横细沟状，长约为中胸后侧片宽的 3.0 倍；镜面区大。后胸侧板均匀隆起，具与中胸盾片相似的质地；基间脊仅前端存在；后胸侧板下缘脊完整且强壮，前部角状隆起。翅稍带灰褐色透明，小脉与基脉对叉；第 1 肘间横脉短于第 2 肘间横脉；小翅室几乎呈三角形，具短柄，第 2 回脉在它的下外角的稍内侧相接；外小脉约在下方 2/5 处曲折；后小脉在下方 0.3~0.45 处曲折。足细长；胫节外侧具短棘状毛；后足第 1~第 5 跗节长度之比依次约为 10.0∶4.6∶3.6∶2.2∶2.5；爪具清晰的栉齿。并胸腹节粗糙，具非常弱且不清晰的细刻点；基部中央深凹；分区完整，脊强壮；中区前宽后窄，长为最宽处的 1.6~1.9 倍；端区具脊状粗纵皱；气门小，圆形，距外侧脊的距离约等于距侧纵脊的距离。

腹部第 1 节背板长约为端宽的 2.5 倍，基部光滑；后柄部具清晰的细刻点，刻点间距为刻点直径的 0.2~0.5 倍，前半部中央稍纵凹；无背中脊；背侧脊完整(气门之前较弱)；气门小，圆形，位于第 1 节背板中央稍前部。第 2 节背板长约为端宽的 0.9 倍，具非常清晰且稠密的刻点，刻点间距为刻点直径的 0.1~0.5 倍，后缘的狭边稍光滑。第 3 节背板具与第 2 节背板相似的刻点，但后部的刻点稍稀。第 4 节背板刻点弱且不清晰。以后的背板稍光滑。第 8 节背板非常短。下生殖板端缘具 1 个“U”形深凹。

体黑色，下列部分除外：触角基部腹面褐色至暗褐色；鞭节第(14)15~第 21(22)节大部分白色；颜面，唇基，上颚(端齿除外)，颊区，上颊下端，前中足基节及转节均为黄色至黄褐色；翅基片黑褐色；侧单眼至复眼的斑，前中足，后足转节及腿节基端黄褐色；后足胫节基部约 0.7 暗褐色；后足跗节乳白色(浅黄色)；腹部第 3 节背板暗红色，第 4~第 8 节背板及抱握器红褐色至褐色；翅痣和翅脉褐黑色。

分布：江西。

观察标本：2♂♂，江西全南，740 m, 2008-05-24，集虫网。

198. 黑脸锯缘姬蜂 *Priopoda nigrifacialis* Sheng & Sun, 2012 (图版 XIX：图 136)

Priopoda nigrifacialis Sheng & Sun, 2012. Zootaxa, 3222:54.

♀ 体长约 7.5 mm。前翅长约 6.8 mm。

颜面宽约为长的 1.8 倍，几乎平坦(非常微弱地隆起)，具清晰的细革质状质地和稠密清晰的细刻点，亚侧面的刻点几乎左右连接，形成斜横沟纹；上缘中央在触角之间不凹陷，具 1 小瘤突。唇基沟中段明显。唇基宽约为长的 2.8 倍；向端部逐渐隆起，光亮，具稀疏且相对(与颜面比)粗大的刻点；端缘钝厚，弧形前隆，具褐色长毛。上颚长，上缘亚基部明显弯曲，中部具非常细的革质状表面和稀疏的散细刻点；端齿强壮，下端齿约为上端齿长的 1.6 倍。颊区稍粗糙，具不清晰的横刻点；颚眼距约为上颚基部宽的 0.4 倍。上颊具清晰的细革质状质地和清晰均匀的细刻点，刻点间距为刻点直径的 0.2~0.8 倍；侧面观长约为复眼横径的 1.2 倍。头顶具与上颊相似的质地，但刻点较细且稀，刻点间距为刻点直径的 0.5~2.0 倍；后部中央稍前凹；单眼区隆起，具弱且稀的细刻点；侧单眼间距约为单复眼间距的 0.4 倍。额平坦，具稠密均匀的刻点，刻点间距为刻点直径的 0.2~0.5 倍。触角鞭节端部断失，鞭节可见 35 节，第 1~第 5 鞭节长度之比依次约为 6.3∶4.9∶4.2∶4.0∶3.9。后头脊完整。

前胸背板前缘具清晰的细纵线纹，侧凹内具不清晰的短横皱，后上部稍粗糙，刻点细弱而不清晰，后上角呈光滑的小角突；前沟缘脊较弱，但清晰可见。中胸盾片均匀隆起，具稠密均匀的细刻点，刻点间距为刻点直径的 0.2~0.8 倍；后部(自翅基片向后)具隆起的侧缘；盾纵沟不明显，仅前部具凹痕。小盾片均匀隆起，具与头顶相似的质地和刻点，基部约 0.3 具侧脊。后小盾片稍横圆形隆起，具不清晰的细刻点。中胸侧板具清晰的刻点，中部在镜面区前部稍稀，镜面区的前下方具或多或少清晰的短斜皱；镜面区较大，前部稍向前延伸；胸腹侧脊强壮，背端约达中胸侧板高的 0.5 处(抵达中胸侧板的浅横凹)，未伸达中胸侧板前缘；中胸侧板凹横纹状，长约为中胸后侧片宽的 3.0 倍。后胸侧板均匀隆起，具相对稠密(与中胸侧板相比)且清晰的细刻点；后胸侧板下缘脊完整，向前部均匀隆起。翅带灰褐色透明，小脉几乎与基脉对叉(位于基脉稍外侧)；小翅室四边形，具短柄，第 2 回脉在它的中央稍外侧与之相接；外小脉在中央下方曲折；后小脉几乎垂直，约在下方 1/3 处曲折。足细长；后足第 1~第 5 跗节长度之比依次约为 10.0∶4.4∶3.3∶2.0∶2.2；爪具稠密的细栉齿。并胸腹节分区完整；基区与中区合并，中纵脊的基端和侧纵脊的基端消失；中区前部稍宽于后部；分脊完整；第 1、第 2 外侧区合并；第 1 侧区几乎光滑，具不清晰的细刻点，其余的区稍粗糙，呈细绒毡状表面；气门圆形，稍隆起，距侧纵脊和外侧脊的距离几乎相等。

腹部端部稍侧扁。第 1 节背板长约为端宽的 2.0 倍；后柄部中央稍纵凹，具不清晰的细刻点；无背中脊；背侧脊完整且强壮；气门小，圆形，明显隆起，位于第 1 节背板中央。第 2 节背板长约为端宽的 0.7 倍，具细粒状表面。第 3 节及以后的背板稍光亮。产卵器鞘亚基部弯曲，长约为腹末厚度的 0.7 倍。产卵器较粗壮；背瓣的缺刻远位于端部之前。

体黑色，下列部分除外：上颚(端齿除外)，下颚须，下唇须，颊区的斑，翅基片，前胸背板后上角均为黄色；触角腹面棕褐色，背面黑褐色；唇基端缘，前中足(第 5 跗节褐黑色除外)，后足胫节腹面及其跗节(第 1 跗节背面不均匀的黑褐色)黄褐色；后足胫节基部褐黑色；后足基节、转节(外侧具模糊的暗色)，腹部第 1 节背板端缘，第 2~第 4 节背板红褐色；翅痣和翅脉黄褐色。

分布：江西。

观察标本：1♀，江西官山，450 m，2008-05-27，集虫网。

199. 鸥锯缘姬蜂 *Priopoda owaniensis* (Uchida, 1930)　(图版 XIX：图 137)

Prionopoda owaniensis Uchida, 1930. Journal of the Faculty of Agriculture, Hokkaido University, 25:280.

♀　体长 8.0~8.5 mm。前翅长 7.0~7.5 mm。

颜面宽为长的 1.6~1.8 倍，几乎平坦(非常微弱地隆起)，具不清晰的细革质状质地和稠密的蜂窝状浅细的刻点；上缘中央在触角之间不凹陷，具 1 小瘤突。唇基沟不明显。唇基宽为长的 2.7~2.8 倍；均匀隆起，具粗大的稀刻点；端部具光泽；端缘钝厚，弧形，具褐色长毛。上颚长，中部具非常细的革质状表面和少量散刻点，端部光滑；端齿强壮，上端齿稍向内弯曲，下端齿为上端齿长的 1.2~1.3 倍。颊区稍粗糙，具细革质状质地和较稠密的浅皱刻点；颚眼距为上颚基部宽的 0.6~0.7 倍。上颊具清晰的细革质状质地和清晰均匀的细刻点；侧面观长为复眼横径的 1.1~1.2 倍。头顶具稠密的蜂窝状细皱刻点；单眼区小，隆起；侧单眼间距为单复眼间距的 0.37~0.41 倍；头顶后缘中央明显前凹。额几乎平坦，具与颜面相似的质地。触角稍长于体长，鞭节 38 或 39 节，第 1~第 5 鞭节长度之比依次约为 3.0∶2.0∶2.0∶2.0∶1.7。后头脊完整。

前胸背板具不清晰的细革质状表面和稠密的细刻点；侧凹上半部具不清晰的短横皱；后上部所具细刻点清晰，后上角呈光滑的小角突；前沟缘脊弱且短。中胸盾片均匀隆起，具细弱稠密的刻点，后部(自翅基片向后)具隆起的侧缘；盾纵沟不明显。小盾片均匀隆起，具与中胸盾片相似的质地和刻点。后小盾片梯形，稍隆起，具细刻点。中胸侧板具细革质状表面和清晰稠密的细刻点；镜面区小而光亮；胸腹侧脊强壮，背端约达中胸侧板高的 0.6 处，远离中胸侧板前缘；中胸侧板凹横纹状。后胸侧板具相对稠密(与中胸侧板相比)细弱的刻点；后胸侧板下缘脊完整，前部三角形隆起。翅褐色透明，小脉位于基脉稍内侧；小翅室斜四边形，具短柄，第 2 回脉在它的外侧 0.33~0.35 处与之相接；外小脉在中央下方曲折；后小脉几乎垂直，在下方 1/3~1/4 处曲折。足细长；后足第 1~第 5 跗节长度之比依次约为 5.2∶2.2∶1.7∶1.0∶1.0；爪具稠密的细栉齿。并胸腹节稍粗糙，具细革质粒状质地；基区的侧脊消失；中区的脊完整且强壮，中区前宽后窄，长约为前端最宽处的 1.3 倍；分脊完整，在中区的前缘相接；侧纵脊基部(气门之前)消失；端横脊和外侧脊完整；第 1、第 2 外侧区合并；气门几乎圆形，距侧纵脊和外侧脊的距离几乎相等。

腹部背板具细革质粒状表面。第 1 节背板长为端宽的 1.9~2.0 倍，均匀纵隆起，或背面稍平，后柄部靠近侧缘处纵凹；具清晰的细刻点；无背中脊；背侧脊完整；气门小，几乎圆形，约位于第 1 节背板中央之前。第 2 节背板长为端宽的 0.7~0.8 倍，具细弱但清晰的细刻点。第 3 节背板中部具细弱但清晰可见的刻点。产卵器鞘亚基部明显弯曲，长为腹末厚度的 0.6~0.7 倍。产卵器较粗壮；背瓣的缺刻宽而深，约位于产卵器的中部。

体黑色，下列部分除外：触角基半部暗褐色(柄节、梗节背侧带黑色；有的个体柄节、梗节腹侧趋于与颜面同色)，端半部红褐色；颜面(或多或少带褐黑色斑)，唇基(有的个体中央褐黑色)，上颚(端齿除外)，颊区(有的个体中央带黑色)，上颊(有的个体下缘黑色)，前胸侧板，前胸背板前缘、后上角，翅基片，翅基下脊(或黑色)，各足(有的个体前中足基节、转节及后足基节腹侧稍带乳黄色)，腹部自第 1 节背板端缘至腹末均为黄褐至红褐色；后足腿节和胫节端部外侧带黑褐色；翅痣黄褐色，翅脉褐至暗褐色。

分布：江西；日本。

观察标本：1♀，江西全南，2008-04-26，集虫网；1♀，江西资溪马头山，2009-05-08，集虫网。

200. 萨哈林锯缘姬蜂 *Priopoda sachalinensis* (Uchida, 1930) (图版 XIX：图 138)

Perilissus sachalinensis Uchida, 1930. Journal of the Faculty of Agriculture, Hokkaido University, 25:282.

♂ 体长约 8.0 mm。前翅长约 6.5 mm。

颜面宽约为长的 1.6 倍，几乎平坦(中部微弱地隆起)，具不清晰的细革质状质地和较稠密的细浅皱刻点；上缘中央具 1 纵瘤突。唇基沟不明显。唇基宽约为长的 2.2 倍；均匀隆起，具稠密的粗皱刻点(基部刻点细密)；端缘弧形，粗糙、钝厚，具黄褐色长毛。上颚长；中部光滑，具稀疏的弱刻点；端齿强壮，上端齿中部稍内侧明显弯曲；下端齿约为上端齿长的 1.5 倍。颊区具不清晰的细革质粒状质地；颚眼距约为上颚基部宽的 0.63 倍。上颊具细革质状质地和清晰均匀的浅细刻点，中部稍隆起；侧面观长约等于复眼横径。头顶与上颊的质地相似，刻点相对较稠密；单眼区小，稍隆起；侧单眼间距约为单复眼间距的 0.43 倍；头顶后缘中央明显前凹。额几乎平坦，具与颜面相似的质地。触角稍长于体长，鞭节 42 节，第 1~第 5 鞭节长度之比依次约为 3.0∶2.2∶2.0∶1.9∶1.7。后头脊完整。

前胸背板具细革质状表面，前下部无刻点，仅后上部具均匀稠密的细刻点，后上角呈光滑的小角突；前沟缘脊短且弱。中胸盾片近均匀隆起，具均匀稠密的细刻点，后部(自翅基片向后)具隆起的侧缘。盾纵沟不明显。小盾片均匀隆起，具较中胸盾片稀疏且稍粗的刻点；基半部具侧脊。后小盾片稍横隆起，具细刻点。中胸侧板具细革质状表面和稠密的细皱刻点，后上部具稀疏粗大的刻点；镜面区小而光亮；胸腹侧脊强壮，背端约达中胸侧板高的 1/2 处，远离中胸侧板前缘；中胸侧板凹横沟状。后胸侧板具相对稠密(与中胸侧板相比)均匀的细刻点；后胸侧板下缘脊完整，前部角状隆起。翅带灰褐色透明，小脉与基脉对叉；小翅室斜四边形，具短柄，第 2 回脉约在它的下外侧 0.4 处与之相接；外小脉约在下方 1/3 处曲折；后小脉约在下方 1/4 处曲折。足细长；后足第 1~第 5 跗节长度之比依次约为 2.6∶1.2∶1.0∶0.7∶0.7；爪基部具长栉齿。并胸腹节具细革质粒状表面；中纵脊、基横脊及分脊仅部分具痕迹；侧纵脊(基部在气门之前消失)、外侧脊和端横脊强壮；气门小，椭圆形，距外侧脊的距离稍大于距侧纵脊的距离。

腹部第 1 节背板长约为端宽的 2.3 倍；后柄部的基半部中央稍纵凹；具细革质状表面和不清晰且稀的细刻点；无背中脊；背侧脊完整；气门小，几乎圆形，约位于第 1 节背板中央。第 2 节背板长约为端宽的 0.85 倍，具细革质状表面。第 3 节背板与第 2 节背板的质地相似，相对较光滑。下生殖板端缘中央具 1 个“V”形凹刻。

体黑色，下列部分除外：颜面并向上斜延至额眼眶处，唇基，上颚(端齿基部红褐色，齿尖黑色)，颊区，上颊(后部红褐色)，触角柄节、梗节腹侧，下唇须，下颚须，前胸侧板，前胸背板(除颈中央)，中胸盾片侧缘，翅基片及前翅翅基，中胸侧板(上部带红褐色，中央具褐黑斑)，前中足基节、转节，偏于黄至黄褐色；触角柄节、梗节背侧带黑色，鞭节基半部红褐色、端半部褐黑色；足黄褐至红褐色；爪黑褐色；腹部第 1 节背板的端缘、第 2 节背板、第 3 节背板大部分及以后背板的侧缘，整个腹板均为红褐色，第 3 节背板的端部及以后背板褐黑色；翅痣和翅脉黄褐色至暗褐色。

分布：江西；俄罗斯。

观察标本：1♂，江西宜丰官山，400 m，2010-06-11，集虫网。

201. 单凹锯缘姬蜂 *Priopoda uniconcava* Sheng & Sun, 2012 （图版 XIX：图 139）

Priopoda uniconcava Sheng & Sun, 2012. Zootaxa, 3222:56.

♀ 体长 8.0~9.5 mm。前翅长 7.0~7.5 mm。

颜面宽为长的 1.7~1.8 倍，中部稍隆起；具稠密的革质状质地和稠密均匀的细刻点；上缘中央具 1 小瘤突。唇基沟不明显，仅中部呈横凹痕状。唇基稍隆起，具粗大的刻点(基部的刻点稍密且细)；端缘粗糙，钝厚，具褐色长毛。上颚长，基部稍宽，中部具细粒状表面，端部具稀疏的刻点和褐色长毛，下缘具光滑半透明的边；上端齿稍内斜，下端齿约为上端齿长的 2.5 倍。颊区具与颜面相似的质地，但明显较细密；颚眼距为上颚基部宽的 0.56~0.61 倍。上颊具光泽，具细革质状质地和均匀稠密的细刻点(较颜面的刻点清晰)；仅后缘处向后收敛，侧面观长约为复眼横径的 1.2 倍。头顶和额与上颊的质地相似；单眼区小，隆起，具细绒毡状质地，刻点细而不明显；侧单眼间距为单复眼间距的 0.33~0.35 倍；头顶后缘中央稍前凹。额较平坦。触角稍长于体长，鞭节 37~42 节，鞭节第 1~第 5 节长度之比依次约为 7.6∶6.0∶5.6∶5.2∶4.7。后头脊完整且强壮。

前胸背板具不清晰的细粒状表面，亚前缘具 1 清晰的细纵脊；后上部具稠密的细刻点，后上角突出呈光滑的角突状；前沟缘脊强壮。中胸盾片均匀隆起，具稠密均匀的细刻点；后部自翅基片向后具隆起的侧缘；盾纵沟不明显。盾前沟阔且深，沟底光滑。小盾片均匀隆起，具与中胸盾片相似的表面；基部约 0.3 具强壮的侧脊。后小盾片横隆起，前部深凹，光滑。中胸侧板具革质状质地和稠密均匀的刻点，刻点间距为刻点直径的 0.2~1.2 倍；具光滑光亮的镜面区；胸腹侧脊强壮，背端伸达中胸侧板 1/2 高的稍上方，远离前胸背板后缘。后胸侧板具与中胸盾片相似的表面；后胸侧板下缘脊完整，前部强烈突起呈角状突。翅带灰褐色透明，小脉与基脉对叉或位于它的稍内侧；小翅室斜四边形，上方尖或具短柄，第 2 回脉在它的下外侧的 1/4~1/3 处与之相接；外小脉明显在中央下方曲折；后小脉约在下方 1/3 处曲折。后足胫节外侧具强壮的粗棘刺状毛；后足第 1~第 5 跗节长度之比依次约为 10.0∶4.2∶3.2∶2.1∶2.2；爪具相对强壮的栉齿。并胸腹节具细皮革状表面；中纵脊基部(基区的侧脊)和侧纵脊的基部(气门上方处至并胸腹节基部)消失，基横脊的中段较弱或缺；其余的脊完整且强壮；中区拉长，向后部收敛，内具不清晰的横皱；气门稍呈椭圆形，距侧纵脊的距离等于距外侧脊的距离，约位于并胸腹节基部 0.3 处。

腹部端部稍侧扁。第 1 节背板长约为端宽的 2.0 倍，向基部均匀变细，基部光滑，中部稍粗糙，刻点不清晰；后柄部具浅中纵凹和清晰的细刻点；无背中脊，背侧脊和腹侧脊完整；气门小，圆形，位于第 1 节背板中央稍内侧。第 2 节背板长约为端宽的 0.8~0.9 倍，具稠密且清晰的细刻点，刻点间距为刻点直径的 0.2~0.7 倍。第 3、第 4 节背板的质地与第 2 节相似，但表面稍细腻，刻点较细弱。第 5 节及其后背板的刻点逐渐不明显。产卵器鞘亚基部稍狭窄、弯曲，长为腹末厚度的 0.6~0.7 倍。产卵器向端部均匀变尖，背瓣的缺刻距离末端较远。

体黑色，下列部分除外：颜面(中央的纵带褐色至黑褐色)，唇基，上颚(端齿除外)，下颚须，下唇须，颊区，上颊下端，触角柄节腹侧，前中足基节及转节黄色；触角基部鞭节腹面褐色、背面黑褐色，端部黄褐色；前中足及后足基节腹面、转节腹面及胫节腹面褐色至黄褐色，前中足腿节背面具不明显的暗褐色纵纹；后足跗节浅黄色；腹部第2节背板前后缘不均匀的横纹和以后各节背板红褐色；翅基片褐色；翅痣黑褐色；翅脉褐黑色。

♂ 体长约9.0 mm。前翅长约7.5 mm。触角鞭节42节。下生殖板端缘中央具1个“U”形深凹刻。上颊下部黄色，中部红褐色。颜面全部，前胸侧板，前胸背板下部，中胸侧板下部，中胸腹板均为黄色。

变异：后足基节腹面黄褐色至稍带黑褐色；腹部第2节背板几乎完全黑色或前后缘具不均的褐色横纹。

分布：江西、贵州、河南、陕西、北京。

观察标本：2♀♀1♂，江西全南，530 m，2008-05-15~06-10，集虫网；3♀♀，江西吉安，174 m，2009-05-10~06-01，集虫网；2♀♀，江西宜丰官山，400 m，2010-06-11，集虫网；1♀，贵州赤水金沙 ，950 m，2000-05-28，肖炜； 1♀，北京门头沟，2008-08-08，王涛；1♀，河南白云山，2008-08-17，李涛；1♀，陕西安康火地塘，1539 m，2010-07-13，灯诱。

十六) 针尾姬蜂族 Pionini

前翅长 3.2~12.0 mm。唇基凹通常开放。唇基端缘不薄。额无纵脊或角状突。上颚通常具亚基横凹。触角鞭节第1节为第2节长的0.9~2.0倍。并胸腹节气门圆形。小脉通常强度内斜，远离基脉；后小脉在中央下方曲折。无窗疤。产卵器鞘0.3~1.3倍长于腹部末端高；产卵器通常上弯，非常细(除基部外)，无亚端背缺刻(*Hodostates* 属具微弱缺刻)。

全世界已知19属；我国已知7属；江西已知5属。

针尾姬蜂族江西已知属检索表

1. 无基侧凹；胸腹侧脊背端几乎都抵达中胸侧板前缘 ······ 2
   具基侧凹；胸腹侧脊背端未抵达中胸侧板前缘 ······ 4
2. 上颚外侧具1基横凹，下缘亚基部圆形；具或无小翅室；复眼内缘平行，或向下稍微收敛；产卵器向上弯曲 ······ **利姬蜂属 *Sympherta* Förster**
   上颚外侧无基横凹，下缘亚基部锐利；无小翅室 ······ 3
3. 唇基的边缘锐利；后小脉内斜；产卵器强烈向上弯曲 ······ **针尾姬蜂属 *Pion* Schiødte**
   唇基的边缘钝；后小脉几乎垂直；产卵器稍向上弯曲或几乎直 ······ **合姬蜂属 *Syntactus* Förster**
4. 后足第2转节下侧平或凹，端部边缘强烈增厚呈脊状 ······ **凹足姬蜂属 *Trematopygus* Holmgren**
   后足第2转节正常，下侧圆形，端部不增厚呈脊状 ······ **失姬蜂属 *Lethades* Davis**

100. 失姬蜂属 *Lethades* Davis, 1897 (中国新记录)

Lethades Davis, 1897. Transactions of the American Entomological Society, 24:204. Type-species: *Adelognathus texanus* Ashmead; monobasic.

前翅长 3.4~5.8 mm。唇基非常小。上颚基部具弱凹，下缘锐利，2 端齿约等长或下端齿稍长。胸腹侧脊背端未伸达中胸侧板前缘。盾纵沟缺或短且弱。并胸腹节通常分区完整(中区与基区合并除外)，有时脊退化仅端区的脊明显。爪具短栉齿或简单。前翅小翅室存在或缺，若具小翅室，则第 2 回脉在近它的下外角处相接。后小脉强烈内斜，在中央下方曲折。腹部第 1 节背板粗，基侧凹较靠近它的基部。产卵器鞘 0.7~1.3 倍于腹部端部厚度，向上弯曲。

全世界已知 17 种；我国已知 2 种；分布于江西。

失姬蜂属中国已知种检索表

1. 并胸腹节中区光滑，长约为宽的 1.4 倍，分脊明显在中央前方(约在前部 0.35 处)与它相接；后足基节黑色……………………………………………………**黑基失姬蜂，新种 *L. nigricoxis* Sheng & Sun, sp.n.**

   并胸腹节中区具非常细密的刻点，长约为宽的 1.2 倍，分脊在中央稍后方(约在后部 0.42 处)与它相接；后足基节红褐色……………………………………**褐基失姬蜂，新种 *L. ruficoxalis* Sheng & Sun, sp.n.**

202. 黑基失姬蜂，新种 *Lethades nigricoxis* Sheng & Sun, sp.n.　(图版 XIX：图 140)

♀　体长约 6.2 mm。前翅长约 5.0 mm。触角长约 6.0 mm。

颜面宽约为长的 2.1 倍，较平，中央稍纵隆起，具非常稠密的细粒状表面和细刻点；上方中央具 1 小纵瘤突。唇基沟细而明显。唇基中部稍隆起，具稠密的细刻点；端缘弱弧形，中段平直。上颚强壮，亚端部稍收窄；基部具细刻点；上端齿稍短于下端齿。颊具细革质粒状表面；颚眼距约为上颚基部宽的 0.5 倍。上颊具稠密的浅细刻点，中部稍隆起，向后方收敛。头顶呈细革质状表面，后部具与上颊相似的细刻点；单眼区稍隆起，侧单眼间距约等于单复眼间距。额较平坦，具与颜面近似的质地和刻点；触角丝状，柄节和梗节明显膨大，柄节端部斜截状；鞭节 33 节，中段稍粗，第 1~第 5 鞭节长度之比依次约为 1.9∶1.6∶1.3∶1.2∶1.1。后头脊完整。

前胸背板具非常稠密的细粒状表面和细刻点；侧凹与周围质地一致。中胸盾片明显隆起，具细革质状表面和非常稠密均匀的细刻点；盾纵沟仅前部清晰。盾前沟宽且深，内具弱细纵皱。小盾片明显隆起，具非常稠密均匀的细刻点。后小盾片稍隆起，具稠密的细刻点。中胸侧板前部及下部较隆起，具非常稠密且较均匀的细刻点；胸腹侧脊背端约伸达中胸侧板高的 3/4 处、背端向后弯曲；镜面区光滑光亮；中胸侧板凹沟状。后胸侧板具非常稠密的细皱刻点；后胸侧板下缘脊完整。翅带褐色，透明；小脉位于基脉外侧，二者间的距离约为小脉长的 0.3 倍；小翅室亚三角形，具短柄；第 2 回脉在它的下方外侧约 0.2 处与之相接；外小脉内斜，约在下方 0.3 处曲折；后中脉明显向上弓曲，后小脉约在下方 0.3 处曲折。后足基节显著短锥形膨大，第 1~第 5 跗节长度之比依次约为 5.0∶2.0∶1.5∶0.8∶1.5。并胸腹节均匀隆起，脊完整；基区侧脊平行且相距非常近；中区六边形，光滑，长约为宽的 1.4 倍，分脊处最宽，分脊明显在中央前方(约在前部 0.35 处)与它相接；其他区具细革质状表面；第 1 侧区和第 1 外侧区具清晰的细刻点，其后的区具弱细皱；气门圆形，约位于基部 0.3 处。

腹部约呈纺锤形，具稠密均匀且较胸部稍粗的细皱和刻点。第 1 节背板向基部显著收敛，长约为端宽的 1.25 倍，具明显的细皱刻点；背中脊不明显，背侧脊完整；气门圆形，隆起，约位于该节背板中央。第 2 节背板梯形，长约为端宽的 0.5 倍；第 3 节背板两侧近平行(基部稍窄)，长约为端部宽的 0.5 倍；第 4 节及以后背板向后明显收敛。产卵器鞘长约为腹端厚度的 0.7 倍，约为后足胫节长的 0.3 倍；产卵器基部粗壮，中部向后锐尖。

黑色，下列部分除外：触角背侧褐黑色，腹侧红褐色；唇基(除基缘)，上颚(端齿暗红褐色)，下唇须，下颚须，前胸背板后上角，翅基片及前翅翅基黄色；腹部第 1 节背板端缘、第 2~第 3 节背板、第 4 节背板基部约 0.3 均为红褐色；前中足及后足腿节红褐色；所有转节黄色；后足基节黑色；后足腿节端部、胫节基缘和端部、第 1~第 4 跗节黑褐色；翅痣黑褐色(基部色淡)，翅脉褐色。

♂ 体长约 6.5 mm。前翅长约 5.5 mm。触角长约 6.5 mm。体具清晰稠密的细刻点。触角黑色，鞭节 33 节。上颚，下颚须，下唇须黄褐色。前中足基节带黑色，各足转节红褐色。第 4 节背板红褐色，仅后部中央稍黑褐色。前翅第 2 肘间横脉不完整，外小脉约在下方 0.25 处曲折，后小脉约在下方 0.2 处曲折。

正模 ♀，江西官山东河，430 m，2009-04-11，集虫网。副模：1♂，记录同正模。

词源：新种名源于后足基节黑色。

该新种与带失姬蜂 *L. cingulator* Hinz, 1976 相似，主要区别为：触角长于前翅；鞭节 32 节；中胸侧板稍呈细革质状，具不清晰的细的刻点；上颊完全黑色；腹部背板第 2、第 3 节完全红褐色。带失姬蜂：触角稍短于前翅；鞭节 26 节；中胸侧板前部及下部具细密的刻点；上颊下侧黄色；腹部第 2、第 3 节背板黑色，具黄色侧缘。

203. 褐基失姬蜂，新种 *Lethades ruficoxalis* Sheng & Sun, sp.n. (图版 XX：图 141)

♀ 体长 7.5~8.0 mm。前翅长 5.5~5.8 mm。

颜面宽约为长的 1.7 倍；较平，具非常稠密的细刻点；上缘中央具 1 弱的瘤突。颜面与唇基之间无明显的沟分隔。唇基稍隆起，具非常粗大的刻点和稍长的褐色毛；端缘中段较平。上颚基部光滑，具稀疏的细浅刻点，上端齿稍短于下端齿。颊具细粒状表面，颚眼距约为上颚基部宽的 0.46 倍。上颊具均匀稠密的细刻点，中部稍隆起；侧观其长约为复眼横径的 0.69 倍。额在触角窝上方稍凹，具较颜面更稠密的细刻点。触角丝状，明显短于体长；柄节、梗节稍膨大，鞭节 30 节，第 1~第 5 鞭节长度之比依次约为 1.3∶1.2∶1.2∶1.1∶1.0。头顶具与上颊近似的质地和刻点，单眼区处较平坦；侧单眼间距约等于单复眼间距。后头脊完整。

前胸背板具稠密的细粒状表面，具前沟缘脊。中胸盾片稍隆起，具均匀稠密的细刻点；盾纵沟不明显。小盾片明显隆起，具稠密的细刻点。后小盾片稍隆起，具细刻点。中胸侧板具稠密的细刻点，中下部稍隆起；胸腹侧脊背端远离前胸背板后缘，其高约伸达中胸侧板高的 2/3 处。镜面区小，光滑光亮；中胸侧板凹沟状。后胸侧板中部隆起，具稠密均匀的细刻点。翅稍带褐色，透明；小脉位于基脉的稍外侧，二者之间的距离约为小脉长的 0.3 倍；小翅室近斜四边形，第 2 肘间横脉长于第 1 肘间横脉；第 2 回脉在它的下外角的内侧 0.25 处与之相接；外小脉约在中央处曲折；后小脉在中央稍下方曲折。后足基节短锥状膨大，第 1~第 5 跗节长度之比依次约为 3.0∶1.5∶1.0∶0.7∶0.7。爪简单。并胸腹节明显隆起，具均匀稠密的细刻点；分区完整；中区六边形，长约为宽的 1.2 倍，分脊在中央稍后(约在后部 0.42 处)方与它相接；端区宽阔，具模糊的皱；气门小，圆形，约位于基部 0.35 处。

腹部背板相对光滑，具较头胸部稍弱的细刻点，最宽处位于第 2 节背板的端部。第 1 节背板向基部显著收敛，长约为端宽的 1.4 倍；背中脊仅基部存在，未伸达气门处；气门小，圆形，位于第 1 节背板中央；背侧脊和腹侧脊完整。第 2 节背板梯形，长约为端宽的 0.6 倍。自第 3 节背板向后稍收敛；第 3 节背板长约等于端宽，约为基部宽的 0.9 倍。第 4~第 6 节背板稍长形，第 7、第 8 节背板横形。产卵器鞘短，稍伸出腹末。产卵器自中部向端部变细，背部中央稍凹。

体黑色，下列部分除外：触角腹侧(或多或少)，上颚(或黄褐色，端齿黑色)，下唇须，下颚须，前胸侧板下部及与背板交界处，前胸背板后上角，所有足(后足腿节、胫节端部及跗节背侧多多少少带黑褐色)，腹部第 2、第 3 节背板(有时连同第 1 节背板端半部及第 4 节背板端部)均为红褐色；翅基片及前翅翅基黄褐至暗褐色；翅痣和翅脉褐黑色。

正模 ♀，江西官山东河，430 m，2009-04-20，盛茂领、孙淑萍。副模：1♀，记录同正模。

词源：新种名源于基节的褐色。

该新种与于黑基失姬蜂 *L. nigricoxis* Sheng 近似，可通过上述检索表区别。

101. 针尾姬蜂属 *Pion* Schiødte, 1839

Pion Schiødte, 1839. Naturhistorisk Tidskrift, 2:318. Type-species: *Mesoleptus fortipes* Gravenhorst; monobasic.

前翅长 6.0~8.0 mm。内眼眶平行或向下方收敛。唇基凹开放，强烈下凹。唇基小，非常弱地隆起，亚端缘较凹。上颚下端齿远大于上端齿，下缘脊状。胸腹侧脊背端抵达中胸侧板前缘。盾纵沟缺或呈宽凹痕状。后足粗壮；爪简单。并胸腹节无分脊；无脊将基区与中区分开，其余脊完整。腹部第 1 节细，向端部变宽；背侧脊完整。产卵器鞘约 1.3 倍长于腹部末端厚；产卵器强烈向上弯曲。

据报道(Aubert, 2000; Hinz, 1961; Kangas, 1941; Yu et al., 2005)，该属已知的寄主全部为叶蜂类害虫。

全世界已知 7 种；我国已知 2 种；江西已知 1 种。

204. 宜丰针尾姬蜂 *Pion ifengensis* Sheng, 2011 (图版 XX：图 142)

Pion ifengensis Sheng, 2011. Acta Zootaxonomica Sinica, 36(1):198.

♀ 体长 8.0~9.0 mm。前翅长 6.7~6.9 mm。产卵器鞘长约 1.4 mm。

颜面宽为长的 1.6~1.7 倍，中央均匀隆起，触角窝下外侧稍纵凹；具均匀的近白色短毛和清晰的刻点，刻点间距为刻点直径的 0.5~1.5 倍；上缘中央具 1 小瘤突。唇基沟弱，不清晰。唇基稍微隆起，宽为长的 2.6~2.7 倍；具稀疏且不均匀的刻点；向端部均匀抬高；端缘薄边缘状，中段(约 0.4)平截状，呈弱弧形微凹。上颚宽大，具细刻点和近白色毛；下端齿约为上端齿长的 2.0 倍。无眼下沟。颚眼距为上颚基部宽的 0.25~0.26

倍。上颊具细刻点，刻点间距为刻点直径的 0.5~1.5 倍；均匀向后收敛；背面观，长为复眼宽的 0.7~0.8 倍。头顶具细弱不均匀的刻点；单眼外侧具凹；侧单眼间距为单复眼间距的 0.7~0.8 倍。额具细刻点，刻点间距为刻点直径的 0.2~1.5 倍；上部中央(靠近中单眼)具浅凹；下部亚侧面(触角窝上方)凹，光滑无刻点。触角相对较短，中部稍微粗于基部和端部；鞭节 30~32 节；第 1~第 5 鞭节长度之比依次约为 5.3∶3.9∶3.7∶3.4∶3.2。后头脊完整、强壮，下端在上颚基部上方与口后脊相接。

前胸背板亚前缘具细纵沟；侧纵凹的中部具短横皱，下部具斜横皱；后上部具刻点，刻点间距为刻点直径的 0.2~0.5 倍；具前沟缘脊。中胸盾片前部(斜面处)具非常弱且不清晰的细刻点；中后部具较均匀且清晰的刻点，刻点间距为刻点直径的 0.2~0.5 倍；无盾纵沟。小盾片稍抬高，背面仅稍微隆起，前部具较大且稍稀的刻点(与中胸盾片的刻点相比)，后部斜面处的刻点细弱而不清晰。后小盾片较隆起，具不均匀的细刻点；前部具狭窄的深横沟。中胸侧板光亮，具清晰均匀的刻点，刻点间距为刻点直径的 0.2~1.0 倍；中胸侧板凹深，有清晰的横沟与中胸后侧片相连，周围光滑光亮无刻点；胸腹侧脊背端伸抵中胸侧板前缘。后胸侧板具与中胸侧板相似的刻点，但相对较细；下部具稠密且不规则的细皱；无基间脊；后胸侧板下缘脊完整。翅稍带灰色透明，小脉位于基脉外侧，二者间的距离约为小脉长 0.5 倍；无小翅室；肘间横脉与第 2 回脉对叉或位于第 2 回脉内侧，二者间的最大距离约为脉宽的 2.0 倍；外小脉在近中央或中央上方曲折；后小脉约在下方 1/3 处曲折，上段稍内斜。足粗壮，后足基节光亮，具清晰的刻点；后足第 1~第 5 跗节长度之比依次约为 10.0∶5.3∶4.2∶2.6∶5.7；爪简单。并胸腹节具清晰完整的纵脊和端横脊，中纵脊之间及端区光亮无毛、无刻点；端区具 1 中纵脊；其余具稠密的浅黄色毛和均匀的刻点；无分脊；气门斜椭圆形，长径为短径的 2.0~2.1 倍，它与外侧脊之间的距离稍大于它与侧纵脊之间的距离。

腹部第 1 节背板狭长，自后柄部中部向后强烈变宽，几乎直(稍微向上拱起)，长为端宽的 2.4~2.5 倍；无基侧凹；背中脊不明显；背侧脊仅气门之前或多或少可分辨；具明显的中纵凹，该凹由基部伸达后柄部的中部；后柄部的后半部具清晰的刻点；背侧脊与腹侧脊之间具粗纵皱；气门小，圆形，突起，约位于该节背板的中部。第 2、第 3 节背板具清晰的细刻点(端部较稀)；第 2 节背板长约为端宽的 0.7 倍。第 3 节及其后的背板近似圆形隆起，具细刻点，但向后逐渐不清晰。下生殖板非常大，端部伸过产卵器鞘基部。产卵器鞘长约为后足胫节长的 0.5 倍。产卵器非常细，端部稍侧扁，稍向上弯曲。

黑色，下列部分除外：翅基片暗褐色；触角腹面(柄节及梗节带不规则且模糊的暗色)红褐色，背面褐黑色；下颚须，下唇须，基节顶端，第 1 转节端部，第 2 转节腹侧浅黄褐色；唇基侧面，上颚(端齿除外)，前中足腿节黄褐色；前中足胫节及跗节和后足胫节大部分黄褐至褐色；后足腿节(顶端背面黑色除外)和腹部第 2~第 8 节背板及腹板红褐色；后足胫节端部褐黑色；后足跗节黑褐色；翅痣红褐色；翅脉黑褐色。

♂ 体长 8.5~10.5 mm。前翅长 7.0~7.8 mm。触角鞭节 32~34 节。颜面，唇基，上颚，颊区，下颚须，下唇须，柄节及梗节的腹侧，中胸腹板，前中足(第 5 跗节背面暗褐色除外)，后足基节腹面、转节(背面具小黑斑)和腿节腹面、胫节腹面均为黄色。

分布：江西。

观察标本：17♀♀8♂♂，江西宜丰官山自然保护区，430 m，2009-04-11~27，易伶俐、李怡。

102. 利姬蜂属 *Sympherta* Förster, 1869 (江西新记录)

Sympherta Förster, 1869. Verhandlungen des Naturhistorischen Vereins der Preussischen Rheinlande und Westfalens, 25(1868):196. Type-species: *Tryphon burrus* Cresson. Designated by Viereck, 1914.

内眼眶平行或向下方稍收窄。唇基沟弱至较强。唇基几乎平至适度隆起，端缘钝圆，中段稍突出、平截或微凹。上颚下端齿长于上端齿。胸腹侧脊的上端几乎伸达中胸侧板的前缘。小翅室有或无，若有，则为三角形。爪简单。并胸腹节无分脊；通常具清晰的中纵脊。腹部第 1 节背板狭长，后柄部宽；背侧脊完整；第 2 节背板粗糙或稍光滑，或具细皱，刻点细弱至较粗大。产卵器鞘长约为腹端高的 0.8 倍，向上弯曲。

全世界已知 28 种；我国已知 3 种；江西已知 1 种。

205. 弓脉利姬蜂 *Sympherta curvivenica* Sheng, 1998 (图版 XX：图 143) (江西新记录)

Sympherta curvivenica Sheng, 1998. Entomologia Sinica, 1998, 5(1):32.

♀ 体长 7.5~9.0 mm。前翅长 6.0~7.0 mm。触角长约 5.0 mm。

颜面具清晰的刻点；中央上方稍隆起。唇基稍隆起，基部具稠密的刻点，端部光亮，具几个刻点；端缘中段几乎平截，中央不明显地凹。上颚 2 端齿尖锐，下端齿明显长于上端齿。上颊具细弱的刻点，向后弧形收窄。头顶具与上颊相似的质地。额几乎平(向中央稍凹)，具稠密清晰的细刻点。触角稍短于体长，鞭节 26~30 节。后头脊完整。

前胸背板粗糙，具稠密不清晰的刻点；前沟缘脊强壮。中胸盾片前部及侧面稍光亮，刻点弱且不明显；后部中央具稠密且清晰的刻点；盾纵沟伸至中胸盾片中央。小盾片丘状隆起。中胸侧板前部及下部具弱但清晰的刻点；胸腹侧脊上端几乎伸抵(未伸达)中胸侧板前缘；镜面区光滑；镜面区前方、翅基下脊的下方具弱的短皱纹。并胸腹节具清晰的纵脊和端横脊；基区和中区合并，形成一窄的细长区，其间具横皱；端区具不规则的纵脊；其余部分稍微粗糙，刻点不明显。翅稍带褐色，透明；小翅室无；小脉与基脉对叉，或位于其稍内侧。后小脉在下方 0.2 处曲折，上段弱至较强地内斜。

腹部第 1、第 2 节背板稍粗糙。第 1 节背板微隆起，长约为端宽的 2.0 倍；背侧脊完整，背中脊无或仅中部存在；气门突起。第 3、第 4 节背板几乎光滑。其余背板具清晰的短毛。产卵器鞘长为腹端高的 0.8~1.0 倍。产卵器向上均匀翘起。

体黑色。触角鞭节第 1~第 3 节(或仅腹侧)黄白色，第(8)9~第 12(13)节和前翅基部白色；内眼眶，触角下方的 2 块斑，柄节前面和梗节，前胸背板的后角，后胸侧板上方部分的前缘，翅基下脊(有时不清晰)，上颚中部，触须的端部，中后足基节和跗节，后足转节和腿节的基部，产卵器，腹部第 1 节背板(除基部多少黑褐色)端部，第 2~第 3 节及第 4 节背板基部红褐色。前足黄褐色(除基节，第 1 转节和腿节的后部黑褐色)。中足转节、腿节和胫节，后足腿节的端部和胫节，翅基片黑褐色。

♂ 前翅长约 11.5 mm。触角鞭节 32 或 33 节。小脉与基脉对叉或位于基脉稍内侧。

小盾片稍微隆起。颜面，唇基，上颚基半部，下颚须，下唇须，柄节及梗节的腹侧，前翅基部白色；前中足灰褐色(基节黑色除外)；后足腿节褐黑色，胫节和跗节暗褐色；腹部第 1 节背板端缘，第 2~第 3 节和第 4 节背板基部红褐色；第 2 节背板侧面具暗斑。

分布：江西、辽宁。

观察标本：24♀♀，江西官山自然保护区，430 m，2009-04-11~20，集虫网；2♀♀，江西资溪，400 m，2009-04-17~24，集虫网；2♀♀，江西吉安双江林场，174 m，2009-04-09，集虫网；3♀♀3♂♂，辽宁沈阳，1991-06-09，盛茂领；1♀，辽宁沈阳，1992-06-05，盛茂领。

103. 合姬蜂属 *Syntactus* Förster, 1869

Syntactus Förster, 1869. Verhandlungen des Naturhistorischen Vereins der Preussischen Rheinlande und Westfalens, 25(1868):210. Type-species: *Ichneumon delusor* Linnaeus. Designated by Perkins, 1962.

复眼内缘向下方收敛。唇基沟通常深凹。唇基横向，端缘钝，弧形前突；唇基凹开放。上颚较宽，基部无横凹，下缘亚基部锐利呈脊状；下端齿通常稍长于上端齿。胸腹侧脊背端伸抵中胸侧板前缘。盾纵沟约为中胸盾片长的 1/3。并胸腹节分区完整，或中区的端脊及第 2 侧区的端脊消失。爪简单。无小翅室；小脉位于基脉的稍外侧；后小脉垂直或几乎垂直，在中央下方曲折或不曲折。腹部第 1 节背板细长，端部阔；无基侧凹；背中脊不明显；背侧脊或多或少清晰；约基部 0.65 具纵皱。第 2 节背板光滑光亮，刻点小。产卵器鞘长约为腹端高的 0.8 倍。产卵器直，或稍上弯。

全世界已知 7 种；我国已知 2 种；江西已知 1 种。

寄主：据报道(Bauer, 1958; Hedwig, 1944; Yu et al., 2005)，已知的寄主主要有斑点沟叶蜂 *Strongylogaster macula* (Klug)、四点苔蛾 *Lithosia quadra* (L.)、瘤状松梢小卷蛾 *Rhyacionia resinella* (L.)。

合姬蜂属中国已知种检索表

1. 中胸侧板无皱，具清晰的刻点；颜面、中胸侧板和中胸腹板黄色；后胸侧板暗红褐色(♀)或黄色(♂) ……………………………………………………………… **九连合姬蜂 *S. jiulianicus* Sun & Sheng**

 中胸侧板具稠密清晰的斜皱；颜面、中胸侧板、中胸腹板和后胸侧板黑色 ……………………………………………………………………………… **德合姬蜂 *S. delusor* (L.)**

206. 九连合姬蜂 *Syntactus jiulianicus* Sun & Sheng, 2012 (图版 XX：图 144)

Syntactus jiulianicus Sun & Sheng, 2012. ZooKeys, 170:23.

♀ 体长约 8.5 mm。前翅长约 7.0 mm。触角长约 7.5 mm。

颜面宽约为长的 1.9 倍，表面光滑光亮，具不均匀的弱细刻点；中央纵向稍隆起，亚中央稍纵凹。唇基光滑光亮，向端部均匀隆起，具非常稀疏且清晰的细刻点；端缘钝，弧形前突；唇基凹开放。上颚狭长，基部具细纵皱；端齿钝圆，上端齿明显短于下端齿。颊光滑光亮，具不明显的纤细弱刻点；颚眼距约为上颚基部宽的 0.6 倍。上颊宽阔，中部稍隆起，侧观约为复眼横径的 0.9 倍，光滑光亮，表皮下隐含褐色的点状斑块。头顶光滑光亮，无刻点；侧单眼外侧稍凹；单眼区稍隆起，侧单眼间距约为单复眼间距的 0.7 倍。额光滑光亮，无刻点，上部中央稍隆起，下部稍凹。触角柄节显著膨大，端缘平截；鞭节 37 节，第 1~第 5 鞭节长度之比依次约为 2.0∶1.8∶1.4∶1.3∶1.3。后头脊完整，背方中央凹；下端伸抵上颚基部。

前胸背板前部光滑光亮，侧凹内具稠密的斜细皱，后上部具稠密的浅细刻点；前沟缘脊长但较弱。中胸盾片均匀隆起，具非常稠密的浅细刻点；盾纵沟在前部 1/3 较明显，中叶前部稍突出。小盾片较强隆起，具细刻点；基部约 1/3 具侧脊。后小盾片稍隆起，近方形，具细刻点。中胸侧板光滑光亮，仅下部具非常稀疏且不清晰的细刻点；胸腹侧脊强壮，背端伸达翅基下脊；中胸侧板凹沟状。后胸侧板稍隆起，光滑光亮，下缘具斜细皱；后胸侧板下缘脊非常强壮，前部 1/2 明显突出。翅稍褐色透明，端部烟灰色；小脉位于基脉外侧，二者间的距离约为小脉长的 0.2 倍；无小翅室；第 2 回脉位于肘间横脉的外侧，二者之间的距离约为肘间横脉长的 0.7 倍；外小脉内斜，约在下方 1/3 处曲折；后小脉约在下方 2/5 处曲折。足具浅黄色短柔毛。后足基节约呈圆锥状，明显膨大，几乎光亮；腿节具不清晰的弱刻点；后足第 1~第 5 跗节长度之比依次约为 5.3∶2.7∶1.9∶1.1∶1.4。并胸腹节均匀隆起；基区长稍大于宽，光滑，向前收敛；中区与端区合并，自分脊处向后明显收敛，光滑，端缘处具清晰的细横皱，分脊明显位于中部之前；第 1 侧区具细刻点和浅灰色毛；第 2、第 3 外侧区具稠密且清晰的斜皱，其余区光滑；外侧脊向气门处角状弯曲；气门斜长，长径约为短径的 2.6 倍，由 1 明显的脊连接至外侧脊的弯角。

腹部光滑光亮。第 1 节背板柄部向基部强烈收敛，长约为端宽的 2.3 倍；背中脊不明显，背侧脊在气门之前显著；气门圆形，较隆起，位于第 1 节背板中央稍前方。第 2 节背板梯形，长约为端宽的 0.7 倍。第 3 节背板长约为端部宽的 0.5 倍，其端缘达腹部最宽处。第 4 节及以后背板向后显著收敛。下生殖板侧观呈扁三角形。产卵器鞘长约为腹端厚度的 0.7 倍，亚端部明显宽于基部；产卵器除基部外非常细。

头部黄色，仅上颚端齿、单眼三角区和头顶黑色。触角鞭节深红褐色；中胸盾片及中后胸黑色，小盾片和后小盾片红色；并胸腹节(两侧暗红褐色)黑褐色；前胸背板(颈部黑色)，中胸侧板(上部中央具小的黑斑)和胸部腹面黄色，后胸侧板暗红褐色。腹部第 1~第 3 节背板(第 2、第 3 节背板两侧具黑纵斑)及第 4 节背板基部中央红褐色，第 4 节背板向后部黑色。前中足黄色，背侧稍带红褐色；后足红褐色。翅痣黑褐色，翅脉暗褐色，前翅顶角及外缘褐色。

♂　体长约 7.0 mm。前翅长约 5.6 mm。触角长约 7.0 mm，鞭节 35 节。后足基节下侧，后胸侧板，腹部第 1~第 3 节背板及第 4 节背板端缘黄色。

分布：江西。

观察标本：1♀1♂，江西九连山，2011-04-27，盛茂领。

104. 凹足姬蜂属 *Trematopygus* Holmgren, 1857　(江西新记录)

Trematopygus Holmgren, 1857. Kongliga Svenska Vetenskapsakademiens Handlingar, N.F.1 (1) (1855):179.

Type-species: *Trematopygus ruficornis* Holmgren, 1857. Designated by Viereck, 1912.

体通常较粗壮。复眼内缘平行或向下稍收敛。唇基宽短，具粗刻点。具唇基沟。上颚 2 端齿等长或几乎等长。胸腹侧脊上端未伸达中胸侧板前缘。前翅无小翅室，若有，则第 2 回脉在它的下外角处相接；小脉强烈倾斜，远位于基脉外侧；后小脉强烈内斜，在下方曲折。并胸腹节无分脊；中区与基区合并；其他脊完整。后足第 2 转节腹面平或稍凹，两侧形成边缘，端部呈 1 强壮的脊(该族中唯一拥有此特征的属)。腹部第 1 节背板具较短的基侧凹；背侧脊弱且不完整至强壮；背中脊无至长且强壮。第 2 节背板具稠密粗糙的刻点。产卵器鞘约等长于腹端高度。产卵器向上弯曲。

全世界已知 22 种；我国已知 2 种；江西已知 1 种。

207. 敞凹足姬蜂 *Trematopygus apertor* Hinz, 1985 (图版 XX：图 145) (江西新记录)

Trematopygus apertor Hinz, 1985. Spixiana, 8(3):269.

♀ 体长 5.5~6.5 mm。前翅长 5.0~5.5 mm。

颜面宽约为长的 2.0 倍；较平(中央稍隆起)，具稠密的皱状刻点；上缘中央具 1 弱的纵瘤突。颜面与唇基之间由非常弱且不明显的沟分隔。唇基稍隆起，具粗大稀疏的刻点；端缘中央呈弱弧形。上颚基半部具细刻点和纵皱，上端齿长于下端齿。颊呈细粒状表面，颚眼距约为上颚基部宽的 0.24 倍。上颊具稠密的细刻点，中央稍隆起；侧观其长约为复眼横径宽的 0.8 倍。额较平，具稠密的皱状细刻点。触角明显短于体长；柄节、梗节明显膨大，鞭节 32 节，第 1~第 5 鞭节长度之比依次约为 1.7∶1.3∶1.1∶1.0∶1.0。头顶具与上颊近似的刻点和质地，单眼区处较平坦；侧单眼间距约为单复眼间距的 0.8 倍。后头脊完整。

前胸背板具稠密的细刻点，侧凹内具弱横皱。中胸盾片稍隆起，具均匀稠密的细刻点；外缘形成细的侧缘，内侧具细侧沟；无盾纵沟。小盾片明显隆起，具稠密的细刻点。后小盾片稍隆起，具细刻点。中胸侧板具稠密的皱状细刻点，中下部稍隆起；胸腹侧脊背端远离前胸背板后缘，其高约伸达中胸侧板高的 1/3 处。镜面区大。后胸侧板中部隆起，具均匀稠密的细刻点。翅稍带褐色，透明；小脉位于基脉的稍外侧，二者之间的距离约为小脉长的 0.3 倍；无小翅室；第 2 回脉位于肘间横脉的外侧，二者之间的距离约为肘间横脉长的 0.7 倍；第 2 回脉在它的下外角的内侧 0.25 处与之相接；外小脉约在下方 1/4 处曲折；后小脉在下方 1/5~1/6 处曲折。前足胫节端部外侧具 1 明显的齿；后足基节锥状膨大，第 1~第 5 跗节长度之比依次约为 4.0∶1.7∶1.2∶0.5∶1.2。并胸腹节明显隆起，具稠密的皱状粗刻点；中纵脊向基部收敛，基横脊缺；基区与中区合并，该区稍光滑光亮，呈弱皱状；端区宽阔，具粗纵皱；气门小，圆形，约位于基部 0.3 处。

腹部第 1 节背板向基部逐渐收敛，长约为端宽的 0.7 倍，具稠密的皱状细刻点，基部中央稍凹；背中脊仅基部存在，背侧脊达气门处；气门小，圆形，约位于第 1 节背板中央。第 2 节背板梯形，具稠密的皱状细刻点，长约为端宽的 0.64 倍。第 3 节背板两侧近平行，长约为宽的 0.61 倍。自第 3 节背板向后所具刻点逐渐细弱不明显。第 4 节背板向后稍收敛。产卵器鞘短，其长约为后足胫节长的 0.36 倍，约为腹端厚度的 0.68 倍。产卵器基部 0.2 粗壮，其余部分尖细。

体黑色，下列部分除外：唇基端缘，上颚(除端齿)，下唇须，下颚须，所有足(前足基节外侧、中后足基节、后足腿节和胫节端部黑色)，翅基片，腹部第 1 节背板端部、第 2~第 5 节背板均为红褐色；翅痣和翅脉暗褐至黑褐色。

♂ 体长约 6.0 mm。前翅长约 5.5 mm。触角鞭节 34 节。

分布：江西、福建。

观察标本：6♀♀7♂♂，江西官山自然保护区，430 m，2009-03-31~04-20，集虫网；1♂，江西吉安双江林场，174 m，2009-04-09，集虫网；1♀，江西资溪，2009-04-17，集虫网；1♀，江西官山自然保护区，450 m，2010-05-09，集虫网。

十七) 齿胫姬蜂族 Scolobatini

头相对较膨大，胸部较粗壮，翅较大，腹部较阔短。唇基沟非常弱或不明显。唇基几乎平或稍隆起，端缘平截或稍前突，具 1 中齿或无齿。上颚上端齿短于下端齿。后头脊仅下部存在，上方较宽地间断。中胸盾片短；无盾纵沟或仅前端有痕迹。并胸腹节短，仅端区两侧具纵脊的痕迹。雄性后足跗节特别粗壮；爪的栉齿通常较发达。无小翅室；肘间横脉或多或少内斜；后小脉在中央附近或下方曲折。腹部背板(第 1 节除外)几丁质化较弱，端部侧扁；第 1 节背板侧缘平行或几乎平行；基侧凹小而浅。产卵器鞘长约为腹末厚度的 0.3 倍；产卵器直，具缺刻。

该族含 9 属；我国仅知 1 属，江西有分布。

105. 齿胫姬蜂属 *Scolobates* Gravenhorst, 1829

Scolobates Gravenhorst, 1829. Ichneumonologia Europaea, 2:357. Type-species: (*Scolobates crassitarsus* Gravenhorst) = *auriculatus* Fabricius. Designated by Westwood, 1840.

唇基端缘几乎平截，或稍呈弧形，中央具 1 齿。唇基沟不明显。无小翅室；肘间横脉强烈内斜；后臂脉通常伸达翅缘。腹部第 1 节背板狭，侧缘几乎平行，通常在亚基部相对稍宽；大部分种类的第 4~第 7(8)节背板中线处革质化程度非常低，呈现出浅色或皱状中纵折线。

该属已知 13 种；我国已知 6 种；江西已知 3 种。据报道，该属已知的寄主主要有玫瑰三节叶蜂 *Arge pagana* Panzer、古北三节叶蜂 *A. enodis* L.、细角三节叶蜂 *A. gracilicornis* Klug、柳黄锤角叶蜂 *Cimbex lutea* L.等。

齿胫姬蜂属江西已知种检索表

1. 体红褐色，后头黄褐至褐色，无黑斑；胸部无或无明显的深色斑(雌性中胸侧板具或大或小的黑色横纹)；腹部第 1~第 2 节背板完全红褐色……………………………… **火红齿胫姬蜂 *S. pyrthosoma* He &Tong**
   体具大且明显的黑色斑……………………………………………………………………………………… 2
2. 并胸腹节完全黑色；腹部背板黑色，第 2~第 6 节背板后缘白色；翅暗褐色………………………………
   ……………………………………………………………**红头齿胫姬蜂红胸亚种 *S. ruficeps mesothoracica* He & Tong**
   并胸腹节部分褐色，或具褐色斑；腹部背板褐色或红褐色，基部具黑色斑；翅痣下方及端缘暗褐色
   ……………………………………………………………………………………… **黄褐齿胫姬蜂 *S. testaceus* Morley**

208. 火红齿胫姬蜂 *Scolobates pyrthosoma* He & Tong, 1992 （江西新记录）（图版 XX：图 146）

Scolobates pyrthosoma He & Tong, 1992. Iconography of forest insects in Hunan China, p.1229.

♂ 体长 6.0~7.5 mm。前翅长 6.5~8.0 mm。

颜面宽约为长的 1.8 倍，光滑光亮，具稀浅的细刻点和长毛；上缘中央具 1 小瘤突；亚中部稍纵洼。唇基具非常稀浅的细刻点；中部稍隆起，端部两侧稍凹；端缘中央具强突起。上颚强壮，宽阔；具稀浅的细刻点；上端齿稍短于下端齿。颊光滑，具稀浅的细刻点，颚眼距约为上颚基部宽的 0.7 倍。上颊宽，光滑，具稀浅的细刻点。头顶光亮光滑，具非常稀浅的细刻点，在单眼区的外侧稍凹；侧单眼间距约为单复眼间距的 0.4 倍。额光滑，具稀浅的细刻点。触角丝状，长于体长，鞭节 33~37 节，第 1~第 5 鞭节长度之比依次约为 12∶9∶8∶8∶8，中段各节较均匀。

前胸背板光滑光亮。中胸盾片均匀隆起，光滑光亮，侧叶具暗斑花纹。小盾片较隆起，具非常稀且细的浅刻点。后小盾片光滑光亮，约呈“凸”字形，前部侧面深凹。中胸侧板光滑，具非常浅的细刻点；中胸侧板凹浅，靠近中胸侧缝。后胸侧板具稀浅的细刻点，后胸侧板下缘脊强烈隆起，片状，最高处在中部。翅带褐色透明，翅痣下方的斑及翅外缘的宽带暗褐色；小脉位于基脉的内侧；无小翅室，第 2 回脉在肘间横脉的外侧与之相接，二者之间的距离为肘间横脉长的 0.4~0.5 倍；外小脉约在中央曲折；后小脉强烈内斜，约在下方 2/5 处曲折。后足第 1~第 5 跗节长度之比依次约为 37∶13∶10∶7∶10；爪具稠密的栉齿。并胸腹节光滑光亮，仅端区侧面具纵脊；气门椭圆形。

腹部背板具稠密的细刻点和长毛。第 1 节背板长为端宽的 2.4~2.8 倍；最宽处位于气门处，由此处向端部微弱地收敛；背中脊仅基部明显；气门隆起，圆形，约位于基部 1/4 处。

体红褐色，下列部分除外：触角鞭节端部，小盾片前凹，爪黑褐色；颜面，唇基，上颚(端齿黑褐色除外)，下唇须，下颚须，颊黄色；前胸背板侧凹上方，中胸盾片 3 条宽纵带，并胸腹节端部中央，腹部第 1 节背板末端和第 2 节背板基部中央及腹部末端色较暗(带黑褐色)；翅痣和翅脉黑褐色。

♀ 体长约 11.5 mm。前翅长约 10.5 mm。触角长约 12.0 mm。触角鞭节 45 节。产卵器鞘长约 0.7 mm。中胸侧板具黑色横纹。

分布：江西、河南、湖南、江苏。

观察标本：1♂，江西宜丰，450 m，2008-05-13，集虫网；2♂♂，江西全南，2008-08-23~10-31，集虫网；1♂，江西全南，2009-04-14，盛茂领；2♂♂，江西全南，2009-06-23~09-11，集虫网；1♀，江苏南京，1993-06-14，盛茂领。

209. 红头齿胫姬蜂红胸亚种 *Scolobates ruficeps mesothoracica* He & Tong, 1992 （图版 XX：图 147）（江西新记录）

Scolobates ruficeps mesothoracica He & Tong, 1992. Iconography of forest insects in Hunan China, p.1229.

♀ 体长约 6.5 mm。前翅长约 8.5 mm。产卵器鞘短，未伸出腹末。

颜面宽约为长的 2.2 倍；光滑光亮，具稀疏的浅细刻点；中央稍隆起，亚侧部稍凹；上部中央具 1 小瘤突。具唇基沟。唇基基部稍隆起，具与颜面近似的表面和质地；端缘中央具 1 强壮的尖突，亚中部稍微凹。上颚基部较光滑；上端齿稍微短于下端齿。颊光滑，具稀浅的细刻点；颚眼距约为上颚基部宽的 0.5 倍。上颊宽阔，中部较强隆起，侧观约为复眼横径宽的 1.5 倍(最宽处)，光滑光亮，中部向后稍加宽。头顶光亮光滑，与上颊质地相似，头顶后部中央明显凹；中单眼前侧凹陷，侧单眼外侧稍凹；单眼区稍隆起，侧单眼间距约为单复眼间距的 0.5 倍。额下部凹，上部具稠密的细刻点。触角明显长于体长，鞭节 34 节，中段各节较均匀。后头脊非常细，完整。

前胸背板光滑光亮，无刻点；亚后缘具 1 横沟，沟内具短纵皱；横沟的后缘具 1 细横脊。中胸盾片均匀隆起，光滑光亮，表层下隐现砖块状斑纹；盾纵沟不明显。小盾片和后小盾片光滑光亮，无刻点，前者隆起明显。中后胸侧板光滑光亮，无刻点；胸腹侧脊约达中胸侧板高的 2/3 处；中胸侧板凹浅沟状。翅暗褐色，不透明；小脉位于基脉内侧，二者间的距离大于脉宽；无小翅室；第 2 回脉位于肘间横脉的外侧，二者之间的距离约为肘间横脉长的 0.5 倍；外小脉在中央稍上方曲折；后小脉约在下方 1/3 处曲折，上段强烈内斜。后足基节显著膨大；后足跗节较粗壮；爪小，具稠密强壮的栉齿。并胸腹节非常短，光滑光亮；可见明显的侧纵脊和外侧脊；气门卵圆形。

腹部短于头胸部之和(约 0.8 倍)。第 1 节背板光滑光亮，两侧约平行，气门处稍宽，长约为端宽的 2.0 倍，后柄部侧面具三角形膜质边缘；气门圆形，隆起，位于背板中部之前；背中脊几乎抵达背板后缘。第 2 节背板为腹部背板最宽处，光滑，具稀疏的细毛，横形，长约为端宽的 0.22 倍。第 3 节以后背板横形，向后明显收敛，质地与第 2 节背板近似。各节背板后缘具波状的膜质边缘。下生殖板侧观呈三角形。产卵器鞘短，几乎约与腹端厚度相等(0.9 倍)，约为后足胫节长的 0.3 倍。

头部和前中胸部(包括后小盾片)褐红色，后胸及腹部黑色。触角鞭节腹侧中后部带红褐色，腹侧基部及背侧褐黑色。前中足褐红色，但爪及中足的基节和转节带黑色；后足黑色，但胫节腹侧带红褐色。腹部背板黑色，但各节背板后缘及侧缘、腹侧的膜质边缘浅黄色。翅痣及翅脉褐黑色。

分布：江西、浙江、湖南、贵州。

观察标本：1♀，江西全南，628 m，2008-07-02，集虫网；1♀，江西安福，200~210 m，2011-05-29，集虫网。

210. 黄褐齿胫姬蜂 *Scolobates testaceus* Morley, 1913 (江西新记录)

Scolobates testaceus Morley, 1913. The fauna of British India including Ceylon and Burma, Hymenoptera, 3:339.

♀ 体长约 7.2 mm。前翅长约 7.5 mm。产卵器鞘长约 0.5 mm。

颜面宽约为长的 1.9 倍；稍向中央隆起，光亮，具非常细浅的刻点和浅黄色短毛；上缘中央下凹，凹刻内具 1 小瘤突。无唇基沟。唇基无明显的刻点，具浅黄色短毛；端缘呈弧形，中央具 1 几乎透明发亮、与其他质地不同的强齿突。上颚强壮，宽阔；具黄褐色短毛；上端齿等长于或稍短于下端齿。颊光滑，具稀浅的毛细刻点；颚眼距为上颚基部宽的 0.5~0.6 倍。上颊较宽，侧观约为复眼横径宽的 1.2 倍，光滑，中部稍向后宽延，具非常稀浅的毛细刻点。头顶光亮光滑，单眼区的外侧稍微平凹，靠近复眼处具稀浅的毛细刻点。单眼区稍隆起；侧单眼间距约为单复眼间距的 0.6 倍。额光滑光亮，中央稍纵隆起；触角丝状，明显长于体长，鞭节约 37 节，第 1~第 5 鞭节长度之比依次约为 10∶9∶8∶8∶8，中段各节较均匀。后头脊背方缺，下半部明显可见。

前胸背板光滑光亮；背面中央非常短，前缘具微弱凹刻。中胸盾片光滑光亮；中央较隆起，前部强度向前下方倾斜；盾纵沟仅前端具痕迹。小盾片稍呈棱锥形隆起，光滑光亮。后小盾片光滑光亮，约呈“凸”字形，前部两侧深凹。中胸侧板中部(横向)光滑光亮，无刻点；上缘及下部具非常细的细毛刻点；镜面区大；中胸侧板凹浅，靠近中胸侧缝。后胸侧板小，具稀浅的毛细刻点和褐色细毛；后胸侧板下缘脊非常强壮，呈片状。翅带褐色透明，翅痣下方的斑及外缘的横带深灰褐色；小脉位于基脉的稍内侧；无小翅室；肘间横脉强烈内斜；第 2 回脉位于肘间横脉的外侧，二者之间的距离约为肘间横脉长的 1/2；外小脉约在中央曲折；后小脉稍内斜至强烈内斜，在中央稍下方曲折。后足第 1~第 5 跗节长度之比依次约为 37∶13∶11∶7∶10；爪具稠密的栉齿。并胸腹节较短，光滑光亮，中央纵洼，仅端区两侧具纵脊；气门椭圆形。

腹部背面观近似菱形，第 1 节背板及第 2 节背板的中部(纵向)光滑光亮，腹部背板的其余部分具细刻点和褐色毛；第 1 节背板在气门处最宽，长约为此处宽的 2.3 倍，约为端部宽的 3.3 倍，由气门处向端部稍收敛；背中脊仅基部明显；气门圆形稍隆起，约位于基部 1/4 处。下生殖板侧观呈三角形。产卵器的缺刻宽深，位于近中部。

体黄褐色，下列部位除外：颜面上端中央，额中央，单眼区外侧，后头的“U”形斑黑色；上颚端齿黑褐色；头，前胸背板的后上角，中胸盾片侧叶的前缘和内缘，中胸侧板的前缘、后缘和上缘，小盾片的后缘，后小盾片，并胸腹节基部两侧的三角斑鲜黄色；前胸背板，中胸盾片中叶(侧叶红褐色除外)，小盾片基半部，小盾片和后小盾片两侧的凹槽，中胸侧板，后胸侧板，并胸腹节，后足的基节、转节和腿节腹侧，腹部第 1、第 2 节背板(端缘除外)、第 3 节背板基部的横斑为黑褐色至黑色；翅基片鲜黄色；翅痣(基部色淡)及翅脉褐黑色。

♂ 体长约 6.8 mm。前翅长约 6.5 mm。触角鞭节约 37 节。与雌性相比，黑色部分更少些。

分布：江西、河南、陕西、江苏、浙江、湖北、广西、福建、台湾；印度，日本。

观察标本：2♀♀3♂♂，江西安福，120~210 m，2011-06-13~11-10，集虫网；2♀♀，河南内乡宝天曼，1100~1300 m，1998-07-12，盛茂领；1♂，河南罗山县灵山，400~500 m，1999-05-24，盛茂领；2♀♀1♂，河南三门峡，2009-07-15~08-15，张改香；3♂♂，陕西周至厚畛子，2009-06-20~09-01，集虫网。

十一、洼唇姬蜂亚科 Cylloceriinae

前翅长 3.5~7.9 mm。唇基由唇基沟与颜面分开，基部隆起，其余部分稍凹；端缘简单，几乎平截。上唇不外露。上颚粗壮，具 2 端齿。鞭节约 28 节；雄性鞭节第 3、第 4

节简单(*Allomacrus*)或具深半圆形凹刻(*Cylloceria*)；有触角瘤或无。前沟缘脊弱或不明显。无腹板侧沟。中胸腹板后横脊缺。并胸腹节无基横脊；侧纵脊常不明显或缺。前翅无第2肘间横脉；第2回脉具2弱点。腹部第1节背板气门位于中央前侧，腹板端部通常不伸达气门；具基侧凹。产卵器鞘长约2倍于后足胫节，向上弯曲，具亚背端凹刻。

该亚科仅含3属：*Allomacrus* Förster, 1869、*Rossemia* Humala,1997 和洼唇姬蜂属 *Cylloceria* Schiødte, 1838。在我国仅发现洼唇姬蜂属。

106. 洼唇姬蜂属 *Cylloceria* Schiødte, 1838 (江西新记录)

Cylloceria Schiødte, 1838. Revue Zoologique par la Société Cuvierienne, 1:140. Type-species: *Phytodietus caligatus* Gravenhorst. Designated by Viereck, 1914.

全世界已知27种；我国仅知4种；江西已知1种。

洼唇姬蜂属中国已知种检索表

1. 后足全部黑色……2
   后足腿节红色至红褐色……3
2. 产卵器鞘较短，长为前翅长的0.4~0.52倍；后小脉在上方1/3处曲折；腹部第2节背板端部、第3节及其后背板的一部分褐色……**乌苏里洼唇姬蜂 *C. ussuriensis* Humala**
   产卵器鞘长，长为前翅长的0.62~0.81倍；后小脉在近中部处曲折；腹部背板各端缘的狭边带红色……**隘洼唇姬蜂 *C. aino* (Uchida)**
3. 颜面刻点间的距离不大于刻点直径；颚眼距约为上颚基部宽的0.74倍；下颚须黑褐色；额具不规则的斜皱……**黑洼唇姬蜂 *C. melancholica* (Gravenborst)**
   颜面刻点间的距离约为刻点直径的2.0倍；颚眼距约为上颚基部宽的0.59倍；下颚须赤褐色；额光滑……**大蚊洼唇姬蜂 *C. tipulivora* Chao**

211. 隘洼唇姬蜂 *Cylloceria aino* (Uchida, 1928) (江西新记录) (图版XX：图148)

Lampronota melancholicus aino Uchida, 1928. Journal of the Faculty of Agriculture, Hokkaido University, 25:93.

♀ 体长9.5~11.0 mm。前翅长8.0~9.2 mm。产卵器鞘长4.5~5.0 mm。

颜面宽约为长的1.5倍；侧面光亮，具清晰且相对稀浅的刻点；中央纵向粗糙，刻点不清晰，上部隆起；亚侧部在唇基凹的上方纵凹，具短纵皱；下侧部稍微隆起。唇基沟清晰。唇基光亮；亚基部横向隆起，基部(隆起及其上方)具清晰且非常稀的刻点，端部(隆起的下方)中央凹陷，具非常稀浅且细的刻点；端缘薄，中央几乎平截。上颚相对较窄，上下缘约平行，具较粗的刻点及褐色毛；端齿斜宽，上端齿约等长于下端齿，但明显宽于下端齿。颊区在眼下沟的位置呈非常细的粒状表面；颚眼距为上颚基部宽的0.6~0.7倍。上颊均匀向后方收敛，具较均匀且非常细的毛刻点和褐色毛。头顶较光亮，具较稀且非常浅的细刻点，后部中央(后头脊上方)稍凹；单眼区稍隆起，侧单眼间距约为单复眼间距的1.3倍。额深凹，光滑光亮，侧缘的狭边具不清晰的细刻点，上部中央具少量稠密的纵皱。触角柄节圆筒状，前侧具清晰的细刻点；鞭节26~29节，各节长均明显大于自身直径，第1~第5鞭节长度之比依次约为10.0∶6.5∶5.1∶3.2∶2.2。后头脊完整，背方中央具下沉且稍内曲的角度。

前胸背板前缘具非常细弱的纵皱纹，侧凹内具弱细的短横皱，侧凹的后上方具光滑光亮区，亚上缘具粗糙的狭带，下后缘具短横皱；前沟缘脊非常弱且短。中胸盾片均匀隆起，中叶前部较隆起，前面几乎垂直；具非常细密的刻点，亚后部中央粗糙；盾纵沟深。小盾片几乎平，具较稀且非常细的刻点；侧脊约伸达小盾片中部。后小盾片光滑光亮，前部凹。中胸侧板具均匀稠密的刻点，中胸侧板凹的下方及后下角具横皱；中胸侧板凹细小，有清晰的沟缝与中胸侧缝相连；镜面区横向。后胸侧板粗糙，呈不规则且小的网状粗皱。翅暗灰褐色透明，小脉位于基脉内侧，二者之间的距离约为小脉长的 0.2 倍；无小翅室；肘间横脉位于第 2 回脉内侧，二者之间的距离为肘间横脉长的 1.3~1.9 倍；外小脉明显在中央下方曲折；后小脉在中央或中央稍上方曲折。后足强壮，跗节较粗壮，第 1~第 5 跗节长度之比依次约为 10.0∶4.5∶3∶1.5∶3.0；爪小，简单。并胸腹节粗糙，中部约呈短横皱状；中纵脊、侧纵脊、外侧脊和端横脊完整；中纵脊几乎平行(基部稍阔)，端部穿过端区直伸达并胸腹节末端；气门椭圆形。

腹部端部侧扁。第 1 节背板长为端宽的 1.7~1.8 倍，粗糙，具稠密不规则的皱；背中脊不明显，仅基部稍可见。第 2 节背板基部稍粗糙，端部及以后各节几乎光滑，无明显的刻点。下生殖板大，侧面观三角形。产卵器鞘较细。产卵器较细，背瓣亚端部具小缺刻。

黑色。下唇须及下颚须黄色；前中足腿节及胫节红褐色，跗节暗褐色；腹部端部各节后缘多多少少具暗红色狭边；翅痣及翅脉褐黑色。

♂ 与雌性几乎相同，仅前中足腿节及胫节的颜色更深。鞭节第 3 节外侧端部和第 4 节基部具光滑的深凹刻。

变异：颜面的刻点及皱不同地区的标本有差异，或大部分颜面具不规则的皱(宁夏及内蒙古的标本)，或仅中央具皱(河南的标本)。

分布：江西、河南、宁夏、内蒙古；日本，俄罗斯。

观察标本：2♀♀，江西资溪，400 m，2009-04-24~05-01，楼玫娟；1♀1♂，江西资溪，2010-05-13，楼玫娟。

十二、蚜蝇姬蜂亚科 Diplazontinae

唇基与颜面由强或弱的唇基沟分开。唇基端缘薄，中央具凹刻。上颚较宽短；上端齿特别宽，端缘稍斜截，具缺刻或稍凹，似分成 2 齿；下端齿尖，稍短于上端齿。雄性触角的鞭节常具触角瘤。小盾片无侧脊。并胸腹节较短。跗节的爪简单。腹部第 1 节背板宽短，几乎不向基部变狭，气门位于中部前方；有基侧凹。雌性下生殖板较大。产卵器鞘的长度小于腹部末端的厚度。

该亚科含 23 属；我国已知 8 属；江西已知 2 属。

蚜蝇姬蜂亚科江西已知属检索表

1. 中胸盾片具盾纵沟；雄性触角无触角瘤；腹部第 1~第 3 节背板中部后方具 1 浅横沟……………………………………………………………………………蚜蝇姬蜂属 *Diplazon* Nees

   中胸盾片无盾纵沟；雄性触角具或无触角瘤；腹部第 1~第 3 节背板中部后方无横沟……………………………………………………………………杀蚜蝇姬蜂属 *Syrphoctonus* Förster

107. 蚜蝇姬蜂属 *Diplazon* Nees, 1818

Bassus of authors, not according to the Type-species.

Diplazon Nees, 1819. Nova Acta Physico Medico Acad. Caesareae Leopoldino-Carolinae Nat. Curio, 9(1818):292. Type-species: *Ichneumon laetatorius* Fabricius. Designated by Viereck, 1914.

唇基宽为长的 1.8~2.3 倍；基缘隆起；端缘薄，具中缺刻。触角明显比前翅短；鞭节 15~21 节。颚眼距为上颚基部宽的 0.3~0.7 倍。具盾纵沟，前部深。无小翅室。小脉与基脉相对。后小脉在中部下方曲折。后足胫节基部黑色，中部白色，或端部褐色(花胫蚜蝇姬蜂)。腹部第 1 节背板方形至长方形，长为宽的 1.0~1.9 倍。气门在背板折缘上方。第 1~第 3(4)节背板中后部有横沟。雄性第 9 和第 10 背板常愈合。

该属全世界已知 58 种；我国已知 7 种；江西已知 2 种。

蚜蝇姬蜂属江西已知种检索表

1. 腹部背板黑色，第 1~第 3(4)节背板后缘具白色横带，除第 1 节外，横带中央或多或少中断；后足胫节两色：黑色和白色 ························ **东方蚜蝇姬蜂 *D. orientalis* (Cameron)**
   腹部背板第 1 节全部或仅端部、第 2~第 3(4)节背板红褐色，其余黑色，后缘无白色横带；后足胫节三色：黑色、白色、红褐色 ························ **花胫蚜蝇姬蜂 *D. laetatorius* (Fabricius)**

212. 花胫蚜蝇姬蜂 *Diplazon laetatorius* (Fabricius, 1781) (图版 XXI：图 149)

Ichneumon laetatorius Fabricius, 1781. Species insectorum, 1:424.

♀ 体长 5.5~6.8 mm。前翅长 4.5~5.5 mm。

颜面中央圆形隆起，具清晰的细刻点；侧面的刻点非常弱而不清晰。唇基沟弧形，非常清晰，致使颜面与唇基分界明显。唇基光滑，仅亚基部稍隆起，端部稍凹；端缘中央具浅凹刻。颚非常宽短；上端齿清晰地分为 2 尖齿。颚眼距约为上颚基部宽的 1.5 倍。上颊均匀地弧形向后收敛，具较稀且细的刻点。头顶具细刻点，在单眼区后面(与后头脊之间)较密。单眼区中央纵凹，侧单眼间距约为单复眼间距的 1.5 倍。额光亮，具非常清晰的刻点。触角相对较粗壮，端部不变细；鞭节 16 节；端节较长，稍长于倒数第 2、第 3 节长度之和。后头脊完整，下端在上颚基部上方与口后脊相遇。

胸部较短。中胸盾片和中胸侧板具清晰的刻点。盾纵沟存在，前部较清晰。具较大的镜面区。胸腹侧脊几乎伸达翅基下脊。具腹板侧沟。翅暗灰色透明；无小翅室；小脉约对叉于基脉；外小脉约在下部 1/3 处曲折；后小脉在中央稍下方曲折。爪小，较瘦长。并胸腹节非常短，具稠密且较粗的刻点，端区具稠密的斜纵皱；气门圆形。

腹部扁，末端稍侧扁。第 1 节背板亚基侧部肩状外凸，背中脊几乎抵达端缘，背侧脊完整；具强壮的皱及不清晰的刻点；亚端缘具整齐排列的短纵皱；自亚基侧部的肩角处至后缘具 2 条纵脊，纵脊间形成纵沟，沟内具短纵脊；气门约位于基部 0.2 处。第 2~第 3 节背板近中部具细横沟，沟的前面与后面的刻点差别非常明显：沟的前部具较密的粗刻点，沟的后部刻点非常稀；第 2 节背板基部具稠密的短纵皱。后部的背板几乎光滑。产卵器鞘短，不露出腹部末端。

体黑色。唇基，上颚(端齿除外)，内眼眶，前胸背板后上角，中胸盾片前侧角，翅基片，翅基下脊，中胸侧缝上部，小盾片，后小盾片黄色；触角鞭节黄褐至黑褐色；前足基节端部及转节浅褐色至黄色；前中足，后足基节及腿节，腹部第 1 节背板端缘及第 2~第 3 节背板红褐色；后足胫节亚基部具一段浅黄色(几乎白色)，端部稍带暗红褐色；翅痣及翅脉褐至暗褐色，翅痣基部浅黄色。

寄主：多种食蚜蝇。

分布：全国很多省区都有分布记录；世界广布种。

观察标本：1♂，江西全南，2008-04-26，集虫网；2♀♀，江西全南背夫坪，340 m，2009-04-22~05-27，集虫网；1♀，江西武夷山，1170 m，2009-07-02，钟志宇；2♀♀，江西安福，130~180 m，2011-04-05~11-04，集虫网；4♀♀，河南白云山，1400~1500 m，1999-05-20~21，盛茂领。

213. 东方蚜蝇姬蜂 *Diplazon orientalis* (Cameron, 1905) (图版 XXI：图 150) (江西新记录)

Bassus orientalis Cameron, 1905. Spolia Zeylanica, 3:131.

♀ 体长 4.0~5.0 mm。前翅长 3.0~4.0 mm。触角长 3.0~4.0 mm。

颜面宽为长的 1.8~1.9 倍，具清晰的细刻点；中央稍隆起，刻点稍稀疏；亚中央浅纵凹。唇基沟中段平直，非常清晰，致使颜面与唇基分界明显。唇基光滑，中央稍横凹；端缘中央具浅凹刻。颚非常宽短，基部具稀弱的细刻点；上端齿清晰地分为 2 小齿。颊具细革质粒状表面，颚眼距为上颚基部宽的 0.6~0.7 倍。上颊均匀地弧形向后收敛，光滑光亮，具较稀且细的刻点。头顶具细刻点，单眼区后部(与后头脊之间)的刻点较密。单眼区中央具浅中纵沟，侧单眼间距为单复眼间距的 1.9~2.0 倍。额下部深凹，具弱皱；上部具非常清晰的细刻点，具浅且光亮的中纵沟。触角相对较粗壮，端部不变细；鞭节 17 节；端节较长，稍短于倒数第 2、第 3 节长度之和。后头脊完整。

胸部较短。前胸背板前部具弱细的刻点，侧凹相对光滑，后上部具稠密的细刻点。中胸盾片和中后胸侧板具清晰的细刻点；盾纵沟存在，前部较清晰；具较大的镜面区；胸腹侧脊细弱，几乎伸达翅基下脊；腹板侧沟前部明显。小盾片稍隆起，刻点稍稀且粗。后小盾片稍隆起，横形，具细刻点。翅灰褐色，透明；无小翅室；小脉位于基脉稍外侧；外小脉约在中央处曲折；后小脉约在下方 1/3 处曲折。足正常，爪小，较瘦长。并胸腹节非常短，第 1 侧区具较清晰的细刻点，其余呈稠密的皱状；中纵脊基部近平行，向端部“八”字形外斜；侧纵脊和外侧脊可见；气门圆形，靠近侧纵脊。

腹部扁而短。各背板具非常稠密的粗皱，端部较光滑、具清晰的刻点。第 1 节背板亚基侧部肩状外凸，背中脊几乎抵达端缘，背侧脊完整；亚端缘具整齐均匀的短纵皱；自亚基侧部的肩角处至后缘具 2 条纵脊(端部近平行)，纵脊间形成纵沟，沟内具模糊的皱；气门约位于基部 0.2 处。第 2~第 5 节背板基部及中部稍后处具细横沟，中横沟的前面与后面的刻点差别非常明显：沟的前部具较密的粗皱刻点，沟的后部光滑、刻点稀而清晰；第 2 节背板基部两侧具横窗疤。后部的背板几乎光滑。产卵器鞘短，不露出腹部末端。产卵器尖细。

体黑色。颜面，唇基，上颚(端齿除外)，额眼眶，颊前部，下颚须，下唇须，前胸背板前下角和后上角，中胸盾片前侧角、中部 2 纵斑，翅基片，翅基下脊，中胸侧缝上部，后翅下方的小斑，小盾片，后小盾片黄色。触角鞭节背侧褐黑色，腹侧黄褐色。前中足黄色，腿节和胫节外侧及跗节红褐色；后足基节、转节、胫节中段黄色，腿节红褐色，胫节基缘及端部、跗节黑色。腹部第1~第3节背板端部、第4节背板端部两侧黄色。翅痣及翅脉褐黑色，翅痣基部浅色。

♂ 体长4.5~5.0 mm。前翅长3.5~4.0 mm。触角长3.5~4.0 mm。触角鞭节16或17节，端部较细。

分布：江西、台湾；日本，印度，伊朗，斯里兰卡，巴基斯坦。

观察标本：23♀♀2♂♂，江西全南，520~740 m，2008-04-26~07-09，集虫网；2♀♀1♂，江西全南，2010-05-26~12-02，集虫网；1♂，江西安福，140~160 m，2010-11-10，集虫网。

108. 杀蚜蝇姬蜂属 *Syrphoctonus* Förster, 1869 （江西新记录）

Syrphoctonus Förster, 1869. Verhandlungen des Naturhistorischen Vereins der Preussischen Rheinlande und Westfalens, 25(1868):162. Type-species: *Bassus exsultans* Gravenhorst; included by woldstedt, 1877.

主要鉴别特征：唇基端缘具中缺刻(凹)；中胸盾片无盾纵沟；并胸腹节无脊；无小翅室；小脉位于基脉外侧；后小脉在中央下方曲折；腹部第1节背板无背中脊；第2节和第3节基半部具褶缝；气门在褶缝上方。

全世界已知101种；我国已知4种；江西已知1种。

214. 索氏杀蚜蝇姬蜂 *Syrphoctonus sauteri* Uchida, 1957 （图版XXI：图151） （江西新记录）

Syrphoctonus sauteri Uchida, 1957. Journal of the Faculty of Agriculture, Hokkaido University, 50:258.

♀ 体长4.5~8.0 mm。前翅长4.0~7.0 mm。触角长4.0~6.5 mm。

颜面宽为长的2.1~2.2倍，具细革质粒状表面和不明显的浅细刻点；中央稍纵隆起，两侧浅纵凹。唇基沟中段平直，非常清晰，致使颜面与唇基分界明显。唇基光滑，亚基部稍隆起；端缘中央具明显凹刻。颚非常宽短，基部具不明显的细刻点；上端齿明显分为2小齿。颊具细革质粒状表面，颚眼距为上颚基部宽的0.5~0.6倍。上颊均匀地弧形向后收敛，具细革质粒状表面和不明显的浅细刻点。头顶质地与上颊近似，刻点相对稠密，后部中央浅纵凹；单眼区中央具中纵沟，侧单眼外侧具短纵沟(上端前斜，折向复眼)；侧单眼间距为单复眼间距的1.5~1.6倍。额具稠密模糊的细粒状表面，具清晰的中纵沟。触角相对较粗短，端部稍变细；鞭节20~22节；末节较长，约等于倒数第2、第3节长度之和。后头脊完整。

胸部较短。前胸背板前部相对光滑，具弱细的粒点；侧凹上部光滑，下部具弱的细皱；后上部具细革质状表面和不明显的浅细刻点。中胸盾片均匀隆起，具非常稠密的细刻点，无盾纵沟。盾前沟具短纵皱。小盾片明显隆起，具稠密但较中胸盾片稍细的刻点。后小盾片稍隆起，矩形，具细刻点。中胸侧板具细革质状表面和清晰的细刻点，下部具细弱皱；具较大的镜面区；胸腹侧脊几乎伸达翅基下脊。后胸侧板具稠密的斜细纵皱。翅稍带黄褐色，透明；无小翅室；小脉位于基脉稍外侧；外小脉约在下方0.4处曲折；

后小脉约在下方 1/3 处曲折。足正常，后足较长；爪小，瘦长。并胸腹节非常短，具稠密模糊的粗皱表面；后部中央呈短的纵脊状，两侧稍凹；侧纵脊和外侧脊弱地存在；气门圆形，距外侧脊较近。

腹部第 1、第 2 节背板具非常稠密的纵网皱，最宽处位于第 2 节背板端部，第 3 节及以后背板具细革质状表面。第 1 节背板长为端宽的 1.1~1.2 倍；背中脊几乎抵达端缘，背侧脊完整；气门约位于基部 0.35 处。第 2 节背板长约为端宽的 0.7 倍，亚基部两侧具窗疤(新月形)；第 3 节背板长约为基部宽的 0.6 倍，基部具细皱粒和稀刻点；后部的背板相对光滑。产卵器鞘短，不露出腹部末端。产卵器尖细。

体黑色。颜面中央隆起处及基部两侧的斑，唇基，上颚(端齿除外)，下颚须，下唇须，前胸背板前下角、后缘和后上角，中胸盾片前侧角，翅基片，翅基下脊，中胸侧板前部的小斑和后下部的大斑、后缘的纵条，小盾片，后盾片，前中足基节、转节，腹部各节背板的端部(有的背板基缘)黄色。足红褐色，前中足色较浅，后足胫节端部及跗节黑色。翅痣及翅脉褐黑色，翅痣基部浅色。

♂ 体长 7.0~8.0 mm。前翅长 5.5~6.5 mm。触角长 5.0~6.0 mm。触角鞭节 21 节，背侧黑褐色，腹侧或红褐色。整个颜面，额眼眶，颊，上颊前部，前胸背板后部，中胸侧板前部及下部的一大斑黄色。

分布：江西、浙江、广西、贵州、台湾。

观察标本：7♀♀3♂♂，江西全南，650~700 m，2008-06-16~09-20，集虫网；1♀，江西安福，210 m，2010-04-26，盛茂领。

十三、优姬蜂亚科 Eucerotinae

唇基与颜面分界不明显。后头脊完整，下端抵达上颚基部。触角鞭节近中部通常扁阔至甚阔。无小翅室；小脉位于基脉外侧；后小脉在中央下方曲折。爪具栉齿。腹部第 1 节背板较阔，基侧凹较小。产卵器鞘非常短而不明显。

该亚科仅含 2 属；我国知 1 属，江西有分布。

109. 优姬蜂属 *Euceros* Gravenhorst, 1829 (江西新记录)

Euceros Gravenhorst, 1829. Ichneumonologia Europaea, 3:368. Type-species: *Euceros crassicornis* Gravenhorst; monobasic.

全世界已知 49 种；中国已知 6 种；江西已知 1 种。

215. 九州优姬蜂 *Euceros kiushuensis* Uchida, 1958 (图版 XXI：图 152) (江西新记录)

Euceros (*Euceros*) *sapporensis kiushuensis* Uchida, 1958. Mushi, 32:132.

♀ 体长约 9.5 mm；前翅长约 9.5 mm。

颜面光滑，具较均匀稠密的细刻点，中央上方稍隆起，与唇基无明显的沟，二者形成一个相对平整的面；颜面宽约为颜面与唇基之和长的 1.23 倍。唇基光滑，中央稍隆起，端缘中央弧形前突，具稠密的细刻点。上颚宽，基部具稠密的细刻点和相对长的细毛；

上端齿长于下端齿。颊区光滑，具稠密的细刻点。颚眼距约为上颚基部宽的 0.7 倍。上颊及头顶光亮，具稠密的细刻点；头顶在侧单眼外侧稍横凹。侧单眼间距约为单复眼间距的 1.1 倍。额具细刻点，触角窝后侧深凹。触角丝状；鞭节 39 节，中段稍粗。后头脊完整。

前胸背板前缘及侧凹内光滑光亮，侧凹后上方具稠密的细横皱，后上部具细刻点。中胸盾片均匀隆起，具稠密较均匀的细刻点；盾纵沟前部明显；中胸盾片中叶前部较陡(约 75°角)。盾前沟较光滑。小盾片隆起，具与中胸盾片相似的表面，侧脊约在基部 0.4 存在。后小盾片光滑光亮无刻点，近梯形。中胸侧板光滑光亮(中下部隐含刻点状暗斑)，前上角和下部具少数非常稀细的浅刻点；胸腹侧脊端部远离中胸侧板前缘，其高约达中胸侧板高的 2/3 处。后胸侧板几乎光亮，具非常不清晰且稀的细刻点。翅带黄褐色，透明；小脉明显位于基脉外侧，二者之间的距离约为小脉长的 0.4 倍；无小翅室，第 2 回脉位于肘间横脉外侧，二者之间的距离约为肘间横脉长的 0.6 倍；外小脉在中央稍下方曲折；后小脉约在下方 1/6 处曲折。足较粗壮，后足的爪具栉齿。并胸腹节光滑，具非常不清晰的稀细刻点，基横脊和端横脊较强，纵脊不明显。并胸腹节气门小，圆形。

腹部背板具非常清晰且稠密的刻点。第 1 节背板长约为端宽的 0.9 倍，向基部逐渐收敛；基部中央凹、光滑无刻点；背中脊和背侧脊仅基部存在；第 1 节背板的气门位于中部稍前侧；背板中部具并列的 3 个弱隆起，中央的稍大。其他背板横形。第 2~第 6 节背板基部两侧及中央各具浅“U”形凹，中央的凹大，使 2~6 节背板基部呈三叶花瓣状隆起。下生殖板侧面观呈三角形。产卵器鞘光滑，端部具稀疏的毛，长约为腹部端部厚的 0.25 倍。

体黄色，下列部分除外：触角柄节、梗节及鞭节基半部红褐色，鞭节端半部黑褐色；颜面上部中央的纵斑，触角窝中央及后延的斑，头顶单眼区、头顶后部中央两侧的斑，上颚端齿，前胸背板中部的纵斑，中胸盾片中叶前部和后部的斑、侧叶中央的大纵斑及中胸盾片后部中央的小纵斑，小盾片中央的纵斑，中后胸侧板前缘，中胸腹板前缘和后缘，并胸腹节基部中央、前部和后部中央的斑，后足基节背侧中央的纵斑及端部、腿节背侧中央的纵斑，第 1 节背板中部 3 个并列的弱隆起处、第 2~第 6 节背板基部的三叶花瓣状隆起的后缘(稍宽于基部的黄色部分)均为黑色；足红褐色(前中足基节、转节除外，后足基节除外)；头顶后部，中胸盾片及小盾片的背侧，腹部各背板隆起部的后缘多多少少带红褐色；翅痣黄褐至红褐色，翅脉黑褐色。

分布：江西、浙江、福建、湖南、台湾；朝鲜，日本，俄罗斯，乌克兰，匈牙利，德国，意大利，罗马尼亚，波兰，瑞士。

观察标本：1♀，江西铅山武夷山，1170 m，2009-07-30，集虫网。

十四、姬蜂亚科 Ichneumoninae

唇基通常较平坦，端缘平截，或稍呈微弧形。上颚上端齿通常长于下端齿。通常无或仅具短且弱的盾纵沟和腹板侧沟。并胸腹节具纵脊和中区。后中脉直；后小脉大多在下方至甚下方曲折。腹部第 1 背板气门位于中部之后。第 2 节背板通常具较宽而深的腹陷。产卵器一般都很短，若较长，则产卵器鞘非常硬且光滑。

该亚科是姬蜂科中较大的亚科之一，含 15 族 424 属(不含化石属)4300 种；我国已知 11 族 98 属 251 种；江西已知 8 族 23 属 39 种。

姬蜂亚科族检索表*

1. 并胸腹节气门小且圆形(小至非常小的种) ······ 2
   并胸腹节气门近圆形、长形或裂缝状(通常体形较大)······ 3
2. 小盾片平，无侧脊或脊不完整；腹部第 1 节柄部几乎均为高大于宽；后小脉上段内斜，不弯曲，或下段稍长；腹部通常呈锥腹型，几乎非阔腹型；雌性触角鞭节短于前翅；腹部背板黑色或红色，端部无白斑，至多沿后缘非常狭的白色 ······ **厚唇姬蜂族 Phaeogenini**
   小盾片隆起，在后小盾片前抬高，具完整的侧脊；腹部第 1 节柄部基部多数都平；腹部总是呈阔腹型；雌性触角鞭节长，鬃状或几乎鬃状，通常与前翅等长或稍短于前翅 ······ **平姬蜂族 Platylabini**
3. 腹部第 1 节柄部扁平，基部明显宽大于高，如果不平(*Hypomecus*)，则小盾片在后小盾片前强烈抬高，顶部具粗糙的表面，且上颚细，向端部变狭；雌性腹部呈阔腹型······ 4
   腹部第 1 节柄部不扁平，基部(截面)宽与高约相等；雌性腹部呈阔腹型或呈锥腹型 ······ 6
4. 唇基强烈隆起；小盾片在后小盾片前强烈抬高，通常具侧脊；上颚细，除基部外常较狭窄，齿小；触角鞭节长，鬃状，通常约与前翅等长或稍短；通常为小型种······ **平姬蜂族 Platylabini**
   唇基非强烈隆起；上颚强壮，具 1 或 2 个同平面的齿；大型及中等大小的种 ······ 5
5. 唇基稍隆起，强烈向前下斜，小，宽仅稍大于长，端缘锐利；上颚强壮，具 1 齿，由基部向端部均匀且强烈变狭，自上部均匀弯曲；头顶在侧单眼与复眼之间强烈凹陷；小盾片具侧脊；具腹陷和窗疤 ······ **兹姬蜂族 Zimmeriini**
   唇基不向前下斜，端缘直且锐利；上颚正常，非常强壮，具 2 齿；头顶在侧单眼与复眼之间无凹陷；小盾片无侧脊；腹陷小但非常明显，窗疤萎缩；产卵器特别细，通常向下弯曲 ······ **宽柄姬蜂族 Eurylabini**
6. 唇基隆起，横向片状阔宽，在颊区侧缘上方抬高；上颚由基部向端部几乎不变狭(平行)，具同态的 2 端齿；小盾片圆形隆起，无侧脊；后小脉不曲折；雌性跗节的爪具栉齿(小型种) ······ **阔片姬蜂族 Clypeodromini**
   唇基形状不同，平坦，或雌性跗节的爪无栉齿，或上颚其他形状，或后小脉曲折 ······ 7
7. 颜面和唇基稍有区别，或形成 1 个稍隆起的面 ······ 8
   颜面和唇基明显不同，唇基和颜面由沟或压痕分开；颜面侧区与中区分开 ······ 12
8. 唇基与颜面稍微分开但明显有区别 ······ 9
   颜面，唇基与颊面形成一个稍隆起的表面，无沟、无隆起或凹；上颚短阔，2 端齿几乎相等，分裂较深且宽 ······ 10
9. 额具 2 或 4 条纵脊；中胸盾片侧叶强烈下降(压陷)，全长由盾纵沟与中叶分开，盾纵沟具不规则且粗糙的横皱；上颚短阔，2 端齿深且宽地分裂(埃塞俄比亚)······ **对脊姬蜂族 Ceratojoppini**
   额无纵脊；中胸盾片侧叶不下降，盾纵沟几乎无特殊构造，短且不特别明显；上颚端部弯曲，因此有时下端齿向内弯曲呈镰刀状 ······ **克特姬蜂族 Ctenocalini**
10. 小翅室规则的五角形，前侧宽；并胸腹节具 2 个面：背平面和后斜面，背平面常常相当短，短于端区中长；雌性触角鞭节相当短，中部之后绝不加宽，且向端部稍微至适当变尖；前中足或全部爪常具栉齿(非常小型的类群，通常具较多白斑)······ **灰蝶姬蜂族 Listrodromini**
    小翅室方形，或至少强烈向前方收敛；并胸腹节(侧观)具 1 个均匀下斜的面，若具 2 个面，则端区中长短于背平面长；雌性触角鞭节相当长且细，鬃状且中部之后不变宽，若短，呈矛尖形，则中

* 参照 Tereshkin (2009)的检索表编制。

部之后强烈变宽；爪通常无栉齿 ············ 11

11. 腹部呈规则的圆柱且拉长，第2、第3节背板明显长大于宽；并胸腹节呈2个面：背平面和后斜面；中胸盾片无特殊的粗皱；雌性触角鞭节短，矛尖形；小翅室通常五边形，强烈向前方收敛(所有已知种浅黄色或锈黄色，常具白色端斑) ············ **瘦杂姬蜂族 Ischnojoppini**

大部分种类的腹部阔卵圆形，非明显拉长，第2节背板长不大于或稍大于端宽；并胸腹节侧面观，自基部至端部逐渐弯曲；中胸盾片呈不同形状的粗皱面；雌性触角鞭节鬃状，长且细，中部之后不变宽，向端部强烈变尖；小翅室通常四边形(小至大型种类，一些具锈褐色，大部分底色为金属蓝色或金属绿色，腹部端部常具白色斑) ············ **宇姬蜂族 Compsophorini**

12. 头非常大，几乎呈立方体，在侧单眼和后头脊之间呈隆起状(向后不明显倾斜)，侧面观，上颊较宽[上颚强壮，2端齿几乎相同，两者分开较宽，处于同一平面；唇基几乎平，稍与颜面分开，向前弓曲；中胸盾片前部或陡峭地向前倾斜；小盾片弱至强烈隆起，具棘状凸起，常具非常隆起且伸达端缘(完整)的脊；并胸腹节短，侧面观，圆形倾斜，具弱至强的脊，气门形状具不同程度的变化；腹部形状不一，多较平，雌性呈锥腹型，产卵器明显伸出腹部末端；腹陷大，深或浅，横向，间隔较小] ············ **肿头姬蜂族 Oedicephalini**

头非明显厚，突出非立方体，头顶通常突然或在靠近侧单眼直接斜向或突然靠近后头脊 ············ 13

13. 并胸腹节明显呈2个面：背平面和后斜面(背平面后缘突然下斜)，常具侧齿或侧突 ············ 14

并胸腹节呈均匀或几乎均匀的斜面(不分为2个明显的面)，常无侧齿或侧突起 ············ **斜疤姬蜂族 Heresiarchini**

14. 小盾片上具丘状隆起(触角鞭节长，鬃状；颜面分区非常明显且清晰；唇基阔且平；上颚宽大，2端齿几乎相等；上颊宽且隆起；并胸腹节侧观呈棱角状，具不清晰的区和粗糙的皱，基部由深沟与后小盾片分隔，具大且呈裂缝状的气门；腹部长，侧缘平行，雌性呈阔腹型，具长且狭窄的腹柄) ············ **长孔姬蜂族 Goedartiini**

小盾片上无丘状隆起 ············ 15

15. 上颚镰刀状；唇基几乎都具薄的、叶片状端缘，或具阔的弯曲，或中央突起(很少有几乎直者)的端缘，通常基部稍隆起且端部或多或少凹；雌性腹部呈锥腹型，产卵器鞘突出，具稍长的腹陷，具清晰的窗疤 ············ **杂沟姬蜂族 Joppocryptini**

上颚正常，若镰刀状(*Rhadinodonta* Szepligeti, *Plagiotrypes* Ashmead)，那么腹部呈阔腹型，或半阔腹型，而且若唇基平且具隆起的端缘，则并胸腹节无侧齿(*Rhadinodonta*) (腹陷非常深具明显的窗疤至仅具痕迹；后柄部具皱纹或刻点、不规则的皱，或光滑)；通常中等大小，常为小型种 ············ **姬蜂族 Ichneumonini**

十八) 长孔姬蜂族 Goedartiini

该族含3属；我国均有分布；江西已知1属。

110. 长孔姬蜂属 *Goedartia* Boie, 1841

Goedartia Boie, 1841. Naturhistorisk Tidskrift, 3:318. Type-species: *Trogus alboguttatus* Gravenhorst; designated by Viereck, 1914.

上颚2端齿长而尖。小翅室上方尖；小脉位于基脉外侧。前足胫节末端外侧有一齿状突。并胸腹节气门长形，中区基缘与并胸腹节基部吻合，第2侧区短，侧方封闭，它的末端与分脊之间的距离小于与后足之间的距离。腹部第1节基半部宽度小于厚度，背方常有隆脊，气门长度约为宽度的3倍；第2节背板窗疤甚大，两个窗疤之间的距离约为窗疤宽度的0.5倍。

该属已知 5 种；中国已知 3 种；江西已知 1 种。

216. 青长孔姬蜂 *Goedartia cyanea* Heinrich, 1931

Goedartia cyanea Heinrich, 1931. Zeitschrift für Angewandte Entomologie, 18:401.
Goedartia cyanea Heinrich, 1931. Yang, Wu. 1981: A check list of the forest insects of China, p.992.

寄主：松毒蛾 *Dasychira axutha* Collenette。
分布：江西、贵州、广东；印度，缅甸。

十九）斜疤姬蜂族 Heresiarchini

该族含 88 属；我国已知 26 属；江西已知 8 属。

111. 钝杂姬蜂属 *Amblyjoppa* Cameron, 1902

Amblyjoppa Cameron, 1902. Entomologist, 35:108. Type-species: *Amblyjoppa rufobalteata* Cameron; designated by Viereck, 1914.

主要鉴别特征：唇基几乎平坦，端缘非常宽地平截；上颊较宽，较直地向后收敛；触角长，向端部变尖，雄性在近中部至亚端部各节内侧中部稍呈棱状隆起；小盾片较隆起；并胸腹节中区平，明显抬高(高于周围各区)；小脉后叉；腹陷大且深。

全世界已知 20 种；我国已知 9 种；江西已知 2 种。

217. 环跗钝杂姬蜂台湾亚种 *Amblyjoppa annulitarsis horishana* (Matsumura, 1912)

Ichneumon (*Hoplismenus*) *horishanus* Matsumura, 1912. Thousand insects of Japan, Supplement 4, p.87.

♂ 体长约 23.5 mm。前翅长约 17.0 mm。

颜面宽约为长的 1.6 倍，向下稍加宽；中央和亚侧面纵隆起，亚中部(触角窝下方)稍纵凹；上缘中央具 1 小瘤突。颜面与唇基之间由浅横凹分开。唇基基部稍隆起，具清晰的刻点(比颜面的刻点稍稀)；端部中央稍凹；端缘宽阔，平截。上唇半月形外露，端缘具 1 排长毛。上颚狭长，基部具细刻点；上端齿粗壮，下端齿尖细，上端齿远长于下端齿。颊具细革质粒状表面；颚眼距约为上颚基部宽的 0.6 倍。上颊均匀向后收敛，具较细的刻点；侧面观，约为复眼横径的 0.9 倍。头顶在侧单眼与复眼之间呈细革质状表面，具少量刻点，侧单眼外侧具弧形凹；后部中央(在后头脊上方)具明显的侧浅凹，使中央呈小三角形隆起状；单眼区具稠密的细纵皱；侧单眼间距约等于单复眼间距。额的下半部中央窝状深凹，凹内光滑光亮；侧面具稀疏的粗刻点；上半部具稠密的粗刻点，中央具浅的中纵沟。触角粗壮，明显短于体长，端部显著变细；鞭节 45 节，第 1~第 5 鞭节长度之比依次约为 4.0∶2.8∶2.6∶2.5∶2.3；第 8~第 21 节具粗线状触角瘤。后头脊完整且强壮。

前胸背板前缘上部具细刻点；侧凹内在前沟缘脊下方具稠密的纵皱；后上部具稠密的刻点；前沟缘脊强壮。中胸盾片均匀隆起，具稠密不均匀的粗皱点(中部更加粗糙)；盾纵沟不明显。盾前沟呈稍宽的深弧形凹。小盾片较隆起，具稠密均匀的刻点。后小盾片平坦，几乎呈横长方形稍隆起，具细刻点，中央稍前凸。中胸侧板具稠密的粗刻点；后中部(中胸侧板凹处，自翅基下脊下方至中胸侧板后下角的上方)斜纵凹，凹内刻点较稀；翅基下脊发达；镜面区非常小；中胸侧板凹坑状；中胸侧板下后角处呈角突状。中胸腹板后部稍凹，后缘不均匀。后胸侧板具稠密的刻点；基间脊完整强壮；后胸侧板下缘脊完整，前端隆起。翅茶褐色半透明；小脉位于基脉的外侧；小翅室五边形，2 肘间横脉约等长，强烈向上方收敛；第 2 回脉约在它的下方中央与之相接；外小脉约在下方 1/3 处曲折；后小脉约在下方 1/4 处曲折。足细长；后足基节锥形显著膨大，第 1~第 5 跗节长度之比依次约为 8.1∶4.0∶2.7∶1.5∶2.5。爪简单。并胸腹节基区非常小；中区光滑光亮，明显高于其他区；端区具稠密的横皱；第 1 侧区具中等大小的刻点；外侧区具稠密的细皱；其余侧区具稠密的粗网皱；气门斜长形，长径约为短径的 3.5 倍。

腹部第 1 节背板长约为端宽的 2.0 倍，柄部细长；基半部中央具非常稀弱的刻点，两侧具横皱；后部具相对较粗的刻点；背中脊强壮，约伸达后柄部中部；背侧脊仅基部存在；气门肾形，约位于端部 1/4 处。第 2 节背板具稠密的刻点，基部中央具稠密的短纵皱；腹陷宽大，其宽大于二者之间的距离，腹陷内具清晰的纵皱。第 3 节及以后背板具稠密的刻点，但向后逐渐变弱。

体黑色。触角鞭节背侧中段 8~14 节黄色；触角柄节腹侧，颜面，唇基，上颚中央(端齿基部红褐色)，下颚须，下唇须，上颊前部(除端缘)，上颊眼眶前段，额眼眶及额两侧，前胸背板前下角的小斑、上缘、颈部中央，中胸盾片后部中央的梭形斑，小盾片，后小盾片，中胸侧板中部的大斑、翅基下脊，后胸侧板后部的三角斑，并胸腹节中部两侧的三角斑，前中足基节端部、转节、腿节前侧、胫节(端部带黑色)和跗节(第 4 跗节基部及末跗节带黑色)，后足腿节背侧的斑、第 1 转节、腿节基半段(除基部)、胫节(端部黑色)、跗节(末跗节带黑色)，腹部第 1 节背板端部、第 2 节背板端部两侧的斑均为黄色；翅基片及前翅翅基外侧黄色，翅痣褐色，翅脉褐黑色。

分布：江西、河南、浙江、福建、广西、贵州、云南、台湾。

观察标本：1♀，江西全南，740 m，2008-07-02，集虫网；1♀，江西吉安双江林场，174 m，2009-05-10，集虫网；1♂，河南嵩县白云山，2008-08-17，李涛。

218. 天蛾钝杂姬蜂 *Amblyjoppa cognatoria* (Smith, 1874)

Ichneumon cognatorius Smith, 1874. Transactions of the Entomological Society of London, 1874:287.

Amblyjoppa cognatoria (Smith, 1874). Chao. 1976: An outline of the classification of the Ichneumon-flies of China (Hymenoptera: Ichneumonidae), p.353.

分布：江西、辽宁；朝鲜，日本，俄罗斯。

219. 褐钝杂姬蜂 *Amblyjoppa rufobalteata* Cameron, 1902

Amblyjoppa rufobalteata Cameron, 1902. Entomologist, 35:108. Type-species: *Amblyjoppa rufo-balteata* Cameron.

Amblyjoppa rufobalteata Cameron, 1902. Chao. 1976: An outline of the classification of the Ichneumon-flies of China (Hymenoptera: Ichneumonidae), p.355.

分布：江西；印度，缅甸。

112. 长腹姬蜂属 *Atanyjoppa* Cameron, 1901

Atanyjoppa Cameron, 1901. Proceedings of the Zoological Society of London, 1901(2):37. Type-species: (*Atanyjoppa flavomaculata* Cameron) = *comissator* Smith; designated by Viereck, 1914.

全世界已知 9 种；我国已知 2 种；江西已知 1 种。

220. 好长腹姬蜂 *Atanyjoppa comissator* (Smith, 1858)

Ichneumon comissator Smith, 1858. Journal and Proceedings of the Linnean Society of London (Zoology), 2:118.

♂ 体长 14.0~18.0 mm。前翅长 10.5~12.0 mm。触角长 8.5~11.0 mm。

颜面具刻点和稀疏的短毛，宽约为长的 1.55 倍(下方稍宽)，亚中部具浅纵沟。唇基沟较弱。唇基较平，具弱或不明显的细刻点；端缘中央弧形稍凹，两侧弧形前突。上颚上端齿长于下端齿。颚眼距约为上颚基部宽的 0.64 倍。上颊稍隆起，光滑光亮，具稀疏的短毛，前部具明显的刻点。头顶和额光滑光亮，头顶后部具稀疏的刻点；额下部凹。侧单眼间距约为单复眼间距的 0.8 倍。触角鞭节 36~39 节，向端部渐细。后头脊完整。

前胸背板具稀疏的浅细刻点和稍长的毛；前沟缘脊短而明显。中胸盾片均匀隆起，具弱皱表面和稀浅的细刻点，后部中央具少数强而明显的粗刻点；盾纵沟不明显。小盾片稍隆起，具稀疏的粗刻点；侧脊超过中部，基部高且强壮。后小盾片横形，光滑光亮。中胸侧板在中下部具稠密的粗刻点；胸腹侧脊约伸达中胸侧板高的 0.8 处，端部向前弯但未达中胸侧板前缘；镜面区大而光亮。后胸侧板具稠密的粗刻点；后胸侧板下缘脊完整。前翅小脉位于基脉的外侧；小翅室五边形，向上方明显收敛；第 2 回脉在它的下方中央稍外侧与之相接；外小脉约在下方 0.3 处曲折；后小脉约在下方 0.2 处曲折。并胸腹节大部分具稠密的皱状粗刻点；基区光滑平坦，与中区无脊分隔；中区长六边形，光滑；端区具弱横皱，中央稍纵凹；气门狭缝状。

腹部长为头胸部长之和的 1.8~2.0 倍。第 1 节背板长约为端宽的 1.8 倍，相对光滑；柄部细长，背表面具细刻点；后柄部显著宽，宽约为长的 1.9 倍，具不均匀的细刻点；气门椭圆形，约位于端部 1/4 处。第 2、第 3 节背板具稠密的纵向长刻点；以后的背板具稠密的细刻点，向后渐弱；第 2、第 3、第 4 节背板长分别约为端宽的 1.19 倍、1.0 倍和 0.96 倍；各节背板中央具细纵皱。

体黑色。颜面，唇基，上唇，上颚端部(除端齿)，颊(或中央具黑斑)，上颊前部，额眼眶，头顶眼眶(与上颊不相连)，下颚须，下唇须，前胸背板前缘(包括颈前缘)、背缘，中胸盾片两纵条斑，小盾片的“U”形斑，后小盾片，翅基片前部，翅基下脊，中胸侧板下方的大斑、后侧片上端的小斑，后胸侧板上方部分和后下角的小斑，并胸腹节气门上方的小斑和后部的大斑(上缘沿脊散射；中央黑色除外)，腹部第 1~第 4 节背板前方(侧缘后延，有时第 4 节背板中央间断)、第 1~第 3 节背板后缘的狭边均为黄色。前中足黄色，腿节、胫节和跗节背侧具黑褐色纵条；后足黑色，基节背侧端部的斑、转节相接处、胫节基半部(除基缘)黄色。翅痣黄褐色；翅脉黑褐色。

分布：江西、浙江、湖南、广东、台湾；印度，缅甸，印度尼西亚，马来西亚。

观察标本：3♂♂，江西资溪马头山林场，400 m，2009-04-17~24，集虫网；5♂♂，江西官山，430 m，2009-04-20~05-14，集虫网。

113. 圆丘姬蜂属 *Cobunus* Uchida, 1926

Cobunus Uchida, 1926. Journal of the Faculty of Agriculture, Hokkaido Imperial University, 18:65. Type-species: *Ichneumon pallidiolus* Matsumura; original designation.

全世界已知 5 种；我国已知 1 种，江西有分布。

221. 线角圆丘姬蜂 *Cobunus filicornis* Uchida, 1932

Cobunus filicornis Uchida, 1932. Journal of the Faculty of Agriculture, Hokkaido University, 33:217.

Cobunus filicornis Uchida, 1932. Chao. 1976: An outline of the classification of the Ichneumon-flies of China (Hymenoptera: Ichneumonidae), p.326.

分布：江西、浙江、台湾；缅甸。

114. 介姬蜂属 *Coelichneumon* Thomson, 1893

Coelichneumon Thomson, 1893. Opuscula Entomologica, 18:1901. Type-species: *Ichneumon comitator* Linnaeus.

全世界已知 210 种；我国已知 20 种；江西已知 6 种。

222. 双介姬蜂 *Coelichneumon bivittatus* (Matsumura, 1912)

Ichneumon bivittatus Matsumura, 1912. Thousand insects of Japan, Supplement 4, p.228.

根据原作者对模式标本的描述，主要特征如下：

♂：体长 19.5 mm；体黑色，具灰色短毛和少量刻点；颜面，上颚(端齿除外)，额侧面，上颊眼眶，柄节腹侧，外眼眶，下颚须，下唇须，前胸背板后缘，中胸盾片的 2 条纵纹，翅基片，翅基下脊，前中胸侧板的大斑均为浅黄色；翅亚透明，靠近外缘有些带烟褐色；腹部扁，第 3、第 4、第 5 节中部具纵针状线纹，它们的后缘狭窄的红褐色；足浅黄色，前中足外侧和腿节顶端褐色；后足黄色，基节、转节(中部除外)、腿节和胫节端部暗褐色。

分布：江西；朝鲜，日本。

223. 黄斑介姬蜂 *Coelichneumon flavoguttatus* (Uchida, 1925)

Aglaojoppa flavoguttata Uchida, 1925. Transactions of the Natural History Society of Formosa. Taihoku, 15(81):242.

分布：江西、台湾；朝鲜。

224. 链介姬蜂 *Coelichneumon hormaleoscelus* Uchida, 1932

Coelichneumon hormaleoscelus Uchida, 1932. Journal of the Faculty of Agriculture, Hokkaido University, 33:146.

分布：江西、台湾；印度，缅甸。

225. 眼斑介姬蜂 *Coelichneumon ocellus* (Tosquinet, 1903)

Ichneumon ocellus Tosquinet, 1903. Mémoires de la Société Entomologique de Belgique, 10:319.

分布：江西、浙江、湖南、四川、福建、广东、云南、贵州、台湾；新加坡，日本，印度，泰国，缅甸，印度尼西亚，尼泊尔，菲律宾。

226. 牯岭介姬蜂 *Coelichneumon pieli* Uchida, 1937

Coelichneumon pieli Uchida, 1937. Insecta Matsumurana, 11:86.

♂ 体长 18.0~19.0 mm。前翅长 11.5~12.5 mm。触角长 13.5~14.0 mm。

颜面向下方稍扩展，宽(上方)约为长的 1.1 倍，被细刻点，亚中央具浅纵沟。唇基沟较浅。唇基较平，具不均匀且较颜面稍粗的刻点；端缘中段平截。上颚上端齿长于下端齿。颊具细革质状表面和细刻点，颚眼距约为上颚基部宽的 0.7 倍。上颊中部隆起，光滑光亮，具不明显的细刻点。头顶光滑光亮，仅后部具几个稀疏的细刻点；侧单眼外侧具浅纵沟；单眼区具中纵沟；侧单眼间距约等于单复眼间距。额光滑光亮，下部深凹。触角丝状，鞭节 44 节，向端部渐细。后头脊完整。

前胸背板具稠密的粗刻点，侧凹较光滑；前沟缘脊显著。中胸盾片均匀隆起，具稠密的粗刻点，后部中央的刻点稍稀且粗；盾纵沟不明显。小盾片稍隆起，具稠密的粗刻点；后缘中央平直；侧脊仅基部存在。后小盾片横形，具粗刻点。中胸侧板具稠密的粗刻点；胸腹侧脊伸达翅基下脊；镜面区光亮。后胸侧板具稠密的粗刻点，基间脊显著，下方具斜横皱；后胸侧板下缘脊完整。翅褐色，透明；小脉位于基脉的外侧；小翅室五边形，向前方显著收敛；第 2 肘间横脉约为第 1 肘间横脉长的 1.2 倍；第 2 回脉约在它的下方中央相接；外小脉稍内斜，约在下方 0.35 处曲折；后小脉约在下方 0.25 处曲折。前足腿节侧扁；爪强壮。并胸腹节基区梯形，中区近方形；基区、中区或第 1 侧区内侧及基部光滑光亮；中纵脊显著，端横脊中段弱弧形；中纵脊之间在中区后方稍纵凹，具稠密模糊的粗横皱；分脊约在中区端部 0.25 处相接；侧纵脊仅基半部明显，外侧脊完整，端横脊侧方缺；其余区域具稠密模糊的粗皱刻点；气门长椭圆形，长径约为短径的 3.3 倍。

腹部第 1 节背板长约为端宽的 1.8 倍，光滑，背板后缘和侧方具少数刻点；后柄部显著膨大，端部沿背中脊具少数细纵皱；背中脊约伸达气门连线处；气门卵圆形，约位于端部 1/5 处。第 2 节及以后的背板具稠密的粗刻点，第 2、第 3 背板中央具细纵皱；第 2 节背板基部两侧腹陷大而深。

体黑色，具黄斑。触角鞭节中段第(8)9~第 18(20)节黄白色；柄节腹侧，颜面，触角，上唇，上颚(端部红褐色，端齿黑褐色)，上颊(除后部)，额眼眶，头顶眼眶，前胸侧板大部，前胸背板前下角的小斑及上缘的大斑，中胸盾片亚中央的 2 纵条斑、端侧角的小斑，小盾片，后小盾片，翅基片外侧，翅基下脊，中胸侧板腹侧的大斑(与胸腹侧片后部中央的大斑相连)，中胸腹板(两侧中央具黑色斜纵条，端后部黑色)，后胸侧板上方部分的大斑，后胸侧板中央大部，并胸腹节亚中部的大纵斑(不规则、中央的分脊黑色)，腹部第

1 节背板端缘及两侧相连的大斑、第 2~第 5 节后侧角的斑点，前中足基节(基部后方黑褐色)、转节及足前侧，后足基节背侧的大斑和腹侧端部的小斑、转节、胫节大部(基缘和端部黑色)及跗节均为鲜黄色；后足腿节外侧带暗红褐色；翅痣黑色，翅脉褐黑色。

分布：江西、江苏。

观察标本：1♂，江西全南，650 m，2008-09-29，集虫网；1♂，江西资溪马头山林场，2009-05-29，集虫网；1♂，江西官山，408 m，2011-04-16，盛茂领。

227. 台介姬蜂 *Coelichneumon taihorinus* Uchida, 1932

Coelichneumon taihorinus Uchida, 1932. Journal of the Faculty of Agriculture, Hokkaido University, 33:148.

分布：江西、台湾；印度，印度尼西亚，缅甸，不丹，尼泊尔。

115. 锥凸姬蜂属 *Facydes* Cameron, 1901

Facydes Cameron, 1901. Annals and Magazine of Natural History, 7:278. Type-species: *Facydes purpureomaculatus* Cameron; monobasic.

全世界已知 2 种；我国均匀分布；江西已知 1 种。

228. 黑斑锥凸姬蜂 *Facydes nigroguttatus* Uchida, 1935

Facydes nigroguttatus Uchida, 1935. Insecta Matsumurana, 10:7.

Facydes nigroguttatus Uchida, 1935. He, Chen, Ma. 1996: Economic Insect Fauna of China, 51: 609.

分布：江西、浙江、陕西、台湾；日本。

116. 槽杂姬蜂属 *Holcojoppa* Cameron, 1902

Holcojoppa Cameron, 1902. Entomologist, 35:180. Type-species: *Holcojoppa flavipennis* Cameron.

全世界已知 9 种；我国已知 6 种；江西已知 2 种。

229. 双色槽杂姬蜂 *Holcojoppa bicolor* (Radoszkowski, 1887) (图版 XXI：图 153)

Trogus bicolor Radoszkowski, 1887. Horae Societatis Entomologicae Rossicae, 21:434.

♀ 体长 16.0~17.5 mm。前翅长 16.0~17.0 mm。

颜面宽为长的 1.6~1.7 倍，具较稠密的浅细刻点；中央纵向较强隆起(刻点相对较密)，亚中央深纵凹(凹内光滑，刻点不明显)；上缘中央“V”形凹，并形成缘脊，凹底中央具 1 明显的小瘤突。唇基沟明显。唇基宽为长的 2.0~2.1 倍；基半部中央稍隆起，具较颜面粗大的刻点；端部中央稍凹，相对光滑；端缘弱弧形内凹。上颚强大，基部具清晰且较稀的细刻点，由基部向端部渐收敛；下端齿稍长于上端齿。颊具细革质粒状表面和清晰的粗刻点；颚眼距约等于上颚基部宽。上颊向后显著收敛，具稠密的细刻点和黄褐色短毛。头顶后部质地与上颊相似，后部中央明显隆凸；上方深凹，相对光滑，刻点不明显；单眼区稍隆起，具弱皱，中央具纵沟，侧缘具凹沟；侧单眼间距为单复眼间距的 0.56~0.6 倍。额强烈下凹，光滑。触角粗壮，端部尖细；鞭节 35 或 36 节，第 1~第 5 鞭节长度之比依次约为 3.0∶3.0∶2.8∶2.7∶2.7。后头脊完整强壮。

前胸背板前部及侧凹光滑(上部具短横皱或无)，上部具较稠密的细刻点，后缘具弱的短纵皱(或无)；前沟缘脊强壮。中胸盾片相对较平坦，具非常细的刻点和褐色短毛；前缘两侧具稍突出的短横脊，中央前方具不明显的中纵脊；盾纵沟不明显。盾前沟深，光滑。小盾片具清晰的粗刻点和褐色短毛，后部中央及后缘光滑；中央稍前方呈显著的圆锥形凸起。后小盾片光滑光亮，前部两侧深凹。中胸侧板中下部稍隆起，具稠密的斜细横皱及刻点，胸腹侧片具稠密的细皱刻点；胸腹侧脊远离中胸侧板前缘，上端达中胸侧板高的 0.35~0.4 处；镜面区大，整个后上部光滑光亮；中胸侧板凹沟状。后胸侧板具稠密的粗刻点；基间脊上方具 1 排显著的短横皱；下后方相对光滑；后胸侧板下缘脊强烈隆起，前方角状突出。翅半透明；小脉明显位于基脉外侧；小翅室近似四边形，第 2 回脉在它的下方中央的稍外侧与之相接；外小脉明显内斜，约在下方 1/3 处曲折；后小脉约在下方 1/4 处曲折。后足基节显著膨大，具清晰的细刻点和褐色短毛，背侧端部凹陷、光滑光亮；后足第 1~第 5 跗节长度之比依次约为 4.8∶2.4∶1.5∶0.8∶1.7。并胸腹节基部具深横沟；端横脊不明显；中区前缘横脊粗壮、光滑，后方开放；基区和第 1 侧区显著向前倾斜，呈稠密模糊的皱，中间具 1 粗而突出的光滑的中纵脊；中区和端区合并，端区深凹、具稠密的约平行的粗横皱；其余区域为不规则的显著的斜横皱；气门长椭圆形，靠近侧纵脊。

腹部长纺锤形，较扁。第 1 节背板基半部中央(背中脊之间)呈纵向光滑的凹槽、两侧具稠密的平行粗横皱(或相对光滑、具弱横皱)；端半部中央前方具皱刻点、后部具稠密的粗网皱、两侧具稠密的粗皱刻点(气门后外侧的皱点显著)；后柄部中央明显隆起；背中脊强壮，中段几乎平行且相互靠近，向端部逐渐分离，几乎伸达第 1 节背板末端；背侧脊在气门之前显著；气门卵圆形，突出，约位于端部 0.25 处。第 2 节背板亚基部具显著的横窗疤，窗疤具短纵皱；第 2~第 5 节背板中部具非常稠密的斜纵皱，侧面具稠密的粗刻点；各节背板中央稍屋脊状纵隆起，亚中央呈浅纵凹槽；各节之间的横缝深，两侧的缝隙较宽阔，内具稠密的短纵皱。第 6 节背板短，稍外露，光滑光亮。产卵器鞘短，不露出腹末；产卵器尖细。

头胸部红褐色，有的个体后胸侧板和并胸腹节或多或少褐黑色；腹部背板完全黑色，腹板淡黄色，第 2~第 5 节腹板两侧具较大的(第 2 节的斑小、窄纵条状)黑斑。触角鞭节暗褐色，腹侧稍带黄褐色。前中足红褐色，中足跗节(除基跗节和第 2 跗节基部)褐黑色，后足黑色。翅面黄褐色至红褐色，前后翅的外缘均具较宽的黑褐色斑带(前翅端部约 0.23、后翅端部约 0.3 及后缘)，翅痣红褐色，翅脉褐黑色。

分布：江西、广东、贵州、湖北、四川、浙江；朝鲜，俄罗斯。

观察标本：1♀，江西全南，650 m，2008-07-28，集虫网；2♀♀，江西资溪马头山，400 m，2009-04-24~05-01，集虫网；1♀，江西吉安双江林场，174 m，2009-05-10，集虫网；1♀，江西九连山，2011-05-04，盛茂领。

230. 亨氏槽杂姬蜂 *Holcojoppa heinrichi* (Uchida, 1940) (图版 XXI：图 154)

Trogus heinrichi Uchida, 1940. Insecta Matsumurana, 15:12.

♀ 体长 18.0~22.0 mm。前翅长 17.0~18.5 mm。

颜面宽约为长的 1.6 倍，具稠密的横皱状刻点；中央纵向隆起，亚中央深纵凹；上缘中央“V”形凹，并形成缘脊，凹底中央具 1 小瘤突。唇基沟较明显。唇基宽约为长的 1.9 倍；基半部中央稍隆起，具较颜面粗大的稠密刻点；端部中央稍凹，相对光滑；端缘弱弧形内凹。上颚强大，基部具清晰的粗刻点，由基部向端部渐收敛；下端齿稍长于上端齿。颊具细革质状表面和清晰的长刻点；颚眼距稍大于上颚基部宽(1.1 倍)。上颊向后显著收敛，具稠密的粗刻点和红褐色短毛。头顶质地与上颊相似；单眼区中央具纵沟，前侧缘具围凹；侧单眼间距约为单复眼间距的 0.7 倍。额强烈下凹，光滑；具 1 强大且强度侧扁的中凸。触角粗壮，端部尖细；鞭节 35~39 节，第 1~第 5 鞭节长度之比依次约为 2.1∶1.7∶1.7∶1.6∶1.6。后头脊完整强壮。

前胸背板前部及侧凹光滑，后上部具稠密的细刻点；前沟缘脊短，但强壮。中胸盾片相对较平坦，具非常细的刻点和褐色短毛，后部中央具弱纵皱；中叶和侧叶隐含斑驳的暗网纹；前缘两侧具稍突出的短横脊，中央前方具不明显的中纵脊；盾纵沟不明显。盾前沟深，光滑。小盾片具较中胸盾片清晰且稍粗的稠密刻点和褐色短毛，后部中央刻点稀而粗，后缘光滑；具 1 显著的圆锥形凸起。后小盾片光滑光亮。中胸侧板中下部稍隆起，具稠密的斜横皱；胸腹侧片具稠密的细刻点；胸腹侧脊远离中胸侧板前缘，上端约达中胸侧板高的 0.35 处；镜面区大，连同后上部光滑光亮。后胸侧板呈稠密不规则的粗皱状；基间脊显著，其上方具 1 排显著的短横皱；后胸侧板下缘脊强烈隆起。翅不透明；小脉明显位于基脉外侧；小翅室五边形(近似四边形)，第 2 回脉在它的下方中央稍外侧与之相接；外小脉明显内斜，约在下方 1/3 处曲折；后小脉约在下方 1/5 处曲折。后足基节显著膨大，具清晰的细刻点，背侧端部凹陷、光滑；后足第 1~第 5 跗节长度之比依次约为 3.9∶1.8∶1.0∶0.5∶1.2。并胸腹节基部具深横沟；基横脊、中纵脊(基部除外)和外侧脊强壮；基区和第 1 侧区显著向前倾斜，具稠密的粗皱刻点；第 1 外侧区的质地与第 1 侧区和基区相似；中区和端区合并，中区位置具稠密的粗皱状刻点，端区深凹、具稠密的平行粗横皱；其余区域具不规则的斜横皱；气门长椭圆形，靠近侧纵脊。

腹部长纺锤形，较扁。第 1 节背板基半部中央纵向光滑、两侧具稠密的平行粗横皱；端半部中央模糊的纵皱状、两侧具稠密的粗皱刻点(气门后外侧的皱显著)；后柄部中央明显隆起；背中脊发达，在后柄部明显高隆且相互靠近，伸达第 1 节背板末端；背侧脊在气门之前显著；气门卵圆形，约位于端部 0.25 处。第 2 节背板亚基部具横窗疤；第 2~第 5 节背板中部具非常稠密的斜纵皱，侧面具稠密的粗皱刻点；各节中央具较弱的中纵脊，亚中央呈纵凹槽；各节之间的横缝深，两侧的缝隙较宽阔，内具稠密的短纵皱。产卵器鞘短，不露出腹末。

头胸部及腹部第 1 节(端半部多多少少带黑色)红褐色，腹部第 2 节及以后各节背板完全黑色，腹板淡黄色，第 2~第 5 节腹板两侧具较大的(有时第 2 节的斑小)水滴状黑斑。触角鞭节暗褐色，腹侧基半部稍带红褐色、端半部红褐色显著。前中足红褐色，中足跗节端部带褐色，后足黑色。翅面黄褐色至红褐色，前后翅的外缘均具较宽的黑褐色斑带(前翅端部约 0.25、后翅端部约 0.29)，翅痣红褐色，翅脉褐黑色。

♂ 体长约 19.0 mm。前翅长约 16.0 mm。触角鞭节 35 节，各节端半部圆环状凸起。

腹部可见 6 节。抱握器端部圆，下生殖板宽稍大于长。

分布：江西、广东。

观察标本：1♀，江西全南，700 m，2008-08-31，集虫网；1♂，江西全南，2009-09-04，集虫网；5♀♀，江西全南，2010-07-07~09-23，集虫网。

117. 内齿姬蜂属 *Neoheresiarches* Uchida, 1937

Neoheresiarches Uchida, 1937. Insecta Matsumurana, 11:87. Type-species: *Neoheresiarches albipilosus* Uchida.

该属仅含 1 种，且仅知分布于江西庐山。

231. 白毛内齿姬蜂 *Neoheresiarches albipilosus* Uchida, 1937

Neoheresiarches albipilosus Uchida, 1937. Insecta Matsumurana, 11:88.

该种自 Uchida 于 1937 年根据 1935 年 8 月采自庐山的 1♀1♂标本记载至今，尚无另文报道。本书作者尚未采集到该种标本。根据原文描述，主要特征如下。

♀ 体长约 15 mm；颜面和唇基平；上颚狭且短；胸部具稠密的粗刻点；盾纵沟完全消失；小盾片光亮，圆形隆起，无侧脊；前翅小脉几乎与基脉对叉；小翅室五边形，强烈向前部收敛；腹部狭长，为尖腹形，背板具稠密的粗刻点，但后柄部及第 2、第 3 节中部具皱纹状刻点。黑色，下列部分除外：触角中部、颜面及唇基(中央的纵斑及近颜面下缘的斜斑除外)、上颚、上颊下半部、额眼眶、前胸背板后上缘、翅基片、翅基下脊、小盾片(基缘除外)、后小盾片、基节的斑、转节的斑、前中足腿节端部外侧的斑和胫节前侧(或多或少)、后足胫节基部(基端除外)约 2/3、并胸腹节后部侧面的斑、腹部第 1 节背板端部的横带均为浅黄色；前中足跗节暗褐色；翅痣暗褐色。

♂ 体长 20 mm；触角向端部变尖；颜面、唇基、上颊下部白色。

分布：江西。

118. 原姬蜂属 *Protichneumon* Thomson, 1893

Protichneumon Thomson, 1893. Opuscula Entomologica, 18:1899. Type-species: *Ichneumon fusorius* Linnaeus; designated by Ashmead, 1900.

全世界已知 23 种；我国已知 9 种；江西已知 3 种。

232. 黄原姬蜂 *Protichneumon flavitrochanterus* Uchida, 1937

Protichneumon flavitrochanterus Uchida, 1937. Insecta Matsumurana, 11:84.

分布：江西。

233. 茂原姬蜂 *Protichneumon moiwanus* (Matsumura, 1912)

Ichneumon moiwanus Matsumura, 1912. Thousand insects of Japan, Supplement 4, p.109.

分布：江西；日本。

234. 枇原姬蜂 *Protichneumon pieli* Uchida, 1937

Protichneumon pieli Uchida, 1937. Insecta Matsumurana, 11:83.

分布：江西；日本。

二十) 姬蜂族 Ichneumonini

该族含 214 属；我国已知 38 属；江西已知 10 属。

119. 尺蛾姬蜂属 *Aoplus* Tischbein, 1874

Aoplus Tischbein, 1874. Stettiner Entomologische Zeitung, 35(4-6):137. Type-species: *Aoplus inermis* Tischbein.

全世界已知 38 种；我国已知 2 种；江西已知 1 种。

235. 尺蛾姬蜂 *Aoplus ochropis* (Gmelin, 1790)

Ichneumon ochropis Gmelin, 1790. G.E. Beer. Lipsiae, 2679.

分布：中国(江西)，日本，拉脱维亚，俄罗斯，欧洲；北美。

120. 大凹姬蜂属 *Ctenichneumon* Thomson, 1894

Ctenichneumon Thomson, 1894. Opuscula Entomologica, 19:2082. Type-species: *Ichneumon funereus* Geoffroy; designated by Ashmead, 1900.

唇基端缘平截。上颚具 2 细长的齿。雌性触角中部以后稍变宽。小盾片无侧脊。小翅室五边形。并胸腹节分区完整；基区凹。腹部第 1 节后柄部隆起，侧面具脊；腹陷较大且深；第 3 节腹板完全或几乎全部几丁质化。

全世界已知 56 种；中国已知 5 种；江西已知 1 种。

236. 地蚕大凹姬蜂指名亚种 *Ctenichneumon panzeri panzeri* (Wesmael, 1845)

Amblyteles panzeri Wesmael, 1845. Nouveaux Mémoires de l'Académie Royale des Sciences, des Lettres & Beaux-Arts de Belgique, 18(1944):136.

Ctenichneumon panzeri panzeri (Wesmael, 1845). He, Chen, Ma. 1996. Economic insect fauna of China, 51:590.

分布：江西、河南、浙江、贵州、广东；伊朗，阿尔及利亚，英国，法国，俄罗斯，波兰，匈牙利，德国，比利时，前南斯拉夫等。

观察标本：1♂，河南内乡宝天曼，2006-07-30，申效诚。本书作者暂没采集到江西的标本。

121. 宽跗姬蜂属 *Eupalamus* Wesmael, 1845

Eupalamus Wesmael, 1845. Nouveaux Mémoires de l'Académie Royale des Sciences, des Lettres et Beaux-Arts de Belgique, 18(1944):13,14. Type-species: *Eupalamus oscillator* Wesmael; designated by Ashmead, 1900.

全世界已知 14 种；中国已知 2 种，江西均有分布。

237. 大宽跗姬蜂 *Eupalamus giganteus* Uchida, 1928

Eupalamus giganteus Uchida, 1928. Insecta Matsumurana, 2:203.

分布：江西、福建、台湾；朝鲜，日本，俄罗斯。

238. 长区宽跗姬蜂 *Eupalamus longisuperomediae* Uchida, 1937

Eupalamus longisuperomediae Uchida, 1937. Insecta Matsumurana, 11:89.

分布：江西、广西、湖南、台湾。

122. 圆齿姬蜂属 *Gyrodonta* Cameron, 1901

Gyrodonta Cameron, 1901. Annals and Magazine of Natural History, (7)7:485. Type-species: *Gyrodonta flavomaculata* Cameron.

全世界已知 2 种；我国已知 1 种，分布于江西。

239. 凹圆齿姬蜂 *Gyrodonta concava* (Uchida, 1937)

Pielia concave Uchida, 1937. Insecta Matsumurana, 11:92.

分布：江西。

123. 青腹姬蜂属 *Lareiga* Cameron, 1903

Lareiga Cameron, 1903. Zeitschrift für Systematische Hymenopterologie und Dipterologie, 3:13. Type-species: *Lareiga rufofemorata* Cameron; monobasic.

全世界已知 11 种；我国已知 1 种，江西有分布。

240. 青腹姬蜂 *Lareiga abdominalis* (Uchida, 1925)

Melanichneumon abdominalis Uchida, 1925. Transactions of the Natural History Society of Formosa, 15(81):248.

Lareiga abdominalis (Uchida, 1925). He, Chen, Ma. 1996: Economic Insect Fauna of China, 51: 595.

分布：江西、浙江、福建、湖北、广西、台湾；缅甸。

124. 黑姬蜂属 *Melanichneumon* Thomson, 1893

Melanichneumon Thomson, 1893. Opuscula Entomologica. Lund, 18:1954. Type-species: *Ichneumon spectabilis* Holmgren.

全世界已知 39 种；我国已知 3 种；江西已知 2 种。

241. 中国黑姬蜂 *Melanichneumon albipictus sinicus* Uchida, 1937

Melanichneumon (*Bystra*) *albipictus sinicus* Uchida, 1937. Insecta Matsumurana, 11:94.

目前还没有采集到该种的标本。根据模式标本描述，主要特征如下。

体长 13.0~15.0 mm；小脉位于基脉内侧；小翅室强烈向前方收敛；中胸侧板下方具 1 个白色大斑，颜面、唇基、上颚、额眼眶、触须、触角中部、柄节前侧、前中基节及转节、后足基节及转节一部分、前胸背板后上缘、中胸盾片的 2 纵斑、小盾片、后小盾片、并胸腹节端半部侧面、腹部第 1~第 4 节背板后缘的横带(侧面较宽)、第 7 节端部及第 8 节浅黄色(近白色)；后足腿节下侧白色。

分布：江西、台湾。

242. 饰黑姬蜂 *Melanichneumon spectabilis* (Holmgren, 1864)

Ichneumon spectabilis Holmgren, 1864. Ichneumonologia Suecica. Tomus Primus. Ichneumonides Oxypygi (Holmiae), p.174.

目前还没有采集到该种的标本。据原描述，主要特征为：颜面及唇基近白色(浅黄色)，中央纵向黑色；额眼眶、上颊眼眶、触角中部、小盾片和后小盾片黄色；腹部第 1~第 4 节背板后缘的横带(中部较狭窄)、第 7 节端部及第 8 节浅黄色(近白色)；胫节黄至黄褐色。

分布：江西、广东；朝鲜，日本，俄罗斯，芬兰，法国，德国，波兰，瑞典，前南斯拉夫等。

125. 尖腹姬蜂属 *Stenichneumon* Thomson, 1893

Stenichneumon Thomson, 1893. Opuscula Entomologica, 18:1964. Type-species: (*Ichneumon pistorius* Gravenhorst) = *militaries* Thunburg; designated by Schmiedeknecht, 1902 and Viereck, 1914.

主要鉴别特征：唇基几乎平坦，端缘平截；触角较长，端部细尖，雄性在近中部至亚端部各节的内侧中部或近中部明显环隆起；上颊宽；盾纵沟非常弱，或仅基部具痕迹；小盾片隆起，仅基端具脊；并胸腹节中区大，近四边形，分脊非常弱或缺；腹部较狭长，具深腹陷，腹陷之间的距离小于腹陷宽的 0.7 倍；腹部端部尖。

该属全世界已知 23 种；我国已知 5 种；江西已知 1 种。

243. 尖腹姬蜂 *Stenichneumon flavolineatus* Uchida, 1926

Stenichneumon flavolineatus Uchida, 1926. Journal of the Faculty of Agriculture, Hokkaido Imperial University, 18:94.

分布：江西、台湾；朝鲜。

126. 晦姬蜂属 *Stirexephanes* Cameron, 1912

Stirexephanes Cameron, 1912. Societas Entomologica, 27:90. Type-species: *Stirexephanes melanarius* Cameron; monobasic.

该属全世界已知 14 种；我国已知 4 种；江西仅知 1 种。

244. 牯岭晦姬蜂 *Stirexephanes kulingensis* (Uchida, 1937)

Melanichneumon (*Bystra*) *kulingensis* Uchida, 1937. Insecta Matsumurana, 11:94.

分布：江西。

127. 武姬蜂属 *Ulesta* Cameron, 1903

Ulesta Cameron, 1903. Annals and Magazine of Natural History, (7)12:582. Type-species: *Ulesta varicornis* Cameron.

该属全世界已知 8 种；我国已知 4 种；江西已知 2 种。

245. 台湾武姬蜂 *Ulesta formosana* (Uchida, 1932)

Egurichneumon agitatus formosanus Uchida, 1932. Journal of the Faculty of Agriculture, Hokkaido University, 33:154.

分布：江西、台湾。

246. 枇武姬蜂 *Ulesta pieli* Uchida, 1956

Ulesta pieli Uchida, 1956. Insecta Matsumurana, 20:67.

分布：江西。

128. 俗姬蜂属 *Vulgichneumon* Heinrich, 1961

Vulgichneumon Heinrich, 1961. Canadian Entomologist, Suppl, 15 (1960):15. Type-species: *Ichneumon brevicinctor* Say; original designation.

该属全世界已知 29 种；我国已知 4 种；江西已知 3 种。

247. 稻纵卷叶螟白星姬蜂 *Vulgichneumon diminutus* (Matsumura, 1912)

Ichneumon diminutus Matsumura, 1912. Thousand insects of Japan, Supplement 4, p.247.

分布：江西、福建、浙江、广东、广西、湖南、湖北、四川、云南、台湾；印度，菲律宾，日本。

248. 黏虫白星姬蜂 *Vulgichneumon leucaniae* (Uchida, 1924)

Melanichneumon leucaniae Uchida, 1924. Journal of Sapporo Society of Agriculture and Forestry, 16:207.

分布：江西、浙江、湖北、黑龙江、北京、吉林、辽宁、湖南、江苏、山东、山西、四川、福建、云南；日本，俄罗斯。

249. 台湾白星姬蜂 *Vulgichneumon taiwanensis* (Uchida, 1927)

Melanichneumon taiwanensis Uchida, 1927. Transactions of the Sapporo Natural History Society, 9:204.

分布：江西、福建、浙江、广东、广西、香港、湖南、云南、台湾；日本。

廿一) 瘦杂姬蜂族 Ischnojoppini

仅含 2 属。我国已知 1 属，江西有分布。

129. 瘦杂姬蜂属 *Ischnojoppa* Kriechbaumer, 1898

Ischnojoppa Kriechbaumer, 1898. Entomologische Nachrichten, 24(1/2):32. Type-species: (*Joppa lutea* Fabricius) = *luteator* Fabricius; designated by Ashmead, 1900.

该属全世界已知 7 种；我国已知 1 种，江西有分布。

250. 黑尾姬蜂 *Ischnojoppa luteator* (Fabricius, 1798)

Ichneumon luteator Fabricius, 1798. Supplementum entomologiae systematicae, p.222.

♂ 体长 14.0~15.0 mm。前翅长 8.5~9.0 mm。

颜面宽(上缘最窄处)约为长的 1.6 倍，均匀弧形隆起，具稠密的刻点；上缘中央形成弧形下凹的缘脊。唇基沟不明显。唇基与颜面处于同一弧形表面，刻点相对稀疏且清晰；宽约为长的 2.2 倍；端部较光滑，具较宽的端缘，端缘中段平截。上颚基部具不均匀的细刻点(基部稠密)，中央明显隆起；下端齿短于上端齿。颊的质地同颜面，中部均匀隆起；颚眼距约为上颚基部宽的 2.1~2.2 倍。上颊较长，侧面观，长约为复眼横径的 1.4 倍；中部稍隆起，具相对稀疏的浅刻点；向后方明显收敛。头顶后部具稠密的细刻点，后缘中央明显弧形内凹；单眼区具围凹，其内刻点稍粗糙，具浅的中纵沟；靠近侧单眼外侧刻点不明显，侧单眼间距约等于单复眼间距。额强烈下凹，凹内光滑光亮；上部中央稍粗糙、具弱横皱，侧上缘具细刻点；额中央浅纵凹，但不形成沟。触角明显短于体长；鞭节 42 节，第 1 节基部细颈状；中段相对稍粗；端部尖细；各小节亚端部具环状凸(上具刺状毛)，第 1~第 5 鞭节长度之比依次约为 2.4∶2.0∶1.7∶1.7∶1.6；柄节粗壮，顶端面强烈斜截。后头脊完整。

前胸背板前部不明显的细粒状，侧凹宽阔、具短横皱，亚后缘横凹、内具短纵皱；后上部具稠密粗大的刻点；前沟缘脊强壮。中胸盾片均匀隆起，具稠密的细纵皱-刻点，后部中央刻点相对明显；盾纵沟不明显。小盾片明显隆起，具稠密的粗刻点；侧脊强，形成宽的边缘状。后小盾片横形隆起，稍粗糙。中胸侧板中部明显隆起，具稠密的中等强度的网皱-刻点；胸腹侧脊端缘伸达中胸侧板前缘高的 1/2 处；镜面区小而光亮，中胸侧板凹横沟状；中胸侧缝与后缘近平行，内具短横皱。后胸侧板质地与中胸侧板相似，刻点较清晰；后胸侧板下缘脊完整，前部强烈隆起。翅暗褐色，透明；小脉明显位于基脉稍外侧；小翅室四边形，第 2 回脉在它的下方中央的稍外侧与之相接；外小脉内斜，约在下方 1/3 处曲折；后小脉外斜，在下方 1/5~1/4 处曲折。前足胫节基部细，前胫距长于基跗节的 1/2；后足基节短锥形膨大，具稠密的刻点，第 1~第 5 跗节长度之比依次约为 3.2∶1.4∶1.0∶0.5∶0.8。爪强壮，基部具毛。并胸腹节均匀隆起，粗糙，中央具不规则的细网皱，两侧及端部的皱大致横行；脊较细，外侧脊仅基部明显，基横脊在第 1、第 2 外侧区之间缺；中区长形，长约为前部最宽处的 3.3 倍，分脊约在其前方 1/3 处相接；端区拱门状，向上渐收敛；气门椭圆形，约位于并胸腹节基部 0.2 处，斜在侧纵脊和外侧脊之间。

腹部狭长，具稠密的细纵皱，向后逐渐光滑细腻。第 1 节背板长约为端宽的 2.2 倍，基部柄状、光滑光亮，后柄部膨大、中部隆起，具较清晰的纵皱-长刻点；背中脊在基半部较明显，无背侧脊；气门小，横椭圆形，约位于端部 0.3 处。第 2 节背板具较稠密稍粗的纵皱-刻点，基部中央具短粗的纵皱、两侧具显著的基斜沟，长约为端宽的 1.6 倍；第 3 节背板具较第 2 节背板稍细的纵皱-刻点，长约为端宽的 1.2 倍；第 4、第 5 节背板两侧近平行，表面的纵皱-刻点细弱；第 4 节背板长约为宽的 1.1 倍；第 5 节背板长约为宽的 1.2 倍；第 6 节背板向后渐收敛。

体黄褐色，下列部分除外：触角黑褐色，柄节、梗节腹侧黄色，鞭节腹侧带红褐色；颜面中部、前中足腹侧多少带黄色；额中央的纵带并单眼三角区(并稍外延)，上颚端齿(亚端部红色)，后足腿节端部 0.4、胫节基部 0.13 和端部 0.33、跗节(除基跗节基半段)，腹部第 6~第 8 节背板(第 6 节背板后缘中央、第 7 节背板后部中央白色，第 8 节背板隐藏)黑色；前足末跗节、中足跗节(除基跗节)及爪褐黑色；翅痣黄色；翅脉黑褐色。

分布：江西、浙江、福建、云南、广东、广西、贵州、香港、湖南、湖北、江苏、四川、西藏、台湾；朝鲜，日本，印度，新加坡，印度尼西亚，澳大利亚，马来西亚，孟加拉国，缅甸，巴布亚新几内亚，菲律宾，塞内加尔，乌干达，斯里兰卡。

观察标本：5♂♂，江西全南，320~335 m，2009-04-22~05-06，集虫网。

廿二) 杂沟姬蜂族 Joppocryptini

该族含 12 属；我国已知 2 属；江西已知 1 属。

130. 遏姬蜂属 *Eccoptosage* Kriechbaumer, 1898

Eccoptosage Kriechbaumer, 1898. Entomologische Nachrichten, 24(1/2):4,31. Type-species: *Eccoptosage waagenii* Kriechbaumer.

全世界已知 17 种；我国 3 种；江西已知 1 种。

251. 单色遏姬蜂 *Eccoptosage schizoaspis unicolor* (Uchida, 1929)

Togea unicolor Uchida, 1929. Insecta Matsumurana, 3:173.

分布：江西、广东、台湾；朝鲜，印度，印度尼西亚，缅甸，菲律宾。

廿三) 灰蝶姬蜂族 Listrodromini

全世界已知含 11 属；我国 4 属；江西已知 1 属。

131. 强齿姬蜂属 *Validentia* Heinrich, 1934

Validentia Heinrich, 1934. Mitteilungen aus dem Zoologischen Museum in Berlin, 20:219. Type-species: *Validentia varilonga* Heinrich; original designation.

全世界已知 9 种；我国 2 种；江西已知 1 种。

252. 强齿姬蜂 *Validentia muscula* Heinrich, 1934

Validentia muscula Heinrich, 1934. Mitteilungen aus dem Zoologischen Museum in Berlin, 20:223.

分布：江西；菲律宾。

廿四) 肿头姬蜂族 Oedicephalini

主要鉴别特征：头非常大，几乎呈立方体，侧单眼和后头脊之间较宽，不明显向后倾斜，侧面观，上颊较宽；上颚非常强壮，2 端齿几乎相同，两者之间的叉距较宽，处于同一平面；唇基几乎平坦，稍与颜面(至少侧面较明显)分开，向前弓形突出；中胸盾片前部陡峭地(或斜坡状)向前倾斜；小盾片弱至强烈隆起，常具非常隆起且完整(伸达端缘)的脊；并胸腹节短，侧面观，由基部至端部圆形倾斜，具弱或强的脊；腹部形状不一，多数较平，雌性呈锥腹型；第 1 节基部(截面)宽与高约相等；产卵器明显伸出腹部末端；腹陷大，深或浅，横向，间隔较小。

该族仅含 6 属；我国已知 3 属，此前江西无记载；这里介绍江西 1 新记录属。

132. 益姬蜂属 *Imeria* Cameron, 1903 (江西新记录)

Imeria Cameron, 1903. Annals and Magazine of Natural History, 11:173. Type-species: *Imeria albomaculata* Cameron; monobasic.

全世界已知 16 种；我国已知 2 种；江西已知 1 种。

253. 台湾益姬蜂 *Imeria formosana* (Uchida, 1930) (图版 XXI：图 155) (江西新记录)

Elasmognathias formosanus Uchida, 1930. Insecta Matsumurana, 4:121.

♀ 体长 7.5~9.0 mm。前翅长 6.0~7.0 mm。触角长 7.0~8.5 mm。产卵器鞘长 0.5~0.7 mm。

头部光滑光泽，前面观几乎呈方形。颜面宽约为长的 1.5 倍，具稀疏的浅细刻点；较平，亚中央微纵凹；中部具弱横皱，表皮下呈现细纵纹；上缘中央具 1 弧形横脊，中央稍下凹。唇基较平，基部中央稍隆起，具几个特别稀疏的微细刻点；端部平且薄，中央具不明显的细纵皱；端缘中央具 1 弱中突。上颚端部宽、稍扭曲；基部具稀且细的刻点；端齿尖而长，上端齿与下端齿近等长。颊具细革质状表面和几个细刻点，后下缘具细纵纹，具眼下沟；颚眼距约为上颚基部宽的 0.72 倍。上颊宽阔，光滑光亮。头顶光滑光亮，后部中央稍隆起，具细刻点；侧单眼间距约为单复眼间距的 0.5 倍。额较平，呈光滑的细革质状表面。触角柄节膨大，端缘斜截状；鞭节 38 节，在亚端部(15~28 节)加粗、腹面扁平，端部尖细。后头脊完整。

前胸背板前部宽阔，具弱的斜细纵纹；后上部具不明显的弱皱；后缘具短纵皱；前沟缘脊非常强壮，与背板后缘几乎平行。中胸盾片均匀隆起，具稠密的细纵皱；盾纵沟不明显。小盾片稍隆起，具细革质状表面和不明显的弱皱；侧脊完整、宽缘状。后小盾片稍隆起，光滑。中胸侧板具稠密的斜细纵皱(腹侧具细网皱)；胸腹侧脊约达中胸侧板前缘高的 0.5 处；胸腹侧片呈细革质状弱皱表面；腹板侧沟前部 0.35~0.4 较明显；镜面区小，光亮或模糊；中胸侧板凹坑状。后胸侧板具稠密的斜细纵皱；后胸侧板下缘脊完整，前部稍突出。中胸腹板后横脊完整。翅稍带褐色，透明；翅痣窄长；小脉位于基脉稍外侧(二者几乎相对)；小翅室五边形；第 2 回脉位于它的下方中央稍外侧，2 肘间横脉明显向前方收敛；外小脉内斜，在中央稍下方曲折；后小脉约在下方 0.25 处曲折。足细长，爪简单。并胸腹节基部中央及第 1 侧区相对光滑光泽，稍呈弱皱状；第 2 侧区和第 1、第 2 外侧区(相互间脊缺如或不完整)具稠密的斜细横皱；后部具稠密的细横皱；基区消失，中纵脊在基部合并为 1 中脊；中纵脊和外侧脊伸达端横脊处，侧纵脊达分脊处；中区近五边形，分脊在其中央(稍下方)相接；侧突明显；气门长裂口形，长径约为短径的 3.3 倍，下缘贴近基横脊、上方靠近侧纵脊。

腹部明显窄于胸部。第 1 节背板几乎光滑(后部稍粗糙)，具长柄，长约为端宽的 2.0 倍，端部显著宽；气门圆形，稍隆起，约位于端部 0.3 处。第 2 节背板长约为端宽的 1.2 倍；基部细革质状，相对光滑，其余具稠密的细刻点；窗疤大而浅。第 3 节背板两侧近平行(基部稍宽)，长约为端宽的 0.8 倍；第 4~第 6 节背板横形，第 7 节背板拉长，显著向后收敛；第 3 节及以后背板具细革质状表面和不明显的细刻点。产卵器鞘长约为后足基跗节的 0.53 倍。

体黑色，下列部分除外：触角鞭节中段第 7~第 14 节背侧黄白色、腹侧及增粗部分的腹侧带红褐色；下颚须，下唇须黄褐至红褐色；颜面在触角窝下缘的小斑的两侧上方的纵斑(与额不相连)，额眼眶(向内宽延)，唇基(基部中央除外)，上颚(端齿褐黑色)，上颊前部上方的大斑，前胸背板前部、颈前部及颈后部中央的月牙斑、后上角的小斑，小盾片，后小盾片及后胸的凹槽，翅基片及前翅翅基，翅基下脊，中胸侧板后下方的斑及狭的后侧片，后胸侧板上方部分(下角黑褐色)，后胸侧板后部的方形斑，并胸腹节端横脊之后凸形斑，腹部第 2 节背板基部及腹板约 0.3、第 3 节背板基部中央约 0.4 斜至端外侧和腹板基半部、第 3~第 5 节背板和腹板端缘的狭边、第 6 节背板端部 0.4~0.5、第 7~第 8 节整个背板均为黄色；足红褐色；前中足基节、转节，后足基节外侧端部的斑黄色；后足基节黑色，腿节端部、胫节基部和端部、各跗节及前中足末跗节黑褐色；翅痣黄褐色；翅脉褐色。

♂ 体长约 9.0 mm。前翅长约 7.0 mm。触角长约 8.5 mm。

分布：江西、广西、云南、台湾。

观察标本：1♂，江西全南，378 m，2009-05-27，集虫网；1♀，江西九连山，580 m，2011-04-12，盛茂领。

廿五) 厚唇姬蜂族 Phaeogenini

全世界已知 32 属；我国 6 属；江西已知 2 属。

133. 奥姬蜂属 *Auberteterus* Diller, 1981

Auberteterus Diller, 1981. Entomofauna, 2:100, 106. Type-species: *Centeterus alternecoloratus* Cushman; original designation.

该属仅含 1 种。

254. 夹色奥姬蜂 *Auberteterus alternecoloratus* (Cushman, 1929)

Centeterus alternecoloratus Cushman, 1929. Proceedings of the Hawaiian Entomological Society, 7:243.

Auberteterus alternecoloratus (Cushman, 1929). He, Chen, Ma. 1996: Economic Insect Fauna of China, 51: 559.

分布：江西、福建、湖北、湖南、江苏、四川、浙江、广东、广西、贵州、云南、台湾；印度，法国，俄罗斯。

134. 角突姬蜂属 *Megalomya* Uchida, 1940

Megalomya Uchida, 1940. Transactions of the Natural History Society of Formosa. Taihoku, 30:222. Type-species: *Megalomya longiabdominalis* Uchida; original designation.

体中等至大型。上颚粗大；端部似有些扭曲，宽厚。额中央具 1 强壮的扁角突，该突起与颜面上缘中央的突起相连。触角较短，仅可伸达小盾片端部。腹部非常长，约为头与胸部之和的 2.0 倍，非常扁，光滑光亮无刻点，腹板几丁质化程度较高，无纵褶。中足胫节具 1 距。产卵器鞘侧扁，非常短，不或几乎不伸出腹末。产卵器细短。

该属已知 4 种；均分布于我国；江西已知 2 种。

255. 长腹角突姬蜂 *Megalomya longiabdominalis* Uchida, 1940 （图版 XXI：图 156）

Megalomya longiabdominalis Uchida, 1940. Transactions of the Natural History Society of Formosa, 30:221.

♂ 体长约 27.0 mm。头胸部(含并胸腹节)之和长约 9.0 mm。腹部长约 18.0 mm。前翅长约 17.5 mm。触角长约 9.5 mm。

颜面宽约为长的 1.9 倍，中央及两侧明显隆起，亚侧部下方深凹；上缘中央具伸向额的纵沟；具稠密不均匀的细刻点。唇基沟不明显。唇基平缓且非常宽短，宽约为长的 3.8 倍；端部具非常细的纵皱纹；端缘平截。上颚非常强大，基半部具不均匀的细刻点；亚基部比基部稍细，端部光滑光亮；下端齿明显长于上端齿。颚眼距非常短，几乎消失。上颊中部稍隆起,，侧面观约为复眼横径的 0.7 倍；光滑，具非常稀且细浅的毛刻点。头顶非常抬高；单眼区强烈隆起，非常小，周围具浅围沟，单眼区中央具“Y”形浅沟，侧单眼间距约为单复眼间距的 0.5 倍。额强烈下凹，光滑；具强壮的中纵脊(伸至两触角窝之间，上部近中单眼处粗壮)，纵脊中央具 1 强大且强度侧扁的高的角突；亚侧缘纵向隆起。触角短；鞭节 35 节，中部稍扁，端部渐细。后头脊完整、强壮，向外隆起呈缘状。

前胸背板光滑；侧凹上半部深凹、内具短横皱；后上部具非常稀的细刻点；前沟缘脊非常弱，但可见。中胸盾片相对较平坦，具稠密的细刻点；盾纵沟深。小盾片明显隆起，刻点稠密；无侧脊。后小盾片平，具细刻点。中胸侧板中部隆起，上部及胸腹侧片具细浅的毛刻点，中下部具稠密且稍粗的刻点；后缘下部隆起呈厚边状；胸腹侧脊未伸达中胸侧板前缘；镜面区大而光亮，无刻点。后胸侧板具稠密稍粗的刻点；后胸侧板下缘脊强烈隆起。翅黄褐色，半透明；小脉明显位于基脉外侧；小翅室五边形(近似四边形)，第 2 回脉在它的下外角的稍内侧相接；外小脉在近中央处曲折；后小脉在中央稍下方曲折。足正常，爪简单。并胸腹节均匀隆起，粗糙，具不规则的皱纹，端区处大致呈横皱状；可见侧纵脊和外侧脊，端横脊的侧面可见，其他脊不明显；气门近似圆形。

腹部较扁。第 1 节背板基半部明显细柄状，具细纵皱；端半部质地与并胸腹节相近，粗糙，具不规则的皱纹；背中脊约达第 1 节背板中央。第 2 节背板基部稍呈皱状，向后部至腹末相对光滑。

体黑色。触角柄节腹侧端缘、鞭节端半第(13)14~第 27(28)节，颜面，唇基，上唇，上颚(端齿除外)，额眼眶，头顶眼眶，上颊前上部，前胸侧板，前胸背板上后部，小盾片，后小盾片，翅基下脊，中胸侧板中前部的斑，足的基节、转节(后足基节背侧基部黑色)、胫节亚端缘均为黄色；足红褐色，末跗节端半及爪色深，前中足腿节背侧、后足腿节黑色；腹部第 1 节柄部，第 2~第 4 节背板，第 5、第 6 节背板基部侧面的斑、第 1~第 6 节腹板(第 5、第 6 节腹板中央黑色)红褐色；翅基片前内缘黄白色，后外侧褐黑色；翅黄褐色，翅痣和翅脉褐黑色。

分布：江西、广东、香港。

观察标本：1♂，江西全南，2010-06-09，集虫网。

256. 汤氏角突姬蜂 *Megalomya townesi* He, 1991 (图版 XXII：图 157)

Megalomya townesi He, 1991. Oriental Insects, 25:150.

♀ 体长约 30.0 mm。头胸部(含并胸腹节)之和长约 10.0 mm。腹部长约 20.0 mm。前翅长约 16.5 mm。

颜面宽约为长的 2.0 倍，不均匀隆起，上缘中央具伸向额的突起；几乎光滑，具非常弱而不明显的细刻点。唇基沟不明显。唇基平且非常宽短，宽约为长的 4.4 倍；端部具非常细的纵皱纹；端缘平截。上颚非常强大，基半部具不均匀的细刻点；亚基部比基部稍细，端部光滑光亮；下端齿稍长于上端齿。颚眼距非常短，几乎消失。上颊较长，侧面观，长约为复眼横径的 2 倍；光滑，无明显的刻点(刻点特别稀且细浅)。头顶非常抬高；单眼区强烈隆起(但明显低于头顶)，非常小，单眼间距非常小，几乎连在一起；中单眼几乎与额中央的突起相连。额强烈下凹，具 1 强大且强度侧扁的大中凸；亚侧缘纵向隆起。触角非常短；鞭节 33 节，中部稍扁。后头脊完整，但背面亚中部非常弱；侧面上部特别强壮，稍向外隆起。

胸部几乎光亮。前胸背板光滑，侧凹非常浅，后上部具非常稀的细刻点；前沟缘脊非常弱，但可见。中胸盾片相对较平坦，具非常细的刻点(前部的较弱，后部的较清晰，后部中央较稠密)；盾纵沟清晰。小盾片不明显隆起，刻点非常稀且细弱而不明显；无侧脊。后小盾片平，具细刻点，后部中央具 1 突起。中胸侧板具细浅的毛刻点，后缘下部隆起呈厚边状；胸腹侧脊未伸达中胸侧板前缘。后胸侧板具清晰的细刻点；后胸侧板下缘脊强烈隆起。翅褐色透明；小脉明显位于基脉外侧；小翅室五边形(近似四边形)，第 2 回脉在它的下外角的稍内侧相接；后小脉在中央稍下方曲折。并胸腹节均匀隆起，粗糙，具非常细且不规则的纵皱纹；外侧脊及端横脊的侧面可见，其他脊不明显；气门近似圆形。

腹部光滑光亮，非常扁；端部背板的侧面具短柔毛。下生殖板端部稍短于末节背板。产卵器鞘稍伸出腹部末端。

体红褐色；颜面及触角鞭节亚端部稍带黄色；翅基下脊及小盾片端部黄色；足褐色；触角鞭节端部及胸部的接缝处褐黑色；腹部端部背板中央不均匀地带褐黑色；翅痣褐色；翅脉褐黑色。

分布：江西、河南、浙江。

观察标本：2♀♀，江西吉安，174 m，2009-04-16，集虫网；1♀，河南内乡宝天曼，1500 m，1998-07-12，孙淑萍。

十五、壕姬蜂亚科 Lycorininae

前翅长 3.0~7.0 mm。有唇基沟。唇基端缘平截或凹。有眼下沟。上颚具 2 端齿，下端齿稍短于上端齿。雄性触角无角下瘤。腹板侧沟缺或短而不明显。无中胸腹板后横脊。后胸侧板下缘脊完整，前部 1/3 较高，呈叶状。并胸腹节背侧角突出，与后胸盾片的突起相接。爪的栉齿达端部。无小翅室；第 2 回脉具 1 短的弱点；后小脉在中央下方曲折或不曲折。腹部第 1 节粗壮，气门位于中部前侧；腹板与背板分离；有基侧凹；第 1~第 4 节背板中央具 1 三角形突起区，该区有沟包围。雌性下生殖板大，三角形，端部中央无缺刻。产卵器鞘长为后足胫节长的 1.3~1.7 倍。产卵器端部矛形，背面无缺刻，腹瓣具斜脊。

该亚科仅含 1 属。

135. 壕姬蜂属 *Lycorina* Holmgren, 1859

Lycorina Holmgren, 1859. Öfversigt af Kongliga Vetenskaps-Akademiens Förhandlingar, 16:126. Type-species: *Lycorina triangulifera* Holmgren.

全世界已知 30 种；中国已知 6 种；江西已知 1 种。

257. 梢蛾壕姬蜂 *Lycorina spilonotae* Chao, 1980 (图版 XXII：图 158) (江西新记录)

Lycorina spilonotae Chao. Entomotaxonomia, 2(3):165, 167.

♀ 体长 4.7~7.5 mm。前翅长 3.5~6.5 mm。产卵器鞘长 3.0~3.5 mm。

颜面宽约为长的 1.4 倍；中央及两侧稍隆起，具稀疏的粗浅刻点；亚侧部稍凹，具较弱的粗横皱；触角窝下方明显下凹；亚上缘中央具 1 小突起。具明显的唇基沟。唇基基部中央稍隆起，无刻点，具较稠密的褐色绒毛；端缘中央平截。颊较光滑；眼下沟深。颚眼距约为上颚基部宽的 0.7 倍。上颊和头顶光滑光亮，具稀疏的褐色短毛；前者向后部明显加宽。侧单眼间距约为单复眼间距的 1.2 倍。额光亮，下部中央凹；触角间具细弱的纵脊；触角相对较粗壮；鞭节 31 节。后头脊完整。

前胸背板光滑，后下缘的前部具短纵皱，后上角具稀疏的细刻点；前沟缘脊强壮，上端突出呈钝齿状。中胸盾片均匀隆起，具稠密的边缘不清晰的粗刻点；盾纵沟非常弱且不明显。小盾片稍粗糙，基部中央略凹，后部稍抬高，后端中央弧形；侧脊强壮，伸达端部。后小盾片光滑，亚三角形。中胸侧板具较稀的细刻点；中后部稍隆起；胸腹侧脊未抵达中胸侧板前缘，但在中胸侧板大约1/2稍高处明显向前曲折，而后向后部延伸；中胸侧板凹及周围光滑光亮，中胸侧板凹深凹。后胸侧板前部较光滑，具细刻点；基间脊清晰；后部具弱的细皱；后胸侧板下缘脊前部强烈突起。翅淡褐色，透明；小脉位于基脉内侧，二者间的距离约为小脉长的0.25倍；无小翅室，肘间横脉位于第2回脉的内侧，二者间的距离约为肘间横脉长的0.7倍；外小脉明显内斜，约在中央稍下方曲折；后小脉明显内斜，约在下方0.1处曲折；后盘脉细弱，几乎无色。后足胫节稍长于跗节长度之和。爪具稠密的栉齿。并胸腹节均匀隆起，具稀疏的粗刻点；基横脊不清晰，分脊较弱；端横脊强壮；中纵脊较弱，两侧近平行；侧纵脊和外侧脊明显；具弱的侧突；气门小，圆形，约位于并胸腹节基部0.35处。

腹部稍扁，背板具稠密粗糙的刻点。第1~第5节背板后部中央具由深沟围成的三角形隆起区，三角形区的外侧具由深沟包围的亚菱形隆起区；第1节背板宽短，基部中央凹、光滑，长约为端宽的0.8倍；背中脊强壮，约伸达第1节背板中央；第2~第4节背板两侧近平行；第5节背板向后稍收敛，背板后部中央向后稍突出；第6节以后背板显著收敛。产卵器鞘长约为后足胫节长的1.6倍，产卵器亚端部强壮，端部尖细，腹瓣端部约具5条纵脊。

黑色，下列部分除外：触角鞭节端部及腹侧带棕褐色；梗节腹侧端缘，颜面(下缘及唇基沟黑色)，唇基，上颚(除端齿)，下唇须，下颚须，颊，上颊眼眶，后头眼眶，额眼眶，前胸背板上缘，中胸盾片侧叶前部的三角斑、中叶亚后部两侧的条斑，小盾片(除基部中央)，后小盾片，翅基片及前、后翅翅基，翅基下脊，中胸侧板前部中央的亚三角斑，并胸腹节中央的不规则的大横斑，前中足基节(基部除外)、转节，腹部第1节背板的基部、各节背板的端缘均为黄色；前中足黄至红褐色；后足腿节深红褐色(基部多多少少黑色)，胫节基部黄白色、亚基部及跗节端半部带红褐色；前翅端角色稍暗；翅痣(中央褐色)及翅脉褐黑色。

分布：江西、河南、河北、北京、山东、辽宁。

观察标本：2♀♀，江西全南，650 m，2008-09-20，集虫网。

十六、菱室姬蜂亚科 Mesochorinae

颜面和唇基之间无明显的唇基沟。上颚具2齿。跗节的爪通常栉状。小翅室大且呈菱形。腹部第1背板通常向基部强烈收缩，基侧凹非常大，气门位于它的中部或近中部。腹部端部通常稍侧扁。雄性阳茎基侧突非常细长。雌性下生殖板特别大，侧面观呈三角形。产卵器鞘通常光滑、坚硬。产卵器非常细。

该亚科含13属，全世界分布；我国已知5属；江西已知1属。

136. 菱室姬蜂属 *Mesochorus* Gravenhorst, 1829

Mesochorus Gravenhorst, 1829. Ichneumonologia Europaea, 2:960. Type-species: *Mesochorus splendidulus* Gravenhorst. Designated by Curtis, 1833.

主要鉴别特征：颜面上缘具多多少少明显的横脊，该脊在中央向下弯；无后盘脉，后小脉不曲折；复眼下缘与唇基的侧角之间具多多少少明显的沟；胸腹侧脊的背端未抵达中胸侧板前缘。

该属是一个非常大的属，全世界已知近 697 种；我国已知 25 种；江西已知 4 种(含 1 新种)。据报道(Yu et al., 2005)，已知寄主 500 余种。

258. 短尾菱室姬蜂 *Mesochorus brevicaudus* Sheng, 2009 (图版 XXII：图 159) (江西新记录)

Mesochorus brevicaudus Sheng, 2009. Insect Fauna of Henan, Hymenoptera: Ichneumonidae, p.164.

♀ 体长 6.5~7.5 mm。前翅长 5.5~6.5 mm。产卵器鞘长约 1.0 mm。

头稍宽于胸部，复眼内缘在触角窝处稍凹。颜面宽约为长的 1.3 倍，具较稠密的粗皱点，但亚侧缘较稀且细，侧缘光滑无刻点；颜面上缘在触角窝之间具横脊，中央纵向隆起，亚中部略纵凹。唇基中央强烈隆起；具稀疏的细刻点；端缘略呈弧形。上颚基部较光滑，具纵纹和刻点；上端齿与下端齿等长。颊区具细纵纹，在复眼下缘与上颚上缘基部之间具 1 条细沟；颚眼距约为上颚基部宽的 0.6 倍。上颊稍隆起，较光滑，具稠密的刻点，中部最宽，向后稍收窄。头顶较平，光滑，具非常稀疏的细刻点；头顶在侧单眼后强烈下斜；侧单眼间距约为单复眼间距的 0.8 倍。额光滑光亮，靠触角窝处凹陷，具明显的中纵沟；触角丝状，鞭节 37 节，第 1~第 5 鞭节长度之比依次约为 18∶10∶9∶9∶8。后头脊完整。

前胸背板较光滑，具稀疏的毛细刻点；前沟缘脊存在。中胸盾片均匀隆起，具非常细的刻点；盾纵沟明显，达中胸盾片中部。小盾片隆起，光滑光亮，无刻点。后小盾片横形，光滑光亮无刻点。中胸侧板具较稀疏且非常细的刻点；胸腹侧脊背端距中胸侧板前缘有一定距离；腹板侧沟前半部清晰可见；镜面区非常大。后胸侧板较平，具非常弱浅且稀的细刻点；下缘脊完整，非常强壮。翅稍带褐色透明；小脉位于基脉的稍外侧；小翅室大，菱形，肘间横脉几乎等长，第 2 回脉约在它的下方中央与之相接；外小脉约在上方 1/3 处曲折；后小脉不曲折，无后盘脉。足正常；后足第 1~第 5 跗节长度之比依次约为 22∶8∶6∶4∶6；爪较细小，具细栉齿。并胸腹节前中部明显隆起；具非常稀疏的细刻点，中区、第 2 侧区和端区光滑光亮；分区完整；中区六边形(前方非常窄)，狭长；分脊约出自中区的中央；气门圆形。

腹部光滑光亮。第 1 节背板长约为端宽的 2.5 倍，基部中央深凹；基侧凹非常大且深，二者在中央仅由一层薄膜相隔；气门小，圆形，突出，位于该节背板长的 1/2 处。第 2 节背板长约为端宽的 1.25 倍。第 3 节背板长约为基部宽的 1.1 倍，约为端宽的 1.2 倍。第 6 节背板端部中央前凹。下生殖板大，侧观呈三角形。产卵器鞘大部分被包在下生殖板内。

体黑色，下列部分除外：鞭节暗褐色；内眼眶，上颚(端齿黑褐色除外)，下唇须，下颚须，颊区，上颊下部，前胸背板后上角，翅基片及前翅翅基，翅基下脊的小斑，前中足的腹面白色；前胸侧板下端，前胸背板前缘下部，中胸盾片后缘，小盾片、后小盾片及两侧的凹槽，中胸侧板，后胸侧板(下后部带黑色)均为红褐色；足黄色(后足胫节基端和末端褐黑色)；腹部第 2 节背板端缘黄色；翅脉褐色，翅痣灰黄色。

分布：江西、河南。

观察标本：1♀，江西官山，430 m，2009-03-31，集虫网；1♀，河南内乡宝天曼，1300~1500 m，1998-07-12，盛茂领。

259. 盘背菱室姬蜂 *Mesochorus discitergus* (Say, 1835)

Cryptus discitergus Say, 1835. Boston Journal of Natural History, 1(3):231.
Mesochorus discitergus (Say, 1835). He, Chen, Ma. 1996: Economic Insect Fauna of China, 51: 376.

分布：江西、河南、吉林、辽宁、江苏、安徽、浙江、湖北、湖南、福建、广东、广西、四川、贵州、云南；日本，印度，苏联，匈牙利，英国，奥地利，意大利，南非，美国，加拿大，墨西哥。

260. 官山菱室姬蜂，新种 *Mesochorus guanshanicus* Sheng & Sun, sp.n. (图版 XXII：图 160)

♀ 体长约 7.0 mm。前翅长约 6.0 mm。触角长约 8.5 mm。产卵器鞘长约 0.8 mm。

头稍宽于胸部，复眼内缘在触角窝处的凹痕不明显。颜面上方稍窄，宽约为长的 1.4 倍；具较稠密的粗点，侧缘刻点稀且粗；颜面上缘在触角窝之间具“V”形脊，中央纵向稍隆起，亚中部略纵凹。唇基中央稍隆起；中部光亮、刻点稀且粗，两侧粗糙、刻点稠密；中部具 1 浅横压痕；端部光滑光亮；端缘弧形，中段几乎平直。上颚基部较光滑，具细纵纹和刻点；上端齿与下端齿等长。颊区具细纵纹；颚眼距约为上颚基部宽的 0.4 倍。上颊稍隆起，具稠密的粗刻点，中部最宽，向后稍收窄。头顶具细刻点；在侧单眼后强烈下斜，后部中央光滑；侧单眼间距约为单复眼间距的 0.8 倍。额的下部(触角窝上方)凹，具较稠密的弱细横皱；中央稍隆起，具明显的中纵沟；触角丝状，鞭节 42 节，第 1~第 5 鞭节长度之比依次约为 3.1∶2.0∶1.8∶1.7∶1.6。后头脊完整。

前胸背板前部及侧凹较光滑，具不明显的细刻点；后上部具清晰的细刻点；前沟缘脊存在。中胸盾片均匀隆起，具稠密均匀的细刻点；盾纵沟明显。小盾片隆起，质地和刻点与中胸盾片相似。后小盾片横形。中胸侧板具稠密且非常细的刻点；胸腹侧脊背端伸达中胸侧板前缘，约伸达中胸侧板高的 0.7 处；腹板侧沟前半部清晰可见；镜面区非常大；中胸侧板凹沟状。后胸侧板均匀隆起，具稠密的细刻点；下缘脊完整。翅稍带褐色，透明；小脉与基脉相对；小翅室大，菱形，肘间横脉几乎等长，第 2 回脉约在它的下方中央的稍内侧与之相接；外小脉约在上方 0.35 处曲折；后小脉不曲折，无后盘脉。足正常；后足第 1~第 5 跗节长度之比依次约为 5.8∶2.4∶2.0∶1.1∶1.2；爪细小，简单。并胸腹节明显隆起；较光滑，第 1、第 2 侧区具非常稀疏的细刻点，外侧区具较稠密的细刻点；分区完整；中区呈狭长的六边形，长约为分脊处宽的 1.4 倍；分脊出自中区中央稍上方；气门圆形。

腹部光滑光亮。第 1 节背板长约为端宽的 3.4 倍，基部中央深凹；基侧凹非常大且深，二者在中央仅由一层薄膜相隔；背中脊不明显，背侧脊在气门之前清晰；气门小，圆形，隆起，约位于该节背板长的 1/2 处。第 2 节背板长约为端宽的 1.2 倍。第 3 节背板两侧近平行，长约为宽的 1.1 倍。以后背板向后渐收敛。下生殖板大，侧观呈三角形，末端超过腹末。产卵器鞘长约为后足胫节长的 0.5 倍；产卵器细针状。

体黑色，下列部分除外：触角，颜面(两侧黄白色)，上颚(端齿暗红褐色)，颊，上颊前部及后部上缘，头顶眼眶及额眼眶(外缘红褐色)，前胸背板后上角，翅基片及前翅翅基，翅基下脊，各足(前中足腹面黄白色)均为黄褐色；下颚须，下唇须黄白色；前胸侧板下端，前胸背板前缘，中胸侧板中后部暗红褐色；翅脉暗褐色，翅痣褐黑色。

正模 ♀，江西官山，450~470 m，2010-05-09，集虫网。

词源：新种名源自标本采集地名。

该新种与敛菱室姬蜂 *M. convergens* Sun & Sheng, 2009 较相似，可通过下列特征区别：后小脉稍外斜；镜面区及周围较大面积光滑光亮，无刻点；触角黄褐色；颜面褐黄色；中胸盾片和后小盾片完全黑色；小盾片黑色，稍带暗褐色。敛菱室姬蜂：后小脉垂直；镜面区非常小，前部具细刻点，周围具稠密的刻点；触角深褐色；颜面黑色，侧缘黄褐色；中胸盾片外缘、盾纵沟及后部中央，小盾片，后小盾片红褐色。

261. 依菱室姬蜂 *Mesochorus ichneutese* Uchida, 1955 (图版 XXII：图 161) (江西新记录)

Mesochorus ichneutese Uchida, 1955. Insecta Matsumurana, 19:7.

♀ 体长 7.0~8.0 mm。前翅长 5.5~6.0 mm。产卵器鞘长 0.8~1.0 mm。

头宽于胸部，复眼内缘在触角窝稍上方处有凹痕。颜面宽约为长的 1.6 倍，具较稠密的刻点(两侧缘刻点较稀)；触角窝下缘形成横脊，中央明显向下凹；中央纵向明显隆起，形成光滑的纵脊，亚中部略凹。唇基稍隆起；基部中央具稀疏的粗刻点，两侧刻点细密且具细斜纹；端缘中央呈弧形。上颚基部稍粗糙，具细纵纹；上端齿几乎等长于下端齿。颊具细纵纹，在复眼与上颚间有沟；颚眼距约为上颚基部宽的 0.54 倍。上颊稍隆起，具稠密的粗刻点，刻点直径大于刻点间距；中部稍宽，侧观约为复眼横径宽的 0.7 倍。头顶具与上颊相似的刻点；单眼区外侧刻点相对稀少，后部具黄白色短毛；单眼区较光滑，具非常稀的细毛刻点；中单眼具围凹，侧单眼外侧弧形凹；侧单眼间距约为单复眼间距的 0.8 倍。额在触角窝后方稍凹陷；下半部较光滑，上半部及两侧具稀刻点；具浅中纵沟，该沟延至两触角窝之间。触角纤细，丝状，稍长于体长，鞭节 39 节，第 1~第 5 鞭节长度之比依次约为 2.7∶1.7∶1.4∶1.4∶1.3。后头脊完整。

前胸背板具稠密的细刻点；侧凹基部(下部)宽阔，具较细的刻点，上部狭，具稀疏的细横皱；后上角突出且形成瘤突；前沟缘脊明显。中胸盾片均匀隆起，具稠密的细刻点，后部两侧刻点稀、浅且少；盾纵沟较明显，达中胸盾片的后缘。小盾片明显隆起，被稀疏的细刻点，刻点直径小于刻点间距。后小盾片小，横形，被细刻点。中胸侧板上部具稠密的细刻点，镜面区及其前方光滑无刻点，下部刻点粗大；胸腹侧脊明显，高度约超过中胸侧板高的 1/2，其上端远离中胸侧板的前缘；镜面区大；中胸侧板凹坑状。后胸侧板具与中胸侧板上部相似的细刻点，下缘形成短纵脊。翅褐色透明；小脉位于基脉的稍外侧(几乎对叉)；小翅室大，菱形，具短柄，第 2 肘间横脉稍长于第 1 肘间横脉，第 2 回脉约在它的下方中央稍内侧与之相接；外小脉约在上方 1/3 处曲折；后小脉不曲折，后盘脉完全不存在。足正常，基节短锥形膨大；后足第 1~第 5 跗节长度之比依次约为 5∶2∶1.3∶1∶1；爪下具细栉齿。并胸腹节前部明显隆起，较光滑，被稀浅的细刻点(端区刻点稠密并具模糊的细皱)；分区明显；基区小；中区狭长，五边形(约在中央达最宽)；分脊约在中区中央伸出；端区明显大于第 2 侧区；气门圆形。

腹部纺锤形，较光滑，细革质状表面，具极稀少且不均匀的细刻点。第 1 节背板基部细长，具基侧凹；背中脊基部明显；长约为端宽的 2.7 倍；气门小，圆形，突出，约位于第 1 节背板长的 1/2 处。第 2 节背板梯形，基部两侧具窗疤；第 2 节背板长约为端宽的 0.85 倍。

体黑色，下列部分除外：触角鞭节暗褐色；颜面两侧，唇基，上颚(端齿黑色)，下唇须，下颚须，颊，上颊前缘，前胸背板前缘及后上角的瘤突，足黄褐至暗褐色；头顶眼眶，后头眼眶，上颊眼眶后半部红褐色；翅基片，前翅翅基黄褐色；翅痣褐色；翅脉黑褐色；腹部第 2 节背板基半部黑褐色，端部及以后背板红褐色。

分布：江西、河南；朝鲜，日本。

观察标本：7♀♀2♂♂，江西吉安天河林场，2008-05-21~08-30，集虫网；2♀♀5♂♂，江西吉安双江林场，174 m，2009-04-09~28，集虫网；3♀♀3♂♂，江西全南，2008-05-04~2009-09-19，集虫网；3♀♀，江西官山，400~500 m，2009-08-10~2010-05-09，集虫网；1♀，江西武夷山，1170 m，2009-09-22，集虫网；3♀♀1♂，江西资溪马头山林场，2009-04-10~05-01，集虫网；6♀♀，江西安福，2011-07-17~11-04，集虫网。

十七、盾脸姬蜂亚科 Metopiinae

主要鉴别特征：体较粗壮；足通常较粗短；颜面上缘中央突起，伸向触角间；颜面隆起呈均匀的突面(盾脸姬蜂属 *Metopius* 的颜面凹平)，通常周围由脊状边包围；无唇基沟；上颚具 2 端齿，或仅具 1 齿；柄节卵圆形，长小于宽的 1.7 倍；盾纵沟短，或无；前中足第 2 转节与腿节分节不明显；爪简单或栉状；第 2 回脉通常具一弱点；腹部扁，一些属的种类的端部呈圆形；产卵器藏于下生殖板内而不伸出腹外。

该亚科已知 26 属；我国已知 10 属；江西仅知 4 属。

盾脸姬蜂亚科江西已知属检索表

1\. 颜面几乎整个表面呈一个大且平或凹的面，周围由隆起的脊状边缘包围；中足胫节具 1 距……………………………………………………………………………… **盾脸姬蜂属 *Metopius* Panzer**

颜面整个表面隆起；中足胫节具 2 距(*Acerataspis* 的雄性除外)……………………………… 2

2\. 额具非常强壮的片状纵凸，凸的上部背面具深的中纵沟；腹部第 3~第 5 节背板的折缘发育正常；前中足的爪通常简单……………………………… **圆胸姬蜂属 *Colpotrochia* Holmgren**

额无角状或片状纵凸，或具强壮的片状纵凸，凸的上部背面具深的中纵沟；腹部第 3~第 5 节背板的折缘缺(或非常狭窄)；前中足的爪具强壮的栉齿……………………………… 3

3\. 额具强壮的片状纵凸；前翅具小翅室；腹部膨大，第 5、第 6 节明显宽于前面的节，第 6 节端部亚球状圆形，第 2 节背板具 1 对中纵脊；雄性第 7 节退缩在前节下或退化，中足胫节具 1 距……………………………………………………………………………… **方盾姬蜂属 *Acerataspis* Uchida**

额正常，无中纵凸起；前翅无小翅室；腹部侧缘平行，第 2 节背板具 1 条中纵脊，常具亚侧纵脊；雄性第 7 节背板正常，显露在前节背板之后，所有胫节具 2 距……………………………………………………………………………… **黄脸姬蜂属 *Chorinaeus* Holmgren**

137. 方盾姬蜂属 *Acerataspis* Uchida, 1934 (江西新记录)

Cerataspis Uchida, 1934. Transactions of the Sapporo Natural History Society, 13(3):275. Name preoccupied by Gray, 1828. Type-species: *Cerataspis clavata* Uchida; original designation.
Acerataspis Uchida, 1934. Insecta Matsumurana, 9:23. New name.

体具强壮的刻点。颜面和唇基均匀且适当隆起。颜面上缘向上延伸 1 高的三角形凸起，伸达至中单眼 0.7 的距离，该凸起亚背面薄片状，背缘稍扩展，背脊上具 1 深沟。颚眼距约 0.4 倍于上颚基部宽。上颚适度狭窄，上端齿稍大于下端齿。上颊非常短，通常平。触角鞭节细长。后头脊完整。前胸背板上缘较斜状增厚，亚背缘有些平。小盾片短，横行，侧面端部拉长呈齿状，侧脊伸至端部。小翅室大；小脉与基脉对叉，或位于基脉稍外侧。后小脉约在下方 0.4 处曲折。前中足转节与腿节下侧之间的缝弱且不明显；雄性中足胫节具 1 细端距，雌性具 2 端距；雌性中足的前距 1.1 倍长于后距；后足胫节具 2 距；所有的跗节具长栉齿。腹板侧沟阔凹。后胸侧板完全被毛刻点覆盖。并胸腹节气门短椭圆形。腹部隆起，棍棒状，端部圆形，第 6 节背板呈圆形且下弯。第 1 节背板相对短，气门约位于基部 0.25 处，侧脊缺或稍微显现；基部 3 节背板由基部至端部具 1 对完整的中纵脊；折缘退化，狭窄且厚；第 7、第 8 节缩进前面的节下。雌性第 6 节腹板横向、非特化。

全世界已知 7 种；中国已知 6 种；江西已知 1 种。寄主不详。

262. 棒腹方盾姬蜂 *Acerataspis clavata* (Uchida, 1934) (图版 XXII：图 162) (江西新记录)

Cerataspis clavata Uchida, 1934. Transactions of the Sapporo Natural History Society, 13(3):275.

♀ 体长 7.5~12.0 mm。前翅长 6.0~8.5 mm。

体被黄褐色短毛。头部较短，稍窄于胸部；复眼内缘在触角窝稍上方处显著凹陷。颜面与唇基无沟分隔，二者形成均匀隆起的圆表面(长大于端宽)，具稠密的粗皱刻点；唇基端缘弱弧形前隆。上颚狭长形，基部具细刻点；2 端齿长而尖，上端齿稍长于下端齿。颊具稀疏的粗刻点，颚眼距为上颚基部宽的 0.45~0.55 倍。上颊向后强烈收敛，具非常稠密的细粒状表面和稀疏的粗浅刻点。头顶稍光滑，侧单眼外侧刻点较稀疏，后部具稠密的斜细皱和细刻点；单眼区显著隆起，中央具浅细的纵沟；侧单眼后方至后头脊非常陡峭地下斜；侧单眼间距为单复眼间距的 1.25~1.3 倍。额在触角窝上方显著凹陷，稍光滑，上部具稠密的细刻点；触角窝之间具强烈隆起的纵脊(纵脊向前连接颜面，向后未达中单眼)。触角约与体等长或稍长于体长，鞭节 53~63 节，各小节较短；第 1 鞭节相对较长，为第 2 节长的 1.5~1.6 倍，其余各节非常匀称，依次向端部非常弱地变短(相邻节几乎无差异)。后头脊完整。

前胸背板前缘及宽阔侧凹光滑光亮，仅前下方具粗纵皱；后上部具稠密的粗刻点；前沟缘脊非常强壮。中胸盾片稍隆起，具稠密的粗刻点；前缘处平缓下降；无盾纵沟。盾前沟非常深且宽，具稠密的短纵皱。小盾片短，横形，均匀隆起，具稠密的皱刻点；端侧方强齿状突出，侧脊伸至齿端。后小盾片稍隆起，具稠密的细刻点。中胸侧板较隆起，具稠密的粗刻点；胸腹侧脊达翅基下脊，上端较弱；中胸侧板凹上方具光滑光亮区。后胸侧板相对光滑，刻点细弱；基间脊完整，基间区较光滑；后胸侧板下缘脊完整，前部强烈凸起。翅带褐色，透明；小脉与基脉相对或位于其稍内侧；小翅室大而宽；第2回脉位于它的下方中央的稍内侧；外小脉明显内斜，在下方0.25~0.3处曲折；后小脉约在下方1/3处曲折。足腿节特别膨大，前足腿节稍侧扁；后足第1~第5跗节长度之比依次约为 8.0∶3.0∶2.1∶1.2∶1.8；胫距细长；爪基部具强栉齿。并胸腹节均匀隆起，脊较强壮；基区与中区愈合，近六角形，较光滑、上方具弱横皱，长约为宽的1.2倍，后缘近平直；分脊约在中央相接；其余区域具模糊的弱皱；气门卵圆形，位于并胸腹节近基部，靠近外侧脊。

腹部棒状，具稠密的粗皱刻点，亚端部膨大，第1~第3节背板各具2条平行的中纵脊。第1、第2节背板两侧近平行，第5节背板为腹部最宽处；第6节背板向后稍收敛，端部钝圆，其余部分缩入其下。产卵器短针状，亚端部稍缢缩。

体黑色，具黄斑。颜面和唇基愈合部分上方约0.7，触角间高耸的叶状突，触角柄节(端缘褐色)，下唇须，下颚须，翅基片，翅基下脊，小盾片及端侧突(或仅端侧突)，后小盾片(或黑色)，第1~第5节背板的端横带(第1~第3节背板中央的横带通常断开)，前中足基节端部、转节、腿节腹侧及端部、胫节和跗节(跗节端半部带褐色)，后足转节、胫节亚基段均为黄色；触角背侧黑褐色，腹侧红褐色；翅痣和翅脉褐黑色。

♂ 体长7.5~12.0 mm。前翅长5.5~9.5 mm。触角鞭节50~62节。

分布：江西、浙江、四川、广西、福建、云南；朝鲜，日本。

观察标本：1♀34♂♂，江西全南，409~700 m，2008-04-29~10-20，集虫网；3♀♀6♂♂，江西全南，330~335 m，2009-05-06~06-29，集虫网；7♂♂，江西全南，2010-07-07，集虫网；1♀，江西宜丰，450 m，2008-07-15，集虫网；13♂♂，江西吉安，2008-05-12~07-07，集虫网；15♂♂，江西吉安双江林场，174 m，2009-05-10~06-22，集虫网；4♂♂，江西安福，120~210 m，2011-05-09~06-13，集虫网。

138. 黄脸姬蜂属 *Chorinaeus* Holmgren, 1858

Chorinaeus Holmgren, 1858. Kongliga Svenska Vetenskapsakademiens Handlingar, (N.F.), 1(2) (1856):320. Type-species: *Exochus funebris* Gravenhorst. Designated by Viereck, 1912.

主要鉴别特征：体具非常粗糙的刻点；颜面和唇基形成均匀且中等强的隆起。颜面上缘中央的突起近三角形，顶端几乎呈90°角；前胸背板亚上缘具1平行于上缘的宽且浅的沟；中胸腹板后横脊在中足基节前中断；小盾片抛物线状，几乎平，侧脊较矮，顶端几乎不形成小齿；无小翅室；小脉位于基脉外侧；后小脉约在下方0.35处曲折。前中足的爪具强栉齿；后足的爪几乎简单。腹部侧缘几乎平行；第1节的气门约位于基部0.25处；第2节背板的侧脊至多至背板长的0.4；第3节背板具1中纵脊，约至背板长的0.7处。

全世界已知44种；我国已知3种；江西已知1种。

263. 稻纵卷叶螟黄脸姬蜂 *Chorinaeus facialis* Chao, 1981 (图版 XXII：图 163)

Chorinaeus facialis Chao, 1981. Acta Zootaxonomica Sinica, 6:176.

♂ 体长约 9.5 mm。前翅长约 5.5 mm。触角长约 6.5 mm。

颜面宽约为长的 1.5 倍，呈均匀隆起的圆表面，具均匀稠密的粗刻点；上缘中央具 1 三角形尖突伸入触角窝之间。颜面与唇基间具弱的弧形唇基沟的痕迹。唇基具与颜面一致的粗刻点(稍稀)，中部稍隆起，端缘中段几乎平截。上颚短小，向端部显著收敛，基部具细而稠密的刻点；2 端齿小而尖，上端齿稍长于下端齿。颊均匀隆起，刻点同颜面(稍细)，颚眼距约为上颚基部宽的 1.1 倍。上颊向后强烈收敛，具稠密均匀的微细刻点。头顶质地与上颊相似，侧单眼外侧刻点稍稀疏；单眼区隆起，中央具细纵沟；侧单眼后方至后头脊非常陡峭地下斜；侧单眼间距约为单复眼间距的 1.5 倍。额在触角窝上方凹，凹内光滑光亮无刻点；侧方及上部具稠密均匀的微细刻点。触角鞭节 42 节，各节较短，第 1 鞭节相对稍长，其余各节非常匀称，依次向端部非常弱地变短(相邻节差异非常小)。后头脊完整。

前胸背板侧面宽大地深凹陷，光滑光亮无刻点和毛，仅上缘和后上角具毛刻点及后下角处具短斜皱。中胸盾片稍隆起，前缘处几乎垂直下降，后方具浅中纵沟；具非常稠密的毛细刻点；无盾纵沟。盾前沟具稠密的短纵皱。小盾片稍隆起，具稠密的细皱状刻点，端部中央略凹；侧脊完整突出。后小盾片不明显。中胸侧板明显隆起，具稠密均匀的微细刻点，中部后方(中胸侧板凹处)具 1 较大且光滑光亮的深凹；胸腹侧脊细，中部向后稍折曲，上端抵达中胸侧板前上缘和翅基下脊的前下部；翅基下脊下方具 1 显著的横沟。后胸侧板前部不规则横凹，表面相对光滑、具稀疏不明显的细刻点，近下缘处光滑；后胸侧板下缘脊完整，亚前部稍凸起。翅稍带褐色，透明；小脉位于基脉稍外侧；无小翅室，第 2 回脉位于肘间横脉的外侧，二者之间的距离约等于肘间横脉的脉长；外小脉约在下方 1/3 处曲折；后小脉约在下方 0.1 处曲折。后足基节呈短锥形膨大，腿节和胫节端部非常粗壮，胫距强壮；爪简单。并胸腹节脊强壮，基区和中区合并，相对光滑，有弱皱点和长毛，长约为宽的 2.0 倍，中央稍收缩且基部稍窄；其余区域具稠密的长毛和细刻点；气门横椭圆形，靠近外侧脊。

腹部第 1 节背板长约等于端宽，基部中央深凹，后部及侧方具稠密的粗皱；纵脊完整，中纵脊之间具稀细的刻点；气门小，圆形，位于第 1 节背板的中央之前。第 2、第 3 节背板具稠密的粗刻点，第 2 节背板基部具几乎平行的纵脊(中纵脊约伸达端部 0.2 处)。以后的背板具稠密的粗刻点。

体黑色。触角柄节和梗节腹侧(端缘褐色)黄色，背侧黑色；触角鞭节背侧黑褐色，腹侧红褐色；颜面，唇基，上颚(端齿黑色)，颊，额眼眶，下唇须，下颚须，翅基片及前翅翅基，前中足(跗节背侧带红褐色)，后足转节、腿节端部 1/3~1/4、胫节基部 2/3 鲜黄色；后足胫节端部褐黑色，跗节深红褐色；翅痣褐黑色，翅脉红褐色至暗褐色。

寄主：稻纵卷叶螟 *Cnaphalocrocis medinalis* (Güenée)。

分布：江西、浙江、福建、湖南、湖北、广东、广西、贵州、云南、四川。

观察标本：1♂，江西全南，470 m，2008-05-04，集虫网。

139. 圆胸姬蜂属 *Colpotrochia* Holmgren, 1856

Colpotrochia Holmgren, 1856. Kongliga Svenska Vetenskapsakademiens Handlingar, 75(1854):80. Type-species: (*Ichneumon elegantulus*) = *cincta* Scopoli; monobasic.

前翅长 5.5~14.5 mm。颜面均匀且微弱隆起。触角间突向上伸至中单眼下方，突的背方具一深的中沟。上颚 2 端齿几乎等长或下端齿稍短于上端齿。头部侧面观，头顶由侧单眼至后头脊几乎呈陡峭的斜平面。中后足胫节具 2 端距。腹部第 1 节背板基部狭窄，背侧脊通常伸达气门；气门位于基部 1/3 之后。

该属是个较大的属，全世界已知 61 种；我国已知 13 种；江西已知 4 种。

圆胸姬蜂属江西已知种检索表

1. 体主要为黄褐色，颜面、小盾片、并胸腹节后部、腹部各节背板黄色至黄褐色，背板基部或多或少黑褐色；触角红褐色……**条圆胸姬蜂 *C. fasciata* (Uchida)**
   体主要为黑色，至少颜面黑色；其他非完全同上述……2
2. 腹部第 2、第 3 节背板基部黑色，端部黄色，黄色部分至少占本节长的 1/2；触角红褐色(或背面稍暗)；中足胫节几乎全部黄色……**毛圆胸姬蜂中华亚种 *C. pilosa sinensis* Uchida**
   非完全同上述，或第 2 或第 3 节背板完全黄色至黄褐色，或触角背面近黑色，或中足胫节端部或两端黑色……3
3. 后小脉强烈内斜；具小翅室……**东方圆胸姬蜂 *C. orientalis* (Uchida)**
   后小脉垂直或稍外斜；无小翅室……**黑身圆胸姬蜂 *C. melanosoma* Morley**

264. 条圆胸姬蜂 *Colpotrochia fasciata* (Uchida, 1940)

Colpotrochioides fasciatus Uchida, 1940. Insecta Matsumurana, 14:130.

Colpotrochioides fasciatus Uchida, 1940. He, Tang, Chen, Ma, Tong. 1992: Iconography of forest insects in Hunan China, p.1243.

♀ 体长约 16.0 mm。前翅长 13.0 mm。体被黄褐色短柔毛。

颜面均匀圆隆起，与唇基间具不明显的浅沟痕，具稠密的粗刻点；唇基稍隆起，具与颜面一致的刻点，端缘中段几乎平直。上唇稍外露，表面光滑，端缘具 1 排长毛。上颚强壮，具细刻点和非常稠密的黄褐色长毛，基部宽阔；上端齿稍长于下端齿。颊具稠密的细刻点，颚眼距约为上颚基部宽的 0.5 倍。上颊宽阔，向后显著收敛，具稠密的毛细刻点。头顶质地同上颊，侧单眼外侧的毛较短，单眼区中央具浅纵沟；侧单眼间距约等于单复眼间距；单眼区后方至后头脊强烈倾斜。额在触角窝上方凹，凹内光滑；上部(中央光滑)具稠密的细刻点；触角窝之间具强烈隆起的纵脊，纵脊的腹侧和背方具细裂缝，背方的裂缝中央具 1 圆凹。触角长约等于体长，鞭节 67 节，第 1 鞭节相对较长、约为第 2 小节长的 2.0 倍，其余各节非常匀称，依次向端部非常弱地变短(相邻节几乎无差异)。后头脊完整强壮。

前胸背板侧面宽大地深凹陷，相对光滑、无刻点和毛，仅前下角具短纵皱；上缘和后上角具不明显的细刻点；前沟缘脊非常强壮。中胸盾片稍隆起，前缘处几乎垂直下降；具相对稀疏的毛细刻点；无盾纵沟。盾前沟非常深且宽，光亮。小盾片较平，具稀疏的细刻点和稠密的短绒毛；仅基部具侧脊。后小盾片平，近矩形，具稀且细的刻点。中胸侧板具稀疏均匀的细刻点，中部较强隆起，后方中央(中胸侧板凹处)具非常大的深凹；胸腹侧脊强壮，抵达中胸侧板前缘及翅基下脊的前端。后胸侧板具非常稀疏的细刻点和短毛；后胸侧板下缘脊完整，前部强烈耳状凸起。翅稍带褐色，透明；小脉位于基脉外侧，二者之间的距离约为小脉长的 0.4 倍；小翅室四边形，具柄；第 2 回脉在它的下方中央处与之相接；外小脉约在下方 1/3 处曲折；后小脉约在下方 1/3 处曲折。足粗壮，腿节较膨大，中后足基节呈短锥形；后足第 1~第 5 跗节长度之比依次约为 6.2∶2.3∶1.7∶1.3∶4.3；胫距短，较粗壮；爪简单。并胸腹节呈均匀的弧形，后部亚中央稍凹；具不明显的浅细刻点和稠密的长毛；侧纵脊仅端部存在，外侧脊完整；气门长椭圆形，长径约为短径的 2.4 倍，下端与外侧脊相接。

腹部具稠密的毛细刻点，第 6 节及以后背板的缘毛长且稠密；亚端部膨大。第 1 节背板长约为端宽的 2.0 倍；背中脊强壮，约抵达气门处；气门小，圆形，突出，约位于第 1 节背板基部 0.35 处。第 2 节背板长约为端宽的 0.74 倍，基部两侧具小窗疤。第 3~第 5 节背板较匀称，两侧近平行，长约为端宽的 0.6 倍。第 6 节及以后背板显著向后收敛。产卵器鞘短，未伸出腹末。

体黄褐至红褐色，下列部分除外：触角柄节、梗节腹侧，缘毛，唇基，上颚(端齿黑色)，颊，小盾片端部及后小盾片，前足(腿节背侧除外)，腹部第 1 节背板基部中央的纵斑、端部 0.2~0.3、第 2 节和第 3 节背板端部 0.4~0.5、第 4 节和第 5 节背板端部不明显的斑均为或稍带黄色；盾前沟，后足腿节端外侧、胫节端外侧，腹部第 1 节背板中段、第 2 节和第 3 节背板基部、第 4 节和第 5 节背板基部两侧的斑黑褐色至黑色；翅基片外侧暗褐色；翅痣黄褐色，翅脉褐黑色。

分布：江西、湖南。

观察标本：1♀，江西吉安双江林场，170 m，2009-04-16，集虫网。

265. 黑身圆胸姬蜂 *Colpotrochia melanosoma* Morley, 1913 (图版 XXIII：图 164) (江西新记录)

Colpotrochia melanosoma Morley,1913. The fauna of British India including Ceylon and Burma, Hymenoptera, 3: 306.

♂ 体长约 11.0 mm。前翅长约 8.5 mm。

体被黄褐色短毛。头部较短，稍窄于胸部；复眼大，内缘在触角窝稍上方处具浅凹。颜面均匀隆起，具稠密的粗刻点。颜面与唇基无沟分隔，二者为一均匀圆凸面。与颜面比，唇基具较稀疏且粗大的刻点，端缘稍呈弧形(中段平)前隆。上颚狭长，具稠密的细刻点；上端齿稍长于下端齿。颊具稠密的粗刻点，颚眼距约为上颚基部宽的 0.3 倍。上颊强烈(几乎直)向后收敛，具稠密的带毛细刻点。头顶光滑光亮，后部具稠密的刻点；单眼区具稀疏的微细刻点，中央纵凹；单眼区后方至后头脊非常陡峭地下斜；侧单眼间距约为单复眼间距的 3.0 倍。额较光滑，上部具稠密的毛刻点，触角窝上方凹；触角窝之间具高耸的中纵脊，纵脊的背面具深裂缝。触角稍短于体长，鞭节 59 节，各节短小，连接紧密；第 1 鞭节相对较长，约为第 2 鞭节的 1.7 倍，其余各节非常匀称，依次向端部非常弱地变短。后头脊完整。

前胸背板侧面呈宽大的深凹陷，凹陷光滑光亮，无刻点和毛；上缘和后上角具稠密的带毛细刻点；下角处具斜皱；前沟缘脊强壮。中胸盾片稍隆起，前部垂直下降，垂直面光滑；背面具稠密且非常细的带毛刻点；盾纵沟不明显。盾前沟深，光滑。小盾片稍隆起，具与中胸盾片近似的毛细刻点；端部光滑，几乎无刻点；仅基部具侧脊；侧方具稠密的长毛。后小盾片光滑光亮，具几个细刻点。中胸侧板具稠密均匀的毛刻点；后部中央(中胸侧板凹处)深凹，光滑光亮无刻点；胸腹侧脊抵达翅基下脊的前端。后胸侧板具均匀的毛细刻点，前下缘光滑光亮；后胸侧板下缘脊完整，前部强烈凸起。翅带褐色，透明；小脉位于基脉外侧；无小翅室，第 2 回脉在肘间横脉的稍外侧与之相接，二者之间的距离约为肘间横脉长的 0.7 倍；外小脉约在下方 1/4 处曲折；后小脉约在中央曲折。足较粗壮，腿节非常膨大，中后足基节呈短锥形膨大；后足第 1~第 5 跗节长度之比依次约为 3.0∶1.7∶1.2∶1.0∶2.5。并胸腹节均匀隆起；基部中央光滑光亮无刻点，其余具非常细的刻点；两侧的刻点较亚中央的密集且具黄褐色长毛；侧纵脊和外侧脊完整；气门斜长形，下缘贴近外侧脊。

腹部光滑光亮，具稀疏的细毛刻点，亚端部稍膨大。第 1 节背板长约为端宽的 1.7 倍；背中脊明显，稍超过气门处；基部中央纵凹，光滑光亮无刻点；两侧及中后部稍粗糙，具细毛刻点；气门小，圆形，约位于该节背板的中央稍前方。第 2 节背板梯形，长约为端宽的 1.1 倍，基部两侧的窗疤横线形。第 3 节背板长约为端宽的 0.9 倍，约与第 2 节背板等长。第 4、第 5 节背板近等长，约为第 3 节背板长的 0.8 倍。第 6 节背板向后显著收敛。

体黑色，下列部分除外：触角鞭节，上颚中部，下唇须，下颚须黄褐至红褐色；触角柄节，梗节腹侧，翅基片，小盾片、后小盾片端部，前足基节腹侧、腿节腹侧及端部(不整齐)、胫节、跗节，中足腿节末端、胫节基半段(不整齐)，后足胫节亚基段，腹部第 1 节背板端缘(不清晰)、第 2 节背板(基部中央具 1 黑色圆斑)、第 3 节背板鲜黄色；翅痣黄褐色，翅脉黑褐色。

分布：江西、河南、江苏、广西；印度。

观察标本：1♂，江西官山，2008-05-04，集虫网；4♂♂，江西宜丰官山，450 m，2008-05-08~14，集虫网；1♂，江西官山，2009-05-10，李石昌(养)；1♂，江西官山东河，430 m，2009-05-14，集虫网；2♂♂，江西资溪马头山，400 m，2009-05-01~08，集虫网；1♂，江西武夷山，1370 m，2009-08-18，集虫网；1♂，河南罗山灵山，400~500 m，1999-05-24，盛茂领；1♂，河南内乡宝天曼，1280 m，2006-06-14，申效诚。

266. 东方圆胸姬蜂 *Colpotrochia orientalis* (Uchida, 1930)

Colpotrochioides orientalis Uchida, 1930. Journal of the Faculty of Agriculture, Hokkaido University, 25:264.

Colpotrochia (*Scallama*) *orientalis* (Uchida, 1930). He, Chen, Ma. 1996. Economic insect fauna of China, 51:398.

分布：江西、河南、江苏、广西；印度。

267. 毛圆胸姬蜂中华亚种 *Colpotrochia pilosa sinensis* Uchida, 1940

Colpotrochia pilosa sinensis Uchida, 1940. Insecta Matsumurana, 14:129.

♂ 体长约 11.5 mm。前翅长约 9.5 mm。

体被黄褐色短毛。头部较短，稍窄于胸部；复眼大而突出，内缘在触角窝侧上方具凹刻。颜面均匀隆起，具稠密的粗刻点。颜面与唇基无沟分隔，二者为一均匀的圆凸面。与颜面比，唇基具较稀疏且粗大的刻点，端缘稍呈弧形(中段平)前隆。上颚狭长，具稠密的细刻点；上端齿稍长于下端齿。颊具稠密的粗刻点，颚眼距约为上颚基部宽的 0.4 倍。上颊强烈(几乎直)向后收敛，具稠密的带毛细刻点。头顶光滑光亮，后部具稠密的毛刻点；单眼区具稀疏的刻点，中央纵凹；单眼区后方至后头脊非常陡峭地下斜；侧单眼间距约为单复眼间距的 2.0 倍。额光滑光亮，后部具稀且细的刻点，触角窝上方凹；两触角窝之间具高耸的中纵脊，纵脊的背面具深裂缝。触角约等于体长(稍短)，鞭节 59 节，各节短小，连接紧密；第 1 鞭节相对较长，其余各节非常匀称，依次向端部非常弱地变短。后头脊完整。

前胸背板侧面宽大地深凹陷，凹陷光滑光亮，无刻点和毛；上缘和后上角具带毛细刻点；下角处具斜皱；前沟缘脊强壮。中胸盾片稍隆起，前部垂直下降，垂直面光滑；背面具稠密且非常细的刻点；盾纵沟不明显。盾前沟深。小盾片稍隆起，具非常细的刻点；仅基部具侧脊；端部光滑，几乎无刻点。后小盾片光滑光亮，具几个细刻点。中胸侧板具稠密均匀的刻点；后部中央(中胸侧板凹处)深凹，光滑光亮无刻点；胸腹侧脊抵达翅基下脊的前端。后胸侧板具均匀的刻点，近下缘处光滑；后胸侧板下缘脊完整，前部强烈凸起。翅带褐色透明；小脉位于基脉稍外侧；无小翅室，第 2 回脉在肘间横脉的稍外侧与之相接，二者之间的距离为肘间横脉长的 0.2~0.3 倍；外小脉约在下方 1/4 处曲折；后小脉约在中央曲折。足较粗壮，腿节非常膨大，中后足基节呈短锥形膨大；后足第 1~第 5 跗节长度之比依次约为 4.0∶2.0∶1.3∶1.0∶2.5；爪简单。并胸腹节均匀隆起；基部中央光滑光亮无刻点，其余具非常细的刻点；两侧的刻点较中央的密集且具黄褐色长毛；侧纵脊和外侧脊完整；气门斜长形。

腹部光滑光亮，具稀疏的细毛刻点，亚端部膨大。第 1 节背板长约为端宽的 2.1 倍；背中脊明显，几乎抵达气门处；基部中央稍凹，光滑光亮无刻点；两侧及中后部稍粗糙，具细毛刻点；气门小，圆形，约位于该节背板的中部。第 2 节背板梯形，长约为端宽的 0.85 倍。第 3 节背板长约为端宽的 0.8 倍。

体黑色，下列部分除外：触角柄节，翅基片，小盾片后半部，后小盾片鲜黄色；触角鞭节，上颚中部，下唇须，下颚须，前胸侧板末端，前胸背板后上角黄褐色；前足基节腹侧、转节、腿节基部腹侧黄褐色，腿节背侧端半部及腹侧、胫节、跗节黄至黄褐色；中足腿节末端、胫节腹侧黄至黄褐色，转节腹侧及跗节棕黄褐色；后足转节腹侧及跗节棕褐色，胫节亚基段黄至黄褐色；腹部第 1 节背板端缘、第 2 节背板端部的宽横带及第 3 节(亚基部具深色横斑)黄色，第 4 节背板基缘或具黄色横纹；翅痣黄褐色，翅脉黑褐色。

分布：江西、浙江、江苏、河南、福建、广东、贵州；日本。

观察标本：2♂♂，江西官山，2008-04-26，集虫网；1♂，江西官山，628 m，2008-07-02，集虫网；1♂，江西官山，2009-04-16，盛茂领；1♀2♂♂，江西资溪马头山，400 m，2009-04-16~05-01，集虫网；1♂，河南内乡宝天曼(湍源)，1100 m，1998-07-14，盛茂领；

1♂，河南内乡宝天曼，1280 m，2006-05-17，申效诚。

140. 盾脸姬蜂属 *Metopius* Panzer, 1806

Metopius Panzer, 1806. Kritische Revision der Insektenfaune Deutschlands nach dem System bearbeitet, 2:78. type-species: *Sphex vespoides* Scopoli. Designated by Viereck, 1912.

主要鉴别特征：体具粗糙且强壮的刻点；颜面盾片状，几乎全部呈一平面或凹面，周围由脊包围；颜面上缘中央向上延伸成触角间凸；上颊短至非常短；后头脊背面存在；颚眼距短；上颚下端齿远短于上端齿，有时缺；小盾片短，横向，侧缘呈片状凸起，凸片的端部扩展成显著的尖；具较大的小翅室；小脉与基脉对叉或位于其外侧；后小脉在中部上方曲折；腹板侧沟长，阔沟状；并胸腹节气门长裂缝状；前中足第2转节与腿节之间的缝退化；中足胫节具1距；后足胫节具2距；腹部通常强烈隆起；第1节背板方形，气门约位于基部0.25处，背中脊、背侧脊通常强壮，伸至端部；第2节背板常具1弱且短的侧脊；第3~第5节背板有时具1细中脊；所有可看到的背板具侧缝，具较大的折缘；雄性第8节缩入前节背板下面；雌性第7、第8节背板缩入前节背板下面；雌性第6节腹板为1大的非特化骨片。

该属含6亚属，全世界已知145种；我国已知17种；江西已知6种。已知寄主97种(Yu et al., 2012)。

268. 眉原盾脸姬蜂 *Metopius* (*Ceratopius*) *baibarensis* Uchida, 1930 (图版XXIII：图165)

Metopius (*Ceratopius*) *baibarensis* Uchida, 1930. Journal of the Faculty of Agriculture, Hokkaido University, 25:250.

♀ 体长11.5~12.5 mm。前翅长8.0~8.5 mm。触角长7.5~8.5 mm。

体被近白色短毛。颜面宽约为长的0.79倍；脸盾宽约为长的0.82倍，下方钝圆，中央稍凹并具稠密的粗刻点；脸盾下方具稠密的细刻点；触角间突起几乎为正三角形。唇基较平，半圆形，具稠密粗大的刻点，端缘稍向前呈弧形。上颚尖长形，基部具刻点；下端齿稍小于上端齿。颊具稠密的皱刻点，颚眼距约为上颚基部宽的0.5倍。上颊非常短，显著向后收敛，具稠密均匀的细刻点。头顶质地同上颊，后部中央的刻点尤其密集；侧单眼外侧及中单眼周围具凹沟；侧单眼至后头脊显著倾斜；侧单眼间距约为单复眼间距的2.7倍。额较平，具稠密的粗刻点；额中突侧扁，在中单眼之前分叉呈切向中单眼的侧脊。触角鞭节45~55节，较粗壮(中段最粗)，各节连接紧密，近端部逐渐变细。后头脊完整。

前胸背板前部及侧凹光滑光亮、无刻点和毛，侧凹下方具斜横皱；后上部具较稠密的粗刻点；后上角显著后突；前沟缘脊强壮。中胸盾片均匀隆起，具特别稠密粗糙的皱刻点，无盾纵沟。盾前沟深，具平行的细纵脊。小盾片短，横形，具稠密的粗皱点；侧脊强壮，端侧角形成翼状的尖突、其长短于小盾片中长。后小盾片平，梯形，具不明显弱皱。中胸侧板中部明显隆起，具稠密的粗刻点；后部具光滑光亮的宽横凹；腹板侧沟长而阔，较光滑，几乎伸达侧板后缘。后胸侧板前部上方具光滑光亮区；前缘下方具1深横沟，并弯向光滑区的下后方；其余部分具稠密的粗刻点(后下缘光滑)。翅暗褐色，半透明；小脉位于基脉外侧；小翅室大，横菱形；第 2 回脉在它的下方中央处与之相接；外小脉在下方 0.3~0.35 处曲折；后小脉在上方 0.3~0.4 处曲折。后足腿节稍侧扁，膨大，长约为厚的 2.7 倍；爪较强壮。并胸腹节中纵脊、侧纵脊和外侧脊强壮，具端横脊；基区和中区合并(稍隆起)，侧脊基部近平行(基缘稍收敛)、中部向下明显内敛；分脊约在该区中央相接；各区具稠密的粗细不均且不规则的皱纹；气门斜长的裂口状，横于侧纵脊和外侧脊之间。

腹部具非常稠密的粗刻点。第 1 节背板近正方形，背方中央强烈弓起；亚基部两侧具基侧突；背中脊强壮(后部稍弱)，伸达背板端部并在中央显著弓隆；气门靠近基部 0.4 处；侧纵脊强壮，伸达端部。第 2 节背板长约为端宽的 0.87 倍，第 3 节背板长约为端宽的 0.86 倍，第 4 节背板长约为端宽的 0.82 倍，第 5 节背板长约为端宽的 0.84 倍；各节背板均匀渐短，背表面稍隆起；第 6 节及以后背板向后收敛较明显。产卵器鞘末端未伸出腹末；产卵器粗壮，端部尖细，具较宽的亚端背凹。

黑色。触角柄节和梗节腹侧，触角间突起，额眼眶下段，颜面眼眶上段，脸盾周缘，下颚须第 2 节后方，小盾片基侧角，后小盾片，第 1 节背板端部约 0.3、第 2~第 4 节背板端部 0.2~0.25、第 5 节背板端部约 0.17，均为黄色；触角鞭节腹侧红褐色；足褐黑色，前足腿节、中后足腿节和胫节外侧带红褐色，前足胫节和跗节外侧带黄褐色；翅痣和翅脉褐黑色。

♂ 体长 7.5~11.0 mm。前翅长 6.0~8.5 mm。触角长 7.5~9.0 mm。

分布：江西、浙江、湖北、贵州、台湾。

观察标本：2♂♂，江西九连山，580~680 m，2011-04-11~13，灯诱，盛茂领；1♂，江西全南大吉山，2008-05-14，集虫网；1♀，江西全南，650 m，2008-08-31，集虫网；3♂♂，江西全南，330~335 m，2009-03-24~04-14，集虫网；1♀1♂，江西吉安双江林场，174 m，2009-04-09~28，集虫网。

269. 江西盾脸姬蜂 *Metopius* (*Ceratopius*) *citratus pieli* Uchida, 1940

Metopius (*Ceratopius*) *dissectorius pieli* Uchida, 1940. Insecta Matsumurana, 14:129.

分布：江西、江苏。

270. 切盾脸姬蜂台湾亚种 *Metopius* (*Ceratopius*) *citratus taiwanensis* Chiu, 1962 (图版 XXIII：图 166) (江西新记录)

Metopius (*Ceratopius*) *dissectorius taiwanensis* Chiu, 1962. Bulletin of the Taiwan Agricultural Research Institute, 20:11.

♀ 体长 12.0~17.0 mm。前翅长 9.0~12.0 mm。触角长 8.5~9.5 mm。

颜面宽为长的 0.58~0.72 倍；脸盾宽为长的 0.77~0.79 倍，下方钝圆，中央稍凹并具稠密的粗皱刻点；脸盾下方具稠密的粗皱夹刻点；触角间突起为稍狭的三角形、中央具纵沟。唇基较平，半圆形，具稠密粗大的皱刻点，端缘向前呈弧形。上颚尖长形，基部具粗刻点；上端齿长且强，下端齿不明显。颊具稠密的纵皱刻点，颚眼距为上颚基部宽的 0.2~0.3 倍。上颊非常短，强烈向后收敛，具稠密均匀的细刻点和白色短毛。头顶质地同上颊，后部中央的刻点较密集，后方中央稍凹；侧单眼外侧及中单眼周围具凹沟；侧单眼至后头脊强烈倾斜；单眼区稠密的细皱粒状，具浅中纵沟；侧单眼间距约为单复眼间距的 3.0 倍。额较平，具稠密的粗刻点；额中突侧扁，在触角窝上缘分叉呈切向中单眼的侧脊、脊之间形成光滑的三角区。触角鞭节 54~57 节，较粗壮(中段最粗)，各节连接紧密，近端部逐渐变细。后头脊完整。

前胸背板前部及侧凹光滑光亮、无刻点和毛，侧凹具斜纵皱；后上部具较稠密的粗刻点；后上角显著后突；前沟缘脊强壮。中胸盾片均匀隆起，具特别稠密粗糙的刻点，无盾纵沟。盾前沟深，具平行的短纵脊。小盾片短，横形，具稠密且较中胸盾片粗大的皱刻点；侧脊强壮，端侧角形成翼状的尖突、其长长于小盾片中长。后小盾片平，梯形，具稠密的细皱点。中胸侧板中部明显隆起，具稠密的粗刻点；后部具光滑光亮的宽横凹；腹板侧沟长而阔，伸达侧板后缘，沟内密布粗刻点。后胸侧板前部上方具光滑光亮区；前缘下方具 1 深横沟，并弯向光滑区的下后方；其余部分具稠密的粗皱刻点。翅暗褐色，半透明；小脉位于基脉外侧；小翅室大，横菱形；第 2 回脉在它的下方中央稍外侧与之相接；外小脉在下方 0.3~0.35 处曲折；后小脉在上方 0.3~0.4 处曲折。后足基节具稠密的粗刻点，背侧端半部斜纵凹、光滑光亮；腿节稍侧扁，膨大，长约为厚的 3.1 倍。爪较强壮，前中足的爪具栉齿，后足的爪简单。并胸腹节中纵脊、侧纵脊和外侧脊强壮，具端横脊；基区和中区合并(稍隆起)，侧脊基部近平行、中部向后收敛呈倒梯形；分脊约在该区中央相接；第 1 侧区外侧光滑光亮，其余各区具稠密的粗细不均且不规则的皱纹；气门斜长的裂口状，横于侧纵脊和外侧脊之间。

腹部具非常稠密的窝状粗刻点。第 1 节背板近正方形，背方中央强烈弓起；亚基部两侧具基侧突；背中脊强壮，伸达背板端部并在中央强烈弓隆；气门位于基部 0.4 处；侧纵脊和腹侧脊强壮，伸达端部。第 2 节及以后背板具不明显的中纵脊；第 2~第 6 节背板侧方具显著的纵沟；第 2 节背板长约为端宽的 1.16 倍，第 3 节背板长约为端宽的 1.25 倍，第 4 节背板长约为端宽的 1.25 倍，第 5 节背板长约为端宽的 1.08 倍；各节背板基部稍收敛，背表面稍隆起；第 6 节及以后背板向后较明显收敛。产卵器鞘末端未伸出腹末；产卵器粗壮，端部尖细，具较宽的亚端背凹。

黑色。触角柄节和梗节腹侧，触角间突起，额眼眶下段，颜面眼眶上段，脸盾周缘，下颚须第 2 节(背侧端部具黑斑)，小盾片基侧角，后小盾片，第 1 节背板端部 0.25~0.3(被背中脊分隔成两段)、第 2~第 4 节背板端部 0.2~0.25、第 5 节背板端部约 0.17，均为黄色；有的个体第 2、第 3 节背板后缘的斑不显著；触角鞭节腹侧红褐色；足褐黑色，腿节和胫节前侧或多或少带红褐色，前足腿节前侧端部、胫节前侧黄色；翅基片带暗红褐色，翅痣和翅脉褐黑色。

分布：江西、浙江、四川、台湾。

观察标本：11♀♀，江西全南，628~740 m，2008-06-12~10-20，集虫网；1♀，江西资溪马头山，2009-05-01，集虫网；1♀，江西全南，2010-07-07，集虫网。

271. 格盾脸姬蜂 *Metopius* (*Ceratopius*) *gressitti* Michener, 1941

Metopius (*Ceratopius*) *gressitti* Michener, 1941. Pan-Pacific Entomologist, 17(1):9.

分布：江西。

272. 金光盾脸姬蜂 *Metopius* (*Ceratopius*) *metallicus* Michener, 1941 (图版 XXIII：图 167)

Metopius (*Ceratopius*) *metallicus* Michener, 1941. Pan-Pacific Entomologist, 17(1):7.

Metopius (*Ceratopius*) *metallicus* Michener, 1941. He, Chen, Ma. 1996: Economic Insect Fauna of China, 51: 387.

♀ 体长 12.0~16.5 mm。前翅长 9.5~12.0 mm。触角长 8.5~9.5 mm。

颜面宽约为长的 0.8 倍；脸盾宽约为长的 0.86 倍，下方钝圆，中央稍凹并具稠密的粗皱刻点；脸盾下方具稠密的细刻点；触角间突起为稍长的三角形、浅凹。唇基较平，半圆形，具稠密的细皱刻点，端缘向前呈弧形。上颚尖，基部具粗刻点；上端齿长于下端齿。颊具稠密的细刻点，颚眼距约为上颚基部宽的 0.3 倍。上颊非常短，强烈向后收敛，具稠密均匀的细刻点。头顶质地同上颊，后部中央的刻点较细密；侧单眼外侧及中单眼周围具凹沟；侧单眼至后头脊强烈倾斜；单眼区具特别稠密的细刻点，具浅的中纵沟；侧单眼间距约为单复眼间距的 2.0 倍。额具清晰的细刻点，下部稍凹；额中突侧扁，与触角间突有 1 脊在底部相连。触角鞭节 54~58 节，较粗壮(中段最粗)，各节连接紧密，近端部逐渐变细。后头脊完整。

前胸背板前部及侧凹光滑光亮、无刻点和毛，侧凹下方具斜纵皱；后上部具较稠密的粗刻点；后上角显著后突；前沟缘脊强壮。中胸盾片均匀隆起，具特别稠密粗糙的刻点。盾前沟深，具平行的粗纵脊。小盾片短，横形，具稠密的粗刻点；侧脊强壮，端侧角形成翼状尖突。后小盾片平，具不显著的细皱粒。中胸侧板中部明显隆起，具稠密的粗刻点；后部具光滑光亮的深横凹；腹板侧沟长而阔，伸达侧板后缘，具稠密的刻点。后胸侧板前部上方具光滑光亮区；前缘下方具 1 深横沟(内具短纵皱)，并弯向光滑区的下后方；其余部分具稠密的粗刻点(后下角刻点较细弱)。翅暗褐色，透明；小脉位于基脉外侧；小翅室大，不规则菱形，第 2 肘间横脉约为第 1 肘间横脉长的 1.4 倍；第 2 回脉在它的下方外侧 0.35 处与之相接；外小脉约在下方 0.35 处曲折；后小脉约在上方 0.3 处曲折。后足基节具稠密的粗刻点，背方内侧及端半部光滑光亮，端部斜纵凹；腿节稍侧扁，膨大，长约为厚的 3.0 倍；爪较强壮，简单。并胸腹节中纵脊、侧纵脊和外侧脊强壮；基区和中区合并(稍隆起)，基半部侧脊近平行(基缘或稍收敛)，端半部向后明显收敛；分脊在该区中央稍下方相接；第 1 侧区光滑光亮(内侧具少数刻点)，其余各区具稠密的细横皱(外侧区的皱不规则)；气门斜长的裂口状，横于侧纵脊和外侧脊之间。

腹部狭窄，具非常稠密的粗刻点。第 1 节背板近正方形，背方中央强烈弓起；亚基部两侧具钝圆的基侧突；背中脊强壮(近平行，仅端部稍收敛)，伸达背板端部并在中央显著弓隆，脊之间具细皱；气门卵圆形，位于基部 0.35 处；侧纵脊强壮，伸达端部。第 2 节及以后背板具不明显的中纵脊，第 2~第 6 节背板侧方具显著的纵沟；第 2 节背板长约为端宽的 0.9 倍，第 3 节背板长约为端宽的 1.0 倍，第 4 节背板长约为端宽的 1.06 倍，第 5 节背板长约为端宽的 1.0 倍(不同个体间存在差异)；各节背板背表面稍隆起；第 6 节及以后背板向后较明显收敛。产卵器鞘末端不伸出腹末；产卵器粗壮，端部尖细，亚端部缢缩。

黑色；腹部蓝黑色，具金属光泽。触角柄节和梗节腹侧，触角间突起，额眼眶下段，脸盾周缘，唇基，颊，上颚基部，下颚须第 2 节(前侧黑褐色)，小盾片基侧角的月牙形斑，前足腿节外侧端部的小斑、胫节外侧的纵斑，腹部第 1~第 4 节背板端侧角的斑点均为黄色；触角鞭节腹侧带红褐色；前中足腿节、胫节及后足腿节前侧多少带红褐色；翅痣和翅脉褐黑色。

♂ 体长 11.0~17.0 mm。前翅长 7.5~12.0 mm。触角长 8.5~15.0 mm。触角鞭节 54~63 节。中足腿节端部外侧及胫节基部也为黄色。小盾片基侧角无黄色斑。唇基及颊黑色，有些个体唇基两侧及中央有黄色斑。

分布：江西、河南、浙江、广东、台湾。

观察标本：6♂♂，江西资溪马头山林场，400 m，2009-04-17~05-08，集虫网；1♂，江西武夷山，1170 m，2009-06-22，集虫网；2♀♀1♂，河南三门峡，2009-07-23~08-07，集虫网；6♂♂，江西吉安双江林场，174 m，2009-04-09~06-28，集虫网；2♂♂，江西官山，400~500 m，2009-04-27~08-25，集虫网；1♂，江西官山，2011-06-05，集虫网；8♂♂，江西全南，409~700 m，2008-05-12~2010-05-31，集虫网；1♂，江西九连山，580~680 m，2011-04-12，盛茂领；2♂♂，江西安福，130~140 m，2011-05-29~10-06，集虫网。

273. 紫盾脸姬蜂 *Metopius* (*Ceratopius*) *purpureotinctus* (Cameron, 1907) (图版 XXIII：图 168) (中国新记录)

Cultrarius purpureotinctus Cameron, 1907. Annals and Magazine of Natural History, (7)19:176.

♂ 体长 18.0~19.0 mm。前翅长 13.5~14.0 mm。触角长 13.0~14.0 mm。

体被近白色短毛。复眼内缘在触角窝处具浅凹。颜面宽约为长的 0.86 倍；脸盾宽约为长的 0.86 倍，下方钝圆，中央稍凹并具稠密的粗刻点；脸盾下方具稠密的细刻点；触角间突起为稍长的三角形、浅凹。唇基较平，半圆形，具稠密的横刻点，端缘向前呈弧形。上颚 1 齿，长而尖，基部具粗刻点。颊具稠密的细刻点，颚眼距约为上颚基部宽的 0.3 倍。上颊非常短，强烈向后收敛，具稠密均匀的细刻点。头顶质地同上颊，后部中央的刻点较细密；侧单眼外侧(较光滑，具稀且细的刻点)及中单眼周围具凹沟；侧单眼至后头脊强烈倾斜；单眼区具特别稠密的细刻点，具浅的中纵沟；侧单眼间距约为单复眼间距的 4.3 倍。额两侧具清晰的细刻点，中央较光滑；额中突侧扁，与触角间突有 1 脊在底部相连。触角鞭节 61~64 节，较粗壮(中段最粗)，各节连接紧密，近端部逐渐变细。后头脊完整。

前胸背板前部及侧凹光滑光亮、无刻点和毛，侧凹下方具强纵皱；后上部具较稠密的粗刻点；后上角显著后突；前沟缘脊强壮。中胸盾片均匀隆起，具特别稠密粗糙的刻点，无盾纵沟。盾前沟深，具平行的粗纵脊。小盾片短，横形，具稠密的粗皱点；侧脊强壮，端侧角形成翼状的尖突。后小盾片平。中胸侧板中部明显隆起，具稠密的粗刻点；后部具光滑光亮的深横凹；腹板侧沟长而阔(前宽后窄)，伸达侧板后缘。后胸侧板前部上方光滑光亮；前缘下方具 1 深横沟(内具短纵皱)，并弯向光滑区的下后方；其余部分具稠密的粗皱刻点(后下角刻点较细弱)。翅暗褐色，半透明；小脉位于基脉外侧；小翅室大，几乎呈菱形，第 2 肘间横脉约为第 1 肘间横脉长的 1.2 倍；第 2 回脉在它的下方外侧 0.35 处与之相接；外小脉约在下方 0.3 处曲折；后小脉在上方 0.25~0.3 处曲折。后足基节具稠密的粗刻点，背方内侧及端半部光滑光亮，端部斜纵凹；腿节稍侧扁，膨大，长为厚的 1.9~2.0 倍；爪较强壮，简单。并胸腹节中纵脊、侧纵脊和外侧脊强壮；基区和中区合并(稍抬高，六边形)，基半部侧脊近平行，该区长明显大于基部宽，端半部显著收敛，端部宽为基部宽的 0.5 倍，具 1 光滑的中隆线；分脊约在该区中部伸出；第 1 侧区外上角稍光滑，其余区域具稠密不规则粗皱；气门斜长的裂口状，横于侧纵脊和外侧脊之间。

腹部粗壮，向亚端部稍变宽，具非常稠密的粗刻点。第 1 节背板近正方形，背方中央强烈弓起约呈 90°角；亚基部两侧具三角形的基侧突；背中脊强壮(突起处至端部近平行)，伸达背板端部并在中央显著弓隆；气门卵圆形，位于基部 0.3~0.35 处；侧纵脊强壮，伸达端部。第 2 节及以后背板具不明显的中纵脊，第 2~第 6 节背板侧方具显著的纵沟，各背板端部两侧形成弱的角突；第 2 节背板长约为端宽的 0.9 倍，第 3 节背板长约为端宽的 1.05 倍，第 4 节背板长约为端宽的 1.05 倍，第 5 节背板长约为端宽的 1.0 倍(不同个体间存在差异)；各节背板背表面稍隆起；第 7 节及以后背板向后显著收敛。

蓝黑色，腹部端部 3 节背板紫色。触角柄节和梗节腹侧，触角间突起，额眼眶下段，颜面眼眶上段，脸盾周缘，下颚须第 2 节，小盾片基侧角外侧的点斑，前足胫节外上侧的纵斑均为黄色；触角鞭节腹侧基部稍带红褐色；前足的距，前中足腿节外侧，后足腿节，腹部第 1~第 4 节背板端侧角的斑点(有时第 3、第 4 节的端侧斑带黄色)暗红色；翅痣红褐色，翅脉褐黑色。

分布：江西；印度。

观察标本：3♂♂，江西官山，400~900 m，2004-05-23~27，江西省森林病虫防治检疫站；1♂，江西全南，2008-05-15，集虫网；3♂♂，江西官山，400~900 m，2011-08-21~09-11，集虫网。

274. 斜纹夜蛾盾脸姬蜂 *Metopius* (*Metopius*) *rufus browni* Ashmead, 1905 （图版 XXIII：图 169)

Metopius browni Ashmead, 1905. Proceedings of the United States National Museum, 29(1416):117.

♂ 体长 13.5~15.2 mm。前翅长 9.5~10.8 mm。触角长 13.0~14.5 mm。

颜面的盾状区长大于宽，侧缘直，几乎平行，上缘中央突出呈中角；具非常细的刻点。唇基具与颜面盾状区相似的刻点。上颊强烈(几乎直的)向后头收敛；具不清晰的细刻点。额具清晰的细横皱及非常细的刻点。单复眼间距大于单眼直径，小于侧单眼间距。触角鞭节 55~58 节。

前胸背板中下部光亮无刻点，具清晰的横皱。中胸盾片具不规则的刻点。盾前沟深且光亮，具 3 或 4 条清晰的纵脊。小盾片具稠密的粗刻点；侧缘较隆起，后端向后延伸突出呈尖角。中胸侧板隆起，具清晰的粗刻点；腹板侧沟阔且深，(与中胸侧板比)具较稠密的细刻点。翅带褐色，端部具多多少少明显的暗斑；小翅室大，无或具短柄，或稀有前部多多少少具明显的短边；外小脉在中部下方曲折；后小脉在上方 0.25~0.33 处曲折。后胸侧板具粗且非常稠密的刻点。后足胫距稍长于胫节最大宽。并胸腹节具稠密的刻点；基区与中区合并，后方常封闭(一些个体开放)，无或具中纵脊；最宽处在中部之前，侧边弧形向后收敛；第 1 侧区光滑光亮；侧突矮丘形。

腹部相对狭长，侧缘几乎平行，第 1~第 5 节背板具粗糙的刻点。第 2、第 3 节背板后侧角稍凸出。第 2 节背板宽稍大于长。第 3、第 4、第 5 节背板宽约等于长。

体黑色，下列部分除外：颜面及额眼眶黄色，上唇，上颚(端齿黑色除外)，下唇须，下颚须，柄节及梗节(背侧除外)，前胸背板后上缘的长斑，小盾片前侧角及后半部，后小盾片(至少大部分)，翅基下脊，中胸侧板前上部的纵斑，并胸腹节后侧方的小斑，腹部第 1~第 4 节背板端部的宽横带(第 4 节横带最宽，大于该节背板 1/2 长)，第 5~第 7 节后缘侧面狭窄的斑，均为黄色；颜面盾状区下方侧面具略带褐色的小斑；触角鞭节腹侧褐色；前中足黄色，腿节内侧具大的褐色区；后足基节黑色，转节黄色具褐色斑，腿节黑色具黄色端(基部和端部)斑，胫节和跗节暗红褐色；翅痣褐色至浅褐色；翅脉黑褐色。

♀ 体长 12.5~13.5 mm。前翅长 8.5~9.5 mm。触角长 8.2~10.0 mm。与雄性的主要差异：小翅室具短柄；触角、头胸部、并胸腹节、足及腹部第 6~第 8 节背板端部的斑红褐色；颜面，前中足腿节端部、胫节及跗节大部分，后足腿节端部外侧的小斑，翅基下脊，中胸侧板前上部的纵斑，小盾片前侧角的脊及后半部、并胸腹节后侧方的小斑、腹部第 1~第 7 节背板端部的宽横带均为黄色；头的后侧(或多或少)、前胸背板侧面、腹板侧沟处、中胸侧板后缘及后足腿节内侧不均匀的斑或多或少黑色或带黑色。

分布：江西、江苏、浙江、福建、广东、广西、湖北、云南、四川、香港、台湾；朝鲜，日本，蒙古，印度，泰国，菲律宾。

观察标本：5♀♀21♂♂，江西全南，330~650 m，2008-05-28~2010-07-01，集虫网；1♂，江西吉安，2008-05-12，集虫网。

141. 毛角姬蜂属 *Seticornuta* Morley, 1913

Megatrema Cameron, 1907. Zeitschrift für Systematische Hymenopterologie und Dipterologie, 7:468. Name preoccupied by Leach, 1825, and by Mayr, 1865. Type-species: *Megatrema albopilosa* Cameron. Monobasic.

Seticornuta Morley, 1913. The fauna of British India including Ceylon and Burma, Hymenoptera, 3. Ichneumonidae, p.310. Type-species: (*Seticornuta albicalcar* Morley) = *albopilosa* Cameron. Original designation.

前翅长 3.7~11.0 mm。头部略窄于胸部。颜面和唇基合并形成均匀隆起面，上缘中央向上突出呈三角形突起至触角间。额无中凸或脊。上颊非常短。头顶由侧单眼向后头脊倾斜。后头脊上部强壮，侧面弱，下部缺。颚眼距约为上颚基部宽的 0.4 倍。上颚较大，稍向端部变狭，下端齿远短于上端齿。触角鞭节丝状，或基部稍增粗。小盾片稍隆起，无侧脊。小翅室较小，具短柄。小脉与基脉对叉或位于其外侧，若位于其外侧，二者之间的距离可达小脉长的 0.6 倍。后小脉在下部 0.15~0.3 处曲折，或有时不曲折。胸腹侧脊强壮，伸达翅基下脊的前端。无腹板侧沟。后胸侧板光滑，几乎无刻点。并胸腹节较长，在端横脊处突然弯向下；脊完整，但无分脊，中区与基区合并；并胸腹节气门大，拉长。足强壮；前中足第 2 转节完全与腿节融合。爪几乎简单。腹部两侧几乎平行；第 1 节背板基部宽，气门靠近基部 0.3 处，位于侧纵脊的上方；侧纵脊强壮，伸达端部；

背中脊基部强壮，中部以后消失；第 2 节及以后背板的折缘非常宽。产卵器非常短，几乎不易看见。

全世界已知 6 种，其中，5 种分布于新北区和新热带区；1 种分布于东洋区和东古北区的南缘；这里介绍江西发现的该属 1 新种。

275. 黑毛角姬蜂，新种 *Seticornuta nigra* Sheng & Sun, sp.n. （图版 XXIII：图 170）

♀ 体长约 10.0 mm。前翅长约 7.5 mm。触角长约 6.5 mm。

体被稠密的短毛，头部略窄于胸部。复眼内缘在触角窝处的稍上方稍凹。颜面和唇基合并形成均匀隆起面，具稠密的粗皱状刻点，上缘突出成三角形突起伸至两触角间，上具褐色毛。唇基处相对光滑，明显比颜面的刻点稀，端缘稍向前呈弧形。上颚长形，稍向端部变狭，具稠密且较颜面稍细的刻点；下端齿明显短于上端齿。颊具不均匀的刻点，眼下沟明显；颚眼距约为上颚基部宽的 0.6 倍。上颊非常短，显著向后收敛，具稠密均匀的细刻点。头顶具较上颊稍粗的刻点，侧单眼外侧较光滑；侧单眼至后头脊显著倾斜；侧单眼外侧具深凹沟；单眼区明显隆起，侧单眼间距约为单复眼间距的 2.0 倍。额具稠密的细刻点和稠密的短毛，触角窝侧后上方稍横凹。触角鞭节 48 节，基半部较粗，各节连接紧密，中部之后逐渐变细，端部非常细。后头脊背方非常强壮，侧面弱。

前胸背板侧面深凹，凹内光滑光亮、无刻点和毛，具短横皱；后上部较陡地隆起，具较稠密的细刻点和近白色短毛；背面(颈)前部横凹，光滑光亮，明显与后部分开；后上角显著后突；前沟缘脊强壮。中胸盾片具较稀疏的粗刻点，盾纵沟仅前部较明显。盾前沟具平行的粗纵脊。小盾片稍隆起，具较中胸盾片稠密的粗刻点，无侧脊。后小盾片稍隆起，稍粗糙(似极细的刻点)。中胸侧板上部明显隆起；中部具光滑光亮的宽横凹，横凹中央具稀刻点；其余部分具相对均匀的粗刻点；胸腹侧脊伸达翅基下脊；中胸侧板凹处深凹。后胸侧板光滑光亮；后缘具浅凹沟，沟内在基间脊上方具短纵皱；基间脊强壮，基间区凹沟状；后胸侧板下缘脊完整。翅褐黑色半透明；小脉与基脉对叉；小翅室斜菱形，具柄，第 2 肘间横脉长于第 1 肘间横脉；第 2 回脉在它的下方中央稍外侧与之相接；外小脉明显内斜，约在下方 1/3 处曲折；后小脉下段稍外斜(几乎垂直)，约在下方 1/3 处曲折。足强壮，粗短；前中足第 2 转节与腿节融合；腿节明显较粗，侧扁，稍扭曲，下侧具光滑光亮的浅纵凹(后足稍具痕迹)，端跗节端部膨大；后足基节后外侧光滑光亮，背面具强烈膨大的纵形瘤突，后足第 1~第 5 跗节长度之比依次约为 6.0∶1.9∶1.6∶0.9∶2.0；爪较强壮，简单。并胸腹节稍隆起，中纵脊基部、外侧脊和端横脊非常强壮；基区和中区合并，侧脊近平行，宽约为长的 0.7 倍，光滑光亮；无分脊；第 1 侧区内侧光滑光亮，其余具稠密的细刻点；外侧区具模糊的粗皱表面；端横脊之后显著向下倾斜，具稠密的粗皱和密集短毛；气门横缝状，长径约为短径的 4.0 倍。

腹部具粗刻点，两侧几乎平行。第 1 节背板长约为端宽的 0.8 倍；基部粗壮，基侧凹深；基部中央深凹，光滑光亮；背中脊显著隆起，后端超过该节背板中部，并在中部显著弓隆；气门靠近基部 0.4 处，位于侧纵脊的上方；侧纵脊强壮，伸达端部；后部及侧面具相对稀疏的粗刻点。第 2 节及以后背板具稠密均匀的粗刻点，折缘宽；第 2 节背板长约为端宽的 0.8 倍，第 3 节背板长约为端宽的 0.76 倍；各节背板均匀渐短，背表面稍隆起；第5节及以后背板向后较明显收敛。下生殖板侧观三角形，腹面具稠密的黑褐色毛，侧面光滑。产卵器鞘末端伸达腹末；产卵器端部尖细，具较宽的亚端背凹。

体黑色，具光泽。下唇须，下颚须，前足腿节前侧、胫节和跗节红褐色；翅面黑褐色，基部稍透明；翅痣和翅脉褐黑色。

正模 ♀，江西全南，628 m，2008-06-16，集虫网。

词源：新种名源于体完全黑色。

该新种与白毛角姬蜂 *S. albopilosa* (Cameron, 1907)近似，主要区别：翅暗褐色，几乎不透明；触角全部(柄节、梗节和鞭节)及翅基片黑色。白毛角姬蜂：翅至少部分透明；触角柄节、鞭节基部10节及翅基片黄褐色。

十八、瘦姬蜂亚科 Ophioninae

个体中等至较大型。前翅长可达29 mm。复眼内缘具凹刻。单眼通常都非常大。无前沟缘脊。无腹板侧沟或该沟非常浅且短。中胸腹板后横脊通常完整。前足胫节端缘外侧无齿。爪栉状。无小翅室，肘间横脉位于第2回脉外侧。第2臂室具伪脉，该脉与翅后缘平行。腹部强度侧扁；第1节背板无基侧凹，气门位于中部之后。产卵器鞘短于腹部末端高，背瓣具亚端背缺刻。

全世界分布，含32属，目前已知1023种；我国已知6属136种；江西已知5属16种。

142. 嵌翅姬蜂属 *Dicamptus* Szépligeti, 1905

Dicamptus Szépligeti, 1905. Genera Insectorum, 34:21, 28. Type-species: *Dicamptus giganteus* Szépligeti; monobasic.

单眼非常大，侧单眼靠近或触及复眼。上颚短，不扭曲；上端齿与下端齿等长或稍长。上颊短，向后收敛。后头脊完整。小盾片侧脊完整。中胸腹板后横脊完整。径脉基部加粗且弯曲；径脉下方具1无毛区。后小脉在中部下方曲折。并胸腹节仅具横脊。

目前已知32种；我国已知7种；江西已知2种。

276. 短角嵌翅姬蜂 *Dicamptus brevicornis* Tang, 1993

Dicamptus brevicornis Tang, 1993. Wuyi Science Journal, 10(A): 79.

分布：江西(婺源)。

277. 黑斑嵌翅姬蜂 *Dicamptus nigropictus* (Matsumura, 1912)

Ophion nigropictus Matsumura, 1912. Thousand insects of Japan. Supplement, 4:113.

♀ 体长25.0~27.0 mm。前翅长20.0~21.0 mm。

颜面宽约为长的1.2倍；较光滑，具细浅的刻点；中央纵向稍隆起；触角窝下缘中央形成非常弱的瘤状突起；复眼内缘明显向下方收敛，在触角窝处明显内凹。唇基沟较浅。唇基明显隆起；具细浅的刻点；端部厚，陡斜；端缘略呈弧形(几乎平)。上颚中等宽，较光滑，基部中央稍凹；上端齿与下端齿近相等。颊具细纵纹，有眼下沟；颚眼距为上颚基部宽的 0.16~0.38 倍。上颊稍隆起，较光滑，具细浅的刻点，向后稍加宽。额短，较平较光滑。触角丝状，稍长于体长，鞭节 70~75 节，第 1~第 5 鞭节长度之比依次约为 5.1∶3.4∶3.1∶3.0∶3.0。头顶较光滑；单眼大而突出，几乎充满两复眼间距；单眼直径约为侧单眼间距的 7.0 倍。后头脊完整。

前胸背板较光滑，具细浅的刻点。中胸盾片均匀隆起，具稠密的细刻点(有的个体中叶前缘及侧叶具稠密的横纹)；盾纵沟较明显，约达中胸盾片的后缘。小盾片稍隆起，具细浅的刻点。后小盾片小，横形，被麻刻点。中胸侧板具细刻点，下后部具几道较粗的斜横皱；中胸侧板凹坑状。后胸侧板具稀疏不规则的皱；中胸腹板后横脊完整。翅褐色透明；小脉位于基脉的稍内侧(或几乎对叉)；无小翅室；翅痣下方在盘肘室上缘后方具玻璃状斑，具三角形基骨片；第 2 回脉位于第 2 肘间横脉的内侧，二者之间的距离约为肘间横脉长的 1.4 倍；后小脉约在下方 1/3 处曲折。足细长；后足第 1~第 5 跗节长度之比依次约为 9.3∶5.9∶3.0∶1.5∶2.6；后足爪下具细栉齿。并胸腹节基横脊强；基区短，几乎光滑；端区密布粗网皱；气门长形，长径约为短径的 3.5 倍。

腹部侧扁；第 1 节背板基半部较光滑，端半部及以后背板具稠密的细毛刻点。第 1 节背板棒状，端部稍膨大；气门卵圆形，约位于端部 1/5 处；背中脊明显；第 1 节背板约等长于第 2 节背板。第 2 节背板气门位于端部 1/3 处，窗疤位于中央稍前。产卵器鞘短，稍露出腹末。

体黄褐色，下列部分除外：中胸盾片中叶和侧叶黑褐色(体色淡的个体红褐色)；腹部第 3 节背板背部、第 4 节背板基半部的背部黑色，其余黄色；上颊带黄色；第 5~第 8 节背板均为黑色(体色淡的个体红褐色)；翅脉黑褐色；头顶后部黑色。

寄主：马尾松毛虫 *Dendrolimus punctatus* (Walker)、赤松毛虫 *D. spectabilis* (Butler)等。

分布：江西、河南、四川、陕西、湖南、浙江、福建、广东、广西、云南、贵州、台湾；朝鲜，日本，印度，老挝，文莱，马来西亚。

观察标本：1♀，江西上饶，1981-06；1♂，江西吉安，2008-06-07，集虫网；1♀，江西武夷山，1370 m，2009-07-30，集虫网；1♂，江西官山，400~500 m，2009-07-14，集虫网；1♀4♂♂，江西资溪，2009-05-01~22，集虫网；1♀，河南西峡老界岭，1550 m, 1998-07-18，盛茂领；1♀，河南渑池，2004-07-06；1♂，河南嵩县白云山，1996-07-16，申效诚。

143. 窄痣姬蜂属 *Dictyonotus* Kriechbaumer, 1894

Dictyonotus Kriechbaumer, 1894. Zoologische Jahrbücher Abteilung für Systematik, 8(1895):198. Type-species: (*Ophion* (*Dictyonotus*) *melanarius* Kriechbaumer) = *Thyreodon purpurascens* Smith; monobisc.

体中至大型，前翅长可达 23 mm。全世界仅知 4 种；我国已知 2 种，江西有分布。

278. 紫窄痣姬蜂 *Dictyonotus purpurascens* (Smith, 1874)　(图版 XXIII：图 171)

Thyreodon purpurascens Smith, 1874. Transactions of the Entomological Society of London, 1874:395.

♀　体长约 27.0 mm。前翅长约 20.5 mm。触角长约 22.0 mm。产卵器鞘长约 1.0 mm。

复眼内缘在触角窝稍上方处稍凹。颜面宽约为长的 2.0 倍，具稠密的粗刻点，中央纵向较强隆起；上缘中央具 1 瘤突。唇基沟较浅。唇基基部明显隆起，具较颜面稍粗的刻点；端部平且薄；端缘呈弧形前突。上颚宽短；基部中央稍凹，具稠密的粗刻点；端部较光滑；上端齿与下端齿几乎等长。颊具不均匀的粗刻点，后下缘具细纵纹，具眼下沟；颚眼距约为上颚基部宽的 0.54 倍。上颊具稠密的粗刻点，中段稍宽。头顶具粗糙且较上颊稠密的刻点；侧单眼外侧具浅纵沟，具稠密模糊的刻点；单眼区具中纵沟；侧单眼间距约为单复眼间距的 0.8 倍。额较平，呈稠密模糊的皱表面，中央大致为纵皱。触角丝状，鞭节 65 节，第 1~第 5 鞭节长度之比依次约为 4.5∶2.1∶1.9∶1.8∶1.8，中间各节较均匀，向端部渐细，末节约为次末节长的 1.6 倍。后头脊完整。

前胸背板前部较光滑，具不明显的细纵纹；侧凹具稠密的浅细刻点；后上部具稠密但较侧凹内稍粗的细刻点。中胸盾片均匀隆起，具稠密的细纵皱夹细刻点；盾纵沟不明显。小盾片稍隆起，具稠密的粗网皱；侧脊超过中部，基部高耸强壮。后小盾片具皱。中胸侧板中部形成光滑光亮的三角形隆起区，其上方和前下部具稠密的细刻点，其后方具稠密的短纵皱；胸腹侧脊约伸达中胸侧板高的 0.5 处(三角形隆起区前角下方)，其端部上方具细的斜纵皱；中胸腹板后横脊完整强壮。后胸侧板具稠密不规则的粗皱，中央具 1 隆起的纵瘤；后胸侧板下缘脊完整。翅透明；翅痣窄长；小脉位于基脉的外侧；无小翅室；第 2 回脉位于第 2 肘间横脉的内侧，二者之间的距离约为肘间横脉长的 0.4 倍；肘间横脉明显内斜；外小脉几乎垂直，约在上方 0.3 处曲折；后小脉稍外斜，约在上方 0.3 处曲折。足正常；后足第 1~第 5 跗节长度之比依次约为 3.0∶1.7∶1.3∶0.8∶1.5；爪具细栉齿和长毛。并胸腹节具稠密模糊的粗网皱；气门横长形，长径约为短径的 4.0 倍。

腹部强烈侧扁。第 1 节背板光滑，具长柄，长约为端宽的 5.6 倍，端部显著膨大；气门椭圆形，周围稍凹，约位于端部 1/5 处。第 1 节背板约为第 2 节背板长的 1.5 倍。第 2 节背板相对光滑，具稀疏的细刻点。第 3 节及以后背板强烈侧扁，具稀疏的细毛点，背中央隆脊状。产卵器鞘短，约为腹端厚度的 0.3 倍。产卵器端部尖细，具长背凹。

体黑色，具紫色光泽。触角红褐色(柄节、梗节和第 1 鞭节基半部褐黑色)；上颚端部(除端齿)，上唇，前足基节外侧带红褐色；翅黄褐色，基部和外侧具黑紫色宽带，翅痣和翅脉暗黄褐色。

寄主：油松毛虫 *Dendrolimus tabulaeformis* Tsai & Liu 等。

分布：江西、浙江、湖南、湖北、河北、北京、山东、四川、吉林、辽宁、陕西、内蒙古、台湾；朝鲜，日本，俄罗斯，泰国，印度尼西亚。

观察标本：1♀，江西官山，2012-08-31，集虫网。

144. 细颚姬蜂属 *Enicospilus* Stephens, 1835

Enicospilus Stephens, 1835. Illustrations of British Entomology, 7:126. Type-species: *Ophion merdarius* Gravenhorst. Designated by Viereck, 1914.

该属是相当大的属，全世界已知约 699 种；中国已知 106 种；江西已知 12 种。我国分布的种类及检索表可参考汤玉清教授的著作(1990)。

279. 双脊细颚姬蜂 *Enicospilus bicarinatus* Tang, 1990

Enicospilus bicarinatus Tang, 1990. A monograph of Chinese Enicospilus Stephens (Hymenoptera: Ichneumonidae: Ophioninae), p.163.

分布：江西(庐山)、浙江、江苏、辽宁。

280. 台湾细颚姬蜂 *Enicospilus formosensis* (Uchida, 1928)

Henicospilus formosensis Uchida, 1928. Journal of the Faculty of Agriculture, Hokkaido University, 21:223.

Enicospilus formosensis (Uchida, 1928). Tang. 1990: A monograph of Chinese Enicospilus Stephens (Hymenoptera: Ichneumonidae: Ophioninae), p.157.

分布：江西、浙江、安徽、福建、广东、湖南、江苏、四川、台湾；印度，日本。

281. 高氏细颚姬蜂 *Enicospilus gauldi* Nikam, 1980

Enicospilus gauldi Nikam, 1980. Oriental Insects, 14(2):174.

Enicospilus gauldi Nikam, 1980. Tang. 1990: A monograph of Chinese Enicospilus Stephens (Hymenoptera: Ichneumonidae: Ophioninae), p.119.

分布：江西、浙江、上海、福建、湖南、云南、贵州、江苏、陕西、吉林、黑龙江；印度。

282. 爪哇细颚姬蜂 *Enicospilus javanus* (Szépligeti, 1910)

Henicospilus javanus Szépligeti, 1910. Notes from the Leyden Museum, 32:93.

Enicospilus javanus (Szépligeti, 1910). Tang. 1990: A monograph of Chinese Enicospilus Stephens (Hymenoptera: Ichneumonidae: Ophioninae), p.86.

分布：江西、福建、广东、广西、湖北、湖南、四川、台湾、云南、贵州；日本，印度，新加坡，马来西亚，印度尼西亚，缅甸，尼泊尔，巴布亚新几内亚，澳大利亚，斯里兰卡，文莱。

283. 黑细颚姬蜂 *Enicospilus melanocarpus* Cameron, 1905

Enicospilus melanocarpus Cameron, 1905. Spolia Zeylanica, 3:122.

Enicospilus melanocarpus Cameron, 1905. Tang. 1990: A monograph of Chinese Enicospilus Stephens (Hymenoptera: Ichneumonidae: Ophioninae), p.107.

分布：江西(德兴、九江、庐山)、浙江、福建、北京、广东、广西、贵州、海南、河北、湖南、江苏、陕西、山西、四川、台湾、西藏、云南等；印度，马来西亚，新加坡，马尔代夫，缅甸，尼泊尔，巴基斯坦，巴布亚新几内亚，菲律宾，斯里兰卡，斐济，朝鲜，日本等。

284. 褶皱细颚姬蜂 *Enicospilus plicatus* (Brullé, 1846)

Ophion plicatus Brullé, 1846. In: Lepeletier de Saint-Fargeau A: Histoire Naturelles des Insectes, p.145.

Enicospilus plicatus (Brullé, 1846). Tang. 1990: A monograph of Chinese Enicospilus Stephens (Hymenoptera: Ichneumonidae: Ophioninae), p.44.

分布：江西、浙江、福建、广东、广西、贵州、湖南、湖北、四川、安徽、陕西、台湾、西藏、云南；印度，越南，泰国，新加坡，印度尼西亚，马来西亚，巴布亚新几内亚，菲律宾，文莱。

285. 假角细颚姬蜂 *Enicospilus pseudantennatus* Gauld, 1977

Enicospilus pseudantennatus Gauld, 1977. Australian Journal of Zoology (Supplementary Series), 49:92.

Enicospilus pseudantennatus Gauld, 1977. Tang. 1990: A monograph of Chinese Enicospilus Stephens (Hymenoptera: Ichneumonidae: Ophioninae), p.152.

分布：江西、浙江、福建、广东、广西、海南、湖南、四川、云南、台湾；印度，越南，缅甸，印度尼西亚，尼泊尔，巴布亚新几内亚，菲律宾，斯里兰卡，澳大利亚。

286. 茶毛虫细颚姬蜂 *Enicospilus pseudoconspersae* (Sonan, 1927)

Henicospilus pseudoconspersae Sonan, 1927. Rep. Dept. Agric. Govt. Res. Inst. Formosa, 29:48.

Enicospilus pseudoconspersae (Sonan, 1927). Tang. 1990: A monograph of Chinese Enicospilus Stephens (Hymenoptera: Ichneumonidae: Ophioninae), p.61.

分布：江西、浙江、福建、广西、云南、台湾、湖北、湖南、江苏、陕西、四川；朝鲜，日本，印度，尼泊尔，菲律宾。

287. 苹毒蛾细颚姬蜂 *Enicospilus pudibundae* (Uchida, 1928)

Henicospilus pudibundae Uchida, 1928. Journal of the Faculty of Agriculture, Hokkaido University, 21:219.

Enicospilus pudibundae (Uchida, 1928). Tang. 1990: A monograph of Chinese Enicospilus Stephens (Hymenoptera: Ichneumonidae: Ophioninae), p.67.

分布：江西、浙江、江苏、安徽、福建、广东、广西、贵州、湖南、湖北、四川、陕西、云南；朝鲜，日本，印度，越南，老挝，斯里兰卡。

288. 新馆细颚姬蜂 *Enicospilus shinkanus* (Uchida, 1928)

Henicospilus shinkanus Uchida, 1928. Journal of the Faculty of Agriculture, Hokkaido University, 21:217.

Enicospilus shinkanus (Uchida, 1928). Tang. 1990: A monograph of Chinese Enicospilus Stephens (Hymenoptera: Ichneumonidae: Ophioninae), p.96.

分布：江西、福建、广东、广西、安徽、湖北、四川、台湾、黑龙江、辽宁；斐济，印度，日本，朝鲜，越南，马来西亚，巴布亚新几内亚，菲律宾，瓦努阿图。

289. 三阶细颚姬蜂 *Enicospilus tripartitus* Chiu, 1954

Enicospilus tripartitus Chiu, 1954. Bulletin of the Taiwan Agricultural Research Institute, 13:36.

Enicospilus tripartitus Chiu, 1954. Tang. 1990: A monograph of Chinese Enicospilus Stephens (Hymenoptera: Ichneumonidae: Ophioninae), p.150.

分布：江西、浙江、福建、广东、广西、贵州、安徽、湖北、湖南、江苏、陕西、四川、台湾；朝鲜，日本，印度，尼泊尔。

290. 米泽细颚姬蜂 *Enicospilus yonezawanus* (Uchida,1928)

Henicospilus yonezawanus Uchida, 1928. Journal of the Faculty of Agriculture, Hokkaido University, 21:218.

Enicospilus yonezawanus (Uchida, 1928). Tang. 1990: A monograph of Chinese Enicospilus Stephens

(Hymenoptera: Ichneumonidae: Ophioninae), p.82.

分布：江西、福建、湖南、湖北、江苏、山东、陕西、四川、台湾、云南；印度，印度尼西亚，朝鲜，日本，马来西亚，缅甸，巴布亚新几内亚，菲律宾。

145. 瘦姬蜂属 *Ophion* Fabricius, 1798

Ophion Fabricius, 1798. Supplementum entomologiae systematicae. Hafniae, p.210, 235. Type-species: *Ichneumon luteus* Linnaeus; designated by Curtis, 1835.

主要特征：单眼非常大，侧单眼非常靠近或几乎触及复眼；后头脊完整；上颚非常短且宽；盾纵沟非常深，几乎伸达中胸盾片中部；中胸腹板后横脊仅外侧缘具残痕；并胸腹节具分区；后小脉在中部下方曲折；盘肘室在翅痣下方具 1 无毛区。

全世界已知近 138 种；我国已知 16 种；江西仅知 1 种。

291. 夜蛾瘦姬蜂 *Ophion luteus* (Linnaeus, 1758)

Ichneumon luteus Linnaeus, 1758. Systema naturae per regna tria naturae, secundum classes, ordines, genera, species cum characteribus, differentiis, synonymis locis. Edition 10, 1:566.

Ophion luteus (Linnaeus, 1758). Dang, Tong, Shi. 1990: 20.

寄主：已记载的寄主有 56 种，大部分为夜蛾科害虫。

分布：江西及我国大部分地区都有分布记录。

十九、拱脸姬蜂亚科 Orthocentrinae

体小型，通常较细弱，有些稍强壮。前翅长 1.7~8.5 mm。颜面与唇基合并或由唇基沟分开。上颚细弱，具 1 齿或 2 齿，若具 2 齿，通常下端齿非常小。触角柄节圆筒形，长为宽的 1.8~2.8 倍；雄性触角无或具触角瘤。颊区通常具眼下沟。头和胸粗壮。盾纵沟和腹板侧沟通常较短或缺。中胸腹板后横脊不完整。并胸腹节中纵脊和侧纵脊通常存在；无分脊；有时所有的脊全部缺。中后足胫节具 2 距；爪简单，或稍有具栉齿者。腹部短且粗壮至长形。第 1 节背板气门位于中部或中部内侧。产卵器鞘短至长。产卵器直或向上弯曲，具或无亚端背凹。

该亚科含 31 属，全世界已知 481 种；迄今为止，我国仅记载 3 属 3 种；这里介绍在江西发现的 3 中国新记录属 6 新种。

拱脸姬蜂亚科江西已知属检索表

1. 上颚正常，不扭曲，2 端齿正常可见；无小翅室；肘间横脉消失，致使径脉和肘脉相互接触 ………………………………………………………………………… **纤姬蜂属 *Proclitus* Förster**
   上颚扭曲，下端齿不可见(隐藏在上端齿内侧)；有或无小翅室；肘间横脉存在 ……………… 2
2. 后盘脉存在；触角柄节膨大，较短，端面强烈倾斜，与横切面约呈 70°角；无触角瘤；无小翅室；产卵器鞘为后足胫节长的 0.2~0.4 倍 ……………………… **大须姬蜂属 *Megastylus* Schiødte**
   无后盘脉；触角柄节不膨大，端面与横切面约呈 45°角；有触角瘤或无；有小翅室或无；产卵器鞘为后足胫节长的 0.5~1.25 倍 ……………………………… **优丝姬蜂属 *Eusterinx* Förster**

146. 优丝姬蜂属 *Eusterinx* Förster, 1869 (中国新记录)

Eusterinx Förster, 1869. Verhandlungen des Naturhistorischen Vereins der Preussischen Rheinlande und Westfalens, 25(1868):171. Type-species: *Eusterinx oligomera* Förster; designated by Viereck, 1914.

前翅长 2.1~6.4 mm。复眼非常大至非常小，内缘常向下收敛，强烈收敛。唇基横向隆起；基部隆起；其余部分平或有些凹。上颚基部稍粗，逐渐向端部变尖，端部非常尖细，约 90°扭曲；下端齿非常短，位于上端齿内侧，以致外观上不易观察。上颊狭窄且微弱隆起至非常长且强烈隆起。柄节不特别大，端面与横截面约呈 45°；鞭节非常粗至较细；触角瘤位于鞭节第 6 节、第 6~第 7 节、第 6~第 8(9) 节，或无触角瘤；触角瘤平，或第 6 节的瘤凹；有时触角瘤呈纵脊状，或脊的后部平。后头脊完整。前沟缘脊长。并胸腹节的脊完整，或几乎完整；常具齿状侧突。后足胫节端部的缨毛短、稀且横形。小翅室有或无；第 2 回脉内斜，具 2 弱点；后中脉基半部直，端半部稍拱起至强烈拱起；无后盘脉。腹部第 1 节背板长 2.2~5.0 倍于端宽，光滑，暗，或具纵皱；无基侧凹；气门位于中部附近。第 2 节背板光滑，常具纵皱或皱纹-刻点；第 2~第 4 节背板常具皱纹-刻点，且靠近中部具横沟。第 2、第 3 背板具狭窄的折缘，由褶缝将折缘分开。雌性下生殖板较大，强烈几丁质化。产卵器鞘长为后足胫节长的 0.5(0.33~0.9)倍。产卵器稍粗至非常粗。

该属分 6 亚属，含 48 种，分布于古北区、新北区和新热带区。此前我国尚无报道。这里介绍 1 新种。

292. 赣优丝姬蜂，新种 *Eusterinx* (*Ischyracis*) *ganica* Sheng & Sun, sp.n. (图版 XXIV：图 172)

♀ 体长约 4.0 mm。前翅长约 3.0 mm。触角长约 2.5 mm。产卵器鞘长约 0.5 mm。

头部光滑光亮。复眼内缘向下方强烈收窄。颜面宽(下方最狭处)约为长的 0.7 倍，具稀疏不明显的微细刻点；上缘中央“V”形深凹；中央纵向稍隆起，亚中央稍纵凹。唇基沟细弱。唇基基部中央稍隆起，端部较薄，几乎无刻点；端缘弧形前突。眼下沟浅；颚眼距约为上颚基部宽的 1.4 倍。上颊前上部较隆起，其余显著向后收敛。头顶中央后部横凹；侧单眼间距约为单复眼间距的 0.9 倍；单眼区内具浅中纵沟。额平坦，光滑光亮。触角丝状，柄节和梗节明显膨大，鞭节 21 节；第 1~第 5 鞭节长度之比依次约为 1.8∶1.6∶1.4∶1.3∶1.2。后头脊细弱、完整。

胸部具较稠密的近白色短毛。前胸背板侧凹光滑，前沟缘脊强壮，背端几乎伸达背缘，亚上部隆起呈脊凸状。中胸盾片均匀隆起，具不明显的毛细刻点，后部光滑；盾纵沟明显，约在前翅基后缘连线处相遇，中叶后缘具细纵皱。盾前沟光滑。小盾片稍隆起。后小盾片不明显。中胸侧板毛较稀少，中部具与腹板侧沟近于平行的浅横沟；胸腹侧脊细弱，背端伸达翅基下脊；腹板侧沟基部约 0.3 明显。后胸侧板中部稍隆起，具稠密不规则的细纵皱和相对稠密的白色短毛；基间脊不明显；后胸侧板下缘脊完整。翅稍带褐色，透明；小脉与基脉相对；无小翅室；肘间横脉位于第 2 回脉的内侧，二者之间的距离约为肘间横脉长的 2.0 倍；第 2 回脉明显内斜，下部外弧形；外小脉约在中央处曲折；

后中脉亚端部强烈拱起，后小脉几乎垂直，不曲折；无后盘脉。足具稠密的短毛，基节明显膨大，腿节端半部棒状膨大；后足胫节强壮、棒状，基部呈细柄状；后足第1~第5跗节长度之比依次约为 2.8∶1.4∶1.0∶0.6∶0.9。爪非常小且弱。并胸腹节较强隆起，具不明显的微刻点和较稠密且稍长的短毛；分区完整；基区小，向下方渐收敛；中区为狭长的六边形，长约为分脊处宽的2.0倍，后边约为前边长的2.0倍，侧观中区前方(基方)稍隆起；分脊约位于中区前部0.3处；并胸腹节具尖细的侧突；气门小，卵圆形，约位于基部0.25处。

腹部背板第1节背板长柄状，长约为端宽的5.0倍；表面光滑，端部表面具较均匀的细纵皱；气门非常小，圆形，稍隆起，约位于第1节背板中央稍后方。自第2节背板向后，折缘逐渐加宽；第2~第4节背板表面具较均匀稠密的细纵皱(向后渐弱)；第2节背板拉长，长约为端宽的2.0倍；第3节背板梯形，长约等于端宽；第2、第3节背板基部两侧0.25~0.3处具明显的小窗疤；第4节背板近似方形；以后背板相对光滑，向后显著收敛。产卵器鞘长约为后足胫节长的0.65倍；产卵器端部非常纤细，稍上弯。

体黑色，下列部分除外：唇基端部，前胸侧板，前胸背板前部及后上角带红褐色；触角，上颚(端齿带红褐色)，上唇，下唇须，下颚须，足(后足背侧色深、稍红褐色，基节内侧基部黑褐色)，腹部第1节背板端缘(或不明显)、第2、第3节背板端部0.13~0.25、第4节背板端缘及腹板端部侧缘，下生殖板均为黄褐色；腹部第4节以后背板端半部带暗红褐色；翅痣和翅脉黄褐色。

正模 ♀，江西武夷山，1370 m，2009-09-10，集虫网。

词源：新种名源于模式标本产地名。

该新种与该亚属唯一的已知种双距优丝姬蜂 *E.* (*Ischyracis*) *bispinosa* Strobl, 1901 相似，可通过下列特征区别：肘间横脉与第2回脉之间的距离约为肘间横脉长的2.0倍；第1节背板长约为端宽的5.0倍；第2~第3节背板具较均匀稠密的细纵皱；第2节背板长约为端宽的2.0倍；产卵器鞘长约为后足胫节长的0.65倍；产卵器稍上弯。双距优丝姬蜂：肘间横脉与第2回脉之间的距离约等长于肘间横脉；第1节背板至多为端宽的4.6倍；第2节背板基半部及侧面具皱，长为端宽的0.9~1.35倍；第3节背板基部具皱；产卵器鞘长至少为后足胫节长的0.85倍；产卵器直。

147. 大须姬蜂属 *Megastylus* Schiødte, 1838 (中国新记录)

Megastylus Schiødte, 1838. Revue Zoologique par la SociétéCuvierienne, 1:139. Type-species: *Megastylus cruentator* Schiødte; designated by Förster, 1871.

前翅长2.6~8.5 mm。体瘦长，通常较细。复眼大。唇基沟深。唇基小，强烈隆起，长约为宽的1.2倍。上颚短、细且弱，外观非常细尖，约90°扭曲；下端齿小于上端齿，有时下端齿缺。上颊非常短。触角柄节非常大，短卵圆形，端面与横截面约呈70°；端面的背缘膜质。无触角瘤。后头脊完整。中胸盾片强烈隆起。小盾片强烈隆起，通常具侧脊。并胸腹节非常长；外侧脊完整；端横脊通常存在且强，靠近并胸腹节后端。足非常细，后足胫节端部的毛非常密。后小脉在中央下方曲折，有时不曲折。腹部第1节背板长为端宽的 1.9~6.5 倍，不拱起，无纵脊，气门位于中央稍前方。产卵器鞘长约 0.5 倍于腹端厚度或 0.16 倍于后足胫节长。

该属含 34 种，分布于东洋区、古北区、新北区、非洲热带区和新热带区，此前我国尚无报道。这里介绍 3 新种。

中国大须姬蜂属已知种检索表

1. 中胸侧板亚前部中央具模糊不清的细刻点，其余光滑光亮；并胸腹节端横脊完整且强壮；颜面浅黄色；小盾片、中胸侧板和中胸腹板黄色；后足基节红褐色……………………………………………………………………………………………………**黄腹大须姬蜂，新种 *M. flaviventris* Sheng & Sun, sp.n.**
   中胸侧板具斜纵皱；并胸腹节端横脊缺或非常弱而不明显；颜面大部分黑色，至少具黑斑；小盾片、中胸侧板和中胸腹板黑色，或具黄色或褐色斑；后足基节黑色或红褐色……………………………2
2. 颜面黑色，亚侧面具黄色宽纵带；后足基节、转节和腿节红褐色，胫节几乎单一的黄褐色；腹部第 1、第 2 节背板红色………………………………**斑颜大须姬蜂，新种 *M. maculifacialis* Sheng & Sun, sp.n.**
   颜面黄色，中央具狭窄的黑褐色纵纹；后足基节黑色，腿节褐黑色，胫节黑褐色，基部或多或少模糊的浅褐色；腹部第 1 节背板黑色，第 2 节背板黑褐色……………………………………………………………………………………………………**黑胸大须姬蜂，新种 *M. nigrithorax* Sheng & Sun, sp.n.**

293. 黄腹大须姬蜂，新种 *Megastylus flaviventris* Sheng & Sun, sp.n.　(图版 XXIV：图 173)

♂　体长 11.5~12.5 mm。前翅长 8.5~9.0 mm。触角长 12.0~12.5 mm。

体瘦长，复眼大而突出。颜面向下方稍收窄，宽约与长相等；较平，光滑光亮，具几个细毛刻点；上方中央浅坑状，坑的上缘中央具不明显的短细纵脊。唇基沟清晰。唇基光滑光亮，基部中央丘状隆起，具稀疏的细毛；端部较薄，端缘中段几乎直(中央稍凹)，两侧角较明显。上颚针状，短小，基部狭窄，较光滑，具细刻点；端齿尖细、弱小，约 90°扭曲，下端齿明显小于上端齿。下颚须和下唇须长，下颚须可伸至中胸腹板中央。颊具细粒状表面；具眼下沟；颚眼距约为上颚基部宽的 1.5 倍。上颊光滑光亮，具稀疏的毛；强度向后收敛，沿下缘稍环状内凹、使下缘呈显著的边缘。头顶质地同上颊，沿后头脊环状浅横凹，与上颊下缘形成一体的宽边、似托盘状底座；单眼区显著隆起，中央稍凹；侧单眼外侧稍凹；侧单眼间距约为单复眼间距的 0.75 倍。额光滑光亮，下部中央稍凹。触角丝状；柄节非常大，短卵圆形，端截面显著倾斜；端面的背缘膜质；鞭节 44 节，具稠密的细毛，端部细弱；自第 6 鞭节开始，每小节腹侧端缘各具 2 根直立(与鞭节垂直)的毛；第 1~第 5 鞭节长度之比依次约为 1.7∶1.0∶0.9∶0.8∶0.7。后头脊完整、强壮。

前胸背板前缘上方具弱皱，侧凹下方至侧板上缘之间稍凹，内具非常弱细的纵皱；其余光滑光亮；后上角强烈后伸；上缘在中央相接处(中胸盾片前缘中央)“V”字形下凹，“V”形边缘增厚增粗；前沟缘脊明显。中胸盾片明显隆起，光滑光亮，呈显著的三叶状，中叶明显前突；盾纵沟约伸达前翅翅基后缘连线处、几乎相接。盾前沟深而宽阔，沟内具短纵皱。小盾片光滑光亮，基部中央呈小三角形稍隆起，小三角形基部中央稍凹；侧脊完整、端部弱。后小盾片稍隆起，稍粗糙。中胸侧板亚前部中央具模糊的细横皱；翅基下脊下方具与胸腹侧脊上端平行向后的弧形细皱；其余相对光滑，有稀疏的细毛；胸腹侧脊细，几乎伸达翅基下脊，背端未达中胸侧板前上缘；腹板侧沟前部 0.4 深；镜面区大，光滑光亮；中胸侧板凹沟状。后胸侧板具非常稠密的粗网皱。翅褐色，透明，小脉与基脉相对或位于其稍内侧；无小翅室；第 2 回脉位于肘间横脉的外侧，二者之间的距离为肘间横脉长的 1.1~1.2 倍；外小脉约在中央处曲折；后中脉明显弓曲，后小脉约在下方 0.35~0.4 处曲折。足细长，具稠密的短毛，基节(后部中央光滑)和腿节具清晰的细刻点；腿节细瘦；前足腿节基部下方稍加粗、中部稍弯曲、端半部稍细；后足第 1~第 5 跗节长度之比依次约为 4.2∶2.5∶1.8∶1.0∶1.2；爪尖细。并胸腹节均匀隆起；基缘横凹，内具稠密的短纵皱；基横脊和端横脊存在，可见外侧脊；无其他脊；表面具非常稠密的粗网皱，基横脊之前皱较弱；气门长卵圆形，位于基部 0.2 处。

腹部细长，后部侧扁。第 1 节背板侧面及第 2 节以后背板具较稀疏的红褐色长毛。第 1 节背板细柄状，侧缘几乎平行，亚端部稍膨大；光滑光亮，长约为端宽的 6.7 倍；无侧脊；气门小，圆形，隆起，约位于第 1 节背板基部 0.36 处。第 2、第 3 节背板拉长，基部侧面具小窗疤。第 2 节背板长约为第 1 节背板长的 0.64 倍，约为端宽的 3.0 倍，表面具较弱的细纵皱(端部具细革质状表面和细刻点)。第 3 节背板长约为第 1 节背板长的 0.54 倍，约为基部宽的 2.1 倍；具细革质状表面和稀疏的细刻点。第 4 节及以后背板较短，稍侧扁；质地和刻点同第 3 节背板。

黑色，下列部分除外：触角黑褐色，柄节和梗节腹侧黄褐色；颜面，触角窝周缘，额眼眶下半部，柄节端缘，唇基，上唇，上颚(端齿暗红褐色)，颊，上颊前部约 1/3，下唇须，下颚须，前胸侧板，前胸背板前缘(中部后延)及后上角，小盾片，后小盾片，翅基片及前翅翅基，翅基下脊，中胸侧板腹侧约 3/4，中胸腹板，前中足(腿节背侧稍红褐色)均为褐黄色；前胸背板上半部，中胸盾片，腹部第 5~第 8 节背板黑红褐色；后足(跗节黄褐色，末跗节端部黑褐色)和腹部第 1~第 4 节背板均为红褐色，后足胫节端部约 0.25 黑褐色；腹部第 6~第 8 节背板端部的三角斑黄白色；翅痣和翅脉褐色，前缘脉黑褐色。

正模 ♂，江西铅山武夷山，1200 m，2009-07-11，集虫网。副模：1♂，河南内乡宝天曼自然保护区，2006-06-27，申效诚。

词源：新种名源于中胸腹面黄色。

该新种可通过下列特征与该属其他已知种区别：中胸侧板大部分光滑光亮，仅亚前部中央具模糊不清的细刻点；并胸腹节具完整强壮的基横脊和端横脊；颜面浅黄色；小盾片、中胸侧板和中胸腹板黄色；后足基节红褐色。

294. 斑颜大须姬蜂，新种 *Megastylus maculifacialis* Sheng & Sun, sp.n. (图版 XXIV：图 174)

♀ 体长约 14.5 mm。前翅长约 7.5 mm。触角长约 12.5 mm。产卵器鞘长约 0.5 mm。

体瘦长，复眼大。颜面向下方稍收窄，宽约为长的 1.1 倍；光滑光亮；中部稍隆起，上方中央浅坑状。唇基沟清晰。唇基光滑光亮，丘状隆起，具稀疏的细毛；端部较薄，端缘中段直。上颚针状，短小，基部狭窄，光滑光亮；端齿尖细、弱小，约 90°扭曲，下端齿小于上端齿。下颚须和下唇须长，下颚须可伸至中胸腹板中央。颊具细粒状表面；颚眼距约为上颚基部宽的 1.3 倍。上颊光滑光亮，具稀疏的毛；显著向后收敛，沿下缘环状内凹、使下缘呈显著的边缘。头顶光滑光亮，沿后头脊环状横凹，与上颊下缘形成一体的宽边(似托盘状底座)；单眼区显著隆起，中央浅凹；侧单眼间距约为单复眼间距的 0.7 倍。额光滑光亮，下部中央稍凹。触角丝状；柄节非常大，短卵圆形，端面与横截面约呈 70°；端面的背缘膜质；鞭节 48 节，具稠密的细毛，端部细弱；第 1~第 5 鞭节长度之比依次约为 1.7∶1.0∶0.8∶0.8∶0.7。后头脊完整、强壮。

前胸背板前缘上方具细纵皱，其余光滑光亮，侧纵凹具斜横皱；后部具短细皱；后上部稍隆起，靠近前沟缘脊具与其平行的细皱；上缘在中央相接处(中胸盾片前缘中央)“V”字形下凹，“V”形边缘增厚增粗；前沟缘脊明显。中胸盾片明显隆起，光滑光亮，呈显著的三叶状，中叶明显前突；盾纵沟约伸达翅基片后缘连线处。盾前沟深而宽阔，光滑光亮，沟内具特别短的细皱。小盾片稍隆起，光滑光亮，具几个弱细刻点；侧脊完整。后小盾片稍隆起，具细刻点。中胸侧板亚前部中央具模糊不清的细刻点，胸腹侧脊后方下侧具稠密的斜细皱，胸腹侧片相对光滑，具模糊不清的弱皱；其余光滑光亮；胸腹侧脊伸达翅基下脊，背端伸达中胸侧板前上缘；腹板侧沟前部 0.4 明显；中胸侧板凹沟状；镜面区大而光亮。后胸侧板具非常稠密的粗网皱。翅稍褐色，透明，小脉与基脉相对；无小翅室；第 2 回脉位于肘间横脉的外侧，二者之间的距离约为肘间横脉长的 0.77 倍；外小脉约在中央处曲折；后中脉明显弓曲，后小脉约在下方 0.3 处曲折。足细长，具稠密的短毛，基节(后部中央光滑)和腿节具清晰的细刻点；腿节瘦长；前足腿节基部下方稍加粗、中部稍弯曲、端半部稍细；后足第 1~第 5 跗节长度之比依次约为 3.8∶2.2∶1.5∶0.8∶1.2；爪尖细。并胸腹节均匀隆起；基缘凹，内具稠密的短纵皱；基横脊中段弱地存在；中纵脊和侧纵脊在基横脊之前明显；可见外侧脊；无端横脊；基区长大于宽；基区和第 1 侧区相对光滑，其余具非常稠密的粗网皱；气门长裂口形，位于基部 0.1 处，靠近外侧脊。

腹部细长。第 1 节背板细柄状，侧缘几乎平行，亚端部向后稍膨大；光滑光亮，长约为端宽的 5.6 倍；背侧脊在气门内侧可见；气门小，圆形，突出，约位于第 1 节背板的基部 0.36 处。第 2、第 3 节背板拉长，基部侧面具小窗疤。第 2 节背板长约为第 1 节背板长的 0.7 倍，约为端宽的 3.1 倍，表面具细纵皱(端部弱)，亚侧缘具贯穿全长的浅纵沟；基部亚中央具 2 中纵脊，约达基部 0.27 处。第 3 节背板长约为第 1 节背板长的 0.54 倍，约为端宽的 2.5 倍；具细革质状表面和稀疏的细刻点。第 4 节及以后背板较短，稍侧扁；第 4 节背板具细革质状表面和不明显的细刻点；第 5 节及以后背板光滑光泽，具细革质状表面，背中央纵脊状隆起；第 6、第 7 节背板端部具裂缝，边缘膜质。产卵器鞘长约为后足胫节长的 0.16 倍；产卵器细刚毛状，端部稍膨大。

黑色，下列部分除外：触角黑褐色，柄节和梗节腹侧及鞭节基部 2~3 节红褐色；颜面侧缘上方的宽纵带，触角窝周缘，柄节端缘，唇基，上唇，上颚(端齿黑褐色)，颊及上颊前缘，下唇须，下颚须，前胸背板前缘上方及后上角，翅基片及前翅翅基，前足基节和转节均为浅的褐黄色；足和腹部第 1~第 3 节背板深红褐色，后足胫节端部及基跗节基半部带黑褐色，后足基跗节端半部至末跗节基部 1/2 黄褐色；翅基下脊，小盾片端部和后小盾片稍带红褐色；翅痣褐色，翅脉褐黑色。

正模　♀，江西宜丰官山自然保护区，400 m，2010-05-23，集虫网。

词源：新种名源于颜面亚侧面具黄色大斑。

该新种与长基大须姬蜂 *M. longicoxis* (Cameron, 1909)相似，可通过下列特征区别：后足基节外侧具稠密均匀的细刻点；颜面黑色，亚侧面具黄色纵斑；后足基节红褐色；腹部第 1、第 2 节背板完全红色。长基大须姬蜂：后足基节具稠密粗糙的横皱纹；颜面浅黄色；后足基节黑色；腹部背板仅第 1 节端部，第 2、第 3 节基部红褐色。

295. 黑胸大须姬蜂，新种 *Megastylus nigrithorax* Sheng & Sun, sp.n.　(图版 XXIV：图 175)

♀ 体长 12.0~12.5 mm。前翅长 9.0~9.5 mm。触角长 10.0~11.0 mm。产卵器鞘长约 0.5 mm。

体瘦长，复眼大而突出。颜面向下方稍收窄，宽约为长的 1.2 倍；较平，光滑光亮，具稀疏的褐色毛；上方中央浅坑状，坑的上缘中央具不明显的细纵脊。唇基沟清晰。唇基光滑光亮，基部中央丘状隆起，具稀疏的细毛；端部较薄，端缘中段直。上颚针状，短小，基部狭窄，较光滑；端齿尖细、弱小，约 90° 扭曲。下颚须和下唇须长，下颚须伸至中足基节。颊具细粒状表面；颚眼距约为上颚基部宽的 1.1 倍。上颊光滑光亮，具稀疏的毛；强度向后收敛，沿下缘稍环状内凹、使下缘呈显著的边缘。头顶光滑光亮，沿后头脊环状浅横凹，与上颊下缘形成一体的宽边；单眼区显著隆起，具细中纵沟；侧单眼间距约为单复眼间距的 0.4 倍。额光滑光亮，下半部中央稍凹。触角丝状；柄节非常大，短卵圆形，端截面显著倾斜；端面的背缘膜质；鞭节可见 42 节(端部断失)，具稠密的细毛，端部细弱；第 1~第 5 鞭节长度之比依次约为 1.6∶1.0∶0.9∶0.8∶0.7。后头脊完整强壮。

前胸背板前缘上方具细纵皱，其余光滑光亮，侧纵凹下方具斜细横皱；后部具短细皱；后上部稍隆起，靠近前沟缘脊具与其相交的斜细皱；后上角强烈后伸；颈前缘高耸似领状，中央具 1 大缺口状凹陷；上缘在中央相接处(中胸盾片前缘中央)“V”字形下凹，“V”形边缘增厚增粗；前沟缘脊明显。中胸盾片明显隆起，光滑光亮，呈显著的三叶状，中叶明显前突；盾纵沟显著，约伸达前翅翅基后缘连线处。盾前沟深而宽阔，沟底具短纵皱。小盾片稍隆起，具稠密不规则的细皱和刻点；侧脊完整。后小盾片稍隆起，具细刻点。中胸侧板亚前部中央具稍粗的模糊横皱，横皱后方具清晰的细刻点，之后为较大的光滑光亮的镜面区；翅基下脊下方具与胸腹侧脊上端平行向后的弧形细皱；胸腹侧片具弱的细斜皱；中胸后侧片具微细的刻点和毛；胸腹侧脊几乎伸达翅基下脊，背端未达中胸侧板前上缘；腹板侧沟前部 0.3 较深，沟内具短横皱；中胸侧板凹沟状。后胸侧板具非常稠密的粗网皱。翅褐色，透明；小脉与基脉相对；无小翅室；第 2 回脉位于肘间横脉的外侧，二者之间的距离约与肘间横脉等长；外小脉约在中央稍上方曲折；后中脉明显弓曲，后小脉约在下方 0.3 处曲折。足细长，具稠密的短毛，基节(后部中央光滑)和腿节具清晰的细刻点；腿节瘦长；前足腿节基部下方稍粗、中部稍弯曲、端部稍细；后足第 1~第 5 跗节长度之比依次约为 4.3∶2.2∶1.4∶0.7∶1.0；爪尖细。并胸腹节均匀隆起；基缘横凹，内具稠密的短纵皱；基横脊中段弱地存在；可见外侧脊；无其他脊；表面具非常稠密的粗网皱；气门长裂口形，位于基部 0.1 处，较近于外侧脊。

腹部细长，后部侧扁。第 1 节背板细柄状，侧缘几乎平行，亚端部稍膨大；光滑光亮，长约为端宽的 5.5 倍；背侧脊在气门内侧可见；气门小，圆形，突出，约位于第 1 节背板的基部 0.34 处。第 2、第 3 节背板拉长，基部两侧均具小窗疤。第 2 节背板长约为第 1 节背板长的 0.67 倍，约为端宽的 3.1 倍，表面具内斜的细纵皱(端部皱弱，具细革质状表面和细刻点)。第 3 节背板长约为第 1 节背板长的 0.55 倍，约为基部宽的 2.5 倍；具细革质状表面和稠密的细刻点。第 4 节及以后背板较短，稍侧扁；第 4 节背板呈细革质状表面，基部具不明显的细刻点；第 5 节及以后背板光滑光泽，具细革质状表面，背中央纵脊状隆起；第 6、第 7 节背板端部具裂缝，边缘膜质。产卵器鞘长约为后足胫节长的 0.16 倍。

黑色，下列部分除外：触角黑褐色，柄节和梗节腹侧及鞭节基部 2~3 节腹侧黄褐色；颜面(上方中央具黑斑；侧缘黑色)，触角窝周缘，柄节端缘，唇基，上唇，上颚(端齿暗红褐色)，颊及上颊前缘，下唇须，下颚须，前胸背板前缘中部，前足基节和转节均为浅的褐黄色；前胸背板后上角的端缘，翅基片及前翅翅基，前足，中足(基节暗红褐色)，腹部第 1 节背板后缘及后侧缘、第 2 节背板(背面大部分黑褐色)、第 3 节背板均为红褐色；后足基节黑色，转节(第 1 转节背侧黑色)、腿节端部、胫节基半部红褐色，腿节大部、胫节端半部、基跗节基半部及中后足的末跗节黑褐色，后足基跗节端部至第 4 跗节黄褐色；翅痣褐色，翅脉暗褐色。

正模 ♀，江西全南，740 m，2008-06-16，集虫网。副模：1♂，江西全南，740 m，2008-06-16，集虫网；1♀3♂♂，江西资溪马头山自然保护区，400 m，2009-04-24，集虫网；1♂，江西资溪马头山自然保护区，400 m，2009-05-01，集虫网；1♂，江西宜丰官山自然保护区，450 m，2008-06-10，集虫网；1♀1♂，江西宜丰官山自然保护区，400 m，2010-05-23，集虫网；2♂♂，江西安福，180~220 m，2010-05-24，集虫网；18♂♂，江西安福，180~220 m，2011-04-26~10-21，集虫网；1♂，河南罗山灵山，400~500 m，1999-05-24，盛茂领。

词源：新种名源于胸部黑色。

该新种与黄腹大须姬蜂 *M. flaviventris* Sheng & Sun 及斑颜大须姬蜂 *M. maculifacialis* Sheng 相似，可通过上述检索表区别。

148. 纤姬蜂属 *Proclitus* Förster, 1869 (中国新记录)

Clepticus Haliday, 1838. Annals of Natural History, 2:116. Name preoccupied by Cuvier, 1829. Type-species: *Clepticus praetor* Haliday; designated by Westwood, 1840.

Proclitus Förster, 1869. Verhandlungen des Naturhistorischen Vereins der Preussischen Rheinlande und Westfalens, 25(1868):172. Type-species: *Proclitus grandis* Förster; designated by Viereck, 1914.

前翅长 3.2~6.3 mm。体细弱。复眼大。唇基大，较隆起。上颊非常短。上颚非常细，向端部稍狭窄；上端齿约为下端齿长的 2 倍。触角细且长，无触角瘤。前沟缘脊非常短或缺。中胸盾片较隆起，盾纵沟短或缺，通常在中胸盾片前部呈阔凹沟状。小盾片强烈隆起，基部或仅基侧角具侧脊。通常无小翅室；肘间横脉非常短或消失，肘脉和径脉相接触或部分合并；第 2 回脉外斜，具 2 弱点；后中脉端部约 0.4 强烈拱起，基部几乎直。

腹部拉长。第 1 节背板与腹板融合；背板长为端宽的 2~7 倍，光滑光亮，无基侧凹，气门位于近中部。第 2、第 3 节具褶缝。产卵器鞘长为后足胫节长的 0.3~3.2 倍。产卵器细，具亚端背凹。

全世界已知 24 种，分布于古北区、新北区、新热带区和埃塞俄比亚区；此前东洋区尚无记载，我国尚无记录；这里介绍江西分布的 2 新种。

寄主：据报道(Yu et al., 2012)，已知寄主 12 种，与林农业直接相关的主要为斑粉蝶 *Delia radicum* L.等。

纤姬蜂属中国已知种检索表

1. 产卵器鞘长约为后足胫节长的 0.75 倍；基节黑色；后足胫节亚基部和端部褐黑色…………………………………………………………………… 赣纤姬蜂，新种 ***P. ganicus* Sheng & Sun, sp.n.**
   产卵器鞘长约为后足胫节长的 2.6 倍；基节黄褐色；后足胫节基部和端部背侧暗褐色……………………………………………………………… 武夷纤姬蜂，新种 ***P. wuyiensis* Sheng & Sun, sp.n.**

296. 赣纤姬蜂，新种 *Proclitus ganicus* Sheng & Sun, sp.n. (图版 XXIV：图 176)

♀ 体长约 3.7 mm。前翅长约 3.2 mm。触角长约 3.5 mm。产卵器鞘长约 1.0 mm。

头部光滑光亮。颜面宽约为长的 1.2 倍；触角窝周围隆起，使上缘中央呈“U”形凹；上部中央具 1 短纵瘤。唇基沟清晰。唇基凹稍凹陷。眼下沟弱，但清晰可见。唇基均匀隆起，端缘弱弧形向前隆起。上颚狭长；上端齿明显长于下端齿。颚眼距稍大于上颚基部宽。上颊狭，强烈向后收敛，背面观，长约为复眼宽的 0.3 倍。头顶宽阔，后部中央凹；侧单眼间距约等于单复眼间距。额平坦。触角丝状，鞭节 18 节；第 1~第 5 鞭节长度之比依次约为 1.4∶1.2∶1.2∶1.1∶1.1。后头脊完整。

胸部光滑光亮。前胸背板相对较小，下端约位于中胸侧板前缘的中部，侧凹中部相对较深；前沟缘脊不明显。中胸盾片较隆起，具中纵沟，该沟后部稍阔；盾纵沟仅前部明显。盾前沟较深，光亮。小盾片光亮，丘状隆起。后小盾片明显隆起。后胸背板明显，约呈四边形。中胸侧板具明显但宽浅的横凹；胸腹侧脊背端伸达中胸侧板中部稍下方；前侧角处在胸腹侧脊至前足基节之间具 1 清晰的横脊；腹板侧沟前半部明显。中胸腹板中缝深沟状；中胸腹板后横脊中段存在(在中足基节前中断)。后胸侧板光亮；基间脊中段不清晰；基间区粗糙，具不规则的粗皱；后胸侧板下缘脊完整。翅稍带褐色透明；小脉与基脉相对；径脉与肘脉在肘间横脉的位置合拢；外小脉约在上方 0.3 处(上段/下段：0.7/1.5)曲折；后中脉后部强烈拱起；后小脉稍外斜，不曲折。足具稠密的柔毛；前中足腿节稍呈棒状膨大；后足胫节粗壮，向端部逐渐棒状膨大；后足第 1~第 5 跗节长度之比依次约为 1.2∶0.8∶0.6∶0.5∶1.2。爪较狭长，简单。并胸腹节光亮；中纵脊后半部(端横脊之前)、端横脊及外侧脊存在且强壮；气门小，圆形。

腹部背板具较清晰的短毛。第 1 节背板长约为端宽的 2.9 倍，几乎光滑，光亮，背中脊不清晰，背侧脊在气门之前可见；气门非常小，圆形，稍隆起，位于该节背板中央稍后部(约 0.42)。第 2 节背板长梯形，长约为端宽的 1.1 倍。第 3 节及其余背板几丁质化较弱。产卵器鞘长约为后足胫节长的 0.75 倍。产卵器腹瓣端部光滑，无突起，无脊。

体黑色，下列部分除外：下唇须及下颚须黄色；触角鞭节黑褐色；触角柄节、梗节、鞭节 1~3 节(腹侧稍多)，上颚(端齿带红褐色)，上唇，腹部第 2 节背板端部中央、第 3 节背板基部中央均为黄褐色；腹部中部(2~4)背板褐黑色；前中足(基节褐黑色除外)和后足转节背面、胫节基端、中段及跗节黄褐色；后足腿节除基部外暗红褐色，胫节亚基部和端部褐黑色；翅痣和翅脉暗褐色。

♂ 体长约 4.0 mm。前翅长约 4.0 mm。触角鞭节 18 节；触角窝周围强烈隆起。后柄部长(气门至后端缘)约为端宽的 1.6 倍。基节全部黑色。

正模 ♀，江西全南，2010-09-13，集虫网。副模：1♂，江西全南，2010-09-30，集虫网；1♀，江西九连山，2011-09-11，集虫网。

词源：新种名源自模式标本产地名。

该新种与田纤姬蜂 *P. paganus* (Haliday, 1838)相近，可通过下列特征区别：具眼下沟；唇基隆起，黑色；♂后足腿节暗红褐色，亚基部和端部黑色，背面无黑色纵斑。田纤姬蜂：复眼下角与上颚基部之间具脊；唇基平，大部分黄色；♂后足腿节背面具黑色纵斑。

297. 武夷纤姬蜂，新种 *Proclitus wuyiensis* Sheng & Sun, sp.n. (图版 XXIV：图 177)

♀ 体光滑光亮。体长约 3.5 mm。前翅长约 3.5 mm。触角长约 3.8 mm。产卵器鞘长约 3.2 mm。

颜面及唇基光滑光亮，无刻点。颜面近方形，宽约等于长，具稀疏的褐色细绒毛，非常弱地隆起。唇基沟清晰。唇基凹小，稍凹陷。唇基宽约为长的 2.0 倍；均匀隆起；端缘薄，中段几乎平截。上颚狭长；上端齿长且尖锐，明显长于下端齿。眼下沟清晰；颚眼距约等长于上颚基部宽。上颊光滑光亮，无刻点；非常狭，背面观，长约为复眼宽的 0.2 倍，强烈向后收敛。头顶较短；侧单眼间距约为单复眼间距的 1.2 倍。额几乎平坦。触角丝状，鞭节 18 节，第 2~第 5 节等长(第 1~第 5 鞭节长度之比依次约为 4.0∶3.0∶3.0∶3.0∶3.0)。后头脊完整，下端明显在上颚基部上方与口后脊相接。

前胸背板下端位于中胸侧板前缘中部稍下方；前沟缘脊非常短，但明显可见。中胸盾片较隆起，具清晰的中纵沟；盾纵沟仅前部可见。小盾片前部稍隆起。后小盾片明显隆起。中胸侧板中部浅横凹；胸腹侧脊约伸达中胸侧板高的 1/2 处；腹板侧沟前半部深凹；前侧角处在胸腹侧脊至前足基节之间具 1 清晰的横脊。中胸腹板中缝深沟状；中胸腹板后横脊仅中央处存在。后胸侧板均匀隆起，无脊间脊，全部光滑光亮。翅稍带褐色透明；小脉与基脉相对；径脉与肘脉在肘间横脉的位置合拢；外小脉约在上方 0.3 处(上段/下段：0.7/1.5)曲折；后中脉后部强烈拱起；后小脉几乎垂直，不曲折。足细长；前中足腿节稍膨大呈棒状，后足腿节向端部逐渐膨大，胫节相对较粗壮；后足第 1~第 5 跗节长度之比依次约为 1.8∶1.0∶0.7∶0.5∶1.0；爪较狭长，简单。并胸腹节均匀隆起；具清晰完整的端横脊和外侧脊；端区具清晰的侧纵脊；气门小，圆形，稍突起，约位于基部 0.23 处。

腹部第 1 节背板长约为端宽的 3.0 倍；背中脊仅基部具痕迹；后柄部的前半部具中纵凹；气门非常小，圆形，稍隆起，约位于该节背板的 0.5 处。第 2 及其余各节背板具不均匀的褐色毛。第 2 节背板长梯形，长约为端宽的 1.1 倍，亚基部具斜窗疤。第 3 节背板两侧近平行，长约为端宽的 0.9 倍；亚基部具圆形小窗疤。其余背板几丁质化程度较低。产卵器鞘长约为后足胫节长的 2.6 倍。产卵器纤细，背瓣亚端部具缺刻，缺刻距顶端的距离稍远，约为该段最大高的 6.7 倍。

体黑色，下列部分除外：触角柄节，梗节，鞭节基部及翅基片黄褐色；唇基，中胸盾片及小盾片黑褐色；上颚(端齿带红褐色除外)，上唇，下唇须，下颚须，前中足，后足基节大部分及其转节，腹部第 2 节背板侧缘及端缘、第 3 节背板中部、第 8 节背板均为黄色；后足黄褐色，腿节基部和端部背侧、胫节基部和端部背侧暗褐色；腹部第 3 节背板侧面及第 4~第 7 节背板，翅痣及翅脉黑褐色。

正模 ♀，江西武夷山自然保护区，1200 m，2009-08-18，集虫网。

词源：新种名源自模式标本产地名。

该新种与赣纤姬蜂 *P. ganicus* Sheng & Sun 相似，可通过上述检索表鉴别。

二十、瘤姬蜂亚科 Pimplinae

主要鉴别特征：唇基端部凹陷；端缘薄，中央具凹刻或无凹刻；上唇不外露；小翅室常三角形，或无；爪常具较大的基齿；腹部第 1 节背板的气门位于该节中部之前或靠近中部，背板与腹板有缝分开(不融合在一起)；产卵器背瓣无亚端背缺刻。

该亚科含 3 族，很多种类是林业害虫的重要天敌，一些类群或种类是林木钻蛀害虫的重要寄生天敌。

瘤姬蜂亚科分族检索表

1. 中胸侧缝在中央直或稍弧形弯曲，不形成角度，若形成角度，则唇基具一横缝，且上颚末端扭曲，下端齿弯向口方；若后足胫节黑、浅色相间，那么基部与端部黑色，中间浅色……………………………………………………………………瘤姬蜂族 **Pimplini**

中胸侧缝在中央附近弯曲成角度；其他非同于上述……………………………………2

2. 雌性爪无基齿；有小翅室；雌性下生殖板的长度通常大于宽度；并胸腹节通常具清晰的分区…………………………………………………………德姬蜂族 **Delomeristini**

雌性爪(至少前足的爪)具基齿；有小翅室，或无；雌性下生殖板的长度通常小于宽度；并胸腹节无分区，或有分区……………………………………………长尾姬蜂族 **Ephialtini**

廿六) 德姬蜂族 Delomeristini

该族含 3 属；我国均有分布；江西知 1 属。

德姬蜂族分属检索表

1. 第 3~第 5 节背板表面非粒状，具粗糙的刻点；第 3~第 5 节背板各具 1 对瘤突；产卵器腹瓣端部具背叶，包被背瓣；内眼眶白色；腹部第 2~第 5 节背板端部白色……………………………………………………………白眶姬蜂属 ***Perithous*** **Holmgren**

第 3~第 5 节背板表面粒状，无粗糙的刻点；第 3~第 5 节背板无瘤突；产卵器腹瓣端部无明显的包被背瓣的背叶……………………………………………………………2

2. 并胸腹节具清晰且完整的中区；上颚 2 端齿等长；唇基端缘凹，中央无突起……………………………………………………………德姬蜂属 ***Delomerista*** **Förster**

并胸腹节中区不明显，周围的脊不完整且非常弱或不清晰；上颚下端齿长于上端齿；唇基端缘中央具 1 小突起………………………………………梭姬蜂属 ***Atractogaster*** **Kriechbaumer**

149. 白眶姬蜂属 *Perithous* Holmgren, 1859

Perithous Holmgren, 1859. Öfversigt af Kongliga Vetenskaps-Akademiens Förhandlingar, 16:123. Type-species: *Ephialtes albicinctus* Gravenhorst; designated by Viereck, 1914.

前翅长 6.0~18.0 mm。体长且细。颜面、唇基及额眼眶常白色或部分白色。唇基基部通常隆起，端部平或稍凹，端缘中央具深缺刻。并胸腹节非常短，强烈隆起，无中纵脊；端区大，常由脊包围。第 2~第 5 节背板光滑或几乎光滑，具清晰的刻点；各节背板端部具白色横带。产卵器鞘长为前翅长的 0.9~2.0 倍。

全世界已知 17 种；我国已知 7 种及亚种；江西已知 3 种。

白眶姬蜂属江西已知种检索表

1. 后胸腹板具强壮的棱角状锥形凸 ………………………………………………………… 2
   后胸腹板无或无明显的凸起；并胸腹节具清晰的刻点；中后足跗节深褐色 ……………………………………………………………… **喀白眶姬蜂 *P. kamathi* Gupta**
2. 后胸腹板后部(在凸起的后方)具清晰的中纵沟；颜面上部中央具黑斑；中胸侧板黑色，前上部具黄斑；中后足跗节和后足胫节褐黑色；后足胫节腹侧中部(约 0.8)的狭纵带褐色……………………………………………… **全南白眶姬蜂，新种 *P. quananensis* Sheng & Sun, sp.n.**
   后胸腹板后部(在凸起的后方)的中纵沟不明显或具 1 凹陷；颜面具较宽的黑色中纵带；中胸侧板或多或少具红褐色斑；中足跗节黄褐色，端部褐黑色；后足胫节大部分褐至黄褐色，基部、端部及背面中央黑褐色；后足跗节基部黄褐色，端部褐黑色……………………**贵州白眶姬蜂 *P. guizhouensis* He**

298. 贵州白眶姬蜂 *Perithous guizhouensis* He, 1996 (图版 XXIV：图 178)

Perithous guizhouensis He, 1996. Economic Insect Fauna of China, 51: 195.

♀ 体长约 12.0 mm。前翅长约 9.5 mm。产卵器鞘长约 12.5 mm。

颜面宽约为长的 1.2 倍，具稀疏的细毛刻点，中央稍隆起、具弱纵皱。唇基沟非常清晰。唇基具非常稀浅的细毛刻点，中央稍凹陷，亚端部中央具 1 细横沟；端缘双弧形分裂，中央明显内凹；唇基最大宽约为长的 2.6 倍。上颚基部宽阔，上缘中部至端部明显收窄，具稀疏的细刻点；下端齿稍长于上端齿。颊短，呈细粒状表面，颚眼距约为上颚基部宽的 0.19 倍。上颊光滑，向后方近平行(稍加宽)，具稀疏的细毛刻点；侧观约为复眼横径的 0.4 倍。头顶后部具与上颊相似的质地和刻点，中央稍纵凹；侧单眼外侧光滑无刻点；单眼区具 1 清晰的中纵沟，侧单眼外缘稍凹；侧单眼间距约为单复眼间距的 0.6 倍。额光滑光亮，下半部稍凹，具细的中纵脊，复眼内缘在触角窝处稍凹。触角长约 8.2 mm，鞭节 32 节，自基部向端部粗细较均匀。后头脊完整，背方中央稍内凹。

前胸背板光滑光亮，仅后上角具不清晰的细刻点；可见前沟缘脊。中胸盾片均匀隆起，具稠密的弱浅细毛刻点；盾纵沟仅前部弱地存在。小盾片明显隆起，具不清晰、不均匀的细刻点，中部较光滑。后小盾片横形隆起，光滑，几乎无刻点。中胸侧板光滑光亮，仅前下部具稀疏的毛细刻点，胸腹侧片下部的刻点稍清晰；镜面区较大；胸腹侧脊明显，约达中胸侧板高的 1/2 处；中胸侧板凹呈横沟状。后胸侧板光滑光亮，后部具稀疏的弱细刻点，后下角的刻点稠密，下缘具稠密的细横皱；后胸侧板下缘脊完整；后胸腹板具1强壮的棱角状凸起。翅稍带褐色透明；小脉与基脉相对；小翅室斜四边形，上方尖，但无柄，第1肘间横脉短于第2肘间横脉；第2回脉在它的下方中央的外侧与之相接；外小脉稍内斜，约在下方0.4处曲折；后小脉稍外斜，约在上方0.4处曲折。前足腿节稍侧扁、下弯，胫节基部明显细，基跗节的腹侧基部稍凹、胫距藏入其中；后足基节内侧稍扁；爪简单，长而尖锐。并胸腹节明显隆起；基部中央稍凹，光滑；中部及两侧具细毛刻点(中部较稠密，两侧相对稀疏)；具端横脊；可见侧纵脊的端部和外侧脊；气门卵圆形。

腹部各节背板除端缘光滑外均具稠密的刻点，第1、第2节背板的刻点稠密而粗大，向后部渐稀疏和细弱。第1节背板长约为端宽的1.6倍；基部中央凹，光滑；背中脊仅基部可见，背侧脊完整；气门小，圆形，约位于第1节背板中央稍前方；第1腹板基部中央具1侧扁的锥状突起。第2节背板长梯形，长约为端宽的1.3倍，基部两侧具显著的窗疤；亚端部具明显的斜横沟。第3~第5节背板中部具明显的瘤突，亚基部和亚端部具明显的横凹沟；第6、第7节背板中央弱地横凹。第3节背板梯形，长约为端宽的1.1倍；第4、第5节背板两侧近平行，第4节背板长约为宽的0.9倍，第5节背板较前者稍窄，长约为宽的0.85倍；以后背板向后显著收敛。产卵器端部侧扁。

黑色，下列部分除外：触角鞭节端半部及腹侧暗褐色，腹侧基部色较浅；触角柄节、梗节腹侧，颜面(中央具黑色宽纵斑)，唇基(中央具黑色心形斑)，上颚(端齿黑褐色)，额眼眶，下唇须，下颚须，前胸背板前缘(多少带点黄色窄边)、后上缘，中胸盾片中叶中部内缘的纵斑，小盾片，后小盾片，并胸腹节亚端部(端横脊处)的横斑(上部波状)，中胸侧板前上部的小斑、翅基下脊、后缘，腹部第1~第7节背板的端缘均为黄色。前足黄色，仅腿节背侧和末跗节带红褐色；中后足红褐色，中足基节全部、转节腹侧、腿节腹侧及端部、后足基节和转节背侧黄色，中足胫节外侧端部、后足胫节外侧的基部、中段和端部、各跗节的端部多多少少带黑色；爪暗红褐色。翅基片及前翅翅基黄色；翅痣褐色，翅脉黑褐色。

变异：后胸侧板下缘脊稍突起；后足基节背面黄色。

分布：江西、贵州。

观察标本：1♀，江西安福，2010-05-10，孙淑萍。

299. 喀白眶姬蜂 *Perithous kamathi* Gupta, 1982 (中国新记录) (图版XXIV：图179)

Perithous kamathi Gupta, 1982. Contributions to the American Entomological Institute, 19(4):16.

♀ 体长约13.0 mm。前翅长约10.5 mm。产卵器鞘长约14.0 mm。

颜面最狭处的宽约为长的1.1倍，具相对稀疏且浅的刻点；稍隆起；侧缘较光滑，刻点相对细弱。唇基沟清晰。唇基基部稍隆起，具非常稀浅的细毛刻点；端半部中央凹；端缘中央具凹刻；唇基最大宽约为长的2.4倍。上颚基部宽阔，上缘中部突然狭窄，具稀疏的细刻点；下端齿约等于(稍长于)上端齿。颊短，颚眼距约为上颚基部宽的0.16倍。上颊光滑，具稀疏的细毛刻点。头顶具与上颊相似的质地和刻点，侧单眼外侧光滑无刻点；单眼区具1清晰的中纵沟，侧单眼外缘凹；侧单眼间距约为单复眼间距的0.6倍；亚后缘(靠近后头脊处)呈弧形下凹。额光滑光亮，下半部深凹，凹的基部具细纵皱；触角窝的外侧具纵凹。触角长约 11.0 mm，鞭节 36 节，第 1~第 5 鞭节长度之比依次约为 3.8∶2.6∶2.2∶2.2∶2.1。后头脊完整强壮。

前胸背板光滑光亮，无刻点和毛；可见前沟缘脊。中胸盾片均匀隆起，具稠密的弱浅细毛刻点，侧面的刻点稍清晰；盾纵沟仅前部具痕迹。小盾片明显隆起，相对光滑，具不清晰的稀细刻点。后小盾片稍隆起，横形，光滑光亮。中胸侧板光滑光亮，仅前下部具稀疏的细毛刻点，镜面区较大；胸腹侧脊强壮，背端达中胸侧板高的 2/3 处；中胸侧板凹呈横沟状。后胸侧板光滑光亮；后胸侧板下缘脊完整。翅稍带褐色透明；小脉与基脉相对；小翅室斜四边形，第 1 肘间横脉短于第 2 肘间横脉；第 2 回脉在它的下方中央的外侧与之相接；外小脉约在下方 1/3 处曲折；后小脉稍外斜，约在上方 1/3 处曲折。前足腿节稍侧扁，胫节基部明显细，基跗节腹侧基部稍凹；后足基节明显短锥状膨大，第 1~第 5 跗节长度之比依次约为 7.6∶3.0∶1.8∶1.0∶3.0；爪简单，尖而长。并胸腹节均匀隆起；中央光滑光亮，具浅的中纵凹；两侧具稀疏的粗刻点；仅见外侧脊；气门卵圆形。

腹部第 1 节背板长约为端宽的 1.7 倍，光亮，均匀隆起；具稀疏不均匀的刻点(中部稍密于端部)；光滑；背中脊仅基部具痕迹；背侧脊完整；气门小，圆形，约位于第 1 节背板中央稍前方。第 2 节及以后背板除端缘光滑外具稠密的刻点，向后刻点逐渐细弱；第 2~第 5 节背板中部具明显的瘤突，亚基部和亚端部具明显的横凹沟(第 2、第 3 节亚基部的凹沟稍斜)；第 6、第 7 节背板中央弱地横凹。第 2 节背板长梯形，长约为端宽的 1.2 倍，具清晰的刻点；第 3 节背板梯形，长约为端宽的 0.9 倍；第 4 节以后的背板长均短于宽。产卵器腹瓣端部约具 13 条清晰的细纵脊。

黑色，下列部分除外：触角柄节、梗节腹侧暗褐色，端缘带黄色；颜面(中央具褐色细纵条斑)，唇基(中央具褐色斑)，上颚(端齿黑色)，额眼眶，下唇须，下颚须，前胸背板的颈前缘、后上缘，小盾片端部，后小盾片，并胸腹节端部两侧的小斑，中胸侧板前上部的小斑、翅基下脊、后缘，前足基节、转节、腿节和胫节前侧，中足基节、第 2 转节及腿节前侧，后足基节背侧基部的三角斑，腹部各节背板的端缘(除第 8 节)均为黄色；足红褐色，爪暗褐色；翅基片内侧带黄色，外侧黑色；翅痣和翅脉褐黑色。

♂ 体长约 10.0 mm。前翅长约 9.0 mm。触角鞭节 34 节。触角柄节、梗节腹侧，颜面，唇基，翅基片全部为黄色；后足末跗节褐黑色。小盾片黄色，基部中央具“U”形黑斑。并胸腹节端横脊明显，端部光滑光亮，端部的黄色三角形斑(与雌性比)较显著。

分布：江西；国外分布于印度。

观察标本：1♂，江西全南，650 m，2008-08-31，集虫网；1♀，江西资溪马头山林场，2009-04-17，集虫网；1♀，江西安福，2010-05-10，孙淑萍。

300. 全南白眶姬蜂，新种 *Perithous quananensis* Sheng & Sun, sp.n. (图版 XXV：图 180)

♀ 体长约 16.5 mm。前翅长约 13.0 mm。触角长约 12.5 mm。

颜面宽约为长的 1.27 倍，具稠密的粗刻点；中央稍隆起；侧缘较光滑，刻点相对细弱。唇基沟非常清晰。唇基基部稍隆起，光滑，基缘具 1 横排稀疏的细刻点；端部中央凹，端部具弱横皱；端缘较弱地双弧形分裂，中央具明显的凹刻；唇基最大宽约为长的

2.4 倍。上颚基部宽，具稀疏的细刻点；下端齿与上端齿约等长。颊短，呈细粒状表面，颚眼距约为上颚基部宽的 0.1 倍。上颊光亮，向后方稍加宽，具稀疏的细刻点；侧观约为复眼横径的 0.4 倍。头顶具与上颊相似的质地和刻点，后部中央具 1 浅中纵沟；侧单眼外侧光滑，几乎无刻点；单眼区具 1 清晰的中纵沟，侧单眼外缘具凹；侧单眼间距约为单复眼间距的 0.83 倍。额光滑光亮，下部深凹，具 1 细的中纵脊，复眼内缘在触角窝处稍凹。触角鞭节 37 节，第 1~第 5 鞭节长度之比依次约为 2.9∶1.9∶1.8∶1.7∶1.6。后头脊完整，背方中央稍凹。

前胸背板光滑光亮，无刻点和毛；具前沟缘脊。中胸盾片均匀隆起，光滑光亮，具非常不清晰的浅细刻点；盾纵沟仅前部清晰。小盾片明显隆起，具不清晰的浅细刻点。后小盾片稍隆起，横形，光滑。中胸侧板光滑光亮，仅前下部具非常不清晰的浅细毛刻点；胸腹侧脊强，背端达中胸侧板的中部，远离中胸侧板前缘。后胸侧板较平，光滑光亮；后胸侧板下缘脊完整，前部呈钝角状突起；后胸腹板具 1 强壮的棱角状锥凸，后部在凸起的后方具清晰的中纵沟。翅稍带褐色，透明；小脉位于基脉的稍外侧，二者之间的距离约等于小脉宽；小翅室斜四边形，向上方强烈收敛，第 1 肘间横脉短于第 2 肘间横脉；第 2 回脉在它的下方中央的外侧与之相接；外小脉稍内斜，约在下方 1/3 处曲折；后小脉稍外斜，约在上方 0.3 处曲折。前足腿节稍侧扁、弯，胫节基部明显细，基跗节的腹侧基部稍凹；后足基节内侧稍扁，第 1~第 5 跗节长度之比依次约为 6.0∶2.2∶1.2∶0.8∶2.2；爪简单，尖锐。并胸腹节均匀隆起；中央光滑光亮；两侧具稠密的细刻点；端横脊侧面具残痕，端区的位置光滑光亮，稍凹；外侧脊完整；气门卵圆形。

腹部各节背板端缘光滑。第 1 节背板长约为端宽的 1.67 倍；基半部较光滑，基部中央凹，端半部具稀疏不均匀的刻点；背中脊仅基部可见，背侧脊完整；气门小，圆形，约位于第 1 节背板中央稍前方；亚端部具弱的斜侧沟；腹板中央近基部具 1 强壮的锥状突起。第 2~第 5 节背板中部具明显的瘤突，亚基部和亚端部具明显的横凹沟；第 2 节背板长梯形，长约为端宽的 1.37 倍，具不均匀的粗刻点，亚基部侧面略呈纵皱状，基部两侧具窗疤；第 3~第 6 节背板具稠密的细刻点，越向后刻点越细弱，第 7~第 8 节背板相对光滑，仅第 7 节背板基部具稀疏不明显的细刻点，第 8 节背板末端向后明显延长。产卵器基半部直(端部断失)。

黑色，下列部分除外：触角鞭节端部或多或少带褐色；柄节腹侧、端缘，梗节腹侧端缘带黄色；颜面(上部中央具 1 纺锤形黑斑)，唇基(下部中央具 1 黑褐色斑)，上颚(端齿黑色)，额眼眶，下唇须，下颚须，前胸背板前缘及颈前缘、后上缘，中胸盾片中叶中部内缘的纵三角斑，小盾片(基部中央黑褐色)，后小盾片，并胸腹节亚端部两侧的横三角斑(中央间断)，中胸侧板前上部的小斑、翅基下脊、后缘，前足基节、转节、腿节和胫节前侧，中足基节、转节及腿节和胫节前侧，后足基节背侧的纵斑、转节背侧端缘，腹部各节背板的端缘(第 8 节除外)均为黄色，第 8 节背板端部或多或少带黄色；足红褐色，中足跗节暗褐至黑褐色，后足腿节基缘、胫节及跗节外侧褐黑色；翅基片内侧黄色，外侧褐色；翅痣和翅脉褐黑色。

正模 ♀，江西全南，650 m，2008-07-28，集虫网。

词源：新种名源于模式标本采集地名。

该新种与隼白眶姬蜂 *P. sundaicus* Gupta, 1982 相似，可通过下列特征区别：上颊具清晰的细刻点和较密的短细毛；后胸腹板后部(在凸起的后方)具清晰的中纵沟；颜面黄色中央具纵椭圆形黑斑；唇基黄色，端半部中央具褐色小斑；腹部各节背板端缘具完整的黄色横带；并胸腹节基部中央具清晰且相对较深的细纵沟；腹部第 1 节背板具清晰的刻点。隼白眶姬蜂：上颊光滑光亮；后胸腹板后部(在凸起的后方)的中纵沟不明显或具 1 凹陷；颜面狭窄的中部及唇基中部黑色；腹部第 1~第 3 节背板端缘的横带稍褐色；第 4、第 6、第 7 节背板端部侧面和第 5 节背板全部黄色；并胸腹节具弱的中纵沟；腹部第 1 节背板光亮，仅侧面具分散的稀刻点。

廿七) 长尾姬蜂族 Ephialtini

体由非常小至较大型，体长可达 35 mm，前翅长可达 25 mm。中胸侧缝在中央附近弯曲成角度。大多都有小翅室。腹部第 1 节腹板与背板分离，具基侧凹。产卵器鞘中等至非常长，最长可达 150 mm。

该族含 60 属；我国已知 32 属；江西已知 11 属。世界属检索表可参考 Townes (1969) 的著作；我国的已知属检索表可参考相关著作(何俊华等，1996；盛茂领和孙淑萍，2009b；2010a)。

150. 顶姬蜂属 *Acropimpla* Townes, 1960 (江西新记录)

Selenaspis Roman,1910. Ent. Tidskr. 31:191. Name preoccupied by Bleeker, 1858, & by Leonardi, 1898. Type-species: *Hemipimpla alboscutellaris* Szépligeti; original designation.

Acropimpla Townes, 1960. United States National Museum Bulletin, 216 (2):159. Type-species: *Charitopimpla leucostoma* Cameron; original designation.

唇基隆起，端缘中央具深缺刻。颚眼距短，但明显。后头脊完整，背面中央下凹。有小翅室(个别种无第 2 肘间横脉)，第 2 回脉在靠近它的下外角处相接；后小脉在中央下方曲折。后足第 5 跗节正常，不膨大。腹部第 1 节短宽，背中脊和背侧脊强壮；第 2 节背板基侧角具斜沟；第 3、第 4 节背板的侧瘤突明显。产卵器鞘长为前翅长的 0.4~0.7 倍。产卵器直；腹瓣亚端部无背叶，但具斜脊。

全世界已知 41 种；我国已知 15 种；江西已知 5 种。

301. 白口顶姬蜂 *Acropimpla leucostoma* (Cameron, 1907) (图版 XXV：图 181) (江西新记录)

Charitopimpla leucostoma Cameron, 1907. Tijdschrift voor Entomologie, 50:97.

♀ 体长 8.0~10.5 mm。前翅长 7.5~9.5 mm。产卵器鞘长 5.5~6.5 mm。

颜面宽约为长的 1.3 倍，光亮，中央纵向隆起呈弱脊状(中部纵瘤状)，具相对均匀稀疏的细刻点。唇基光滑，基部较隆起，基缘具较颜面稀且稍粗的刻点；端部凹，中央的毛密丛状；端缘中央具强大的深缺刻。颊具细革质状表面；颚眼距非常短，约为上颚基部宽的 0.2 倍或不足 0.2 倍。上颊几乎光滑，具较稀且不明显的细刻点。头顶光亮，具较稀且细的刻点，在单眼之后倾斜，后部中央深凹；单眼区稍隆起，具 1 清晰的中纵沟；侧单眼外侧光滑，几乎无刻点；侧单眼间距为单复眼间距的 0.6~0.65 倍。额光滑光亮，下半部深凹。触角较短，鞭节 21 或 22 节，第 1~第 5 鞭节长度之比依次约为 3.0∶2.2∶2.0∶1.8∶1.4。后头脊完整，背部中央稍下凹。

前胸背板光滑光亮，仅后上角具几个清晰的细刻点。中胸盾片均匀隆起，具均匀稠密的细刻点；盾纵沟仅前部明显。小盾片明显隆起，具较中胸盾片稍粗的刻点。后小盾片横向隆起，光滑，具非常稀的细刻点。中胸侧板光滑，具非常稀且细的刻点，镜面区及其周围光滑光亮无刻点；胸腹侧脊背端约伸达中胸侧板高的 0.7 处；中胸侧板凹深坑状。后胸侧板光滑光亮，后胸侧板下缘脊完整、强壮。翅稍带褐色，透明；小脉约与基脉对叉(稍内侧)；小翅室斜四边形，上方尖，具结状短柄；第 2 回脉在其下外角的稍内侧(约 0.2 处)相接；外小脉在下方 0.35~0.4 处曲折；后小脉约在下方 0.25 处曲折。足强壮；后足第 1~第 5 跗节长度之比依次约为 5.0∶1.7∶1.0∶0.5∶1.3。并胸腹节中部具光滑的纵带，端半部光滑光亮，其余部分具较密的细刻点；中纵脊仅基半部具弱痕，侧纵脊和外侧脊较弱；端部两侧明显凹；气门圆形，较小，约位于基部 0.3 处。

腹部具稠密的粗刻点。第 1 节背板长约等于端宽，基部中央深凹；背中脊显著，约伸达后柄部中部；背侧脊端部较明显；气门小，圆形，约位于第 1 节背板中央稍前方。第 2~第 5 节背板各具 1 对多多少少隆起的瘤突，端缘具光滑的横带，其长占全长的 0.2~0.22；第 2 节背板长约为端宽的 0.7 倍，基侧方具稍斜的横窗疤；第 6 节及以后背板向后显著收敛，第 6 节背板的亚中部具横压痕。产卵器鞘长为前翅长的 0.68~0.73 倍，为后足胫节长的 2.1~2.3 倍；产卵器腹瓣亚端部具 8 条清晰的脊，基部的脊稍倾斜。

体黑色，下列部分除外：触角柄节、梗节腹侧，颜面(中央具黑色纵斑)，唇基，上颚(端齿暗褐色)，下唇须，下颚须，前胸背板后上缘，翅基片，前翅翅基，翅基下脊，小盾片，后小盾片，前足基节、转节、腿节和胫节前侧均为黄色；前中足或多或少红褐色，后足赤褐色；触角，翅脉及翅痣褐黑色，翅痣基部带白色；腹部第 1 节背板，第 2、第 3、第 4 节背板中部黄褐至红褐色，第 6 节背板端部及第 7 节背板(除侧缘)乳黄色。

♂ 体长约 7.0 mm。前翅长约 5.0 mm。触角鞭节 18 节，暗褐色。腹部暗褐色，各节背板端缘黑色，第 5 节背板亚端部中央具黄色横斑，第 6、第 7 节背板无浅色斑。足偏于黄至黄褐色。

寄主：据报道(Gupta and Chandra，1976)，寄主为全须夜蛾 *Hyblaea puera* (Cramer)。

分布：江西、浙江、湖南、广西、台湾。

观察标本：1♀，江西官山，400 m，2004-05-23，集虫网；3♀♀，江西全南，530~700 m，2008-06-10~08-23，集虫网；1♀，江西官山，450~470 m，2010-05-09，集虫网；1♀1♂，江西全南，2010-07-15~08-21，集虫网；4♀♀，江西九连山，580~680 m，2011-04-27~05-21，集虫网；4♀♀，江西官山，2011-04-27~05-21，集虫网。

302. 螟虫顶姬蜂 *Acropimpla persimilis* (Ashmead, 1906) (江西新记录)

Epiurus persimilis Ashmead, 1906. Proceedings of the United States National Museum, 30:180.

♀ 体长 10.5~13.5 mm。前翅长 8.2~11.0 mm。产卵器鞘长 6.5~8.0 mm。

复眼内缘近平行，在靠近触角窝处稍凹；颜面宽约为长的 1.3 倍，中央上部稍隆起，具不均匀的刻点，上方中央呈弱纵脊状；侧下方稍凹，光亮。唇基光滑，基部稍隆起，端部凹，中央的细毛丛状；端缘中央具显著的深缺刻。颊具细粒状表面；颚眼距非常短，约为上颚基部宽的 0.24 倍。上颊较光滑，具较稀且不明显的细刻点。头顶光滑光亮，后半部质地与上颊相似；上后部中央深凹。单眼区稍隆起，具 1 清晰的中纵沟，此沟延至后头脊；侧单眼外侧几乎无刻点；侧单眼间距约等于单复眼间距。额下部深凹，光滑光亮，上部具不明显的细刻点。触角较短，鞭节 24 节，第 1~第 5 鞭节长度之比依次约为 3.3∶2.3∶2.1∶2.0∶1.7。后头脊完整。

前胸背板光滑光亮，仅颈部具稠密的皱刻点，后上角具稀疏的细刻点。中胸盾片均匀隆起，具均匀稠密的细刻点；盾纵沟仅前部明显。小盾片明显隆起，具较中胸盾片稍粗的刻点。后小盾片横向隆起，光滑，具非常稀的弱刻点。中胸侧板光滑，具非常稀且细的刻点，镜面区及其周围光滑光亮无刻点；胸腹侧脊背端约伸达中胸侧板高的 0.7 处；中胸侧板凹深沟状。后胸侧板光滑光亮，后胸侧板下缘脊完整、强壮。翅褐色，透明；小脉约与基脉对叉(稍内侧)；小翅室斜四边形，上方尖；第 2 回脉在其下外角的内侧 0.15~0.3 处与之相接；外小脉约在中央稍下方曲折；后小脉约在下方 0.35 处曲折。足强壮；后足基节显著膨大，第 1~第 5 跗节长度之比依次约为 5.7∶2.2∶1.2∶0.6∶1.6。并胸腹节中部具光滑的纵带，端半部光滑光亮，其余部分具较密的细刻点；中纵脊基部较明显，侧纵脊和外侧脊完整；端部两侧明显凹；气门圆形，位于基部 0.25~0.3 处，靠近外侧脊。

腹部具稠密的粗刻点。第 1 节背板长约等于端宽，基部中央深凹，凹内光滑；背中脊约伸达该背板的亚端部；背侧脊端半部较明显；气门小，圆形，约位于第 1 节背板中央稍前方。第 2~第 5 节背板各具 1 对多多少少隆起的瘤突，端缘具光滑的横带，其长占全长的 0.22~0.36；第 2 节背板长约为端宽的 0.7 倍，基侧方具斜窗疤；第 6 节及以后背板向后显著收敛，第 6 节背板的亚中部具横压痕。产卵器鞘长为前翅长的 0.72~0.79 倍，约为后足胫节长的 2.5 倍，约与腹部等长；产卵器腹瓣亚端部约具 10 条清晰的脊，基部的脊稍倾斜。

体黑色，下列部分除外：唇基端部，上颚端齿基部带暗褐色；下唇须，下颚须黄褐色；前胸背板后上角，翅基片，前翅翅基，前足基节、转节、腿节端部、胫节，中足转节、腿节端部、胫节，后足转节、胫节(除端部)均为黄色；足赤褐色，后足腿节端部外侧、胫节端部、跗节(基跗节基部黄褐色)黑色；翅脉褐黑色，翅痣暗褐色。

寄主：据记载(Yu et al., 2005)，寄主为鳞翅目害虫，已知 15 种，主要寄主有：茶蓑蛾 *Cryptothelea minuscula* Butler、大袋蛾 *C. variegate* Ellen、竹织叶野螟 *Algedonia coclesalis* Walker、棉褐带卷蛾 *Adoxophyes orana* Fischer von Röslerstamm、小造桥夜蛾 *Anomis flava* (Fabricius)、亚洲桑蓑蛾 *Canephora asiatica* Staudinger、竹绒野螟 *Crocidophora evenoralis* Walker 等。

分布：江西、黑龙江、辽宁、北京、山东、陕西、浙江、湖北、四川、福建、贵州；朝鲜，日本，俄罗斯。

观察标本：1♀，江西官山，408 m，2011-04-16，盛茂领；1♀，江西九连山，580 m，2011-04-12，盛茂领。

303. 斑足顶姬蜂 *Acropimpla pictipes* (Gravenhorst, 1829) (图版 XXV：图 182) (江西新记录)

Pimpla pictipes Gravenhorst, 1829. Ichneumonologia Europaea, 3:198.

♀ 体长约 11.0 mm。前翅长约 8.0 mm。产卵器鞘长约 4.0 mm。

颜面宽约为长的 1.4 倍，中央纵向明显隆起，具稀疏不均匀的细刻点，上方中央呈光滑的弱纵瘤状；侧缘稍凹，光滑光亮。唇基沟清晰。唇基粗糙，基部稍隆起，端部稍凹；端缘中央具显著的深缺刻。颊具细粒状表面；颚眼距约为上颚基部宽的 0.37 倍。上颊光滑光亮，仅后下部具稀且不明显的细刻点。头顶光滑光亮，具稀疏不明显的细刻点，背面后部中央明显凹。单眼区稍隆起，具 1 清晰的中纵沟，此沟延至后头脊；侧单眼外侧几乎无刻点；侧单眼间距约等于单复眼间距。额光滑光亮，下部深凹，上部具不明显的细刻点。触角较短，鞭节 24 节，第 1~第 5 鞭节长度之比依次约为 2.5∶1.9∶1.7∶1.6∶1.4。后头脊背面中央磨损，背部中央下凹。

前胸背板相对光滑，颈部及后上部具稠密的细刻点，后上角刻点相对稀疏。中胸盾片均匀隆起，具均匀稠密的细刻点；盾纵沟仅前部明显。小盾片明显隆起，具较中胸盾片稍粗的刻点。后小盾片横向稍隆起，具非常稀的弱刻点。胸腹侧片具稠密的细刻点，向中下部具逐渐稀疏的细刻点，镜面区及其周围光滑光亮无刻点；胸腹侧脊细，约伸达中胸侧板高的 0.7 处；中胸侧板凹深沟状。后胸侧板上后部具较稠密的细刻点，前下部光滑光亮，后胸侧板下缘脊完整。翅褐色，透明；小脉约与基脉对叉；小翅室斜四边形，具短柄；第 2 回脉在其下外角的内侧约 0.3 处与之相接；外小脉约在中央稍下方曲折；后小脉约在下方 0.4 处曲折。足强壮；后足基节显著膨大，第 1~第 5 跗节长度之比依次约为 4.0∶2.0∶1.1∶0.6∶1.6。并胸腹节中部具光滑的纵带，端半部光滑光亮，其余部分具较密的细刻点；中纵脊仅基部明显，侧纵脊和外侧脊完整；端部两侧明显凹；气门圆形，约位于基部 0.3 处，靠近外侧脊。

腹部具稠密的粗刻点。第 1 节背板长约为端宽的 0.9 倍，基部中央深凹，凹内光滑；侧部及后部具明显的粗皱；背中脊基部明显；气门小，圆形，约位于第 1 节背板中央。第 2~第 5 节背板各具 1 对多多少少隆起的瘤突，端缘具光滑的横带，其长占全长的 0.15~0.21；第 2 节背板长约为端宽的 0.67 倍，基侧方具斜窗疤；第 6 节及以后背板向后显著收敛，第 6 节背板的亚中部具横压痕。产卵器鞘约为前翅长的 0.5 倍，约为后足胫节长的 1.9 倍；产卵器腹瓣亚端部具 9 或 10 条脊，基部的脊稍倾斜。

体黑色，下列部分除外：触角柄节端缘、梗节端部外侧带黄色，鞭节外侧及端部黄褐色；唇基，上颚或多或少带红褐色；下唇须，下颚须，翅基片，前翅翅基黄色；前胸背板后上角红褐色；足红褐色，各足转节、后足胫节基部和中段外侧、第 1~第 3 跗节(端缘除外)黄色；后足胫节亚基部和端部外侧黑色；产卵器红褐色；翅脉和翅痣(基部色淡)暗褐色。

寄主：国内不明。国外记载的有：苹花象 *Anthonomus pomorum* L.、紫色卷蛾 *Choristoneura murinana* (Hübner)、栎绿卷蛾 *Tortrix viridana* L.、葡萄长须卷蛾 *Sparganothis pilleriana* (Denis & Schiffermüller)、欧洲栎织叶蛾 *Diurnea phryganella* (Hübner)、杨麦蛾 *Anacampsis populella* (Clerck)等。

分布：江西、黑龙江、吉林；俄罗斯，德国，瑞典等。

观察标本：1♀，江西官山东河，430 m，2009-04-20，易伶俐、李怡。

304. 普尔顶姬蜂 *Acropimpla poorva* Gupta & Tikar, 1976 (图版 XXV：图 183) (江西新记录)

Acropimpla poorva Gupta et Tikar, 1976. Oriental Insects Monograph, 1:155.

♀ 体长 9.0~10.5 mm。前翅长 8.3~10.0 mm。产卵器鞘长 4.5~5.5 mm。

颜面宽约为长的 1.2 倍，光滑光亮，具稀疏的细刻点，中央纵向稍隆起，上部中央弱纵瘤状。唇基沟清晰。唇基光滑，基部较隆起，侧面具几个清晰的细刻点；端部凹，端缘或多或少不平坦，中央具强大的深缺刻。上颚基部具弱皱，上端齿长于下端齿。颊具细粒状表面；颚眼距非常短，约为上颚基部宽的 0.19 倍。上颊光亮，具较稠密的细刻点。头顶光亮，后部质地与上颊近似，侧单眼外侧光滑无刻点；后部中央凹；单眼区稍抬高，具 1 清晰的中纵沟；侧单眼间距约为单复眼间距的 0.67 倍。额光滑光亮，下部深凹。触角较短，鞭节 23 节，第 1~第 5 鞭节长度之比依次约为 1.9∶1.3∶1.2∶1.0∶0.9。后头脊背面中央磨损、明显下凹。

前胸背板光滑光亮，仅上缘处具几个细刻点。中胸盾片均匀隆起，具均匀稠密的细刻点；盾纵沟仅前部明显。小盾片明显隆起，具较中胸盾片稍粗的刻点。后小盾片横向稍隆起，具细弱的刻点。中胸侧板光滑光亮；胸腹侧片具非常稀的刻点；向中下部刻点由稀疏渐变得较细密，镜面区及其周围光滑光亮无刻点；胸腹侧脊约伸达中胸侧板高的 0.7 处；中胸侧板凹横沟状。后胸侧板光滑光亮，仅上部具稀疏的刻点；后胸侧板下缘脊完整、强壮。翅稍带褐色，透明；小脉约与基脉对叉(稍内侧)；小翅室近三角形，具结状短柄；第 2 回脉在其下外角处与之相接；外小脉在中央稍下方曲折；后小脉约在下方 0.4 处曲折。足强壮；后足基节显著膨大，第 1~第 5 跗节长度之比依次约为 5.3∶2.0∶1.0∶0.6∶1.3。并胸腹节中央具光滑的纵带，后部光滑；中纵脊明显，呈“八”字形向下外方延展；中纵脊外侧具稀疏不均匀的粗刻点；侧纵脊仅见基部，外侧脊较明显，侧纵脊和外侧脊之间(气门上外侧较光滑)具稠密的粗刻点和较长的褐色毛；气门圆形，较小，约位于基部 0.35 处，距离外侧脊稍远。

腹部具稠密的粗刻点。第 1 节背板长约等于端宽，具稠密粗大的刻点；基部中央稍凹，纵向光滑；背中脊基半部显著；背侧脊完整；气门小，圆形，约位于第 1 节背板中央之前。第 2~第 5 节背板各具 1 对多多少少隆起的瘤突，端缘具光滑的横带，其长为全长的 0.2~0.25；第 2 节背板长约为端宽的 0.7 倍，基侧方具稍斜的横窗疤；第 6 节及以后背板向后显著收敛，刻点逐渐细弱稀疏，第 6 节背板的亚中部具横压痕。产卵器鞘为前翅长的 0.54~0.55 倍，为后足胫节长的 2.0~2.5 倍；产卵器腹瓣亚端部约具 10 条脊，基部的脊稍倾斜。

体黑色，下列部分除外：触角柄节、梗节腹侧带黄褐色，鞭节端部红褐色；唇基，颊端缘暗褐至红褐色；颜面上方的倒“U”形斑，上颚(端齿黑褐色)，下唇须，下颚须，前胸背板后上角，翅基片(外侧暗褐色)，翅基下脊，前中足(腿节、胫节背侧及跗节带红褐色)均为黄色；后足赤褐色，转节、胫节外侧带黄色；腹部第 1~6 节背板的侧缘黄褐色；翅脉暗褐色，翅痣褐黑色，翅痣基部浅色。

分布：江西、浙江、湖南、福建。

观察标本：3♀♀，江西资溪马头山林场，400 m，2009-04-17~24，楼玫娟。

305. 泰顺顶姬蜂 *Acropimpla taishunensis* Liu, He & Chen, 2010 (图版 XXV：图 184) (江西新记录)

Acropimpla taishunensis Liu,He & Chen, 2010. Zootaxa, 2394:36.

♀ 体长约 11.0 mm。前翅长约 10.0 mm。产卵器鞘长约 4.0 mm。

复眼内缘近平行，在靠近触角窝处稍凹陷；颜面宽约为长的 1.3 倍，中央纵向稍隆起，光滑光亮，上方中央呈弱纵脊状；亚中部弧形纵凹，侧面具稀疏的细刻点。唇基沟清晰。唇基基部较隆起，光滑，具较颜面稀且粗的刻点；端半部凹；端缘中央具强大的深缺刻。上颚基部具稀疏的细刻点，上端齿稍长于下端齿。颊具细粒状表面；颚眼距非常短，约为上颚基部宽的 0.2 倍。上颊光亮，具较稠密的细刻点。头顶光亮，后部质地与上颊近似，侧单眼外侧光滑无刻点；后部中央深凹；单眼区稍隆起，具 1 清晰的中纵沟；侧单眼间距约为单复眼间距的 0.77 倍。额光滑光亮，触角窝上方深凹。触角较短，鞭节 21 节，第 1~第 5 鞭节长度之比依次约为 3.0∶2.3∶2.1∶2.0∶1.7。后头脊背部中央磨损、下凹。

前胸背板光滑光亮，仅上缘处具稀疏的细刻点。中胸盾片均匀隆起，具较稠密的细刻点；盾纵沟仅前部明显。小盾片明显隆起，具较中胸盾片稍粗的刻点。后小盾片稍隆起，梯形，光滑，几乎无刻点。中胸侧板光滑光亮，具非常稀的细刻点，向中下部刻点逐渐细密，镜面区及其周围光滑光亮无刻点；胸腹侧脊约达中胸侧板高的 0.75 处；中胸侧板凹沟状。后胸侧板光滑光亮，仅后下部具稀疏的刻点；后胸侧板下缘脊完整、强壮。翅稍带褐色，透明；小脉约与基脉对叉(稍内侧)；小翅室近三角形，具结状短柄；第 2 回脉在其下外角的稍内侧与之相接；外小脉约在下方 0.35 处曲折；后小脉约在下方 0.3 处曲折。足强壮；后足基节显著膨大，第 1~第 5 跗节长度之比依次约为 4.7∶1.6∶1.0∶0.6∶1.2。并胸腹节中央具光滑的纵带，端部中央光滑；中纵脊明显，呈“八”字形向外下方延展；中纵脊外侧具稠密的粗刻点和较长的褐色毛；侧纵脊和外侧脊完整；气门圆形，较小，约位于基部 0.4 处，距离外侧脊稍远。

腹部具稠密的粗刻点。第 1 节背板长约等于端宽，具稠密粗大的皱刻点；基部中央深凹，纵向光滑；背中脊完整；背侧脊在气门附近不清晰；气门小，圆形，位于第 1 节背板中央稍前方。第 2~第 5 节背板各具 1 对多多少少隆起的瘤突，端缘具光滑的横带，其长为背板长的 0.18~0.2；第 2 节背板长约为端宽的 0.66 倍；第 6 节及以后背板向后显著收敛，刻点逐渐细弱稀疏，第 6 节背板的亚中部具横压痕。产卵器鞘约为前翅长的 0.4 倍，约为后足胫节长的 2.0 倍；产卵器腹瓣端部约具 8 条脊。

体黑色，下列部分除外：触角柄节、梗节腹侧，颜面上外缘的马蹄形斑，唇基，颊端缘，上颚(端齿黑色)，下唇须，下颚须，前胸背板上缘，翅基片，前翅翅基，翅基下脊，小盾片，后小盾片均为黄色；前中足黄色，背侧稍带红褐色；后足赤褐色，腿节外侧端缘、胫节端部、各跗节端部带黑色，转节背侧、胫节上中部为黄色；爪黑褐色；腹部第 1~第 6 节背板的侧缘黄褐色，各节背板的端缘具黄色横带；翅脉暗褐色，翅痣褐黑色，翅痣基部浅色。

分布：江西、浙江(泰顺)。

观察标本：1♀，江西九连山，580~680 m，2011-04-12，盛茂领。

151. 非姬蜂属 *Afrephialtes* Benoit, 1953 (江西新记录)

Afrephialtes Benoit, 1953. Revue de Zoologie et de Botanique Africaines, 48:81. Type-species: *Ephialtes navus* Tosquinet; original designation.

体长 10~22 mm。前翅长 7~15 mm。颜面具清晰的刻点。额在触角窝上方凹。唇基基部 0.6 平坦，端部下凹并呈双叶状，雄性端缘中央的缺刻较弱。上颚 2 端齿约等长。颚眼距为上颚基部宽的 0.25~0.5 倍。前沟缘脊存在。盾纵沟清晰且深。并胸腹节及腹部背板具粗糙的刻点，前者无沟，也无脊，端部不强烈倾斜。后小脉在上方 0.3~0.4 曲折。腹部第 1 节背板长为端宽的 1.0~1.5 倍；第 2~第 5 节背板的端部具光滑的横带，其宽为该节背板长的 0.15~0.2 倍。产卵器鞘通常长于前翅。产卵器腹瓣端部的脊强壮，内侧的 2 条较强地内斜且相距相对较远。

该属的种类分布于古北区、东洋区及埃塞俄比亚区。全世界已知 15 种；我国已知 5 种；江西已知 1 种(2 亚种)。

寄主：已知寄生象虫类、螟虫类、透翅蛾、茎蜂等枝干钻蛀害虫。

306. 台湾非姬蜂黑基亚种 *Afrephialtes taiwanus nigricoxis* Gupta & Tikar, 1976 (图版 XXV：图 185) (江西新记录)

Afrephialtes taiwanus Gupta & Tikar, 1976. Oriental Insects Monograph, 1:94.

♀ 体长约 13.0 mm。前翅长约 11.0 mm。产卵器鞘长约 14.0 mm。

颜面均匀隆起，具非常清晰但不均匀(下部非常稀)的细刻点，上缘中央具 1 小瘤突。唇基宽约为长的 2.0 倍，中央强烈凹陷，稍粗糙，具非常粗大的刻点；端缘中央具 1 非常大的缺刻。上颚强壮，2 端齿约等长。颊区两侧光亮，中央具革质细粒状表面，颚眼距为上颚基部宽的 0.2~0.3 倍。上颊光滑，向后方均匀收敛，具非常稀且细的刻点。头顶光亮，具非常细的刻点，后部在侧单眼与后头脊之间稍密；后部中央稍凹。单眼区稍突起，周围稍凹，具 1 中纵沟；侧单眼间距约为单复眼间距的 0.7 倍。额光滑，下部凹，周围具非常细的刻点。触角鞭节 32 节。后头脊背方中央磨损。

前胸背板侧凹内光滑光亮，后上角具细刻点；前沟缘脊强壮。中胸盾片具较粗且均匀的刻点。盾纵沟前部较明显。小盾片不隆起，具清晰且相对较粗(与中胸盾片相比)的刻点。后小盾片横形，具粗刻点，前部深横凹。中胸侧板具清晰均匀但较稀的细刻点；镜面区大；中胸侧板凹周围及它至中胸侧板后下角、沿中胸侧缝及中胸后侧片光滑光亮，无刻点。后胸侧板光亮，具相对较粗(与中胸侧板的刻点比)的刻点；后胸侧板下缘脊在端叉前较弱。翅稍带褐色透明，小脉与基脉对叉；小翅室斜四边形，宽大于高，第 2 回脉约在它的外侧 1/3 处与之相接；外小脉在中央稍下方曲折；后小脉约在上方 0.35 处曲折。足相对粗短，非常强壮；爪具非常大的基齿。并胸腹节均匀隆起，具较稠密的粗刻点(中线处狭地纵向光滑)；无脊，仅基区处的基端具 2 个非常弱的残痕；气门稍呈椭圆形。

腹部具稠密的粗刻点(后部的弱一些)，腹部第 1 节背板长等于或稍大于端宽，侧纵脊仅基部存在；腹板端部抵达气门处，端缘中央具较大的凹刻，凹的两侧尖突；第 2~第 5 节背板后缘光滑无刻点的横带为其背板长的 0.2~0.25 倍；第 2 节背板长短于端宽，具粗大的刻点；基缘的斜侧沟较深且光滑；第 3~第 6 节背板具由深凹形成的大突瘤，瘤上的刻点与周围的刻点几乎相同；第 6~第 8 节背板具粗且清晰的刻点。产卵器腹瓣端部具 9 或 10 条清晰的脊，内侧的 3 条内斜且相距较远。

黑色。唇基端部深红色；上颚(端齿黑色除外)红色；下唇须，下颚须，柄节端缘的小斑，翅基片，翅基部，前胸背板后上缘，前中足基节、转节，前足胫节前侧，后足转节后侧均为黄色；中足红褐至褐色；后足基节黑色。

分布：江西、河南、台湾；印度尼西亚。

观察标本：2♀♀，江西全南, 720~740 m, 2008-05-24~28，集虫网。

307. 台湾非姬蜂指名亚种 *Afrephialtes taiwanus taiwanus* Gupta & Tikar, 1976 (江西新记录)

Afrephialtes taiwanus taiwanus Gupta & Tikar, 1976. Oriental Insects Monograph, 1:94.

该种与台湾非姬蜂黑基亚种非常近似，主要鉴别特征：前胸背板上缘黄色，后足基节红色，足的红色部分相对较多。

分布：江西、河南、台湾；印度。

观察标本：1♀，江西全南，2008-05-24，集虫网；2♀♀，河南内乡宝天曼，1100 m, 1998-07-13，盛茂领、孙淑萍。

152. 弯姬蜂属 *Camptotypus* Kriechbaumer, 1889 (江西新记录)

Camptotypus Kriechbaumer, 1889. Entomologische Nachrichten, 15(19):311. Type-species: *Camptotypus sellatus* Kriechbaumer; designated by Viereck, 1914.

前翅长 9~14 mm。复眼内缘在触角窝处稍凹。唇基端缘中央具缺刻。颚眼距约为上颚基部宽的 0.5~1.0 倍。后头脊在背方中央退化或消失。前沟缘脊弱。并胸腹节无脊，气门亚圆形。雌性的爪具基叶。翅通常强烈的深烟色；具小翅室。腹部第 1 节背板的背侧脊伸抵背板端部；第 2、第 3 及第 4 节背板具斜沟，将中央包围形成隆起的区；第 3~第 5 节背板后侧角有时突出呈钝齿状。产卵器直；产卵器鞘长为后足胫节长的 2.2~3.2 倍。

全世界已知 48 种；我国已知 3 种；江西已知 1 种。

308. 阿里弯姬蜂指名亚种 *Camptotypus arianus arianus* (Cameron, 1899) (图版 XXV：图 186) (江西新记录)

Pimpla ariana Cameron, 1899. Memoirs and Proceedings of the Manchester Literary and Philosophical Society, 43(3):157.

♀ 体长约 15.0 mm。前翅长约 11.5 mm。产卵器鞘长约 14.2 mm。

颜面宽约为长的 1.4 倍，光滑光亮，具稀疏的细毛点；中央纵向稍隆起，亚侧面宽浅凹；上部中央具弱的纵棱。唇基沟明显。唇基光滑光亮，具稀疏的细刻点，中部明显隆起，宽约为长的 2.2 倍；端部较薄，端缘平截。上颚基部具弱皱，下端齿明显短于上端齿。颊呈细粒状表面。颚眼距约为上颚基部宽的 0.6 倍。上颊光滑光亮，向后显著收敛；侧面观约为复眼横径的 0.4 倍。头顶光滑光亮；侧单眼后缘弱的横棱状，后部强烈倾斜，形成一凹面；单眼区隆起，中央具“Y”形浅沟；侧单眼间距约为单复眼间距的 0.7 倍。额强烈下凹，光滑光亮；具清晰的中纵脊，伸至两触角窝之间。后头脊中央磨损。

前胸背板光滑光亮，侧凹较深。中胸盾片明显隆起，光滑光亮；盾纵沟明显，几乎直达后缘(前方稍宽)。小盾片和后小盾片明显隆起，光滑光亮，后者横形。中胸侧板光滑光亮，中下部隆起；胸腹侧脊细而明显，约达中胸侧板高的 3/4 处、翅基下脊下方的浅横凹之前。后胸侧板光滑光亮；后胸侧板下缘脊完整，缘状，前部隆起。翅黄褐色，半透明；小脉与基脉相对；小翅室四边形，具 1 结状短柄；第 2 回脉在它的下方外侧约 0.25 处相接；外小脉在中央下方曲折；后小脉在下方 1/4 处曲折。足爪长而尖锐。并胸腹节基部及两侧稍隆起，具稀疏的细毛刻点；中后部中央向后渐凹，光滑光亮；仅侧纵脊的端部明显，无其他脊；气门椭圆形。

腹部纺锤形，最宽处位于第 3 节背板端部。第 1 节背板光滑光亮，侧面具稀疏的细毛；基半部中央明显凹，中部明显隆起；背中脊发达，并在中部隆起处呈拐状突出，背中脊后半部几乎平行抵达背板末端；气门小，椭圆形，约位于第 1 节背板中央；第 1 节背板长约等于端宽，向基部稍变狭。第 2~第 6 节背板除端缘光滑外具稠密的粗刻点；第 2 节背板基部中央具由深沟围成的亚菱形隆起区；第 3~第 6 节背板中部具由深沟围成的半月状隆起区；第 7、第 8 节背板光滑光亮。产卵器强壮，腹瓣端部约具 9 纵脊，亚端部的 5 纵脊稍斜。

头胸部黄褐色，但触角鞭节黑色、颜面两侧浅黄色；腹部背板和后足黑色，腹部腹板黄白色；前中足黄褐色，爪黑褐色；翅黄褐色，外缘具黑褐色的宽带，前翅翅基内侧沟内具黑斑；翅脉稍带褐黑色。

寄主：据报道(Yu et al., 2005)，仅知的寄主为全须夜蛾 *Hyblaea puera* (Cramer)。

分布：江西、浙江、台湾；老挝，缅甸，越南，印度，印度尼西亚。

观察标本：1♀，江西全南，680 m，2008-07-28，集虫网。

153. 兜姬蜂属 *Dolichomitus* Smith, 1877

Closterocerus Hartig, 1847. Ber. Naturw. Ver. Hartz, 1846-47:18. Name preoccupied by Westwood, 1833. Type-species: *Closterocerus sericeus* Hartig; monobasic.

Dolichomitus Smith, 1877. Proc. Zool. Soc. London, 1877:411. Type-species: *Dolichomitus longicauda* Smith, 1877.

该属种类个体较大，体相对细长，产卵器较长。前翅长 5~25 mm。唇基黑色至褐色，平坦或稍隆起，端部微凹，端缘中央具一深缺刻。上颚 2 端齿等长(个别种例外)。后头脊完整，上部中央明显下凹。小翅室较宽；小脉与基脉相对；后小脉在近中央或上方曲折。腹部第 1 节背板较长，约与第 2 节背板等长，背侧脊和腹侧脊通常较长且强壮；第 2 节背板基部的斜沟长且强壮，长可达该节背板长的 0.55 倍；第 3、第 4 节背板通常具瘤状突起。产卵器鞘长通常为前翅长的 1.2~8.0 倍。产卵器直(干标本的产卵器常常在端部弯曲)，腹瓣亚端部具背叶，包在背瓣的端部。

广泛分布，全世界已知 72 种；我国已知 20 种及亚种；江西已知 4 种。该属的种类寄生林木钻蛀害虫，是林木蛀干害虫的重要天敌。

兜姬蜂属中国已知种检索表*

1. 产卵器腹瓣亚端部的背叶上仅具 2 纵脊，并且强烈向上方收敛……2
   产卵器腹瓣亚端部背叶具 3 条或 3 条以上的脊……3
2. 腹部第 2 节背板长约等于端宽；第 3 节及其后的背板长小于端宽；第 2~第 5 节背板具明显的侧瘤，侧瘤上具稠密的刻点；产卵器鞘稍长于体长；基节黑色……**普兜姬蜂 *D. pterelas* (Say)**
   腹部第 2 节背板长约为端宽的 2.1 倍；第 3~第 5 节背板长明显大于各自的端宽；第 2~第 5 节背板无明显的刻点，侧瘤非常弱，具多多少少呈横向的细纹；产卵器鞘明显长于体长；基节红褐色……
   ……**长兜姬蜂 *D. imperator* (Kriechbaumer)**
3. 产卵器鞘长至少为前翅长的 2.5 倍……4
   产卵器鞘长不大于前翅长的 2.0 倍……5
4. 上颚正常；腹部背板无明显的刻点，第 2 节背板长约等于端宽；足的基节深黄色至红色……
   ……**头兜姬蜂 *D. cephalotes* (Holmgren)**
   上颚中部弯曲，向内几乎弯曲呈直角；腹部第 2~第 5 节背板具稠密的粗刻点；第 2 节背板长约为自身端宽的 1.5 倍；足的基节黑色……**卡西兜姬蜂 *D. khasianus* Gupta & Tikar**
5. 产卵器腹瓣背叶具 5 条或 5 条以上的脊……6
   产卵器腹瓣背叶具 3 或 4 条脊……10
6. 腹部第 2 节背板长约为端宽的 1.7 倍，第 3 节背板长约为端宽的 1.4 倍；产卵器腹瓣背叶上具 7 条纵脊……**嵩兜姬蜂 *D. songxianicus* Sheng**
   腹部第 2 节背板长等于或至多不大于端宽的 1.5 倍，第 3 节背板约为方形……7
7. 胸腹侧脊背端抵达中胸侧板前缘；翅痣黑褐色；产卵器腹瓣亚端部的背叶上具 6 条脊……
   ……**天牛兜姬蜂 *D. tuberculatus tuberculatus* (Geoffroy)**
   胸腹侧脊背端不抵达中胸侧板前缘；翅痣黄褐色……8
8. 产卵器腹瓣背叶具 6 或 7 条脊，几乎排列均匀，强烈内斜；产卵器鞘长约为前翅长的 1.2 倍；中胸侧板下方有时红至红褐色……**杨兜姬蜂 *D. populneus* (Ratzeburg)**
   产卵器腹瓣背叶的脊垂直或几乎垂直，至少基部的几条垂直；中胸侧板完全黑色……9
9. 小脉与基脉相对；后小脉约在上方 0.3 处曲折；腹部第 2、第 3 节背板的长约与自身端宽相等；产卵器腹瓣背叶的脊仅基部几条近于垂直……**收获兜姬蜂 *D. messor messor* (Gravenhorst)**
   小脉位于基脉稍外侧；后小脉约在中央曲折；腹部背板除第 1 节外全部横形；产卵器腹瓣背叶的脊全部垂直……**短兜姬蜂 *D. brevissimus* Sheng**
10. 产卵器腹瓣背叶具 3 条脊……11
    产卵器腹瓣背叶具 4 条脊……13
11. 腹部第 3~第 5 节背板的瘤很弱而不明显；后小脉在中央稍上方曲折；产卵器鞘长约为后足胫节长的 4.7 倍……**弱瘤兜姬蜂 *D. debilis* Sheng**

---

* 该检索表不含分布在我国台湾的色兜姬蜂 *D. melanomerus tinctipennis* (Cameron, 1899)。据 Gupta 和 Tikar (1976)报道，该种寄生一种象虫：*Mechistocerus fluctiger* Faust；参照盛茂领和孙淑萍(2010a)编制的检索表。

腹部第3~第5节背板的瘤明显，后小脉约在上方1/3处曲折；产卵器鞘长至少为后足胫节长的5.0倍……12

12. 颚眼距约为上颚基部宽的0.4倍；侧单眼间距约为单复眼间距的0.5倍；中胸侧板具稀刻点；后足基节黑色……三峡兜姬蜂 ***D. triangustus*** **Wang**

颚眼距约为上颚基部宽的0.2倍；侧单眼间距约为单复眼间距的0.8倍；中胸侧板具稠密的刻点；后足基节红褐色……济源兜姬蜂 ***D. jiyuanensis*** **Lin**

13. 下唇须及下颚须暗褐色；翅基片黄色，后缘黑褐色；并胸腹节中纵脊向后分散；腹部第2~第4节背板方形或横形；翅痣、前足基节(至少基部)和后足腿节端部黑色……隔兜姬蜂 ***D. diversicostae*** **(Perkins)**

非完全同上述，或下唇须及下颚须黄色，或翅基片色较深，或并胸腹节中纵脊平行，或第2~第4节背板较长……14

14. 腹部第3~第4节背板较长，其长明显大于自身宽……15

腹部第3~第4节背板近似方形或横形……17

15. 雄性中足基节外侧具1齿；第2节背板长约为端宽的1.5倍；第3节背板长约为端宽的1.4倍……中齿兜姬蜂 ***D. mesocentrus*** **(Gravenhorst)**

雄性中足基节无齿……16

16. 上颚下端齿小于上端齿；中足基节黄褐色；后足腿节黑至褐黑色；后小脉明显在中央上方曲折；并胸腹节中纵脊短，但明显……颚兜姬蜂 ***D. mandibularis*** **(Uchida)**

上颚下端齿大于上端齿；中足基节至少部分带暗褐色；后足腿节暗红褐色；后小脉在中央稍上方曲折；并胸腹节无明显的中纵脊……纳喀兜姬蜂 ***D. nakamurai*** **(Uchida)**

17. 中胸侧板仅前缘具极稀且细的刻点；前中足基节黄色；前翅长约10.0 mm……亮兜姬蜂 ***D. splendidus*** **Sheng**

中胸侧板前半部具相对密的刻点，基节褐色或黑色……18

18. 基节褐色或几乎完全褐色；并胸腹节中纵脊明显……杜兜姬蜂 ***D. dux*** **(Tschek)**

基节黑色；并胸腹节无明显的脊……点兜姬蜂 ***D. melanomerus macropunctatus*** **(Uchida)**

309. 颚兜姬蜂 *Dolichomitus mandibularis* (Uchida, 1932) (图版XXV：图187)

Ephialtes mandibularis Uchida, 1932. Insecta Matsumurana, 6:160.

♀ 体长21.0~23.5 mm。前翅长14.5~16.0 mm。产卵器鞘长26.0~29.0 mm。

颜面宽为长的1.4~1.5倍；中部向中央稍隆起，具均匀稀疏的细刻点和柔软的毛；侧缘稍纵凹且光滑光亮；上缘中央具不明显的瘤突。唇基沟明显，中段(唇基凹之间)直。唇基中央横向稍呈棱状隆起，基半部稍洼，光滑；端缘薄，稍具刻点，中央具一大缺刻。颊区狭，颚眼距为上颚基部宽的0.19~0.25倍，表面中央具革质细粒状表面。上颚强壮，基部具稠密的纵皱；2端齿几乎等长。上颊均匀向后收敛，光滑光亮，具稀疏不明显的弱细刻点。头顶质地同上颊，中央具弱的中纵沟。单眼区稍隆起，周围由弱的凹包围，单眼区内光滑，具1明显的细中纵沟；侧单眼间距为单复眼间距的0.7~0.8倍；侧单眼外侧光滑无刻点。额光滑光亮，下半部深凹；两侧缘具少量的浅细刻点。触角丝状，鞭节37节，第1~第5节鞭节长度之比依次约为1.2∶1.0∶1.0∶0.9∶0.9。后头脊完整，背方中央凹。

前胸背板光滑光亮，后上角具稀疏清晰的细刻点，上缘模糊的细粒状；前沟缘脊明显。中胸盾片具细弱但清晰的刻点；盾纵沟清晰，约伸达中胸盾片的中部。小盾片较强隆起，具清晰的细刻点和稠密的毛。后小盾片稍隆起，具弱细的刻点。中胸侧板具非常稀疏的细刻点，中胸侧板凹周围及靠近中胸侧缝的边光滑光亮，无刻点；胸腹侧脊背端约达中胸侧板高的 2/3 处、上端不抵达中胸侧板前缘；中胸侧板凹深坑状。后胸侧板光滑，上部具刻点；后胸侧板下缘脊完整。并胸腹节中纵脊存在，约基部 1/3 较明显，脊之间和后部光滑光亮(脊之间具稀刻点)；端区上方中央具细横皱；背部两侧具稠密的粗刻点至皱刻点和褐色毛，外下方具稠密的斜皱；外侧脊细弱；气门椭圆形，约位于基部 0.3 处，靠近外侧脊；气门处凹陷。翅带褐色，透明；小脉与基脉相对(或稍外侧)；小翅室近似三角形，无柄；第 2 回脉向外弓，约在它的下方外侧 0.2 处与之相接；外小脉在下方 0.3~0.35 处曲折；后小脉在上方 0.25~0.3 处曲折。足正常，后足基节具稀疏的细刻点(背侧端半部光滑)，后足第 1~第 5 跗节长度之比依次约为 6.3∶2.7∶1.2∶0.3∶1.0。

腹部具稠密的刻点和较长的褐色毛。第 1 节背板约与第 2 节等长，中部具不清晰的弱横皱，端部中央具稠密的粗刻点；侧面具稠密的粗皱；基部中央凹，光滑；亚中央稍纵凹；背中脊仅基部明显；背侧脊完整；气门约位于第 1 节背板中央稍前方。第 2 节背板具明显的基侧沟，该侧沟自背板基部亚中央伸达端部 0.4 处侧方折向后部中央(后方较弱)，中央区具稠密的网状皱刻点，侧面具稠密的网皱；第 3、第 4、第 5 节背板具稠密的粗刻点，各节背板中央各具 1 对显著的圆形瘤突；第 2 节背板长约为端宽的 1.4 倍，第 3 节背板长约为端宽的 1.2 倍；第 2~第 5 节背板端部具光滑光亮的宽横带；其余背板具稠密的细刻点。产卵器鞘具稠密的较硬的鬃状毛。产卵器端部弯曲。

黑色。触角柄节和梗节端部红褐或黑褐色，柄节端缘黄色；唇基或仅端缘，上颚上端齿基部(或黑色)暗红褐色；下颚须，下唇须，前中足基节、转节，翅基片及前翅翅基黄色；前中足红褐色，腹侧或多或少带黄色；后足第 1 转节端缘、第 2 转节及其腿节基缘或整个腿节腹侧、胫节基半部或仅腹侧，跗节腹侧带红褐色；翅痣和翅脉褐黑色，前翅前缘脉、后翅后缘脉腹侧带红褐色。

分布：江西、河南；日本。

观察标本：1♀，江西官山东河，430 m，2009-05-14，集虫网；1♀，江西官山，400~500 m，2009-06-15，集虫网。

310. 点兜姬蜂 *Dolichomitus melanomerus macropunctatus* (Uchida, 1928) (图版 XXVI：图 188)

Ephialtes macropunctatus Uchida, 1928. Journal of the Faculty of Agriculture, Hokkaido University, 25:89.
Dolichomitu fortis Sheng, 2002. Linzer Biologische Beiträge, 34(1):477.

♀ 体长约 18.5 mm。前翅长约 14.5 mm。产卵器鞘长约 23.0 mm。

颜面光滑发亮，稍隆起，具细且相对稀的刻点(两侧很稀)，具细弱且相对长的柔毛。唇基沟清晰。唇基平，基部具细刻点，中部光滑，端缘薄，中央具 1 大缺刻。颊区狭，表面革质细粒状。上颚强壮，中部具细纵皱纹；2 端齿等长。上颊光滑发亮，稍向后方收敛，具非常稀、细且不明显的刻点。头顶的表面与上颊相似，但刻点相对明显(后缘更明显)。单眼区稍突起。额光滑发亮，无刻点。触角长约 12.5 mm，约为体长的 2/3，鞭节 33 节。

前胸背板背面稍粗糙，侧面光滑发亮，仅后上角具明显的刻点；前沟缘脊明显。中胸具均匀且较稠密的刻点，仅中胸侧板凹周围光滑发亮无刻点；胸腹侧脊上端离中胸侧板前缘较远。小盾片隆起，具均匀的密刻点。后胸侧板具刻点(上部密，下部稀)。翅带褐色透明，小脉稍位于基脉的外侧；外小脉在中央稍下方曲折；后小脉在上方 1/3 处曲折。足细长，后足基节前侧基部具刻点，内侧和外侧具相对较长的褐色毛。并胸腹节基部具中纵脊的残痕；中央前半部具明显的纵沟，端部中央光滑发亮，其余部分具非常稠密的刻点。

腹部第 1~第 5 节背板具密刻点(由前向后逐渐变小)，其余背板刻点不清晰；第 3~第 5 节背板具大突瘤，瘤上的刻点相对较稀；第 1 节背板约与第 2 节等长，第 3 节约方形，第 4 节背板宽稍大于长，其余背板横形；第 1~第 5 节背板各节后缘具光滑无刻点的横带(第 1 和第 5 节的横带较狭)。产卵器鞘具稠密且较硬的鬃状毛。产卵器腹瓣端部的背叶具 4 条强壮的脊，基部 2 条弧形弯曲，第 3 条稍外斜(下端向外)，第 4 条强烈外斜。

黑色。下颚须，下唇须，前足转节大部分，中足转节前侧的小斑，翅基片前半部分，前中足腿节前侧的斑和胫节前侧的斑黄色；所有的基节黑色；前足，中足腿节和胫节红褐色；中足跗节暗褐色；后足腿节黑色，胫节和跗节褐黑色；翅痣深褐色；翅脉黑褐色；唇基端缘红褐色；上颚中部带不清晰的暗红色。

分布：江西、辽宁、吉林；日本，俄罗斯。

观察标本：1♀，江西江山娇，1983-07-11；1♀，辽宁本溪，600 m，1997-08-02，盛茂领；1♀，辽宁宽甸白石砬子自然保护区，400 m，2001-06-01，盛茂领、孙淑萍；2♀♀，辽宁新宾，2005-06-16，盛茂领；1♀，吉林大兴沟，2005-06-22，盛茂领；1♀，辽宁宽甸灌水天华山，512 m，2006-09-15，孙淑萍。

311. 纳喀兜姬蜂 *Dolichomitus nakamurai* (Uchida, 1928)

Ephialtes nakamurai Uchida, 1928. Journal of the Faculty of Agriculture, Hokkaido University, 25:87.

♀ 体长 12.5~16.0 mm。前翅长 10.0~12.0 mm。产卵器鞘长 15.5~18.5 mm。

颜面中央隆起，中央和两侧具稀、弱的细刻点，亚侧部具较密的刻点。唇基平坦，基部光滑，端缘中央具 1 大缺刻。上颚基部具几个浅的大刻点。上颊光滑发亮，弧形向后收敛，具非常细的刻点。头顶光滑发亮，具分布不均匀的细刻点。单眼区隆起。额光滑，无或具极稀的细刻点。触角丝状，鞭节 30 或 31 节。后头脊完整，强壮。

前胸背板侧凹光滑，前缘具少量的细刻点，后缘具相对较粗且密的刻点；前沟缘脊强壮。中胸盾片光滑，具清晰的细刻点；盾纵沟深，为中胸盾片长的 0.4~0.5 倍。中胸侧板具稠密均匀的刻点；镜面区大；中胸侧板凹周围及靠近中胸侧缝的边光滑发亮，无刻点；胸腹侧脊上端距中胸侧板前缘较远。小盾片稍隆起，与中胸盾片相比，具相对稀的细刻点。后胸侧板隆起，光滑，具均匀的细刻点。并胸腹节具清晰的粗刻点，端部光滑发亮，无刻点，端部 1/3 处具横皱；基半部中央具浅的中纵沟；中纵脊不明显。翅稍带褐色透明，小脉与基脉相对；小翅室斜四边形，第 2 肘间横脉短于第 1 肘间横脉；后小脉在中央稍上方曲折。后足第 3 跗节约为第 5 跗节长的 1.2 倍。

腹部第 1~第 4 节及第 5 节背板基部具清晰的刻点；第 2~第 5 节背板后缘具光滑的横带(第 5 节的横带较狭窄)；第 3~第 5 节背板具圆形或近似圆形侧瘤，瘤上具清晰的刻点；第 1 节背板长为端宽的 1.5~1.7 倍，基部中央光滑，背中脊基部清晰；第 2 节背板长为端宽的 1.0~1.2 倍，侧瘤不太明显；第 3~第 4 节背板约为方形或长稍大于端宽；第 5 节背板长稍短于端宽；其余背板明显横形，具不清晰的横纹。产卵器腹瓣背叶上具 4 条脊。

黑色。唇基和上颚基部红至深褐色；下颚须，下唇须(基节黑至黑褐色除外)，翅基片，前足基节前侧和前中足转节黄色；前中足的腿节、胫节及跗节，后足第 2 转节、腿节暗褐至黑褐色；后足基节和第 1 转节黑色；胫节(基部色较浅)及跗节黑褐色；翅痣和翅脉黑褐色。

寄主：据国外报道，主要寄主有：东亚花墨天牛 *Monochamus subfasciatus* (Bates)、勒瘤角天牛 *Rhodopina lewisii* (Bates)等。

分布：江西、河南、福建、吉林、辽宁；日本。

观察标本：1♀，江西庐山，2000-07-23，丁冬荪；1♀，江西萍乡武功山，2004-05-01，魏美才；1♀，河南栾川龙峪湾自然保护区，1050 m，1999-05-22，盛茂领；1♀，福建武夷山挂墩，1000~1500 m，2004-05-18，周虎；1♀4♂♂，吉林伊通，2005-05-19~06-07；1♀，辽宁新宾，2005-06-09，盛茂领；3♀♀，吉林大兴沟，2005-06-16~20，盛茂领；1♀，河南内乡宝天曼自然保护区，1280 m，2006-06-27，申效诚。

312. 亮兜姬蜂 *Dolichomitus splendidus* Sheng, 2002

Dolichomitus splendidus Sheng, 2002. Linzer Biologische Beiträge, 34(1):476.

♀ 体长约 12.0 mm。前翅长约 10.0 mm。产卵器鞘长约 16.0 mm，

复眼内缘稍向下方收敛。颜面光滑，具均匀的细刻点(侧缘无刻点)，上部中央纵向稍隆起。唇基沟清晰。唇基平坦，光滑无刻点，端半部薄，中央具一大缺刻。上颚强壮，2 端齿等长。颊区狭，具革质粒状表面。上颊光滑发亮，稍向后收敛，具不明显的细刻点。头顶光滑发亮，具极稀且不明显的细刻点。单眼区隆起，上半有明显的沟包围。额光滑发亮，无刻点，稍下凹。触角的长超过体长的一半，鞭节 32 节。

前胸背板光滑发亮，仅后上角具稀且不明显的细刻点；前沟缘脊明显。中胸盾片几乎光滑，具密的短柔毛，刻点细且不清晰。盾纵沟深，长达中胸盾片长的 2/5(不抵达中部)。中胸侧板上部光滑发亮，无刻点(前上角有稀且细的弱刻点)；下部具细刻点；胸腹侧脊明显，上端不抵达中胸侧板前缘；胸腹侧片稍粗糙，具弱的斜刻点列。小盾片稍隆起，表面与中胸盾片相似。后胸侧板光滑发亮，具稀且细的刻点。并胸腹节粗糙，具稠密的粗刻点和稠密的浅褐色毛，无脊。翅带褐色透明，小脉与基脉相对；外小脉在中央稍下方曲折；后小脉在上方 1/3 处曲折。足正常，后足基节具稠密的浅褐色柔毛。

腹部第 1~第 4 节背板及第 5 节背板基半部具稠密的粗刻点；其余背板的刻点细且渐渐不清晰；第 2、第 3、第 4 节背板后缘具宽的、光滑无刻点的横带；第 3、第 4、第 5 背板各具 2 个大瘤状突，突起表面具刻点；第 1 节背板约与第 2 节背板等长；第 2 节背板长稍大于宽；第 3 节约呈方形；第 4 节稍呈横形；其余背板明显横形。产卵器鞘具稠密的鬃状黑色毛。产卵器腹瓣端部背叶两端陡(急剧下降)，具 4 条脊，基部 3 条的两端均匀向基方弯曲，外端的 1 条斜向后方(下方向后斜)。

黑色。下颚须，下唇须，前足基节、转节和中足转节，翅基片黄色；前中足的其余

部分(第 5 跗节颜色相对较深)，后足的第 2 转节、腿节基端黄褐色；后足基节几乎全部黑色，腿节暗红褐色，胫节和跗节黑褐色；翅痣黑褐色；翅脉褐黑色；唇基端缘红褐色；上颚中部褐黑色。

寄主：不详。

分布：江西、河南、福建。

观察标本：1♀，江西庐山，2000-07-23，丁冬荪；1♀，江西武功山，600 m，2004-05-01，魏美才；1♀，河南内乡宝天曼，1300~1500 m，1998-07-12，盛茂领；2♀♀，福建武夷山(挂墩)，2004-05-18，周虎。

154. 米蛛姬蜂属 *Eriostethus* Morley, 1914

Eriostethus Morley, 1914. A revision of the Ichneumonidae based on the collection in the British Museum (Natural History), 3. Tribes Pimplides and Bassides, p.34. Type-species: *Eriostethus pulch errimus* Morley.

主要特征：翅无小翅室；后小脉不曲折；足的第 5 跗节膨大，雌性爪具基叶；并胸腹节光滑光亮，侧面具稀毛，无脊，或仅外侧脊端部具痕迹，气门小，圆形；后胸侧板下缘脊及基间脊强壮；腹部背板光亮，无刻点；第 1 节背板长约为端宽的 1.5 倍，具基侧凹；第 2 节背板长不大于端宽，中央具由深沟围成的菱形区；第 3、第 4 节具明显的侧瘤；产卵器鞘长为前翅长的 0.35~0.4 倍。

已知 18 种；我国已知 2 种；江西已知 1 种。

313. 中华米蛛姬蜂 *Eriostethus chinensis* (He, 1985)

Millironia chinensis He, 1985. Wuyi Science Journal, 5:63,65.

分布：江西、福建、湖南。

155. 聚瘤姬蜂属 *Gregopimpla* Momoi, 1965

Gregopimpla Momoi, 1965. Memoirs of the American Entomological Institute, 5:601. Type-species: *Pimpla kuwanae* Viereck; original designation.

主要鉴别特征：后小脉在中部或中部稍上方曲折；并胸腹节侧面观强烈隆起；腹部第 2 节背板基部的斜沟较弱；产卵器鞘长为前翅长的 0.6~0.8 倍；雄性的唇基与颜面黑色。

全世界已知 8 种；我国已知 2 种，江西均有分布。

314. 喜马拉雅聚瘤姬蜂 *Gregopimpla himalayensis* (Cameron, 1899)

Pimpla himalayensis Cameron, 1899. Memoirs and Proceedings of the Manchester Literary and Philosophical Society, 43(3):178.

分布：江西、浙江、安徽、湖南、北京、广西、贵州、河北、陕西、辽宁、黑龙江、台湾、云南；朝鲜，日本，印度。

315. 桑蟥聚瘤姬蜂 *Gregopimpla kuwanae* (Viereck, 1912)

Pimpla (*Epiurus*) *kuwanae* Viereck, 1912. Proceedings of the United States National Museum, 43:589.

分布：江西、安徽、江苏、浙江、福建、云南、贵州、台湾、湖南、湖北、四川、陕西、河南、河北、山东、北京、辽宁、黑龙江；朝鲜，日本，印度。

观察标本：1♀，江西玉山，1981-05。

156. 瘦瘤姬蜂属 *Leptopimpla* Townes, 1961

Leptopimpla Townes, 1961. Memoirs of the American Entomological Institute, 1:471. Type-species: *Ephialtes longiventris* Cameron; original description.

主要鉴别特征：体非常细长；胸部短而腹部很长；并胸腹节中纵脊缺或不明显。腹部非常长；第1节背板远短于第2节背板，半圆筒形，背中脊很短，无背侧脊；腹板末端约达背板的0.85处；第2节背板无基侧沟；第2~第5节背板拉长，其长明显大于端宽；产卵器鞘约为前翅长的1.8倍；产卵器腹瓣亚端部无背叶。

该属是非常小的属，全世界仅知3种；我国已知1种，江西有分布。

316. 长腹瘦瘤姬蜂 *Leptopimpla longiventris* (Cameron, 1908)

Ephialtes longiventris Cameron, 1908. Zeitschrift für Systematische Hymenopterologie und Dipterologie, 8:37.

♀ 体长20.5~22.0 mm。前翅长11.5~12.5 mm。产卵器鞘长18.5~21.0 mm。

复眼内缘在触角窝处稍凹；颜面向下方收窄，宽(下方最窄处)约为长的0.9倍，中央稍隆起，具均匀清晰的细刻点和黄白色柔毛，近下缘具弱横皱。唇基宽约为长的2.0倍，具模糊的横皱；端缘中央几乎平截。上颚强壮，基部具稀细的刻点，2端齿约等长。颊区非常短，中央的狭窄处具革质细粒状表面，颚眼距约为上颚基部宽的0.3倍。上颊光滑光亮，向后方几乎不收敛，具非常稀浅且细的毛刻点；侧面观约为复眼横径的0.6倍。头顶具稀浅的细刻点，后缘中央稍凹；侧单眼外侧凹、光滑；单眼区中央具浅纵沟；侧单眼间距约为单复眼间距的0.94倍。额的下部凹，光滑；上部具稀且细的刻点。触角长9.0~9.5 mm；鞭节32节，倒数第2节最短，长约为自身直径的1.1倍，第1~第5鞭节长度之比依次约为1.8∶1.2∶1.1∶1.0∶1.0。后头脊完整，背方中央"V"形下凹。

前胸背板光滑光亮，仅上部具细刻点。中胸盾片均匀隆起，具较均匀的浅细刻点；盾纵沟前部较深，未伸达中胸盾片中央。小盾片较平，具相对粗且密(与中胸盾片相比)的刻点。后小盾片横形。中胸侧板具清晰的细毛刻点；镜面区大，中胸侧板凹周围及它至中胸侧板后下角、沿中胸侧缝及中胸后侧片光滑发亮、无刻点；胸腹侧脊明显，约伸达中胸侧板高的2/3处；中胸侧板凹沟状。后胸侧板光滑光亮，仅上部具少量细刻点；后胸侧板下缘脊完整。翅褐色透明，小脉位于基脉的稍内侧；小翅室斜四边形(近三角形)，宽大于高，第2回脉在它的外侧0.2~0.25处与它相接；外小脉在中央稍下方曲折；后小脉在上方0.3~0.35处曲折。后足第1~第5跗节长度之比依次约为5.6∶2.5∶1.4∶1.0∶1.7。并胸腹节具稠密的刻点，被白色毛；无脊；气门椭圆形。

腹部特别长，圆筒形，具稠密强壮的粗刻点(后部的弱一些)，但后缘光滑无刻点。第1节背板中央纵向具稍稀疏的刻点；长约为端宽的1.77倍，约为第2节背板长的1/2；气门小，圆形，约位于基部1/3处。第2~第5节背板狭长，第2节背板长约为端宽的2.6倍，基部两侧具腹陷。第6节背板端部稍变粗，第7节背板侧面及第8节背板光滑。产卵器鞘为前翅长的 1.6~1.7 倍；产卵器腹瓣亚端部具 9 或 10 条清晰的脊，基方的脊较直，不向前弯。

黑色，下列部分除外：触角柄节、梗节的腹侧及端缘，下唇须，下颚须，前中足(腿节、胫节、跗节外侧带红褐色；末跗节及爪褐黑色)均为纯黄色；触角鞭节腹侧暗褐色，端部橙黄色；唇基及上颚(端齿除外)暗红褐色；后足橙红色，胫节基部发黄，胫节及跗节外侧带黑色，末跗节及爪褐黑色；翅基片黄褐色，翅脉褐色，翅痣及前缘脉黑色。

分布：江西、云南、海南、台湾；越南，缅甸，印度，印度尼西亚，马来西亚，尼泊尔。

观察标本：1♀，江西全南，2009-04-29，盛茂领。

157. 裂臀姬蜂属 *Schizopyga* Gravenhorst, 1829

Schizopyga Gravenhorst, 1829. Ichneumonologia Europaea, 3:125. Type-species: *Schizopyga podagrica* Gravenhorst; monobasic.

主要鉴别特征：无唇基沟，颜面与唇基形成完整且稍隆起的盾面；复眼具毛；上颚下端齿位于内侧；上颊很长，几乎平直；前翅无或有小翅室；小脉位于基脉外侧；足粗壮；产卵器鞘短，稍伸出腹部末端；产卵器粗壮，逐渐向端部变尖。

全世界已知 13 种，分布于东洋区、全北区和新热带区；我国已知 3 种；江西已知 1 种。

裂臀姬蜂属中国已知种检索表

1. 颜面黑色；并胸腹节几乎光滑，中纵脊和端横脊不明显；腹部第 1 节背板长约为端宽的 2.0 倍 …………………………………………………… **寒地裂臀姬蜂 *S.* (*Schizopyga*) *frigida* Cresson**
   颜面浅色，白色或黄至浅黄色；腹部第 1 节背板长不大于端宽的 1.6 倍；其余特征非完全同上述……………………………………………………………… 2
2. 后小脉在下部 0.3~0.4 处曲折；并胸腹节无刻点，中纵脊不明显；腹部第 1 节背板背中脊约伸达该节背板长的 1/2 处；后足腿节褐黑色 ………… **全南裂臀姬蜂 *S.* (*Schizopyga*) *quannanica* Sun & Sheng**
   后小脉在中央曲折；并胸腹节具清晰的刻点，中纵脊完整；腹部第 1 节背板背中脊几乎伸达该节背板后缘；后足腿节黄褐至赤褐色 ……………………… **黄脸裂臀姬蜂 *S.* (*Schizopyga*) *flavifrons* Holmgren**

317. 全南裂臀姬蜂 *Schizopyga* (*Schizopyga*) *quannanica* Sun & Sheng, 2011 (图版 XXVI：图 189)

Schizopyga Schizopyga (*Schizopyga*) *quannanica* Sun & Sheng, 2011. Acta Zootaxonomica Sinica, 36:970.

♀ 体长 6.0~7.0 mm。前翅长 4.0~4.5 mm。产卵器鞘短，稍伸出腹末。

复眼具明显的毛。颜面与唇基在同一平面且均匀隆起，之间无明显的缝，无唇基沟；具细革质状表面和稀疏的浅细刻点；颜面向下方稍收窄，长约为最窄处宽的 0.6 倍，约为颜面与唇基长度之和的 1.1 倍；唇基端缘弧形。上颚小，基部稍隆起，具浅刻点，上颚下端齿位于内侧，扩大成叶片状的镶边。颊短，光滑光泽；颚眼距约为上颚基部宽的 0.25 倍。上颊光滑光亮，具非常稀疏的浅细毛刻点，复眼在下后缘明显收窄，使得上颊在后上部很长、较平。头顶均匀隆起，光滑光亮，具非常稀疏的浅细毛刻点；单眼区稍抬高；侧单眼间距约为单复眼间距的 1.4 倍；头顶后部中央明显内凹。

额光滑光亮，在触角窝外上方深斜凹，中央部分隆起、具稀疏细浅的刻点。触角粗丝状，明显短于体长，鞭节 19 节，第 1~第 5 鞭节长度之比依次约为 1.9∶1.2∶1.0∶0.9∶0.9。后头脊完整强壮。

前胸背板深凹陷，光滑光亮；后上部较平，具稀疏的毛细刻点。中胸盾片稍隆起，具稀疏的毛细刻点；盾纵沟弱，约在中胸盾片端部 0.35 处相遇。盾前沟光滑。小盾片明显隆起，具稀疏的浅细刻点。后小盾片小，光亮，稍隆起。中胸侧板明显隆起，光滑光亮，中下部具稀浅的细刻点；胸腹侧脊明显，伸达中胸侧板前缘 2/3 处。后胸侧板光滑光亮，仅后下角皱状；后胸侧板下缘脊完整。翅稍带褐色透明；小脉位于基脉的外侧，二者之间的距离约为小脉长的 0.3 倍；无小翅室，第 2 回脉位于肘间横脉的外侧，二者之间的距离约与肘间横脉等长(1.1 倍)；外小脉在中央稍下方曲折；后小脉在下方 0.3~0.4 处曲折，后中脉强烈上弯。足粗短；各足腿节明显向背外侧膨大；后足第 1~第 5 跗节长度之比依次约为 2.6∶1.0∶0.7∶0.4∶1.4。并胸腹节均匀隆起，几乎光滑光亮，靠近端横脊的位置具非常弱且短的细横纹；端横脊侧面和侧纵脊的端部存在；具完整的外侧脊；气门小，圆形，约位于基部 0.3 处。

腹部较粗壮，各节背板除 1~3 节背板端缘光滑外具非常稠密的细粒点。第 1 节背板长约为端宽的 1.6 倍，向基部稍收窄，中央稍纵凹；背中脊细弱，长约为该节背板长的 1/2，背侧脊仅基部明显；侧面具细纵纹；气门小，圆形，约位于基部 1/3 处。第 2~第 3 节背板具非常弱的亚侧突和弱的后中横凹；第 2 节背板基部两侧具窗疤，长约为端宽的 1.1 倍；第 3、第 4 节背板长约等于端宽；第 5 节背板长约为端宽的 0.9 倍；第 6 节背板向后稍收敛，长约为端宽的 0.7 倍；第 7 节背板向后显著收敛呈三角形；第 8 节背板横形，藏于第 7 节背板之下。产卵器鞘短，其长约等于腹末厚度；产卵器粗壮，稍向上弯曲，由基部向端部渐尖细。

体黑色。触角柄节、梗节腹侧，颜面，唇基，上颚(端齿黑色)，颊，下唇须，下颚须，翅基片及前翅翅基，前中足基节、转节，后足转节、胫节基部和中段的环斑、跗节第 1 和第 2 节(除端缘)均为黄至浅黄色；触角鞭节，前中足红褐色；后足褐黑色，除前述黄色部分外，跗节第 1、第 2 节端缘及其余跗节、爪暗褐至黑褐色；翅痣和翅脉褐色。

♂ 体长约 5.2 mm。前翅长约 3.8 mm。

分布：江西。

观察标本：1♀，江西全南，740 m，2008-05-24，集虫网；1♀，江西全南，340 m，2009-04-07，集虫网；1♂，江西全南，340 m，2009-05-20，集虫网。

158. 蓑瘤姬蜂属 *Sericopimpla* Kriechbaumer, 1895

Sericopimpla Kriechbaumer, 1895. Sitzungsberichte der Naturforschenden Gesellschaft zu Leipzig, 1893/4:135. Type-species: *Pimpla sericata* Kriechbaumer; monobasic.

主要鉴别特征：复眼内缘在靠近触角窝处强烈凹陷；上颊非常短，强烈向后收敛；后头脊完整，背面中部几乎呈水平状态，至少不向下凹；并胸腹节无脊。

全世界已知 20 种；我国已知 2 种；江西已知 1 种。

318. 蓑瘤姬蜂索氏亚种*Sericopimpla sagrae sauteri* (Cushman, 1933)　(图版XXVI:图190)

Philopsyche sauteri Cushman, 1933. Insecta Matsumurana, 8:38.

♀ 体长 12.5~15.5 mm。前翅长 12.0~13.5 mm。产卵器鞘长 7.0~7.5 mm。

复眼内缘在触角窝处稍凹；颜面向下方收窄，宽(下方最窄处)约为长的 1.1 倍，亚中央纵隆起、中央及两侧纵凹，具稀疏清晰的粗刻点。唇基沟明显。唇基基半部稍隆起，具稀疏的粗刻点；中部光滑光亮；端缘凹，具非常稠密的横环状排列的细刻点，端缘中央具显著的弧形凹刻。上颚基部粗皱状，上端齿稍长于下端齿。颚眼距非常短，约为上颚基部宽的 0.1 倍。上颊光滑光亮，具非常稀浅且细的毛刻点；强烈向后收敛。头顶光滑光亮，具稀浅的细刻点，后部中央稍纵凹，亚后缘弧状深凹；侧单眼外侧凹、光滑光亮；单眼区中央具浅纵沟；侧单眼间距约为单复眼间距的 1.5 倍。额的下部凹，光滑；上部中央具稀且细的刻点。触角长 10.0~11.5 mm；鞭节 36~38 节，倒数第 2 节最短，长约为自身直径的 1.1 倍，第 1~第 5 鞭节长度之比依次约为 3.1：2.0：2.0：1.8：1.6。后头脊完整。

前胸背板侧凹深，侧凹及前部光滑光亮，仅前下角具少数短纵皱，上部及后上角具中等强度的刻点。中胸盾片均匀隆起，具较均匀稠密的粗刻点；盾纵沟仅前部具痕迹。中胸盾片后部中央、盾前沟、小盾片、并胸腹节具较其他部位稠密的黄褐色粗毛。小盾片隆起，具与中胸盾片相似的刻点。后小盾片横形，稍隆起，具与小盾片相似的质地和刻点。中胸侧板具稠密的粗刻点；镜面区大，中胸侧板凹周围及它至中胸侧板后下角、沿中胸侧缝光滑光亮、无刻点；胸腹侧脊约伸达中胸侧板高的 4/5 处；中胸侧板凹横沟状。后胸侧板光滑光亮，仅后下部具稀疏的细毛刻点；后胸侧板下缘脊完整。翅褐色，透明，小脉位于基脉的稍内侧或几乎相对；小翅室斜四边形(近三角形)，具短柄，第 2 回脉约在它的下外侧 0.2 处与它相接；外小脉在下方 0.3~0.35 曲折；后小脉约在下方 0.2 处曲折。后足第 1~第 5 跗节长度之比依次约为 6.0：2.7：1.6：1.0：2.0。并胸腹节具稠密的粗刻点，被褐色长毛；无脊；基区和端区的位置较光滑，中区位置的刻点相对粗大；气门大，卵圆形。

腹部约呈纺锤形，具稠密粗大的刻点(后部的弱一些)，各节后缘光滑无刻点。第 1 节背板长约等于端宽，约为第 2 节背板长的 1.1 倍；向基部稍收敛，基部中央深凹，后部中央的刻点稀而弱；气门小，圆形，约位于第 1 节背板中部；背中脊强，约为第 1 节背板长的 0.6 倍；背侧脊在气门前明显。第 2~第 5 节背板各具 1 对横向的瘤状隆起，第 2 节背板长约为端宽的 0.7 倍，基部两侧具窗疤。第 6、第 7 节背板刻点细而稀疏，第 8 节背板较光滑。产卵器鞘为前翅长的 0.55~0.6 倍；产卵器腹瓣亚端部具 5 或 6 条清晰的脊。

黑色，下列部分除外：触角柄节、梗节的腹侧，下唇须，下颚须，前胸背板后上角，翅基片，前中足(基节、腿节外侧及末跗节或多或少带红褐色，中足胫节外侧亚基部所具点斑、亚端部所具纵斑及爪端半部褐黑色)，后足转节背侧、胫节基段和中段、第 1~第 3 跗节(端部除外)，腹部第 2、第 3 节背板基部两侧的小斑(有时不明显)，第 1~第 4 节背板端部两侧的弧斑(第 2~第 4 节弧斑内下侧有黑横纹)及第 1~第 6 节背板端缘的狭边均为纯黄色；后足腿节橙红色(基部和端部带黑斑)；翅脉褐黑色，翅痣(基部淡色)及前缘脉黑色。

♂ 体长 6.5~12.0 mm。前翅长 5.0~9.0 mm。触角鞭节 26~33 节。后足基节背侧橙红色。

分布：江西、辽宁、浙江、湖北、湖南、四川、福建、台湾、广东、贵州；日本。

观察标本：1♂，江西全南，700 m，2008-07-28，集虫网；1♂，江西全南，650 m，2008-08-31，集虫网；1♀，江西资溪马头山，400 m，2009-05-08，集虫网；2♀♀2♂♂，江西吉安双江林场，174 m，2009-05-17~06-22，集虫网；1♀，江西全南，2010-06-09，集虫网；1♂，江西全南罗坑，2010-08-13，集虫网。

159. 聚蛛姬蜂属 *Tromatobia* Förster, 1869

Tromatobia Förster, 1869. Verhandlungen des Naturhistorischen Vereins der Preussischen Rheinlande und Westfalens, 25(1868):164. Type-species: *Pimpla variabilis* Holmgren, 1856; designated by Ashmead, 1900.

主要特征：雄性的唇基浅色：白色或淡黄色；唇基端缘平截或几乎平截；后头脊完整，中央不下凹；小翅室有或无，若有，第 2 回脉在它的下外角的内侧相接；后小脉在中央或上方曲折；第 1 节背板背中脊及背侧脊强壮；中部背板具明显的隆起，各节后缘无刻点带约占背板长的 0.15；产卵器侧扁。

寄主：聚生于蜘蛛卵囊内。

全世界已知 33 种；我国已知 4 种；江西已知 1 种。

319. 黄星聚蛛姬蜂 *Tromatobia flavistellata* Uchida & Momoi, 1957

Tromatobia flavistellata Uchida & Momoi, 1957. Insecta Matsumurana, 21:8.
Tromatobia flavistellata Uchida & Momoi, 1957. He, Chen, Ma. 1996. Economic insect fauna of China, 51:108.

分布：江西、湖南、河南、辽宁、河北、江苏、浙江、湖北、四川、台湾、福建、广东、贵州、云南。

廿八) 瘤姬蜂族 Pimplini

唇基基部稍隆起。中胸盾片无横皱。胸腹侧脊完整。中胸侧缝中部直，在中央附近不弯曲成角度。并胸腹节气门长形。爪大，雌性具基齿，某些属具端部平的扩大的毛；雄性简单。有小翅室(黑点瘤姬蜂属 *Xanthopimpla* 某些种例外)；后小脉在中央上方曲折。第 1 节背板与腹板游离。产卵器粗壮。

该族含有一些非常常见的种类。全世界已知 15 属；我国已知 10 属；江西已知 6 属。

瘤姬蜂族江西已知属检索表

1. 唇基由横缝分成基部和端部两部分；上颚向端部缩小，下端齿远小于上端齿 ························ 5
   唇基无横缝，不分成基部和端部两部分；上颚端部宽，下端齿不明显小于上端齿 ··················· 2
2. 中胸侧缝在中央附近弯曲成角度；腹部光滑，无或几乎无刻点；爪具 1 根明显粗的毛，毛的端部扩大呈匙状，雌性的爪无基齿 ························ **囊爪姬蜂属 *Theronia* Holmgren**

中胸侧缝直或几乎直，在中央附近不弯曲成角度。其他非完全同上述……3
3. 复眼内缘在触角窝稍上方处稍微凹陷；雌性的爪无基齿；产卵器明显伸出腹部末端；产卵器鞘长约为前翅长的 0.45 倍……**瘤姬蜂属 *Pimpla* Fabricius**
复眼内缘在触角窝稍上方处强烈凹陷；雌性前足的爪常具 1 非常大的基齿……4
4. 产卵器端部向下弯曲……**臭姬蜂属 *Apechthis* Förster**
产卵器直，端部不弯曲……**埃姬蜂属 *Itoplectis* Förster**
5. 上颚扭曲呈 90°，致使下端齿位于内侧，上端齿明显比下端齿大；并胸腹节光滑；体黄色，具黑斑……**黑点瘤姬蜂属 *Xanthopimpla* Saussure**
上颚不扭曲；上端齿不明显比下端齿大；并胸腹节具粗糙的刻点，或具横皱纹……**恶姬蜂属 *Echthromorpha* Holmgren**

160. 臭姬蜂属 *Apechthis* Förster, 1869

Apechthis Förster, 1869. Verhandlungen des Naturhistorischen Vereins der Preussischen Rheinlande und Westfalens, 25(1868):164. Type-species: *Pimpla rubata* (sic) Gravenhorst) (= *Ichneumon rufatus* Gmelin), by subsequent designation, Ashmead, 1900:57.

前翅长 4.0~14 mm。唇基简单，无将其分成上下两部分的横缝；端缘薄，平截。上颚 2 端齿不扭曲。上颊的上面部分光滑。后头脊完整。前沟缘脊弱。中胸盾片光滑；盾纵沟不明显。胸腹侧脊完整、强壮。中胸侧缝直。后胸侧板下缘脊完整。雌性的爪具 1 大基齿。腹部粗短。产卵器鞘约为后足胫节长的 0.9 倍。产卵器端部突然向下弯曲。雄性下生殖板拉长，后部尖。

全世界已知 16 种；我国已知 5 种；江西仅知 1 种。

320. 台湾臭姬蜂 *Apechthis taiwana* Uchida, 1928 (图版 XXVI：图 191) (江西新记录)

Apechthis taiwana Uchida, 1928. Journal of the Faculty of Agriculture, Hokkaido University, 25:49.

♀ 体长 12.5~15.0 mm。前翅长 11.5~14.0 mm。产卵器鞘长 2.5~4.0 mm。

复眼内缘几乎平行，靠近触角窝处明显凹；颜面宽约为长的 1.2 倍，光亮，中央纵向稍隆起，具稀疏的细毛刻点。唇基沟清晰。唇基光亮，中部稍横隆起；基半部具稀疏的细毛刻点；端半部光滑无刻点；亚端缘具横凹沟；端缘中段平截。颊具细革质粒状表面；颚眼距非常短，约为上颚基部宽的 0.15~0.17 倍。上颊几乎光滑，具较稀且不明显的细毛刻点，显著向后收敛。头顶光滑光亮，在复眼后缘连线处横棱状并向后强烈(几乎垂直)倾斜；单眼区稍隆起，具清晰的明显后延的中纵沟；侧单眼间距为单复眼间距的 1.4~1.5 倍。额光滑光亮，下半部深凹。触角稍短于体长，鞭节 27 或 28 节，第 1~第 5 鞭节长度之比依次约为 1.9∶1.3∶1.3∶1.2∶1.1。后头脊完整、强壮。

前胸背板光滑光亮，前沟缘脊较明显。中胸盾片均匀隆起，具稠密不清晰的细刻点和短柔毛；盾纵沟仅前部明显。小盾片中部明显隆起，具较中胸盾片稍粗的刻点，侧脊明显。后小盾片横向隆起，光滑。中胸侧板光滑光亮，具非常稀且不明显的细浅刻点，下部靠近腹侧的刻点相对清晰稠密；胸腹侧脊明显，约达中胸侧板高的 0.7 处；中胸侧板凹深坑状。后胸侧板光滑光亮，后上部皱；后胸侧板下缘脊完整，前部耳状突起。翅黄褐色，透明；小脉位于基脉外侧；小翅室四边形，第 2 肘间横脉明显长于第 1 肘间横脉；第 2 回脉在其下方中央稍外侧与之相接；外小脉在中央稍下方曲折；后小脉约在上方 0.2 处曲折。足强壮，爪具强大的基齿；后足基节显著膨大，第 1~第 5 跗节长度之比依次约为 9.7：4.0：2.0：1.0：4.0。并胸腹节中部具稍隆起的光滑的宽纵带，端区相对光滑，其余部分具稠密的粗刻点；中纵脊仅基部明显，侧纵脊仅见端部存在，外侧脊明显；气门卵圆形。

腹部较粗壮，具稠密的粗刻点。第 1 节背板长约等于端宽，刻点稀疏且粗大；基部中央稍凹；背中脊基半部显著，在中部明显曲转形成 2 锐突起；背侧脊在气门附近模糊、两端较明显；气门卵圆形，约位于第 1 节背板中央。第 2~第 5 节背板亚基部各具 1 对多多少少隆起的瘤突，基侧方具短的斜脊、脊前为斜侧沟；端缘具光滑的横带，其长约占全长的 0.15；第 2 节背板长约为端宽的 0.64 倍，基侧方具显著的斜窗疤；第 7、第 8 节背板向后显著收敛。产卵器腹瓣亚端部具 10 条清晰的脊。

体黄至棕黄色，下列部分除外：触角鞭节红褐色，柄节、梗节背侧带黑色；颜面中央的纵瘤，触角窝中央及额，单眼区，头顶后部，中胸盾片上的 3 纵斑，中胸侧板中下部位于胸腹侧脊之后的三角斑，前中足腿节、胫节、跗节外侧，中足腿节基部，后足基节端部、腿节(两侧的纵斑除外)、胫节(亚中段除外)，并胸腹节黑斑外缘，腹部第 1~第 6 节背板黑斑外缘及第 7、第 8 节的大部分均为红褐色；上颚端齿，后头中部，中胸盾片中叶后部的 2 小斑(有时融合)、侧外缘中部、下部中央的中纵条与盾前沟形成的“⊥”形斑，中胸侧板前下缘、翅基下脊下部的横斑并伸至中胸侧板凹的斜条斑(有时间断)，后胸侧板前下缘及下边缘，并胸腹节基部并伸至气门、基部中央的倒“U”形斑、后部中央的 2 小斑(或横斑)，腹部第 1 节背板中央的隆起部分、第 2~第 5 节背板上的 1 对瘤突、第 6 节背板基部(有时第 7 节背板基缘)，产卵器鞘均为黑色；跗爪褐黑色；翅脉褐黑色，翅痣黄褐至红褐色。

♂ 体长 8.5~11.5 mm。前翅长 7.5~10.0 mm。触角鞭节 25 或 26 节。单眼区黑色。

分布：江西、浙江、四川、广西、台湾。

观察标本：1♀3♂♂，江西官山东河，430 m，2009-03-31~04-11，集虫网；1♀7♂♂，江西资溪马头山林场，400 m，2009-04-10~05-22，集虫网；1♀，江西九连山，580 m，2010-04-12，盛茂领。

161. 恶姬蜂属 *Echthromorpha* Holmgren, 1868

Echthromorpha Holmgren, 1868. Kongliga Svenska Fregatten Eugenies Resa omkring jorden. Zoologi, 6:406. Type-species: (*Echthromorpha maculipennis* Holmgren) = *Ichneumon agrestorius fuscator* Fabricius; designated by Ashmead, 1900.

全世界已知 15 种；我国仅知 1 种，江西有分布。

321. 斑翅恶姬蜂显斑亚种 *Echthromorpha agrestoria notulatoria* (Fabricius, 1804)

Cryptus notulatorius Fabricius, 1804. Systema Piezatorum, p.77.

Echthromorpha agrestoria notulatoria (Fabricius, 1804). He, Chen, Ma. 1996. Economic insect fauna of China, 51:164.

分布：江西、浙江、广东、广西、湖南、四川、台湾、云南；日本，印度，印度尼西亚，孟加拉国，马来西亚，老挝，缅甸，巴布亚新几内亚，菲律宾，新加坡，坦桑尼亚，泰国，斯里兰卡。

162. 埃姬蜂属 *Itoplectis* Förster, 1869

Itoplectis Förster, 1869. Verhandlungen des Naturhistorischen Vereins der Preussischen Rheinlande und Westfalens, 25(1868):164. Type-species: (*Ichneumon scanicus* Villers) = *maculator* Fabricius. Designated by Viereck, 1914.

主要鉴别特征：前翅长 2.5~12.5 mm；复眼内缘在触角窝处强烈凹陷；雌性前足的爪通常具辅齿；产卵器直，端部不弯曲。

全世界分布。全世界已知 61 种；我国已知 8 种；江西仅知 2 种。该属的种类是林业害虫的重要寄生天敌，已知的寄主达 500 多种。

埃姬蜂属江西已知种检索表

1. 侧单眼间距约为单复眼间距的 2.1 倍；中胸、并胸腹节及腹部背板黑色，至多腹部背板端缘的狭边黄色…………………………………………………………………………… **松毛虫埃姬蜂 *I. alternans epinotiae* Uchida**
   侧单眼间距约为单复眼间距的 1.5 倍；中胸侧板下缘、后胸侧板(有时上部带黑色或全部黑色)、并胸腹节中央及后部红褐色；腹部第 1~第 6 节背板红褐色……………… **螟蛉埃姬蜂 *I. naranyae* (Ashmead)**

322. 松毛虫埃姬蜂 *Itoplectis alternans epinotiae* Uchida, 1928

Itoplectis epinotiae Uchida, 1928. Journal of the Faculty of Agriculture, Hokkaido University, 25:55.

♀ 体长 6.5~7.0 mm。前翅长 5.5~6.0 mm。产卵器鞘长 2.5~3.0 mm。

头约与胸部等宽。复眼内缘在触角窝处强烈凹入。颜面宽为长的 1.0~1.1 倍，上方稍宽，均匀隆起，具稠密的刻点；中央纵向具狭长的光亮带；上缘中央具深“V”形凹刻。唇基较光滑；基部稍隆起，具细刻点；端部中央凹陷；端缘中央稍凹。上颚基部具刻点和不清晰的皱；上端齿明显长于下端齿。颊短，具细粒状表面；颚眼距约为上颚基部宽的 1/4。上颊光滑光亮，具非常细的毛细刻点，强烈向后收敛，侧面观约为复眼横径的 0.45 倍。头顶光滑光亮，几乎无刻点，在侧单眼外侧稍凹；单眼区光滑光亮，中央凹；侧单眼间距约为单复眼间距的 2.1 倍。额几乎光滑，触角窝的上方明显凹陷，上部具不清晰的细刻点。触角丝状，短于体长，鞭节 23 或 24 节，第 1~第 5 鞭节长度之比依次约为 13∶8∶8∶7∶7。后头脊完整。

前胸背板较光滑光亮，前缘具稀浅的细纵纹，后上角具不清晰的细刻点；前沟缘脊短，但明显可见。中胸盾片光亮，具非常细密的刻点，前端几乎垂直；盾纵沟仅基部具弱痕。小盾片均匀隆起，具细刻点。后小盾片横形，前部具深侧凹。中胸侧板光滑光亮，具非常细的刻点(下部的刻点较稠密)；胸腹侧脊几乎伸达翅基下脊；镜面区大；中胸侧板凹非常深，它的周围光滑光亮。后胸侧板光滑光亮，具非常稀且细的刻点。翅稍带褐色透明；翅痣较宽大；小脉位于基脉的稍外侧；小翅室斜四边形，第 2 回脉在它的中央或稍外侧与之相接；外小脉在中央稍下方曲折；后小脉约在上方 1/4 处曲折。足强壮；前足的爪具辅齿；中后足基节明显膨大，爪无辅齿；后足第 1~第 5 跗节长度之比依次约为 18∶10∶6∶3∶13。并胸腹节中央纵向光滑光亮；其他部位具非常细的刻点和稠密的短毛；基部具中纵脊的痕迹；气门斜椭圆形。

腹部背板具非常粗且稠密的刻点，第 1 节背板具稠密的粗刻点；背中脊明显，伸达第 1 节背板中部；稍长于端宽，稍长于第 2 节。第 2~第 5 节背板具非常弱的由凹痕围成的隆起，虽然隆起非常弱，但清晰可辨；第 2 节背板长为端宽的 0.6~0.7 倍，基缘亚侧面深凹。第 3 节背板长约为端宽的 0.5 倍。产卵器鞘约为后足胫节长的 1.1 倍。

体黑色，下列部分除外：触角鞭节，下唇须，下颚须，翅基片，翅脉，翅痣均为黄色至浅黄色；足红褐色(前足色稍淡；后足胫节亚基部和跗节第 1、第 2、第 3、第 5 节基半部白色，后足胫节基部和端半段及各跗节端半部黑色)；爪黑褐色；腹部第 2~第 5 节背板端缘的狭边黄色。

寄主：已知的寄主达 47 种，寄生的林业主要害虫有：松毛虫类 *Dendrolimus* spp.、舞毒蛾 *Lymantria dispar* L.、梨小食心虫 *Grapholitha molesta* Busck 等。

分布：江西、浙江、湖北、湖南、江苏、河南、河北、辽宁、山东、吉林、黑龙江、内蒙古、甘肃、山西、陕西、四川、江苏、贵州、云南等；朝鲜，日本，蒙古，俄罗斯。

观察标本：2♀♀，江西官山，2008-06-28，集虫网；1♀，河南嵩县白云山，1997-08-16，申效诚；1♀，河南内乡宝天曼，1998-07-11，盛茂领；1♀，河南内乡宝天曼，2006-05-31，申效诚；1♀，河南内乡宝天曼，2006-06-21，申效诚；1♀，吉林通化，1992-06-30，盛茂领；1♀，吉林大兴沟，1994-07-09，盛茂领；1♀，河北秦皇岛，1990-08-19，盛茂领；1♀，辽宁沈阳，1994-05-08，盛茂领。

323. 螟蛉埃姬蜂 *Itoplectis naranyae* (Ashmead, 1906)　(图版 XXVI：图 192)

Nesopimpla naranyae Ashmead, 1906. Proceedings of the United States National Museum, 30:180.

♀　体长 6.5~8.0 mm。前翅长 5.5~6.5 mm。产卵器鞘长 1.3~1.8 mm。

头部具稠密的细刻点和短柔毛，复眼内缘在触角窝处强烈凹陷。颜面宽约为长的 1.1 倍，上方稍宽，中部均匀隆起；上缘中央呈深“V”形凹，凹的下方中央具 1 弱瘤突。唇基沟呈明显弧形。唇基较光滑；中部横向隆起，基部和端部凹。上颚基部具密刻点，上端齿稍长于下端齿。颊短，具细粒状表面；颚眼距约为上颚基部宽的 0.4 倍。上颊强烈向后收敛，侧面观约为复眼横径的 0.3 倍。头顶的质地与颜面和上颊的质地相似，后部中央稍凹；侧单眼外侧稍凹；单眼区相对光滑，中央具细纵沟；侧单眼间距约为单复眼间距的 1.5 倍。额具细密的刻点，触角窝的上方明显凹陷。触角丝状，短于体长，鞭节 23 节，第 1~第 5 鞭节长度之比依次约为 2.2∶1.9∶1.9∶1.8∶1.6。后头脊完整，上部中央稍凹。

前胸背板前缘具细纵皱，侧凹较光滑，后上角具稠密的细刻点；前沟缘脊明显。中胸盾片均匀隆起，具较均匀稠密的细刻点；盾纵沟不明显。小盾片稍隆起，具细刻点，侧脊未达端部。后小盾片稍隆起，具细密的刻点。中胸侧板隆起，具稠密的细刻点和短柔毛；胸腹侧脊约达中胸侧板高的 3/4 处；无明显的镜面区；中胸侧板凹坑状。后胸侧板具较中胸侧板稍稀疏的细刻点，后缘具细皱纹；后胸侧板下缘脊完整。翅淡褐色，透明；小脉与基脉相对；小翅室五边形，第 2 回脉在它的下方中央的外侧与之相接；外小脉稍内斜，约在下方 0.3 处曲折；后小脉显著外斜，约在上方 1/5 处曲折。足强壮；前足的爪具辅齿；中后足基节明显膨大；后足第 1~第 5 跗节长度之比依次约为 3.3 : 1.8 : 1.1 : 0.5 : 2.5。并胸腹节中央纵向光滑光亮；端区相对光滑，侧下部具不明显的弱皱；其他部位具非常稠密的细刻点和稠密的短毛；中纵脊在端部不明显，可见侧纵脊和外侧脊；无基横脊，端横脊仅在中纵脊和侧纵脊之间存在且弱；气门斜椭圆形，下缘贴靠外侧脊。

腹部背板具非常粗且稠密的刻点，向端部逐渐变弱且细。第 1 节背板长稍大于端宽，约为第 2 节长的 1.4 倍；基部中央稍凹；背中脊明显，几乎伸达第 1 节背板端部；背侧脊较背中脊弱，在气门前间断；气门小，圆形，约位于第 1 节背板中央稍前方，亚端部具端侧沟。第 2~第 5 节背板中部具由凹痕围成的隆起，隆起较弱，但清晰可辨；第 2 节背板长约为端宽的 0.54 倍，基缘亚侧面具横窗疤。第 3 节背板长约为端宽的 0.53 倍。第 4~第 6 节背板近方形，第 7、第 8 节背板向后显著收敛。产卵器鞘约为后足胫节长的 0.9 倍。

头胸部黑色；中胸侧板下缘、后胸侧板(有时上部带黑色或全部黑色)、并胸腹节中央及后部(有时全部黑色)红褐色；腹部红褐色，第 6 节背板中部、第 7~第 8 节背板(有时非黑色)、产卵器鞘黑色；触角鞭节红褐色，其节间及柄节和梗节背侧黑褐色；下唇须，下颚须，前胸背板后上角，翅基片，前中足基节、转节均为浅黄色；足红褐色，中后足胫节和各跗节基半部黄白色，中足末跗节端部、后足腿节端部、胫节基部和端部及各跗节端部黑色；跗爪褐黑色；翅痣(基部淡黄色)、翅脉暗褐色。

分布：江西、浙江、江苏、上海、安徽、北京、福建、广东、广西、云南、贵州、海南、河北、湖北、湖南、辽宁、山西、陕西、山东、四川、台湾；国外分布于菲律宾，朝鲜，日本，俄罗斯等。

观察标本：2♀♀，江西全南，628~680 m，2008-10-07~31，集虫网。

163. 瘤姬蜂属 *Pimpla* Fabricius, 1804

Pimpla Fabricius, 1804. Systema Piezatorum: secundum ordines, genera, species, adjectis synonymis, locis, observationibus, descriptionibus, p.112. Type-species: *Ichneumon instigator* Fabricius.

Coccygomimus Saussure, 1892. In: Grandidier: Histoire physique naturelle et politique de Madagascar, 20 (Hymenopteres.), part 1, pl.14, fig.12. Type-species: *Coccygomimus madecassus* Saussure.

主要鉴别特征：唇基无横缝；上颚不扭曲，下端齿约与上端齿等长；复眼内缘在靠近触角窝处稍凹陷；雌性的爪无栉齿；产卵器明显伸出腹部末端，产卵器鞘长约为前翅长的 0.45 倍；雄性的颜面黑色。

该属是一个非常大的属，全世界已知 203 种；我国已知 25 种；江西已知 10 种。该属的种类是林农业害虫的重要天敌，已知的寄主达 532 种。种检索表可参考何俊华等(1996)的著作。

324. 满点瘤姬蜂 *Pimpla aethiops* Curtis, 1828

Pimpla aethiops Curtis, 1828. British Entomology; being illustrations and descriptions of the genera of insects found in Great Britain and Ireland, 5:214.

♀ 体长 10.5~16.0 mm。前翅长 9.5~13.0 mm。产卵器鞘长 3.5~6.0 mm。

颜面宽为长的 1.3~1.4 倍，具较密的粗刻点；中央稍纵向隆起；上部两侧(触角窝下方)具斜纵皱；上缘中央深凹刻；触角窝的外下侧纵凹。唇基光滑光亮，仅基部和端缘具稀刻点；端缘几乎平截。上颚强壮，基部具稀刻点；上端齿明显长于下端齿。颊在眼下沟处具稠密的细粒状表面，此表面两侧的刻点较稀；眼下沟不明显；颚眼距为上颚基部宽的 0.8~0.9 倍。上颊具非常细的毛刻点，向后均匀收敛，侧面观宽约等于复眼横径。头顶较狭，光滑光亮，具非常稀疏的刻点，但在单眼区与后头脊之间具与上颊相似的表面；侧单眼两侧光滑，具稀刻点；单眼区具粗刻点；中单眼周围及侧单眼外侧具围沟；侧单眼间距为单复眼间距的 1.3~1.5 倍。额深凹，具稠密的横皱和 1 中纵沟，侧面具细刻点。触角细丝状，稍短于体长，鞭节 32~34 节，第 1~第 5 鞭节长度之比依次约为 20∶13∶11∶10∶8。后头脊完整。

前胸背板前缘光滑，具细纵纹，后上缘具稠密的细刻点，其余部分具斜横皱(侧凹内及下部较强壮)；前沟缘脊短，但较强壮。中胸盾片稍隆起，具非常稠密的刻点，沿前侧缘具弱浅的沟；盾纵沟非常弱，仅前部具弱痕。小盾片呈倒三角形隆起，光亮，刻点非常稀且细浅。后小盾片横形。中胸侧板具非常稠密且相对粗的刻点；翅基下脊下方浅横凹，凹内具短纵皱；后下角(靠近中足基节)具短横皱；胸腹侧片的刻点相对较均匀细密；胸腹侧脊伸达翅基下脊下方的浅横凹处；镜面区非常小；中胸侧板凹深坑状，下方具光亮无刻点区。后胸侧板前上角(约 1/3)粗糙，具稠密不清晰的细刻点，后下方(约 2/3)具非常稠密清晰的斜皱。翅带灰褐色透明；小脉位于基脉的外侧；小翅室斜四边形，第 2 回脉约在它的外侧 1/3 或更后些与之相接；外小脉约在下方 1/3 处曲折；后小脉强烈外斜，在上方 1/5~1/4 处曲折。足粗壮；后足基节膨大，外侧具清晰稠密的细刻点；后足第 1~第 5 跗节长度之比依次约为 42∶27∶17∶8∶23。并胸腹节粗糙，呈不清晰的网状皱，或中部呈不清晰的短横皱；中纵脊仅基部具痕迹；气门长椭圆形。

腹部较粗壮，各节背板具稠密的粗刻点，但后部的刻点逐渐变弱且不清晰，后缘的狭边光亮无刻点。第 1 节背板中部均匀隆起，无明显的瘤凸；基半部中央凹陷，光滑光亮无刻点；长约为端宽的 1.2 倍；背中脊弱，仅基部存在。第 2 节背板基缘光滑光亮，中央的刻点细密，长约为端宽的 0.6 倍。产卵器端部几乎圆筒形，腹瓣具 7 或 8 条清晰的脊。

体黑色。唇基侧缘及触角鞭节末端带暗红褐色；前足腿节、胫节前侧黄褐色，胫节后侧红褐至黑褐色；翅脉和翅痣(基部白色除外)褐黑色。

♂ 体长 8.0~12.0 mm。前翅长 6.0~9.5 mm。前足(基节、转节黑色)黄褐色；中足(基节、转节黑色)和后足腿节背侧基部红褐色。

寄主：已知的寄主达 36 种，主要有：美国白蛾 *Hyphantria cunea* (Drury)、马尾松毛虫 *Dendrolimus punctatus* Walker、赤松毛虫 *D. spectabilis* Butler、舞毒蛾 *Lymantria dispar* L.、油松毛虫 *D. tabulaeformis* Tsai & Liu 等。

分布：江西、河南、辽宁、黑龙江、北京、山西、山东、陕西、福建、河北、湖北、湖南、四川、安徽、上海、江苏、浙江、广东、广西、云南、贵州、台湾；朝鲜，俄罗斯，日本，法国，德国，奥地利，保加利亚，匈牙利，意大利，波兰，罗马尼亚，西班牙，英国。

观察标本：8♀♀3♂，江西弋阳，1977-06，匡海源；1♀，江西吉安，174 m，2009-11-23，集虫网；2♀♀，河南西峡老界岭，1550 m，1998-07-17，盛茂领、孙淑萍；4♀♀，河南罗山县灵山，400~500 m，1999-05-24，盛茂领；24♀♀27♂♂，河南内乡宝天曼，2006-05-17~06-07，申效诚。

325. 双条瘤姬蜂 *Pimpla bilineata* (Cameron, 1900)　(图版XXVI：图193)　(江西新记录)

Habropimpla bilineata Cameron, 1900. Memoirs and Proceedings of the Manchester Literary and Philosophical Society, 44(15):97.

♀　体长约 17.0 mm。前翅长约 14.5 mm。产卵器鞘长约 5.0 mm。

颜面宽约为长的 1.3 倍，具稠密的粗刻点；上缘中央“V”形下凹，“V”形底下方具 1 短楔形、较平滑地纵隆起；亚中央向上外侧宽浅凹(触角至复眼内缘处较深地凹陷)；唇基沟清晰。唇基光滑光亮、平坦，仅基缘具稀刻点；宽约为高的 1.9 倍；端缘几乎平截。上颚强壮，基部具稀刻点；上端齿明显长于下端齿。颊在眼下沟处具稠密的细粒状表面，此表面两侧的刻点较稀粗；眼下沟不明显；颚眼距约为上颚基部宽的 0.55 倍。上颊具稠密的细毛刻点，向后均匀地急收敛，侧面观宽约为复眼横径的 0.4 倍。头顶在单眼区外侧光滑无刻点；但在单眼区后缘与后头脊之间具与上颊相似的表面和刻点；单眼区中央稍粗糙；侧单眼间距约等于单复眼间距。额在触角窝上方宽匙状平凹，下半部(凹陷稍深)光滑，上半部近中央处具细密的刻点，具 2 平行的中纵脊(下半部不明显)。触角细丝状，稍短于体长，鞭节 33 节，第 1~第 5 鞭节长度之比依次约为 29：20：20：17：14。后头脊完整强壮。

前胸背板前缘具细纵皱；侧凹下半部光滑，上半部具细横皱；后上部具稠密的细横皱及细刻点；前沟缘脊强壮。中胸盾片稍隆起，具非常稠密的细皱刻点和短毛，沿前侧缘具明显的细沟；盾纵沟非常弱，仅前部具弱痕。小盾片呈舌状隆起，具稠密的粗刻点。后小盾片近矩形，稍光滑，后缘中央稍内凹。中胸侧板具稠密清晰的粗刻点；后下角(靠近中足基节)及胸腹侧片的刻点尤其稠密，并具细横皱；翅基下脊下方浅横凹，凹内具细纵皱；胸腹侧脊强壮，伸达翅基下脊下方的浅横凹处；镜面区光滑光亮；中胸侧板凹深坑状。后胸侧板上方部分光滑；后胸侧板具非常稠密的斜细皱；后胸侧板下缘脊完整。翅带黄褐色透明；小脉位于基脉的外侧；小翅室斜四边形，第 2 回脉约在它的下外侧 1/3 处与之相接；外小脉约在下方 1/3 处曲折；后小脉强烈外斜，约在上方 1/4 处曲折。足粗壮；后足基节显著膨大，外侧具清晰稠密的细刻点；后足第 1~第 5 跗节长度之比依次约为 40：20：14：10：24，第 4 跗节端部中央具显著的缺刻。爪简单，强壮。并胸腹节中部具稠密的粗横皱，仅基区内光滑光亮，中纵脊仅在基部可见；可见较弱的侧纵脊和外侧脊；侧部具稠密不规则的粗皱；气门椭圆形。

腹部较粗壮。第 1 节背板具稠密的横皱状粗刻点；基半部中央凹陷，光滑光亮无刻点；中部明显隆起；气门圆形，稍突出，约位于第 1 节背板中央稍前方；气门后方具弱瘤突；第 1 节背板长约为端宽的 1.3 倍；背中脊仅基半部明显，背中脊弱、达气门处。第 2 节背板除基缘光滑外具稠密的粗刻点，基部两侧具窗疤，长约为端宽的 0.6 倍。第

3 节以后背板所具刻点渐细弱；第 2~第 4 节背板两侧具拐状浅斜凹，使背板中央略呈隆起状。产卵器稍向下弯曲，腹瓣约具 10 条脊。

体黑色。触角柄节腹侧、唇基周缘、上唇红褐色；基半部各鞭节端缘及末节带红褐色；梗节端缘内侧，下唇须，下颚须，前胸背板上缘及后上角，翅基片及前翅翅基，翅基下脊，中后胸侧板之间的夹缝，小盾片，后小盾片，并胸腹节两侧的长三角形纵斑，足(各足跗节和第 2 转节端部红褐色，末跗节色深，后足基节背侧或多或少为黑色)为鲜黄色；腹部第 1~第 5 节背板端缘红褐色，第 1~第 5 节背板后缘两侧具黄斑(第 5 节的斑不显著)；第 1~第 4 节腹板浅黄色；翅痣黄褐色，翅脉褐黑色。

♂ 体长 10.5~16.5 mm。前翅长 5.5~14.0 mm。触角鞭节 30~33 节，第 6~第 9 节鞭节下半具纵条状角下瘤。触角柄节腹侧鲜黄色；鞭节背侧暗褐色，腹侧黄褐色；后足腿节、胫节端半部及跗节红褐至黑褐色。

分布：江西、湖南、广西、四川；印度，缅甸，尼泊尔。

观察标本：1♀，江西铅山武夷山，1160 m，2009-06-22，集虫网；2♀♀13♂♂，江西资溪马头山林场，400 m，2009-04-10~06-12，集虫网；1♀4♂♂，江西吉安双江林场，174 m，2009-04-16~06-15，集虫网；1♀10♂♂，江西官山东河，430~470 m，2009-04-11~06-15，集虫网；1♀6♂♂，江西官山东河，400~470 m，2010-05-09~06-11，集虫网；1♂，江西九连山，580 m，2011-04-12，盛茂领；1♂，江西官山东河，408 m，2011-04-16，孙淑萍；5♂♂，江西官山东河，408 m，2011-04-16~17，盛茂领；41♂♂，江西九连山，580 m，2011-04-20~06-12，集虫网；1♀17♂♂，江西官山，2011-04-24~11-11，集虫网。

326. 布鲁瘤姬蜂 *Pimpla brumha* (Gupta & Saxena, 1987) (图版 XXVI：图 194) (江西新记录)

Coccygomimus brumhus Gupta & Saxena, 1987. Oriental Insects, 21:402.

♀ 体长约 11.5 mm。前翅长约 9.5 mm。产卵器鞘长约 4.5 mm。

颜面宽约为长的 1.25 倍，具非常稠密的细刻点和光滑光亮无刻点的中纵带；上缘中央明显下凹；触角窝的下侧方稍凹。唇基沟明显，清晰地将颜面与唇基分隔。唇基亚基部横弧状脊状隆起，基部(横隆起至唇基沟之间)具稠密的细刻点；端部(横隆起至唇基端缘之间)呈斜平面，光滑光亮无刻点；端缘稍粗糙，几乎平截。上颚基部阔，具粗点；上端齿长于下端齿。颊具细粒状表面；颚眼距约为上颚基部宽的 0.6 倍。上颊具稠密的细刻点，向后收敛，侧面观约为复眼横径的 0.3 倍。头顶在单眼区及侧单眼外侧较光滑，具稀刻点；中单眼前侧及侧单眼外侧具浅凹；单眼区具“Y”形浅沟；头顶后部在侧单眼后方强烈倾斜，与上颊质地相似；侧单眼间距约为单复眼间距的 1.3 倍。额凹陷；下半部较光滑，上半部具弱浅的细横皱，两侧具弱浅的细刻点；具浅的中纵沟。触角细丝状，稍短于体长，鞭节 30 节，第 1~第 5 鞭节长度之比依次为 6.0∶4.3∶3.8∶3.7∶2.8；第 6 节以后的节间急速渐次变短。后头脊完整。

前胸背板前部具非常细弱的纵纹；侧凹上部较光滑，下部具稠密的细横皱；后上部具细浅的刻点和弱横皱；前沟缘脊明显。中胸盾片具非常细弱且不清晰的浅刻点，盾纵沟仅前部具非常弱的痕迹。小盾片基部两侧与中胸盾片质地相似，后部隆起，光滑光亮，几乎无刻点。后小盾片横向稍隆起，光滑光亮。中胸侧板具非常稠密清晰的细刻点；前上部(翅基下脊下方)具细纵皱；后下角处具稠密的短横皱；镜面区不明显，该处具稀刻点；中胸侧板凹深坑状，后部浅横凹状。后胸侧板具非常稠密的斜纵皱；下缘脊的前部呈厚片状强烈隆起。翅稍带褐色，透明；小脉与基脉对叉或位于它的稍内侧；小翅室斜四边形，第 2 回脉约在它的下外侧 1/3 处与之相接；第 2 肘间横脉明显长于第 1 肘间横脉；外小脉约在下方 1/3 处曲折；后小脉约在上方 1/4 处曲折，下段强烈外斜。前足胫节中部稍膨大；第 4 跗节腹面端部深裂，具粗毛丛；后足基节稍呈短锥形膨大；后足第 1~第 5 跗节长度之比依次约为 9∶5∶3.5∶1∶4。并胸腹节侧面粗糙，后半部具不清晰的短横皱；背面中部具稠密清晰的横皱；端部中央光滑；气门长椭圆形。

腹部粗壮，各节背板端缘光滑。第 1 节背板粗壮，长为端宽的 1.2~1.3 倍；基半部中央光滑光亮；中部侧面具细纵皱，端部具稠密的刻点；气门斜长圆形，位于该节背板中部稍内侧。第 2~第 4 节背板具稠密的粗皱点，向后逐渐细弱。第 5 节以后背板具稠密不清晰且细弱的横线纹。产卵器鞘长约等长于后足胫节。

体黑色，下列部分除外：下唇须，下颚须黄褐色；触角柄节端缘及腹侧末端，前胸背板上缘及后上角，翅基下脊，小盾片亚端部，后小盾片，并胸腹节侧纵脊下部的斜长形凸起，前足基节、转节前侧，中足基节端部的斑、转节前侧，腹部第 1~第 7 节背板端缘浅黄色(第 1~第 6 节背板端部的浅黄色横带侧面扩大)；前中足褐色，基节黑色及末跗节褐黑色；后足腿节基部及转节端部红褐色，胫节亚基段浅黄色；翅基片黑褐色；翅痣(基部黄褐色)及翅脉褐黑色。

♂ 体长 9.0~9.5 mm。前翅长 8.0~8.2 mm。触角鞭节 29 节。前中足基节、转节(或大部分)及后足转节背面的小斑浅黄色。前中足腿节腹侧或多或少带黄色。翅基片黄色，端部褐色。

变异：雌性前中足基节黑色或具浅黄色大斑；后足腿节黑色或基部或多或少红色；翅基片暗褐色至不均匀的黑褐色；腹部背板端缘的浅黄色横带非常狭窄至稍宽。

分布：江西、河南、福建、浙江、广东、广西、云南、贵州；印度，缅甸。

观察标本：2♀♀，江西宜丰官山，420 m, 2009-04-20，集虫网；1♀，江西宜丰官山，450 m, 2010-05-09；1♀，江西宜丰官山，408 m, 2011-04-16，盛茂领；1♂，江西九连山，1280 m, 2011-04-12，盛茂领；1♂，江西九连山，580 m，2011-04-14，盛茂领；2♀♀，江西九连山，580~680 m, 2011-04-27，集虫网；1♀，江西官山，408 m，2011-04-16，盛茂领。

327. 脊额瘤姬蜂 *Pimpla carinifrons* Cameron, 1899 (图版 XXVI：图 195) (江西新记录)

Pimpla carinifrons Cameron, 1899. Memoirs and Proceedings of the Manchester Literary and Philosophical Society, 43(3):172.

♀ 体长约 12.0 mm。前翅长约 10.5 mm。产卵器鞘长约 3.3 mm。

复眼内缘在触角窝上方稍凹。颜面宽约为长的 1.5 倍，具稠密的粗刻点(上缘具细纵皱)；上缘中央“V”形下凹，凹的下方具 1 较平滑的纵隆起；亚中央稍纵凹；触角窝下外侧具纵凹。唇基沟清晰。唇基光滑光亮、平坦(端部稍凹)，基部宽阔；宽约为长的 2.1

倍；端缘几乎平截(中央稍凹)。上颚强壮，基部具粗刻点；2 端齿几乎相等，上端齿稍长且强于下端齿。颊在眼下沟处具稠密的细粒状表面，此表面两侧的刻点较稀粗；眼下沟不明显；颚眼距约为上颚基部宽的 0.56 倍。上颊具稠密的浅细毛刻点，向后均匀地收敛，侧面观宽约为复眼横径的 0.4 倍。头顶在单眼区外侧光滑，具稀刻点；单眼区中央光滑，靠近单眼内侧具稀刻点，侧单眼外侧纵凹；单眼区后缘与后头脊之间具与上颊相似的表面和刻点；侧单眼间距约为单复眼间距的 1.2 倍。额在触角窝上方宽匙状平凹，下半部光滑，上半部近中央处具细密的刻点，具中纵脊(下半部不明显)。触角细丝状，短于体长，鞭节 33 节。后头脊完整强壮。

前胸背板前缘较光滑、具细纵纹；侧凹具细弱的横皱；后上部具稠密的刻点；前沟缘脊明显。中胸盾片稍隆起，具非常稠密的细刻点和短毛；盾纵沟不明显。盾前沟光滑，具短纵皱。小盾片明显隆起，具清晰的稀刻点。后小盾片横形，稍隆起。中胸侧板具稠密清晰的粗刻点，胸腹侧片上的刻点相对更加细密；后下角处具斜横皱；翅基下脊下方浅横凹，凹内具细纵皱；胸腹侧脊强壮，伸达翅基下脊下方的浅横凹处；镜面区小，光滑光亮；中胸侧板凹坑状。后胸侧板上方部分光滑，具细毛；下部具非常稠密的斜细皱；后胸侧板下缘脊完整，前部光滑并呈片状突出。翅透明；小脉位于基脉外侧；小翅室斜四边形，第 2 回脉约在它的下外侧 1/3 处与之相接；外小脉约在下方 1/3 处曲折；后小脉强烈外斜，约在上方 1/6 处曲折。足粗壮；前足第 4 跗节中央深缺刻；中后足基节显著膨大，外侧具清晰稠密的细刻点；第 4 跗节端部中央具缺刻。爪强壮。并胸腹节具稠密的粗横皱和近白色细毛，中部的横皱稀疏粗壮，仅基区光滑光亮；中纵脊仅在基部具痕迹，侧纵脊和外侧脊不明显；侧面具稠密不规则的粗皱；气门椭圆形。

腹部较粗壮，各节背板除基缘光滑外具稠密的粗刻点，端半部刻点渐细弱。第 1 节背板背中脊仅基半部明显，背侧脊弱、达气门处；基半部中央凹陷，光滑光亮无刻点；气门椭圆形，约位于第 1 节背板中央稍前方；第 1 节背板长约为端宽的 1.2 倍。第 2 节背板长约为端宽的 0.7 倍。第 2~第 5 节背板中央横隆起，周围具浅凹沟。产卵器直，腹瓣端部约具 7 条纵脊，末端的脊的距离较近。

体黑色。下唇须，下颚须，翅基片前半及前突，小盾片中央的斑，前中足(基节黑色，中足第 1 转节黑色；末跗节及爪带褐色)，后足胫节基半段(除基部)，均为鲜黄色；腹部各节背板端缘，第 2~第 6 节腹板(侧面具暗褐色点斑)，气门片黄白色；翅基片端半，翅痣和翅脉褐黑色。

♂ 体长 10.5~15.5 mm。前翅长 8.5~12.5 mm。触角鞭节 29~33 节，第 6~第 7 节鞭节下半具纵条状角下瘤。触角柄节腹侧端部鲜黄色。

寄主：马尾松毛虫 *Dendrolimus punctatus* (Walker)、茶蓑蛾 *Cryptothelea minuscula* Butler 和茶须野螟 *Nosophora semitritalis* Lederer。

分布：江西、浙江、湖南、湖北、四川、西藏、云南、广西、台湾；印度，越南，缅甸，老挝，尼泊尔。

观察标本：1♀19♂♂，江西官山东河，430 m，2009-03-31~06-15，集虫网；19♂♂，江西资溪马头山林场，400 m，2009-04-10~05-29，集虫网；5♂♂，江西全南，530~700 m，2008-05-04~07-28，集虫网；12♂♂，江西全南，2010-05-31~06-29，集虫网；1♂，江西

全南，2010-11-08，集虫网；1♀5♂♂，江西九连山，580~680 m，2011-04-12~14，孙淑萍、盛茂领；1♀23♂♂，江西官山东河，408 m，2011-04-16~17，盛茂领、孙淑萍；1♀17♂♂，江西九连山，580 m，2011-04-20~06-12，集虫网；1♀(灯诱)，湖北鹤峰县分水岭林场，1999-07-19，郑铁军。

328. 舞毒蛾瘤姬蜂 *Pimpla disparis* Viereck, 1911

Pimpla disparis Viereck, 1911. Proceedings of the United States National Museum, 40(1832):480.

♀ 体长约 12.0 mm。前翅长约 10.0 mm。产卵器鞘长约 4.0 mm。

体粗壮。复眼在触角窝处稍凹陷。颜面宽约为长的 1.2 倍，具稠密的刻点，向中央非常微弱地隆起；中线处光亮，刻点稀；上缘刻点较细密，中央具深凹刻；触角窝侧下方稍纵凹。唇基基部 1/3 处横向隆起，具较稀的刻点；其余部分光滑光亮无刻点；端缘粗糙，几乎平截。上颚强壮，具稠密的粗刻点；上端齿几乎与下端齿等长。颊区在眼下沟处具细革质状表面，此表面稍凹陷，它的两侧光滑；眼下沟宽浅；颚眼距约为上颚基部宽的 0.6 倍。上颊几乎光亮，具细密的毛刻点；非常均匀地向后收敛。头顶狭横形，单眼区至复眼之间几乎光亮，具非常弱且细的刻点，后部在侧单眼与后头脊之间具稠密但非常细的刻点。单眼区稍隆起，具稠密的短皱–刻点。侧单眼间距约为单复眼间距的 1.8 倍。额非常凹陷，具非常稠密的横皱，侧面具细刻点。触角细丝状，短于体长，鞭节 30 节，第 1~第 5 鞭节较长，其长度之比依次约为 10.0∶8.3∶7.6∶7.0∶6.0。后头脊完整。

前胸背板前缘具不清晰的细纵纹，后上部具稠密的刻点，其余部分具稠密清晰的斜横皱；前沟缘脊强壮。中胸盾片稍隆起，具稠密清晰的刻点，前部更细且密，前侧缘具浅沟；盾纵沟非常弱，无明显的痕迹。小盾片隆起，具稠密的刻点(但比中胸盾片的刻点稍稀)。后小盾片稍呈横形，具更细的刻点。中胸侧板具稠密清晰的刻点，仅下后角处具不清晰的短皱；胸腹侧片具稠密且非常细的刻点；胸腹侧脊发达，几乎伸达翅基下脊；镜面区较大；中胸侧板凹深，周围光滑光亮。后胸侧板前部具清晰的刻点，后部具较弱的斜纵皱。翅带灰褐色透明；小脉与基脉对叉；小翅室斜四边形，第 2 回脉约在它的外侧 1/3 处与之相接；外小脉在中央下方曲折；后小脉强烈外斜，约在上方 1/4 处曲折。后足基节圆锥形膨大，具清晰的细刻点；前足腿节稍扁；后足第 1~第 5 跗节长度之比依次约为 10.0∶5.0∶3.6∶1.5∶5.5。并胸腹节粗糙，在端横脊中段的位置具不清晰的短横皱；端区光亮，具非常短且不规则的斜皱；中纵脊基部存在；气门斜长形，长径约为短径的 3.2 倍。

腹部较粗壮，具非常稠密的粗刻点(端缘的狭边光滑光亮除外)，但自第 6 节向后部逐渐变得细弱。第 1 节背板背中脊弱，伸达后柄部；气门位于该节背板中部的前方。第 2、第 3 节背板的折缘较狭窄，前者的背板基部侧面具细斜沟；第 3、第 4 节背板具弱侧瘤；第 4、第 5 节背板的折缘较宽，其宽大于长的 1/3。产卵器端部亚圆筒形；腹瓣端部具弱纵脊。

体黑色。前中足腿节、胫节及跗节，后足腿节(除末端黑)，腹部第 3~第 5 节背板后侧缘红褐色；翅基片外部黄色；翅脉及翅痣褐黑色，翅痣基部黄白色。

♂ 触角鞭节第 6 节端部、第 7 节近基部具角下瘤。下颚须，前足转节下侧，翅基片黄色；下唇须褐色。

寄主：侧柏毛虫 *Dendrolimus suffuscus* De Lajonquière、苹果巢蛾 *Yponomeuta padella* L.、杨扇舟蛾 *Clostera anachoreta* (Fabricius)、微红梢斑螟 *Dioryctria rubella* Hampson；松果梢斑螟 *D. mendacella* Staudinger、松小梢斑螟 *D. pryeri* Ragonot、赤松毛虫 *Dendrolimus spectabilis* (Butler)、马尾松毛虫 *D. punctatus* (Walker)、舞毒蛾 *Lymantria dispar* L.、山楂粉蝶 *Aporia crataegi* (L.)、天幕毛虫 *Malacosoma neustria testacea* Motschulsky、大蓑蛾 *Clania variegata* Snellen、梨小食心虫 *Grapholitha molesta* Basck 等。

分布：江西及全国大部分地区都有分布；国外分布于俄罗斯，蒙古，日本，朝鲜，印度。

观察标本：据记载，江西有该种的分布，但目前本书作者未采集到江西的标本。这里的描述是基于下列标本：1♀，河南登封少室山，2000-06-09，申效诚；4♀♀1♂(养)，内蒙古鄂尔多斯，2006-09-01~13，苏梅；1♀，山西平陆县张村镇后湾村，2008-03-26，王小艺；4♀♀4♂♂(养)，辽宁沈阳北陵，1996-06-29，盛茂领；1♀(养)，辽宁沈阳棋盘山，2005-07-15，盛茂领；2♂♂(寄生华山松松果梢斑螟 *D. mendacella* Staudinger)，辽宁沈阳北陵，2007-08-13~14，盛茂领。

329. 黄须瘤姬蜂 *Pimpla flavipalpis* Cameron, 1899

Pimpla flavipalpis Cameron, 1899. Memoirs and Proceedings of the Manchester Literary and Philosophical Society, 43(3):174.

♀ 体长 11.5~12.5 mm。前翅长 9.5~10.5 mm。产卵器鞘长 4.5~5.0 mm。

颜面宽为长的 1.2~1.3 倍，具稠密的细刻点，具光滑光亮无刻点的中纵带；上缘中央下凹；中部稍下方稍隆起。唇基沟清晰。唇基亚基部横弧状脊形隆起，基半部(横隆起至唇基沟之间)具稠密的细刻点；端半部(横隆起至唇基端缘之间)呈斜平面，光滑光亮无刻点；端缘稍粗糙，几乎平截。上颚基缘宽阔，基部具粗皱点；上端齿长于下端齿。颊为细粒状表面；颚眼距约为上颚基部宽的 0.6 倍。上颊具稠密的细刻点，向后较强收敛，侧面观约为复眼横径的 0.3 倍。头顶在单眼区及侧单眼两侧较光滑，具稀刻点；中单眼前侧及侧单眼外侧具浅凹；单眼区具“丫”形浅沟；头顶后部在侧单眼后方强烈收敛，与上颊质地相似；侧单眼间距约等于单复眼间距的 1.3 倍。额强凹陷；下半部较光滑，上半部具弱浅的细横皱，后部及两侧具弱浅的细刻点；具浅的中纵沟。触角细丝状，稍短于体长，鞭节 30 节，第 1~第 5 鞭节长度之比依次为 6∶4.3∶3.8∶3.7∶2.8；第 6 节以后节间急速渐次变短。后头脊完整。

前胸背板前部具细弱的纵纹；侧凹上部较光滑，下部具稠密的细横皱；后上部具细刻点和弱横皱；前沟缘脊明显。中胸盾片具不清晰的细刻点，盾纵沟仅前部具弱痕迹。小盾片基部两侧与中胸盾片质地相似，后部隆起，光滑光亮，几乎无刻点。后小盾片横向稍隆起，光滑光亮。中胸侧板具非常稠密清晰的细刻点；前上部(翅基下脊下方)具细纵皱；后下角处具稠密的短横皱；镜面区处具稀刻点；中胸侧板凹深坑状，其后部浅横凹状。后胸侧板具稠密的斜纵皱；后胸侧板下缘脊强壮，前部呈厚片状突起。翅稍带褐色透明；小脉与基脉对叉或位于它的稍内侧；小翅室斜四边形，第 2 回脉约在它的外侧

1/3 处与之相接；第 2 肘间横脉明显长于第 1 肘间横脉；外小脉约在下方 1/3 处曲折；后小脉约在上方 1/4 处曲折，下段强烈外斜。后足第 1~第 5 跗节长度之比依次约为 9∶5∶3.5∶1∶4。并胸腹节后半部具不清晰的短横皱；背面中部具稠密清晰的横皱；端部中央光滑；气门长椭圆形。

腹部粗壮，各节背板端缘光滑。第 1 节背板粗壮，长约为端宽的 1.3 倍；基半部中央光滑光亮，两侧皱状；端部侧面具细横皱，中部具稠密的刻点；气门卵圆形，约位于该节背板中部。第 2~第 4 节背板具稠密的粗皱点，向后逐渐细弱；基部具明显的细侧沟。第 5 节以后背板具稠密不清晰且细弱的横线纹。产卵器鞘长约等长于后足胫节长。

体黑色，下列部分除外：下唇须，下颚须黄褐色；触角柄节端缘及腹侧末端，前胸背板上缘及后上角，翅基下脊，小盾片亚端部，后小盾片，并胸腹节侧纵脊下部的斜长形凸起，前足基节、转节前侧，中足基节端部的斑、转节前侧，腹部第 1~第 6 节背板端部两侧的斑、第 1~第 7 节背板端缘鲜黄色；前中足(基节和转节除外)红褐色，末跗节褐黑色；后足第 1、第 2 转节端部、腿节基部红褐色，胫节基半部红褐色中央间杂一段黄色；翅基片红褐色；翅脉和翅痣(基部黄褐色)黑褐色。

分布：江西、河南、内蒙古、黑龙江、云南、台湾；印度，缅甸，尼泊尔。

观察标本：据报道(丁冬荪等，2009)，江西弋阳有分布。这里观察及描述的标本：2♀♀，河南内乡宝天曼，1280 m, 2006-05-25~31，申效诚。

330. 赣瘤姬蜂，新种 *Pimpla ganica* Sheng & Sun, sp.n. (图版 XXVII：图 196)

♀ 体长 8.0~11.0 mm。前翅长 6.0~8.5 mm。产卵器鞘长 2.0~2.5 mm。

颜面宽为长的 1.3~1.4 倍，光泽，具清晰的细刻点，亚中部具细横皱；中央稍纵向隆起；上部两侧(触角窝下方)具斜纵皱；上部中央具光滑光亮的纵瘤。唇基基部稍隆起，具稠密的细刻点；中央稍凹，光滑光亮(或有弱且不清晰的细点)；端部较薄，具稠密的细粒点；端缘中段较平。上颚强壮，基部光滑、具稀刻点；上端齿明显长于下端齿。颊具相对稀疏的细刻点，眼下沟(沟内细粒状)稍宽而明显；颚眼距约等于上颚基部宽。上颊具非常细的刻点，向后圆形收敛，侧面观宽约为复眼横径的 0.7 倍。头顶较狭，光滑光亮；单眼区前外侧具围凹，中央具细中纵沟；侧单眼间距约等于单复眼间距。额深凹，光滑光亮(或具不明显的弱横皱)；具 1 细浅的中纵沟。触角细丝状，鞭节 29 或 30 节，第 1~第 5 鞭节长度之比依次约为 2.0∶1.3∶1.1∶1.0∶0.8。后头脊完整。

前胸背板前缘光滑，侧凹及后部具稠密的细斜纹，后上部具稠密的细刻点；前沟缘脊短，但较强壮。中胸盾片均匀隆起，具非常均匀的细革质状表面，后部具不明显的细刻点；盾纵沟不明显。盾前沟宽阔，光滑。小盾片明显隆起，具与中胸盾片相似的质地和不明显的细刻点，侧脊在基半部明显。后小盾片梯形，横隆起，具稠密的细刻点。中胸侧板中下部明显隆起，具非常稠密且相对粗的刻点；翅基下脊下方具细纵皱；后下角具稠密的斜纵皱；胸腹侧片具更加细密的刻点；胸腹侧脊强壮，背端约伸达中胸侧板高的 3/4 处，远离前胸背板后缘；镜面区非常小，光亮；中胸侧板凹深坑状。后胸侧板具非常稠密的斜纵皱，后胸侧板下缘脊完整，前部强壮。翅褐色，透明；小脉位于基脉稍外侧；小翅室斜四边形，第 2 回脉约在它的下方外侧 1/3 处与之相接；外小脉约在下方 1/3 处曲折；后小脉强烈外斜，约在上方 1/4 处曲折。前中足胫节稍呈棒状、基部明显缢缩，前足胫节稍扭曲；后足基节显著膨大，外侧具稠密的细刻点，背侧具细横纹(端部凹陷、光滑)；后足第 1~第 5 跗节长度之比依次约为 3.3：2.0：1.3：0.8：1.4。并胸腹节粗糙，中上部具稠密的横(斜)皱；中纵脊基半部明显，脊之间的横皱相对稀疏；后部明显凹，相对光滑，具弱的斜纵皱；侧纵脊可见基部的痕迹、端部存在，外侧脊完整；气门卵圆形。

腹部粗壮；基半部背板具稠密粗大的皱刻点，但由前向后逐渐细弱；第 6~第 8 节背板较光滑，具非常稠密的细刻点和细的粒状纹；各节背板后缘光亮无刻点；第 2、第 3、第 4 节背板具宽的折缘。第 1 节背板长约为端宽的 1.2 倍；中部隆起，无明显的瘤凸；基半部中央凹陷，光滑光亮无刻点；背中脊基部明显，背侧脊中段(在气门附近)消失；气门小，圆形，稍隆起，位于第 1 节背板中部稍前侧。第 2~第 4 节背板瘤突较明显；第 2 节背板长约为端宽的 0.67 倍；第 3 节背板长约为端宽的 0.53 倍；第 4~第 6 节背板横形，第 7、第 8 节背板显著向后收敛。产卵器鞘长约为后足胫节长的 0.86 倍；产卵器端部几乎圆筒形，腹瓣亚端部具 8 条清晰的脊。

体黑色，下列部分除外：唇基，上颚基部带暗红褐色；触角鞭节，下唇须，下颚须黄褐至暗褐色或黑褐色；前中足褐至红褐色(背侧多多少少带黑色)，有时基节带暗褐色或黑褐色，中足胫节在中部之前具 1 窄的白环(占胫节长的 0.15~0.18)；后足基节(有的带黑色)、转节及腿节基部 0.3~0.35(有的达 0.7)红褐色，胫节在中部之前具 1 宽的白环(占胫节长的 0.3~0.4)，其余部分黑色；翅脉褐黑色，翅痣(基部白色除外)黑色。

♂ 体长 8.0~11.0 mm。前翅长 6.5~8.5 mm。触角鞭节 29~32 节。下唇须，下颚须，翅基片，前中足基节、转节及后足转节(有时红褐色)黄褐色。

正模 ♀，江西吉安双江林场，174 m，2009-04-23，集虫网。副模：1♀，江西全南，2008-04-26，集虫网；2♀♀，江西宜丰官山，450 m，2008-05-13~06-10，集虫网；3♀♀2♂♂，江西吉安双江林场，174 m，2009-04-09~06-01，集虫网；3♀♀6♂♂，江西资溪马头山林场，2009-04-10~05-29，集虫网；13♀31♂♂，江西官山东河，430 m，2009-03-31~06-01，集虫网；2♀♀，江西官山，450~470 m，2010-05-09，集虫网；2♀♀3♂♂，江西官山，2010-05-09~10，孙淑萍；4♀♀5♂♂，江西安福，140~200 m，2010-11-01~11-24，集虫网；3♀♀22♂♂，江西官山，408 m，2011-04-16，孙淑萍、盛茂领；8♀♀4♂♂，江西九连山，580 m，2011-04-14，盛茂领、孙淑萍；5♀♀8♂♂，江西安福，120~210 m，2011-03-18~11-04，集虫网；10♂♂，江西官山，2011-03-31~05-01，集虫网；2♂♂，江西官山，2011-04-16，盛茂领、孙淑萍；5♂♂，江西九连山，580~680 m，2011-04-12~14，盛茂领、孙淑萍；1♀2♂♂，贵州贵阳，1995-09-25~10-14，罗庆怀；2♀♀，河南内乡宝天曼，1300~1500 m，1998-07-12，孙淑萍；2♀♀，河南嵩县白云山，1400 m，2003-07-24，杨涛；1♀，河南内乡宝天曼，2006-05-25，申效诚；1♀，贵州赤水金沙，2007-09-23，肖炜。

词源：本新种名源自模式标本产地名。

该新种与股瘤姬蜂 *P. femorella* Kasparyan, 1974 非常相似，可通过下列特征区别：腹部背板后缘光滑光亮；第 5 节背板具非常稠密且清晰的刻点；后足转节浅黄色。股瘤姬蜂：腹部背板后缘无光泽或昏暗–光泽，具细粒状刻纹；第 5 节背板基半部具非常不清晰的刻点，点的边缘模糊；触角鞭节褐色；后足转节红色。

331. 天蛾瘤姬蜂 *Pimpla laothoe* Cameron, 1897 (图版 XXVII：图 197)

Pimpla laothoe Cameron, 1897. Memoirs and Proceedings of the Manchester Literary and Philosophical Society, 41(4):22.

♂ 体长 9.0~12.5 mm。前翅长 7.5~8.5 mm。

颜面宽约为长的 1.2 倍，具稠密且较粗的皱刻点；中央稍纵向隆起；上部两侧(触角窝下方)具斜纵皱；上缘中央“V”形凹，凹的下方中央具弱的纵瘤。唇基中央弱地横隆起，基半部具粗刻点，端半部光滑光亮，端部具细皱及细刻点；端缘中段几乎平截。上颚强壮，基部具粗纵皱；上端齿明显长于下端齿。颊具稠密的细粒状表面，两侧的刻点较稀；眼下沟不明显；颚眼距为上颚基部宽的 0.6~0.7 倍。上颊具稠密的细毛刻点，上缘光滑光亮，向后均匀收敛，侧面观宽约为复眼横径的 0.7 倍。头顶较狭，具稠密的细横皱；侧单眼外侧光滑，具稀且细的刻点；单眼区具中纵沟；中单眼周围及侧单眼外侧具围沟；侧单眼间距为单复眼间距的 1.1~1.2 倍。额深凹，具稠密的横皱和中纵沟，侧面具细刻点。触角稍短于体长，鞭节 29~31 节，第 1~第 5 鞭节长度之比依次约为 3.5∶2.7∶2.5∶2.4∶2.0。后头脊完整强壮。

前胸背板前缘较光滑，具细纵纹，后上缘具稠密的横皱状细刻点，其余部分具稠密的细横皱；前沟缘脊短，但较明显。中胸盾片均匀隆起，具非常稠密的粗刻点；盾纵沟非常弱，仅前部具痕迹。小盾片中部隆起，具不均匀的刻点(中部的刻点稀且稍粗)，端缘中央稍凹。后小盾片横形，稍隆起，端缘中央具与小盾片同形的凹(有的不明显)。中胸侧板具非常稠密的粗刻点；翅基下脊下方浅横凹，凹内具短纵皱；后下角处具斜皱；胸腹侧片的刻点相对细密；胸腹侧脊伸达翅基下脊下方的浅横凹处；镜面区非常小；中胸侧板凹深坑状。后胸侧板具非常稠密的斜纵皱，后胸侧板下缘脊完整，前部角状突出。翅棕褐色，透明；小脉位于基脉外侧；小翅室斜四边形，第 2 回脉在它的下方外侧 1/5~2/5 处与之相接；外小脉约在下方 1/3 处曲折；后小脉强烈外斜，约在上方 1/5 处曲折。足粗壮；后足基节明显膨大，外侧具稠密的细刻点，背侧端部凹陷、光滑；后足第 1~第 5 跗节长度之比依次约为 2.8∶1.6∶1.1∶0.6∶1.7。并胸腹节粗糙，呈稠密不清晰的粗皱，仅侧纵脊和外侧脊明显；气门长椭圆形。

腹部较粗壮，各节背板具稠密的刻点，后部的刻点逐渐变弱且不清晰；自第 3 节背板向端部逐渐收敛。第 1 节背板中部隆起，无明显的瘤突；基半部中央凹陷，光滑光亮无刻点；长约为端宽的 1.4 倍；背中脊约达第 1 节背板中央；气门卵圆形，约位于第 1 节背板中部。第 2~第 5 节背板具明显的瘤突；第 2 节背板长约为端宽的 0.7 倍，基部两侧具显著的横窗疤。

体黑色。触角鞭节带暗红褐色，有的柄节腹侧带橙黄色；下颚须，下唇须黄褐色至暗褐色；足红褐色，各足基节、中后足第 1 转节、后足跗节带黑色；翅基片，小盾片，后小盾片黄色；翅脉暗褐色至黑褐色，翅痣(基部色淡)褐色至暗红褐色。

分布：江西、湖北、湖南、浙江、福建、广东、广西、云南、贵州、四川、台湾；印度，缅甸，印度尼西亚，尼泊尔，巴基斯坦，斯里兰卡。

观察标本：5♀♀1♂，江西弋阳，1977-06，匡海源；8♂♂，江西全南，320 m，

2009-03-24~06-17，集虫网。

332. 野蚕瘤姬蜂 *Pimpla luctuosa* Smith, 1874

Pimpla luctuosa Smith, 1874. Transactions of the Entomological Society of London, 1874:394.

♀ 体长 15.0~16.5 mm。前翅长 13.0~14.5 mm。产卵器鞘长 6.5~7.5 mm。

体粗壮，被浅黄色至褐色短毛。复眼内缘在触角窝处稍凹陷。颜面宽约为长的 1.4 倍，稍隆起，具稠密的粗刻点，上缘中央具深“V”形凹刻，凹刻两侧具短斜纵纹；中央纵向光滑隆起呈矮脊状；触角窝的外下侧稍纵凹，此处的刻点较密集。唇基基部 1/3 处横向隆起，基部 1/3 具较清晰的刻点(相对较稀于颜面的刻点)；其余部分光滑光亮，稍凹陷，端缘中段几乎平截，无缺刻。上颚较宽，具褐色长毛和粗刻点；上端齿明显长于下端齿。颊区在眼下沟处具相对弱的细革质粒状表面，粒状表面稍凹陷，它的两侧光滑，具非常稀的刻点；眼下沟多多少少明显；颚眼距为上颚基部宽的 0.8~0.9 倍。上颊几乎光亮，具非常弱细的毛刻点，沿后缘较细密；非常均匀地向后收敛。头顶狭横形，单眼区至复眼之间光亮，几乎无刻点(刻点非常稀且不明显)，后部在侧单眼与后头脊之间非常陡直地下斜，具相对稠密但非常细的刻点；单眼区外侧缘深凹呈沟状。单眼区稍隆起，具稠密的细刻点；侧单眼间距约为单复眼间距的 2.0 倍。额非常凹陷，几乎光滑，侧面具非常弱且浅的刻点，中部具细横皱和 1 中纵沟纹。触角细丝状，明显短于体长，鞭节 34 节，第 1~第 5 鞭节节间较长，其长度之比依次约为 27∶16∶15∶13∶11。后头脊完整。

前胸背板前缘具不清晰的细纵纹和细刻点，后上角具非常弱且不清晰的刻点，其余部分具稠密清晰的斜横皱；前沟缘脊较长且强壮。中胸盾片弱拱形隆起，具稠密但非常不均匀且浅的刻点，前侧部和盾纵沟处较细密；盾纵沟非常弱，仅前部具痕迹。小盾片隆起，背面相对较平，几乎光滑，具非常稀且细的刻点。后小盾片圆凸(稍呈横形)。中胸侧板中部(中胸侧板凹前方)稍隆起，隆起上的刻点与其周围的刻点相似；前上角处(翅基下脊下方)具弱且短的横皱纹；后下部具稠密清晰的斜横皱；胸腹侧片具相对稠密但较细的刻点；胸腹侧脊发达，几乎伸达翅基下脊；镜面区非常小；中胸侧板凹深，下后方光滑光亮。后胸侧板粗糙，具稠密刻点，中后部具斜纵皱。翅带褐色透明；小脉位于基脉稍外侧；小翅室斜四边形，第 2 回脉约在它的下外侧 1/3 处相接；外小脉在中央稍下方曲折；后小脉强烈外斜，约在上方 1/5 处曲折。足基节扁锥形膨大，具清晰的刻点；后足第 1~第 5 跗节长度之比依次约为 37∶20∶13∶7∶20。并胸腹节非常粗糙，背面几乎呈一平面，由一纵棱(位于侧纵脊的位置)将其与侧面分开；中部具不规则且模糊的皱；中纵脊仅基部具痕迹；气门狭长，长径约为短径的 3.0 倍。

腹部粗壮，各节除端缘光滑光亮外具稠密的粗刻点，但向后逐渐变细且不清晰。第 1 节背板长约为端宽的 0.9 倍，具明显的背瘤，基半部中央光滑光亮，背中脊较弱，仅基部可见，中部侧面(背瘤的外侧)具短纵皱；气门小，位于该节背板中部稍前方。第 2、第 3 节背板折缘非常狭窄；第 4、第 5 节背板折缘相对较宽，二者的长约为各自宽的 3.0 倍。

体黑色。前足腿节前侧、胫节前侧，中足腿节顶端前侧及胫节前侧带黄色；后足胫节亚基段的暗斑稍带暗红色；翅脉及翅痣(基部浅黄色)褐黑色。

寄主：已记载(Yu et al.，2012)的寄主达 36 种，寄生的林业害虫主要有：杨扇舟蛾 *Clostera anachoreta* (Fabricius)、赤松毛虫 *Dendrolimus spectabilis* Butler 等。

分布：江西、福建、江苏、浙江、广西、湖南、湖北、河南、辽宁、河北、山东、陕西、甘肃、四川、台湾、云南、贵州；日本。

333. 日本瘤姬蜂 *Pimpla nipponica* Uchida, 1928

Pimpla nipponica Uchida,1928. Journal of the Faculty of Agriculture, Hokkaido University, 25:45.

♀ 体长 8.0~9.5 mm。前翅长 8.0~6.0 mm。产卵器鞘长 2.5~3.0 mm。

颜面宽约为长的 1.4 倍，均匀隆起，光亮，具较稀且细的刻点，但上缘亚侧面(触角窝下方)刻点较细密；中央纵向光滑无刻点；上缘中央呈“V”形凹。唇基中央横向隆起，基部具与颜面相似的质地；端部呈斜平面，光滑光亮无刻点，端缘中央具浅缺刻。上颚基部具稀刻点；上端齿稍长于下端齿。颊区在眼下沟处具细革质粒状表面，眼下沟不明显；颚眼距约等于上颚基部宽。上颊光滑光亮，具非常稀且浅的细刻点，均匀向后收敛，侧面观约为复眼横径的 0.6 倍。头顶横形，光滑光亮，几乎无刻点，头顶从侧单眼后缘向后头脊非常陡地下斜；单眼区稍隆起，侧单眼间距约为单复眼间距的 1.3 倍。额光滑光亮，在触角窝上方均匀深凹，侧面具细刻点。触角细丝状，短于体长，鞭节 27~29 节，第 1~第 5 鞭节长度之比依次约为 19∶13∶12∶10∶8；第 6、第 7 节非常短(短于它们的基侧和端侧的节长)，约为第 5 节长的 1/2，以后各节相对变长。后头脊完整。

前胸背板光滑，前缘具不清晰的纵纹；侧面中部具细横皱；后部具不清晰的刻点；前沟缘脊短，非常弱。中胸盾片具非常细且弱的刻点，亚前缘具沟纹状痕；盾纵沟非常弱，仅基部具弱痕。小盾片圆形隆起，具稀且细弱的刻点。后小盾片横形隆起。中胸侧板中部(中胸侧板凹前方)稍隆起，隆起上的刻点弱且相对较细；上部和下部具不规则的短皱纹和粗刻点；胸腹侧片具较稠密的细刻点；胸腹侧脊发达，伸达翅基下脊；镜面区小；中胸侧板凹深，周围光滑光亮。后胸侧板粗糙，具稠密的刻点和不清晰的斜短皱。翅带褐色透明；小脉位于基脉外侧；小翅室四边形，第 2 回脉在它的下方中央外侧与之相接；外小脉约在下方 1/4 处曲折；后小脉强烈外斜，约在上方 1/4 处曲折。足基节扁锥形膨大；前足胫节中部相对较膨大；后足第 1~第 5 跗节长度之比依次约为 30∶18∶12∶7∶18。并胸腹节粗糙，具稠密的刻点状皱(基区位置光滑)；中纵脊仅基半部存在；气门椭圆形。

腹部纺锤形，最宽处位于第 3 节背板末端；各节背板除端缘光滑外具非常稠密的刻点。第 1 节背板粗壮，长约为端宽的 0.8 倍，背中脊约伸达该节背板的中部。第 2~第 5 节背板折缘较宽；第 2 节背板长约为端宽的 0.5 倍。第 6~第 8 节背板除基部稍粗糙外比较光滑。产卵器鞘约与后足胫节等长；产卵器端部稍侧扁(几乎圆筒形)，腹瓣末端具清晰的纵脊。

体黑色，下列部分除外：触角鞭节暗褐色；唇基，上唇，上颊基缘暗红褐色；下唇须，下颚须，各足(基节基部黑色；后足胫节基部和端半部带黑色；各足跗节末端色深)黄褐色；腹部各节端缘红褐色；翅基片黄褐至黑褐色，翅脉(带黑色)，翅痣(基部色淡)

深褐色。

寄主：云杉梢斑螟 *Dioryctria schuezeella* Fuchs、山楂粉蝶 *Aporia crataegi* (L.)等。

分布：江西、江苏、安徽、浙江、湖北、湖南、四川、河南、辽宁、河北、台湾、贵州、云南；日本，俄罗斯等。

观察标本：2♀♀，江西全南窝口，320 m，2009-04-29，集虫网；3♀♀，河南罗山县灵山，400~500 m，1999-05-24，盛茂领；1♀，河南内乡宝天曼，1280 m，2006-06-07，申效诚。

334. 塔瘤姬蜂 *Pimpla taprobanae* Cameron, 1897

Pimpla taprobanae Cameron, 1897. Memoirs and Proceedings of the Manchester Literary and Philosophical Society, 41(4):21.

Coccygomimus flavipes Cameron, 1905. Wang, 1988. The Mountaineering and Scientific Expedition, Academia Sinica, Insects of Mt. Namjagbarwa region of Xizang, China: 560.

Coccygomimus flavipes Cameron, 1905. Wang & Yao, 1992. Insects of Wuling Mountains Area, Southwestern China, p.645.

分布：江西、浙江、广东、广西、云南、贵州、湖南、台湾、西藏；斯里兰卡。

观察标本：9♀♀7♂♂，江西弋阳，1977-06，匡海源。

164. 囊爪姬蜂属 *Theronia* Holmgren, 1859

Theronia Holmgren, 1859. Öfversigt af Kongliga Vetenskaps-Akademiens Förhandlingar, 16:123. Type-species: (*Ichneumon flavicans* Fabricius) = *atalantae* Poda; monobasic.

主要鉴别特征：体较粗壮至较瘦弱；唇基端部平截，或中央具 1 缺刻；爪较强壮且大，基部具 1 根明显较粗的毛，毛的端部扩大呈匙状；后小脉在中部上方曲折；腹部光滑。

全世界已知 39 种；我国已知 7 种；江西仅知 4 种。Gupta (1962)对印度–澳大利亚区的种类进行了详细介绍并提供了种类检索表；何俊华教授等(1996)介绍了我国的种类及种检索表，这里不再重复编制江西的种类检索表。

335. 脊腿囊爪姬蜂腹斑亚种 *Theronia atalantae gestator* (Thunberg, 1822)

Ichneumon gestator Thunberg, 1822. Méroires de l'Académie Imperiale des Sciences de Saint Petersbourg, 8:262.

Theronia atalantae gestator (Thunberg, 1822). Dang, Tong & Shi. 1990. In: Dang et al. Tianze Publishing House, Shaanxi, China, p.11.

分布：江西、浙江、江苏、湖北、贵州、四川、云南、湖南、北京、黑龙江、吉林、辽宁、陕西；朝鲜，日本，俄罗斯，印度。

336. 细格囊爪姬蜂指名亚种 *Theronia clathrata clathrata* Krieger, 1899 (图版 XXVII：图 198)

Theronia clathrata Krieger, 1899. Sitzungsberichte der Naturforschenden Gesellschaft zu Leipzig, 1897/98: 111.

♀ 体长 9.0~12.0 mm。前翅长 9.0~11.5 mm。产卵器鞘长 3.5~4.0 mm。

体较光滑光亮，具稀疏且非常不明显的带毛细刻点。复眼内缘明显向下方收敛。颜面最窄处的宽约为长的 1.7 倍，光滑，较平，上部中央明显隆起，仅上部两侧(触角窝下方)具清晰的细刻点；上缘中央稍下凹，具 1 弱的小中突。唇基光滑，基部稍隆起，端部稍凹，端缘较薄，端缘中央几乎平截。上颚较粗壮，基部较宽，基半部粗糙具细刻点；端齿钝尖，上端齿约与下端齿等长。颚眼距非常短(几乎消失，长约为上颚基部宽的 0.1 倍)。上颊光滑，具细柔毛，无明显的刻点，向后弧形收敛，侧面观长约等于复眼横径。头顶的质地与上颊相近，单眼区具中纵沟(该沟向后超过单眼区后缘)；侧单眼间距约为单复眼间距的 0.5 倍。额光滑光亮无刻点，触角窝上方凹陷。触角丝状，明显短于体长；鞭节 37~39 节，各节间连接紧密，第 1~第 5 鞭节长度之比依次约为 3∶2∶2∶2∶2。后头脊完整。

前胸背板具非常短的褐色柔毛，几乎光滑，无明显的刻点；背部前缘较隆起；前沟缘脊强壮。中胸盾片半圆形隆起，具较稠密(但非常短)的褐色细柔毛；无明显的刻点；盾纵沟较细但可见。小盾片均匀隆起，具非常细但多多少少可见的刻点。后小盾片稍隆起，光滑光亮，几乎无刻点。中胸侧板较光滑，具非常稀疏的带毛细刻点；胸腹侧脊伸达中胸侧板前缘；镜面区光亮；中胸侧板凹由横沟与中胸侧缝连接。后胸侧板与中胸侧板相似，但后下角处具稠密的斜皱。翅带灰褐色透明；小脉位于基脉的外侧；小翅室斜四边形，第 2 回脉约在它的外侧 1/4 处与之相接；外小脉约在下方 1/3 处曲折；后小脉约在上方 0.3 处曲折，下段强烈外斜。足强壮；后足跗节第 1~第 5 节长度之比依次约为 21∶10∶7∶3∶21。并胸腹节较光滑，脊强壮；中纵脊几乎平行(至端横脊)；气门斜椭圆形，靠近外侧脊。

腹部近似纺锤形。第 1 节背板长约为端宽的 1.5 倍；背中脊强壮，伸至后柄部的中部；背侧脊在气门后部及端部较弱；腹侧脊完整强壮；基部呈宽大的凹陷；亚端部具浅弧形凹；气门相对较大，圆形，边缘稍突出，位于该节背板近中部(中央稍前方)。第 2 节背板宽短，长约为端宽的 0.6 倍。第 3 节背板长约为端宽的 0.5 倍。第 4 节以后背板向后明显变狭。产卵器直，几乎圆柱形，下产卵瓣端部具清晰的纵脊。

体褐色至红褐色，具光泽。触角窝后缘，各单眼周围及两侧单眼中间，端齿，后头脊及后头(部分或全部)，前胸背板后缘，中胸侧板前缘、上缘及亚后缘下部，后胸侧板前缘和下缘，中胸盾片后缘，中胸背板腋下槽，并胸腹节前缘，腹部第 1 节基部，跗爪末端均为黑色；小盾片，后小盾片稍呈鲜黄色；翅脉暗褐色。

♂ 体长 11.5~12.5 mm。前翅长 9.5~10.5 mm。触角细丝状，明显短于体长，鞭节 39~41 节。除额未见黑斑外其他特征同♀。

分布：江西、河南、湖南、台湾；印度，印度尼西亚，马来西亚，菲律宾，斯里兰卡。

观察标本：1♂，江西铅山武夷山自然保护区，1170 m，2009-06-22，集虫网；2♀♀2♂♂，河南内乡宝天曼，1100~1500 m，1998-07-12~15，盛茂领、孙淑萍；3♀♀2♂♂，河南西峡老界岭，1550 m，1998-07-17，盛茂领；1♀21♂♂，河南内乡宝天曼，1100 m，2006-05-10~06-14，申效诚。

337. 褐囊爪姬蜂，新种 *Theronia porphyreus* Sheng & Sun, sp.n. (图版 XXVII：图 199)

♀ 体长约 8.0 mm。前翅长约 7.5 mm。触角长约 6.5 mm。产卵器鞘长约 2.5 mm。

复眼内缘在触角窝处稍凹；颜面向下方收窄，宽(下方最窄处)约为长的 1.7 倍；中部显著隆起(中央稍浅纵凹)，具较稠密的细刻点，上方中央具纵瘤；亚侧缘明显纵凹；侧方光滑光亮，刻点稀疏且细弱。唇基沟清晰。唇基宽约为长的 2.0 倍，光滑，基缘具几个稀刻点和几根褐色细长毛，亚基部横棱状隆起；端部中央凹陷，端缘薄而平，具弱的短细纵脊，端缘中央稍有凹痕，几乎平截。上颚强壮、宽短，基部具粗刻点，2 端齿约等长。颊非常短，复眼下缘与上颚基缘几乎相接。上颊光滑光亮，显著向后收敛，具非常不清晰的细毛刻点。头顶光滑光亮，具非常不明显的细毛刻点，后缘中央向前弧形凹，后部中央具不明显的中纵沟，与单眼区内的中纵沟相连；单眼区隆起；侧单眼间距约为单复眼间距的 0.6 倍。额的下半部深凹，光滑；上部具不明显的细刻点；触角窝之间具细的中纵脊(向前延伸至颜面的瘤突)。触角鞭节 36 节，倒数第 2 节最短，长约为自身直径的 0.8 倍，第 1~第 5 鞭节长度之比依次约为 2.0∶1.6∶1.4∶1.3∶1.3。后头脊完整。

前胸背板光滑光亮，后下缘具弱的短纵皱；前沟缘脊明显。中胸盾片均匀隆起，光滑，具不明显的弱细刻点和细绒毛；盾纵沟仅前部明显；中叶前部和侧叶表面下隐含小斑纹。盾前沟光滑。小盾片具不明显的细刻点，亚前部稍隆起；仅基部具侧脊。后小盾片光滑光亮。中胸侧板中部隆起；具稀疏不明显的浅细刻点；后部在镜面区及中胸侧板凹周围光滑发亮、无刻点；胸腹侧脊背端约伸达中胸侧板高的 1/3 处；中胸侧板凹沟状。后胸侧板上部光滑，具不明显的浅细刻点，后下部具斜细皱；后胸侧板下缘脊完整，前部明显角状突出。翅黄褐色，透明，小脉位于基脉的外侧，二者之间的距离约为小脉长的 0.2 倍；小翅室斜四边形，第 2 回脉在它的下外侧 0.3 处与之相接，具 2 弱点；外小脉约在下方 0.3 处曲折；后小脉约在上方 0.25 处曲折。足基节短锥形，后足第 1~第 5 跗节长度之比依次约为 3.8∶1.8∶1.3∶0.3∶2.7；爪强壮。并胸腹节外侧区具稀疏的褐色长毛，其余部分光滑光亮；横脊完整强壮；气门长椭圆形，长径约为短径的 2.4 倍，靠近基部和外侧脊。

腹部强壮，相对光滑，亚端部(约第 4 节端部)膨大，被稀疏的褐色细毛点(近端部较密)，侧缘的毛相对长而明显。第 1 节背板光滑，长约为端宽的 1.6 倍，基部中央纵向深凹；侧观在气门处弧形弓起；背中脊明显，达背板亚端部，向端部渐收敛，背中脊之间具 1 中纵脊；背侧脊细弱，在气门之后不明显；气门小，卵圆形，约位于第 1 节背板的 1/2 处；亚端侧沟清晰、光滑。第 2~第 5 节背板各具 1 对或多或少隆起的横瘤突；第 2 节背板长约为端宽的 0.54 倍，基部两侧具横窗疤，第 2 节背板的基侧沟深。其余背板横形，自第 5 节背板向后渐收敛。产卵器鞘长约等于后足胫节长，约为前翅长的 0.32 倍；产卵器直，腹瓣端部约具 8 条清晰的脊。

体黄褐至红褐色。触角鞭节端部暗褐色；额的下方(触角窝上缘及中央)，单眼周围，上颚端齿，盾前沟及前翅下方，中胸侧板前下缘、亚后缘及翅基下脊下后缘，后胸侧板下缘脊及前缘，并胸腹节基缘均为黑色；翅基片、翅痣黄褐色，翅脉褐黑色。

♂ 体长约 9.0 mm。前翅长约 7.5 mm。触角长约 9.0 mm。触角鞭节 37 节，全部红褐色。前胸背板前下缘，中胸盾片前侧缘脊后部中央的纵斑(与盾前沟的后部相连)，翅基下脊上方及下方的横斑，中胸侧板后下角的小班，中胸腹板前缘、中缝及后缘中央的斑，后胸侧板下部中央，腹部第 1 节背板基部中央黑色；翅基下脊褐黄色。

正模 ♀，江西宜丰官山自然保护区，450 m，2008-05-13，集虫网。副模：1♂，江西宜丰官山自然保护区，2011-04-16，孙淑萍。

词源：新种名源于体褐色。

该新种与黄囊爪姬蜂 *T. flavopuncta* Gupta, 1962 相似，可通过下列特征区别：颜面中央具弱细的刻点，侧面无刻点；小盾片仅基部具侧脊；胸腹侧脊背端约伸达中胸侧板高的 1/3 处；端横脊完整强壮；第 2~第 4 节背板均匀，无隆起；翅痣黄褐色。黄囊爪姬蜂：颜面具强壮的刻点及皱；小盾片基部 0.4 具侧脊；胸腹侧脊完整；端横脊在中央侧面中断；第 2~第 4 节背板具明显的隆起；翅痣褐黑色。

338. 黑纹囊爪姬蜂黄瘤亚种 *Theronia zebra diluta* Gupta, 1962 (图版 XXVII：图 200)

Theronia (Theronia) zebra diluta Gupta, 1962. Pacific Insects Monograph, 4:18.

♀ 体长 10.5~12.5 mm。前翅长 9.0~11.5 mm。产卵器鞘长 3.0~3.5 mm。

复眼内缘在触角窝处稍凹；颜面向下方收窄，宽(下方最窄处)约为长的 1.4 倍，中央稍隆起，上方中央纵瘤状，具稠密的粗刻点和褐色柔毛，侧缘相对光滑。唇基沟清晰。唇基宽约为长的 2.3 倍，光滑，基缘具几个稀刻点和几根褐色的细长毛，端缘薄而平，细麻粒状，端缘中央稍有凹痕。上颚强壮，基部具粗刻点，2 端齿约等长。颊非常短，复眼下缘与上颚基缘几乎相接。上颊光滑光亮，显著向后收敛，具非常不明显的细毛刻点。头顶光滑光亮，后部中央向前倒“U”形深凹；单眼区稍微抬高。额的下半部深凹，光滑；上部具不明显的细刻点；触角窝中央具细的中纵脊(向前延伸至颜面的瘤突)。触角长 8.5~11.0 mm；鞭节 37~39 节，倒数第 2 节最短，长约为自身直径的 0.8 倍，第 1~第 5 鞭节长度之比依次约为 3.2∶2.1∶2.0∶2.0∶1.8。后头脊完整。

前胸背板光滑光亮，前沟缘脊明显。中胸盾片均匀隆起，具不明显的细绒毛；盾纵沟不明显。小盾片中央强隆起，光滑，基半部具稀疏的褐色细毛点；侧脊在基半部强。后小盾片近梯形，光滑光亮。中胸侧板在前上部具稀疏不明显的浅细刻点，下部靠近腹侧具较清晰的细刻点；后部在镜面区及中胸侧板凹周围光滑发亮、无刻点；胸腹侧脊清晰，约伸达中胸侧板高的 1/3 处；中胸侧板凹沟状。后胸侧板上部光滑或具不明显的浅细刻点，后下部近中足基节处具斜皱；基间脊在下半部明显；后胸侧板下缘脊完整，前上缘明显角状突出。翅黄褐色透明，小脉位于基脉的外侧，二者之间的距离约为小脉长的 0.25 倍；小翅室斜四边形，第 2 回脉在它的下外侧 0.3~0.35 处与它相接，具 2 弱点；外小脉约在下方 0.3 处曲折；后小脉在上方 0.25~0.3 处曲折。足基节短锥形，后足第 1~第 5 跗节长度之比依次约为 2.0∶1.2∶1.0∶0.3∶1.0；爪强壮，弯曲，基部具 1 端部弯曲的匙状毛。并胸腹节在外侧区具稀疏的褐色毛刻点，其余部分光滑光亮；中纵脊的端半部和端横脊的中段非常弱或缺如，无分脊；气门长椭圆形，长径约为短径的 3.3 倍，靠近基部和外侧脊。

腹部强壮，相对光滑，被稀疏的褐色细毛点(至腹端愈强)，侧缘的毛相对长而明显。第1节背板光滑，基部中央纵向深凹；背中脊细而明显，后端接近气门处；气门小，卵圆形，约位于第1节背板的1/2处；亚端侧沟清晰、光滑。第2~第5节背板各具1对多少隆起的横瘤突，第2节背板长约为端宽的0.6倍，基部两侧具横向窗疤，第2节背板的基侧沟深而清晰。其余背板大致横形，自第5节背板向后渐收敛。产卵器鞘长为后足胫节长的1.6~1.7倍，约为前翅长的0.3倍；产卵器直，腹瓣端部具8或9条清晰的脊，基方的脊较直，不向前弯。

体黄色至黄褐色，散生黑色或褐色斑纹。触角红褐色，柄节和梗节背侧的纵斑黑色；额中央，单眼区，后头脊的前方，上颚端齿，中胸盾片的3条纵纹及侧边，盾前沟，小盾片和后小盾片凹槽的下缘，中胸侧板前缘并连上缘翅基下脊下方的“T”形斑纹、后缘下半段，并胸腹节第1侧区的1半圆形大斑及整个基缘，腹部第1节背板亚端部的波状斑带、第2~第5节背板上的1对横瘤突及侧缘斑，第6~第8节背板基部，中足腿节外侧1纵斑及腹侧的1纵斑，后足基节外侧的斑、第2转节腹侧、腿节外侧的2纵斑及腹侧的1纵斑均为黑色或褐色；爪端黑褐色；翅基片和翅痣黄褐色，翅脉褐黑色。

♂ 体长10.5~12.5 mm。前翅长9.0~11.5 mm。

分布：江西、浙江、福建、广东、广西、云南、贵州、黑龙江、香港、湖南、江苏、四川、台湾、西藏；印度，缅甸，日本。

观察标本：7♀♀5♂♂，江西弋阳，1977-06，匡海源；3♀♀3♂♂，江西资溪马头山，400 m，2009-04-10~05-08，集虫网；2♀♀，江西吉安双江林场，174 m，2009-04-09~04-23，集虫网；1♀4♂♂，江西全南，2010-05-26~07-29，集虫网；2♀♀，江西九连山，580~680 m，2011-04-12~14，盛茂领；2♀♀，江西官山，408 m，2011-04-16~17，盛茂领。

165. 黑点瘤姬蜂属 *Xanthopimpla* Saussure, 1892

Xanthopimpla Saussure, 1892. *In*: Grandidier: Histoire physique naturelle et politique de Madagascar, 20 (Hymenopteres), part 1, pl.: 13. Type-species: (*Xanthopimpla nova* Saussure) = *hova* Saussure; designated by Ashmead, 1900.

体小至较大型，前翅通常4~13 mm。唇基由横沟分成两部分，端缘直。上颚强烈狭窄，扭曲呈90°；下端齿小，位于内侧。后头脊完整。具胸腹侧脊。中胸侧缝中央通常不弯曲成角度。并胸腹节通常具强壮的脊，气门卵圆形至椭圆形。雌性的爪无基齿，通常较大并具匙状毛。腹部第2~第5节背板光滑，通常具较稀的刻点。产卵器鞘由几乎不伸出腹末至为后足胫节长的1.5倍。

该属是非常大的类群，已报道262种；我国已知50种；江西已知13种及亚种。

339. 被囊黑点瘤姬蜂指名亚种 *Xanthopimpla appendicularis appendicularis* (Cameron, 1899) (图版XXVII：图201) (江西新记录)

Pimpla appendicularis Cameron, 1899. Memoirs and Proceedings of the Manchester Literary and Philosophical Society, 43(3):160.

♀ 体长约 13.5 mm。前翅长约 13.0 mm。产卵器鞘长约 4.0 mm。

复眼内缘在触角窝处强烈凹陷。颜面两侧近平行，宽约为长的 1.1 倍；触角窝下方至唇基凹之间具 1 明显的弧形纵脊，中央形成稍抬高的隆起区，该区具较稠密的粗刻点；颜面侧缘较光滑，上缘中央呈“V”形凹，凹的下方中央具弱的瘤突。颜面与唇基之间的沟不明显。唇基基半部近梯形，具较稀疏的细刻点，中部较强隆起；端半部倒梯形，较平，光滑，端缘中央稍弧形内凹。上颚三角形，基部具细纵皱和细刻点；端齿较长且尖锐，末端 90°扭曲，下端齿小于上端齿。颊短，光滑；颚眼距约为上颚基部宽的 0.14 倍。上颊光滑光亮，具稀疏不明显的毛细刻点，强烈向后收敛。头顶光滑光亮，在复眼后缘连线处向后头脊处强烈倾斜；单眼区稍抬高，中央具浅纵沟；侧单眼间距约为单复眼间距的 0.7 倍。额光滑光亮，稍凹。触角丝状，稍长于体长，鞭节 39 节，第 1~第 5 鞭节长度之比依次约为 4.0∶2.7∶2.6∶2.6∶2.5。后头脊完整。

前胸背板光滑光亮，仅前下角处具少数短斜皱。中胸盾片均匀隆起，前缘两侧具短的横脊；较光滑，隐含斑驳的花纹，具不均匀且不明显的细刻点；盾纵沟达中胸盾片端部(端半部不明显)。小盾片阔，馒头状隆起，具稀且不明显的细毛刻点；具高而薄的侧脊。后小盾片横形，稍隆起，光滑光亮。中胸侧板明显隆起；前上部较光滑，具稀疏不明显的弱细刻点；后部光滑光亮，无刻点；下部靠近腹侧具较稠密清晰的粗刻点；胸腹侧脊约达中胸侧板高的 2/3 处；翅基下脊强隆起。后胸侧板光滑，基间脊明显；后胸侧板下缘脊完整。翅稍带褐色，透明；小脉与基脉相对；小翅室四边形，具短柄；第 2 肘间横脉稍长于第 1 肘间横脉；第 2 回脉强烈扭曲，约在它的下方中央稍外侧与之相接；外小脉稍内斜，约在下方 0.4 处曲折；后小脉强烈外斜，约在上方 0.13 处曲折。前足胫节基部显著缢缩，胫距长于基跗节的 1/2；中足胫节端部外侧约具 6 个、后足胫节端部外侧具 3 个棘刺；后足第 1~第 5 跗节长度之比依次约为 5.0∶2.7∶1.6∶0.9∶4.7；爪强壮。并胸腹节基部具不明显的弱皱，端半部几乎光滑；中纵脊端半部缺，端区与侧区合并成大而宽阔的扇状区；侧纵脊和外侧脊较明显；气门椭圆形，长径约为短径的 1.6 倍。

腹部第 1 节背板粗壮，相对光滑，长约为端宽的 1.15 倍，基部中央深凹，背中脊伸达亚端沟处，背侧脊完整；亚端部具明显的侧沟；气门卵圆形，约位于第 1 节背板中央稍前方。第 2~第 6 节背板基部和亚端部具横沟，侧沟明显，背板中央形成显著的横瘤突；第 2 节背板中区具浅且不明显的粗皱刻点(基部较光滑)；第 3~第 5 节背板中区具稠密的粗皱刻点；第 6 节背板中区的刻点稍细弱；第 2 节背板长约为端宽的 0.54 倍，亚基部两侧具显著的腹陷；第 3 节背板长约为端宽的 0.4 倍；中部背板近横形；第 7、第 8 节背板向端部显著收敛，第 7 节背板质地与第 6 节近似；第 8 节背板相对光滑，具不明显的弱细刻点、基部中央具“八”字形斜沟。产卵器鞘直，长约为后足胫节长的 1.5 倍。

体浅黄色，下列部分除外：触角鞭节红褐色；柄节和梗节腹侧稍带黄色；上颚端齿齿尖，单眼区，中胸盾片中部的 1 排横斑点，翅基片端半部，并胸腹节位于亚基部(分脊处)的弧形横带，腹部第 1、第 3、第 5、第 7 节背板上横条斑及第 2、第 4、第 6 节背板两侧的 1 对斑点，中足腿节外侧端缘、胫节外侧基部 0.17，后足第 1 转节腹侧、腿节腹侧中部的斑及背侧端缘、胫节背侧基部 0.15 及端部 0.15、末跗节端部均为黑色；产卵器鞘带褐黑色，爪端半部暗红褐色；翅脉褐黑色，翅痣(基部色淡)黄褐色、下半部带黑褐色。

分布：江西、台湾；印度，印度尼西亚。

观察标本：1♀，江西全南，2010-12-01，集虫网；1♀，江西九连山，580 m，2011-04-12，盛茂领；1♀，江西九连山，580~680 m，2011-04-12，盛茂领；1♂，江西九连山，580~680 m，2011-08-01，集虫网。

340. 短刺黑点瘤姬蜂 *Xanthopimpla brachycentra brachycentra* Krieger, 1914 (图版 XXVII：图 202)

Xanthopimpla brachycentra Krieger, 1914. Archiv für Naturgeschichte, 80(6):40, 86.

♀ 体长 9.5~11.0 mm。前翅长 7.5~8.5 mm。产卵器鞘长 0.15~0.2 mm。

复眼内缘在触角窝处强烈凹陷。颜面宽约等于长，均匀隆起，光亮，具较稠密的细刻点和弱皱；上缘中央呈"V"形凹，凹的下方中央具弱的瘤突；触角窝下方至唇基凹之间有 1 弱弧形的纵脊。颜面与唇基之间的沟不明显。唇基基半部近梯形，具稠密不均匀的细刻点(中央较光滑)，中部较隆起；端半部倒梯形，较平，具较清晰的细刻点，端缘中央明显弧形内凹。上颚三角形，端齿较长且尖锐；基部具细纵皱和细刻点；末端 90°扭曲，下端齿小于上端齿。颊短，光滑；颚眼距约为上颚基部宽的 0.24 倍。上颊前部具稀疏的细刻点，后部光滑光亮(仅上方和下缘具几个细刻点)，强烈向后收敛。头顶光滑光亮，复眼上后缘连线处形成细横棱脊状，此横脊向后头脊处非常陡地倾斜；单眼区稍抬高，中央具浅纵沟；侧单眼间距约为单复眼间距的 0.9 倍。额光滑光亮，侧缘具细刻点，下半部稍凹。触角丝状，鞭节 40 节，第 1~第 5 鞭节长度之比依次约为 2.7：1.8：1.8：1.7：1.6。后头脊完整。

前胸背板光滑光亮，仅前下角具少数短斜皱。中胸盾片均匀隆起，前缘两侧具明显的短横脊；光滑，隐含斑驳的花纹，具非常稀细且弱的毛刻点；盾纵沟达中胸盾片端部。小盾片阔，馒头状隆起，具稀且不明显的毛刻点；具高而薄的侧脊，端缘脊明显。后小盾片横形，稍隆起，光滑光亮。中胸侧板明显隆起；前上部较光滑，具稀疏不明显的弱细刻点；后部光滑光亮，无刻点；下部靠近腹侧具较稠密的横皱状粗刻点；胸腹侧脊高而强，约伸达中胸侧板高的 0.6 处。后胸侧板表面光滑，具基间脊；后胸侧板下缘脊完整。翅稍带褐色，透明，小脉与基脉相对；小翅室四边形，具短柄；第 2 肘间横脉稍长于第 1 肘间横脉；第 2 回脉强烈扭曲，约在小翅室的下方中央处相接；外小脉稍内斜，约在下方 0.3 处曲折；后小脉强烈外斜，约在上方 0.25 处曲折。前足胫节基部显著缢缩，胫距长于基跗节的 1/2；中后足胫节端部外侧具少数棘刺(1~2 个或 3~5 个)；后足第 1~第 5 跗节长度之比依次约为 3.5：2.0：1.3：0.7：4.0。爪强壮。并胸腹节几乎光滑；中纵脊端半部消失；端区与侧区合并，形成大而宽的合并区；基横脊中段缺；侧纵脊和外侧脊较明显；气门长椭圆形，长径约为短径的 2.0 倍。

腹部第 1 节背板粗壮，相对光滑，长约为端宽的 1.3 倍，基部中央深凹，背中脊伸达亚端沟处，背侧脊仅气门之前存在；亚端部具明显的侧沟；气门卵圆形，约位于第 1 节背板中央稍前方。第 2~第 6 节背板基部和亚端部具横沟(亚端横沟内具弱的短纵皱)，侧沟明显，背板中央形成显著的横瘤突；第 2 节背板中区中部较光滑，仅侧面具数个粗刻点；第 3~第 5 节背板中区具稠密的粗皱刻点；第 6 节背板中部较光滑，刻点较细弱；

第 2 节背板长约为端宽的 0.67 倍，亚基部两侧具腹陷；第 3 节背板长约为端宽的 0.66 倍。以后背板近横形，第 7、第 8 节背板相对光滑，向端部显著收敛；第 8 节背板中央具屋脊形脊。产卵器鞘直，长约为后足胫节长的 0.17 倍。

体浅黄色，下列部分除外：触角鞭节红褐色；柄节和梗节腹侧黄色，背侧黑褐色；单眼区，中胸盾片中前方的 3 斑点及后端 1 三角形斑，并胸腹节第 1 侧区的斑，腹部第 1~第 5 节及第 7 节背板上的 1 对斑点(第 7 节背板的横斑相距较近但彼此分离)，产卵器鞘，后足胫节基部 0.14 均为黑色；爪端半部黑褐色；翅基片后半部黑色，翅脉暗褐色，翅痣(基部色淡)黑褐色。

分布：江西、河南、湖南、四川、浙江、台湾；国外分布于印度。

观察标本：1♀，江西全南，470 m，2008-05-04，集虫网；1♀，江西全南窝口，2009-06-08，集虫网；1♂，江西九连山，2011-06-12，盛茂领。

341. 短黑点瘤姬蜂，新种 *Xanthopimpla brevis* Sheng & Sun, sp.n.　(图版 XXVII：图 203)

♀　体长约 13.5 mm。前翅长约 10.5 mm。触角长约 11.5 mm。产卵器鞘长与腹末几乎平。

复眼内缘在触角窝处强烈凹陷。颜面宽约等于长，表面较均匀隆起，具较稠密的细刻点和短毛；上缘中央呈“U”形深凹，凹的下方中央具 1 弱的瘤突；触角窝下方至唇基凹之间或多或少具纵凹痕。颜面与唇基之间的沟弱而不明显。唇基相对光滑，具稀疏不明显的细刻点；基半部近梯形，中部较隆起；端半部呈扇状斜平面，光滑光亮；端缘中央明显弧形前突。上颚三角形，端齿较长且尖锐；基部具细刻点；末端 90°扭曲，下端齿小于上端齿。颊短，光滑；颚眼距约为上颚基部宽的 0.3 倍。上颊非常狭，光滑光亮，强烈向后收敛。头顶光滑光亮，在单眼区后缘呈细横棱脊状，由此处向后几乎垂直倾斜；单眼区稍抬高，中央具 1 中纵沟；侧单眼间距约等于单复眼间距。额光滑光亮，相对平坦。触角鞭节 41 节，第 1~第 5 鞭节长度之比依次约为 3.2：2.0：1.8：1.8：1.7。后头脊完整强壮。

前胸背板大部分凹陷，光滑光亮，仅后上角具稀疏的细刻点。中胸盾片均匀隆起，具不均匀的细刻点；盾纵沟弱浅，仅前部清晰。小盾片阔，强烈隆起，中央形成尖圆锥状凸起，光滑光亮；具显著的高而薄的侧脊，亚端部形成与端缘平行的横脊。后小盾片三角形，稍隆起，光滑光亮。中胸侧板明显隆起；胸腹侧脊高而强，约达中胸侧板高的 0.6 处；中胸侧板下部 0.4 具稠密的长刻点；镜面区及下方光滑光亮，无刻点；中胸侧板凹沟状。后胸侧板表面光滑光亮。翅稍带褐色透明，小脉与基脉相对；小翅室四边形，具短柄；第 2 肘间横脉稍短；第 2 回脉强烈扭曲，约在它的下方中央稍外侧与之相接；外小脉稍内斜，波状外弯(向外弧形)，约在下方 0.35 处曲折；后小脉下段强烈外斜，约在上方 0.25 处曲折。前足胫节基部显著缢缩，胫距长于基跗节的 1/2；中后足基节具稀疏的细毛刻点，背侧端后部凹陷，光滑光亮；后足第 1~第 5 跗节长度之比依次约为 4.8：2.7：2.0：1.1：4.5。爪强壮，端部膨大的毛(端部斜截)的顶端具刺状毛。并胸腹节中部光滑光亮，侧方具弱皱和稀疏的细刻点；基区与中区合并，该区长约为宽的 0.6 倍，分脊由其中央伸出；侧纵脊基段(分脊至并胸腹节基部)缺；气门长椭圆形，长径约为短径的 2.0 倍。

腹部第 1~第 5 节背板折缘宽，第 3 节及以后背板具稠密的短毛。第 1 节背板粗壮，向基部均匀收敛；表面相对光滑，长约为端宽的 1.1 倍，基部中央深凹；背中脊显著，伸达亚端沟处，背侧脊仅基部具短痕；亚端部具斜侧沟；气门卵圆形，约位于第 1 节背板中央稍前部。第 2~第 6 节背板基部和亚端部具强横沟(亚端横沟内光滑)，侧沟显著，使背板中央形成显著的横瘤突；第 2 节背板中区表面弱皱状，具稀疏的粗刻点(两侧相对多且密)；第 3~第 6 节背板中区具稠密的粗皱刻点(向后部渐细弱)；第 2 节背板长约为端宽的 0.76 倍，亚基部两侧具显著的腹陷；第 3 节背板长约为端宽的 0.71 倍；第 4 节背板长约为端宽的 0.6 倍；第 5、第 6 节背板长约为端宽的 0.5 倍。第 7、第 8 节背板相对光滑，向端部显著收敛。产卵器鞘末端伸至腹部末端。

体浅黄色，下列部分除外：触角鞭节红褐色(第 1~第 3 节背侧具黑色纵斑)；柄节和梗节腹侧黄色，背侧具黑色。单眼区，头顶后部中央的横斑(上方中央由小的“v”形口分开)，中胸盾片中部的 3 斑点及后端 1 三角形斑(有细柱与上方的中斑相连)，腹部第 3~第 7 节背板上的 1 对圆斑，产卵器鞘，后足胫节基部 0.13、基跗节基部 0.33、末跗节端半部，爪基部、外侧和端部均为黑色。翅基片后半部黑色，翅脉暗褐色，翅痣(基部色淡)黑色。

正模 ♀，江西官山，400~500 m，2009-07-14，集虫网。

词源：新种名源于产卵器非常短。

该新种与切黑点瘤姬蜂 *X. decurtata* Krieger, 1914 相似，可通过下列特征区别：小盾片强烈隆起，中央尖圆锥状凸起；后足胫节无特殊的粗毛；触角鞭节红褐色；第 2 节和第 8 节背板无黑斑；第 7 节的黑斑与前部背板的斑的大小相同。切黑点瘤姬蜂：小盾片均匀隆起；后足胫节亚端部具 3 或 4 根粗毛；触角鞭节背面褐色或暗褐色，腹面黄褐色或灰白色；第 2 节和第 8 节背板具黑斑；第 7 节的黑斑明显大于前部背板的斑，或连接呈不均匀的黑色横带。

342. 无斑黑点瘤姬蜂 *Xanthopimpla flavolineata* Cameron, 1907

Xanthopimpla flavolineata Cameron, 1907. Tijdschrift voor Entomologie, 50:48.
Xanthopimpla flavolineata Cameron, 1907. He, Chen, Ma. 1996. Economic insect fauna of China, 51:175.

分布：江西、浙江、福建、广东、广西、贵州、海南、香港、湖北、湖南、四川、台湾、云南；日本，越南，老挝，马来西亚，印度，印度尼西亚，澳大利亚，巴基斯坦，尼泊尔，巴布亚新几内亚，菲律宾，孟加拉国，所罗门群岛，斯里兰卡，瓦努阿图等。

343. 优黑点瘤姬蜂指名亚种 *Xanthopimpla honorata honorata* (Cameron, 1899) (图版 XXVIII：图 204)

Pimpla honorata Cameron, 1899. Memoirs and Proceedings of the Manchester Literary and Philosophical Society, 43(3):170.

♀ 体长 7.0~7.5 mm。前翅长 6.0~6.3 mm。触角长 6.5~7.0 mm。产卵器鞘长 0.9~1.1 mm。

复眼内缘在触角窝处强烈凹陷。颜面宽约等于长，均匀隆起，光亮，具均匀稠密的微细刻点和褐色短毛；上缘中央呈“V”形凹，凹的下方中央具 1 小瘤突；触角窝下方至唇基凹之间无明显的弧形纵脊。颜面与唇基之间具不明显的沟。唇基较光滑，具不明显的微细刻点；被1弧形中横脊分成两部分；基半部近梯形，中央稍隆起；端半部倒梯形，较平；端缘中央几乎平。上颚三角形，端齿较长且尖锐；基部具微细刻点；末端90°扭曲，下端齿小于上端齿。颊光滑，具眼下沟；颚眼距为上颚基部宽的0.37~0.4倍。上颊光滑光亮，强烈向后收敛。头顶光滑光亮，在复眼后缘连线处形成细横脊，此横脊向后头脊处非常陡(近垂直)地倾斜；单眼区稍抬高，中央具浅纵沟；侧单眼间距约为单复眼间距的0.9倍。额光滑光亮，触角窝上方纵凹。触角丝状，鞭节32或33节，第1~第5鞭节长度之比依次约为2.2∶1.7∶1.6∶1.6∶1.5。后头脊完整。

前胸背板光滑光亮。中胸盾片均匀隆起，前缘两侧具明显的端横脊，光滑光亮，隐含斑驳的花纹；盾纵沟伸达中胸盾片端部。小盾片宽短，中部较隆起，光滑光亮；具显著的侧脊，端缘脊明显。后小盾片横形，稍隆起，光滑光亮。中胸侧板明显隆起；光滑光亮，靠近腹侧具稀疏不明显的弱细刻点；胸腹侧脊明显，约伸达中胸侧板高的0.6处。后胸侧板光滑光亮，基间脊明显；后胸侧板下缘脊清晰。翅稍带褐色，透明；小脉与基脉相对；小翅室四边形，具短柄；第2肘间横脉稍长于第1肘间横脉；第2回脉强烈扭曲，约在它的下方中央处与之相接；外小脉约在中央稍上方曲折；后小脉下段强烈外斜，约在上方0.25处曲折。前足胫节基部显著缢缩，胫距长于基跗节的1/2；中后足胫节端部外侧具少数棘刺(4~7个)；后足第1~第5跗节长度之比依次约为2.6∶1.3∶1.0∶0.6∶3.3。爪强壮。并胸腹节光滑；中纵脊仅基部可见；分脊明显；侧纵脊和外侧脊较明显；气门长椭圆形，长径约为短径的3.0倍。

腹部第1节背板粗壮，相对光滑，长约等于端宽；背中脊显著，伸达端部，向端部逐渐收敛，两脊之间纵凹；亚端部具明显的侧沟；气门圆形，约位于第1节背板中央稍前部。第2~第6节背板长度约相等，长约为端宽的0.5倍左右，基部和亚端部具横沟，侧沟显著，背板中央形成显著的横瘤突；第2节背板中区几乎光滑；第3~第6节背板中区具稠密不明显的细刻点。第7、第8节背板相对光滑，具不明显的微细刻点，向端部显著收敛；第8节背板中央具屋脊形脊。产卵器鞘直，长约为后足胫节长的0.9倍。

体浅黄色，下列部分除外：触角鞭节红褐色；柄节和梗节腹侧黄色，背侧带黑褐色斑。单眼区，中胸盾片中部的横形斑点，并胸腹节第1侧区的卵圆形斑，腹部第1、第3、第5、第7节背板上的1对斑点(第7节背板的横斑相距较近但彼此分离)，产卵器鞘，后足第1转节腹侧、胫节基部0.15均为黑色；爪端半部暗红褐色。翅脉暗褐色，翅痣(基部色淡)黑褐色。

分布：江西、广东、澳门、台湾、西藏；印度，越南，泰国，老挝，新加坡，印度尼西亚，马来西亚，缅甸，尼泊尔，菲律宾。

观察标本：1♀，江西官山，340 m，2010-10-20，集虫网；1♀，江西九连山，2011-06-06，集虫网。

344. 利普黑点瘤姬蜂 *Xanthopimpla lepcha* (Cameron, 1899) (图版 XXVIII：图 205)

Pimpla lepcha Cameron, 1899. Memoirs and Proceedings of the Manchester Literary and Philosophical Society, 43(3):163.

♀ 体长 15.0~17.0 mm。前翅长 13.0~14.0 mm。产卵器鞘长 1.8~2.0 mm。

复眼内缘在触角窝处强烈凹陷。颜面两侧缘近平行，宽约为长的 0.9 倍；触角窝下方至唇基凹之间有 1 弧形的纵隆起，中央形成稍抬高的隆起区，该区具稠密的粗皱刻点和稠密的短毛；侧缘相对光滑；上缘中央呈“V”形凹，凹的下方中央具弱的瘤突。颜面与唇基之间具不明显的弱沟。唇基被 1 弧形中横脊分成两部分；基半部近梯形，具较稀疏的细刻点，刻点直径小于刻点间距；中部较强隆起；端半部倒梯形，较平，具较上半部稠密的细刻点，端缘中央弧形内凹。上颚三角形，端齿较长且尖锐；基部具细纵皱；末端 90°扭曲，下端齿小于上端齿。颊短，光滑；颚眼距约为上颚基部宽的 0.17 倍。上颊光滑光亮，具不明显的细毛刻点，强烈向后收敛。头顶光滑光亮，在复眼后缘连线处形成细横脊，此横脊向后头脊处非常陡地下斜；单眼区稍抬高，中央具浅纵沟；侧单眼间距约等于单复眼间距。额光滑光亮，触角窝上方稍凹，具中纵沟。触角丝状，鞭节 42 节，第 1~第 5 鞭节长度之比依次约为 4.1∶2.8∶2.6∶2.5∶2.3。后头脊完整。

前胸背板光滑光亮，仅前下角具少数短纵皱。中胸盾片均匀隆起，前缘两侧无明显的横脊，光滑，隐含斑驳的花纹，具非常稀疏不明显的细毛点；盾纵沟仅基部可见。小盾片宽阔，中部强隆起，光滑，具稀疏的细毛；具显著高且薄的侧脊，端缘脊明显。后小盾片横形，隆起，光滑光亮。中胸侧板明显隆起；前上部较光滑，具稀疏不明显的弱细毛刻点；后部光滑光亮，无刻点；下部靠近腹侧具较稠密的皱状粗刻点；胸腹侧脊明显，约伸达中胸侧板高的 0.6 处。后胸侧板表面光滑，基间脊基部可见；后胸侧板下缘脊完整。前翅小脉位于基脉稍内侧；小翅室四边形，具短柄；第 2 肘间横脉稍长于第 1 肘间横脉；第 2 回脉强烈扭曲，约在它的下方中央处与之相接；外小脉稍内斜，约在下方 0.35 处曲折；后小脉强烈外斜，约在上方 0.2 处曲折。前足胫节胫距长于基跗节的 1/2；中后足胫节亚端部外侧具少数棘刺(中足 6 个；后足 2 个)；后足第 1~第 5 跗节长度之比依次约为 5.0∶3.5∶3.0∶1.0∶5.0。爪强壮。并胸腹节几乎光滑，外侧区具少数弱刻点；基区与中区合并，该区长约为宽的 0.7 倍，分脊在其中央稍后相接；中纵脊端半部消失；端区与第 3 侧区合并，形成大而宽阔的合并区；端横脊亚侧段(第 2、第 3 外侧区之间)缺；侧纵脊和外侧脊较明显；气门长椭圆形，长径约为短径的 2.2 倍。

腹部第 1 节背板粗壮，相对光滑，长约为端宽的 1.25 倍，基部中央深凹，背中脊未伸达亚端沟处，背侧脊仅基部可见；亚端部的侧沟不明显；气门卵圆形，约位于第 1 节背板中央。第 2~第 6 节背板基部和亚端部具强横沟(沟内具短纵皱)，使背板中央形成显著的横瘤突；第 2 节背板中区光滑光亮；第 3、第 4、第 5 节背板中区具稠密的粗皱刻点；第 6 节背板中区较光滑，仅后部具少数粗刻点；第 2 节背板长约为端宽的 0.64 倍，亚基部两侧具显著的腹陷；第 3 节背板长约为端宽的 0.6 倍。以后背板近横形，第 7、第 8 节背板相对光滑，向端部显著收敛；第 8 节背板中央具屋脊形脊。产卵器鞘直，约为后足胫节长的 0.5 倍。

体浅黄色，下列部分除外：触角背侧黑色，柄节、梗节及第 1 鞭节腹侧黄色，其余鞭节腹侧暗红褐色。额及两触角窝之间，单眼区，头顶后方的横斑和后头上方，中胸盾片中部的 3 斑点及后端 1 三角形斑(与中斑相连)，翅基片后半部，腹部第 1、第 3、第 4、第 5 节及第 7 节背板上的 1 对斑点(第 7 节背板的横斑彼此相连)，产卵器鞘，后足腿节背侧亚端部内侧的 2 斑点(内小、外大而长)、胫节基部约 0.1、基跗节基部及末跗节均为黑色；前爪端半部及中后足爪褐黑色；翅灰褐色，外缘色稍深；翅脉褐黑色，翅痣(基部色淡)黑色。

分布：江西、浙江、广东、台湾；国外分布于印度，印度尼西亚。

观察标本：1♀，江西全南，2010-11-08，集虫网；1♀，江西全南，2010-09-05，集虫网。

345. 浅黄黑点瘤姬蜂弯亚种 *Xanthopimpla ochracea valga* Krieger, 1914 (图版 XXVIII：图 206) (中国新记录)

Xanthopimpla valga Krieger, 1914. Archiv für Naturgeschichte, (A) 80(6):94.

♂ 体长约 13.5 mm。前翅长约 13.0 mm。产卵器鞘长约 4.0 mm。

复眼内缘在触角窝处强烈凹入。颜面宽约为长的 0.93 倍，自触角窝下方至唇基凹之间的中心部分形成明显抬高的隆起区，该区具较稠密的粗皱刻点；上缘中央呈“V”形凹，凹的下方中央具弱的瘤突。颜面与唇基之间具不明显的沟。唇基被一弧形中横脊分成两部分；基半部近梯形，具稀疏的细刻点，中部稍隆起；端半部倒梯形，较平，具不明显的毛细刻点，端缘中央弱弧形内凹。上颚三角形，基部具细纵皱；端齿小而尖锐，末端 90°扭曲，下端齿小于上端齿。颊短，颚眼距约为上颚基部宽的 0.19 倍。上颊前部具稀疏的细刻点，后部光滑光亮，强烈向后收敛。头顶光滑光亮，仅侧单眼外侧具几个弱细的刻点；在复眼后缘连线处向后头脊处非常陡地下斜；单眼区稍抬高，中央具浅纵沟；侧单眼间距约为单复眼间距的 0.88 倍。额光滑光亮，稍凹，上半部具弱的中纵脊。触角丝状，明显短于体长，鞭节 38 或 39 节，第 1~第 5 鞭节长度之比依次约为 3.0∶1.8∶1.7∶1.7∶1.6，以后各节均匀渐短。后头脊完整。

前胸背板光滑光亮，仅前下角具少数短纵皱，后上角具不明显的细刻点。中胸盾片均匀隆起，前缘两侧具明显的横脊，光滑，后部两侧隐含斑驳的花纹，具非常稀细且弱的毛刻点；盾纵沟约达中胸盾片端部，但仅在翅基片前缘连线之前清晰。小盾片宽阔，馒头状强隆起，具稀且不明显的细毛刻点；具显著的高而薄的侧脊，端缘脊明显。后小盾片横形，稍隆起，光滑光亮。中胸侧板明显隆起；前上部具稀疏不明显的细刻点；后部光滑光亮，无刻点；下部靠近腹侧具较稠密的粗刻点；胸腹侧脊明显，约达中胸侧板高的 0.65 处；翅基下脊纵瘤状隆起。后胸侧板表面光滑，可见基间脊痕迹；后胸侧板下缘脊完整。翅稍带褐色透明，小脉位于基脉稍内侧或二者相对；小翅室四边形，具短柄；第 2 肘间横脉稍短；第 2 回脉较强扭曲，约在它的下方中央稍内侧与之相接；外小脉稍内斜，约在中央处曲折；后小脉稍外斜，在上方 0.31~0.37 处曲折。前足胫节基部显著缢缩，胫距长于基跗节的 1/2；后足第 1~第 5 跗节长度之比依次约为 2.6∶1.8∶1.3∶1.0∶3.3。爪强壮，弯曲，具 1 端部膨大的匙形毛。并胸腹节几乎光滑；中区长约为宽的 2.5 倍，分脊在其中央之前伸出；中纵脊在端半部缺如，端区与第 3 侧区合并成大而宽阔的后区；端横脊在第 2、第 3 外侧区之间缺如；侧纵脊和外侧脊较明显；气门长椭圆形，长径约为短径的 2.0 倍。

腹部第 1 节背板粗壮，相对光滑，侧缘及后端具稀疏的毛细刻点，长约为端宽的 1.13

倍，基部中央深凹，背中脊伸达亚端沟之前，背侧脊仅基部具痕迹；亚端部具弱的侧沟；气门近圆形，约位于第 1 节背板中央处。第 2~第 6 节背板在基部和亚端部(第 4、第 5、第 6 节的横沟靠近中部)具强横沟(亚端横沟内具弱的短纵皱)，侧沟也非常显著，使背板中央形成显著的横瘤突；第 2 节背板中区中部较光滑，仅侧面具几个弱浅的粗刻点；第 3~第 6 节背板中区也相对光滑，具少数稀疏弱浅的粗刻点；第 2 节背板长约为端宽的 0.56 倍，亚基部两侧具显著的窗疤；第 3 节背板长约为端宽的 0.53 倍；以后背板近横形，第 7、第 8 节背板具较稠密的细毛刻点，向端部渐收敛。

体浅黄色，下列部分除外：触角鞭节红褐色；柄节和梗节腹侧黄色，背侧褐黑色。单眼区，头顶后部中央，中胸盾片中部的 3 斑点及后端的 1 横斑(与中部中央的斑相连)，并胸腹节基部的横条斑，腹部第 1~第 8 节背板上的横斑(第 1 节背板的横斑小或无，第 4、第 5 或第 6 节背板的横斑中部间断)，中足胫节外侧中部的纵斑，后足基节外侧基部、第 1 转节腹侧基部、腿节背面两侧的纵斑、胫节基部 0.2 及背面中部两侧的纵斑(有时不明显)均为黑色；后足末跗节红褐色；爪端半部黑褐色；翅基片后半部黑褐色，翅脉和翅痣(基部色淡)褐黑色。

分布：江西；国外分布于印度，印度尼西亚，越南，泰国，缅甸。

观察标本：14♂♂，江西吉安双江林场，174 m，2009-05-24~06-15，集虫网。

346. 松毛虫黑点瘤姬蜂 *Xanthopimpla pedator* (Fabricius, 1775)　(图版 XXVIII：图 207)

Ichneumon pedator Fabricius, 1775. Systema Entomologiae, sistens Insectorum classes, ordines, genera, species, p.828.

♀ 体长 16.5~17.0 mm。前翅长 14.5~15.5 mm。产卵器鞘长 4.0~4.5 mm。

复眼内缘在触角窝处强烈凹入。颜面宽约为长的 1.2 倍；中央较强隆起，具稠密的粗皱刻点；侧缘相对光滑；上缘中央呈“V”形深凹，凹的下方中央具弱的瘤突；在触角窝下方至唇基凹之间有 1 弧形的强纵脊。颜面与唇基之间具不明显的沟。唇基被 1 弧形强中横脊分成两部分；基半部近梯形，具稠密不均匀的横线状细刻点，中央较强隆起；端半部倒梯形，向下后方倾斜(与上半部反向)，具较清晰的细刻点，端缘中央弧形内凹。上颚三角形，基部具细纵皱；末端尖并 90°扭曲，下端齿小于上端齿。颊光滑；眼下沟不明显；颚眼距约为上颚基部宽的 0.2 倍。上颊前部具相对稠密的粗刻点，后部较光滑，具稀疏的细毛刻点，强烈向后收敛。头顶光滑光亮，从复眼后缘连线处向后头脊处非常陡地下斜；单眼区稍抬高，中央具浅纵沟；侧单眼间距约为单复眼间距的 1.3 倍。额光滑光亮，下半部深凹。触角丝状，稍短于体长，鞭节 45~50 节，第 1~第 5 鞭节长度之比依次约为 4.0∶2.6∶2.2∶2.2∶2.0，以后各节均匀渐短；但末节稍长，约为次末节长的 1.2 倍，端部渐尖。后头脊完整。

前胸背板光滑光亮，仅前下角具少数短纵皱。中胸盾片均匀隆起，前缘两侧具明显的横脊，光滑，仅前部具非常稀细且弱的毛刻点；盾纵沟仅前部较明显。小盾片宽阔，明显隆起，具少数稀且不明显的毛刻点；具显著的高而薄的侧脊，端缘脊明显。后小盾片梯形隆起，光滑光亮。中胸侧板中部隆起；前上部较光滑，具稀疏细弱的刻点，刻点直径远小于刻点间距；后部光滑光亮，几乎无刻点；下部靠近腹侧具较稠密的粗皱刻点；

胸腹侧脊高而强，约达中胸侧板高的 1/2 处。后胸侧板表面光滑，可见基间脊。翅稍带褐色透明，小脉位于基脉稍内侧(几乎相对)；小翅室四边形，具短柄；第 2 肘间横脉稍长；第 2 回脉强烈扭曲，约在小翅室的下方外侧 0.4 处相接；外小脉稍内斜，约在下方 0.4 处曲折；后小脉强烈外斜，约在上方 0.2 处曲折。前足胫节基部显著缢缩，胫距长于基跗节的 1/2；中后足胫节亚端部外侧具少数的棘刺(3 或 4 个)；后足第 1~第 5 跗节长度之比依次约为 2.1∶1.4∶1.1∶0.7∶2.2。爪强壮，弯曲，具 1 端部膨大的匙形毛。并胸腹节几乎光滑；端区与第 3 侧区合并，在后部形成大而宽阔的合并区；基横脊仅见分脊，端横脊在第 2、第 3 外侧区之间缺如；侧纵脊和外侧脊较明显；分脊及端横脊端部与侧纵脊相接处形成侧突(分脊处的侧突高)，端部两侧形成端侧突；气门长椭圆形，长径为短径的 1.3~1.5 倍。

腹部第 1 节背板粗壮，相对光滑，长约为端宽的 1.1 倍，基部中央深凹，背中脊伸达亚端部(向端部渐细)，背侧脊仅存于气门之前；亚端部具清晰的侧沟，侧沟内具短纵皱。气门卵圆形，约位于基部 0.4 处。第 2~第 6 节背板在基部和亚端部具强横沟(亚端横沟内具短纵皱)，侧沟也非常显著，使背板中央形成显著的横瘤突；第 2 节背板中区较光滑，仅中部具几个粗刻点；第 3、第 4、第 5 节背板中区具稠密的粗皱刻点；第 6 节背板中区较光滑，刻点稍细弱；第 2 节背板长约为端宽的 0.62 倍，亚基部两侧具显著的窗疤；第 3 节背板长约为端宽的 0.57 倍。其余背板横形，第 7、第 8 节背板相对光滑，第 8 节背板具“人”形脊。产卵器鞘为后足胫节长的 1.1~1.25 倍，较直。

体浅黄色，下列部分除外：触角鞭节褐黑色，腹侧端部黄褐色，柄节和梗节腹侧黄色。单眼区并额中央，头顶后方和后头上方，中胸盾片中前方的横列 3 斑点及后端 1 三角形斑，并胸腹节第 1 侧区的大斑，腹部第 1~第 8 节背板上的 1 对斑点(♀蜂第 6、第 8 节的斑常不明显)，产卵器鞘，中足胫节基部(有时黑褐色)，后足转节腹侧基部、腿节近端部背面内侧 2 斑点和外侧 1 斑点(有时消失或退化)、胫节基部 0.18 及基跗节基缘均为黑色；爪端半部褐黑色。翅基片后半部黑色，翅脉和翅痣(基部色淡)褐黑色。

♂ 体长 17.0~18.5 mm。前翅长 14.5~15.2 mm。腹部第 7 节背板的斑常相接近且较大，第 8 节背板的斑不明显。

分布：江西、江苏、浙江、湖北、湖南、河南、山东、陕西、四川、西藏、台湾、福建、广东、广西、贵州、云南、香港、澳门；国外分布于日本，印度，越南，缅甸，新加坡，巴基斯坦，印度尼西亚，马来西亚等。

观察标本：32♀♀2♂♂，江西弋阳，1977-06，匡海源等；7♀♀2♂♂，江西弋阳，1981-05，蹇永训；66♀♀5♂♂，江西弋阳，1984-05-20，盛茂领；1♀，江西高安，1986-04-21，丁冬荪；1♀，江西九连山，580 m，1992-08-29，丁冬荪；1♀，江西吉安双江林场，174 m，2009-06-08，集虫网；1♀，江西全南罗坑，2010-08-13，集虫网；1♂，江西吉安，2008-08-15，集虫网；1♂，江西吉安，2008-09-07，集虫网。

347. 侧黑点瘤姬蜂 *Xanthopimpla pleuralis pleuralis* Cushman, 1925 (图版 XXVIII：图 208)

Xanthopimpla pleuralis Cushman, 1925. Entomologische Mitteilungen, 14:49.

♀ 体长约 10.5 mm。前翅长约 8.5 mm。产卵器鞘长约 4.5 mm.

复眼内缘在触角窝处强烈凹入。颜面宽约等于长(0.96 倍)，均匀隆起，具较稠密的浅横皱和较稀且细的毛刻点；上缘中央呈“V”形凹，凹的下方中央具弱瘤突；触角窝下方至唇基凹之间有 1 弧形的弱纵脊。颜面与唇基之间无明显的缝。唇基由 1 横沟分成两部分，具较稠密的细刻点；基半部近梯形，中央稍隆起；端半部倒梯形，具较上半部稠密的细刻点，端缘中央弧形内凹。上颚短三角形，基部具细刻点；末端尖并 90°扭曲，下端齿小于上端齿。颊区具细革质状表面；颚眼距约为上颚基部宽的 0.3 倍；眼下沟明显。上颊光滑光亮，前部具非常稀的细毛刻点，强烈向后收敛。头顶光滑光亮，自复眼后缘连线处向后头脊处非常陡地倾斜；单眼区稍隆起，中央具细纵沟；侧单眼间距约等于单复眼间距。额光滑光亮，较平，中央具 1 短纵瘤。触角细丝状，稍短于体长，鞭节 35 节，第 1~第 5 鞭节长度之比依次约为 3.3∶1.9∶1.8∶1.8∶1.8；末节较长，约为次末节长的 1.5 倍，端部变尖。后头脊完整。

前胸背板光滑光亮。中胸盾片光滑，具非常稀细且弱的毛刻点；盾纵沟仅基部较明显，向后部中央收敛。小盾片宽阔，后部稍隆起，具稀且细弱的毛刻点；具细侧脊。后小盾片横形隆起，光滑光亮。中胸侧板中部隆起；前上部较光滑，具稀且细弱的刻点；后部光滑光亮，几乎无刻点；下部靠近腹侧具较稠密的粗刻点；胸腹侧脊约伸达中胸侧板高的 1/2 处。后胸侧板光滑，具隐含的斜细纹；基间脊明显。前翅小脉位于基脉稍内侧；小翅室四边形，顶端交合处稍呈结状；2 肘间横脉近等长；第 2 回脉约在它的下方中央处与之相接；外小脉稍内斜，约在下方 0.35 处曲折；后小脉强烈外斜，约在上方 0.2 处曲折。前足胫节基部显著缢缩；中后足胫节端部外侧具强壮的棘刺(大小几乎一致，前排的多而长)；后足第 1~第 5 跗节长度之比依次约为 3.0∶1.4∶1.3∶1.0∶3.6。爪强壮。并胸腹节几乎光滑；中纵脊仅基部具残痕；中区侧方无脊，与第 2 侧区合并；侧纵脊和外侧脊仅端部较明显；基横脊中段缺如；端横脊仅中段明显(第 2、第 3 外侧区之间缺)；气门长椭圆形，长径约为短径的 2.5 倍。

腹部光滑光亮，具稀疏的短微毛，第 2~第 7 节背板的两侧具稀疏的粗刻点。第 1 节背板粗壮，长约为端宽的 1.5 倍，基部中央深凹，背中脊约达气门处；亚端部具弧形横缢痕；端部两侧具稀疏的粗刻点。第 2~第 6 节背板基部和亚端部具横沟，并在靠近亚端部的横沟处嵌有较稠密的粗刻点，侧沟非常显著，致使背板中央形成显著的横瘤突；第 2 节背板长约为端宽的 0.6 倍，基部两侧具横腹陷。其余背板横形。产卵器鞘约为后足胫节长的 2.0 倍，稍下弯；产卵器腹瓣端部约具 11 条纵脊。

体浅黄色，下列部分除外：触角鞭节背侧带黑褐色，柄节和梗节腹侧带黄色，鞭节腹侧黄褐色；单眼区，后头上方和沿后头脊中央的横斑，中胸盾片中央的 3 斑点和后方的 1 横斑(侧斑与横斑相连)，中胸侧板后部中央下方的椭圆形斑，并胸腹节第 1 侧区的大斑(中央以宽横带相连)，第 1 节背板两侧的点斑、第 3 节背板两侧的 2 大圆斑(中央相连呈哑铃形)、第 5 节背板两侧的 2 小圆斑、第 7 节背板中央的哑铃形大横斑，产卵器鞘，后足第 1 转节腹侧、腿节端缘、胫节基部均为黑色；爪端半部褐黑色；翅淡褐色，透明，外缘色稍深，翅脉暗褐色，翅痣(基部色淡)褐黑色。

分布：江西、台湾、广东；国外分布于印度尼西亚，菲律宾，尼泊尔等。

观察标本：1♀，江西全南，2009-09-04，集虫网。

348. 广黑点瘤姬蜂 *Xanthopimpla punctata* (Fabricius, 1781) (图版 XXVIII：图 209)

Ichneumon punctatus Fabricius, 1781. Species insectorum, 1:437.

♀ 体长 8.0~11.5 mm。前翅长 7.5~9.5 mm。产卵器鞘长 2.5~4.3 mm。

复眼内缘在触角窝处强烈凹入。颜面宽约为长的 1.2 倍，中央均匀隆起，具较稠密的横线状粗刻点；上缘中央呈“V”形凹，凹的下方中央具弱的瘤突。颜面与唇基之间无明显的缝。唇基被 1 横沟分成两部分；基半部近梯形，具较稠密的粗刻点，中央稍隆起，端缘中央弱弧形内凹、中段平直；端半部倒梯形，具较上半部稠密的细刻点，端缘中央弧形内凹。上颚短三角形，基部具细刻点；末端尖并 90°扭曲，下端齿小于上端齿。颊光滑，具极稀细刻点；眼下沟明显；颚眼距约为上颚基部宽的 0.56 倍。上颊前部具稀疏的细刻点，后部光滑光亮，强烈向后收敛。头顶光滑光亮，从复眼后缘连线处向后头脊处非常陡地下斜；单眼区稍隆起，中央具细纵沟；侧单眼间距约为单复眼间距的 0.7 倍。额光滑光亮，稍平凹，中央具弱细的刻点。触角丝状，与体长近相等，鞭节 34~38 节，第 1~第 5 鞭节长度之比依次约为 3.2∶2.0∶2.0∶1.9∶1.8，以后各节均匀渐短；但末节较长，约为次末节长的 2.6 倍，端部渐尖。后头脊完整。

前胸背板光滑光亮。中胸盾片均匀隆起，前缘两侧具明显的横脊，光滑，仅前缘及前外侧具非常稀细且弱的毛刻点；盾纵沟约达中胸盾片中央位置的浅横沟处、大约翅基片前缘的连线上。小盾片宽阔，明显隆起，前部具稀且不明显的毛刻点；中央及后部光滑光亮；具显著的高而薄的侧脊，端缘脊明显。后小盾片梯形隆起，光滑光亮。中胸侧板中部隆起；前上部较光滑，具稠密且细弱的刻点，刻点直径小于刻点间距；后部光滑光亮，几乎无刻点；下部靠近腹侧具较稠密的粗刻点，刻点直径大于刻点间距；胸腹侧脊明显，约达中胸侧板高的 1/2 处。后胸侧板表面光滑，可见基间脊。前翅小脉位于基脉稍内侧；小翅室四边形，具短柄；2 肘间横脉近等长；第 2 回脉约在小翅室的下方外侧 1/3 处相接；外小脉稍内斜，约在下方 0.4 处曲折；后小脉强烈外斜，约在上方 0.25 处曲折。前足胫节基部显著缢缩；中后足胫节端部外侧具显著的棘刺(大小稍有差异)；后足第 1~第 5 跗节长度之比依次约为 4.0∶2.0∶1.6∶1.3∶4.3。爪强壮，弯曲，具 1 端部膨大的匙形毛。并胸腹节几乎光滑；基区与中区合并，区长为宽的 0.56~0.6 倍，分脊在其后角附近伸出；中纵脊在端半部缺如，端区与第 3 侧区合并成大而宽阔的后区；基横脊仅见分脊，端横脊在第 2、第 3 外侧区之间缺如；侧纵脊和外侧脊较明显；气门长椭圆形，长径为短径的 3.6~3.8 倍。

腹部第 1 节背板粗壮，光滑光亮，长约为端宽的 1.3 倍，基部中央深凹，背中脊约达端部 0.2 处(端部细)，背侧脊仅存于气门之前；亚端部具清晰的弧形侧沟，侧沟端后部具少数粗刻点。第 2~第 6 节背板在基部和亚端部具强横沟，侧沟也非常显著，使背板中央形成显著的横瘤突；第 2 节背板中区较光滑，仅下缘具少数粗刻点；第 3、第 4、第 5 节背板中区具稠密的粗刻点；第 6 节及以后背板渐光滑，刻点渐细弱；第 2 节背板长约为端宽的 0.55 倍，亚基部两侧具斜窗疤。其余背板横形，第 8 节背板具“人”形脊。产卵器鞘为后足胫节长的 1.6~1.8 倍，稍下弯；产卵器腹瓣端部约具 7 条纵脊。

体浅黄色，下列部分除外：触角鞭节红褐色，背侧稍暗(第 1 鞭节背侧黑色)；柄节和梗节腹侧黄色，背侧黑色。单眼区，中胸盾片中央的横列 3 斑点，并胸腹节第 1 侧区的小圆斑，腹部第 1、第 3、第 5、第 7 节背板上的 1 对斑点，产卵器鞘，后足胫节基部 0.2 均为黑色；爪端半部褐黑色。翅淡褐色透明，外缘色稍暗，翅脉褐色，翅痣(基部色淡)褐黑色。

分布：江西、安徽、浙江、北京、福建、广东、广西、贵州、海南、河南、香港、湖北、湖南、江苏、澳门、陕西、山东、四川、西藏、云南、台湾；国外分布于日本，印度，越南，印度尼西亚，老挝，马来西亚，缅甸，尼泊尔，尼日利亚，巴基斯坦，巴布亚新几内亚，菲律宾，新加坡，斯里兰卡，多哥等。

观察标本：1♀，江西全南，740 m，2008-07-18，集虫网；1♀，江西全南，650 m，2008-07-28，集虫网；1♀，江西官山，500 m，2008-09-06，丁冬荪；1♀，江西全南三角塘，2009-04-29，集虫网；1♀，江西全南三角塘，2009-06-08，集虫网。

349. 瑞氏黑点瘤姬蜂离斑亚种 *Xanthopimpla reicherti separata* Townes & Chiu, 1970 (图版 XXVIII：图 210)

Xanthopimpla reicherti separata Townes & Chiu, 1970. Memoirs of the American Entomological Institute, 14:188.

♀ 体长约 9.0 mm。前翅长约 7.5 mm。产卵器鞘长约 0.8 mm。

复眼内缘在触角窝处强烈凹入。颜面两侧近平行，宽约等于长；在触角窝下方至唇基凹之间有 1 弱弧形的纵脊，中央形成稍抬高的隆起区，该区具较稠密的细刻点，刻点直径大于刻点间距；颜面侧缘较光滑，上缘中央呈“V”形凹，凹的下方中央具弱的瘤突。颜面与唇基之间无明显的区分。唇基被 1 弧形中横脊分成两部分；基半部近梯形，具稠密但较颜面稍细的刻点，中部均匀隆起；端半部倒梯形，较平，具稀疏的细刻点，端缘中央微凹。上颚三角形，端齿较长且尖锐；基部具细纵皱和细刻点；末端 90°扭曲，下端齿小于上端齿。颊短，光滑，具眼下沟，颚眼距约为上颚基部宽的 0.46 倍。上颊光滑光亮，强烈向后收敛。头顶光滑光亮，在复眼后缘连线处向后头脊处非常陡地下斜；单眼区稍抬高，中央具浅纵沟；侧单眼间距约为单复眼间距的 0.86 倍。额光滑光亮，触角窝上方稍凹；上部中央具纵脊。触角丝状，稍短于体长，鞭节 35 节，第 1~第 5 鞭节长度之比依次约为 3.2∶2.0∶1.9∶1.8∶1.7，以后各节均匀渐短。后头脊完整。

前胸背板光滑光亮，前缘近端部直角形突出。中胸盾片均匀隆起，前缘两侧具细的横脊，光滑光亮，隐含斑驳的花纹；盾纵沟仅基部明显。小盾片宽阔，较强隆起，光滑；具显著的高而薄的侧脊，端缘脊明显。后小盾片横形，稍隆起，光滑；中胸侧板明显隆起；前上部较光滑，具稀疏不明显的弱细刻点；后部光滑光亮，无刻点；下部靠近腹侧具较稠密的中等刻点；胸腹侧脊明显，约达中胸侧板高的 0.6 处；翅基下脊强瘤状隆起。后胸侧板表面光滑，可见基间脊痕迹；后胸侧板下缘脊完整。翅稍带灰褐色，透明，小脉与基脉相对；小翅室四边形，具短柄；2 肘间横脉近等长；第 2 回脉较强扭曲，约在小翅室的下方中央稍外侧相接；外小脉稍内斜，约在下方 0.4 处曲折；后小脉强烈外斜，约在上方 0.2 处曲折。前足胫节基部显著缢缩，胫距长于基跗节的 1/2；中后足胫节端部及亚端部外侧具成排的棘刺；后足第 1~第 5 跗节长度之比依次约为 3.0∶1.7∶1.3∶0.7∶3.5。爪强壮，弯曲，中后足最长的 1 匙形毛端部不显著膨大。并胸腹节光滑；基区与中区合并，区长约为宽的 0.92 倍，分脊在其中央稍后伸出；中纵脊在端半部缺如，端区与第 3 侧区合并成大而宽阔的后区；基横脊仅见分脊，端横脊在第 2、第 3 外侧区之间缺如；侧纵脊基部和外侧脊基半部不明显；气门长椭圆形，长径约为短径的 2.0 倍。

腹部 1~6 节背板折缘显著。第 1 节背板粗壮，光滑，长约为端宽的 1.2 倍，基部中央深凹，背中脊伸达亚端沟处，背侧脊仅达基部至气门之半；亚端部具明显的侧沟；气门小，圆形，约位于第 1 节背板中央。第 2~第 6 节背板在基部和亚端部具强横沟，侧沟也非常显著，使背板中央形成显著的横瘤突；第 2 节背板中区中部几乎光滑；第 3、第 4、第 5、第 6 节背板中区具稠密的皱刻点；第 2 节背板长约为端宽的 0.54 倍，亚基部两侧具显著的窗疤；第 3 节背板长约为端宽的 0.6 倍。以后背板近横形，第 7、第 8 节背板相对光滑，向端部显著收敛；第 8 节背板中央具"人"形脊。产卵器鞘约为后足胫节长的 0.44 倍，较直。

体浅黄色，下列部分除外：触角鞭节红褐色；柄节和梗节腹侧黄色，背侧黑褐色。上颚端齿，单眼区，中胸盾片中前方的 3 斑点及后端中央 1 横斑，并胸腹节第 1 侧区的斑，腹部第 1、第 3、第 4、第 5、第 7 节背板上的 1 对斑点(第 3 节背板的大横斑相距较近但彼此分离)，产卵器鞘，后足胫节基部 0.18 均为黑色；爪端半部褐黑色。翅基片后半部黑色，翅脉和翅痣(基部色淡)褐黑色。

分布：江西、福建、浙江。

观察标本：1♀，江西全南背夫坪，340 m，2009-05-13，集虫网。

350. 螟黑点瘤姬蜂 *Xanthopimpla stemmator* (Thunberg, 1822)　(图版 XXVIII：图 211)

Ichneumon stemmator Thunberg, 1822. Mémoires de l'Académie Imperiale des Sciences de Saint Petersbourg, 8:262.

♂ 体长约 11.5 mm。前翅长约 8.0 mm。

复眼内缘在触角窝处强烈凹入。颜面宽约为长的 1.3 倍，均匀隆起，具较稠密的不均匀的粗刻点和弱皱；上缘中央呈"V"形凹，凹的下方中央具弱的瘤突；在触角窝下方至唇基凹之间有 1 弱弧形的纵脊。颜面与唇基之间具不明显的沟。唇基被 1 弧形中横脊分成两部分；基半部近梯形，具不均匀的细刻点，中部较强隆起；端半部半月状，具稀疏清晰的细刻点，端缘中央弱弧形。上颚基部三角形，端齿较长且尖锐；基部具细纵皱和细刻点；末端 90°扭曲，下端齿小于上端齿。颊短，颚眼距约为上颚基部宽的 0.38 倍。上颊光滑光亮，仅前部具稀疏细浅的刻点，强烈向后收敛。头顶光滑光亮，在复眼后缘连线处向后头脊处非常陡地下斜；侧单眼外侧具稀疏弱浅的细刻点；单眼区稍抬高，中央具浅纵沟；侧单眼间距约为单复眼间距的 0.6 倍。额光滑光亮，深凹，中央呈瘤突状，侧缘具毛细刻点。触角丝状，短于体长，鞭节 34 节，第 1~第 5 鞭节长度之比依次约为 2.8 : 1.8 : 1.7 : 1.7 : 1.5，以后各节均匀渐短。后头脊完整。

前胸背板光滑光亮，仅后上角具弱细的浅刻点。中胸盾片均匀隆起，前缘两侧具明显的横脊，光滑，具稀细弱浅的毛细刻点；盾纵沟仅前部清晰。小盾片宽阔，较强隆起，基部及两侧具弱细的毛刻点，中央及端部相对光滑；侧脊及端缘脊明显。后小盾片横形，稍隆起，光滑光亮。中胸侧板均匀隆起；前上部较光滑，具稀疏不明显的弱细刻点；后部光滑光亮，无刻点；下部靠近腹侧具较稠密且相对较粗的刻点；胸腹侧脊高而明显，约达中胸侧板高的 1/2 处；翅基下脊隆起较低。后胸侧板表面光滑；后胸侧板下缘脊完整。翅褐色透明，小脉位于基脉稍内侧；小翅室四边形，具短柄；第 2 肘间横脉稍长；第 2 回脉强烈扭曲，约在它的下方中央处与之相接；外小脉约在下方 0.3 处曲折；后小脉强烈外斜，约在上方 0.15 处曲折。前足胫节基部显著缢缩，胫距长于基跗节的 1/2；中后足胫节端部外侧具成排的棘刺；后足第 1~第 5 跗节长度之比依次约为 3.5：2.0：1.8：1.0：4.0。爪强壮，弯曲，中后足的匙状毛的端部稍扩大、弯而尖。并胸腹节几乎光滑；基区与中区合并，区长约为宽的 1.3 倍，分脊在它的中央稍后方伸出；中纵脊在端半部缺如，端区与第 3 侧区之间具横脊；侧纵脊基部和外侧脊基半部不清晰；气门长椭圆形，长径约为短径的 3.0 倍。

腹部第 1 节背板粗壮，相对光滑，长约为端宽的 1.1 倍，基部中央稍凹，背中脊约达背板中央处，背侧脊仅存于气门之前；亚端部具明显的侧沟；气门卵圆形，约位于第 1 节背板中央稍前。第 2~第 6 节背板在基部和亚端部具强横沟(亚端横沟内具弱的短纵皱)，侧沟也非常显著，使背板中央形成显著的横瘤突，中区具稠密的粗皱刻点；第 4 节背板具明显的中横沟；第 2~第 7 节背板中央具弱的中纵沟；第 2 节背板长约为端宽的 0.62 倍，亚基部两侧具显著的窗疤；第 3 节背板长约为端宽的 0.5 倍；第 4~第 6 节背板近矩形；第 7、第 8 节背板具相对细弱的刻点，向端部显著收敛。

体黄色，下列部分除外：触角鞭节腹侧红褐色，背侧棕褐色；柄节和梗节腹侧黄色，背侧黑褐色。单眼区及额中央，头顶后部中央的 2 斑点，盾前沟内斑，并胸腹节第 1 侧区的斑，腹部第 1~第 8 节背板上的 1 对斑点均为黑色；爪端半部黑褐色；翅脉和翅痣(基部色淡)褐黑色，翅外缘色暗。

分布：江西、福建、广西、广东、云南、台湾；国外分布于琉球群岛，尼泊尔，老挝，菲律宾，印度尼西亚，新加坡，马来西亚，巴基斯坦，印度等。

观察标本：1♂，江西全南，2010-11-17，集虫网。

351. 异斑黑点瘤姬蜂 *Xanthopimpla varimaculata* Cameron, 1907 (图版 XXIX：图 212)

Xanthopimpla varimaculata Cameron, 1907. Tijdschrift voor Entomologie, 50:103.

♀ 体长约 17.0 mm。前翅长约 14.5 mm。产卵器鞘长约 3.5 mm。

复眼内缘在触角窝处强烈凹入。颜面两侧缘近平行，宽约为长的 0.9 倍；在触角窝下方至唇基凹之间有 1 弱弧形的纵隆起，中央形成稍抬高的隆起区，该区具较稠密的粗皱刻点和稠密的短毛，刻点直径大于刻点间距；侧缘极狭，贴近复眼内缘，较光滑；上缘中央呈“V”形凹，凹的下方中央具弱的瘤突。颜面与唇基之间无明显的区分。唇基被 1 弧形中横脊分成两部分；基半部近梯形，具稀疏的浅细刻点，中部均匀隆起；端半部倒梯形，光滑，具几个清晰的细刻点，亚端部稍凹，端缘中央弱弧形内凹。上颚三角形，端齿较长且尖锐；基部具细纵皱和毛刻点；末端 90°扭曲，下端齿小于上端齿。颊短，具细革质状表面；颚眼距约为上颚基部宽的 0.5 倍。上颊光滑光亮，具不明显的毛细刻点，强烈向后收敛。头顶光滑光亮，在复眼后缘连线处向后头脊处非常陡地下斜；单眼区稍抬高，中央具浅纵沟；侧单眼外侧具少数细浅的刻点；侧单眼间距约为单复眼间距的 0.6 倍。额光滑光亮，触角窝上方较深凹。触角丝状，短于体长，鞭节 43 节，第 1~第 5 鞭节长度之比依次约为 3.9∶2.9∶2.7∶2.6∶2.5，以后各节均匀渐短。后头脊完整。

前胸背板光滑光亮，仅前下角具少数短纵皱。中胸盾片均匀隆起，前缘两侧具细的横脊，具稀疏不均匀的细刻点和短柔毛；盾纵沟前部清晰，超过翅基片前缘连线处。小盾片宽阔，光滑光亮，前部具不明显的细刻点；前部较强隆起，后部显著下斜；具显著的高而薄的侧脊。后小盾片横形，稍隆起，光滑光亮，具强侧脊。中胸侧板明显隆起；前上部具稀疏的细刻点，刻点直径小于刻点间距；后部光滑光亮，无刻点；下部靠近腹侧具较稠密的皱状粗刻点，刻点直径大于刻点间距；胸腹侧脊明显，约达中胸侧板高的 1/2；翅基下脊瘤状隆起。后胸侧板表面光滑，可见基间脊痕迹；后胸侧板下缘脊完整。前翅小脉与基脉相对；小翅室四边形，具短柄；第 2 肘间横脉稍长；第 2 回脉强烈扭曲，约在小翅室的下方外侧区 0.25 处相接；外小脉稍内斜，约在下方 0.35 处曲折；后小脉强烈外斜，约在上方 0.2 处曲折。前足胫节基部显著缢缩，胫距长于基跗节的 1/2；中后足胫节亚端部外侧具少数的棘刺(3 或 4 个)；后足第 1~第 5 跗节长度(背侧)之比依次约为 6.8∶2.9∶2.0∶0.7∶5.3。爪强壮，弯曲，具 1 端部膨大的匙形毛。并胸腹节较光滑，仅外侧区具不均匀的细刻点；中纵脊仅存基部，中区侧方无纵脊而与第 2 侧区合并；侧纵脊和外侧脊明显；分脊约在并胸腹节基部 0.35 处伸出；端横脊在第 2、第 3 外侧区之间缺如；端区与第 3 侧区合并成大而宽阔的后区；气门长椭圆形，长径约为短径的 2.3 倍。

腹部第 1 节背板粗壮，长约为端宽的 1.2 倍；相对光滑，仅端侧沟的后外侧稍粗糙；基部中央深凹，背中脊伸达亚端沟处，背侧脊基部见痕迹；亚端部具明显的侧沟；气门卵圆形，约位于第 1 节背板基部 0.3 处。第 2~第 6 节背板在基部和亚端部具强横沟(亚端横沟内具短纵皱)，侧沟也非常显著，使背板中央形成显著的横瘤突，背板中区具稠密的粗皱刻点，背板端缘相对光滑；第 2 节背板长约为端宽的 0.64 倍，亚基部两侧具显著的窗疤；第 3 节背板长约为端宽的 0.6 倍。以后背板近横形，第 7、第 8 节背板具弱浅的细刻点，向端部显著收敛；第 8 节背板基部中央具屋脊形(“人”字形)脊。产卵器鞘约为后足胫节长的 0.8 倍，较直。

体浅黄色，下列部分除外：触角背侧褐黑色，柄节和梗节腹侧黄色，鞭节腹侧红褐色；单眼区及与后方相连的倒“T”形斑，中胸盾片中部的 3 斑点(彼此相连，中央的长条斑后部三角形、向前至中胸盾片前缘，前部为红褐色)及后端 1 横斑(与侧斑相连)，并胸腹节第 1 侧区的小斑，腹部第 1 和第 2 节背板亚端部中央的 1 斑(第 1 节的较大)、第 3 和第 5 节背板上“V”形斑、第 4 和第 6 节背板两侧的 1 对斑、第 7 节背板中部的横斑及第 8 节背板基部的 1 对斑，产卵器鞘，后足腿节端缘、胫节基部 0.15、基跗节基部及端跗节(有时褐黑色)均为黑色；爪端半部褐黑色。翅基片后半部黑色；翅淡褐色透明，外缘色稍深；翅脉和翅痣(基部色淡)褐黑色。

分布：江西；国外分布于印度。

观察标本：1♀，江西会昌，1981-05，丁冬荪；1♀，江西资溪马头山，400 m，2009-05-08，集虫网。

352. 棘胫黑点瘤姬蜂 *Xanthopimpla xystra* Townes & Chiu, 1970 (图版 XXIX：图 213)

Xanthopimpla xystra Townes & Chiu, 1970. Memoirs of the American Entomological Institute, 14:302.

♀ 体长约 9.0 mm。前翅长约 7.2 mm。产卵器鞘长约 1.0 mm。

复眼内缘在触角窝处强烈凹入。颜面向上方稍宽，宽约为长的 1.13 倍，在触角窝下方至唇基凹之间有 1 弱弧形的纵隆起，中央形成稍抬高的隆起区，该区具稠密的粗皱刻点和稠密的短毛；侧缘相对光滑；上缘中央呈“V”形凹，凹的下方中央具较明显的纵瘤突。颜面与唇基之间具不明显的沟。唇基被 1 弧形中横脊分成两部分；基半部近梯形，具较稠密的细刻点，基部中央稍隆起，端部中央稍凹；端半部倒梯形，稍凹陷，具不明显的细刻点，端缘中央稍弧形内凹。上颚三角形，端齿较长且尖；基部具稀疏不明显的细刻点；末端 90°扭曲，下端齿小于上端齿。颊短，较光滑；颚眼距约为上颚基部宽的 0.32 倍。上颊前部具稀疏的毛细刻点，后部光滑光亮，强烈向后收敛。头顶光滑光亮，在复眼后缘连线处向后缓冲延展，之后向后头脊处较强收敛；后部中央稍内凹；单眼区稍抬高，中央具浅纵沟；侧单眼间距约为单复眼间距的 0.7 倍。额光滑光亮，触角窝上方深凹，上部中央具弱脊。触角丝状，短于体长，鞭节 32 节，第 1~第 5 鞭节长度之比依次约为 2.2∶1.6∶1.5∶1.5∶1.3，以后各节均匀渐短。后头脊完整。

前胸背板光滑光亮，仅前下角具少数短纵皱。中胸盾片均匀隆起，前缘两侧具细的横脊(与侧脊相连)，光滑；盾纵沟达中胸盾片端部。小盾片宽阔，均匀隆起，光滑；无侧脊。后小盾片横形，稍隆起，光滑光亮。中胸侧板明显隆起；前上部及后部光滑光亮，几乎无刻点；下部靠近腹侧具稀疏不均匀的细刻点；胸腹侧脊细弱，约达中胸侧板高的 0.4 处；翅基下脊瘤状横隆起。后胸侧板表面光滑，可见基间脊痕迹。翅稍带灰褐色透明，小脉位于基脉内侧；小翅室四边形，具结状短柄；第 2 肘间横脉稍长；第 2 回脉强烈扭曲，约在小翅室的下方中央处相接；外小脉稍内斜，约在下方 0.3 处曲折；后小脉强烈外斜，约在上方 0.25 处曲折。前足胫节基部显著缢缩、中部较强膨大，胫距较细弱但长于基跗节的 1/2；中后足胫节端半部外侧具成片的棘刺；后足第 1~第 5 跗节长度之比依次约为 2.7∶1.6∶1.3∶0.5∶3.6。爪强壮，弯曲，具 1 端部稍尖的长毛。并胸腹节几乎光滑；仅可见弱的侧纵脊端半部和外侧脊的端部；气门椭圆形，约位于并胸腹节的中部。

腹部第 1 节背板粗壮，相对光滑，长约为端宽的 1.1 倍，背中脊基部较明显；亚端部具弱的侧沟；气门圆形，约位于第 1 节背板中央稍前。第 2~第 6 节背板在基部和亚端部具强横沟，侧沟也非常显著，使背板中央形成显著的横瘤突；第 2、第 3 节背板中区较光滑(第 3 节背板仅侧面具少数弱刻点)；第 4、第 5、第 6 节背板中区具稀疏的浅刻点；第 2 节背板长约为端宽的 0.67 倍，亚基部两侧具窗疤；第 3 节背板长约为端宽的 0.57 倍；以后背板近横形，第 7、第 8 节背板具不明显的弱刻点，向端部显著收敛；第 8 节背板基部中央具“X”形脊。产卵器鞘约为后足胫节长的 0.64 倍，较直。

体浅黄色，下列部分除外：触角柄节和梗节腹侧褐黄色，背侧褐黑色；鞭节腹侧黄褐色，背侧棕褐色(端部黄褐色)。上颚端齿褐黑色；单眼区及与其相连的额后部中央、头顶前部中央，中胸盾片中部的 3 斑点(两侧纵长、中央心形靠上)及后端 1 小横斑，并胸腹节第 1 侧区位置的大斑，腹部第 1 节亚基部的横斑、第 2、第 3、第 4、第 5、第 7 节背板上的 1 对斑点(第 2 节背板的斑点小，星状)、第 6 节背板两侧的点斑、第 8 节背板中央的点斑(4 个)，产卵器鞘，后足第 1 转节腹侧基部、胫节基部 0.2、末跗节均为黑色；爪端半部黑褐色。翅脉和翅痣(基部色淡)褐黑色。

分布：江西；国外分布于印度。

观察标本：1♀，江西全南三角塘，335 m，2010-04-29，集虫网。

廿一、牧姬蜂亚科 Poemeniinae

前翅长 4.0~14.0 mm。后头孔两侧扩展。前沟缘脊延续垂直向上，并与前胸背板前缘平行。前足胫节外侧具粗棘刺。雌性腹部第 8 节背板拉长，但非呈端角或瘤突。产卵器细，侧扁，中等长或相当长，腹瓣包被背瓣下缘。

该亚科含 3 族，我国均有分布。寄主主要是天牛科、长蠹科、吉丁虫科、木蠹蛾科、树蜂类等蛀木类害虫的幼虫，也有寄生卷蛾科、瘿蜂科的种类。个别种也寄生姬蜂等，成为重寄生。

牧姬蜂亚科 Poemeniinae 分族检索表

1. 中胸盾片布满粗横皱……………………………………………… **拟皱姬蜂族 Pseudorhyssini**
   中胸盾片无横皱，或仅后部中央具不规则的弱皱………………………………………… 2
2. 上颊的上半部具细和/或非常粗糙的粒状面；无胸腹侧脊；腹部第 1 节背板和腹板分离(不融合)，前部非光滑的圆柱形，气门不隆起 ……………………………… **牧姬蜂族 Poemeniini**
   上颊的上半部光滑，不粗糙；胸腹侧脊腹面存在；腹部第 1 节背板和腹板在前部多多少少融合，形成光滑的圆柱形，气门隆起 ……………………………… **黎加姬蜂族 Rodrigamini**

廿九) 牧姬蜂族 Poemeniini

唇基较小，亚方形。上颊上半部非常粗糙(牧姬蜂属 *Poemenia* Holmgren 和副凿姬蜂属 *Deuteroxorides* Viereck 除外，它们的上颊上半部的粗糙面较弱或无)。无胸腹侧脊。腹部第 1 节背板与腹板融合。第 2 节背板无基侧沟。

该族含 9 属，分布于非洲热带区、全北区和新热带区。我国已知 8 属；江西已知 1 属。目前已知的寄主主要是硬木内的鞘翅目幼虫，外寄生。这里参照 Wahl 和 Gauld (1998) 的文献，编制世界已知属检索表。

牧姬蜂族分属检索表

1. 上颚具 2 端齿；爪简单……………………………………… **牧姬蜂属 *Poemenia* Holmgren**
   上颚不分为 2 齿，呈凿形 …………………………………………………………… 2
2. 上颊上部 0.3~0.5 具微弱的粗糙面；前沟缘脊通常在前胸背板背方存在…………………………
   ……………………………………………… **副凿姬蜂属 *Deuteroxorides* Viereck**
   上颊上部具特别粗糙的表面；前沟缘脊在前胸背板背方缺………………………………… 3
3. 后足前侧的爪在近中央处突然强烈弯曲成大于 90°的角，该爪具 1 根末端扩大呈匙状的毛，内侧的爪弯曲程度正常，与前侧相比相差甚多……………………… **曲爪姬蜂属 *Eugalta* Cameron**
   后足前侧的爪并不突然弯曲成角度，它的弯曲程度与后侧的爪差不多，前侧爪的毛的末端不明显扩

大……………………………………………………………………………………………………4
4. 前翅具小翅室………………………………………………………………………………5
前翅无小翅室…………………………………………………………………………………7
5. 前翅第 2 回脉具 2 弱点……………………………………………………………………6
前翅第 2 回脉具 1 弱点……………………………………古姬蜂属 ***Guptella* Wahl &Gauld**
6. 后足的爪具 1 齿；雌性腹部第 1 节背板长约为宽的 2.0 倍………**长节姬蜂属 *Dolichotrochanter* Sheng**
后足的爪简单；雌性腹部第 1 节背板长约为宽的 2.4 倍………………**鳞锉姬蜂属 *Ganodes* Townes**
7. 前中足的爪简单；腹部第 2~第 4 节背板无刻点或具极少且弱的刻点；具横线纹；雄性触角不特化，无触角瘤……………………………………………………**新凿姬蜂属 *Neoxorides* Clément**
前中足的爪各具 1 亚端齿……………………………………………………………………8
8. 后足的爪具 1 齿；前翅小脉与基脉对叉，或位于基脉稍外侧，或稍内侧……………………………………………………………………**裂爪姬蜂属 *Podoschistus* Townes**
后足的爪简单；前翅小脉位于基脉内侧，二者之间的距离为小脉长的 0.3~0.5 倍……………………………………………………………………**损锉姬蜂属 *Cnastis* Townes**

166. 曲爪姬蜂属 *Eugalta* Cameron, 1899

Eugalta Cameron, 1899. Memoirs and Proceedings of the Manchester Literary and Philosophical Society, 43(3):135. Type-species: *Eugalta strigosa* Cameron. Designated by Ashmead, 1900.

唇基小，宽约为长的 1.5 倍，基部隆起，端部凹，端缘近平截。上颚短，端部凿形。上颊侧观长约为复眼宽的 0.3 倍，上部具强烈粗糙区域，呈不均匀小瘤状表面。颚眼距非常短。中胸盾片中叶强烈前突；盾纵沟非常深，强烈向后收敛。无胸腹侧脊。小脉约与基脉相对。爪的腹面具 1 较大的中齿，该齿端部平截；后足外侧的爪在中央突然强烈弯曲，弯曲的角度大于 90°，具 1 较大的辅毛，其端部扩大呈匙状；内侧的爪正常弯曲。腹部第 1 节背板长为端宽的 2.0~4.0 倍。

全世界已知 33 种，分布于古北区、东洋区和澳大利亚区；我国已知 14 种及亚种。这里介绍 4 种。参照何俊华等(1996)的著作，编制我国已知种检索表如下。

曲爪姬蜂属中国已知种检索表

1. 前翅无小翅室…………………………………………………………………………………2
前翅具小翅室…………………………………………………………………………………12
2. 并胸腹节具清晰的横线纹……………………………………………………………………3
并胸腹节无横线纹或横线纹不清晰…………………………………………………………4
3. 胸部红色；所有的基节红色；中国台湾；印度，缅甸…………………………………………………………………**红条曲爪姬蜂红胸亚种 *E. strigosa rufithorax* Cameron**
胸部黑色；中足基节的斑及后足基节的基部和端部黑色…………………**湖北曲爪姬蜂 *E. hubeiensis* He**
4. 腹部第 1 节腹板伸达气门之后………………………………………………………………5
腹部第 1 节腹板至多伸达气门处……………………………………………………………6
5. 中胸侧板中部具皱纹-刻点；腹部第 1 节背板中部具皱纹-刻点或粗糙；后足腿节背侧及端部黑至褐黑色……………………………………**白跗曲爪姬蜂指名亚种 *E. albitarsis albitarsis* Cameron**
中胸侧板中部具刻点，无皱纹；腹部第 1 节背板中部光滑；腿节端部及后外侧黑褐色……………………………………………………………**卡氏曲爪姬蜂 *E. cameroni* Cushman**
6. 后足基节、转节及腿节具非常清晰的刻点……………………………………………………10

后足至少腿节无刻点，或刻点不清晰……7
7. 产卵器鞘长于体长；颜面黄色并沿侧缘向上延伸至额眼眶；中胸盾片具黄色斑……**纹曲爪姬蜂指名亚种 *E. linearis linearis* Morley**
产卵器鞘短于体长；仅颜面黄色，不向上延伸；中胸盾片无黄色斑……8
8. 基节黑色，仅中足基节的基部和后足基节的内侧黄白色；腹部第 1 节背板长大于端宽的 2.0 倍……**陕西曲爪姬蜂 *E. shaanxiensis* He**
基节浅色，仅中后足基节的端部黑色；腹部第 1 节背板长至多为端宽的 1.7 倍……9
9. 触角第 1 鞭节长约为端宽的 3.5 倍；侧单眼间距约为单复眼间距的 0.7 倍；前胸背板侧纵凹内光滑，无任何刻纹；后足胫节长约为端部直径的 14.0 倍；腹部第 1~第 3 节背板无或具非常弱的瘤状侧隆起……**赣曲爪姬蜂 *E. ganensis* Sheng & Sun**
触角第 1 鞭节长约为端宽的 5.0 倍；侧单眼间距约为单复眼间距的 0.43 倍；前胸背板侧纵凹内具细横线纹；后足胫节长约为端部直径的 10.0 倍；腹部第 1~第 3 节背板具侧瘤……**中华曲爪姬蜂 *E. chinensis* Wang & Gupta**
10. 胸部和基节全部黑色，无浅色斑；后足腿节褐黑色……**白缘曲爪姬蜂 *E. albimarginalis* (Uchida)**
胸部具浅色斑：前胸侧板、颈、翅基片、翅基下脊、中胸后侧片、基节(仅后足基节端部背面带黑色)黄色；后足腿节仅近端部黑色……11
11. 中胸侧板具较深且贯穿全长的横沟；腹部第 1 节腹板末端未伸抵气门处；产卵器鞘长约与腹部等长；前胸侧板黑褐色……**沟曲爪姬蜂，新种 *E. sulcinervis* Sheng & Sun, sp.n.**
中胸侧板无贯穿全长的横沟；腹部第 1 节腹板伸抵气门处；产卵器鞘长为腹部长的 2.0~2.5 倍；前胸侧板黄色……**马杨曲爪姬蜂 *E. mayanki* Gupta**
12. 中胸盾片光亮无刻点，或较大个体具少量稀刻点；后足胫节亚端部 0.75 带黑色……**黑曲爪姬蜂指名亚种 *E. nigricollis nigricollis* Cameron**
中胸盾片具清晰的刻点……13
13. 小盾片仅前部具稀刻点；后胸侧板具网状皱……**云南曲爪姬蜂 *E. yunnanensis* (He)**
小盾片满布刻点；后胸侧板具皱-刻点……**毛曲爪姬蜂 *E. pilosa* (Szépligeti)**

353. 卡氏曲爪姬蜂 *Eugalta cameroni* Cushman, 1933 (图版 XXIX：图 214) (江西新记录)

Eugalta cameroni Cushman, 1933. Insecta Matsumurana, 8:3.

♂ 体长约 11.5 mm。前翅长约 7.5 mm。

复眼内缘强烈向下方收敛。颜面最狭处的宽约为长的 0.7 倍，均匀隆起，光滑光亮，具非常稀且浅的细刻点和浅黄色毛。唇基光滑，近中部横向隆起；基部具几个较粗的刻点；端部稍粗糙，皱状，嵌有粗浅的稀刻点；端缘弱弧形。上颚短，端部凿形。颊区具细粒状表面；颚眼距约为上颚基部宽的 0.33 倍。上颊狭窄，侧观约为复眼横径的 0.4 倍；中部稍隆起，前部光滑光泽，后部非常粗糙、具不均匀且不规则的瘤状突起。头顶光滑光亮，后部中央稍凹、具弱浅不清晰的粗刻点；单眼区具 1 中纵沟；侧单眼间距约为单复眼间距的 0.7 倍。额光滑，下半部稍凹。触角细长，鞭节 35 节；第 1 节长约为端宽的 5.3 倍，约为第 2 节长的 0.8 倍。后头脊完整，上部中央稍向上拱起。

前胸背板光滑光亮。中胸盾片明显呈三叶状，中叶较隆起；具稠密的浅细刻点；后部中央宽凹；盾纵沟非常明显，前部较深。小盾片均匀隆起，前部具与中胸盾片相似的刻点，后部光滑无明显的刻点。后小盾片稍隆起，近方形，光滑光亮，几乎无刻点。中胸侧板具稠密的细毛刻点，中下部稍隆起；中胸侧板凹坑状、周围光滑；无胸腹侧脊。中胸腹板具稠密的弱皱，具中纵沟。后胸侧板具稠密较细的斜横皱。翅带褐色，透明，小脉与基脉相对；无小翅室；肘间横脉宽短呈结节状；第 2 回脉远位于肘间横脉的外侧；外小脉约在下方 0.4 处曲折；后小脉约在上方 0.25 处曲折。足较细长；前足胫节前侧具 5 或 6 根强壮的棘刺。爪具 1 较大的辅齿；后足外侧的爪在中央突然强烈弯曲，弯曲的角度大于 90°，具 1 较大的辅毛，其端部扩大；内侧的爪正常弯曲。并胸腹节中央非常弱地隆起，无脊；表面呈非常弱的细横皱，基区处光滑光亮；亚侧部向下外方呈浅纵凹；气门圆形，约位于并胸腹节的中部。

腹部梭形，第 3 节背板端部为腹部最宽处。第 1 节背板向基部显著变细，长约为端宽的 3.0 倍；基半部两侧稍粗糙、具稀疏的弱突，中部光滑、具弱细的横纹，端部光滑光亮；气门呈小瘤状隆起，约位于第 1 节背板中央；腹板端部未伸达气门。第 2 节及以后背板具稠密的细点状横皱，第 2、第 3 节背板亚基部两侧具横腹陷；第 2 节背板长梯形，长约为端宽的 1.6 倍；第 3 节背板两侧近平行(端部稍宽)，长约为宽的 1.4 倍；第 4 节以后背板向后渐收敛，端部 3 节侧扁。

体黑色，下列部分除外：触角鞭节第 12~第 24 节白色，腹侧基部带黄色；唇基，颊，上颚(端齿除外)锈红色；触角柄节、梗节，颜面，下颚须，下唇须，前胸侧板，前胸背板前缘、颈部，小盾片、后小盾片及中后胸后缘，翅基片及前翅翅基，翅基下脊，中胸侧板后缘，并胸腹节后部，腹部各节背板的端部，前中足基节、转节均为鲜黄色；足黄褐至红褐色，末跗节及爪深褐色，后足基节端部外侧、腿节端部及后外侧、胫节端半部黑褐色，后足第 1~第 4 跗节白色；翅痣褐色；翅脉褐黑色。

分布：江西、台湾；日本。

观察标本：1♂，江西全南，2010-09-30，集虫网。

354. 赣曲爪姬蜂 *Eugalta ganensis* Sheng & Sun, 2010

Eugalta ganensis Sheng & Sun, 2010. Parasitic Ichneumonids on woodborers in China (Hymenopteras: Ichneumonidae), p.205.

♀ 体长约 12.0 mm。前翅长约 9.8 mm。产卵器鞘长约 10.0 mm。

复眼内缘强烈向下收敛。颜面最狭处的宽约为长的 0.64 倍，均匀隆起，具非常稀且浅的刻点和浅黄色毛。唇基光滑，近中部横向隆起，端部稍粗糙，端缘中央稍凹。颊区具革质细粒状表面；颚眼距非常狭窄，小于上颚基部宽的 0.1 倍。上颊下半部均匀向后收敛；上半部隆起，非常粗糙，具大小不均匀且不规则的瘤状突起。头顶光滑；侧单眼与复眼之间光亮，仅在靠近复眼处具非常稀的刻点；后部在侧单眼与后头脊之间具清晰但不均匀的刻点，靠近后部更密些。单眼区具 1 中纵沟。侧单眼间距约为单复眼间距的 0.7 倍。额光滑，侧缘具非常稀且不均匀的浅刻点。触角细长，鞭节 37 节；第 1 节长约为端宽的 3.5 倍，约为第 2 节长的 0.9 倍。后头脊完整，上部中央稍向上拱起。

前胸背板光滑光亮，仅后上部具刻点。中胸盾片具稠密的粗刻点；中央具皱，前部的皱横向，后部的皱斜纵向；盾纵沟非常明显，前部较深。小盾片稍隆起，具与中胸盾片相似的刻点。后小盾片稍横向，具非常细且稠密的刻点。中胸侧板下部及前部具细刻点，中胸侧板凹周围光滑光亮无刻点；无胸腹侧脊。中胸腹板具稠密的细刻点(明显比中胸侧板的刻点密)。后胸侧板具不清晰且较弱的网状皱及非常不均匀的刻点。翅透明，小脉位于基脉稍内侧，二者之间的距离小于小脉直径；肘间横脉的长度约为它与第 2 回脉之间距离的 0.5 倍；外小脉在中央曲折；后小脉约在上部 0.25 处曲折。足较细长；前足胫节前侧具 5 或 6 根清晰的棘刺；后足基节具非常稀且细的毛刻点；后足胫节长约为端部最大直径的 14 倍。并胸腹节非常弱地隆起，无脊；表面呈非常弱且不规则的网状；气门椭圆形，位于并胸腹节的中部稍后方。

腹部第 1 节背板长约为端宽的 1.7 倍；基部 2/3(柄部)表面不均匀的粗粒状，端部 1/3(后柄部)光滑光亮，几乎无刻点；气门呈小瘤状隆起，位于中部稍前方；腹板端部未伸达气门，基部弱隆起；第 2、第 3 节背板具稠密且较粗的刻点，亚基部具非常弱的横压痕；第 4 节背板具刻点，但明显比前面背板的刻点弱；其余背板无明显的刻点。产卵器腹瓣端部具清晰的脊，基部 3 条稍内斜且相距较远。

黑色。触角鞭节第 8 节端半部、第 9~第 22 节白色；唇基褐黑色；颜面，下颚须，下唇须，前胸侧板中部的大斑，前胸背板前缘的宽边，翅基片，翅基下脊，中胸后侧片，腹部第 1 节背板的基部及端部，第 2~第 5 节背板后缘的宽边浅黄色；前足基节(外侧具 1 小黑斑除外)、转节，中足基节基部约 2/3 及第 1 转节和后足第 1 转节黄褐色；前足腿节及胫节，中足第 2 转节背面、腿节、胫节，后足基节基半部、腿节(端部黑色除外)、胫节基部约 0.7、跗节第 1~第 4 节红褐色；前中足跗节黑褐色；翅痣深褐色；翅脉褐黑色。

分布：江西。

观察标本：1♀，江西九连山，520 m，2008-04-09，孙淑萍；1♂，江西九连山，630 m，2011-04-27，盛茂领；1♀，江西宜丰官山，2011-11-14，盛茂领。

355. 湖北曲爪姬蜂 *Eugalta hubeiensis* He, 1996 (江西新记录)

Eugalta hubeiensis He, 1996. Economic Insect Fauna of China, 51:205.

♀ 体长 7.5~17.0 mm。前翅长 5.5~11.0 mm。产卵器鞘长 5.0~7.0 mm。

颜面强烈向下方收敛，宽约为长的 0.83 倍；表面均匀隆起，具稀且浅的细毛刻点。唇基基部横向稍隆起或几乎平坦，光亮；端部稍粗糙，中央凹陷，宽约为长的 1.25 倍。上颚强壮，凿状；具 1 平行于上缘的细沟。颊区具细粒状表面；颚眼距非常狭窄，其长小于上颚基部宽的 0.1 倍。上颊光亮，下部具非常稀的细刻点，但沿后缘较稠密；上部非常粗糙，横瘤突状。头顶具非常稀且浅的细刻点，靠近侧单眼的外侧几乎无刻点，由侧单眼向后头脊处逐渐变得稠密。侧单眼间距为单复眼间距的 0.6~0.7 倍，具 1 非常清晰的细中纵沟。额光滑，向下部逐渐凹陷，具非常稀的细刻点。触角约与前翅等长；鞭节 32~34 节。

前胸背板光滑，后上角处具粗刻点；亚前缘非常突出，呈一尖锐的纵脊状。中胸盾片具清晰且粗的刻点；中央具非常粗糙的皱，侧边的短皱呈横向，中央几乎无规则，稍呈纵向。小盾片稍隆起，具粗刻点。中胸侧板具稠密的刻点；前上部粗糙，具多多少少可见的短纵皱；镜面区及它的前方合形成一光亮无刻点区。后胸侧板粗糙，具不规则的密皱。翅透明，无小翅室，肘间横脉非常粗短，长约为它与第 2 回脉之间距离的 0.3 倍；外小脉在中央曲折；小脉对叉或稍前叉式；后小脉约在上方 0.25 处曲折。并胸腹节具强而不规则的横皱，由一清晰的横脊(端横脊中段)将端部的乳白色部分与基侧的黑色部分分开；气门处凹陷；气门椭圆形。

腹部背板呈梭形，各节背板具光滑的后缘。第 1 节背板长约为端宽的 1.8 倍；稍粗糙，具不规则且不太清晰的粗刻点；端部光滑，几乎无刻点，亚端部具横凹痕，凹痕靠近后缘白色横带的交界处；气门稍隆起，位于该节背板中部稍前方；腹板的后端伸达气门处。第 2、第 3、第 4 节背板具非常稠密的粗刻点。第 5 节的刻点较浅而细。产卵器鞘为腹长的 0.8~1.0 倍。

黑色。颜面(下缘的“凹”形狭边黑色除外)及触角窝之间，下颚须，下唇须，触角基部 5 节下方，鞭节(8)9~17(18)节，前胸背板背部及侧面前缘至下方和后角，翅基片，翅基下脊，小盾片后半，后小盾片，中胸后侧片和并胸腹节端部均为黄色；前中足黄褐色，基节两端、第 2 转节、腿节端部、胫节端部、端跗节黑褐色；后足胫节基部乳白色，第 1~第 4 跗节白色。

♂ 体长 10.0~10.5 mm。前翅长 7.0~7.5 mm。触角鞭节 29 或 30 节，第 12~第 19(20)节白色。后足跗节第 1~4 节白色。

寄主：在四川已知寄生于云斑天牛 *Batocera horsfieldi* (Hope)。

寄主植物：核桃 *Juglans regia* L.。

分布：江西、湖北、河南、四川、吉林。

观察标本：3♀♀，江西宜丰官山自然保护区，2010-10-20，盛茂领；1♂，江西龙南九连山自然保护区，1050 m，2011-04-27，盛茂领；1♀2♂♂，河南栾川龙峪湾自然保护区，1050 m，1999-05-22，盛茂领；1♀，吉林白河，1200 m，2000-09-10，孙淑萍；1♀，四川康定，2005-11-24，杨伟；3♀♀1♂，河南内乡宝天曼自然保护区，1080 m，2006-05-25~08-15，申效诚。

356. 沟曲爪姬蜂，新种 *Eugalta sulcinervis* Sheng & Sun, sp.n. (图版 XXIX：图 215)

♀ 体长约 8.0 mm。前翅长约 6.5 mm。触角长约 6.3 mm。产卵器鞘长约 4.5 mm。

颜面强烈向下方收敛，宽(下方最窄处)约为长的 0.25 倍；表面均匀隆起，几乎光滑光亮，具稀且浅的细毛刻点。唇基沟清晰。唇基基部横向稍隆起，几乎光滑；端部稍粗糙，中央凹陷且具较长的柔毛，宽约为长的 1.5 倍；端缘中央平截。上颚强壮，凿状；具 1 平行于上缘的细沟。颊区具细粒状表面；颚眼距非常狭窄，长小于上颚基部宽的 0.1 倍。上颊前部光亮，前下部具非常稀的细毛刻点；上部非常粗糙，呈稠密的瘤突状；后部上方具非常粗糙的斜纵皱。头顶光滑光亮，具非常稀且浅的细刻点，靠近侧单眼的外侧几乎无刻点；侧单眼间距约等于单复眼间距，具 1 非常清晰的细中纵沟。额光滑光亮，向下部逐渐凹陷，中单眼前方具短的中纵沟。触角约与前翅等长；鞭节 32 节，第 1~第 5 鞭节长度之比依次约为 1.9∶2.0∶2.2∶2.2∶2.0。后头脊完整，后部中央稍向前凹。

前胸背板光滑，后上角处稍具细刻点；亚前缘非常隆起，呈一锐利的纵脊状。中胸盾片具清晰且粗的稀疏刻点；中央具稠密的细皱，侧边的短皱呈横向，中央的细皱稍呈纵向，几乎不规则；盾纵沟明显，约伸达盾片中央；中叶显著隆起，前缘陡直。小盾片稍隆起，具粗刻点。后小盾片矩形，光滑光亮。中胸侧板具稠密的弱皱表面；翅基下脊光滑光亮，具几个稀细的浅刻点；中部具1宽而深的横沟，几乎与腹板侧沟平行；横沟上方光滑光亮；腹板侧沟明显，伸达中足基节；中胸侧缝细浅，中胸后侧片光滑光亮、具几个纵向的浅细刻点。后胸侧板相对狭长，中部较隆起，表面粗糙，具不规则的密皱；后胸侧板下缘脊完整。翅几乎无色，透明，翅脉细弱；小脉与基脉相对；无小翅室，肘间横脉短、粗，呈结节状，其长约为它与第2回脉之间距离的0.17倍；外小脉在中央曲折；后小脉约在上方0.2处曲折。足较细长；前中足基节较光滑，基部外侧具清晰的细刻点；后足基节具较均匀的浅细刻点；前足胫节外侧具5根强壮的棘刺；后足胫节长约为端部最大直径的15.3倍；后足第1~第5跗节长度之比依次约为2.5：1.3：1.0：0.3：0.5。并胸腹节具强而不规则的横皱和稠密的褐色长毛，由1清晰的横脊(端横脊中段)将端部的乳白色部分与基侧的黑褐色部分分开；两侧具宽浅的纵凹沟；外侧脊细弱；后缘中央显著深凹，亚端侧角突出；气门处凹陷，气门椭圆形、约位于端部0.4处。

腹部背板呈梭形；各节背板具光滑无刻点的后缘。第1节背板长约为端宽的1.7倍；稍粗糙，具弱皱表面和不规则且不太清晰的粗刻点；亚端部具端侧沟和横凹痕，凹痕位于后缘黄色横带的交界处；气门稍隆起，位于该节背板中央；腹板的后端伸达气门处。第2~第5节背板中央具浅横凹；第2~第4节背板具非常稠密的粗刻点；第5节及以后的背板的刻点较浅而细。产卵器鞘约为腹部长的0.85倍。产卵器细弱，向上弯曲，端部约具5条均匀平行的细纵脊。

头部黑色。触角基段黑褐色(柄节、梗节及第1~第3鞭节腹侧黄色)，中段9~20节白色，端部红褐色；颜面，触角窝之间和上唇黄色；下颚须和下唇须白色；唇基，颊，上颊前部暗红褐色。胸部红褐至黑褐色。前胸背板前部及后上角的端缘，小盾片、后小盾片及其后缘的狭边，翅基片及前翅翅基，中胸后侧片及翅基下脊，并胸腹节端部均为黄色。腹部背板红褐色，各节背板光滑的后缘黄色。足红褐色，前中足基节、转节主要为黄色，前足腿节和胫节腹侧带黄色；后足基节端部、转节(第1转节带黄色)、腿节端部、端跗节黑褐色；后足胫节乳白色，亚基部黄褐色，端部黑褐色；后足第1~第4跗节白色。翅脉黄色，翅痣黄褐色。

正模 ♀，江西宜丰官山自然保护区，450 m，2010-10-20，盛茂领。

词源：新种名源于中胸侧板具深横沟。

该新种可通过中胸侧板具贯穿全长的深横沟与该属其他种区别。

三十) 绕姬蜂族 Rodrigamini

该族是 Wahl 和 Gauld 于 1998 年根据绕姬蜂属 *Rodrigama* Gauld，1991，建立的族，仅含1属。

167. 绕姬蜂属 *Rodrigama* Gauld, 1991

Rodrigama Gauld，1991. Memoirs of the American Entomological Institute, 47:536. Type-species: *Rodrigama gamezi* Gauld; original designation.

前翅长 12~26 mm。触角鞭节倒数第1节末端平截。复眼内缘平行。具前沟缘脊。

具胸腹侧脊，但背端仅伸至前胸背板下角处。并胸腹节非常短，纵脊弱或消失；外侧脊清晰可见；气门椭圆形。后胸侧板较隆起；后胸侧板下缘脊完整。小翅室具短柄；第2回脉具2弱点。爪简单；后足非常细长，胫节和跗节特别细且长。腹部第1节非常细且长，腹板与背板融合，基部几乎圆筒形；无背中脊和背侧脊；无基侧凹；气门约位于该节中部。第2~第4节背板中央具前侧沟和后侧沟围成的菱形区。产卵器鞘长约为后足胫节长的4.5倍。产卵器腹瓣亚端部侧面扩展，或部分包被背瓣，具清晰的脊。雄性腹部稍侧扁。

该属是Gauld (1991)根据分布于哥斯达黎加的1个种建立的属。Matsumoto和Broad (2011)报道了台湾和琉球群岛的2个种。根据目前的研究进展，现将我国的斑筒瘤姬蜂 *Pimplaetus maculatus* Sheng & Sun, 2010归并入该属。目前该属共知4种，分布于东古北区、东洋区和新热带区；我国有很多种类尚待厘定或报道；目前江西仅知1种。

357. 斑绕姬蜂 *Rodrigama maculatus* (Sheng & Sun, 2010) comb. n.

Pimplaetus maculatus Sheng & Sun, 2010. Parasitic Ichneumonids on Woodborers in China, p.176.

♀ 体足非常细长，体长约22.0 mm。前翅长约14.5 mm。产卵器鞘长约31.0 mm。

颜面向下方稍收窄，宽约为长的1.37倍；中央纵向稍隆起，亚侧方下部稍凹；上部中央具弱纵隆起；其余光滑光亮，具特别稀疏的细毛刻点。唇基沟清晰，弱弧形。唇基由基部至端缘呈光滑光亮的斜平面，具较颜面更细更稀(不易观察到)的毛刻点；端缘麻皱状。上颚基部具弱皱，下端齿明显长于上端齿。颊区为细粒状表面，稍凹，颚眼距约为上颚基部宽的0.45倍。上颊光滑光亮，中央明显隆起，向后部不收敛。头顶光滑光亮，后方宽阔；单眼区外围稍凹，具1弱中纵沟；侧单眼间距约为单复眼间距的0.86倍。额光滑光亮，具特别稀疏的细毛刻点。触角鞭节36节；第1~第5鞭节长度之比依次约为1.8∶1.5∶1.3∶1.3∶1.2。后头脊背方中央间断。

前胸背板光滑光亮，仅后上部具细刻点；侧凹上部(在前沟缘脊下方)具弱横皱；前沟缘脊强壮。中胸盾片明显的三叶状，中叶前部明显隆起；盾纵沟深，在中胸盾片中央稍后方相遇；具稀疏的细刻点，在中部亚侧面具隐含的粗横纹。小盾片宽阔，基半部明显隆起，端部钝圆；具与中胸盾片相似的稀且细的刻点。后小盾片光滑，稍隆起。中胸侧板稍隆起，布满稀疏的细刻点；中胸侧板凹坑状，由1浅横沟与中胸侧缝相连。后胸侧板具与中胸侧板相似的质地；后胸侧板下缘脊完整。翅褐色透明，小脉位于基脉稍外侧(几乎对叉)；小翅室斜四边形(近似三角形)，宽大于高，第1肘间横脉明显长于第2肘间横脉；第2回脉约在它的中央外侧与它相接；外小脉约在下方1/3处曲折；后小脉约在上方1/5处曲折。足细长；前足基节约呈锥形，中后足基节约呈棍棒状；后足第1~第5跗节长度之比依次约为7.8∶3.2∶1.8∶0.8∶1.0；爪简单。并胸腹节稍均匀隆起，具稠密的粗皱点，端缘约0.2处光滑；仅外侧脊明显；气门小，卵圆形，紧靠外侧脊。

腹部长，约为头胸部之和的2.8倍；向端部稍加宽。第1节背板细长，长约为端宽的6.5倍，几乎呈圆筒形，向基部非常微弱地收敛，几乎光滑，亚基部具非常不清晰的横短线纹，端部较光滑，侧面及端部具细刻点；气门小，圆形，突起，约位于该节背板的中央处；腹板几丁质化部分的长约为背板长的4/5。第2节以后背板除端缘光滑外均具稠密的浅细刻点；第 2、第 3、第 4 节背板长形，由基侧沟与后部的斜沟围成近菱形区；第 2 节背板长约为端宽的 2.6 倍，基部两侧具横凹；第 5 节背板长稍大于宽；第 6、第 7 节背板横形；第 8 节背板短喙状。产卵器鞘长而直，约为后足胫节长的 4.8 倍。产卵器腹瓣亚端部约具 14 条纵脊。

体红褐色，下列部分除外：触角鞭节黑色；颜面，额眼眶，颊，上颊，唇基，上颚(端齿黑色)，下唇须，下颚须，小盾片端半部，后小盾片，前足基节、转节及腿节和胫节腹侧，中足基节、第 2 转节、腿节和胫节腹侧，后足第 2 转节腹侧、第 1 跗节端半部、第 2~第 4 跗节黄色；后足基节、腿节背侧带黑色；并胸腹节及腹部背板带黑褐色；翅痣和翅脉褐黑色；前翅在小脉和基脉交叉的位置及翅痣下后方具黑褐色斑。

分布：江西、福建。

观察标本：1♀，江西吉安双江林场，174 m，2009-05-10，罗俊根；1♀，福建邵武兰花谷，2011-04-27，盛茂领。

廿二、皱背姬蜂亚科 Rhyssinae

在 Townes (1969)的属志中，该亚科是瘤姬蜂亚科中的一个族。1991 年，Gauld 将这个族提升为亚科。

前翅长 6~30 mm。唇基小，近似方形，端缘具 1 中瘤或侧端突。后头脊背方中央不完整。后头无凹刻。中胸盾片背面比较平，前端突然垂直下降；具非常稠密且不太规则的横皱；盾纵沟通常较长。中胸侧缝直或几乎直。并胸腹节无脊。后足基节通常较长，爪简单。有小翅室或无；后小脉在中央上方曲折。雌性腹部最后一节背板拉长，端部呈一光滑的角状或为一边缘光滑的突出部。产卵器较长至非常长，侧扁。

该亚科含 8 属，几乎分布于全世界；我国已知 7 属；江西已 3 属，这里介绍 2 属。本属的种类是林木钻蛀害虫，特别是树蜂科 Siricidae、长颈树蜂科 Xiphydriidae 和天牛科 Cerambycidae 等蛀虫的重要天敌。

皱背姬蜂亚科江西已知属检索表

1. 有小翅室；雄性第 3~第 6 节背板端部强烈前凹，端部或亚端部中央有 1 纵行亚膜质区域；雌性第 3~第 5 节背板完全或几乎完全光滑 ······ **马尾姬蜂属 *Megarhyssa* Ashmead**
   通常无小翅室 ······ 2
2. 上颚上端齿的末端比下端齿末端狭窄；翅钩列通常基方的 3 个翅钩相距较近，其余的翅钩相距较远；腹部第 1 节背板长约为端宽的 1.3 倍；腹部刻点非常弱或不明显 ······ **三钩姬蜂属 *Triancyra* Baltazar**
   上颚上端齿的末端比下端齿的末端稍宽；翅钩列基方的 2 个翅钩相距较近，其余的翅钩相距较远；腹部第 1 节背板的长约为端宽的 1.3~3.5 倍；腹部刻点通常较明显 ······ **上皱姬蜂属 *Epirhyssa* Cresson**

168. 上皱姬蜂属 *Epirhyssa* Cresson, 1865

Epirhyssa Cresson, 1865. Proceedings of the Entomological Society of Philadelphia, 4:39. Type-species: *Epirhyssa speciosa* Cresson, 1865. Designated by Viereck, 1914.

Sychnostigma Baltazar, 1961. Monographs of the National Institute of Science and Technology, 7:75 New name.

Epirhyssa Gauld, 1984. Bulletin of the British Museum (Natural History), Entomology series, 49(4):316.

主要鉴别特征：前翅长 6~23 mm，通常无小翅室，肘间横脉位于第 2 回脉内侧或相对，二者之间的距离可达肘间横脉长的 1.0 倍；腹部第 1 节背板无或具短的背侧脊。

该属是一个较大的属，全世界已知 114 种；中国已知 10 种；江西已知 1 种。

上皱姬蜂属中国已知种检索表*

1. 体黑色，或主要为黑色具浅色斑……2
   体浅色，主要为黄色、黄褐色或褐色具黑色斑……4
2. 颜面黄色具 1 黑斑；腹部背板具黄色宽横带……3
   颜面完全褐黑色；腹部完全褐黑色……**乌上皱姬蜂 *E. lurida* Sheng & Sun**
3. 肘间横脉与第 2 回脉对叉；胸部黑色具少量黄色斑；中胸侧板完全黑色；腹部背板的黄色横带在背面中央间断……**北海道上皱姬蜂 *E. sapporensis* Uchida**
   肘间横脉明显位于第 2 回脉内侧；胸部具大量色斑；中胸侧板黄色，中央具宽的黑色横带；腹部背板的黄色横带在背面不间断……**蛾上皱姬蜂 *E. hyblaeana* Sonan**
4. 后头脊完整；侧单眼间距约为单复眼间距的 0.75 倍；腹部第 1 节背板长约为端宽的 2.0 倍……**雅上皱姬蜂 *E. elegana* (Wang)**
   后头脊背面中央间断……5
5. 雌性腹部第 1 节腹板具 1 对瘤……6
   雌性腹部第 1 节腹板无瘤……7
6. 肘间横脉位于第 2 回脉内侧；腹部第 1 节背板长约为端宽的 1.6 倍；前胸侧板完全黄色……**黄足上皱姬蜂 *E. flavipes* Sonan**
   肘间横脉与第 2 回脉对叉；腹部第 1 节背板长约为端宽的 1.3 倍；前胸侧板黄色，侧面具 1 斜的棕黑色斑……**宽颚上皱姬蜂 *E. latimandibularis* (Hu & Wang)**
7. 颜面黄色，中央具 1 卵圆形褐色斑；腹部第 1 节背板长约为端宽的 1.3 倍……**萨氏上皱姬蜂 *E. sauteri* (Kamath & Gupta)**
   颜面完全黄色，无褐色斑；腹部第 1 节背板长为端宽的 2.0~2.2 倍……8
8. 中胸腹板黑色；腹部第 3~第 5 节背板无侧横凹……**黑上皱姬蜂 *E. flavobalteata melaina* Sheng**
   中胸腹板黄色；腹部第 3~第 5 节背板在气门后方具明显的侧横凹……**黄上皱姬蜂 *E. flavobalteata flavobalteata* Cameron**

358. 黄上皱姬蜂 *Epirhyssa flavobalteata flavobalteata* Cameron, 1899

Epirhyssa flavobalteata Cameron, 1899. Memoirs and Proceedings of the Manchester Literary and Philosophical Society, 43(3):129.

♀ 体长 12.5~17.0 mm。前翅长 9.5~13.0 mm。产卵器鞘长 15.5~20.5 mm。

颜面宽约为长的 0.96 倍；中央上部均匀隆起，具稠密的粗横皱(间杂粗刻点)，上部中央具短而细弱的纵脊；亚侧缘及下部稍凹，具稀浅的细刻点。唇基沟明显，在唇基凹之间几乎呈直线状(中央略凹)。唇基非常小，光滑，端缘中段几乎平截(稍凹)。上颚基部宽，较光滑；上端齿稍短于下端齿。颊呈细粒状表面，颚眼距约为上颚基部宽的 0.24 倍。上颊光滑，具细刻点，后下部几乎无刻点。头顶具细刻点(仅在单眼区外侧光滑，刻点稀)，侧单眼外侧稍凹；侧单眼间距约为单复眼间距的 0.8 倍。额下半部(触角窝上方)

* 该检索表参照未包含小体上皱姬蜂 *E. corpucella* (Wang, 1995)，可参考原文鉴别。

稍凹，凹内光滑；具不明显的中纵脊；上半部具细刻点。触角鞭节 32~34 节，第 1~第 5 鞭节长度之比依次约为 2.0∶1.6∶1.6∶1.5∶1.4。后头脊上方中央间断。

前胸背板光滑，侧凹宽，上部具细刻点；颈长，中央光滑光亮，前缘突出呈透明的边缘，缘上具 1 排刚毛；前沟缘脊可见。中胸盾片具稠密的粗横皱；盾纵沟深，后部约达中胸盾片中央之前。盾前沟光滑。小盾片宽阔，稍隆起，具比中胸盾片模糊且稍细的横皱。后小盾片近矩形，光滑。中胸侧板上部及后部光滑光亮，中下部具稀疏的刻点，下部及中胸腹板具稠密的粗横皱；翅基下脊发达，其上光滑；胸腹侧脊明显，约达中胸侧板高的 2/3 处；镜面区及中胸侧板凹周围光滑，发亮，无刻点。后胸侧板具稀疏的浅刻点，后胸侧板下缘脊完整。翅稍带褐色透明，小脉位于基脉的稍外侧，二者之间的距离约为小脉长的 0.2 倍；无小翅室；第 2 回脉位于肘间横脉的稍外侧或二者相对；外小脉在中央稍下方曲折；后小脉在近上端处曲折。足细长；前足腿节侧扁、弯曲，胫节弯曲，第 5 跗节弧形弯曲，较细长，长约为第 2 跗节长的 0.8 倍；后足第 1~第 5 跗节长度之比依次约为 4.8∶2.4∶1.5∶0.4∶1.3。并胸腹节上中部具稠密的粗刻点，中央具明显的中纵沟；后部 0.3 较光滑；外侧脊明显；气门椭圆形；端缘形成明显的扁侧突。

腹部第 1~第 2 节背板几乎光滑，具稀疏的细刻点和黄褐色长毛。第 1 节背板具浅的中纵凹，长约为端宽的 2.2 倍，气门小，突起，位于该节背板中央稍前方。第 2 节背板长梯形，长约为端宽的 1.1~1.4 倍，基部两侧具较大的腹陷。第 3~第 5 节背板在气门后方具横侧凹痕。第 3 节背板长形，端部稍宽于基部，基部约 2/3 具稠密的粗刻点，端部 1/3 刻点细弱。第 4 节以后背板基部具稠密的但明显较第 3 节背板基部细的刻点(杂细横皱)，端部具与第 3 节背板端部近似的刻点；第 7 节背板向端部显著收敛；第 8 节背板中央具倒三角形隆起。产卵器强烈侧扁，腹瓣端部约具 6 条垂直的脊。

头胸部主要为黄色，但上颚端齿，额亚中央，单眼区及前方，颈基部中央，中胸盾片侧叶前缘、盾纵沟内及两侧叶中央，盾前沟内，小盾片及后小盾片后缘，中胸侧板前缘和后下缘，后胸侧板前缘和后缘，并胸腹节基缘及后部 0.3 处的倒“U”形斑及端侧突均为黑色；触角(端部带黑色)，颊，上颚基部，头顶后部(中央夹黄色横带)及上颊后下缘，前胸背板前缘中央的大斑，中胸盾片中叶及侧叶中央，中胸侧板中央的斑均为褐色。腹部以褐色为主，第 1~第 6 节背板的端缘黑色，侧缘带黑色；各节背板的亚端部均具黄斑(第 1~第 2 节的黄斑大，近三角形；第 3~第 5 节的黄斑内嵌有鲜黄色的环状横带；第 6~第 8 节的黄斑横形)。前中足黄色，腿节和胫节外侧带褐色，跗节褐色(端跗节黑色)；后足褐色，基节背侧、第 1 转节背侧、腿节背侧及端部、胫节端部带黄斑，端跗节黑色。翅脉带黑褐色，翅痣黄褐色。

♂ 体长 7.5~20.5 mm。前翅长 5.0~11.5 mm。触角鞭节 29~33 节，胸部污黄色，褐斑少。其余同♀。

寄主：台湾绒树蜂 *Eriotremex formosanus* (Matsumura)、黑绒树蜂 *Eriotremex* sp.。

寄主植物：罗浮栲 *Castanopsis fabri* Hance。

分布：江西、广东、福建、台湾；印度。

观察标本：1♀，江西庐山大明水库，1247 m，2006-06-20，丁冬荪；2♀♀广东广州帽峰山，2007-04-12，盛茂领；24♀♀23♂♂，江西全南，2009-04-10~05-13，集虫网。

169. 马尾姬蜂属 *Megarhyssa* Ashmead, 1900

Thalessa Holmgren, 1859. Öfversigt af Kongliga Vetenskaps-Akademiens Förhandlingar, 16:122. Name preoccupied by Adams, 1853. Type-species:(*Ichneumon clavatus* Fabricius, 1798) = *gigas* Laxmann. Designated by Ashmead, 1900

Megarhyssa Ashmead, 1900. Canadian Entomologist, 32:368. New name.

较大型姬蜂。前翅长 10~30 mm。上颚的 2 端齿等长；下端齿端部尖；上端齿有些似凿状。有小翅室。雄性腹部第 3~第 6 节背板端缘凹陷很深。雌性第 3~第 5 节背板完全或几乎完全光滑，第 2~第 4 节腹板在近基部各具 1 对瘤突；末节背板端部角状，端缘平截。

分布于全北区和东洋区。全世界已知 36 种；我国已知 17 种；江西已知 2 种。是林木钻蛀害虫的重要天敌，已知的寄主主要为树蜂科和鞘翅目蛀虫。

359. 完马尾姬蜂 *Megarhyssa perlata* (Christ, 1791)

Ichneumon perlatus Christ, 1791. Naturgeschichte, Klassification und Nomenklatur der Insekten von Bienen, Wespen und Ameisengeschlect, p.356.

Megarhyssa perlata (Christ, 1791). He, Chen, Ma. 1996. Economic insect fauna of China, 51:218.

♂ 体长约 18.5 mm。前翅长约 11.5 mm。

复眼内缘在触角窝侧上方稍有凹痕。颜面宽约为长的 1.1 倍，中央稍隆起，具稀疏不清晰的弱横皱和粗刻点，侧方刻点稍弱；上部中央具 1 弱纵瘤，由弱的纵脊与额部的中纵脊相连；颜面下缘在唇基凹与复眼下缘之间形成细横脊。唇基沟明显。唇基小，稍呈倒梯形，光滑，端缘中部凹、中段直，两侧角突出。上唇稍外露，端缘具 1 排长毛。上颚短，基部宽阔；端齿钝，下端齿稍长于上端齿。颊具细革质状表面，颚眼距约为上颚基部宽的 0.5 倍。上颊光滑光亮，向后渐收敛。头顶光滑光亮，具不明显的弱细刻点；单眼区内稍皱状；侧单眼间距约等于单复眼间距。额光滑光亮，稍凹，具细的中纵脊(上半部不明显)，后部具弱横皱和弱细刻点。触角丝状，显著短于体长；柄节膨大，端缘强烈斜截形；鞭节 35 节，第 1~第 5 鞭节长度之比依次约为 1.2∶1.2∶1.0∶1.0∶0.9。后头脊背方中央中断。

前胸背板光滑光亮，仅前缘及后上角具细弱的刻点，侧凹下后缘具弱皱；前缘中部明显前突；前沟缘脊短，但明显可见。中胸盾片较平，具非常稠密的粗横皱(中央后部横皱相对较细)；盾纵沟明显，约达基部 0.4 处相遇。盾前沟光滑。小盾片稍隆起，宽阔，具稠密的细横皱。后小盾片近矩形，光滑。中胸侧板具不均匀的刻点；中部及翅基下脊下方浅横凹，两横凹的中后部具稠密的细纵纹；胸腹侧脊明显，约达中胸侧板高的 2/3 处；翅基下脊发达，其上刻点细密；中胸侧板凹坑状。后胸侧板平缓，光滑，具稀疏粗浅的刻点；后胸侧板下缘脊完整。翅黄褐色透明；翅痣狭长；小脉位于基脉的稍外侧(几乎相对)；小翅室近三角形，具柄；第 2 回脉在它的下外角处与之相接；第 2 肘间横脉下段稍弧形外弯，稍长于第 1 肘间横脉；外小脉约在中央曲折；后小脉在靠近上端处曲折。足较细长；前足腿节弯曲，侧扁；中足第 2 转节腹面前侧具 1 小纵脊；后足第 1~第 5 跗节长度之比依次约为 2.9∶1.8∶1.3∶0.6∶1.6。并胸腹节具稀疏细浅的刻点，散布细纵纹，中央后部光滑；侧纵脊端部和外侧脊具弱痕；气门处稍凹；气门长椭圆形。

腹部瘦长，各节背板较长，光滑光亮，具少数稀浅的细毛刻点。第 1 节背板长约为端宽的 1.8 倍；基部中央凹；背中脊仅基部具痕迹；气门椭圆形，约位于基部 0.2 处。第 2 节背板基部稍缢缩，基缘中央具横细纹，长约为端宽的 1.7 倍。第 8 节背板小，具中纵凹，端缘中央凹入。

体黄褐色，下列部分除外：触角鞭节褐色，背侧基部带黑褐色；头部(单眼区及侧方的横线纹、头顶后缘黑褐色，上颚基部红褐色、端齿黑色)，前胸侧板，前胸背板(颈中央除外)，中胸盾片侧叶的内缘和外缘，小盾片，后小盾片，中胸侧板，前足基节和转节鲜黄色；中后足跗节棕褐色；胸缝，腹部第 2 节背板的基部和端部、侧缘带黑褐色；翅痣鲜黄色，翅脉褐色。

寄主：据报道，已知的寄主为树蜂类：烟扁角树蜂 *Tremex fuscicornis* (Fabricius)、巨角树蜂 *T. magus* (Fabricius)、云杉大树蜂 *Urocerus gigas gigas* (L.)、驼长颈树蜂 *Xiphydria camelus* (L.)、栎黑天牛 *Cerambyx cerdo* L.等。

分布：江西、辽宁、黑龙江；俄罗斯，阿塞拜疆，拉脱维亚，乌克兰，奥地利，保加利亚，意大利，前捷克斯洛伐克，芬兰，波兰，罗马尼亚，比利时，法国，德国，瑞典，挪威，前南斯拉夫，匈牙利，摩尔多瓦。

观察标本：1♂，江西全南，550~650 m，2008-04-09，孙淑萍；1♂，辽宁沈阳，1993-08-08，盛茂领。

360. 斑翅马尾姬蜂 *Megarhyssa praecellens* (Tosquinet, 1889)

Thalessa praecellens Tosquinet, 1889. Annales de la Société Entomologique de Belgique, 33:134.

♀ 体长 15~44 mm。前翅长 12~27 mm。产卵器鞘长 22~62 mm。

颜面宽为长的 1.1~1.2 倍；光亮，上方中央均匀隆起，具较稀弱的细刻点；唇基光滑，端部中央稍凹，中央具 1 个小瘤，两侧角稍突起。颚眼距为上颚基部宽的 0.4~0.5 倍。上颊光滑光亮，下后角处具极稀、细的刻点，亚后缘隆起。头顶光滑光亮，具稀且细的刻点；单眼区稍隆起，具清晰的刻点；单眼外侧围有浅沟；侧单眼间距为单复眼间距的 0.8~1.0 倍。额中央具清晰的细横皱纹，两侧具细刻点；触角丝状，鞭节 37~44 节。后头脊背方中断。

前胸背板光滑光亮，后上角具细刻点；前沟缘脊可见。中胸盾片密布粗糙的横皱；盾纵沟清晰，伸至中胸盾片近中央处相遇。小盾片前凹几乎光滑。小盾片稍隆起，具清晰的细横皱。后小盾片光滑光亮。中胸侧板上部具较稀且不清晰的刻点，下部具稠密的粗刻点；翅基下脊近圆形隆起。后胸侧板光滑，具稀且不清晰的细刻点。并胸腹节几乎光滑光亮，具非常弱且细的刻点；端部中央无刻点。

腹部背板光滑。第 1 节背板长为端宽的 1.4~1.7 倍。第 2 节背板长为端宽的 1.2~1.4 倍。第 3~第 5 节背板具不均匀且不明显的细刻点，后缘两侧向后突出呈角状。第 7、第 8 节背板基部中央骨化程度非常低，呈缺口状。

体褐色。额，头顶(除单眼区褐色横纹)，上颊，颜面，唇基，后头部分，前胸背板(除背部中央带黑褐色及两侧多少带褐色斑纹)，中胸盾片中央 1 对纵纹及两侧 1 对窄纹，中胸侧板(除中央的 1 条褐黑色横纹)，小盾片，并胸腹节(除基端中央及端部具黑褐色斑纹外)均为黄色。上颚黑色，基部红褐色；前中足黄色，腿节在端部下面带褐色，中后足基节下面带深褐色，后足基节上面黄色，其余部分为黄褐色；前翅在紧靠翅痣的后侧具暗褐色大斑；腹部暗褐色，第 1、第 2 节背板亚端部的斑点，第 3~第 5 节背板两侧宽的长方形至三角形的斑，第 6、第 7 节背板两侧较窄且稍弯曲的横斑均为黄色。

♂ 体长 20~31 mm。前翅长 12~18 mm。前翅无暗斑。腹部非常细长，比胸部窄；第 3~第 6 节背板后缘凹陷甚深。

寄主：光肩星天牛 *Anoplophora glabripennis* (Mots.)、烟扁角树蜂 *Tremex fuscicornis* Fabricius、栗山天牛 *Massicus raddei* (Blessig)，在沈阳地区柳树 *Salix* sp.树干的树蜂类、山丁子(山荆子)*Malus baccata* (L.)干、枝的钻蛀害虫。国外记载的寄主还有：新渡户树蜂 *Sirex nitobei* Matsumura、日本大树蜂 *Urocerus japonicus* Smith 等。

寄主植物：杨树、柳树、糖槭、山丁子等。

变异：不同时间、不同地点采集的标本，在颜色上有一定的差异；翅上的斑的大小、色的深浅也有差异。个体的大小及局部特征的比例有一定差异。

分布：江西、河南、辽宁、吉林、黑龙江、河北、山东、山西、陕西、湖南、上海、浙江、四川、福建、台湾；日本，老挝，越南，印度。

观察标本：2♀♀2♂♂，江西全南，650 m，2008-04-16~07-07，集虫网；1♀，江西吉安，2008-06-15，集虫网；1♀1♂，河南洛阳，1998-06，郭民生；1♀1♂，河南内乡宝天曼，1280 m，2006-05-17~25，申效诚。

廿三、短须姬蜂亚科 Tersilochinae

主要鉴别特征：下颚须 4 节；下唇须 3 节；唇基宽，端缘具平行的长毛；翅痣大，约呈三角形；前翅基脉前端靠近翅痣粗大，两段径脉形成直角；无小翅室；后翅后中脉强烈弯曲，非常弱化或消失；后小脉通常不曲折。

该亚科含 22 属；我国已知 5 属；江西已知 1 属。

短须姬蜂亚科中国已知属检索表

1. 无基侧凹 ······ 2
   有基侧凹 ······ 3
2. 并胸腹节基部至端区之间具 1 对中纵脊 ······ **复姬蜂属 *Phradis* Förster**
   并胸腹节基部至端区之间具 1 条中纵脊 ······ **长凹姬蜂属 *Diaparsis* Förster**
3. 中胸侧板的横浅凹平直，仅前端向上翘，与水平线的夹角小于 30°；中后足胫节的距强烈弯曲；雌性后足胫节通常较短而跗节较长；产卵器鞘强烈向上弯曲 ······ **短胫姬蜂属 *Barycnemis* Förster**
   中胸侧板无横浅凹，若具横凹，则横凹短或强烈弯曲；中后足胫节的距稍弯曲或几乎直 ······ 4
4. 窗疤长，至少为宽的 2 倍；中胸侧板的横浅凹较长，后端靠近或伸达中足基节 ······ **掷姬蜂属 *Probles* Förster**
   窗疤较短，长不大于宽；中胸侧板的横浅凹较短，后端未靠近(有一些距离)中足基节 ······ **短须姬蜂属 *Tersilochus* Holmgren**

170. 长凹姬蜂属 *Diaparsis* Förster, 1869

Diaparsis Förster, 1869. Verhandlungen des Naturhistorischen Vereins der Preussischen Rheinlande und Westfalens, 25 (1868):149. Type-species: *Ophion nutritor* Fabricius, 1804.

胸部非常短。腹部第 1 节背板非常细长，若有基侧凹则在气门正前方；窗疤长而宽。唇基相当大，稍隆起。胸腹侧脊向前弯。并胸腹节端区大；基区具 1 中纵脊。肘间横脉位于第 2 回脉内侧；第 1 臂室端部封闭。产卵器鞘长为后足胫节长的 1.0~3.5 倍。

全世界已知 49 种；中国已知 8 种；江西已知 1 种。该属的寄主多为象甲科 Curculionidae、叶甲科 Chrysomelidae、负泥虫科 Crioceridae (Sheng 1999, 2009)和天牛科 Cerambycidae (Strojnowski，1977)等幼虫。

361. 珠长凹姬蜂，新种 *Diaparsis moniliformis* Sheng & Sun, sp.n. (图版 XXIX：图 216)

♀ 体长约 8.0 mm。前翅长约 4.5 mm。触角长约 3.0 mm。产卵器鞘长约 5.5 mm。

颜面宽约为长的 2.5 倍，具均匀稠密的粗刻点，中央稍隆起，上方中央具 1 纵瘤突。唇基沟明显。唇基向中央均匀隆起，基半部具较颜面稀疏且粗大的刻点，端部光滑无刻点；端缘较厚，圆弧形稍突出。上唇稍外露，端缘具 1 排长毛。上颚较长，基部具稠密的粗刻点，2 端齿尖锐，上端齿明显长于下端齿。颊稍凹，具均匀的细刻点；颚眼距约为上颚基部宽的 0.6 倍。上颊中部隆起，前方刻点稍粗且稠密，后方刻点相对细且稀疏；侧观约为复眼宽的 0.9 倍。额中央稍隆起，具稠密的刻点。侧单眼间距约为单复眼间距的 0.5 倍。头顶具稠密的刻点，中部稍隆起。触角明显短于体长；柄节膨大；鞭节 30 节，第 1~第 5 节长度之比依次约为 0.6∶0.5∶0.5∶0.5∶0.5，各小节相对均匀，长均大于自身直径；末节较长，约为次末节长的 2.0 倍。后头脊完整。

前胸背板较短，前部具不明显的微细刻点和稠密的绒毛；侧凹深，凹内具短横皱；后部具稠密模糊的细刻点；无前沟缘脊。中胸盾片大，均匀隆起，具均匀稠密的粗刻点，后部中央的刻点明显比前部的刻点稠密；盾纵沟不明显。盾前沟具细弱的短纵皱。小盾片稍隆起，具稠密的粗皱刻点。后小盾片不明显。中胸侧板具稠密不均匀的刻点；中部具 1 宽浅的斜沟，沟内具弱横脊；胸腹侧脊细弱，几乎伸达翅基下脊，上端不明显；镜面区处刻点相对粗大。中胸腹板具稠密的细刻点；中胸腹板后横脊仅侧方存在。并胸腹节粗糙，后部侧面具不规则的皱；中区稍呈不清晰的粒状；端区具不清晰的弱横皱；第 3 侧区具纵皱；基区消失，由 1 条中纵脊取代，其长约为并胸腹节长的 1/3；中区和端区合并，基部均匀膨大，端半部侧脊平行；第 1、第 2 侧区合并，第 3 侧区完整；气门小，圆形突起，接近并胸腹节的基部。翅带褐色透明，翅痣宽短；基脉加粗，强烈前弓；小脉位于基脉外侧，二者之间的脉段强烈变粗；无小翅室；第 2 回脉位于肘间横脉的外侧；肘间横脉上端明显粗且宽，其长约为它与第 2 回脉之间距离的 2.0 倍；外小脉约在下方 0.3 处曲折；后中脉基段消失；后小脉近垂直，无后盘脉。前足腿节粗壮；足的跗节细长；后足第 1~第 5 跗节长度之比依次约为 3.2∶1.6∶1.0∶0.7∶1.0。

腹部光滑，无刻点，强烈侧扁。第 1 节背板长约为端宽的 5.0 倍；腹柄部细长，两侧近平行，自靠近气门处突然膨大；基侧凹在侧面中央呈一长纵沟状，末端深凹；后柄部较长，后部两侧约平行，长约为端宽的 1.5 倍；无背中脊，背侧脊在气门之前可见；气门小，圆形，稍隆起，约位于端部 0.3 处。第 2 节背板长约为端宽的 1.8 倍，窗疤长形，抵达第 2 节背板的基缘。第 3 节背板约与第 2 节背板等长(0.94 倍)。产卵器鞘细长，长约为第 1 节背板长的 5.5 倍。

头胸部黑色；腹部除第 1 节背板黑色外，其余背板红色。触角黑褐色，腹侧基部红褐色；上颚中部，下唇须，下颚须，足(基节、转节黑色；后足腿节褐黑色)红色至红褐色；翅痣黑色，翅脉褐黑色。

♂ 体长 7.0~7.5 mm。前翅长 4.0~4.5 mm。触角鞭节 30 或 31 节。唇基端半部红褐色。腹部末端平截。

正模 ♀，江西安福，130~140 m，2011-10-28，集虫网。副模：13♂♂，江西安福，130~140 m，2011-10-13~11-10，集虫网。

词源：新种名源于触角鞭节念珠状。

该新种与猛长凹姬蜂 *D. saeva* Khalaim, 2008, 相似，可通过下列特征区别：触角鞭节 30 节；前胸背板侧凹具稠密的毛；后小脉明显外斜；产卵器鞘为腹部第 1 节背板长的 5.5 倍；产卵器背瓣无明显的亚端齿，腹瓣具非常弱且不明显的脊；所有的基节黑色；所有的转节和后足腿节褐黑色。猛长凹姬蜂：触角鞭节 25 节；前胸背板侧凹具粗糙的横皱；后小脉垂直；产卵器鞘为腹部第 1 节背板长的 2.3 倍；产卵器背瓣具 2 个近似圆形的亚端齿，腹瓣具非常清晰的脊；所有的基节、转节和腿节黑褐至黑色。

廿四、柄卵姬蜂亚科 Tryphoninae

唇基通常较长，端缘宽并具 1 列平行的长毛。无腹板侧沟，或不明显，若有则非常短。爪栉状，或简单。通常具小翅室。腹部第 1 节背板的气门位于中央内侧或中央附近；通常具基侧凹。腹部扁(拟瘦姬蜂属 *Netelia* 侧扁)。产卵器长通常小于腹部端部厚度(一些属种例外)。

该亚科含 8 族；我国已知 6 族；江西已知 4 族。

柄卵姬蜂亚科江西已知族检索表

1. 后足胫节具 1 距；腹部第 1 节背板无基侧凹，气门位于后部 0.4 处……………… **单距姬蜂族 Sphinctini**
   后足胫节具 2 距；腹部第 1 节背板具基侧凹，气门位于中部前方或靠近中央处 ……………………………2
2. 并胸腹节无脊，或具 1 不完整的脊，靠近中部具细横皱……………………………**短梳姬蜂族 Phytodietini**
   并胸腹节具脊，无细横皱 ……………………………………………………………………………………3
3. 无小翅室；腹部第 1 节背板气门至基部之间较细长，其长大于最狭处的 1.6 倍 ……………………………………………………………………………………………………… **犀唇姬蜂族 Oedemopsini**
   具小翅室，或无；腹部第 1 节背板气门至基部之间不太细长，其长小于最狭处的 1.6 倍……………………………………………………………………………………………………… **柄卵姬蜂族 Tryphonini**

卅一) 犀唇姬蜂族 Oedemopsini

体较细长。唇基较长，非常大。后头脊完整(*Leptixys* 属除外)。盾纵沟长，向后伸达中胸盾片中央之后。跗节的爪简单(但一些在基部具不明显栉齿)。无小翅室(*Leptixys* 属除外)；后小脉在下方曲折。腹部第 1 节背板特别细长，向基部稍变狭；气门位于中央或近中央处，基部至气门之间的长至少为最狭处的 1.6 倍；通常有基侧凹。产卵器鞘长约为腹末厚度的 1~2 倍。

该族含 12 属；我国已知 6 属；江西已知 1 属。

171. 差齿姬蜂属 *Thymaris* Förster, 1869

Thymaris Förster, 1868. Verhandlungen des Naturhistorischen Vereins der Preussischen Rheinlande und Westfalens, 25:151. Type-species: (*Thymaris pulchricornis* Brischke) = *tener* Gravenhorst, 1829.

前翅长 3.0~7.5 mm。复眼向下稍微至强烈收敛，具稠密的细毛。颜面中央稍隆起。唇基宽约为长的 1.7 倍，均匀隆起，端缘具 1 排平行的长毛；端缘中段约 0.5 平截。上颚强烈向端部变狭，下端齿约为上端齿长的 0.3 倍。无小翅室。腹部第 1 节背板气门约位于该节中部，具基侧凹。第 2 节背板具非常细的刻点及纵皱纹。第 3 节背板具与第 2 节相似的质地，但较弱，或部分光滑但具细刻点，第 4 节背板光滑具细刻点。产卵器鞘中部稍变宽，长约为腹部端部厚度的 2.5 倍。产卵器稍向下弯曲。

全世界已知 26 种；我国已知 5 种，江西均有分布。我们在江西全南进行青勾栲和红勾栲树干害虫饲养过程中获得该属的种类。国外已报道的寄主主要有欧洲新松叶蜂 *Neodiprion sertifer* (Geoffrey)、矛纹云斑野螟 *Perinephela lancealis* (Denis & Schiffermüller, 1775)等。

差齿姬蜂属中国已知种检索表

1. 前胸背板和前胸侧板完全红色；侧单眼间距约为单复眼间距的 0.6 倍；雌性触角鞭节具白色环，雄性触角鞭节无白色环 ························· **红颈差齿姬蜂 *Th. ruficollaris* Sheng & Sun**
   前胸背板和前胸侧板黑色，或仅前胸背板前缘褐色；侧单眼间距大于单复眼间距的 0.7 倍；触角具白环或无白环 ························· 2
2. 具镜面区 ························· 3
   无镜面区 ························· 4
3. 颜面均匀隆起，具模糊不清晰的刻点；唇基完全黄色，刻点细且模糊不清；侧单眼间距约等于单复眼间距；并胸腹节端区具清晰稠密的横皱；后中脉拱起；后小脉上段为下段长的 4.0~5.5 倍 ························· **黄足差齿姬蜂 *Th. flavipedalis* Sheng & Sun**
   颜面在触角窝下方具纵凹，使中央明显呈长方形；唇基仅端缘黄褐色，具清晰的细刻点；侧单眼间距约为单复眼间距的 0.8 倍；并胸腹节端区无明显的皱；后中脉直；后小脉上段约为下段长的 1.6 倍 ························· **纺差齿姬蜂 *Th. clotho* Morley**
4. 颜面均匀隆起，颜面在触角窝下方无纵凹，中央不呈长方形；雄性触角鞭节具白色环 ························· **台湾差齿姬蜂 *Th. taiwanensis* Uchida**
   颜面在触角窝下方具纵凹，使中央明显呈长方形；雄性触角鞭节黑褐色，无白色环 ························· **沟差齿姬蜂 *Th. Sulcatus* Sheng & Sun**

362. 纺差齿姬蜂 *Thymaris clotho* Morley, 1913 (图版 XXIX：图 217)

Thymaris clotho Morley, 1913. The fauna of British India including Ceylon and Burma, Hymenoptera, Vol.3. Ichneumonidae, p.53.

♀ 体长约 8.5 mm。前翅长约 5.0 mm。触角长约 8.0 mm。产卵器鞘长约 1.8 mm。

内眼眶向下方显著收敛。颜面宽(下方最窄处)约为长的 1.1 倍，中央稍隆起，亚侧面(触角窝下方)纵凹，致使中央呈长方形，具清晰的细刻点，侧面的刻点明显细弱且不清晰；颜面上缘中央约呈“V”形凹，中线处光滑。唇基沟深。唇基大，明显隆起，宽约为长的 1.75 倍，具与颜面中央相似的质地；端缘宽阔的弧形，中段几乎平截。上颚尖而长；基部稍宽阔，具不清晰的细刻点；上端齿非常尖锐，长约为下端齿长的 3.0 倍。颚眼距非常短，约为上颚基部宽的 0.13 倍。上颊具不清晰的浅细毛刻点；侧观约为复眼横径的 0.5 倍，强烈向后方收敛。头顶与上颊质地相似；侧单眼外侧凹陷；侧单眼间距约为单复眼间距的 0.8 倍。额下半部凹陷，凹内光滑；上部具稠密清晰的细刻点；上部中央(紧靠中单眼)具凹陷。触角丝状，较体稍短，鞭节 39 节，向端部不变细；第 1~第 5 鞭节长度之比依次约为 2.9∶2.1∶2.0∶1.9∶1.7。后头脊完整。

前胸背板前部具细纵纹；侧凹相对较光滑；后部具稠密不清晰的浅细皱刻点；前沟缘脊直，强壮，几乎抵达前胸背板后上缘。中胸盾片均匀隆起，具不清晰的细刻点；盾纵沟深，向后显著收敛，伸达翅基片后缘连线之后，后端几乎相遇，后端处具稠密的细皱。小盾片稍隆起，具非常细弱但清晰的刻点，基部约 0.2 具弱侧脊。后小盾片横棱状隆起。中胸侧板具稠密清晰的细刻点，胸腹侧脊背端约达中胸侧板高的 0.6 处，远离中胸侧板前缘；腹板侧沟前部 0.6 较深；胸腹侧片粗糙，具不清晰的皱；具光滑光亮的镜面区。后胸侧板前上部具非常稠密的细刻点，后下部具稠密不规则的细皱，基间脊完整。翅浅褐色半透明；小脉几乎与基脉相对(稍外侧)；第 2 回脉位于肘间横脉的外侧，二者之间的距离约为肘间横脉长的 2.5 倍；外小脉约在下方 0.2 处曲折；后中脉几乎直；后小脉约在下方 1/3 处曲折。足细长；后足胫节较粗壮，基端明显较细，跗节第 1~第 5 节长度之比依次约为 6.3∶2.7∶1.7∶0.9∶1.1。爪小，简单。并胸腹节分区完整；中区长六边形，长约为分脊处宽的 2.3 倍，分脊约位于它的基部 0.3 处；基区和中区光滑，后者具不明显短横皱；端区几乎光滑，具不明显的细刻点；第 1、第 2 侧区具稍清晰的细刻点；第 3 侧区具纵皱；外侧区具不清晰的细刻点；气门小，圆形，约位于基部 0.2 处。

腹部第 1 节背板具稠密的细纵皱，亚基部明显较狭窄，中部明显隆起，长约为端宽的 2.8 倍；背中脊和背侧脊不明显；基侧凹深且扁，横缝状，中央仅由薄膜相隔，侧面观几乎透明；气门小，稍突起，约位于该节背板的中央处。第 2 节背板长约为端宽的 1.14 倍，具稠密的弱纵皱，纵皱间具细刻点；基部两侧具横椭圆形小窗疤。第 3 节背板长约为宽的 0.9 倍，具不均匀的细纵皱。第 4~第 6 节背板横形，具稠密的细刻点；第 7、第 8 节背板背面膜质，侧面较大，光滑无刻点。产卵器鞘短，约为后足胫节长的 0.6 倍；产卵器端部稍下弯。

体黑色，下列部分除外：触角柄节腹侧及端缘、梗节、第 1~第 3 鞭节的基缘和端缘红褐色，中段 11~15 节白色；唇基端半部，上颚(端齿黑褐色)，前胸背板后上角，翅基片，足，腹部第 1 节背板基部、第 1~第 3 节背板端缘均为红褐色；下唇须和下颚须(外侧带红褐色)，前中足基节、转节黄褐色；中后足腿节外侧端部、胫节外侧及端部、跗节外侧多多少少带黑色；腹部第 6 节背板端缘和第 7、第 8 节背板端部中央乳白色；翅痣褐色，翅脉黑褐色。

分布：江西。

观察标本：1♀，江西全南窝口，2009-04-07，集虫网。

363. 黄足差齿姬蜂 *Thymaris flavipedalis* Sheng & Sun, 2011 (图版 XXIX：图 218)

Thymaris flavipedalis Sheng & Sun, 2011. Acta Zootaxonomica Sinica, 36:961.

♂ 体长 3.0~5.7 mm。前翅长 2.5~3.8 mm。触角长 3.5~6.5 mm。

内眼眶向下方均匀收窄。颜面和额具稠密的近白色毛。颜面宽(下方最窄处)约为长的 0.8 倍，中央稍隆起，具稠密但不清晰的细刻点；颜面上缘中央呈“V”形凹，凹的下端具 1 弱突起。唇基沟明显。唇基大，宽约为长的 2.0 倍，中部明显隆起，具与颜面相似的浅刻点，但不清晰；端部刻点细密；端缘宽阔，弱弧形。上颚较窄，基部稍宽，具不清晰的细刻点；上端齿约为下端齿长的 3.0~3.5 倍。颊的表面呈细粒状；颚眼距为上颚基部宽的 0.20~0.25 倍。上颊均匀向后收敛，具稀疏细浅的刻点和细柔毛；侧观约为复眼横径的 0.85 倍。头顶与上颊质地相似；侧单眼外侧稍凹；侧单眼间距约等于单复眼间距。额具稠密的浅细刻点，下半部稍凹。触角丝状，约等长于体长，鞭节 32~34 节；第 1~第 5 鞭节长度之比依次约为 1.5∶1.1∶1.1∶1.1∶1.0。后头脊完整。

前胸背板前部细线纹状，在前沟缘脊处三角状加宽；侧凹向下部渐阔；后上部具稠密细浅的弱刻点；前沟缘脊清晰可见。中胸盾片均匀隆起，具稠密的细刻点和柔毛(边缘处较细且稀，稍光亮)；中央粗糙，具不规则皱；盾纵沟清晰，约伸达中胸盾片中部。小盾片明显隆起，较光滑，具清晰的细刻点。后小盾片横形，稍隆起。中胸侧板具稠密清晰的细刻点；前下部粗糙，具不规则的皱；胸腹侧脊细，背端约伸达中胸侧板中部稍下方；腹板侧沟基半部深横凹状；具光滑光亮的镜面区。后胸侧板具清晰的细刻点；基间脊完整；基间区具不规则的细皱。翅稍带褐色透明；小脉与基脉对叉；第 2 回脉位于肘间横脉的外侧，二者之间的距离为肘间横脉长的 1.5~1.8 倍；外小脉约在下方 1/3 处曲折；后中脉强烈向上弓曲。后小脉强烈内斜，在下方 0.15~0.2 处曲折。足相对稍细长；后足胫节较强壮，基端较细；后足跗节第 1~第 5 节长度之比依次约为 3.2∶1.3∶0.9∶0.5∶0.5。爪非常小，简单。并胸腹节呈稠密不规则的皱，分区完整，中区长六边形，长为分脊处宽的 1.5~1.9 倍；分脊位于中区中部稍前侧至前侧 1/3 处；中区具少量不规则的横皱；端区具稠密的横皱；气门小，圆形，约位于基部 0.3 处。

腹部第 1 节背板长为端宽的 2.8~2.9 倍，具稠密的细纵皱；背中脊、背侧脊细；基侧凹明显；气门小，稍突起，位于该节背板中央稍内侧。第 2 节背板长为端宽的 1.4~1.5 倍，具稠密均匀的细纵皱，基缘具近似椭圆形窗疤。第 3 节背板两侧近平行或向端部稍收敛；具非常稠密的弱细刻点，基缘或多或少具细皱。第 4 节及以后背板具不明显的细刻点。

体黑色，下列部分除外：触角柄节、梗节、鞭节基部及鞭节腹侧黄褐色，鞭节背侧黑褐色；唇基，上颚(端齿黑褐色)，下唇须，下颚须，翅基片，足均为黄褐色，有的个体下唇须，下颚须，翅基片，前中足基节、转节乳黄色；腹部第 1、第 2 节背板端缘黄褐至红褐色，第 7 节背板端缘中央、第 8 节背板及尾须黄褐色；翅痣黄褐色；翅脉暗褐色。

分布：江西。

观察标本：1♂，江西全南三角塘，335 m，2009-04-22，集虫网；3♂♂，江西全南窝口，320~330 m，2009-04-14~05-13，集虫网；3♂♂，江西全南背夫坪，340 m，2009-04-14~06-02，集虫网；1♂，江西资溪马头山林场，2009-06-12，集虫网；2♂♂，江西安福，180~260 m，2010-05-28~07-04，集虫网。

364. 红颈差齿姬蜂 *Thymaris ruficollaris* Sheng & Sun, 2011　(图版 XXX：图 219)

Thymaris ruficollaris Sheng & Sun, 2011. Acta Zootaxonomica Sinica, 36:963.

♀　体长 4.5~5.5 mm。前翅长 3.0~3.2 mm。触角长 4.8~5.0 mm。产卵器鞘长 1.2~1.5 mm。

内眼眶向下方显著收敛。颜面宽(下方最窄处)为长的 0.7~0.8 倍，中央纵向隆起，具非常细弱的刻点，侧面稍呈细革质状，刻点不明显。唇基沟深。唇基大，明显隆起，宽约为长的 2.0 倍；具细弱不清晰的刻点；端缘宽阔，中段较平。上颚狭长而尖；基部稍阔，具不清晰的细刻点；上端齿为下端齿长的 3.5~4.0 倍。颚眼距非常短，约为上颚基部宽的 0.15 倍。上颊具不明显的浅细毛刻点；侧观约为复眼横径的 0.5 倍，向后部均匀收敛。头顶与上颊质地相似；侧单眼外侧稍凹；侧单眼间距约为单复眼间距的 0.6 倍。额具稠密清晰的细刻点，下半部稍凹。触角丝状，较体稍长，鞭节 31~37 节；第 1~第 5 鞭节长度之比依次约为 1.8∶1.4∶1.4∶1.3∶1.1。后头脊完整。

前胸背板具稀疏不清晰的细刻点；前沟缘脊长且强壮，凹弧形向上伸至前胸背板背缘。中胸盾片均匀隆起，具非常弱且不清晰的刻点；盾纵沟清晰，后端伸至中胸盾片中部之后；中央呈“U”形浅凹，凹内具稠密不清晰的纵皱。小盾片明显隆起，具不明显的浅细刻点，基侧角具侧脊。后小盾片横形，稍隆起。中胸侧板具较稠密的浅细刻点，胸腹侧脊细弱，背端约达中胸侧板高的 1/2 处，上端远离中胸侧板前缘；腹板侧沟伸至中足基节基部，后端较弱且浅；无镜面区。后胸侧板具不明显的浅细刻点，后部具不规则的斜皱，基间脊完整。翅浅褐色半透明；小脉位于基脉外侧；第 2 回脉位于肘间横脉的外侧，二者之间的距离为肘间横脉长的 1.2~1.5 倍；外小脉约在下方 1/3 处曲折；后中脉强烈弓起，后小脉在下方 0.2~0.25 处曲折。足细长；后足胫节粗壮，基部较细；后足跗节第 1~第 5 节长度之比依次约为 3.9∶1.7∶1.1∶0.6∶0.6。爪非常小，简单。并胸腹节相对光滑，具不明显的浅细刻点，侧面稍粗糙，沿脊的内侧或多或少具短皱；分区完整；中区光滑光亮，长六边形，向后收敛，长为分脊处宽的 1.6~1.7 倍，分脊位于基部 0.3~0.4 处；端区光亮；气门小，圆形，约位于基部 0.25 处。

腹部第 1 节背板具稠密的细纵皱，亚基部明显较狭窄，中部明显隆起，长约为端宽的 3.0 倍；背中脊和背侧脊细弱；基侧凹扁且深，中央仅由薄膜相隔，侧面观几乎透明；气门小，稍突起，约位于第 1 节背板的中部。第 2 节背板长梯形，具稠密的细纵皱，长约为端宽的 1.3 倍，基部具圆形小窗疤。第 3 节背板具斜的细纵皱，两侧近平行，长约等于宽，基部两侧具横线形凹。其余背板横形，具不清晰的细刻点，向后逐渐不明显；第 8 节背板骨化程度较低，背面中央表面膜状。产卵器鞘短，约为后足胫节长的 0.8 倍；产卵器端部稍下弯。

体黑色，下列部分除外：触角柄节、梗节及鞭节基部 3~4 节黄褐色，其余鞭节暗褐色至黑色，中段 10~15 节白色；唇基，上颚(端齿黑褐色)，前胸背板，前胸侧板，翅基片，足，腹部第 1 节背板基部两侧、第 1~第 3 节背板端缘红褐色；下唇须，下颚须，前中足基节、转节，腹部第 4~第 7 节背板端缘及第 8 节背板浅黄色；翅痣和翅脉褐色。

♂　体长 3.5~6.5 mm。前翅长 3.0~5.0 mm。触角长 4.0~8.5 mm。触角丝状，鞭节 31~38

节，无白色环。内眼眶平行或几乎平行，颜面宽约为长的 1.3 倍。下唇须，下颚须，足均为黄褐至褐色。腹部背板黑褐色，各节端缘或多或少浅褐色。

分布：江西。

观察标本：1♀，江西全南窝口，2009-04-07，集虫网；1♂，江西吉安天河林场，2008-06，集虫网；1♂，江西资溪马头山林场，2009-05-22，集虫网；1♂，江西铅山武夷山桐木关，2009-06-04，李涛；2♂♂，江西全南窝口，2008-04-16~04-29，集虫网；1♂，江西全南窝口，2009-04-07，集虫网；3♂♂，江西官山东河，430 m，2009-04-20~06-01，集虫网；1♂，江西吉安双江林场，174 m，2009-06-08，集虫网；2♂♂，江西官山东河，400 m，2009-07-18~08-01，集虫网；4♂♂，江西铅山武夷山，1170~1200 m，2009-06-22~07-02，集虫网；1♀，江西全南，2010-06-18，集虫网。

365. 沟差齿姬蜂 *Thymaris sulcatus* Sheng & Sun, 2011 （图版 XXX：图 220）

Thymaris sulcatus Sheng & Sun, 2011. Acta Zootaxonomica Sinica, 36:966.

♂ 体长 3.8~7.0 mm。前翅长 3.5~5.5 mm。触角长 4.0~8.0 mm。

内眼眶平行。颜面和额几乎光滑。颜面宽约为长的 1.5 倍，具稠密清晰的细刻点，中央隆起；亚侧面具细纵沟，使中央形成矩形区；上缘中段(触角窝之间)呈“V”形凹。唇基沟明显。唇基宽约为长的 2.0 倍；中部稍隆起，具与颜面相似的细刻点；端缘阔，中段几乎平截。上颚非常狭长，基部稍宽，具不清晰的细刻点，基半部下缘具较宽且半透明的突边；上端齿为下端齿长的 4.5~5.0 倍。颊区具细粒状表面；颚眼距为上颚基部宽的 0.3~0.4 倍。上颊均匀向后部收敛，具细浅的刻点和细柔毛；侧观约为复眼横径的 0.7 倍。头顶与上颊质地相似；侧单眼外侧纵凹；侧单眼间距约等长于单复眼间距。额的上部及侧面具稠密的细刻点，下部明显凹，几乎光滑。触角丝状，稍长于体长，鞭节 36~38 节，向端部稍变细；第 1~第 5 鞭节长度之比依次约为 1.9∶1.6∶1.6∶1.5∶1.5。后头脊完整。

前胸背板前部具稀且不清晰的细刻点；侧凹的上部具短横皱，下部具斜纵皱；后上部具稠密清晰的细刻点；前沟缘脊直，强壮，几乎伸至前胸背板后上缘。中胸盾片均匀隆起，具稠密清晰的细刻点；盾纵沟深，向后约伸达中胸盾片端部 0.3 处；中央稍后方具“U”形浅凹，该“U”形区粗糙，具稠密不规则的皱，周围的皱垂直于“U”形区的边缘。小盾片稍隆起，具稠密清晰的细刻点。后小盾片横形，稍隆起，具不清晰的刻点。中胸侧板具稠密清晰且较均匀的刻点；胸腹侧脊背端约达中胸侧板中部，远离其前缘；腹板侧沟深而宽阔，几乎伸达中足基节基部；无镜面区(镜面区处具清晰的刻点)。后胸侧板具清晰的细刻点；基间脊强壮；基间区具不规则的细皱；后胸侧板下缘脊完整，前端突起呈角状。翅褐色半透明；小脉位于基脉外侧，二者之间的距离为小脉长的 0.1~0.4 倍；第 2 回脉至肘间横脉之间的距离为肘间横脉长的 1.4~2.0 倍；外小脉约在下方 0.3 处曲折；后中脉稍拱起；后小脉在下方 0.2~0.3 处曲折。足细长；后足胫节稍强壮，基端稍细，跗节第 1~第 5 节长度之比依次约为 5.8∶3.4∶1.7∶0.9∶0.9。爪非常小，简单。并胸腹节分区完整；基区和中区光滑光亮；中区长六边形，长为分脊处宽的 1.6~1.7 倍，分脊约位于基部 0.3 处；具模糊不清的弱细刻点；第 3 侧区具纵皱；气门相对较大，圆形，约位于基部 0.2 处。

腹部第 1 节背板具稠密的细纵皱，长约为端宽的 2.8 倍，亚基部显著狭窄；背中脊不明显；背侧脊在气门至背板后缘之间较明显；基侧凹大且深，中央仅由薄膜相隔，侧面观几乎透明；气门小，稍突起，约位于第 1 节背板中部稍后方。第 2 节背板长为端宽的 1.2~1.3 倍，具稠密的细纵皱，基部具椭圆形窗疤。第 3 节背板两侧近平行，长约等于或稍大于宽，基缘具横纹状窗疤；基部具细皱，端部及以后的背板几乎光滑，具非常细且不清晰的刻点。

体黑色，下列部分除外：触角鞭节背侧褐黑色，腹侧棕褐色；触角柄节和梗节腹侧，唇基端部，上颚(端齿黑色)，前胸背板前缘和后缘，翅基片，中胸侧板前上缘，足均为红褐色；下唇须，下颚须，前中足基节、转节乳黄色；后足腿节外侧端部、胫节外侧或多或少带黑色；腹部第 1~第 3 节背板端缘黄褐至红褐色，第 4~第 7 节背板端缘及第 8 节背板乳白色；翅痣和翅脉暗褐色。

分布：江西。

观察标本：8♂♂，江西铅山武夷山，900~1370 m，2009-07-02~09-22，集虫网；1♂，江西资溪，2010-06-07，集虫网。

366. 台湾差齿姬蜂 *Thymaris taiwanensis* Uchida, 1932 (图版 XXX：图 221)

Thymaris taiwanensis Uchida, 1932. Journal of the Faculty of Agriculture, Hokkaido University, 33:215.

♀ 体长 3.0~6.5 mm。前翅长 2.2~5.2 mm。触角长 2.8~6.8 mm。产卵器鞘长 1.5~2.2 mm。

内眼眶向下方收敛。颜面宽(下方最窄处)约等于长，均匀隆起，具稠密不均匀的浅细刻点；颜面上缘中部呈弱的“V”形凹，凹中央下方具 1 瘤突。唇基沟清晰。唇基大，宽约为长的 1.3 倍；中部明显隆起，具较颜面中部稍稀疏但大小相似的浅细刻点；端部具稠密模糊的细纵皱；端缘宽阔，弧形。上颚尖而长，具不清晰的细刻点；上端齿为下端齿长的 2.5~3.0 倍。颊具细粒状表面；颚眼距约为上颚基部宽的 0.2 倍。上颊较长，具稀疏细浅的弱刻点和细柔毛；侧观约为复眼横径的 0.8 倍。头顶与上颊质地相似；侧单眼外侧稍凹；侧单眼间距为单复眼间距的 0.7~0.8 倍。额的下半部稍凹，凹内较光滑；上半部及侧面具稠密的细刻点。触角丝状，鞭节 25~34 节；第 1~第 5 鞭节长度之比依次约为 1.9∶1.4∶1.4∶1.4∶1.3。后头脊完整。

胸部(不包括并胸腹节)具稠密的弱浅细刻点和细短的柔毛。前胸背板后部具清晰的细刻点；侧凹的中部光滑，下部具短横皱；前沟缘脊强壮。中胸盾片均匀隆起；盾纵沟清晰，向后渐收敛，伸达中胸盾片中央之后，后端相连呈“U”字形，“U”字形的底部呈稠密的细皱状。小盾片稍隆起，基部具侧脊。后小盾片横形，不明显。中胸侧板具稠密清晰的刻点；胸腹侧脊背端伸达中胸侧板的高中部；腹板侧沟伸至中足基节基部，后部 0.3~0.4 弱且浅；镜面区非常小或无。后胸侧板前部具清晰的刻点，后部具纵皱；基间脊完整强壮；基间区具不规则的皱。翅褐色，半透明；小脉与基脉几乎对叉；无小翅室；第 2 回脉位于肘间横脉的外侧，二者之间的距离约等于肘间横脉长或稍长；外小脉在下方 0.3~0.35 处曲折；后中脉强烈弓起，后小脉在下方 0.2~0.3 处曲折。

足细长；后足胫节粗壮、基部细颈状，跗节第1~第5节长度之比依次约为4.1：1.7：1.1：0.4：0.6。爪非常小，简单。并胸腹节光滑，分区完整；基区强烈向后方收敛；中区长六边形，长为分脊处宽的1.8~1.9倍，分脊位于基部0.3~0.4处；气门小，圆形，约位于基部0.3处。

腹部第1节背板具稠密的细纵皱，亚基部显著收敛，长为端宽的3.4~3.6倍；背中脊、背侧脊细；基侧凹大；气门小，稍突起，约位于第1节背板的中央稍后方。第2节背板长梯形，具稠密的细纵皱，长约为端宽的1.4倍，基部两侧具圆形小窗疤。第3节背板具斜的细纵皱，端部及以后的背板向后显著收敛，具不明显的弱细刻点。产卵器鞘短，为后足胫节长的0.6~0.7倍；产卵器端部稍下弯。

体黑色，下列部分除外：触角柄节、梗节及鞭节基部3~4节黄褐色，其余鞭节暗褐色至黑色，中段10~14节白色；唇基端半部，上颚(端齿暗红褐至黑褐色)，翅基片，足，腹部第1~第3节背板端缘均为红褐色；下颚须，下唇须，前中足基节、转节，后足转节腹侧乳黄色；后足基节、腿节和胫节外侧及末跗节多多少少带黑褐色；腹部第5~第7节背板端缘及第8节背板大部分白色；翅痣和翅脉暗褐色。

♂ 体长约5.5 mm。前翅长约4.5 mm。触角长约6.5 mm。触角丝状，鞭节37节。触角鞭节(柄节和梗节黄褐色，梗节端部带白色除外)黑褐色，中段12~15节白色。内眼眶平行，颜面宽约为长的1.3倍。上颊前部中央具1弯曲的横斜沟。前胸背板前缘和后上角红褐色。后足第1~第4跗节黄白色。腹部球棒状，第1~第3节背板具显著的黄白色折缘，仅第1~第2节背板端缘为红褐色。

分布：江西、台湾；日本。

观察标本：3♀♀，江西全南，530~680 m，2008-04-22~07-28，集虫网；6♀♀，江西全南，320~335 m，2009-04-07~06-17，集虫网；1♀，江西全南罗坑，2010-08-21，集虫网；1♀，江西官山东河，450~470 m，2009-05-09，集虫网；1♀，江西铅山武夷山，1170 m，2009-06-22，集虫网；1♀，江西资溪，2010-07-09，集虫网；3♀♀，江西安福，180~220 m，2010-05-17~11-01，集虫网；1♂，江西安福，140~160 m，2010-11-10，集虫网。

卅二) 短梳姬蜂族 Phytodietini

唇基端缘无1排毛。后头脊通常完整，很少有缺者，在上颚基部上方与口后脊相接。盾纵沟无或非常弱。并胸腹节无脊(拟瘦姬蜂属 *Netelia* 多多少少具残脊)。中后足胫节各具2距。爪的栉齿达爪的端部。小翅室若存在，则呈斜三角形。腹部第1背板具基侧凹，气门位于该节中央前方。产卵器鞘长为腹部端部厚度的1~4倍。

该族非常小，仅含4属，我国是主要的分布区之一，已知3属；江西已知1属。

172. 拟瘦姬蜂属 *Netelia* Gray, 1860

Netelia Gray, 1860. Annals and Magazine of Natural History, (3)5:341. Type-species: *Paniscus inquinatus* Gravenhorst; original designation.

该属含11亚属，已知327种；我国已知7亚属37种；江西仅知1种。

367. 甘蓝夜蛾拟瘦姬蜂 *Netelia ocellaris* (Thomson, 1888)

Paniscus ocellaris Thomson, 1888. Opuscula Entomologica, 12:1199.
Netelia ocellaris (Thomson, 1888). He, Chen, Ma. 1996: Economic Insect Fauna of China, 51:239.

分布：江西、浙江、福建、云南、台湾、甘肃、广东、贵州、河南、北京、湖南、江苏、辽宁、吉林、陕西、山西；印度，朝鲜，日本，俄罗斯；欧洲等。

观察标本：1♀，江西万载，1978-09，(江西)普查队。

卅三) 单距姬蜂族 Sphinctini

唇基非常小，端缘呈1阔三角形齿。上端齿明显长于下端齿。后头脊完整，下端在上颚基部上方与口后脊相遇。无盾纵沟。中足胫节具2距；后足胫节仅具1距，该距仅稍长于其胫节端部直径。腹部第1节背板无基侧凹，气门位于该节背板端部0.4处。并胸腹节非常短，端区前端几乎靠近并胸腹节基部。产卵器鞘约等长于腹部端部厚度。产卵器直。

该族仅含1属。

173. 单距姬蜂属 *Sphinctus* Gravenhorst, 1829

Sphinctus Gravenhorst, 1829. Ichneumonologia Europaea, 2:363. Type-species: *Sphinctus serotinus* Gravenhorst; monobasic.

全世界已知14种；我国已知6种；江西已知2种。

368. 多毛单距姬蜂 *Sphinctus pilosus* Uchida, 1940

Sphinctus pilosus Uchida, 1940. Insecta Matsumurana, 14:126.

分布：江西、浙江。

369. 红缘单距姬蜂 *Sphinctus submarginalis* Uchida, 1940

Sphinctus submarginalis Uchida, 1940. Insecta Matsumurana, 14:126.

分布：江西、浙江；朝鲜。

卅四) 柄卵姬蜂族 Tryphonini

唇基较宽，边缘具1排毛或无成排的毛。上颚相当大，2端齿相等或几乎相等。后头脊在上颚基部上方与口后脊相接，或下部退化(或消失)。触角中部正常，不加宽。前足胫距的净角刷几乎达顶端。中后足各具2距。腹部第1节气门位于中央或中央之前。产卵器鞘长为腹部端部厚度的0.4~3.0倍。

该族含25属；我国已知10属；江西已知1属。

174. 切顶姬蜂属 *Dyspetes* Förster, 1869 (江西新记录)

Dyspetes Förster, 1869. Verhandlungen des Naturhistorischen Vereins der Preussischen Rheinlande und Westfalens, 25(1868):201. Type-species: *Dyspetus praerogator* Thomson.

唇基宽，中部横向隆起。颚眼距为上颚基部宽的 0.5~0.7 倍。复眼内缘平行或向上稍收敛。从上面看，头顶后部通常具一多少明显的切刻。并胸腹节中区和基区愈合，但在相接处稍狭窄；有时脊消失。小翅室菱形，宽大于高，具很短的柄；第 2 回脉几乎直，有 2 个弱点，在靠近小翅室的中央处相接；后小脉约在下方 0.43 曲折。爪基部约 0.3 具栉齿。腹部第 1 节背板背中脊为低的圆脊；背侧脊至气门附近明显。产卵器鞘非常平，略下弯，长约为腹端部厚度的 0.45 倍。产卵器下弯。

全世界已知 12 种；我国已知 7 种，已知的寄主为叶蜂类；这里介绍在江西发现的 1 新种。

370. 微切顶姬蜂，新种 *Dyspetes parvifida* Sheng & Sun, sp.n.　(图版 XXX：图 222)

♀　体长约 13.5 mm。前翅长约 10.5 mm。触角长约 11.0 mm。产卵器长约 1.0 mm。

体被稠密的细刻点和黄褐色短毛。头部稍宽于胸部。颜面具非常稠密的细刻点，上部中央稍隆起，上缘中央及 2 触角窝之间具中纵沟；触角窝的外侧具 1 浅纵凹。唇基沟清晰，弧形。唇基均匀横向隆起，基部具清晰稠密的粗刻点；端部光滑，具稀疏的细刻点，中部有弱皱，向下方倾斜。上颚长，上下缘几乎平行，基部具细纵皱；上端齿约与下端齿等长。颊区具细革质状表面和细刻点；颚眼距约为上颚基部宽的 0.5 倍。上颊具清晰稠密的细刻点，上部稍隆起。头顶质地和刻点与上颊相似；靠近后头脊处稍下凹；单眼区稍隆起，侧单眼间距约为单复眼间距的 0.65 倍。额具稠密的细刻点，较平，中央具弱的细横皱。触角丝状，鞭节 36 节，第 1~第 5 鞭节长度之比依次约为 1.6：1.1：1.0：0.9：0.9。后头脊完整，背面中央具 1 小倒“V”形切刻。

胸部满布稠密且相对均匀的细刻点。前沟缘脊明显，背端抵达该节背板背缘。中胸盾片稍隆起，盾纵沟较弱，仅前部较清晰。盾前沟宽阔，几乎光滑。小盾片均匀隆起，后部的刻点相对稀疏，前缘具弱的弧形横脊，侧脊伸达中部之后。后小盾片近方形，中央稍隆起，具细刻点。胸腹侧脊强壮，波状弯曲，背端约伸达中胸侧板前缘高的中央；镜面区小；中胸侧板凹沟状。后胸侧板下部具短纵皱；后胸侧板下缘脊完整，前部突出。翅稍带灰色，透明；小脉与基脉几乎对叉(位于其稍外侧)；小翅室近似菱形，具结状短柄；第 2 回脉约在它的下方外侧 0.35 处与之相接；外小脉约在下方 0.3 处曲折；后小脉约在下方 0.4 处曲折。后足第 1~第 5 跗节长度之比依次约为 3.2：1.3：1.0：0.6：1.3。并胸腹节具非常稠密的细皱刻点和稠密的褐色短毛；基区与中区合并；分脊约在该合并区的下方 0.35 处相接；侧纵脊仅基部明显；中纵脊，外侧脊，端横脊完整；气门圆形，约位于基部 0.3 处。

腹部第 1 节背板长约为端宽的 1.8 倍；具稠密粗糙的皱刻点，后部刻点细弱；背中脊约伸达背板中央处；背侧脊弱；气门小，圆形，位于该节背板中央稍前方。第 2、第 3 节背板基半部的刻点稍粗，端半部及第 4 节以后背板具相对(与头胸部相比)细弱的刻点；第 2、第 3 节背板基部两侧具短斜沟，中部稍横凹，使背板基半部中央形成扁平瘤状隆起区。第 2 节背板梯形，长约为端宽的 0.8 倍，基部两侧腹陷显著。第 3、第 4、第 5 节背板两侧约平行，长分别约为宽的 0.66 倍、0.62 倍、0.55 倍。下生殖板大，三角形，后端超过腹末端。产卵器鞘短，稍下弯，其长约为后足胫节长的 0.28 倍。

体黑色。触角基半部背侧暗褐色、腹侧红褐色，端半部黄褐色至黄色；唇基端半部，上颚(端齿黑色除外)，下颚须，下唇须，翅基片及前翅翅基，腹部第 1 节背板端缘、其余背板端半部、各节腹板均为红褐至暗红褐色。前中足红褐色，基节外侧带褐黑色，跗节端半部色淡；后足基节和腿节(两端带红褐色)黑色，其余红褐色。翅痣褐黑色；翅脉暗褐色。

正模 ♀，江西九连山，580 m，2011-05-21，集虫网。

词源：新种名源于后头脊背面中央的切口非常小。

该新种与具区切顶姬蜂 *D. areolatus* He & Wan, 1987 相似，可通过下列特征区别：并胸腹节具强壮的分脊；腹部第 1 节背板长约为端宽的 1.9 倍；产卵器鞘明显伸出下生殖板；颈、小盾片、后小盾片、中胸后侧片黑色。具区切顶姬蜂：并胸腹节无分脊；腹部第 1 节背板长约为端宽的 2.3 倍；产卵器鞘顶端与下生殖板顶端齐平；颈中央、小盾片端部、后小盾片及中胸后侧片红褐色。

廿五、凿姬蜂亚科 Xoridinae

主要鉴别特征：体长，一些种类非常细长；唇基小，端缘甚狭，平截或中央稍凹陷，或端缘薄；当唇基端缘平截或中央稍凹陷时，上唇的裸露部分呈半圆形；上颚短，具 1 齿或 2 齿；雌性触角的端部有时扩大，弯曲；并胸腹节的脊完整或较完整；无小翅室，肘间横脉较短或非常短并增粗；腹部第 1 节背板无基侧凹；气门位于中央或稍前方；产卵器细长。

该亚科仅含 4 属；江西已知 1 属。

该亚科的种类外寄生于蛀木的鞘翅目或树蜂类害虫。

凿姬蜂亚科分属检索表

1. 上颚仅 1 齿，端部凿状；前沟缘脊长而强壮，通常在背部突起呈齿；雌性触角鞭节端部弯曲，亚端部具 1 至数根钉状毛……………………………………凿姬蜂属 ***Xorides* Latreille**
   上颚具 2 端齿；前沟缘脊无或短且弱，背部不突起；雌性触角鞭节端部不特化…………………2
2. 后足腿节腹面具 1 强的中齿…………………………………齿姬蜂属 ***Odontocolon* Cushman**
   后足腿节无齿……………………………………………………………………………………3
3. 额中部具 1 强的角突或瘤突…………………………瘦角姬蜂属 ***Ischnoceros* Gravenhorst**
   额中部无角突或瘤突………………………………………纯凿姬蜂属 ***Aplomerus* Provancher**

175. 凿姬蜂属 *Xorides* Latreille, 1809

Xorides Latreille, 1809. Genera Crustaceorum et Insectorum secundum ordinem naturalem in familias disposita iconibus exemplisque plurimis explicata, 4:4. Type-species: *Ichneumon indicatorius* Latreille; monobasic.

上颚凿形，端部不分为 2 齿。雌性触角亚端部弯曲，弯曲部分或折拐附近的外侧具 1 至数根特殊的“钉状毛”。前沟缘脊强壮，在前胸背板背缘处突出呈齿状并内折。无小翅室；肘间横脉通常较短且非常加粗。爪非常小，简单。

该属是一个较大的属，全世界已知 159 种；我国已知 33 种；江西已知 2 种。种检索表参见 Kasparyan (1981)以及 Kasparyan 和 Khalaim (2007)、盛茂领和孙淑萍(2010)的著作。

371. 中斑凿姬蜂 *Xorides centromaculatus* Cushman, 1933 (图版 XXX：图 223)

Xorides centromaculatus Cushman, 1933. Insecta Matsumurana, 8:6.

♀ 体长约 11.0 mm。前翅长约 7.8 mm。产卵器鞘长约 4.8 mm。

颜面宽约为长的 2.0 倍，具稀疏、弱浅的细刻点；中央稍突起，两触角窝中央纵瘤状。唇基沟深、弧形，唇基凹明显，向上突。唇基的基部稍凹，较光滑，具非常细而不明显的横纹，端部具几个粗而不均匀的刻点，端缘几乎平。上唇半月形外露，端缘具稠密的绒毛。上颚强壮，端部凿状。眼下沟非常深；颊区下端具稠密的斜纵皱；颚眼距约为上颚基部宽的 0.6 倍。上颊隆起，具稀疏、弱浅的细刻点，前部略呈横皱状。头顶均匀隆起，后部宽阔，光滑光亮，几乎无刻点；单眼区内的刻点相对细密；侧单眼间距约为单复眼间距的 1.2 倍。额稍隆起(几乎平)，具稠密、弱浅的细刻点。触角长约为体长的 1/2，端部卷曲；鞭节 20 节，各节的长均大于其直径；钉状毛 4 根，位于倒数第 3、第 4 节。后头脊完整。

前胸背板前部具斜纵皱间杂有细刻点，侧凹内具弱的短横皱，后部具不规则的粗纵皱；背部稍隆起，亚侧部具 2 个大深凹；背方亚后缘脊状，连接于前沟缘脊背端之间。中胸盾片均匀隆起，中叶前部及侧叶具稠密的细刻点，后部中央具稠密的粗网皱；盾纵沟明显。盾前沟具明显的中纵脊。小盾片稍隆起，具稠密的网状皱刻点，端部相对光滑；端缘弧形，具边。后小盾片呈稠密的皱状。中胸侧板具均匀的浅细刻点；胸腹侧脊伸达翅基下脊；镜面区小而光亮。后胸侧板非常粗糙，具稠密的粗网皱；后胸侧板下缘脊完整。翅褐色透明；小脉位于基脉的外侧，二者之间的距离约为小脉长的 0.4 倍；无小翅室；肘间横脉短缩，使径脉和肘脉在此处有一小段愈合；第 2 回脉远在肘间横脉的外侧；外小脉内斜，约在下方 0.35 处曲折；后小脉下段外斜，约在中央处曲折。足正常，爪非常小，所有胫节的基部似 1 “小节” 状；前中足胫节非常粗，近似圆筒形，亚基部腹面扁平；后足腿节短棒状膨大，胫节棒状，跗节第 1~第 5 节长度之比依次约为 5.2∶1.8∶1.1∶1.0∶1.4。并胸腹节呈稠密的不规则的皱状，脊相对较弱；侧突强大；气门卵圆形。

腹部第 1 节背板长三角形，向基部显著收窄；长约为端宽的 1.7 倍；具稠密的粗皱点；背中脊明显，背侧脊仅在气门之前明显；气门位于第 1 节背板中央之前；气门处背方隆起。第 2、第 3 节背板具稠密的粗皱点(较第 1 节背板的皱点稍细密)，基部具明显的基斜沟；前者近梯形，长约为端宽的 0.7 倍；后者向端部稍收窄，长约为端宽的 0.7 倍，约为基部宽的 0.6 倍。第 4~第 7 节背板横形，具非常细的横线纹。第 8 节背板稍拉长，具弱浅的细刻点。产卵器较细，稍下弯，端部稍扁；腹瓣亚端部约具 8 纵脊。

体黑色，下列部分除外：触角鞭节 9~13(14)黄白色；颜面(仅中央具黑色纵条斑)，颊，上颊上半部，额眼眶，唇基(端缘及唇基沟褐色)，前胸背板前下缘和上缘前部，前胸侧板亚端部，中胸盾片中央的小斑，小盾片(基部除外)，中胸侧板前上角的拐状斑、中部和后下角的小斑，并胸腹节端部，腹部第 1 节背板端部两侧、第 2~第 7 节背板端缘及第 8 节背板端侧缘均为黄色。颊前缘，上唇，下唇须，下颚须为褐色。足棕褐至红褐色为主，前中足基节(背侧基半部黑褐色)黄白色，腿节及胫节腹侧多多少少带黄白色，转节、胫节背侧及末跗节褐黑色；后足基节腹侧及端部、转节、腿节端部、胫节(基部发黄色)及末跗节褐黑色、其余跗节黄白色。翅痣(基部色淡)，翅脉褐黑色。

分布：江西、台湾；印度，印度尼西亚。

观察标本：1♀，江西吉安双江林场，174 m，2009-05-10，集虫网。

372. 长尾凿姬蜂 *Xorides longicaudus* Sheng & Wen, 2008

Xorides (*Xorides*) *longicaudus* Sheng & Wen, 2008. Entomologica Fennica, 19:87.

♀ 体长约 18.0 mm。前翅长约 13.0 mm。产卵器鞘长约 19.5 mm。

颜面抬高，宽约为长的 2.1 倍，具稠密的横皱纹和不清晰的刻点；上缘中央向触角之间凸起，凸起上具 1 短纵脊。唇基沟明显，中段(两唇基凹之间)直。唇基平坦，近似半圆形，亚基部具 1 明显的横脊。上唇新月形外露，端缘具稠密的毛。上颚凿状，具 1 中纵纹。眼下沟明显；颚眼距约为上颚基部宽的 0.7 倍。上颊弱地隆起(肿胀)，具稠密的纵皱纹，前、后缘具刻点。头顶均匀隆起，具稠密的刻点，后方具短横皱；侧单眼间距约为单复眼间距的 1.3 倍。额稍隆起，具稠密的刻点，上方具斜(向中央斜)横皱，中央具弱纵沟。触角丝状，鞭节 27 节，钉状毛位于第 22~第 26 节。后头脊的上方(背方)间断较宽。

前胸背板背面中央突起，向前分射出 3 条强脊，向侧后方各伸出 1 条弱脊，该脊直达前沟缘脊的背端；侧上缘浅沟状；下方具短纵皱；前沟缘脊强壮，背端突起呈扁齿状。中胸盾片具稠密的刻点，后部中央具稠密的纵皱；中叶隆起；盾纵沟前部深。中胸侧板具稠密的细刻点；镜面区明显；中胸侧板凹为 1 短横沟。小盾片前面的横沟内具 1 中纵脊。小盾片隆起。后小盾片前部强烈凹陷，两侧缘呈脊状。后胸侧板粗糙。并胸腹节分区完整；基区长三角形；中区六边形；侧突强壮；气门斜缝状。翅稍带褐色透明，小脉位于基脉的外侧；肘间横脉粗短，长约为它与第 2 回脉之间距离的 0.18 倍；外小脉在中央下方曲折；后小脉约在中部曲折。足较长，胫距小；前中足胫节粗壮，圆筒形，基部突然变细；爪小。

腹部第 1 节背板长约为端宽的 3.6 倍，稍粗糙，中部均匀隆起，端部两侧具细横皱；背中脊(中段弱)伸至端缘；背侧脊中部弱而不明显；第 2 节背板长明显大于端宽，稍粗糙，基部两侧各具 1 外弓的弯沟；第 3 节背板长稍大于宽；第 4~第 6 节背板明显横形；第 7 节背板长(稍横形)；第 8 节背板较长(端部拉长)。产卵器腹瓣端部具 8 条斜脊，前面的 5 条特别强壮。

体黑色，下列部位除外：下唇须及下颚须的端部带褐黑色；唇基，上颚基部和前足腿节前面(基部除外)褐色；中足胫节前面和后足胫节内侧暗褐色；触角中部的环(鞭节第 9~第 13 节和第 14 节半基部)，前中足胫节基部外侧的小斑，后足胫节基部的环，后足跗节第 1 节端半部、第 2~第 4 节，翅痣基部白色；前足胫节前侧，前中足第 1~第 4 跗节灰黑色。

分布：江西、河南。

观察标本：1♀，江西全南，420 m，2009-03-22，孙淑萍；1♀，河南陕县甘山公园，1000 m，2000-05-31，魏美才。

英 文 摘 要

(Abstract)

In the last five years the authors have been exploring in seven National Natural Reserves: Wuyishan, Lushan, Matoushan, Jiulianshan, Guanshan, Wugongshan and Jinggangshan, and mountains in Quannan, Anfu and Ji'an Counties in Jiangxi Province, situated in the northern border of the Oriental part of China. Most specimens were collected using a standardized interception trap (SIT) and entomological nets, and parts were reared from forest pest insects. Some new discoveries have been reported (Sheng et al., 2009; 2010; 2011; 2012). Large numbers of Ichneumonids have been collected there and will be reported successively.

This book deals with 372 species and subspecies belonging to 175 genera, 25 subfamilies of the family Ichneumonidae. Of which 70 species are new to science, 7 genus and 8 species are the first record for China. Some new host records are included. Most species in this book are described or redescribed. The comparative characters of the new species with their similar species included in this book are briefly presented, and the new Chinese records are listed hereinafter.

All type specimens are deposited in the Insect Museum, General Station of Forest Pest Management, State Forestry Administration, People's Republic of China.

Subfamily Acaenitinae

5. *Jezarotes yanensis* Sheng & Sun, sp.n. (Figure 3)

♂ Body length about 10.5 mm. Fore wing length about 9.8 mm.

This new species is similar to *J. levis* Sheng, 1999, but can be distinguished from the latter in having the distance between vein 2rs-m and 2 m-cu approximately as long as 2rs-m, ventral profile of hind femur without tooth, ventral profile and median portion of apical half of flagellum white, hind tarsus buff. *J. levis*: the distance between vein 2rs-m and 2 m-cu about 0.7 times as long as 2rs-m, ventral profile of hind femur with a strong tooth, ventral profile and median portion of apical half of flagellum filemot, hind tarsus, at least basal half of first tarsomere, black.

Holotype. ♂, Wuyishan National Natural Reserve, Yanshan County, Jiangxi Province, 1370 m, 30 July 2009, SIT.

Etymology. The name of the new species is based on the type locality.

13. *Yezoceryx carinatus* Sheng & Sun, sp.n. (Figure 8)

♀ Body length 12.0 to 13.3 mm. Fore wing length 12.0 to 12.5 mm. Ovipositor sheath length 8.5 to 9.5 mm. ♂: Body length about 11.0 mm. Fore wing length about 11.0 mm.

This new species is similar to *Y. flavidus* Chiu, 1971, but can be distinguished from the latter in having the clypeus with distinct punctures and without wrinkle, basal area of propodeum about 2.7 times as wide as long, first tergum about 1.7 times as long as apical width, mesopleuron with a median transverse black band. *Y. flavidus*: clypeus with distinct longitudinal wrinkles, basal area of propodeum about 2.0 times as wide as long, first tergum about 2.22 times as long as apical width, mesopleuron without median transverse black band.

Holotype. ♀, Quannan County, Jiangxi Province, 740 m, 10 June 2008, SIT. Paratypes: 1♀, Quannan County, Jiangxi Province, 26 May 2010, SIT; 1♂, Quannan County, Jiangxi Province, 4 May 2008, SIT.

Etymology. The name of the new species is based on the median lobe of mesoscutum with lateral ridge.

15. *Yezoceryx lii* Sheng & Sun, sp.n. (Figure 10)

♀ Body length about 11.5 mm. Fore wing length about 10.5 mm. Ovipositor sheath length about 8.0 mm.

This new species is similar to *Y. qinlingensis* Wang, 1993, but can be distinguished from the latter by the following combination of characters: basal area of propodeum about as wide as long; first tergum about 1.8 times as long as apical width; apical end of subgenital plate at most reaching to the portion of the end of metasoma; lateral lobe of mesoscutum brown; mesosternum yellow with slight sandy beige. *Y. qinlingensis*: basal area of propodeum wider than its length; first tergum about 2.5 times as long as apical width; apical end of subgenital plate distinctly beyond the end of metasoma; lateral lobe of mesoscutum and lateral sides of mesosternum brown to blackish brown.

Holotype. ♀, Quannan County, Jiangxi Province, 740 m, 18 July 2008, Shi-Chang Li.

Etymology. The name of the new species is based on the name, LI Shi-Chang, who collected the type specimen.

Subfamily Anomaloninae

19. *Anomalon carinimarginum* Sheng & Sun, sp.n. (Figure 12)

♀ Body length 14.5 to 15.0 mm. Fore wing length 7.8 to 8.0 mm. Ovipositor sheath length about 3.0 mm.

This new species is similar to *A. nigribase* Cushman, 1937, but can be distinguished from the latter by the following combination of characters: upper margin of face, beneath antenna socket, with a transverse carina, its inner section abruptly bending downward; apical median portion of clypeus distinctly concave; all coxae and terga black. *A. nigribase*: upper margin of face without transverse carina; apical portion of clypeus without concavity; apical portions of coxae and lateral portions of median terga with light color.

Holotype. ♀, Quannan County, Jiangxi Province, 5 May 2009, SIT. Paratypes: 4♀♀, same data, except 28 April to 7 May 2009.

Etymology. The name of the new species is based on the upper margin of frons with a carina.

Host food. *Castanopsis Kawakamii* Hayata.

25. *Brachynervus nigriapicalis* Sheng & Sun, sp.n. (Figure 13)

♂ Body length about 24.5 mm. Fore wing length about 13.5 mm.

This new species is similar to *B. truncatus* He & Chen, 1994, but can be distinguished from the latter by the following combination of characters: frons with a median compressed flake protuberance; gena in lateral view about 0.75 times as long as widest width of eye; lateral and hind portions of propodeum with wide combined yellow band; mesosternum black with a small yellow spot in the front median portion; posterior transverse carina of mesosternum indistinct. *B. truncatus*: frons with a median subulate protuberance; gena in lateral view about 1.5 times as long as widest width of eye; propodeum black; mesosternum darkish red; posterior transverse carina of mesosternum complete.

Holotype. ♂, Wuyishan National Natural Reserve, 1330 m, Yanshan County, Jiangxi Province, 26 August 2009, SIT.

Etymology. The name of the new species is based on the apical portion of metasoma being black.

28. *Heteropelma verticiconcavum* Sheng & Sun, sp.n. (Figure 15)

♂ Body length about 32.0 mm. Fore wing length about 18.5 mm. Antenna length about 23.0 mm.

This new species can be easily distinguished from other species of this genus by: dorsomedian portion of head, frons, vertex and occiput, deeply concave.

Holotype. ♂, Wuyishan National Natural Reserve, 1200 m, Yanshan County, Jiangxi Province, 11 July 2009, SIT.

Etymology. The name of the new species is based on the dorsomedian portion of head being deeply concave.

Subfamily Banchinae

34. *Cryptopimpla nigricoxis* Sheng & Sun, sp.n. (Figure 18)

♀ Body length about 9.5 mm. Fore wing length about 8.0 mm. Antenna length about 11.0 mm. Ovipositor sheath length about 1.0 mm.

This new species is similar to *C. carinifacialis* Sheng, 2011, but can be distinguished from the latter by the following combination of characters: face weakly and evenly convex, without median longitudinal carina; all coxae entirely black; lower portion of gena buff. *C. carinifacialis*: median portion of face strongly ridgelike convex, with a distinct median longitudinal carina; fore and middle coxae and ventral profile of hind coxa yellowish brown; dorsal profile of hind coxa reddish brown; gena entirely black.

Holotype. ♀, Guanshan National Natural Reserve, 400 to 500 m, Jiangxi Province, 15 June 2009, SIT.

Etymology. The name of the new species is based on the coxa being black.

35. *Leptobatopsis annularis* Sheng & Sun, sp.n. (Figure 19)

♂ Body length 9.0 to 9.5 mm. Fore wing length 7.0 to 7.5 mm.

The new species is similar to *L. nigricapitis* Chandra & Gupta, 1977, but can be distinguished from the latter by the following characters: antenna with white ring; frons yellow, upper median portion black; mesoscutum yellowish brown, posterior portion with a "U" black transverse band; hind coxa and second tergum reddish brown. *L. nigricapitis*: antenna without white ring; frons black, lateral margin yellow widely; mesoscutum black, anterior lateral portion with triangular yellowish brown spot; hind coxa brown, apical portion with black spot; second tergum black to brownish black.

Holotype. ♂, Guanshan National Natural Reserve, 430 to 500 m, Jiangxi Province, 1 June 2009, SIT. Paratypes: 1♂, Quannan County, 650 m, Jiangxi Province, 2 July 2008, SIT; 2♂♂, Guanshan National Natural Reserve, 430 to 500 m, Jiangxi Province, 1 June to 1 July 2009, SIT.

Etymology. The name of the new species is based on the antenna with white ring.

37. *Leptobatopsis guanshanica* Sheng & Sun, sp.n. (Figure 21)

♀ Body length 13.5 to 14.0 mm. Fore wing length 10.0 to 10.5 mm. Ovipositor sheath length 9.5 to 10.0 mm.

The new species is similar to *L. cardinalis* Chandra & Gupta, 1977, but can be distinguished from the latter by the following characters: postero-ocellar line approximately as long as ocular-ocellar line, postnervulus intercepted at middle, basal portion of hind tibia yellowish brown, apical portion brown to reddish brown, hind tarsi white to yellowish white. *L. cardinalis*: postero-ocellar line approximately 0.7 times as long as ocular-ocellar line, postnervulus intercepted above middle, hind tibiae and tarsi entirely darkish brown.

Holotype. ♀, Guanshan, Yifeng County, Jiangxi Province, 10 June 2008, SIT. Paratypes: 2♀♀, Guanshan, Yifeng County, Jiangxi Province, 1 June 2009, SIT; 2♀♀, Guanshan, Yifeng County, Jiangxi Province, 1 August 2010, SIT.

Etymology. The name of the new species is based on type locality.

42. *Leptobatopsis quannanensis* Sheng & Sun, sp.n. (Figure 26)

♂ Body length about 13.5 mm. Fore wing length about 9.0 mm.

The new species is similar to *L. appendiculata* Momoi, 1960, but can be distinguished from the latter by the following characters: second trochanter of hind leg regular, outside without tooth; face entirely yellow; scutellum entirely yellow; ventral profile of hind coxa yellow. *L. appendiculata*: outside of second trochanter of hind leg with a tooth; face with median black spot; scutellum entirely black; ventral profile of hind coxa black.

Holotype. ♂, Quannan County, 650 m, Jiangxi Province, 10 June 2008, SIT.

Etymology. The name of the new species is based on type locality.

43. *Leptobatopsis spilopus* (Cameron, 1908)

New record for China.

Specimens examined: 1♀, Ji'an, 650 m, Jiangxi Province, 29 June 2008, SIT.

Key to species of genus *Leptobatopsis* Ashmead known in Jiangxi

1. Body yellow or yellowish brown, or with black spot ······ 2
   Body black, or black with yellow or yellowish brown spot ······ 3
2. Antenna with white ring. Frons yellow, upper median portion black. Mesoscutum yellowish brown, posterior portion with "U-shape" transverse black band. Hind coxa and second tergum reddish brown ······ ***L. annularis* Sheng & Sun, sp.n.**
   Antenna without white ring. Frons black, lateral margin widely yellow. Mesoscutum black, anterior lateral with large triangular yellowish brown spot. Apical portion of hind coxa with black spot. Second tergum black to brownish black ······ ***L. nigricapitis* Chandra & Gupta**
3. Fore wing with distinct darkish brown spot ······ 4
   Fore wing without darkish brown spot ······ 6
4. Body very slender. First tergum approximately 7.7 times as long as apical width. Face entirely yellow. Basal portion of hind coxa yellow, apical portion black. Hind femur black ······ ***L. quannanensis* Sheng & Sun, sp.n.**
   Body strong, or relatively slender. First tergum at most 5.5 times as long as apical width. Face black. Hind coxa and femur red, or blackish brown ······ 5
5. First tergum approximately 3.6 times as long as apical width. Hind coxa and trochanter red. Basal portions of first to third terga and apical portion of third tergum yellow ······ ***L. indica* (Cameron)**
   First tergum about 5.0 times as long as apical width. Hind coxa and trochanter black or brownish black. All terga black except base of first tergum, or hind margins of second to fourth terga very narrowly yellow ······ ***L. nigra immaculata* Momoi**
6. Antenna with white ring. Third and fourth terga buff ······ ***L. spilopus* (Cameron)**
   Antenna without white ring. Third and fourth terga black, at least partly black ······ 7
7. Out profile of second segment of hind trochanter with a sharp tooth ······ ***L. appendiculata* Momoi**

Out profile of second segment of hind trochanter without a sharp tooth ·· 8

8. Dorsal anterior portion of pronotum, scutellum and subalar prominence buff. Hind coxa, trochanter, femur and all terga entirely reddish brown. Ovipositor sheath about as long as length of fore wing······························ ·· *L. guanshanica* **Sheng & Sun, sp.n.**

Thorax and terga entirely black. Hind coxa, trochanter and femur entirely black. Ovipositor sheath shorter than length of fore wing ·· *L. nigrescens* **Chao**

44. *Lissonota albiannulata* Sheng & Sun, sp.n. (Figure 27)

♀ Body length 11.5 to 12.0 mm. Fore wing length 8.0 to 8.5 mm. Ovipositor sheath length 11.0 to 12.0 mm.

The new species is similar to *L. danielsi* Chandra & Gupta, 1977, can be distinguished from the latter by the following characters: first tergum about 2.0 times as long as apical width; ovipositor sheath about 2.8 times as long as hind tibia; mesoscutum, tegula, subalar ridge, femora and hind coxa entirely black. *L. danielsi*: first tergum about 1.4 (1.5) times as long as apical width; ovipositor sheath about 1.4 times as long as hind tibia; anterior-lateral portion of mesoscutum, tegula and subalar ridge yellow; femora red; hind coxa black, apical portion yellowish brown.

Holotype. ♀, Wuyishan National Natural Reserve, Yanshan County, Jiangxi Province, 11 July 2009, SIT. Paratype: 1♀, same data as holotype.

Etymology. The name of the new species is based on the antenna with white ring.

45. *Lissonota albomaculata* (Cameron, 1899) (Figure 28)

New record for China.

Specimen examined: 1♀, Wuyishan National Natural Reserve, Yanshan County, Jiangxi Province, 22 September 2009, SIT.

47. *Lissonota densipuncta* Sheng & Sun, sp.n. (Figure 30)

♀ Body length about 7.0 mm. Fore wing length about 5.5 mm. Ovipositor sheath length about 4.5 mm.

The new species is similar to *L. flavofasciata* Chandra & Gupta, 1977, can be distinguished from the latter by the following characters: nervellus slightly inclivous, intercepted at lower 0.25; tergum 2 about as long as apical width; mesopleuron entirely black; hind coxa entirely red. *L. flavofasciata*: nervellus slightly reclivous, intercepted at lower 0.33; tergum 2 about 1.2 times as long as apical width; mesopleuron with two small yellow spots; hind coxa black, dorsobasal portion yellow.

Holotype. ♀, Quannan County, Jiangxi province, 26 April 2008, SIT.

Etymology. The name of the new species is based on the body with dense punctures.

49. *Lissonota jianica* Sheng & Sun, sp.n. (Figure 31)

♀ Body length 6.0 to 7.0 mm. Fore wing length 4.5 to 5.0 mm. Ovipositor sheath length 4.0 to 4.5 mm.

The new species is similar to *L. otaruensis* (Uchida, 1928), can be distinguished from the latter by the following characters: areolet sessile, receiving the second recurrent vein at its outer 0.25; second intercubitus about 2.0 times as long as first intercubitus; first tergum about 1.6 times as long as apical width, with fine coriaceous texture, posterior portion with distinct wrinkles; posterior-lateral portions of terga 3 to 7 with yellowish brown spots. *L. otaruensis*: areola petiolate, receiving the second recurrent vein at its middle; second intercubitus about the same length as first intercubitus; first tergum about 1.4 times as long as apical width, with dense punctures; terga 3 to 7 entirely black.

Holotype. ♀, Shuangjiang Forest Farm, 174 m, Ji'an County, Jiangxi Province, 9 April 2009, SIT.

Etymology. The name of the new species is based on type locality.

50. *Lissonota longisulcata* Sheng & Sun, sp.n. (Figure 32)

♀ Body length about 6.0 mm. Fore wing length about 4.5 mm. Ovipositor sheath length about 2.5 mm.

The new species is similar to *L. oblongata* Chandra & Gupta, 1977, can be easily distinguished from the latter and other species of the genus in having the propodeum and first tergum with wide median longitudinal groove.

Holotype. ♀, Guanshan, Jiangxi Province, 31 March 2009, SIT.

Etymology. The name of the new species is based om the propodeum and first tergum with wide median longitudinal groove.

51. *Lissonota maculifronta* Sheng & Sun, sp.n. (Figure 33)

♀ Body length about 4.5 mm. Fore wing length about 3.5 mm. Ovipositor sheath length about 3.0 mm.

The new species is similar to *L. absenta* Chandra & Gupta, 1977, can be distinguished from the latter by the following combination of characters: first tergum about 1.7 times as long as apical width, with dense longitudinal wrinkles; face entirely black; a large spot on each anterior-lateral portion of mesoscutum and scutellum yellow. *L. absenta*: first tergum about 2.1 times as long as apical width, with dense punctures; face black, lateral margins widely yellow; mesoscutum and scutellum without yellow spot.

Holotype. ♀, Shuangjian Forest Farm, 174 m, Ji'an County, Jiangxi Province, 1 June 2009, SIT.

Etymology. The name of the new species is based on the frons with spots.

52. *Lissonota nigripoda* Sheng & Sun, sp.n. (Figure 34)

♀ Body length about 10.0 mm. Fore wing length about 7.0 mm. Ovipositor sheath length about 8.5 mm.

The new species is similar to *L. cracentis* Chandra & Gupta, 1977, can be distinguished from the latter by the following combination of characters: postocellar line about 1.4 times as long as oculo-ocellar line; areolet petiolate; ovipositor sheath about 1.2 times as long as fore wing; inner orbits yellow; tegula blackish brown; hind coxa, trochanter, femur and tibia black. *L. cracentis*: postocellar line about as long as oculo-ocellar line; areolet sessile; ovipositor sheath about 0.8 times as long as fore wing; inner orbits black; tegula yellow; hind coxa, trochanter and femur orange-red, tibia light brown.

Holotype. ♀, Sanqingshan National Natural Reserve, 1120 m, Yushan County, Jiangxi Province, 20 August 1985, SHENG Mao-Ling.

Etymology. The name of the new species is based on the hind leg being black.

54. *Lissonota rugitergia* Sheng & Sun, sp.n. (Figure 36)

♀ Body length 7.5 to 8.0 mm. Fore wing length 4.5 to 5.0 mm. Ovipositor sheath length 3.2 to 3.5 mm.

The new species is similar to *L. oblongata* Chandra & Gupta, 1977, can be distinguished from the latter by the following characters: antenna with white ring; second tergum 2.0 to 2.2 times as long as apical width; mesopleuron entirely black. *L. oblongata*: antenna without white ring; second tergum less 1.5 times as long as apical width; mesopleuron with large red spot.

Holotype. ♀, Quannan County, 650 m, Jiangxi Province, 28 July 2008, SIT. Paratype: 6♀♀, Quannan County, 700 to 740 m, Jiangxi Province, 28 July to 9 August 2008, SIT.

Etymology. The name of the new species is based om the first tergum with dense longitudinal wrinkles.

55. *Lissonota verticalis* Sheng & Sun, sp.n. (Figure 37)

♀ Body length about 10.0 mm. Fore wing length about 6.5 mm. Ovipositor sheath length about 10.0 mm.

This new species is similar to *L. nigrominiata* Chandra & Gupta, 1977, but can be distinguished from the latter by the following combination of characters: first flagellomere approximately 1.55 times as long as second flagellomere; distance between intercubitus and second recurrent vein about 1.2 times as long as intercubitus; speculum with punctures; apical 0.3 of propodeum yellow; mesopleuron with a wide median transverse yellow band; hind coxa black; terga 2 to 4 black, posterior lateral portion of each tergum with small yellow spot; hind margins of terga 5 to 7 white. *L. nigrominiata*: first flagellomere approximately 1.3 times as long as second flagellomere; distance between intercubitus and second recurrent vein about 1.5 to 2.0 times as long as intercubitus; speculum smooth and shining; propodeum entirely black; lower-posterior portion of mesopleuron with a large yellow spot; hind coxa red, dorsobasal portion with yellow spot; anterior and posterior portions of terga 2 and 4 and tergum 3 mainly orange red; terga 5 to 7 entirely black

Holotype. ♀, Shuangjiang Forest Farm, 174 m, Ji'an County, Jiangxi Province, 15 June

2009, SIT.

Etymology. The name of the new species is based on the posterior portion of vertex behind interocellar area being vertical.

56. *Lissonota wuyiensis* Sheng & Sun, sp.n. (Figure 38)

♀ Body length about 7.0 mm. Fore wing length about 6.0 mm. Ovipositor sheath length about 5.0 mm.

The new species is similar to *L. bispota* Chandra & Gupta, 1977, can be distinguished from the latter by the following characters: upper tooth of mandible about as long as lower tooth; ovipositor sheath about 0.8 times as long as fore wing, 2.0 times as long as hind tibia; second and third terga evenly convex; basal-median portion of second tergum with a transverse-triangular yellow spot; scutellum entirely black. *L. bispota*: upper tooth of mandible distinctly longer than lower tooth; ovipositor sheath 1.2 to 1.3 times as long as fore wing, 3.1 to 3.5 times as long as hind tibia; second and third terga flat dorsally in the middle; all terga entirely black; scutellum with a pair of yellow spots.

Holotype. ♀, Wuyishan National Natural Reserve, 1170 m, Yanshan County, Jiangxi Province, 30 July 2009, SIT. Paratype: 6♀♀, Quannan County, 700 to 740 m, Jiangxi Province, 28 July to 9 August 2008, SIT.

Etymology. The name of the new species is based on type locality.

Key to species of genus *Lissonota* Gravenhorst known in Jiangxi

1. Fore wing without areolet·· 2
   Fore wing with areolet ·· 3
2. First tergum with dense and distinct longitudinal wrinkles. Face entirely black. All terga darkish rufous······
   ······························ ***L. maculifronta*** **Sheng & Sun, sp.n.**
   First tergum with dense and distinct punctures. Face entirely black, with longitudinal wide yellow band. Terga black, hind portions of terga 5 to 7 white······························ ***L. verticalis*** **Sheng & Sun, sp.n.**
3. First tergum, at least apical portion, with dense and distinct longitudinal wrinkles ······························ 4
   First tergum without wrinkle, but with distinct punctures, or coriaceous texture ······························ 8
4. Propodeum strongly rough, with strong or blurry reticular wrinkles······························ 5
   Propodeum unrough, without wrinkles, with punctures ······························ 6
5. Second tergum with dense and distinct punctures. Face and frons entirely black. Hind coxa and femur reddish brown to darkish brown. Terga 5 and 6 entirely black······························ ***L. henanensis*** **Sheng**
   Second tergum with coriaceous texture, without punctures. Lateral margins of face and frons yellow. Hind coxa and femur black. Apical portions of terga 5 and 6 white··················· ***L. nigripoda*** **Sheng & Sun, sp.n.**
6. Antenna with white ring. Metasoma elongate. Second tergum 2.0 to 2.2 times as long as apical width ········
   ······························ ***L. rugitergia*** **Sheng & Sun, sp.n.**
   Antenna without white ring. Metasoma normal. Second tergum at most 1.5 times as long as apical width····
   ······························ 7
7. Apical portion of first tergum with longitudinal wrinkles. Basal portion of first tergum and second tergum entirely with coriaceous texture. Mesopleuron black ······························ ***L. jianica*** **Sheng &Sun, sp.n.**
   First tergum entirely with dense and distinct punctures. Second tergum with dense and distinct or indistinct

longitudinal wrinkles. Mesopleuron with large red spot………………………… ***L. oblongata*** **Chandra & Gupta**

8\. Propodeum and first tergum with a wide longitudinal groove. Main portions of mesoscutum and mesopleuron reddish brown. Hind coxa reddish brown, dorsobasal portion yellow………………………………………………………………………………………… ***L. longisulcata*** **Sheng & Sun, sp.n.**

Propodeum and first tergum without a wide longitudinal groove. Mesoscutum and mesopleuron black, or with yellow spots. Hind coxa with different color from that mentioned above ………………………………………… 9

9\. Thorax, propodeum, hind coxa and femur entirely black ………………………………………………………… 10

Thorax and propodeum black with yellow and brown spots. Hind coxa and femur reddish brown, or black with yellow spots……………………………………………………………………………………………… 11

10\. Inner orbits yellow. Antenna with white ring. Apical transverse band of each tergum more or less unclearly brown…………………………………………………………………… ***L. albiannulata*** **Sheng & Sun, sp.n.**

Head entirely black. Antenna without white ring. All terga entirely black……………… ***L. chosensis*** **(Uchida)**

11\. Metasoma narrow and elongate, lateral side parallel. Second tergum approximately 2.1 times as long as apical width. Mesopleuron with wide transverse yellow band. Ventral profile of hind coxa black, dorsal profile yellow……………………………………………………………………………… ***L. albomaculata*** **(Cameron)**

Metasoma normal, median section wider than anterior and posterior sections. Second tergum as long as or shorter than apical width. Mesopleuron black, or lower-posterior portion with a yellow spot. Hind coxa brown to reddish brown, or dorsal profile yellow……………………………………………………………………… 12

12\. Third tergum slightly longer than apical width. Mesopleuron entirely black. Hind coxa reddish brown. Hind margin of each tergum with transverse yellow band………………… ***L. densipuncta*** **Sheng & Sun, sp.n.**

Third tergum about 0.78 times as long as apical width. Lower-posterior portion of mesopleuron with a yellow spot. Ventral profile of hind coxa reddish brown, dorsal profile yellow. All terga entirely black, or hind margins of median terga narrowly and unclearly yellow……………… ***L. wuyiensis*** **Sheng & Sun, sp.n.**

57. *Stictolissonota foveata* Cameron, 1907 (Figure 39)

New record for China.

Specimen examined: 1♀, Quannan County, Jiangxi Province, 2 December 2010, SIT.

60. *Syzeuctus zixiensis* Sheng & Sun, sp.n. (Figure 42,43)

♀ Body length 14.5 to 15.5 mm. Fore wing length 9.5 to 10.0 mm. Ovipositor sheath length 14.5 to 16.5 mm.

The new species is similar to *S. zanthorius* (Cameron, 1902), can be distinguished from the latter by the following combination of characters: mesopleuron without white spot; hind femur black, except both ends blackish brown; hind tibia brownish black. *S. zanthorius*: lower-posterior portion of mesopleuron with large opalescent spot; hind femur and tibia brown to yellowish brown.

Holotype. ♀, Matoushan National Natural Reserve, 400 m, Zixi County, Jiangxi Province, 12 June 2009, SIT. Paratype: 1♀, same data as holotype except 18 September 2009.

Etymology. The name of the new species is based on type locality.

63. *Glypta cymolomiae* Uchida, 1932 (Figure 46)

New record for China.

Specimens Examined: 4♀♀2♂♂, Matoushan National Natural Reserve, 400 m, Zixi

County, Jiangxi Province, 10 to 24 April 2009, SIT; 2♀♀2♂♂, Donghe, 430 m, Guanshan National Natural Reserve, Jiangxi Province, 11 to 20 April 2009, SIT; 1♀1♂, Wuyishan National Natural Reserve, 1170 m, Yanshan County, Jiangxi Province, 26 August 2009, SIT; 2♀♀, Guanshan National Natural Reserve, 408 m, Jiangxi Province, 16 April 2011, SHENG Mao-Ling, SUN Shu-Ping.

64. *Glypta wuyiensis* Sheng & Sun, sp.n. (Figure 47)

♀ Body length about 5.5 mm. Fore wing length about 4.5 mm. Ovipositor sheath length about 3.5 mm. ♂: Body length 4.5 to 6.0 mm. Fore wing length 3.2 to 4.5 mm. Antenna with 31 to 32 flagellomeres.

The new species is similar to *G. breviterebra* Momoi, 1963, can be distinguished from the latter by the following combination of characters: epomia distinct, dorsal end almost reaching to upper margin of pronotum; dorsal lateral carina of first tergum complete; ovipositor sheath about 0.9 times as long as fore wing; front portion of pronotum yellowish brown. *G. breviterebra*: epomia indistinct; dorsal lateral carina of first tergum incomplete; ovipositor sheath about 0.4 times as long as fore wing; pronotum entirely black.

Holotype. ♀, Wuyishan National Natural Reserve, 1200 m, Yanshan County, Jiangxi Province, 11 July 2009, SIT. Paratype: 9♂♂, same data as holotype except 2 July to 21 October 2009.

Etymology. The name of the new species is based on type locality.

66. *Teleutaea minamikawai* Momoi, 1963 (Figure 49)

New record for China.

Specimen examined: 1♀, Matoushan National Natural Reserve, 400 m, Zixi County, Jiangxi Province, 24 April 2009, SIT.

Subfamily Campopleginae

77. *Chriodes quannanensis* Sheng & Sun, sp.n. (Figure 55)

♀ Body length about 6.0 mm. Fore wing length about 3.5 mm. Ovipositor sheath length about 1.5 mm.

This new species is similar to *C. carinatus* Kusigemati, 1983, but can be distinguished from the latter by the following combination of characters: fore wing vein 1cu-a slightly basal of 1/M; longitudinal carina of propodeum reaching to posterior carina of propodeum; glymma situated before spiracle; hind coxa black. *C. carinatus*: fore wing vein 1cu-a opposite or distal of 1/M; longitudinal carina of propodeum reaching to apex of propodeum; glymma situated under spiracle; hind coxa light reddish brown to fuscous, paler ventrally.

Holotype. ♀, Quannan County, Jiangxi Province, 14 October 2010, SIT.

Etymology. The specific name is derived from the type locality.

78. *Chriodes truncatus* Sheng & Sun, sp.n. (Figure 56)

♂ Body length 6.5 to 7.5 mm. Fore wing length 4.5 to 5.0 mm.

This new species is similar to *C. incarinatus* Kusigemati, 1983, but can be distinguished from the latter by the following combination of characters: upper tooth of mandible slightly longer than lower tooth; area superomedia complete; area dentipara distinctly separated from area lateralis by carina; first tergum entirely black; second tergum blackish brown, lateral margins yellow. *C. incarinatus*: upper tooth of mandible shorter than lower tooth; area superomedia incomplete; area dentipara combined with area lateralis; basal half of first tergum yellowish brown, apical half blackish; basal half of second tergum rosiness, apical half blackish.

Holotype. ♂, Wuyishan National Natural Reserve, 1200m, Yanshan County, Jiangxi Province, 18 July 2009, SIT. Paratype: 6♂♂, same data as holotype except 18 July to 18 August 2009.

Etymology. The specific name is derived from the gonosquama being truncate.

83. *Genotropis maculipedalis* Sheng & Sun, sp.n. (Figure 57)

♀ Body length about 6.0 mm. Fore wing length about 5.0 mm. Ovipositor sheath length about 1.0 mm. ♂: Body length 4.5 to 5.5 mm. Fore wing length 4.0 to 4.3 mm.

The new species can be easily distinguished from the only known species, *G. clara* Townes, 1970, by the following key.

Holotype. ♀, Quannan County, Jiangxi Province, 25 November 2009, SIT. Paratype: 7♂♂, Anfu County, Jiangxi Province, 180 to 260 m, 31 May to 12 June 2010, SIT.

Etymology. The specific name is derived from the legs with color spots.

Key to species of genus *Genotropis* Townes

1. Apical portion of hind coxa and a large spot on dorsal profile buff. Hind tibia russet, dorsobasal portion with a small yellow spot. Terga 2 to 8 russet, except basal 0.7 of second tergum darkish brown, basal 0.3 of third tergum slightly brownish medianly ········ ***G. clara* Townes**

   Hind coxa entirely black. Median section of hind tibia yellow, basal and apical portion black. All terga entirely black ········ ***G. maculipedalis* Sheng & Sun, sp.n.**

85. *Rhimphoctona* (*Xylophylax*) *carinata* Sheng & Sun, sp.n. (Figure 58)

♂ Body length about 13.0 mm. Fore wing length about 8.0 mm.

This new species can be easily distinguished from any other species of the genus by propodeum with a single median longitudinal carina between area superomedia and base of propodeum. Also it can be distinguished from the similar species, *R.* (*Xylophylax*) *lucida* (Clément, 1924), by the following combination of characters: gena approximately 0.9 times as wide as transverse diameter of eye; speculum smooth and shining; apical edge of front first trochanter with small tooth on outer side; fore and middle coxae reddish brown; basal 0.7 of hind tibia taupe. *R.* (*Xylophylax*) *lucida*: gena 1.3 to 1.4 times as wide as transverse diameter of eye; speculum with coriaceous texture; apical edge of front first trochanter without tooth on outer side; fore and middle coxae black; hind tibia black, except basal end slightly brownish black.

Holotype. ♂, Guanshan National Natural Reserve, 430 m, Jiangxi Province, 31 March 2009, SIT.

Etymology. The specific name is derived from the propodeum with a single median longitudinal carina between area superomedia and base of propodeum.

Subfamily Cremastinae

94. *Trathala brevis* Sheng & Sun, sp.n. (Figure 63)

♀ Body length 4.5 to 5.5 mm. Fore wing length 2.5 to 3.5 mm. Antenna length 3.2 to 4.0 mm. Ovipositor sheath length 3.5 to 4.5 mm. ♂: Body length about 5.5 mm. Fore wing length about 3.5 mm. Antenna length about 4.5 mm.

The new species can be easily distinguished from the other species of genus *Trathala* in first tergum particularly short. It can be distinguished from the similar species, *T. flavoorbitalis* (Cameron, 1907), by the following combination of characters: area superomedia 3.2 to 3.5 times as long as wide; ovipositor sheath 3.5 to 3.6 times as long as hind tibia; mesoscutum and propodeum at least basal portion black. *T. flavoorbitalis*: area superomedia 1.8 to 2.0 times as long as wide; ovipositor sheath about 2.3 times as long as hind tibia; mesoscutum with longitudinal yellow to yellowish brown bands; propodeum mainly yellow to yellowish brown.

Holotype. ♀, Quannan County, Jiangxi Province, 20 May 2009, SIT. Paratype: 1♂, same data as holotype except 6 May 2009. 1♀, Matoushan National Natural Reserve, Zixi County, Jiangxi Province, 20 May 2010, SIT.

Etymology. The name of the new species is based on the first tergum being particularly short.

Subfamily Cryptinae

101. *Ateleute nigricapitis* Sheng & Sun, sp.n. (Figure 66)

♀ Body length about 6.5 mm. Fore wing length about 4.5 mm. Ovipositor sheath length about 1.5 mm.

This new species is similar to *A. ferruginea* Sheng, Broad & Sun, 2011, but can be distinguished from the latter by the following combination of characters: second tergum with dense and distinct longitudinal wrinkles; petiolar area of propodeum coarse, with weak and indistinct transverse wrinkles; frons entirely black; pronotum and mesoscutum yellowish brown; basal-lateral portion of second tergum with darkish brown spots; basal portion of third tergum with a transverse darkish brown band. *A. ferruginea*: basal portion of second tergum with fine transverse arcuate lines, lateral and apical portion with fine longitudinal wrinkles; petiolar area of propodeum with weak longitudinal wrinkles; lateral portion of frons widely white; dorsal portion of pronotum and mesoscutum black to brownish black; all terga entirely black.

Holotype. ♀, Quannan County, 650 m, Jiangxi Province, 29 September 2008, SIT.

Etymology. The name of the new species is based on the head being black.

108. *Arhytis biporcata* Sheng & Sun, sp.n. (Figure 72)

♀ Body length 6.5 to 10.5 mm. Fore wing length 6.0 to 8.5 mm. Ovipositor sheath length 2.5 to 3.5 mm.

This new species is similar to *A. chinensis* Gupta & Gupta, 1983, but can be distinguished from the latter by the following combination of characters: epicnemial carina almost reaching to subalar ridge; areolet 1.0 to 1.3 times as wide as long; lower-posterior portion of mesopleuron with a buff spot; mesosternum entirely black; middle coxa buff, lateral profile with a small darkish brown spot; eighth tergum mainly yellow, lateral portion black. *A. chinensis*: epicnemial carina reaching to middle high level of mesopleuron; areolet about 2.0 times as wide as long; mesopleuron with a transverse yellow band, lower-posterior portion with a buff spot; mesosternum with two yellow spots; ventral profile of middle coxa with black spot; eighth tergum black, lateral portion with small yellow spot.

Holotype. ♀, Jiulianshan National Natural Reserve, 580 to 680 m, Jiangxi Province, 12 April 2011, SHENG Mao-Ling, SUN Shu-Ping. Paratypes: 1♀, same data as holotype; 1♀, Guanshan National Natural Reserve, Jiangxi Province, 9 May 2010, SUN Shu-Ping.

Etymology. The name of the new species is based on the dorsal valve of ovipositor with two ridges.

110. *Arhytis maculata* Sheng & Sun, sp.n. (Figure 74)

♀ Body length about 14.0 mm. Fore wing length about 10.0 mm. Antenna length about 10.0 mm. Ovipositor sheath length about 3.5 mm.

This new species is similar to *A. chinensis* Gupta & Gupta, 1983, but can be distinguished from the latter by the following combination of characters: fore wing with large darkish brown spot beneath areolet; propodeum without posterior transverse carina; upper median portion of frons with dense oblique longitudinal wrinkles, lateral portion with sparse and indistinct fine punctures; mesopleuron black; subalar ridge yellow; mesosternum entirely black. *A. chinensis*: fore wing without darkish brown spot; posterior transverse carina of propodeum complete; frons with sparse and fine punctures; mesopleuron with a median transverse buff line; subalar ridge black; mesosternum with two small yellow spots.

Holotype. ♀, Quannan County, Jiangxi Province, 11 September 2009, SIT.

Etymology. The name of the new species is based on the fore wing with darkish brown spot.

111. *Dinocryptus eburneus* Sheng & Sun, sp.n. (Figure 75)

♂ Body length about 22.5 mm. Fore wing length about 12.5 mm.

This new species is similar to *D. ducalis* (Smith, 1865), but can be distinguished from the latter by the following combination of characters: submargin of clypeus simple, without protuberance; frons smooth and shining, lower portion with weak and indistinct transverse lines; speculum smooth; face white; frons and vertex black. *D. ducalis*: submargin of clypeus with two median teeth; median portion and lateral portion of frons with dense and shallow punctures; speculum with punctures; head entirely black.

Holotype. ♂, Guanshan National Natural Reserve, 400 m, Jiangxi Province, 10 July 2011, SIT.

Etymology. The name of the new species is based on the face being ivory-white.

112. *Dinocryptus rufus* Sheng & Sun, sp.n. (Figure 76)

♀ Body length about 21.0 mm. Fore wing length about 15.5 mm. Ovipositor sheath length about 10.5 mm.

The new species can be easily distinguished from the other species of the genus *Dinocryptus* Cameron in body being brown.

Holotype. ♀, Guanshan National Natural Reserve, 400 m, Jiangxi Province, 10 July 2011, SIT.

Etymology. The name of the new species is based on the body being brown.

113. *Dinocryptus rugifronta* Sheng & Sun, sp.n. (Figure 77)

♂ Body length about 22.0 mm. Fore wing length about 16.0 mm.

This new species is similar to *D. eburneus*, can be distinguished from the latter by the following key.

Holotype. ♂, Quannan County, Jiangxi Province, 18 June 2010, SIT.

Etymology. The name of the new species is based on the frons with rugate texture.

Key to species of genus *Dinocryptus* Cameron known in China

1. Head yellowish brown, except median portion of frons, triangular area and dorsal portion of occiput black. Thorax yellowish brown, with black spots. Terga reddish brown, bsasal portions of terga 2 and 3 with transverse black band. Dorsal valve of ovipositor with two ridges, basal ridges with a rough area ······························ ***D. rufus* Sheng & Sun, sp.n**

   Not entirely as above, black, or mainly black with light color; head black, at least dorsal portion black······ 2

2. Submargin of clypeus with a pair of median teeth. First intercubitus 0.5 times as long as second intercubitus. Flagella black except first flagellomere brownish black······························ ***D. ducalis* (Smith)**

   Submargin of clypeus without tooth. First intercubitus approximately as long as or slightly longer than second intercubitus. Flagella black with a median white ring ······························ 3

3. Median section of submargin of clypeus flakily projecting. Frons rough, with distinct longitudinal wrinkles. Anterior transverse carina of propodeum complete and strong. Propodeum black, apical-median portion with longitudinal yellow band. Face buff, lower-median portion with a small black spot ······························

…………………………………………………………………………………… *D. rugifronta* **Sheng & Sun, sp.n.**

Submargin of clypeus simple, without projecting. Frons smooth and shining, lower portion with weak and indistinct transverse lines. Anterior transverse carina of propodeum discontinuous medianly. Propodeum entirely black. Face entirely buff…………………………………………………… *D. eburneus* **Sheng & Sun, sp.n.**

115. *Kemalia jiulianica* Sheng & Sun, sp.n. (Figure 79)

♀ Body length about 8.0 mm. Fore wing length about 7.5 mm. Antenna length about 7.0 mm. Ovipositor sheath length about 3.2 mm.

This new species is similar to *K. maai* (Gupta & Gupta, 1983), but can be distinguished from the latter by the following combination of characters: vertex with punch-drunk, fine and weak punctures; upper-posterior portion of pronotum with dense punctures; lateral longitudinal concavity from epomia to the lower end dense distinct transverse wrinkles; lateral carina of scutellum presenting about at basal 0.3; median section of anterior carina of propodeum strongly convex forward; median section of posteror carina strongly arch forwardly; median portions of face and clypeus white; apical portion of flagellomere 5, flagellomeres 6 to 8, basal portion of flagellomere 9 white; hind tarsomeres 1 and 5 brownish black. *K. maai*: vertex with fine and dense punctures; upper margin of pronotum with sparse punctues, lateral longitudinal concavity with a few striae, lower margin smooth; lateral carina of scutellum presenting at basal 0.6; anterior and posterior carinae of propodeum evenly arch; face and clypeus with small yellow spots; flagellomeres 6 to 10 yellow; hind tarsomeres 1 and 5 brown.

Holotype. ♀, Jiulianshan National Natural Reserve, 580 to 680 m, Jiangxi Province, 12 April 2011, SHENG Mao-Ling.

Etymology. The specific name is derived from the type locality.

117. *Schreineria indentata* Sheng & Sun, sp.n. (Figure 224)

♀ Body length about 9.5 mm. Fore wing length about 8.0 mm. Antenna length about 6.5 mm. Ovipositor sheath length about 5.5 mm.

This new species can be easily distinguished from any other species of *Schreineria* by the first tergum without basal tooth.

Holotype. ♀, Shuangjiang Forest Farm, 174 m, Ji'an County, Jiangxi Province, 10 May 2009, SIT.

Etymology. The specific name is derived from the first tergum without basal tooth.

122. *Torbda rubescens* Sheng & Sun, sp.n. (Figure 80)

♀ Body length 7.5 to 9.5 mm. Fore wing length 6.0 to 8.0 mm. Antenna length 6.0 to 8.0 mm. Ovipositor sheath length 2.5 to 3.5 mm.

This new species is similar to *T. maculipennis* Cameron, 1902, but can be distinguished from the latter by the following combination of characters: intercubitus strongly convergent forwardly; propodeum rough, or with indistinct reticular fine wrinkles; thorax red, or part of mesosternum black; terga 4 to 8 black. *T. maculipennis*: intercubitus parallel or almost parallel; propodeum rough, with distinct transverse wrinkles; thorax black, with large yellow spots; terga 4 to 8 black, with large yellowish brown spots.

Holotype. ♀, Quannan County, Jiangxi Province, 2 December 2010, SIT. Paratypes: 6♀♀, same data as holotype except 2 to 10 December 2010.

Etymology. The name of the new species is based on the median portion of body being red.

128. *Formostenus tuberculatus* Sheng & Sun, sp.n. (Figure 84)

♀ Body length about 8.5 mm. Fore wing length about 7.0 mm. Antenna length about 8.5 mm. Ovipositor sheath length about 1.5 mm.

This new species is similar to *F. angularis* (Uchida, 1931), but can be distinguished from the latter by the following combination of characters: fore wing with dark spot; second tergum shorter than apical width; face black; pronotum and anterior portion of thorax black, posterior portion red; apical portion of first tergum, apical 0.3 of second tergum, median portions of terga 7 and 8 white. *F. angularis*: fore wing without dark spot; second tergum longer than apical width; upper-median portion of face white; thorax red; apical margin of each tergum narrowly white.

Holotype. ♀, Quannan County, Jiangxi Province, 26 April 2008, SIT. Paratypes: 1♀, Quannan County, 335 m, Jiangxi Province, 13 May 2009, SIT; 1♀, Anfu County, Jiangxi Province, 10 May 2010, SUN Shu-Ping.

Etymology. The name of the new species is based on the propodeum with apophysis.

130. *Goryphus quananicus* Sheng & Sun, sp.n. (Figure 86)

♀ Body length 7.0 to 10.0 mm. Fore wing length 6.0 to 8.5 mm. Antenna length 6.0 to 7.5 mm. Ovipositor sheath length 2.0 to 2.5 mm.

This new species is similar to *G. cestus* Jonathan & Gupta, 1973, but can be distinguished from the latter by the following combination of characters: face with dense and irregular oblique longitudinal wrinkles; clypeus with dense, weak and fine punctures; malar space 0.53 to 0.6 times as long as basal width of mandible; speculum smooth and shining; propodeal spiracle oval. *G. cestus*: face with large punctures; clypeus smooth, with a few of punctures; malar space about 0.35 times as long as basal width of mandible; speculum with fine punctures; propodeal spiracle circular.

Holotype. ♀, Quannan County, 409 m, Jiangxi Province, 23 August 2008, SIT. Paratypes: 1♀, same data as holotype; 1♀, Luokeng, Quannan County, Jiangxi Province, 13 September 2010, SIT.

Etymology. The specific name is derived from the type locality.

135. *Perjiva kamathi* Jonathan & Gupta, 1973 (Figure 88)

New record for China.

Specimen examined: 1♀, Shuangjiang Forest Farm, 174 m, Ji'an, Jiangxi Province, 16 April 2009, SIT.

136. *Skeatia clypeata* Sheng & Sun, sp.n. (Figure 89)

♀ Body length 8.5 to 9.5 mm. Fore wing length 6.0 to 6.5 mm. Antenna length 8.0 to 8.5 mm. Ovipositor sheath length 3.0 to 3.5 mm.

This new species is similar to *S. fuscinervis* (Cameron, 1902), but can be distinguished from the latter by the following combination of characters: scutellum coriaceous, with sparse punctures; pronotum entirely black; hind coxa darkish red, apex more or less black; hind tarsomeres 2 and 3 yellow. *S. fuscinervis*: scutellum smooth, punctures indistinct; anterior margin of pronotum buff; hind coxa with long and wide black spot; hind tarsomeres 2 and 3 darkish brown.

Holotype. ♀, Jiulianshan National Natural Reserve, 580 to 680 m, Jiangxi Province, 12 to 14 April 2011, SHENG Mao-Ling, SUN Shu-Ping. Paratypes: 3♀♀, same data as holotype: 1♀, Donghe, Guanshan National Natural Reserve, 430 m, 11 April 2009, SIT.

Etymology. The specific name is derived from the clypeus being smooth.

137. *Etha lateralis* Sheng & Sun, sp.n. (Figure 90)

♀ Body length 11.5 to 13.5 mm. Fore wing length 9.5 to 10.5 mm. Antenna length 10.5 to 13.0 mm. Ovipositor sheath length 4.5 to 5.0 mm.

This new species is similar to *E. flaviorbita* Jonathan, 2000, but can be distinguished from the latter by the following combination of characters: upper portion of frons with oblique longitudinal wrinkles, lower portion with different directed oblique longitudinal wrinkles from that of upper portion; gena with dense and distinct punctures; speculum with oblique longitudinal wrinkles; lateral carina of scutellum black; terga black, hind margins of anterior terga narrowly yellow, lateral margins of posterior terga with buff spots. *E. flaviorbita*: lateral portion of frons with strong transverse wrinkles; gena smooth, punctures indistinct; speculum with punctures; lateral carina of scutellum and hind transverse band of each tergum yellow.

Holotype. ♀, Guanshan National Natural Reserve, 408 m, Jiangxi Province, 16 April 2011, SHENG Mao-Ling, SUN Shu-Ping. Paratypes: 1♀, same data as holotype.

Etymology. The specific name is derived from the lateral portions of posterior terga being yellow.

139. *Nippocryptus jianicus* Sheng & Sun, sp.n. (Figure 91)

♀ Body length about 7.5 mm. Fore wing length about 6.0 mm. Antenna length about 6.5 mm. Ovipositor sheath length about 2.5 mm.

This new species is similar to *N. granulosus* Jonathan, 1999, but can be distinguished from the latter by the following combination of characters: upper half of frons dense felt texture; lower half smooth; speculum smooth and shining, without punctures; median portion of anterior transverse carina angle-shaped forwardly; median portion of antenna with a wide ring; apical portions of terga 1, 2 and 3 with transverse buff band. *N. granulosus*: frons with fine granular texture and dense punctures, lower portion with transverse lines; speculum with dense punctures; median portion of anterior transverse carina weakly arched forwardly; antenna without a wide ring; terga 1 to 3 entirely black.

Holotype. ♀, Shuangjiang Forest Farm, 174 m, Ji'an County, Jiangxi Province, 9 April 2009, SIT.

Etymology. The specific name is derived from the type locality.

144. *Nematopodius* (*Nematopodius*) *helvolus* Sheng & Sun, sp.n. (Figure 93)

♀ Body length about 10.0 mm. Fore wing length about 6.0 mm. Antenna length about 6.5 mm. Ovipositor sheath length about 1.5 mm.

This new species is similar to *N.* (*Nematopodius*) *longiventris* (Cameron, 1903), but can be distinguished from the latter by having the mesopleuron with dense oblique wrinkles; flagella of antenna darkish brown, with buff ring; body yellowish brown except mesoscutum and propodeum black. *N.* (*Nematopodius*) *longiventris*: the mesopleuron with dense punctures; flagella black, without buff ring; body mainly black.

Holotype. ♀, Jiulianshan National Natural Reserve, 520 m, Jiangxi Province, 9 April 2008, SUN Shu-Ping.

Etymology. The specific name is derived from the body being brown.

155. *Platymystax atriceps* Sheng & Sun, sp.n. (Figure 99)

♀ Body length about 5.0 mm. Fore wing length about 3.5 mm. Antenna length about 3.0 mm. Ovipositor sheath length about 1.4 mm.

This new species is similar to *P. guanshanensis* Sheng & Sun, sp.n. and *P. ranrunensis* (Uchida, 1932), but can be distinguished from the latter by the following key.

Holotype. ♀, Beifuping, Quannan County, Jiangxi Province, 20 May 2009, SIT.

Etymology. The specific name is derived from the head being black.

156. *Platymystax guanshanensis* Sheng & Sun, sp.n. (Figure 100)

♀ Body length about 6.5 mm. Fore wing length about 6.0 mm. Antenna length about 6.5 mm. Ovipositor sheath length about 2.0 mm.

Holotype. ♀, Guanshan National Natural Reserve, Jiangxi Provinve, 9 May 2010, SUN Shu-Ping.

Etymology. The specific name is derived from the type locality.

Key to species of genus *Platymystax* Townes known in China

1. Area superomedia approximately as long as wide. Mesopleuron, mesosternum, propodeum and hind coxa

black ·· *P. ranrunensis* (Uchida)

Area superomedia wider than length. Mesopleuron, mesosternum, propodeum and hind coxa yellowish brown, brown or reddish brown ·· 2

2. Frons smooth and shining, with a distinct median groove. Median longitudinal band of face, clypeus, subanterior margin of pronotum and subalar ridge yellow-white. Mesoscutum, anterior portion of second tergum and anterior half of third tergum black. Fourth tergum yellowish brown ·· *P. guanshanensis* Sheng & Sun, sp.n.

Frons slightly rough, lackluster, without a distinct median groove. Face and clypeus entirely black. Thorax, propodeum and terga 2 and 3 entirely reddish brown. Tergum 4 brownish black ·· *P. atriceps* Sheng & Sun, sp.n.

164. *Astomaspis maculata* Sheng & Sun, sp.n. (Figure 105)

♀ Body length about 5.0 mm. Fore wing length about 4.3 mm. Antenna length about 4.8 mm. Ovipositor sheath length about 0.6 mm. ♂: Body length 5.0 to 7.0 mm. Fore wing length 4.0 to 6.0 mm. Antenna length 6.0 to 6.5 mm.

This new species is similar to *A. ruficollis* (Cameron, 1900), but can be distinguished from the latter by the following combination of characters: median dorsal carinae reaching to posterior margin of first tergum, between median dorsal carinae with transverse wrinkles; thorax and propodeum reddish brown; hind coxae and femora brown; apical portion of second tergum buff. *A. ruficollis*: median dorsal carinae not reaching to posterior margin of first tergum, between median dorsal carinae without transverse wrinkles and puncture; lower portion of mesopleuron, mesosternum and propodeum black; hind coxae and femora black; second tergum entirely red.

Holotype. ♀, Quannan County, Jiangxi province, 10 November 2009, SIT. Paratypes: 4♂♂, Qannan County, 400 m, Jiangxi province, 18 July to 23 August 2008, SIT.

Etymology. The specific name is derived from the body with spots.

165. *Astomaspis rhombic* Sheng & Sun, sp.n. (Figure 106)

♀ Body length about 5.5 mm. Fore wing length about 4.5 mm. Antenna length about 4.5 mm. Ovipositor sheath length about 0.6 mm. ♂: Body length about 5.0 mm. Fore wing length about 6.5 mm. Antenna length about 6.5 mm.

This new species is similar to *A. maculata* Sheng & Sun, but can be distinguished from the latter by the following key.

Holotype. ♀, Quannan County, 650 m, Jiangxi province, 20 September 2009, SIT. Paratypes: 1♂, same data as holotype except 28 July 2008.

Etymology. The specific name is derived from second tergum with rhombus-shape area.

Key to species of genus *Astomaspis* Förster known in China

1. Tergum 3 of male without apico-lateral spine. Terga 4 and 5 of male regular, distinctly projecting beyond tergum 3. Tergum 5 of female mostly projecting beyond tergum 4 ·· 2

Tergum 3 of male with an apico-lateral spine. Terga 4 and 5 not or hardly projecting beyond tergum 3.

Tergum 5 of female usually retracted beneath tergum 4··3

2. Tergum 2 without a rhombus-shap area. Thorax, at least pronotum, reddish brown. Tergum 4 of male regular, distinctly projecting beyond tergum 3. Apical portion of tergum 2 buff to white. Hind coxa black·· ***A. maculata* Sheng & Sun, sp.n.**

Tergum 2 with a distinct rhombus-shap area. Thorax black. Tergum 4 of male, at least basal half, retracted beneath tergum 3. Tergum 2 entirely reddish brown. Hind coxa reddish brown ·· ***A. rhombic* Sheng & Sun, sp.n.**

3. Thorax, at least pronotum, black. Mesoscutum with dense and strong transverse wrinkles ·· ***A. persimilis* (Cushman)**

Thorax, at least pronotum, reddish brown. Mesoscutum with sparse and weak transverse wrinkles·· ***A. metathoracica* Ashmead**

168. *Palpostilpnus maculatus* Sheng & Sun, sp.n. (Figure 109)

♀ Body length about 4.0 mm. Fore wing length about 3.0 mm. Antenna length about 3.0 mm.

This new species can be distinguished from other species of the genus by the following key.

Holotype. ♀, Guanshan National Natural Reserve, 400 to 500 m, Jiangxi Province, 15 June 2009, SIT.

Etymology. The specific name is based on the mesoscutum with large spot.

169. *Palpostilpnus rotundatus* Sheng & Sun, sp.n. (Figure 110)

♀ Body length about 4.5 mm. Fore wing length about 3.0 mm. Antenna length about 3.5 mm. ♂: Body length about 4.0 mm. Fore wing length about 2.5 mm. Antenna length about 3.0 mm.

This new species is similar to *P. maculatus* Sheng & Sun, but can be easily distinguished from the latter by the following key.

Holotype. ♀, Quannan County, 700 m, Jiangxi Province, 10 June 2008, SIT. Paratype: 1♂, Quannan County, 530 m, Jiangxi Province, 2 July 2008, SIT.

Etymology. The specific name is based on the propodeum with a large arc carina.

Key to species of genus *Palpostilpnus* Aubert

1. Scutellum with strong wrinkles. Fore wing with brown transverse band ··2

Scutellum without wrinkles. Fore wing lacking brown transverse band···3

2. Frons with wrinkles. Fore wing with two brown transverse band. Hind tibia with wide white basal ring. Basal area of propodeum square·· ***P. striator* Aubert**

Frons without wrinkle. Fore wing without brown transverse band. Hind tibia with a very narrow white basal ring. Basal area of propodeum longer than width··· ***P. papuator* Aubert**

3. Thorax entirely black··4

Thorax mainly brown to yellowish brown, at least with large yellowish brown spots ··································5

4. Frons smooth. Antenna without white ring. Legs, including coxae, red··································· ***P. palpator* Aubert**

Frons with fine leathery texture and unevenly punctuate. Dorsal median portion of antenna white. Fore and mid coxae white, hind tibia dark brown ·· ***P. brevis* Sheng & Broad**

5. Apical portion of propodeum with short longitudinal carinae. Ovipositor sheath correspondingly thick, with long hairs, which is longer than width of ovipositor sheath. Mesopleuron and propodeum black. Anterior half of mesoscutum yellowish brown, posterior half black. Terga 2 to 4 yellowish brown, lateral side of each tergum with a small black spot ························ ***P. maculatus* Sheng & Sun, sp.n.**
   Propodeum with a large arch carina on the median portion. Ovipositor sheath correspondingly thin, with sparse hairs, which is not longer than width of ovipositor sheath. Mesopleuron and propodeum except basal-median black spot reddish brown. Mesoscutum mainly reddish brown. Terga 2 to 4 black, anterior and posterior margins narrowly yellowish brown ························ ***P. rotundatus* Sheng & Sun, sp.n.**

170. *Paraphylax punctatus* Sheng & Sun, sp.n. (Figure 111)

♀ Body length about 4.0 mm. Fore wing length about 3.0 mm. Antenna length about 2.5 mm. Ovipositor sheath length about 0.6 mm.

This new species is similar to *P. nigrifacies* (Momoi, 1966), but can be distinguished from the latter by the following combination of characters: scutellum smooth, without puncture, lateral carina almost reaching to apex of scutellum. Terga 2 and 3 with dense and distinct punctures. Mesoscutum black, anterior-lateral potion with very narrow yellow spot. Tergum 1 except apical portion with transverse yellow band and tergum 2 black. Hind coxa black. *P. nigrifacies*: scutellum with wrinkles or crinkly punctures, basal portion with lateral carina. Terga 2 and 3 with fine dense punctures and indistinct lines or wrinkles. Mesoscutum red to darkish red. Terga 1 and 2 more or less red. Hind coxa red.

Holotype. ♀, Sanjiaotang, 335 m, Quannan County, Jiangxi Province, 14 April 2009, SIT.

Etymology. The specific name is derived from terga with punctures.

171. *Paraphylax robustus* Sheng & Sun, sp.n. (Figure 112)

♀ Body length about 5.0 mm. Fore wing length about 4.0 mm. Antenna length about 4.0 mm. Ovipositor sheath length about 1.2 mm.

This new species is similar to *P. yasumatsui* (Momoi, 1966), but can be distinguished from the latter by the following combination of characters: median lobe of mesoscutum with a median longitudinal groove; lateral carina of scutellum almost reaching to apex; area superomedia separated from basal area by carina; pronotum black. *P. yasumatsui*: median lobe of mesoscutum without a median longitudinal groove; basal portion of scutellum with lateral carina; area superomedia combined with basal area; pronotum red.

Holotype. ♀, Quannan County, Jiangxi Province, 29 June 2010, SIT.

Etymology. The specific name is derived from the ovipositor being very strong.

172. *Paraphylax rugatus* Sheng & Sun, sp.n. (Figure 113)

♀ Body length 4.5 to 5.0 mm. Fore wing length 3.0 to 4.0 mm. Antenna length 4.5 to 5.5 mm. Ovipositor sheath length 0.8 to 0.9 mm. ♂: Body length about 4.5 mm. Fore wing length about 3.5 mm. Antenna length about 4.5 mm.

This new species is similar to *P. punctatus* Sheng & Sun, but can be distinguished from the latter by the following combination of characters: frons rough, with irregular reticulate wrinkles; basal portion of tergum 2 and tergum 3 with dense and distinct longitudinal wrinkles; mesoscutum and terga 1 and 2 reddish brown. *P. punctatus*: frons with coriaceous texture, without wrinkles; tergum 2 and tergum 3 with dense and distinct punctures, without wrinkle; mesoscutum black; anterior-lateral potion of pronotum with yellow line; tergum 1, except apical portion with transverse yellow band, and tergum 2 black.

Holotype. ♀, Quannan County, 700 m, Jiangxi Province, 10 October 2008, SIT. Paratypes: 11♀♀1♂, Quannan County, 409 to 740 m, Jiangxi Province, 2 June to 31 October 2008, SIT.

Etymology. The specific name is derived from the terga with wrinkles.

Key to species of genus *Paraphylax* Förster known in China*

1. Head except mandible, thorax and propodeum entirely black. Frons almost flat, with fine and indistinct coriaceous texture, median longitudinal groove indistinct. Basal portions of terga 2 to 4 with dense longitudinal wrinkles ········ ***P. robustus* Sheng & Sun, sp.n.**
   Head, thorax and propodeum not entirely black. Frons rough, or with distinct median longitudinal groove. Terga 2 to 4 with dense and distinct punctures or longitudinal wrinkles ········ 2
2. Median lobe of mesoscutum without median longitudinal groove. Area superomedia combined with basal area. Scutellum without lateral carina except basal portion. Mesoscutum black ········ ***P. yasumatsui* (Momoi)**
   Median lobe of mesoscutum with a median longitudinal groove. Area superomedia separated from basal area by carina, or lateral carina of scutellum almost reaching to apex. Mesoscutum brown to reddish brown, or black ········ 3
3. Frons rough, with dense irregular reticulate wrinkles, median longitudinal groove indistinct. Basal portion of second tergum and tergum 3 entirely with dense and distinct longitudinal wrinkles. Mesoscutum and terga 1 and 2 reddish brown ········ ***P. rugatus* Sheng & Sun, sp.n.**
   Frons with coriaceous texture, without wrinkles, with distinct median longitudinal groove. Terga 1 and 2 with punctures or with blurry lines or wrinkles ········ 4
4. Scutellum smooth, without puncture, lateral carina almost reaching to apex of scutellum. Terga 2 and 3 with dense and distinct punctures. Mesoscutum black, anterior-lateral potion with yellow line. Terga 1, except apical portion with transverse yellow band, and 2 black. Hind coxa black ········ ***P. punctatus* Sheng & Sun, sp.n.**
   Scutellum with wrinkles or crinkly punctures, basal portion with lateral carina. Terga 2 and 3 with fine dense punctures and indistinct lines or wrinkles. Mesoscutum red to darkish red. Terga 1 and 2 more or less red. Hind coxa red ········ ***P. nigrifacies* (Momoi)**

178. *Townostilpnus melanius* Sheng & Sun, sp.n. (Figure 118)

♂ Body length about 4.0 mm. Fore wing length about 3.0 mm. Antenna length about 3.5 mm.

This new species is similar to *T. chagrinator* Aubert, 1961, but can be distinguished from the latter by the following combination of characters: maxillary palpus long, reaching to

* *P. varius* (Walker, 1860) is not included in the key, because the authors have not checked the specimen.

middle coxa; propodeum without carina; terga 2 to 4 with dense punctures; hind tibia entirely black. *T. chagrinator*: maxillary palpus regular, at least not reaching to middle coxa; propodeum with longitudinal carinae; terga with fine coriaceous texture; basal portion of hind tibia with a white ring.

Holotype. ♀, Jiulianshan National Natural Reserve, 580 m, Jiangxi Province, 20 April 2011, SHENG Mao-Ling.

Etymology. The specific name is based on the body being black.

Key to species of genus *Townostilpnus* Aubert known in China

1. Thorax and terga black. Thorax with fine coriaceous texture, or mesoscutum with fine and weak punctures. Maxillary palpus regular, or reaching to middle coxa ········· 2
   At least thorax red and with thick punctures. Maxillary palpus particularly long, reaching to base of first tergum ········· ***T. rufinator* Aubert**
2. Maxillary palpus regular, not reaching to middle coxa. Thorax and main portion of terga with fine coriaceous texture. Propodeum with longitudinal carinae. Basal portion of hind tibia white ········· ***T. chagrinator* Aubert**
   Maxillary palpus particularly long, reaching to middle coxa. Mesoscutum with fine punctures. Terga 2 to 4 with dense punctures. Propodeum without carina. Hind tibia entirely black ········· ***T. melanius* Sheng & Sun, sp.n.**

Subfamily Ctenopelmatinae

187. *Alcochera unica* Sheng & Sun, sp.n. (Figure 126)

♀ Body length about 9.5 mm. Fore wing length about 9.0 mm. Antenna length about 10.5 mm.

This new species is similar to *A. aequalis* Sheng, 1998, but can be distinguished from the latter by the following combination of characters: propodeum with median longitudinal carinae; areolet slanting quadrangular; second intercubitus distinct longer than first intercubitus; mesopleuron shining; hind coxa reddish brown; second tergum black. *A. aequalis*: propodeum without median longitudinal carinae; areolet triangular; second intercubitus about as long as first intercubitus; mesopleuron dim, matte; hind coxa and second tergum black.

Holotype. ♀, Jiulianshan National Natural Reserve, 580 m, Jiangxi Province, 21 May 2011, SIT.

Etymology. The specific name is based on the first tergum yellowish brown.

189. *Dentimachus incarinalis* Sheng & Sun, sp.n. (Figure 128)

♀ Body length about 6.5 mm. Fore wing length about 5.5 mm. Antenna length about 7.2 mm.

This new species is similar to *D. pallidimaculatus* Kaur, 1989, but can be distinguished from the latter by having the propodeum without carina; mesopleuron and mesosternum entirely black. *D. pallidimaculatus*: propodeum with distinct longitudinal carinae; lower portion and mesosternum buff.

Holotype. ♀, Quannan County, 650 m, Jiangxi Province, 2 July 2008, SIT.

Etymology. The specific name is derived from the propodeum without carina.

202. *Lethades nigricoxis* Sheng & Sun, sp.n. (Figure 140)

♀ Body length about 6.2 mm. Fore wing length about 5.0 mm. Antenna length about 6.0 mm. Ovipositor sheath about 0.7 times as long as apical high of metasoma. ♂: Body length about 6.5 mm. Fore wing length about 5.5 mm. Antenna length about 6.5 mm.

This new species is similar to *L. cingulator* Hinz, 1976, but can be distinguished from the latter by the following combination of characters: antenna longer than fore wing, with 32 flagellomeres; mesopleuron slightly coriaceous, with fine and indistinct punctures; gena entirely black; terga 2 and 3 entirely reddish brown. *L. cingulator*: antenna shorter than fore wing, with 26 flagellomeres; anterior and lower portions of mesopleuron with dense and distinct punctures; lower portion of gena yellow; terga 2 and 3 black, lateral margins yellow.

Holotype. ♀, Donghe, 430 m, Guanshan National Natural Reserve, Jiangxi Province, 11 April 2009, SIT. Paratype: 1♂, same data as holotype.

Etymology. The specific name is derived from the hind coxa being black.

203. *Lethades ruficoxalis* Sheng & Sun, sp.n. (Figure 141)

♀ Body length 7.5 to 8.0 mm. Fore wing length 5.5 to 5.8 mm.

This new species is similar to *L. nigricoxis* Sheng, but can be easily distinguished from the latter by the following combination of characters: area superomedia with fine and dense punctures, 1.2 times as long as wide; costula connected slightly behind its middle; hind coxa reddish brown. *L. nigricoxis*: area superomedia smooth, 1.4 times as long as wide; costula connected distinctly before its middle; hind coxa black.

Holotype. ♀, Donghe, 430 m, Guanshan National Natural Reserve, Jiangxi Province, 20 April 2009, SHENG Mao-Ling, SUN Shu-Ping. Paratype: 1♀, same data as holotype.

Etymology. The specific name is derived from the hind coxa being brown.

Subfamily Mesochorinae

260. *Mesochorus guanshanicus* Sheng & Sun, sp.n. (Figure 160)

♀ Body length about 7.0 mm. Fore wing length about 6.0 mm. Antenna length about 8.5 mm. Ovipositor sheath length about 0.8 mm.

This new species is similar to *M. convergens* Sun & Sheng, 2009, but can be distinguished from the latter by the following combination of characters: nervellu slightly reclivous; speculum and its surrounding portion smooth and shining, without puncture; face and antenna yellowish brown; mesoscutum and postscutellum entirely black; scutellum slightly darkish brown. *M. convergens*: nervellu vertical; speculum very small, its anterior portion with fine punctures, its surrounding portion with dense puncture; face black, lateral margin yellow brown; antenna puce; lateral margin of mesoscutum, scutellum and postscutellum reddish brown.

Holotype. ♀, Guanshan National Natural Reserve, 450 to 470 m, Jiangxi Province, 9 May 2010, SIT.

Etymology. The specific name is derived from the type locality.

Subfamily Metopiinae

273. *Metopius* (*Ceratopius*) *purpureotinctus* (Cameron, 1907) (Figure 168)

New record for China.

Specimens examined: 3♂♂, Guanshan National Natural Reserve, 400 to 900 m, Jiangxi Province, 23 to 27 May 2004, DING Dong-Sun; 1♂, Quannan County, 15 May 2008, SIT; 3♂♂, Guanshan National Natural Reserve, 400 to 900 m, Jiangxi Province, 21 August to 11 September 2011, SIT.

275. *Seticornuta nigra* Sheng & Sun, sp.n. (Figure 170)

♀ Body length about 10.0 mm. Fore wing length about 7.0 mm. Antenna length about 6.5 mm.

This new species is similar to *S. albopilosa* (Cameron, 1907), but can be distinguished from the latter by the following combination of characters: wings dark brown, almost opaque; antenna entirely and tegula black. *S. albopilosa*: wings, at least part, hyaline; scape, basal 10 flagellomeres and tegula yellowish brown.

Holotype. ♀, Quannan County, 628 m, Jiangxi Province, 16 June 2008, SIT.

Etymology. The specific name is derived from the body entirely black.

Subfamily Orthocentrinae

292. *Eusterinx* (*Ischyracis*) *ganica* Sheng & Sun, sp.n. (Figure 172)

♀ Body length about 4.0 mm. Fore wing length about 3.0 mm. Antenna length about 2.5 mm. Ovipositor sheath length about 0.5 mm.

This new species is similar to *E.* (*Ischyracis*) *bispinosa* Strobl, 1901, but can be distinguished from the latter by the following combination of characters: distance between intercubitus and second recurrent vein 2.0 times as long as intercubitus; tergum 1 about 5.0 times as long as apical width; terga 2 and 3 entirely with even longitudinal wrinkles; tergum 2 approximately 2.0 times as long as apical width; ovipositor sheath about 0.65 times as long as hind tibia; ovipositor slightly curved upwardly. *E.* (*Ischyracis*) *bispinosa*: distance between intercubitus and second recurrent vein about as long as intercubitus; tergum 1 at most 4.6 times as long as apical width;basal half and lateral portion of tergum 2 with wrinkles, at most

1.35 times as long as apical width; basal portion of tergum 3 with wrinkles; ovipositor sheath at least 0.85 times as long as hind tibia; ovipositor straight.

Holotype. ♀, Wuyishan National Natural Reserve, 1370 m, Jiangxi Province, 10 September 2009, SIT.

Etymology. The specific name is derived from the type locality.

293. *Megastylus flaviventris* Sheng & Sun, sp.n. (Figure 173)

♂ Body length 11.5 to 12.5 mm. Fore wing length 8.5 to 9.0 mm. Antenna length 12.0 to 12.5 mm.

This new species can be easily distinguished from other species of the genus by the following combination of characters: main portion of mesopleuron smooth and shining, only subanterior-median portion with indistinct punctures; anterior and posterior transverse carinae of propodeum complete; face buff; scutellum, mesopleuron and mesosternum yellow; hind coxa reddish brown.

Holotype. ♂, Wuyishan National Natural Reserve, 1200 m, Jiangxi Province, 11 July 2009, SIT. Paratype: 1♂, Baotianman Natural Reserve, Neixiang County, Henan province, 27 June 2006, SHEN Xiao-Cheng.

Etymology. The specific name is derived from the mesosternum being yellow.

294. *Megastylus maculifacialis* Sheng & Sun, sp.n. (Figure 174)

♀ Body length about 14.5 mm. Fore wing length about 7.5 mm. Antenna length about 12.5 mm. Ovipositor sheath length about 0.5 mm.

This new species is similar to *M. longicoxis* (Cameron, 1909), but can be distinguished from the latter by the following combination of characters: out profile of hind coxa with even, dense and fine punctures; face black, sublateral portion with longitudinal yellow spot; hind coxa reddish brown; terga 1 and 2 entirely red. *M. longicoxis*: out profile of hind coxa densely and transversely rugulose; face buff; hind coxa black; terga 1 and 2 black, apical portion of tergum 1 and basal portion of tergum 2 reddish brown.

Holotype. ♀, Guanshan National Natural Reserve, 400 m, 23 May 2010, SIT.

Etymology. The specific name is derived from the face with yellow spots.

295. *Megastylus nigrithorax* Sheng & Sun, sp.n. (Figure 175)

♀ Body length 12.0 to 12.5 mm. Fore wing length 9.0 to 9.5 mm. Antenna length 10.0 to 11.0 mm. Ovipositor sheath length about 0.5 mm.

This new species is similar to *M. flaviventris* Sheng & Sun and *M. maculifacialis* Sheng & Sun, can be distinguished from them by the following key.

Holotype. ♀, Quannan County, 740 m, Jiangxi Province, 16 June 2008, SIT. Paratypes: 1♂, same data as holotype; 1♀3♂♂, Matoushan National Natural Reserve, 400 m, Zixi County, Jiangxi Province, 24 April to 1 May 2009, SIT; 1♂, Guanshan National Natural

Reserve, 450 m, Jiangxi Province, 10 June 2008, SIT; 1♀1♂, Guanshan National Natural Reserve, 400 m, Jiangxi Province, 23 May 2010, SIT; 2♂♂, Anfu County, 180 to 220 m, Jiangxi Province, SIT; 18♂♂, Anfu 180 to 220 m, Jiangxi Province, 24 April to November, 2011, SIT; 1♂, Lingshan, 400 to 500 m, Henan Province, 24 May 1999, SHENG Mao-Ling.

Etymology. The specific name is derived from the thorax black.

Key to species of genus *Megastylus* Schiødte known in China

1. Main portion of mesopleuron smooth and shining, only subanterior-median portion with indistinct punctures. Posterior transverse carina of propodeum complete. Face buff. Scutellum, mesopleuron and mesosternum yellow. Hind coxa reddish brown ································· ***M. flaviventris* Sheng & Sun, sp.n.**
   Mesopleuron with oblique longitudinal wrinkles. Posterior transverse carinae of propodeum lack or very weak and indistinct. Face mainly black, at least with black spot. Scutellum, mesopleuron and mesosternum black. Hind coxa black or reddish brown ·· 2
2. Face black, lateral margins widely yellow. Hind coxae, trochanters and femora reddish brown. Hind tibiae almost entirely yellowish brown. Terga 1 and 2 red ························ ***M. maculifacialis* Sheng & Sun, sp.n.**
   Face yellow, with a narrow longitudinal blackish brown band. Hind coxae black, femora brownish black. Hind tibiae blackish brown, base more or less with blurry sandy beige. Tergum 1 black. Tergum 2 blackish brown··· ***M. nigrithorax* Sheng & Sun, sp.n.**

296. *Proclitus ganicus* Sheng & Sun, sp.n. (Figure 176)

♀ Body length about 3.7 mm. Fore wing length about 3.2 mm. Antenna length about 3.5 mm. Ovipositor sheath length about 1.0 mm. ♂: Body length about 4.0 mm. Fore wing length about 4.0 mm.

This new species is similar to *P. paganus* (Haliday, 1838), but can be distinguished from the latter by the following combination of characters: clypeus evidently convex, black; cheek with distinct subocular sulcus; hind femur of male darkish rufous, subbasal and apical portions black. *P. paganus*: clypeus flat, mainly yellow; cheek with a carina between base of mandibles and lower margin of eye, without subocular sulcus; dorsal profile of hind femur of male with longitudinal black spot.

Holotype. ♀, Quannan County, Jiangxi Province, 13 September 2010, SIT. Paratypes: 1♂, same data as holotype except 30 september 2010; 1♀, Jiulianshan National Natural Reserve, Jiangxi Province, 11 September 2011, SIT.

Etymology. The specific name is derived from the type locality.

297. *Proclitus wuyiensis* Sheng & Sun, sp.n. (Figure 177)

♀ Body smooth and shining, length about 3.5 mm. Fore wing length about 3.5 mm. Antenna length about 3.8 mm. Ovipositor sheath length about 3.2 mm.

This new species is similar to *P. ganicus* Sheng & Sun, can be distinguished from the latter by the following key.

Holotype. ♀, Wuyishan National Natural Reserve, 1200 m, Jiangxi Province, 18 August 2009, SIT.

Etymology. The specific name is derived from the locality of type.

Key to species of genus *Proclitus* Förster known in China

1. Ovipositor sheath about 0.75 times as long as length of hind tibia. Coxae black. Subbasal and apical portions of hind tibia black ························ ***P. ganicus* Sheng & Sun, sp.n.**

   Ovipositor sheath about 2.6 times as long as length of hind tibia. Coxae yellowish brown. Subbasal and dorso-apical portions of hind tibia darkish brown ························ ***P. wuyiensis* Sheng & Sun, sp.n.**

Subfamily Pimplinae

300. *Perithous quananensis* Sheng & Sun, sp.n. (Figure 180)

♀ Body length about 16.5 mm. Fore wing length about 13.0 mm. Antenna length about 12.5 mm.

This new species is similar to *P. sundaicus* Gupta, 1982, but can be distinguished from the latter by the following combination of characters: gena with fine distinct punctures and short hairs; hind portion of metasternum with distinct median groove; face yellow, median portion with elliptic black spot; clypeus yellow, apical-median portion with a small yellow spot; apical margin of each tergum with transverse yellow band; basal-median portion of propodeum with distinct and relatively deep longitudinal groove; tergum 1 with distinct punctures. *P. sundaicus*: gena smooth and shining; hind portion of metasternum with indistinct median groove, or with a fovea; median portion of face narrowly and median portion of clypeus black; apical margins of terga 1 to 3 transversely brownish; apico-lateral portions of terga 4, 6, 7 and tergum 5 entirely yellow; basal-median portion of propodeum with weak longitudinal groove; tergum 1 smooth, lateral portion with sparse punctures.

Holotype. ♀, Quannan County, 650 m, Jiangxi Province, 28 July 2008, SIT.

Etymology. The specific name is based on type locality.

330. *Pimpla ganica* Sheng & Sun, sp.n. (Figure 196)

♀ Body length 8.0 to 11.0 mm. Fore wing length 6.0 to 8.5 mm. Ovipositor sheath length 2.0 to 2.5 mm. ♂: Body length 8.0 to 11.0 mm. Fore wing length 6.5 to 8.5 mm.

This new species is similar to *P. femorella* Kasparyan, 1974, but can be distinguished from the latter by the following combination of characters: apices of terga smooth and shining, fifth tergum with dense and distinct punctures; flagella black; hind trochanter light yellow or white. *P. femorella*: apices of tergites matt, with fine coriaceous texture; basal half of fifth tergum with very indistinct punctures; flagella brown; hind trochanter red.

Holotype. ♀, Shuangjiang Forest Farm, 174 m, Ji'an County, Jiangxi Province, 23 April 2009, SIT. Paratypes: 1♀, Quannan County, Jiangxi Province, 26 April 2008, SIT; 2♀♀, Guanshan National Natural Reserve, 450m, Yifeng, Jiangxi Province, 13 May to 10 June 2008, SIT; 3♀♀2♂♂, Shuangjiang Forest Farm, 174 m, Ji'an County, Jiangxi Province, 9 April to 1 June 2009, SIT; 3♀♀6♂♂, Matoushan National Natural Reserve, Zixi County, Jiangxi

Province, 10 April to 29 May 2009, SIT; 13♀31♂♂, Donghe, 430 m, Guanshan National Natural Reserve, Jiangxi Province, 31 March to 1 June 2009, SIT; 2♀♀, Guanshan National Natural Reserve, 450 to 470 m, Jiangxi Province, 9 May 2010, SIT; 2♀♀3♂♂, Guanshan National Natural Reserve, Jiangxi Province, 9 to 10 May 2010, SUN Shu-Ping; 4♀♀5♂♂, Anfu County, 140 to 200 m, Jiangxi Province, 1 to 24 November 2010, SIT; 3♀♀22♂♂, Guanshan National Natural Reserve, 408 m, Jiangxi Province, 16 April 2011, SUN Shu-Ping, SHENG Mao-Ling; 8♀♀4♂♂, Jiulianshan National Natural Reserve, 580 m, Jiangxi Province, 14 April 2011, SHENG Mao-Ling, SUN Shu-Ping; 1♀2♂♂, Guiyang, Guizhou Province, 25 September to 14 October 1995, LUO Qing-Huai; 2♀♀, Baotianman National Natural Reserve, 1300 to 1500 m, Henan Province, 12 July 1998, SUN Shu-Ping; 2♀♀, Baiyunshan National Natural Reserve, 1400 m, Henan Province, 24 July 2003, YANG Tao; 1♀, Baotianman National Natural Reserve, 1280 m, Henan Province, 25 May 2006, SHEN Xiao-Cheng; 1♀, Jinsha, Chishui, Guizhou Province, 23 September 2007, XIAO Wei.

Etymology. The specific name is based on holotype locality.

337. *Theronia porphyreus* Sheng & Sun, sp.n. (Figure 199)

♀ Body length about 8.0 mm. Fore wing length about 7.5 mm. Antenna length about 6.5 mm. Ovipositor sheath length about 2.5 mm. ♂: Body length about 9.0 mm. Fore wing length about 7.5 mm. Antenna length about 9.0 mm.

This new species is similar to *T. flavopuncta* Gupta, 1962, but can be distinguished from the latter by the following combination of characters: median portion of face with weak punctures, upper median portion with weak longitudinal wrinkles; prepectal carina reaching about 0.4 level of high of mesopleuron; posterior transverse carina of propodeum complete and strong; terga 2 to 4 symmetrical, without swellings; stigma yellowish brown. *T. flavopuncta*: face strongly punctate and rugose; prepectal carina strong throughout; pleural part of posterior transverse carina of propodeum interrupted in middle; terga 2 to 4 with distinct swellings; stigma brownish black.

Holotype. ♀, Guanshan National Natural Reserve, 450 m, Jiangxi Province, 13 May 2008, SIT. Paratype: 1♂, Guanshan National Natural Reserve, 408 m, Jiangxi Province, 16 April 2011, Sun Shu-Ping.

Etymology. The specific name is based on body being brown.

341. *Xanthopimpla brevis* Sheng & Sun, sp.n. (Figure 203)

♀ Body length about 13.5 mm. Fore wing length about 10.5 mm. Antenna length about 11.5 mm. Ovipositor hardly reaching to the end of metasoma.

This new species is similar to *X. decurtata* Krieger, 1914, but can be distinguished from the latter by the following combination of characters: scutellum strongly convex, median portion projecting as a sharp cone-shaped fastigium; hind tibia without stout bristles; flagella reddish brown; terga 2 and 8 without black spot; black spots of tergum 7 as the same size as that of terga 3 to 6. *X. decurtata*: scutellum evenly convex; hind tibia with 3 or 4 stout bristles near apex; dorsal profile of flagella brown to darkish brown, ventral profile yellowish brown; terga 2 and 8 with black spots; black spots of tergum 7 distinctly larger than that of terga 3 to 6, or combined into a irregular transverse band.

Holotype. ♀, Guanshan National Natural Reserve, 400 to 500 m, Jiangxi Province, 14 July 2009, SIT.

Etymology. The new species name is based on the ovipositor being very short.

Subfamily Poemeniinae

356. *Eugalta sulcinervis* Sheng & Sun, sp.n. (Figure 215)

♀ Body length about 8.0 mm. Fore wing length about 6.5 mm. Antenna length about 6.3 mm. Ovipositor sheath length about 4.5 mm.

The new species can be easily distinguished from any other species of the genus in having the mesopleuron with transverse groove, which is deep and throughout the mesopleuron.

Holotype. ♀, Guanshan National Natural Reserve, 450 m, Jiangxi Province, 20 October 2010, SHENG Mao-Ling.

Etymology. The new species name is based on the mesopleuron with transverse groove, which is deep and throughout the mesopleuron.

Subfamily Tersilochinae

361. *Diaparsis moniliformis* Sheng & Sun, sp.n. (Figure 216)

♀ Body length about 8.0 mm. Fore wing length about 4.5 mm. Antenna length about 3.0 mm. Ovipositor sheath length about 5.5 mm. ♂: Body length 7.0 to 7.5 mm. Fore wing length 4.0 to 4.5 mm.

The new species is similar to *D. saeva* Khalaim, 2008, but can be distinguished from the latter by the following combined characters: Antenna with 30 flagellomeres, lateral concavity of pronotum with rather densely pubescent; nervellus of hind wing distinctly reclivous; ovipositor sheath about 5.5 times as long as first tergite; dorsal valve of ovipositor without distinct subapical tooth, ventral valve with very weak and indistinct ridges; all coxae black; all trochanters and hind femora brownish black; front and middle femora, and all tibiae reddish brown. *D. saeva*: Antenna with 25 flagellomeres, lateral concavity of pronotum with coarse and transverse wrinkles; nervellus of hind wing vertical; ovipositor sheath about 2.3 times as long as first tergite; dorsal valve of ovipositor with two roundish subapical teeth, ventral valve with distinct ridges; all coxae, trochanters and femora dark brown to black.

Holotype. ♀, Anfu County, 130 to 140 m, Jiangxi Province, 28 October 2011, SIT.

Paratypes: 13♂♂, same data as holotype except 13 October to 10 November 2011.

Etymology. The specific name is derived from the antennal flagellomeres being moniliform.

Subfamily Tryphoninae

370. *Dyspetes parvifida* Sheng & Sun, sp.n. (Figure 222)

♀ Body length about 13.5 mm. Fore wing length about 10.5 mm. Antenna length about 11.0 mm. Ovipositor sheath length about 1.0 mm.

The new species is similar to *D. areolatus* He & Wan, 1987, but can be distinguished from the latter by having the costula of propodeum complete and strong; first tergum approximately 1.9 times as long as apical width; ovipositor sheath distinctly past the end of metasoma; neck, scutellum, postscutellum and mesepimeron black. *D. areolatus*: costula of propodeum absent; first tergum approximately 2.3 times as long as apical width; ovipositor sheath just reaching to the end of metasoma; median portion of neck, apical portion of scutellum, postscutellum and mesepimeron reddish brown.

Holotype. ♀, Jiulianshan National Natural Reserve, 580 m, Jiangxi Province, 21 May 2011, SIT.

Etymology. The new species name is based on the notch on the upper-median portion of occipital carina being very small.

主要参考文献

丁冬荪, 罗俊根, 盛茂领. 2009. 江西省姬蜂科(膜翅目)新记录. 江西林业科技, (3): 41–42.

丁冬荪, 罗俊根, 孙淑萍. 2009. 江西省姬蜂昆虫资源. 江西林业科技, (5): 25–30.

何俊华. 1980. 我国小室姬蜂属二新种及一新记录(膜翅目: 姬蜂科). 浙江农业大学学报, 6(2): 79–83.

何俊华. 1981a. 我国长尾姬蜂属 *Ephialtes* Schrank 及二种新记录. 浙江农业大学学报, 7(3): 81–86.

何俊华. 1981b. 红足亲姬蜂 *Gambrus ruficoxafus* (Sonan)在我国新发现及其二寄主新记录. 浙江农业大学学报, 7(3): 87–88.

何俊华. 1983a. 中国姬蜂科新记录(一)阿苏山沟姬蜂和三色田猎姬蜂. 浙江农业大学学报, 9(1): 55–58.

何俊华. 1983b. 中国姬蜂科新记录(二)——全北群瘤姬蜂. 浙江农业大学学报, 9(2): 178.

何俊华. 1984a. 中国水稻害虫的姬蜂科寄生蜂(膜翅目)名录. 浙江农业大学学报, 10(1): 77–110.

何俊华. 1984b. 中国姬蜂科新记录(四)——白基多印姬蜂. 浙江农业大学学报, 10(2): 206.

何俊华. 1985a. 中国畸脉姬蜂属三新种记述(膜翅目: 姬蜂科). 动物分类学报, 10(3): 316–320.

何俊华. 1985b. 中国姬蜂科新记录(七). 浙江农业大学学报, 11(4): 402.

何俊华. 1985c. 米蛛姬蜂属一新种(膜翅目: 姬蜂科). 武夷科学, 5: 63–65.

何俊华. 1985d. 中国对眼姬蜂属三新种记述(膜翅目: 姬蜂科). 昆虫分类学报, 7(4): 253–258.

何俊华, 陈学新. 1990. 中国伪瘤姬蜂属二新种 (膜翅目: 姬蜂科). 昆虫分类学报, 12(2): 141–144.

何俊华, 陈学新. 1991. 湖北省潜水蜂科一新种(膜翅目: 潜水蜂科). 动物分类学报, 16(2): 211–213.

何俊华, 陈学新. 1994. 中国短脉姬蜂属纪要及三新种描述 (膜翅目: 姬蜂科). 动物分类学报, 19: 90–96.

何俊华, 陈学新, 马云. 1996. 中国经济昆虫志, 51: 膜翅目: 姬蜂科. 北京: 科学出版社: 697.

何俊华, 汤玉清, 陈学新, 马云, 童新旺. 1992. 姬蜂科. 湖南森林昆虫图鉴. 长沙: 湖南科学技术出版社: 1211–1249.

何俊华, 万兴生. 1987. 切顶姬蜂属五新种记述(膜翅目: 姬蜂科). 动物分类学报, 12(1): 87–92.

何俊华, 施祖华. 1991. 中国栉姬蜂属四新记录(膜翅目: 姬蜂科). 动物分类学报, 16(2): 252–253.

李涛, 盛茂领, 邹青池. 2012. 寄生靖远松叶蜂的姬蜂科(膜翅目)中国一新纪录种. 动物分类学报, 37(2): 463–465.

刘树生, 周华伟, 刘银泉, 何俊华. 2004. 小菜蛾重要寄生蜂——半闭弯尾姬蜂在中国的地理分布. 植物保护学报, 31(1): 13–20.

楼玫娟, 孙淑萍, 丁冬荪, 刘继生. 2011. 江西发现白眶姬蜂属(膜翅目: 姬蜂科)并中国新纪录记述. 江西林业科技, (5): 21–23.

裴海潮, 盛茂领. 2000. 河南点刻姬蜂属一新种(膜翅目: 姬蜂科). 昆虫分类学报, 22(1): 71–73.

陕西省林业科学研究所, 湖南省林业科学研究所. 1990. 林虫寄生蜂图志. 杨陵: 天则出版社: 206.

盛茂领. 2002. 河南凿姬蜂属一新种 (膜翅目: 姬蜂科). 河南昆虫分类区系研究, 5. 太行山及桐柏山区昆虫. 北京: 中国农业科技出版社: 42–44.

盛茂领. 2008. 中国的特姬蜂属种类记述(膜翅目, 姬蜂科). 动物分类学报, 33(1): 164–169.

盛茂领. 2011. 针尾姬蜂属(膜翅目, 姬蜂科)及一新种记述. 动物分类学报, 36(1): 198–201.

盛茂领, 等. 2005. 中国隐姬蜂属(膜翅目: 姬蜂科)研究. 动物分类学报, 30(2): 415–418.

盛茂领, 丁冬荪. 2009. 中国的蛀姬蜂属(膜翅目, 姬蜂科)种类及一新种. 动物分类学报, 34(1): 166–169.

盛茂领, 丁冬荪. 2012. 浮姬蜂属二新种(膜翅目, 姬蜂科)并附中国已知种检索表. 动物分类学报, 37: 160–164.

盛茂领, 黄维正. 1999. 伏牛山凿姬蜂属研究 (膜翅目: 姬蜂科). 申效诚等河南昆虫分类区系研究, 4. 伏牛山南坡及大别山区昆虫.北京: 中国农业科技出版社: 87–91.

盛茂领, 李镇宇, 骆有庆. 2004. 中国兜姬蜂属分类研究 (膜翅目, 姬蜂科). 动物分类学报, 29(4): 769–773.

盛茂领, 罗俊根. 2009. 缺脊姬蜂属一新种 (膜翅目, 姬蜂科). 动物分类学报, 34: 367–369.

盛茂领, 裴海潮. 2002. 河南角姬蜂属二新种(膜翅目: 姬蜂科). 昆虫学报, 45(增): 96–98.

盛茂领, 申效诚. 2008. 长臀姬蜂属(膜翅目, 姬蜂科)在河南首次发现并一新种记述. 申效诚等. 昆虫分类与分布. 北京: 中国农业科学技术出版社: 33–36.

盛茂领, 孙淑萍. 1999a. 伏牛山恩姬蜂族二新种 (膜翅目: 姬蜂科). 申效诚等. 河南昆虫分类区系研究, 4. 伏牛山南坡及大别山区昆虫. 北京: 中国农业科技出版社: 74–78.

盛茂领, 孙淑萍. 1999b. 大头姬蜂属记述 (膜翅目: 姬蜂科). 申效诚等. 河南昆虫分类区系研究, 4. 伏牛山南坡及大别山区昆虫. 北京: 中国农业科技出版社: 79–83.

盛茂领, 孙素平, 等. 膜翅目: 姬蜂科. 1999. 申效诚等. 河南昆虫分类区系研究, 4. 伏牛山南坡及大别山区昆虫. 北京: 中国农业科技出版社: 373–379.

盛茂领, 孙淑萍. 2002a. 中国的克里姬蜂及一新种记述(膜翅目: 姬蜂科). 昆虫学报, 45(增): 93–95.

盛茂领, 孙淑萍. 2002b. 河南省伏牛山嘎姬蜂族二新种记述(膜翅目: 姬蜂科). 动物分类学报, 27: 798–801.

盛茂领, 孙淑萍. 2007a. 中国发现侵姬蜂属(膜翅目: 姬蜂科)及一新种. 动物分类学报, 32(4): 959–961.

盛茂领, 孙淑萍. 2007b. 中国的耕姬蜂属(膜翅目: 姬蜂科)及一新种. 动物分类学报, 32(4): 962–965.

盛茂领, 孙淑萍. 2008a. 河南的三钩姬蜂属 (膜翅目: 姬蜂科). 申效诚等. 河南昆虫分类区系研究, 6. 宝天曼自然保护区昆虫. 北京: 中国农业科学技术出版社: 21–23.

盛茂领, 孙淑萍. 2008b. 棘跗姬蜂属(膜翅目, 姬蜂科)在中国首次发现并记述一新种. 动物分类学报, 33: 619–622.

盛茂领, 孙淑萍. 2008c. 黑茧姬蜂属(膜翅目, 姬蜂科)一新种. 申效诚等. 昆虫分类与分布. 北京: 中国农业科学技术出版社: 37–39.

盛茂领, 孙淑萍. 2009a. 中国发现全沟姬蜂属(膜翅目, 姬蜂科)及二新种记述. 动物分类学报, 34: 607–610.

盛茂领, 孙淑萍. 2009b. 河南昆虫志, 膜翅目: 姬蜂科. 北京: 科学出版社: 340.

盛茂领, 孙淑萍. 2010a. 中国林木蛀虫天敌姬蜂.北京: 科学出版社: 378.

盛茂领, 孙淑萍. 2010b. 中国双洼姬蜂属(膜翅目, 姬蜂科)及一新种. 动物分类学报, 35: 398–400.

盛茂领, 孙淑萍. 2010c. 后孔姬蜂属(膜翅目, 姬蜂科)及一新种记述. 动物分类学报, 35: 631–634.

盛茂领, 孙淑萍, 裴海潮, 尚忠海, 申富勇, 黄维正. 1999. 膜翅目: 姬蜂科. 申效诚等. 河南昆虫分类区系研究, 4. 伏牛山南坡及大别山区昆虫. 北京: 中国农业科技出版社: 373–379.

盛茂领, 孙淑萍. 2011. 江西发现差齿姬蜂属三新种(膜翅目, 姬蜂科)及中国已知种检索表. 动物分类学报, 36(4): 961–969.

盛茂领, 赵瑞兴. 2012. 寄生灰斑古毒蛾的姬蜂(膜翅目, 姬蜂科)及一新种记述. 动物分类学报, 37(3): 606–610.

时振亚. 1988. 中国长孔姬蜂属一新种记述. 昆虫分类学报, 10(3-4): 215–217.

孙淑萍, 郭志红, 张瑶琦, 盛茂领, 陈国发. 2006. 沈阳地区寄生微红梢斑螟的姬蜂(膜翅目: 姬蜂科). 中国森林病虫, 24 (2): 11–13.

孙淑萍, 盛茂领. 2007. 河南省锤举腹蜂属研究(膜翅目: 举腹蜂科). 动物分类学报, 32(1): 216–220.

孙淑萍, 盛茂领. 2008a. 膜翅目: 姬蜂科. 申效诚等. 河南昆虫分类区系研究, 6. 宝天曼自然保护区昆虫. 北京: 中国农业科学技术出版社: 216–218.

孙淑萍, 盛茂领. 2008b. 拟新秘姬蜂属(膜翅目, 姬蜂科)一新种. 动物分类学报, 33(4): 790–792.

孙淑萍, 盛茂领. 2009. 依姬蜂属 (膜翅目, 姬蜂科) 及一新种记述. 动物分类学报, 34: 925–927.

孙淑萍, 盛茂领. 2010. 中国的洛姬蜂属(膜翅目: 姬蜂科)及一新种记述. 动物分类学报, 35(2): 401–403.

孙淑萍, 盛茂领. 2011a. 中国登姬蜂属(膜翅目: 姬蜂科)及一新种记述. 动物分类学报, 36: 419–422.

孙淑萍, 盛茂领. 2011b. 裂臀姬蜂属(膜翅目: 姬蜂科)一新种及中国已知种检索表. 动物分类学报, 36(4): 970–972.

孙淑萍, 张松山, 盛茂领. 2008. 中国发现彬姬蜂属 (膜翅目: 姬蜂科). 河南昆虫分类区系研究, 6. 宝天曼自然保护区昆虫. 北京: 中国农业科学技术出版社, 24–26.

汤玉清. 1990. 中国细颚姬蜂属志, 膜翅目: 姬蜂科: 瘦姬蜂亚科. 重庆: 重庆出版社: 208.

王浩杰, 石纪茂, 陈玉翠, 等. 2007. 越冬代竹斑蛾预蛹天敌种类及动态. 林业科学, 43(5): 69–73.

王淑芳. 1982. 中国暗色姬蜂属纪要 (姬蜂科: 犁姬蜂亚科). 昆虫学报, 25(2): 206–208.

王淑芳. 1983a. 短脉姬蜂属一新种描述(膜翅目: 姬蜂科). 动物分类学报, 8: 196–197.

王淑芳. 1983b. 长白山犁姬蜂亚科纪要 (膜翅目: 姬蜂科). 昆虫学报, 26(3): 342–343.

王淑芳. 1986a. 中国辅齿姬蜂属纪要(膜翅目: 姬蜂科: 犁姬蜂亚科). 昆虫学报, 29: 214–217.

王淑芳. 1986b. 中国肿跗姬蜂属一新记录. 昆虫学报, 29(3): 336.

王淑芳. 1988a. 中国污翅姬蜂属的研究(膜翅目: 姬蜂科: 犁姬蜂亚科). 动物分类学报, 13: 299–304.

王淑芳. 1988b. 膜翅目: 姬蜂科.见: 中国科学院登山科学考察队编著: 西藏南迦巴瓦峰地区昆虫, 北京: 科学出版社: 559–568, 621.

王淑芳. 1989. 犁姬蜂亚科一新属二新种 (膜翅目: 姬蜂科). 昆虫学报, 32(3): 357–360.

王淑芳. 1994. 中国马尾姬蜂属新种记述 (膜翅目: 姬蜂科: 瘤姬蜂亚科). 动物学集刊, 11: 179–192.

王淑芳, 胡建国. 1992a. 三齿姬蜂属一新种(膜翅目: 姬蜂科, 长尾姬蜂亚科). 动物学集刊, 9: 313–315.

王淑芳, 胡建国. 1992b. 中国三钩姬蜂属的研究(膜翅目: 姬蜂科, 长尾姬蜂亚科), 动物学集刊, 9: 317–326.

王淑芳, 胡建国. 1995. 中国皱背姬蜂族的研究 (膜翅目: 姬蜂科). 动物学集刊, 12: 244–252.

王淑芳, 黄润质. 1993. 膜翅目: 姬蜂科. 龙栖山动物. 北京: 林业出版社: 727–739.

王淑芳, 姚建. 1993. 野姬蜂属 Yezoceryx 的研究(姬蜂科: 犁姬蜂亚科). 系统进化动物学论文集, No.2: 203–218.

王淑芳, 姚建. 1994. 甲腹姬蜂亚科一新属新种(膜翅目: 姬蜂科). 动物学集刊, 11: 175–178.

王淑芳, 姚建, 王建桂. 1997. 膜翅目: 姬蜂科. 长江三峡库区昆虫. 重庆: 重庆出版社: 1617–1646.

杨秀元, 吴坚. 1981. 中国森林昆虫名录. 北京: 中国林业出版社: 444.

赵修复. 1958. *Atopotrophos* Cushman 属姬蜂新种记载 (Ichneumonidae, Tryphoninae, Eclytini). 福建农学院学报, (7-8): 57–62.

赵修复. 1975. 细柄姬蜂属 *Leptobatopsis* 一新种描述和三个已知种纪要(膜翅目: 姬蜂科: 栉姬蜂亚科). 昆虫学报, 18: 437–438.

赵修复. 1976. 中国姬蜂分类纲要. 北京: 科学出版社: 343.

赵修复. 1980a. 姬蜂二新种描述(膜翅目, 姬蜂科).福建农学院学报, 2(1980): 10–13.

赵修复. 1980b. 梢蛾壕姬蜂新种描述及其末龄幼虫记要(膜翅目: 姬蜂科, 壕姬蜂亚科). 昆虫分类学报, 2(3): 165–167.

赵修复. 1981a. 武夷山保护区野姬蜂四新种描述(膜翅目: 姬蜂科). 武夷科学, 1: 200–204.

赵修复. 1981b. 寄生稻纵卷叶螟的黄脸姬蜂新种描述(膜翅目: 姬蜂科). 动物分类学报, 6(2): 176–178.

赵修复. 1987. 寄生蜂分类纲要. 北京: 科学出版社: xvii+281.

赵修复. 1994. *Cylloceria* Schiødte 属姬蜂一新种描述(膜翅目: 姬蜂科, 洼唇姬蜂亚科). 武夷科学, 11: 116–119.

宗世祥, 盛茂领. 2009. 凿姬蜂属一新种(膜翅目, 姬蜂科). 动物分类学报, 34: 922–924.

Ashmead W H. 1900a. Classification of the Ichneumon flies, or the superfamily Ichneumonoidea. Proceedings of the United States National Museum, 23(1206): 1–220.

Ashmead W H. 1900b. Notes on some New Zealand and Australian parasitic Hymenoptera with description of new genera and new species. Proceedings of the Linnean Society of New South Wales, 25: 327–360.

Ashmead W H. 1904. A list of Hymenoptera of the Philippine Islands with descriptions of new species. Journal of the New York Entomological Society, 12: 1–22.

Ashmead W H. 1905. New Hymenoptera from the Philippines. Proceedings of the United States National Museum, 29(1416): 107–119.

Ashmead W H. 1906. Descriptions of new Hymenoptera from Japan. Proceedings of the United States National Museum, 30: 169–201.

Aubert J F. 1961. Ichneumonides cryptines d'un genre nouveau comprenant quatre espèces nouvelles (I). Bulletin de la Société Entomologique de Mulhouse, 1961: 56–61.

Aubert J F. 1969. Supplément aux Ichneumonides non pétiolées inédites et révision du genre Erromenus Holm. Bulletin de la Société Entomologique de Mulhouse, 1969(mai-juin): 37–46.

Aubert J F. 1979. Huit Ichneumonides [non] pétiolées inédites. Bulletin de la Société Entomologique de Mulhouse, 1979(avril-juin): 17–22.

Aubert J F. 1987. Deuxième prèlude á une révision des Ichneumonides Scolobatinae. Bulletin de la Société Entomologique de Mulhouse, 1987: 33–40.

Aubert J-F. 2000. The West Palaearctic ichneumonids and their hosts. 3. Scolobatinae (=Ctenopelmatinae) and supplements to preceding volumes. Litterae Zoologicae, 5: 1–310.

Azidah A A, Fitton M G, Quicke D L J. 2000. Identification of the Diadegma species (Hyemnoptera: Ichneumonidae, Campopleginae) attacking the diamondback moth, Plutella xylostella (Lepidoptera: Plutellidae). Bulletin of Entomological Research, 90(5): 375–389.

Baltazar C R. 1961. The Philippine Pimplini, Poeminiini, Rhyssini, and Xoridini (Hymenoptera, Ichneumonidae, Pimplinae). Monographs of the National Institute of Science and Technology, 7: 1–130.

Barrion A T, Bandong J P, De La Cruz C G, Apostol R F, Litsinger J A. 1987. Natural enemies of the bean pod borer Maruca testulalis in the Philippines. Tropical Grain Legume Bulletin, 34: 21–22.

Barron J R. 1978. Systematics of the world Eucerotinae (Hymenoptera, Ichneumonidae) Part 2. Non-Nearctic species. Naturaliste Canadien, 105: 327–374.

Barron J R. 1981. The Nearctic species of *Ctenopelma* (Hymenoptera, Ichneumonidae, Ctenopelmatinae). Naturaliste Canadien, 108(1): 17–56.

Barthélémy C, Broad G R. 2012. A new species of *Hadrocryptus* (Hymenoptera, Ichneumonidae, Cryptinae), with the first account of the biology for the genus. Journal of Hymenoptera Research, 24: 47–57.

Bauer R. 1958. Ichneumoniden aus Franken (Hymenoptera, Ichneumonidae). Beiträge zur Entomologie, 8: 438–477.

Benoit P L G. 1953. Notes Ichneumonologiques Africaines V. Revue de Zoologie et de Botanique Africaines, 48: 81–88.

Betrem J G. 1941. Notes on the genera *Goryphus* Holmgren 1868 and Ancaria Cam. 1902 (Hym.: Ichn. Crypt.), (Notes on Indo-Malayan Ichneumonids IV). Treubia, 18: 45–101.

Blunck H, Kerrich G J. 1956. Polymorphismus bei *Haplaspis nanus* (Grav.) (= *Hemiteles fulvipes* Grav.) (Hym., Ichneumonidae) und die Beschreibung einer neuen *Haplaspis* Art aus Ceylon. Bollettino del Laboratorio di Zoologia Generale e Agraria, Portici, 33: 546–563.

Broad G R. 2011. Identification key to the subfamilies of Ichneumonidae (Hymenoptera). http: //www.nhm.ac.uk/resources-rx/files/ich_subfamily_key_2_11_compressed-95113.pdf. Online publication, [2012-03-08].

Broad G R, Sääksjärvi I E, Veijalainen A, Notton D G. 2011. Three new genera of Banchinae (Hymenoptera: Ichneumonidae) from Central and South America. Journal of Natural History, 45: 1311–1329.

Cameron P. 1897. Hymenoptera Orientalia, or contribution to a knowledge of the Hymenoptera of the Oriental Zoological Region. Part V. Memoirs and Proceedings of the Manchester Literary and Philosophical Society, 41(4): 1–144.

Cameron P. 1899. Hymenoptera Orientalia, or contributions to a knowledge of the Hymenoptera of the Oriental Zoological Region. Part VIII. The Hymenoptera of the Khasia Hills. Memoirs and Proceedings of the Manchester Literary and Philosophical Society, 43(3): 1–220.

Cameron P. 1900. Hymenoptera Orientalia, or Contributions to the knowledge of the Hymenoptera of the Oriental zoological region, Part IX. The Hymenoptera of the Khasia Hills. Part II. Section I. Memoirs and Proceedings of the Manchester Literary and Philosophical Society, 44(15): 1–114.

Cameron P. 1902a. Description of two new genera and thirteen new species of Ichneumonidae from India. Entomologist: 18–22.

Cameron P. 1902b. On the Hymenoptera collected by Mr. Robert Shelford in Sarawak, and on the Hymenoptera of the Sarawak Museum. Journal of the Straits Branch of the Royal Asiatic Society, 37: 29–131.

Cameron P. 1902c. On some new genera and species of Hymenoptera (Ichneumonidae, Chrysididae, Fossores, and Apidae). Entomologist, 35: 179–183.

Cameron P. 1903. Hymenoptera Orientalia, or Contributions to the knowledge of the Hymenoptera of the Oriental zoological region. Part IX. The Hymenoptera of the Khasia Hills. Part II. Section 2. Memoirs and Proceedings of the Manchester Literary and Philosophical Society, 47(14): 1–50.

Cameron P. 1904a. Descriptions of new species of Cryptinae from the Khasia Hills, Assam. Transactions of the Entomological Society of London, 1904: 103–122.

Cameron P. 1904b. On some new species of Hymenoptera from northern India. Annals and Magazine of Natural History, 13: 277–303.

Cameron P. 1904c. Descriptions of new genera and species of Ichneumonidae from India. (Hym.). Zeitschrift für Systematische Hymenopterologie und Dipterologie, 4: 337–347.

Cameron P. 1905a. On the phytophagous and parasitic Hymenoptera collected by Mr. E.Green in Ceylon. Spolia Zeylanica, 3: 67–143.

Cameron P. 1905b. A third contribution to the knowledge of the Hymenoptera of Sarawak. Journal of the Straits Branch of the Royal Asiatic Society, 44: 93–168.

Cameron P. 1907a. On some new genera and species of parasitic Hymenoptera from the Sikkim Himalaya. Tijdschrift voor Entomologie, 50: 71–114.

Cameron P. 1907b. On some undescribed phytophagous and parasitic Hymenoptera from the Oriental Zoological Region. Annals and Magazine of Natural History, (7)19: 166–192.

Cameron P. 1907c. On some new genera and species of Ichneumonidae from the Himalayas (Hym.). Zeitschrift für Systematische Hymenopterologie und Dipterologie, 7: 466–469.

Cameron P. 1909. Descriptions of new genera and species of Indian Ichneumonidae. Journal of the Bombay Natural History Society, 19: 722–730.

Cameron P. 1911. *Camptolynx*, a new Ichneumonid genus in the Royal Berlin Zoological Museum. Berliner Entomologische Zeitschrift, 55(1910): 252–254.

Chandra G. 1976. On a collection of Banchinae from Australia (Hymenoptera: Ichneumonidae). I. Genus *Leptobatopsis* Ashmead. Journal of Natural History, 10: 1–6

Chandra G, Gupta V K. 1977. Ichneumonologia Orientalis Part VII. The tribes Lissonotini and Banchini (Hymenoptera: Ichneumonidae: Banchinae). Oriental Insects Monograph, 7: 1–290.

Chao H F. 1975. Description of a new species of the genus *Leptobatopsis* Ashmead with notes on three known species (Hymenoptera: Ichneumonidae). Acta Entomologica Sinica, 18: 437–438.

Chen S P, Wang C L, Chen C N. 2009. A list of natural enemies of insect pests in Taiwan. Taiwan: Taiwan Agricultural Research Institute Special Publication, No.137. 466pp.

Chiu S C. 1954. On some Enicospilus-species from the Orient (Hymenoptera: Ichneumonidae). Bulletin of the Taiwan Agricultural Research Institute, 13: 1–79.

Chiu S C. 1962. The Taiwan Metopiinae (Hymenoptera: Ichneumonidae). Bulletin of the Taiwan Agricultural Research Institute, 20: 1–37.

Chiu S C. 1965. The Taiwan Glyptini, subfamily Banchinae (Hymenoptera: Ichneumonidae). Quarterly Journal of the Taiwan Museum, 18: 203–217.

Chiu S C. 1971. The Taiwan Acaenitinae (Hymenoptera: Ichneumonidae). Bulletin of the Taiwan Agricultural Research Institute, 29: 1–26.

Chiu S C, Wong C Y. 1986. The Agriotypinae of Taiwan (Hymenoptera: Ichneumonidae). Chinese Journal of Entomology, 6(1): 83–88.

Chiu S C, Wong C Y. 1987. The Phrudinae of Taiwan (Hymenoptera: Ichneumonidae). Taiwan Agricultural Research Institute. Special Publication, 22: 1–18.

Clément E. 1938. Opuscula Hymenopterologica IV. Die paläarktischen Arten der Pimplinentribus Ischnocerini, Odontomerini, Neoxoridini und Xylomini (Xoridini Schm.). Festschrift für 60 Geburtst. Prof. Embrik Strand, 4: 502–569.

Constantineanu M I, Pisica C. 1977. Hymenoptera, Ichneumonidae. Subfamiliile Ephialtinae, Lycorininae, Xoridinae si Acaenitinae. Fauna Republicii Socialiste Romania, 9(7): 1–305.

Cushman R A. 1919. New genera and species of Ichneumon flies (Hym.). Proceedings of the Entomological Society of Washington, 21: 112–120.

Cushman R A, Rohwer S A. 1920. The north American Ichneumon-flies of the tribe Acoenitini. Proceedings of the United States National Museum, 57: 503–523.

Cushman R A. 1922. New Oriental and Australian Ichneumonidae. Philippine Journal of Science, 20: 543–597.

Cushman R A. 1924. On the genera of Ichneumon-flies of the tribe Paniscini Ashmead, with description and discussion of related genera and species. Proceedings of the United States National Museum, 64(2510): 1–48.

Cushman R A. 1925. H. Sauter's Formosa-collection: *Xanthopimpla* (Ichneum. Hym.). Entomologische Mitteilungen, 14: 41–50.

Cushman R A. 1933. H. Sauter's Formosa-collection: Subfamily Ichneumoninae (Pimplinae of Ashmead). Insecta Matsumurana, 8: 1–50.

Cushman R A. 1934. New Ichneumonidae from India and China. Indian Forest Records, 20: 1–8.

Cushman R A. 1937a. New Japanese Ichneumonidae parasite on pine sawflies. Insecta Matsumurana, 12: 32–38.

Cushman R A. 1937b. H.Sauter's Formosa-collection: Ichneumonidae. Arbeiten uber Morphologische und Taxonomische Entomologie, 4: 283–311.

Cushman R A. 1940. A new species of *Lissonota* (Hym., Ichneumonidae). Proceedings of the Entomological Society of Washington, 42: 156–158.

Dasch C E. 1992. The Ichneumon-flies of America north of Mexico: Part 12. Subfamilies Microleptinae, Helictinae, Cylloceriinae and Oxytorinae (Hymenoptera: Ichneumonidae). Memoirs of the American Entomological Institute, 52: 1–470.

Diller E H. 1981. Bemerkungen zur Systematik der Phaeogenini mit einem vorläufigen Katalog der Gattungen (Hymenoptera, Ichneumonidae). Entomofauna, 2: 93–109.

Fitton M G. 1981. The British Acaenitinae (Hymenoptera: Ichneumonidae). Entomologist's Gazette, 32: 185–192.

Fitton M G. 1984. A review of the British Collyriinae, Eucerotinae, Stilbopinae and Neorhacodinae (Hymenoptera: Ichneumonidae). Entomologist's Gazette, 35(3): 185–195.

Fonscolombe M B D. 1852. Ichneumonologie provençale. Annales de la Société Entomologique de France, (2)10: 427–441.

Förster A. 1869. Synopsis der Familien und Gattungen der Ichneumonen. Verhandlungen des Naturhistorischen Vereins der Preussischen Rheinlande und Westfalens, 25(1868): 135–221.

Gauld I D. 1976. The classification of the Anomaloninae (Hymenoptera: Ichneumonidae). Bulletin of the British Museum (Natural History), Entomology series, 33: 1–135.

Gauld I D. 1984. The Pimplinae, Xoridinae, Acaenitinae and Lycorinae (Hymenoptera: Ichneumonidae) of Australia. Bulletin of the British Museum (Natural History), Entomology series, 49: 235–339.

Gauld I D. 1991. The Ichneumonidae of Costa Rica, 1. Introduction, keys to subfamilies, and keys to the species of the lower Pimpliform subfamilies Rhyssinae, Poemeniinae, Acaenitinae and Cylloceriinae. Memoirs of the American Entomological Institute, 47: 1–589.

Gauld I D. 2000. The Ichneumonidae of Costa Rica, 3. Introduction and keys to species of the subfamilies Brachycyrtinae, Cremastinae, Labeninae and Oxytorinae, with an appendix on the Anomaloninae Memoirs of the American Entomological Institute (Gainesville): 631–453.

Gauld I D, Dubois J. 2006. Phylogeny of the Polyspincta group of genera (Hymenoptera: Ichneumonidae; Pimplinae): a taxonomic revision of spider ectoparasitods. Systematic Entomology, 31: 529–564.

Gauld I D, Fitton M G. 1981. Keys to the British xoridine parasitoids of wood-boring beetles (Hymenoptera: Ichneumonidae). Entomologist's Gazette, 32: 259–267.

Gauld I D, Wahl D, Bradshaw K et al. 1997. The Ichneumonidae of Costa Rica, 2. Introduction and keys to species of the smaller subfamilies, Anomaloninae, Ctenopelmatinae, Diplazontinae, Lycorininae, Phrudinae, Tryphoninae (excluding Netelia) and Xoridinae, with an appendices on the Rhyssinae. Memoirs of the American Entomological Institute, 57: 1–485.

Georgiev G T, Tsankov G. 1995. Some parasitoid insect species on the larvae of the poplar clearwing moth (Paranthrene tabaniformis Rott., Lepidoptera, Sesiidae) in Bulgaria. Nauka Za Gorata, 32(2): 51–58.

Glowacki J. 1966. Notes on the secondary parasites among the Ichneumon-flies (Hymenoptera, Ichneumonidae) in the fauna of Poland. Polskie Pismo Entomologiczne, 36: 377–382.

Gmelin J F. 1790. Caroli a Linne Systema Naturae (Ed. XIII). Tom I. G.E. Beer. Lipsiae: 2225-3020 (Ichneumon: 2674-2722).

Gomez I C, Saaksjarvi I E, Veijalainen A, Broad G R. 2009. Two new species of *Xanthopimpla* (Hymenoptera, Ichneumonidae) from Western Amazonia, with a revised key to the Neotropical species of the genus. Zookeys, 14: 55–65.

Gravenhorst J L C. 1829a. Ichneumonologia Europaea. Pars I. Vratislaviae: 827 .

Gravenhorst J L C. 1829b. Ichneumonologia Europaea. Pars II. Vratislaviae: 989.

Gravenhorst J L C. 1829c. Ichneumonologia Europaea. Pars III. Vratislaviae: 1097.

Gupta V K. 1962. Taxonomy, zoogeography, and evolution of Indo-Australian *Theronia* (Hym.: Ichneumonidae). Pacific Insects Monograph, 4: 1–142.

Gupta V K. 1968. Indian species of *Itoplectis* Förster (Hymenoptera: Ichneumonidae). Oriental Insects, 1(1/2): 45–54.

Gupta V K. 1969. Taxonomic identity of *Eugalta* Cameron and *Pseudeugalta* Ashmead (Hymenoptera: Ichneumonidae). Oriental Insects, 3: 193–196.

Gupta V K. 1974. Studies on certain Porizontine Ichneumonids reared from economic hosts (parasitic Hymenoptera). Oriental Insects, 8(1): 99–116.

Gupta V K. 1980. A revision of the tribe Poeminiini in the Oriental Region (Hymenoptera: Ichneumonidae). Oriental Insects, 14(1): 73–130.

Gupta V K. 1982a. A review of the genus *Perithous*, with descriptions of new taxa (Hymenoptera: Ichneumonidae). Contributions to the American Entomological Institute, 19(4): 1–20.

Gupta V K. 1982b. A study of the genus *Hybomischos* (Hymenoptera: Ichneumonidae). Contributions to the American Entomological Institute, 19(5): 1–5.

Gupta V K. 1983. A review of the world species of *Dyspetes* (Hymenoptera: Ichneumonidae). Contributions to the American Entomological Institute, 20: 177–188.

Gupta V K. 1985. The tribe Tryphonini in India with descriptions of new species (Hymenoptera: Ichneumonidae). Oriental Insects, 18(1984): 173–186.

Gupta V K. 1987. The Ichneumonidae of the Indo-Australian area (Hymenoptera). Memoirs of the American Entomological Institute, 41: 1–1210.

Gupta V K, Chandra G. 1972. Oriental species of *Xorides* (*Moerophora*) Förster (Hymenoptera: Ichneumonidae). Oriental Insects, 6(4): 409–417.

Gupta V K, Chandra G. 1974. Oriental species of *Xorides* (*Xorides*) (Hymenoptera: Ichneumonidae). Oriental Insects, 8(4): 395–411.

Gupta V K, Chandra G. 1976. Oriental species of *Xorides* (*Gonophonus*) (Hymenoptera: Ichneumonidae). Entomon, 1(2): 163–170.

Gupta S, Gupta V K. 1983. Ichneumonolgia Orientalis, Part IX. The tribe Gabuniini (Hymenoptera: Ichneumonidae). Oriental Insects Monograph, 10: 1–313.

Gupta V K, Kamath M K. 1967. Indian species of *Listrognathus* Tschek. (Hymenoptera: Ichneumonidae). Pacific Insects, 9(2): 369–397.

Gupta V K, Maheshwary S. 1974. The oriental species of *Chriodes* (Hymenoptera: Ichneumonidae). Oriental Insects, 8(2): 199–218.

Gupta V K, Maheshwary S. 1977. Ichneumonologia Orientalis, Part IV. The tribe Porozontini (=Campoplegini) (Hymenoptera: Ichneumonidae). Oriental Insects Monograph, 5: 1–267.

Gupta V K, Saxena K. 1987. A revision of the Indo-Australian species of *Coccygomimus* (Hymenoptera: Ichneumonidae). Oriental Insects, 21: 363–436.

Gupta V K, Tikar D T. 1969. Taxonomic identity of Pimpline genera *Flavopimpla* Betrem and *Afrephialtes* Benoit (Hymenoptera: Ichneumonidae). Oriental Insects, 3: 269–277.

Gupta V K, Tikar D T. 1976. Ichneumonologia Orientalis or a monographic study of Ichneumonidae of the Oriental Region, Part I. The tribe Pimplini (Hymenoptera: Ichneumonidae: Pimplinae). Oriental Insects Monograph, 1: 1–313.

Habermehl H. 1922. Neue und wenig bekannte paläarktische Ichneumoniden (Hym.). Deutsche Entomologische Zeitschrift, 1922: 348–359.

Hedwig K. 1944. Verzeichnis der bisher in Schlesien aufgefundenen Hymenopteren. V. Ichneumonidae. Zeitschrift für Entomologie, Breslau, 19(3): 1–5.

Heinrich G H. 1937. Ichneumoninae Pokucia. Polskie Pismo Entomologiczne, 14-15 (1935-1936): 122–143.

Heinrich G H. 1949. Ichneumoniden des Berchtesgadener Gebietes. (Hym.). Mitteilungen Münchener Entomologischen Gesellschaft, 35-39: 1–101.

Heinrich G H. 1953. Ichneumoniden der Steiermark (Hym.). Bonner Zoologische Beiträge, 4: 147–185.

Hellén W. 1959. Zwei verschollene Ichneumonidenarten (Hym.). Notulae Entomologicae, 38(1958): 83–86.

Hilszczanski J. 2000. European species of subgenus *Moerophora* Förster of *Xorides* Latreille (Hymenoptera: Ichneumonidae: Xoridinae), with description of two new species. Insect Systematics and Evolution, 31: 247–255.

Hinz R. 1961. Über Blattwespenparasiten (Hym. und Dipt.). Mitteilungen der Schweizerischen Entomologischen Gesellschaft, 34: 1–29.

Hinz R. 1976. Zur Systematik und Ökologie der Ichneumoniden V. Deutsche Entomologische Zeitschrift, 23: 99–105.

Hinz R. 1985. Die paläerktischen Arten der Gattung *Trematopygus* Holmgren (Hymenoptera, Ichneumonidae). Spixiana, 8(3): 265–276.

Hinz R. 1991. Die palaearktischen Arten der Gattung *Sympherta* Förster (Hymenoptera, Ichneumonidae). Spixiana, 14: 27–43.

Hinz R. 1996. Übersicht über die europäischen Arten von *Lethades* Davis (Insecta Hymenoptera, Ichneumonidae, Ctenopelmatinae). Spixiana, 19(3): 271–279.

Horstmann K. 1992. Revisionen einiger von Linnaeus, Gmelin, Fabricius, Gravenhorst und Förster beschriebener Arten der Ichneumonidae (Hymenoptera, Ichneumonidae). Mitteilungen Münchener Entomologischen Gesellschaft, 82: 21–33.

Horstmann K. 2004. Übersicht über die von Schiødte (1839a) eingeführten Namen für Taxa der Ichneumonidae (Hymenoptera). Linzer Biologische Beiträge, 36(1): 253–263.

Horstmann K. 2006. Revisionen einiger europäischer Mesochorinae (Hymenoptera, Ichneumonidae). Linzer Biologische Beiträge, 38(2): 1449–1492.

Horstmann K. 2007. Typenrevisionen der von Kiss beschriebenen Taxa der Ctenopelmatinae (Hymenoptera, Ichneumonidae). Linzer Biologische Beiträge, 39: 313–322.

Humala A E. 2002. A review of the ichneumon wasp genera *Cylloceria* Schiodte, 1838 and *Allomacrus* Förster, 1868 (Hymenoptera, Ichneumonidae) of the Russian fauna. Entomological Review, 82(3): 301–313.

Jonaitis V. 2004. *Mesoleptus tobiasi* sp. n., a new species from Lithuania (Hymenoptera: Ichneumonidae). Trudy Russkogo Entomologicheskogo Obshchestva, 75(1): 24–26.

Jonathan J K, Gupta V K. 1973. Ichneumonologica Orientalis, Part III. The *Goryphus*-complex (Hymenoptera: Ichneumonidae). Oriental Insects Monograph, 3: 1–203.

Jonathan J K. 1980. The *Isotima*-Complex (Hymenoptera: Ichneumonidae). Records of the Zoological Survey of India. Miscellaneous Publications. Occasional Paper, 17: 1–146.

Jonathan J K. 1999. Four new species of *Caenocryptoides* Uchida from India, China and Japan (Hymenoptera: Ichneumonidae). Records of the Zoological Survey of India, 97(3): 213–222.

Jonathan J K. 2006. Ichneumonologia Indica (Part I): An Identification Manual on Subfamily Mesosteninae (Hymenoptera: Ichneumonidae). Zoological Survey of India, Kolkata: 680.

Jussila R, Saaksjarvi I E, Bodera S. 2010. Revision of the western Palaearctic *Mesoleptus* (Hymenoptera: Ichneumonidae). Annales de la Societe Entomologique de France. (n.s.), 46(3-4): 499–518.

Kamarudin N H, Walker A K, Wahid M B, LaSalle J, Polaszek A. 1996. Hymenopterous parasitoids associated with the bagworms *Metisa plana* and *Mahasena corbetti* (Lepidoptera: Psychidae) on oil palms in Peninsular Malaysia. Bulletin of Entomological Research, 86(4): 423–439.

Kamath M K. 1968. On a collection of *Listrognathus* Tschek from Burma, China and the Philippines (Hymenoptera: Ichneumonidae). Oriental Insects, 1(1/2) (1967): 81–98.

Kamath M K, Gupta V K. 1972. Ichneumonologia Orientalis, Part II. The Tribe Rhyssini (Hymenoptera: Ichneumonidae). Oriental Insects Monograph, 2: 1–300.

Kangas E. 1941. Beitrag zur Biologie und Gradation von *Diprion sertifer* Geoffr. (Hym., Tenthredinidae). Annales Entomologici

Fennici, 7: 1–31.

Kanhekar L J. 1988. On a new species of *Diaparsis* Förster (Hymenoptera: Ichneumonidae: Tersilochinae) from India. Journal of the Bombay Natural History Society, 85(2): 379–383.

Kasparyan D R. 1973. A review of the Palearctic Ichneumonids of the tribe Pimplini (Hymenoptera, Ichneumonidae). The genera *Itoplectis* Förester. and *Apechthis* Förester. Entomologicheskoye Obozreniye, 52(3): 665–681.

Kasparyan D R. 1974. Review of the Palearctic species of the tribe Pimplini (Hymenoptera, Ichneumonidae). The genus *Pimpla* Fabricius. Entomologicheskoye Obozreniye, 53(2): 382–403.

Kasparyan D R. 1975. New species of Ichneumonids of the genus *Atopotrophos* (Hymenoptera, Ichneumonidae) from eastern Palearctic. Zoologicheskii Zhurnal, 54: 1261–1263.

Kasparyan D R. 1976. Review of the Ichneumonids of the tribe Polysphinctini and Poemeniini (Hymenoptera, Ichneumonidae) of the Far East. Trudy Zoologicheskogo Instituta, 67: 68–89.

Kasparyan D R. 1981. A guide to the insects of the European part of the USSR. Hymenoptera, Ichneumonidae. Opredeliteli Faune SSSR, 3(3): 1–506.

Kasparyan D R. 1990. Fauna of USSR. Insecta Hymenoptera. Vol.III(2). Ichneumonidae. Subfamily Tryphoninae: Tribe Exenterini. Subfamily Adelognathinae. Nauka Publishing House. Leningrad: 342.

Kasparyan D R. 1993. Review of Palearctic species of wasps of the genus *Phytodietus* Grav. (Hymenoptera, Ichneumonidae). Entomologicheskoye Obozreniye, 72(4): 869–890.

Kasparyan D R. 2004. A review of Palaearctic species of the tribe Ctenopelmatini (Hymenoptera, Ichneumonidae). The genera *Ctenopelma* Holmgren and *Homaspis* Förster. Entomologicheskoe Obozrenie, 83(2): 437–467.

Kasparyan D R, Khalaim A I. 2007. Ichneumonidae. *In*: A.S. Lelej (ed.) "Key to the insects of Russia Far East. Vol.IV. Neuropteroidea, Mecoptera, Hymenoptera. Pt5." Vladivostok: Dalnauka: 1052pp.

Kasparyan D R, Tolkanitz V I. 1999. Ichneumonidae subfamily Tryphoninae: tribes Sphinctini, Phytodietini, Oedemopsini, Tryphonini (Addendum), Idiogrammatini. Subfamilies Eucerotinae, Adelognathinae (addendum), Townesioninae. Fauna of Russia and Neighbouring Countries. Insecta Hymenoptera. 3(3). Saint Petersburg. Nauka: 404.

Kaur R. 1989. A revision of the Mesoleiine genus *Dentimachus* Heinrich (Hymenoptera: Ichneumonidae). Oriental Insects, 23: 291–305.

Khalaim A I. 2005. A review of the subgenera *Diaparsis* s.str. and *Pectinoparsis* subgen. n., genus *Diaparsis* Förster (Hymenoptera, Ichneumonidae, Tersilochinae). Entomologicheskoe Obozrenie, 84(2): 407–426.

Khalaim A I. 2008. Two new species of the genus *Diaparsis* Förster from southern China (Hymenoptera: Ichneumonidae: Tersilochinae). Zoosystematica Rossica, 17(1): 89–92.

Khalaim A I. 2011. Tersilochinae of South, Southeast and East Asia, excluding Mongolia and Japan (Hymenoptera: Ichneumonidae). Zoosystematica Rossica, 20(2): 96–148.

Khalaim A I, Sheng M L. 2009. Review of Tersilochinae (Hymenoptera, Ichneumonidae) of China, with descriptions of four new species. ZooKeys, 14: 67–81.

Kocak A O, Kemal M. 2009. Further replacement names in the family Ichneumonidae (Hymenoptera). Centre for Entomological Studies Miscellaneous Papers, 147-148: 12–13.

Kokujev N R. 1909. Ichneumonidae (Hymenoptera) a clarissimis V.J. Roborovski et P.K. Kozlov annis 1894-1895 et 1900-1901 in China, Mongolia et Tibetia lecti. Ezhegodnik Zoologicheskago Muzeya. Annales du Musée Zoologique. Académie Imperiale des Sciences. St. Petersbourg, 14: 12–47.

Kokujev N R. 1903. Hymenoptera asiatica nova. Russkoe Entomologicheskoye Obozreniye, 3: 285–288.

Kolarov J. 1996. A review of the genus *Cnastis* Townes (Hymenoptera, Ichneumonidae) and a key to the palearctic species. Linzer Biologische Beiträge, 28(1): 231–236.

Kolarov J. 2007. A catalogue of the Ichneumonidae from Greece (Hymenoptera). Entomofauna, 28: 441–448.

Krieger R. 1914. Üeber die Ichneumonidengattung *Xanthopimpla* Sauss. Archiv für Naturgeschichte, (A) 80(6): 1–148.

Krieger R. 1915. Über die Ichneumonidengattung *Xanthopimpla* Saussure. Archiv für Naturgeschichte, 80(7): 1–152.

Krishna Ayyar P N. 1943. Biology of a new Ichneumonid parasite of the Amaranthus stem weevil of south India. Proceedings of the Indian Academy of Sciences, B17: 27–36.

Kusigemati K. 1981. New host records of Ichneumonidae from Japan (IV). Memoirs of the Faculty of Agriculture, Kagoshima University, 17: 135–138.

Kusigemati K. 1983. A revision of the tribe Nonnini of Formosa and Japan (Hymenoptera: Ichneumonidae, Porizontinae). Memoirs of the Kagoshima University, Research Center for the South Pacific, 4: 163–187.

Kusigemati K. 1984. Some Ephialtinae of south east Asia, with descriptions of eleven new species (Hymenoptera: Ichneumonidae). Memoirs of the Kagoshima University, Research Center for the South Pacific, 5: 126–150.

Kusigemati K. 1985a. Two new species of *Cisaris* Townes from Japan and Formosa (Hymenoptera: Ichneumonidae). Akitu, 71: 1–8.

Kusigemati K. 1985b. Some Ephialtinae of south east Asia, with descriptions of eleven new species (Hymenoptera: Ichneumonidae). Memoirs of the Kagoshima University, Research Center for the South Pacific, 5: 126–150.

Kusigemati K. 1985c. Mesochorinae of Formosa (Hymenoptera: Ichneumonidae). Memoirs of the Kagoshima University, Research Center for the South Pacific, 6: 130–165.

Kusigemati K. 1985d. Three new species of *Retalia* Seyrig from Formosa and Japan (Hymenoptera: Ichneumonidae). Memoirs of the Kagoshima University, 6: 220–228.

Kusigemati K. 1988a. Mesochorinae collected by the Hokkaido University Expedition to Nepal Himalaya, 1968 (Hymenoptera: Ichneumonidae). Memoirs of the Kagoshima University, Research Center for the South Pacific, 9(1-2): 11–19.

Kusigemati K. 1988b. Descriptions of four new Ichneumon flies parasitic on pine insect pests in Thailand (Hymenoptera: Ichneumonidae). Memoirs of the Faculty of Agriculture, Kagoshima University, 24: 147–155.

Kusigemati K. 1988c. Some Anomalinae of Formosa with descriptions of two new species (Hymenoptera: Ichneumonidae). Memoirs of the Faculty of Agriculture, Kagoshima University, 24: 157–164.

Kusigemati K. 1991. Some Ephialtinae, Xoridinae, Cremastinae, Metopiinae, Anomaloninae, and Acaenitinae of Formosa, with description of a new species (Hymenoptera: Ichneumonidae). Memoirs of the Faculty of Agriculture, Kagoshima University, 27: 41–47.

Kuslitzky W S. 1981. A guide to the insects of the European part of the USSR. Hymenoptera, Ichneumonidae. Subfamily Banchinae. Opredeliteli Faune SSSR, 3: 276–316.

Kuslitzky W S. 2007. Banchinae, pp.433-472. In: Lelej AS. Key to the insects of Russia Far East. Vol.IV. Neuropteroidea, Mecoptera, Hymenoptera. Pt 5. Vladivostok: Dalnauka: 1052 pp.

Kuslitzky W S, Kasparyan D R. 2011. A new genus of ichneumonid flies of the subfamily Collyriinae (Hymenoptera: Ichneumonidae) from Syria and Israel. Zoosystematica Rossica, 20: 319–324.

Li T, Sheng M-L, Sun S-P, Chen G-F, Guo Z-H. 2012. Effect of the trap color on the capture of ichneumonids wasps (Hymenoptera). Revista Colombiana de Entomología, 38 (2): 338–342.

Li T, Sheng M L, Sun S P, Luo Y Q. 2012. Parasitoids of the sawfly, *Arge pullata*, in the Shennongjia National Nature Reserve. Journal of Insect Science, 12: 97. Available online: http: //www.insectscience.org/12.97.

Liu J X, He J H, Chen X X. 2010. *Acropimpla* Townes from China (Hymenoptera, Ichneumonidae, Pimplinae), with key to Chinese fauna and descriptions of two new species. Zootaxa, 2394: 23–40.

Loffredo A P S, Penteado-Dias A M. 2008. First record of *Schizopyga* Gravenhorst (Hymenoptera, Ichneumonidae, Pimplinae) from Brazil and a description of a new species. Brazilian Journal of Biology, 68(2): 457–458.

Luo Y Q, Sheng M L. 2010. The species of *Rhimphoctona* (*Xylophylax*) (Hymenoptera: Ichneumonidae: Campopleginae) parasitizing woodborers in China. Journal of Insect Science, 10, 4: 1–9.

Mason W R M. 1990. Cubitus posterior in Hymenoptera. Proceedings of the Entomological Society of Washington, 92: 93–97.

Matsumoto R, Broad G R. 2011. Discovery of *Rodrigama* Gauld in the Old World, with description of two new species (Hymenoptera, Ichneumonidae, Poemeniinae). Journal of Hymenoptera Research, 20 : 65–75 .

Matsumura S. 1911. Erster Beitrag zur Insekten-Fauna Sachalin. Journal of the College of Agriculture Tohoku Imp. University, 4(1):

1–145.

Matsumura S. 1912. Thousand insects of Japan. Supplement IV. Tokyo: 247.

Matsumura S. 1926. On the five species of *Dendrolimus injurious* to conifers in Japan, with their parasitic and predaceous insects. Journal of the College of Agriculture, Hokkaido Imperial University, 18: 1–42.

Mell R, Heinrich G H. 1931. Beiträge zur Fauna sinica IX. Zur Biologie und Systematik der südchinesischen Ichneumoninae Ashm. (Fam. Ichneumonidae Hym.). Zeitschrift für Angewandte Entomologie, 18: 371–403.

Meyer N F. 1932. Tribus Megacremastini nov. (Ichneumonidae Ophioninae). Konowia, 11: 31–32.

Meyer N F. 1933a. Tables systématiques des hyménoptères parasites (Fam. Ichneumonidae) de l'URSS et des pays limitrophes. Vol.1. Leningrad: 458.

Meyer N F. 1933b. Tables systématiques des hyménoptères parasites (Fam. Ichneumonidae) de l'URSS et des pays limitrophes. Vol.2. Leningrad: 325.

Meyer N F. 1934. Tables systématiques des hyménoptères parasites (Fam. Ichneumonidae) de l'URSS et des pays limitrophes. Vol.3. Leningrad: 271.

Meyer N F. 1935. Tables systématiques des hyménoptères parasites (Fam. Ichneumonidae) de l'URSS et des pays limitrophes. Vol.4. Leningrad: 535.

Meyer N F. 1936a. Tables systématiques des hyménoptères parasites (Fam. Ichneumonidae) de l'URSS et des pays limitrophes. Vol.5. Leningrad: 340.

Meyer N F. 1936b. Tables systématiques des hyménoptères parasites (Fam. Ichneumonidae) de l'URSS et des pays limitrophes. Vol.6. Leningrad: 356.

Michener C D. 1940. A synopsis of the genus *Acerataspis* (Hymenoptera, Ichneumonidae). Psyche, 47: 121–124.

Michener C D. 1941. Notes on the subgenera of *Metopius* with a synopsis of the species of central and southern China (Hymenoptera, Ichneumonidae). Pan-Pacific Entomologist, 17(1): 1–13.

Momoi S. 1960. Discovery of two species of *Leptobatopsis* in Japan (Hymenoptera. Ichneumonidae). Insecta Matsumurana, 23: 63–65.

Momoi S. 1962. Description of four new ichneumonflies parasitic on insect-pests of coniferous trees. (Hymenoptera: Ichneumonidae). Science Reports of the Hyogo University of Agriculture, 5(2): 49–52.

Momoi S. 1963. Revision of the Ichneumon-flies of the tribe Glyptini occurring in Japan (Hymenoptera: Ichneumonidae). Insecta Matsumurana, 25: 98–117.

Momoi S. 1966a. Ichneumonidae (Hymenoptera) collected in paddy fields of the Orient with descriptions of new species, Part 1. Subfamilies Ephialtinae, Gelinae, Banchinae, Anomalinae and Mesochorinae. Mushi, 40: 1–11.

Momoi S. 1966b. The Ichneumon-flies of the genus *Colpotrochia* occurring in Japan and adjacent areas (Hymenoptera: Ichneumonidae). Mushi, 40(2): 13–27.

Momoi S. 1966c. Descriptions of seven new species and a new genus of Mesostenini from Japan (Hymenoptera: Ichneumonidae). Kontyu, 34(2): 158–167.

Momoi S. 1968. New Acaenitinae from China (Hymenoptera: Ichneumonidae). Kontyu, 36(3): 215–221.

Momoi S. 1970. Ichneumonidae (Hymenoptera) of the Ryukyu Archipelago. Pacific Insects, 12(2): 327–399.

Momoi S. 1971. Some Ephialtinae, Xoridinae, and Banchinae of the Philippines (Hymenoptera: Ichneumonidae). Pacific Insects, 13(1): 123–139.

Momoi S. 1973. Ergebnisse der zoologischen Forschungen von Dr. Z. Kaszab in der Mongolei. 331. Einige mongolischen Arten der Unterfamilien Ephialtinae und Xoridinae (Hymenoptera: Ichneumonidae). Folia Entomologica Hungarica, 26(Suppl.): 219–239.

Momoi S. 1977. Hymenopterous parasites of common large bagworms occurring in Japan, with descriptions of new species of Scambus and Sericopimpla. Akitu (N.S.), 14: 1–12.

Morley C. 1913. The fauna of British India including Ceylon and Burma, Hymenoptera, Vol.3. Ichneumonidae. London: British Museum: 531pp.

Morley C. 1914. A revision of the Ichneumonidae based on the collection in the British Museum (Natural History) Part III. Tribes

Pimplides and Bassides. London: British Museum: 148pp.

Narolsky N B. 1987. Review of the genus *Pristomerus* Curtis (Hymenoptera: Ichneumonidae) of the European part of the USSR. Entomologicheskoye Obozreniye, 66: 827–838.

Nikam P K. 1980. Studies on Indian species of *Enicospilus* Stephens (Hymenoptera: Ichneumonidae). Oriental Insects, 14(2): 131–219.

Perkins J F. 1962. On the type species of Förster's genera (Hymenoptera: Ichneumonidae). Bulletin of the British Museum (Natural History), 11: 385–483.

Pham N T, Broad G R, Lampe K H. 2011. Descriptions of two new species of *Augerella* Gupta (Hymenoptera: Ichneumonidae: Pimplinae) from Vietnam. Zootaxa, 2745 : 68 .

Pham N T, Broad G R, Wägele W J. 2011. The genus *Acropimpla* Townes (Hymenoptera: Ichneumonidae: Pimplinae) in Vietnam, with descriptions of three new species. Zootaxa, 2921: 1–12 .

Pham N T, Broad G R, Matsumoto R, Wagele W J. 2011. Revision of the genus *Xanthopimpla* Sassure (Hymenoptera: Ichneumonidae: Pimplinae) in Vietnam, with descriptions of fourteen new species. Zootaxa, 3056: 1–67.

Quicke D L J, Laurenne N M L, Fitton M G, Broad G R. 2009. A thousand and one wasps: a 28S rDNA and morphological phylogeny of the Ichneumonidae (Insecta: Hymenoptera) with an investigation into alignment parameter space and elision. Journal of Natural History, 43: 1305–1421.

Ratzeburg J T C. 1844. Die Ichneumonen der Forstinsecten in forstlicher und entomologischer Beziehung. Berlin: 224 pp.

Reshchikov A V. 2010. Two new species of *Lathrolestes* Förster (Hymenoptera, Ichneumonidae) from Taiwan and Japan. Tijdschrift voor Entomologie, 153 (2) : 197–202.

Reshchikov A V. 2011. *Lathrolestes* (Hymenoptera, Ichneumonidae) from Turkey with description of three new species and new synonymy. Journal of the Entomological Research Society, 13(1): 83–89.

Reshchikov A. 2012. *Lathrolestes* (Hymenoptera, Ichneumonidae) from Central Asia, with a key to the species of the tripunctor species-group. Zootaxa, 3175: 24–44.

Rizki A, Idris A B. 2006. A new species of *Camptotypus* Kriechbaumer (Hymenoptera: Ichneumonidae: Pimplinae) from Malaysia. Serangga, 11(1-2): 107–115.

Rousse P, Villemant C, Seyrig A. 2011. Ichneumonid wasps from Madagascar. V. Ichneumonidae Cremastinae. Zootaxa, 3118: 1–30.

Rousse P, Villemant C. 2012. Ichneumons in Reunion Island: a catalogue of the local Ichneumonidae (Hymenoptera) species, including 15 new taxa and a key to species. Zootaxa, 3278: 1–57.

Sawoniewics J. 2008. Hosts of the world Aptesini (Hymenoptera, Ichneumonidae, Cryptinae). Wyd. Mantis, Olsztyn: 150.

Scaramozzino PL. 1986. A new Acaenitinae from Ligurian Alps: *Mesoclistus casalei* n.sp., with a check list of the Italian Acaenitinae (Hymenoptera, Ichneumonidae: Acaenitinae). Bollettino del Museo Regionale di Scienze Naturali – Torino, 4: 63–75.

Schwarz M, Shaw M R. 2011. Western Palaearctic Cryptinae (Hymenoptera: Ichneumonidae) in the National Museums of Scotland, with nomenclatural changes, taxonomic notes, rearing records and special reference to the British check list. Part 5.Tribe Phygadeuontini, subtribe Phygadeuontina, with descriptions of new species. Entomologist's Gazette, 62: 175–210.

Seyrig A. 1952. Les Ichneumonides de Madagascar. IV Ichneumonidae Cryptinae. Mémoires de l'Académie Malgache. Fascicule, 39: 1–213.

Sheng M L. 1993. A new species of genus *Priopoda* (Hymenoptera, Ichneumonidae). Nouvelle Revue d'Entomologie, 10(2): 108.

Sheng M L, He F C. 1998. A new species of Genus *Sympherta* Förster (Hymenoptera: Ichneumonidae). Entomologia Sinica, 5(1): 32–34.

Sheng M L. 2000. The genus *Lissonota* (Hymenoptera: Ichneumonidae) from North China. Bulletin de L'Institut Royal des Sciences Naturelles de Belgique, 70: 189–197.

Sheng M L. 2002a. A new species of genus *Barycnemis* from China (Hymenoptera: Ichneumonidae). 2002, In: Shen X, Zhao Y. The fauna and taxonomy of insects in Henan, 5. Insects of the mountains Taihang and Tongbai Regions. Beijing: China

Agricultural Scientech Press: 39–41.

Sheng M L. 2002b. A new genus and species of Acaenitinae (Hymenoptera: Ichneumonidae). Entomofauna, 23: 333–336.

Sheng M L, Sun S P. 2002. The Genus *Dolichomitus* Smith (Hymenoptera: Ichneumonidae) from North China. Linzer Biologische Beiträge, 34(2): 475–483.

Sheng M L. 2006. New genus and species of Poemeniinae (Hymenoptera: Ichneumonidae). Proceedings of the Entomological Society of Washington, 108(3): 651–654.

Sheng M L. 2008. Two new species of *Ischnoceros* Gravenhorst (Hymenoptera, Ichneumonidae) parasitizing Cerambycidae with a key to species of *Ischnoceros* known in China. Acta Zootaxonomica Sinica, 33(3): 508–513.

Sheng M L. 2009. A new genus and species of Phygadeuontini from China (Hymenoptera: Ichneumonidae). Entomofauna, 30: 37–44.

Sheng M L. 2011. Five new species of genus *Cryptopimpla* Taschenberg (Hymenoptera, Ichneumonidae) with a key to species known in China. ZooKeys, 117: 29–49.

Sheng M L, Broad G. 2011. A new species of the genus *Palpostilpnus* Aubert (Hymenoptera, Ichneumonidae, Cryptinae) from the Oriental part of China. ZooKeys, 108: 61–66.

Sheng M L, Broad G, Sun S P. 2011. Two new species of genus *Ateleute* Förster (Hymenoptera, Ichneumonidae, Cryptinae) with a key to the Oriental species. ZooKeys, 141: 53–64.

Sheng M L, Broad G, Sun S P. 2012. A new genus and species of Collyriinae (Hymenoptera: Ichneumonidae). Journal of Hymenoptera Research, 25: 103–125.

Sheng M L, Cui Z Q. 2008. A new species of genus *Schenkia* Förster from China (Hymenoptera, Ichneumonidae, Cryptinae). Entomofauna, 29: 197–200.

Sheng M L, Hilszczański J. 2009. Two new species of genus *Xorides* (Hymenoptera: Ichneumonidae) parasitizing *Saperda balsamifera* Motschulsky and *Asias halodendri* (Pallas) (Coleoptera: Cerambycidae) in China. Annales Zoologici, 59(2): 165–170.

Sheng M L, Jiang S Y. 2006. A new species of Subgenus *Xorides* (Hymenoptera: Ichneumonidae: Xoridinae) from Oriental Part of China. Entomofauna, 27: 189–192.

Sheng M L, Lin X A. 2004. Subgenus *Moerophora* Förster of Genus *Xorides* Latreille from North China (Hymenoptera: Ichneumonidae: Xoridinae). Linzer Biologische Beiträge, 36(2): 1055–1059.

Sheng M L, Schönitzer K, Sun S P. 2012. A new genus and species of Anomaloninae (Hymenoptera, Ichneumonidae) from China. Journal of Hymenoptera Research, 27: 37–45.

Sheng M L, Sun S P. 1999. A new species of genus *Idiolispa* from China (Hymenoptera: Ichneumonidae). *In*: Shen X, Pei H. The fauna and taxonomy of insects in Henan, 4. Insects of the Mountains Funiu and Dabie Regions. Beijing: China Agricultural Scientech Press: 84–86.

Sheng M L, Sun S P. 2001. A new species of genus *Neliopisthus* from China (Hymenoptera, Ichneumonidae). Acta Zootaxonomica Sinica, 26(1): 78–80.

Sheng M L, Sun S P. 2002. The Genus *Dolichomitus* Smith (Hymenoptera: Ichneumonidae) from North China. Linzer Biologische Beiträge, 34(2): 475–483.

Sheng M L, Sun S P. 2006. A new species of Genus *Eriborus* Förster (Hymenoptera: Ichneumonidae) parasitizing Holcocerus insularis Staudinger (Lepidoptera: Cossidae). Entomologica Fennica, 17(3): 170–173.

Sheng M L, Sun S P. 2010. A new genus and species of subfamily Acaenitinnae (Hymenoptera: Ichneumonidae: Acaenitinae) from China. ZooKeys, 49: 87–93.

Sheng M L, Sun S P. 2010. A new genus and two new species of Phygadeuontini (Hymenoptera, Ichneumonidae, Cryptinae) from China. ZooKeys, 73: 61–71.

Sheng M L, Sun S P. 2011. A new genus and species of Brachyscleromatinae (Hymenoptera: Ichneumonidae) from China. Journal of Insect Science, 11(27): 1–6.

Sheng M L, Sun S P. 2012. The species of Genus *Priopoda* Holmgren (Hymenoptera: Ichneumonidae) from China with a key to species known in Oriental and Eastern Palaearctic Regions. Zootaxa, 3222: 46–60.

Sheng M L, Wang R H. 2001. *Picardiella* Lichtenstein (Hymenoptera: Ichneumonidae) from China. Linzer Biologische Beiträge, 33: 1195–1198.

Sheng M L, Wang Y. 1999. Study on the genus *Jezarotes* (Hym.: Ichneumonidae). Acta Entomologica Sinica, 42: 92–95.

Sheng M L, Wen J B. 2008. Species of subgenus *Xorides* Latreille (Hymenoptera, Ichneumonidae) parasitizing woodborers in palearctic part of China. Entomologica Fennica, 19: 86–93.

Sheng M L, Wu L Z, Wu J X, et al. 1999. A new species of the genus *Diaparsis* (Hymenoptera: Ichneumonidae) parasitizing *Lema decempunctata* with a new record from China. Scientia Silvae Sinicae, 35: 66–68.

Sheng M L, Zeng F X. 2010. Species of genus *Mastrus* Förster (Hymenoptera, Ichneumonidae) of China with description of a new species parasitizing *Arge pullata* (Zaddach) (Hymenoptera, Argidae). ZooKeys, 57: 63–73.

Sime K R, Wahl D B. 2002. The cladistics and biology of the *Callajoppa* genus-group (Hymenoptera: Ichneumonidae, Ichneumoninae). Zoological Journal of the Linnean Society, 134(1): 1–56.

Sonan J. 1930. Some new species of Hymenoptera in Japanese-Empire, with two known species. Transactions of the Natural History Society of Formosa. Taihoku, 20: 355–360.

Sonan J. 1932. Notes on some Braconidae and Ichneumonidae from Formosa, with descriptions of 18 new species. Transactions of the Natural History Society of Formosa. Taihoku, 22: 66–87.

Sonan J. 1936. Six new species of Pimplinae (Hym. Ichneumonidae). Transactions of the Natural History Society of Formosa. Taihoku, 26(158): 413–419.

Strojnowski R. 1977. Studies on parasitic Hymenoptera on orchard pests. I. The parasites of *Molorchus umbellatarum* Schreber (Col., Cerambycidae) on apple trees. Polskie Pismo Entomologiczne, 47(1): 137–145.

Sun S P, Sheng M L. 2011. A new species of genus *Cisaris* Townes (Hymenoptera, Ichneumonidae, Cryptinae) and a key to the world species. ZooKeys, 136: 83–92.

Sun S P, Sheng M L. 2012. A new species of genus *Syntactus* Förster (Hymenoptera, Ichneumonidae, Ctenopelmatinae) with a key to Oriental and Eastern Palearctic species. ZooKeys, 170: 21–28.

Sudheer K, Narendran T C. 2005. A new species of *Nematopodius* (Microchorus) Szépligeti from India (Hymenoptera: Ichneumonidae). Oriental Insects, 39: 157–160.

Szépligeti V. 1916. Ichneumoniden aus der Sammlung des ungarischen National-Museums. II. Annales Musei Nationalis Hungarici, 14: 225–380.

Tang Y. 1993. Taxonomic studies on Chinese *Dicamptus* Szepligeti (Hymenoptera: Ichneumonidae: Ophioninae). Wuyi Science Journal, 10(A): 73–85.

Tereshkin AM. 2009. Illustrated key to the tribes of subfamilia Ichneumoninae and genera of the tribe Platylabini of world fauna (Hymenoptera, Ichneumonidae). Linzer Biologische Beiträge, 41(2): 1317–1608.

Thomson C G. 1883. XXXII. Bidrag till kännedom om Skandinaviens Tryphoner. Opuscula Entomologica. Lund, 9: 873–936.

Thomson C G. 1888. XXXVI. Öfversigt af de i Sverige funna arter af Ophion och Paniscus. Opuscula Entomologica. Lund, 12: 1185–1201.

Tolkanitz V I. 1981. A guide to the insects of the European part of the USSR. Hymenoptera, Ichneumonidae. Tribe Phytodietini (Paniscini, partim). Opredeliteli Faune SSSR, 129: 99–109.

Tosquinet J. 1903. Ichneumonides nouveaux. (Travail posthume). Mémoires de la Société Entomologique de Belgique, 10: 1–403.

Townes H K. 1944. A Catalogue and Reclassification of the Nearctic Ichneumonidae (Hymenoptera). Part I. The subfamilies Ichneumoninae, Tryphoninae, Cryptinae, Phaeogeninae and Lissonotinae. Memoirs of the American Entomological Society, 11: 1–477.

Townes H K. 1945. A Catalogue and Reclassification of the Nearctic Ichneumonidae (Hymenoptera). Part II. The Subfamilies Mesoleiinae, Plectiscinae, Orthocentrinae, Diplazontinae, Metopiinae, Ophioninae, Mesochorinae. Memoirs of the American Entomological Society, 11: 478–925.

Townes H K. 1963. *Sachtlebenia*, a new Glyptine Ichneumonid (Hymenoptera). Beiträge zur Entomologie, 13: 523–525.

Townes H K. 1969. The genera of Ichneumonidae, 1. Memoirs of the American Entomological Institute, 11(1969): 1–300.

Townes H K. 1970a. The genera of Ichneumonidae, 2. Memoirs of the American Entomological Institute, 12(1969): 1–537.

Townes H K. 1970b. The genera of Ichneumonidae, 3. Memoirs of the American Entomological Institute, 13(1970): 1–307.

Townes H K. 1971. The genera of Ichneumonidae, 4. Memoirs of the American Entomological Institute, 17: 1–372.

Townes H K. 1984. A list of the Ichneumonidae types in Taiwan (Hymenoptera). Journal of Agricultural Research, 33: 190–205.

Townes H K, Chiu S C. 1970. The Indo-Australian species of *Xanthopimpla* (Ichneumonidae). Memoirs of the American Entomological Institute, 14: 1–372.

Townes H K, Momoi S, Townes M. 1965. A catalogue and reclassification of the eastern Palearctic Ichneumonidae. Memoirs of the American Entomological Institute, 51: 661.

Townes H K, Townes M. 1978. Ichneumon-flies of America north of Mexico: 7. Subfamily Banchinae, tribes Lissonotini and Banchini. Memoirs of the American Entomological Institute, 26: 1- 614.

Townes H K, Townes M, Gupta V K. 1961. A catalogue and reclassification of the Indo-Australian Ichneumonidae. Memoirs of the American Entomological Institute, 1: 1–522.

Townes H K, Townes M, Walley G S, Townes G. 1960. Ichneumon-flies of American north of Mexico: 2 Subfamily Ephialtinae, Xoridinae, Acaenitinae. United States National Museum Bulletin, 216(2): 1–676.

Ubaidillah R, Yamaguchi G, Kojima J. 2009. A new *Arthula* Cameron (Ichneumonidae, Cryptinae) parasitoid of *Ropalidia plebeiana* Richards (Vespidae) and host of *Amoturoides breviscapus* Girault (Torymidae) (Hymenoptera). Zootaxa, 2274: 45–50.

Uchida T. 1924. Some Japanese Ichneumonidae the hosts of which are known. Journal of Sapporo Society of Agriculture and Forestry, 16: 195–256.

Uchida T. 1925a. Einige neue Ichneumoninen-Arten aus Formosa. Transactions of the Natural History Society of Formosa. Taihoku, 15(81): 239–249.

Uchida T. 1925b. Das systematische Studium über die Tribus Joppini der Unterfamilie Ichneumoninae von Japan. Dobutsugaku Zasshi, 37: 443–457.

Uchida T. 1926. Erster Beitrag zur Ichneumoniden [-Fauna] Japans. Journal of the Faculty of Agriculture, Hokkaido Imperial University, 18: 43–173.

Uchida T. 1927. Einige neue Ichneumoniden-Arten und -Varietaeten von Japan, Formosa und Korea. Transactions of the Sapporo Natural History Society, 9: 193–216.

Uchida T. 1928a. Dritter Beitrag zur Ichneumoniden-Fauna Japans. Journal of the Faculty of Agriculture, Hokkaido University, 25: 1–115.

Uchida T. 1928b. Zweiter Beitrag zur Ichneumoniden-Fauna Japans. Journal of the Faculty of Agriculture, Hokkaido University, 21: 177–297.

Uchida T. 1929. Drei neue Gattungen, neunzehn neue Arten und fuenf neue Varietaeten der Ichneumoniden aus Japan, Korea und Formosa (Hym.). Insecta Matsumurana, 3: 168–187.

Uchida T. 1930a. Beschreibungen der neuen echten Schlupfwespen aus Japan, Korea und Formosa. Insecta Matsumurana, 4: 121–132.

Uchida T. 1930b. Vierter Beitrag zur Ichneumoniden-Fauna Japans. Journal of the Faculty of Agriculture, Hokkaido University, 25: 243–298.

Uchida T. 1931a. Eine neue Art und eine neue Form der Ichneumoniden aus China. Insecta Matsumurana, 5: 157–158.

Uchida T. 1931b. Beitrag zur Kenntnis der Cryptinenfauna Formosas. Journal of the Faculty of Agriculture, Hokkaido University, 30: 163–193.

Uchida T. 1932a. Beiträge zur Kenntnis der japanischen Ichneumoniden. Insecta Matsumurana, 6: 145–168.

Uchida T. 1932b. H. Sauter's Formosa-Ausbeute. Ichneumonidae (Hym.). Journal of the Faculty of Agriculture, Hokkaido University, 33: 133–222.

Uchida T. 1933. Beiträge zur Systematik der Tribus Mesochorini Japans (Hym. Ichneumonidae). Insecta Matsumurana, 8: 51–63.

Uchida T. 1934. Beiträg e zur Systematik der Tribus Acoenitini Japans (Hym. Ichneum. Pimplinae). Insecta Matsumurana, 9:

41–54.

Uchida T. 1935. Zur Ichneumonidenfauna von Tosa (I.) Subfam. Ichneumoninae. Insecta Matsumurana, 10: 6–33.

Uchida T. 1936a. Zur Ichneumonidenfauna von Tosa (II.) Subfam. Cryptinae. Insecta Matsumurana, 11: 1–20.

Uchida T. 1936b. Erster Nachtrag zur Ichneumonidenfauna der Kurilen. (Subfam. Cryptinae und Pimplinae). Insecta Matsumurana, 11: 39–55.

Uchida T. 1937. Die von Herrn O. Piel gesammelten chinesischen Ichneumonidenarten. Insecta Matsumurana, 11: 81–95.

Uchida T. 1940a. Eine neue Gattung und zwei neue Arten der Trogini (Ichneumonidae). Insecta Matsumurana, 15: 9–13.

Uchida T. 1940b. Die von Herrn O. Piel gesammelten chinesischen Ichneumonidenarten (Fortsetzung). Insecta Matsumurana, 14: 115–131.

Uchida T. 1940c. Eine neue Art und eine neue Gattung der Tribus Alomyini aus China (Hym. Ichneumonidae Tryphoninae). Transactions of the Natural History Society of Formosa, 30: 220–223.

Uchida T. 1942. Ichneumoniden Mandschukuos aus dem entomologischen Museum der kaiserlichen Hokkaido Universitaet. Insecta Matsumurana, 16: 107–146.

Uchida T. 1952. Einige neue oder wenig bekannte Ichneumonidenarten aus Japan. Insecta Matsumurana, 18(1-2): 18–24.

Uchida T. 1955a. Neue oder wenig bekannte Schmarotzer der Nadelholz-Blattwespen nebst einem neuen sekundären Schmarotzer. Insecta Matsumurana, 19: 1–8.

Uchida T. 1955b. Eine neue Gattung und zwei neue Arten der Schlupfwespen (Hym. Ichneumonidae). Insecta Matsumurana, 19: 29–34.

Uchida T. 1955c. Die von Dr. K. Tsuneki in Korea gesammelten Ichneumoniden. Journal of the Faculty of Agriculture, Hokkaido University, 50: 95–133.

Uchida T. 1956. Die Ichneumoniden aus der Amami Inselgruppe. Insecta Matsumurana, 19: 82–100.

Uchida T. 1957. Zwei neue Arten und eine neue Gattung der Ichneumoniden. Insecta Matsumurana, 21: 41–44.

Uchida T. 1958. Systematische Übersicht der Euceros-Arten Japans (Hym., Ichneumonidae). Mushi, 32: 129–133.

Uchida T, Momoi S. 1957. Descriptions of three new species of the tribe Ephialtini from Japan (Hymenoptera, Ichneumonidae). Insecta Matsumurana, 21: 6–11.

van Rossem G. 1983. A revision of western Palaearctic Oxytorine genera. Part III. Genus *Proclitus* (Hymenoptera, Ichneumonidae). Contributions to the American Entomological Institute, 20: 153–165.

van Rossem G. 1987. A revision of western Palaearctic Oxytorine genera. Part VI. (Hymenoptera, Ichneumonidae). Tijdschrift voor Entomologie, 130: 49–108.

Viereck H L. 1911. Descriptions of one new genus and eight new species of Ichneumon flies. Proceedings of the United States National Museum, 40(1832): 475–480.

Viereck H L. 1912. Descriptions of one new family, eight new genera, and thirty-three new species of Ichneumonidae. Proceedings of the United States National Museum, 43: 575–593.

Vikberg V, Koponen M. 2000. On the taxonomy of *Seleucus* Holmgren and the European species of Phrudinae (Hymenoptera: Ichneumonidae). Entomologica Fennica, 11: 195–228.

Wahl D B. 1990. A review of the mature larvae of Diplazontinae, with notes on larvae of Acaenitinae and Orthocentrinae and proposal of two new subfamilies (Insecta: Hymenoptera: Ichneumonidae). Journal of Natural History, 24: 27–52.

Wahl D B. 1993. Cladistics of the genera of Mesochorinae (Hymenoptera: Ichneumonidae). Systematic Entomology, 18: 371–387.

Wahl D B. 1997. The cladistics of the genera and subgenera of Xoridinae. In, Gauld, I.D., The Ichneumonidae of Costa Rica, 2. Memoirs of the American Entomological Institute, 57: 454–460.

Wahl D B, Gauld I D. 1998. The cladistics and higher classification of the Pimpliformes (Hymenoptera: Ichneumonidae). Systematic Entomology, 23: 265–298.

Wahl D B. Sime K R. 2006. A revision of the genus *Trogus* (Hymenoptera: Ichneumonidae, Ichneumoninae). Systematic Entomology, 31(4): 584–610.

Walker F. 1860. Characters of some apparently undescribed Ceylon insects. Annals and Magazine of Natural History, (3)5:

304–311.

Wang S F, Gupta V K. 1995a. Studies on the Xoridine Ichneumonids of China (Hymenoptera: Ichneumonidae: Xoridinae). Oriental Insects, 29: 1–21.

Wang S F, Gupta V K. 1995b. Studies on the tribe Neoxoridini from China (Hymenoptera: Ichneumonidae: Pimplinae). Oriental Insects, 29: 175–184.

Wang S F, Li W Z. 2004. The genus *Spilopteron* Townes (Hymenoptera: Ichneumonidae) in China. Oriental Insects, 38: 63–75.

Wang S F, Yao J. 2001. New genera and species of Ichneumonidae (Hymenoptera) from Great Yarluzangbo Canyon, China. Oriental Insects, 35: 279–292.

Yu D S, Horstmann K. 1997. A catalogue of world Ichneumonidae (Hymenoptera). Memoirs of the American Entomological Institute, 58: 1–1558.

Yu D S, van Achterberg K, Horstmann K. 2005. World Ichneumonoidae 2004. Taxonomy, Biology, Morphology and Distribution. (CD-ROM). Taxapad.

Yu D S, van Achterberg C, Horstmann K. 2012. Taxapad 2012 - World Ichneumonoidae 2011. Taxonomy, Biology, Morphology and Distribution. On USB Flash drive. Ottawa, Ontario, Canada. www.taxapad.com.

中 名 索 引

C

D

E

F

G

H

J

M

N

T

Z

学 名 索 引

B

D

F

G

H

M

R

S

T

U

V

X

寄主中名索引

Z

寄主学名索引

Q

R

S

T

U

V

X

Y

Z

图　　版

图版I

1. 小依姬蜂 *Ishigakia corpora* Wang

2. 斑依姬蜂 *Ishigakia maculata* Sun & Sheng

3. 铅杰赞姬蜂, 新种 *Jezarotes yanensis* Sheng & Sun, sp.n.

4. 黑翅亮姬蜂 *Phalgea melaptera* Wang

5. 黑盾喙姬蜂 *Siphimedia nigriscuta* Sheng & Sun

6. 端污翅姬蜂 *Spilopteron apicale* (Matsumura)

7. 白斑野姬蜂 *Yezoceryx albimaculatus* Sheng & Sun

8. 脊野姬蜂, 新种 *Yezoceryx carinatus* Sheng & Sun, sp.n.

图版II

9. 傅氏野姬蜂 *Yezoceryx fui* Chao

10. 李氏野姬蜂, 新种 *Yezoceryx lii* Sheng & Sun, sp.n.

11. 武夷野姬蜂 *Yezoceryx wuyiensis* Chao

12. 脊肿跗姬蜂, 新种 *Anomalon carinimarginum* Sheng & Sun, sp.n.

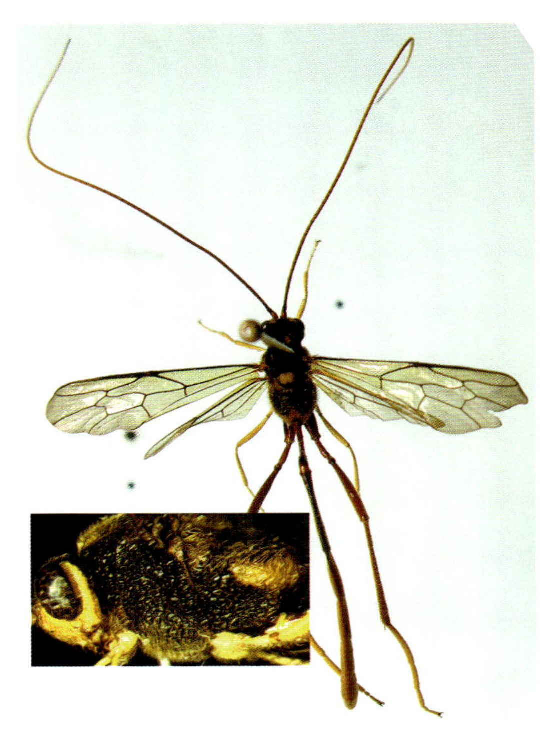

13. 黑短脉姬蜂, 新种 *Brachynervus nigriapicalis* Sheng & Sun, sp.n.

14. 凹阔脊姬蜂 *Elaticarina recava* Sheng

15. 凹顶异足姬蜂, 新种 *Heteropelma verticiconcavum* Sheng & Sun, sp.n.

图版III

16. 粘虫棘领姬蜂 *Therion circumflexum* (Linnaeus)

17. 红斑棘领姬蜂 *Therion rufomaculatum* (Uchida)

18. 黑基隐姬蜂, 新种 *Cryptopimpla nigricoxa* Sheng & Sun, sp.n.

19. 环细柄姬蜂, 新种 *Leptobatopsis annularis* Sheng & Sun, sp.n.

20. 具齿细柄姬蜂 *Leptobatopsis appendiculata* Momoi

21. 官山细柄姬蜂, 新种 *Leptobatopsis guanshanica* Sheng & Sun, sp.n.

22. 稻切叶螟细柄姬蜂 *Leptobatopsis indica* (Cameron)

23. 黑细柄姬蜂无斑亚种 *Leptobatopsis nigra immaculata* Momoi

图版IV

24. 全黑细柄姬蜂 *Leptobatopsis nigrescens* Chao

25. 黑头细柄姬蜂 *Leptobatopsis nigricapitis* Chandra & Gupta

26. 全南细柄姬蜂, 新种 *Leptobatopsis quannanensis* Sheng & Sun, sp.n.

27. 白环缺沟姬蜂, 新种 *Lissonota albiannulata* Sheng & Sun, sp.n.

28. 白斑缺沟姬蜂 *Lissonota albomaculata* (Cameron)

29. 朝鲜缺沟姬蜂 *Lissonota chosensis* (Uchida)

30. 密点缺沟姬蜂, 新种 *Lissonota densipuncta* Sheng & Sun, sp.n.

31. 吉安缺沟姬蜂, 新种 *Lissonota jianica* Sheng & Sun, sp.n.

图版V

32. 纵凹缺沟姬蜂, 新种 *Lissonota longisulcata* Sheng & Sun, sp.n.

33. 斑额缺沟姬蜂, 新种 *Lissonota maculifronta* Sheng & Sun, sp.n.

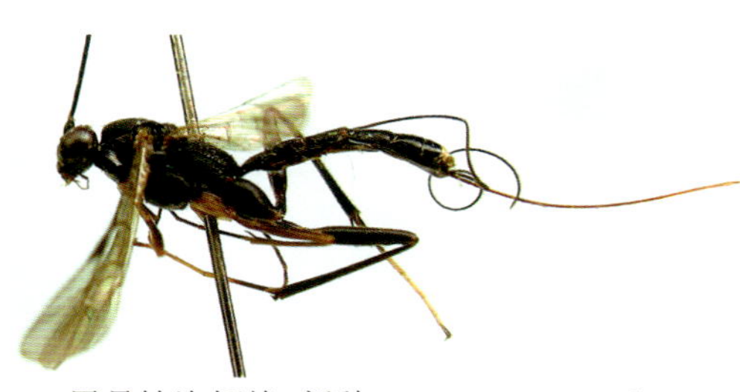

34. 黑足缺沟姬蜂, 新种 *Lissonota nigripoda* Sheng & Sun, sp.n.

35. 长胸缺沟姬蜂 *Lissonota oblongata* Chandra & Gupt

36. 皱背缺沟姬蜂, 新种 *Lissonota rugitergia* Sheng & Sun, sp.n.

37. 垂顶缺沟姬蜂, 新种 *Lissonota verticalis* Sheng & Sun, sp.n.

38. 武夷缺沟姬蜂, 新种 *Lissonota wuyiensis* Sheng & Sun, sp.n.

图版VI

39. 凹隆斑姬蜂 *Stictolissonota foveata* Cameron

40. 彩色姬蜂 *Syzeuctus immedicatus* Chandra & Gupta

41. 散色姬蜂 *Syzeuctus sparsus* Sheng

42. 资溪色姬蜂, 新种 *Syzeuctus zixiensis* Sheng & Sun, sp.n.

43. 资溪色姬蜂, 新种 *Syzeuctus zixiensis* Sheng & Sun, sp.n.

44. 黄条黑茧姬蜂 *Exetastes flavofasciatus* Chandra & Gupta

45. 台湾曲脊姬蜂 *Apophua formosana* Cushman

46. 卷蛾雕背姬蜂 *Glypta cymolomiae* Uchida

图版VII

47. 武夷雕背姬蜂, 新种 *Glypta wuyiensis* Sheng & Sun, sp.n.

48. 六斑沙赫姬蜂 *Sachtlebenia sexmaculata* Townes

49. 米特姬蜂 *Teleutaea minamikawai* Momoi

50. 褐阔区姬蜂 *Laxiareola ochracea* Sheng & Sun

51. 螟铃悬茧姬蜂 *Charops bicolor* (Szépligeti)

52. 短翅悬茧姬蜂 *Charops brachypterus* (Cameron)

54. 台湾悬茧姬蜂 *Charops taiwanus* Uchida

53. 刻条悬茧姬蜂 *Charops striatus* (Uchida)

图版VIII

55. 全南对眼姬蜂, 新种 *Chriodes quannanensis* Sheng & Sun, sp.n.

56. 截对眼姬蜂, 新种 *Chriodes truncatus* Sheng & Sun, sp.n.

57. 斑足脊姬蜂, 新种 *Genotropis maculipedalis* Sheng & Sun, sp.n.

58. 脊暗姬蜂, 新种 *Rhimphoctona* (*Xylophylax*) *carinata* Sheng & Sun, sp.n.

60. 中华齿腿姬蜂 *Pristomerus chinensis* Ashmead

59. 中华双短姬蜂 *Bicurta sinica* Sheng, Broad & Sun

图版IX

61. 红胸齿腿姬蜂 *Pristomerus erythrothoracis* Uchida

62. 光盾齿腿姬蜂 *Pristomerus scutellaris* Uchida

63. 短离缘姬蜂, 新种 *Trathala brevis* Sheng & Sun, sp.n.

64. 黄眶离缘姬蜂 *Trathala flavoorbitalis* (Cameron)

65. 密纹末姬蜂 *Ateleute densistriata* (Uchida)

67. 资溪末姬蜂 *Ateleute zixiensis* Sheng, Broad & Sun

66. 黑头末姬蜂, 新种 *Ateleute nigricapitis* Sheng & Sun, sp.n.

图版X

68. 朝鲜绿姬蜂 *Chlorocryptus coreanus* (Szépligeti)

69. 紫绿姬蜂 *Chlorocryptus purpuratus* (Smith)

70. 白颚布阿姬蜂 *Buathra albimandibularis* (Uchida)

71. 黑面全沟姬蜂 *Amrapalia nigrifacialis* Sheng & Sun

72. 双脊缺脊姬蜂, 新种 *Arhytis biporcata* Sheng & Sun, sp.n.

73. 并斑缺脊姬蜂 *Arhytis consociata* Sheng & Luo

74. 斑缺脊姬蜂, 新种 *Arhytis maculata* Sheng & Sun, sp.n.

75. 白漩沟姬蜂, 新种 *Dinocryptus eburneus* Sheng & Sun, sp.n.

图版XI

76. 棕漩沟姬蜂, 新种 *Dinocryptus rufus* Sheng & Sun, sp.n.

77. 皱额漩沟姬蜂, 新种 *Dinocryptus rugifronta* Sheng & Sun, sp.n.

78. 单色阔沟姬蜂 *Eurycryptus unicolor* (Uchida)

79. 九连离沟姬蜂, 新种 *Kemalia jiulianica* Sheng & Sun, sp.n.

80. 红斗姬蜂, 新种 *Torbda rubescens* Sheng & Sun, sp.n.

81. 萨斗姬蜂 *Torbda sauteri* Uchida

图版XII

82. 褐黄菲姬蜂 *Allophatnus fulvitergus* (Tosquinet)

83. 毛台窄姬蜂 *Formostenus pubescenus* Jonathan

84. 瘤台窄姬蜂, 新种 *Formostenus tuberculatus* Sheng & Sun, sp.n.

85. 横带驼姬蜂 *Goryphus basilaris* Holmgren

86. 全南驼姬蜂, 新种 *Goryphus quananensis* Sheng & Sung, sp.n.

87. 三色双脊姬蜂 *Isotima tricolor* (Brullé)

88. 喀佩姬蜂 *Perjiva kamathi* Jonathan & Gupta

89. 唇邻驼姬蜂, 新种 *Skeatia clypeata* Sheng & Sun, sp.n.

90. 侧瘤脸姬蜂, 新种 *Etha lateralis* Sheng & Sun, sp.n.

图版XIII

91. 吉安尼姬蜂, 新种 *Nippocryptus jianicus* Sheng & Sun, sp.n.

92. 游走巢姬蜂中华亚种 *Acroricnus ambulatus chinensis* Uchida

93. 褐长足姬蜂, 新种 *Nematopodius* (*Nematopodius*) *helvolus* Sheng & Sun, sp.n.

94. 棕毕卡姬蜂 *Picardiella rufa* (Uchida)

95. 棕角双洼姬蜂 *Arthula brunneocornis* Cameron

96. 黑背隆侧姬蜂 *Latibulus nigrinotum* (Uchida)

97. 齿突兰紫姬蜂 *Livipurpurata dentiexserta* Wang

98. 黑跗曼姬蜂 *Mansa tarsalis* (Cameron)

图版XIV

99. 黑头宽唇姬蜂, 新种 *Platymystax atriceps* Sheng & Sun, sp.n.

100. 官山宽唇姬蜂, 新种 *Platymystax guanshanensis* Sheng & Sun, sp.n.

102. 锡折唇姬蜂 *Lysibia ceylonensis* (Kerrich)

101. 毛后孔姬蜂 *Polytribax pilosus* Sheng & Sun

103. 同色多棘姬蜂 *Apophysius unicolor* Uchida male

104. 红凹陷姬蜂 *Retalia rubida* Kusigemati

图版XV

105. 斑棘腹姬蜂, 新种 *Astomaspis maculata* Sheng & Sun, sp.n.

106. 菱棘腹姬蜂, 新种 *Astomaspis rhombic* Sheng & Sun, sp.n.

107. 椭东方姬蜂 *Orientohemiteles ovatus* Uchida

108. 短亮须姬蜂 *Palpostilpnus brevis* Sheng & Broad

109. 斑亮须姬蜂, 新种 *Palpostilpnus maculatus* Sheng & Sun, sp.n.

110. 圆亮须姬蜂, 新种 *Palpostilpnus rotundatus* Sheng & Sun, sp.n.

图版XVI

111. 点卫姬蜂, 新种 *Paraphylax punctatus* Sheng & Sun, sp.n.

112. 强卫姬蜂, 新种 *Paraphylax robustus* Sheng & Sun, sp.n.

113. 皱卫姬蜂, 新种 *Paraphylax rugatus* Sheng & Sun, sp.n.

114. 毛脊瘤姬蜂 *Carinityla pilosa* Sheng & Sun

115. 点脊瘤姬蜂 *Carinityla punctulata* Sheng & Sun

116. 沟点刻姬蜂 *Cisaris canaliculatus* Sun & Sheng

图版XVII

117. 黑头异唇姬蜂 *Coptomystax atriceps* Townes

118. 黑汤须姬蜂, 新种 *Townostilpnus melanius* Sheng & Sun, sp.n.

119. 江西洛姬蜂 *Rothneyia jiangxiensis* Sun & Sheng

120. 汤氏损背姬蜂 *Chrionota townesi* Uchida

121. 黑胸栉足姬蜂 *Ctenopelma melanothoracicum* Sheng

122. 褐栉足姬蜂 *Ctenopelma rufescentis* Sheng

123. 白环浮姬蜂 *Phobetes albiannularis* Sheng & Ding

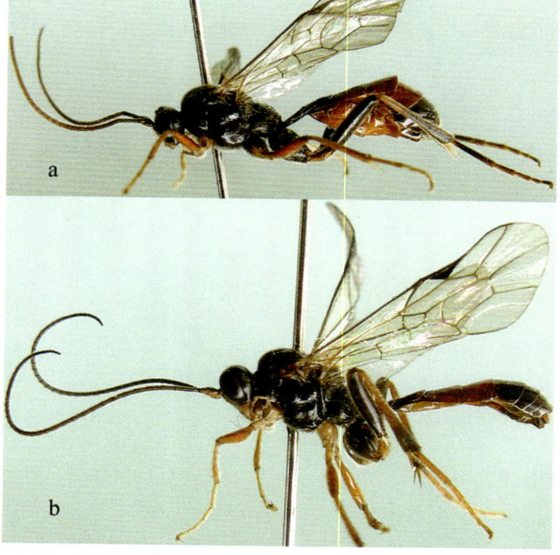

124. 北海道浮姬蜂 *Phobetes sapporensis* (Uchida)

125. 日本扇脊姬蜂 *Alcochera nikkoensis* (Uchida)

图版XVIII

126. 单扇脊姬蜂, 新种 *Alcochera unica* Sheng & Sun, sp.n.

127. 官山登姬蜂 *Dentimachus guanshanicus* Sun & Sheng

128. 无脊登姬蜂, 新种 *Dentimachus incarinalis* Sheng & Sun, sp.n.

129. 白斑登姬蜂 *Dentimachus pallidimaculatus* Kaur

130. 褐腹登姬蜂 *Dentimachus rufiabdominalis* Kaur

131. 福建畸脉姬蜂 *Neurogenia fujianensis* He

132. 阿锯缘姬蜂 *Priopoda auberti* Sheng

图版XIX

133. 双凹锯缘姬蜂 *Priopoda biconcava* Sheng & Sun

134. 齿锯缘姬蜂 *Priopoda dentata* Sheng & Sun

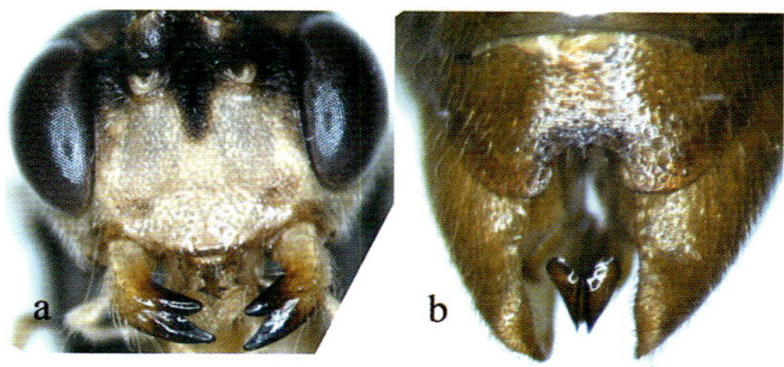

135. 点背锯缘姬蜂 *Priopoda dorsopuncta* Sheng & Sun

136. 黑脸锯缘姬蜂 *Priopoda nigrifacialis* Sheng & Sun

137. 鸥锯缘姬蜂 *Priopoda owaniensis* (Uchida)

139. 单凹锯缘姬蜂 *Priopoda uniconcava* Sheng & Sun

138. 萨哈林锯缘姬蜂 *Priopoda sachalinensis* (Uchida)

140. 黑基失姬蜂, 新种 *Lethades nigricoxis* Sheng & Sun, sp.n.

图版XX

141. 褐基失姬蜂, 新种 *Lethades ruficoxalis* Sheng & Sun, sp.n.

142. 宜丰针尾姬蜂 *Pion ifengensis* Sheng

143. 弓脉利姬蜂 *Sympherta curvivenica* Sheng

144. 九连合姬蜂 *Syntactus jiulianicus* Sun & Sheng

145. 敞凹足姬蜂 *Trematopygus apertor* Hinz

146. 火红齿胫姬蜂 *Scolobates pyrthosoma* He & Tong

147. 红头齿胫姬蜂红胸亚种 *Scolobates ruficeps mesothoracica* He & Tong

148. 隘洼唇姬蜂 *Cylloceria aino* (Uchida)

图版XXI

149. 花胫蚜蝇姬蜂 *Diplazon laetatorius* (Fabricius)

150. 东方蚜蝇姬蜂 *Diplazon orientalis* (Cameron)

151. 索氏杀蚜蝇姬蜂 *Syrphoctonus sauteri* Uchida

152. 九州优姬蜂 *Euceros kiushuensis* Uchida

153. 双色槽杂姬蜂 *Holcojoppa bicolor* (Radoszkowski）

154. 亨氏槽杂姬蜂 *Holcojoppa heinrichi* (Uchida)

155. 台湾益姬蜂 *Imeria formosana* (Uchida)

156. 长腹角突姬蜂 *Megalomya longiabdominalis* Uchida

图版XXII

157. 汤氏角突姬蜂 *Megalomya townesi* He

158. 梢蛾壕姬蜂 *Lycorina spilonotae* Chao

159. 短尾菱室姬蜂 *Mesochorus brevicaudus* Sheng

160. 官山菱室姬蜂, 新种 *Mesochorus guanshanicus* Sheng & Sun, sp.n.

161. 依菱室姬蜂 *Mesochorus ichneutese* Uchida

162. 棒腹方盾姬蜂 *Acerataspis clavata* (Uchida)

163. 稻纵卷叶螟黄脸姬蜂 *Chorinaeus facialis* Chao

图版XXIII

164. 黑身圆胸姬蜂 *Colpotrochia melanosoma* Morley

165. 眉原盾脸姬蜂 *Metopius* (*Ceratopius*) *baibarensis* Uchida

166. 切盾脸姬蜂台湾亚种 *Metopius* (*Ceratopius*) *citratus taiwanensis* Chiu

167. 金光盾脸姬蜂 *Metopius* (*Ceratopius*) *metallicus* Michener

168. 紫盾脸姬蜂 *Metopius* (*Ceratopius*) *purpureotinctus* (Cameron)

169. 斜纹夜蛾盾脸姬蜂 *Metopius* (*Metopius*) *rufus browni* Ashmead

170. 黑毛角姬蜂, 新种 *Seticornuta nigra* Sheng & Sun, sp.n.

171. 紫窄痣姬蜂 *Dictyonotus purpurascens* (Smith)

图版XXIV

172. 赣优丝姬蜂, 新种 *Eusterinx* (*Ischyracis*) *ganica* Sheng & Sun, sp.n.

173. 黄腹大须姬蜂, 新种 *Megastylus flaviventris* Sheng & Sun, sp.n.

174. 斑颜大须姬蜂, 新种 *Megastylus maculifacialis* Sheng & Sun, sp.n.

175. 黑胸大须姬蜂, 新种 *Megastylus nigrithorax* Sheng & Sun, sp.n.

176. 赣纤姬蜂, 新种 *Proclitus ganicus* Sheng & Sun, sp.n.

177. 武夷纤姬蜂, 新种 *Proclitus wuyiensis* Sheng & Sun, sp.n.

178. 贵州白眶姬蜂 *Perithous guizhouensis* He

179. 喀白眶姬蜂 *Perithous kamathi* Gupta

图版XXV

180. 全南白眶姬蜂, 新种 *Perithous quananensis* Sheng & Sun, sp.n.

181. 白口顶姬蜂 *Acropimpla leucostoma* (Cameron)

182. 斑足顶姬蜂 *Acropimpla pictipes* (Gravenhorst)

183. 普尔顶姬蜂 *Acropimpla poorva* Gupta & Tikar

184. 泰顺顶姬蜂 *Acropimpla taishunensis* Liu, he & Chen

185. 台湾非姬蜂黑基亚种 *Afrephialtes taiwanus nigricoxis* Gupta & Tikar

186. 阿里弯姬蜂指名亚种 *Camptotypus arianus* arianus (Cameron)

187. 颚兜姬蜂 *Dolichomitus mandibularis* (Uchida)

图版XXVI

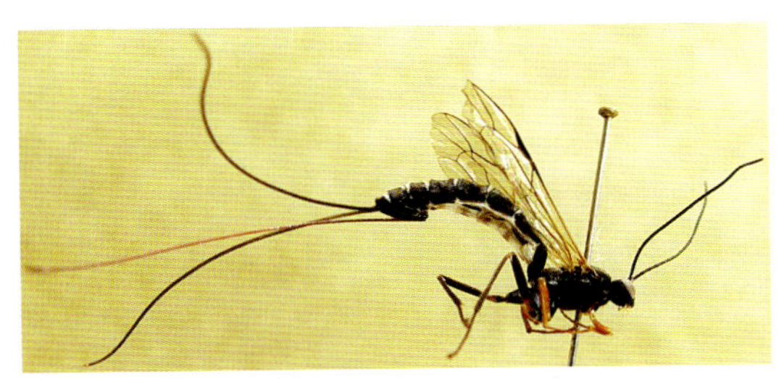

188. 点兜姬蜂 *Dolichomitus melanomerus macropunctatus* (Uchida)

189. 全南裂臀姬蜂 *Schizopyga* (*Schizopyga*) *quannanica* Sun & Sheng

190. 蓑瘤姬蜂索氏亚种 *Sericopimpla sagrae sauteri* (Cushma)

191. 台湾臭姬蜂 *Apechthis taiwana* Uchida

192. 螟蛉埃姬蜂 *Itoplectis naranyae* (Ashmead)

193. 双条瘤姬蜂 *Pimpla bilineata* (Cameron)

194. 布鲁瘤姬蜂 *Pimpla brumha* (Gupta & Saxena)

195. 脊额瘤姬蜂 *Pimpla carinifrons* Cameron

图版XXVII

196. 赣瘤姬蜂, 新种 *Pimpla ganica* Sheng & Sun, sp.n.

197. 天蛾瘤姬蜂 *Pimpla laothoe* Cameron, 1897

198. 细格囊爪姬蜂指名亚种 *Theronia clathrata clathrata* Krieger

199. 褐囊爪姬蜂, 新种 *Theronia porphyreus* Sheng & Sun, sp.n.

200. 黑纹囊爪姬蜂黄瘤亚种 *Theronia zebra diluta* Gupta

201. 被囊黑点瘤姬蜂指名亚种 *Xanthopimpla appendicularis appendicularis* (Cameron)

202. 短刺黑点瘤姬蜂 *Xanthopimpla brachycentra brachycentra* Krieger

203. 短黑点瘤姬蜂, 新种 *Xanthopimpla brevis* Sheng & Sun, sp.n.

图版XXVIII

204. 优黑点瘤姬蜂指名亚种 *Xanthopimpla honorata honorata* (Cameron)

205. 利普黑点瘤姬蜂 *Xanthopimpla lepcha* (Cameron)

206. 浅黄黑点瘤姬蜂弯亚种 *Xanthopimpla ochracea valga* Krieger

207. 松毛虫黑点瘤姬蜂 *Xanthopimpla pedator* (Fabricius)

208. 侧黑点瘤姬蜂 *Xanthopimpla pleuralis pleuralis* Cushman

209. 广黑点瘤姬蜂 *Xanthopimpla punctata* (Fabricius)

210. 瑞氏黑点瘤姬蜂离斑亚种 *Xanthopimpla reicherti separata* Townes & Chiu

211. 螟黑点瘤姬蜂 *Xanthopimpla stemmator* (Thunberg)

图版XXIX

212. 异斑黑点瘤姬蜂 *Xanthopimpla varimaculata* Cameron

213. 棘胫黑点瘤姬蜂 *Xanthopimpla xystra* Townes & Chiu

214. 卡氏曲爪姬蜂 *Eugalta cameroni* Cushman

217. 纺差齿姬蜂 *Thymaris clotho* Morley

215. 沟曲爪姬蜂, 新种 *Eugalta sulcinervis* Sheng & Sun, sp.n.

216. 珠长凹姬蜂, 新种 *Diaparsis moniliformis* Sheng & Sun, sp.n.

218. 黄足差齿姬蜂 *Thymaris flavipedalis* Sheng & Sun

图版XXX

219. 红颈差齿姬蜂 *Thymaris ruficollaris* Sheng & Sun

220. 沟差齿姬蜂 *Thymaris sulcatus* Sheng & Sun

222. 微切顶姬蜂, 新种 *Dyspetes parvifida* Sheng & Sun, sp.n.

223. 中斑凿姬蜂 *Xofides centromaculatus* Cushman

224. 无齿蛀姬蜂, 新种 *Schreineria indentata* Sheng & Sun, sp.n.

221. 台湾差齿姬蜂 *Thymaris taiwanensis* Uchida

Q-3082.0101

ISBN 978-7-03-036917-8